新装版
雪と氷の事典

[公社] 日本雪氷学会
監修

朝倉書店

口絵 1　衛星画像でみるカラコラムの氷河群（画像の左右の幅は 157 km）

口絵 2　ネパール・ヒマラヤの氷河（東ネパール，マカル峰南面）

口絵 3　南極氷床の収束流（東南極大陸・宗谷海岸）

口絵 4　氷山（テーブル型）

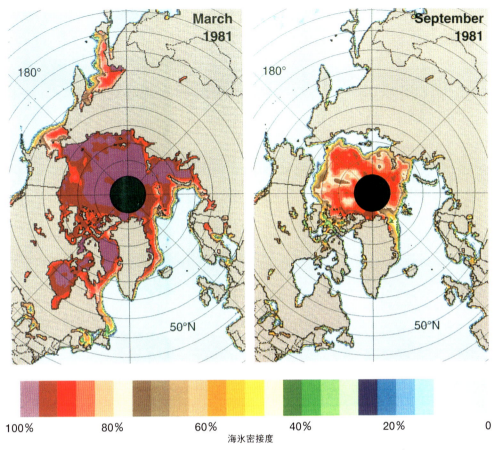

口絵 5 北半球の海氷分布（本文図 1.4.1. Gloersen et al., 1992）

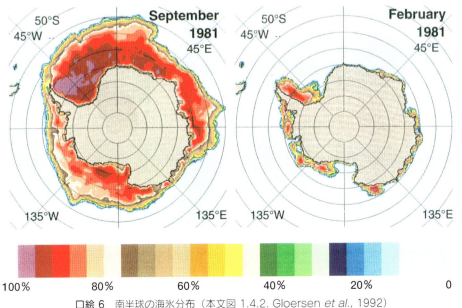

口絵 6 南半球の海氷分布（本文図 1.4.2. Gloersen et al., 1992）

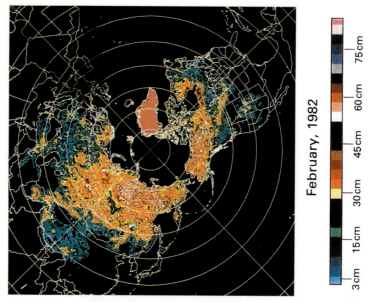

口絵 7 北半球積雪深分布図の例（本文図 1.5.5. Foster and Chang, 1992）

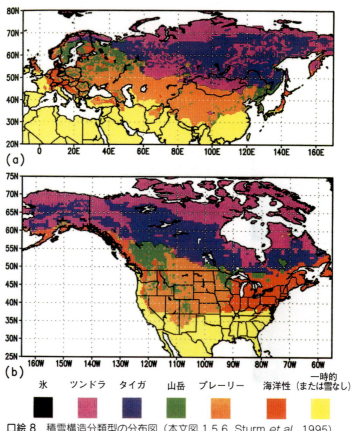

氷　　ツンドラ　　タイガ　　山岳　　プレーリー　　海洋性　　一時的（または雪なし）

口絵 8 積雪構造分類型の分布図（本文図 1.5.6. Sturm et al., 1995）

樹枝付角板

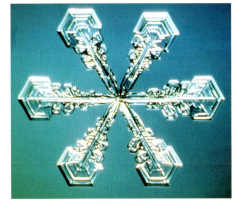
角板付樹枝

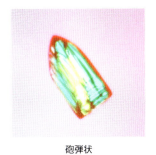
砲弾状

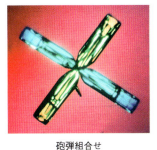
砲弾組合せ

つづみ状
（角柱と角板組合せ）

口絵 9　色々な雪結晶形（古川義純氏提供，2.1 節参照）
口絵 10　蔵王連峰（山形県）の樹氷（沼澤喜一氏提供，15.7 節参照）

口絵 11　飛沫着氷（東海林明雄氏提供，15.7 節参照）

口絵 12　屈斜路湖（北海道）の御神渡り（東海林明雄氏提供，15.7 節参照）

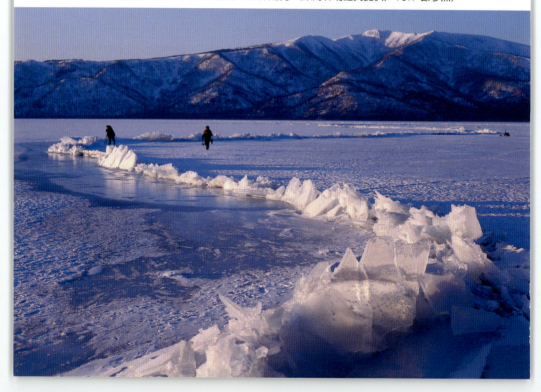

序

　雪と氷に関する辞典・事典としては，社団法人日本雪氷学会創立 50 周年を記念して『雪氷辞典』（古今書院，1990）が刊行されたが，事項説明を主たる目的としたものであった．また，雪氷災害の対策技術に関するハンドブックも建設関連協会から刊行されているが，内容は専門性が高いものとなっている．

　今回『雪と氷の事典』を刊行するに当たり，編集委員会は基本的な編集方針として，「雪と氷」に関するあらゆる事象を網羅し，その個別事象そのものの知識を簡潔に記述するとともに，さらにその事象が雪氷自然とどのようなかかわりをもつかを理解できるような構成とした．また，高校生以上の読者に十分理解できる内容とするよう心がけた．

　どのような項目を設定するかは，事典編集の最も基本的な課題であろう．わが国は世界的にみても，かなり古い時代から雪氷学的研究が進められてきた歴史を有し，広い範囲にわたる雪氷研究分野は科学的にも相当な水準に達しているといえるであろう．事項設定は当然，そうした歴史的所産が基礎となっている．

　しかし，最近までわれわれ日本人にとって，雪と氷の世界とは，冬のスポーツ，冬の風景，雪国の生活障害など，北国や「雪国」の冬の自然や諸現象など地域限定のものというのが一般的な認識であったといえるであろう．雪国の人々の生活にとっての障害，あるいは冬のスポーツの主たる舞台，冬の風景の主要な自然要素など，その受け止め方はさまざまであるが，少なくとも一般の人々にとっては，その雪と氷が織り成す自然の成り立ちや雪氷の性質に関する本格的な関心は，さほど大きなものではなかった．

　しかし，そうした状況も最近では大きく変化し，雪と氷が織り成す自然への

関心が高まってきている．最近では，お茶の間で目にする気象予報の衛星画像にわれわれの住む北半球の積雪域の広がりをみることもでき，日々の気象の推移が地球規模の雪氷現象と密接なかかわりをもち，地球環境変化に対して雪氷現象が大きな役割を果たしていることを理解する人が多くなった．また，雪の結晶に関しては伝統的な独特の美的感覚も有するなど，文化としての側面も存在する．

「雪氷圏」という自然概念は今日においても一般的とは言い難いが，地球表面の相当な部分が「雪氷圏」に属し，それが季節的に変化しているということは，直感的にしろ，一定の理解を得ているといえよう．冬期には北半球の大陸の半分が積雪に覆われることや，北極海や南極大陸周辺の海氷域の季節変動を衛星画像としてみる機会も最近では少なくない．一方，人為的原因による地球環境や気候の変化に関する一般の関心も，最近では大いに高まってきている．たとえば，「地球温暖化」に関連する諸現象に関する新聞，雑誌の報道や解説も増え，そうした現象と雪や氷との関係も身近な話題となってきている．

本書はそうした自然観の時代的変化をも十分考慮して，事典構成を検討した．本事典の第1章を「雪氷圏」とし，雪氷圏の主要な構成現象である氷河・氷床，凍土，海氷，積雪を項目にあげたのは，雪と氷の世界を俯瞰し，全体としてその自然系を理解することを願ったからである．雪氷圏の主役である「雪」，「氷」に関する多くの事象はその後の章で詳述されている．雪氷と地域環境変動や宇宙雪氷は最近の話題であり，十分研究が進んでいない面もあるが，最新の成果が示されているはずである．日常生活と密接にかかわる事柄としては，雪氷災害，雪氷スポーツ，雪国の生活についてもさまざまな視点から詳述されている．雪氷観測方法や技術に関しても章を設け，一般学生，若手研究者や他分野の技術者，研究者による活用を願って構成した．

雪や氷がもたらす現象は多様であり，日常的に目にする現象のなかには不思議と思われる事柄も多い．こうした事柄についてはコラムとして随所に挿入されており，それだけを読んでも興味は尽きないはずである．

雪と氷に関連する分野は，従来からのいわゆる雪氷学の分野から，最近では地球科学，惑星科学，災害科学など，科学分野の面からみても大きな広がりを

もつに至り，学際科学としての面も深まっている．それゆえに科学として成熟していない面も含んでおり，本事典にも事項説明が十分でない，あるいは別の面からの解釈もできるといった事柄が含まれているかもしれないが，その点はぜひ御指摘いただきたい．

　本事典を座右に置き，雪と氷の世界を新たな視点から眺めていただくことが編集委員一同の願いである．

　2005 年 1 月

渡 辺 興 亜
高 橋 修 平
上 田 　 豊
小 林 俊 一
藤 井 理 行
山 田 知 充

●編集委員長

渡辺興亜　前 国立極地研究所

●編集幹事長

高橋修平　北見工業大学

●編集幹事

上 田　豊　名古屋大学　　　　　　　藤 井 理 行　国立極地研究所

小 林 俊 一　前 新潟大学　　　　　　山 田 知 充　前 北海道大学

●編集委員 （五十音順，カッコ内は編集担当章）

上 田　豊　名古屋大学(第1・8章, コラム)　　　高 橋 修 平　北見工業大学(第5・9章,付録,コラム)

東　信 彦　長岡技術科学大学(第13章)　　　武 田 一 夫　帯広畜産大学 (第11章)

石 﨑 武 志　東京文化財研究所(第11章)　　　対 馬 勝 年　富山大学 (第7・15章)

石 本 敬 志　(財)日本気象協会(第14章)　　　中 尾 正 義　総合地球環境学研究所(第12章)

牛 尾 収 輝　国立極地研究所 (第10章)　　　成 瀬 廉 二　北海道大学 (第8章)

榎 本 浩 之　北見工業大学 (第16・17章)　　　西 尾 文 彦　千葉大学 (第16・17章)

太 田 岳 史　名古屋大学 (第4章)　　　西 村 浩 一　防災科学技術研究所(第5・6章)

小 野 延 雄　前 国立極地研究所(第10章)　　　沼 野 夏 生　東北工業大学 (第15章)

川 田 邦 夫　富山大学 (第6章)　　　藤 井 理 行　国立極地研究所(第9・12章)

香 内　晃　北海道大学 (第13章)　　　古 川 義 純　北海道大学 (第2章)

兒 玉 裕 二　北海道大学 (第4章)　　　本 堂 武 夫　北海道大学 (第7章)

小 林 俊 一　前 新潟大学(第14章,付録)　　　村 上 正 隆　気象庁気象研究所 (第2章)

佐 藤 篤 司　防災科学技術研究所(第3・14章)　　　山 田 知 充　前 北海道大学 (第3・17章)

鈴 木 啓 助　信州大学 (第3章)　　　渡 辺 興 亜　前 国立極地研究所(第1・9・12章,付録)

●執筆者 (五十音順)

青田昌秋	北海道立オホーツク流氷科学センター	金田安弘	(社)北海道開発技術センター
赤川　敏	北海道大学	亀田貴雄	北見工業大学
秋田谷英次	北星学園大学	河島克久	新潟大学
上田　豊	名古屋大学	川田邦夫	富山大学
浅野基樹	北海道開発土木研究所	神田健三	中谷宇吉郎雪の科学館
東　信彦	長岡技術科学大学	菊池武彦	東京電力(株)
油川英明	北海道教育大学	北原啓司	弘前大学
阿部　修	防災科学技術研究所	楠　　宏	前 国立極地研究所
荒川政彦	北海道大学	香内　晃	北海道大学
石川寛子	(社)石門心学会付設謙堂文庫	幸島司郎	東京工業大学
石﨑武志	東京文化財研究所	小島賢治	前 北海道大学
石本敬志	(財)日本気象協会	小杉健二	防災科学技術研究所
伊豆田久雄	(株)精研	兒玉裕二	北海道大学
和泉　薫	新潟大学	小林俊一	前 新潟大学
岩田修二	東京都立大学	小林俊市	防災科学技術研究所
牛尾収輝	国立極地研究所	佐藤篤司	防災科学技術研究所
榎本浩之	北見工業大学	佐藤和秀	国立長岡工業高等専門学校
遠藤八十一	前 森林総合研究所	佐藤　威	防災科学技術研究所
太田岳史	名古屋大学	島田　亙	産業技術総合研究所
大畑哲夫	地球環境観測研究センター	庄子　仁	北見工業大学
生賴孝博	(株)精研	白岩孝行	北海道大学
尾関俊浩	北海道教育大学	菅原宣義	北見工業大学
小野延雄	前 国立極地研究所	杉山　慎	スイス国立工科大学
加治屋安彦	北海道開発土木研究所	鈴木啓助	信州大学

執 筆 者　　　　　　　　vii

高 橋 修 平　北見工業大学　　　　　深 澤 大 輔　新潟工科大学

竹 井　巌　北陸大学　　　　　　　　福 嶋 祐 介　長岡技術科学大学

竹 内 政 夫　(株)雪研スノーイーターズ　藤 井 俊 茂　(財)鉄道総合技術研究所

武 田 一 夫　帯広畜産大学　　　　　　藤 井 理 行　国立極地研究所

岳 本 秀 人　北海道開発土木研究所　　藤 田 秀 二　国立極地研究所

田 中 忠三郎　北海道・東北民具研究会　古 川 晶 雄　国立極地研究所

対 馬 勝 年　富山大学　　　　　　　　古 川 義 純　北海道大学

東海林明雄　前 北海道教育大学　　　本 堂 武 夫　北海道大学

中 尾 正 義　総合地球環境学研究所　　前 野 紀 一　前 北海道大学

中 林 宏 典　(財)日本気象協会　　　　松 岡 健 一　ワシントン大学

中 村　勉　前 岩手大学　　　　　　　松 田 益 義　(株)MTS雪氷研究所

成 田 英 器　総合地球環境学研究所　　宮 本 修 司　北海道開発土木研究所

成 瀬 廉 二　北海道大学　　　　　　　村 上 正 隆　気象庁気象研究所

西 尾 文 彦　千葉大学　　　　　　　　本 山 秀 明　国立極地研究所

西 村 浩 一　防災科学技術研究所　　　森　淳 子　北海道大学

沼 野 夏 生　東北工業大学　　　　　　矢 作　裕　前 北海道教育大学

納 口 恭 明　防災科学技術研究所　　　矢 吹 裕 伯　地球環境観測研究センター

橋 本　哲　島根大学　　　　　　　　山 田 知 充　前 北海道大学

長谷美達雄　(株)雪氷科学　　　　　　山 内　恭　国立極地研究所

樋 口 敬 二　名古屋市科学館　　　　　若 濱 五 郎　前 北海道大学

平 松 和 彦　北海道旭川西高等学校　　渡 辺 興 亜　前 国立極地研究所

● 目　　　次

第1章 雪 氷 圏　……………………………………………………………… 1
  1.1　地球雪氷圏　…………………………………………〔上田　豊〕… 1
    1.1.1　地球雪氷圏の分布と変動　………………………………… 1
    1.1.2　雪氷圏の特性　……………………………………………… 2
    1.1.3　雪氷圏の形成要因　………………………………………… 3
  1.2　氷河・氷床の分布　…………………………………〔白岩孝行〕… 4
  1.3　凍土の分布　…………………………………………〔武田一夫〕… 10
    1.3.1　土の凍結　…………………………………………………… 10
    1.3.2　季節凍土　…………………………………………………… 10
    1.3.3　永久凍土　…………………………………………………… 11
    1.3.4　永久凍土の分布　…………………………………………… 12
    1.3.5　永久凍土と地球環境　……………………………………… 14
  1.4　海氷の分布　…………………………………………〔牛尾収輝〕… 15
    1.4.1　北半球の海氷　……………………………………………… 15
    1.4.2　南半球の海氷　……………………………………………… 17
    1.4.3　変化に富む海氷域　………………………………………… 18
  1.5　季節積雪の分布　……………………………………〔大畑哲夫〕… 20
    1.5.1　季節積雪の分布と変化　…………………………………… 20
    1.5.2　積雪量の分布　……………………………………………… 21
    1.5.3　積雪の構造の広域分布　…………………………………… 26
    1.5.4　積雪面積の長期変動　……………………………………… 27
  1.6　雪氷圏と大気との相互作用　………………………………………… 29
    1.6.1　季節積雪と大気との相互作用　…………………………… 29
    1.6.2　氷河と大気との相互作用　………………………………… 30
    1.6.3　氷床と大気との相互作用　………………………………… 31
    1.6.4　海氷と大気との相互作用　………………………………… 31
    1.6.5　凍土と大気との相互作用　………………………………… 31

第2章 降　　　雪　……………………………………………………………35
  2.1　雪結晶　………………………………………………〔古川義純〕…35

x　　　　　　　　目　　　次

　　2.1.1　雪結晶分類　……………………………………………35
　　2.1.2　雪結晶の生成条件　………………………………………36
　　2.1.3　雪単結晶の形態変化のしくみ　………………………41
　　2.1.4　雪多結晶の構造と生成　………………………………49
　2.2　降雪雲と降雪分布（降雪の気象）　……………〔村上正隆〕…59
　　2.2.1　降雪のしくみ　……………………………………………59
　　2.2.2　降雪のパターン　……………………………………68
　　2.2.3　降雪予報　…………………………………………………77
　2.3　降雪の化学的性質　……………………………〔鈴木啓助〕…82
　　2.3.1　降雪中の化学物質濃度と気象条件　…………………82
　　2.3.2　降雪中の安定同位体比　………………………………84

第3章　積　　　雪　………………………………………………89
　3.1　積雪の変質と分類　……………………………〔秋田谷英次〕…89
　　3.1.1　雪の積もり方　……………………………………………89
　　3.1.2　積雪の変質　………………………………………………90
　　3.1.3　積雪の分類　………………………………………………92
　3.2　積雪の性質　……………………………………………………96
　　3.2.1　積雪の力学的性質　…………………………〔佐藤篤司〕…96
　　3.2.2　積雪の熱的性質　………………………………………102
　　3.2.3　積雪の電気的性質　…………………………〔竹井　巌〕…106
　　3.2.4　積雪の化学的性質　…………………………〔鈴木啓助〕…110
　3.3　日本の積雪　…………………………………………………116
　　3.3.1　平地積雪……………………………〔山田知充・佐藤篤司〕…116
　　3.3.2　山地積雪……………………………〔山田知充・河島克久〕…122

第4章　融　　　雪　………………………………………………131
　4.1　融雪現象と熱収支　…………………………………………131
　　4.1.1　融雪面の熱収支　……………………………〔兒玉裕二〕…131
　　4.1.2　融雪係数　……………………〔長谷美達雄・太田岳史〕…142
　　4.1.3　融雪水の化学的性質　………………………〔鈴木啓助〕…147
　4.2　融雪と水資源　…………………………………〔橋本　哲〕…154
　　4.2.1　日本における融雪流出の特徴　………………………155
　　4.2.2　日本における融雪水の利用　…………………………159
　　4.2.3　乾燥地の水資源　………………………………………161

目　　次　　　　　xi

第5章　吹　　　雪 ·· 167
5.1　吹雪の発生機構 ······································〔西村浩一〕··· 167
　　5.1.1　吹雪の定義と雪粒子運動形態 ································ 167
　　5.1.2　吹雪の発生条件と構造 ····································· 169
5.2　吹雪観測と風洞実験 ··································〔高橋修平〕 176
　　5.2.1　吹雪の観測 ·· 176
　　5.2.2　吹雪量と風速 ·· 179
　　5.2.3　吹雪粒子の運動とシミュレーション ····················· 180
　　5.2.4　吹雪時の視程と熱伝達 ····································· 184
　　5.2.5　吹きだまり ·· 187
　　5.2.6　吹雪風洞実験 ·· 191

第6章　雪　　　崩 ·· 199
6.1　雪崩の定義と分類 ··································〔秋田谷英次〕··· 199
　　6.1.1　雪崩の定義 ·· 199
　　6.1.2　雪崩の分類 ·· 199
6.2　雪崩発生のしくみ ··································〔遠藤八十一〕··· 205
　　6.2.1　斜面積雪の挙動 ·· 205
　　6.2.2　面発生表層雪崩の形成過程 ································· 206
　　6.2.3　滑り面の破壊メカニズム ··································· 207
　　6.2.4　積雪の危険度評価 ··· 208
　　6.2.5　弱層とその形成条件 ······································· 209
　　6.2.6　弱層のない表層雪崩 ······································· 211
　　6.2.7　点発生表層雪崩 ·· 212
　　6.2.8　積雪のグライドと全層雪崩の発生 ······················· 212
6.3　雪崩の衝撃力 ······································〔川田邦夫〕··· 216
　　6.3.1　雪崩の運動と衝撃力 ······································· 216
　　6.3.2　雪塊の衝撃力 ·· 219
6.4　雪崩の運動機構 ·· 222
　　6.4.1　雪崩の観測 ······························〔西村浩一〕··· 222
　　6.4.2　雪崩の内部構造 ················〔福嶋祐介・西村浩一〕··· 223
　　6.4.3　雪崩の運動モデル ··· 230
　　6.4.4　粒子集団の流れとしての雪崩 ··············〔納口恭明〕··· 234

第7章　氷 ··· 239
7.1　氷の特性 ·· 239
　　7.1.1　氷の物性一般 ················〔対馬勝年・高橋修平〕··· 239

xii 目　　次

7.1.2　氷の力学的性質 ……………………………………………243
7.1.3　氷の熱的性質 …………………………………………………250
7.1.4　氷の電気的・光学的性質 …………………〔藤田秀二〕…258
7.1.5　氷の光学的性質（光の複屈折現象）………〔島田　互〕…261
7.2　氷の結晶構造 ……………………………………〔本堂武夫〕…266
7.2.1　水の特徴と氷結晶 ……………………………………………266
7.2.2　氷のポリモーフィズム ………………………………………268
7.2.3　過冷却水とアモルファス氷 …………………………………272
7.2.4　クラスレートハイドレート …………………………………273

第8章　氷　　河 ………………………………………………………277
8.1　氷河の定義・分類・分布・変動 ………………〔白岩孝行〕…277
8.1.1　氷河の定義 ……………………………………………………277
8.1.2　氷河の形態による分類 ………………………………………278
8.1.3　氷河の温度・表面状態による分類 …………………………280
8.1.4　氷河の分布 ……………………………………………………282
8.1.5　氷河の変動 ……………………………………………………284
8.2　氷河の形成 ………………………………………〔上田　豊〕…288
8.2.1　氷河の存在条件 ………………………………………………288
8.2.2　氷河の質量収支 ………………………………………………291
8.2.3　氷河の涵養 ……………………………………………………294
8.2.4　氷河の消耗 ……………………………………………………295
8.2.5　氷河の活動特性 ………………………………………………297
8.3　氷河の流動 ………………………………………〔成瀬廉二〕…301
8.3.1　氷の塑性変形 …………………………………………………302
8.3.2　氷河の底面流動 ………………………………………………305
8.3.3　氷河のカービング ……………………………………………309
8.3.4　氷河変動の動力学 ……………………………………………312

第9章　極地氷床 ………………………………………………………319
9.1　極地雪氷観測史 …………………………〔渡辺興亜・楠　宏〕…319
9.1.1　南北極域における初期の探検 ………………………………319
9.1.2　探検時代以降の極域雪氷研究 ………………………………324
9.1.3　IGY以降の南北極域における雪氷観測 ……………………328
9.2　南極氷床 ……………………………………………………………330
9.2.1　氷床の規模と内部構造 ………………………………………330
(1)　氷床・氷流・棚氷・氷山 …………………〔藤井理行〕…330

目　　次　　　　　xiii

　　　(2)　氷床内部構造と基盤地形 ……………………………〔藤田秀二〕… 335
　9.2.2　堆積環境 ……………………………………………………………340
　　　(1)　積雪堆積 ………………………………………………〔高橋修平〕… 340
　　　(2)　雪面形態 ………………………………………………〔古川晶雄〕… 346
　　　(3)　温度分布 ………………………………………………〔佐藤和秀〕… 350
　　　(4)　積雪の化学特性 ………………………………………〔本山秀明〕… 354
　9.2.3　氷床の流動 ……………………………………………………………359
　　　(1)　氷床の流動量 …………………………………………〔高橋修平〕… 359
　　　(2)　氷床の変動 ……………………………………………〔成瀬廉二〕… 364
　9.3　北極の氷河・氷床 …………………………………………〔藤井理行〕… 370
　　9.3.1　氷床と氷河の分布 ……………………………………………………370
　　9.3.2　フィルンライン ………………………………………………………372
　　9.3.3　各地の氷河 ……………………………………………………………373
　　9.3.4　最近の氷河変動，環境変動 …………………………………………377

第10章　海　　　氷 ……………………………………………………………381
　10.1　海氷の分類と構造 …………………………………………〔牛尾収輝〕… 381
　　10.1.1　海氷の種類 ……………………………………………………………381
　　10.1.2　海氷の構造 ……………………………………………………………382
　10.2　海氷の成長過程 …………………………………………………………385
　　10.2.1　海水の冷却機構と海氷の発生 ………………………………………385
　　10.2.2　海氷の成長 ……………………………………………………………386
　　10.2.3　海氷成長による塩排出 ………………………………………………387
　　10.2.4　海氷の塩分 ……………………………………………………………388
　10.3　海氷の運動 ………………………………………………………………390
　　10.3.1　海氷の漂流 ……………………………………………………………390
　　10.3.2　北極海と南極海における海氷の漂流 ………………………………391
　　10.3.3　海氷に働く力 …………………………………………………………392
　10.4　海氷の物理的性質 ………………………………………………………395
　　10.4.1　海氷の密度 ……………………………………………………………395
　　10.4.2　海氷の熱的性質 ………………………………………………………396
　　10.4.3　海氷のアルベド ………………………………………………………397
　　10.4.4　海氷の力学的性質 ……………………………………………………397
　　10.4.5　海氷の電磁気的性質 …………………………………………………399

第11章　凍土・凍上 …………………………………………………………405
　11.1　自然環境下での土の凍結と凍上害 ………………〔武田一夫・赤川　敏〕… 405

11.1.1	凍上害とその背景	405
11.1.2	凍上害の事例	406
11.1.3	凍上害防止に向けた調査	409
11.1.4	凍上害の防止対策	411
11.1.5	永久凍土地帯におけるパイプラインの凍上害とその対策	412

11.2 人工凍結と凍土利用 〔伊豆田久雄・赤川 敏〕… 419
  11.2.1 地盤凍結工法 419
  11.2.2 LNG貯蔵タンク 423
  11.2.3 種々の凍土の利用技術 425
11.3 凍上現象と凍土の性質 〔石﨑武志〕… 430
  11.3.1 土の凍結過程 430
  11.3.2 不凍水 433
  11.3.3 凍上現象 434
  11.3.4 凍土の熱的性質 438
  11.3.5 凍土の力学的性質 439

第12章 雪氷と地球環境変動 443
12.1 地球雪氷圏の変動 〔渡辺興亜・岩田修二〕… 443
  12.1.1 地球史と雪氷圏の変動 443
  12.1.2 雪氷圏の指標 444
  12.1.3 中生代以前の雪氷圏変動 444
  12.1.4 新生代の気候変動と南極氷床の形成 445
  12.1.5 氷期-間氷期サイクルの出現 447
  12.1.6 全球凍結学説（雪玉仮説） 448
12.2 氷コアと地球環境変動 448
  12.2.1 雪氷コアが示す過去の気候・環境変動 〔藤井理行〕… 448
  12.2.2 ドームふじコアが示す過去の地球規模気候・環境変動 〔渡辺興亜〕… 463
12.3 最近の地球温暖化問題と雪氷圏 〔中尾正義・山田知充〕… 473
  12.3.1 地球温暖化 473
  12.3.2 雪氷圏への影響 474
  12.3.3 雪氷圏変化による地球環境への影響 482

第13章 宇宙雪氷 487
13.1 宇宙の氷 〔香内 晃〕… 487
  13.1.1 宇宙空間の氷微粒子 488
  13.1.2 氷の凝縮 490
  13.1.3 アモルファス氷の特徴 492

	目　　次	xv

13.1.4　氷の変成：有機物の生成 ………………………………493

13.1.5　彗　星 …………………………………………………494

13.1.6　惑星系の形成 …………………………………………498

13.2　氷衛星 ……………………………………………〔荒川政彦〕… 500

13.2.1　氷衛星とは ……………………………………………500

13.2.2　木星の氷衛星 …………………………………………501

13.2.3　土星，天王星，海王星，冥王星の氷衛星 ……………505

13.3　火星氷床 …………………………………………〔東　信彦〕… 507

13.3.1　火星の極冠 ……………………………………………507

13.3.2　H₂O 氷か CO₂ 氷か ……………………………………509

13.3.3　火星氷床特有の地形 …………………………………509

13.3.4　火星氷床の涵養および消耗機構 ……………………510

第14章　雪氷災害と対策 …………………………………………515

14.1　豪雪災害 ………………………………〔阿部　修・中村　勉〕… 515

14.1.1　過去の豪雪災害 ………………………………………515

14.1.2　豪雪発現時の大気循環と気圧配置 …………………520

14.1.3　わが国の法制化された豪雪地帯 ……………………521

14.2　雪崩災害 …………………………………………〔和泉　薫〕… 524

14.2.1　雪崩現象と雪崩災害 …………………………………524

14.2.2　近世までの雪崩災害 …………………………………525

14.2.3　近・現代の雪崩災害 …………………………………525

14.2.4　日本の雪崩災害の外国との比較 ……………………526

14.2.5　都道府県別にみた雪崩災害 …………………………526

14.2.6　雪崩災害の経年変化 …………………………………527

14.2.7　人的被害の大きな雪崩災害 …………………………528

14.2.8　特別な雪崩による災害事例 …………………………530

14.3　屋根雪災害 ………………………………………〔佐藤篤司〕… 534

14.4　道路雪氷害 …………………………………………………536

14.4.1　雪氷路面（つるつる路面）……………………〔浅野基樹〕… 536

14.4.2　道路の豪雪災害 ………………………………〔加治屋安彦〕… 538

14.4.3　道路の吹雪災害 ………………………………………539

14.4.4　道路の雪崩災害 ………………………………………540

14.4.5　道路の凍上 ……………………………………〔岳本秀人〕… 542

14.5　鉄道雪氷害 ………………………………………〔藤井俊茂〕… 545

14.5.1　鉄道雪氷害の概要 ……………………………………545

14.5.2　在来線の雪氷害対策 …………………………………547

xvi　　　　目　　　次

14.5.3　新幹線の雪氷害対策 ……………………………………549
14.5.4　鉄道雪氷害対策の今後の課題 ……………………555
14.6　着雪と冠雪（標識・橋梁）…………………………〔竹内政夫〕… 556
14.6.1　着　雪 ……………………………………………556
14.6.2　冠　雪 ……………………………………………559
14.7　電線着氷雪害 …………………………………………〔菊池武彦〕… 561
14.7.1　電線着氷雪の区分 ………………………………561
14.7.2　着氷害に伴う被害事例 …………………………564
14.7.3　防止対策技術 ……………………………………566
14.8　船舶着氷害 ……………………………………………〔小野延雄〕… 568
14.8.1　海水飛沫着氷 ……………………………………568
14.8.2　着氷海難 …………………………………………569
14.8.3　船体着氷の気象海象条件 ………………………570
14.8.4　船体着氷の防除対策 ……………………………572
14.9　融雪災害 ………………………………………………〔小林俊一〕… 573
14.9.1　融雪洪水 …………………………………………573
14.9.2　融雪地滑り・土石流 ……………………………574
14.9.3　雪泥流 ……………………………………………575
14.10　雪氷災害の室内実験 …………………………………〔佐藤　威〕… 581
14.10.1　室内実験の利点 …………………………………581
14.10.2　室内実験の例 ……………………………………582
14.10.3　室内実験の課題 …………………………………586
14.11　雪氷災害マネージメント ……………………………〔松田益義〕… 587
14.11.1　雪氷現象と災害特性 ……………………………587
14.11.2　リスク・マネージメント・システム …………588
14.11.3　システム構築の原則 ……………………………590
14.11.4　雪氷災害マネージメント・システム …………591

第15章　雪氷と生活 ……………………………………………595

15.1　雪を楽しむ ……………………………………………〔秋田谷英次〕… 595
15.1.1　人と自然とのかかわり …………………………595
15.1.2　雪との多様な接し方 ……………………………596
15.1.3　大学生の雪遊びについての意識 ………………598
15.1.4　大人も子どもも楽しめる雪遊び ………………599
15.2　雪氷とスポーツ ………………………………………〔対馬勝年〕… 604
15.2.1　スキー ……………………………………………604
15.2.2　スケート …………………………………………606

目　　次　　　　　　xvii

　15.2.3　その他のスポーツ　……………………………………607
15.3　雪氷と観光　………………………………〔小林俊市〕…609
　15.3.1　日本の冬祭り　………………………………………609
　15.3.2　世界の冬祭り　………………………………………611
15.4　雪氷構造物　………………………………………………613
　15.4.1　かまくら　……………………………………………613
　15.4.2　イグルー　……………………………………………615
　15.4.3　アイスホテル　………………………………………615
　15.4.4　アイスドーム　………………………………………616
15.5　雪と暮らし　………………………………………………619
　15.5.1　食文化　………………………………〔石川寛子〕…619
　15.5.2　冬の暮らし　…………………………〔田中忠三郎〕…624
　15.5.3　住まい　………………………………〔深澤大輔〕…627
　15.5.4　コミュニティ　………………………〔沼野夏生〕…634
　15.5.5　都市づくり　…………………………〔北原啓司〕…637
15.6　雪氷利用　…………………………………〔対馬勝年〕…640
　15.6.1　雪室・氷室　…………………………………………641
　15.6.2　貯雪冷房（構造と利点）　…………………………641
　15.6.3　雪発電　………………………………………………642
　15.6.4　その他の雪の利用　…………………………………644
15.7　冬の造形　…………………………………〔東海林明雄〕…645
　15.7.1　霧　氷　………………………………………………645
　15.7.2　雨　氷　………………………………………………649
　15.7.3　湖　氷　………………………………………………649
15.8　雪　形　……………………………………〔納口恭明〕…655
　15.8.1　雪形とは　……………………………………………655
　15.8.2　雪形の現状　…………………………………………656
　15.8.3　雪形の科学　…………………………………………657
　15.8.4　雪形の将来　…………………………………………657

第16章　雪氷リモートセンシング　……………………………659
16.1　衛星による雪氷観測　…………………〔西尾文彦・榎本浩之〕…659
　16.1.1　衛星観測　……………………………………………659
　16.1.2　観測センサ　…………………………………………661
16.2　航空機による雪氷観測　………………〔榎本浩之・西尾文彦〕…669
16.3　アイスレーダ観測　………………………〔藤田秀二〕…671
16.4　地中探査レーダ　…………………………〔松岡健一〕…674

xviii 目　　次

16.4.1　地中探査レーダの概要 ……………………………………… 674
16.4.2　地中探査レーダの原理 ……………………………………… 675
16.4.3　観測の実際とデータ解析 …………………………………… 675
16.4.4　取得可能な雪氷学的情報 …………………………………… 676

第17章　雪 氷 観 測 …………………………………………………………… 679

17.1　積雪の観測 ………………………………………………〔山田知充〕… 679
17.1.1　積雪の層構造 …………………………………………… 680
17.1.2　雪　質 …………………………………………………… 681
17.1.3　粒　度 …………………………………………………… 681
17.1.4　積雪の深さ, H …………………………………………… 681
17.1.5　積雪水量, H_w ……………………………………………… 682
17.1.6　積雪の密度, ρ …………………………………………… 683
17.1.7　積雪全層平均密度 ……………………………………… 684
17.1.8　積雪硬度, R ……………………………………………… 684
17.1.9　雪　温 …………………………………………………… 685
17.1.10　含水率 …………………………………………………… 686
17.2　雪結晶の観測 ……………………………………………〔油川英明〕… 687
17.2.1　雪結晶観測の器具と手順 ……………………………… 687
17.2.2　雪結晶のパッチ式照明鏡による顕微鏡写真撮影法 ………… 688
17.3　雪氷コア観測 ……………………………………………〔本山秀明〕… 691
17.3.1　コアドリル …………………………………………… 691
17.3.2　コア解析 ………………………………………………… 694
17.4　雪崩調査 …………………………………………………〔尾関俊浩〕… 698
17.4.1　雪崩調査の装備 ………………………………………… 698
17.4.2　雪崩の発生予測と積雪の安定度の調査 ………………… 699
17.4.3　雪崩の現地調査 ………………………………………… 702
17.5　凍土・凍上観測 ………………………〔武田一夫・矢作　裕・森　淳子〕… 705
17.5.1　凍上観測の概要 ………………………………………… 705
17.5.2　凍結深の測定 …………………………………………… 705
17.5.3　凍上量の測定 …………………………………………… 707
17.5.4　凍上力の測定 …………………………………………… 708
17.5.5　永久凍土地帯での調査 ………………………………… 708
17.6　雪氷教育法 ……………………………………………………………… 710
17.6.1　雪氷科学と教育 ………………………………〔矢作　裕〕… 710
17.6.2　雪の結晶を作って観察する方法 ……………………〔平松和彦〕… 712

目　　次　　　　　　　　xix

付　　　録 ……………………………………………………………………… 717
　1　雪氷研究の歴史 …………………………………………〔小野延雄〕… 718
　2　世界の雪氷災害年表 ……………………………………〔小林俊一〕… 721
　3　雪氷関連機関 ……………………………………………〔古川晶雄〕… 725
　4　雪氷関連物性・分類・分布図表 ………………………〔小杉健二〕… 732

索　　　引 ……………………………………………………………………… 747

［コラム目次］

第1章　1.1 スコット極地研究所（英国）〔古川晶雄〕… 33 ／　1.2 雪はなぜ白いの
　　　　か〔若濱五郎〕… 34

第2章　2.1 中谷宇吉郎博士と雪の結晶の配置〔和泉　薫〕… 54 ／　2.2 北海道大
　　　　学低温科学研究所（日本）〔山田知充〕… 58 ／　2.3 風花〔若濱五郎〕… 81 ／
　　　　2.4 中谷宇吉郎雪の科学館〔神田健三〕… 88

第3章　3.1「根雪」の定義とは？〔榎本浩之〕… 95 ／　3.2 焼結と復氷の境目〔前
　　　　野紀一〕… 116 ／　3.3 鳴き雪〔前野紀一〕… 130

第4章　4.1 雪面のアート？―融雪剤散布―〔中林宏典〕… 141 ／　4.2 雪渓のスプ
　　　　ーンカット模様〔高橋修平〕… 146 ／　4.3 雪えくぼ〔納口恭明〕… 153 ／
　　　　4.4 雪氷学地球物理学研究施設（フランス）〔古川晶雄〕… 154 ／　4.5 木の周
　　　　りの雪の凹みは木が生きているから？〔小島賢治〕… 165

第5章　5.1 吹雪はどこへ行く？〔高橋修平〕… 197 ／　5.2 CRREL（米国）〔古川
　　　　晶雄〕… 198

第6章　6.1 黒部峡谷のホウ雪崩〔川田邦夫〕… 204 ／　6.2 雪崩に遭わないために
　　　　〔秋田谷英次〕… 215 ／　6.3 人工雪崩実験〔西村浩一〕… 221 ／　6.4 スイス
　　　　連邦雪・雪崩研究所（スイス）〔古川晶雄〕… 238

第7章　7.1 氷筍リンク〔対馬勝年・高橋修平〕… 256 ／　7.2 透明な氷はどうやっ
　　　　て作る？〔成田英器〕… 257 ／　7.3 燃える氷（メタンハイドレート）〔庄子
　　　　仁〕… 266 ／　7.4 シャボン玉も凍る〔佐藤篤司〕… 276

第8章　8.1 氷河の氷はなぜ青い？〔成瀬廉二〕… 287 ／　8.2 氷河の年輪：オージ
　　　　ャイブ〔成瀬廉二〕… 299 ／　8.3 氷河とオアシス〔樋口敬二〕… 300 ／　8.4
　　　　氷河に生きる昆虫〔幸島司郎〕… 317 ／　8.5 拡大を続ける氷河湖〔矢吹裕伯〕
　　　　… 318

第9章　9.1 南極の花火？（コップのお湯が空中で雲になる）〔榎本浩之〕… 329 ／
　　　　9.2 雪まりも〔亀田貴雄〕… 345 ／　9.3 国立極地研究所（日本）〔古川晶雄〕
　　　　… 353 ／　9.4 英国南極調査所（英国）〔古川晶雄〕… 354 ／　9.5 オースト
　　　　ラリア南極局（オーストラリア）〔古川晶雄〕… 368 ／　9.6 北極南極研究所（ロ

シア）〔古川晶雄〕… 369 ／ 9.7 ノルウェー極地研究所（ノルウェー）〔古川晶雄〕… 379 ／ 9.8 南極と北極の氷山はなぜ形が違う？〔藤井理行〕… 380

第 10 章　10.1「命の水」となった流氷〔牛尾収輝〕… 384 ／ 10.2 海氷情報の公開〔牛尾収輝〕… 389 ／ 10.3 流氷渦〔牛尾収輝〕… 394 ／ 10.4 アルフレッド・ウェゲナー研究所（ドイツ）〔古川晶雄〕… 395 ／ 10.5 北海道立オホーツク流氷科学センター〔青田昌秋〕… 404

第 11 章　11.1 ロシア科学アカデミーシベリア支部メリニコフ記念永久凍土研究所〔森　淳子〕… 418 ／ 11.2 蘭州氷河凍土研究所（現：寒区旱区環境与工程研究所）（中国）〔古川晶雄〕… 429 ／ 11.3 永久凍土内の地下食料貯蔵庫〔生頼孝博〕… 442

第 12 章　12.1 氷河が小さくなれば河川流量は減るのか？〔中尾正義〕… 472 ／ 12.2 スイス国立工科大学大気・気候学教室（スイス）〔古川晶雄〕… 486

第 13 章　13.1 氷衛星の裂け目？ エウロパの冷たいマグマ〔荒川政彦〕… 514

第 14 章　14.1 38 豪雪（さんぱち豪雪）〔佐藤篤司〕… 523 ／ 14.2 雪氷防災実験棟―防災科学技術研究所―〔佐藤篤司〕… 533 ／ 14.3 飛行機と飛行場の雪氷対策〔松田益義〕… 541 ／ 14.4 ロードヒーティングの種類〔菅原宣義〕… 544 ／ 14.5 雪が降ったときに道路に散布する凍結防止剤〔宮本修司〕… 560 ／ 14.6 スイス国立工科大学水文水理氷河学研究所（スイス）〔杉山　慎〕… 594

第 15 章　15.1 スノーバスターズ〔沼野夏生〕… 602 ／ 15.2 雪焼けはどうして起こる？〔山内　恭〕… 603 ／ 15.3 人工降雪機はどうやって雪を作る？〔金田安弘〕… 608 ／ 15.4 塩と氷でどうして冷えるの？〔小野延雄〕… 617 ／ 15.5 スキー場ゲレンデのこぶはどうしてできる？〔納口恭明〕… 618 ／ 15.6 雪国の伝承料理〔石川寛子〕… 623 ／ 15.7 木造載雪型住宅あれこれ〔深澤大輔〕… 632 ／ 15.8 氷上道路―便利な冬の交通路―〔石本敬志〕… 654

第 16 章　16.1 南極の合成開口レーダ画像〔榎本浩之〕… 668

第 17 章　17.1 雪結晶の型をとるには―結晶レプリカ作成法―〔油川英明〕… 690

1
雪 氷 圏

1.1 地球雪氷圏

1.1.1 地球雪氷圏の分布と変動

　太陽系の惑星のなかで，水が固体（雪氷）・液体・気体（水蒸気）の 3 相で存在できるのは，地球だけである．これは太陽からの距離によるもので，地球より太陽側の金星は表面温度が高すぎて固体・液体の水はなく，外側の火星は低温のため液体の水がない．

　地球表層の水の約 97% は，液体として平均深さ約 3800 m の海洋にあるが，淡水として陸上にある水量の 7〜8 割は雪氷で占められ，液体の水にして世界の海洋の深さ約 80 m 分に相当する．間氷期の現在，その 99% 強は南極氷床とグリーンランド氷床にあるが（1.2 節），約 2 万年前の最新氷期最盛期には，北米大陸とユーラシア大陸の北部に合わせて現南極氷床の約 2 倍の体積になる氷床があり，当時の陸上の雪氷量は全海洋の深さ約 240 m 分に及ぶ水量に相当した（Hughes *et al.*, 1981）．このように，地球では気候の変動によって雪氷の量と分布が変動することにより，陸と海の様相や水の循環の状態を変え，それが気候にも作用して地球環境を大きく変動させてきた．

　雪氷圏（cryosphere）とは，水が固体の状態で分布する範囲（固体水圏）をさし，通常，地球表層について使われる言葉である．Cryo-の原語はギリシャ語で，「霜」「（凍るような）寒冷」を意味し，cryosphere は寒冷圏と呼ばれることもある．地球雪氷圏は，おもに氷河（glacier）・氷床（ice sheet），積雪（snow cover），凍土（frozen ground），海氷（sea ice）などで構成されており，通年その状態を持続する多年性の雪氷圏と，寒冷期のみ現れる季節性の雪氷圏がある．氷河・氷床は多年性に限られ（1.2 節），多年性の積雪域の分布とほぼ重なる．積雪・凍土・海氷には多年性のそれらから，温暖域側に大きく広がる季節性のものもある．

表 1.1.1 地球雪氷圏の面積と体積（WCRP, 2001）

		面積（10^6 km²）	氷体積（10^6 km³）
積雪（陸上）	北半球（1月下旬）	46.5	0.002
	（8月下旬）	3.9	
	南半球（7月下旬）	0.85	
	（5月上旬）	0.07	
海氷	北半球（3月下旬）	14.0	0.05
	（9月上旬）	6.0	0.02
	南半球（9月下旬）	15.0	0.02
	（2月下旬）	2.0	0.002
永久凍土 （南極・南半球の高山除く）	連続的永久凍土	10.69	0.0097 ～ 0.0250
	不連続的・点在的	12.10	0.0017 ～ 0.0115
陸氷・棚氷	東南極氷床	10.1	22.7
	西南極氷床	2.3	3.0
	グリーンランド氷床	1.8	2.6
	氷河・氷帽	0.68	0.18
	棚氷	1.5	0.66

　表 1.1.1 に，これら雪氷圏の種類別の面積と氷体積を，積雪域と海氷の季節による変化とともにまとめた（WCRP, 2001）．凍土は多年性（永久凍土，permafrost）のみ示されている．面積では北半球冬期の積雪が最大だが，季節による変化が激しく，海氷の季節変動も大きい．このように季節性の雪氷圏の面積は 1 年の周期で大きく変化するとともに，年ごとの変化によって年々の気候にも影響する．体積では，南極氷床を筆頭とする氷床・氷河・氷帽（ice cap）などの陸氷と，氷床が海に張り出した棚氷（ice shelf）を含む多年性の氷体が，季節性の雪氷に比べて桁違いに厚いため，雪氷圏の 99 ％以上を占める．多年性の陸氷もはじめに述べたように，長い時間スケールでみると大きく変動する．雪氷圏それぞれの分布とそれに関連する事項は本章に記載されている．またその他の詳細は，各章（3. 積雪，8. 氷河，9. 極地氷床，10. 海氷，11. 凍土・凍上，12. 雪氷と地球環境変動）に述べられている．

1.1.2　雪氷圏の特性

　地球表層で，水は 3 相の間を相変化しながら循環している．水は気体から液体・固体に，また液体から固体に変化する際，温度を変えずに多量の熱（潜熱）を放出する．その逆方向，液体・固体から気体に，また固体から液体に変化する際には，同様に多量の潜熱を逆に吸収する．雪氷が地表を覆えば，日射熱の吸収を高い反射率によ

って防ぐ．また雪氷は0℃以下でしか存在できない冷媒でもあり，雪氷圏は地表にとって「負の熱源」（冷熱源，heat sink）として働く．また水が気体や液体である場合に比べ，雪氷の状態は持続される時間が総じて長く，水循環（water cycle）の速さを特徴づける．このような特性をもつ雪氷圏は，1年の季節サイクルを基本に，年々から数千年，はじめに述べた氷期-間氷期スケール，さらにそれ以上のさまざまな時間スケールの変動を，地球の歴史に織りまぜている．

このように雪氷圏は地球表層の大気水圏・岩圏・生物圏のなかで，環境を支配する熱の出入りと水循環に重要な役割を果たしており，地球環境を多様で変化に富むものにするとともに，逆にその環境を一様に保持するうえでも重要な役割を担っている．近年の地球環境変化においても，気温しだいで存在できるかどうかが決まる雪氷圏は，温暖化すれば縮小は避けられず，それによる「負の熱源」の減少は，さらに温暖化を加速するおそれもある．

1.1.3 雪氷圏の形成要因

雪氷圏は0℃以下の気温環境を必要条件として成立する．雪氷があるためには，そこに雪が降り積もるか（氷河・氷床，積雪），凍るための水がそこにもとからあることを要する（凍土，海氷）．雪氷圏のなかで，氷河・氷床と積雪は，降雪量が多いほど形成・発達しやすい．凍土は基本的には低温なほど地中深くまで成長するが，冬期の積雪は断熱材の働きをして寒気による土地の冷却を抑えるので，多雪域では逆に成長しにくい．海氷も，凍土と同様に低温によって海水が凍ってその底面で成長するので，多雪域では成長しにくいと考えられていた．しかし，表面を覆う積雪の融解水が浸透・再凍結し，海氷表面で上積み氷として成長する場合もあることがわかってきた（Kawamura *et al.*, 1997）．また海氷は，風や海流によって漂流するため，分布の状況が変化しやすいという特徴もある．

このように，雪氷圏は気温に依存して寒冷域・寒冷期に分布・成長するが，降雪（snowfall, 第2章）とそれによってできる季節積雪（seasonal snow cover, 1.5節）の効果は，上に述べたように雪氷圏の種類によって異なる．降雪量の分布は大気循環系に支配され，その変動に伴って降雪域も移動する（安成，1980; 渡辺，1980など）．また降雪が起こるには，降水が固体として降るための低温条件が必要で，降水がおもに起こる季節が寒冷期か温暖期か，寒冷な高い山岳地形があるかなどのほか，さまざまな条件が関係する（8.2.1〜8.2.3項）．雪氷圏の変動は，これら気温や降雪量などの変化の結果起こり，その変動が気候を変化させる要因にもなる． 　　　　［上　田　　豊］

文　　献

Hughes, T.J., Denton, G.H., Anderson, B.G., Schilling, D.H., Fastook, J.L. and Lingle, C.S. (1981): The last great ice sheets: A global view. The Last Great Ice Sheets（Denton, G.H. and Hughes, T.J. eds.），pp.263 - 317, John Wily.

Kawamura, T., Ohshima, K., Takizawa, T. and Ushio, S.（1997）: Physical structural and isotopic characteristics and growth processes of fast sea ice in Lutzow - Holm Bay, Antarctica. *J. Geophys. Res.*, **102**(C2): 3345 - 3355.

渡辺興亜（1980）：地球上の積雪地域．地球，**15**（地球雪氷学）：189 - 200.

WCRP（2001）: Climate and Cryosphere（CliC）Project. Science and co-ordination plan, version 1（Allison, I., Barry, R.G. and Goodison, B.E. eds.），WCRP-114, WMO/TD No. 1053, 76 p.

安成哲三（1980）：大気循環系と氷河系．地球，**15**（地球雪氷学）：180-188.

1.2　氷河・氷床の分布

　降り積もる積雪量に対し，融解して消失する雪の量が少ない状態が長年続くと，融け残った積雪は毎年毎年蓄積されることになる．堆積していく積雪は上載荷重によって圧密が進み，その密度が 830 kg/m³ をこえる付近で通気性を失って氷となる．厚みを増した雪氷体（上層の積雪を含む氷体）は，重力によって変形し，斜面下方へと流動する．通常，低地は高地よりも気温が高く，融解量は増加する．このため，雪氷体は流動してやがて融け去る高度まで流下する．このような過程がほぼ毎年同じ状態で続くとすると，融け去る高度より上の斜面には長年にわたって雪氷体が存在し，高所から低所に向かって連続的に流動することになる．このような雪氷体を「氷河」（glacier）と呼ぶ．また，氷河の大きさが大陸規模となり，中心部の厚さが 3000 〜 3500 m にも達しうるような場合，これをとくに「氷床」（ice sheet）と呼ぶ．多くの場合，氷河が山岳地形に依存して発達するのに対し，氷床は雪氷体自身が地形を形成しているという点において，両者は規模だけでなく本質的に異なる現象と理解すべきである．なぜならば，氷河が仮に消失したとしても，山岳地形が存在するかぎり，氷河を形成しうる高い標高は維持され，再度氷河が形成される条件は容易に整うが，氷床が消失すると氷床自体が維持していた標高が大幅に減ずるので，多少の気候条件の変化では再度氷床が形成されることは困難と考えられるからである．

　現在の地球上には南極大陸とグリーンランドに氷床が発達し，それ以外の地域には氷河が発達する．氷河は，その形態によって，谷氷河（valley glacier），氷帽（ice cap），氷原（ice field）などと呼ばれることもある（8.1.1 項）．氷河や氷床の分布は気候を反映して時代とともに変遷する．図 1.2.1 に現在の世界の氷河・氷床の分布地域を，表 1.2.1 には各地域の氷河の面積を示す（IAHS(ICSI)- UNEP - UNESCO, 1989）．氷河の多くは，北極圏の島々や，ヒマラヤ，アンデス，ロッキー，アルプスなどの大山脈に発達する．また，キリマンジャロなどの孤立した高山にも氷河が形成されることがある．

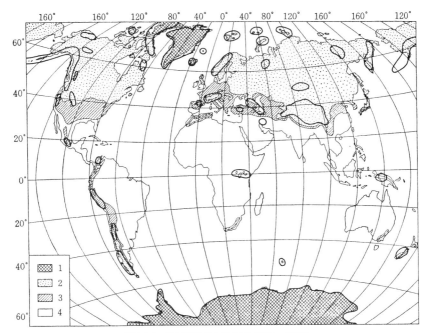

図 1.2.1　氷河が分布する地域（樋口，1977）
積雪の分布は Richter（1960）による．氷河は小さくて図示できないので，氷河の存在する地域を太線で囲んでいる．1：陸上の多年性氷雪，2：いつも冬の積雪で覆われる地域，3：ときどき冬の積雪で覆われる地域，4：季節的積雪のない地域．

　単一の氷河の面積は氷床の規模である 10^6〜10^7 km^2 を別格とすると，最大で 10^4 から 10^0 km^2 の範囲に収まる．表 1.2.2 には，氷床を除く単一の氷体で構成される氷河のうち，とくに規模の大きな氷河を示す．これらの氷河の多くは，北極圏の島々やアラスカ，パタゴニア地域にある．このような氷河の分布を決める要因については，8.1.4 項と 8.2.1 項に述べられている．
　氷河の体積については，面積に比べ圧倒的に情報が少ない．それは氷河の厚さの測定が限られた氷河で行われているにすぎないからである．しかし，氷河の体積については，経験的に面積のべき乗で近似できることが知られているので，近似的に計算することは可能である．表 1.2.3 は，実測値と経験則をもとにして推定した地球上の氷河・氷床の体積と，それぞれが仮にすべて融けた場合に海水面をどれだけ上昇させるかという値を示したものである（IPCC, 2001）．地球上の氷量の大部分は，南極氷床（89.5％）とグリーンランド氷床（9.9％）に分布し，その他の地域の氷河は 0.6％しかない．しかし，この 0.6％しかない氷河の体積（0.18×10^6 km^3）でも，地球上に存在する河川水と湖沼水の総量である 0.22×10^6 km^3（榧根，1980）に匹敵するので，その量は膨大である．

1. 雪 氷 圏

表 1.2.1 世界の氷河・氷床の面積

地域	国	山域，島，流域	面積(km^2)	地域毎面積(km^2)
南米	アルゼンチン/チリ	フエゴ島	2700	
		南パタゴニア氷原	14000	
		北パタゴニア氷原	4500	
	アルゼンチン	アンデス山脈	1385	
	チリ	アンデス山脈	743	
	ボリビア	東山脈および西山脈	556	
	ペルー	コルディエラ山脈	1780	
	エクアドル	ナポ川流域と太平洋岸地区	120	
	コロンビア	サンタマルタ山脈ほか	111	
	ベネズエラ	メリーダ山脈	3	25898
北米	メキシコ	火山群	11	
	アメリカ合衆国	シエラネバダ山脈	51	
		コロラド，フロントレンジ	2	
		レーニア山，アダムス山	64	
		オリンピック山脈	46	
		ノースカスケード山脈	266	
		ブルックス山脈	722	
		ブルックス山脈を除くアラスカ全域	74000	
		ロッキー山脈	74	
		太平洋岸の火山群	57	
		その他の散在する氷河	1	
	カナダ	太平洋岸	37500	
		ネルソン	320	
		グレートスレーブ	620	
		ユーコン川流域	10500	
		北極海岸	84	
		ラブラドル半島	24	124342
北極圏	デンマーク	グリーンランド	1726400	
	カナダ	エルズミア島	80500	
		アクセルハイベルグ島	11700	
		デヴォン島	16200	
		バイロット島	5000	
		バフィン島	37000	
		コボルグ島	225	
		メイヘン島	85	
		メルヴィル島	160	
		北ケント島	152	
		その他の極北カナダの島々	736	
	ノルウェー	スバールバル諸島	36612	
		ヤンマイエン島	116	
	ロシア	フランツヨセフ島	13734	
		ノバヤゼムリャ島	23636	
		ウシュコバ島	325	
		セーベルナヤゼムリャ	18326	
		デロング島	81	
		ランゲル島	4	1970992
アフリカ	ケニア	ケニア山	1	
	タンザニア	キリマンジャロ山	5	
	ウガンダ/ザイール	ルウェンゾリ山	5	11

1.2 氷河・氷床の分布

(IAHS (ICSI) -UNEP-UNESCO, 1989)

地域	国	山域，島，流域	面積(km²)	地域毎面積(km²)
ヨーロッパ	アイスランド	アイスランド	11260	
	ノルウェー/スウェーデン	スカンディナビア	3058	
	オーストリア，フランス，ドイツ，イタリア，スイス	アルプス	2909	
	フランス/スペイン	ピレネー	12	
	スペイン	カンタベリー山脈	1	17240
アジア	旧ソ連	ビランガ山地	31	
		プトラナ台地	3	
		オルルガン山脈	18	
		チェルスキー山脈	155	
		コリヤーク山脈	260	
		カムチャツカ半島	874	
		スンタルハイアタ山脈	202	
		コダール山脈	19	
		サヤン山脈	30	
		アルタイ山脈	907	
		クズネツキーアラタウ山脈	7	
		サウル山脈	17	
		ジュンガルスキーアルタウ山脈	910	
		テンシャン山脈とパミール・アライ山脈	10288	
		パミール山脈	6000	
		アルメニア	4	
		大コーカサス山脈	1367	
		極北ウラル山脈	29	
	トルコ		24	
	イラン		20	
	アフガニスタン	ヒンズークシ山脈	4000	
	パキスタン/インド	カラコラム山脈，ヒマラヤ山脈	40000	
	ネパール	ヒマラヤ山脈	6000	
	ブータン	ヒマラヤ山脈	1500	
	中国	アルタイ山脈	293	
		テンシャン山脈	9548	
		チーリエン山脈	1973	
		クンルン山脈	11639	
		パミール高原	2258	
		カラコラム山脈	3265	
		チンタン高原	3188	
		タングラ山脈	2082	
		ガンディセ山脈	2188	
		ニェンチェンタングラ山脈	7536	
		ホントゥアン山脈	1456	
		ヒマラヤ山脈	11055	129146
オセアニア	インドネシア	イリアンジャヤ	7	
	ニュージーランド	南アルプス	860	867
南極圏		亜南極の島々	7000	
		東南極氷床	10153170	
		西南極氷床	1918170	
		南極半島	446700	
		ロス棚氷	536070	
		ロンネ・フィルヒナー棚氷	532200	13593310
			合計	15861805

表 1.2.2 極域氷床を除く大型氷河の面積番付（MGNH: Field, 1975; WGI: IAHS（ICSI）–UNEP–UNESCO, 1989 に基づいて作成）

地域	国	氷河名	面積(km²)	出典
北極・エルズミア島	カナダ	アガッシ氷帽	19950	MGNH
北極・ノバヤゼムリャ	ロシア	北氷帽(仮称)	19000	MGNH
南米	チリ	パタゴニア南氷原	14000	WGI
北極・デボン島	カナダ	デボン氷帽	13000	MGNH
北米	アメリカ/カナダ	セントエライアス氷原(仮称)	11800	MGNH
アイスランド	アイスランド	ヴァトナ氷帽	8300	WGI
北極・スバールバル諸島	ノルウェー	アウストフォンナ	8150	MGNH
北極・アクセルハイベルグ島	カナダ	マッギル氷帽	7250	MGNH
北極・バフィン島	カナダ	ペニー氷帽	5960	MGNH
北極・バフィン島	カナダ	バーンズ氷帽	5935	MGNH
北極・アクセルハイベルグ島	カナダ	ステーシー氷帽	5100	MGNH
南米	チリ	パタゴニア北氷原	4500	WGI

表 1.2.3 地球上の氷の存在量（IPCC, 2001）

	氷河と氷帽	グリーンランド氷床	南極氷床
個数	＞160070	1	1
面積(10^6km²)	0.68	1.71	12.37
体積(10^6km³)	0.18±0.04	2.85	25.71
海面高度相当(m)	0.50±0.10	7.2	61.1
年間涵養速度(海面高度相当 mm/年)	1.9±0.3	1.4±0.1	5.1±0.2

　水循環における氷河の位置づけに着目すると，極地氷床を除く氷河・氷帽の重要性はさらに明瞭になる．表 1.2.3 には，1 年間に氷河・氷床上にどのくらいの涵養が生じるかという値（水当量）を海面の高さ相当で示した（海洋の面積を $3.62×10^8$ km² と仮定）．すなわち，おのおのの氷河における涵養総量を全海洋面積で除した値である．氷河や氷帽では 1.9±0.3 mm/年となり，グリーンランド氷床（1.4±0.1 mm/年）を上回り，南極（5.1±0.2 mm/年）の 37％に相当する．これは，氷河・氷帽の質量交換（8.2.5 項）の度合いが極地氷床に比較して桁違いに大きいことを示している．したがって，氷河・氷帽における質量交換の変動は，水循環過程に大きな変動をもたらすことが予想される．事実，20 世紀に観測された海面上昇速度である 1.0〜2.0 mm/年のなかで，海洋の熱膨張による寄与（0.3〜0.7 mm/年）についで，体積にして 0.6％しかない氷河の縮小が 0.2〜0.4 mm/年の速度で貢献していたことがわかっている（IPCC, 2001）．

　地球上の氷河や氷床は十分とはいえないが，国際的な観測網によってその状態がモニタリングの対象になっている．スイスのチューリヒに拠点を置き，"World Glacier Inventory"（IAHS（ICSI）- UNEP - UNESCO, 1989）を作成した World Glacier Monitoring Service は，各国で観測されている氷河情報を一括し，5 年ごとに

"Fluctuation of Glaciers" として世界の氷河変動の実態を報告している．また，1991
年以降は，情報を迅速に伝えるため，2年ごとに "Glacier Mass Balance Bulletin" を
出版し，氷河の質量収支データを提供している．現在では，これらの情報はすべてイ
ンターネット上で公開されている（http://www.geo.unizh.ch/wgms/）．また，アメ
リカ合衆国地質調査所（USGS）は，衛星を利用した氷河台帳を出版しはじめ，これ
まで南極（Swithinbank et al., 1988），イリアンジャヤとニュージーランド（Allison et
al., 1989），中東とアフリカ（Kurter et al., 1991），ヨーロッパ（Rott et al., 1993），グ
リーンランド（Weidick et al., 1995），南米（Schubert et al., 1998），北米（Williams
and Ferrigno, 2002）を順次刊行した．これらの情報は，WEB（http://pubs.usgs.gov
/fs/fs133-99/）でも閲覧可能である． ［白 岩 孝 行］

文　　献

Allison, I., Paterson, J. and Chinn, T.J. (1989): Irian Jaya, Indonesia, and New Zealand. Satellite Image
　　Atlas of Glaciers of the World (Williams, Jr. R.S. and Ferrigno, J.G. eds.), U.S Geological Survey.
　　Professional paper, No.1386-H, 48 p.

Field, O. (1975): Mountain glaciers of the Northern Hemisphere. Atlas, Volume 1 and Volume 2. 1697 p,
　　New York, American Geographical Society.

IAHS (ICSI)-UNEP-UNESCO (1989): World Glacier Inventory － Status 1988 － (Haeberli, W., Bosch,
　　H., Scherler, K., Ostrem, G. and Wallen, C.C. eds.), 368 p, IAHS, GEMS/UNEP, UNESCO.

IPCC (2001): Climate Change 2001: The Scientific Basis (Houghton, J.T., Ding, Y., Griggs, D.J., Noguer,
　　M., van der Linden, P.J., Dai, X., Maskell K. and Johnson, C.A. eds.), 881 p, Cambridge University
　　Press.

榧根　勇 (1980)：水文学（自然地理学講座 3），272 p，大明堂．

Kurter, A., Ferrigno, J., Young, J.A.T. and Hastenrath, S. (1991): Middle East and Africa. Satellite Image
　　Atlas of Glaciers of the World, U.S Geological Survey (Williams, Jr. R.S. and Ferrigno, J.G. eds.),
　　Professional paper, No.1386-G, 70 p.

Richter, G.D. (1960): The geography of snow cover. Academy of Science USSR, 221.

Rott, H., Scherler, K.E., Reynaud, L., Barbero, R.S., Zanon, G., Serrat, D., Ventura, J., Ostrem, G.,
　　Haakensen, N., Schytt, V., Liestol, O. and Orheim, O. (1993): Europe. Satellite Image Atlas of
　　Glaciers of the World, U.S Geological Survey (Williams, Jr. R.S. and Ferrigno, J.G. eds.),
　　Professional paper, No.1386-E, 164 p.

Schubert, C., Hoyos-Patino, F., Jordan, E., Hastenrath, S., Arnao, B.M., Lliboutry, L. and Corte, A. (1998):
　　South America. Satellite Image Atlas of Glaciers of the World, U.S Geological Survey (Williams, Jr.
　　R.S. and Ferrigno, J.G. eds.). Professional paper, No.1386-I, 206 p.

Swithinbank, C., Chinn, T.J., Williams, Jr. R.S. and Ferrigno, J.G. (1988): Antarctica. Satellite Image Atlas
　　of Glaciers of the World, U.S Geological Survey (Williams, Jr. R.S. and Ferrigno, J.G. eds.).
　　Professional paper, No.1386-B, 278 p.

Weidick, A., Williams, R.S. and Ferrigno, J.G. (1995): Greenland. Satellite Image Atlas of Glaciers of the
　　World, U.S Geological Survey (Williams, Jr. R.S. and Ferrigno, J.G. eds.). Professional paper,
　　No.1386-C, 141 p.

Williams, Jr. R.S. and Ferrigno, J.G. (2002): Glaciers of North America. Satellite Image Atlas of Glaciers
　　of the World, U.S Geological Survey (Williams, Jr. R.S. and Ferrigno, J.G. eds.). Professional paper,
　　No.1386-J, 405 p.

1.3 凍土の分布

1.3.1 土の凍結

土が凍るとは，土の粒子そのものでなく，土に含まれる水が凍ることである．このため，土は凍る前に比べて強さが数十倍になりコンクリートのように硬く，しかも水を透さない性質をもつ凍土（frozen ground または frozen soil）に変わる．こうした性質は，人工的に凍らせた凍土によって，土木工事に地盤凍結工法（ground freezing technique）として利用されている．一方，寒冷地では，地中にできた霜柱，アイスレンズ（ice lens）によって，土が体積膨張して地面を持ち上げる凍上現象（frost heave phenomenon または凍上 frost heave）が起こり，道路や鉄道などに凍上害をもたらす．さらに寒いシベリアにある凍土は，森林植生にかかわって地球規模の環境に影響を及ぼし，またその下にエネルギー資源があることから注目されている．このように土の凍結は，地球上のさまざまな場所で，私たちの生活に深くかかわっている．

1.3.2 季節凍土

冬の朝，地面にできた霜柱（needle ice）は，凍土分布の最南端で起こる土の凍結現象の一つである．少し標高が高い本州山岳地域や，北にある北海道の東部・中部や東北地方の北部などの太平洋側では，冬でも積雪が少ないとき，厳しい寒さのために土が凍る．たとえば，除雪条件下で土の凍結過程を調べた，北海道・苫小牧郊外の北大演習林の観測（図 1.3.1）では，11 月末に土が凍りはじめ，3 月中旬に凍土の厚さを示す凍結深（凍結深さまたは凍結深度，frost depth）が最大 77 cm になる．その後徐々に表面から融けて，5 月中旬には完全に融けきり，半年近く凍土が存在する（木下ほか，1977）．そして，同じ除雪条件下で測定した北海道の凍結深分布では，最も大きいところが東部内陸地域で 1 m 近くになる（図 1.3.2）．除雪をしない自然積雪下の凍結深は，積雪深，植生，斜面の向きなどの条件によって変わるが，総じて除雪したところより小さくなる．このように，1 年のうちの限られた期間存在する凍土を，季節凍土（seasonally frozen ground）という．一方，冬のはじめから積雪のある北日本の日本海側では，積雪が断熱材（thermal insulating material）の役割をして寒さが地面に伝わらないため，土はほとんど凍ることがない．

1.3 凍土の分布

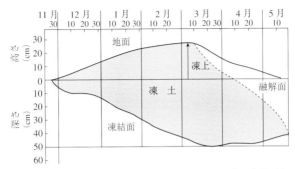

図 1.3.1 土の凍結過程・季節凍土の形成,苫小牧郊外 1976〜77 年の冬期（木下ほか,1977）

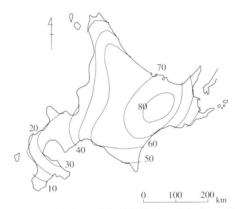

図 1.3.2 北海道にある季節凍土の最大凍結深(cm) の分布（1975 年に測定）（福田・矢作,1975）

1.3.3 永久凍土

季節凍土地帯よりさらに寒い地域では，冬に凍った凍土が短い夏の間に地面から融けるが，完全に融けきらないうちにつぎの冬を迎える．そして，冬の訪れとともに地面から凍りはじめ，夏に融けた土は再び凍る．寒さが続き例年より寒い冬は，凍土の温度が下がり，先に凍っていた土を越えて，さらに下へ地下深く凍結が進む．このため，凍結・融解を繰り返すのは，表層にある活動層（active layer）と呼ばれる層だけであり，その下には永久に凍ったままの土，永久凍土（permafrost）がある．その定義は，土が 2 年以上凍った状態にあるものをいう．存在の南限は，年平均気温 −2℃にほぼ一致するといわれる（木下,1982）．凍土は，寒い空気や放射冷却で地面が冷やされてできる．しかし，広い地域をみたとき河川，湖沼，斜面の向きなどの地形や，地下水，土質，植生などに違いがあり，凍結や融解の進行はそれらによって著し

く影響を受けるので,凍土の分布に違いを生じる.

1.3.4 永久凍土の分布

地球全体の永久凍土は,シベリア,アラスカ・カナダ北部,チベットと,多くが北半球に分布する.南半球では,南極大陸と南米の高山地域に分布する.その面積は氷河・氷床より大きく 2.1×10^7 km^2 に及び,世界の全陸地の14%を占める.とくに最大の面積をもつシベリア永久凍土は,日本の面積の26倍になり,世界全体の凍土面積の45%にあたる.

永久凍土は,その分布状況によって呼び方が異なる.図1.3.3は,カナダの南から北に広がる永久凍土の断面を示している.南の季節凍土地帯から続いて,そのなかに島のように点在するものを点在的永久凍土(sporadic permafrost)と呼ぶ.北に行くにしたがって永久凍土は厚くなるが,不連続に存在するものを不連続的永久凍土(discontinuous permafrost)と呼ぶ.このなかには,深さ方向に永久凍土層がとびとびに存在し,その間にある凍結していない層をタリク(talik)という.さらに北では,平面的にも深さ的にも連続しているものを連続的永久凍土(continuous permafrost)と呼ぶ.

不連続的永久凍土の南にあるヘイリバーでは,活動層が1.5〜3.0 m,その下の永久凍土の厚さが12 mである.北にあるノーマンウェルズでは活動層が1〜1.5 m,永久凍土が45 mである.北極に近い連続的永久凍土のリゾリュートでは,活動層が0.5 m,永久凍土は約400 mに達する.このほか,永久凍土の厚さは,ヤクーツクで200 m,アラスカのプルドベイで650 m,ロシアのチクシで640 mなどである(福田ほか,1984).また,図1.3.4に示す北半球の永久凍土分布をみると,北極海沿岸では海底に海岸線から数十kmの範囲に広がる,海底永久凍土(subsea permafrost)がある.このほか,高山に分布する山岳永久凍土(alpine permafrost)は,チベット高

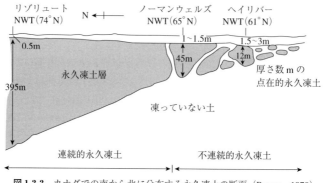

図1.3.3 カナダでの南から北に分布する永久凍土の断面(Brown, 1970)

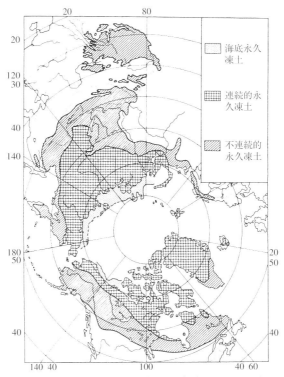

図 1.3.4 北半球に広がる永久凍土の分布 (Washburn, 1979)

原で広くみられ，日本でも富士山や北海道の大雪山で存在が確認されている．

永久凍土地帯では，他でみられない地形や植生状態がみられる．東シベリアやカナダ・マッケンジー川デルタでは，高さ数十 m もある巨大霜柱の山ピンゴ (pingo)（図 1.3.5）がある（木下，1980）．また，地表に沿って存在する大量の純氷，集塊氷 (massive ice) や，森林の伐採や山火事などで永久凍土が融けて地面が沈下してできたとされる，凹地になったアラス (alas) と呼ばれる地形がある（福田，1996）．北極海沿岸には，ツンドラ (tundra) と呼ばれる，立木のないコケ類，地衣類，小低木の混じる草原になった植生状態がみられる．この地域では，土の凍結融解や熱収縮によって地表面にできた幾何学的な模様をもつ構造土 (patterned ground) があり，その下にはくさび形をした地下氷の氷 楔 (ice wedge) が形成されていることがある．このように寒冷な地域で地表に凍結・融解 (freeze-thaw) 作用が強く働き，残雪や風の影響が加わって発達した地形を周氷河地形 (periglacial landforms) という．

図1.3.5 カナダ・マッケンジー川デルタにある氷の山ピンゴ
(木下,1980)

1.3.5 永久凍土と地球環境

　シベリアの永久凍土の上には，世界最大の針葉樹林帯，タイガ（taiga）が広がる．タイガの面積は 5×10^6 km² で，地球上の森林面積の約14％を占めている．永久凍土は，エニセイ川を境に西シベリアでは北極海沿岸に分布しているのに対して，東シベリアでは北極海沿岸から中国北東部まで広く分布する．これらの永久凍土の分布は，現在の気候環境だけでなく最終氷期（約2万年前）の環境の違いを反映する（福田ほか，1997）．西シベリアは，最終氷期には厚さ1000 m をこえる氷床に覆われて，永久凍土が形成されなかった．一方，氷床に覆われなかった東シベリアは，現在より平均気温が10℃も低い環境下にあって，厚い永久凍土が形成された．その東シベリアには，ダフリアカラマツのタイガが広がる．中心にあるヤクーツクは，年間降水量が200 mm 余りと乾燥気候に匹敵し，本来なら草しか生えないほど雨が少ない．しかし，ここで森林が形成されるのは，永久凍土が水を透さないので，わずかしか降らない雨水や活動層の水を樹林が利用できるためである．
　シベリアタイガでは毎年山火事が多く発生している．山火事のあった場所では，日射が地面を直接暖め永久凍土を融かす原因になる．山火事をきっかけに森林が若返る場合もあるが，雨量の少ないところでは土壌の乾燥化が進んで森林が再生されないことがある．水と熱の微妙なバランスを保って成り立つ，広大な永久凍土地帯にあるシベリアタイガは，地球環境の保全に大きな影響を及ぼすと考えられている．

［武田一夫］

文　　献

Brown, R.J.E. (1970): Permafrost in Canada, 234 p, University of Toronto Press.

福田正己・矢作　裕 (1975)：北海道内土壌凍結深分布について．昭和 50 年度日本雪氷学会全国大会講演予稿集：281.

福田正己・小疇　尚・野上道男編 (1984)：寒冷地域の自然環境，274 p，北海道大学図書刊行会．

福田正己 (1996)：極北シベリア（岩波新書 481），191 p，岩波書店．

福田正己・香内　晃・高橋修平編著 (1997)：極地の科学・地球環境センサーからの警告，179 p，北海道大学図書刊行会．

木下誠一・鈴木義男・堀口　薫・福田正己・井上正則・武田一夫 (1977)：苫小牧における凍上観測（昭和 51 - 52 年冬期），低温科学，物理篇 **35**：307 - 319.

木下誠一 (1980)：永久凍土，202 p，古今書院．

木下誠一編著 (1982)：凍土の物理学，227 p，森北出版．

Washburn, A.L. (1979): Geocryology — a survey of periglacial processes and environments, 406 p, Arnold London.

1.4　海氷の分布

　中・高緯度の寒冷な海域では，大気によって海水がその結氷温度まで冷やされ，さらに熱が奪われると，海水が凍結した海氷（sea ice）が形成される．海水の結氷温度は塩分によって変化するが，おおよそ −1.9 〜 −1.7℃ である．海氷域は秋から冬の発達と春から夏の後退という顕著な季節変化を繰り返している．北半球と南半球，それぞれの冬季に最も拡大する海氷域の面積を両者合わせると，世界の海（3 億 6000 万 km²）の約 10％ に達する．地球表面の約 70％ が海であることから，地球の表面積の約 7％ で海氷がみられることになる．

1.4.1　北半球の海氷

　北半球では，北極海をはじめ，カラ海，バレンツ海，グリーンランド海，カナダ多島海，バフィン湾，ハドソン湾，ボスニア湾，バルト海，ベーリング海，オホーツク海，日本海，渤海（東シナ海，黄海の奥部）で海氷がみられる．日本海の結氷は，北部のタタール海峡と西部のピョートル大帝湾（ウラジオストク付近）に限られる．また，渤海には黄河など周辺河川から大量の淡水が流入し，海水塩分が低下した浅い湾（遼東湾，西朝鮮湾，莱州湾，渤海湾）の沿岸部のみで結氷する．したがって，渤海を河口域の結氷とみなすと，北半球ではオホーツク海が最も南に位置する海氷域となる．低緯度のオホーツク海（南端は北緯 44°）で，海氷が発達する要因はつぎのように考えられている．オホーツク海はシベリア，カムチャッカ半島，千島列島，北海

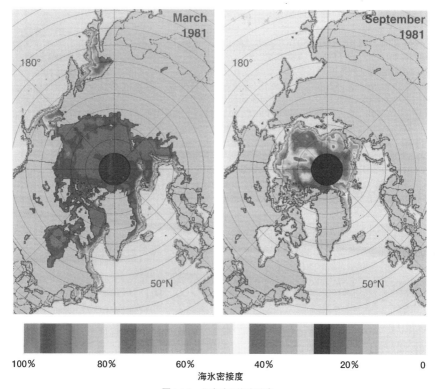

図 1.4.1 北半球の海氷分布
冬（3月）と夏（9月）についての海氷域の広がりを人工衛星ニンバス7号マイクロ波放射計で観測したもの．色の違いは月平均の海氷密接度（％）を表す（口絵5参照）．密接度とは海域内で氷の占める面積の割合をいう（Gloersen *et al*., 1992 による）．

道，サハリン（樺太）で囲まれており，太平洋や日本海との海水交換が少ない．さらに夏から秋にかけて，アムール川から大量の雪融け水が流入し，オホーツク海表層の塩分を低下させる．そこに冬季のシベリアから寒冷な季節風が吹き込み，表層が効率よく冷却され，海氷が形成される．海氷の発達勢力が強いときは，根室海峡や国後水道，択捉海峡を通って太平洋側に流出することもある．

人工衛星観測によって，北半球の海氷面積は9月に最小（約 600 万 km^2），3月に最大（約 1600 万 km^2）となることが知られている（図 1.4.1）．とくに北極海では，最大面積の約 75％ の海氷が夏になっても中央部では融けきらず，翌年以降も成長を続ける多年氷（multi-year ice）となっており，その厚さは約 2〜4 m である．これに対して，バルト海やベーリング海，オホーツク海などの海氷は，海氷生成後1年未満で夏の融解期を迎えて，融けてしまう一年氷（first-year ice）である．北極海など

1.4 海氷の分布

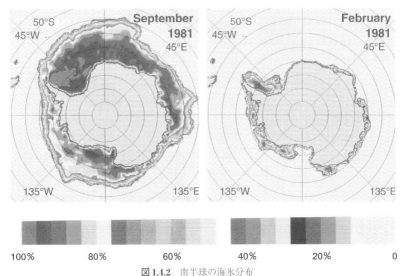

図 1.4.2 南半球の海氷分布
冬（9月）と夏（2月）の比較．色の違いは図1.4.1と同様（口絵6参照）
（Gloersen et al., 1992による）．

の北半球海氷域の多くは，その周囲に位置する大陸や島のために，地形的な条件から海氷域の拡大が制限される．したがって，一般的に冬季の最大海氷面積では年による変化幅が小さく，海氷面積の年々変化には，夏季の海氷後退の度合いが大きく影響する．グリーンランド海東部やバレンツ海西部で海氷域が南に張り出さないのは，北大西洋からの高温高塩分水が北極海に流入しているためである．

1.4.2 南半球の海氷

一方の南半球では，南極大陸を取り巻く太平洋，大西洋，インド洋の南方，つまり南大洋（Southern Ocean）の南部が海氷域となっている（図1.4.2）．大半が多年氷で占められる北極海とは対照的に，南大洋の海氷域はその約85%が一年氷で，平均の厚さは約40〜50 cmである（Worby et al., 1998）．互いに重なり合うと，厚さは1 m以上になる．地形的に開放した南極海であるが，海域によって氷縁の張り出し方に違いがあり，とくにウェッデル海東方域の東経10°線周辺では，冬季の氷縁位置が最大で南緯55°付近まで達する．これはウェッデル海に形成されている時計回りの環流が，海氷を効率よく北方に輸送していることによる．南大洋の海氷面積は9月頃に約2000万 km^{2}の最大値に達する．これは南極大陸の面積（棚氷を含めて約1360万 km^2）を上回る広さで，冬季南半球の雪氷圏を拡大し，大気に対する冷源効果の増大

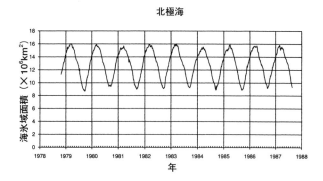

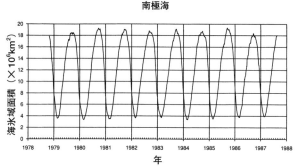

図1.4.3 北極海と南極海において季節変化する海氷域面積の年々の推移（Gloersen *et al.*, 1992による）

に寄与している．

海氷面積が最小（約500万km²）となるのは2月頃で，海氷域の拡大に7カ月，衰退に5カ月かかる．これは海氷域が後退する速さが拡大期のそれよりも大きいことを示しており，最大と最小との日数間隔が非対称となっている．北極海の海氷面積の季節変化についてはほぼ対称となっている（図1.4.3）．大陸の周囲に広い海洋が位置している南極域では，海氷が低緯度域へ拡大していく傾向が強い．一方，北極海は大陸や島に取り囲まれているため，厳寒期でも海氷域の拡大は抑制されることになる．このように両極域における大陸と海洋分布の違いによって，それぞれの海氷面積の年変化幅に差が現れている．

1.4.3　変化に富む海氷域

海氷は大気-海洋間の熱交換過程のもとで，成長あるいは融解し，それが海氷面積

の拡大，縮小に反映される．しかし，海氷が風や海流の影響で漂流することによって
も，海氷分布は変化する．時々刻々と変化しつつある海氷域の様子が人工衛星や航空
機，船舶から観測されている．とくに海氷のリモートセンシングで注意すべき点は，
厚さ分布の詳細を検出する手法が未だ確立されていないことである．海氷の厚さの時
間・空間的な変化を知ることによって，海氷域の変化を体積や質量として把握するこ
とができ，大気-海洋間の熱交換やそれに伴う海洋物理の諸現象の理解にも役立つ．
わが国を含む世界各国で，海氷の厚さを広域にわたって観測する技術や解析手法の開
発を進めている．

　海氷域はさまざまな密接度（ice concentration）の領域から構成されている．密接
度は気象学で用いる雲量と同様に，ある面積に占める海氷の割合を十分比，または百
分率で示す量である．海氷域には密接度が低い，あるいは開水面の領域が存在するこ
とがある．このうち空間規模が比較的小さく，また直線的な形状の氷縁で囲まれたも
のはリード（水路，lead）といい，船舶の航行が可能な海域である．これに対して，
直線的でなく，比較的広い開水面や疎氷域をポリニア（氷湖，polynya）という．北
半球では，バフィン湾北部のノースウオータ（North Water: NOW），グリーンランド
東部沿岸のノースイーストウオータ（Northeast Water: NEW），ベーリング海のセン
トローレンス島南岸ポリニア（St. Lawrence Island polynya: SLIP）の三つが代表的で
ある．南半球では 1970 年代半ばの冬季，ウェッデル海に巨大なポリニアの出現した
様子が，マイクロ波放射計を搭載した人工衛星でとらえられている．このポリニアは
ウェッデルポリニア（Weddell polynya）と呼ばれ，とくに 1974 年から 1976 の 3 年
間に顕著であった．面積は最大で 30 万 km² 以上に達し，日本列島の面積に迫るほど
であったが，1978 年以降，顕著なウェッデルポリニアは現れていない．

　これらのほかにも，大陸や島の沿岸域では，大小さまざまな規模のポリニアが形成
されている．ポリニアの成因によって，①強風の影響を受けて，大陸や島の風下側で
新しく生成された海氷が風や海流でつぎつぎと吹き流されている潜熱ポリニア
（latent-heat polynya，海洋から大気への放熱が氷生成に伴う潜熱供給でバランスして
いる），②暖深層水の湧昇に伴って海氷の生成が妨げられている顕熱ポリニア
（sensible-heat polynya，表層に比べて暖かい深層水からつねに輸送される熱が成因
である）に分けられる．海域や条件によっては，①と②が複合した成因のものもあ
る．ウェッデルポリニアに代表される外洋域の広大なポリニアは，深層（千数百 m
～数千 m 深）まで達する対流混合によって，高温・高塩分水が表層に供給されたこ
とが要因となった顕熱ポリニアと考えられている．このような特異な対流を深層対流
（deep convection）といい，極域海洋学の分野で注目されている現象の一つである．

　海氷生成に伴う海水混合（水塊形成）は，世界の海洋深層循環に寄与していると考
えられている．また，海氷は氷河や氷床と比べて，面積や厚さの増減が地球環境の変
化に対して速く応答する傾向をもつ．大気-海洋間の熱・各種物質交換過程や地球規
模の気候・環境変動機構に果たす海氷の役割を理解するためにも，海氷域の季節・

年々変化を長期的に監視する重要性が高まっている.　　　　　[牛尾収輝]

文　　献

Gloersen, P., Campbell, W.J., Cavalieri, D.J., Comiso, J.C., Parkinson, C.L. and Zwally, H.J. (1992): Artic and Antarctic sea ice, 1978‒1987: satellite passive‒microwave observations and analysis. National Aeronautics and Space Administration, Washington, D.C., NASA SP-511.

Worby, A.P., Massom, R.A., Allison, I., Lytle, V.I. and Heil, P. (1998): East Antarctic sea ice: a review of its structure, properties and drift. Antarctic sea ice: physical processes, interactions and variability, Antarctic Res. Series, **74**: 41‒67.

1.5　季節積雪の分布

　季節積雪（seasonal snow cover）は，陸上に降る降雪が堆積し形成された積雪で，つぎの冬がくるまでに融けてしまう季節性の積雪をさす．この季節積雪は，つぎの二つの側面で我々の生活に強く関係する．一つは雪が融け去るまで 0 ℃以下であること，また白く日射を強く反射する物質であるため，地球上の冷源として「地球上の気候形成」にかかわること，またもう一つの側面は融雪すると水になり，川へ流れたり地面に吸収されたりする「水資源」の一部としての機能である．この二つの側面のうちどちらが各地域で重要性をもつかは，季節積雪の厚さ，広がりによって異なり，またその地域の年間の気候によって各地域で異なる．

1.5.1　季節積雪の分布と変化

　季節積雪の分布は，季節により異なる．北半球でいえば，夏期が終わり 9 月頃から積雪が形成されはじめる地域もあれば，冬期でもときどきしか積雪が形成されない地域もある．また，時代によって積雪分布も変わる．また，南半球はとくに高緯度域で大陸部分が少ないので，季節積雪の範囲は皆無に近い.

　地球上の積雪分布は，地上における種々の観測に頼っていたのが，1960 年代から人工衛星を利用するようになってきた．現在では可視域やマイクロ波など数種類の方法によって大陸規模の積雪分布図が作成されているが，まだそれぞれに問題点があるとされている（Scialdone and Robock, 1987; Robinson and Kukla, 1988 など）.

　まず最初に，積雪面積（snow‒covered area）が最大に近い真冬の特定の時期（1984 年 1 月 23～29 日）の北半球積雪分布図を図 1.5.1 に示した．これは，NOAA（アメリカ海洋気象庁）で作成している各週の積雪分布図の一例であり，分布は年によりある程度変化する．ユーラシア・北米大陸の北半分が積雪で覆われていることがわかる．またチベット高原・中央アジア高山帯のように高標高のため離れ島として分

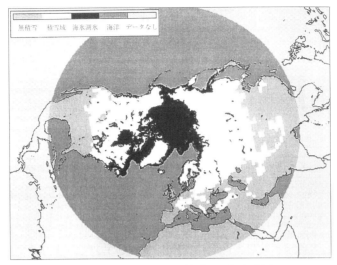

図 1.5.1　1984年1月23〜29日の北半球季節積雪の範囲（図はWCRP, 2001より．データはコロラド大，NSIDC DAACより）

布している積雪地域もある．

積雪分布は季節の進行とともに変化するので，その季節変化を図1.5.2に示した．これは冬期のある時点で特定の年に積雪が存在する確率を示している（50%の線を強調してある）．0%より南の範囲は，積雪をみることができない地域であり，50%線上の地域は平均して2年に1回積雪がみられる地域であり，100%より北の地域は毎年必ず積雪がみられる地域である．50%線についてみると，9月にはすでに大陸北方で積雪域がみられ，11月，1月と進行するにしたがって積雪域の範囲はおおよそ北緯40°まで南下し，中央アジアなど場所によっては，北緯30°まで南下する．その後，3月になると気温が高く，日射が強くなるため南部の地域では雪の昇華・融解により積雪が消失しはじめ，積雪域の境界は北上しはじめ，5月には環北極域と中央アジアの一部山岳域に限定されるようになる．冬期の主として気温の変化に対応して南下・北上が起こる．

1.5.2　積雪量の分布

積雪の量は，多くの場合，その深さをさす積雪深（snow depth，単位 m, cm などを用いる）と水に換算した量である積雪水量（snow water equivalent，単位 mm, cm を用いる）によって示すが，一般的にこれら二つは同一場所でおおよそ比例関係にある．寒候期に降水量が多い地域は一般的に積雪量が多く，逆の場合は少ない．

積雪期間中における実際の積雪深の変化をユーラシア大陸上5カ所，1998/99年の

22   1. 雪　氷　圏

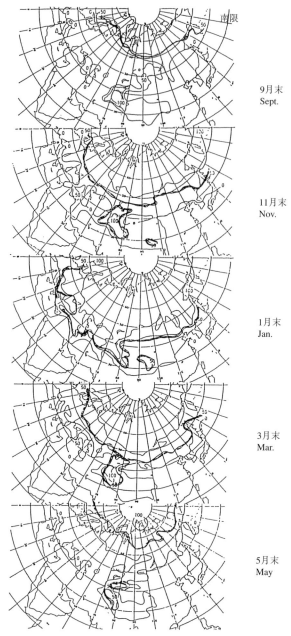

図 1.5.2　ユーラシア大陸の 9 月末から 5 月末までの各月の積雪域の分布の確率
0, 50, 100 の数字は, 各時期に積雪が存在する確率を％で表している. 使用した積雪データ
は 1966 年から 1984 年まで (Dewey, 1987 を改変).

1.5 季節積雪の分布

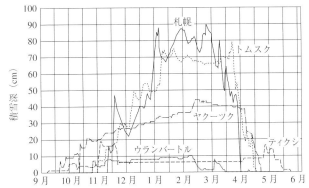

図 1.5.3 ユーラシア大陸上5カ所の1998/99冬期の積雪深の季節変化
示されている地点は,ティクシ(ロシア),ヤクーツク(ロシア),トムスク(ロシア),ウランバートル(モンゴル)と札幌(日本).

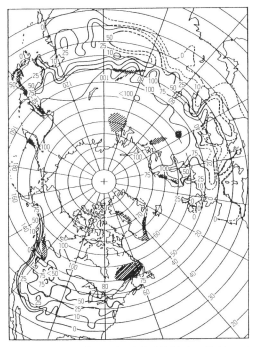

図 1.5.4 北半球の多雪地域の分布(斜線)と1月末に1インチ以上の積雪深になる確率(%)(Dickson and Posey, 1967 および渡辺, 1982 による)

同じ冬期について，図1.5.3に示した．東シベリアの北極海沿岸のティクシ，タイガ帯の中心であるヤクーツク，モンゴルのウランバートル，西シベリアのトムスクと日本の札幌の地点である．それぞれ，冬期に連続的な積雪が存在するが，その変化のパターンは多少異なる．冬の間中，積雪が薄い地域（ティクシ，ウランバートル）がみられるが，これは強風のためいったん地上に落ちた雪が吹き払われる結果と考えられる．ヤクーツク，トムスク，札幌では量が異なるが季節の進行とともに徐々に増え，春期に入って融解でいっきに消失する．これら3カ所の積雪期間の長さや積雪深の推移は，気温が0℃以下となる季節の長さ，冬期間中の気候，局地的な雪の削剥と堆積によってもたらされる．日本の積雪深は冬の季節風により日本海側を中心としてかなり多いが，大陸上では0.5mをこえるところは，山岳域を除くとそう多くはない．また後で述べるが，日本と大陸上では雪質も異なる．これまでは積雪が冬期間，連続的に存在する地域をみてきたが，緯度の低いチベット高原のように不連続な地域もある（大畑，1995）．

北半球でとくに積雪深の大きい地域を図1.5.4に示した．この図には，1月末に積

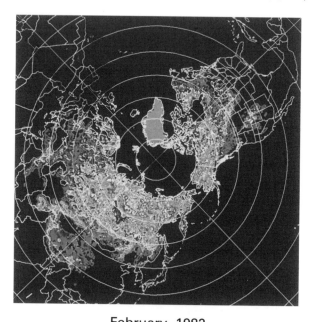

図1.5.5　人工衛星搭載マイクロ波センサの信号から求めた1982年2月の北半球積雪深分布図の例（Foster and Chang, 1992による．口絵7参照）

1.5 季節積雪の分布

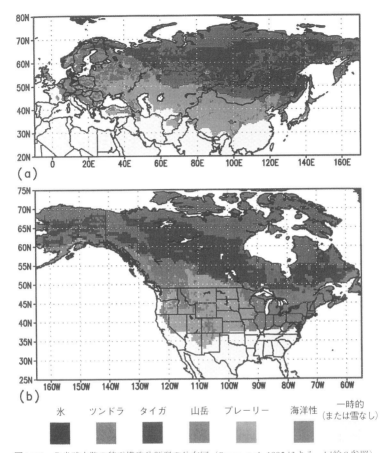

図 1.5.6 北半球大陸の積雪構造分類型の分布図（Sturm et al., 1995 による．口絵 8 参照）

雪深が 2.5 cm 以上である確率を示した線も表示されている．また表 1.5.1 にその地域の場所の一覧表を示した．積雪量の多い地域は，海洋性気候の冬期降水量の多い地域に対応している．日本もそのなかに含まれ，世界的にも積雪量の多い地域となっている．日本で公式に記録されている積雪深の最大値は，1927 年の 2 月 13 日に発生した新潟県中頸城郡の 8.18 m である．最近の冬期温暖化で，この記録は破られていない．実際には，山岳地などでは吹きだまりの影響で 20 m をこす積雪がみられる．

　積雪量を最も正確に求めることができるのは，地上の観測点であるが，水文・気候学的視点から広域分布を知る必要がある．近年では人工衛星のマイクロ波放射計により，ある程度求められるようになってきていて，図 1.5.5 にその一例を示した．これは特定の計算方式を用い積雪深に換算しているが，森林など植生の多い地域やしもざらめ雪などが存在すると誤差が大きいとされている．

表 1.5.1　北半球の多雪地域の緯度と中心域の規模（渡辺, 1982による）

地　　域	おおよその緯度範囲（北緯）	中心域のおおよその規模（km²）
ラブラドール	50〜55°	6×10⁵
ウラル―オビ―エニセイ	65〜70°	10×10⁵
カムチャツカ	50〜60°	
グリーンランド南岸	60〜65°	3×10⁵
スカンディナビア	60〜68°	1×10⁵
日本海沿岸（日本列島）	35〜44°	1×10⁵
山　岳　地　域		
アラスカ―コルジェラ山地	40〜65°	
ヒマラヤ―カラコラム―テンシャン	27〜45°	
アルプス―ピレネー	42〜47°	

1.5.3　積雪の構造の広域分布

　積雪を構成する雪粒子の形態，大きさ，内部の層構造は，地域によって，それぞれの置かれている気候帯の特徴を反映してさまざまである．たとえば冬期気温の低いシベリアなどではしもざらめ雪が多いし，地域によっては氷板の多く入ったところもあ

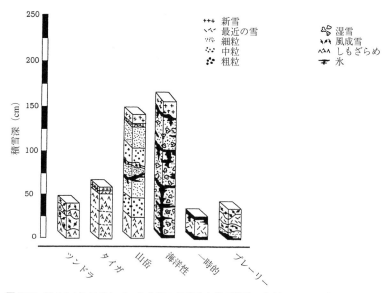

図 1.5.7　図 1.5.6 に示されている分類の代表的な積雪構造の分類パターン（Sturm *et al.*, 1995 による）

る．図1.5.6に冬期後半の積雪構造の分布図（Sturm *et al.*, 1995）を示した．この図では，積雪を雪質と構造の観点から図1.5.7に示した6種類，つまりツンドラ，タイガ，山岳，海洋性，プレーリー，一時的な積雪に分類している．特定の地点の積雪構造は，地上の気象要素（気温・降水量・風速）をもとに分類している．ユーラシア大陸のほうをみると，北緯50°以上に地表面状態としてツンドラと呼ばれている以外の場所でも多くのツンドラ積雪がみられる．そのなかにタイガ積雪が存在している．北緯50°以下はプレーリー積雪ないし一時的な積雪が分布している．日本国内には山岳積雪，海洋性積雪が分布し，これは北欧・東欧地域の積雪構造と類似していることがわかる．

1.5.4. 積雪面積の長期変動

地球規模では，積雪量に比べ積雪面積のほうが精度よく求めることができる．

まず，人工衛星観測の開始以降の積雪面積の変化について紹介する．図1.5.8に北半球積雪面積の長期変動を示したが，二つの大陸別と北半球全体について，それぞれが示されている．冬期（真冬）の積雪面積は年々の変化が少ないが，秋期（積雪形成期）と春期（積雪消失期）には減少の傾向がみられる．どちらかというと，面積的に大きいユーラシア大陸のほうで顕著であるといえる．北半球全体で，1984〜1993年は1972〜1981年の平均に比べ，春期には6.5%の減少，秋期，冬期はそ

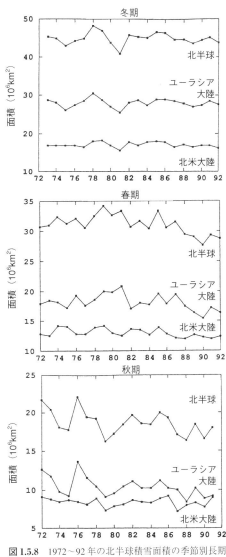

図1.5.8 1972〜92年の北半球積雪面積の季節別長期変動

北半球全体，ユーラシア大陸，北アメリカ大陸に分けられている（Walsh, 1995; Robinson, 1993による）．

れぞれ 3.7％減少，0.5％増加であり，変化傾向は季節によって異なる．この変化には気温の上昇が効いており，融解時期の早まり，積雪開始時期の遅延，いわゆる温暖化のもたらした現象と考えられている．より精度の高い 1979 年から 1999 年までのデータに基づく解析では，ここ 20 年間の季節を考慮しない全体としての変化は減少傾向で，この期間におよそ 3％減少していることが示されている（Armstrong and Brodzik, 1999）．なお，積雪量の広域分布についての長期変動についてはまだ信頼度の高い結果が出されていない．

　積雪域は，気象現象の結果として起こるため，温暖化とは別にその年の大気循環の特徴も反映していると考えられている．この一つの例がユーラシア大陸の積雪についてのエルニーニョとの間でみられる関係である（Groisman *et al.*, 1994）．エルニーニョの年に，秋期はユーラシア積雪域南部（北緯 40～50°）で積雪域が平年状態に比べ拡大し，つぎの年の春期の積雪域は縮小していることが示されている．エルニーニョがユーラシア大陸および付近の大気循環場をある程度規定し，それが特定時期の降雪・気温場に影響する結果この関係が生じていると考えられている．[**大 畑 哲 夫**]

文　献

Armstrong, R.L. and Brodzik, M.J.（2001）: Recent northern hemisphere snow extent: a comparison of data derived from visible and microwave sensors. *GRL*, **28**(19): 3673‑3676.

Dewey, K.F.（1987）: Satellite‑derived maps of snow cover frequency for the Northern Hemisphere. *J. Climate and Appl. Met.*, **26**(9): 1210‑1229.

Dickson, R.R. and Posey, J.（1967）: Maps of snow cover probability for the northern hemisphere. *Mon. Wea. Rev.*, **95**: 347‑353.

Foster J.L. and Chang, A.T.C.（1992）: Snow cover. Atlas of Satellite Observation Related to Global Change（Gurney, R.J., Foster, J.L. and Parkinson, C.L. eds.）, pp.361‑370, Cambridge University Press.

Groisman, P. Ya., Karl, T.R. and Knight, R.W.（1994）: Observed impact of snow cover on the heat balance and the rise of continental spring temperature. *Science*, **263**: 198‑200.

大畑哲夫（1995）: 降雪現象と積雪現象（基礎雪氷学講座II, 前野紀一，福田正己編），pp.153‑239，古今書院．

Robinson, D.A. and Kukla, G.（1988）: Comments on "Comparison of Northern Hemisphere snow cover data sets". *J. Climate*, **1**: 435‑440.

Robinson, D.A.（1993）: Monitoring northern hemisphere snow cover. Snow Watch'92: Detection Strategies for Snow and Ice（Barry, R.G., Goodison, B.E. and LeDrew, E.F. eds.）, Glaciological Data GD-25, pp.1‑25.

Scialdone, J. and Robock, A.（1987）: Comparison of northern hemisphere snow cover data sets. *J. Climate Appl. Met.*, **26**: 53‑56.

Sturm, M., Holmgren, J. and Liston, G.E.（1995）: A seasonal snow cover classification system for local to global applications. *J. Climate*, **8**(5): 1261‑1283.

Walsh, J.E.（1995）: Long‑term observations for monitoring of the cryosphere. *Climatic Change*, **31**: 369‑394.

WCRP（2001）: Climate and Cryosphere（CliC）Project. Science and Co-ordination Plan Version 1（Allison, I., Barry, R.G. and Goodison, B.E. eds.）, WCRP-114, WMO/TD No. 1053, 76 p.

渡辺興亜（1982）：土質工学における雪と氷．4．積雪の分布とその性質．土と基礎，30‑9(296)：77‑85.

1.6　雪氷圏と大気との相互作用

　雪氷圏は，水循環・エネルギー循環・物質循環で構成されている気候システムのなかに存在していて，雪氷の分布と変動は気候状態とその変化に規定されている．しかしながら雪氷圏はその存在自体が，特有の物理的性質をもつため，大気に影響を及ぼし一定の気候状態を形成する．そのような作用が雪氷自体の維持に顕著な影響をもつか，それとももたないかは，状況によってさまざまである．ここでは，地球上の各種雪氷が引き起こしている相互作用の事例をいくつか紹介し，雪氷圏の維持特性について述べる．

　影響の強い雪氷の物理特性とは，日射の反射率（アルベド，albedo）が高いこと，融解点が 0 ℃であること，雪の熱伝導率が小さいこと，などである．氷床のように極端に大きいと，その大きさ（面積，高さ）も影響を及ぼす．

1.6.1　季節積雪と大気との相互作用

　冬期形成される季節積雪の最も顕著な影響は，積雪が形成されると地表面のアルベドが高くなることであり，冬期でも日射がある低緯度では，積雪域があるとその上および周辺での気温低下につながる．冬でも太陽高度が高いチベット高原の例によると，積雪が形成されるとその影響で気温が 10～15 ℃下がることが知られている（Ohata *et al.*, 1993）．そして積雪が昇華で消失すると気温が上がる．より北の地域では，冬期に日射量が少ないので，顕著な影響は探知できないが，春期には作用していると考えられる．1.5.4 項で，春期の積雪面積が減少していると書いたが，この季節の変化にこの過程が作用していると考えられている（Groisman *et al.*, 1994）．つまり，積雪域減少→日射吸収増加→放射収支増加→気温上昇→積雪域減少加速，という過程である．これは温暖化推移のなかで発生して現象を加速している一つのフィードバック作用ということができる．

　また融解期に積雪の多い地域では，積雪が部分的に残り，その上では気温が上昇しない．より空間規模の大きい海陸風などの局地循環が発生するにもかかわらず，積雪の残っている場所では安定気層が生じているため風が抑えられ，積雪の融解抑制，自己維持に有利な環境が形成されているという現象も起こっている．

　これら地域的な現象とともに，大陸全体としても特徴的な結果が得られている．IPCC 報告（1992）で示された大陸規模での季節積雪の年々変動と気温場の変動（図

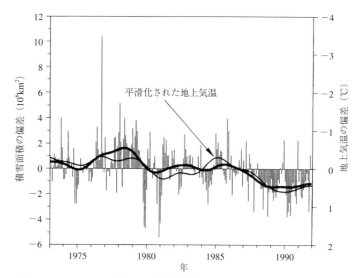

図 1.6.1　1973〜91年の北半球の季節積雪面積の偏差（太線）と北緯30°以北の地上気温の各月の偏差（細い棒）とその平滑化曲線（細線）（IPCC, 1992による）

1.6.1) では，両者にきれいな負の相関があることが示され，積雪変動と気温の上昇・下降がカップリングしていることが示されている．

1.6.2　氷河と大気との相互作用

氷河は，氷帽，谷氷河などのように積雪域や氷床に比べ通常小規模に存在しているが，その規模に応じ大気と相互作用を起こし自己環境を形成している．その特徴は以下の通りである．

① 氷河の涵養期には周囲も積雪で覆われているため，大気に対する氷河固有の雪氷の作用はとくに現れない．

② 消耗期には周囲に比べ氷河表面のアルベドが高く，融解点が0℃ということで，氷河上は一般的に周囲山腹より温度が低く，下降気流が生じている．周囲山腹では，上昇気流が生じ，氷河上では周囲より気温が低く，また風向が下流向きであり，雲が発生しにくいため，降水量が少なく，日射量が多いことが推測される．この状況は氷河への熱輸送や融解に一定の傾向をもたらすことが知られている（Ohata, 1992）．ただ，氷河は小規模であるため，相互作用としては局所的であり，より広域の現象への影響は少ない．

1.6.3　氷床と大気との相互作用

　氷河と異なり，氷床は大規模で大陸スケールの地形を形成しているため，大気との相互作用は多面にわたる．まず第1に，南極氷床の場合，雪氷は南極域の日射吸収・放射収支を小さくするため，気温が低く保たれている．第2に，氷床上の大気は冷やされ斜面下降風（katabatic wind）が卓越する．第3に，この風は南極域での大気の循環を促進するとともに地吹雪現象を通じて積雪の再分配過程を担う．

　水循環に関係した現象でも氷床の影響は大きい．大規模で平均標高が 2000 m をこえる鏡餅状の形をしているため，平らな場合に比べて低気圧が進入しにくく，内陸への水蒸気輸送や降雪が抑えられているといわれている．これは氷床と大気が水分についても相互作用を起こしていることを意味し，氷床の涵養量や形態も，水およびエネルギー循環に関係した相互作用の結果として決まっているといえる．

　氷床はどちらかというと他の雪氷と異なり，温暖化で質量が増加するといわれている．これは温暖化した際，消耗面で温暖化の影響をある程度は受けるが，むしろ温暖化に伴う水蒸気量増加，それによる降雪の増加の影響をより強く受けることが原因となっている．

1.6.4　海氷と大気との相互作用

　海氷は海洋と大気の境に存在し，両者の間での水・エネルギーの交換を制御している．一般的には，海洋のもっている熱を大気に出さない効果があるといわれている．海氷も季節積雪と同じように正のフィードバックが考えられる．つまり，海氷の少ない年→地域の放射収支大きく，海洋から大気への熱輸送大きい→海洋上の気温・湿度高め→海氷をより減少させる，という過程が考えられる．現在の温暖化で少しの海氷の変化が，このフィードバックを通じてさらに海氷の変化を強調させることが考えられる．海氷もここ数十年の間で，北極海を中心として減少が顕著であり（Cavalieri *et al.*, 1997），研究例によっては北極海の海氷は 50 年後には完全に消失する可能性を示唆している（Flato *et al.*, 2000）．

1.6.5　凍土と大気との相互作用

　凍土自体は，大気と接していないので直接のやりとりはない．しかしながら，凍土が地表層の水・エネルギーの流れを制御したり，その上の植生分布などを変化させたりすることにより間接的に相互作用を引き起こす過程が働くと考えられているが，その実態はよくわかっていない．凍土の大気への影響は陸域構造を総合的に把握することによって明らかになるであろう．凍土自体は現在の温暖化で，地温が急上昇してい

る地域もあり，アラスカの例では，凍土層の減少がサーモカルストなど湖沼の減少に
拍車をかけ，乾燥化が進んでいるという報告もある（Hinzman *et al.*, 2001）.

[大 畑 哲 夫]

文　　献

Cavarieli, D.J., Gloersen, P., Parkinson, C.L., Zwally, H.J. and Comiso, J.C. (1997): Observed hemispheric asymmetry in global sea ice changes. *Science*, **278**: 1104 – 1106.

Flato, G.M., Boer, G.J., Lee, W.G., McFarlane, N.A., Ramsden, D., Reader, M.C. and Weaver, A.J. (2000): The Canadian Center for Climate Modeling and Analysis Global Coupled Model and its Climate. *Climate Dynamics*, **16**(6): 451 – 467.

Groisman, P. Ya., Karl, T. R. and Knight, R. W. (1994): Observed impact of snow cover on the heat balance and the rise of continental spring temperature. *Science*, **263**: 198 – 200.

Hinzman, L.D., Yoshikawa, K. and Kane, D.L. (2001): Hydrologic response and feedbacks to a warmer climate in Arctic Regions. Second Wadati Conference on Global Change and the Polar Climate (Tsukuba, March 7 – 9, 2001): 79 – 82.

IPCC (1992): Climate Change: The IPCC scientific assessment (Houghton, J.T., Callendar, B.A. and Varney, S.K. eds.), 200 p, Cambridge University Press.

Ohata, T. (1992): An evaluation on the scale effect of atmosphere –glacier interaction to the heat supply on a glacier. *Ann. Glaciology*, No. 16: 115 – 122.

Ohata,T., Ohta, T. and Zhang, Y. (1993): A case study on the influence of temporary snow cover to atmosphere –land surface system on Qingzang (Tibet) Plateau in premonsoon season. Glaciological Climate and Environment on Qingzang Plateau (Yao, T. and Ageta, Y. eds.), pp.83 – 104.

コラム 1.1　スコット極地研究所（英国）

スコット極地研究所（© SPRI）

機関名：Scott Polar Research Institute（SPRI）
所在地：University of Cambridge
　　　　Lensfield Road, Cambridge CB2 1ER, United Kingdom
URL：http://www.spri.cam.ac.uk

　1920年に設立され，英国ケンブリッジ大学にある．北極，南極を中心とした極域の地質学，地球科学に関する研究を行う．雪氷学と気候変動研究グループ，氷海環境研究グループ，地形とリモートセンシング研究グループ，社会学および人間学研究グループからなる．またシャクルトン記念図書館を含む極地図書館には極地研究に関する広範囲の蔵書があり，北極と南極での調査で得た貴重な収集物もある．この研究所には，国際雪氷学会および南極科学委員会の事務局が置かれている．　　　　　［古川晶雄］

コラム 1.2　雪はなぜ白いのか

　夏になると北大の低温科学研究所には，地元はもとより，遠く本州方面からも見学者が続々と押し寄せてくる．「お偉方」も多いし，PTAの親子もくる．

　－50℃の低温実験室や南極の深層氷の見学に歓声をあげた後は質問の時間だ．国会議員さんの質問は「南極観測は何のためにやっているのか」といったのが多いが，子供の質問はなかなか鋭い．いままで一番多かったのが「雪はなぜ白いのか」であった．

　はじめてこの質問を受けたときは，「こんな疑問をもつなんて，子どもの感性ってすごいなあ」と驚くとともに，まだ「物理」をよく知らない子どもに，どうやって説明したらよいのか戸惑っていると，その子の母親が，「お前，つまらぬ質問するんじゃないよ．雪が白いなんて，当たり前のこと聞くんじゃないの」と叱りつけた．私は慌てて，「いまのお子さんの質問はたいへんよい質問です．雪が白いなんて，大人は疑問にも思わないのですが，子どもさんはやはり鋭いですね」と子どもをほめる．

　そもそも科学は，自然に対する知的好奇心がその原点である．雪はなぜ白いのか．空はなぜ青いのか．宇宙に果てはあるのか，そういう疑問が大切なのである．それを「当たり前のことを聞くんじゃない」「そんなこと知っても何も役に立たない」と子どもを叱るのは，子どもから科学の芽を摘んでしまうことである．科学は，文学や芸術とともに，人間にとって一番大事な「人生観，価値観，自然観，世界観，宇宙観」などを，ひいては「人真似でない，その人独自の世界」を構築するために，おおいに役立っているのである．

　さて，雪はもともと無色透明の氷なのに，どうして白いのだろうか．雪の結晶をガラス板で受けて顕微鏡で覗くと，表面には多数の細かい凹凸模様がみられる．この凹凸が光を乱反射するので，白くみえるのである．また，雪が六花か六角板といった平板結晶のときは，平らな結晶面にあたった光が反射して，キラキラ光ってみえる．つまり，ある氷の量から反射する面が多ければ多いほど「白く」なる．透明なガラス板をこなごなに砕くと白くなるのと同じである．

　積もった雪は，小さな氷の粒の集合体で，粒と粒の間は空隙である．このような隙間だらけの積雪の表面から入射した太陽光は，雪粒のあちこちにぶつかっては跳ね返され，進路を曲げられたりしながら，雪のなかをさまよい，その挙句の果てに，大部分の光が雪面から外に出てしまう．そのため雪の日射の反射率（アルベドという）はたいへん大きく，とくに新雪は90％にも達して白銀に輝くのである．　　　　　[**若濱五郎**]

2

降　　　雪

2.1　雪　結　晶

2.1.1　雪結晶分類

　雪結晶（snow crystals, snowflakes）の形は千差万別であり，一見同じにみえる結晶形でも詳細に観察すれば必ず違いが発見される．しかしながら，地上で観察された多数の雪結晶を，その形の特徴によって分類することは可能である．最初に雪の結晶の分類を行ったのは中谷宇吉郎で，約 3000 枚に及ぶ雪結晶写真から 42 種類の基本形に分類した．図 2.1.1 は，中谷の雪の一般分類表を示している（Nakaya, 1934‐1938; Nakaya, 1954）．その後，結晶形を細分化したり，新しく発見された結晶形などを加えたりして，さらに多くの基本形に分類されている（たとえば付録 4.2 参照）．これらの分類表は，野外での雪結晶の観察において結晶形の記述をする場合などに有効に利用される．しかし，いずれの分類表にしてもかなり細分化されているため，実際に雪結晶をこの表にしたがって分けるのは熟練が必要である．

　ところで，上空で生成された微細な氷結晶（氷晶, ice crystals）は，大気中を落下しながら周囲の水分を集積して成長し，最終的に雪結晶（広い意味で降雪粒子（solid precipitates）とも呼ばれる）として地上に達する．雪結晶の生成素過程として以下のものが重要である．

　① 雲内に氷の微粒子である氷晶が発生する過程（核生成過程，nucleation process）．

　② 過冷却水（supercooled water）と氷との飽和水蒸気圧の差を駆動力として，過冷却水滴の蒸発によって供給される水蒸気が空気中を拡散し，氷粒子に到達して取り込まれ，雪結晶として成長する過程（結晶成長過程，crystallization process）．

　③ 雪結晶が過冷却雲内を落下する途中，過冷却水滴との衝突併合を繰り返して成長する過程（衝突併合過程，collision and coalescence process）．

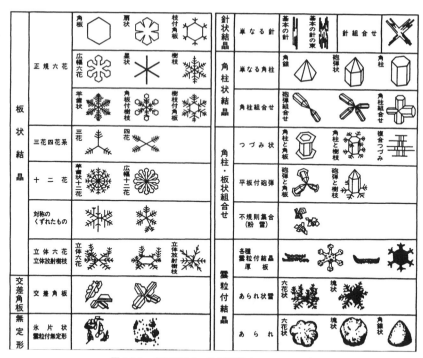

図 2.1.1　中谷の雪の一般分類表（Nakaya, 1954）

　地上で観察される雪結晶の形は，これらの素過程のうちどれが最も支配的であったかによって大きく異なる．たとえば，雲粒つき結晶やあられなどの生成には，衝突併合過程が重要であるし，砲弾集合や放射樹枝などの雪多結晶（polycrystalline snow crystals）には核生成過程がその基本構造を支配する．図 2.1.1 に示した雪結晶の一般分類表には，異なる素過程で生成されたさまざまなタイプの雪結晶が混在して分類されている．したがって，雪結晶の分類表は必ずしも雪結晶の生成条件のみを反映したものではないことに注意する必要がある．

2.1.2　雪結晶の生成条件

　前項であげた雪結晶生成の素過程のうち，衝突併合過程については他に譲ることとし，この節では核生成過程と結晶成長過程に関連する雪結晶の生成に焦点を絞り解説する．
　雪結晶の生成条件を考える場合，結晶形が単結晶であるか多結晶であるかを明確に区別しておく必要がある．最終的に単結晶雪になるか多結晶雪になるかは，過冷却水滴が凍結して生成される微小な氷結晶（氷晶）が単結晶であるか多結晶であるかによ

って決定される．すなわち，過冷却水滴の凍結における核生成の起こり方によって支配される．この節では，単結晶雪（single snow crystals）の生成条件について述べ，多結晶雪（polycrystalline snow crystals）については次節で説明する．

(1) 雪結晶の成長形のダイヤグラム

雪結晶の生成条件についての最初の研究は，中谷宇吉郎によってなされた．中谷は，図 2.1.2 に示すような人工雪実験装置を使って，世界ではじめて人工的に単結晶雪を生成することに成功した（Nakaya, 1938, 1951, 1954）．この実験装置は，二重のガラス管で構成されて，低温実験室内に設置される．外管の直径が約 10 cm，高さが約 60 cm である．実験装置下部にあるビーカーの水を電熱線で加熱して蒸発させると，水蒸気は内管の内部を上昇する．装置の上端では内管が途切れるため水蒸気は冷却されて過冷却水滴が生成され，人工雲が生じる．この雲のなかに油分を除去し乾燥させたウサギの毛を張っておくと，毛の上に間隔をあけて雪の結晶が成長するのが観察された．水蒸気を供給するビーカーの水温（T_w）と，ウサギの毛を設置した場所の温度（T_a）の組合せを変えることで，雪結晶の生成条件を変えることができ，これによってさまざまな形の雪結晶が生成された．この実験装置は，水蒸気が対流によって雪結晶に供給されるため，対流型人工雪実験装置とも呼ばれる．

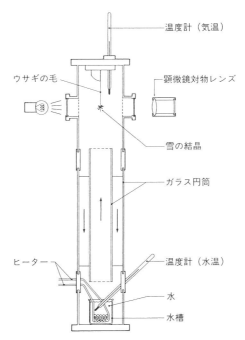

図 2.1.2　中谷の人工雪実験装置（Nakaya, 1954）

2. 降　　雪

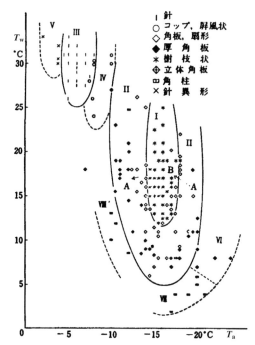

図 2.1.3　中谷ダイヤグラム（T_a-T_wダイヤグラム）（Nakaya, 1954）

　この装置による人工雪生成実験の結果としてまとめられたものが図 2.1.3 のダイヤグラムで，成長条件と雪結晶の形との関係を示す最初のダイヤグラム（T_a-T_wダイヤグラム）であった（Nakaya, 1951）．しかしながら，このダイヤグラムの縦軸は T_w で表示されているため，結晶成長の条件と結晶形の関係を論じるのは適当ではない．このため，中谷は装置内の水分量の直接測定を行い，図 2.1.4 に示すように縦軸を水蒸気過飽和度（supersaturation），s で表示しなおした，T_a-sダイヤグラムを完成した（Nakaya, 1951）．このダイヤグラムにより，はじめて雪結晶の形が成長温度と水分量との関数によって変化することが明確に示された．これらのダイヤグラムは，のちに中谷ダイヤグラム（Nakaya's diagram）と呼ばれるようになった．

　しかしながら，このダイヤグラムの縦軸は，空気中に含まれる水分量の測定上の問題からあまり正確ではなく，その後の論争を呼ぶことになった．すなわち，中谷は容積がおよそ 3 l しかない人工雪実験装置から，約 23 l の空気を吸引することにより水分量の測定としたこと，過冷却水滴として液体の状態で存在する水分もすべて含めた全含水量の測定がなされたことなどの問題があった．このため，中谷ダイヤグラムの縦軸の過飽和度の値は過大に評価された可能性が大きい．

　このため，Hallett and Mason（1958），および Kobayashi（1957）らは，拡散型人

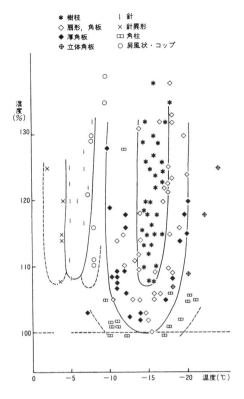

図 2.1.4 中谷ダイヤグラム（T_a–s ダイヤグラム）
(Nakaya, 1954)

工雪実験装置を用いて，ダイヤグラムの検証実験を行った．この装置では，氷に対する飽和水蒸気圧の温度依存性が非線形であることを利用して，直線的な温度勾配と水蒸気濃度勾配を空間に共存させることで過飽和条件を作り出すことができる．温度勾配の低温側を下部に置けば，空気の密度成層が発達し雪結晶生成に対する対流の効果を消去できることや，過飽和度の正確な決定が可能などの利点がある．一方，結晶成長条件が場所（高さ）によって急激に変化することなどの実験上の困難さもある．さらに，小林は中谷と同様な対流型人工雪実験装置により，吸引空気量を 1 l 以下に抑えて全含水量の再測定を行った（Kobayashi, 1958）．

中谷以後に行われた多くの人工雪実験の結果を統合して，小林は中谷ダイヤグラムを改訂し，図 2.1.5 に示される新しいダイヤグラムを作成した（Kobayashi, 1961）．これは，縦軸が単位体積当たりの過剰水蒸気質量（すなわち，1 m^3 の空気中に含まれる実際の水蒸気質量と，氷飽和のときの空気中に含まれる水蒸気質量との差額分（excess vapor density）で，g/m^3 が単位）$\Delta\rho$ として表示された．これによって，温

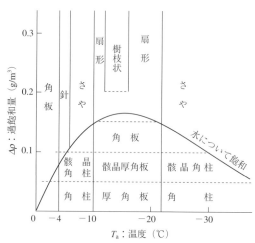
図 2.1.5 雪結晶の成長形のダイヤグラム（Kobayashi, 1961）

度と過飽和度の結晶成長条件と雪結晶の形とが正しく結び付けられたダイヤグラムが完成されたのである．もちろんこれによって，中谷ダイヤグラムの価値が減ずるものではなく，より完成度の高い「雪結晶の成長形のダイヤグラム」(growth form diagram of snow crystals) として，発展したのである．

(2) 雪の成長形の特徴

成長条件による成長形（growth form）の変化は，どのような特徴をもつのであろうか．図 2.1.6 は，雪結晶の成長形のダイヤグラムから，成長条件の変化が結晶の形の変化とどのように関連するかをまとめた模式図である（黒田，1990）．すなわち，成長形の変化は大きく二つの特徴に分けられる．まず，第 1 の変化の特徴（横軸）は，結晶の成長温度により結晶形が六角柱あるいは六角板に変化するもので，晶癖変化（habit change）と呼ばれる．ダイヤグラムでは，雪結晶の基本形が成長温度の低下とともに，角板状から角柱状，角柱状から角板状へ，そして再び角柱状へと 3 回変化することにあたる．それぞれの晶癖変化が起こる温度は -4℃，-10℃，および -22℃である．第 2 の変化の特徴（縦軸）は，過飽和度が高くなるにしたがい，結晶形が単純な形からより複雑な形へと変化するもので，多面体結晶の成長に伴う形態不安定（morphological instability）の発生に関連している（Chernov, 1974; Kuroda et al., 1977）．たとえば，雪の結晶のダイヤグラムで，角板状結晶の成長領域である $-10 \sim -22$℃の温度範囲で，$\Delta\rho$ の増加とともに結晶形が厚角板→骸晶角板→角板→扇形→樹枝状結晶へと変化することに対応する．

雪結晶のダイヤグラムは，成長条件のわずかな変化が成長形にきわめてドラスティックな変化をもたらすことを示している．すなわち，図 2.1.6 にある雪結晶の特徴的

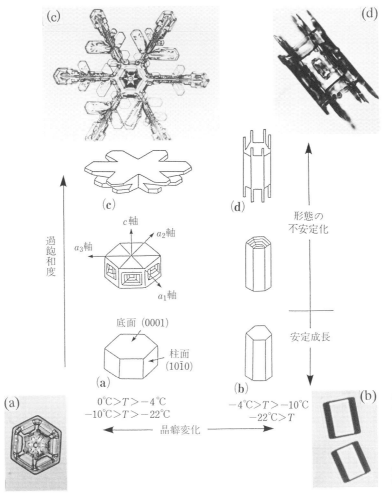

図 2.1.6 雪結晶の形態変化の特徴を示すダイヤグラム

な形態変化の機構を明らかにすれば，それらの組合せとして複雑なダイヤグラムの生じるしくみを理解できるのである．

2.1.3 雪単結晶の形態変化のしくみ

(1) 晶癖変化と結晶成長

地上で観察される雪結晶は，上空の雲のなかで誕生した微細な氷結晶が，周囲の過飽和水蒸気を集めて成長した結果である．すなわち，雪結晶の形とは結晶の成長形に

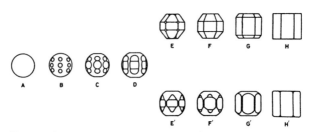

図 2.1.7 球状の氷単結晶から雪結晶の基本形が生成されるまでの成長過程
基本形の底面と柱面の成長速度の大小関係で雪結晶の晶癖が決定される
（Gonda and Yamazaki, 1978）.

あたるものであり，結晶の成長機構を明らかにすることによって形の変化のしくみも理解される．ここでは，雲のなかで微細な氷結晶が生成されてから雪の結晶へと成長する過程を追いながら，雪結晶の成長形がどのようにして形成されるのかをみていこう（Furukawa 1997, 2003）．

まず，雪結晶の成長は，雲の上層で過冷却水滴が核生成して凍結することからはじまる（図 2.1.7）．球状の水滴が凍結すると，最初はやはり球形の氷単結晶が生成される．球状の氷結晶は，周囲の過飽和水蒸気を集めて成長を開始する．球状の氷結晶は，成長速度の遅い底面（basal face）と柱面（prismatic face）とが平らなファセット面（facet）として現れ，やがて底面と柱面のみで囲まれた，縦横比がほぼ1である六角柱が生成される（Gonda and Yamazaki, 1978）．これは，雪結晶の基本形（fundamental form of snow crystal）とも呼ぶべきものである．

ここで，雪結晶の晶癖変化の意味をもう一度考えてみよう．晶癖変化とは，雪結晶の基本形が成長とともに細長い角柱状または平たい角板状へと発展するということであるが，基本形の底面と柱面の成長速度の大小で言い換えると，両者ではちょうど成長速度が逆転した関係となっている．したがって，底面と柱面の成長速度がどのようにして決まるのかを分子レベルで理解することが重要になる．

気相成長の場合，結晶成長速度は一般に三つの素過程によって支配される．すなわち，① 結晶周囲の気相分子が遠方から結晶表面に向かって流れ込む過程（拡散過程，vapor diffusion process），② 結晶表面に到達した分子が，結晶格子に取り込まれるまでの表面過程（表面カイネティク過程，surface kinetic process），③ 結晶化により解放される潜熱が気相に散逸する過程（熱散逸過程，latent heat dissipation process）．

Kuroda and Lacmann（1982）は，とくに氷結晶表面の分子レベルでの微細構造と関連させた表面カイネティク過程に注目して，晶癖変化の新しいモデルを提案した．以下では，このモデルの概要について説明しよう．

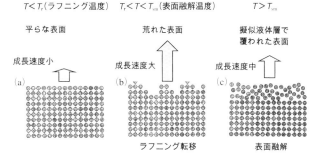

図 2.1.8 結晶の表面構造の温度変化
(a) 分子レベルで平らな表面，(b) ラフニング転移で幾何学的に荒れた表面，(c) 表面融解により擬似液体層に覆われた表面．

(2) 融点直下での氷の分子レベルでの表面構造

雪結晶の成長は，融点直下の温度環境で起こる．このような環境での結晶の表面構造は，温度によってどのような変化を起こすであろうか（黒田，1988；古川，1992）．図 2.1.8 は，結晶の表面構造の温度変化を示す模式図である．黒丸が 1 個の原子または分子を表す（以下では分子で代表させる）．まず，融点から十分低い温度領域では，結晶表面まで分子はきれいな格子を組んで配列し，結晶表面は分子レベルでみて平ら（smooth surface）である（図 2.1.8(a)）．しかしながら，最表面にある分子は，結晶内に組み込まれた分子より束縛が弱いので，より激しく振動するであろう．このため，融点以下でもある臨界温度以上になると最表面にある分子は格子点を飛び出し，結晶表面の空の格子点へ移動できるようになり，結晶表面は幾何学的に荒れた凸凹の多い構造（rough surface）となる（図 2.1.8(b)）．このような表面の構造相転移は，ラフニング転移（roughening transition）と呼ばれ，臨界温度がラフニング温度（T_r: roughening temperature）になる．さらに，温度が上昇して融点直下の領域になると，最外表面分子の振動はさらに激しくなり，ついに結晶格子の束縛を離れ，並進運動を開始するであろう（図 2.1.8(c)）．こうなると，結晶表面は分子配列の長距離秩序が消失したある厚みの遷移層に覆われることになる．これは，表面融解（surface melting）と呼ばれる現象で，表面構造に関する 1 次の相転移であると考えられている．遷移層内の分子配列構造は液体内での分子配列構造に近いと考えられるが，その動的性質は下地である結晶相の影響を強く受けるであろう．このため，この遷移層は擬似液体層（QLL: quasi-liquid layer）と呼ばれることも多い．

氷結晶は，表面融解を起こす典型的な分子結晶の一つであり，実際に氷表面で擬似液体層が存在することは，さまざまな表面解析実験で確かめられている．図 2.1.9 は，氷結晶表面でレーザー光が反射するときに，薄い水膜が存在すると光の偏光状態が変化することを利用（偏光解析法，ellipsometry）して，底面と柱面で独立に擬似

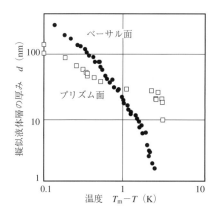

図 2.1.9 偏光解析法により測定された氷結晶表面での擬似液体層の厚さの温度依存性 (Furukawa and Nada, 1997)

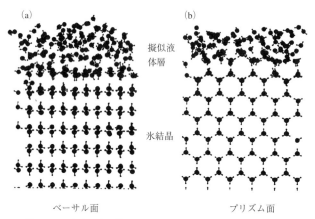

図 2.1.10 氷結晶表面構造の分子動力学シミュレーションの結果
水分子モデル TIP4P, 設定温度 265K, 表面方位は底面 (a) と柱面 (b)
(Furukawa and Nada, 1997).

液体層の厚みを測定した結果を示す (Furukawa et al., 1987). 表面融解の臨界温度 (T_{sm}) は底面では -2 ℃, 柱面では -4 ℃で, この温度以上で擬似液体層が検出された. また, 厚みの温度依存性も両面で大きく異なるなど, 氷の表面構造には異方的性質が存在する. また, 検出された擬似液体層の屈折率は, 両方の結晶面とも約 1.330 (光の波長 633 nm) で一定であった. これは, 氷の屈折率 1.308 と水の屈折率 1.333 の中間にあり, 測定誤差の範囲をこえて明らかに水の値より小さい. この実験結果により, 氷結晶の表面融解現象が直接的な手法ではじめて証明された.

一方, X 線回折による氷結晶の表面構造解析では, 液体と同様な分子配列構造をもつ遷移層の存在が確認されている (Kouchi et al., 1987; Dosh et al., 1995, 1996). また,

核磁気共鳴法（NMR: nuclear magnetic resonance）により測定された擬似液体層内の水分子の自己拡散係数（self‐diffusion coefficient）は，-1 から -10℃の範囲で 4×10^{-10} cm²/s 程度である（Mizuno and Hanafusa, 1987; Ishizaki et al., 1996）．この値は，バルクの水の自己拡散係数よりおよそ 5 桁小さく，氷の値より 2 桁も大きかった．これらの実験結果は，氷の擬似液体層は，バルクの水に近い分子配列構造をもつが，個々の水分子は氷結晶格子による束縛を受けてきわめて動きにくい状態にあることを示唆している．

また，分子動力学（MD: molecular dynamics）法による氷結晶表面の計算機シミュレーションの結果も，融点近傍では底面，柱面ともに擬似液体層で覆われることを示している（Furukawa and Nada, 1997; Nada and Furukawa, 2000）．図 2.1.10 は，TIP4P と呼ばれる水分子のポテンシャルモデルを使って計算した分子動力学シミュレーションの結果を示す．シミュレーションは，720 個の水分子を 3 次元シミュレーションボックスのなかに配列し，底面と柱面の自由表面を作ることで実施された．結晶表面での分子配列のスナップショットで，黒丸が酸素原子，その周囲にある小さな点が水素原子の位置を示している．結晶内部に含まれる水分子は，格子点に束縛されて結晶格子を組んで配列しているが，表面から数分子層内に含まれる水分子は，格子点の束縛を解かれて併進運動を開始している様子がわかる．計算機シミュレーションでは，計算機能力の制限のために計算の系が十分大きくとれないため絶対値を議論することは困難であるが，その結果は実験で得られた氷結晶表面構造の特徴をよく再現している．

（3）　表面構造に依存する結晶成長機構

氷結晶の表面構造は，温度が融点に近づくとともに急激な相転移を起こすことは疑いない．したがって，それぞれの表面構造に応じて結晶成長機構も変化する（Kuroda and Lacmann, 1982; Kuroda, 1984; Kuroda and Gonda, 1984）．まず，分子レベルでみて平らな氷結晶表面では，気相から入射する水分子はただちに結晶格子には入り込むことは困難で，いったん表面に吸着して表面拡散する．この間に，結晶表面にある分子ステップ（molecular step）に遭遇し，さらにステップの折れ曲がりに相当するキンク（kink）位置に到達したとき，はじめて結晶格子に組み込まれることができる（沿面成長機構, lateral growth mechanism）．ステップに到達できなかった水分子は，表面での滞在を終了すると再蒸発して，再び気相へと戻る．したがって，このような成長機構では結晶表面に入射してくる分子が結晶に組み込まれる確率は低く，結晶成長速度も非常に小さい．一方，ラフニング転移を起こした幾何学的に荒れた表面では，気相からの入射分子は結晶表面に到達するとただちにキンク位置をみつけて結晶に組み込まれるであろう（付着成長機構, adhesive growth mechanism）．すなわち，入射した水分子はすべて結晶成長に寄与することになり，成長速度は非常に大きい．これに対し，表面融解を起こし擬似液体層で覆われた表面では，気相から入

射した水分子はいったん擬似液体層に取り込まれたあと，擬似液体層内を自己拡散し，擬似液体層底部で結晶化が起こるという複雑な過程（V‐QLL‐S growth mechanism）で結晶成長が進行する．したがって，擬似液体層内の水分子の動的性質と擬似液体層からの結晶化過程が結晶成長速度の決定に重要な役割を果たしており，成長速度は付着成長と沿面成長の場合の中間にあると考えられる．もちろん，それぞれの機構に応じた成長速度は，ある程度定量的に見積もることが可能だが，ここでは晶癖変化との関連に焦点を絞るため，定性的にその大小関係を述べるにとどめる．すなわち，一般に R_lat（沿面成長機構）$< R_\mathrm{sm}$（V‐QLL‐S 成長機構）$< R_\mathrm{adh}$（付着成長機構）の関係が成り立つ．

(4) 晶癖変化のしくみ

氷結晶の表面構造と成長速度との関係は，雪結晶の晶癖変化と密接に関連する．氷結晶の底面と柱面について，その表面構造の温度依存性を模式的に示したのが図 2.1.11 である．氷結晶表面は，融点から温度が低下するにしたがって擬似液体層で覆われた表面（領域 I），幾何学的に荒れた表面（領域 II），分子レベルで平らな表面（領域 III）にそれぞれ変化することはすでに示したが，それぞれの臨界温度は表面自由エネルギー（表面張力）の異方性を考慮して熱力学的に推定する（Kuroda and Lacmann,1982）と，底面ではそれぞれ -4℃および -10℃，柱面では -10℃および -20℃となる．

このような表面構造の異方性をもとに，雪の結晶の晶癖変化は以下のように説明さ

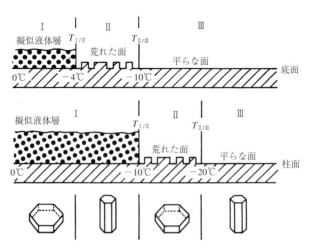

図 2.1.11　氷結晶の表面構造の温度変化を示すモデル（Kuroda and Lacmann, 1982）領域 I は V‐QLL‐S 成長機構，領域 II は付着成長機構，領域 III は沿面成長機構により成長する．

れる．まず，$-4\,^{\circ}\mathrm{C}$から$-10\,^{\circ}\mathrm{C}$の温度範囲では，底面は付着成長機構で成長するのに対し，柱面は V-QLL-S 機構で律速されている．したがって，面の成長速度は R_{adh} $(0001) > R_{\mathrm{sm}}(10\overline{1}0)$ となり，結晶形は角柱状となる．同様に，$-10\,^{\circ}\mathrm{C}$から$-20\,^{\circ}\mathrm{C}$の範囲では $R_{\mathrm{lat}}(0001) < R_{\mathrm{adh}}(10\overline{1}0)$ となり，角板状となる．さらに，融点から$-4\,^{\circ}\mathrm{C}$の温度領域では両面とも V-QLL-S 成長機構で成長するが，擬似液体層と氷との界面での成長速度を考慮すると $R_{\mathrm{sm}}(0001) < R_{\mathrm{sm}}(10\overline{1}0)$ となり，角板結晶が説明される．また，$-20\,^{\circ}\mathrm{C}$以下では，両面ともに沿面成長であるが，結晶周囲の拡散場の効果も考慮すると晶癖の説明が可能である．

以上のように，氷結晶の表面構造とそれに依存する成長機構が成長温度と面方位に依存すると考えることで，雪結晶の晶癖変化は合理的に説明される．しかし，このモデルで要請される表面構造相転移は，実験や計算機シミュレーションの結果と定性的にはよく一致するが，定量的には必ずしも完全な証明が与えられているわけではないことを指摘しておこう．たとえば，表面融解の臨界温度は，モデルでは底面と柱面でそれぞれ$-4\,^{\circ}\mathrm{C}$と$-10\,^{\circ}\mathrm{C}$であるが，偏光解析測定によるとそれぞれ$-2\,^{\circ}\mathrm{C}$と$-4\,^{\circ}\mathrm{C}$であり，高温側にシフトしている．さらに，付着成長すると考えられる温度領域にある結晶表面は荒れた表面構造のはずだが，実際の雪の結晶では平らなファセット面として観察されるなど，モデルと実験結果の間には不一致が残されている．このようなことから，ここに説明した晶癖変化のモデルは基本的な概念としては正しいが，今後さらに発展の余地が残されているといえよう．

ところで，晶癖変化のモデルときわめて密接な関係にある氷表面構造の研究は，1990 年代に入り急速な進展を遂げてきた．しかしながら，いまだに多くの問題が残されていて，統一された氷の表面構造に関する描像は得られていないのが現状であることも指摘しておこう (Dash and Wettlaufer, 1995)．たとえば，表面融解の臨界温度や擬似液体層の厚みの温度依存性なども，測定ごとに大きなばらつきを示す．これは，氷のような平衡蒸気圧の高い結晶体の融点近傍での表面構造解析に適した測定法に乏しいこと，良質な氷結晶表面の試料を作成することが困難であること，わずかな不純物の混入が表面構造を大きく変化させることなどの原因が考えられる．今後，これらの諸問題を解決し氷結晶表面構造の分子レベルでの精密解析が推進されれば，雪結晶の晶癖変化の解明に大きく寄与すると期待される．

(5)　雪結晶の形態不安定化のしくみ

雪結晶の形態形成の特徴をまとめた図 2.1.6 に戻ると，過飽和度の高さにより結晶形はさらに 2 種類に分けることができる．過飽和度の低いときには，結晶形は相似形を保ったままで成長（安定成長，stable growth）するが，ある臨界の過飽和度に達すると形態不安定化が起こる．形態不安定化が起こると，結晶形はもはや相似形を保てず，時間とともに発展してゆく（不安定成長，instable growth）．前者の領域は安定成長領域，後者は不安定成長領域と呼ばれる．形態不安定化は，雪結晶が過飽和水

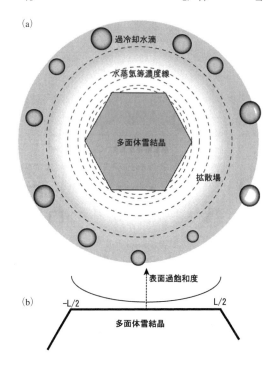

図 2.1.12
(a) 成長している雪結晶周囲の水蒸気拡散場, (b) 雪結晶表面での過飽和度の分布.

蒸気を含む大気中で成長する場合, 結晶周囲に水蒸気濃度の分布（拡散場という）が生じることが重要であり, 空気の存在しない完全に純粋な水蒸気中で雪結晶を成長させた場合には形態不安定化は観察されない.

過飽和水蒸気を含む大気中で雪結晶が成長すると, 結晶表面は周囲の水蒸気分子を消費するため, 結晶近傍の水蒸気密度（過飽和度）が下がる. したがって, 雪結晶が成長し続けるためには, 結晶表面で消費される分の水蒸気が遠方から結晶に向かって常に供給され続けなくてはならない. すなわち, 図 2.1.12(a) に示すように, 結晶の周りの水蒸気濃度は遠方では高く, 結晶に近づくほど低くなり, 拡散場 (diffusion field) が生じる. 結晶の大きさに比べて, 拡散場は通常圧倒的に大きいので水蒸気の等濃度線（面）を描くと同心状に配列すると考えてよい. このとき, 拡散場の中心に雪結晶のような多面体結晶が存在すると, 結晶の角や凌などの結晶中心からみて外側に飛び出した部分は, 水蒸気濃度の高い領域に突き出すことになる（これをベルグ効果（Berg effect）と呼ぶ). すなわち, 図 2.1.12(b) に示すように, 結晶の表面に沿って, 中心部で低く縁で高い表面過飽和度 (surface supersaturation) の分布が生じる. 過飽和度が低い場合は, 面の中心と縁での表面過飽和度の差も小さく, 結晶表面は平らな状態を保ったまま成長できる. しかし, 臨界の過飽和度に達すると, 表面過飽和度の差が大きくなり, 面の中心より縁の成長速度が大きくなる. このため, 角や凌

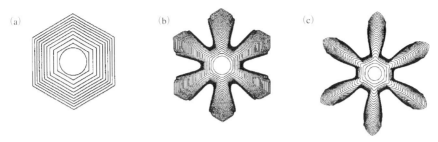

図 2.1.13 雪結晶のパターン発展
計算機シミュレーションの結果の一例．過飽和度：(a) 1％，(b) 16％，(c) 32％．結晶パターンの時間的な発展を重ねて表示している（Yokoyama and Kuroda, 1990）．

はさらに前方に突出することになり，界面不安定化が増幅される．

Yokoyama and Kuroda（1990）は，結晶周囲の水蒸気拡散場と結晶表面での成長カイネティクスの異方性の効果を厳密に定式化し，二次元雪結晶のパターン発展の計算機シミュレーションを行った．図 2.1.13 は，円板を出発点として成長を開始した雪結晶についての結果の一例を示す．遠方の過飽和度が低い場合（図 2.1.13(a)）は，円板から六角板へのパターン発展のあとは，相似形を保ったまま成長するのに対し，過飽和度が高くなると（図 2.1.13(b), (c)）六方対称の 1 次枝の発展が再現された．このシミュレーションでは，2 次枝の枝分かれや樹枝状パターンの発展までは再現できないが，枝の側面で周期的な凹凸が生じることが明らかになり，これが 2 次枝生成のきっかけになると考えられる．今後，さらに新しいシミュレーションモデルの発展が期待される．

2.1.4 雪多結晶の構造と生成

(1) 雪多結晶の構造

天然に観察される雪結晶のうちで，単結晶のものは実はまったくの少数派で，大多数は多結晶である．中谷の雪結晶一般分類表に現れる結晶形のなかにも，針組合せ，砲弾組合せ（砲弾集合），十二花，立体六花（立体樹枝），立体放射樹枝（放射樹枝）など，多結晶のものが多数含まれている．ここで，多結晶雪とは 2 個以上の要素結晶がある結晶学的な法則にしたがって結合しているものであり，落下途中で雪結晶どうしが衝突併合したものは含まない．

図 2.1.14 は，立体樹枝，および放射樹枝を構成する各要素結晶の c 軸のなす角度を測定して得られた頻度分布を示している（Kobayashi et al., 1976a）．両者とも，とくに 70°に鋭い頻度の集中がみられる．また，要素結晶には c 軸に直行する 3 本の a 軸があるが，隣接した要素結晶間ではそのうちの 1 本が必ず共有されている．この事実は，要素結晶どうしの結合にある特定の結晶学的な法則性が存在することを強く

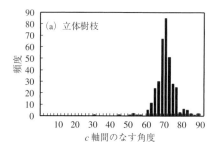

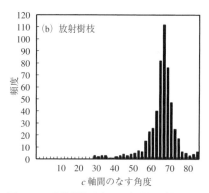

図 2.1.14 立体樹枝 (a) と放射樹枝 (b) を構成する要素結晶の c 軸間のなす角度の測定結果 (Kobayashi *et al*., 1976a)

示唆するものである.さらに,砲弾集合や十二花結晶などのその他の雪多結晶についても要素結晶間の結合は決してランダムではなく,一定の規則性をもつことが明らかになっている (Kobayashi and Furukawa, 1975).すなわち,雪多結晶は鉱物結晶などでしばしばみられる双晶 (twin crystal) にあたる.

(2) 雪多結晶の生成機構

雪多結晶の生成機構は,過冷却水滴の凍結が開始する際の核生成に関連すると考えられている.そのモデルについて,説明しよう.

氷結晶の準安定な状態として立方晶(ダイヤモンド構造)の氷結晶の存在はよく知られている.通常,常圧では立方晶氷は-150℃以下の極低温環境でしか観察されない.しかしながら,冷却水中に微細な氷結晶クラスターが存在する場合に,六方晶氷 (hexagonal ice: I_h) の六角柱クラスター (図 2.1.15 (a)) と立方晶氷 (cubic ice: I_c) の正八面体クラスター (図 2.1.15 (b)) を比べると,ある臨界サイズ以下では立方晶クラスターのほうが六方晶クラスターのものより,系の全自由エネルギーが小さくなる場合がある (Kobayashi *et al*. 1976; Takahashi, 1982; Takahashi and Kobayashi, 1983).このようなときには,立方晶氷による核生成のほうが,六方晶氷による核生成よりもエネルギー的に有利であり,核生成頻度も高くなるであろう (Takahashi, 1982).これは,相転移が起こる際に安定相とともに準安定相が存在する場合にはいきなり安定相が出現するのではなく,いったん準安定相を経由して安定相に達するという原理 (オストワルドの段階則,Ostwald's step rule) に対応すると考えられる.雪結晶の生成は,雲の上空で過冷却水滴が核生成して凍結することから開始するので,この原理が作用する.すなわち,過冷却水の凍結初期には,図 2.1.15(b) に示すような,{111} 面で囲まれた立方晶正八面体結晶が生成されることになる.この結晶が成長して臨界サイズに達すると,通常の六方晶氷のほうが安定になる.このとき,立方晶氷の {111} 面の表面分子配列は六方晶の {0001} 面の分子配列と同一であるので,立方晶の {111} 面上に {0001} 面を対面させて立方晶氷結晶の上に六方晶氷が連続的に成長できる.この様子は,図 2.1.16 に

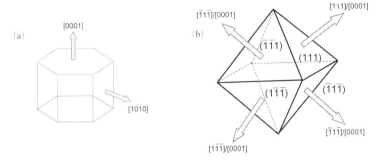

図 2.1.15 八つの{111}面で囲まれた立方晶構造の氷結晶
矢印は六方晶氷が連続的に成長する方位を示している.

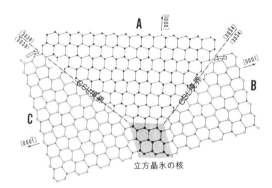

図 2.1.16 立方晶構造の氷の核とその{111}面上に成長した
六方晶氷の水分子の結合状態
丸と三角は,酸素原子の位置を示し,それらを結ぶ細線が
水素結合で,水素は 1 個ずつその上に配置されている.図
は,a 軸に沿った投影図である.六方晶氷の各要素結晶
(A, B, C) 間の境界面は,CSL モデルで予測される結晶
境界エネルギーが最も低いと予測される(Furukawa,
1982).

示す結晶構造の投影図の中心部でみることができる(Furukawa, 1982).

　ここで,隣接した立方晶氷の {111} 面の間のなす角度が 110°(または,その補角 70°)であることに注目すると,各 {111} 面上に生成された六方晶氷の各要素結晶の c 軸も 70°で交差することになる.さらに,隣接した六方晶の要素結晶間の境界面は,CSL 理論(coincidence - site lattice(CSL) model)から予測される実現性が最も高い(すなわち,境界面エネルギーが最も小さい)境界面と完全に一致する.すなわち,図 2.1.16 に示される要素結晶 A-B 間の境界面と A-C 間の境界面は,同一の CSL 境界面で,境界面に沿って要素結晶間を完全な水素結合で結ぶ点(coincidence site) が2次元の超格子を組んで配列する.

このような核生成過程を経て過冷却水滴が凍結すると,微小な氷晶の段階で多くのものはすでに多結晶になっており,これを構成する要素結晶がそれぞれの成長条件に応じて単結晶として振る舞いながら成長を開始すると,放射樹枝や砲弾集合などが生成されるであろう.立体樹枝は,すでに成長を開始した雪単結晶に過冷却水滴が凍着するときに,同様な機構で多結晶化することで生成される.

雪結晶の多結晶化が過冷却水滴の核生成によって支配されるという機構は,実験的に証明されている.まず,過冷却水滴をさまざまな条件で凍結させてできた氷多結晶の構造を精密に測定すると,各要素結晶の c 軸間角度が 70°に集中することが確かめられている (Uyeda and Kikuchi, 1980; 水野, 1981).一方,真空容器中で低温基盤に微小水滴を吹き付けて凍着させた試料を X 線回折で観察すると,大部分は六方晶の氷であるが立方晶氷もかなり含まれており,−30℃程度の高温でも非常に安定に存在することが確かめられた (Mayer and Hallbrucker, 1987).このようなことから,雪多結晶の生成は,準安定相である立方晶氷による核生成というモデルにより合理的に説明されている.　　　　　　　　　　　　　　　　　　　　　　　　　　　　[古 川 義 純]

文　　献

Chernov, A.A. (1974): Stability of faceted shapes. *J. Crystal Growth*, 24/25: 11 - 31.

Dash, J.G. and Wettlaufer, J.S. (1995): The premelting office and its environmental consequences. *Reports Progr. Phys.*, 58: 115 - 167.

Dosh, H., Leid, A. and Bilgram, J. H. (1995): Glancing-angle X - ray scattering studies of the premelting of ice surfaces. *Surface Sci.*, 327: 145 - 164.

Dosh, H., Leid, A. and Bilgram, J. H. (1996): Disruption of the hydrogen-bonding network at the surface of Ih ice near surface melting. *Surface Sci.*, 366: 43 - 50.

Furukawa, Y.(1982): Structures and formation mechanisms of snow polycrystals. *J. Met. Soc. Jpn*, 60: 535 - 547.

Furukawa, Y., Yamamoto, M. and Kuroda, T. (1987): Ellipsometric study of the transition layer at the surface of an ice crystal. *J. Crystal Growth*, 82: 665 - 677.

古川義純 (1995):氷の表面および界面微細構造と結晶成長.応用物理, 61 : 776 - 787.

Furukawa, Y. (1997): Faszination der Schneekristalle-wieihre bezaubernden Formen entsthen. *Chemie in unserer Zeit*, 31: 58 - 65.

Furukawa, Y. and Nada, H. (1997): Anisotropic surface melting on an ice crystal and its relationship to growth forms. *J. Phys. Chem.*, B101: 6167 - 6170.

Furukawa, Y. (2003): Pattern formation mechanism of snow crystals. Proceedings on International School on Crystal Growth of Technologically Important Electronic Materials (Byrappa, Klapper, Ohachi and Fornari eds.) , pp. 143 - 154, Allid Pub. PVT, India.

Gonda, T. and Yamazaki, Y. (1978): Morphology of ice droxtals grown from supercooled water droplets. *J. Crystal Growth*, 45: 66 - 69.

Hallett, J. and Mason, B.J. (1958) : The influence of temperature and supersaturation on the habit of snow crystals grown from the vapor. *Proc. Roy. Soc. London*, 247: 440 - 453.

Kobayashi, T. (1957): Experimental researches on the snow crystal habit and growth by means of a diffusion cloud chamber. *J Meteor. Soc. Jpn.*, 75th Ann. : 38 - 44.

Kobayashi, T. (1958): On the habit of snow crystals artificially produced at low pressures. *J. Meteor. Soc. Jpn.*, **36**: 193 - 208

Kobayashi, T. (1960): Experimental researches on the snow crystal habit and growth using a convection-mixing chamber. *J. Meteor. Soc. Jpn.*, **38**: 231 - 238.

Kobayashi, T. (1961): The growth of snow crystals at low temperatures. *Philos. Magazine*, **6**: 1363 - 1370.

Kobayashi, T., Furukawa, Y., Kikuchi, K. and Uyeda, H. (1976a): On twinned structures in snow crystals. *J. Crystal Growth*, **32** : 233 - 249.

Kobayashi, T., Furukawa, Y., Takahashi, T. and Uyeda, H. (1976b): Cubic structure models at the junctions in polycrystalline snow crystals. *J. Crystal Growth*, **35**: 262 - 268.

Kobayashi, T. and Furukawa, Y. (1975): On twelve-branched snow crystals. *J. Crystal Growth*, **28**: 21 - 28.

Kouchi, A., Furukawa, Y. and Kuroda, T. (1987): X - ray diffraction pattern of quasi-liquid layer of ice crystal surface. *J. de Phys.*, **48**(C1): 675 - 677.

Kuroda, T., Irisawa, T. and Ookawa, A. (1977): Growth of polyhedral crystal from solution and its morphological instability. *J. Crystal Growth*, **42**: 41 - 46.

Kuroda, T. and Lacmann, R. (1982): Growth kinetics of ice from vapour phase and its growth form. *J. Crystal Growth*, **56**: 189 - 205.

Kuroda, T. (1984): Rate determining process of growth of ice crystals from vapour phase I. Theoretical consideration. *J. Meteor. Soc. Jpn.*, **62**: 552 - 562.

Kuroda, T. and Gonda, T. (1984): Rate determining process of growth of ice crystals from vapour phase II. Investigation of surface kinetic process. *J. Meteor. Soc. Jpn.*, **62**: 563 - 572.

黒田登志雄 (1988)：結晶の表面融解．応用物理，**57**：20 - 29.

黒田登志雄 (1990)：雪の結晶の成長と形．数理科学，No. 319：5 - 11.

Ishizaki, T., Maruyama, M., Furukawa, Y. and Dash, J. G. (1996): *J. Crystal Growth*, **163**: 455 - 460.

Magono, C. and Lee, C. W. (1966): Meteorological Classification of natural snow crystals. *J. Fac. Sci.*, Hokkaido University, Ser. VII, 2: 321 - 355.

Mayer, E. and Hallbrucker, A. (1987): Cubic ice from liquid water. *Nature*, **325**: 601 - 602.

水野悠紀子 (1981)：Structure and orientation of frozen droplets on ice surfaces. 低温科学，**A40**：11 - 23.

Mizuno, Y. and Hanafusa, N. (1987): Studies of surface properties of ice using nuclear magnetic resonance. *J de Phys.*, **48**(C1): 511 - 517.

Nada, H. and Furukawa, Y. (2000): Anisotropy in structural transitions between basal and prismatic interfaces of ice studied by molecular dynamics simulation. *Surface Sci.*, **446**: 1 - 16.

Nakaya, U. (1934 - 1938): Investigation on snow. *J. Fac. Sci.* Hokkaido University, Ser. II, 1, No.5 - 9, 2, No.1.

Nakaya, U. (1938): Artificial snow. *Quart, J. R. Met. Soc.*, **64**: 619 - 624.

Nakaya, U. (1951): The formation of ice crystals. Compendium of Meteorology (Mahene, T.F. ed.), pp 207 - 220, American Met. Soc.

Nakaya, U. (1954): Snow Crystals, Natural and Artificial. 510 p, Harvard University Press, Cambridge.

Takahashi, T. (1982): On the role of cubic structure in ice nucleation. *J. Crystal Growth*, **59**: 441 - 449.

Takahashi, T. and Kobayashi, T. (1983): The role of the cubic structure in freezing of a supercooled water droplet on an ice substrate. *J. Crystal Growth*, **64**: 593 - 603.

Uyeda, H. and Kikuchi, K. (1980): Measurements of the principal axis of frozen hemispheric water droplets. *J. Met. Soc. Jpn.*, **58**: 52 - 58.

Yokoyama, E. and Kuroda, T. (1990): Pattern formation in growth of snow crystals occurring in the surface kinetic process and the diffusion process. *Phys. Rev.*, **A41**: 2038 - 2049.

コラム 2.1　中谷宇吉郎博士と雪の結晶の配置

　雪の結晶に魅せられ，世界で最初に人工雪を作ることに成功した中谷宇吉郎博士（1900–1962）が，実際に雪の研究をはじめるきっかけとなったのは，1931年に出版されたベントレーの雪結晶の写真集 "Snow Crystals"（Bentley and Humphreys, 1931）といわれている．この写真集はベントレーが撮影した雪結晶の顕微鏡写真から約3000枚を集めて出版したもので，その写真の多さと美しさは見る者を魅了し，中谷博士もそのなかから涌いてくる自然の工のもつ雰囲気に強い感動を受けている．この写真集を手にしたことが引き金となって1932年の暮れより，まず天然の雪をよく観察することから雪の研究に着手し，観察の結果を雪の結晶の写真とともに北大理学部紀要（Nakaya and Iijima, 1933など）に報告した．

　印刷などにおいて，六方対称の雪の結晶の写真を配置する場合，つぎの3通りが考えられる．3本の対称軸（a軸）の一つを垂直にするか（縦型），水平にするか（横型），3本とも垂直にも水平にもしないか（傾斜型）である．多数の雪結晶を配置し降雪をイメージする際には傾斜型も使われるが，単独の雪結晶を配置する際にはほとんどが縦型か横型である（図1）．

　ベントレーの写真集のうち，2000枚をこえる六方対称の雪結晶写真は，角板結晶ただ一つを除いて，あとすべてが横型に配置されている（図2）．この写真集に感化された中谷博士も，はじめは論文中の雪結晶写真をベントレーと同様に横型に配置していた（図3）．ところが，人工雪を作ることにはじめて成功した1936年頃から雪結晶写真の配置は横型から縦型に変わり，雪の研究の集大成である『雪の研究』（中谷，1949）やその英文版 "Snow Crystals"（Nakaya, 1954）では，ほとんどの雪結晶の写真や模式図が縦型配置になっている（図4）．

　中谷博士は，実際の雪の研究のかたわら，日本におけるこれまでの雪華の研究家の仕事にも目を向けていた．日本では，江戸時代後期，下総国・古河の城主土井利位が30年にわたって雪結晶を観察，スケッチし，『雪華図説』『続雪華図説』（小林，1982）をそれぞれ1833，1840年に刊行している．中谷博士はこの土井利位のスケッチを，当時における欧米の雪華研究者たちの観察に比べても決して遜色はないと賞賛している．この『雪華図説』『続雪華図説』に収められた計183種類の雪結晶図のほとんどが縦型である（図5）．この雪結晶図は当時，庶民の間でも大流行し，着物や道具類，お菓子の模様などにデザインとして広く使われ，今日まで続く雪文化を形成してきた．日本において縦型配置の雪結晶デザイン（たとえば雪印乳業のマーク）がごく一般的なのは，

図1　雪結晶の縦型配置（左）と横型配置（右）

コラム 2.1 中谷宇吉郎博士と雪の結晶の配置　　55

図2　ベントレーの雪の顕微鏡写真（Bentley and Humphreys, 1931）

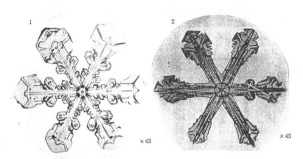

図3　北大理学部紀要（Nakaya and Iijima, 1933）中の雪結晶図版

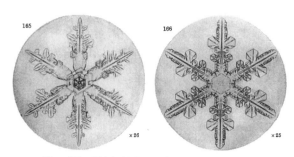

図4 『雪の研究』（中谷, 1949）中の雪結晶図版

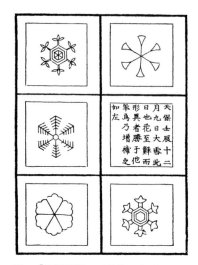

図5 『雪華図説』の雪結晶図（小林, 1982）

この縦型の雪結晶図の普及によるところが大きい．中谷博士も，この日本の伝統的な配置に気づき，雪結晶の写真の配置を横型から縦型に変えたものと考えられる．

西欧でも，顕微鏡写真以前，雪結晶の観察記録はスケッチであった．雪の結晶を六角形と認識してはじめてスケッチに残したのは哲学者デカルトで，その雪結晶スケッチ（1637）のほとんどは横型である．このデカルトをはじめとして，ロゼッティの『雪の形』（1681）からリンデンマンが 1897～1907 年にスケッチした雪結晶図（図6）まで，ヨーロッパにおける雪結晶スケッチの多くは横型に描かれてきた．六方対称の雪結晶をスケッチする場合，対称軸の一つを垂直か水平かに定めたほうが描きやすい．それが文字の書き方の方向と同じになるのはごく自然のことである．現在では縦書きも横書きも使われているが，本来和文は縦書きである．一方，欧文は横書きである．したがっ

コラム 2.1 中谷宇吉郎博士と雪の結晶の配置　　57

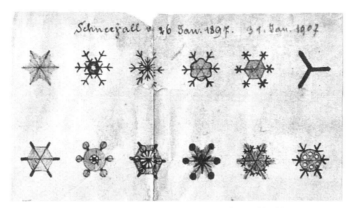

図6　リンデンマンがスケッチした雪結晶図（部分）

て，縦書き横書きという文化の違いが，洋の東西における雪結晶スケッチの向きの違いにも影響したことはまちがいない．
　この西欧における雪の結晶の横型配置を，本来は自由にできるはずの顕微鏡写真の配置においても，そのまま踏襲しかつ徹底したのがベントレーなのである．ベントレーの写真集は現在でもペーパーバック版（Dover 社）が入手可能で，研究者ばかりでなく商業デザイナーも多く購入していることからわかるように，世界各国で雪結晶デザインに使われ，大きな雪文化を形成してきた．とくに北米において横型配置の雪結晶デザインを多く見かけるのは，このベントレーの偉業が文化として深く浸透しているためと考えられる．中谷博士は，このベントレーの偉業に感化され，雪の研究の初期には雪の結晶を横型配置にしていたが，研究の過程で本来の日本の伝統的な縦型配置に気づき，以後，雪の結晶を縦型に配置するようになったのである．　　　　　　［和泉　薫］

文　　献

Bentley,W.A. and Humphreys,W.J.（1931）： Snow Crystals, 226 p, McGraw-Hill.
小林禎作（1982）：雪華図説 正＋続 ［復刻版］，雪華図説新考，161 p，築地書館．
Nakaya, U. and Iijima, T.（1933）： Snow crystals observed in 1933 at Sapporo and some relation with meteolorogical condition. *J. Fac. Sc., Hokkaido Imp. Univ.*, Ser. II , 1(5)： 152 - 162.
中谷宇吉郎（1949）：雪の研究，161 p，岩波書店．
Nakaya, U.（1954）: Snow crystals: natural and artificial, 510 p, Harvard University Press.

コラム 2.2　北海道大学低温科学研究所（日本）

機関名：北海道大学低温科学研究所
所在地：〒 060-0819　札幌市北区北 19 条西 8 丁目
URL：http://www.lowtem.hokudai.ac.jp

　低温科学研究所は，人工雪で有名な中谷宇吉郎博士の尽力によって，「低温における科学的現象に関する学理及び応用の研究を行う」ことを目的に，1941 年 11 月，常時低温実験室を備えた北海道帝国大学初の附置研究所として設立された．当初から物理系 3 部門に加えて海洋学部門や生物学部門，医学部門で構成され，異分野の研究者を集めて低温下のさまざまな現象を総合的に研究する体制がとられたところに大きな特徴がある．初期の霧や着氷の研究をはじめ，その後の積雪や雪結晶，凍土，海氷，雪崩，吹雪，融雪等の雪氷の物理的性質や雪氷現象の基礎研究によって，国際的に著名な研究機関として知られてきたばかりでなく，わが国雪氷災害の防除にも重要な役割を果たしてきた．これらの研究を通して多数の雪氷研究者を世に送り出し，人材の供給源としての機能を担ってきた．1990 年代に入り，低温研は従来の実験的手法による雪と氷の研究から，地球雪氷圏という新しい切り口で研究を展開する全国共同利用の新しい研究所へと転換した．すなわち，積雪や海氷，氷床などからなる雪氷圏が地球の気候形成や地球環境形成に果たす役割を，陸域・海洋・大気の間の相互作用，物質・エネルギー循環から追求する方向に舵が切られ，研究資源の重点的投入がなされた．低温研は，2004 年現在，常勤スタッフに非常勤，各種研究員，研究支援員等からなる 70 名余の研究スタッフと 80 名余の大学院生を擁し，地球雪氷圏研究の国際的な研究拠点として，研究と人材育成に取り組んでいる．

［山田知充］

2.2 降雪雲と降雪分布（降雪の気象）

2.2.1. 降雪のしくみ

（1）降雪雲形成の概略

　降雪が起こるためには，まず大気中に雲が形成されなければならない．大きな体積を占める空気塊が露点または霜点温度以下に冷却されることによって微小な水滴（雲粒）または氷粒（氷晶）からなる雲が生成される．雲粒（cloud droplet）と氷晶（ice crystal）を総称して雲粒子（cloud particle）と呼ぶ．そのような冷却はおもに，上昇する空気塊の断熱膨張によって引き起こされる．

　このように雲粒子が生成され，それらが，雨滴（rain drop），雪（snow），あられ（graupel）などの降水粒子（precipitation particle）の大きさまで成長するには，数多くの素過程が関与している．これらの素過程を大きく三つのカテゴリーに分類することができる．雲のなかで，最初に起こるのが，水の相変化をもたらす核形成（nucleation）である．気相の水（水蒸気）から液相の水の核形成，気相の水から固相の水（氷）の核形成，液相の水から固相の水の核形成が存在し，それぞれ，凝結，昇華凝結，凍結ニュークリエーションと呼ばれる．雲内でつぎに起こるのが，水粒子，氷粒子の水蒸気拡散成長である．拡散成長（diffusional growth）は比較的ゆっくり進行し，急速な降水粒子成長には，粒子間衝突（collision-coalescence growth）が必須となる．

　一般的に，雲のなかで降水粒子が生成される過程は大きく二つに分類できる．一つは，微水滴（雲粒）どうしの衝突併合によって大粒の水滴（雨滴）を生成するもので，暖かい雨のメカニズム（warm-rain mechanism），あるいは衝突併合過程（collision-coalescence process）と呼ばれる．一方，過冷却雲粒（supercooled droplet）が卓越する雲のなかで，水と氷の飽和水蒸気密度の差によって急速に氷晶が成長し，降雪粒子を生成するものは，冷たい雨のメカニズム（cold-rain process）または氷晶過程（ice-crystal process）と呼ばれる．雲の背が高く雲頂温度が低い雲では，過冷却雲粒が存在せず，氷晶単独で成長する場合もある．

　この二つの過程は，まったく別々に起こるのではなく，同一の雲のなかで同時に働き，相互に作用していることが多い．言い換えると，世界中の降水の大部分は冷たい雨のメカニズムが関与しているといってよい．降雪は冷たい雨のメカニズムによってもたらされ，雲の発達のある段階で昇華凝結ニュークリエーション（deposition nucleation）または凍結ニュークリエーション（freezing nucleation）により雲内に固相の水（氷相）が出現することが必須である．

(2) 氷晶の生成

雲が発達し雲内の温度が0℃以下になっても,雲粒はすぐには凍結しない.これが過冷却の状態である.大気中(自然界)の雲を調べると,図2.2.1に示すように,雲頂温度が-5℃くらいまでは,雲のなかに氷晶は発生しない.さらに温度が低くなるにつれて雲中に氷晶を含む割合が増加し,雲頂温度が-20℃くらいになると,どの雲も氷晶を含むようになる.しかし,-35℃付近までは,過冷却の雲粒が存在することも少なくない.すべてが氷晶に変化するのは-40℃前後である.

つぎにおもな氷晶発生メカニズム(ice initiation mechanism)をみてみよう.氷晶発生メカニズムは大きく,均質核形成(homogeneous nucleation)と不均質核形成(heterogeneous nucleation)に分類できる.均質核形成には,水蒸気から直接氷粒子を生成する均質昇華核形成(homogeneous deposition nucleation)と,不純物を含まない水滴から氷晶を生成する均質凍結核形成(homogeneous freezing nucleation)が考えられる.前者は,高い過飽和度(相対湿度〜1000%)とそれに加えて低温(〜-65℃)が必要となるため,自然の大気中では均質昇華核形成が起こる前に均質凝結核形成が起こり,ただちに-40℃以下で凍結する.したがって,均質昇華核形成は決して起こらない.後者は,水滴直径に若干依存するが,100 μm で-35℃,10 μm で-37.5℃,1μm で-40.7℃と,約-40℃までにすべての水滴が凍結する.均質凍結核形成は,巻積雲などの特定の条件下で起こりうる.しかし,一般的には雲がこれほど低温になる前に,異物質でできた核となる粒子の働きで氷晶が生成される.大気中に雲粒ができるときは水蒸気から水滴になる一つの道筋しかないが,氷粒子の生成には,いくつかの道筋があり複雑である.いろいろなプロセスで氷粒子を生成する手助けをする粒子を総称して氷晶核(ice nucleus, ice-forming nucleus)という.

不均質核形成(heterogeneous ice nucleation)は図2.2.2に示すように4通り考えられる.水蒸気から氷への相変化の芯となる粒子は昇華核(deposition nucleus)と呼ばれる.残りの三つはいずれも水滴を凍結する手助けをするものである.凝結核

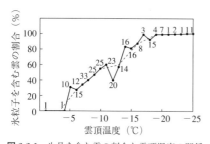

図2.2.1 氷晶を含む雲の割合と雲頂温度の関係 (村上,1998) 破線は3点移動平均,数字は観測された雲の数.

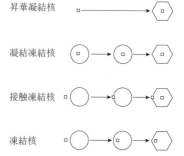

図2.2.2 氷晶核の活性化メカニズム(村上,1998) □:氷晶核,○:微水滴,⬡:氷晶.

(condensation nucleus) と凍結核の性質を併せ持つ粒子 (混合核, mixed nucleus) の上に, まず水滴が凝結した後, 不溶性の物質が凍結核として働き, 水滴を凍らせる. このような粒子を凝結凍結核 (condensation-freezing nucleus) という. 雲内の比較的暖かい温度領域で非吸湿性粒子が水滴内に取り込まれ, その後の温度低下によって水滴を凍結させるのが内部凍結核 (immersion-freezing nucleus) である. 水滴が形成された後, 非吸湿性粒子が水滴にぶつかる際に凍結する接触凍結核 (contact-freezing nucleus) がある.

表 2.2.1 に示すように, 自然界の氷晶核はおもに, 土壌粒子中の粘土鉱物やバクテリアの一種であり, −4〜−5℃から氷晶核として効きはじめる. これらの結晶構造は, 氷の構造とよく類似していることが知られている. 大気中の氷晶核数濃度は季節

表 2.2.1 種々の物質の氷晶核として働きはじめる温度 (村上, 1998)

物質名	結晶格子間隔 a軸 (Å)	c軸 (Å)	核として働く温度 (℃)	備考
純粋な物質				
氷	4.52	7.36	0	不溶性
ヨウ化銀 (AgI)	4.58	7.49	−4	若干水溶性
ヨウ化鉛 (PbI$_2$)	4.54	6.86	−6	
鉱物				
ファテライト (vaterite)	4.12	8.56	−7	
カオリナイト (kaolinite)	5.16	7.38	−9	
火山灰 (volcanic ash)			−13	
有機物				
テストステロン (testosterone)	14.73	11.01	−2	
コレステロール (cholesterol)	14.0	37.8	−2	
メタアルデヒド (metaldehyde)			−5	
バクテリア (bacterium)			−2.6	植物の葉につくバクテリア

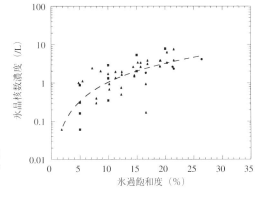

図 2.2.3 氷晶核濃度と氷過飽和度の関係
印の違いは氷晶核数濃度の地理的位置や季節による変動を示す.

や場所によって大きく異なるが，おおむね−20℃で1個/Lである．活性化する氷晶核濃度は気温の関数で，気温が4℃低下すると1桁増加する．この関係はFletcherの経験式として30年以上使用されてきたが，最近の観測・実験データとの不一致が指摘され，昇華凝結核（場合によっては凝結凍結核も含めて）数濃度は図2.2.3に示すような氷過飽和度の関数として表示されることが多い．いずれにせよ氷晶核濃度は雲核濃度の1/10万〜1/100万と低濃度である．これが雲内で過冷却がよくみられる理由であり，また，雲内で大きな氷過飽和状態が頻繁にみられる理由でもある．

(3) 雪結晶の昇華凝結成長

こうして生成した氷の微粒子は，氷過飽和の条件下で昇華凝結成長（depositional growth）を続ける．昇華凝結による氷粒子の成長速度は以下のように表され，基本的には水滴の凝結成長（condensational growth）の式と同じである．

$$\frac{dm}{dt} = 4\pi D_v C \left(\rho_{v,\infty} - \rho_{v,s} \right) \tag{1}$$

ここでD_vは水蒸気分子の空気中における拡散係数，Cは形状ファクター（球の場合は$C=r$），$\rho_{v,s}$は氷粒子に対する飽和水蒸気密度，$\rho_{v,\infty}$は空気中の水蒸気密度である．水滴の凝結成長との相違点は，氷晶には種々の形状があり，必ずしも球形とは仮定できないことと，氷粒子の表面に飛び込んできた水分子は結晶構造のなかに組み込まれなければならないので，氷粒子の成長は複雑になる．一番大きな違いは，過冷却雲中に生成した氷粒子は，水滴の凝結成長と比べると圧倒的に急速に成長することである．その秘密は，0℃以下における，水と氷に対する飽和水蒸気圧の違いである．水飽和状態は−10℃，−20℃，−30℃，−40℃では氷表面に対しておおよそ10%，20%，30%，50%の過飽和となる．いま，雲内の温度を−15℃で水過飽和度0.25%であると仮定する．この場合，水滴の凝結成長の原動力である水過飽和度は0.25%であるのに対して，氷過飽和度は約15%で，数十倍大きい．したがって，成長速度（粒径増加率）も表2.2.2に示すように，直径10μmの粒子では，約10倍氷粒子のほうが速く成長することがわかる．したがって，氷晶は昇華凝結のみでも十分に成長して，雪あるいはそれが途中で融けて雨として地上に到達する．

水と氷の水蒸気圧の差は，500 hPaで−16.8℃，1000 hPaで−14.3℃と多少気圧によって異なるが，おおむね−15℃で最大となる．低温垂直風洞で氷粒子の昇華成長実験を行って，質量と大きさの成長速度を調べると，図2.2.4に示すように，蒸気圧差のグラフとは相似形にはならず，−15℃付近のほかに−5℃付近にもピークがみられる．これは，氷粒子が球形を保ったまま成長するのではなく，温度・湿度によってその形を変化させ，その結果式(1)の形状ファクターが異なるからである．昇華凝結成長する氷晶の基本的な形（晶癖, crystal habit）は角柱状と角板状からなり，どの形をとるかは温度によって決まる．一方，湿度が変化すると，低湿側で表面積の小さい中身の詰まった結晶形に，高湿側で表面積の大きい結晶となる．これを成長の型とい

表 2.2.2 水滴と氷粒子の拡散成長の速さの比較（気温 −10℃，相対湿度 100.25%）（村上，1998）

最初の直径 (μm)	10分間の直径の増加 (%)	
	水滴の成長	氷粒子の成長
1	1900	13900
10	125	1320
100	2	73
1000	0.02	1

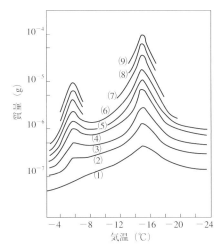

図 2.2.4 1気圧，水飽和条件下で昇華凝結成長する氷晶の質量（Takahashi et al., 1991）
成長時間：(1) 3分，(2) 5分，(3) 7分，(4) 10分，(5) 12分，(6) 15分，(7) 20分，(8) 25分，(9) 30分

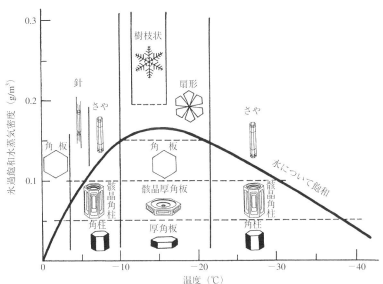

図 2.2.5 雪結晶の形と温度，氷過飽和水蒸気密度の関係（村上，1998）

う．図 2.2.5 の小林ダイヤグラムに示すように，晶癖変化は 0〜−4℃で板状，−4〜−10℃で柱状，−10〜−22℃で板状，それより低温側で柱状結晶となる．成長の型は −4〜−10℃を例にとると，過飽和度が高くなるにつれて角柱→骸晶角柱→さや状結晶・針状結晶へと変化する．過冷却雲粒の共存下では，雲内はほぼ水飽和となっているので，高い氷過飽和度によって氷晶の急速な成長が保証されている．雪結晶の分類・成長のメカニズムの詳細は次節で述べられる．

(4) 雪結晶の雲粒捕捉成長

氷晶が昇華凝結成長で成長し，有意な落下速度をもつようになると雲粒を捕捉して，成長を加速する．顕著な雲粒捕捉（accretion）を開始するのは大きさが板状結晶で 300 μm，柱状結晶で 100 μm 程度になったときである．雲粒捕捉成長（accretional growth）が進むと，濃密雲粒付き結晶（heavily rimed snow crystal）そしてあられになる．あられが大きくなるにつれて，落下速度も増加し，単位時間に捕捉する雲粒の量が多くなる．これら過冷却雲粒の凍結によって生成される潜熱（latent heat）を十分取り去ることができなくなると，あられの表面温度は 0 ℃近くまで上昇し，捕捉された過冷却雲粒が瞬時に凍結できなくなり，その間に空隙にしみこんで，ゆっくりと凍結した比重の大きなひょう（hail, hail stone）を作るようになる．捕捉された過冷却雲粒が瞬時に凍結して，空隙を多く含み比重の小さい（$0.1 \sim 0.3 \text{ g/cm}^3$）氷を作る場合を乾燥成長（dry growth），ゆっくりと凍結し，比重の大きな氷を作る場合を湿潤成長（wet growth）という．ひょうは二つの成長モードを繰り返し，ときには 10 cm 以上の巨大な粒子に成長する．

(5) 雪結晶の付着併合成長

昇華凝結成長した雪の結晶どうしが衝突併合して，雪片（snowflake, aggregate）を作ることもある．図 2.2.6 に示すように大きな雪片は，0〜−5 ℃と−10〜−15 ℃付近で観測されている．前者は，気温が−5 ℃以上になると，氷の表面がくっつきやすくなるためである．−15 ℃付近のピークは，樹枝状結晶（dendritic crystal）のような結晶の先端部の複雑な形状により，機械的に結合しやすくなるためである．雪結晶

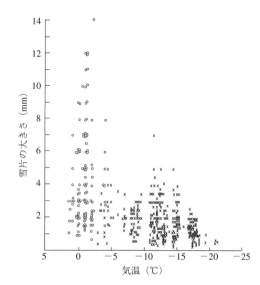

図 2.2.6 雪片の大きさと雪片が観測されたときの気温の関係（村上，1998）
○印は地上観測，×印は航空機観測の結果である．

の付着併合過程（aggregation process）は新たに雪結晶を生成するわけではないが，落下速度が小さく，なかなか雲から地上に降ってこない氷晶を大きな雪片のなかに取り込み，速やかに地上に輸送するという点で重要である．

(6) 雪結晶の融解

上空の雲のなかで成長した雪片，あられなどは，0℃より暖かい空気中を落下してくる途中で融解して，雨として地上に到達する．中緯度帯に位置する日本では約8割がこのようにしてできた冷たい雨と考えられる．雪やあられの融解速度は，次式で表される．

$$L_f \left(\frac{dm}{dt}\right)_{melt} = 4\pi C \{f_h K (T_\infty - T_r) + L_v f_v D_v (\rho_\infty - \rho_r)\} \tag{2}$$

上式で，L_v と L_f は蒸発（evaporation）と融解（melting）の潜熱，K は空気の熱伝導率，f_h と f_v は熱および水蒸気の輸送に関する通風効果（ventilation effect），T_r と T_∞ および ρ_r と ρ_∞ は，それぞれ粒子表面と十分離れたところの温度と水蒸気密度である．右辺第1項は，粒子表面に入る顕熱フラックス，第2項は，水の蒸発により粒子表面から出ていく潜熱フラックスである．その差し引きが正になったとき（つまり粒子が正味の熱を受け取ったとき），氷が融解してその分の融解熱を放出する．したがって，空気が乾燥している場合，蒸発による冷却の効果で，融けにくくなる．雪から雨への切り換わりを気温と相対湿度の関数として図2.2.7に示す．相対湿度が30〜40％と低い場合，雪やあられは+6〜7℃まで融けずに地上に到達することがわかる．この関係式は日々の天気予報の雨雪判別にも使用されている．

(7) 層状性と対流性の降雪雲の降水機構

これまで，雲のなかで降水ができるしくみを単純化して，「暖かい雨」と「冷たい雨」に大別できること，降雪をもたらす雲は冷たい雨のメカニズム（氷晶過程）が働いていることを述べてきた．さらに，冷たい雨のメカニズムを構成するおもな素過程についてみてきた．ここでは層状性（stratiform）および対流性（convective）の降雪

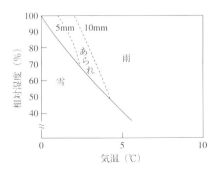

図2.2.7 地上における雪から雨への変化と地上気温・相対湿度・雪粒子の大きさとの関係（松尾，1995）

気温減率：6℃/km，雪粒子の密度：0.02g/cm³．

雲（snow cloud）として，温暖前線（warm front）に伴う降水雲と冬季日本海上の対流性降雪雲を例にとって，その内部構造と降水機構（precipitation mechanism）の特徴をみてみる．

a. 温暖前線に伴う降水雲

関東地方で観測される典型的な温暖前線に伴う雲の構造を図 2.2.8 に示す．安定な成層をした暖湿な空気が，北東から入り込む冷たい空気塊の上を滑昇し，層状の雲を形成する．この性質の異なる空気塊の境界が温暖前面である．この前面の傾きは，1/100 程度で滑昇による上昇流成分は 10 cm/s のオーダーである．地上の前線より北側に 400 km 以上隔れた降水のないところでは，シャープな前面構造をもつが，それより南側では，その構造は不明瞭になり，厚い前線帯となる．雲頂はほぼ圏界面高度（〜12 km）と等しく，雲頂温度は−40〜−50℃である．

前面のすぐ上に位置する厚さ 2〜3 km の層はきわめて安定な成層をしているが，上空にいくにつれて安定度が弱まり，上空の浅い層で弱い対流（ジェネレーティングセル）がみられることもある．ジェネレーティングセル（generating cell）を構成する粒子は，図 2.2.9 に示すような，大きさが 1 mm 以下の砲弾集合（bullet rosette）や砲弾型結晶が主である．上昇流が最も大きいのは温暖前線面の直上 1〜2 km の層で，その値は 20〜30 cm/s となる．この層では雪粒子は急速に成長し，前線面より下方では顕著な成長を示さない．この層の気温が 0 ℃に近いときには低濃度の過冷却水滴が共存することもあるが，雪粒子の雲粒捕捉成長は全体からみると 10％以下と小さい．この値は，地上の温暖前線に近づくにつれて徐々に増加するが，おもな降水形成メカニズムが雪結晶の昇華凝結成長であることに変わりはない．雲の内部構造の最大の特徴は，過冷却雲粒をほとんど含んでいないことである．したがって，ジェ

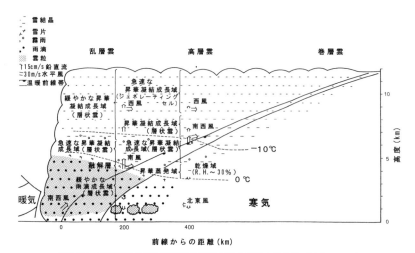

図 2.2.8　温暖前線に伴う雲の内部構造と降水機構の概念図（村上，1998）

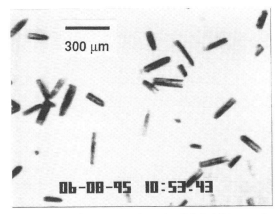

図 2.2.9 ジェネレーティングセル内の雪結晶（村上，1998）

ネレーティングセルや，前面直上の厚さ 2 km 程度の霧雨（drizzle）を含む層を除くと，水と氷の飽和蒸気圧の差による氷晶の急速な成長は起こっていない．雲の大部分では，氷晶は低氷過飽和度の条件下でゆっくり成長している．雪結晶が成長する温度範囲も広いため，無垢の六角板（hexagonal plate）や六角柱（hexagonal column）の雪結晶を中心に種々の雪結晶がみられるのが，温暖前線に伴う層状雲からの降雪の特徴である．前線面直上の気温が -15℃付近の場合には広幅六花や樹枝状結晶が急速に成長し，地上付近が弱風のときにこれらの結晶を主要な構成要素とし種々の雪結晶を含む雪片が観測されることもある．

b. 対流性降雪雲

冬期，大陸から吹き出した寒気が日本海上を渡る間に，暖かい海面から熱と水蒸気を受け取り，対流混合層（convectively mixed layer）を形成する．そのなかは，成層が不安定で対流によって雲が形成される．図 2.2.10 に示すように，発達期の雲は 4～5 m/s の上昇流（updraft）を含み，雲粒の空間質量濃度も 1 g/m^3 程度となる．雲核の数濃度が比較的低いことと，海塩粒子（sea salt particle）を含むことから，雲粒は幅広い粒径分布をしており，雲粒間の衝突併合過程により，100 μm 程度の過冷却水滴（frozen drop）を生成することもある．これと同時に，雲内にゆっくりと氷晶が発生する．

最盛期までには，過冷却雲粒との共存下で，氷晶が急速に昇華凝結成長し，雲粒捕捉成長を開始する．このようにして生成されたあられは，雲の上部で上昇流と釣り合いながら雲粒捕捉成長を続け，数 mm の大きさになって地上に降りはじめる．このとき，上昇流は，1～2 m/s に弱まり，雲の下層では下降流（downdraft）がみられるようになる．量は少ないが，～100 μm 程度の過冷却水滴もあられと一緒に降ってくることが多い．地上に降ってきたあられの内部構造の調査から，雲粒付き雪結晶と同様に 100 μm 程度の凍結水滴もあられの芽（graupel embryo）となっていることが確

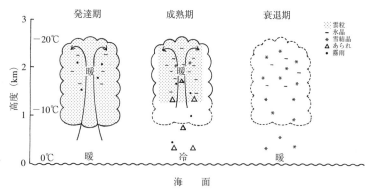

図 2.2.10 対流性降雪雲の内部構造の時間変化（村上，1998）

かめられている．あられや濃密雲粒付き結晶が降り終わった後には，樹枝状結晶やそれらの雪結晶が凝集してできた雪片が上空に残される．雪結晶や雪片の落下速度が 1 m/s 以下と小さいため，これらの粒子が降り終わるのに時間がかかる．したがって，見かけ上の対流性降雪雲の寿命は 1 時間程度と比較的長い．

雲頂高度がたかだか 2～3 km の雲から 5 mm をこえるあられが降ってくることも珍しくない．背の低い雲のなかで大粒のあられを生成するためには，あられ粒子の上昇流コアへの再流入（リサーキュレーション，re-circulation）が重要な役割を果たしていると考えられる．また，大粒のあられ生成には～0.4 g/m³ 以上の過冷却雲水域の存在が必要とされている．

2.2.2 降雪のパターン

（1） 低気圧型と季節風型降雪の地理分布

世界の多雪地帯は降雪のメカニズムに着目して，大きく二つに分類することができる．一つは，カナダ・ブリティッシュコロンビア州のコースト山脈西側，米国ワシントン州のカスケード山脈西側，スカンディナビア半島，南アンデス山脈西側などで代表される大陸西岸の極前線帯に対応する地域である．これらの地域では，冬期，温帯性低気圧（extratropical cyclone）が発達し，それに伴って降雪が起こる．低気圧型の降雪と呼ばれるものである．

低気圧型の降雪は温帯低気圧からもたらされる降雨と本質的な差異はない．雲全層の温度が全体的に低下し，地上気温が 0～3 ℃より低くなると途中で融けずに雪として地上に到達する．低気圧から延びる温暖前線に伴う雲は，前線面（frontal surface）を滑昇することによって形成される層状性の雲である．寒冷前線（cold front）の雲は，後方の寒気が前方の不安定成層をした暖気の下に潜り込み，暖気を持ち上げることによって引き起こされる対流に伴って形成される雲である．前者の雲頂高度は通常

7〜15 km で，後者の雲頂高度は 4〜10 km のことが多い．温暖前線に伴う雲ではおもに昇華凝結により成長した結晶からなるが，寒冷前線に伴う雲では雲粒捕捉成長で成長したあられが混じることが多い．

もう一つは，日本列島や北米東部（五大湖の東側）に代表される地域で，これらの地域では，降雪は温帯性低気圧によってもたらされるだけでなく，大陸性極気団（continental polar air-mass）から吹き出した寒気が相対的に暖かい水面上で変質を受け，不安定化することによってもたらされる．いわゆる季節風型の降雪である．

季節風型の降雪は，大陸からの寒気が相対的に暖かい海面上あるいは湖面上を吹走する間に，水面から大量の熱と水蒸気を受け取り，成層が不安定化することによって起こる．これを解消するためにしだいに対流混合層が発達し，その上部に雲を形成し，雲がしだいに厚くなると，降雪をもたらすようになる．このような気団変質過程（air-mass modification process）だけでも十分に降雪をもたらすが，その後，日本海の降雪雲は日本列島の脊梁山脈，五大湖の降雪雲の場合はアパラチア山脈による地形性強制上昇の効果も加わって山岳風上斜面に大量の降雪をもたらす．このように，日本海の降雪と五大湖の降雪は類似点も多いが，五大湖の湖面温度が日本海と比べてかなり低いので，降雪に及ぼす影響も小さい．季節風時に対流混合層内にできる降雪雲の高さは一般的には 2〜3 km であるが，地形性の収束場や上層のトラフ（trough）との相互作用により，雲頂高度が 5〜7 km にも達する雲システムを生成することもある．

（2） 日本の降雪
a. 低気圧型と季節風型

つぎに，日本周辺の降雪をもう少し詳しくみてみよう．太平洋側に降る雪の大半は低気圧型の降雪によってもたらされるものである．冬期，発達しながら日本の南岸を東北東進する低気圧は，しばしば太平洋沿岸地域に大雪をもたらす．降雪は低気圧中心より北側の温暖前線に伴う雲からもたらされる．一般に地上で雪となる目安は，850 hPa 面の気温が−4 から−6 ℃といわれている．関東付近では低気圧が八丈島と鳥島の間を通過するとき雪となり，八丈島より北を通過するときは低気圧中心へ回り込む暖気のため雨となることが多い．低気圧の中心が鳥島より南を通過するときは，離れすぎて降水が弱いか降水を伴わないことが多い．地上で雪となるか否かは，850 hPa の気温や低気圧中心の通過する位置だけでなく，雪の蒸発・融解の潜熱による 0 ℃の等温層（isothermal layer）の下方への広がりや，冷気塊の地形による蓄積などの効果もあって，たいへん複雑である．

これに対して，日本海側の地域では，低気圧による降雪もあるが，大半は季節風型の降雪である．たとえば新潟県では季節風型の降雪が冬期間（11 月から 3 月）の全降水量に占める割合は約 8 割である．群馬県山間部でもそれに近い値になっている．千島列島付近の北太平洋上で発達した低気圧と大陸上の高気圧との間の気圧傾度が大

きくなり，大陸性極気団（continental polar air-mass）が南方に流出し，寒気の吹出しとなる．これが冬期の北西季節風である．寒気が相対的に暖かい日本海を横切る間に熱と水蒸気（顕熱と潜熱の合計で平均 400 W/m²）の補給を受け，顕著な気団変質を受ける．

海面からの熱と水蒸気の供給により大気最下層が高温湿潤となり不安定化すると，対流が発生し対流混合によりこの不安定が解消される．この二つの過程を繰り返しながらしだいに対流混合層の厚さを増していく．最下層の空気塊は，その相当温位（equivalent potential temperature）が上層の相当温位と等しくなるまで上昇し，この高度まで気団変質が及ぶことになる．混合層の上には安定層や強い逆転層（inversion layer）が形成され，気団変質はそれより上には及ばない．混合層の上部には積雲（cumulus），層積雲（stratocumulus）からなる雲層が形成され，しだいに厚くなる．雲頂高度は対流混合層の上端とほぼ一致し，しだいに増加し 2〜4 km に達する．混合層上部に雲が形成されると，まもなく海上で降雪がみられる．

混合層内の雪雲は上陸すると，地表面からの熱・水蒸気補給を断たれいったん衰退するが，日本の脊梁山脈をこえるとき余剰な水蒸気が絞り出され，再発達することが多い（図 2.2.11）．

降雪（snowfall）の分布や量は，寒気吹出し（cold air outbreak）の強さや日本付近での風向，地形性の水平収束の有無，上層の寒気渦（cold vortex）の状況によって異なり，雲頂高度が 7 km に達することもある．一般的に北陸地方の降雪に最も密接に関連する気象条件として知られているのは対流圏中層（700〜500 hPa）の低温で，輪島上空 5500 m の気温が−35℃以下になると大雪（heavy snowfall）が降ることが多い．

b. 季節風時にみられるいろいろな雲システム

図 2.2.12 の寒気吹出し時の気象衛星写真に示すように，種々の形態をした雲システムが季節風型の降雪をもたらす．頻繁にみられるのは，雲層の平均風向に平行な平行型筋状降雪雲（longitudinal-mode snow cloud band），風向にほぼ直交する（雲頂と雲底間の風のシアーベクトルに平行する）直交型筋状降雪雲（transverse-mode snow cloud band），寒気吹出しの弱いときにみられるランダムに配置した孤立型降雪雲である．そのほかに，風の水平シアーを伴う収束帯にみられる帯状雲や中規模渦状

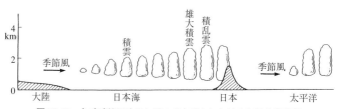

図 2.2.11 冬季季節風吹出し時の日本海上における気団変質過程

2.2 降雪雲と降雪分布　　　　　　　　　　　71

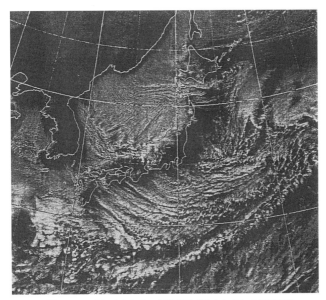

図 2.2.12　寒気吹出し時の気象衛星「ひまわり」の可視画像

雲 (meso-scale vortex-like cloud), 発達した温帯性低気圧の北西または南西象限にみられるコンマ型やスパイラル型の降雪雲などがあげられる. コンマ型やスパイラル型の降雪雲はメソ低気圧 (meso-scale low) に伴うもので, これらのメソ低気圧は総観規模低気圧 (synoptic-scale low) 後面の寒気場内に発生することから極低気圧 (polar low) と呼ばれることもある.

　孤立型, 平行型, 直交型筋状降雪雲は暖かい海面からの熱と水蒸気補給による気団変質によって形成され, これらの形態は寒気吹出しの強さや, 風の鉛直シアーによって決定される. 他の雲システムは, 気団変質のほかに, 地形効果による水平収束や上層の寒冷渦, 総観スケールの低気圧によって作り出される風の水平シアーなどの効果との組合せによって形成される.

　これら雲システムの出現頻度と全降雪 (降水) 量に占める割合を調べると, 地形性収束による雲システムの出現頻度の低い東北地方南部の日本海上では, 孤立型, 平行型, 直交型の出現頻度は合わせて 60％に達するが, 降水量に占める割合は 40％程度で, 上層トラフや日本海の中規模低気圧に伴う降水が約 50％を占める. 気圧配置と卓越する雲システムの関係については, 図 2.2.13 に示すように, 温帯低気圧の通過後, 寒気吹出しの開始から終了まで直交型筋状降雪雲, 平行型筋状降雪雲, 帯状降雪雲, 平行型筋状降雪雲, 孤立型降雪雲の順に出現することが多く, 帯状降雪雲は上空の寒冷渦に伴って出現するという報告もある.

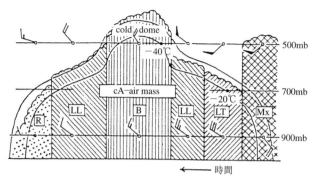

図 2.2.13 一連の寒気吹出しに伴う雲システム（レーダエコーパターン）の時間高度変化（三瓶・川添，1976）
R：孤立型，Mx：層状と対流性エコーが混在，LL：平行ロール型，LT：直交ロール型，B：帯状雲．

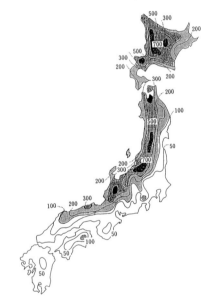

図 2.2.14 降雪の深さの寒候期合計（日本気候図 1990 年版）

c. 山雪と里雪

いろいろな雲システムからもたらされる平均的な降雪量分布は，図 2.2.14 に示すように脊梁山脈より日本海側に分布しており，とくに主要な極大域は山脈の西〜北西斜面に現れている．しかし，一雪一雪の分布を詳細に調べると，図 2.2.15 に示すように山岳部に降雪が多いケースと平野部に降雪が多いケースに分類される．

とくに，山岳部に降雪が多いケースは山雪型と呼ばれ，日本海は上空の気圧の谷の

2.2 降雪雲と降雪分布

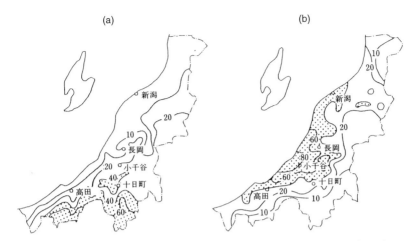

図 2.2.15 新潟県における(a)山雪型降雪（1953 年 12 月 31 日）と(b)里雪型降雪（1956 年 1 月 9 日）の例（深石，1961）

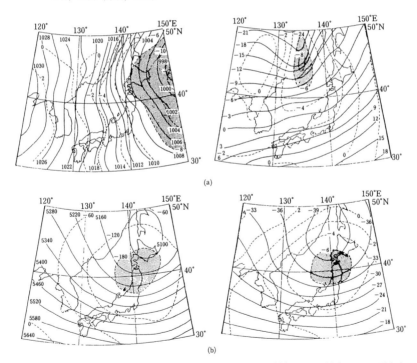

図 2.2.16 山雪型降雪時の(a)平均的な海面気圧（左）と気温（右），および(b) 500 hPa 面高度（左）と気温（右）（藤田，1966）
破線は平年からの偏差を示す．

後面に位置し、寒気の中心は北日本にある．地上では西高東低の気圧勾配の大きな典型的な寒気吹出しの型となる．寒気の中心は沿海洲にあって日本海へ南下し、地上では等圧線と等温線が直交する顕著な寒気移流（cold advection）がみられる．対流圏下層には強い対流不安定層が形成され、800〜700 hPa に逆転層があり、日本海上の対流雲の高さは 2〜3 km に抑えられている（図 2.2.16 参照）．強い北西風により、海上には平行型筋状雲が広がることが多く、脊梁山脈の風上斜面上に強制上昇（forced lifting）による上昇流域が集中し、降雪が強化される．

一方、平野部に降雪の多いケースは里雪型と呼ばれ、上層の深い気圧の谷は日本海西部に位置する．地上では気圧勾配がゆるんで地上付近の季節風も比較的弱い．北陸地方では南よりの成分も含むことがあり、脊梁山脈の北西斜面での強制上昇による雲の発達は起こらない．このような状況下で大陸から上層の寒冷渦が南下し、地上に小低気圧を形成することもある．このため、日本海上の中層に−40〜−50℃の寒気が侵入し、対流不安定層が厚くなり雲頂高度は 5〜6 km にまで及ぶこともある．また海岸線近くに局地前線がある場合にも里雪となることが多い（図 2.2.17 参照）．

新潟県のように平野部が比較的広い地域では山雪型と里雪型の中間型もある．

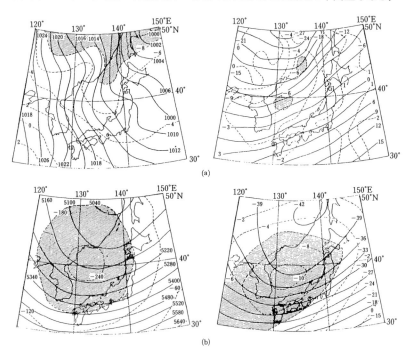

図 2.2.17　里雪型降雪時の(a)平均的な海面気圧（左）と気温（右），および(b) 500hPa 面高度（左）と気温（右）（藤田，1966）
　　　　　破線は平年からの偏差を示す．

d. 豪雪をもたらす雲システム（豪雪と地形効果）

　季節風型の降雪は，日本海沿岸に広範囲に一様に降るのではなく，特定の地域に短時間に集中して降ることが多い．この降雪の局所集中化は地形の効果によって引き起こされる．地形の働きには，地形が気流に影響を及ぼすことにより直接的に降雪の集中化をもたらす場合と，中規模擾乱（meso-scale disturbance）が発生しやすい場を提供する場合の2通りがある．

　前者の例として，一般的なものは山脈の風上斜面における強制上昇により，余分に水蒸気が絞り出され，降水に転化して降水量の増加につながる場合である．日本の脊梁山脈の風上斜面に降水量が多いのはこの典型である．風向きによって降水の集中化の起こる場所も違ってくる．一連の山脈のなかで周囲より低くなっている部分（地峡）では日本海側から侵入する降雪雲が通り抜けやすいことと，通り抜ける際の水平収束によって雲が発達する効果との相乗作用で，地峡の風下に降雪量の増加がみられることがある．関ヶ原から風下に伸びる降雪域はその例である．そのほかにも，降雪分布を詳細に調べると，季節風が孤立峰を迂回する場合に，山の側面や後面に収束域が発生し，降雪が強化されることもある．豪雪という観点からは，上越地方の海岸線付近から東方に延びる帯状の降雪域があげられる．これまで海岸付近の気温や風の急変から北陸前線（不連続線）と呼ばれてきたものであるが，最近の集中観測や数値モデルを用いたシミュレーションの結果から，その実態が明らかとなってきた．下層の北西の季節風が，海岸線までせり出した上越の山塊にせき止められて海岸線付近に収束帯を形成し，海上から進入してきた対流性降雪雲が発達・強化される．つぎに，発達した降雪雲が中層・上層の西風あるいは西南西の風に流されて中越地方の内陸平野部に強い降雪をもたらすことになる．この雲システムは上越山塊によって形成されているので，準定常的にほぼ同じ場所に存在するため，その地方に豪雪をもたらす．

　後者の例として，朝鮮半島の付け根から日本海を横切って南東に伸び，北陸・山陰地方に達する帯状雲や，帯状雲と同じ場所に出現する中規模渦状雲があげられる．ここでは，沿海洲からの北よりの風と朝鮮半島からの西よりの風とによって水平シアーを伴う収束帯が形成される．朝鮮半島の付け根の風上にはペクト山を主峰とするケーマ高原があり，寒冷な気流を二つに分流する働きがあり，風下に収束帯を形成するきっかけを作っている．この収束帯上に発達する雲システムの内部構造，降雪機構も最近の集中観測などから明らかとなってきた．収束帯付近の大気下層では，図2.2.18に示すように南西側の西北西の気流と北東側の北北東の気流による強い収束帯が形成されており，相対的に暖かい西北西の気流が冷たい北北東の気流の上を乗り上げるような形で発達した対流雲を形成し，強い降雪をもたらすと同時に，その雲から風下側に吹き出した降雪粒子が背の低い対流雲を落下していく際にseeder-feederメカニズムによりさらに成長し，比較的強い降雪域を形成する．このような収束域の移動はゆっくりで，1日以上同じ場所に停滞することもあるので，収束帯に伴う発達した雲システムが上陸する海岸部に豪雪をもたらすことになる．

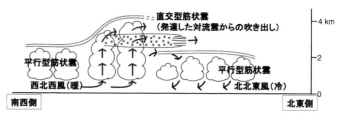

図 2.2.18 航空機観測から得られた日本海寒帯気団収束帯上に形成される帯状降雪雲の内部構造のモデル

　もう一つの顕著な例は，北海道西方海上に出現する帯状雲や中規模渦状雲である．ここでは，沿海州からの西よりの風と北海道からの東よりの風とにより水平シアーを伴った収束帯が形成される．図 2.2.19 に示すように，この 2 カ所が日本海上で最も中規模渦状雲や帯状雲の出現頻度の高い地域である．これらの収束帯は日本海寒帯気団収束帯（Japan Sea Polar Air-mass Convergence Zone）と呼ばれることもある．

　豪雪をもたらす雲システムを，その成因に着目して分類すると図 2.2.20 のように示される．大陸からの寒気が相対的に暖かい海面を吹走してくることにより日本海一面に筋状降雪雲が広がる．これと上層の気圧の谷や寒冷渦が組み合わさることにより，深い不安定成層を形成し，豪雪をもたらす中規模擾乱発達の環境を作る．寒冷渦に伴う上昇流や地形により誘起される水平シアーを伴う収束とこの不安定成層が組み合わさって，水平スケール数十〜数百 km の小低気圧（meso-low）や寒帯低気圧（polar low）を形成する．強い降雪域を伴い比較的移動速度の遅いこれら中規模低気圧により降雪の局所集中化が起こる．おもに直接的な地形効果で豪雪をもたらすもの

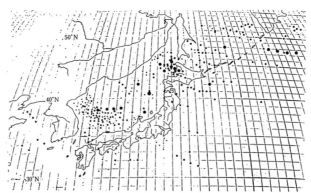

図 2.2.19　1983 年 12 月〜84 年 3 月に気象衛星「ひまわり」雲画像で見いだされた中規模渦状雲の中心位置の分布（浅井，1988）大・中・小の黒点はそれぞれ水平スケール約 200，100，50 km に対応する．

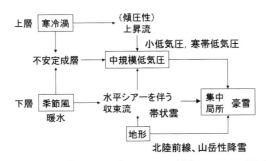

図 2.2.20 日本海豪雪メカニズムのモデル（浅井，1988 に一部加筆）

として北陸前線に伴う帯状降雪雲や山岳性降雪雲（orographic snow cloud）があげられる．地形により誘起される収束により豪雪をもたらすものとして日本海寒帯気団収束帯上に形成される帯状降雪雲があげられる．

2.2.3 降雪予報

（1） 降雪分布予報

　気象庁では 1996 年 3 月に新しい天気予報として，天気，降水量，気温，最高最低気温について「分布予報」を開始した．1998 年 1 月 19 日から予報要素に降雪量を追加し降雪量分布予報を実施している（ここでは「地上気象観測法」において「降雪の深さ」と呼ばれている観測量を便宜的に降雪量と呼んでいる）．最初は北海道・東北・北陸地方に限定していたが，2001 年 12 月から関東甲信・東海・近畿・中国地方に拡大された．

　降雪量分布予報は，数値予報モデルから得られる約 20 km メッシュの格子点上において 3 時間ごとに予測された降水量，気温，天気（雨雪の区別）から求められる 3 時間ごとの降雪量予測値を 2 回積算して 6 時間ごとの降雪量予測値を求め，格子点値として発表されるものである．降雪量は「なし」「2 cm 以下」「3〜5 cm」「6 cm 以上」の四つの階級で表現され，予報発表時刻は 6 時，12 時，18 時の 1 日 3 回である．

　降水量から降雪量へ変換する際に必要となる雪水比（降雪量と降水量の比）は北日本と日本海側の 62 気象官署における過去 8 冬期間の観測値から気温の関数として経験的に求めた値を用いている（図 2.2.21 参照）．この図から，気温が 0 ℃から 2 ℃の間で雪水比が大きく変化し，気温のわずかな変化で降雪量が大きく変わる可能性が示唆される．地上風速も降雪の密度に影響を与えるが，ここでは気温だけの関数と仮定している．

　6 時間降雪量の予測値と観測値の比較から，予測降雪量階級値と実測降雪量階級値の一致率は約 7 割，1 階級のずれを許容すると的中率は約 9 割となり，降雪量 2〜3

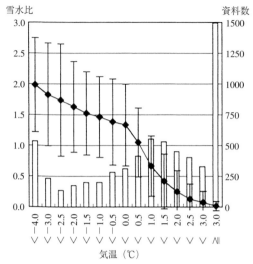

図 2.2.21　北日本と日本海側の 62 気象官署における 8 冬期間の観測データから求めた気温階級別の雪水比（山田，1998）
◆と I は雪水比の平均値と標準偏差，棒グラフはデータ数．

cm の誤差範囲で予報できることが確認されている．

しかし，実際の降雪量は地形や風向きによって大きく変わり，20 km 格子内の平均降雪量の予報値より多くなることもあるので注意を要する．降雪量分布予報はもう少し大きなスケールの降雪分布パターンとして利用するもので，特定の地点の降雪量として利用するのは好ましくない．大雪が予想される場合には，つぎに述べる各地の気象台が発表する注意報・警報のなかで述べられる量的予測値を優先的に利用することが望まれる．

(2)　大雪警報・注意報

気象庁ではさまざまな観測により現象の把握を行い，災害が起こる可能性があると予想される場合には，警報や注意報を発表している．降雪に関しては，大雪によって重大な災害が予想される場合に大雪警報（heavy snowfall warning）を，大雪によって災害が予想される場合に大雪注意報（heavy snowfall watch）を発表している．警報・注意報は全国を 226 の区域に細分して発表しているが，気象による影響は各地域によって異なるため，警報・注意報の基準は各地域の実情に応じて地域ごとに定めている．全国のいくつかの予報区における大雪警報・注意報の基準を表 2.2.3 に示す．一冬に数えるほどの降雪しかなく，日頃雪に親しみのない東京都では，大雪注意報と警報の基準はそれぞれ 24 時間の降雪量が 5 cm，20 cm と定められている．一

2.2 降雪雲と降雪分布

表 2.2.3 各地における大雪警報と注意報の基準

	警報	注意報
北海道石狩郡	12 時間降雪の深さが中部・南部で 30 cm 以上，北部で 50 cm 以上中部・南部の山間部で 50 cm 以上	12 時間降雪の深さが中部・南部で 20 cm 以上，北部で 30 cm 以上中部・南部の山間部で 30 cm 以上
秋田県	24 時間降雪の深さが沿岸で 50 cm 以上，東由利，内陸で 70 cm 以上	24 時間降雪の深さが沿岸で 20 cm 以上，東由利，内陸で 30 cm 以上
宮城県	24 時間降雪の深さが平地で 30 cm 以上，山沿いで 60 cm 以上	24 時間降雪の深さが平地で 15 cm 以上，山沿いで 30 cm 以上
新潟県	24 時間降雪の深さが海岸地方で 50 cm 以上，平野部で 80 cm 以上山沿いで 100 cm 以上	24 時間降雪の深さが海岸地方で 30 cm 以上，ただし下越海岸，佐渡地方は 20，25 cm平野部で 40 cm 以上山沿いで 60 cm 以上
東京都	24 時間降雪の深さが20 cm 以上，多摩西部で 30 cm 以上	24 時間降雪の深さが5 cm 以上，多摩西部で 10 cm 以上
大阪府	24 時間降雪の深さが平地で 20 cm 以上，山地で 40 cm 以上	24 時間降雪の深さが平地で 5 cm 以上，山地で 20 cm 以上
島根県	24 時間降雪の深さが平地で 40 cm 以上，山地で 70 cm 以上	24 時間降雪の深さが平地で 15 cm 以上，山地で 30 cm 以上
福岡県	24 時間降雪の深さが平地で 20 cm 以上，山地で 50 cm 以上	24 時間降雪の深さが平地で 5 cm 以上，山地で 10 cm 以上

方，雪国として知られている新潟県では，大雪注意報の基準は海岸地方，平野部，山沿いでそれぞれ 30 cm（下越の海岸地方では 20 cm），40 cm，60 cm，大雪警報の基準は 50 cm，70 cm，100 cm と定められている．

(3) 降雪予報の今後

現在気象庁で行っている降雪分布予報は領域モデルの計算結果に基づいている．このモデルの解像度は水平方向には 40 km 程度と粗く，モデルに組み込んでいる地形もかなり平滑化されたものである．したがって，局所的な降雪量に大きく影響する複雑地形と水平風の相互作用は十分に表現されてはいない．また，モデルのなかでは雲の生成や降水の発達は直接予報せず，グリッドスケールの上昇流や不安定成層を解消するためのサブグリッドスケールの積雲対流（cumulus convection）によって，凝結した水がその場所に降水として地上に降ると仮定して求めている．落下速度の大きな

雨を比較的粗い解像度のモデルで予報する場合には，この誤差はさほど問題とならない が，落下速度が雨より 1 桁小さい雪を高解像度のモデルで予報する場合にはこの誤差は無視できなくなる．たとえば，平均落下速度が 1 m/s の雪が高度 3 km から降ってくる場合，平均水平風速 20 m/s の季節風に吹き流されるとすると，地上に到達するまでに 60 km 風下に移動することになる．

2004 年に導入が予定されている次世代の領域モデルでは，水平解像度が 5 ～ 10 km となるだけでなく，雲の生成や降水の発達を直接予報するようになる．これにより複雑地形と水平風の相互作用によって決まる局所的な降雪現象（集中豪雪）や季節風に吹き流されることによる雲の生成域と地上降雪域のずれも精度よく予報されることが期待される．

数値モデルを用いた予報精度は，数値モデルの精度そのものとモデルを走らせる際に用いる初期条件の精度の両方に依存する．現在でも，モデルの初期値として世界標準時で 0 時と 12 時に世界中で観測されるレーウィンゾンデのデータのほかに，静止気象衛星ひまわりから求められる上層・中層風，ウィンドプロファイラーによる中層・下層風，民間航空機から得られる気温・風などの情報を用いて，より精度のよい初期値を作成している．次期モデルではさらに，軌道衛星からのデータやドップラーレーダのデータなど種々のデータを用いて，より正確な初期値を作るデータ同化法（data assimulation）が採用される予定である．　　　　　　　　　　　　［村上正隆］

文　　献

浅井富雄（1988）：日本海降雪の中規模的様相．天気，**35**：156‐161.

深石一夫（1961）：新潟県における降雪分布について．天気，**8**：395‐402.

藤田敏夫（1966）：北陸地方の里雪と山雪時における総観場の特徴．天気，**13**：359‐366.

松尾敬世（1995）：雲と降水の物理過程．新版気象ハンドブック（朝倉　正・関口理郎・新田　尚編），pp.66‐73，朝倉書店．

村上正隆（1998）：雲と降水．新教養の気象学（日本気象学会編），pp.47‐60，朝倉書店．

二宮洸三・松本誠一（1967）：関ヶ原附近の降雪の三次元的観測例．*Papers Meteor. Geophys.,* **18**：95‐102.

三瓶次郎・川添信房（1976）：冬季寒気ドームの通過に伴う東北地方日本海側におけるレーダーエコーの形状と特性の変化．研究時報，**28**：189‐200.

Takahashi, T., Endoh, T., Wakahama, G. and Fukuta, N. (1991): Vapor diffusional growth of free‐falling snow crystals. *J. Meteor. Soc. Jpn.*, **69**: 15‐30.

山田真吾（1998）：「降雪量分布予報」の開始．気象，**42**(1)：10‐11.

コラム 2.3　風花（かざはな，かざばな）

「国境の長いトンネルを抜けると雪国であった」は川端康成の『雪国』の有名な冒頭の一節であるが，雪に埋まる越後湯沢を出てその同じトンネルを逆に抜けると，明るい青空の下，カラッ風が吹く上州である．そこは青空なのに，しばしば雪がちらつく．「風花」だ．山の風上側に降る雪が，強い風に乗って風下側の上州にまで運ばれてきたのである．風によって遠く運ばれ，花のように舞う雪なので，風花という風流な名がつけられている．

風花は歳時記では冬の季語で，多くの俳句が詠まれている．そのいくつかをあげてみる．

　　風花や湯槽あまたに人ひとり（水原秋桜子）
　　風花の大きく白く一つ来る（阿波野青畝）
　　風花や汽笛ふくらむ飛騨の谷（藤田明子）

さらに風花をもっと知りたいと思って気象学辞典をひもとくと，風花という項目は見当たらない．わずかに「吹越し」という項目の文中にそれがみられるにすぎない．本事典で風花が晴れて採用されることになったのはとても嬉しいことである．

ところで，風花はもちろん，雪月花というように，雪は古来，風流の代表であった．雪も月も花も，みな美しく，しかも儚い（無常，はかない）から，日本人の美意識にピタリなのだ．仲秋の名月もすぐ欠けてしまう．ばんだの桜も花に嵐で散る．雪も万物を純白に覆うが，やがて融けて消える．でも，雪が風流というのは，古来，文化の中心であった大和，京都，江戸など，雪がめったに降らない地方の，いわば「暖候地文化」である．冬の間，雪に埋もれて住む雪国では，「雪は風流」などと暢気なことばかりはいっておられない．

そもそも日本人は雨冠の言葉が好きなのだ．雲，雲居，雪，雪花，細雪，霰，斑雪（はだれゆき），雪えくぼ，雪見（酒），雪晴，雨，小雨，ぬか雨，春雨，五月雨，氷雨，霙，霧，川霧，狭霧，霧雨，霧笛，露，白露，露草，露寒，雫，霜，霜柱，霜枯れ，窓霜，霞，棚霞などなど．日本人の「心のふるさと」といわれる演歌の題や歌詞に，それが，いくらでもみつかる．霧の摩周湖，霧の幣舞橋，雨のブルース，長崎の雨など，数え出したらきりがない．和歌や文学にもそれが多い．

小倉百人一首には山部赤人の「富士の高嶺に雪は降りつつ」をはじめ，光孝天皇の「わが衣手に雪」など，雪が詠み込まれた和歌が四つもある．寂蓮法師の「村雨の露もまだひぬまきの葉に　霧立ち上る秋の夕暮れ」には，村雨，露，霧と雨冠が三つも入っている．そして，ここには「秋の夕暮れ」がある．枕草子は第一段の冒頭，「春は曙」は誰でも知っているが，ついで「夏は夜」，そして「秋は夕暮れ」とある．清少納言ならずとも，日本人の多くは「秋は夕暮れ」が好きなのである．

[若 濱 五 郎]

2.3 降雪の化学的性質

写真などでよく提示される樹枝状六花や角板などの形のきれいな雪結晶は，化学的にもきれいである．氷晶核は土壌粒子だったり有機物だったりするが，形のきれいな雪結晶はほとんどが水蒸気つまり純水でできているからである．しかし，いつもいつも形のきれいな雪結晶ばかりが降っているのではなく，雲粒つき結晶だったり，ときにはあられだったりする．雲粒つき結晶やあられには，海塩起源物質や人為起源物質などがたくさん含まれていて，いわゆる不純物が多い．降雪中の海塩起源物質濃度や安定同位体比（stable isotope ratio）は，降雪粒子が形成された雲の条件によって決まることがわかってきた．

中谷宇吉郎の名言「雪は天から送られた手紙である」は，雪の結晶型をみれば，それができた上空の温度や水蒸気の状態がわかるという意味であるが，降雪の化学的性質もそれができた雲の条件を示す手紙文であることがわかってきたのである．ここでは，その手紙文の読み方を解説する．

2.3.1 降雪中の化学物質濃度と気象条件

わが国における降雪の化学特性に関する研究は，泉（1931），福井（1935）や今井（1937）による新潟県における調査にはじまる．その後，降雪の化学的研究は小休止したが，1960年代の高度経済成長とともに顕在化したいわゆる公害問題と歩調を合わせるようにして，降雪の化学が再び研究されるようになった．ちなみに，わが国で「酸性雨」（acid rain）問題が表面化したのは，1974年7月3日の北関東での霧雨による3万人にも達する人的被害を契機にしている．

北海道母子里において，雪の結晶形と化学成分との関係を調査した結果，あられでNa^+，Cl^-濃度が高くなり，両者の濃度比は海水中の比とほぼ同じであることがわかった（Takahashi, 1963）．このことは，海塩を含む雲粒を多く捕捉した雪結晶で，Na^+やCl^-濃度が高くなることを示す．その後，レーダ観測と高層気象観測が行われている札幌において降雪を採取・分析し，層雲系よりも積雲系の雪雲からの降雪で海塩起源物質濃度が高く，対流混合層（convective mixing layer）の高さが高いほど海塩起源物質濃度が高くなることが明らかになった（鈴木，1983）．これは，氷晶と海塩を含む雲粒との衝突併合が，雪雲の対流活動と密接にかかわっていることを示す．また，冬型の総観場で札幌と北越地方に降雪をもたらす積雲が吹走する距離は，北越地方が明らかに長い．このことは，対流活動の継続時間が両者で異なることを示す（図2.3.1）．同じ対流混合層の高さに対して，継続時間が長ければ海塩起源物質濃度が高くなることも明らかになっている（鈴木・遠藤，1994a; Suzuki and Endo, 1995）．積

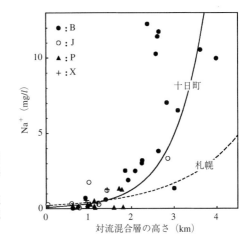

図 2.3.1 新潟県十日町における対流混合層の高さと降雪中の Na^+ 濃度の関係 (Suzuki and Endo, 1995) 破線は札幌の場合の回帰式. B：冬型の気圧配置時, J：日本海低気圧時, P：南岸低気圧時, X：その他.

雲系の雪雲から降る降雪中の海塩起源物質濃度は, 積雲対流の強度と継続時間によって決まることになる. 海塩起源物質に比して, 人為起源物質の降雪中における濃度を決めている機構については, ほとんどわかっていない.

わが国の降雨については, すでに 1937 年に東京・丸の内で pH が 4.1 であったことが報告されている（三宅, 1939）. その後も, 降雨については「酸性雨」との絡みで, わが国でも化学的研究が盛んに行われているが, 降雪の酸性化現象について研究が活発になったのは 1990 年代になってからである.

酸性の雨は人間活動や生態系に直接影響を及ぼすため,「酸性雨」が一般に使われるようになったが, スカンディナビアや北米での融雪水による生態系への影響を例示するまでもなく,「酸性雪」による間接的な影響も重大であることが認識されている. つまり, 酸性「雨」だけではないのである. 人間活動が盛んな中緯度における降水のほとんどは, 氷晶過程を経ることからも, 用語としては「酸性降水」(acid precipitation) を使うべきであろう.

わが国の「酸性雪」に関する系統的な調査は, 北海道環境科学研究センター (旧称：北海道公害防止研究所) によって 1983 年度からはじめられた. その調査結果によると, 札幌では 1989 年度以降に降水の pH が急激に低下している（野口, 1992, 1994）. これは, 自動車のスパイクタイヤの自主規制が 1989 年度にはじまっていることと対応する. 1991 年度にはスパイクタイヤの使用が法的に規制されたが, それによって札幌における大気中のアスファルト粉塵が減少し, 結果として $nssCa^{2+}$（非海塩起源ー non sea salt ーの Ca^{2+}）沈着量も減少し, 降雪の pH が低下したと考えられる（Noguchi et al., 1995）. スパイクタイヤの規制によって大気中の浮遊粉塵は減少し, 健康に対する害は緩和されたが, 酸性降水を中和していた $nssCa^{2+}$ の減少によって, 降水の pH は下がったことになる. いわゆる環境問題の複雑性を物語る現象であ

る.

　1983 年から 1987 年まで環境庁により実施された第一次酸性雨対策調査の結果，日本海側の地域では冬季に降水の pH が低下することが多く，非海塩起源の nssSO$_4^{2-}$ 濃度も冬季に高くなることが明らかとなった（玉置，1990）．また，荒木ほか（1988）によると，北海道内 78 地点における積雪調査の結果，日本海側の地点で積雪の pH が低く，非海塩起源の nssSO$_4^{2-}$ 濃度は高いことが報告されている．このため，冬季季節風の卓越時には，化石燃料の燃焼に由来する酸性化寄与物質が，大陸から輸送されている可能性が示唆されている（大泉ほか，1991；北村ほか，1993）．

　酸性雪に関する研究では，降雪をもたらす気象条件の差異による降雪中の酸性物質濃度変動については，ほとんど検討されてこなかった．鈴木・遠藤（1994b）は，新潟県十日町における冬季間の降水試料により，降水原因と降水中の酸性物質濃度変動との関係について議論している．それによると，冬型の気圧配置時の降水では海塩起源物質の割合が大きく，本州の日本海側や南岸を通過する低気圧による降水では非海塩起源物質の割合が大きくなる．とくに，南岸低気圧による降水では酸性化寄与物質の割合が大きく，その割合の増加にしたがい pH が低くなる．これら気象条件の差異による結果として，冬季降水の pH は雨のほうが降雪よりも低くなる．また，降水中の NO$_3^-$ と nssSO$_4^{2-}$ は降水の酸性化に寄与し，NH$_4^+$ と nssCa^{2+} は酸性物質の中和に寄与することがわかっているが，冬季降水の H$^+$ 濃度（pH）が，これら 4 種のイオンの多寡によって説明できることも報告されている（鈴木，1997）．

　日本海側の降雪に含まれる nssSO$_4^{2-}$ の供給源を同定する試みは，おもに硫黄の安定同位体を用いて行われている（大泉ほか，1991；北村ほか，1993；本山ほか，2000）．これは，化石燃料中の δ^{34}S が産出地によって異なることを利用し，降水中の δ^{34}S から硫黄の起源を推定する方法である．これらの研究によると，東北・北陸地方にもたらされる nssSO$_4^{2-}$ の起源は中国北部であると推定されている．

2.3.2　降雪中の安定同位体比

　降雪粒子を形成する水蒸気の起源や降雪粒子形成機構を議論する際には，同位体による研究が不可欠になる.

　Isono *et al.* (1966) は，降雪中の重水素（deuterium）含有比（D/H）の差異が降雪雲の垂直方向の発達程度によることを示し，さらに D/H から降雪をもたらす水蒸気の発源地を推定している．Tsunogai *et al.* (1975) は，降雪の酸素同位体組成が海面の温度や雪が生成される温度には支配されず，大陸から供給される水蒸気量と太平洋側に抜けていく水蒸気量の，日本海から蒸発した水蒸気量に対する割合に支配されていると報告している．これに対し，井上ほか（1986）は，降雪中の酸素同位体比が雲頂高度とよい相関を示すことから，Tsunogai *et al.* (1975) の仮説に疑問を呈している．

早稲田・中井（1983）は，Dansgaard（1964）が定義した d パラメータを議論し，冬季には乾燥した大陸性気団が日本海から急速な蒸発をもたらすために，降雪の d パラメータが大きくなることを示した．佐竹（1986）は，海水温と気温の差が大きくなる冬季に，富山における降水の d パラメータが大きくなることを報告し，Sugimoto et al.（1988）も，降雪中の d パラメータを議論し，降雪粒子形成時の昇華過程での動力学的同位体効果の可能性を指摘している．

Higuchi et al.（1985）は，北陸での降雪中の酸素同位体比が地上気温と相関がよいことを示した．Fujiyoshi et al.（1986）は，降雪中の酸素同位体比は地上気温や降雪強度とは関連せず，酸素同位体比の変動幅と最大降雪強度がよい相関を示すことを報告し，Sugimoto and Higuchi（1989）は，一つの対流雲からの降雪では，時間の経過とともに降雪中の酸素同位体比が減少することを観測およびモデル計算により明らかにした．

Suzuki and Endo（1995）は，降雪中の酸素同位体比が降雪時の総観場ごとに対流混合層頂部の気温と相関がよいことを示した．また，その後の詳細な研究により，西高東低の冬型の気圧配置や南岸低気圧による降雪では，降雪をもたらす雲の雲頂気温と降雪中の酸素同位体比との相関が高いことが明らかになった（図 2.3.2，Suzuki and Endo, 2001）．なお，同じ雲頂気温に対しては，南岸低気圧に伴う降雪のほうが冬型の気圧配置による降雪よりも，酸素同位体比が小さい．これは，低気圧性の降水雲系の形成初期に酸素同位体比の大きな降水粒子から降りはじめるため，低気圧が東進して降雪となる際には酸素同位体比が小さくなるものと考えられる．

［鈴木啓助］

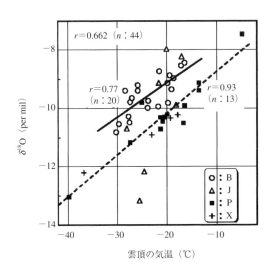

図 2.3.2　降雪時の総観場ごとの雲頂の気温と降雪中の酸素同位体比の関係（Suzuki and Endo, 2001）B：冬型の気圧配置時，J：日本海低気圧時，P：南岸低気圧時，X：その他．実線は冬型の気圧配置時の回帰式，破線は南岸低気圧時の回帰式．

文　献

荒木邦夫・加藤拓紀・田淵修二・野口　泉・高橋英明・坂田康一・青井孝夫 (1988)：酸性雪に関する調査研究 (第 3 報). 北海道公害防止研究所報，**15**：73 - 81.

Dansgaard, W. (1964): Stable isotopes in precipitation. *Tellus*, **16**： 436 - 468.

Fujiyoshi, Y., Wakahama, G. and Kato, K. (1986): Short-term variation of oxygen isotopic composition of falling snow particles. *Tellus*, **38B**: 353 - 363.

福井英一郎 (1935)：新潟県柏崎付近における積雪の含塩量の分布その他について. 海と空，**15**，233 - 237.

Higuchi, K., Tokuoka, A. and Watanabe, O. (1985): Effects of precipitation on the isotopic composition of falling snow particles. *Ann. glaciol.*, **6**: 261 - 262.

今井二雄 (1937)：雪の成分について. 北越医学会雑誌，**52**：147 - 152.

井上治郎・渡辺興亜・中島暢太郎 (1986)：冬期季節風と低気圧による降雪の安定酸素同位体組成. 天気，**33**：641 - 648.

Isono, K., Komabayashi, M. and Takahashi, T. (1966): A physical study of solid precipitation from convective clouds over the sea: Part 1. *J. Meteor. Soc. Jpn.*, **44**: 178 - 184.

泉　末雄 (1931)：雪の調査 (積雪調査報告第 2 報). 気象雑纂，**6**：1 - 92.

北村守次・杉山　実・大橋哲二・中井信之 (1993)：硫黄安定同位体比から見た石川県の降水中硫酸イオンの起源の推定. 地球化学，**27**：109 - 118.

三宅泰雄 (1939)：雨水の化学. 気象集誌，**17**：20 - 37.

本山玲美・柳澤文孝・小谷　卓・川端明子・上田　晃 (2000)：山形のエアロゾルと湿性降下物に含まれる非海塩性硫酸イオンの硫黄同位体比. 雪氷，**62**.

野口　泉 (1992)：降雪中非海塩由来成分の経年変動. 北海道環境科学研究センター所報，**19**：27 - 33.

野口　泉 (1994)：降雪成分の経年的挙動. 全国公害研会誌，**19**：35 - 39.

Noguchi, I., Kato, T., Akiyama, M., Otsuka, H. and Matsumoto, Y. (1995) : The effect of alkaline dust decline on the precipitation chemistry in northern Japan. *Water, Air and Soil Pollution*, **85**, 2357 - 2362.

大泉　毅・福崎紀夫・森山　登・漆山佳雄・日下部実 (1991)：硫黄同位体比から見た大気降下物中硫黄の供給源－新潟県の場合－. 日本化学会誌，1991：675 - 681.

佐竹　洋 (1986)：富山における降水，降雪の安定同位体およびトリチウムの動態. 地球化学，**20**：90 - 92.

Sugimoto, A., Higuchi, K. and Kusakabe, M. (1988): Relationship between δD and $\delta^{18}O$ values of falling snow particles from a separate cloud. *Tellus*, **40B**: 205 - 213.

Sugimoto, A. and Higuchi, K. (1989): Oxygen isotopic variation of falling snow particles with time during the lifetime of a convective cloud: observation and modelling. *Tellus*, **41B**: 511 - 523.

鈴木啓助 (1983)：札幌における降雪の化学的性質―とくに海水起源物質濃度の成因について―. 地理学評論，**56**：171 - 184.

鈴木啓助・遠藤八十一 (1994a)：冬季降水中の海塩起源物質濃度と気象条件. 雪氷，**56**：233 - 241.

鈴木啓助・遠藤八十一 (1994b)：十日町市における冬季降水中の酸性物質濃度変動. 季刊地理学，**46**：161 - 172.

Suzuki, K. and Endo, Y. (1995): Relation of Na^+ concentration and $\delta^{18}O$ in winter precipitation with weather conditions. *Geophys. Res. Lett.*, **22**: 591 - 594.

鈴木啓助 (1997)：降水過程と化学物質循環. 日本水文科学会誌，**27**：185 - 196.

Suzuki, K. and Endo, Y. (2001): Oxygen isotopic composition of winter precipitation in central Japan. *J. Geophys. Res.*, **106**: 7243 - 7249.

Takahashi, T. (1963): Chemical composition of snow in relation to their crystal shapes. *J. Meteor. Soc.*

Jpn., **41**: 327 - 336.

玉置元則（1990）：日本の酸性雨監視体制と降水酸性化の現状．現代化学，**232**：44 - 50.

Tsunogai, S., Fukuda, K. and Nakaya, S.（1975）: A chemical study of snow formation in the winter-monsoon season: the contribution of aerosols and water vapor from the continent. *J. Meteor. Soc. Jpn.*, **53**: 203 - 213.

早稲田周・中井信之（1983）：中部日本・東北日本における天然水の同位体組成．地球化学，**17**：83 - 91.

コラム 2.4 中谷宇吉郎雪の科学館

　中谷宇吉郎雪の科学館は,「雪は天から送られた手紙である」の言葉で知られる雪博士・中谷宇吉郎(1900-1962)の故郷の石川県加賀市が,生家であった片山津温泉の近くに建設し,1994年11月に開館した.柴山潟の湖畔にあり,晴れた日にはここから美しい白山の姿を望むことができる.建築設計を担当したのは磯崎新氏で,雪をモチーフにした六角の塔の連なりや,手前の広大なスロープ,グリーンランドの岩石を敷きつめた中庭などが特徴となっている.中庭には人工の霧が湧き,不思議な幻想を誘う.
　宇吉郎は,東京帝国大学での学生時代に寺田寅彦と出会い,実験物理学の道に進んだ.卒業後,理化学研究所で寅彦の助手として火花放電の研究を行い,ロンドン留学を経て,1930年に北海道帝国大学に新設された理学部に赴任し,1932年に教授になった.この年から雪の研究を開始し,十勝岳で天然雪の研究を行い,1936年,常時低温研究室ではじめて人工的に雪の結晶を作ることに成功した.そして,雪の結晶の形とそれができる気温・水蒸気量の関係を,後に「ナカヤダイヤグラム」と呼ばれる図にまとめ,1941年,帝国学士院賞を授与された.その後,凍上,着氷,霧,水資源,氷の結晶など,雪と氷と低温に関する研究分野を精力的に開拓し,晩年はグリーンランドの雪と氷の研究に情熱を傾けた.宇吉郎は,研究の傍ら数多くの随筆を執筆し,絵を描き,日本舞踊を楽しんだ.科学映画の分野でも大きな貢献がある.多数の研究論文のほか,『冬の華』『雪』"SNOW CRYSTALS - Natural and Artificial" など80点余りの著書がある.
　雪の科学館では,宇吉郎の業績やひととなりについていろいろな角度から紹介しており,人工雪研究の舞台であった北大の低温室の様子が再現されている.映像ホールでは,「科学するこころ―中谷宇吉郎の世界」を定時に上映している.雪と氷に関しては,写真パネルやレプリカなどの展示のほか,氷が内部から融けたときにできるチンダル像や,ダイヤモンドダストの実験コーナーもある.　　　　　　　　　　　　　　　　　　　　　　　　[神田健三]

中谷宇吉郎雪の科学館　　　　　　　　　　人工雪製作装置

3
積　雪

3.1　積雪の変質と分類

　空から降ってきた小さな雪の結晶が積もったものが積雪である．雪の結晶は六角形が基本であるが，その微細な形や大きさは多種多様である．これらの結晶が地面に積もると，結晶の幾何学的な形は短期間でなくなる．また，積もった直後の積雪はふわふわしているが，積雪の深さが1m以上にもなると，底のほうの雪は人が歩いてもぬからない程度に堅くなる．また，春になって3m以上も積もっている豪雪地帯の積雪では，シャベルも刺さらないくらいに堅くなっている．大きさが数mm程度の雪の結晶が，半年も経たないうちにこのように変質するのは，氷の融点が0℃と高いためである．−5℃や−10℃は人間にとっては冷たい温度であるが，氷にとっては融点にきわめて近く，融解直前の熱い状態なのである．金属にたとえると融けるまでには至っていないが，灼熱状態で小さな力でも簡単に変形・加工できるのと同じように，融点に近い氷は容易に変形，変質してしまう．

　積雪の状態は同じ場所でも時期によって違い，また場所が違えば気象条件も違うので積雪の状態も違う．このような積雪の状態を表すのに，密度，温度，硬度などの定量測定が容易にできる物理量を用いたり，手の感触で硬さを判断したり，目視で雪の粒子の形から区分することもできる．雪の状態を分類して適当な名前をつけておくと，その名前から，現場で直接その雪をみなくてもどのような性質の雪か，また，積もってからどのような気象環境のもとにあったかも見当がつく．現在では世界共通の分類ができているので，観測データをみると誰でもその雪の状態を知ることができる．

3.1.1　雪の積もり方

　雪の降り方をみると，一般的には冬型の気圧配置や低気圧によって数時間，ときには1日以上も連続して降り積もる．その後数日降雪がなく，つぎの降雪があると前に積もった雪の上に新たな積雪の層が形成される．1回の連続した降雪で一つの層が

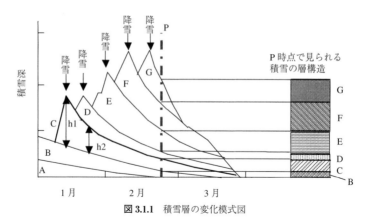

図 3.1.1 積雪層の変化模式図
1月以前に積もった雪でA, B層が形成. 1月以降の5回の降雪でC〜Gの5層が形成. P (2月下旬) で積雪の断面を作るとB〜Gの六つの層が観察できる. C層は降雪直後にh1の厚さがあったが, およそ10日後には圧密により厚さがh2に減少した.

できる. 各降雪ごとに気温や風速などの気象条件や降雪の結晶の形や大きさが違い, また, 降雪が止んでいる間は, 前回の積雪の表面は外気にさらされ, 気温や日射の影響を受けて変質が進む. したがって, その上につぎの降雪で新たな層ができても, 前回の層との境界は明瞭に区別できるのが一般的である. 真冬に積雪を掘って鉛直な断面を作ると, 幾重にも重なった雪の層をみることができる. 各層の雪の性質を調べると, その層が積もったときの気象条件や, その後の気象環境もある程度推測できる. 雪の層には木の年輪や地層と同じように, 各種の情報が含まれているが, 融点に近いためその変化は速い. 地層の場合は何百年もかかって層が形成されるが, 積雪では1冬でいくつもの層ができ, それらの層の形成過程をじかに観測できる. 図3.1.1に1冬の積雪層の変化を模式的に示した. 1回の降雪で積雪深は急に増加するが, 日が経つと自重やその上に積もった雪の重さのため, 雪は締まり厚さは減少する (例: C層のh1がh2に). 雪が圧縮されて密度が増すので「圧密」という. 圧密が進行すると硬さが増し, 同時に降雪の結晶形も消失し, 小さな丸味をもった氷の粒となる. このような積雪の変質を「積雪の変態」という. 気温が氷点下で融けることなく変質することを「寒冷変態」, 気温がプラスで融けながら変質することを「温暖変態」という. 後に述べるように, 寒冷変態で新雪は「しまり雪」や「しもざらめ雪」に, 温暖変態で「ざらめ雪」に変質する.

3.1.2 積雪の変質

積雪は各降雪に対応した多数の層からできていて, 各層の雪の性質は刻々と変化す

3.1 積雪の変質と分類

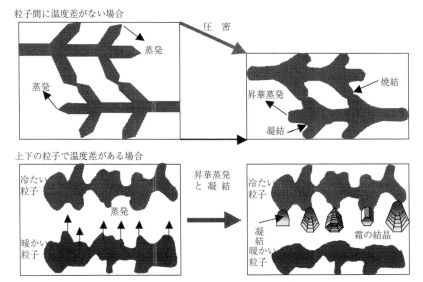

図 3.1.2 圧密,昇華蒸発・凝結による積雪の変態模式図

ることを述べた.すなわち降雪の結晶形はなくなり,しだいに締まって堅いしまり雪になったり,雪崩の原因となるしもざらめ雪になったり,また,暖かい地方では重いざらめ雪に変化する.このような雪の変質(変態)は氷の融点(0 ℃)に近いほど,また昼夜の寒暖の差が大きいほど急激に進行する.変態は氷の「圧密,焼結,昇華蒸発・昇華凝結,融解・凍結」という物理現象の組合せで進行する.つぎにこれらの用語の解説を示す.

圧 密: 雪が自分自身やその上に積もった雪の重さで圧縮されて縮み,密度が増す現象.積もった直後の雪(新雪)は密度が 0.1 g/cm³ 以下であるが,しまり雪は 0.3 g/cm³ 以上に圧密されている.新雪は降雪結晶の細い樹枝状の氷からできているので,小さな荷重でも容易に変形し,圧密される.

焼 結: 互いに接触している固体粒子が融点以下の温度で固結する現象.陶器などの焼き物は粘土粒子が高温下で固結したもの.雪粒子を氷点下で接触させると,短時間で接触点は太くなり雪粒子は固く結合する.氷の分子は融点に近いほど移動しやすく,流動,昇華,拡散などの機構で接触部へ移動して固結する.

昇華蒸発・凝結: 固体が融点以下の温度で蒸発して気体になる現象(液体にならずに),またはその逆の現象.①同じ温度なら細い尖った部分で昇華蒸発が進行し,窪んだ部分で凝結が起こる.樹枝状の降雪結晶の尖った部分では蒸発が起こり,樹枝の付け根の凹部に凝結する.その結果,樹枝状結晶もやがて丸い氷の粒子(しまり雪)になる.②積雪内部に温度差がある場合には,暖かい粒子からは昇華蒸発し,冷たい粒子に凝結して霜の結晶を作る.積雪内部に温度差が継続すると,やがてその部分

が霜の結晶に置き換わり「しもざらめ雪」に変質する.

融解・凍結: 気温や日射で積雪が暖められると雪粒子は融解して濡れ雪となり,融け水は粒子の隙間に毛管現象で保持され,雪粒子は丸くなりながら大きくなる.濡れ雪が寒気で凍結すると粒子の周囲の水が凍り堅い大粒の粒子(ざらめ雪)となる.積雪の表面での融解・凍結は他の現象に比べ急激に起こることが多い.図 3.1.2 には圧密と昇華蒸発・凝結の様子を模式的に示した.

3.1.3 積雪の分類

わが国で最初に積雪の分類を試みたのは大正の末,登山者やスキーヤーであった.雪の状態が山での行動を左右し,ときには雪崩など生命にかかわるからで,軟雪,凍雪,硬雪,斑状雪などが用いられていた.雪の科学的研究は昭和の初期に森林測候所ではじめられ,秋田県では雪の観測が集中的に行われ,積雪分類が試みられた.最初は名前から雪の状態が連想できるように,白砂糖,塩,ざらめ(ざらめ糖からきた),氷砂糖などが使われたこともあった(平田,1948).やがてヨーロッパを中心とした外国の分類も紹介されるようになり,わが国でも分類以外に積雪の分布や物理的性質の研究も同時に行われるようになった.

日本雪氷学会では 1967(昭和 42)年に積雪分類を正式に定めた.これには,当時日本で開発された積雪の薄片写真を用い,雪粒の大きさや形,粒子どうしの結合状態をもとに分類した.降り積もった雪の結晶は,上に述べた圧密,焼結,昇華蒸発・凝結,融解・凍結の物理作用で変態するので,各変態過程に応じて分類を定めた.この分類を決める際に外国の分類となるべく一致するように配慮した.表 3.1.1 に 1967年の日本の積雪分類を示した(日本雪氷学会,1970).また,図 3.1.3 の変態系統図には変態の進む方向を矢印で示した.

その後,雪氷研究者や現場技術者はこの分類にしたがい観測や研究を行ってきた.しかし,研究者や技術者の国際交流が盛んになるにつれ,日本の分類が外国の分類と一致しない点が指摘されてきた.当時はまだ,国際的に統一した積雪分類はなく,国によって分類基準が異なっていたし,外国ではまだ積雪の薄片写真もなく,外国の分類を正確に把握できなかったため,誤解もあったようである.たとえば,日本の分類には積雪内の氷板や表面霜がないこと,また分類名に対応する記号が定義されていないこと,および日本の分類名に英語名をつけなかったことなどである.雪氷に関する研究・調査結果を英語で発表する機会が多くなるにつれ,それまで慣行的に使用していた記号が外国と逆になっていたり,分類名称の英語表現で混乱が生じるなど新たな分類の必要性が生じてきた.

1985 年に世界共通の積雪分類をつくるために ICSI(International Commission on Snow and Ice)内に積雪分類のワーキンググループが設置された.S. Colbeck 委員長以下 7 名の委員のもとで分類案が検討され,1990 年に積雪の国際分類(The

3.1 積雪の変質と分類

表 3.1.1 積雪の分類名称 (1967)
（日本雪氷学会，1970，積雪の分類名称より）

大分類	小分類
新　　雪	新　　雪
しまり雪	こしまり雪 し ま り 雪
ざらめ雪	ざ ら め 雪
しもざらめ雪	こしもざらめ雪 しもざらめ雪

積雪の乾湿を区別する場合はかわきしまり雪，ぬれしまり雪のように呼ぶ．

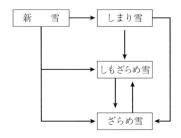

図 3.1.3 積雪の変態系統図（日本雪氷学会，1970，積雪の分類名称を一部改変）
変態は矢印の向きにのみ進む．

表 3.1.2 日本雪氷学会積雪分類 (1998)（日本雪氷学会，1998，日本雪氷学会積雪分類より）

雪質 grain shape 日本語名 / 英語名	graphic symbol 記号：F	説　　明
新　　雪 / new snow	＋	降雪の結晶形が残っているもの．みぞれやあられを含む．結晶形が明瞭ならその形（樹枝など）や雲粒の有無の付記が望ましい．大粒のあられも保存され指標となるので付記が望ましい
こしまり雪 / lightly compacted snow	／	新雪としまり雪の中間．降雪の結晶形はほとんど残っていないが，しまり雪にはなっていないもの
しまり雪 / compacted snow	●	こしまり雪がさらに圧密と焼結によってできた丸味のある氷の粒．粒は互いに網目状につながり丈夫
ざらめ雪 / granular snow	○	水を含んで粗大化した丸い氷の粒や，水を含んだ雪が再凍結した大きな丸い粒が連なったもの
こしもざらめ雪 / solid-type depth hoar	□	小さな温度勾配の作用でできた平らな面をもった粒．板状，柱状がある．もとの雪質により大きさはさまざま
しもざらめ雪 / depth hoar	∧	骸晶（コップ）状の粒からなる．大きな温度勾配の作用により，もとの雪粒が霜に置き換わったもの．著しく硬いものもある
氷　　板 / ice layer	―	板状の氷．地表面や層の間にできる．厚さはさまざま
表面霜 / surface hoar	∨	空気中の水蒸気が表面に凝結してできた霜．大きなものはシダ状のものが多い．放射冷却で表面が冷えた夜間に発達する
クラスト / crust	∀	表面近傍にできる薄い硬い層．サンクラスト，レインクラスト，ウインドクラストなどがある

注1）平仮名のついた名称（○○雪）は雪を省略してもよい．例：ざらめ，こしもざらめ
注2）一つの雪の層が1種類の雪質からできているとは限らない．2種類の雪質が，ときには3種類の雪質が混在していることもある．

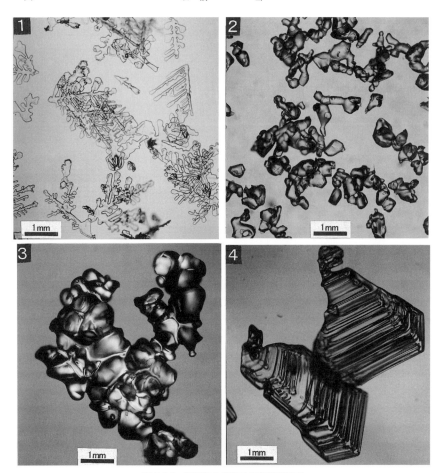

図 3.1.4 典型的な雪粒子の顕微鏡写真
1：新雪，2：しまり雪，3：ざらめ雪，4：しもざらめ雪．

International Classification for Seasonal Snow on the Ground）として印刷公表された（IASH, 1990）．この国際分類は積雪の変態の物理過程を基本としたもので，積雪粒子の形態をもとに分類されており，日本のこれまでの分類に近いものとなった．

その後，新しい国際分類に沿う形で日本の積雪分類の見直しを行うため，日本雪氷学会のもとに積雪分類委員会が設けられた（委員長：秋田谷英次）．新しい分類は国際分類になるべくしたがい，しかも，これまでの日本の分類も活かされるように配慮し，分類名に対応する記号は国際分類と同じとした．日本の分類名称は「○○雪」と表現するものが基本であるが，国際分類でそれに対応する英語は「新雪」の"new snow"のみなので，しまり雪，ざらめ雪などに対応する英語名は日本独自に定めた．

1998年に表3.1.2に示した日本の積雪分類が定められ印刷公表された（日本雪氷学会，1998）．なお，積雪の分類は変態過程をもとになされているので，現場ではルーペなどで雪粒子の形態を詳細に観察して判定する．変態は連続的に進行するので，二つの分類の中間的なものや，2種類，ときには3種類の雪が混在していることもまれではない．

図3.1.4に典型的な新雪，しまり雪，ざらめ雪，しもざらめ雪の各粒子の顕微鏡写真を示した．変態は連続的に進行するので，ここに示した写真以外にさまざまな粒子形態をしている．積雪分類の上記文献には各分類に対応した50種以上の写真が示されている．新しい積雪分類でわが国の積雪観測データはそのまま外国のデータと比較・検討できるようになった．

[秋田谷英次]

文　献

平田徳太郎（1948）：積雪の科学，210 p，地人書館．
日本雪氷学会（1970）：積雪の分類名称．雪氷の研究，No.4：31-50．
ICSI/IAHS and IGS（1990）：The International Classification for Seasonal Snow on the Ground, 23 p.
日本雪氷学会（1998）：日本雪氷学会積雪分類．雪氷，**60**(5)：419-436．

コラム 3.1 「根雪」の定義とは？

　地表を覆った積雪がある程度長い期間消えなくなることであるが，気象庁では積雪の長期継続期間（長期積雪）として定義されている．長期積雪としては30日以上連続して積雪があることが条件であるが，いったん積雪が消えてもすぐに再び雪に覆われるとき，つまり10日以上の連続積雪どうしが積雪のない日を挟んで存在する場合は，無積雪日の日数が5日以内ならば連続した根雪期間として扱われる．図のような例では，根雪は11月29日からはじまり，3月31日まで持続する．途中12月10日すぎに積雪は消えているが，このように無積雪期間が5日以内の場合は，その前の積雪期間から継続した長期積雪期間として扱われる．

[榎本浩之]

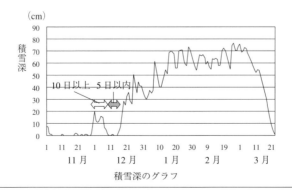

積雪深のグラフ

3.2 積雪の性質

3.2.1 積雪の力学的性質

降り積もったばかりの雪は風に飛ばされて吹雪となり，まるで小麦粉のようにみえることがある．こういう状態では積雪を粉体として扱えるかもしれない．しかし，やがてこの舞い上がる雪も一段落すると，層をなして固まり，しまり雪へと変化していく．もはや粉体のおもかげなどみられない．こんな積雪を手で押してみると簡単に圧縮されて穴が開き，もとには戻らない．このように変形がもとに戻らない性質を塑性と呼ぶが，積雪は典型的な塑性体である．さらに電線などに積もった雪が水あめのように垂れ下がることがある．これなどは粘性流体としての一面を示している．また，硬い積雪層のなかでは，岩石中と同じように弾性波がよく伝播する．実際，南極氷床では基盤地形などを知るため爆薬を用いて地震探査が行われている．すなわち積雪は弾性体としての性質ももっているのである．

このように積雪は粉体，塑性体，粘性体，弾性体のすべての性質をもっている．われわれの普通の環境において，一つの物質でありながらこのような複雑な性質を示すものが，いったい雪以外にあるだろうか．

この多様な性質の生まれる理由の一つは温度にある．積雪の置かれている環境が氷の融点にあまりにも近いこと，したがって降り積もった雪は一刻の休みもなく「粉」の状態から粒子どうしが付着を起こし，変形，成長，消滅を繰り返しているのである．これを積雪の変質または変態と呼ぶ．二つ目は積雪の幾何学的形状にある．積雪は50％から90％もの空間を保って雪粒が3次元網目構造を形成しているため，力学的にも熱力学的にも実に不安定な状態にある．

積雪にどんな力学的性質が現れるかは，一つには時間と温度の関数，すなわち変態過程の進み具合により，いま一つは積雪に加える力の性質によっている．速くて小さい力ならば積雪は弾性的に振る舞い，ゆっくりした力なら粘性が強く現れる．大きい力が加わると，変形も大きな永久ひずみとなり塑性の領域に入る．そこでつぎにそれぞれの性質ごとにもう少し詳しく調べていこう．

(1) 積雪の粘弾性（圧密，沈降，クリープ）

積雪がゆっくりと変形したり，厚さが減少していく現象はよく目にする．これは自分自身の重さや，上に降り積もる雪の重さにより積雪が速度の遅い変形をしている結果である．これをクリープといい，積雪の表面は沈降し，積雪の密度は増加し圧密される．

3.2 積雪の性質

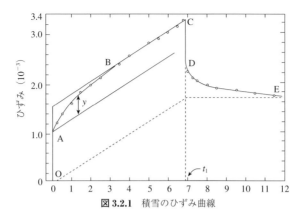

図 3.2.1 積雪のひずみ曲線

クリープは古典的弾性論や流体力学にしたがわない物質の変形で，このような変形を扱う力学としてレオロジーが体系化されたのは 1930 年代であった．戦後，雪氷学に粘弾性論を含むレオロジーが導入され，クリープのようなゆっくりした変形現象の理解が進んだ．本項ではまずこの部分をながめてみよう．

積雪ブロックに小さな重りを載せたときの，積雪の微小な変形が調べられた．図 3.2.1 に時間の経過とともに変化する積雪ブロックのひずみ ε が示されている．ε は $\Delta\lambda/\lambda$ で長さ λ の変化の割合である．この積雪の振舞いはバーガース模型 (Burgers model) といわれる力学的モデルに当てはめるとよく理解できる．図 3.2.2 に示すようにばねとピストンの組み合わさったもので，

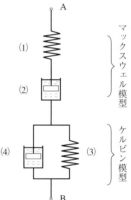

図 3.2.2 積雪の粘弾性模型

上の部分はマックスウェル模型 (Maxwell model)，下半分はケルビン模型 (Kelvin model, または Voigt model) と呼ばれている．いま A, B 点で圧縮力 (P) が加わるとする．ばね(1)(弾性率 E_1) が瞬間的に縮み，これが図 3.2.1 の OA に相当する ($\varepsilon = P/E_1$)．この後，ゆっくりとした変形（クリープ）が(4)のピストンによって起き，(3)のばねが外力と釣り合うまで続く．これは図 3.2.1 の AB に対応する ($y = P\{1 - \exp(-E_2 t/\eta_2)\}/E_2$，最終的には P/E_2)．全過程を通して(2)のピストンはゆっくりと一定速度 (P/η_1) で動き，図 3.2.1 では BC に現れている．CD は $t = t_1$ で力を取り去ったときの弾性的瞬間ひずみであり，OA に等しく，大きさは P/E_1 である．その後 DE とゆっくりとした回復が(3)(4)によって起こる．すなわち，ばね (1)，(3)とピストン(4)は可逆的であるから，(2)が系全体のクリープ量を最終的に支配している (Pt_1/η_1)．

以上をまとめ，ひずみ ε を荷重開始からの時間 t の関数として

表 3.2.1 積雪の変形形式に対する粘弾性係数

変形形式	$\overline{\eta}_1$	$\overline{E}_1$	$\overline{\eta}_2$	$\overline{E}_2$
引 張	1500	184	950	191
圧 縮	900 (1440*)	124	1070	210
剪 断	450	52	350	64

$$\varepsilon(t) = P\left[\frac{1}{E_1} + \frac{t}{\eta_1} + \frac{1}{E_2}\left\{1 - \exp\left(-\frac{E_2 t}{\eta_2}\right)\right\}\right] \tag{1}$$

と表すことができる $(t < t_1)$.

式(1)の各粘弾性係数を決定した例として,篠島(1962)の実験がある.積雪密度が $0.1 \sim 0.3\ \mathrm{g/cm^3}$ のしまり雪で温度は $-2 \sim -40℃$,応力 $10 \sim 120\ \mathrm{gf/cm^2}$ の範囲で調べられ,結果は次式で表された.

$$E = \overline{E}\Phi\ (T, \rho) \tag{2}$$
$$\eta = \overline{\eta}\Phi\ (T, \rho) \tag{3}$$

ここで Φ は温度 T（℃）と密度 ρ（$\mathrm{g/cm^3}$）の依存性を表す関数で

$$\Phi = \exp\{25.3\rho - 0.089(T+5)\} \tag{4}$$

である.$\overline{E}$,$\overline{\eta}$ の値は引張,圧縮,またはせん断の試験条件によって異なり,表 3.2.1 に示す値となる.積雪の圧密は,永久ひずみを支配する圧縮粘性係数 η_1 を用いて議論することになる.

(2) 積雪の変形速度と強度

前項では小さな定荷重による,非常にゆっくりした積雪の変形をみてきた.ここでは加える力をもっと速くしたとき,積雪はどんな変形をし,そのときの反抗力はどうなるか調べてみよう.力の加え方として,引張と圧縮,すなわち応力がプラスのときとマイナスのときの様子をみることにする.

a. 引張試験

しまり雪の円柱試料を用いていろいろな速度で引張実験を行った例として,Narita (1983)の結果を紹介する.積雪柱が破壊あるいは降伏に至るまでに示す最大反抗力を強度というが,この強度と引張速度との関係を図 3.2.3 に示す.ここでは横軸に引張速度をひずみ速度 $\dot{\varepsilon} = d\varepsilon/dt$ で表している.ひずみ速度の大きいほうでは,雪柱はクラックを生じてすぐに破壊してしまう.これを金属力学などと同様に,脆性破壊(brittle fracture)と呼んでいる.強度は小さく,ひずみは最大でも 0.8% と少ない.

一方,ひずみ速度がこれより小さくなると雪柱は降伏点をこえて,ひずみが数%になったところで破壊を起こす.これを延性破壊(ductile fracture)と呼び,強度は最大値を示す.さらにひずみ速度が小さくなると,ひずみが 20% をこえても破壊しな

3.2 積雪の性質

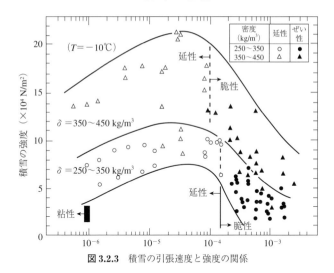

図 3.2.3 積雪の引張速度と強度の関係

くなる．これは前項で述べた粘性の領域である．

全体を通して強度は雪の密度の大きいほうが大きく，温度が低いほど大きい．

b. 圧縮試験

木下（1957）は積雪円柱の定速度圧縮を広範に行い，圧縮速度による変形形式の違いを明らかにした．圧縮速度に対する反抗力をみると図 3.2.4 のようになる．遅い速度での圧縮では，雪柱は全長にわたって一様に圧縮され，どんどんと積雪密度が大きくなっていく．この変形の起こる速度範囲は図の左側の部分で，塑性圧縮（plastic deformation）と名づけられた．引張のときの延性に相当すると思われる．もっとも圧縮のときは破壊せずに密度が大きくなり，氷に近づいていく．

圧縮速度が大きくなってある限界速度（V_c）をこえると，雪柱の端で雪が砕かれて粉となってはじき出される．いわば端面での破壊によって円柱の長さが小さくなっていく変形である．これを破壊圧縮（brittle deformation）と呼んだ．脆性破壊の一種である．図 3.2.4 の V_c より右の範囲である．

木下はこの限界速度 V_c は硬いしまり雪で 7～13 mm/min，軟いしまり雪で 3～7 mm/min であることを見いだした．ところで，積雪円柱の変形様式を決定するのは圧縮速度そのものでなく，圧縮速度を積雪円柱の長さで割ったひずみ速度であるという議論があり（吉田，1965），実験による試みもある（遠藤，1967）．

最後に Mellor（1975）のまとめた積雪密度と，引張および圧縮強度の関係を図 3.2.5 に示しておく．ひずみ速度は 10^{-4}～10^{-3} s^{-1} で，脆性破壊領域での試験結果である．

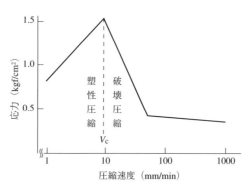

図 3.2.4　積雪の圧縮速度と応力の関係

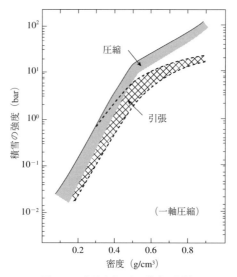

図 3.2.5　積雪密度による強度の関係

（3）積雪の高速圧縮

前項で述べたように速い圧縮のとき，積雪円柱の端が破壊し，雪粒が外に飛ばされていった．それでは雪柱の側面が拘束されているとき，あるいは厚くて広い雪原のなかを高速物体が進行するときはどうであろうか．圧縮体によって破壊された雪粒はもう横へは逃げられない．したがって，圧縮体の前面に破壊された雪がつぎつぎと形成され，圧密を受けることになる．この圧密塑性領域は圧縮体の進行とともに前進する．そこで，この進行する塑性領域の前面を塑性波，あるいは衝撃塑性波と呼んでいる．

最近，いくつかの実際的応用への必要性から，この塑性波の研究が進展した．雪崩

の衝撃力を見積もるために塑性波を導入した Mellor（1968），高速除雪抵抗と塑性波速度の関係を論じた吉田（1974），塑性波速度の測定を行った佐藤・若濱（1976），雪面上での車の走行問題（Brown, 1979），爆薬による雪崩発生工法への応用研究を進めている Brown（1980）らの成果があり，これらをもとに積雪の高速圧縮特性の一端を紹介する．

速度 u で運動している積雪（密度 ρ_1）の運動量変化のみを考えたとき，雪崩衝撃力は，

$$\Delta P = \rho_1 u^2 \tag{5}$$

となる．一方，塑性波を導入すると次式になる（たとえば佐藤・若濱，1976；Perla, 1980 など）．

$$\Delta P = \rho_1 u^2 \left(1 + \frac{\rho_1}{\rho_2 - \rho_1}\right) = \rho_1 u^2 \left(1 - \frac{U}{u}\right) \tag{6}$$

ρ_2 は塑性波通過後の密度，U は塑性波速度（雪崩では u と符号が逆になる）である．最初の積雪密度 ρ_1 が 300 kg/m³ に近づくと(6)式による ΔP は(5)式の 2 倍にもなる（Mellor, 1968）．

爆薬などを用いた衝撃試験では塑性波に伴う圧力と，その減衰が注目されている．一例として図 3.2.6 に示すのは積雪中での圧力の減衰を調べた実験結果である．乾雪では距離 d の -1.3 乗で圧力が小さくなっていく．含水率が増えると減衰の割合はさらに大きくなることを示している．

本項では積雪の多様な力学的性質について紹介してきた．いままでに多くの研究者が積雪の個々の力学的性質に関して構成方程式や破壊条件の数式化を試みている．しかし，未知なる原野は果てしなく，深い．Mellor（1975）の言葉を引用してこの項を終わりとしたい．

「すべての物質が多かれ少なかれ，レオロジー的性質をもっていることは自明であろう．しかし，普通の条件下でのあきれるほどの複雑さ，広範な力学的性質を示す雪のような物質は存在しない．もし雪に関する，完全な一般性をもつ構成方程式や破壊条件の定式化ができたなら，それはすべての条件におけるすべての物質に適用できるものとなるだろう」

[**佐藤篤司**]

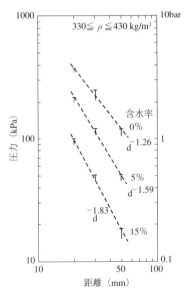

図 3.2.6 積雪中での圧力の減衰

文　献

Brown, R.L.（1979): A volumetric constitutive law for snow subjected to large strains and strain rates. *CRREL Report*, **79**(20): 1 - 18.

Brown, R.L.（1980): An analysis of non-steady plastic shock waves in snow. *J.Glaciol.*, **25**(92):279 - 287.

遠藤八十一（1967）：積雪円柱の圧縮破壊．低温科学，**A25**：63 - 74．

木下誠一（1957）：積雪に於ける変形速度と二つの変形形式（塑性変形，破壊変形）との関係．低温科学，**A16**：139 - 166．(1958) **A17**：11 - 30．(1960) **A19**：135 - 146．

Mellor, M.（1968): Avalanches. Cold Regions Science and Engineering, Part III: Engineering, Section A3: Snow Technology. Cold Regions Research & Engineering Laboratory, pp. 1 - 215.

Mellor, M.（1975): A review of basic snow mechanics. Proc. Int. Symp. on Snow Mechanics, Grindelwald. IAHS 114, 251 - 291.

Narita, H.（1983): An Experimental Study on Tensile Fracture of Snow. Contribution No. 2625 from the Institute of Low Temperature Science.

Perla, R.I.（1980): Avalanche release, motion, and impact. Dynamics of Snow and Ice Masses, 397 - 462, Academic Press.

佐藤篤司・若濱五郎（1976）：積雪の塑性波．低温科学，**A34**：59 - 69．

Sato, A. and Brown, R.L.（1983）：An evaluation of shock waves in unsaturated wet snow. *Ann. Glaciol.*,**4**: 241 - 245.

篠島健二（1962）：雪の粘弾性的取扱い．鉄道技術研究報告，No.328．

吉田順五（1965）：積雪のレオロジー．応用物理，**34**(2)：70 - 79．

吉田順五（1974）：プラウ除雪の理論 I，II．低温科学，**A32**：39 - 70．(1975) **A33**：39 - 90．

3.2.2　積雪の熱的性質

　地球は水惑星ともいわれるようにわれわれの自然界は水，氷，水蒸気に満ち溢れている．そして地球表面で温度の変動が比較的小さいのはこの水という物質の熱的性質によるところが大きい．その理由の一つは水および氷が種々の物質のなかでも飛び抜けて大きな比熱をもっていることである．いま一つは水の相変化に伴う大きな潜熱の授受である．われわれの温度環境において水は実に多様な相変化を行う．詳しい話は別の機会にゆずるとして，日常身の回りで頻繁に起こっている水の相変化が地球上のばく大な熱エネルギーの伝達，保存になっていることを認識していただきたい．以下に話を積雪にしぼって詳しくみていこう．

（1）　積雪の比熱

　ある物質の比熱 C はその物質の単位質量当たりの温度を単位温度だけ（普通は 1 ℃だけ）上げるのに必要な熱である．乾いた積雪は氷（雪粒）と空気と水蒸気の三つから構成されている．積雪密度によって氷と空隙の占める割合が異なる．空隙の割合を示すには空隙率 ε を使う．ε の値は新雪で約 0.9，かたしまり雪で約 0.5 である．すなわち 90〜50％が空隙ということになる．いま 0 ℃の積雪の単位体積当たりの熱容量を考えてみる．空気の熱容量は氷のそれに比して約 1/1500，水蒸気は約 1/14 万

である．したがって積雪の熱容量としては氷の値そのものと考えてよい．純水の比熱 C は温度 T（℃）の関数としてつぎのように表されている．

$$C = 0.5057 + 0.001863T \quad (\mathrm{cal \cdot g^{-1} \cdot {}^\circ C^{-1}})$$
$$= 2.1173 + 0.00780T \quad (\mathrm{J \cdot g^{-1} \cdot K^{-1}})$$

積雪重量当たりの比熱 C は上の式そのままでよいし，体積について考えるならば密度 ρ をかけて求めればよい．たとえば $\rho = 0.3 \text{ g/cm}^3$，温度 -5 ℃での単位体積当たりの熱容量は $\rho C = 0.3 (\text{g/cm}^3) \times 0.496 (\text{cal} \cdot \text{g}^{-1} \cdot {}^\circ\text{C}) = 0.149$ (cal $\cdot$ cm^{-3} $\cdot$ ℃) となる．

さてはじめに水や氷の比熱が大きいことを述べたが，実際に他の物質と比較してみよう．図 3.2.7 には左側に水を含む種々の液体，右側には氷と他の固体を同じ比熱スケールの上に並べてある．それぞれ 1 g 当たり 1 ℃温度を上げるのに必要なエネルギーの値を示す．これで水や氷が飛び抜けて大きな比熱をもっていることが一目瞭然であろう．たとえば水とコンクリートを比べると，水はコンクリートのなんと 5 倍の比熱をもっていることがわかる．このことは同じ質量の水とコンクリートがあるとき，同量の熱によって水が 1 ℃上昇するとき，コンクリートは 5 ℃も上がることを意味する．コンクリートジャングルといわれる大都会が夏の炎天下でとりわけ暑く感じられるのは，緑喪失による精神的な影響だけではないのである．

(2) 積雪の潜熱

物質が相変化するとき，たとえば氷から水や水蒸気に変化するとき消費されるエネルギーが潜熱 L である．積雪においては氷の潜熱だけ考えればよい．Mellor (1977) がまとめた数値の一部を表 3.2.2 に示す．積雪の単位体積当たりの潜熱は密度 ρ をかけて得られることはいうまでもない．融解の潜熱は氷から水に，あるいは，その逆に等温変化するときの内部エネルギーの変化である．昇華凝結の潜熱は，水蒸気が水を経ないで直接氷に変化するとき放出するエネルギーである．たとえば，雲のなかで雪結晶が成長するときや，霜が

表 3.2.2 氷の潜熱

温度	融	解	昇	華
(℃)	(J/g)	(cal/g)	(J/g)	(cal/g)
0	333.6	79.7	2834	677.0
-10	311.9	74.5	2836	677.5
-20	288.8	69.0	2838	677.9
-30	263.7	63.0	2838	678.0

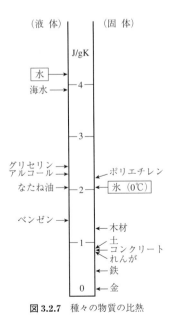

図 3.2.7 種々の物質の比熱

地面や積雪表面にできるとき，1g 当たり約 2800 J（約 680 cal）の熱を出すことを意味している．冬の晴れた夜などは，地表面がどんどん冷えてこの霜が降りるときがあるが，氷の放出する昇華潜熱が大きいために，地面や近くの空気が少々暖められることになる．ここでも，水の相変化は地面や空気の急激な温度変化を和らげているのである．

(3) 積雪の熱伝導率と熱拡散率

雪国の「かまくら」や冬山登山中「雪穴」などに入った経験をもつ人々の間で「雪は結構暖かいものだ」などといわれる．雪は 0 ℃以上にはなれない冷たい物質であり，「暖かさ」などとは無縁のように思われがちである．しかし，暖かさは相対的な感覚だから，0 ℃以下の気温でも材質として暖かいものか否かは熱的性質をみなければわからない．ある物体が暖まりにくいということは，接している他の物の熱が簡単には奪われないことを意味し，暖かい材質の一つの条件である．そして，これは比熱で表されることを前にみてきた．もう一つの大切な性質は熱を他から他へ通しやすいかどうかという性質である．これは熱伝導率と呼ばれる量で，以下に詳しく調べてみよう．

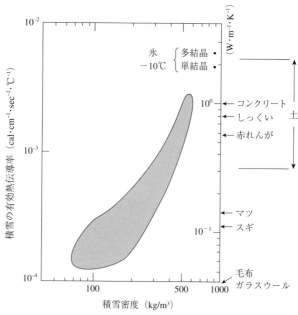

図 3.2.8 積雪の密度と有効熱伝導率

a. 熱伝導率

熱の伝えやすさを示す熱伝導率 k は 1 次元では次式の係数 k で表される.

$$q = -k\frac{dT}{dz}$$

ここで q =(熱流量), dT/dz =(温度勾配) である.

積雪のなかでの熱の伝播は実はつぎのような物理現象が複雑に混ざり合っている. ① 積雪中の氷粒とそれらの結合部分を伝わる伝導, ② 氷粒の間の空気を伝わる伝導, ③ 同じ空隙中での空気の対流による熱輸送, ④ 空隙中の輻射による輸送, および ⑤ 空隙中の水蒸気移動に伴う熱の輸送などである. 積雪の熱伝導率 k はこれらいくつかの熱輸送を含んだものとして, 「みかけの」あるいは「有効」熱伝導率と考えて使用されている.

図 3.2.8 には多くの研究者の測定した積雪の伝導率 k と積雪密度の関係が示されている. 同じ密度でも雪粒の種類やその大小, 結合のしかたなどによって雪の熱伝導率が大きく異なってくるのは, 上述のメカニズムを思い浮かべれば容易に理解できよう.

密度が $80\ \mathrm{kg/m^3}$ $(0.08\ \mathrm{g/cm^3})$ の新雪から $500\ \mathrm{kg/m^3}$ $(0.5\ \mathrm{g/cm^3})$ のかたしまり雪の間では, 熱伝導率はおおよそ $0.05 \sim 0.6\ \mathrm{W \cdot m^{-1} \cdot K^{-1}}$ $[(1.2 \sim 14.4) \times 10^{-4}\ \mathrm{cal \cdot cm^{-1} \cdot s^{-1} \cdot {}^{\circ}C^{-1}}]$ の範囲にある. 図 3.2.8 の右側に身近な物質の伝導率を示したように, 熱の伝えにくさという点ではガラスウールには及ばないものの, 赤れんがなどより優れ, 木材に匹敵していることがわかる. すなわち積雪は断熱材といってもよく, 雪穴が意外と暖かいということの一つの理由である.

b. 熱拡散率

熱拡散率 D は熱伝導方程式に現れる係数である. これは表面から積雪のなかへ伝わる温度変動の速さや変動の減衰を表すパラメータとして重要な量である. 前項の熱伝導率 k との関係は

$$D = \frac{k}{\rho C} \tag{2}$$

となる. ρ は積雪密度, C は前節で述べた比熱である. 熱拡散率 D の値はあまり系統的に測定されてはいないが, $0.6 \times 10^{-7} \sim 7.0 \times 10^{-7}\ \mathrm{m^2/s}$ の値が報告されている. 温度の変化に対して D はあまり敏感ではないし, 積雪密度の変化についても明らかな傾向は実験的に得られていない.

[佐 藤 篤 司]

文　献

Mellor, M. (1977): Engineering properties of snow. *J.Glaciol.*, **19**(81): 15–66.

3.2.3 積雪の電気的性質

　積雪は，空気と氷粒子とでできた隙間の多い媒質であり，さらされる環境に応じて時間とともに密度や，氷粒子および空隙の形と大きさ，氷粒子の結合状態などの内部構造が変化していく．したがって積雪の電気的性質は，内部構造に依存するため，時間とともに変化するという複雑さをもっている．この項では，これまでに調べられている積雪の電気的性質（electric properties of snow）の概略を紹介するとともに，その結果が積雪の調査にどのように利用されているかを示す．

　空気と氷粒子の混合媒質である積雪の電気的性質は，おもに水分子で構成される誘電体としての氷から生じている．したがって，直流からマイクロ波周波数までの各種電気信号に対して氷に認められるように，イオンによる直流電気伝導性（DC electrical conduction）や水分子が形成する電気双極子（electric dipole）による誘電分散（dielectric dispersion），イオン分極（ionic polarization），電子分極（electron polarization）などの電気的性質が，雪にも同様に観察される．しかし，その一方で雪は，内部に空隙をもち，構成氷粒子の形状や大きさの多様性と粒子間境界や粒子表面の存在による不均一な内部構造をもつので，均一な氷結晶とは異なる雪独特の電気的性質も観察される．

　雪の電気的性質は，屋外の積雪そのもの，積雪を切り出したもの，または氷粒子を詰め込んで作成した雪試料について，直流からマイクロ波領域（～10^{10} Hz）までの周波数範囲での測定結果が報告されている（たとえば Mellor, 1977; Hallikainen *et al.*, 1986; Denoth, 1989）．測定で得られる電気的性質から，積雪の密度や含水率などの物理的特性を検出する試みもなされている．

(1)　直流電気伝導性

　積雪の直流電気伝導性では，構成氷粒子の内部をイオン（水分子のイオン化したOH^-, H_3O^+）が移動することによる体積電気伝導性に加えて，氷粒子の表面をイオンが移動する表面電気伝導性が観察される．自然界の積雪では，海塩核や大気汚染物質によるイオン性の不純物を含んでいるので，直流電気伝導性が雪試料ごとに大きくばらつく傾向がある（$-10°C$で10^{-6}〜10^{-9} S/m）．さらに積雪は時間とともに密度や内部構造が変化するので，その電気伝導性は時間とともに変化する．積雪の直流電気伝導の温度依存性は，氷に比べて大きいことが知られている．活性化エネルギーで表すと氷の場合 0〜0.6 eV に対して，雪の場合$-10°C$以下で 0.7〜1.1 eV もある．$-10°C$程度以上の温度領域では，氷粒子の表面に存在する疑似液体層（quasi-liquid layer: 氷表面付近で水分子どうしの束縛が緩むためにできる，運動状態の激しい結晶格子の乱れた層）が電気的性質に強く関与するようになり，融点に近づくにつれて急激に電気伝導性が増加することが観察される（Kopp, 1962）．

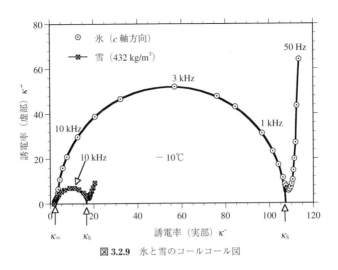

図 3.2.9 氷と雪のコールコール図

(2) 低周波および中間周波数領域での電気的性質

数 Hz から数 MHz の周波数領域における積雪の電気的性質では，氷の場合と同様に水分子の再配向による誘電分散がみられる．氷の場合によく知られているように，誘電分散は，変動する電気的信号に対して電気双極子としての水分子が氷の結晶格子上で向きを変える応答（エネルギー吸収）が，ある周波数でピークを示す現象である．この周波数を緩和周波数（relaxation frequency）という．水分子は，この周波数程度の頻度で熱運動による再配向をしている．このとき，緩和周波数より高い周波数の電気信号に対して水分子は追従できず，また低い周波数では十分すぎる程度に追従し終えているため，電気的な応答は周波数によって異なる．この周波数領域の電気的性質は，一般に複素誘電率（complex permittivity）の実部 κ' と虚部 κ'' を縦軸・横軸にとって示したコールコール図で表される．図 3.2.9 に示すように，氷の場合には分散強度（dispersion strength）と呼ばれる直径 100 程度の半円を示すが，氷に比べて密度の小さな雪の場合には分散強度や高周波誘電率 κ_∞（high-frequency permittivity）が小さくなり，半円もつぶれた形になる．氷の誘電分散の緩和時間（relaxation time）は $-10℃$ で 6×10^{-5} sec（緩和周波数 3 kHz, Auty and Cole, 1952）程度であるが，積雪の場合にはそれより短め（緩和周波数は高め）になることが多い（Keeler, 1969; Maeno, 1978）．

この周波数範囲における電気的性質は，雪の密度ばかりでなく，氷粒子の大きさや形状，氷粒子の結合状態，氷粒子内部や表面のイオン性不純物などに強く影響を受け，その測定結果は雪の試料ごとに異なるという様相を示す．同一雪試料においても，その内部構造が時間とともに変化するのが一般的であるので，電気的性質は測定ごとに異なることになる．雪を空気と氷の 2 種類の混合誘電体として，雪の静的誘

電率 κ_s（static permittivity：高周波誘電率＋分散強度）を密度（空隙率）や内部構造と関係づけて説明しようとする試みがある（黒岩, 1951；Denoth, 1982）．雪の静的誘電率は，これらの混合誘電体モデルにみられるように，雪試料の内部構造としての氷粒子の配置や形状，結合の状態に敏感である．したがって，たとえばこの周波数領域の電気的性質の時間変化を調べることにより，試料内部の構造変化を非破壊的に検出できる可能性がある．雪試料を用いた測定では，雪の構成氷粒子間結合の発達に伴う，分散強度や低周波数側交流電気伝導度の増加が認められている（Kuroiwa, 1962；竹井, 2003）．

(3) マイクロ波領域での電気的性質

マイクロ波領域での氷の複素誘電率の実部は，イオン分極や電子分極の寄与を合わせた値である 3.17 程度のほぼ一定の値を示す．したがって氷と同様に，積雪の場合もマイクロ波領域の誘電率は，測定周波数に対してほぼ一定値（κ'_d と置く）を示す．κ'_d の値は，積雪の密度 ρ（kg/m³）に依存し，密度との相関がきわめて再現性よく得られる．積雪の密度 ρ と誘電率 κ'_d との間に以下のような関係式（実験式，理論式）がいくつか提案されている．$\kappa'_d = 1 + 0.00222\rho$（3.55 MHz, Ambach et al., 1965），$\kappa'_d = (1 + 0.000512\rho)^3$（Looyenga モデル, Glen and Paren, 1975），$\kappa'_d = 1 + 0.0017\rho + 0.0000007\rho^2$（1GHz, Tiuri et al., 1984），$\kappa'_d = 1 + 0.00183\rho$（$\rho \leqq 500$ kg/m³）および $\kappa'_d = 0.51 + 0.00288\rho$（$\rho \geqq 500$ kg/m³）（3 ～37 GHz, Hallikainen et al., 1986）など．一方，複素誘電率の実部と異なり，虚部である誘電損失（dielectric loss）は，電気信号に対するエネルギー吸収を反映するので，積雪の内部構造や含有不純物などによる影響を受けやすい．リモートセンシングへの応用を目的として，誘電損失と密度や粒径の分布との関係を種々のモデルを用いて評価しようとする試みもある（Huining et al, 1999）．

(4) ぬれ雪の電気的性質

これまで述べてきた積雪の電気的性質は，空気と氷粒子の2種混合誘電体としての積雪（いわゆる乾き雪）の場合であった．融点に達した場合の積雪は，液体の水が加わった3種混合誘電体であるぬれ雪となり，乾き雪の場合とは電気的性質が大きく異なってくる．水が雪のなかのどの部位に存在しどのように移動するかは一様ではないので，直流から数 MHz の周波数範囲の電気的信号に対するぬれ雪の電気的性質は，融点での内部構造の時間変化もあって複雑なものになる（Camp and Labrecque, 1992）．

数 MHz から数 GHz までの周波数範囲では，空気の誘電率が1で氷の誘電率が3程度に対して，水の誘電率は88程度の大きな値を示す（図3.2.10）．したがって，この周波数領域でのぬれ雪の誘電率は，雪内部の水の量に大きく依存する．このことを利用して，ぬれ雪の含水率 w（体積%）と誘電率の実部 κ'_w との定量的関係が提案さ

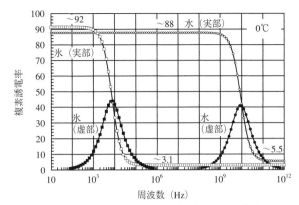

図 3.2.10 氷と水の複素誘電率 (0℃) の周波数特性

れている. たとえば, $\kappa'_w = 1 + 0.0017\rho + 0.0000007\rho^2 + 0.087w + 0.0070w^2$ (0.5〜1 GHz, Tiuri et al., 1984) など. 報告されている多くの関係式については, Denoth (1989) に詳しい. ここで ρ は, 水を除いた乾き雪密度 (kg/m³) であるが, Denoth (1989) はぬれ雪密度 ρ_w を用いた式も提案している. 野外で積雪の含水率を簡便に得るために工夫された電極 (snow-fork, flat-plate など) や誘電測定機器が提案されている (Sihvola and Tiuri, 1986; Denoth, 1989).

リモートセンシングにおけるマイクロ波吸収を見積もるため, 積雪の複素誘電率を氷粒子間の水の形状や大きさと関連づけるモデル化の試みも行われている (Arslan et al., 2001). [竹 井 巖]

文　献

Ambach, W., Bitterlich, W. and Howorka, F. (1965): Ein Gerat zur Bestimmung des freien Wessergehaltes in der Schneedecke durch dielectrische Messung. *Acta. Physica. Austriaca.*, **20**: 247-252.

Arslan, A.N., Wang, H., Pulliainen, J. and Hallikainen, M. (2001): Effective permittivity of wet snow using strong flactuation. *Progr. Electromagnet. Res.*, **PIER 31**: 273-290.

Auty, R. P. and Cole, R.H (1952): Dielectric properties of ice and solid D₂O. *J. Chem. Phys.*, **20**(8): 1309-1314.

Camp, P.R. and Labrecque D.R. (1992): Dielectric properties of wet and dry snow, 50 Hz-100 kHz. Physics and Chemistry of Ice (Maeno, N. and Hondoh, T. eds.), pp: 156-162, Hokkaido University Press,

Denoth, A. (1982): Effect of grain geometry on electrical properties of snow at frequency up to 100 MHz. *J. Appl. Phys.*, **53**(11): 7496-7501.

Denoth, A. (1989) : Snow dielectric measurements. *Adv. Space Res.*, **9**: 233-243.

Glen, J.W. and Paren, J.G. (1975): The electrical properties of snow and ice. *J. Glaciol.*, **15**(73): 15-38.

Hallikainen, M.T., Ulaby, F.T. and Abdelrazik, M. (1986): Dielectric properties of snow in the 3 to 37 GHz range. *IEEE Trans. Antennas and Propagation*, **AP-34**(11): 1329‑1340.

Huining, W., Pulliainen, J. and Hallikainen, M. (1999): Effective permittivity of dry snow in the 18 to 90 GHz range. *Progr. Electromagnet. Res.*, **PIER 24**: 119‑138.

Keeler, C. M. (1969): Some physicalproperties of Alpine snow. *CRREL Res. Rep.*, **271**: 51‑57.

Kopp, M. (1962): Conductivite electrique de la neige, au courant continu. *J. Math. Phys. Appl.*, **13**: 431‑441.

黒岩大介 (1951)：積雪の誘電的性質. 低温科学, **8**：1‑57.

Kuroiwa, D. (1962): Electrical properties of snow. H. Bader "The Physics and Mechanics of Snow as a Material", Cold Regions Science and Engineering (Sager, F.J. ed.), *USA CRREL Monograph II-B*: 63‑79.

Maeno, N. (1978): The electrical behaviors of Antarctic ice drilled at Mizuho Station, East Antarctica. *Mem. Nat. Inst. Pol. Res.*, Special Issue, No.10: 77‑94.

Mellor, M. (1977): Engineering properties of snow. *J. Glaciol.*, **19**(81): 15‑66.

Sihvola, A. and Tiuri, M.A. (1986): Snow fork for field determination of the density and wetness profiles of a snow pack. *IEEE Trans. Geosci. Remote Sensing*, **GE-24**(5): 717‑721.

竹井 巌 (2003)：雪試料の誘電的性質における経時変化と温度特性. 雪氷, **65**(6): 511‑522.

Tiuri, M., Sihvola, A.H., Nyfors E.G. and Hallikaiken, M.T. (1984): The complex dielectric constant of snow at microwave frequency. *IEEE J.Oceanic Eng.*, **OE-9**(5): 377‑382.

3.2.4 積雪の化学的性質

(1) 化学物質沈着量の指標としての積雪

エアロゾルなどの大気中の化学物質が，降雪粒子に付着して地表に降り積もったり（湿性沈着，wet deposition），あるいは直接積雪上に降り積もったり（乾性沈着，dry deposition）して，大気中から地上にもたらされた化学物質は，積雪内部に取り込まれ滞留することになる．その際に，積雪内部を水が移動しなければ，積雪中の化学物質は堆積層にそのまま保存される．この性質を利用して，鈴木（1984）は札幌を中心とする石狩地域で積雪全層を採取・分析し，冬期間に沈着する海塩起源物質（おもに，Na^+とCl^-）と人為起源物質（$nssSO_4{}^{2-}$，非海塩起源— non sea salt —の $SO_4{}^{2-}$）の分布が異なることを明らかにした．積雪中の海塩起源物質濃度は石狩湾の海岸近くで高濃度になり，内陸に入るにしたがい低濃度になる（図 3.2.11）．これは，海塩起源物質を高濃度に含む降雪粒子は雲粒つき結晶やあられのため，海岸部で落下してしまい内陸部まで運ばれにくいためと考えられる．一方，札幌市域の人間活動を起源とする硫黄化合物の積雪中への沈着としての $nssSO_4{}^{2-}$濃度は，冬季の卓越風向（prevailing wind）である北西に対して札幌中心市街の風下側に当たる南東部にベルト状に分布する（図 3.2.12）ことを明らかにした（Suzuki, 1987; Suzuki, 1991）．寒冷地域の積雪は，冬季間に大気中から地上にもたらされる化学物質を積算して保存している貴重な試料である．

　山岳地域における積雪の化学的研究はあまり多くない．山岳地域の積雪は，化学物質の発生源が近傍にないために，より広域からの影響を感度よく反映すると考えられ

3.2 積雪の性質

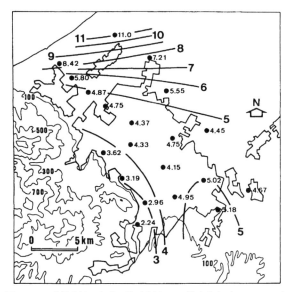

図 3.2.11 札幌地域における積雪全層の Cl⁻ 濃度分布（Suzuki, 1987）

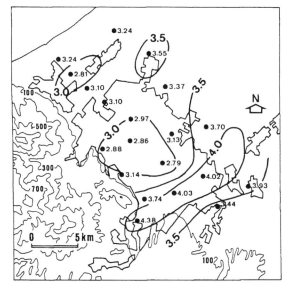

図 3.2.12 札幌地域における積雪全層の SO_4^{2-} 濃度分布（Suzuki, 1987）

る．木戸ほか（1997）や長田ほか（2000）は，立山・室堂平において 4～8 m に及ぶ積雪を詳細に採取・分析し，各層の堆積時期の推定や，海塩成分・黄砂成分・人為的汚染関連成分などの季節内変動について考察している．

(2) 積雪の融解に伴う化学物質濃度の変化

雪粒子が融解によってざらめ化する過程で，しだいに雪粒子の表面に化学物質が析出してくる（鈴木，1985）．積雪粒子が融解・凍結を繰り返すたびに，化学物質，とくに硫酸イオンや硝酸イオンなどの酸性化寄与物質が析出されることを，鈴木（1991）は報告している．これは，純水と化学物質を含んだ水の氷点（ice point）の差異に起因する．つまり，再凍結時には純水から選択的に凍結するため，結果として雪粒子表面に化学物質が析出することになる．

融雪初期には積雪表面でのみ融雪が起こり，融雪水は水路流下により移動する．雪粒子の表面から融けはじめた化学物質を高濃度に含んだ融雪水は，流下しながら積雪内部の氷点下の層では純水部分から再凍結する．その結果，積雪から流れ去る融雪水は，水量は少ないが化学物質濃度はきわめて高くなる（Johannessen and Henriksen, 1978; Suzuki, 1982）．これが，いわゆる "acid shock" の形成機構である．融雪最盛期に融雪水が皮膜流下する際にも，雪粒子表面に析出した化学物質を溶かし込んで運搬するため，融雪水の化学物質濃度は高くなる．

積雪全体の化学物質濃度よりも高濃度の融雪水が流出し続けることにより，積雪全体の化学物質濃度は融雪期に減少していく．そして，融雪末期には積雪全体の化学物質濃度は低濃度になり，ある一定の濃度で推移する（Suzuki, 1982）．析出を繰り返しても，ある一定量の化学物質は雪粒子内部に残存し，純水のみによる粒子にはならないためである．

雪粒子の変態過程での化学物質の析出の度合いは物質によって異なる．鈴木（1991）は，積雪内部融雪水の各陰イオン濃度が総陰イオン濃度に占める割合の日変化を調べ，早朝に積雪表面で再凍結が起こったか否かで，陰イオンの組成変化に差異が生じることを明らかにした．どちらの場合にも，朝方と夕方にすべての陰イオン濃度は高くなる．また，再凍結が起こらなければ，陰イオン組成に日変化はみられない．しかし，再凍結後の融雪では，朝方の融けはじめに SO_4^{2-} と NO_3^- の割合が大きく，日中には Cl^- の割合が大きくなるという日変化を示す．同時に，再凍結が起こった日の融雪水の pH は，再凍結しない日に比べて低くなることも観測された．つまり，融解・再凍結による化学物質の析出は，SO_4^{2-} や NO_3^- の酸性化寄与物質でより進行することになる．融けはじめの融雪水中の NO_3^- 濃度が積雪中の濃度の 7 倍以上にもなることが報告されている（鈴木・遠藤，1991）．

化学物質によって雪氷中から融け出す速度が異なる現象は，スバールバル諸島の氷河上でも観測されている（Azuma *et al.*, 1993；飯塚ほか，2000）．

融雪の進行に伴い，積雪表層の化学物質濃度が急激に低下することは，Suzuki

(1982) によって示されているが，Suzuki（1995）は，温暖積雪地の福島県・田島での融雪時の観測からも，積雪内部層の化学物質濃度はあまり変化しないが，積雪表面の化学物質濃度は急激に低下することを報告している．そのために，上部の層が下部の層に比べて化学物質濃度が小さくなり，積雪底面融雪水の化学物質濃度は，融雪水量増大時に減少するような日変化を示す．積雪の化学的層構造と積雪底面融雪水の化学物質濃度変動から，鈴木（1993a）は，積雪層内での押し出し流の形成を示唆している．つまり，各融雪日の融雪初期には，前日までに積雪下層に蓄積された融雪水が流出し，その後遅れて当日の融雪水が流出する．融雪初期の急激な融雪水量増加は，積雪下層の融雪水の押し出し流によると考えることができる．

　積雪層内空気のガス組成は，積雪下で越冬する植物の生理・病理に大きな影響を与えており，とくに CO_2 は植物の呼吸に直接影響する（小南・高見，1996）．さらには，CO_2 濃度は積雪下の病害とも関連する．小南ほか（1998）は積雪下の CO_2 濃度を連続測定し，数値モデルで変動を検討した結果，積雪は CO_2 拡散の抵抗として働くだけでなく，その融雪水は CO_2 を溶解し，運搬する働きもすることが示されている．

（3）　積雪中での微生物活動と化学物質

　積雪-融雪過程では，酸性物質が濃縮されるのみならず，酸性物質の一部が雪氷藻類などの微生物活動により消費されることが報告されている．Suzuki *et al.*（1993，1994）は，カナダ・ケベック州の針葉樹林地で融雪期に降水を採取・分析し，林内では NO_3^- と NH_4^+ の窒素化合物が，降水試料から消失することを報告している．これは，硝化バクテリアおよび雪氷藻類によって消費されていると考えられる．福島県・田島で，アカマツ林内，コナラ林内および林外で積雪の化学的性質を連続観測した結果，融雪期には針葉樹であるアカマツ林内で PO_4^{3-} 濃度が増大し，生物量を示すクロロフィル a の値やバクテリア数がアカマツ林＞コナラ林＞林外の順となる．さらに，各地点の積雪融解試料による培養実験の結果，アカマツ林内の試料でのみ光合成による藻類の繁殖によって NO_3^- および SO_4^{2-} の減少が確認された（鈴木・渡辺，1996）．ついで，積雪-融雪過程での雪氷藻類の繁殖にとって，窒素とリンのいずれが制限要因になっているのかを明らかにするために，窒素とリンの添加による緑藻の培養実験を行った結果，アカマツ林内，コナラ林内および林外のいずれの地点の試料でも，NO_3^-，SO_4^{2-} と PO_4^{3-} 濃度は減少し，藻類によって消費されていることが判明した（鈴木・渡辺，2000）．とくに，アカマツ林内の試料による培養実験では，他の地点の試料に比べてクロロフィル a 濃度の増加が大きくなる．さらに，窒素が藻類生長量の制限要因になっている可能性が指摘された．

　中緯度地域で大気中に放出された窒素酸化物などは，冬季に北極域に輸送されている（Suzuki *et al.*, 1995）．これを栄養源とした北極域の雪氷上での藻類の増殖は，アルベドを低下させ，雪氷の融解に正のフィードバックをもたらす可能性がある．地球温暖化による雪氷域の融解の促進に関連しても，雪氷上での藻類繁殖の問題は今後さ

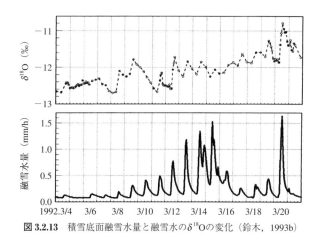

図3.2.13 積雪底面融雪水量と融雪水のδ^{18}Oの変化（鈴木，1993b）

らに研究を進展させるべき課題の一つである．

(4) 積雪の酸素同位体比

積雪の酸素同位体組成のプロファイルから積雪層中の同時期形成層を識別することができ，積雪の化学特性の時空間分布を議論することができる．

融雪によって積雪中で同位体分別（isotopic fractionation）が起こり，積雪中の同位体組成は変化する．Nakawo et al. (1993) は，濡れ雪中の固相と液相における同位体組成を分析し，雪粒子が粗大化する過程で同位体分別が起こっていることを示した．

Hachikubo et al. (1997) は，積雪表層での水蒸気輸送と積雪表層の酸素同位体組成変化の関係を調べ，積雪表層に水蒸気が昇華凝結する夜間には積雪表層の酸素同位体比が小さくなり，水蒸気が昇華蒸発する日中には積雪表層の酸素同位体比が大きくなることを明らかにした．さらに，八久保ほか（2000）は，積雪層に温度勾配を与える実験により，昇華凝結および昇華蒸発による積雪の酸素同位体比変化を再現した．

鈴木（1993b）は，積雪全層と積雪底面融雪水の酸素同位体比を連続測定し，融雪の進行にしたがい積雪全層の酸素同位体比は大きくなり，積雪底面融雪水の酸素同位体比も大きくなることを示した（図3.2.13）．また，融雪の進行とともに，積雪表層の酸素同位体比は大きくなり，そのために，積雪底面融雪水の酸素同位体比の日変化の最大値は，融雪水量が最大になる午後に観測される（Suzuki, 1995）．この現象も，(2)で前述した積雪中での押し出し流の形成によって説明できる． ［**鈴木啓助**］

文　献

Azuma, K.G., Enomoto, H., Takahashi, S., Kobayashi, S., Kameda, T. and Watanabe, O. (1993): Leaching of ions from the surface of Glaciers in western Svarbard. *Bull. Glacier Res.*, **11**: 39–50.

3.2 積雪の性質

Hachikubo, A., Motoyama, H., Suzuki, K. and Akitaya, E. (1997): Fluctuation of $\delta^{18}O$ of surface snow with surface hoar and depth hoar formation under radiative cooling. *Proc. NIPR Symp. Polar Meteorol. Glaciol.*, **11**: 94‐102.

八久保晶弘・橋本重将・中尾正義・本山秀明・鈴木啓助・西村浩一（2000）：霜結晶による積雪表層の安定同位体分別過程. 雪氷, **62**：265‐277.

飯塚芳徳・五十嵐　誠・渡辺幸一・神山孝吉・渡辺興亜（2000）：スバールバル諸島アウストフォンナ氷帽頂上における融解による積雪中化学成分の流出. 雪氷, **62**：245‐254.

Johannessen, M. and Henriksen, A. (1978): Chemistry of snow meltwater : Changes in concentration during melting. *Wat. Resour. Res.*, **14**：615‐619.

木戸瑞佳・長田和雄・矢吹裕伯・飯田　肇・瀬古勝基・幸島司郎・対馬勝年（1997）：立山・室堂平における積雪層の堆積時期の推定. 雪氷, **59**：181‐188.

小南靖弘・高見晋一（1996）：積雪の CO_2 拡散係数測定装置の開発. 雪氷, **58**：107‐116.

小南靖弘・高見晋一・横山宏太郎・井上　聡（1998）：季節的積雪地帯における積雪下の CO_2 濃度. 雪氷, **60**：357‐366.

Nakawo, M., Chiba, S., Satake, H. and Kinouchi, S. (1993): Isotopic fractionation during grain coarsening of wet snow. *Ann. Glaciol.*, **18**: 129‐134.

長田和雄・木戸瑞佳・飯田　肇・矢吹裕伯・幸島司郎・川田邦夫・中尾正義（2000）：立山・室堂平の春季積雪に含まれる化学成分の深度分布. 雪氷, **62**：3‐14.

Suzuki, K. (1982): Chemical changes of snow cover by melting. *Japanese J. Limnol.*, **43**: 102‐112.

鈴木啓助（1984）：札幌における積雪中の化学物質濃度の空間分布. 地理学評論, **57**：349‐361.

鈴木啓助（1985）：積雪寒冷地域における Cl 循環. ハイドロロジー（日本水文科学会誌）, **15**：12‐20.

Suzuki, K. (1987): Spatial Distribution of Chloride and Sulfate in the Snow Cover in Sapporo. *Japan Atmospheric Environ.*, **21**: 1773‐1778.

Suzuki, K. (1991): Influence of urban areas on the chemistry of regional snow cover. Seasonal Snowpacks (Davies, T.D., Tranter, M. and Jones, H.G. eds.), pp. 303‐319, Springer-Verlag, Berlin.

鈴木啓助（1991）：融雪水中の溶存成分濃度の日変化. 雪氷, **53**：21‐31.

鈴木啓助・遠藤八十一（1991）：十日町市における酸性の融雪水. 森林立地, **33**：71‐75.

鈴木啓助（1993a）：積雪中における押し出し流の形成. 地理学評論, **66A**：416‐424.

鈴木啓助（1993b）：融雪水の酸素同位体組成変化と積雪の層構造. 雪氷, **55**：335‐342.

Suzuki, K., Ishii, Y., Kodama, Y., Kobayashi, D. and Jones, H.G. (1993): Chemical fluxes through a boreal forest snowpack during the snowmelt season. *Bull. Glacier Res.*, **11**: 33‐38.

Suzuki, K., Ishii, Y., Kodama, Y., Kobayashi, D. and Jones, H.G. (1994): Chemical dynamics in a boreal forest snowpack during the snowmelt season. *Publ. Internat. Assoc. Hydrolog. Sci.*, **223**: 313‐322.

Suzuki, K. (1995): Hydrochemical study of snow meltwater and snow cover. *Publ. Internat. Assoc. Hydrolog. Sci.*, **228**, 107‐114.

Suzuki, K., Kawamura, K., Kasukabe, H., Yanase, A. and Barrie, L.A. (1995): Concentration changes of MSA and major ions in arctic aerosols during polar sunrise. *Proc. NIPR Symp. Polar Meteorol. Glaciol.*, **9**: 160‐168.

鈴木啓助・渡辺泰徳（1996）：生物活動による積雪中の窒素化合物の消費. 雪氷, **58**：295‐301.

鈴木啓助・渡辺泰徳（2000）：微生物活動による積雪中の化学物質濃度変化と緑藻の培養実験. 雪氷, **62**：235‐244.

コラム 3.2　焼結と復氷の境目

　雪や氷の性質は，しばしば他の物質に比べて特異であるといわれるが，その原因の一つは温度にある．つまり，氷の融解温度は0℃であるから，たとえば　−50℃の低温も，氷にとってはすぐにでも融けてしまいそうな「高温」なのである．氷の−50℃は鉄なら1200℃に匹敵する．

　この理由で，地球上の雪氷は一見他の物質とは違う種々の振舞いをみせる．「焼結」はその一例である．ろくろで成形された粘土の塊が，高温の窯のなかで焼かれると，焼結によって緻密な焼き物に変化するのと同じように，地球上の雪氷の内部では常に焼結現象が進行している．焼結によって雪粒子どうしの結合が発達し，より丈夫な雪へと変化している．この意味で，地球上の雪氷は「生きた焼き物」ということができる．

　接触した2個の氷粒子の間に結合が成長するのは，融けたためではない．焼結は固体反応であり，融解温度より低い温度で進行する．この点は誤解されやすく，「焼結」と「復氷」を混同している人も多い．オンザロックのなかの氷を取り出し，2個を押し付けてみよう．2個の氷塊は見事にくっつくであろう．これは，むかし英国の物理学者M.ファラデーやJ.ティンダルたちが好んで行った「復氷」と呼ばれる「氷のマジック」である．

　取り出された氷塊は融けつつあるのだから，表面は水で覆われ，したがって氷塊全体は氷と水の平衡温度，この場合は0℃に保たれている．この状態で氷塊どうしを押し付けると，接触部の平衡温度はわずかではあるが0℃以下に下がるために，そこには新たな低温の水が発生する．しかし，つぎの瞬間力が取り除かれると，圧力と平衡温度はもとに戻るため，発生した水は再び凍結する．つまり，「復氷」する．復氷は，氷の融解温度が圧力とともに下がるという氷特有の性質によって起こる．しかし，焼結はどんな物質でも起こる．

　焼結の主要な駆動力は表面エネルギーであるが，それだけではない．降り積もった雪がだんだん圧密していくとき内部の雪粒子間の焼結には重力や他の力学的エネルギーも作用している．このような焼結は「加圧焼結」と呼ばれる．さらに0℃近辺の加圧焼結には，復氷も一役買っていることになる．　　　　　　　　　　　　　　［前野紀一］

3.3　日本の積雪

3.3.1　平地積雪

(1)　日本の冬期気候環境と積雪特性

　日本列島は冬になるとシベリア高気圧とアリューシャン低気圧という地上最強の高低気圧に挟まれ，高気圧側から低気圧側に吹く北西季節風下に置かれる．シベリアか

3.3 日本の積雪

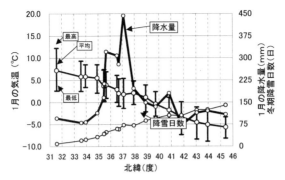

図 3.3.1 1月の降水量と気温日値の月平均値,および冬期降雪日数の緯度別変化

ら吹き出す寒冷で乾燥した大気は,暖かい日本海を吹送する間に水蒸気を多量に含んで日本列島に至り,脊梁山脈に遮られて日本海側に多量の降雪をもたらす.一方,風下側の太平洋側は乾燥した好天が続く.北西季節風は日本海側日本と太平洋側日本に顕著な気候のコントラストを生み,わが国の積雪分布に決定的な影響を与えている.

積雪は毎冬のように北海道全域,本州の脊梁山脈とその日本海側の地域一帯,四国の石鎚山や九州の阿蘇山など国土の半分以上を覆う.巻末の付録4.6に示すように,わが国の大部分は,積雪に浅深や積雪期間の長短はあるものの,冬期には積雪で覆われる気候環境下にある.積雪の量は地域によってさまざまで,毎冬積雪に覆われる常時雪国もあれば,冬の間にときどき積雪をみるとか,年によって積雪があったりなかったりするような時々雪国もある.国土の半分以上を占め,2000万人をこえる人々が住んでいる常時雪国には,気温が氷点下に下がることがほとんどなく,積雪がつねに融けつつある暖かい雪国と,氷点下の気温が続き春まで積雪が融けることのない寒い雪国,およびこれら地域の間にあって,融けたり凍ったりする中間地域がある.

雪が融けるか融けないかは気温による.気温が氷点下にあれば降水は雪として降る.氷点を上回るとだんだん雨で降ることが多くなり,$+4 \sim +6$℃以上になると100%雨で降る.だから,降雪の多寡は雪が降ることのできる気温のもとで,どれだけの降水量があるかで決まる.積雪は,0℃以下では融けることはないが,0℃以上になると融けて水になる.一年中で最も寒い1月の気温と降水量が,南から北へと緯度が変化するにつれて,日本海に沿う平地でどのように変化するかをみてみよう.図3.3.1に気温と降水量,および冬期の降雪日数を,いずれも平年値で示す.気温は日平均気温の月平均値で,平均値から上下に引かれた縦の棒の先にある短い横棒は,それぞれ日最高気温と日最低気温の月平均値を示している.気温は南から北へと低下し,北緯36.6°の金沢以南では最低気温でさえ氷点をこえている.北緯40°の秋田以北でようやく平均気温は氷点下となり,津軽海峡を渡った北緯41.8°の函館以北では最高気温でも氷点下となる.平均気温が氷点をこえる地域は暖かい雪国であり,最高

気温ですら氷点下となる地域は寒い雪国である．年間降雪日数も鹿児島 6 日，福岡 20 日から稚内の 140 日へと増加してゆく．気温と降雪日数の緯度による常識的な分布傾向に対して，降水量は，北緯 37°を中心とする北陸地方（富山県から新潟県）が他を圧して多いという際だった特徴がある．

　この地域は一番寒い月でも平均気温は 0 ℃以上あり，最低気温がやや氷点を下回っているにすぎない．気温が氷点以上なら雪は融けてしまって存在しえないはずなのに，実態は世界有数の豪雪地帯となっている．気温だけからいうと冬としては温暖な地域で，積雪が積もること自体が特異なことなのである．北緯 37°をヨーロッパに当てはめると，イタリア南部から北アフリカのチェニジアをかすめてスペインに至る緯度で，南国といわれる温暖な地域に当たる．こんな低緯度地域にたっぷりと雪の降るところは，世界的にみても北陸以外にはない．

　北陸地方のように気温が氷点以上ある地域の積雪は，積もるのと融けるのとが追いかけっこをしている．積もる量が，融ける量より多いと積雪は増えるし，少ないと減っていき，ついにはなくなってしまう．これを冬中やっている．だから，少しでも例年に比べて気温が高いと雪の代わりに雨が降り，せっかく降り積もっても融けてなくなってしまう．だから積雪の年々変動は寒い雪国よりは大きくなる．降雪は傘がないと衣服を濡らすし，積もった端から融けるので，道路も家屋も庭木も，何もかもしっとりと濡れている．湿った雪だから雪結晶がお互いに絡みあった雪片で降る．こんな雪を，雪氷学者は濡れた，または湿った新雪と呼ぶが，一般には風情を込めて牡丹雪と呼ぶ．真冬でも堅く凍りつくことがないので，地下水による道路融雪が可能な世界的にも珍しい雪国である．

　一方，津軽海峡をわたった北緯 42°以北では一番寒い 1 月の最高気温といえども氷点下にある．こんな寒いところでは雪はひとひらの雪結晶として降ることが多く，そんな雪が積もったばかりの積雪表面に太陽が当たると，まるで宝石を散りばめたように，雪の平らな結晶面が日の光を反射してきらきらと輝く．こんな雪のなかをスキーで滑ると粉雪（乾いた新雪）が舞う最高の滑降となる．雪が冷えていて互いに絡まり合う力が小さいので，ターンすると，雪がまるで粉のようにばらばらになって舞うからである．雪が降っていても，衣服を濡らすことがない．だから傘をさす必要がない．簡単に払い落とせるからである．積もった後も雪はつねに固体の状態を保っているので，ものを濡らすことがない．こんな地域は，乾いたからっとした雪国である．

　以上の話は平地積雪の話である．地表面から 10 km 程度の厚さの大気中では，世界中どこでも 1000 m 登ると約 6 ℃の割合で気温は低くなる．南から北へと平地を移動する場合，100 km 移動して気温は 1 ℃下がる程度であるのに比べると，標高の増加による気温減少の割合は 600 倍も大きい．だから，暖かい雪国でも山地に登っていくとたちまち寒い雪国に入ってしまう．水平距離としてはわずかでも標高が上がると融けている雪国から凍った雪国へと変化し，景観は一変してしまう．平地が＋3℃あっても 500 m 登ると 0 ℃となり，1000 m も登ると−3℃になるからである．

(2) 最大積雪深の変動

地球温暖化の影響であろうか，最近わが国は暖冬少雪といわれている．いつ頃からどれほど暖冬少雪になったのだろうか？ その様子を，全国の常時雪国について調べた（佐藤，2003）なかから，暖かい雪国と寒い雪国の代表地点として新潟県の高田市（現上越市）と札幌市を選んで，図 3.3.2(a)と(b)に示す．厳冬期の 1 月と 2 月に降る積算降水量と平均気温，2 カ月の間に観測された最大積雪深の，1961 年から 2001 年までの 41 年間の変動を示している．

高田（図 a）の最大積雪深をみると，1987 年以前は多い年には 2.5 m から 3 m に達していた．しかし，それ以降は多い年でも 1.5 m をこえることはなくなり，明らかに減少傾向へと転じ，現在に至っている．降水量には年変動はあるものの，増加傾向や減少傾向はみられない．しかし，平均気温は 1987 年以降明らかに高くなり，+2℃をこえる「高温」が続いている．気温の上昇によって雪の代わりに雨が降り，積もっても急速に融けるため，最大積雪深が減少したのである．北陸以南の暖かい雪国は，すべて高田と同様の理由で顕著な少雪を示している．

一方，札幌（図 b）の平均気温は 1989 年以降明らかに上昇しているが，それでも

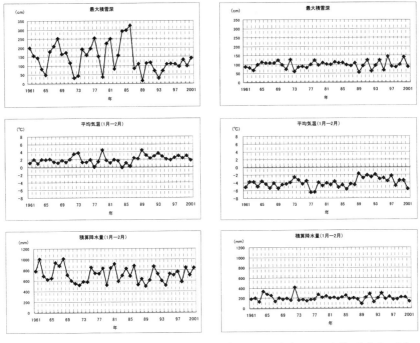

図 3.3.2 新潟県の高田市（現上越市）と札幌市の 1961 年から 2001 年までの 41 年間にわたる 1 月と 2 月の 2 カ月間の積算降水量と平均気温，最大積雪深の変動

0℃以下を保っている．だから，融雪が増加するには至っていないため，最大積雪深の年変動は，降水量の年変動とよい相関を示している．

全国的にみても，降水量には増加傾向や減少傾向は認められないが，気温は1980年代末から明らかに上昇している．気温上昇の結果，もともと気温が氷点付近にある暖かい雪国では，降水が雨で降りやすくなり，積もっても素早く融けるようになるため，最大積雪深の減少を招いている．寒い雪国でも気温の上昇は認められるが，それでもいまだ0℃以下にあるため，降水は雪として降るし，融雪の増加も生じていない．だから，最大積雪深の変動は気温変動に関係なく，降水量の変動に対応している．

(3) 雪質の分布

一般に，暖かい雪国の積雪は，間断なく融解し，融け水と雪粒が触れているため，丸みを帯びた濡れたざらめ雪となっている．一方，寒い雪国の積雪は水が関与しないため，しまり雪やしもざらめ雪系統の雪で形成されている．このような雪質の違いは気温と積雪にかかる温度勾配で決定される．積雪にかかる温度勾配はおもに気温と積雪の深さで決まるから，結局雪質は気温と積雪の深さによっている．石坂（1995）は

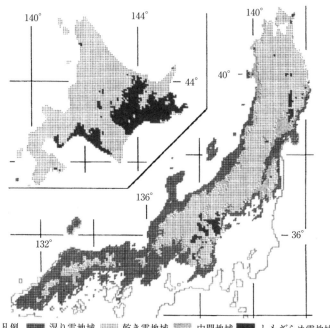

図 3.3.3　メッシュ気候値から推定される日本の雪質分布図

富山県の沿岸部から南部山岳地域で実測された積雪の乾湿やしもざらめ雪の出現と冬期の気象との関係から，1月の平均気温が+0.3℃以上の地域は「湿り雪地域」，同-1.1℃以下の地域は「乾き雪地域」，+0.3℃から-1.1℃の地域は湿り雪と乾き雪の中間地域であることを見いだした．さらに，乾き雪地域のなかに積雪の深さの条件を入れて「しもざらめ雪地域」が区分できることを示した．この区分方法を用いて，気象庁が公表している 1 km メッシュの気候値から日本全国の湿り雪地域・乾き雪地域・その中間地域およびしもざらめ雪地域を推定して図 3.3.3 を得た．石坂のいう湿り雪・乾き雪地域は，雪質としてはざらめ雪・しまり雪地域と一致するはずである．しもざらめ雪地域もいうまでもない．

(4) 積雪の堆積環境区分

堆積した直後の積雪構造は，降雪結晶の形や濡れているか乾いているか，降雪時の気温の高低，風の強弱など，積雪堆積時の気象条件で異なる．堆積後も気象条件に応じて，その構造を刻々と変化させる．融ける一方か，融けたり凍ったりを繰り返すか，決して融けないか，積雪の温度（雪温, snow temperature）分布の傾きが大きいか小さいかで，それぞれ異なった雪質（snow texture）の積雪が形成される（3.1 節「積雪の変質と分類」参照）．積雪の堆積時と堆積後の気候条件が似ていると，同じような層構造と雪質が形成される．このように積雪の特性が似ている，あるまとまりをもった地域を堆積環境が同じ地域と呼んでいる．

北海道から本州に至る日本海沿岸平野部で，積雪が一番深いと考えられる 2 月末に測定された「積雪の深さ」と「積雪水量（単位面積当たりの積雪の質量）」の関係を一例として図 3.3.4 に示す．石狩平野や秋田県の盆地，新潟県沿岸部一帯など，山地や丘陵，岬に区切られた地理的まとまりのある平野や盆地など，ある限られた範囲

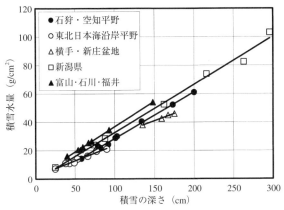

図 3.3.4　積雪の深さと積雪水量の関係

の地域内で両者に直線関係が成り立ち，雪質も同じであった．両者に直線関係の認められる範囲は同じ堆積環境にある地域と考えられ，本州から北海道までの日本海沿岸平野部には，少なくとも10地域の堆積環境区が存在する（河島・山田，1988）．

(5) 積雪のモデリング

近年，気象データから積雪深や積雪の層構造と雪質，積雪水量，密度，日射の反射率（アルベド）などの物理量を推定するモデルが，目的に応じて多数提案され，雪崩の予知や積雪域の水や熱エネルギーの循環過程のシミュレーションなどに使われている．いまやモデルの数は優に20をこえている．なかでもフランスで開発されたクロッカスモデルやスイスで開発されたスノーパックモデルは雪質が予測できるので，世界各国で雪崩発生の予測研究などに使われている．日本の暖かい雪国と寒い雪国の代表として，長岡（Yamaguchi *et al.*, 2003）と札幌（Hirashima *et al.*, 2003）の積雪についてスノーパックモデルによる計算結果を観測と比較したところ，長岡では暖かい雪国特有のざらめ雪層が，札幌ではしもざらめ雪が再現されており，モデルの有効性が認められた．目下のところ，融雪過程が現実と合わない点などに問題が残されており，日本の積雪に適合したモデルへの改良が進められている（Yamaguchi *et al.*, 2003）．　　　　　　　　　　　　　　　　　　　　　　　　　[山田知充・佐藤篤司]

文　　献

Hirashima, H., Nishimura, K., Baba, K., Hachikubo, A. and Lehning, M.（2003）: SNOWPACK model calculations of snow in Hokkaido, Japan. *Ann. Glaciol.*, **38**.
石坂雅昭（1995）：メッシュ気候値から推定した日本の雪質分布．雪氷，**57**(1)：23-34.
河島克久・山田知充（1988）：堆積特性から見た日本海沿岸平野部の堆積環境区分．低温科学，物理篇，**47**：15-24.
佐藤篤司（2003）：雪国における最大積雪深の長期変動と気温および降水量変動との関連．防災科学技術研究所研究報告（投稿中）．
Yamaguchi, S., Sato, A. and Lehning, M.（2003）: Application of the numerical snowpack model (SNOWPACK) to the wet snow region in Japan. *Ann. Glaciol.*, **38**.

3.3.2　山地積雪

(1) 山地積雪と人間生活

人類は太古の昔から現在に至るまで，山地積雪の恩恵を受けて，その生を営んでいる．雨は河川という排水システムで瞬く間に海へと排水されてしまうが，冬の間に山地に降る膨大な降雪はいったん積雪として蓄えられ，春から夏にかけてゆっくりと融けて数カ月にわたって河川を潤す．河川の流量を平滑化し，水の効果的な有効利用が可能となる．山地積雪はいわば山地という天然のダムに蓄えられた水資源（water resources）なのである．コンロン山脈やテンシャン山脈の積雪や氷河（glacier）の融け水がオアシス都市を育み，シルクロードが成立しえたのである．

山地の積雪は高所に積もっているので，水蒸気が太陽からもらった位置エネルギーを蓄えている．第二次世界大戦後のわが国のエネルギー源として，石炭と並んで水力発電の開発が計られたのも，山地積雪のばく大な位置エネルギーを電気エネルギーとして取り出すことにあった．本州の日本海沿岸平野部の冬期降水量は年間降水量の半分を占め，北海道でも 30％を占めている．山地は平野部よりも降雪期間が長く，降雪量も多い．だから，雨よりも雪のほうが水資源としてはるかに重要なのである．山地積雪を水資源として有効に活用するためには，山地のどこにどれだけの水が積雪として蓄えられているかを知らなければならない．戦後スノーサーベイ（snow survey）が電源開発適地の上流山域で盛んに実施された（たとえば菅谷，1949）のは，山地の水資源量を把握するためであった．しかし，一方で山地積雪の有する位置エネルギーは，雪崩（avalanche）や融雪洪水（snowmelt flood）という形で牙をむき，人間生活に大きな被害を与えることも忘れてはならない．

かつて道なき山から木を伐り出す冬山造材が盛んであった．積雪が樹間の下生えを覆い隠し，夏には近づけない山奥に比較的簡単に入ることができ，馬橇に積んで雪上を滑らすことで，奥地の木材資源を比較的容易に搬出することができたからである．山地斜面を厚く覆う積雪は幼樹が乾燥した寒風にさらされ枯死するのを防ぎ，酷寒の地の森林形成に大きな役割を果たしている．春がきて山地積雪が日々融けて形を変える残雪期には，ときに動物や人の形をかたどる雪形を造形し，麓の人々を楽しませ，地方によっては農作業の目安（農事暦）にするなど，雪形が人々の生活に入り込んでいる．

山地には，渇水期の渓流を潤し，登山客に一服の涼味を与え，その周辺に独特の地形と植生を展開させ，小規模ながらも美しい山岳景観を添えてくれる雪渓（snow patch）が多数みられる．雪渓はその消滅過程で崩落して事故の原因となることもあるので，よいことばかりではないが，雪渓の大きさは，前の冬の降雪量や夏の日射量や気温などの気象状況を反映しているので，その経年変動は気候の変化を知るよい指標となりうる．また，雪渓の研究は氷河の形成・発達を考えるうえで，その幼形（遷移態）としての重要性を有している（樋口，1977）．

本項では山地積雪の多くの興味ある話題のうち，山地における積雪の分布と夏を彩る多年性雪渓（perennial snow patch）に的を絞って，若干の解説を試みる．

(2)　山地の積雪分布

わが国の山地は麓からある高度まで森林に覆われ，灌木帯を経て高山裸地帯に至る．山地は積雪の堆積形態から大きく二つの地域に分けられる（山田，1983）．一つは山麓から森林限界（forest line）までの山域で，森林帯は風が弱いため降雪はいったん堆積した後で風によって移動することのない地域である．もう一つは，森林限界

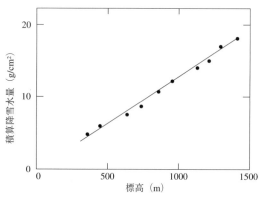

図 3.3.5 北海道の大雪山旭岳西斜面森林帯における 1980 年
1 月 9 日から 2 月 7 日までの期間に降った雪の水換
算値（降雪水量）の高度分布

をこえた高山裸地帯で，降雪はいったん積もっても強風下で削剥され移動し，窪地や尾根の風下などに再堆積する地域で，積雪量は地形に強く依存している．「積雪の動かない地域」の積雪量は驚くほど単純な規則性をもっているが，「積雪が動く地域」の積雪分布はきわめて複雑である．

　山地斜面では，標高が高いほど一降りごとの降雪量が多い．加えて標高が高いほど気温が低いので降雪の期間も長い．そのため，標高が高いほど積雪量は著しく多くなる．ここでは森林帯の積雪分布に単純な規則性があることを述べよう．

　北海道の大雪山旭岳西斜面において 1980 年 1 月 9 日から 2 月 7 日の間に降り積もった降雪水量（ある期間の降雪を融かして水にしたときの水柱の高さまたは単位面積当たりの降雪の質量）の例を図 3.3.5 に示す（Yamada, 1982）．降雪水量は標高とともに直線的に増加している．これをもとに，ある標高の降雪水量が，任意に選んだ山麓の降雪水量を基準（一般には山麓の気象観測所で測定された降雪水量を基準にとる）にして何倍あるかを示す降雪分布係数 α を求めると，α は標高の増加に伴って図 3.3.6 に示したように直線的に増加している．この直線の傾きが大きいほど山地斜面には山麓より多量の降雪があったことを示している．他の山域にも同様の規則性が確かめられている．この直線の傾きは，山域によって異なり，日本海に面し，冬の季節風の影響を直接受ける斜面ほど大きく，内陸部の斜面ほど小さい．

　積雪が動かない森林帯の降雪量分布には上のような簡単な規則性のあることを反映して，雪が積もる一方の推積期に測定された積雪水量（water equivalent of snow, 地上に積もった雪を融かして水にしたときの水柱の高さまたは単位面積当たりの積雪の質量）には図 3.3.7 に示すようなきれいな直線高度分布がある（Yamada, 1982）．積雪水量の直線高度分布は日本の他の山地やヒマラヤのランタン渓谷の斜面でも確認されている．冬になってから時期が進むにつれて，山の上部ほどたくさん雪が降り積も

3.3 日本の積雪　　　　　　　　　　　　　　　　125

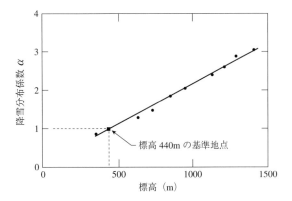

図 3.3.6 図 3.3.5 の期間における標高 440 m の地点を基準とした降雪分布係数 α の高度分布（基準地点では $\alpha = 1$）

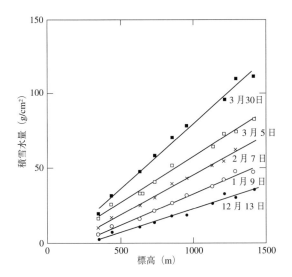

図 3.3.7 北海道の大雪山旭岳西斜面森林帯における堆積期（1979年 12 月 13 日～1980 年 3 月 30 日）の積雪水量の高度分布

るので，積雪水量の高度分布の傾きは急になっていく．積雪の高度分布の規則性，すなわち降雪分布係数 α はいろいろな方法で知ることができるので，森林帯では任意の標高の積雪水量が山麓の気温と降水量から推定可能である（Yamada, 1982）．

　北海道の手稲山東斜面で，山麓が融雪期に入る直前から斜面全体で融雪が起こっている時期までの積雪水量の高度分布を図 3.3.8 に示す．1979 年 3 月 17 日頃から山麓

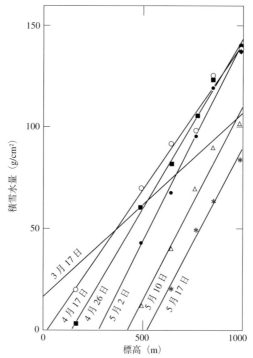

図 3.3.8 北海道の手稲山東斜面における堆積期の末期（1979年3月17日）から融雪期（1979年4月〜5月）における積雪水量の高度分布

が融雪期に入り，4月17日までは山麓部で融雪が，上部では降雪の堆積が起こっている時期である．それにもかかわらず，積雪水量の高度分布は堆積期から引き続いて直線を維持している．4月17日から5月2日の期間は標高1000mの山頂付近では気温の0℃面が上下し，雪が降ったり融けたりしている時期にあるため，積雪水量はほとんど変化しない．この間は，斜面の下部ほど融雪による積雪水量の減少が大きいため，高度分布の傾きが急激に大きくなる．その後全山が融雪期に入り，もはや雪が降らなくなってからは，直線の傾きに変化はなく，融雪が全山一様に進行していることが注目される．この時期の融雪は気温よりも日射に大きく依存しているためである．融雪期以降の積雪水量の直線高度分布は他の山域でも確認されている．

　樹木が一本もない高山裸地帯は，平地や森林帯に比べてはるかに強風や暴風雪に襲われる頻度が高いため，積雪は一様に積もることはない．凸地形ではいったん積もった積雪も強風に吹き払われ，尾根など凸地形の風下側や窪地に数十mにも達する吹きだまり（snow drift）を形成する．積雪は凹凸に富んだ複雑な地形を平滑化するように堆積する．

(3) 多年性雪渓の形成と内部構造

山地の積雪は春がくると表面から融けはじめ,積雪の浅いところから地面が顔を出し,融雪期（消耗期,ablation season）が進むにつれて積雪から開放された地面が広がっていく.単に降雪が積もっただけでは夏の間にすべて融けきってしまうが,吹雪による吹きだまりや雪崩によって何十 m もの厚さに堆積した場所では夏になっても融解しきらない孤立した残雪を生む.これを雪渓（雪田）という.大部分の雪渓は夏の終わりには融け去ってしまう季節雪渓であるが,なかには融け去ることなくつぎの冬を迎える雪渓もある.これを多年性雪渓とか越年性雪渓,あるいは万年雪という.

雪渓は,窪地や山稜の風下斜面への雪の吹きだまりによって形成される吹きだまり型雪渓と,谷筋や沢筋への雪崩による多量の雪の集積によって形成される雪崩型雪渓の2種類に大別される.両者には一般に外形,規模,存在する高度などに明瞭な違いが認められる.吹きだまり型の雪渓の大きさと厚さは窪地の大きさなど地形の規模に規定されている（図 3.3.9）.

多年性雪渓は利尻山,大雪山,鳥海山,月山,飯豊山地,越後山脈,北アルプス,白山などの山域にみられる.他の山地にも存在する可能性があるが,いまだ全容は不明である.多年性雪渓が存在する標高の下限は,吹きだまり型雪渓では標高 1300 m 程度であるのに対し,雪崩型雪渓では標高 600 m 程度まで下がる.また,夏の終わりの雪渓が最も縮小したときの大きさは,吹きだまり型雪渓で最大長 600 m 程度,雪崩型雪渓では最大長 1 km をこえるものもある.その厚さは,厚いもので 30 m 程度ある.

多年性雪渓は,図 3.3.10 に示すように,越年する積雪（フィルン,firn）と氷からなっている.フィルンの乾き密度（含まれる水分を除いた積雪のみの密度）は雪粒子

図 3.3.9 大雪山の吹きだまり型雪渓（右側がヒサゴ雪渓,1988 年 9 月 14 日撮影）

の機械的充填のみで達する密度の上限値(約 550 kg/m³)をこえている．フィルンは内部の空隙がつながっていて通気性がある．さらに圧密が進み，乾き密度が 830 kg/m³ 前後になると空隙は孤立した気泡となる．

フィルンが通気性を失うと氷と定義される．多年性雪渓のなかには，図 3.3.11 に示すようにフィルン層の下が氷体(ice body)に占められているものがある(Kawashima, et al., 1993)．このような多年性雪渓では，フィルン内を流下した融雪水が氷体上にたまり，フィルンと氷体との境界上に帯水層(firn aquifer)が形成される．帯水層内の水に浸ったフィルンは容易に圧縮されるため，乾き密度 700 kg/m³ 程度にまで達する．これが，初冬の寒気の侵入によって凍結し，連続的な氷化層が形成されると考えられている(Kawashima, 1997)．

多年性雪渓の内部には，砂礫や植物片などの不純物が集中している汚れ層がみられる．この汚れ層は夏の終わりの雪面であり，つぎの年の積雪との境界である年層境界を示すものである．雪渓に含まれている汚れ層の枚数から多年性雪渓がどの程度古い雪氷であるかを推定するこ

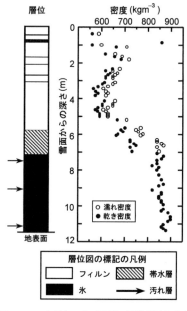

図 3.3.10 大雪山ヒサゴ雪渓の層位構造と密度プロファイル(1986 年 8 月 6 日)

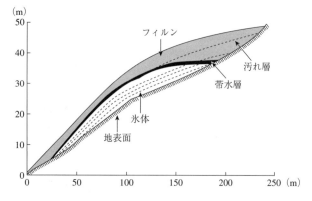

図 3.3.11 大雪山ヒサゴ雪渓の最大傾斜方向の縦断面構造(1987 年 9 月 18 日)

とができる．わが国の多年性雪渓の多くは，古くてもたかだか数十年前の雪氷で構成されているにすぎない．ただし，近年，北アルプスの内蔵助雪渓の下部氷体内部から採集された木片・葉片の^{14}C 年代測定から，この氷体は現在より 1000〜1700 年前のものである可能性が指摘され，注目を集めている（Yoshida *et al.*, 1990）．

フィルン，氷体，帯水層からなる多年性雪渓の内部構造は，温暖氷河（temperate glacier）上流部（涵養域，accumulation area）の内部構造と共通している．しかし，わが国の多年性雪渓は一般に氷河とは見なされていない．多年性雪渓は氷河のように涵養域と消耗域（ablation area）との明瞭な区分けができないし，顕著な流動現象を示さないからである．

汚れ層から判断される多年性雪渓の年層の厚さ（1 年間に新たに堆積し越年する雪氷の厚さ）は，図 3.3.11 に示した大雪山のヒサゴ雪渓の場合 1〜2 m である．もしも，毎年 1 m の雪氷が越年するならば，100 年間でその厚さは 100 m に達し，その結果，多年性雪渓は氷河へと遷移するであろう．しかし，100 m もの厚さの多年性雪渓がないのは，夏の融雪量が冬の積雪量を上回る年があって，前の年までに堆積していた年層をも融かしてしまうことが頻繁に起こっているからである．

多年性雪渓は氷河に比べてその規模が小さいため，微妙な気候環境の変化にも敏感に反応し，自身を安定した状態に保つことが難しい．長い年月でみると，多年性雪渓は雪食作用（nivation）によって雪窪（nivation hollow）と呼ばれる凹地形を形作り，自身の占める空間を拡大することで氷河への遷移を着々と進行させているようにみえる．しかし，その速度はきわめて遅く，地球温暖化（global warming）のようなグローバルな気候変動の荒波に簡単に飲みこまれ，近い将来，消滅してしまう運命にあるかもしれない．

[山田知充・河島克久]

文　　献

樋口敬二（1977）：日本の雪渓―世界の氷河の中での位置―．科学，**47**(7)：429‑436．

Kawashima, K., Yamada, T. and Wakahama, G.（1993）: Investigations of internal structure and transformation processes from firn to ice in a perennial snow patch. *Ann. Glaciol.*, **18**: 117‑122.

Kawashima, K.（1997）: Formation processes of ice body revealed by the internal structure of perennial snow patches in Japan. *Bull. Glacier Res.*, **15**: 1‑10.

菅谷重二（1949）：大雪山積雪水量及び流量調査，pp.1‑42，経済安定本部資源委員会・北海道土木部刊．

Yamada, T.（1982）: Studies on accumulation‑ablation processes and distribution of snow in mountain regions, Hokkaido. *Contribut. Inst. Low Temperature Sci.*, **31**: 1‑33.

山田知充（1983）：山地における降雪と積雪の分布．日本気象学会北海道支部だより，**28**：13‑25．

Yoshida, M., Yamamoto, K., Higuchi, K., Iida, H., Ohata, T. and Nakamura, T.（1990）: First discovery of fossil ice of 1000‑1700 year B.P. in Japan. *J. Glaciol.*, **36**(123): 258‑259.

コラム 3.3　鳴き雪

　「鳴き雪」という特別な雪が存在するのではない．どんな雪でも，踏むと多かれ少なかれ音を発するのだから．しかし「鳴き雪」と呼びたい気持ちにさせるほど，心地よい音が聞こえる瞬間，あるいは雪の条件が存在するのも確かである．これが，雪質によるのか，気温によるのか，履物によるのか，踏み方によるのか，あるいは聴く人の心構えによるのか，詳しいことはわかっていない．

　だいいち「鳴き雪」という言葉も，まだ大方に認知された呼び名とはなっていない．それにしても，西洋の言語に比べ表現が格段に細やかといわれる日本語に，雪の踏み音を表す言葉が存在しないというのは，ちょっと意外である．きれいな砂浜を歩くときの音には「鳴き砂」とか「鳴り砂」という名前があるのに．また，廊下の板の踏み音には「うぐいす張り」という素晴らしい呼び名が生み出されているのに．

　もっとも歌舞伎の世界には「雪音」という表現がある．たんぽをつけた太ばちで大太鼓を打つ，あの重く寂しい音である．しかし，これは雪の降る場面を心象的に表現する約束事にすぎず，雪の踏み音とはなんの関係もない．外国でも，鳴き雪を表す特定の言葉はないらしい．国際シンポジウムのときにも，いろいろの国の知人たちに聞いてみたが，答えは同じであった．それではというわけで，日本語では「鳴き雪」，その英語訳は"singing snow"にしましょうと提案することにした．

　雪国の人なら経験があると思うが，厳しい寒さのなかで踏む雪は，まるで楽器のようにいろいろな音を奏でる．岩手の雪のなかで宮沢賢治は，「堅雪かんこ，凍み雪しんこ．四郎とかん子とは，小さな雪沓をはいてキックキックキック，野原にでました」（『雪渡り』）という文章を書いた．一方，南国育ちと思われる海音寺潮五郎は，鳴き雪をつぎのように表現している．「そのおなごはそのまま前を向いて，蓑の背中を見せ，ザックリ，ザックリと行ってしもうた」（『天と地と』）

　雪の踏み音は，履物が下駄か靴かで違うし，踏み方によっても違う．また，雪の種類や温度でも違う．鳴き雪といっても，人によって「ザックザック」「サクッサクッ」「キュッキュッ」などの違った表現が生まれる．この違いの物理的メカニズムは，高密度雪の圧縮による破壊，滑りに関連して調べられている．　　　　　　　　　[前野紀一]

4 融　雪

4.1　融雪現象と熱収支

4.1.1.　融雪面の熱収支

　寒冷地の冬季には，降水は固体，つまり雪の状態で降ることが多く，それは積雪としていったん地上に蓄えられ，春先になってから融雪（snowmelt）が起こり川へと流出する．積雪は貴重な水資源となる一方，急激な融雪は融雪洪水や冠水，浸水，さらには雪崩や土砂崩れなどの災害を引き起こす恐れがある．融雪を人工的に促進・抑制することによって積雪を有効な水資源（water resources）や冷熱源（heat sink）として利用することは古くから行われており，また，現在もその努力は続けられている．融雪を効果的に利用するためや融雪による災害を最小限にとどめるために，融雪のメカニズムを研究することは重要である．

　融雪とは固相の水が液相の水に変わる相変化（phase change）のことをいう．融点温度以下にあった固相の水が熱を受けて融点温度に達し，さらに受熱すると相変化を起こして液相の水に変わる．その融解量は受熱量に比例し，相変化に使われた熱量を融解の潜熱という．両相の水が混在する間は受熱量は融解にのみ使われ，その温度は変わらない．融雪熱量を融解の潜熱（latent heat of fusion）で割ると融雪量を見積もることができる．

　この章では積雪に出入りする熱の収支（heat balance）を考えることで融雪現象を明らかにしたい．

（1）　積雪表面層の融雪熱収支
　積雪表面層に入ってくる熱量 Q_g は以下の式で表すことができる（山崎，1994）.

$$Q_g = R_n + H + L_v E + Q_r + Q_b \tag{1}$$

ここでは表面層に入ってくる熱量を正とする．また，各項の単位は単位時間当たり単

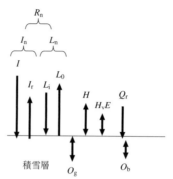

図 4.1.1 積雪面における熱収支の模式図（記号は本文を参照）

位面積に入ってくる熱量で表す．SI 単位系では W/m² (J·s⁻¹·m⁻²) である．R_n は正味放射（net radiation），H は顕熱輸送量（sensible heat flux），L_vE は潜熱輸送量（latent heat flux），Q_r は雨による熱輸送量，Q_b は積雪表面層下端から入ってくる伝導熱である．図 4.1.1 にこの熱収支の構成要素を模式的に示した．表面層に入ってくる熱は，その温度が 0 ℃未満ならばその層の温度を上昇あるいは下降させる熱 Q_s に，0 ℃ならば雪を融解あるいは存在する液体の水を凍結させる熱 Q_m となり，その熱収支はつぎの式で表せる．

$$Q_g = Q_m + Q_s \tag{2}$$

ここで積雪層が 0 ℃未満のときは $Q_m=0$，0 ℃のときは $Q_s=0$ となる．

　ふつう，熱収支を考える場合は「面」で考えることが多いが，この小節の題にもあるように表面「層」としたのは，融雪がある深さにわたる現象であるからである（小島，1979）．積雪は氷と水と空気の混合物であるが，その見かけの密度（bulk density）は新雪（new snow）で約 100 kg/m³，しまり雪（compacted snow）で約 300 kg/m³，ざらめ雪（granular snow）で 300～500 kg/m³ である．純氷の密度は 917 kg/m³ であり，空隙率（porosity）は（1－雪の密度/純氷の密度）で表すことができ（濡れていないと仮定），見かけ密度 300 kg/m³ の雪の空隙率は 0.67 となる．つまり，表層の第 1 層の積雪粒子の配置構造が均質であるとすると，表面に入ってきた熱量の 67％は融雪に寄与することなく第 1 層を通過することになる．同じように第 2 層，第 3 層と考えていくと，第 6 層を通過する熱量は 0.1 以下になり，第 12 層を通過する熱量は表面の 0.01 以下になる．このように単純化して考えても，融雪が表面だけでなくある厚さの層で起こることがわかる．また，積雪表面に到達した短波放射（日射）（shortwave radiation (solar radiation)）の一部は積雪表面で反射され，一部は積雪表面層で吸収され，一部はさらに下層へ透過する．積雪の密度に左右されるが，融雪に寄与する短波放射の吸収は約 0.1 m より深くなるとほとんどなくなるといわれて

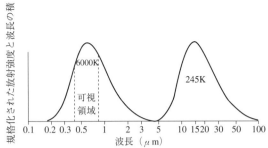

図 4.1.2 太陽放射温度に近い 6000K および地球大気放射温度に近い 245K の黒体放射のスペクトルの理論曲線（兒玉，1991）

いる．吸収された短波放射はその層の温度が 0 ℃未満ならば昇温に使われ，0 ℃ならば融解に寄与する．条件がそろうと吸収された短波放射は，表面で融雪が起こらなくても，内部で融解を起こすことがある．

　表面層を構成する熱収支の各成分について説明する．まず，正味放射 R_n．絶対温度が 0 K でないかぎりすべての物質は放射のエネルギーを射出している（プランクの法則，Plank's law）．地球上に存在する放射は大きく分けて太陽に起源をもつ短波放射と地球にその起源をもつ長波放射（longwave radiation）に分けることができる．図 4.1.2 に 6000 K と 245 K の物体の放射のスペクトルの理論曲線を示した．6000 K はおよその太陽表面温度，245 K はおよその地球表面温度である．横軸に波長，縦軸にはそれぞれの波長における放射エネルギー強度と波長の積がその極大値で規格化して示してある．この図からわかるように波長約 4 μm を境として分離することができる．したがって R_n は以下のように表すことができる．

$$R_n = I_n + L_n \tag{3}$$

ここで I_n は短波放射収支，L_n は長波放射収支である．短波放射収支 I_n はつぎのように表される．

$$I_n = I + I_r = I(1-\alpha) \tag{4}$$

ここで I は日射（下向き短波放射），I_r は反射（上向き短波放射），$\alpha = -I_r/I$ はアルベド（albedo）である．物質の反射率は波長ごとに特徴ある値をもつが，アルベドは全短波長を総合した反射率（reflectivity）である．また，長波放射収支 L_n は

$$L_n = L_i + L_o = L_i - \varepsilon\sigma T_s^4 \tag{5}$$

と表される．L_i は大気放射（下向き長波放射），L_o は地球放射（上向き長波放射）である．ε は射出率（emissivity）と呼ばれ，その温度の黒体放射（black body radiation）に対する割合を示し，0 と 1 の間の値をとる．積雪の ε は約 0.97 で黒体に近い．σ

はステファン-ボルツマン定数で，5.670×10^{-8} W・m^{-2}・K^{-4}である．T_sは表面温度
(K) である．長波放射は短波放射と異なって積雪内をほとんど透過せず，表面近傍
でそのほとんどが吸収される．長波放射収支や大気放射は厳密には長波放射に関与す
る大気中の物質（おもに水蒸気，二酸化炭素，オゾン，微量気体として一酸化窒素，
メタン，フロン系の気体などがある）の濃度や温度の鉛直分布から放射伝達の式を解
いて求めることができる．簡便な方法としては Brunt の実験式やそれから変形した
式が多数あり，その一つに次式がある（石井，1959）．

$$L_n = \{\sigma T_0{}^4 - \sigma T_a{}^4 (0.51 + 0.0066 \sqrt{e})\}(1 - n_k) \qquad (6)$$

ここでT_0は表面温度，T_a，eは地表付近の気温と水蒸気圧，nは雲量，k は雲の種類
による定数で，下層雲：0.86，中層雲：0.77，上層雲：0.21 である（小島，1979）．
近藤（1994）はL_iについて独自の簡便な経験式を提案している．

　顕熱輸送量Hと潜熱輸送量L_vEは空気の乱流（turbulence）によって伝達される
熱量である．これらの乱流輸送量を求めるには，風速，気温，水蒸気量などの気象要
素を高速（数 Hz 以上）で測定して渦相関法と呼ばれる方法で求める方法と，乱流を
なんとか平均量で記述してその傾度などから求める方法がある．地表面上を風が吹く
とき，ほとんどの場合乱流となっている．なぜなら，地表面にごく近いところでは風
速がゼロであり（地表面は動かない），ある高さで有限な風速がある場合，鉛直方向
に風速の勾配が生じる．そのため中間にある鉛直方向に隣り合う 2 点では風速が異
なり，上層は下層から摩擦の応力を受けていて，下向きに回転する傾向にある．つま
り，渦（eddy）すなわち乱流を形成する．この渦の大きさや強さは水平風速，表面
の形状（おもに粗度，roughness）や熱的安定性などに依存する．乱流は温度構造
（熱的安定度，thermal stability）によっても生成・抑制される．夏季の日中のように
大気が不安定（unstable）な状態にあるとき，水平方向に風がなくても渦は生成さ
れ，また風があり渦が存在するときはそれが発達する．一方，夜間に大気が安定
（stable）しているとき，渦は抑制される．

　渦相関法（eddy covariance method）について説明する．夏季日中のように混合層
（mixing layer）が発達しているときには下方の気温（温位，potential temperature）
が高く，上方の気温（温位）がより低い（図 4.1.3 左）．このようなときに渦によっ
てある空気塊は上方に動き，ある空気塊は下方に動いているとする．上方に動いた場
合はその温度は周りよりもθ'だけ高く，下方に動いた場合はθ'だけ低い．つまり，
C_pを空気の定圧比熱（specific heat at constant pressure），ρを空気の密度とすると，
$C_p\rho\theta'$の単位体積当たりの熱量が，上方に移動したときには増加し，下方に移動した
ときには減少したことになる．つまり，$C_p\rho\theta'$だけ単位体積当たりの熱量が上方に輸
送されたことになる．単位時間当たりに動いた距離はそのときの渦の大きさに等しい
とすると，鉛直風速の平均値からの偏差w'となる．したがって，$C_p\rho\theta'w'$は渦によ
って上方へ輸送された単位時間・単位面積当たりの熱量ということになる．一方，夜

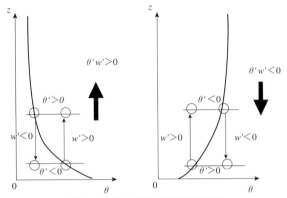

図 4.1.3 渦による混合過程の模式図
実線は温度のプロファイル．Stull (1988) の図 2.12 を改変．
左図は不安定の場合で上向きの顕熱輸送となる．右図は安定の場合で負の顕熱輸送となる．

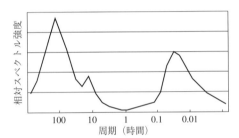

図 4.1.4 水平風速のスペクトルの模式図
横軸は周期の対数が時間の単位で示してある．

間大気が安定しているときのように下方の気温（温位）が低く，上方の気温（温位）がより高いとき（図 4.1.3 右）には，$C_p\rho\theta'w'$ は渦によって下方へ輸送された単位時間・単位面積当たりの熱量ということになる．これをある時間平均したもの $C_p\rho\overline{\theta'w'}$ はその時間の顕熱輸送量 H である．同様に潜熱輸送量 $L_v E$ は $\rho L_v \overline{q'w'}$ で表すことができる．

$$H = C_p\rho\overline{\theta'w'} \qquad (7)$$
$$L_v E = \rho L_v \overline{q'w'} \qquad (8)$$

ここで L_v は凝結蒸発の潜熱（latent heat of vaporization），E は水蒸気輸送量（water vapor flux），q は比湿（specific humidity）である．$\overline{\theta'w'}$ や $\overline{q'w'}$ は気温や比湿と鉛直風速の共分散（covariance）である．

さて乱流をどのくらいの速さでどのくらいの時間測定すれば，輸送量が得られるのであろうか．図 4.1.4 に水平風速のスペクトルを示した．横軸は周波数とそれに対応

する周期が示してある．一番左の山は約4〜5日の周期をもち，高気圧・前線・低気圧が交互にくる周期と一致している．その右側に小さな突起があるが，これは約1日の周期をもつので風速の日変化に対応したものである．最も右にある山は約数秒から数分の周期をもち，これが乱流に相当する．つまり，水平風速の変化は擾乱の周期に対応するシノプティックスケールの現象によって最も大きく影響を受け，つぎには乱流の影響を受けているということである．これら二つの山の間に，約30分から数時間の周期をもつスペクトルギャップ（spectral gap）と呼ばれるスペクトルの谷がある．これが乱流による渦をシノプティックなスケールの渦と区別する周期である．つまり，乱流を有効に測定するには数分から30分の平均化時間が必要であること，また，小さい渦では約0.1秒の周期のものを測定すること，つまり，0.1秒くらいの速さで反応する測器が必要であることを意味する．

さて，渦相関法による顕熱・潜熱輸送量の推定方法は古くから考えられていたが，1秒間に10回という高速で風速や気温・比湿を測定する装置は当初なかったので，乱流をなんとか平均量で記述する方法が考えられた．乱流は統計学的にしか扱えないランダムな量であるといえるが，詳しく観察すると乱流にもある規則性があることがわかる．たとえば，乱流の強さは平均風速の鉛直勾配に比例するというものである．そこですでに分子粘性（molecular viscosity）の研究分野で展開されていた理論を地上付近の乱流に応用し，以下の式で表すことができる．

$$\overline{\theta' w'} = -K_H \frac{d\overline{\theta}}{dz} \tag{9}$$

$$\overline{q' w'} = -K_E \frac{d\overline{q}}{dz} \tag{10}$$

これは顕熱・潜熱輸送量がそれぞれ温位や比湿の平均量の鉛直勾配に比例するものと考えたものである．比例係数 K_H, K_E は輸送係数（eddy transfer coeffcient）と呼ばれ，乱流による輸送の効率を示すパラメータである．この輸送係数を説明する理論の一つに混合距離理論（mixing length theory）がある．これは Prandtl が1925年に提唱したもので，たいていの気象の教科書に説明されている（たとえば Stull, 1988）．これによると，熱的に影響を受けていない力学的な乱流の場（中立状態，neutral stability）で，平均比湿および平均風速が鉛直方向に直線的に変化しているものと仮定できる場合，

$$K_H = K_E = k^2 z^2 \left| \frac{d\overline{u}}{dz} \right| \tag{11}$$

と表される．ここで k はカルマン定数である．水平風速の勾配を絶対値にしたのは右辺と左辺の符号を一致させるためである．式(11)を式(9)，(10)に代入し，差分で表し，顕熱輸送量と潜熱輸送量の式にすると，

$$H_n = -\frac{C_p \rho k^2 (\theta_2 - \theta_1)(u_2 - u_1)}{\{\ln(z_2/z_1)\}^2} \tag{12}$$

4.1 融雪現象と熱収支

表 4.1.1 安定度を表すリチャードソン数(Cline, 1997)とオブコフ長 (Stull, 1988)を用いた補正項の例

	リチャードソン数を用いた例			オブコフ長を用いた例		
	$Ri<-0.03$	$-0.03\leqq Ri\leqq 0$	$0<Ri<0.19$	$L<0$	$L=0$	$L>0$
ϕ_M	$(1-18\,Ri)^{-0.25}$	$(1-18\,Ri)^{-0.25}$	$(1-5.2\,Ri)^{-1}$	$(1-15z/L)^{-0.25}$	1	$1+4.7z/L$
ϕ_H, ϕ_E	$1.3\,\phi_M$	ϕ_M	ϕ_M	$0.74(1-9z/L)^{-0.5}$	0.74	$0.74+4.7z/L$

$$L_v E_n = -\frac{\rho L_v k^2 (q_2-q_1)(u_2-u_1)}{\{\ln(z_2/z_1)\}^2} \tag{13}$$

となる．温度や比湿につけてある番号は地面からの高さ z_1, z_2 に対応する値である．式(12)，(13)は大気力学法（aerodynamic method）あるいは傾度法（gradient method）と呼ばれる方法であり，混合距離理論を導くときに仮定されたように，乱流が力学的乱流（たとえば地表面の凸凹によるもの）が主で，熱的な影響（たとえば地表面温度が気温より大きく異なる場合）を受けていない場合（中立状態）に成り立つものである．

それでは中立状態にない場合はどうなるであろうか？　中立状態の平均風速分布は対数分布になることが知られている．中立以外の場合の風速プロファイルは対数分布からある程度外れており，それを補正する項を加えて中立以外の状態を表す．気温や比湿のプロファイルについても同様の補正が必要である．

$$H = -\frac{H_n}{\phi_M \phi_H} \tag{14}$$

$$L_v E = \frac{L_v E_n}{\phi_M \phi_E} \tag{15}$$

そこで安定度を表すリチャードソン数（Richardson number）を用いた補正項の例を表 4.1.1 に示す（Cline, 1997; Stull, 1988）．リチャードソン数は

$$Ri = \frac{g}{\overline{\theta}} \frac{d\overline{\theta}/dz}{(d\overline{u}/dz)^2} \tag{16}$$

で定義される．ここで g は重力加速度である．安定度を表すオブコフ長（Obukhov length）を用いた Businger‒Dyer の関係式も表 4.1.1 に示した．オブコフ長は

$$L = -\frac{\overline{\theta}\,u_*^{\,3}}{kg(\overline{\theta'w'})_s} \tag{17}$$

で表される．ここで u_* は摩擦速度，$(\overline{\theta'w'})_s$ は地表面での気温と鉛直風速の共分散である．

式(9)，(10)で z_1 を地表面とすると，$u_1=0$，θ_1，q_1 は表面の値となり，単純化できる．

$$H = C_p \rho c_H (\theta - \theta_0) u \tag{18}$$

$$L_v E_n = \rho L_v c_E (q - q_0) u \tag{19}$$

ここで c_H, c_E はバルク係数, θ_0, q_0 は地表面の温度, 比湿である. 表面の値をどうとるかは問題になるところであるが, 融雪面の場合, 0 ℃と 0 ℃の飽和比湿とすればよい. 通常 $c_H=c_E$ とされ, 1×10^{-3} から 5×10^{-3} の値(無次元)をとり, 地表面の粗度, 安定度, 風速を測った高度に依存する. それらの値については小島 (1979) や近藤 (1994) を参照されたい.

条件がそろうと積雪表面で融けないで積雪内部で融解が起こることがある. これを内部融解 (internal melting) という (吉田, 1960). 海氷上ではパドル (puddle) の形成として知られており (Ishikawa and Kobayashi, 1985), また, サンクラスト (sun-crust) の形成にも関与している (尾関, 1997). 内部融解は強い短波放射が積雪表面を透過し, 長波放射収支や顕熱輸送量, 潜熱輸送量の和が負であるときに, 積雪表面は冷却されるが, 積雪内部では透過した短波放射熱が熱伝導によって上下に拡散される熱量よりも大きいときに起こる.

雨水の温度は 0 ℃以上であるので, 降雨によって雪は融解するが, その量 Q_r はあまり大きくない (山崎, 1994). 降雨が 1 日に P (mm), その温度が T_r (℃) とすると

$$Q_r = 0.05 P\, T_r \quad (\text{W/m}^2)$$

となる. $P=20$ mm, $T_r=10$ ℃とすると Q_r は 10 W/m² となり, 熱輸送量としてはやや大きくなるが, 融雪量としては 2.5 mm/日となり, 降水量の割には融雪量は大きくない. 春先の雨によって融雪が促進されるように思われるのは, 降雨に伴う強風と暖気による顕熱伝達量の増加と高湿による潜熱伝達量の増加によるためである. もしも乾雪や比較的水分の少ない雪へ降雨があった場合は, アルベドの低下による融雪の促進や圧密 (densification) の促進による積雪深の低下も考えられる.

雪中熱伝達量 Q_b は積雪中に温度勾配が存在するときに輸送される熱量である. 積雪中に温度勾配が存在すると熱は高いほうから低いほうへ伝わる. その熱流量は温度勾配に比例し, 次式で表される.

$$Q_b = \frac{\lambda(T_2-T_1)}{\delta z}$$

ここで λ は雪の熱伝導率, T_2, T_1 は積雪内 2 点の温度, δz はその距離である. 融雪最盛期に全層が水を含んでいるときには全層 0 ℃になっており, $Q_b=0$ である.

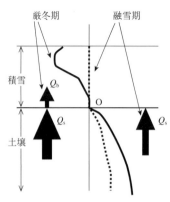

図 4.1.5 土壌と積雪層の温度分布と伝導熱の模式図 (山崎, 1994 の図 10.2 を改変)

(2) 積雪下面の融雪熱収支

日本では寒冷地でも積雪が 50 cm 以上あれば, 積雪下面は融解を起こしている. これは積雪の断熱効果と夏期の土壌での貯熱の放出によ

る．図 4.1.5 に土壌と積雪層の温度分布と伝導熱を模式的に示した（山崎，1994 の図 10.2 を改変）．積雪下面の融雪熱量 Q_k は

$$Q_k = Q_s + Q_b$$

となる．ここで Q_s は土壌中の熱伝達量である．Q_k を氷の融解の潜熱 3.34×10^5 J/kg で割ると融解量が求められる．土壌の下方から伝達してきた熱量の一部は積雪中を伝導し，残りが融雪熱量となる．小島（1979）によると北海道母子里では積雪初期に大きく約 1 mm/日，後期には 0.4 mm/日と小さくなる．融雪期には積雪中の温度勾配がなくなり，Q_s がすべて積雪下面の融雪に使われる．積雪下面の融雪量は融雪期の積雪表面での融雪量と比べると小さいが，冬期の河川流量にとっては重要であり，30〜50％を涵養している．小島（1979）は積雪下面の融雪量は気温や積雪深に依存すると述べているが，佐藤（2003）は積雪下面の融雪量の場所による違いは Q_s の違いによるとしている．

(3) 森林内の融雪熱収支

森林内は開地と比べて気象条件が異なるため，融雪熱収支も異なった振舞いを示す（太田，1992）．一般的に融雪期前には林内の積雪水量は森林による降雪遮断（interception）分だけ開地と比べると小さくなるが，融雪量も小さいため融雪後期には開地よりも多い．開地では風による積雪の再配分も起こるため，積雪水量の明確な差が認められない場合もある．

森林の存在によって森林内の気象が強く影響を受けるのは放射と風速である．森林の存在によって林床に到達する日射量は開地のそれと比べると小さくなる．その比は樹冠密度（canopy density）の関数となっている（中林ほか，1996）（図 4.1.6 下）．それに対して下向きの長波放射を林床と開地で比べると，林床のほうが開地よりも大き

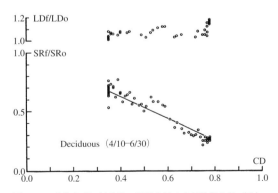

図 4.1.6 森林密度に対する，森林内外の大気放射の比（上）と日射の比（下）

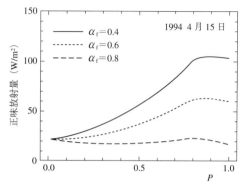

図 4.1.7 全天開空率 P に対する正味放射量の例
パラメータは森林内の雪面アルベド．

く，日射の減衰が長波放射によってやや補われている．林内と開地の下向き長波放射量の比は樹冠密度にあまり依存しない（図 4.1.6 上）．林床に到達した日射はアルベドの割合だけ反射する．林内のアルベドは融雪初期には開地とほとんど変わらないかちょっと小さいが，融雪が進んで冬期に落ちた葉や枝が積雪表面に出てくるとかなり（0.15 程度）減少する．雪面は雪面温度にしたがって上向きに長波放射を射出する．これらの放射 4 成分を差し引きした放射収支量は樹冠密度と積雪のアルベドに依存する（図 4.1.7）．

森林内の風速は開地と比べて小さい．その減少は樹種によらず，森林外の 10〜40％と太田（1992）は報告しているし，石川ほか（1994）は森林密度によって減少率が 0.15 から 0.9 まで変化するとしている．

山崎（1994）による森林内のモデル研究から，林内の融雪熱収支について以下のことがわかってきている．① 疎林では雪面のアルベドが融雪量を支配，② 密な林では森林からの赤外放射がより大きくなり，雪面アルベドによらなくなる，③ 風速が小さいと融雪量は小さくなるが，森林密度が小さいほど，融雪量は風速に依存する，④ 風速と雪面アルベドの組合せで中程度に密な森林の融雪量が最も大きくなる場合がある． 〔兒 玉 裕 二〕

文　献

Cline, D. (1997): Snow surface energy exchange and snowmelt at a continental, midlatitude Alpine site. *Water Resour. Res.*, **33**(4): 689–701.
石井幸男（1959）：融雪の研究．積雪基礎調査（北海道電力札幌管区気象台），p.84.
Ishikawa, N. and Kobayashi, S. (1985): On the internal melting phenomenon (puddle formation) in fast sea ice, East Antarctica. *Ann. Glaciol.*, **6**: 138–141.
石川信敬・中谷千春・兒玉裕二・小林大二（1994）：山地小流域における融雪量の熱収支的算出法について．雪氷，**56**(1)：31–43.

兒玉裕二（1991）：融雪調査法．雪氷調査法（日本雪氷学会北海道支部編），pp.137 - 152，北海道大学図書刊行会．
小島賢治（1979）：融雪機構と熱収支．気象研究ノート（日本気象学会編），136号：1 - 38．
近藤純正（1994）：地表面熱収支の基礎．水環境の気象学（近藤純正編著），pp. 128 - 159，朝倉書店．
近藤純正（1994）：日射と大気放射．水環境の気象学（近藤純正編著），pp. 55 - 92，朝倉書店．
中林宏典・石川信敬・兒玉裕二（1996）：融雪期における林内放射収支量の開空率依存性．雪氷，**58** (3)：229 - 237．
太田岳史（1992）：山地における積雪，融雪と流出．森林水文学（塚本良則編），pp.195 - 213，文永堂出版．
尾関俊浩（1997）：サン・クラストの形成機構．雪氷，**59**(6)：387 - 395．
佐藤大輔（2003）：多雪山地流域における冬期の積雪底面融解量の水文学的評価．平成14年度北海道大学大学院地球環境科学研究科修士論文：p.105．
Stull, R.B.（1988）: An introduction to boundary layer meteorology, 670 p, Kluwer Academic Publishers.
山崎　剛（1994）：積雪と大気．水環境の気象学（近藤純正編著），pp. 240 - 260，朝倉書店．
吉田順五（1960）：日射による積雪の内部融解．低温科学，物理篇，**19**：97 - 111．

コラム 4.1　雪面のアート？　—融雪剤散布—

　雪を融かすためには熱量が必要であり，自然の積雪に対してはとくに日射が重要な熱源となる．そのため融雪を促進させるには，日射が吸収されやすい条件を整えてやることが得策といえる．写真は融雪剤を散布した圃場の様子である．積雪は日射に対して高い反射率（アルベド）をもつことから，日射の大部分を反射してしまう．そこで積雪に比べてアルベドの低い融雪剤を散布し，積雪の表面を覆う．すると積雪に吸収される日射量が増加する．その結果，融雪が促進されて圃場の消雪を早めることができる．雪深い北国でみられるこの独特の景観は，春の到来を願い天に向かって送られる地上からの手紙のようでもある．　　　　　　　　　　　　　　　　　　　　　　　［中林宏典］

4.1.2 融雪係数

融雪量を推定する場合に融雪係数を使う方法がある．気温が高いほど融雪が進み，融雪が盛んなときのある期間をみると，融雪量と積算気温（デグリーデイ，degree-day：1日のうち，気温が 0 ℃以上の時間を日単位で表したときの数値とその間の平均気温とをかけた値．積算暖度ともいわれる）はほぼ比例関係にあるということによる．図 4.1.8 は，積算気温と融雪量（ライシメータを使った測定値）の関係を一融雪期にわたり調べたものである（大沼，1995）．この期間の三つの区分において両者は直線関係となっている．

なお，融雪量と積算気温の関係は，1 次式のみでなく 2 次式で表したもの，さらに融雪係数を風速の関数としているものもある．代表的な融雪係数を表 4.1.2 に示す．

融雪係数は，おもに流域からの融雪流出の予測のために使われてきた．熱収支法に

デグリーデイファクター

期　間	1/11～2/23	2/24～3/20	3/21～4/8	月日
デグリーデイファクター 融雪係数	3.0	4.8	5.8	mm/℃ day
日平均融雪量	1.8	8.5	21.0	mm
日平均有効気温	0.6	1.7	3.6	℃day
日平均日射吸収量	24.6	65.8	107.1	lg/day
日平均水蒸気圧	6.3	6.8	8.1	mb 6日平均
日平均風速	3.6	3.2	2.8	m/sec

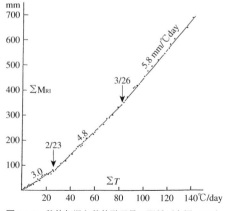

図 4.1.8　積算気温と積算融雪量の関係（大沼，1995）

表 4.1.2 融雪係数の例（大沼，1995）

a. 勝谷 稔（1927）	$W=6.597+0.8223\theta^2$		(mm/day)
b. 平田徳太郎（1935）	$W=6.51+2.57\theta$		(mm/day)
c. 吉田順五（1948）	$W=|0.0045+0.017\sqrt{u}|\,\theta$		(g/cm²·hr·deg)
d. 小口八郎（1954）	$W=|0.0080+0.033\sqrt{u}|\,\theta$		(g/cm²·hr·deg)
e. 石原健二（1955）	$W=5.7\theta$		(mm/day)
f. 佐藤晃三（1963）	$W=2.3\theta \sim 6.9\theta$		(mm/day)

W：日融雪量　θ：積算気温（℃）　u：風速（m/s）

よる融雪量算出は，融雪の熱収支にかかわる短波・長波放射収支量，顕熱・潜熱伝達量などを観測しなければならない．あるいは，それらの値を近傍の既設観測点から推定することが必要である．さらにそれらの値を流域全体の各地点を対象に推定することが必要であるが，これまでは計算手段の問題やリモートセンシングデータなどが得られないことなどから実用上は難しかった．そこで，融雪係数を使って簡便にまた比較的精度よく推定できる気温のみでの融雪量計算で行われてきた．

現在では気象観測も比較的手軽にできるようになり，また計算手段も向上したため，流域全域の融雪量を熱収支法で算出することが可能となった．しかしながら，熱収支法に必要な各要素を流域内，あるいは近隣の観測所の値をもとに流域の各点に対して精度よく推定することは現在も難しい．このため，融雪係数と気温のみから流域の融雪流出量を算定しても，推定精度には大きな違いがない場合もある．

(1) 融雪係数がもつ意味の解釈

「なぜ気温だけで融雪量が算定できるのか？」について，小島（1979）ほかは気温が高い時期はアルベドも低く放射収支量や顕熱も大きいことによる，としている．山崎（1995）は融雪係数の熱収支的な解釈を試み，アルベドが 0.8 程度のときには気温のみで表現できることを示した．このとき，融雪係数に相当する係数は，期間平均の風速と相対湿度で表され，この方法で融雪量が推定できることを札幌，岩手県沢内村，宮城県川渡のデータで検証した．すなわち，10 日程度の期間の融雪量 M が期間の平均気温 T と積算日射量 S でつぎのように表され，

$$M=c_1 S+c_2 T+c_3 S \cdot T+c_4 \tag{1}$$

ここで，係数は M と S の単位を MJ/m²，T を℃で表すと

$$c_1 = 0.785-\alpha$$

$$c_2 = 0.20+\left(0.104+0.079\frac{R_h}{100}\right)U$$

$$c_3 = -0.0031$$

$$c_4 = -1.0\left(1-\frac{R_h}{100}\right)U$$

表 4.1.3 式(1)の係数と融雪への寄与（山崎, 1995）

	単位	札幌 86	札幌 87	札幌 88	沢内 85	川渡 86
c_1	無次元	0.267	0.213	0.267	0.385	0.098
c_2	MJ/m²K	0.851	0.827	0.772	0.496	0.633
c_4	MJ/m²	−1.27	−1.22	−1.12	−0.58	−0.84
$c_1 S$	MJ/m²	3.92	3.20	4.58	5.65	1.33
$c_2 T$	MJ/m²	3.50	1.99	1.45	3.94	2.12
$c_3 ST$	MJ/m²	−0.19	−0.11	−0.10	−0.36	−0.14
M	MJ/m²	5.96	3.86	4.81	8.65	2.47
積雪密度	kg/m³	470	400	380	425	—
雪面低下	m	0.46	0.33	0.51	0.76	—
M_{ObS}	MJ/m²	7.22	4.41	6.47	10.79	3.61

α：平均アルベド，R_h：平均相対湿度（%），U：平均風速（m/s）である．

表 4.1.3 に示される札幌，岩手県沢内村，宮城県川渡のデータで各項の寄与をみると，日射と気温の積の項の融雪への寄与は比較的小さい．また，α が 0.785 に近いときは $c_1 \sim 0$ となるので，融雪量は気温のみで表される．

気温と日射量は相関をもっていると考えられる．山崎（1995）は，図 4.1.9 に示すように融雪期の札幌気象台で両者の関係をプロットし，直線回帰式 $S = 0.206 T + 12.6$ を得て，融雪量が気温のみで推定できる可能性を示している．さらに，式(1)の形で日射に重みのかかった式を導入して，日陰においても融雪量を推定できる可能性を示唆した．

(2) 融雪係数の地域性，季節変化に関する検討

融雪係数を使って融雪量を算出する場合の問題点は，融雪係数が地域によって，また季節によって値が変化することである．同じ地点においても，図 4.1.8 の積算気温

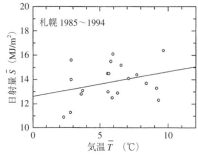

図 4.1.9 札幌での気温と日射量
札幌の 3 月下旬，4 月上旬の各 10 日間，10 年間で 20 個のデータ（山崎, 1995）．

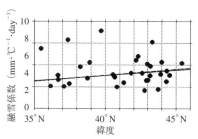

図 4.1.10 融雪係数と緯度との関係（太田, 1995）

表 4.1.4 融雪期間の各気象要素と緯度との関係（太田，1995）

気温	$T_a = -0.175\psi + 8.39$
相対湿度	$RH = -0.46\psi + 88.0$
風速	$U = 0.15\psi - 3.64$
（風速は各気象官署で対数分布が成立しているとして 1.5 m 高風速を算出	
日照率	$N/N_0 = 0.025\psi - 0.323$
大気上端日射量	$I/I_0 = 0.0189\psi + 3.53$
晴天率	$C_c = 0.0189\psi - 0.125$
ψ：緯度	

と融雪量の関係にあるように，融雪初期の頃と後半ではその勾配（＝融雪係数）が異なり，2倍程度の違いがある．

太田（1995）は，全国の気象官署のうち，5日以上融雪期間があるような年が11年以上ある地点 48 カ所を対象に融雪係数を算出した．官署の積雪深，気温から，融雪は日平均気温が−3℃以上になると盛んになると仮定して，次式から融雪係数 K_s を算出した．ここで，添字 s は，積雪深データから得られた，という意味で使われている．

$$\sum M_s = K_s \cdot \sum (T_s + 3) \tag{2}$$

ここで，M_s(mm)＝ρ_s×日雪面低下量，ρ_s を 500 kg/m³ と仮定している．

その結果を図 4.1.10 に示す．この図から，融雪係数の値は約 2〜9 の開きがあり，緯度が北の地点ほど値が大きくなる傾向を示すことがわかる．

融雪期は南の地域では 2 月から，北の地域では 4 月頃で，約 2 カ月ずれている．標高の高いところでは平地よりも遅い．北にいくほど融雪係数が大きくなる傾向を説明するために，融雪期間の各気象要素の緯度との関係を調べた結果を表 4.1.4 に示す．48 の気象官署では，高緯度にいくにしたがって，低温，強風，高日射量の条件下で融雪が生じていることがわかる．

融雪の熱収支式の各項を小島（1995a，1995b）の解析を発展させて，気温と緯度による表現としたうえで気温と融雪量との関係を算定すると，緯度をパラメータとした関係は，図 4.1.11 に示すとおりである．緯度が高いほど同じ融雪量に対する

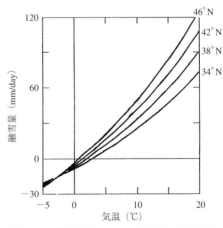

図 4.1.11 官署気象データから推定された気温と融雪量（太田，1995）

コラム 4.2 雪渓のスプーンカット模様

　夏の山岳地帯の雪渓表面には，しばしば直径 10 cm 〜 1 m，深さ 1 〜 30 cm の多角形のくぼみが規則的に並ぶ「融雪面くぼみ模様」(ablation hollows on snow) が発達し，その形状から「亀甲模様」あるいは「スプーンカット」などと呼ばれる．このスプーンカット模様は，気温が高く，風速が大きいときに発達し，模様の大きさは風速が大きいほど小さくなることから，その成因には乱流による渦の熱交換が大きな役割を果たすと考えられている．模様の周囲の峰の部分は雪面の汚れ粒子で縁取られることが多い．これは融解に伴って，雪面に取り残される汚れ粒子が雪面に垂直な方向に移動するため，峰の部分では両側の面から粒子が集まって一列に並んだものである．
　北海道大雪山でこのスプーンカット模様の観測をしたことがある．立派に模様が発達した雪渓に観測点を定めて毎日観測を行ったが，何日も好天が続くなか，模様はしだいにはっきりしなくなり，いったい，いつ発達するのだろうと不安になった．1週間経ったある晩，急に天候が崩れ，霧が出て強風が吹き荒れた．気になって夜に雪渓をみにいったところ，平らになりかけていた峰が尖り，スプーンカット模様が見事に発達していた．興奮してその晩は寝ないで観測を続けた．風の吹くなか，模様の発達には風が大きく関係することが実感として納得できたものである．　　　　　　　　　　　[高橋修平]

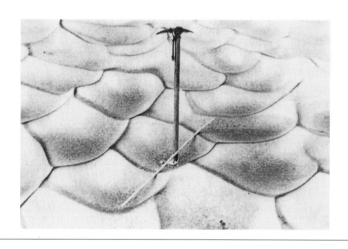

積算気温が小さく，曲線の傾き，融雪係数が大きい傾向が示されている．

[長谷美達雄・太田岳史]

文　献

平田徳太郎 (1935)：融雪並融雪促進について．林試彙報，**39**：13-39.
勝谷　稔 (1927)：雪汁とその行方について．森林治水気象彙報，**9**：36-68.
小口八郎 (1954)：融雪促進の総合的研究，融雪に及ぼす気温及び雪面の影響について．雪の研究（農

業総研），**1**：33‒42.

小島賢治（1995a）：融雪係数の解釈と理学的位置づけ．融雪係数に関する談話会資料，日本雪氷学会融雪懇談会，11‒19.

小島賢治（1995b）：融雪係数の解釈と理学的位置づけ（補）．融雪係数に関する談話会資料，日本雪氷学会融雪懇談会，64‒67.

大沼匡之（1956）：山地積雪に関する研究第1集，農業総合研究所，雪の研究，4号.

大沼匡之（1995）：融雪係数の出現と応用の歴史．融雪係数に関する談話会資料，日本雪氷学会融雪懇談会，2‒11.

太田岳史（1995）：日本各地の融雪係数を算出してみた．結果は？　融雪係数に関する談話会資料，日本雪氷学会融雪懇談会，80‒85.

山崎　剛（1995）：融雪係数の熱収支的検討．雪氷，**57**：239‒244.

吉田順五（1948）：積雪による日射の吸収．低温科学，**4**：17‒26.

4.1.3　融雪水の化学的性質

　アシッドショック（acid shock）と呼ばれるように，融雪初期には pH が低く化学物質濃度のきわめて高い融雪水が積雪から流下する．この酸性の強い融雪水は，陸水生態系に悪影響を及ぼすことがわかっている．ここでは，アシッドショックのメカニズムを解説する．

　積雪中での化学物質のマクロな移動は，積雪中を流下する融雪水によってなされる．積雪表面融雪（snow surface melt）による液相の水の移動がなければ，積雪中の化学物質は各堆積層に保存される．冬季間には気温がプラスになることのない寒冷積雪地域（snowy cold area）では，積雪表面融雪が冬季には起こらないため，降雪や乾性沈着（dry deposition）によってもたらされた化学物質は，融雪期まで積雪中に蓄積される．一方，積雪期間中にも気温がプラスになったり，降雨が観測されることのある温暖積雪地域（snowy temperate area）では，融雪が頻発するため化学物質が積雪中に蓄積されにくい（鈴木・遠藤，1991）．スカンディナビアや北米大陸で融雪水の酸性現象が顕在化したのは，両地域とも寒冷積雪地であることが一因である（鈴木，1989）．

（1）　寒冷積雪地域における融雪水の化学的性質

　寒冷積雪地における融雪水の化学特性に関する研究は数多く報告されている（Suzuki, 1982; Jones, 1985; Jones and Sochanska, 1985; 鈴木ほか，1991；鈴木ほか，1992; Bales *et al.*, 1993; Harrington and Bales, 1998）．ここでは，寒冷積雪地の例として，北海道・母子里における融雪水の化学特性について紹介する．

　北海道・母子里は多雪地として知られ，さらに盆地冷却による冬季の低温も顕著である．母子里では通常3月末になってようやく気温が0℃を上回り，積雪表面からの融雪がはじまる．図4.1.12には1989年の母子里における，積雪から流下する融雪水の水量と pH の変化を示す．1989年の春は全国的に暖冬傾向にあり，母子里でも3

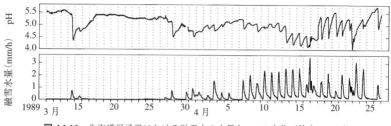

図 4.1.12 北海道母子里における融雪水の水量と pH の変化（鈴木，1991）

月中旬に早くも一時的な融雪が観測された．それに伴い，融雪水の pH は急激に低下した．積雪底面からの融雪水のみが流下している 3 月 13 日までの融雪水の pH は，5.4 ないし 5.5 を示しているが，最初の積雪表面からの融雪が起こった 14 日には 4.35 まで低下した．その後 3 月末までは平年のように積雪表面での融雪が観測されず，融雪水の pH も高い値で安定している．3 月末に再び積雪表面からの融雪がはじまり，同時に融雪水の pH も急減している．4 月になると日中には気温が上昇するようになり，融雪水量も明瞭な日変化を示す．それに伴い，融雪水の pH の値も日変化している．つまり，融雪水量は昼頃に日最大値を示すが，その際に融雪水の pH は日最低値を示し，午後から翌日の早朝にかけて融雪水量が減少し続ける際には，融雪水の pH は増大し続ける．4 月 16 日深夜と 22 日午後には融雪水量が不規則に変化しているが，これは降雨による影響であり，融雪水の pH 値も不規則に変化している．

寒冷積雪地域では，積雪表面融雪が冬季には起こらないため，降雪や乾性沈着によってもたらされた化学物質は融雪期まで積雪中に蓄積され，融雪期になると融雪水とともに積雪中から流去する．

(2) 温暖積雪地域における融雪水の化学的特性

積雪期間中にも気温がプラスになったり，降雨が観測されることのある温暖積雪地域での融雪水の化学特性に関する研究は，これまでほとんど報告されていない．温暖積雪地の例として，福島県・田島における融雪水の化学特性について紹介する (Suzuki, 2003)．

福島県南部に位置する会津田島町は，市街地（標高 570 m）での 1 月の月平均気温は -2.6℃，最深積雪深の年平均値は 93 cm である．調査地は，市街地から南西に約 8 km 離れた標高 754 m の山地にあり，市街地よりも気温は低く，積雪深は大きくなる．

福島県・田島における融雪水の pH と電導度の変動を日融雪水量とともに図 4.1.13 に示す．また，積雪水量および積雪全層中の pH と電導度の変化も図 4.1.13 に示す．12 月 22 日以降は，融雪水の pH は 5 以下の値を示しており，2 月 6 日に最低の値 4.16 を記録した．一時的な融雪の際には pH が低下し，それに対応して電導度が増加

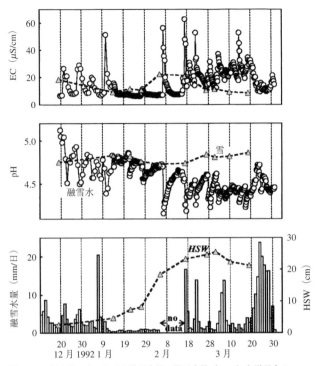

図 4.1.13 福島県田島における融雪水量，積雪水量（HSW）と融雪水の pH，電導度および積雪全層の pH，電導度の変化（Suzuki，2003）

している．10 日以内の周期で融雪が頻発しても，融雪水の電導度は増加し pH は低下している．一時的な融雪の際の融雪水の pH は積雪全層の値より低い値を示し，融雪水の電導度は逆に積雪全層の値よりも高くなる．積雪底面でのみ融雪が起こる場合には，必ずしもこれらの関係が成立しないのは，底面融雪時には積雪の最下層でのみ融雪が起こっているためである．

1993 年 3 月の融雪水量，陰イオン濃度と H^+ 濃度および陰イオン組成の変動を図 4.1.14 に示す．融雪水量には明瞭な日変化が認められる．この期間には降水量はそれほど多くないが，3 月 7, 24, 28, 29 日に降水が観測されている．29 日は降雪が主であるが，他の日は降雨としてもたらされている．これらの日の融雪水量のハイドログラフ（hydrograph）には降雨の影響が読みとれる．さらに，降雨による融雪の際には陰イオン組成の変化が明瞭である．3 月 7, 24, 28 日には陰イオン総量に占める Cl^- の割合が急減し，NO_3^- と $nssSO_4^{2-}$ の割合が大きくなっている．これは，降雨中の陰イオン組成において，NO_3^- と $nssSO_4^{2-}$ よりも Cl^- が少ないことに起因する．このように，降雨による融雪の場合には，降水中のイオン組成が融雪水のイオン組成に直

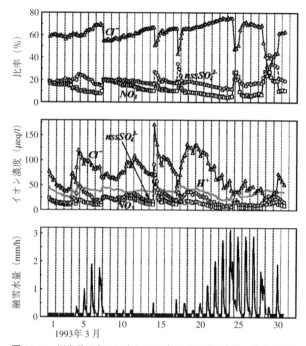

図 4.1.14 福島県田島における 1993 年 3 月の融雪水量,陰イオン濃度と H$^+$ 濃度および陰イオン組成の変化(Suzuki, 2003)

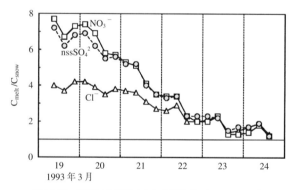

図 4.1.15 融雪による陰イオンの濃縮率(Suzuki, 2003)

接影響を及ぼすことがある.

 3月19日から24日18時までは降水が観測されていないので,この間の融雪水中の陰イオン濃度と19日の積雪全層中の濃度との比は,融雪によるイオンの濃縮率となる.陰イオンの濃縮率を図4.1.15に示す.いずれの陰イオンも積雪中の濃度より

も融雪水中で高く，融雪の進行にしたがい濃縮率は減少し，24日にはほぼ1になる．最初の濃縮率は NO_3^-，$nssSO_4^{2-}$，Cl^-の順で高く，それぞれ7.7，7.2，4.0となる．Brimblecombe *et al.*（1985）やDavies *et al.*（1987）も，Cl^-に比べてSO_4^{2-}，NO_3^-で濃縮率が大きいことを報告している．

(3) 融雪による河川水質変動

基底流出（baseflow）時の河川水質は，流域内の岩石・土壌の影響を受けており，降雨や融雪による流量増加時には降雨や融雪水の化学的性質によって変動する．寒冷積雪地域では，融雪水中の化学物質濃度は，融雪初期に高濃度で融雪の進行とともに濃度が低下する（鈴木，1991）．これに対応した河川水質変動がSuzuki（1984）によって報告されている．岩石・土壌とのイオン交換がほとんどないCl^-濃度のみが，河川水中で融雪初期に高くなり，しだいに減少する変動を示す．降雨中の化学物質濃度は，基底流出水中の化学物質濃度に比べて低濃度であることが一般的で，降雨による流量増大時には希釈効果により河川水中の化学物質濃度は減少する．融雪期の河川水質変動に関する研究は，山形大学の加藤武雄らによって最上川水系ではじめられた（加藤，1966；会田，1972；加藤・飯沢，1976）．その後，鈴木（1979）は天塩川水系の小流域で観測を行っているが，融雪期の河川水質変動に関する系統的な研究は，北海道大学・低温科学研究所の小林大二らによって，1985年に北海道・母子里に渓流観測施設が設置されてからである．小林は，河川水温（Kobayashi, 1985）や河川水の電導度（Kobayashi, 1986）により融雪出水時の流出成分分離を提案した（Kobayashi *et al.*, 1993）．鈴木・小林（1987）は，融雪期の河川水の陰イオン組成を検討し，融雪開始前はHCO_3^-が主要な成分であるが，融雪の開始とともにしだいにCl^-の割合が大きくなり，融雪最盛期にはほぼ同じ当量濃度になる．そして，融雪終了後には融雪開始前の陰イオン組成に戻る．また，水とCl^-の質量保存則により2成分の流出成分分離を行った結果，河川流量に占める「あたらしい水」の割合は，最大流量時でも約40%にすぎず，日流出高については最大でも22%を占めるにすぎないことが明らかになった．

北海道・母子里の実験流域では，積雪中の化学物質として海塩を起源とする割合が大きく，人為起源の酸性物質の影響が顕在化していない．また，わが国の河川流域では土壌のイオン緩衝能が高いため，積雪から流去する融雪水のpHが低下しても，河川水のpHまで直接その影響が及ぶことはあまりない．一方，カナダ・ケベックでは，酸性の融雪水が流下するとともに，渓流水のpHも明瞭に低下することが観測された（石井ほか，1992；鈴木ほか，1992，1993）．融雪流出前の河川水のpHは6.6〜6.7であるのに対して，融雪水量が最大となった際には河川水のpHが5.1程度まで低下している．カナダ東部の土壌は酸に対する緩衝力が弱く，陸水のアルカリ度も低いために，酸性の積雪底面融雪水の流下が直接河川水に影響を及ぼすことになる．

わが国の土壌はイオン緩衝能が大きく，陸水のアルカリ度も高いために，陸水生態

系に対する酸性の融雪水の影響が顕在化していない．しかしながら，温暖積雪地の福島県・田島における渓流水質の通年観測によると，融雪期には他の季節に比べて，渓流水の pH が明瞭に低下している（鈴木，1995，1996）．暖候期の渓流水の pH が 6.3〜6.4 程度であるのに対し，融雪期には 5.6 程度まで pH が低下する．暖候期には陰イオンで HCO_3^- が優占し，陽イオンでは $Mg^{2+}+Ca^{2+}$ が冬季に比べ比率が大きくなる．ところが，寒候期には陰イオンで HCO_3^- の比率が低下し，Cl^-，NO_3^-，SO_4^{2-} の割合が多くなる．陽イオンでも相対的に Na^++K^+ の割合が増大する．これらイオン組成の変化からも，冬季から融雪期にかけては渓流水質が融雪水の影響を強く受けていることが示された．　　　　　　　　　　　　　　　　　　　　　　　　　[鈴 木 啓 助]

文　　献

会田徳旺（1972）：最上川水系鮭川の融雪期における水質変動について．陸水学雑誌，**33**：11‐15.

Bales, R.C., Davis, R.E. and Williams, M.W. (1993): Tracer release in melting snow: Diurnal and seasonal patterns. *Hydrolog. Proc.*, 7: 389‐401.

Brimblecombe, P., Tranter, M., Abrahams, P.W., Blackwood, I., Davies, T.D. and Vincent, C.E. (1985): Relocation and preferential elution of acidic solute through the snowpack of a small, remote, high-altitude Scottish catchment. *Ann. Glaciol.*, 7: 141‐147.

Davies, T.D., Brimblecombe, P., Tranter, M., Tsiouris, S., Vincent, C.E., Abrahams, P. and Blackwood, I. (1987): The removal of soluble ions from melting snowpacks. Seasonal Snowcovers: Physics, Chemistry, Hydrology (Jones, H.G. and Orville-Thomas, W. J., eds.), pp. 337‐392.

石井吉之・鈴木啓助・兒玉裕二・小林大二（1992）：カナダ東部，北方針葉樹林地における融雪水の流出 I ―融雪特性と流出応答―．低温科学，**51**：77‐92.

Jones, H.G. (1985): The chemistry of snow and meltwaters within the mesostructure of a boreal forest snow cover. *Ann. Glaciol.*, 7: 161‐166.

Jones, H.G. and Sochanska, W. (1985): The chemical characteristics of snow cover in a northern boreal forest during the spring run-off period. *Ann. Glaciol.*, 7: 167‐174.

Harrington, R. and Bales, R.C. (1998): Interannual, seasonal, and spatial patterns of meltwater and solute fluxes in a seasonal snowpack. *Water Resources Res.*, 37: 823‐831.

加藤武雄（1966）：立谷川（最上川水系）の融雪期における水質変動について．陸水学雑誌，**27**：142‐154.

加藤武雄・飯沢　正（1976）：農林省釜淵森林理水試験地 1 号沢の融雪期における水質について．陸水学雑誌，**37**：93‐99.

Kobayashi, D. (1985): Separation of the snowmelt hydrograph by stream temperatures. *J. Hydrology*, **76**: 155‐162.

Kobayashi, D. (1986): Separation of a snowmelt hydrograph by stream conductance. *J.Hydrology*, **84**: 157‐165.

Kobayashi, D., Kodama, Y., Nomura, M., Ishii, Y. and Suzuki, K. (1993): Comparison of snowmelt hydrograph separation by recession analysis and by stream temperature and conductance. *Publ. Internat. Assoc. Hydrolog. Sci.*, **215**: 49‐56.

鈴木啓助（1979）：融雪期における小流域（天塩川流域）の水質変動．水温の研究，**23**：38‐43.

Suzuki, K. (1982): Chemical changes of snow cover by melting. *Japanese J. Limnol.*, **43**: 102‐112.

Suzuki, K. (1984): Variations in the Concentration of Chemical Constituents of a Stream Water during

コラム 4.3　雪えくぼ

　人間によって踏み荒らされていないからといって自然の雪面は決してまっ平らとは限らない．雨が降ったり，雪面からの融雪が盛んになると，それまで平らであった雪面に無数のくぼみが現れる（写真）．これは「雪えくぼ」と呼ばれ，くぼみの下には水が集中しており，下方へと流れる水みちとなっている．真冬でもまとまった降雪の後に必ずといってよいほど雪が降るような本州の日本海側の多雪地帯では，そのたびに雪えくぼが出現する．雪えくぼの発生条件，発生したときのくぼみの間隔は，雪えくぼが形成されるときの積雪状態によって決まり，数 cm の細かな紋様から，数 m のゆったりとしたものまである．このようなくぼみ模様の特徴は，積雪層のなかに雨水や融雪水で飽和した層が形成されることによる力の不安定が関係しており，水が集中してくぼみが深くなる過程はこのくぼみ模様を強調する役割を担っている．斜面ではこの点状のくぼみが傾斜方向に流れた線状の紋様となる．　　　　　　　　　　　　　　　　［納口恭明］

平地にできた点状の雪えくぼ．この場合のくぼみの間隔は約 50 cm．

the Snowmelt Season. *Geographical Reports of Tokyo Metropolitan University*, **19**: 137‐148.
鈴木啓助・小林大二（1987）：森林小流域における融雪流出の形成機構．地理学評論，**60**：707‐724.
鈴木啓助（1989）：カナダ東部における融雪水の酸性化とその影響に関する研究．地学雑誌，**98**：491‐495.
鈴木啓助（1991）：融雪水中の溶存成分濃度の日変化．雪氷，**53**：21‐31.
鈴木啓助・遠藤八十一（1991）：十日町市における酸性の融雪水．森林立地，**33**：71‐75.
鈴木啓助・石井吉之・兒玉裕二・小林大二・Jones, H.G.（1992）：カナダ東部，北方針葉樹林地における融雪水の流出 II 一化学物質の流出過程一．低温科学，**51**：93‐108.
鈴木啓助・石井吉之・兒玉裕二・小林大二（1993）：カナダ東部における酸性の融雪水の流出機構．学術月報，**46**：348‐352.
鈴木啓助（1995）：融雪時における渓流水の pH 低下．水文・水資源学会誌，**8**：468‐473.

コラム 4.4　雪氷学地球物理学研究施設（フランス）

機関名：Laboratoire de Glaciologie et Géophysique de l'Environnement（LGGE）
所在地：54, rue Molière, 38402-Saint Martin d'Hères cedex, France
URL：http://www-lgge.ujf-grenoble.fr/

　Laboratoire de Glaciologie et Géophysique de l'Environnement（LGGE）は，フランス国立科学研究センター（CNRS）とジョセフ・フーリエ大学の管轄下にある研究機関である．南極，グリーンランド，アルプスやアンデスで採取された雪氷コアを用いた過去の気候変動と大気成分の変動の復元に関する研究業績によって知られている．また，南極北極両極と山岳の雪氷域のリモートセンシングによる研究も行われている．

[古 川 晶 雄]

南極 Dome C における深層コアの解析風景（© LGGE）

鈴木啓助（1996）：温暖積雪地における渓流水質変動．地学雑誌，**105**：1-14.
Suzuki, K（2003）: Chemical property of snow meltwater in a snowy temperate area. *Bull. Glaciolog. Res.*, **20**：15-20.

4.2　融雪と水資源

　人間活動が可能な場所には必ず水資源（water resources）がある．利用される水のほとんどは河川水あるいは地下水である．これらはもともと，利用地域よりも上流域でもたらされた降水である．降水が雨（液相）であれば，比較的すみやかに地表に達した後，地表や地中のさまざまな経路を通って河川水（river water）や地下水

(ground water) を増加させる．降水が雪（固相）の場合，そのほとんどは積雪 (snow cover) として貯留される．融雪期 (snowmelt period) になれば，融雪水 (snowmelt water) は積雪層を通り地面に達して，雨の場合と同様に河川水や地下水となっていく．融雪水という水資源は，降水が雨の場合に対して，積雪貯留 (snow accumulation)，積雪層の熱収支そして融雪水の積雪層内移動が加わったものといえる．日本は世界的に降水量の多い国であるが，降雪量が多い寒冷地域が広く存在することも特徴的である．ほとんどの地域で，1年をこえて存在することはない（季節積雪，seasonal snow cover）．融雪が生じる季節は春以降である．それは，冬が終わり生態系における1次生産者である植物が芽吹き生長していく季節でもある．融雪水は，冬期に積雪として貯留された水が農業に必要な時期に比較的タイムリーに得られる水資源なのである．現在の日本には存在しないが，寒冷な高山帯では山岳氷河（以後，単に氷河という）を形成しているところがある．世界的には氷河からの融雪水や融解水（ここでは，氷河の氷が融けたもの，glacier melt water）を重要な水資源としている地域も多い．

4.2.1 日本における融雪流出の特徴

主として融雪により引き起こされる流出現象を融雪流出（融雪出水，snowmelt runoff）という．流出量の経時変化をグラフ化したものをハイドログラフ (hydrograph) という．降水量や融雪量の経時変化をハイエトグラフ (hyetograph) という．図 4.2.1 は一つの降雨イベントに対応するハイドログラフを模式的に描いたものである．ハイドログラフの波形は，流域への降雨あるいは融雪水の供給により，急激に立ち上がりピーク流出量を形成し，指数関数的に減少していく．雨水や融雪水

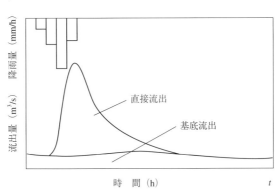

図 4.2.1 ハイエトグラフとハイドログラフ
棒グラフがハイエトグラフ，曲線がハイドログラフを示す（太田猛彦，1992 による）．

は地面に到達しさまざまな経路で河川へ流出するので，ハイドログラフの波形はハイエトグラフの波形に対して時間遅れが生じる．ある時刻の流出量を流出経路により分離することは，流域の流出特性を把握し管理していくうえで重要である．よく行われるのは，図 4.2.1 に示したように，直接流出（direct runoff）と基底流出（base flow）に分離することである．直接流出は入力された降雨や融雪水が短時間で流出するものである．直接流出は降雨量や融雪量の経時変化に敏感に対応し，河川の急激な流量変化をもたらすので洪水流出ともいわれる．基底流出は地下水流出ともいわれ，地中をゆっくりと移動し流出するものである．基底流出は直前の降雨や融雪量の影響が小さく，流域の長期的な水分状態の影響を受ける．冬期における積雪底面融雪水は冬期の河川流量を形成し，同時に融雪期に入ったときの流域の初期水分条件となり，直接流出量や基底流出量に影響を与えている．

日本河川のハイドログラフの年内変動のパターンは，融雪型，梅雨型，台風・秋霖型に大別できる（新井，1994）．融雪型の河川は，降雪量の多い北海道地方，東北地方，北陸地方に多い．図 4.2.2 は岩木川における各月の流出量が年流出量に占める割合を示している（葛葉ら，2001）．このように，北海道や本州の日本海側（山陰地方を除く）では，年間流出量に対して 4 月と 5 月の流出量の割合が卓越する河川が多い．

融雪期は，積雪層の熱収支が正となり積雪層の温度が上昇し，全層で 0 ℃となった時期からはじまる．融雪期における融雪はほとんどが積雪表層で生じる．日本では水源となる流域は森林に覆われていることが多い．融雪期の平均的な気象条件下では，森林内表層融雪量はそこに森林がないときの表層融雪量よりも減少する（たとえば，橋本，1992；Yamazaki and Kondo, 1992）．この効果は融雪流出にも現れ，森林の存在は，流出の発生時期を遅らせ，融雪流出期間を長引かせている（志水，1990；太田，1992；Ohta，1994；山崎ほか，1994）．

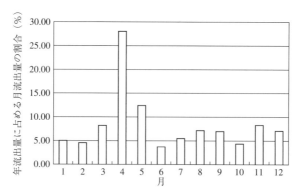

図 4.2.2　融雪型河川における年流出量に占める各月の流出量の割合（岩木川水系岩木川）（葛葉ほか，2001 による）

積雪表層で生じた融雪水は積雪層内を流下する．図 4.2.3 は積雪底面での流出高（実線）と積雪底面から 35 cm 上部での流出高（破線）の経時変化である（新井，1994）．これより，積雪層内の流下量や積雪底面からの流出量には毎日ピークがありそのピークは積雪中よりも積雪底面のほうが遅れて生じていることがわかる．図 4.2.4 は積雪表層の融雪量のピーク出現時刻に対する，積雪底面（曲線 a）および河川（曲線 b）における流出ピークの出現時刻の遅れ時間と積雪深との関係を示したものである（新井，1994）．図 4.2.4 の曲線 a が示すように積雪表層で生じた融雪量のピークが積雪底面に達するまでの遅れは積雪深に伴って増加する．そして，積雪底面に達したピークはさらに遅れて河川へ到達する（図 4.2.4 の曲線 b）．このような河川での流出の遅れは，融雪水が土壌内へ浸透しゆっくりと流出することによる．たとえば，石井（1998）は，上流部に位置する森林流域（北海道母子里試験流域）において

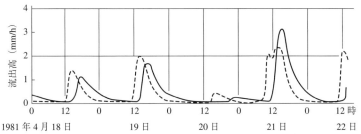

図 4.2.3 積雪層内の融雪水の移動によるハイドログラフのピーク発生の遅れ
実線は積雪底面での流出高，破線は積雪底面から 35 cm 上部での流出高を示す（新井，1994 による）．

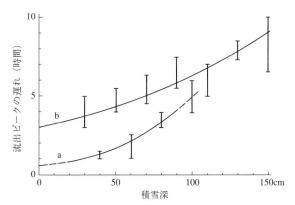

図 4.2.4 融雪量のピーク出現時刻に対する融雪流出ハイドログラフのピーク出現時刻の遅れ時間と積雪深との関係
曲線 a は積雪底面での融雪流出の場合，曲線 b は河川への融雪流出の場合である．エラーバーは観測値の最大値と最小値を結んだものである（新井，1994 による）．

融雪最盛期の総流出量のおよそ 90％が地中を経たものであることを報告している．
融雪流出は，水源地帯である森林流域において，降雨の場合と同様に森林（土壌）の
河川流出量の平準化作用（たとえば，小川，1992；塚本，1998）を受けている．

　冬期や融雪期においても，気温が上昇すれば降水が雨となる．とくに融雪期は気温
が上昇していく時期なので，降水が雨となる頻度が高くなる．したがって，融雪型の
河川においても冬期から融雪期における河川流出がすべて融雪水で占められるわけで
はない．加藤・倉島（1998）は積雪融雪・流出モデルを用いて東北地方の大倉ダム
（名取川水系広瀬川上流支流大倉川）と北陸地方の刀根ダム（富山湾に注ぐ小矢部川
の上流部）への流入量を融雪水と雨水に分離した．表 4.2.1 は，大倉ダムについて，
1980 年から 1989 年の 10 年間を対象に 2 月から 6 月における月流入量，月流入量に
占める融雪水量とその割合について，10 年間の平均値およびこれらの年々変動の大
きさ（変動係数で表されている）を示したものである．流入量が最大の月である 4
月において，融雪水量が最大となっている．そして，融雪水量の流入量に占める割合
も 71％と最大となっている（刀根ダムでも最大値は 4 月に現れ，その値は 84％とな
っている）．また，4 月における各変動係数は 2 月から 6 月のなかで最小値となって
いる．このように，融雪期において，流入量の最も多い月では，融雪水の割合が高
く，融雪水量およびその流入量に占める割合の年々変動が小さいために，流入量の
年々変動も小さくなっているといえる．また，表 4.2.1 において，6 月になっても融
雪水は流入量の 11％（刀根ダムでは 6 月で 24％）を占め，融雪流出が継続してい
る．2 月においても融雪水は流出し，河川流出量のおよそ 50％となっている．この
融雪水は積雪底面で融雪したものが大部分であると考えられる．以上のことは刀根ダ
ム流域についても同様である．

　図 4.2.5 は石狩川流域の下流に位置する石狩大橋における 2000 年の日流量ハイド
ログラフである（国土交通省，2003）．融雪流出は主として 4 月と 5 月に生じてい
る．雨水流出である 7 月，8 月，9 月などをみると，流量はピークを形成した後，立
ち上がり前の流量付近まで減少している．これに対して，融雪流出の場合は，4 月か

表 4.2.1　大倉ダムへの月流入量と月流入量に占める融雪水量とその
割合についての 1980 年から 1989 年における平均値と変動
係数（加藤・倉島，1998から作成）

月	2	3	4	5	6
月流入高(mm)	32	112	371	229	139
月融雪水高(mm)	16	71	263	99	16
月流入高に占める 融雪水高の割合(%)	49	58	71	43	11
月流入高の変動係数	0.50	0.38	0.20	0.54	0.57
月融雪水高の変動係数	0.77	0.60	0.26	1.01	0.69
月融雪水高の割合の変 動係数	0.49	0.45	0.20	0.49	0.82

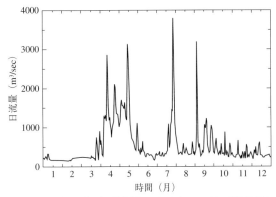

図 4.2.5 石狩川下流（石狩大橋）における 2000 年の日流出量の
ハイドログラフ
データは国土交通省（2003）の水文水質データベース（http://www1.river.go.jp/）からダウンロードした．

ら5月上旬までは，流域での積雪面積が大きく減少せず，融雪がほぼ毎日生じているために，ピーク形成後の流量がピークへの立ち上がり直前の流量まで減少する前につぎのピークへの立ち上がりが生じて流量が増加している．5月上旬以降では，これとは逆に，流域積雪面積の減少に伴い融雪水量が減少し流量が減少していく．図 4.2.5 における4月と5月の融雪流出量は，石狩川流域（1万 2697 km^2）全域にわたって 8 mm/day の雨が2カ月間降り続いたことに相当する．日本では雨が数週間も連続して降ることはない．積雪量の多い流域の融雪期では，融雪流出は集中豪雨のときほど大きな日流出量を示さないが，流出量の高い状態が2カ月以上にわたって続く．融雪水は貴重な水資源ではあるが，湿潤な暖気の流入と同時に降雨に見舞われると，融雪量が増加し降雨水も加わるので洪水災害などを起こしやすい．

4.2.2 日本における融雪水の利用

表 4.2.2 は，国土交通省・土地・水資源局水資源部（2002）による水利用現況から 1999 年における水使用形態の割合を，全国値および北海道，東北（青森，秋田，岩手，山形，福島，宮城，新潟），北陸（福井，富山，石川）について示している．水利用形態は都市用水と農業用水に区分されている．都市用水はさらに生活用水と工業用水に区分されている．なお，工業用水は使用した水を再利用しているので，この表における割合は淡水補給量の割合である．工業用水の回収率（再利用水量を実際の使用水量で除したもの）は全国，北海道，東北．北陸の順におよそ 78％，32％，47％，80％となっている．

平均水資源賦存量（年降水量から年蒸発散量を引いたものを過去 30 年で平均した

160   4. 融　　雪

もの）に対する使用量の割合は，全国，北海道，東北，北陸の順で，20.7%，11.3%，22.8%，19.3%となっている．東北，北陸では全国平均的であるが，北海道では全国のおよそ半分となっている．また，都市用水の河川水への依存度は全国，北海道，東北，北陸の順で71.0%，89.2%，75.0%，44.6%となっていて，地下水への依存度は北海道で小さく，北陸で大きい．

表4.2.2からわかるように，これらの地域では水使用量の70%以上が農業用水となっている．農業用水の内訳は，全国では使用量877.5億m³のうち62.3%が水田灌漑用水，3.3%が畑地灌漑用水そして0.4%が畜産用水に使用されている．全国の耕地面積は486.8万haで，そのうち55%が水田，45%が畑となっている．面積では水田がやや上回っている程度であるが，水使用量は水田が畑地の約20倍にも及んでいる．北海道では耕地面積に占める畑地面積の割合が約80%で，そのうち半分以上が牧草地を含んでいる．他の地域に比べて畑地，とくに畜産用水の需要が多い．東北，北陸では耕地面積に対する水田面積の割合は，それぞれ約74%，約90%となっている．両地域とも水田にほとんどの農業用水を使用しているといえる．工業用水としては，北海道ではパルプ・紙・紙加工製造業，食料品製造業，東北では化学工業，パルプ・紙・紙加工製造業，北陸では化学工業，繊維工業が多くなっている．

以上の例のように，水資源の用途は多種にわたるが，灌漑用水，とくに水田灌漑用水として使用される割合が高い．河川流出が融雪型であるこれらの地域において，融雪水は稲作農業にとって不可欠の水資源であることがわかる．

灌漑期は通常，5月から8月である．融雪流出は，多くの河川でピークが4月から5月に生じ，3月から6月までの長期間にわたる．これには，水源である森林流域における，森林による融雪の遅延効果と森林土壌による流出の平準化作用も含まれている．融雪流出は，灌漑にとっては比較的タイムリーな水資源といえる．しかし，6月から8月の水需要をまかなうためには，雨水や融雪水の流出水を貯水池や貯水ダムなどにより制御する必要がある．月融雪流出量がピークの月では，融雪水の割合が高く，月流出量の年々変動は小さいので，融雪流出は量的に安定した水資源といえる．降雨はすぐに地面へ達して流域の流出過程に入ってゆく．これに対して降雪は積雪と

表4.2.2 日本における融雪型河川の多い地域の水資源賦存量と水利用形態（1999年）

	水資源賦存量(億m³)		使用量(億m³)	生活用水 (%)	工業用水 (%)	農業用水 (%)
	渇水	平均				
全国	2824	4235	877.5	18.7	15.3	66.0
北海道	402	576	64.8	9.7	15.6	74.7
東北	609	854	194.8	7.4	7.7	84.9
北陸	155	212	41.0	10.2	18.0	71.7

水資源賦存量とは対象とする地域の年降水量から年蒸発散量を引いた値，平均水資源賦存量は当年から過去30年間の平均値，渇水水資源賦存量は過去30年間で降水量が少ないほうから3番目の年の水資源賦存量である．国土交通省・土地・水資源局水資源部（2002）から作成．

4.2 融雪と水資源

して貯留されるので，融雪期直前における積雪量の空間分布を把握するための時間的余裕がある．積雪量が把握できていれば，融雪量の予測は降雨量の予測に比べてはるかに精度が高い．これらのことを有効に利用することで，融雪流出に対する河川管理を的確に運用することが可能になるだろう．冬期における積雪貯留を天然のダムと呼ぶ．それは，単に降水の積雪貯留だけをいうのではなく，上記のように貯留積雪の融雪流出過程が水需要や水管理に対して有利に働いていることを含んでいる．

4.2.3 乾燥地の水資源

乾燥地（dry lands）とは蒸発散量が降水量を上回る地域で，世界の陸地面積の47％を占める．乾燥地は極乾燥地域（hyperarid area），乾燥地域（arid area），半乾燥地域（semiarid area），乾燥半湿潤地域（dry subhumid area）に分けられる．このうち，後三者の地域に世界人口の 20％の人々が暮らしている（稲永，1998）．極乾燥地は砂漠（desert）である．年降水量でみれば，乾燥地域では 200 mm 以下，半乾燥地域で 800 mm 以下（夏雨地帯）または 500 mm 以下（冬雨地帯）の地帯である．ここでは，タリム盆地と黒河流域を例として，乾燥地における融雪水（積雪が融けた水）や融解水（氷河の氷が融けた水）の水資源としての重要性をみていく．

タリム盆地は，中国北西部にあり，南限を崑崙山脈（Kunlun Mountains），北限を天山山脈（Tianshan Mountains）に囲まれた乾燥地である．その中央にはタクラマカン砂漠が広がっている．両山脈の高標高地帯には氷河が存在している．降水量は上流域である山岳地帯から下流域である砂漠地域に向かって減少してゆく（たとえば，Ujihashi and Kodera, 2000）．年降水量の概略値は山岳地帯で 500 mm 程度，平地で 50 mm 程度である（Nakawo, 2000）．山岳地帯の降水は夏期を中心にもたらされ流出するが，一部は氷河を涵養する．山岳地帯における降水や氷河からの融雪水・融解水を水源とする河川がタクラマカン砂漠へ流入し消失する．山麓平地である中流域は乾燥地域であるが，オアシスを中心に人間活動が最も活発な地域である．

Wang and Yonetani（1997）は，崑崙山脈からタクラマカン砂漠へ向かって流れるCele 河流域を対象に 1992 年から 1995 年にかけて水文気象調査を行い，以下のように報告している．Cele 河の水源は山岳地帯であり，年流出量の 46％が融雪水と融解水によっている．流出はおもに 6 月から 8 月にかけて生じる．水文気象調査の 6 月から 8 月の結果から，流域全体で降水量が少なかった 1994 年では，他の年に比べて地温は上昇し，地上付近の気温は下降し，そして河川流出量の絶対値が増加した．これは春期から夏期にかけて，Cele 河に沿って氷河地帯と砂漠地帯の間を往復する谷風と山風が原因だとしている．すなわち，昼間は砂漠帯で受けた日射エネルギーは地温を上昇させ顕熱に変換され，谷風として氷河帯にまで運ばれ氷河の融解に消費される．夜間は氷河帯の冷えた空気が山風として砂漠に返される．1994 年のように降水量が流域全体で少ない場合，土壌水分が少ないため地温が上昇し，この山風・谷風の

循環が強化され，融解量が増え流出量が増加するとしている．

Ujihashi and Kodera（2000）は，東崑崙山脈からタクラマカン砂漠に向かう Yurungkax 河と Keriya 河について，1957 年から 1990 年（Keriya 河では 1991 年）までの月流出モデルから，流出量に対する融雪水・融解水の寄与率を年単位で求めている．寄与率は年により異なり，Yurungkax 河で 20％から 85％，Keriya 河で 23％から 92％となっている．寄与率の平均値は Yurungkax 河で 59％，Keriya 河で 55％となっている．上記の Cele 河と同様に，融雪水・融解水の乾燥地域における水資源としての重要性がわかる．

黒河（Hei River）流域はタリム盆地から東へおよそ 700 km の位置にある．黒河はキリアン山脈（Qilian Mountains）から北へ流出し，消失あるいは湖に流入する内陸河川である．年降水量は山岳地帯である上流域で 300 mm から 500 mm，砂漠である下流域で 30 mm から 50 mm であり（Wang and Cheng, 1999），上流域から下流域に向けて降水量が減少していく（たとえば，Kang, 2002）．中流域は乾燥地域であるが，灌漑農業により中国の穀倉地帯となっている．

黒河のおもな水源地帯は上流部の山岳地帯である（Wang and Cheng, 1999）．Kang（2002）は黒河の山岳地帯（標高 1674 m 以上）の流域からの月流出量をモデル計算により再現した．そして，1959 年から 1993 年の年流出量の変動をもとにして，流域の乾湿状態を五つのパターンに場合分けし，各パターンの年間水収支を比較した．これによると，平均的な状態では，融解水と融雪水の流出量に対する割合がそれぞれ 7.7％と 34.2％となっている．また，流域が湿潤状態から乾燥状態になるに伴い，降水量や流出量は減少するが，流出量に占める融解水や融雪水の割合は増加するという結果から，融解水や融雪水には流出量を調節する作用があることが指摘されている．以上のように，黒河においても，水源山岳地帯からの流出量に対する融解水や融雪水の寄与が大きいことがわかる．

タリム盆地や黒河流域での流出特性について Wang and Cheng（1999, 2000）は以下のように報告している．水源地である山岳地帯（上流域）では，雨水，融解水，融雪水は地表水や地中水として移動する．地中水は山岳地帯の出口付近で地表に現れる．つまり，山岳地帯からは，ほとんどが地表水として中流域へ流出する．この地表水は，まず，土壌間隙の大きい山麓の扇状地において地中水となる．そして，間隙の小さなシルト質土壌に達すると湧水となり地表水として河川や表面流を形成する．そして，再び浸透性の高い地質に達すると地中水となってゆく．中流域および下流域では，このような，地表水→地中水→湧水→地表水という過程を何度も繰り返して，最後は下流末端の湖へ収束していく．以上の報告のように，水源山岳地帯からの流出水は，中流域や下流域において，土壌特性や地質構造により地表水，地中水，湧水などに変換されて利用される．

Wang and Cheng（1999）は黒河流域での水資源開発とその影響について，水利用の経緯も含め以下のように報告している．中流域において大規模な水資源開発は紀元

表 4.2.3 黒河流域における水資源開発の経年変化（Wang and Cheng, 1999による）

年	1949	1954	1958	1963	1968	1973	1978	1985
貯水ダムの数	2	20	33	43	54	78	93	95
水貯留量（$10^4 m^3$）	1798	2549	6519	18950	20186	27885	33524	36044
かんがい面積（$10^4 ha$）	8.26	11.39	13.19	14.45	16.43	18.38	20.1	23.59
人口（万人）	54.92	63.44	75.86	66.23	74.11	94.33	98.32	105.12

前 140 年からはじまり，西暦 1875 年までの間に人口は 50 万人に達した．ここまでの開発では，豊富な水資源が確保され黒河と末端湖は連結し，耕地以外に森林，草地が破壊されることはなかった．1944 年に大きな貯水ダムが造成されて以降，表 4.2.3 に示すように急速に開発が進んだ．同時に，灌漑水路長や井戸数も急激に増加した．そして，中流域では，河川流出全量の 84％以上が灌漑に使用され，多数のオアシスが形成され，中国の穀倉地帯となった．その結果，1970 年代以降，黒河の支流での河川表流水は目にみえて消失している．1950 年以降，山岳地帯からの流出量は大きな変化はないが，下流域での流出量は最近では 44％減少した．周囲の森林や草地も砂漠化している．末端の湖は河川との連結がとぎれプラーヤ（playa）となっている．河川水は汚染され，灌漑による地下水位の上昇は土壌を塩性化させている．下流域のオアシスでは塩性化による耕地の砂漠化が広がっている．

　崑崙山脈の山麓平地においてオアシスとそれに依存する街は，山麓側へ移動した歴史がある（Nakawo, 2000; Wang and Yonetani, 1997）．それは，結果的には，水資源の消失あるいは塩性化による農耕地の砂漠化などが原因であろう．水資源として重要な融解水や融雪水を供給する山岳地帯の氷河の質量変動は，上記のように氷河地帯と砂漠地帯との局地循環による融解量の変動により生じることも考えられる．人間活動による森林などの自然植生の破壊は，地温の上昇などをもたらし，このような氷河の質量変動に強く影響する可能性もある．氷河が縮小していても，初期の段階では融解水や融雪水の供給に大きな変動はないと考えられるので，数年から十数年のスケールでは水源山岳地帯からの流出量の減少は顕著に現れないかもしれない．しかし，氷河が消失してゆき流域に占める氷河面積が極端に減少した場合には，山岳地帯からの流出量は急激に減少するだろう．農牧業を継続させ砂漠化を防止していくためには，気候，氷河の動態，降水形態，陸域生態系，人間活動などの相互関係について流域全体を視野に入れた水・熱・物質循環を軸に把握し，地域に適した農牧業の規模と方法を見極める必要がある． 　　　　　　　　　　　　　　　　　　　　　　　　　　　　　　　[橋 本　哲]

文　献

新井　正（1994）：融雪量と融雪出水．雪氷水文現象（基礎雪氷講座 VI，前野紀一・福田正巳編），
　　pp.70‒85，古今書院．

橋本　哲・太田岳史・石橋秀弘（1992）：落葉樹林が表層融雪量に与える影響に関する熱収支的検討.
　　雪氷, **54**(2)：131-143.

稲永　忍（1998）：アジア半乾燥地域の農牧業と砂漠化現象. 生物資源の持続的利用（岩波講座地球環
　　境学 6, 武内和彦・田中　学編）, pp.98-101, 岩波書店.

石井吉之（1998）：融雪及び降雨出水時における川水温の対比と流出成分の分離. 積雪寒冷地の水文・
　　水資源（水文・水資源学会編集出版委員会編・代表：橘　治国）, pp.115-116, 信山社サイテッ
　　ク.

Kang, E. (2002): Hydrological studies of the Heihe River Basin in the Northwest Arid Regions of China.
　　Project Report on an Oasis-rigion (Nakawo, M. and Ichida, K. eds.), **2**(1): 51-61.

加藤　徹・倉島栄一（1998）：融雪期流量中の融雪流出高の分離と融雪水依存度の推定. 農業土木学会
　　論文集, **66**(1)：177-184.

葛葉泰久・友杉邦雄・岸井徳雄・早野美智子（2001）：水文レジムによる河川流域区分. 水文・水資源
　　学会誌, **14**(2)：131-141.

国土交通省・土地・水資源局水資源部（2002）：平成 14 年版　日本の水資源. 329 p, 国立印刷局.

国土交通省（2003）：石狩川石狩大橋観測所 2000 年日流量年表. 国土交通省水文水質データベース
　　(http://www 1.river.go.jp/) よりダウンロード.

Nakawo, M. (2000): Water in Arid Terrain Research (WATER). Research Report of IHAS No.8
　　(Nakawo, M. ed.), 1-9.

小川　滋（1992）：森林の変化が短期流出に与える影響. 森林水文学（塚本良則編）, pp.263-281, 文
　　永堂出版.

太田岳史（1992）：山地における積雪, 融雪と流出. 森林水文学（塚本良則編）, pp.211-212, 文永堂
　　出版.

Ohta, T. (1994): A distributed snowmelt prediction model in moutain areas based on an energy balance
　　method. *Ann. Glaciol.*, **19**: 107-113.

太田猛彦（1992）：森林斜面における雨水流動の実態. 森林水文学（塚本良則編）, pp.147, 文永堂出
　　版.

志水俊夫（1990）：森林伐採が融雪流出に及ぼす影響. 雪氷, **52**(1)：29-34.

塚本良則（1998）：森林・水・土の保全, pp.103-121, 朝倉書店.

Ujihashi, Y. and Kodera, S. (2000): Runoff analysis of rivers with glaciers in the arid region of Xinjiang,
　　China. Research Report of IHAS No.8 (Nakawo, M. ed.): 1-9.

Wang, G. and Cheng, G. (1999): Water resource development and its influence on the environment in
　　arid areas of China-the case of the Hei River basin. *J. Arid Environ.*, **43**: 121-131.

Wang, G. and Cheng, G. (2000): The characteristics of water resources and the changes of the
　　hydrological process and environment in the arid zone of northwest China. *Environ. Geology,* **39**(7):
　　783-790.

Wang, L. and Yonetani, T. (1997): The water source of snow, ice and desertification. Snow
　　Engineering:Recent Advances (Proceedings of the third international conference on snow
　　engineering/Sendai/Japan/26-31 MAY 1996, Izumi, M. Nakamura, T. and Sack, R.L. eds.), 573-
　　576.

Yamazaki, T. and Kondo, J. (1992): The snowmelt and heat balance in snow-covered forested areas. *J.*
　　Appl. Meteor., **31**(11): 1322-1327

山崎　剛・田口文明・近藤純正（1994）：積雪のある森林小流域における熱収支の評価. 天気, **41**
　　(2)：71-77.

コラム 4.5　木の周りの雪の凹みは木が生きているから？

　雪融けのある日，「木の周りの雪が早く融けるのは木が生きているからですか」と問われた．それは自分でも疑問に思い，実験してみることにした．まずはわが家の庭で立木の横に，同じ種類の木の枯れたものを地面と隔離して立てると，両者とも同じように雪の凹みができた．つまり木が生きているからではないのである．以来，つららの氷を雪に立ててみたり，木の表面温度を測ったりと，何年も実験を続けている．木の近くの雪が速く融けるおもな原因は三つある．

　① 木からの赤外放射熱：　雪が融けるとき，雪の温度は0℃であるが，昼間の立木の表面温度は0℃以上になる．日射や風速にもよるが，黒っぽい木ほど温度は高く，1mの高さで木の南面温度が10〜20℃になることは珍しくない．雪は温度の高い木から赤外放射の形で熱をもらうことになる．

　② 木からの反射熱：　白い木は日射が当たっても黒い木ほどには表面温度が上がらない．その代わり日射をよく反射し，その反射光が近くの融雪を増加させる．

　結局，①と②の和は木の色であまり変わらず，融雪増加効果は木に近い所ほど大きいので，凹みの形は写真のようにすり鉢状となる．立木の北面は，南面に比べて表面温度も低く，反射する光も弱いのと，木の影の効果もあって，形成初期の融雪凹みは南に広い．しかし，融雪が進んで凹みが大きくなると，影の効果が小さくなり，凹みの北側斜面は南を向いているため日射をより多く吸収し，凹みは北側に拡大する．

　③ 空気からの熱：　非常に強い風は木の周りに渦を作り，暖かく湿った突風は雪をえぐるように融かす．風が強いときは一晩で凹みの形が変わることがある．

　さらに，融雪期も終わりに近づくと，凹みの底に土が現れ，日が当たった土からの熱も周りの雪を融かす．木の周りの融雪凹み一つをとっても，調べなくてはならないことは数多く，自然現象は奥が深いものである．

［小島賢治］

4. 融　雪

春先に木の周りにできる凹み．p.165 の写真はカエデの周り，p.166 はシラカバの周り．

5 吹雪

5.1 吹雪の発生機構

5.1.1 吹雪の定義と雪粒子運動形態

　吹雪は，雪粒子が風によって舞い上がり，空中を輸送される現象である．このうち降雪がなく，単に降り積もった雪が風のために地上から舞い上げられるものは，地吹雪とも呼ばれる．気象庁の「地上気象観測法」によれば，地吹雪はさらに目の高さの水平視程が減少するか否かで「高い地吹雪」と「低い地吹雪」に分類される．吹雪は視程を悪化させるとともに，しばしば吹きだまりや雪庇を形成し，交通障害や雪崩の発生の原因となるが，南極氷床やシベリアなどの平坦地では吹雪による雪の輸送も質量輸送として重要である．

　吹雪中の雪粒子の運動は，砂嵐における砂粒の輸送を定義したモードを用いて，転がり（creep），跳躍（saltation），浮遊（suspension）に分類される．図 5.1.1 に上記の運動形態を模式的に示す．風が雪面に作用する力がある臨界値をこえると，雪粒子間の結合が壊されて雪粒子は大気中に取り込まれる．雪粒子が雪面上を転がる運動を

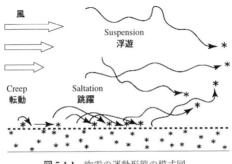

図 5.1.1　吹雪の運動形態の模式図

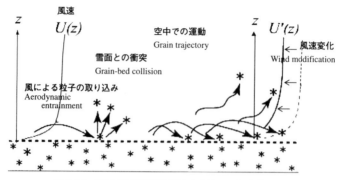

図 5.1.2 吹雪の発達過程を規定する四つのサブプロセス

「転がり」，下流側に伸張した放物線状の軌跡を描いて移動し再び雪面に衝突する運動を「跳躍」と呼ぶ．「転がり」は，跳躍運動の初期段階であると考え，「跳躍」に含める場合もある．一方，大気の乱流の作用を受けて雪面上高くまで舞い上がる雪粒子の運動を「浮遊」と呼ぶ．

三者の明確な区別は困難であるが，平均跳躍距離でみると転がりは数 mm 以下，浮遊は数 m 以上，また高さは跳躍が数 mm から 10 cm 程度，浮遊は数 m から数百 m に達するといわれる．雪粒子の空間濃度は雪面で最大となり，上方ほど小さい．このため雪面近傍の跳躍運動を最も重要なメカニズムと考える場合もある．また，極地を含む寒冷域での吹雪による積雪再配分や交通障害をもたらす視程低下などには浮遊状態の雪粒子が大きく関与しており，跳躍から浮遊への遷移過程も含めた両運動形態の厳密な理解が重要となる．

吹雪が発達するメカニズムは，図 5.1.2 に示すように，次の四つのサブプロセスに分割される．

① 風による粒子の取り込み（aerodynamic entrainment）
② 空中での運動（grain trajectory）
③ 粒子と雪面との衝突（grain-bed collision）
④ 風速の変化（wind modification）

積雪粒子が風の力を受けて大気中に取り込まれる（aerodynamic entrainment）と，雪粒子は転がりと跳躍運動を開始し，いろいろな軌跡（grain trajectory）を描きながら空間移動を行うことになる．雪粒子が再び雪面に衝突する過程（grain-bed collision）を経て，吹雪粒子数はしだいに増大し，さらには乱流の作用を受けて浮遊運動へと発展する．雪粒子と雪面の衝突過程はスプラッシュ過程（splash process）とも呼ばれる．粒子濃度の増加に伴い風と吹雪粒子間の相互作用（運動量交換）も大きくなり，粒子濃度が大きい雪面近くでは吹雪が発生していない場合より風速が減少する（wind modification）．粒子が過剰に飛んでいるとき，こうした風の構造変化は，

雪面から取り込まれる粒子数を減少させることになり，粒子の軌道の変化，さらにはスプラッシュ過程にも影響をもたらす．逆に吹雪粒子数が大きく減少すると風速は増大し，それに伴って再び吹雪粒子数は増加する．このように吹雪は四つのサブプロセスによる自己調節機能のもとで，変動を繰り返しながらある一定値（飽和吹雪量）に収束し定常状態に達する．

5.1.2 吹雪の発生条件と構造

　吹雪がどのくらいの風速で発生するかは吹雪量予測のうえでも重要な課題であり，その風速を吹雪発生の臨界風速（threshold wind velocity）といい，雪質や雪面状態，気象条件などいろいろな条件によって異なる．

　吹雪は粒子の空気輸送流（aeolian sediment transport）の一形態であり，そのメカニズムの理解には Bagnold（1941）と Owen（1964）による飛砂の運動に関する先駆的な研究に依存するところが大きい．吹雪発生の臨界風速についても，砂粒の場合と同様に，跳躍運動の開始に必要な風速（流体臨界）と，跳躍運動が維持されるのに必要な風速（衝突臨界）が定義される．一般に前者より後者は小さく，砂粒子の場合はその比が 0.7 から 0.8 である．つまり，吹雪が発生する風速は，吹雪が発生していない状態から風速が増加していくときに吹雪が発生する臨界風速と，いったん吹雪が発生している状態から風速が減少していって吹雪が止むときの臨界風速とでは異なり，後者のほうが小さいのである．

　この違いは，粒子の輸送において跳躍運動に伴う粒子の衝突が重要な役割をしていることを示す．とりわけ積雪は粒子間の結合力が大きいため，粒子の衝突は跳躍の維持に重要な役割を果たす．Schmidt（1980）は，雪粒子の結合部の半径と粒径の比が 0.2 の場合，風の応力だけを考慮すると臨界風速は約 20 m/s（高さ 10 m）と非常に大きな値が必要とされるのに対し，粒子が速度 0.1 m/s で衝突すれば結合を破壊して雪面から粒子をたたき出せることを示した．後述するように，臨界条件近傍での吹雪粒子の衝突速度の平均値は 1.5 m/s と求められており，跳躍運動を維持するとともに雪面から新たに跳躍粒子を生み出すのにも十分であることがわかる．

　実際の吹雪が発生するための臨界風速（流体臨界）は，雪粒子間の付着力と結合の発達に強く依存するため，温度および雪面形成後の時間の経過とともに大きくなる．一般には臨界風速は 5 m/s 程度であるが，温度が−10℃より高くなるとしだいに増加する傾向がみられる（前野ほか，2000）．これは，気温が 0 ℃に近いと氷の表面の拡散と水蒸気輸送が急激に活発になり雪粒子の付着・結合が増大するためである．また降雪がある場合は，降雪粒子が発生のトリガとして作用するため，一般に衝突臨界に近い値を示す傾向がある（竹内ほか，1986）．

　5.1.1 項で述べたように，吹雪粒子の運動は，① 風による粒子の取り込み，② 空中での運動，③ 雪面への衝突，そして，粒子と風の運動量交換に伴う④ 風速構造の変

(1) 粒子の取り込み

風速が流体臨界値以上に達すると，雪面から粒子が取り込まれるが，風の応力で運動を開始する粒子と衝突によりたたき出されるものを区別することは難しい．とくに風速が増加し粒子濃度が大きくなった場合はほぼ不可能である．そのためサブプロセス ① を定量的に評価できる実験的データはいまだに得られていない．Anderson and Haff (1988) は風による応力で運動を開始する粒子の数 N_a は風の応力 τ_f と吹雪発生臨界応力 τ_t の差に比例すると考え，以下の関係を提案した．

$$N_a = \gamma (\tau_f - \tau_t) \tag{1}$$

N_a は，粒子の大きさなどにも依存するはずであるが，γ は定数として経験的に $\gamma \fallingdotseq 105$（個/s）が用いられる．

一方，雪粒子が雪面から射出する速度は，粒径 d だけ底面から持ち上げられる値 $\sqrt{2gd}$ と仮定されている．この "Excess shear stress rule" は McEwan and Willetts (1993) などによる砂粒子の跳躍モデルにも用いられた．

(2) 粒子の運動

空気中に射出された粒子は，放物線状の跳躍運動，または乱流渦の影響を受けた複雑な浮遊運動の軌跡を描いた後に再び雪面に衝突する．跳躍運動の場合のモデル的軌跡を図 5.1.3 に示す．風洞を用いた吹雪実験の場合の雪粒子について，吹雪粒子の速度と角度が雪面からの高さによってどのように変化するかを図 5.1.4 および図 5.1.5 に示した．これらは北海道大学低温科学研究所の低温風洞（−15℃）において，レーザシートと高速ビデオを組み合わせたシステムで粒子の運動を撮影・解析した結果である．このときの風洞実験における摩擦速度 u_* は 0.3 m/s で，吹雪が発生する臨界摩擦速度の 1.5 倍に相当した．摩擦速度（friction velocity）は，一般に，風速の鉛直

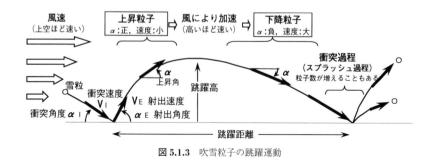

図 **5.1.3** 吹雪粒子の跳躍運動

5.1 吹雪の発生機構

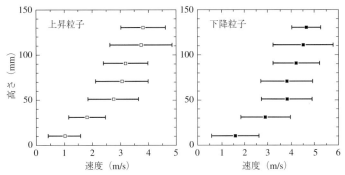

図 5.1.4 跳躍運動をする吹雪粒子の速度分布
吹雪風洞実験おける粒子速度測定値．摩擦速度 u_* は 0.3 m/s．左：上昇粒子，右：下降粒子を示す．高い位置ほど粒子速度は大きく，同じ高さでは下降粒子のほうが速度が大きい．

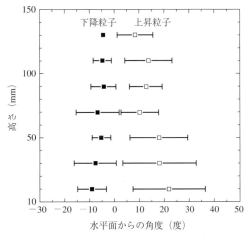

図 5.1.5 跳躍運動をする吹雪粒子運動の角度
角度は速度ベクトルの水平面に対する角を示し，上昇粒子は正，下降粒子は負となる．それぞれ地面に近いほど角度は大きく，高いほど 0 に近づく．摩擦速度 u_* は 0.3 m/s．

分布が次式のように表されることから得られる値である．

$$U(z) = \frac{u_*}{k} \ln\left(\frac{z}{z_0}\right) \tag{2}$$

ここで，$U(z)$ は高さ z における風速，k はカルマン定数（0.4），z_0 は粗度定数 (roughness parameter) である．

図 5.1.4 によれば，粒子の速さは高度とともに増加し，同じ高さにおいては，下降中の粒子の速さは上昇中のものより約 1 m/s 大きい．これは，雪面から射出した粒

子ははじめのうち，速度の水平成分が小さいが，運動の過程で風との速度差に応じた運動量を受け取り，水平方向に加速されていくと説明できる．一方，図5.1.5は，粒子の射出角度は約5〜40°と広く分布するが，上昇に伴ってその範囲はしだいに狭まり（0〜20°），雪面には5〜10°（図上ではマイナスで記述）という鋭角で衝突することを示している．

　粒子の軌道は，一般に空気抵抗と重力を考慮したつぎの運動方程式（3）を用いて表現が可能である．

$$\frac{d\boldsymbol{v}}{dt} = -\left(\frac{3}{4}\frac{\rho_a}{\rho_p}\frac{C_D}{d}V_R V_R + \boldsymbol{g}\right) \tag{3}$$

ここで，$\boldsymbol{v}$：粒子の速度，$\boldsymbol{U}$：風速，V_R：粒子速度 $\boldsymbol{v}$ と風速 $\boldsymbol{U}$ の相対速度（$\boldsymbol{v}-\boldsymbol{U}$），$C_D$：抵抗係数，$d$：粒径，$\rho_a$：空気密度，$\rho_p$：雪粒子密度：重力加速度であり，$\boldsymbol{v}$，$\boldsymbol{U}$，$V_R$，$\boldsymbol{g}$ ともベクトル量である．跳躍運動のみを扱う場合は主流方向の平均風速分布を与えるだけでよいが，跳躍から浮遊運動への遷移を含めて議論する場合は，風速の変動成分（乱流項）に加えて雪粒子の慣性効果を組んだランダムフライトモデルの導入が必要となる（根本・西村，2003）．

（3）　雪粒子と雪面の衝突

　「雪面との衝突過程」プロセスの解明に関しては，砂粒の運動を対象とした研究分野で数値計算や風洞実験が実施された．なかでもWillets and Rice（1985）は，衝突粒子が射出する粒子の範囲，個数，速度を詳細に観測し，射出粒子数や速度分布を統計的に表すスプラッシュ関数を提案した．またNalpanis et al.（1993）は風洞実験により，粒子の射出・入射速度，跳躍距離，跳躍高などを綿密に測定した．吹雪の分野でもNishimura and Hunt（2000）は，雪粒子，直径3mmの氷球，芥子（からしな）の種という3種類の粒子を用いて風洞実験を行い，粒径，粒子密度，風速と跳躍プロセスの関係を調べた．その結果によれば，摩擦速度u_*が0.3 m/sの場合，吹雪粒子の衝突速度V_I・角度α_I，射出速度V_E・角度α_Eの平均値は，それぞれ1.5 m/s，11°，0.87 m/s，25°であった．一方，雪粒子の衝突過程を記述するスプラッシュ関数の研究はKosugi et al.（1995）により開始され，Sugiura and Maeno（2000）は，風洞実験結果から鉛直反発係数，水平反発係数および射出粒子数の出現確率を求めた．その具体例を図5.1.6に示す．図5.1.6(a)は，衝突速度1 m/sのとき，衝突角度によってどのように鉛直反発係数出現率が変化するかを示す．粒子の衝突角度が大きいとき，鉛直反発係数が1より小さいところに集中するが，衝突角度が小さく，水平運動に近いとき，鉛直反発係数が1より大きい場合が多く，水平運動が鉛直運動に変換することがわかる．図5.1.6(b)は，衝突角度5°のとき，衝突速度によってどのように水平反発係数出現率が変化するかを示す．衝突速度が増加すると水平反発係数は徐々に小さくなっていく．また出現確率は小さいが係数が負の場合，つまり衝突粒子

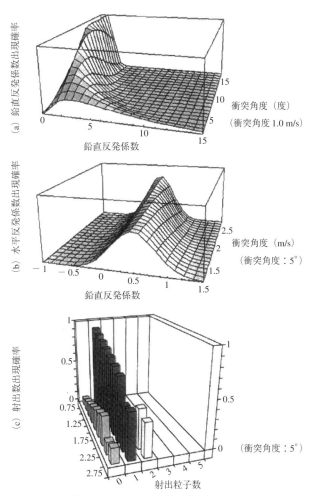

図 5.1.6 吹雪粒子のスプラッシュ関数の測定例(Sugiura and Maeno, 2000 より)
(a) 衝突角度と鉛直反発係数出現確率(衝突速度は 1.0 m/s),(b) 衝突速度と水平反発係数出現確率(衝突角度は 5°),(c) 衝突速度と射出粒子数出現確率(衝突角度は 5°).摩擦速度 u_* は 0.19 m/s.

とは逆の方向に飛び出す粒子がある.図 5.1.7(c)は,衝突角度 5°のとき,衝突速度によって射出粒子数が変化する様子を示す.最多頻度の粒子数は 1 であり,1 粒子の衝突に対して射出粒子は 1 であるが,衝突速度 2 m/s 以上では,射出粒子が 2 に増える出現確率が高くなる.このような場合,空気中に飛び出す粒子は増えて,吹雪空間密度は大きくなる.

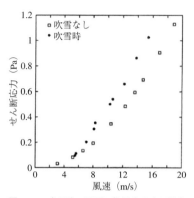

図 5.1.7 吹雪時に雪面に作用するせん断応力の直接測定結果

Nemoto and Nishimura（2000）による．吹雪時には同じ風速でもせん断応力が増加する．

（4）風速分布の変化

吹雪が発生すると，雪面には風の応力 τ_f に加えて吹雪粒子が雪面に衝突することによって生じる応力 τ_g が作用する．Nemoto and Nishimura（2000）は，新たに開発したドラッグメータを用いて風洞実験を行い，吹雪時に雪面に作用するせん断応力の直接測定を行った．その結果，吹雪の発生に伴ってせん断応力が増加し（図 5.1.7 参照），その増分は粒子の衝突による寄与 τ_g が支配的であることが示された．接地境界層においては，τ_f は高さ方向にほぼ一定と見なされる（constant flux layer）が，吹雪が発生すると風と吹雪粒子の間で運動量交換が行われ，τ_f の鉛直分布が変化すると考

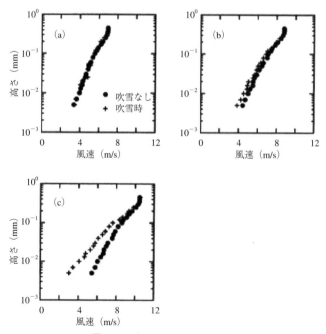

図 5.1.8 吹雪跳躍層内の風速分布

Nemoto and Nishimura（2000）より．風洞中心風速はそれぞれ以下の通りである．(a) 6.9 m/s，(b) 9.7 m/s，(c) 10.4 m/s．風速が大きくなって吹雪量が大きくなると雪面付近の風速が減少する．

えられる.

　吹雪が発達し粒子濃度が増加するとともに，風と吹雪粒子間の相互作用（運動量交換）も増大し，四つめのサブプロセスである「風の構造変化」が生じる．しかし粒子の運動を伴う境界層内の風速分布に関しては，熱線風速計などの使用が困難であることなどの理由で，なかなか定量的な成果が得られなかった．そこで，Nemoto and Nishimura（2000）は，ピトー管の圧力孔が粒子によって塞がれないよう細心の注意を払い，低温風洞内で吹雪跳躍層内の風速分布の測定を試みた．図 5.1.8 にその結果を示す．風洞の中心風速が 6 m/s（$u_* = 0.29$ m/s）以下の場合(a)は，吹雪発生前後で風速分布に変化はみられない．これは風速が吹雪の発生する臨界風速の 1.5 倍程度で，粒子の空間密度がまだ比較的小さかったためと考えられる．これに対し，風速が増加すると(b)，(c)，雪面近傍で風速が減少し風速の勾配が増大するという風の構造変化がしだいに顕著になる．これらの実験結果は，「跳躍層の存在が，上方の境界層に対して粗度を増加させる作用をする」という Owen（1964）の仮説と矛盾しない.

［西村浩一］

文　献

Anderson, R.S. and Haff, P.K.（1988）: Simulation of eolian saltation. *Science.* **241**: 820‐823.

Bagnold, R.A.（1941）: The Physics of Blown Sand and Desert Dunes, 265 p, Methuen, London.

Kosugi, K., Nishimura, K. and Maeno, N.（1995）: Studies of the dynamics of saltation in drifting snow. 防災科学研究所研究報告, **54**: 111‐154.

前野紀一・遠藤八十一・秋田谷英次・小林俊一・竹内政夫（2000）:雪崩と吹雪（基礎雪氷学講座　第III 巻），263 p，古今書院.

McEwan, I.K. and Willetts, B.B.（1993）: Adaptation of the near‐surface wind to the development of sand transport. *J. Fluid Mech.*, **252**: 99‐115.

Nalpanis, P., Hunt, J.C.R. and Barrett, C.F.（1993）: Saltating particles over flat beds. *J. Fluid Mech.*, **251**: 661‐685.

Nemoto, M. and Nishimura, K.（2000）: Direct measurement of shear stress during snow saltation. *Boundary‐Layer Meteorol.*, **100**: 149‐170.

根本征樹・西村浩一（2003）:吹雪の物理モデルの現状と課題. 雪氷, **65**(3)：249‐260.

Nishimura, K. and Hunt, J.C.R.（2000）: Saltation and Incipient Suspension above a Flat Particle Bed below a Turbulent Boundary Layer. *J. Fluid Mech.*, **417**: 77‐102.

Owen, P.R.（1964）: Saltation of uniform grains in air. *J. Fluid Mech.*, **20**(2): 225‐242.

Schmidt, R.A.（1980）: Threshold wind‐speeds and elastic impact in snow transport. *J. Glaciol.*, **26**(94): 435‐467.

Sugiura, K. and Maeno, N.（2000）: Wind‐tunnel measurements of restitution coefficients and ejection number of snow particles in drifting snow: Determination of splash functions. *Boundary‐Layer Meteorol.*, **95**: 123‐143.

竹内政夫・石本敬志・野原他喜男・福沢義文（1986）:降雪時の高い地吹雪の発生臨界風速, 昭和 61 年度雪氷学会予稿集.

Willets, B. B. and Rice, M.A.（1985）: Inter‐saltation collisions. Proceedings of the International Workshop on the Physics of Blown Sand. Memoirs No.8, Vol. 1: 83‐100.

5.2 吹雪観測と風洞実験

5.2.1 吹雪の観測

　吹雪の発達の程度，大きさを記述する際には，おもに以下の3種類の量が用いられる．
　① 吹雪空間密度（drift density）：単位体積中に含まれる雪粒子の質量（kg/m³）
　② 飛雪流量（snow-drift flux）：主風向に垂直な面の単位面積を単位時間に通過する雪粒子の質量（kg·m^{-2}·s^{-1}）
　③ 吹雪量（snow-drift transport rate）：飛雪流量を雪面から飛雪の上限高度まで積分した量，すなわち主風向に直角な単位幅の垂直面を単位時間に通過する雪粒子の質量（kg·m^{-1}·s^{-1}）．全吹雪輸送量ともいう．
　このうち空間密度は，視程に関係し，光の減衰を利用した光学式測定器で計測されることが多い．一方，飛雪流量は，浮遊層粒子のように雪粒子平均速度が風速に等しいと仮定できる場合，空間密度に風速を乗じることで得られる．一般に飛雪流量のほうが測定が容易であるため，飛雪流量の測定値を風速で割ることで空間密度を求める場合も多い．吹雪量は飛雪流量を雪面から上空まで積分することによって得られる．これらの量の関係を，図5.2.1に示す．
　吹雪を観測する計測器は吹雪計と呼ばれ，
　［A］雪粒子を直接捕捉して，その質量を測定するもの
　［B］雪粒子の通過により遮断される光の減衰を測定するもの
に分類される．［A］のタイプとしては，ロケット型，引き出し箱型，メチエル型などのように，細い入口から入った雪粒子を容器内で減速し，空気流と分離するもの，遠心力を利用したサイクロン型，網状の布製袋を用いる捕雪袋型などがある．［B］のタ

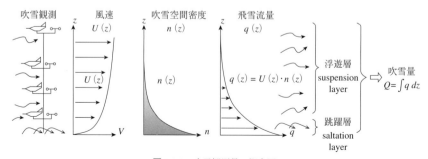

図 **5.2.1**　吹雪観測量の概念図

5.2 吹雪観測と風洞実験

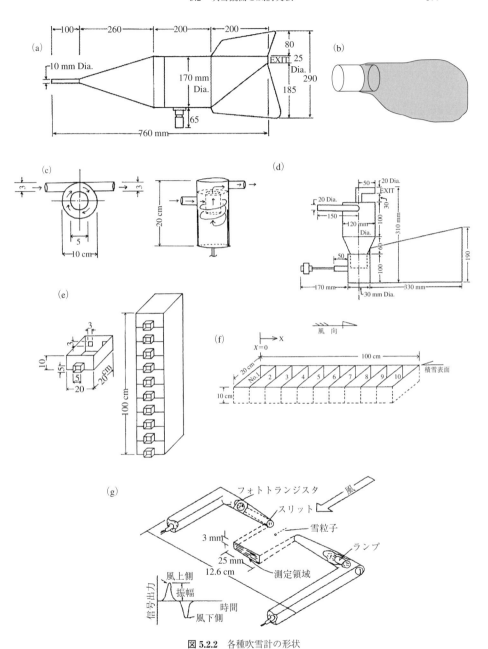

図 5.2.2 各種吹雪計の形状
(a) ロケット型, (b) 捕雪袋型, (c) サイクロン型, (d) 矢羽付きサイクロン型, (e) 引き出し型, (f) 箱型, (g) スノーパーティクルカウンター (SPC).

イプとしては，スノーパーティクルカウンター (SPC: snow particle counter) がある．それぞれの特徴を表 5.2.1 に，代表的な吹雪計の形状を図 5.2.2 に示す．また図 5.2.3 に，南極みずほ基地において吹雪計によって観測された飛雪流量の鉛直分布の例を示す．いずれも飛雪流量は雪面に近いほど大きく，1 m の飛雪流量は 10 m の値の約 10 倍の大きさであった．

表 5.2.1 吹雪計の種類と特徴 (雪氷調査法，1995 より改変)

測定対象	測定原理	吹雪計	特　　徴
飛雪流量 ($kg \cdot m^{-2} \cdot s^{-2}$)	重力を利用	ロケット型	容器内で空気流が減速し，重力で雪粒を分離する．気温が低く融解の心配がない極地の観測などに適している
		メチエル型	ロケット型に同じ．容器内で減速された雪粒子は空気から分離され，吹雪計内の下部にたまる
		引き出し箱型	ロケット型に同じ．空気と雪の重さの差を利用
	遠心分離型	サイクロン型	2 重円筒構造で，円筒の接線方向から入ってきた雪粒子は，慣性で壁に沿って回転運動し，空気のみが中心軸から排出される．捕捉率が大きい
	雪粒子と空気の機械的分離	捕雪袋型	固定した入口から入ってきた飛雪を網目の袋で捕捉し，空気は逃がす．数分から 20 分以内程度の短時間測定に適する
	光を利用	スノーパーティクルカウンター	光学センサ間を横切る雪粒子の影から，雪粒子の数と大きさを電気信号として測定する
吹雪量 ($kg \cdot m^{-1} \cdot s^{-1}$)	重力を利用	箱型吹雪計	主風向に沿っていくつもの箱を雪面に並べ，雪を捕捉する．雪粒子の跳躍運動が大半である低い地吹雪に用いられる

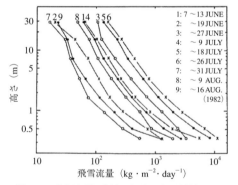

図 5.2.3 南極みずほ基地における飛雪流量観測例
3 m 以上の高さはロケット型吹雪計を用い，2 m 以下は風向変化型サイクロン吹雪計を用いて計測された．飛雪流量は地表付近ほど大きく，高さ 30 m では地表付近の約 1/100 になる．

5.2.2 吹雪量と風速

吹雪量 Q （kg·m^{-1}·s^{-1}）は，次式のように飛雪流量 $q(z)$ を雪面から上空の十分な高さまで積分して求められる.

$$Q = \int_0^\infty q(z)\,dz \tag{1}$$

吹雪量 Q と風速 U の関係については，これまでに多くの測定が報告されている. 代表的な経験式を表 5.2.2 に，およびそのグラフを図 5.2.4 に示す. 多くの経験式は $Q = aU^n$ の関係式で表され，経験式 2～5,7,8 のように風速 U のべき数 3 前後のものが多いが，経験式 9,10 のように南極などではべき数 n は 4～5 の値をとる. また，同じ風速でも観測例によって吹雪量の大きさが 10～100 倍も異なる. その原因としては，吹雪流量の積分をどの高さまで行うか，計測法，気温の違いなどに加えて，雪粒子の粒径や形状の違いに起因した跳躍や浮遊運動の度合いの相違が大きい要因として考えられる.

一般に雪粒子が雪面を飛び跳ねて運動する跳躍運動においては，雪粒子の得た運動量と空気が失う運動量が等しいという観点から吹雪量と風速の関係が得られる.

$$Q_s = \frac{C\rho_a}{g} u_*^3 \tag{2}$$

ここで Q_s は跳躍層での吹雪量，C は係数，g は重力加速度，u_* は摩擦速度である. すなわち跳躍による吹雪量 Q は摩擦速度 u_* の 3 乗に比例する. 式(2)に示すように，ある高度 z の風速 U_z は摩擦速度 u_* に比例することから，新たな係数を C として，

$$Q_s = CU_z^3 \tag{3}$$

表 5.2.2 吹雪輸送量の経験式（前野ほか，2000 の表 4.1 より改変）

観測者（年）	経験式	風速の高さ	備 考
1：Khrgian（1934）	$Q = 0.123U^2 + 0.267U - 5.8$	2 m	
2：Ivanov（1951）	$Q = 0.0295U^3$	2 m	
3：Mel'nik（1952）	$Q = 0.092U^3$	11 m	
4：Dyunin（1954）	$Q = 0.0334\{1 - (4/U)\}\,U^3$	1 m	
5：Komarov（1954）	$Q = 0.011U^{3.5}$	1 m	
6：Budd *et al.*（1966）	$\log Q = 0.0859U + 1.22$	1 m	Q は高さ 300 m まで積分，南極
7：小林ほか（1969）	$Q = 0.03U^3$	1 m	
8：竹内ほか（1975）	$Q = 0.2U^3$	1 m	
9：竹内ほか（1975）	$Q = 0.0029U^{4.16}$	2 m	ざらめ雪
10：Takahashi *et al.*（1988）	$Q = 0.00072U^{5.17}$	7 m	南極みずほ基地
11：Mann *et al.*（2000）	$Q = 0.00150U^{5.144}$		南極

Q の単位は g·m^{-1}·s^{-1}，U の単位は m/s.

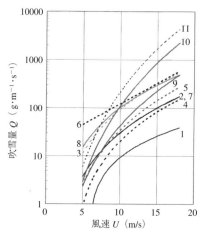

図 5.2.4 吹雪量と風速の関係（表 5.2.2 による）

と表され，跳躍運動ではべき数 3 の関係式が得られる．

表 5.2.2 中において，日本国内など中緯度帯での低い地吹雪の場合，吹雪量が風速の 3 乗に比例するのは，吹雪輸送の主体が跳躍運動であるためであり，南極のように低温下で強い風速の高い地吹雪の場合には，跳躍に加えて浮遊運動も重要になり，風速のべき数は 3 より大きくなって 4～5 の値をとると考えられる．

5.2.3 吹雪粒子の運動とシミュレーション

(1) 吹雪の拡散現象

吹雪の輸送理論を考えるとき，低い地吹雪は跳躍層内の雪粒子運動を運動力学的に，一方，高い地吹雪の場合は浮遊層における拡散現象としてとらえた乱流拡散理論が用いられる場合が多い．

大気が乱流状態にあるとき，風速の鉛直分布は式(2)で表され，大気の渦拡散係数 κ は $\kappa = k u_* z$ と表されることが知られている．強い風のなかで浮遊状態で運動する吹雪粒子は，乱流のために不規則な運動をするが，平均的には乱流拡散の概念が適用できるとしたのが塩谷 (1953) や Loewe (1956) たちであり，Budd et al. (1966) によってさらに理論が発展した．

乱流拡散の観点から，吹雪空間密度が大きい下の層から，空間密度が小さい上の層へ吹雪粒子が拡散現象で移送されるとすると，上向きフラックスと雪粒子落下による下向きフラックスが釣り合うことから次式が得られる．

$$K \frac{dn}{dz} + nw = 0 \qquad (4)$$

(K：拡散係数，n：吹雪の空間密度，w：終端落下速度)

この雪粒子の拡散係数 K が大気の渦拡散係数 κ に等しいと仮定すると，カルマン定数 k，摩擦速度 u_* を用いて

$$K = k u_* z \tag{5}$$

と表される．式(6)に式(5)を代入して高さ z_1 から z まで積分すると，雪粒子空間密度 $n(z)$ の鉛直分布に関する次式が得られる．

$$n = n_1 \left(\frac{z}{z_1}\right)^{-w/ku_*} \tag{6}$$

ここで，n_1 はある高さ z_1 における空間密度である．この式によると，雪粒子空間密度 n は，高さ z のべき乗関係にあり，z_1 より高いところでは，風速が大きいほど（摩擦速度 u_* が大きいほど），また終端落下速度 w が小さいほど空間密度は大きくなる．つまり，風が強く，飛びやすい雪ほど（終端落下速度が小さい雪ほど）高い層まで吹雪が到達する（図 5.2.5）．

式(6)によれば，無限の高さまで浮遊による雪粒子が存在することになるが，それは現実的ではない．たとえば，南極みずほ基地での観測によると，30 m の高さでは地吹雪粒子はほとんど観測されない（図 5.2.3）．本来，拡散現象は，対象粒子どうしが衝突するために確率的に粒子が拡散する現象であるが，吹雪粒子の場合，雪どうしが空中で衝突する確率はきわめて低い．大気の乱流境界層は，運動量拡散で説明される拡散現象であるが，吹雪における雪粒子は乱流中の空気のかたまりに乗って運動しているために擬似的に乱流拡散をしているようにみえるだけである．したがって，大気境界層のある程度以上の高さでは乱流成分は小さくなり，空気の上方速度が粒子の終端落下速度をこすことはなくなり，吹雪粒子は上昇できないことになる．

(2) 雪粒子の空気抵抗

式(7)中の終端落下速度（terminal velocity）は，静止空気内で落下する雪粒子が十分な距離を落下して，重力と空気抵抗力が釣り合って一定速度となった速度である．粒子が空気から受ける抵抗力は，粒子が小さい場合と大きい場合とでは粒子周囲の気流の違いによって異なり，終端落下速度も違う式で表される．表 5.2.3 に，それぞれの場合の終端落下速度や風速場のなかの粒子速度を示す．

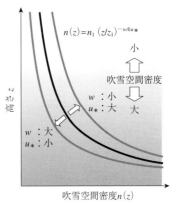

図 5.2.5 乱流拡散現象による吹雪空間密度

吹雪空間密度 $n(z)$ は下ほど大きい．また，終端落下速度 u が小さいほど，また摩擦速度 u_* が大きいほど，吹雪粒子はより高く分布する．雪粒子が下から上へ向かう拡散成分と，落下する成分が釣り合ってこのような分布ができる．

雪粒子がどのくらいの大きさから「大きい雪粒子」の振舞いをするかは，一概にいえないが，流体力学でよく知られている球についての研究結果（白川ほか，1972）を適用すると，空気中の雪粒子の場合，どのような密度を用いるかで異なるが，その境目は，直径が 0.05〜0.07 mm 程度であり，通常に観測できる直径 0.1 mm 以上の粒子については「大きい粒子」と見なしてよいことになる．高橋ほか（2000）や佐藤ほか（2003）は，雪面から採取した雪粒子の終端落下速度を計測し，雪粒子飛び出し風速や雪粒子結晶形などとの関連を調べた．それによると，降雪時の雪結晶形が樹枝状の場合は終端落下速度が 0.5〜0.8 m/s と小さいが，広幅六花や雲粒つき樹枝状結晶の場合は 1〜1.5 m/s，融解が進んだざらめ雪の雪粒子の場合は 1.5〜3 m/s という大き

表 5.2.3 雪粒子の落下速度式および関係式の一覧

	小さい粒子	大きい粒子
空気抵抗力 F	$F = 6\pi\eta v$	$F = \dfrac{1}{2} C_D S \rho_0 v^2$
終端落下速度 w	$w = \dfrac{mg}{6\pi\eta a} = \dfrac{\rho g d^2}{18\eta}$	$w = \sqrt{\dfrac{2mg}{C_D S \rho_0}} = \sqrt{\dfrac{4\rho g d}{3 C_D \rho_0}}$
静止空気中の落下速度 v（初速度は 0）	$v = w(1 - e^{-\frac{g}{w}t})$	$v = w \tanh \dfrac{g}{w} t$
風速場 (U, V) 中の粒子速度 (u, v)（初速度は (u_1, v_1)）	$u = u_1 + (U - u_1)(1 - e^{-\frac{g}{w}t})$ $v = v_1 + (V - w - v_1)(1 - e^{-\frac{g}{w}t})$	$u = u_1 + (U - u_1) \tanh\left(\dfrac{gt}{w}\right)$ $v = v_1 + (V - w - u_1) \tanh\left(\dfrac{gt}{w}\right)$

a：粒子直径，m：質量，S：断面積，v：粒子速度，ρ：粒子密度，ρ_0：空気密度，η：空気粘性係数，C_D：抵抗係数，g：重力加速度，$\tanh x = (e^x - e^{-x})/(e^x + e^{-x})$，終端落下速度 w は直径 d の球の場合の式も示す．

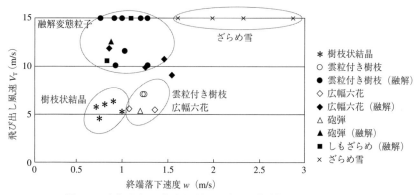

図 5.2.6 自然雪面の雪粒子飛び出し風速 V_T と終端落下速度 w の関係
雪粒子形状で分類してある（佐藤ほか，2000）．新雪の樹枝状結晶の V_T，w とは双方とも小さいが，融解変態した雪粒子では大きくなる．

な値を示した(図5.2.6).

(3) 吹雪のシミュレーション

浮遊層の吹雪現象を，大気と雪粒子から構成される連続体(混相流)として扱い，まず気流の運動方程式を解いて風の場を計算し，その風の場に応じて拡散方程式を解くことで吹雪の輸送量を計算するという試みも数多く行われている(Uematsu, 1993; Naaim at al., 1998; Gauer, 2001; 福嶋ほか, 2002; Déry and Yau, 1999; Bintanja, 2001). このうち，Uematsu (1993) は混合距離理論を，また Naaim ら (1998)，Gauer (2001) は $k-\varepsilon$ モデルによってそれぞれ乱流場を表現した．

一方，吹雪と類似した現象である飛砂の研究分野では，個々の粒子に運動方程式を適用して軌道を計算するという運動力学的手法が開発された(Anderson and Haff, 1988; McEwan and Willetts, 1993 など)．これらは跳躍層での粒子の運動を対象にしており，図 5.1.2 に示した四つのサブプロセスを厳密に組み込むことで自己調節機能を表現する self-regulating saltation model として知られている．

このように，これまで異なった手法で取り扱われてきた跳躍層と浮遊層の議論を統一しようとする試みもある．Sato et al. (1997) は，$k-\varepsilon$ 乱流モデルから平均速度場を計算したうえで，落下速度を考慮したランダムウォークモデルで吹雪粒子の軌道を求めた．図 5.2.7 に示した粒子の軌跡に着目すると，運動が跳躍から浮遊に遷移する様子がわかる．また Nemoto and Nishimura (2003) は上記の自己調節機能モデルに，ランダムフライトモデルにより計算された乱流変動を組み込むことで，跳躍から浮遊への遷移過程を考慮したモデルを構築した．従来の跳躍モデルに大気乱流，雪粒子の慣性効果，さらには粒径分布の効果を組み込むことで，吹雪の全体像の記述を試みて

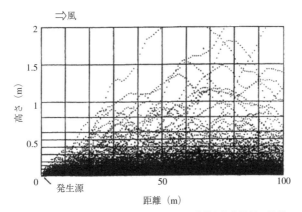

図 5.2.7 ランダムウォークモデルによって計算された粒子の軌道
(Sato et al., 2000 の図より改変)

いる．計算から得られた吹雪質量フラックスの鉛直分布は，南極みずほ基地における野外観測結果とも定量的によく一致した．

5.2.4 吹雪時の視程と熱伝達

(1) 視 程

吹雪が発生しているときは，空気中の飛雪粒子による光の減衰，散乱，反射などの作用により視程（visibility）が変化する．視程は，正常な視覚をもった人がみることができる水平方向の最大距離であるが，背景の明るさ，対象物の大きさ，人間の目の残像効果などさまざまな要素に依存する．視程が悪くなって交通などの機能が正常な状態より低下することを視程障害（poor visibility）といい，視程障害がさらにひどくなると，目の前の地表の凹凸や目標物が識別できなくなるホワイトアウト（whiteout）と呼ばれる現象が生じることもある．

視程に対応する物理量としては，光の減衰を測ることによって得られる光の消散係数がある．古くは Mellor（1966）が対象物の明るさと背景の空の明るさとの比を光度計で，また O'Brien（1970）は地平線に近接した空の明るさとブラックホールを使った空間の明るさを使って消散係数を求めた．最近，冬期の道路状態監視用として用いられる視程計（visibility meter）は，変調赤外光の透過率や反射率を測定して視程に換算する方法が多い．また，ビデオカメラをセンサとして専用目標物上のコントラストを画像により視程に換算する方法もある．

雪粒子の空間密度が同じなら，雪粒子が風に乗って飛んでいる吹雪のときでも，雪が静かに降る降雪時でも，光の消散係数や視程は同じになりそうであるが，実際には，吹雪時の光の消散係数は降雪時に比べて減衰が約 5 倍大きい．これは吹雪時に

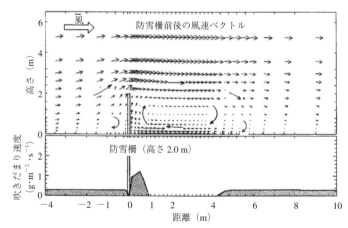

図 5.2.8 防雪柵周辺の気流と吹きだまり分布の数値結果（植松ほか，1989）

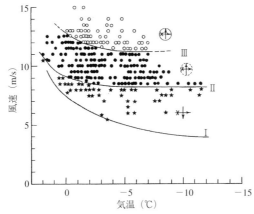

図 5.2.9 吹雪発生風速と気温の関係（日本建設機械化協会，1988を一部修正）
Ⅰ：低い地吹雪の発生限界，Ⅱ：断続性の吹雪の発生限界，
Ⅲ：連続して続く吹雪の発生限界．

は，雪片が破壊されたり，時間を経て丸くなったりして，小さい粒子が多いために，同じ空間密度（質量）でも光をさえぎる断面積が降雪時より大きいためと考えられる．視程の違いはもっと大きく，同じ空間密度でも吹雪時の視程は降雪時の 10 倍以上も小さい．これは人間の目の残像効果により，動いている雪粒子がより大きい面積として感知されるためである（竹内・福沢，1976）（図 5.2.10）．

　吹雪による視程低下は冬の交通災害を招く．道路交通の安全性を確保するために，吹雪視程予測の取組みも行われつつある．昨今の計算技術の発達に伴い，かなり細かい精度での局地的な気象予測が可能になってきたため，この値を視程と風速や吹雪空間密度の関係式に入力して道路上各地点の視程を予測しようというものである．気象庁から提供される格子点気象情報 GPV (Grid Point Value) から視程を求めるフローの一例を図 5.2.11 に示す（大槻ほか，2003）．

(2) 吹雪層内の熱伝達と昇華

　地吹雪がつねに発生している極地では，吹雪粒子が雪面に接触したり空気中に飛び上がる過程で大気と雪面の間の熱交換に寄与する．この議論にあたっては，吹雪層内部で熱伝達がどの程度活発に行われるかが重要となる．金田・前野 (1980) は，低温風洞などの室内実験を行い，図 5.2.12 に示すように吹雪層内では熱伝達係数が非常に大きくなることを求めた．

　一方，吹雪層からの昇華蒸発は，高緯度の乾燥地域での水資源の確保さらには極域での水循環にとっても重要な課題である．この効果について観測と考察を行った例としては Tabler (1975) などの研究がある．

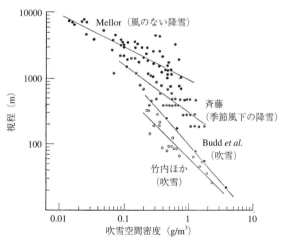

図 5.2.10 視程と吹雪空間密度の関係（竹内・福沢，1976 より）吹雪空間密度が大きいと視程は下がる．同じ吹雪空間密度でも，吹雪時のほうが風のない降雪に比べて視程が小さいのは，人間の眼の残像効果とされている．

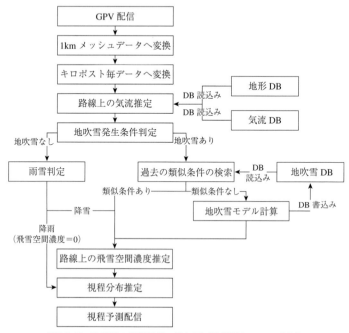

図 5.2.11 吹雪時の視程予測の流れ図（大槻ほか，2003 より）

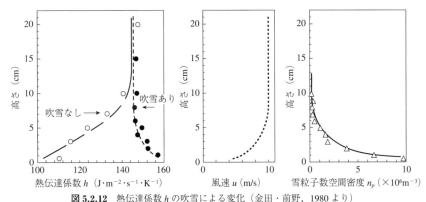

図 5.2.12 熱伝達係数 h の吹雪による変化（金田・前野，1980 より）
左から吹雪時および吹雪なし時の熱伝達係数 h 鉛直分布，風速分布，吹雪時雪粒子数空間密度．
吹雪時に地吹雪粒子の存在により地面付近の熱伝達係数が増加することがわかる．

5.2.5 吹きだまり

(1) 吹きだまりとは

吹雪が一晩中吹き荒れた翌日，建物がすっかり雪に覆われたり，道路に雪の小山ができて車が通れなくなったりする．このように吹雪によって運ばれた雪が積もってできた雪の堆積が吹きだまり（snow drift）である（図 5.2.13）．風速が小さくなることにより雪粒子の運動が停止して吹きだまりができるが，建物など障害物の風上側では，表面付近を跳躍運動してきた粒子が風速減少によって堆積することが多く，建物の風下側や道路切り土部などの風の弱くなるところでは，浮遊運動によって空中を飛来してきた雪粒子が堆積する．

寒冷地域では，暴風雪時の強い吹雪による吹きだまりのために道路や鉄道が通行不能になる場合もあり，その対策として防雪柵（snow fence）が設けられていることが多い．防雪柵は雪を風上側にためる吹きだめ柵（collector snow fence），道路面の雪を吹き飛ばすための吹き払い柵（blower snow fence），谷から吹き上げる吹雪を防止する吹き上げ防止柵（blowing up fence）などがある（日本雪氷学会，1990）（14.4.3 項「道路の吹雪災害」参照）．

山間部の稜線上では冬の季節風により，風上側の斜面を上ってきた雪粒子が，庇のように風下側に張り出して堆積したものを雪庇（snow cornis）といい，雪崩の原因となる場合もある．南極氷床の雪面では積雪の堆積時に，卓越風向に細長く伸びたクジラの背状のデューン（dune），卓越風向とは直角方向のバルハン（barhan）などの雪面模様が形成されるが，これも吹きだまりの一種といえる．

図 5.2.13 吹きだまりのいろいろ
(a) 道路の吹きだまり(竹内政夫氏撮影),(b) 防雪柵の周りの吹きだまり(金田安弘氏撮影),(c) 山の稜線にできた雪庇(北アルプス奥大日岳.中村邦夫氏撮影),(d) 南極氷床のサスツルギ(表面に堆積した雪が風で削られた.亀田貴雄氏撮影)

(2) 建物と防雪柵の吹きだまり

最近,建物周囲の吹きだまりについての研究が進んでいる.老川・苫米地(2003)はモデル実験と考察を行った.風が吹くと建物の周りには馬蹄形の渦ができて,その風の強い部分は雪が積もらない(図 5.2.14).平地にモデル的な四角い建物を置き,吹雪の後に積雪深がどのようになったかを図 5.2.15 に示す.馬蹄形状に雪が削られ,建物背後の風が弱い部分に積雪が堆積していることがわかる.風が時間変動するとき,一般的には風速減少時には堆積,風速増大時には浸食(削剥)が進行する.

また,苫米地ほか(2003)は,一般住宅の屋根に積もる雪を想定して,高さの違う 2 段屋根構造の建物モデルを作成し,冬期間,自然の積雪・吹雪状態のなかに置いてその積雪分布を調べた(図 5.2.16).

植松ほか(1989)は,防雪柵前後の吹きだまりに関して先に紹介した数値モデルに基づいた解析を行った.柵のすぐ風下には吹きだまりが,さらに下流域には吹き払い領域が形成されており(図 5.2.8),実測値とも比較的よい一致がみられた.吹きだまりのシミュレーションには,雪粒子の跳躍運動,雪粒子の停止条件,表面形状の変化などをどうモデルに取り込むかなど多くの問題がある.こうした問題を十分に把握し

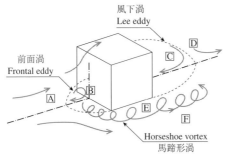

図 5.2.14 建物近傍の馬蹄形渦(老川・苫米地, 2003 より)

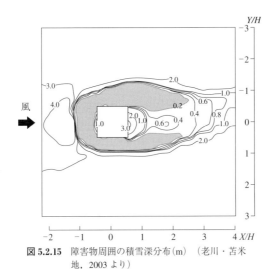

図 5.2.15 障害物周囲の積雪深分布(m) (老川・苫米地, 2003 より)

水平距離は,風向方向の距離 X,直交方向の距離 Y を障害物の高さ H で規格化してある．馬蹄形状に雪の少ないところが現れ,前方には雪が多く堆積する．

たうえで結果の検討をすることが重要であるが，構造物建造に際しての事前検討において，このようなシミュレーションが必要とされる場合も多く，今後の発展が期待される分野である．

(3) 極地の積雪再配分

吹雪によって大量の雪が運ばれると，あるところでは雪が持ち去られて雪面が削剥(erosion)され，別のところで雪が再び堆積(accumulation)する．このような現象は積雪の再配分(redistribution)と呼ばれる．

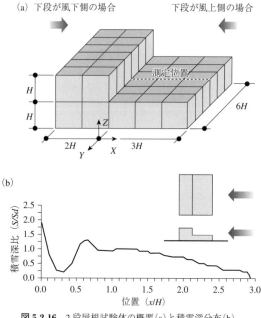

図 5.2.16 2段屋根試験体の概要(a)と積雪深分布(b)
苫米地ほか(2003)による．位置は，水平距離 x を建物高さ（1階部）H で規格化したものである．風下側には風の渦を反映した堆積が生じる．

　南極では，放射冷却によって生じる冷気が大陸斜面を下る斜面下降風が一年中吹き，地吹雪がつねに発生している．氷床の頂部は平坦であるために風は弱いが，氷床斜面中流部ではしだいに傾斜が増すにつれて風速が増大し，表面から積雪が持ち去られて削剥が起こる．氷床下流部では，放射冷却の度合いが小さくなって風速は小さくなり，上流から運ばれてきた積雪が再堆積をする．このように南極大陸では数百 km にわたる規模で降雪後の雪の積雪再配分が起こる．
　Takahashi et al.（1988）は南極みずほ高原において表面傾斜から斜面下降風を求め，地吹雪による削剥・堆積を計算した．その結果，やまと山脈南東部の裸氷原地帯の生成原因が地吹雪による削剥であると説明した．同様な手法で Takahashi（1988）は，白瀬氷河の主流線沿いの斜面について積雪再配分を計算し，図 5.2.17 のような結果を得た．氷床頂部付近では積雪再配分量はほとんど 0 であるが，海岸から約 250 km の中流域では削剥となり，その削剥量が水量にして約 150 mm/年と，この地域の年間降水量（200 mm 前後）にほぼ匹敵した．逆に沿岸部付近では，地吹雪による堆積が年間約 250 mm と見積もられた．

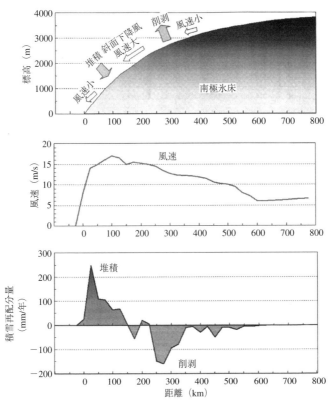

図 5.2.17 南極氷床における積雪再配分量モデル（Takahashi，1988 の図より改変）
上から白瀬氷河流線沿いの氷床表面標高と積雪再配分模式図，風速，積雪再配分量を表す．距離は白瀬氷河末端からの距離である．冷気が斜面を下り降りる斜面下降風によって定常的に積雪面から雪が持ち去られる地域や堆積する地域が現れる．

5.2.6 吹雪風洞実験

　吹雪内部の飛雪粒子の運動プロセスや障害物周辺の吹きだまり形状などを研究する目的で，これまで数多くの風洞実験が行われてきた．
　低温室内に設置された風洞においては，実際の雪粒子を使った吹雪の実験が可能であり，国内では北海道大学低温科学研究所の低温風洞（2003 年に撤去）にはじまり，近年は防災科学技術研究所の風洞（図 5.2.18）や北海道立北方建築総合研究所の環境風洞装置が活発に利用されている（たとえば，Kikuchi, 1981；佐藤ほか, 1999）．

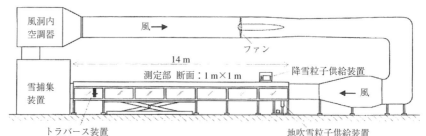

図 5.2.18 防災科学技術研究所・新庄支所の風洞
雪粒子が風上部から供給され,風下部の捕集装置で除去される(佐藤,2003より).

図 5.2.19 模型雪として活性白土を用いた風洞実験の例(苫米地 司氏提供)

　一方,常温下で実験可能な方法として,雪粒子の代わりに活性白土や炭酸マグネシウムなどの模擬粒子を用いて吹きだまりを調べる実験も行われている(Anno, 1984;苫米地・遠藤,1986;鈴谷ら,1993;老川ほか,1999)(図 5.2.19).粉体専用風洞をもつ国内機関としては,北海道工業大学建築工学科,北海道開発局建設機械工作所,日本大学理工学部,北海道立北方建築総合研究所などがある.

　野外での実験・観測は天候に左右され観測回数も限られるが,風洞実験は任意の環境条件を再現でき,系統的なデータ取得が可能であるために効率的な実験研究ができるのが利点である.しかし,その一方で野外と実験の寸法の違いによる相似条件をどのように取り扱うかという問題がある.相似条件については多くの研究例があるが,いまだ統一的な結論には至っていない(三橋,1999).佐藤(2003)は吹雪の風洞実験について,つぎのような問題点および注意点について指摘を行っている.

5.2 吹雪観測と風洞実験 193

建物や防雪柵の模型を作る場合，その大きさに注意が必要である．模型の断面積が大きいと風洞の天井や壁面の影響を受ける．一般に，模型断面積と風洞断面積の比は5％以下が適当とされる．

野外の実物と風洞内の模型についてつぎのような相似条件を検討する必要がある．

① 幾何学的な条件：障害物の形や地形が相似であることはもちろんだが，雪粒子粒径と障害物の代表的長さの比が同一でなくてはならない．

② 風の分布の条件：障害物周囲の風速や乱れの分布が相似でなくてはならない．

③ 飛雪粒子運動の相似条件：飛雪粒子の跳躍高度や跳躍距離などの運動状態が相似でなくてはならない．

④ 雪粒子性質の相似条件：雪粒子の安息角や付着力，摩擦係数などが相似でなくてはならない．

⑤ 経過時間の相似性：吹きだまり形成などで風洞実験の経過時間が野外ではどのくらいの時間になるかの検討が必要である．

実際には，上記の条件をすべて満たすことは不可能であり，目的によって相似条件を緩和するのが一般的である．吹雪実験は，環境実験設定や再現性などの点で優れているが，あくまでも自然現象を室内実験でモデル化したものであり，野外観測結果と室内実験結果を比較検証する作業は不可欠である．

近年，大型建築物の設計において，屋根雪荷重や吹きだまりによる積雪の評価が重

表5.2.4 これまでのおもな風洞実験（三橋，2003より）．

実験者	年代	試験対象物	スケール	模型雪
Finny	1930	防雪柵	—	おがくず，雲母の破片
木村，吉阪	1942	建物周辺	—	炭酸マグネシウム
Stormほか	1962	北極圏の建物	1/10	ぼう砂
Iversen	1980	高速道路	1/60	ガラスビーズ
Tabler	1980	防雪柵	1/30，1/120	自然雪
安濃，小西	1981	防風林と防雪柵	1/300	活性白土
Kind, Muray	1982	防雪柵	1/20，1/40	ポリスチレン球，砂
安濃	1985	南極の高床式産物	1/100	活性白土
遠藤，苫米地	1985	南極の高床式建物	1/75，1/100	活性白土
deMatha, Tayller	1986	陸屋根，二段屋根	—	おがくず
Isyumov	1988	防雪柵	1/20～1/70	シリカ砂，小麦粉，砂糖
Kwok, Kim, Rohde	1989	南極の高床式建物	1/50，1/100	重炭酸ナトリウム
野沢，鈴谷，植松	1993，1996	二段屋根	1/400	ばん砕
苫米地ほか	1994	住棟	1/500	活性白土
日比，老川ほか	1997	陸屋根	1/100	活性白土
三橋	1985，1998	南極の高床式建物	1/50～1/300	活性白土，人工雪
三橋	1990	超高層建物	1/600	活性白土，炭酸マグネシウム
三橋	1999	体育館	1/300，1/500	人工雪
Dufresne de Vierelほか	2000	二段屋根，切妻屋根	1/10	人工雪

(a)吹雪風洞実験による吹きだまり

(b)南極・昭和基地実在建物の吹きだまり

図 5.2.20 南極昭和基地の建築物の実験 (Mitsuhashi *et al.*, 2001 より)
(a)吹雪風洞実験による吹きだまり, (b)南極・昭和基地実在建物の吹きだまり.

要になってきており,模型雪を用いた吹雪風洞実験が,その評価の手段として用いられている.表 5.2.4 に示すように,三橋 (2003) は,道路防雪対策としての防雪柵の実験も含めて実際の建物への吹雪実験の応用例を紹介している.現在,国内では,おもに北海道工大,東北工大,日本大学,清水建設技研などで大スパン建物,二段屋根,超高層建物など各種建物について吹きだまりに関する風洞実験研究が行われている.

Mitsuhashi *et al.* (2001) は南極高床式建物については,防災科学技術研究所・長岡雪氷防災実験研究所新庄支所における雪を用いた風洞実験から吹きだまり現象の再現性を検討した(図 5.2.20).建物縮尺は 1/50,1/100 とし,風洞内風速を 3.0〜6.5 m/s について実験を行った.南極における実測データとの検証結果,吹きだまり現象の再現性が検証された.　　　　　　　　　　　　　　　　　　　[高橋修平]

5.2 吹雪観測と風洞実験 195

文 献

Anderson, R.S. and Haff, P.K.（1988）: Simulation of eolian saltation. *Science*, **241**: 820‒823.

Anno, Y.（1984）: Requirements for modeling of a snow-drift. *Cold Region Sci. Technol.*, **8**: 241‒252.

Bintanja, R.（2001）: Buoyancy effects included by drifting snow particles. *Ann. Glaciol.*, **32**: 147‒152.

Budd, W.F., Dingle, R. and Radok, U.（1966）: Byrd snow drift project: outline and basic results. Studies in Antarctic Meteorology（Rubin M.J. ed.）, *American Geophys. Union, Antarctic Res. Ser.*, **9**: 71‒134.

Déry, S. J. and Yau, M.K.（1999）: A bulk blowing snow model. *Boundary-Layer Meteorol.*, **93**: 237‒251.

福嶋佑輔・菊池卓郎・西村浩一（2002）: 地吹雪における雪の連行係数に関する考察. 雪氷, **64**, 533‒540.

Gauer, P.（2001）: Numerical modeling of blowing and drifting snow in Alpine terrain. *J. Glaciol.,* **26**: 174‒178.

金田安弘・前野紀一（1980）: 吹雪における熱伝達係数の測定. 低温科学, 北海道大学低温科学研究所, **A39**: 33‒47.

Kikuchi, T.（1981）: A wind tunnel study of the aerodynamic roughness associated with drifting snow. *Cold Region Sci. Technol.*, **5**: 107‒118.

Loewe, F.（1956）: Etudes de Glaciologie en Terre Adelie, 1951‒1952. Expeditions Polaires Francaies, Paris.

Mann, G.W., Anderson, P.S. and Mobbs, S.D.（2000）: Profile measurements of blowing snow at Halley, Antarctica. *JGR*, **105**(D19) **24**: 491‒508.

松沢 勝・竹内政夫（2002）: 気象条件から視程を推定する手法の研究. 雪氷, **64**: 77‒85.

McEwan, I.K. and Willetts,B.B.（1993）: Adaptation of the near-surface wind to the development of sand transport. *J. Fluid Mech.*, **252**: 99‒115.

Mellor, M.（1966）: Light scattering and particle aggregation in snow storms. *J. Glaciol.*, **6**: 237‒248.

三橋博巳（1999）: 模型雪を用いた風洞実験. 日本風工学会誌, No.78: 51‒54.

Mitsuhashi, H., Sato, A., Nakamura, O., Miyashita, K., Yamaguchi, H. and Ohbayashi, N.（2001）: Wind tunnel modeling of snow drifting around the building. The Fifth Asian-Pacific Conference on Wind Engineering, Kyoto, 381‒384.

三橋博巳（2003）: 建築物の雪の吹きだまりと吹雪風洞実験. 雪氷, **65**: 287‒295.

Naaim, M., Naaim-Bouvet, F. and Martnez, H.（1998）: Numerical simulation of drifting snow: erosion and deposition models. *Ann. Glaciol.*, **26**: 191‒1996.

Nemoto, M. and Nishimura, K.（2003）: Numerical simulation of snow saltation and suspension in turbulent boundary layer. *J. Geophys. Res.*（submitted）.

前野紀一・遠藤八十一・秋田谷英次・小林俊一・竹内政夫（2000）: 雪崩と吹雪（基礎雪氷学講座 III）. 263 p, 古今書院.

日本建設機械化協会（1988）: 新編防雪工学ハンドブック, p.62, 森北出版.

日本雪氷学会（1990）: 雪氷辞典, 196 p, 古今書院.

日本雪氷学会北海道支部（1995）: 雪氷調査法, 244 p, 日本雪氷学会.

O'Brien, H.W.（1970）: Visibility and light attenuation in falling snow. *J. Appl. Meteoror.*, **9**: 671‒683.

老川 進・苫米地 司・廣長孝晃（1999）: 降雪風洞による建物付近の吹きだまり再現. 寒地技術論文・報告集, **15**: 541‒542.

老川 進・苫米地 司（2003）: モデル建物近傍における雪の堆積と浸食の形成プロセス. 雪氷, **65**: 207‒218.

大槻政哉・畠山拓治・滝谷克幸（2003）: 吹雪視程予測の取り組み. 雪氷, **65**: 297‒302.

プラントル, L. 著, 白倉昌明・橘 藤雄・秋山 守・塩冶震太郎・佐野川好母・福井資夫訳（1972）: 流れ学（上）, 346 p, コロナ社.

佐藤研吾・高橋修平・谷藤　崇（2003）：雪粒子の飛び出し風速と雪面状態の関係．雪氷，**65**：189 - 196.

Sato, T., Uematsu, T. and Kaneda, Y.（1997）: Application of random walk to blowing snow. Snow engineering: Recent Advances（Izumi, Nakamura and Sack eds.）, pp. 133 - 138.

佐藤　威・小杉健二・佐藤篤司（1999）：雪粒子を用いた風洞実験による吹雪の研究．寒地技術論文・報告集，**15**：50 - 54.

佐藤　威（2003）：吹雪の風洞実験について．雪氷，**65**：279 - 285.

塩谷正雄（1953）：吹雪密度の垂直分布に関する一考察．雪氷，**15**：6 - 9.

鈴谷二郎・植松　康・野沢寿一（1993）：二段屋根上の吹き溜まり形成過程に関する実験的研究．第9回日本雪工学会大会論文報告集，137 - 142.

Tabler, R.D.（1975）: Estimating the transport and evaporation of blowing snow. Great Plains Agric. Council, Nebrasca Univ., Publ., 73, 85 - 104.

Takahashi, S., Naruse, R., Nakawo, M. and Mae, S.（1988）: A bare ice field in East Queen Maud Land, Antarctica, caused by horizontal divergence of drifting snow. *Ann. Glaciol.*, **11**: 156 - 160.

Takahashi, S.（1988）: A preliminary estimation of drifting snow convergence along a flow line of Shirase Glacier, East Antarctica. *Bull. Glacier Res.*, **6**: 41 - 46.

高橋修平・谷藤　崇・佐藤篤司（2000）：雪粒子終端落下速度と吹雪発生風速の関係．寒地技術論文・報告集，**16**：409 - 413.

竹内政夫・福澤義文（1976）：吹雪時における光の減衰と視程．雪氷，**38**：165 - 170.

苫米地　司・遠藤明久（1986）：建物周辺の吹きだまり対策に関する基礎的研究．日本雪工学会誌，No.1：4 - 11.

苫米地　司・細川和彦・土谷　学（2003）：2段屋根下段部における積雪分布における調査．雪氷，**65**：231 - 239.

植松孝彦・竹内敬二・有沢雄三・金田安弘・武田準一郎（1989）：吹きだまりの数値シミュレーション．寒地技術論文・報告集，**5**：115 - 120.

Uematsu, T.（1993）: Numerical study on snow transport and drift formation. *Ann. Glaciol.*, **18**: 135 - 141.

コラム 5.1　吹雪はどこへ行く？

　南極内陸のみずほ基地で越冬中，雪上車で基地から離れて観測に出かけたときのこと．基地を守る隊員からトランシーバーによる通信が入った．「もしもし，質問があります．毎日いつもこんなに地吹雪が吹いて，どうしてこの雪はなくならないのですか？」と聞かれ，答えに窮した．それは，みずほ基地にいると確かに自分でも実感する疑問であった．空を見上げると青空が一面にみえて天気がいいのに地上はいつも地吹雪．水平方向をみるといつも高さ数十 m の吹雪の層がみえている．降雪直後なら理解できるが，10 日経っても，いや何日経ってもいっこうに吹雪はおさまらない．そんなときの雪粒子をみるとジャガイモのような丸い形をしており，新雪の結晶形の面影はない．つまりいったん積もった雪が，また飛び出しているのである．南極大陸の 1000 km もの大きなスケールでは，年中発生している斜面下降風が吹き出す内陸部では雪がどんどん運び出され，風が弱くなる沿岸部ではその雪が溜まるものである．みずほ基地では，その吹雪がいつも通過するため，1 m の幅を年間約 3000 t もの雪が通過する．これは 10 万 t 級タンカー（幅 40 m，喫水 10 m，長さ 250 m）が横いっせいに並んで年間に 1.2 回通り過ぎていく量と同じなのである．

　その後，北海道・陸別町の農家の人に「先生，昨日の吹雪で 40cm もあったウチの畑の雪がなくなってしまったよ．どこにいったのかね？」と聞かれた．「林とか山陰とか，とにかく風の弱くなるところに行ったのです」と今度は答えることができた．

[高橋修平]

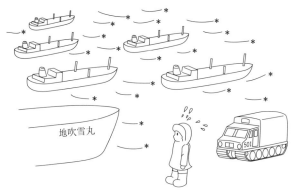

みずほ基地の年間地吹雪輸送量は 10 万トンタンカーが横に並んで通るのと同じ．

コラム 5.2　CRREL（米国）

機関名：Cold Regions Research and Engineering Laboratory（CRREL）
所在地：72 Lyme Road, Hanovor, New Hampshire, U. S. A.
URL：http://www.crrel.usace.army.mil

　CRREL は，SIPRE（Snow, Ice and Permafrost Research Establishment）と ACFEL（Arctic Construction and Frost Effects Laboratory）が 1961 年に統合されたもので，故中谷宇吉郎もその創立に関係した．この研究機関の任務は，寒地工学的研究から寒冷地についての知識を蓄えて，工兵隊，軍，国防省へ提供することである．応用研究だけでなく，雪，氷，凍土についての基礎的研究も行われている．多くの低温実験施設を有し，永久凍土層に掘られた全長約 110 m の横穴を利用しての実験も行われている．　　　　　　　　　　　　　　　　　　　　　　　　　　　　　　　　[**古川晶雄**]

CRREL（© CRREL）

6 雪　崩

6.1　雪崩の定義と分類

6.1.1　雪崩の定義

　いったん斜面上に積もった雪が，重力の作用により，肉眼で識別しうる速さで位置エネルギーを変更する自然現象を「雪崩」と定義する（国際陸水学協会，1965）のが一般的である．しかし，スイスのアルプス地方では，積雪の移動落下距離が約 50 m 以下の場合は，雪滑り・雪ずりと呼ばれ雪崩と呼ばれていない（日本建設機械化協会編，1977）．一方，わが国の最新の雪崩分類（日本雪氷学会，1998）では道路などの切り取った人工斜面（法面）や建物の屋根からの雪の崩落も法面雪崩，屋根雪崩と呼んでいる．したがって，斜面の大小や人工・自然斜面を問わず，斜面上にある雪や氷の全部，または一部が肉眼で識別できる速さで崩れ落ちる現象を「雪崩」と呼ぶのが妥当であろう．

　現在，雪崩という言葉は表層雪崩と全層雪崩の両方をさすが，江戸時代までは「なだれ」または「なで」は全層雪崩を意味し，表層雪崩は「アワ」「ホウラ」「ワシ」などと呼ばれていた（和泉，2002）．また，和泉が明治以降の新潟県内の雪崩災害記録を新聞から調査した結果によると"なだれ"を表す文字は時代を追って変わっており，「頽雪」「崩雪」「雪崩」「なだれ／ナダレ」となり，30 年ほど前からはすべて「雪崩」が用いられるようになった．

6.1.2　雪崩の分類

　日本の雪崩の方言名称は優に 100 をこし，ナデ，ジコスリなどは全層雪崩を，アイ，アワ，ホーなどは表層雪崩を，また雪崩の総称としてユキオシ，ユキハシリなどがあるが，いずれも地域特有の呼び名であった．これらの呼び名は雪崩の運動の様子を表しているものが多く，なかには運動停止後のデブリ（堆雪）の状態から命名した

200   6. 雪　　崩

ものや，語源のわからないものも多い（清水，1978）.

　わが国では，1930年代に入り本格的な雪氷研究がはじまり，また冬山登山も活発
になり，雪崩に関する資料や情報が集まるようになった．雪崩分類は登山者や研究者
がそれぞれ独自の案をもっていたが，統一したものはなかった．1960年代に入ると
わが国も本格的な車社会となり，豪雪地帯の道路も冬季開通されるようになり，研究
者はもとより現場技術者も雪崩災害対策に携わるようになった．このような時代背景
のもと，日本雪氷学会では1963年に雪崩分類専門委員会を設置して調査と検討を重
ね，2年後の1965年に，雪崩分類名称を定めた．なお，この雪崩の分類名称を印刷
公表した文献（日本雪氷学会，1970）では漢字の雪崩を使わず，すべて平仮名の「な
だれ」が用いられている．

（1）　雪崩分類の基本方針

　この雪崩分類の作成にあたっては，以下の基本方針で検討作業が行われた．

　① 雪崩を分類する要素はいろいろ考えられるが，目視などによって確認できる簡
単な要素を主体として分類する．

　② 雪崩の研究は進歩の過程にあるので，将来この分類の大筋が変わらないように
するため細分化を避ける．

　③ 写真などの実証的裏づけをもとにした分類を作成することを考え，想像による
ものはできるだけ避ける．

　④ 学問的な分類を作成するのであるが，同時に雪に関係のある一般の人に広く用
いられることを考慮する．

　⑤ この分類の作成にあたって，雪に関係ある人々の意見を十分反映させるよう配
慮する．

（2）　雪崩分類の要素

　分類の要素としては，雪崩の原因・発生状況・運動形態などが考えられるが，分類
の基本方針に基づき，雪崩発生時の状況に主体を置き，つぎの認識可能な三つの要素

表 6.1.1　雪崩分類の三つの要素とその区分（日本雪氷学会，1970，なだれの分類名称より）

雪崩分類 の要素	区分名	定　　義
雪崩発生の形	点発生	一点からくさび状に動き出す．一般に小規模
	面発生	かなり広い面積にわたりいっせいに動き出す．一般に大規模
雪崩層の雪質	乾　雪	雪崩層が水気を含まない
	湿　雪	雪崩層が水気を含む
滑り面の位置	表　層	滑り面が積雪内部
	全　層	滑り面が地面

を採用した．
 ① 雪崩発生の形態
 ② 雪崩層の雪質
 ③ 滑り面の位置

ここで，雪崩層・滑り面は図 6.1.1 のように定義し，認識可能な三つの要素のおのおのを二つに区分し，表 6.1.1 のように定義した．

表 6.1.1 に示した雪崩分類の要素とそれらの区分の組合せから雪崩の分類名称はつぎの 6 種類とした．

　　　（従来の呼称との対応）
　　点発生乾雪表層雪崩 ……（こな雪崩）
　　面発生乾雪表層雪崩 ……（いた雪崩）
　　面発生乾雪全層雪崩 ……（かわきそこ雪崩）
　　点発生湿雪表層雪崩 ……（うわ雪崩）
　　面発生湿雪表層雪崩 ……（ぬれいた雪崩）
　　面発生湿雪全層雪崩 ……（そこ雪崩）

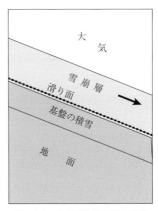

図 6.1.1　雪崩層と滑り面の定義（日本雪氷学会，1970，なだれの分類名称より）

また，ここで定めた分類名称と従来かなり広く用いられていた分類名称のうちから，最適と思われるものを上のカッコ内のように対応づけている．

(3) 最新の雪崩分類

上に述べた 1965 年に定めた雪崩分類から 30 年以上経過し，この分類は広く社会的に使われ定着してきた．しかし，その後スラッシュ雪崩など新しい現象も雪崩の一種として認識されるようになった．日本雪氷学会では積雪分類の見直しと併せて，雪崩に関しても分類を見直すこととなり，日本雪氷学会の雪崩分科会が中心となって担当することになり，雪崩分類見直し作業部会が設置され検討を重ねた（部会長：新田隆三）．

この見直しでは従来の分類が一般的に定着していることから，あまり大幅な改訂は行わず，わかりにくい箇所に注釈を加えることや，新しい現象を分類以外に加えるなどの小さな改訂にとどめた．分類の見直しは以下の基本的な考えでなされた．

　① 前回までの分類について大きな変更は行わない．
　② これまで分類になかった点発生全層雪崩については，実際の雪崩事例がみられることと，より論理的な分類とするために，この改訂では加えることにする．
　③ スラッシュなど新しく雪崩現象としてとらえたほうがよいと考えられる現象を，分類以外に，その他の雪崩現象として載せる．
　④ 雪崩の運動形態による分類を追加する．

202　　　　　　　　　　　　　6.　雪　　　崩

表 6.1.2　雪崩の分類名称（1998）（日本雪氷学会，1998，日本雪氷学会雪崩分類より）

雪崩分類 の要素	区分名	定　　　義
雪崩発生の形	点発生	一点からくさび状に動き出す．一般に小規模
	面発生	かなり広い面積にわたりいっせいに動き出す．一般に大規模
雪崩層（始動積雪）の乾湿	乾　雪	雪崩層が水気を含まない
	湿　雪	雪崩層が水気を含む
雪崩層（始動積雪）の滑り面の位置	表　層	滑り面が積雪内部
	全　層	滑り面が地面

		雪崩発生の形			
		点　発　生		面　発　生	
雪崩層（始動積雪）の乾湿	乾　雪	点　発　生 乾雪表層雪崩	**点　発　生 乾雪全層雪崩**	面　発　生 乾雪表層雪崩	面　発　生 乾雪全層雪崩
	湿　雪	点　発　生 湿雪表層雪崩	**点　発　生 湿雪全層雪崩**	面　発　生 湿雪表層雪崩	面　発　生 湿雪全層雪崩
		表層（積雪内部）	全層（地面）	表層（積雪内部）	全層（地面）
		雪崩層（始動積雪）の滑り面の位置			

　⑤わかりにくい表現については注釈を加える．
作業部会での分類見直しが検討され，1998 年に表 6.1.2 の雪崩分類名称が定められた．新しく追加された雪崩の種類は太字で示した点発生乾雪全層雪崩と点発生湿雪全層雪崩の二つである．1965 年の分類では 6 種類であったのが，1998 年の分類では二つ増えて 8 種類となった．また，雪崩層だけではわかりにくい表現なので，誤解を招かないように注釈を付け加えた．すなわち，雪の乾湿および表層と全層雪崩の区別は雪崩発生域での雪の状態で判定するので，雪崩層という言葉に「（始動積雪）」という言葉を付け加えた．図 6.1.2 に示した例のように，雪崩末端の積雪やデブリが濡れていても，発生点の雪が乾いていれば乾雪雪崩，また雪崩末端付近では全層雪崩であっても，発生域で滑り面が積雪内部にあれば表層雪崩として分類される．その他の雪崩現象としてつぎの五つが追加された．
　①スラッシュ雪崩（大量の水を含んだ雪が流動する雪崩）．同様の現象で大量の水を含んだ雪がおもに渓流内を流下するものは「雪泥流」という．
　②氷河雪崩・氷雪崩
　③ブロック雪崩（雪庇・雪渓などの雪塊の崩落）
　④法面雪崩（鉄道や道路などで角度を一定にして切り取った人工斜面の雪崩）
　⑤屋根雪崩
また，前の分類ではなかった雪崩の運動形態としてつぎの三つの形態が示された．
　①流れ型（大雪煙をあげずに流れるように流下する）

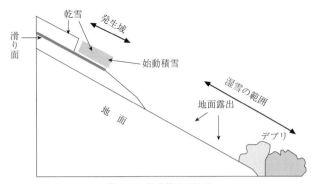

図 6.1.2 始動積雪の説明
雪崩の末端では湿雪・全層雪崩の場合でも，発生点の積雪が乾雪で，滑り面が積雪内部なら乾雪表層雪崩と分類される．

② 煙型（大雪煙をあげて流下する）
③ 混合型（流れ型と煙型の両方を含むもの）

この新しい雪崩分類を示した文献には面発生表層雪崩，点発生表層雪崩，面発生全層雪崩，法面雪崩，スラッシュ雪崩および雪泥流，および流れ型雪崩と煙型雪崩の鮮明な写真も載っていて，一般の人々にもわかりやすいものとなっている．

［秋田谷英次］

文　　献

IASH（1965）：Publication No.69 of IASH, 424 p.
和泉　薫（2002）：日本における"なだれ"現象の認識とそれを表す言葉の変遷．雪氷，**64**(4)：461-467.
日本建設機械化協会編（1977）：新防雪工学ハンドブック，511 p，森北出版．
日本雪氷学会（1998）：日本雪氷学会雪崩分類．雪氷，**60**(5)：437-444.
日本雪氷学会（1970）：なだれの分類．雪氷の研究，No.4：53-57.
清水　弘（1979）：なだれ．気象研究ノート，136 号：63-123.

コラム 6.1　黒部峡谷のホウ雪崩

　北アルプス北部の日本海側に位置する黒部峡谷は，水量の多い急流河川として，昭和初期頃から水力電源開発が強く推し進められた地域である．発電所やダムの建設のため，多くの人々が，寒くて非常に雪の多い厳冬期の黒部峡谷に入り込み，独特の地域的特性をもつ雪崩の被害を受けた．黒部地方では昔からこの種の雪崩のことを「ホウ」と呼んで恐れていた．これを経験した人々は「これは雪崩ではなく，旋風である」といっているが，とくに谷筋では被害の大きさの割には雪崩実質部分の雪（デブリ）の量が少ない．この種の雪崩と同じ記述は鈴木牧之によって書かれた「北越雪譜」のなかにも「ほふら」という名前で出ており，同じものであろう．日本雪氷学会の雪崩分類では乾雪表層雪崩ということになるが，人々が考えている実態はかなり規模の大きなものであり，大規模乾雪表層雪崩と表現すべきものである．そこで，この種の雪崩をとくに「ホウ雪崩」と表現している．

　黒部峡谷の電源開発に関連して起こった大きな雪崩事故には，出し平（1927 年 1 月，死者 34 名・重軽傷者 22 名），志合谷（1938 年 12 月，死者 84 名），阿曽原谷（1940 年 1 月，死者 26 名・重軽傷者 37 名），竹原谷（1956 年 2 月，死者 21 名・重軽傷者 10 名）などがある．1972 年頃より，富山大学と北海道大学の共同研究により，それまで誇張された現象や被害の伝え話でしかなかった黒部峡谷のホウ雪崩の実態が詳しく解明された．

［川田邦夫］

黒部峡谷志合谷の雪崩観測地から上流部をみる．手前にあるのは衝撃力等測定用のコンクリート製マウンド．

6.2 雪崩発生のしくみ

6.2.1 斜面積雪の挙動

斜面積雪は，自分自身の重さやその上に積もった雪の荷重により，粘っこい液体のように変形するとともに，ゆっくりとした速度で地表面を滑っている．積雪の変形による雪粒の移動（変位）をクリープ（creep），積雪の地面での滑りをグライド（glide）という（図 6.2.1）．

積雪はバネのような弾性と水飴のような粘性をもつ粘弾性体（viscoelastic substance）であるが，緩やかな変形に対しては，粘性変形（viscous deformation）が卓越する．粘性変形とは，応力（stress）σ に比例して一定のひずみ速度（strain rate）ε で起こる変形のことで，式で表すと $\sigma = \eta \varepsilon$ の関係がある．ここで比例定数 η は粘性係数と呼ばれる．応力は外力の作用により物体内の任意断面に生じる単位面積当たりの力，ひずみ速度は単位時間・単位長さ当たりの変形量である．いま，図 6.2.1 のような傾斜 α の一様な斜面上に厚さ h の薄い積雪層を考え，その層上の単位面積当たりの雪の荷重を W_n とすると，その斜面分力は $W_n \sin\alpha$，垂直分力は $W_n \cos\alpha$ である．この場合，厚さ h の積雪層には，これらの分力と釣り合うように，斜面方向にせん断応力 $\sigma_{xy} = W_n \sin\alpha$，垂直方向に圧縮応力 $\sigma_y = W_n \cos\alpha$ が生じる．応

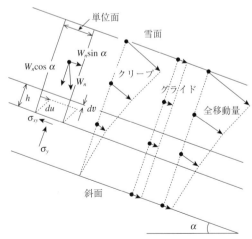

図 **6.2.1** 斜面積雪の応力と移動
クリープ＋グライド＝全移動量

力が生じ釣り合わなければ，荷重 W_n の積雪は斜面にとどまることができず滑り落ちる．この釣合いのもとで，厚さ h の積雪層が dt 時間に斜面方向に du ずれ，垂直方向に dv 縮んだとすると，この層は斜面方向にせん断ひずみ速度 $\varepsilon_{xy}=(du/h)/dt=(1/\eta_s)W_n\sin\alpha$，垂直方向に圧縮ひずみ速度 $\varepsilon_y=(dv/h)/dt=(1/\eta_c)W_n\cos\alpha$ の速度で粘性変形する．このうち後者の圧縮変形により雪の密度は増加する．この現象を圧密（densification）といい，圧密により雪の密度は増加する．比例定数 η_s と η_c はせん断変形と圧縮変形に対する粘性係数で，新雪としまり雪の粘性係数は，密度 ρ（kg/m^3），温度を T とすると，

$$\eta=\eta_0\exp(0.0253\rho-0.0958T)$$

ただし，引張変形の場合　　$\eta_0=5.52\times10^6$ Pa・s

　　　　圧縮変形の場合　　$\eta_0=3.44\times10^6$ Pa・s

　　　　せん断変形の場合　$\eta_0=1.69\times10^6$ Pa・s

である（Shinojima, 1967）．したがって，積雪層の変形はその上の雪の荷重と斜面傾斜より知ることができる．クリープはこのような積雪各層の変形により起こる．クリープの斜面成分をせん断変位，垂直成分を沈降（settlement）という．

　積雪のグライドは，斜面が凍結していない場合に起こる．通常，斜面には大小の凹凸や草木があり，これらが及ぼす抵抗力はたいへん複雑で，グライドの詳細は不明である．しかし笹を敷き詰めた単純な人工斜面では，斜面が及ぼす抵抗力（せん断応力）σ_{xy} は摩擦力で，底面に作用する垂直応力 $\sigma_y=W_n\cos\alpha$ に比例する．ただし，摩擦係数 $\mu=\sigma_{xy}/\sigma_y$ はグライド速度 U（m/day）の関数で，$\mu=(U/2.4)^{1/3}<0.45$ である（Endo, 1983）．したがって，この抵抗力は傾斜 24.2°以下の斜面において全積雪重量の斜面分力 $W_n\sin\alpha$ と釣り合い，積雪は $U=2.4(\tan\alpha)^3$ m/day の速度でグライドする．これより急な斜面では斜面分力が抵抗力より大きくなり，積雪は全層雪崩となって滑落する．

　クリープとグライドは応力の釣合いのもとで起こる現象で，釣合いが破れると雪崩になる．雪崩は，表層雪崩と全層雪崩に大別されるが，表層雪崩は積雪内のある層が応力に耐えられず破壊した場合に発生し，全層雪崩は全積雪重量の斜面分力が斜面の抵抗力より大きくなった場合に発生する．

6.2.2　面発生表層雪崩の形成過程

　表層雪崩は，積雪内の一つの層を境としてその上の積雪が滑り落ちる雪崩である．この雪崩には，1点から発生しくさび状に広がる点発生雪崩（loose snow avalanche）と広い面積にわたる積雪が一斉に動きはじめる面発生雪崩（slab avalanche）がある．後者の面発生の表層雪崩は規模が大きく，前ぶれもなく発生するため最も恐れられている．人が斜面に入り込んだ刺激で発生することも多く，登山者の雪崩事故の大半は

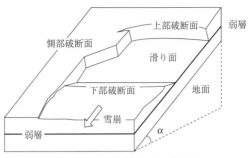

図 **6.2.2** 面発生表層雪崩の破断面

この雪崩によるものである．

典型的な面発生表層雪崩の跡には，4種類の明瞭な破断面がある（図 6.2.2）．観測によると，雪崩は傾斜 25〜55°の斜面で発生し，40°付近が最も多い．積雪は比較的よく結合した積雪層の間に厚さ数 mm〜数 cm 程度の強度の弱い弱層（weak layer）が挟まったサンドイッチ構造をもっている．雪崩発生の最初の破壊は，この弱層のせん断破壊によってはじまる．滑り面（bed surface）はこうしてできた面で，ある大きさの滑り面ができると，その周縁先端には大きな応力が発生する．上流先端の滑り面上の積雪層には引張応力が発生し，滑り面と垂直な面で最大となる．このため，引張破壊は滑り面から雪面に向かって進行し，滑り面にほぼ垂直な上部破断面が形成される．上部破断面が横方向に広がり積雪層が動きはじめると，その両脇の積雪との間にはせん断変形が生じ側部破断面が，下流先端部には圧縮によりくさび状の下部破断面が形成される．面発生表層雪崩はこうして発生するが，上部破断面の形成から雪崩発生までは瞬時に起こる現象である．このため，ある大きさの滑り面が形成されると雪崩は必然的に発生すると考えられる．滑り面は，弱層に作用するせん断応力 $\sigma_{xy} = W_n \sin\alpha$ がその層のせん断破壊強度（shear strength）Σ_s より大きくなるときに形成されるから，最も簡単な表層雪崩の発生条件は $W_n \sin\alpha > \Sigma_s$ である．

6.2.3 滑り面の破壊メカニズム

積雪の破壊強度は，積雪の種類（雪質）や密度，温度，含水率などによって異なるが，粘弾性的な性質をもつ積雪の場合は，ひずみ速度によっても異なり，ゆっくりしたひずみ速度のもとでは液体のように変形し，破壊することはない．図 6.2.3 のしまり雪の引張実験（Narita, 1983）によると，ひずみ速度が 10^{-6} s^{-1} より小さい場合，20%以上ひずんでも破壊しない．ひずみ速度が 10^{-6} s^{-1} 以上になると大きな変形の後に破壊する延性破壊，10^{-4} s^{-1} 以上ではほとんど変形することなく瞬時に破壊する脆性破壊が起こる．延性破壊領域ではひずみ速度が大きいほど破壊強度が大きく，脆性破壊ではひずみ速度が大きいほど強度は小さい．しまり雪の圧縮実験（木下, 1958）

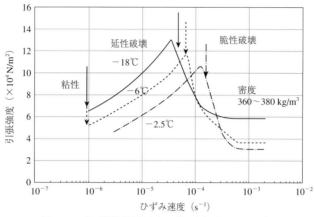

図 6.2.3 雪の引張破壊強度とひずみ速度（Narita, 1983）

では、ひずみ速度が $10^{-4} \sim 10^{-3}$ s^{-1} 以上のひずみ速度で圧縮破壊が起こり、それ以下では粘性的に変形し破壊することはない。せん断変形に関しては、ひずみ速度が 10^{-4} s^{-1} 以上で延性破壊、10^{-3} s^{-1} 以上で脆性破壊が起こる（McClung, 1977, 1987）。このように積雪が破壊するためには、限界ひずみ速度以上で変形するとともに、応力が破壊強度に達する必要がある。ところが、実際の斜面で起こるせん断ひずみ速度は通常 10^{-6} s^{-1}（≒0.1 d^{-1}）以下である。それにもかかわらず、弱層は破壊し雪崩は起こっている。

この矛盾を説明するため、弱層となる積雪層にはグリフィスクラック（Griffith crack）とよく似た小さな亀裂がところどころに存在（または変形により発生）すると考えられている。層に平行に亀裂がある場合、亀裂の上下面のせん断応力はゼロ、せん断変形は不連続である。このため亀裂の先端部には大きな応力とひずみが生じ、これらが限界に達すると先端部の積雪は破壊し亀裂は成長する。先端部の応力とひずみ速度は亀裂の成長につれて大きくなるため、ひずみ速度は延性破壊の速度に達し、さらに拡大すると脆性破壊速度に到達する。これが、一般に考えられている滑り面の脆性破壊メカニズムである。

6.2.4 積雪の危険度評価

積雪の破壊強度 Σ_s はひずみ速度によって異なるので、表層雪崩の発生条件 $W_n \sin \alpha > \Sigma_s$ から雪崩の発生を評価するには、実際の斜面で起こる 10^{-6} s^{-1} 以下のせん断ひずみ速度（厚さ 1 cm につき 1 日 0.1 cm 以下のせん断速度）で破壊強度を求める必要がある。しかし、ふつうの試験方法では、この速度で破壊しない。破壊が起こるためには、前述の破壊メカニズムが働く必要がある。おそらく、大きなせん断面に

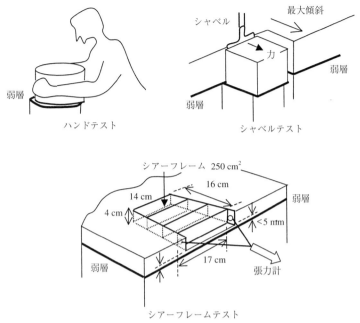

図 6.2.4　いろいろな弱層テスト

ついて長時間にわたる試験が必要であり，現場での試験は困難である．実用的な評価法としては，定性的なハンドテストやシャベルテスト，定量的なシアーフレームテストなどがある（図 6.2.4）．前者は，積雪に穴を掘り，手やシャベルで弱層の有無と強度を定性的に判断し，危険度を評価するものである．後者は，弱層上に差し込んだシアーフレーム（面積 250 cm²）を層に平行に引き，3 秒以内に破壊させたときの弱層の強度 SFI（shear frame index）から，積雪の安定度 SI＝SFI/($W_n \sin\alpha$) を求め評価するものである．多くの滑り面の強度 SFI とその上の雪の斜面分圧から求めた安定度は，SI＝0.19〜6.4 の範囲にあり，その平均は 1.66 である（Perla, 1977）．カナダでは SI＜1.5 を雪崩発生規準として道路管理に使用している．

6.2.5　弱層とその形成条件

滑り面となる弱層としては，雲粒のない大きな平板状の降雪結晶，あられ，しもざらめ雪（こしもざらめ雪を含む），表面霜，濡れざらめ雪の 5 種類が知られている（図 6.2.5）．これらの弱層に共通する点は，雪粒どうしの結合部が少なく弱いことである．弱層の形成条件は以下のとおりである（秋田谷，2000）．

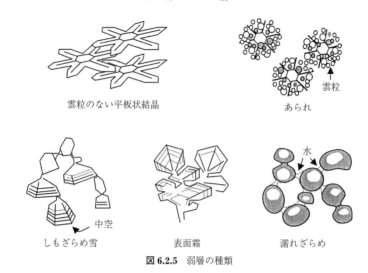

図 6.2.5 弱層の種類

(1) 雲粒のない大きな平板状の降雪結晶

積雪内の温度が 0 ℃以下で温度差が小さい場合，樹枝状や針状の降雪時の結晶形はしだいに丸みを帯び，結晶どうしの接触部分は焼結 (sintering) により結合し，しだいに太く丈夫なしまり雪になる．焼結は融点 (0 ℃) に近く，雪粒の直径が小さいほど速やかに進行する．このため，吹雪によって細かく砕かれた雪や，雲粒付き結晶 (落下の途中で雲粒と衝突し，雲粒が凍結・付着した降雪結晶) が積もる場合には，接触点が多く短時間で丈夫になる．しかし，雲粒のない大きな平板状の結晶が無風状態で積もる場合は，斜面に平行に積もるとともに，接触点が少なく比較的長時間その形が保持される．平行に積み重なった平板状の結晶はせん断変形に弱く，容易に破壊する．

(2) あられ

あられ (graupel) は降雪結晶に多量の雲粒が付着し球状になったもので，通常は雲粒付き結晶と一緒に降ることが多い．しかし，粒径のそろった大粒のあられが単独で積もる場合は，空隙が多く接触点が少ないうえ，あられ自身はほとんど変形しないため，焼結や圧密はほとんど進行しない．このため，あられ層は弱層として長時間維持される．

(3) しもざらめ雪

積雪内の温度が 0 ℃以下で大きな温度差がある場合は，高温側の雪粒から水蒸気が昇華蒸発 (evaporation) し，隣の低温側の雪粒に凝結 (condensation) する．このため，雪粒はしだいに角張った霜の結晶に置き換わり，六角形の板状や柱状，コップ

状のしもざらめ雪（depth hoar）ができる．しもざらめ雪は一般に粒子間のつながり
が細く，脆い危険な雪として知られている．この雪には，地面近くで長時間かかって
できるものと，雪面近くで短時間に成長するものがある．後者の表層しもざらめ雪
は，① 旧雪の上に数 cm の新雪が積もった後，② 日射により旧雪の温度が暖められ，
③ 夜間の放射冷却で雪面が急速に冷やされる場合などに成長しやすい．新雪は熱を
伝えにくいため，内部に 1〜3 ℃/cm の大きな温度差が生じ，新雪は一晩で脆いしも
ざらめ雪に変化する（福沢・秋田谷，1991a, b）．

（4） 表面霜

放射冷却により雪面の温度が急速に低下すると，空気中の水蒸気が雪面に凝結して
霜の結晶ができる．これが表面霜（surface hoar）で，湿度 90 ％以上，風速 2〜3
m/s の場合には，一晩で大きな霜の結晶ができる（Hachikubo and Akitaya, 1997）．
表面霜は，表層しもざらめ雪と同様に結合部分が弱く，弱層となる雪として知られて
いる．

（5） 濡れざらめ雪

積雪の融解や雨水の浸透によって，積雪が長時間水を含んでいると小さな雪粒が合
体し，丸みを帯びた大きな雪粒に変化する．これがざらめ雪で，凍結融解を繰り返す
と雪粒は急速に大きくなる．凍結したざらめ雪は丈夫で，濡れたざらめ雪も一般には
さほど弱くはない．しかし，積雪表面が高温や強い日射で急激に融解すると，雪面に
弱いざらめ雪が形成される．とくに，日射で融解するときは，雪粒どうしの結合部分
が選択的に融解され，強度の弱い球状の濡れざらめ雪ができる（Izumi, 1987）．降雪
により，この雪が濡れた状態のまま埋没すると弱層になる．

このように，弱層のほとんどは雪面付近で形成されるから，雪崩発生の危険性はそ
の上に新たな雪が積もったときに生じ，その量が多いほど危険性は高い．弱層上に雪
が積もると，弱層は圧密され温度差も小さくなるため，しだいに焼結が進行し丈夫に
なる．それゆえ，弱層の上に多量の雪が積もった直後やその最中が，最も危険な時期
である．

6.2.6 弱層のない表層雪崩

いままで弱層がある場合について述べてきたが，豪雪時には弱層がなくても表層雪
崩が発生することがある．斜面上の積雪層には，斜面方向にせん断応力 $\sigma_{xy} = W_n$
$\sin \alpha$ と垂直方向に圧縮応力 $\sigma_y = W_n \cos \alpha$ が作用している．これらの応力は荷重 W_n
に比例して大きくなるが，積雪層の変形は粘性的で，圧縮による密度の増加とそれに
伴うせん断強度の増加は緩やかに進行する．このため，低温で，短時間に多量の雪が
積もる場合には，緩やかに増加する新雪のせん断強度より雪を破壊しようとするせん

断応力が大きくなり，雪崩の起こる可能性が生じる．粘性理論を用いた計算によると，傾斜 45°の斜面で時間降水量 3 mm/h（時間降雪深 6 cm/h）の雪が降り続くと約 3 時間後に，時間降水量 2 mm/h（時間降雪深 4 cm/h）では 7〜8 時間後に雪崩が発生し，それ以下の降雪強度では発生しない（遠藤，1993）．この結果は，弱層がなくても雪崩が発生することを示すものと考えられている．

6.2.7 点発生表層雪崩

点発生表層雪崩は 1 点から発生し，それを契機にその下の雪がつぎつぎに不安定になり，くさび状に崩れ落ちる雪崩である．この雪崩は，表面近くの雪粒がほとんど結合力をもたない場合に発生する．粒状の物質が斜面を転がり落ちることなくとどまることのできる角度を安息角というが，なんらかの原因で安息角より急な斜面に雪が積もった場合や，積雪の融解や変態により安息角が低下した場合に点発生表層雪崩は発生する．点発生雪崩は小規模でさほど危険ではないが，この雪崩が引き金となって大規模な面発生雪崩が発生することがある．また，同時に多発することが多く，これらが合流する場所は危険である．

乾雪の点発生表層雪崩は，低温で激しい降雪のときに発生しやすい．焼結や圧密により丈夫になる前に，つぎつぎと雪が積もり不安定になるためである．吹雪により壊された雪の場合は，雪粒どうしの接触点が多く，焼結により速やかに丈夫になるため，点発生雪崩は起こりにくい．湿雪の点発生雪崩は，融雪や降雨により表面付近の雪が多量の水を含んだときに発生しやすい．この雪崩が日射の当たる斜面で多いのは，日射により雪粒の結合部分が優先的に融かされ，雪粒がばらばらになり流動性が増すためである．湿雪雪崩の一種であるスラッシュ雪崩（slush avalanche）は，氷河や凍土などの不透水層のあるところに発生する雪崩で，急激な融雪や大雨によって積雪が水で満たされ，液体のような性質をもつと発生する．流動性が高いため，傾斜 20°以下の緩斜面でも発生し，遠方まで達する．雪代と呼ばれる富士山のスラッシュ雪崩は，しばしば大災害をもたらす．

6.2.8 積雪のグライドと全層雪崩の発生

地表面を境にして滑落する全層雪崩（full-depth avalanche）は，一般に積雪のグライドの結果として発生する．グライドは，積雪底面の薄い水膜と障害物周辺の雪の変形によって起こる．このため，融雪や降雨により積雪底面の含水率が増すと，グライドは速くなる．全層雪崩が，温暖な日や降雨時に発生しやすいのはこのためである．

最もグライドしやすく，全層雪崩が起こりやすい斜面は，長い葉や茎をもつ笹や茅，細く倒れやすい灌木などの斜面である．根雪当初の降雪により，草木が地面に倒伏し滑らかな斜面ができるためである．しかし，倒伏せず積雪内部に閉じ込められた

6.2 雪崩発生のしくみ

表 6.2.1 全層雪崩の発生危険度とグライド速度
(納口ほか, 1986)

グライド速度	雪崩発生時間	危険度
1cm/分	10分間	危険
1cm/時	10時間	注意
1cm/日		安全

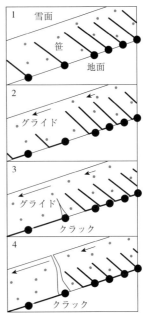

図 6.2.6 笹地斜面のグライドと雪崩の発生 (Endo, 1983)
根雪当初に倒伏した笹は省略されている.

草木が抵抗になって,ただちになだれることはない.積雪底面が 0℃になりグライドがはじまると,積雪内部に閉じ込められた草木は積雪より徐々に抜け出し,その抵抗は減少する(図 6.2.6).その結果,グライド速度はしだいに速くなり,積雪は不安定になる.不安定になった積雪の上流側の底面には大きな引張応力が作用するため,クラックが底面から発生する.クラックが発生してもただちになだれることはまれで,不安定領域の下流側には圧縮による雪しわや褶曲が現れる.全層雪崩はこの圧縮領域の破壊によって発生する.圧縮領域の積雪の破壊は,融雪などによる積雪強度の低下,不安定領域の拡大などによって起こる.このように全層雪崩は突然発生することはなく,クラックや雪しわ,褶曲などの前兆現象が現れるため,その危険性はある程度察知できる.笹地斜面の観測によると,クラックはグライド速度が 10〜20 cm/day 以上で発生する(Endo, 1983).表 6.2.1 に,雪崩の発生とグライド速度の関係を示した(納口ほか, 1986).全層雪崩の発生予測は,グライド測定によりある程度可能である.　　　　［遠藤八十一］

文　献

秋田谷英次・清水　弘 (1987):積雪内の弱層形成に関する観察事例.低温科学, **46**:67-75.
秋田谷英次・清水　弘・成瀬廉二・福沢卓也 (1991):1990年1月15日ニセコスキー場の雪崩.北海道地区自然災害科学資料センター報告, 5:93-101.
安間　荘 (1993):富士山におけるスラッシュ雪崩発生の初期条件と流れの動態.雪氷, **55**(2):142-144.
Brown, C.B., Evans, R.J. and LaChapelle, E.R. (1972): Slab avalanching and the state of stress in fallen snow. *J. Geophys. Res.*, **77**(24): 4570-4580.
Endo, Y. (1983): Glide processes of a snow cover as a release mechanism of an avalanche on a slope covered with bamboo bushes. *Contribut. Inst. Low Temperat. Sci.*, **A-32**: 39-68.
Endo, Y. (1985): Release mechanism of an avalanche on a slope covered with bamboo bushes. *Ann. Glaciol.*, **6**, 256-257.

Endo, Y. (1992): Time variation of stability index in new snow. Proceedings of the Japan-U.S. workshop on snow avalanche, landslide, debris flow prediction and control, 1991, Tsukuba, sponsored by Science and Technology Agency of Japanese Government: 85-94.

遠藤八十一 (1993):降雪強度による乾雪表層雪崩の発生予測. 雪氷, **55**(2):113-120.

遠藤八十一・秋田谷英次 (1977):笹地斜面における積雪のグライド機構 I. 低温科学, 物理編, **35**:91-104.

遠藤八十一・大関義男・庭野昭二 (1990):低密度の雪の圧縮粘性係数と密度の関係. 雪氷, **52**(4):267-274.

福沢卓也 (1996):山岳雪崩遭難の実態調査. 最新雪崩学入門, pp. 10-15, 山と渓谷社.

福沢卓也・秋田谷英次 (1991a):しもざらめ雪の急速形成過程の観測. 低温科学, **50**:1-7.

福沢卓也・秋田谷英次 (1991b):大きな温度勾配の下でのしもざらめ雪成長実験 (I). 低温科学, **50**:9-14.

Hachikubo, A. and Akitaya, E. (1997): Effect of wind on surface hoar growth on snow. *J. Geophys. Res.*, **102**(D4):4367-4373.

八久保晶弘・福沢卓也・秋田谷英次 (1994):積雪表面霜の形成機構. 北海道の雪氷, **13**:26-29.

Haefeli, R. (1939): Schneemechanik mit Hinweisen auf die Erdbaumechanik. Der Schnee und seine Metamorphose, Beitrage zur Geologie der Schweitz, Geotechnische Serie, Hydrologie, Lieferung 3:69-241. (English translation: U.S. Snow, Ice and Permafrost Research Establishment. Translation 14, 1954).

和泉 薫・川田邦夫・佐藤和秀・西村浩一・矢野勝俊・佐藤 修・鈴木幸治・小林俊一 (1986):柵口表層雪崩の規模とデブリの雪氷学的特質. 新潟県能生町表層雪崩災害に関する総合的研究 (研究代表者:小林俊一), 文部省科学研究費 No.60020051, 突発災害研究成果:11-17.

木下誠一 (1958):積雪における変形速度と変形形式との関係 II. 低温科学, 物理編, **17**:11-30.

小岩清水 (1993):富士山の雪代災害. 地理, **38**(3):94-99.

小島賢治 (1957):積雪層の粘性圧縮 III. 低温科学, 物理編, **16**:167-196.

小島賢治 (1960):斜面積雪の粘性流動 I. 低温科学, 物理編, **19**:147-164.

Kojima, K. (1967): Densification of seasonal snow cover. Physics of snow and ice (Oura, H. ed.). The Institute of Low Temperature Science, Hokkaido University, pp. 929-952.

Kuroiwa, D., Mizuno, Y. and Takeuchi, M. (1967): Micromeritical properties of snow. Physics of snow and ice (Oura, H. ed.). The Institute of Low Temperature Science, Hokkaido University, pp. 751-772.

McClung, D. (1977): Direct simple shear tests on snow and their relation to slab avalanche formation. *J. Glaciol.*, **19**(81):101-109.

McClung, D. (1980): Creep and glide processes in mountain snowpacks. National Hydrology Research Institute, Ottawa, Paper No.6, 66 p.

McClung, D. (1987): Mechanics of snow slab failure from a geotechnical perspective. Avalanche formation, movement and effects (Proceedings of the Davos symposium, Sep. 1986), IAHS Publ. No.162:475-508.

McClung, D. and Schaerer, P. (1993): The Avalanche Handbook. 271 p, The Mountaineers, Seattle.

Narita, H. (1983): An experimental study on tensile fracture of snow. *Contribut. Inst. Low Temperature Sci.*, **A-32**:1-37.

日本建設機械化協会 (1977):新防雪工学ハンドブック. 511 pp, 森北出版.

日本雪氷学会 (1998):日本雪氷学会雪崩分類. 雪氷, **60**:437-444.

納口恭明・山田 穣・五十嵐高志 (1986):全層なだれにいたるグライドの加速のモデル. 国立防災科学技術センター研究報告, **38**:169-180.

Perla, R. (1977): Slab avalanche measurements. *Canadian Geotechnic. J.*, **14**:206-213.

コラム 6.2　雪崩に遭わないために

　近年，冬山での仕事が減り，産業関係の雪崩事故は少なくなった．反面，登山，山スキーなどアウトドア活動での雪崩事故は毎年発生している．雪崩を研究対象としてきた者にとって，起きそうで起きないのが雪崩であった．気象現象は変動するのがつねである．雪の状態も毎年決して同じではない．山奥では，われわれの経験したことがない現象が起こっても不思議ではない．その証拠に毎年，気温や降雨量などが日本のどこかで観測史上最大／最小という記録が出ている．観測史上というのは日本では長くて 100 年である．

　冬山のベテラン登山家も雪崩に遭うことがある．50 年以上の経験があっても冬山のすべてを経験したとはいえない．雪崩に遭遇した多くの人たちは，ここでは雪崩が起こっていないとか，いままで雪崩の危険がなかったという．一人の経験年数では自然を判断するにはきわめて短く，経験だけの判断は万全ではない．

　雪崩に遭わないためには，経験以外に科学的知識が必要だ．雪崩は雪が崩れて高速で運動する現象．雪の知識，運動の知識があれば，経験以外に雪を見て／視て／診て危険を判断できる．一番恐ろしい面発生乾雪表層雪崩は積雪内の弱層の有無が危険の判断材料となる．雪のなかの弱層は雪の表面より下にあるから，少し前の気象現象によってできたのだ．山のなかの気象データはないから，いまのところ雪を掘って弱層を確かめる以外に弱層を知ることはできない．

　雪崩に遭わないために，どんな場所，天候，傾斜，雪の状態や時間帯を避けるべきだろうか．過去の雪崩事例をみると，雪のある山では，いつでも，どこでも，どんな天候でも雪崩は起こっている．尾根の上を歩いていても，多少の樹木があってもだ．冬山に登る者は，いままで，ここでは雪崩は起こっていないから，今日も起こらないと決めつけてはいけないのである．

　山に棲むシカやウサギは，雪崩の危険を察知するセンサがあるのかもしれない．文明以前の人間には，自然界の危険を感知する能力はいま以上にあったらしい．文明はそのセンサの感度を低下させたのか．空気の湿度が高くなると，土壌中の微生物が活動し，それが発する臭いで雨を予測する人が未開の地にいるらしい．ベテランのいう「何となくヤバイ予感がした」というのはそれか．積雪内部の弱層の微少な破壊で発する超音波を感じているのかもしれない．そうだとすれば，人間の五感も捨てたものではない．科学的知識と研ぎ澄まされた五感が雪崩に遭わない秘密兵器かもしれない．

[秋田谷英次]

Roch, A. (1966): Les declenchements d'avalanches. International Association of Scientific Hydrology, Publication No.69: 182‒195.

清水　弘・秋田谷英次（1987）：日勝峠雪崩の発生機構．低温科学，**46**：78‒90.

Shinojima, K. (1967): Study on the visco‒elastic deformation of deposited snow. Physics of snow and ice (Oura, H. ed.). The Institute of Low Temperature Science, Hokkaido University, pp. 929‒952.

Sommerfeld, R. A. (1984): Instruction for using the 250 cm^2 shear frame to evaluate the strength of a buried snow surface. USDA Forest Service, Rocky Mountain Forest and Range Experiment Station, Research Note RM‒446, 6 p.

Watanabe, Z. (1977): The influence of snow quality on the breaking strength. *Sci. Rep. Fukusima Univ.*,

No. 27: 27 – 35.

山田　穰・五十嵐高志・納口恭明（1988）：総合的雪崩予知システムの開発．豪雪地帯における雪害対策技術の開発に関する研究，科学技術庁研究開発局：115 – 127.

6.3　雪崩の衝撃力

6.3.1　雪崩の運動と衝撃力

　斜面積雪に破壊が生じ，積雪が流下運動をはじめると，下方の雪がつぎつぎと連続的に破壊して大きな流れに発達する．いわゆる雪崩の発生であるが，雪崩の運動は，斜面積雪の安定具合いにより，ますます発達したり，勢力が弱まったりする．雪崩の流路上に樹木や地物などの障害や，人為による構造物があると，雪崩の運動勢力は弱まり，また強大な雪崩は，これを破壊し雪崩災害となる．

　雪崩による人的な被害はもちろん，建物が壊されたり，橋が吹っ飛んだという災害は多く，その破壊力の恐ろしさは人々によく知られていた．それゆえ，昔の人々は経験的に雪崩の発生するようなときに危険な地域へは近寄らないようにしていた．しかし，人間活動の広がりは，資源の確保や地域間交流の活発化による交通路の開発などにより，雪崩の発生領域へも踏み込まざるを得なくなってきた．それゆえ，試行錯誤で雪崩に対する防御対策を考えなければならなくなってきた．これが，雪崩を回避し，防護し，そして予防する方法の数々を生み出してきているのである．このためには雪崩の破壊力の大きさを知る必要があった．とくに積雪地域の山間部を通る鉄道や道路を守る工作物の設計のため，雪崩の実態や衝撃力を知ることは重要なことであった．

　粘弾性的振舞いをする積雪の力学的特性が，実験によりしだいに明らかになってきた一方で，雪崩の実態を明らかにし，衝撃力の大きさを知ろうとする研究が盛んに進められていた．実際の雪崩被害の状況から衝撃力を推定したり，雪塊の衝突による衝撃実験，人工雪崩の実験が国内外で行われた．雪崩の速度はその運動形態で大きく異なる．流れ型雪崩の場合，雪崩先頭部の進行速度は 30 m/s 以下で，5〜20 m/s 程度のものが多い．谷筋などでは，湿雪が非常にゆっくり継続的に移動し，流れの両側に大きな雪堤を形成することもある．これに対して，煙型運動をする雪崩の場合は，20〜70 m/s の速度に達する．こうした雪崩が構造物にぶつかって生じる衝撃力は，雪崩運動の形態（煙型，流れ型），運動する雪塊の密度や雪粒子の空間密度と速度によって，その性質や大きさに特徴をもつ．煙型運動をする雪崩の場合，その形態や内部構造はたいへん複雑であるが，一般に積雪が粉砕されて粉体状になって運動すると，

6.3 雪崩の衝撃力

上層部には雪煙を，下層部に多くの雪塊や高い密度の流れを作る（6.4.2項「雪崩の内部構造」参照）．雪煙部分のもたらす衝撃は密度の大きい空気（2〜20 kg/m³）の風圧と考えてもよく，受圧面積が大きい構造物は，台風と同じように大きな被害を受けることがある．一般に問題となるのは，煙型雪崩の下層部や流れ型雪崩による衝撃力である．これらの衝撃力は，大小さまざまな雪塊や高密度の粉粒体の流れが大きな速度で衝突して与える圧力と考えてよい．したがって，雪崩流のなかに，氷塊や岩石，その他の硬い異物が入っていなければ，雪崩によって与えられる衝撃力というのは，粘弾性的性質をもつ積雪の塊が衝突して作る圧力が合成されたものになると考えられる．こうした理由から，雪崩研究の一環として雪塊の衝撃実験がいろいろ行われるようになった．これについては別項で述べる．

　しかしながら，雪塊の衝撃実験だけでは，粉雪や雪塊の連続体としての雪崩の全体像はつかめない．雪崩はその流路の地形や傾斜によって，速度を変えたり，形態を変化させるので，実際の雪崩の直接観察が求められた．しかし，いつ，どこで発生するかわからない自然発生の雪崩に対して準備体制を整えて数多く観測するのはたいへん難しいことであったため，人工的に雪崩を発生させる実験が試みられるようになった．1957〜58年冬期頃より，日本でははじめての火薬の爆破によって雪崩を起こすという実験が試みられ，1963年豪雪の冬からは，国道17号線を管理する人たちを中心として，人工雪崩実験が行われるようになった．急峻で長大な氷河地形を有する欧州の山岳地のように，雪崩の発生が容易な地域と異なり，日本の低位の山岳地は，多雪ではあっても斜面全体としては雪崩流が持続しない場合がある．つまり，斜面積雪が不安定な状態にあるような条件のもとに，実験を行わなければならない．比較的雪崩発生の頻度が高く，また観測体制のとれる場所として，新潟県の妙高や三俣の実験地で，数多くの実験が行われた．これらの実験により，日本における雪崩運動の実態についての認識がかなり高まったといえる．柵や杭に対する衝撃圧の測定が行われ，雪崩防護施設の設計をするための貴重な数値データが得られた．また，ヘリコプターなどを使った雪崩運動の撮影により，雪崩の速度変動を知り，雪崩の全体像をつかむことができた（荘田，1958；Syoda, 1966）．

　このように，人工雪崩の実験は，多くの成果を得たが，あくまでも限られた実験斜面での雪崩の実態把握であった．実際の大きな雪崩災害のなかには，厳冬期に発生する大規模な乾雪表層雪崩があり，この実態はほとんど知られていなかった．人工雪崩の実験がはじまってから10年ほど後に，富山大学と北海道大学の研究グループは，自然に発生する大規模表層雪崩の解明に向け，北アルプス北部の黒部峡谷志合谷で，試行錯誤的に実験観測をはじめた（中川，1979）．この観測地は，かつてトンネル工事の作業員宿舎が雪崩で飛ばされ，84名の死者を出した場所であり，その後も毎年のように雪崩の発生がみられる場所であった．谷筋を走る雪崩の走路に直接入り込み，コンクリートで防護された宿舎跡のなかに観測室を置いて行う実験であった．外部に突き出た屋上の平坦部に衝撃力測定用のマウンドを設置して忍耐強い観測が続い

た．この頃には，種々の観測システムも以前よりはずっと高精度になっていた．10年近くにわたる観測の結果，自然発生した大小さまざまの雪崩の連続した衝撃力波形を得ることに成功した．衝撃力測定とともに，雪崩の映像を撮ることにも精力が注がれたが，この種の雪崩は夜やほとんど視界の効かない猛吹雪時に発生することが多く，成功には至っていない（Shimizu et al., 1980; Kawada, 1988; Kawada et al., 1989）．

妙高や三俣で実施された人工雪崩実験と黒部峡谷での自然発生雪崩の衝撃力測定の結果を比較するには多少の観測条件の違いを考慮する必要がある．人工雪崩実験で使われた受圧板は雪崩に含まれる雪塊をそのまま受ける程度の大きさがあったのに対し，黒部峡谷の実験では直径 10 cm の金属製の受圧板が用いられた．しかし，いずれも雪は粘弾性的性質をもって衝突し，破壊して流れ去る様子は同じで，衝突速度を考慮すれば，ほぼ納得できる衝撃圧を示す．黒部峡谷での観測とほぼ同時期に，カナダの Rogers Pass においても同様の観測が行われ，ここでも乾雪表層雪崩の衝撃力波形が，鋭いピークの連続したものであることが確認されている（Schaerer, 1975）．さらに少し遅れて，ノルウェーの Ryggfonn でも人工雪崩実験が開始された（Norem et

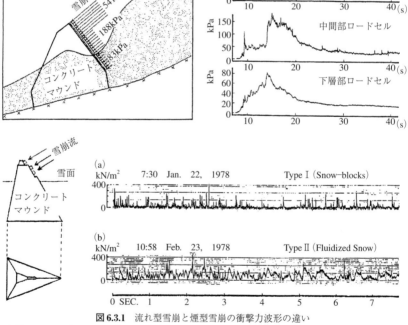

図 6.3.1 流れ型雪崩と煙型雪崩の衝撃力波形の違い
上が Ryggfonn（ノルウェー）での実験で，流れ型雪崩の波形と受圧台（Norem et al., 1985 を改変）．下は黒部峡谷で観測された煙型雪崩の波形と受圧台（Kawada, 1988 に加筆）．

al., 1985).

　Ryggfonn での測定結果のうち，湿雪雪崩で運動形態上流れ型雪崩の傾向をもっていると思われる衝撃力波形と，黒部峡谷で得られた高速度の乾雪表層雪崩で，煙型運動をする波形を図 6.3.1 に比較して示す（Kawada, 1988; Norem *et al.*, 1985）．Ryggfonn では 0.6 m×1.2 m の大きさの受圧板が使われている．流れ型雪崩の場合，雪粒の密な部分や雪塊が連続して流れるので，衝撃力波形は連続した値に雪塊が衝突した鋭いピークが重なった様子を示す．これに対し，典型的な煙型雪崩と考えられる黒部峡谷の場合は，衝撃圧力がほとんどゼロから急激に立ち上がってピークに達し，短時間にやや緩やかに変動しながら減少する多くのスパイク状の波形が連続する．これは粉体状の雪崩流のなかに混入している多くの雪塊が，つぎつぎに衝突することによって示されると考えられる（Kawada, 1988）．大きめの雪塊や密度の大きい粉状の流れが衝突するときは，スパイク状の幅がやや大きい場合もあるが，衝突速度の違いなどを考えると，衝撃力の大きさはあまり変わらないようである．Ryggfonn の実験の結果では構造物への衝突速度が 30 m/s で，ピーク圧力は 541 kPa，15 秒間にわたっての平均した最大圧力は 220 kPa であった．また，雪崩が 40 秒以上も継続しているのに対して，黒部峡谷志合谷の多くの観測例では，雪崩の通過時間が 10 秒足らずと短く，個々の雪塊などの衝突物の示す圧力は数十から 300〜400 kPa 程度であるなど，衝撃圧力の現れ方が雪崩の運動タイプに大きく依存する様子をみることができる．

6.3.2　雪塊の衝撃力

　雪崩の衝撃圧力は大小さまざまな雪塊などを含む雪の流れが衝突物体に及ぼす単位面積当たりの力として与えられる．このため，雪崩の衝撃力を理解するために，個々の雪塊の衝突について詳細に検討する意義は大きい．雪塊の衝突実験はスイスの国立雪・雪崩実験研究所などで実施されたが，日本でも鉄道技術研究所などにおいて滑り

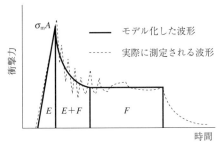

図 6.3.2　衝撃力波形の一般形とモデル化した物理的概念図（日本建設機械化協会，1988 を改変）

台を用いた実験が行われた（日本建設機械化協会，1988）．

鉄道技術研究所の実験では，密度が 100〜600 kg/m³，断面積 0.45 m×0.45 m，長さ 0.45 m から 2.3 m の積雪試料が用いられた．衝突速度は 6〜16 m/s で，3 個のロードセルで支持された受圧板の大きさは 1.2 m×0.9 m，受圧板の固有振動数は 100 Hz 程度であった．オシログラフの記録は，いずれも最初の短い時間で鋭いピークを作り，続いてそれより小さくほぼ一定の値で変動しながら，衝突の終わりでゼロに至るという波形を示した（図 6.3.2）．この実験では，衝突断面積の小さな雪塊が大きな受圧板の中央部に衝突したが，川田（1983）は直径 10 cm の鉄製受圧板にこれより大きい雪塊を上方から落下させ，衝突面が受圧板を覆うような方法で実験を行った．鉄製受圧板の応答周波数は約 300 Hz，また圧力測定にはひずみゲージ式の感度の高い加重変換器が用いられた．雪塊の長さを大きくとることはできなかったため，衝撃力波形の最初の鋭いピークに続く一定値の部分は短い肩のような形で現れた．波形の持続時間は雪塊の長さにほぼ比例し，多くの場合，衝突終了後に受圧板の上に圧密を受けた雪の錐体が形成された．雪塊が受圧板に衝突して突き抜け，圧密された雪の錐体が形成される様子が，瞬間写真撮影で確認されている（川田，1980；川田，1983）．

雪塊の衝撃力波形は一般的に図 6.3.2 に示すような変化を示すが，これはつぎのように解釈すると理解しやすい．最初の急激な立ち上がり部分は，衝突面からの弾性変形（E）が進行しているときであり，高まった応力が積雪の破壊強度 σ_m に到達すると破壊圧縮がはじまる．小さな受圧板の場合はその面，大きな受圧板の場合は雪塊の衝突底面が衝突断面となるが，その衝突断面積を A とすると $\sigma_m A$ が衝撃力のピーク値になる．その後の力の減少過程は錐体が形成されていくときで，弾性変形と流体的な衝突との合成（$E+F$）となる．錐体ができあがった後は流体的な衝突過程（F）が雪塊の長さに依存して続き，ゼロに戻る．弾性応力過程での衝撃力の大きさは，一般に $k\rho V^2 A$ で与えられる．ρ は雪の密度，V は衝突速度で，k は雪塊の硬さや特性によって 1〜5 程度の値をとる．流体衝突過程での衝撃力は，同様に $K\rho V^2 A$ の形で与えると，K は 0.3〜0.7 程度の値となる．

雪崩対策構造物を設計するにあたっては，上述した雪塊の衝撃力実験の結果が有用である．しかし，仮に衝撃力が最大となる弾性応力過程での値を適用した場合，非常に堅固で大きな施設が必要となり，費用もかかるためか，ふつうには流体衝突過程での値が用いられるケースが多いようである．　　　　　　　　　　　　［川 田 邦 夫］

文　　献

川田邦夫（1980）：雪塊の衝撃実験用の瞬間写真装置．低温科学，物理篇，**39**：197‐199.

川田邦夫（1983）：小さな円形受圧板に対する雪塊の衝撃力．雪氷，**45**(2)：65‐72.

Kawada, K.（1988）: Studies on the dynamic characteristics of large‐scale avalanche observed at Kurobe

コラム 6.3　人工雪崩実験

　人工雪崩を引き起こして，大規模な表層雪崩の内部構造を明らかにしようという試みが，日本とノルウェーの国際共同研究として 1990 年度から 2 年間にわたって実施された．ノルウェー地球工学研究所（NGI）の雪崩実験斜面 Ryggfonn は，オスロから約 400 km 北西の山間部にある．冬になる前にあらかじめ計 500 kg のダイナマイトを斜面頂部に設置し，これを遠隔操作で逐次 100 kg ずつ爆破させて雪崩のフルスケール実験を行うのである．走路下流域には，雪崩の捕捉および減勢効果を調べる高さ 15 m，幅 75 m のダムや，衝撃圧測定用のコンクリート製マウンドが築かれている．共同研究の期間中は，既存の設備に加えて，速度や密度分布の測定を目的とした各種機器が設置された．爆破は 2 冬季間で計 5 回実施された．しかしいずれも大規模な表層雪崩へと成長することなく，われわれの待ち受ける観測点までは到達しなかった．自然をコントロールすることの難しさをひしひしと感じ，ほとんどの測器を撤収してしまった翌年の 3 月 27 日，皮肉なことにこの写真に紹介した見事な雪崩が発生した．海抜 1530 m で発生した雪崩は，平均斜度 28°，標高差 910 m を速度 70 m/s（時速約 250 km）以上で駆け下り，大きさは高さ 40 m，幅 250 m にまで成長した．あまりに見事な雪崩であったためか，ノルウェーの絵葉書にもその写真が紹介されている．　　　[西村浩一]

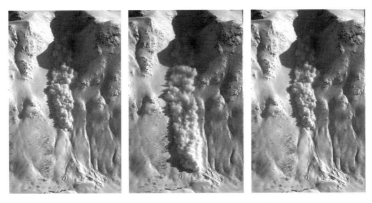

左：発生から 10 秒，中：16 秒，右：20 秒後．

Canyon, Japan. *Contribut. Mountain Sci.*, **1**: 1–31.
Kawada, K., Nishimura, K. and Maeno, N. (1989): Experimental studies on a powder-snow avalanche. *Ann. Glaciol.*, **13**: 129–134.
中川正之（1979）：高速なだれの破壊力の研究．文部省科学研究費，自然災害特別研究，研究成果，No. A-53-2：62 p.
日本建設機械化協会編（1988）：雪崩．新編防雪工学ハンドブック，pp.78–98，森北出版．
Norem, H., Kvisteroy, T. and Evensen, B.D. (1985): Measurement of avalanche speeds and forces: Instrumentation and preliminary results of the Ryggfonn Project. *Ann. Glaciol.*, **6**, 19–22.
Schaerer, P.A. (1975): Friction coefficients and speed of flowing avalanches. Symposium. Mecanique de

la neige. Actes de colloque de Grindelwalt, avril 1974: 425‒432.
Shimizu, H., Huzioka, T., Akitaya, E., Narita, H., Nakagawa, M. and Kawada, K. (1980): A study on high-speed avalanches in the Kurobe Canyon, Japan. *J. Glaciol.*, **26**(94): 141‒151.
荘田幹夫 (1958)：表層雪崩の秘密．雪氷，**20**(3)：22‒31.
Shoda, M. (1966): An experimental study on the dynamics of avalanching snow. International Symposium on Scientific Aspects of Snow and Ice Avalanches, 5‒10 April (1965), Davos, Publication No. 69 of the International Association of Scientific Hydrology (IASH), pp.215‒229.

6.4 雪崩の運動機構

6.4.1 雪崩の観測

　雪崩は急峻な山岳地帯で，それも明確な前兆現象もなく発生することが多いため，その観測は決して容易ではない．そこで，雪崩が多発する地点で自然発生を待ち受けるほかに，発生域にあらかじめ爆薬などを設置して人為的に雪崩を発生させる実験が，アメリカ，スイス，フランス，ノルウェーなどで行われている．日本でもShoda (1966) の人工雪崩実験にはじまり，フランスで開発されたガゼックス (GAZ. EX) や雪中爆破実験の報告 (Kamiishi *et al.*, 1997；町田ほか，2002) がある．自然雪崩の観測，人工雪崩実験ともに，走路上に各種の測定機器を設置して雪崩の襲来を待ち受けるのであるが，その一例として図 6.4.1 に黒部峡谷志合谷（平均斜度 33°，長さ約

図 **6.4.1**　黒部峡谷志合谷の雪崩走路上に設置された 2 基の観測用マウンド

2000 m）に設置された 2 基の測定マウンドを示す．高さ 5 m，管径 0.3 m の鋼鉄製マウンドには，ビデオカメラのほか，衝撃圧，風圧，静圧，地震動などを測定するセンサが設置され，データは地下トンネル内の観測室で収録される（西村ほか，1987）．アメリカのユタ州にある Alta（Abe *et al.*, 1994）および中国の天山（Qui *et al.*, 1997）にも同様な観測タワーが設置されている．アメリカ・モンタナ州立大のグループは，南西部の Bridger Bowl スキー場近傍の雪崩走路（長さ約 100 m）で小規模な流れ型雪崩を人工的に発生させ，速度，密度，底面に作用する応力などの測定を行った（Dent *et al.*, 1998）．ノルウェーの Ryggfonn では，人工爆破により誘発された雪崩は平均斜度 28°の斜面に沿って標高差 910 m を流れ下る．1992～94 年にかけて実施された日本とノルウェーの国際共同研究では，雪崩衝撃圧の位相差から速度変動を，また反射型光センサにより雪崩の密度情報の測定が試みられた（Nishimura *et al.*, 1993）．2002 年からはフランス，ノルウェー，英国，イタリア，オーストリアを中心とした EU 諸国が SATIE（Avalanche Studies and Model Validation in Europe）プロジェクトを立ち上げた．今後 Ryggfonn においてフルスケール雪崩実験が多角的に実施される予定である．このほかにもヨーロッパではスイスの雪・雪崩研究所が，Sionne にドップラー，FMCW レーダ施設を含む各種測定機器を設置し，他に類をみないスケールでの組織的な人工雪崩の観測を開始した（Ammann, 1999）．

［西村浩一］

6.4.2 雪崩の内部構造

　前項でも述べたように，雪崩はその運動形態から「流れ型」と「煙型」に大別することができる．春先に多く発生する全層雪崩は，一般に低速で「流れ型」である場合が多い．一方，冬季の「面発生乾雪表層雪崩」は「煙型」へと発達し，移動速度が 70～80 m/s，高さも 100 m に及ぶものがある．図 6.4.2 は煙型雪崩の一例である（Simpson, 1987）．雪崩は写真の右から左に進行しており，雪煙が入道雲のように巻き上げられている様子がわかる．日本では 2000 年 3 月に岐阜県左俣谷で過去最大の煙型雪崩が発生した（日本雪氷学会，2001）．この雪崩では砂防工事に伴う現地観測システム画像の解析から流下速度が 50 m/s 以上と推定された．煙型雪崩は図 6.4.3 に示すように，一般に雪煙り層（suspension layer）と流れ層（dense-flow layer），さらには両者の遷移層（saltation layer）という 3 層構造をもつと考えられている．以下ではこれまでに行われた雪崩の直接観測の成果をもとに，底面近傍の流れ層とそれを被う雪煙り層の構造の概要を紹介する．

　「流れ層」は流動化した雪と多数の雪塊から構成され，その厚さは 1～5 m 程度と推定されている（Schaerer, 1975）．事実，雪崩堆積物（デブリ）には，直径が 10～100 cm 程度のブロックもしくは雪玉状となった雪塊が数多く見いだされる（図 6.4.4）．この雪塊は，雪が乾いている場合には雪崩に取り込まれた積雪が破壊された

図 6.4.2 典型的な煙型雪崩（Simpson, 1987）

塊と考えられるが，湿雪雪崩では流動の過程で水分を媒体に 2 次的に形成されたものもあり，粒径分布の幅が広く平均値も大きい．土石流では先端部に巨れきが集中すること（芦田ほか，1983）が知られているが，雪塊は衝突に伴って容易に破壊するためか，デブリの位置によらずほぼ一様な粒径分布を示している（西村，1998）．

流れ層の先端部分から末端に至る速度分布は，雪崩内部の複雑な構造を反映して大きく変動するが，全体としては図 6.4.5 に示すように先端付近で急激に増加し，その後ゆっくりと減少する(Gubler, 1987; Nishimura and Ito, 1997)．一方，速度の高さ方向の変化に関しては，Gubler (1987) が FMCW レーダを雪崩走路上に埋め込み，底面付近に大きな速度勾配をもつ分布（図 6.4.6(a)）を導いた．また Dent et al. (1998) は，後方散乱型光センサを 2 組設置して信号の相互相関から速度分布を算出した（図 6.4.6(b)）．観測した雪崩の速度は 5 m/s 前後と低速であったが，大きな速度勾配は図 6.4.6(a)と同様に底面近傍（高さ 1 cm 以下）に集中すること，さらに底面には滑り（slip velocity）が存在する様子を明らかにした．

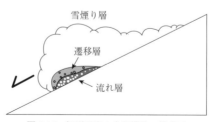

図 6.4.3 煙型雪崩の内部構造の模式図

6.4 雪崩の運動機構   225

図 6.4.4 雪崩の堆積物（デブリ）（Ryggfonn, 1994 年 3 月 18 日）

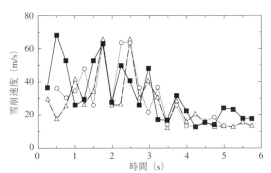

図 6.4.5 雪崩流れ層内部の速度変化（1996 年 1 月 29 日，黒部峡谷）
2 基の観測用マウンドに設置された衝撃圧センサの記録の組合せで計算された．■：上，○：中，△：下（Nishimura and Ito, 1997）．

　流れ層全体の平均密度は，雪崩の厚さとデブリの観測結果から 60〜90 kg/m³（Schaerer, 1975），雪崩衝撃圧の記録と内部速度の値を用いて 50〜300 kg/m³（西村ほか，1987），誘電率の変化から 100〜400 kg/m³（Dent et al., 1997）と推定されている．人間はほぼ水と同程度の密度であるから，雪崩に巻き込まれた際に内部から浮力によって浮き上がるのは難しそうである．しかし，粒子の流れでは一般に大きい粒子

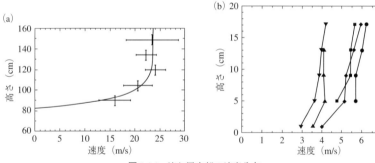

図 6.4.6 流れ層内部の速度分布
(a)：Gubler（1987），(b)：Dent *et al.*（1998）．

ほど表面近くに集まる（size segregation）という性質に加えて，流動化した雪の粘性係数は上記の密度範囲ではほぼ水に等しいという実験結果（Nishimura, 1996）もあり，「雪崩のなかで泳ぐ」ことも物理的には意味があるといえる．

　流れ層の運動は，地震動を誘起することも知られている（たとえば Lawrence and Williams, 1976）．黒部峡谷でもこの雪崩に伴う地震動の観測が 1989 年以降継続して実施されている（Nishimura and Izumi, 1997）．雪崩の通過時に記録される地震の波形は，岩石なだれや火砕流と同様，一般に「紡錘形」を示す．この波動のパワースペクトルの計算結果からは，振動エネルギーはほとんどの場合 30 Hz 以下に含まれるが，主要動の部分ではより高周波成分を含むことが確認されている．

　流れ層の速度が地形の凹凸や斜度の変化に敏感なのに対して，雪煙り層の振舞いはより流体的で，高速で長距離を流れ下ることが知られている．また，森林や家屋，橋などの構造物が，雪崩そのものではなく前面に発生する強風によって破壊もしくは損傷を受けたという報告もある．雪崩風，爆風，さらに海外では air blast, air waves （Mellor, 1978; Hopfinger, 1983; Kotlyakov, 1977）などと称されるこの強風も，雪煙り層の構造と運動が大きく関与していると予想される．雪煙先端部の速度変化は映像解析などの手法でしばしば求められてきたが，雪煙の内部さらにはその前面に発生するとされる雪崩風に関する情報はきわめて少ない．Nishimura *et al.*（1995）は，黒部峡谷の観測マウンドに超音波風向風速計を設置し，小規模な雪崩の観測に成功した．しかし，この手法は雪煙部の雪粒子密度が高い場合は，超音波が十分に発信部と受信部間を伝播できず異常な出力を記録したばかりでなく，センサそのものが破壊されることもしばしばであった．

　そこで，超音波風向風速計に代わるものとして，雪煙り層内部の静圧降下 ΔP を測定し，その値から内部の流速構造を明らかにする試みを行った（Nishimura and Ito, 1997）．ΔP と流体の速度 U の関係は，ρ を流体の密度とすると原理的には以下の式で記述することができる．

$$\Delta P = \frac{1}{2}\rho U^2 \tag{1}$$

しかし実際には，測定に用いるチューブの長さや太さが少なからぬ影響を与えるため，風洞実験で作成した較正曲線を用いて風速への換算を行った．図 6.4.7 に本手法で求められた，黒部峡谷での雪煙り層内の速度変化を示す．同じ雪崩の流れ層（図 6.4.5）と同様，先端部の到着と同時に速度は急激に増大して 56 m/s（システムの測定限界）に達した後，これも周期的な変化を繰り返しながら徐々に減少している．

上記の変動を定量的に評価する目的で，雪煙り層の速度（静圧降下）と流れ層の情報に対応する衝撃圧の記録のパワースペクトルを算出したところ，両者ともに 4〜6 Hz 付近に卓越周期が存在することがわかった．これは雪崩内部にこの波数に対応する秩序構造もしくは波動が存在することを示唆するとともに，流れ層と雪煙り層，さらには雪崩という混相流内部での粒子（雪）と流体（空気）間の強い相互作用を表すものといえよう．

雪崩の流れ内部では静圧は降下するが，地下トンネル内にある観測室ではその上を通過する雪崩により静圧（大気圧）は増加する．増加量 ΔP_1 は，重力加速度を g，雪崩の厚さを H，雪煙り層のうち雪粒子の寄与分を $\Delta\rho_s$ とすると，

$$\Delta P_1 = \Delta\rho_s g H \tag{2}$$

で表すことができる．1992 年 2 月 1 日の雪崩通過時には ΔP_1 の観測値は 50 Pa であったから，これにビデオの映像から見積もられた厚さ 50 m を与えると $\Delta\rho_s$ は約 10^{-1} kg/m^3 と求められる．これから得られた雪煙部の密度 1.4 kg/m^3 は，Mellor（1978）が吹雪の浮遊層の力学的・光学的性質から見積もった 10^{-3}〜10 kg/m^3 という値のほぼ中間的な値となった．

雪崩発生の際に記録される地震動は，流動化した雪と雪のブロックからなる流れ層の運動に伴って誘起されると考えられるが，一方で雪崩の運動が約 1 Hz に顕著なピ

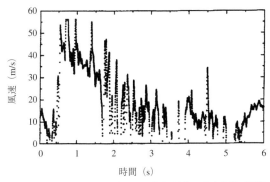

図 6.4.7 静圧降下量から求めた雪煙り層内の速度変化（黒部峡谷，1996 年 1 月 29 日）

ークをもつ超長波（atmospheric infrasonic wave）を発生することも知られている（Bedard *et al*., 1988）．彼らはこれが雪崩先端の雪煙り部分（雪煙り層）のロール状構造に起因すると推測しているが，詳細はまだ解明されていない．黒部峡谷で観測された雪崩による地震動の卓越周波数はほとんどの場合 30 Hz 以下に含まれる（Nishimura and Izumi, 1997）が，主要動の部分ではより高周波成分を含み，超長波の値より大きい．しかし，雪崩が観測点から遠く離れている場合は高周波が減衰し 5 Hz 付近にピークが現れるほか，米国のコロラドでも同様な報告がある（Harrison, 1976）．黒部峡谷で観測された雪崩の流れ層および雪煙り層の速度変動はともに 4～6 Hz 付近に卓越周期をもつことは先に述べたが，こうした雪崩内部の秩序構造もしくは波動の存在と地震動や超長波の発生の関係は今後解明すべき興味深い課題である．

以上，底面近傍の流れ層内部の速度分布やそれを覆う雪煙り層の乱流構造などについて概略を述べた．これらはすべて直接観測から求められた結果であるが，自然雪崩の発生は観測上の大きな制約があるほか，人工雪崩実験も実験条件のコントロールは容易ではなく，その成果はいまだに十分とはいえない．

煙型雪崩の内部構造を塩水や冷水による重力流（gravity currents）の実験から解明しようという試みもある．図 6.4.8 は塩水による斜面上の重力流の測定と実際の煙型雪崩の観察結果に基づいて，内部の流動および積雪層の取込み（entrainment）を推定した模式図である（Hopfinger, 1983）．また図 6.4.9 は，実験室における水平床上の塩水による重力流を，シャドウグラフ法で可視化した写真である（Simpson, 1987）．塩分濃度の濃淡の違いが屈折率の違いとなり，影の濃淡となって撮影される．底面付近に高速流があり，それがフロントに向かって流れ，フロントで上部に向きを変える流れが観察される．さらに上部境界面では大規模な渦（Kelvin-Helmholtz の渦）が発生し，周囲の水を巻き込んでいる様子がわかる．図 6.4.10 は図 6.4.9 の写真からフ

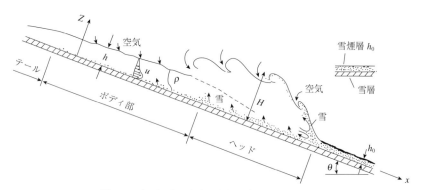

図 6.4.8 煙型雪崩の流動の模式図（Hopfinger, 1983）
雪崩は上部から空気を取り込み，下部の雪層から雪粒子を取り込みながら発達していく，ヘッドと呼ばれる先端部では大規模な渦が上部に形成され，後部には厚さの変化の小さいボディ部（定常部）が続く．

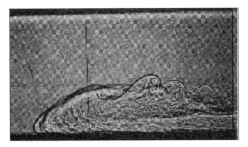

図 6.4.9 水平床上の塩水による重力流フロントのシャドウグラフ写真（Simpson, 1987）
流れは右から左．

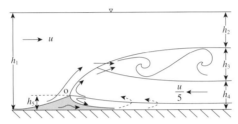

図 6.4.10 水平床上を流動する雪崩先端部からみた相対的な空気の運動（Simpson, 1987）
最先端の点 O は地表上より高い点にあり，斜線を施した部分の空気はフロントの下部から流入する．

ロントとともに動く座標系上で，フロントの周囲と内部の 2 次元的な流動を模式的に描いたものである．底面では滑りなしの条件のため，流速が小さく，先端とは逆向きの流れとなっている．また，上部境界面でも大規模渦は後ろ向きに運動し，先端とは逆向きの流れとなっている．

このような実験から，煙型雪崩の先端部の流れの構造は，後続部の流れとはかなり異なっていることがわかる．しかし，斜面上の積雪層からどのような形で雪粒子が雪崩に取り込まれるかは，こうした実験からは十分には理解できない．後続部の流れは傾斜壁面密度噴流と類似の流れとなっていると推察される．この後続部の流速分布，濃度分布については k-ε 乱流モデルを用いた Fukushima and Hayakawa（1990）の解析例がある．

一方，雪崩を「粒子の集団が重力により斜面上を空気や底面，それに粒子間で相互作用しながら流れ下る現象」の一つとしてとらえ，スキージャンプ競技場を実験斜面として最大 65 万個のピンポン球を流下させる実験も行われた（Nishimura et al., 1998）．速度の代表スケールを終速度 V_e，長さの代表スケールを斜面長 L とするフル

ード数 V_e^2/Lg を用いて相似則を検討すると，およそ 8 m/s 程度の速度で流れるピンポン球雪崩は，50 m/s で 4 km 以上流れ下った大規模な煙型雪崩に匹敵することが導かれる．「粒子集団の流れとしての雪崩」については，6.4.4 項で解説を加える．

［福嶋祐介・西村浩一］

6.4.3　雪崩の運動モデル

雪崩の運動や到達距離を記述するモデルは，
① 雪崩を「剛体もしくは質点」と仮定する，
②「連続体」と見なして構成関係を与える，
③ 粒子間の衝突による力の伝達と相互変位に着目した「粒状体」モデルを適用する，

という 3 種類に大別できる（西村・納口，1998 ; Harbitz, 1998）．いずれも一応の成果をあげてはいるが，普遍的なモデルはなく，雪崩の内部構造，雪の取込みや堆積などに関連した未知のパラメータが多数含まれているのが実状である．以下では代表的なモデルを何例かとりあげ，それぞれの特徴を紹介する．

（1）　剛体モデル

雪崩を剛体と見なして，雪崩走路上でその質量中心の位置を求めるモデルである．雪崩に作用する抵抗として，クーロン摩擦，走路の曲率に基づく遠心力，乱流抵抗そして積雪の除雪抵抗が考慮されている．クーロン摩擦の項は走路に沿って鉛直方向に作用する力と摩擦係数 μ の積で表されるが，残りの 3 項はすべてその場所での接線方向の速度の 2 乗に比例すると考えられるため，質量と抵抗の比（M/D）と一括して 1 項にまとめると以下の式が導かれる．

$$\frac{1}{2}\frac{du^2}{ds} = g(\sin\theta - \mu\cos\theta) - \frac{D}{M}u^2 \tag{3}$$

ここで θ は走路上 s における斜度，g は重力加速度である．このモデルでは μ と D/M という二つのパラメータをいかに決定するかが課題となるが，Perla (1980) は速度の 2 乗に比例する抵抗のうち，空気抵抗（air drag）と除雪抵抗（plowing force）は以下の形で表現されるとした．

$$\text{air drag} = \frac{1}{2}AC_D\rho_a u^2 \tag{4}$$

$$\text{plowing force} = A_S\rho_a\left(\frac{\rho_1 + \rho_0}{\rho_1 - \rho_0}\right) \tag{5}$$

A は空気抵抗が作用する雪崩の断面積，C_D は抵抗係数，ρ_0 と ρ_1 は雪崩通過前後の雪の密度，A_S は除雪抵抗が作用する雪崩の面積である．

(2) Voellmy の流体モデル

雪崩を角度 θ の斜面を流れる 2 次元流体（開水路流れ）と考え，これに運動量保存則を適用すると次式が得られる.

$$\rho h \frac{du}{dt} = F - R \tag{6}$$

ここで u, ρ, h は，それぞれ雪崩の速度，密度そして高さである．右辺の F は雪崩の駆動力，R は抵抗で以下のように定めた.

$$F = gh(\rho - \rho_a) \sin \theta \tag{7}$$

$$R = gh(\rho - \rho_a) \mu \cos \theta + \frac{g\rho u^2}{\zeta} \tag{8}$$

ρ_a は空気の密度，μ は底面の摩擦抵抗，ζ は乱流抵抗の比例定数である．ある一定の時間経過後に駆動力 F と抵抗 R が釣り合うと考えると，最大（終端）速度 u_{max} は式(6)の左辺を 0 と置くことで以下のように求められる.

$$u_{max} = \sqrt{\zeta h \left(\frac{\rho - \rho_a}{\rho} \right) (\sin \theta - \mu \cos \theta)}$$

$$\cong \sqrt{\zeta h (\sin \theta - \mu \cos \theta)} \tag{9}$$

ζ は 500 m/s^2 であるとしたが，その後の観測結果からは斜面の粗度に応じて 150 から 3000 m/s^2 にわたる広い範囲の値が，また μ については，おおむね 0.1 から 0.5 程度の値が用いられている．式(9)は，流れ型運動をする雪崩の場合であるが，Voellmy（1955）は煙型雪崩の速度についても次式を提案している.

$$u = \sqrt{2gh_0(\rho_0/\rho_a)} \tag{10}$$

ここで，h_0 と ρ_0 は積雪表層の深さと密度である．速度が斜面の傾斜角に依存しない点が興味深い.

(3) NGI 連続体モデル

本モデルは，速度シアーと底面での滑り速度をもつ流れが，遠心力のもと，任意の雪崩走路を移動する非定常 2 次元モデルである（Norem *et al.*, 1987）．雪崩を粒状体の流れという観点からモデル化し，その応力状態を以下のように表した.

$$\tau_{xy} = a + p_e \tan \varphi + \rho m \left\{ \frac{dv_x(y)}{dy} \right\}^2 \tag{11}$$

$$\sigma_x = p_e + p_u + \rho(v_1 - v_2) \left\{ \frac{dv_x(y)}{dy} \right\}^2 \tag{12}$$

$$\sigma_y = p_e + p_u + \rho v_2 \left\{ \frac{dv_x(y)}{dy} \right\}^2 \tag{13}$$

$$\sigma_z = -(p_e + p_u), \qquad \tau_{yz} = \tau_{zx} = 0 \tag{14}$$

ここで a は付着力，ϕ は内部摩擦角，p_e は有効圧（effective pressure），p_u は間隙圧（pore pressure），ρ は密度，m，v_1，v_2 はそれぞれ接線応力（shear stress）と法線応力（normal stress）に対する粘性係数である．接線応力 τ_{xy}（式（11））は付着力，クーロン摩擦，粘性項の和から，法線応力 σ_x，σ_y は有効圧，間隙圧そして dispersive pressure の 3 項の和からなる．τ_{xy}，σ_x，σ_y の第 3 項は，いずれもシアーをもつ粒子流れ内部で相対速度をもって移動する粒子の衝突に起因する．上記の関係から，十分に発達し定常状態に達した流れの速度は，流れの厚さの 3/2 乗に比例することが示された．さらに連続の式と運動方程式の積分形を，有限の滑り速度を与えた境界条件のもとで有限差分法により計算し，堆積域での流れの速度と厚さが求められている．

(4) 傾斜重力流モデル

斜面上の重力流については，木村（1998）の詳細でわかりやすいレビューがあり，モデル化についても紹介がある．以下にそのいくつかの例を示す．Britter and Linden（1980）は図 6.4.8 と類似した塩水重力流のフロントの流下速度 U_f について次式を提案した．

$$U_f = 1.5 \times \left(\frac{\rho - \rho_0}{\rho_0} gQ\right)^{1/3} \tag{15}$$

ここで，ρ は塩水の密度，ρ_0 は淡水の密度，g は重力加速度，Q は単位幅当たりの流量である．この式では重力流フロントの流下速度は斜面角の関数とはなっていない．Beghin et al.（1981）は斜面上のサーマル（フロント部のみの重力流）について，鉛直サーマルの理論を発展させた数値モデルを提案した．この場合には運動方程式と連続式が次のように与えられる．

$$\frac{d}{dt}(\rho \zeta_A h^2 u) = mg \sin \theta \tag{16}$$

$$\frac{dh^2}{dt} = \alpha u h \tag{17}$$

ここで，h はサーマルの最大厚さ，ζ_A は先端形状に関する形状係数である．u は質量中心の流下速度，m はサーマルの質量，θ は斜面の傾斜角，α は周囲水の連行係数である．塩水による傾斜サーマルでは m は一定値をとるから，式(16)と式(17)は連行係数 α が一定値のとき，解析解をもつ．この解は $t \to \infty$ のとき，$u \propto t^{-1/3}$ の漸近解となることが知られている．

福嶋（1986，1998）は Beghin et al.（1981）のサーマルモデルをもとに煙型雪崩のシミュレーション手法を提案した．これは式(17)の連続式を用い，運動方程式(16)でフロントに作用する抗力と上部，下部境界面に作用するせん断応力を考慮している．また，同時に雪粒子の浮遊を維持する機構として乱れ運動エネルギーの式を加え

ている．さらに，このモデルでは雪崩の運動を維持，発達させる機構を表現する式として，雪粒子の質量保存式を定式化している．モデルの詳細は福嶋（1998）を参考にすることとし，ここでは雪粒子の質量保存式のみを紹介する．

$$\frac{d}{dt}CA = v_s(E_s - c_b\cos\theta)P_b \tag{18}$$

ここで，C は雪粒子の体積濃度，$A = \zeta_A h^2$ は横からみた雪崩の縦断面積，$P_b = \zeta_b h$ は底面の長さ，c_b は底面近傍での雪粒子濃度である．E_s は底面からの雪粒子の取込み量を定式化したパラメータであり，雪の連行係数と呼ばれる．$v_s E_s$ が単位面積当たりの雪の巻上げフラックス，$v_s c_b\cos\theta$ が雪粒子の沈降フラックスを表現している．$v_s E_s - v_s c_b\cos\theta$ が正のとき正味の取込み量を，負のとき正味の沈降量を表現することになる．このサーマルモデルは式が単純であり計算が容易であるという利点がある反面，式(18)の ζ_A, ζ_b, E_s など，観測データとの比較によって定めなければならない係数が多い．このような弱点を克服するため，乱流の運動方程式である Reynolds 方程式を直接解こうという試みも行われている（福嶋・衛藤，2003）．

（5） 粒状体雪崩の連続体モデル

Savage and Hutter（1989）は，空気抵抗の無視できるスケールでの有限な一定量の粒状体の傾斜流に対する2次元の運動方程式を連続体の方程式から導いた．この方程式は斜面方向の速度を厚さ方向に平均したもので，非圧縮性，非付着性が仮定されており，粒子集団の物性値としては，クーロンの境界摩擦角 δ と内部摩擦角 ϕ が含まれるだけである．

$$\frac{\partial h}{\partial t} + \frac{\partial hu}{\partial x} = 0 \tag{19}$$

$$\frac{\partial h}{\partial t} + u\frac{\partial u}{\partial x} = \sin\zeta - \mu\cos\zeta\,\mathrm{sgn}(u) - \varepsilon k\cos\zeta\frac{\partial h}{\partial x} \tag{20}$$

k は土圧係数で

$$\frac{\partial u}{\partial x} > 0 \text{ のとき} \quad k = \frac{2\left\{1 - \sqrt{1 - (1+\tan^2\delta)\cos^2\phi}\right\}}{\cos^2\phi} - 1,$$

$$\frac{\partial u}{\partial x} < 0 \text{ のとき} \quad k = \frac{2\left\{1 + \sqrt{1 - (1+\tan^2\delta)\cos^2\phi}\right\}}{\cos^2\phi} - 1$$

となる．このモデルでは，変数は雪崩の先端から後端までの雪崩の厚さ h と流れ方向の速度の厚さに関する平均値 u であり，雪崩の発生から停止までの雪崩本体の変形と流れ方向の速度分布の変化を記述する．　　　　　　［福嶋祐介・西村浩一］

6.4.4 粒子集団の流れとしての雪崩

　雪崩は巨視的にみると液体のように流れる振舞いをする．一方，微視的には雪粒子や，雪塊を要素とする固体粒子集団がお互いに相互作用をしながらの運動となる．斜面にいったん積もった雪が流体のように運動するためには，流動性のよい粒子集団に変化する必要がある．よく発達した雪煙を伴う雪崩では雪は運動に伴いばらばらに分離し，最終的には 1 mm 以下の微小な氷の粒子を最小単位とする粒子集団になる．これに対し，水分を含んだ付着性の大きな湿雪では雪粒は互いに結合しあい，あるいは粉砕されながら数 cm から数十 cm，場合によっては 1 m をこえる大きさの雪塊となり，それらを基本粒子とする粒子集団になることにより，流動性が付着性に優り，結果として流れ下る雪崩となる．以下では，粒子の集団としての雪崩の運動の特徴を述べる．

　斜面上の粒子の集団が空気抵抗や底面抵抗を受けて流れ落ちる雪崩を考えてみる．このとき集団のなかで底面や前面・側面・上面など外界と接している領域の粒子は，外からの抵抗力を直接受けることになる．それに比べ内側の粒子は盾となっている外側の粒子のおかげで少ない抵抗力で身軽に動くことができる．集団全体としては，全粒子がばらばらになってそれぞれ単独で外界からの抵抗力を受けもつよりも，まとまった集団を作り，外側の粒子だけが盾となって外界の抵抗力を受けもったほうが，ずっと速く流れ落ちる．この場合，集団が大きくなればなるほど楽に動ける内側の粒子の比率が高くなるため，よりいっそう速く流れる．すなわち，一般的には「大きい雪崩は小さい雪崩よりも速く，また到達距離も長くなる」のである．

　雪崩を無秩序な崩壊現象と思うのは大間違いである．「大きい雪崩は小さい雪崩よりも速い」という雪崩の法則は雪崩の運動に秩序を与え，頭と尻尾をもつ生き物を作り出す（図 6.4.11）．大きな集団ほど速いので粒子は先端に集中し，頭のようになる．このとき，この大きな先頭集団から小さな集団が前に抜け出そうとしても，小さい集団は雪崩の法則によって大きな集団に飲み込まれて抜け出すことはできず，したがって先端はばらばらには崩れず安定した頭になる．一方，後ろでは小さな集団がなんらかのきっかけで大きな雪崩本体から落ちこぼれたとする．この場合，小さいほうが遅いのでますます落ちこぼれとなってこの母集団から離れていく．これが繰り返されると，後端では粒子がばらばらに崩れて尻尾のように細長くなる．

　雪崩の法則のもとでは，集団に属する個々の粒子はその特性が同じであっても，先頭集団に属するか否かによって，単にトップに追いつけないばかりかどんどん先頭集団との差が開いてしまう．

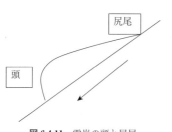

図 6.4.11 雪崩の頭と尻尾

郵 便 は が き

恐縮ですが
切手を貼付
して下さい

| 1 | 6 | 2 | - | 8 | 7 | 9 | 0 |

東京都新宿区新小川町6-29

株式会社 朝倉書店

愛読者カード係 行

●本書をご購入ありがとうございます。今後の出版企画・編集案内などに活用させていただきますので,本書のご感想また小社出版物へのご意見などご記入下さい。

フリガナ
お名前　　　　　　　　　　　　　　　男・女　　年齢　　　歳

〒　　　　　　　　電話
お名前

E-mailアドレス

ご勤務先
学 校 名　　　　　　　　　　　　　　　　　（所属部署・学部）

同上所在地

ご所属の学会・協会名

ご講読　・朝日　・毎日　・読売　　　　ご講読（　　　　　　　　　）
新聞　　・日経　・その他（　　　　）　　雑誌

本書を何によりお知りになりましたか

1. 広告をみて（新聞・雑誌名　　　　　　　　　　　　　　　　　）
2. 弊社のご案内
　　（●図書目録●内容見本●宣伝はがき●E-mail●インターネット●他）
3. 書評・紹介記事（　　　　　　　　　　　　　　　　　　　　　）
4. 知人の紹介
5. 書店でみて　　　　　　6. その他（　　　　　　　　　　　　）

書名『　　　　　　　　　　　　　　　　　　　　　　　　　**』**

お買い求めの書店名（　　　　　　　市・区　　　　　　　書店）
　　　　　　　　　　　　　　　　　町・村

本書についてのご意見・ご感想

今後希望される企画・出版テーマについて

・図書目録の送付を希望されますか？
　　　　　　・図書目録を希望する
　　　→ご送付先　・ご自宅　・勤務先

・E-mailでの新刊ご案内を希望されますか？
　　　　　　・希望する　・希望しない　・登録済み

ご協力ありがとうございます。ご記入いただきました個人情報については，目的
以外の利用ならびに第三者への提供はいたしません。また，いただいたご意見・
ご感想を，匿名にて弊社ホームページ等に掲載させていただく場合がございます。
あらかじめご了承ください。

図 6.4.12 雪崩のミニチュア実験装置 空気を水で置き換えることにより手のひらサイズで頭と尻尾をもつ巨大な雪崩を再現することができる.

　雪崩の法則はいつでも成り立つわけではない．一般に，静止状態から出発した雪崩は，速くなるにつれて外界から大きな抵抗力を受ける．そしてこの抵抗力が駆動力と釣り合ったところでトップスピードとなる．雪崩の法則は抵抗力と駆動力が釣り合ったところ，すなわちトップスピードになってはじめて成り立つ.

　スタートしてからトップスピードに到達するのに要する時間・距離はトップスピードが速いほど長くなる．したがって，トップスピードを小さくコントロールすれば，頭と尻尾をもつ雪崩のミニチュア実験が可能になる（図 6.4.12）（納口・西村，1998）．なお，実際の雪崩では，斜面が短すぎて，明確な頭（フロント）をもつ雪崩になる前に静止してしまうものもある．　　　　　　　　　　　　　　[**納口恭明**]

文　献

Abe, O., Nakamura, T. Nohguchi, Y., Decker, R., Femenias, T. and Howlett, D. (1994): Observations of snow avalanches on dynamic internal structures at Alta, Utah. Proceedings of International Snow Science Workshop, ISSW '94: 385–392.

Ammann, W.J. (1999): A new Swiss test-site for avalanche experiments in the Vallee de la Sionne/Valais. *Cold Regions Sci. Technol.*, **30**: 3–11.

芦田和男・高橋　保・道上正規（1983）：河川の土砂災害と対策（防災シリーズ 5），260 p，森北出版.

Bedard, A. J. Jr., Greene, G.E., Intrieri, J. and Rodriguez, R. (1988): On the feasibility and value of detecting and characterizing avalanches remoted by monitoring radiated sub-audible atmospheric sound at long distances. Proc. Multidisciplinary Approach to Snow Engineering, Santa Barbara, California.

Beghin, P., Hopfinger, E.J. and Britter, R.E. (1981): Gravitational convection from instantaneous sources on inclined boundaries. *J. Fluid Mech.*, **107**: 407‒422.

Britter, R.E. and Linden, P.F. (1980): The motion of the front of a gravity current traveling down an incline. *J. Fluid Mech.*, **99**: 531‒543.

Dent, J. D., Burrell, K.J. Schmidt, D.S., Louge, M.Y., Adams, E.E. and Jazbutis, T.G. (1998): Density, velocity and friction measurements in a dry snow avalanche. *Ann. Glaciol.*, **26**: 247‒252.

福嶋祐介 (1986): 粉雪雪崩の流動機構の解析. 雪氷, **48**(4): 1‒8.

Fukushima, Y. and Hayakawa, N. (1990): Analysis of inclined wall plume by turbulence model. *J. Appl. Mech. ASME.*, **112**: 455‒465.

福嶋祐介 (1998): 煙型雪崩の数値モデル, 「雪崩」. 気象研究ノート, 190号: 59‒72.

福嶋祐介・衛藤俊彦 (2003): k-ε 乱流モデルを用いた煙型雪崩の数値解析法の提案. 雪氷, **65**(1): 3‒14.

Gubler, H. (1987): Measurement and modelling of snow avalanche speeds. *IASH Publication*, **162**: 405‒420.

Harbitz, C.B. (1998): A survey of computational models for snow avalanche motion. NGI Technical Report, 581220‒1, 127 p.

Harrison, J.C. (1976): Seismic signals from avalanches. Chap. 7, Avalanche release and snow characteristics, San Juan Mountains, Colorado, Final Report San Juan Avalanche Project Institute of Arctic and Alpine Research, pp.145‒152, University of Colorado, Boulder, Colorado.

Hopfinger, E.J. (1983): Snow avalanche motion and related phenomena. *Ann. Rev. Fluid. Mech.*, **15**: 47‒76.

Kamiishi, I., Hayakawa, N., Fukushima, Y., Kawada, K. and Yamada, M. (1997): Performance testing and effectiveness of avalanche blaster Gaz.Ex in Japan's central mountains. Snow Engineering: Recent Advances, Proc. 3rd International Conference of Snow Engineering, Sendai, Japan, pp.97‒100.

木村龍治 (1998): 斜面重力流の流体力学. 気象研究ノート, 190号: 37‒49.

Kotlyakov, V.M. (1977): The dynamics of avalanches in the Khinbins. *J. Glaciol.*, **19**: 431‒439.

Lawrence, W. St. and Williams T.R. (1976): Seismic signals associated with avalanches. *J. Glaciol.*, **17**: 521‒526.

町田　誠・早川典生・加地智彦・川田邦夫 (2002): 雪中爆破による人工雪崩発生技術に関する実験的研究. 2002年度日本雪氷学会全国大会講演予稿集, 180.

Mellor, M. (1978): Dynamics of Snow Avalanches (Voight, B. and others eds.), Vol.1, pp.753‒792, Elsevier, Amsterdam.

日本雪氷学会 (2001): 日本最大の雪崩はいかにして起こったか, 3.27左俣谷雪崩災害調査報告書 (概要版): 1‒10.

西村浩一・前野紀一・川田邦夫 (1987): 雪崩衝撃力の周波数解析による大規模雪崩の内部構造. 低温科学, 物理篇, **46**: 91‒98.

Nishimura, K., Maeno, N., Lied, K. and Norem, H. (1993): Observations of the dynamic structure of snow avalanches. *Ann. Glaciol.*, **18**, 313‒316.

Nishimura, K., Sandersen, F., Kristensen, K. and Lied, K. (1995): Measurements of Powder Snow Avalanches. -Nature-. Surveys in Geophysics, **16**: 649‒660.

Nishimura, K. (1996): Viscosity of fluidized snow. *Cold Regions Sci. Technol.*, **24**: 117‒127.

Nishimura, K. and Ito, Y. (1997): Velocity distribution in Snow Avalanches. *J. Geophys. Res.*, **102**(B12): 27297‒27303.

Nishimura, K. and Izumi, K. (1997): Seismic Signals Induced by Snow Avalanche Flow. *Natural Hazards,* **15**(1): 89‒100.

Nishimura, K., Keller, S., McElwaine, J. and Nohguchi, Y. (1998): Ping‒pong ball avalanche at a ski jump. *Granular Matter*, **1**(2): 51‒56.

6.4 雪崩の運動機構

西村浩一（1998）：雪崩の内部構造と運動. 気象研究ノート, 190 号：21 - 36.

西村浩一・納口恭明（1998）：流れ型雪崩の数値モデル. 気象研究ノート, 190 号：73 - 82.

納口恭明・西村浩一（1998）：模擬雪崩の相似について. 気象研究ノート, 190 号：103 - 112.

Norem, H., Irgens, F. and Schieldrop, B. (1987): A continuum model for calculating snow avalanche velocities. *IAHS Publications*, **162**: 363 - 378.

Perla, R. I. (1980): Dynamics of snow and ice masses (Colbeck, S.C. ed.), pp.397 - 462, Academic Press.

Qui, J., Jiang, F., Abe, O., Sato, A., Nohguchi, Y. and Nakamura, T. (1997): Study of avalanches in the Tianshan Mountains, Xinjiang, China. Snow Engineering: Recent Advances, Proc. 3rd International Conference of Snow Engineering, Sendai, Japan, pp. 85 - 90.

Savage, S.B. and Hutter, K. (1989): The motion of a finite mass of granular materials down a rough incline. *J. Fluid Mech.*, **199**: 177 - 215.

Schaerer, P.A. (1975): Friction coefficients and speed of flowing avalanches. *IAHS Publication*, **114**: 425 - 432.

Shoda, M. (1966): An experimental study on the dynamics of avalanching snow. *IASH Publication*, **69** : 215 - 229.

Simpson, J.E. (1987): Gravity Currents in the Environment and the Laboratory, Ellis Horwood. Environmental Science, 15 - 244.

Voellmy, A. (1955): Uber die Zerstorungskraft von Lawinen. *Bauzeitung*, **73**: 159 - 165.

コラム 6.4 スイス連邦雪・雪崩研究所（スイス）

機関名：Swiss Federal Institute for Snow and Avalanche Research（SLF）
所在地：Flüelaster 11, CH-7260 Davos Dorf, Switzerland
URL：http://www.slf.ch

　雪崩の発生機構と雪崩対策に関する研究を行うために設立された研究所である．スイスにおける雪崩予報の発令を業務とする．また，積雪の力学，雪崩の力学，雪崩・落石防止策に関する基礎的研究も精力的に進めている．　　　　　　　　［古川晶雄］

スイス連邦雪・雪崩研究所（© SLF）

7
氷

7.1 氷の特性

7.1.1 氷の物性一般

すべての物質は，気体，液体，固体の三つの姿になり，これを物質の三態という．水の場合，水（液体）が凍ると氷（固体）になり，水が蒸発すると水蒸気（気体）になる（図7.1.1）．水は身の周りに当たり前のように存在する物質なので，水は単位を定義する物質としてよく使われる．たとえば，もともと水1 cm³を1 g（グラム）と定義し，水1 gを温度1℃上げる熱量を1 cal（カロリー）と定義したのである．この当たり前の水が，実は"変わりもの"なのである．他のほとんどの物質は固体になると重くなる（密度が大きくなる）のに，水は凍って氷になると軽くなる（密度が小さくなる）．コップの水に氷が浮かぶのも，湖の氷が表面から凍るのもこの変わった

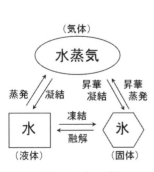

図7.1.1 水の三態

図7.1.2 アラスカ・マッコール氷河
厚くなった氷は氷河となって谷を流れ下る．

表 7.1.1　氷の物性の種類

物性の種類	物 性 項 目
構造的性質	密度*，結晶構造，格子定数，格子欠陥（D欠陥，L欠陥，空孔），高圧下の氷の多形，拡散係数
熱的性質	比熱*，融解熱，線膨張係数*，熱拡散率，熱伝導率*，飽和水蒸気圧*，表面エネルギー
力学的性質	弾性率，剛性率，圧縮率*，ポアソン比，粘性，塑性，粘弾性，硬さ，反発率，音速*（縦波，横波），摩擦，付着，内部摩擦
電気的性質	比抵抗，電気伝導，誘電率，電波吸収，熱電能
光学的性質	屈折率，複屈折，吸収率，分光，光学現象

注）＊付きの物性値の温度変化表は付録4.1に掲載

性質のためである．また，氷や雪は自然界の最も滑りやすい物質であり，何にでもよく付着する物質でもある．また，固体であるはずの氷は，大きな圧力では氷河となって液体のように流れていく．これらの変わった性質は，本来，水や氷がもった性質に加え，氷が融点に近い「高温状態」にあるためでもある（図7.1.2）．

　物質がもっている性質のことを物性という．氷の物性には構造，熱的性質，力学的性質，光学的性質，電気的性質などがある．氷の構造に関するものには氷の結晶構造，格子定数，D欠陥，L欠陥，空孔などの格子欠陥，高圧下での各種の氷，つまり氷の多形，氷の密度，拡散係数などがある．氷の熱的性質に関するものには，比熱，融解熱，膨張係数，熱拡散率，熱伝導率，飽和水蒸気圧，表面エネルギーなどがある．氷の力学的性質に関するものには，弾性率，剛性率，ポアソン比，粘性，塑性，粘弾性，硬さ，反発率，摩擦，付着，内部摩擦などがある．氷の光学的性質に関するものには屈折率，複屈折，吸収率，分光，光学現象などがある．氷の電気的性質に関するものには比抵抗，電気伝導，誘電率，電波吸収，熱電能などがある（表7.1.1）．

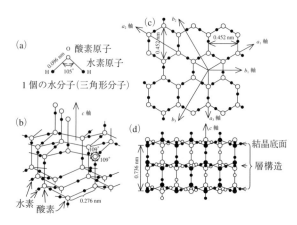

図7.1.3　氷の結晶
大きい白丸が酸素原子，小さい黒丸が水素原子．(a)水蒸気の水分子，(b)斜めからみた結晶構造，(c)結晶主軸(c軸)に垂直な面（結晶底面：正六角形の網目状構造をしている），(d) c軸に垂直な方向からみた図．

7.1 氷 の 特 性

表 7.1.2 には氷の物性値を水と対比して示す．氷の密度は水のおよそ 92％，氷の比熱は水の 1/2，氷の熱伝導率は水の 4 倍も大きいことなどが特徴的である．

水の分子は水素（H）2 個と酸素（O）1 個が結合したものであり，H_2O と表される．水蒸気分子の状態では，2 個の水素原子は，酸素原子から 0.096 nm（1 nm ＝ 10^{-9} m）離れ，角度が 105° をなすように斜めに結合している（図 7.1.3(a)）．ただしそれぞれの原子は半径 0.12〜0.14 nm の広がりをもつので，三つの原子は互いに重なって二つのこぶをもった球状の形と考えられる．水が凍ると，酸素と酸素の間に 1 個の水素が入った形の結合をして氷結晶が形成される．結晶の構造は，基本的には正

表7.1.2 氷の物性値一覧

[1] 氷と水の物性値対比

物性項目	氷	水	備考
密度（kg/m³）	916.4（0℃） 917.4（−10℃） 918.3（−20℃） 919.3（−30℃） 920.4（−40℃）	999.84（0℃） 999.97（3.98℃） 999.70（10℃） 998.20（20℃） 995.65（30℃）	氷は水の約92％ 水は3.98℃で最大
飽和蒸気圧（Pa）	610.5（0℃） 260.1（−10℃） 165.5（−15℃） 103.5（−20℃） 38.1（−30℃）	610.5（0℃） 286.5（−10℃） 191.5（−15℃） 125（−20℃） 51（−30℃）	蒸気圧差は0℃で0， −15℃付近で最大
比熱（$kJ \cdot kg^{-1} \cdot K^{-1}$）	2.117（−0℃） 2.039（−10℃） 1.961（−20℃） 1.883（−30℃）	4.2174（−0℃） 4.1919（−10℃） 4.1816（−20℃） 4.1782（−30℃）	氷は水の約1/2 水蒸気比熱は1.94
熱伝導率（$W \cdot m^{-1} \cdot K^{-1}$）	2.32（−10℃）	0.60（20℃）	氷は水の約4倍
線膨張係数（$10^{-5}K^{-1}$）	5.40（−10℃）	−	
体膨張係数（$10^{-3}K^{-1}$）	0.15（−20℃）	0.21（20℃）	氷は水の70％
ヤング率（GPa）	8.69〜9.94（−5℃）	−	
剛性率（GPa）	3.36〜3.80（−5℃）	−	
体積弾性率（GPa）	8.81〜11.3（−5℃）	2.2	
ポアソン比	0.31〜0.36（−5℃）	0.50（非圧縮）	
粘性率（Pa·s）	1.2×10^{11}（−10℃）	1.79×10^{-3}（0℃）	
音速（km/s）　縦波 　　　　　　　横波	3.88（−10℃） 2.04（−10℃）	1.483（20℃） −	氷は水の2倍以上速い
電気伝導度（S/m）	1×10^{-7}〜6×10^{-9}	4.3×10^{-6}	
比誘電率	110（−10℃）	80.36（20℃）	
磁化率（emu）	0.70×10^{-6}	0.72×10^{-6}	
屈折率（波長 0.578 μm）	通常光 1.3090（−3℃） 異常光 1.3104（−3℃）	1.333（25℃）	氷は水よりわずかに小さい

242 7. 氷

[2] その他の物性値

氷の残余エントロピー	3.44 J/(mol·K)
氷のイオン濃度	8×10^7 個/mm^3 (−10℃)
三重点（同じ圧力で水，氷，水蒸気が共存）	+0.01℃，610 Pa
四重点（大気中で水，氷，水蒸気の三相が共存）	0.00℃，10^5 Pa
H_2 と O_2 から H_2O の生成熱	243 kJ/mol
クラジウス・クラペイロンの係数	-7.4×10^{-8} K/Pa
氷の融解熱	334 kJ/kg（0℃）
水の気化熱	2407 kJ/kg（20℃）
モル氷点降下 （1 mol の不純物が水 1 kg に溶解したときの氷点降下．電解質の場合は各イオンのモル数の和）	1.86℃
モル沸点上昇 （1 mol の不純物が水 1 kg に溶解したときの沸点上昇）	0.52℃
水の組成	$H_2^{16}O$：99.76%，$H_2^{18}O$：0.17%，$H_2^{17}O$：0.037%，$HD^{16}O$：0.032%

六角形の網目状構造をもつ層が何枚も重なった構造をしている（図 7.1.3 (b)，(c)，(d)）．ただし六角網目状の層は平坦ではなく，酸素原子が交互に高くなったり低くなったりしている．その立体構造のために酸素原子から出る「腕」同士の角度は120°ではなく約 109°となる．この六角網目構造のため，雪結晶は六方対称となり，氷結晶の光学的性質も六方対称を基本とするのである．網目層構造の垂直方向が結晶主軸であり，c 軸と呼ぶ．2 層分の平均距離は約 0.736 nm（−10℃）である．六角形の辺に平行な方向は a 軸であり，向かい合った辺は約 0.452 nm（−10℃）である．これらの構造は通常の大気圧下のものであり，非常に高圧や低温のもとでは違う構造となる（7.2 節）．

宇宙を構成する元素は一般に陽子と中性子が同数含まれている．しかし，水素 H だけは陽子 1 個と電子 1 個から構成され，中性子を含まない．中性子一つをさらに含んだものは，性質はほぼ同じで重さが 2 倍重いので重水素（D）と呼ばれ，酸素 2 個と結合したものは重水（D_2O）と呼ばれ，普通の水にも非常にわずかの量が含まれている．重水に対して，普通の水（H_2O）は軽水と呼ばれるが，宇宙はなぜ軽水素宇宙となったのか不思議である．むしろ，陽子と中性子が対となった重水氷こそ標準的な氷となるべきなのではないか．これは，氷 H_2O を扱うとき気になる疑問である．

氷はどんなに精製してもなお多くの異物を含むものである．1 ppb（= 10^{-9}）の不純物を含む水 1 mg は 400 億個ものばく大な数の不純物を含むことになる．われわれの扱っている氷は異物を含んだ氷の物性であることを認識しておくべきであろう．

東北大学で開発された超純鉄（純鉄）が銀色の輝きを放ち，容易に曲がり，硫酸や硝酸にも溶けない，錆びないなど従来の鉄に対するイメージを覆す性質が明らかになった．もし，超純氷が開発されれば，氷に対してまったく新しい性質が発見されない

とも限らない．いままで扱われてきた氷は軽水氷に対する物性である．仮に，本来の氷と考えられる重水 D_2O 氷と H_2O 氷の物性の違いが明らかになれば，氷に対する新しい扉が開かれることになるであろう．

7.1.2 氷の力学的性質

(1) 氷の粘弾性

固体である氷は，雪面を飛び跳ねながら移動する地吹雪粒子のように弾性の性質をもつ．一方，軒先から垂れ下がる積雪や氷河の流れのように塑性の性質ももつ．氷は粘弾性体と呼ばれる特異な物質である．かまくらの天井が日数の経過とともに低くなり，積雪が沈降するのも氷の塑性が関係する．

弾性をばね，塑性をダッシュポット（緩衝器）で表すと，ばね E_1 とダッシュポット（粘性率 η_1）を直列につないだものをマックスウェル要素，ばね E_2 とダッシュポット（粘性率 η_2）を並列につないだものをフォークト要素という．氷の粘弾性的性質はマックスウェル要素とフォークト要素を直列につないだ四要素模型（図 7.1.4）で示される．ばねはかけた力に比例して縮み，力を除くともとに戻るが（弾性変形），ダッシュポットは力に比例した速度で変形するが，力を除いてももとに戻らない（塑性変形）．

力を加えた瞬間，ばね E_1 が弾性変形で瞬間的に縮む．ついで，ダッシュポット η_1 が時間に比例して縮む．ばね E_2 とダッシュポット η_2 は同時に同じだけ縮み，はじめは縮み速度が速く，徐々に遅くなる．ばね E_2 が力とバランスする位置まで縮むと変化は止まる．このあとはダッシュポット η_1 だけが縮む定常クリープとなり，一定のひずみ速度で変形をする．力を急に除くと，E_1 の弾性変形分が急に戻り，さらに E_2 の変形分が時間をかけて少し戻る（図 7.1.5）．E_1，E_2，η_1，η_2 の値は氷温が下がると大きくなり，加わる応力によっても変わり，単結晶氷の場合は多結晶氷と違って結晶軸方向によっても変わる．

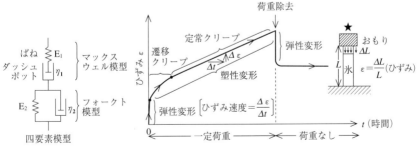

図 7.1.4 氷の粘弾性模型　　　　**図 7.1.5** 氷のひずみ曲線粘弾性模型
一定荷重をかけたのちに荷重を除去した．

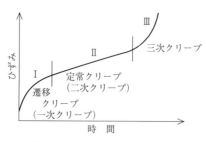

図 7.1.6 氷のクリープ図（概念図）

(2) 氷の塑性変形（クリープ）

氷の粘弾性で述べたように，氷には弾性と塑性の性質があり，一定の力を加えると，はじめは瞬間的に変形するが，その後の変形は時間の経過とともにひずみ速度を変えながら進行する．氷の柱に一定の荷重を加えると（定荷重試験），柱は徐々に縮む．荷重がある程度大きいとき，氷は図 7.1.6 のように変形する．図の曲線の傾きはひずみ速度に相当し，直線部分を定常クリープまたは単にクリープという．

荷重開始後に，ひずみ速度が徐々に変わる 1 次クリープを遷移クリープ，ひずみ速度が一定となる 2 次クリープを定常クリープと呼び，その後，再びひずみ速度が大きくなる領域を 3 次クリープという．3 次クリープでは結晶が細分化したり，再度，結晶粒が大きくなる再結晶化を伴い，多結晶氷の構造（ファブリック）が変化する．

温度が高いほど氷は塑性変形しやすい．中谷宇吉郎が氷の結晶はトランプを積み重ねたようなものであるといったが，氷の塑性には異方性があり，カード間［(0001) 面：結晶底面］で滑りやすい．

定常クリープのひずみ速度は一般に次式で表され，氷河や氷床の変形速度計算に用いられる．

$$\dot{\varepsilon} = A\tau^n, \quad A = A_0 \exp\left(-\frac{E_c}{kT}\right) \tag{1}$$

（$\dot{\varepsilon}$：ひずみ速度，A_0：係数，E_c：活性化エネルギー，k：ボルツマン定数，T：温度 (K)，τ：応力）

べき数 n については，水のようなニュートン流体は，ひずみ速度と応力が比例するので $n = 1$ であるが，氷や溶岩のような非ニュートン流体では $n \neq 1$ であり，ひずみ速度と応力は比例せず，氷では $n \fallingdotseq 3$ である．また，式(1)でわかるように，ひずみ速度は温度に大きく依存し，温度が約 15°C 下がるとひずみ速度は 1/10 に小さくなる．

図 7.1.7 は，多結晶氷についてひずみ速度と応力の関係の多くの室内実験や野外実験の測定例をまとめたものである（Budd and Radock, 1971）．温度の違いなどによってさまざまな測定曲線となっているが，1 bar（≒1 気圧）より高い応力ではいずれも

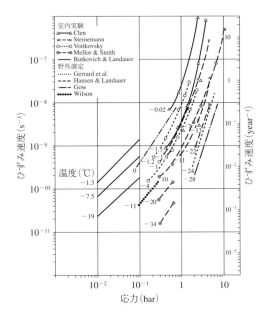

図 7.1.7 ひずみ速度と応力（ずれ応力）の関係（Budd and Radock, 1971より）

傾きがほぼ3となっており，$n ≒ 3$ であることがわかる．

（3） 氷の定速度圧縮試験・引張試験

圧縮試験器にセットされた氷柱を遅い速度で圧縮していくと，氷柱が縮むにつれ圧縮板に徐々に大きな力が現れる．やがて，氷内に微小なクラックが次々と発生し，遂に巨視的な破壊に至る．その間，クラックの発生の瞬間に圧縮板に及ぼす力が瞬間的に減少することを繰り返す．

圧縮速度が非常に遅くなると，氷は破壊せず塑性的にゆっくり縮む．これは柔らかい針金を引っ張って延ばしたときの変形と同じであり，延性破壊という．逆に，高速の圧縮ではガラスが壊れるように脆性破壊となる．延性破壊と脆性の境界はひずみ速度が約 $10^{-4} s^{-1}$ の位置にあり，氷の破壊強度は最大 10 MPa 程度である（図 7.1.7）．

引張破壊の場合も $10^{-5} s^{-1}$ 以上のひずみ速度では脆性破壊となるが，圧縮の場合と異なり，氷結晶の結晶粒子の大きさに依存し，破壊強度は粒径の 1/2 乗に逆比例して減少し，粒径 1 mm で約 1.2 MPa 程度である（図 7.1.8）．

（4） 氷のブリネル硬さ

一般に，硬さ測定にはブリネル硬さ，ビッカース硬さなどのほか各種の方法がある．氷の硬さとしては鋼球を一定時間氷に押しつけるブリネル硬さ H がよく引用される．荷重 W を氷に残された圧痕の面積 S で割った値 W/S を硬さ H としている．

氷には塑性があるので荷重を加える時間とともに鋼球はめり込み，硬さが小さくな

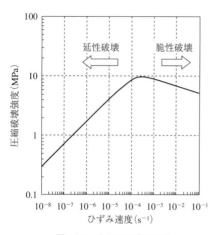
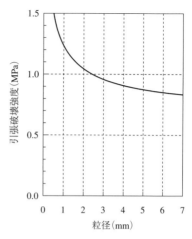

図 7.1.8 氷の圧縮破壊強度
ひずみ速度によって変化する．

図 7.1.9 氷の引張破壊強度
結晶粒径が大きくなると破壊強度は小さくなる．

っていく．いくつかの荷重時間に対する硬さの値を図 7.1.9 に示す．温度が低いほど氷は硬くなり，－5℃から－20℃になると硬さはほぼ 2 倍になる．同じ温度でも荷重時間が長くなると塑性変形のために硬さは小さく現れる．荷重時間が 10 倍になると硬度は約 1/2 になる．

同じ氷結晶でも単結晶の場合，氷の底面（c 軸に垂直な面）（0001）と柱面（b 軸に垂直な面）（10$\bar{1}$0）を比較すると底面のほうが硬い．

(5) 氷の内部摩擦

氷の棒の一端を固定し，他端を曲げたり，ねじったりして振動を与えても，振動は長続きせず，減衰し，やがて止まってしまう．これは，氷に与えた振動のエネルギーが氷体内に吸収されたり，結晶境界の摩擦などで消失されるからであり，内部摩擦と呼ばれる．

氷の内部摩擦の測定はつぎのように行う．2 本の糸の上に氷の棒の試料を水平に置き，氷の棒の両端下面に小さな鉄片を張り付け，それぞれにコイルを接近させておく．一方のコイルに交流電流を流して振動を与え，他方のコイルに流れる誘導電流を検出する．励磁を止めると氷棒の振動は減衰する．振動が減衰するのは，棒にエネルギーが吸収されたからであり，これは内部摩擦力によるものである．振動の一周期で失われるエネルギーの割合を内部摩擦と定義する．

図 7.1.11 は，いくつかの周波数について内部摩擦の温度依存性を測定したものである．それぞれ極大値がはっきり現れ，その位置は周波数が高くなると温度が高いほうに移動するのがわかる．

7.1 氷 の 特 性

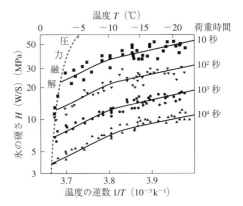

図 7.1.10 氷のブリネル硬さ
氷の硬さは温度と荷重時間で変化する．破線は圧力融解を示す（Barnes et. al., 1971 より）．

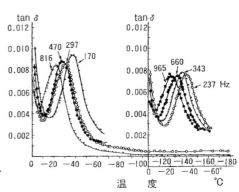

図 7.1.11 氷の内部摩擦の温度依存(Kuroiwa, 1964 より）

(6) 氷の摩擦（外部摩擦）

　一般に用いられる「摩擦」は，二つの物体の間の摩擦であり，物体内の内部摩擦に対して外部摩擦とも呼ばれる．ここでは，外部摩擦を単に摩擦と呼ぶことにする．摩擦抵抗は接触する2面の相対運動で発生する抵抗である．スケートやそりがよく滑るように，氷と他物体との摩擦はたいへん小さい．摩擦を理解するには「真の接触面」が大事である．摩擦抵抗には，真の接触部がせん断力（ずれの力）によって破壊されるための「せん断抵抗」と表面の突起が相手にキズをつけていく「掘り起こし抵抗」がある．スパイクタイヤは掘り起こし抵抗によって摩擦を大きくしているし，スタッドレスタイヤはせん断抵抗で摩擦力を得ようとしている．

　摩擦抵抗力 F を垂直荷重 W で割った値 μ を摩擦係数という．

$$\mu = \frac{F}{W}$$

　物体が静止していて動き出す直前の摩擦係数は静止摩擦係数であり，動いているときの摩擦係数は動摩擦係数と呼ばれる．スケートが滑っているときのすべり摩擦係数

は動摩擦係数である．

なぜ氷がいろいろな物質に対して 0.004 から 0.05 程度の小さな滑り摩擦係数を示すかには諸説があり，いまだ決定的な結論には到達していない．そのなかで，「摩擦融解説」と「凝着説」が有力である．融け水が潤滑作用をするから氷の摩擦は小さいと主張したのが摩擦融解説である．摩擦融解説を支持する学者が多い．

氷の摩擦の特徴として，① 速度が速いほど摩擦が小さい，② 温度が高いほど摩擦が小さい，③ 荷重が大きいほど摩擦係数が小さいなどの性質があり，摩擦融解説はこれらを説明する．しかし，摩擦融解説では融け水が必要であり，その水は摩擦熱によって作られる．そのため「摩擦係数が小さすぎれば，氷は解けず摩擦は逆に大きくなる」という内部矛盾も近年になって指摘されている．

単結晶氷では図 7.1.12 のように ④ 氷の結晶面によって摩擦が異なる，⑤ 同一結晶面上でも滑り方位により摩擦が異なるなどの新しい特性が見いだされた．これらの特性は，凝着説によって説明される．凝着説では，摩擦の原因が表面の微細な突起が高い圧力で結合（凝着）するためとする．氷の場合，この凝着力が小さいのである．

トンネルのなかなどで，天井からしたたり落ちた水が凍ってできる氷筍は巨大な単結晶となっていることが多い．最近，凝着説の立証として，トンネルで多量育成した氷筍から切り出された単結晶の (0001) 面（結晶基底面）に平行に薄く切った氷をスケートリンクに貼り付けて成長させ，スケート滑走試験が行われた．この氷筍リンクは従来リンクより格段に摩擦が小さかったことから，凝着説の信頼度が高まった．

(7) 氷の付着強さ

氷は各種の物質によく付着する．氷の高い付着性は交通標識への着雪，電線着雪，アンテナ着雪など災害の元凶でもある．氷球どうしや氷球と平板の付着の場合，焼結

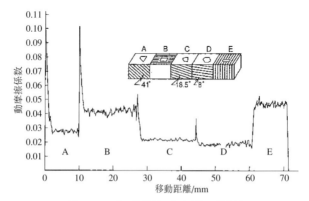

図 7.1.12 氷の結晶面による摩擦の異方性
単結晶氷試料の c 軸の水平面に対する角度は (A) 41°, (B) 90°, (C) 8.5°, (D) 8.0°, (E) 90°. c 軸の向きの違いにより摩擦力が異なる．

7.1 氷 の 特 性

表 7.1.3 氷の各種材料に対する付着力

Loughborogh（1946）

材　　質	氷付着力（10^5Pa）
銅	8.7
鉄	13.0
アルミニウム	15.5

Brunner（1952）

材　　質	氷付着力（10^5Pa）
ポリスチレン	5.9
パラフィン	4.6
ポリカーボネート	2.9
ナイロン	2.9

Sallario（1933）

材　　質	氷付着力（10^5Pa）
金属	9.5
スキーラッカー	6.2

Landy and Freiberger（1967）

材　　質	氷付着力（10^5Pa）
テフロン	3.2
アクリル	6.4
ポリエチレン	2.6

や塑性変形によって真の付着面積が経過時間とともに増す．温度が高いほど接触面積の拡大がいちじるしいので，付着力は温度が高いほど大きく，接触時間が長いほど大きくなる．ただし，真の付着面について，単位面積当たりの付着強さを比べれば，付着強さは温度が高いほど小さい．

　水を接着剤とした氷と異物の付着力については多くの測定例がある．それによると表 7.1.3 に示すように，ポリエチレンなどプラスチック面に対する氷の付着力は 2×10^5 Pa 程度と小さく，金属面に対する氷の付着力は $(8 \sim 15) \times 10^5$ Pa の大きい値である．しかし，これらの値も金属やプラスチック材どうしの付着力に比べると極端に小さい．

(8)　氷の反発係数

　雪が風によって飛ばされる地吹雪においては，雪粒が雪面上を飛び跳ねながら移動する現象であり，これを跳躍運動という．氷球が衝突している時間は短く，衝突面の氷は主に弾性的に変形する．その弾性ひずみのエネルギーで雪粒は跳ね飛ばされる．氷どうしの衝突の際の反発係数は図 7.1.13 のように $0.8 \sim 0.9$ 程度の高い値をもつ．反発係数は温度の関数でもあり，温度が低いほど反発係数は大きい．温度が高い湿った雪では反発係数は 0 となり，地吹雪は発生しない．

(9)　ポアソン比 γ

　物質を縦方向に押すと，横方向には広がって，体積が少し減少する．もとの長さに対する変化分の比をひずみというが，縦方向のひずみ ε_1 に対する横方向のひずみ ε_2 の比をポアソン比 γ という．$\gamma = \varepsilon_2 / \varepsilon_1$，$\gamma \leqq 0.5$ であり，氷の γ は $0.31 \sim 0.36$ である．水平方向に広がった積雪では，上下方向にだけ縮み，横方向の変化はないから，$\gamma = 0$ になる．液体のように体積の変わらない変化は $\gamma = 0.5$ である．

　表 7.1.4 に各種物質の弾性定数を示す．金や鉛はポアソン比が大きく，鉄は小さ

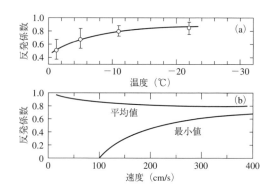

図 7.1.13 氷粒子の反発係数
(a) 温度との関係,(b) 速度との関係
(前野ほか,2000 を改変).

表7.1.4　各種物質の弾性定数

物　質	ヤング率E 10^{10} Pa	剛性率 10^{10} Pa	体積弾性率 10^{10} Pa	ポアソン比
氷	8.69〜9.94 (−5℃)	3.36〜3.80 (−5℃)	8.81〜11.3 (−5℃)	0.31〜0.36 (−5℃)
金	7.80	2.70	21.70	0.44
銀	8.27	3.03	10.36	0.367
銅	12.98	4.83	13.78	0.343
鉄	20.1〜21.6	7.8〜8.4	16.5〜17.0	0.28〜0.30
鉛	1.61	0.559	4.58	0.44
アルミニウム	7.03	2.61	7.55	0.345

い.銅のポアソン比(0.343)が比較的氷に近いが,ヤング率や剛性率を比較すると銀が比較的氷に近い.

7.1.3　氷の熱的性質

(1)　氷の比熱

比熱は1kgの氷の温度を1℃上げるのに要する熱量c($\text{J}\cdot\text{kg}^{-1}\cdot\text{K}^{-1}$)で表される.氷の比熱は0℃で2.117 $\text{kJ}\cdot\text{kg}^{-1}\cdot\text{K}^{-1}$,水(−0℃)の4.2174 $\text{kJ}\cdot\text{kg}^{-1}\cdot\text{K}^{-1}$のほぼ半分である(表7.1.2参照).また,氷の比熱は温度が低いほど比熱は小さくなる(図7.1.14).

表7.1.5に各種物質の熱定数を示す.比熱は水と比べると,氷は約1/2,各金属は1/10〜1/30であることがわかる.

単位質量の氷に加えた熱をdQ,熱を加えたことによる温度の変化をdTとすると,比熱cは

7.1 氷 の 特 性

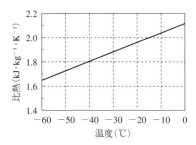

図 7.1.14 比熱の温度変化

表 7.1.5 各種物質の熱に関する定数（金属の測定温度は 0℃ または室温）

物 質	比熱 ($kJ \cdot kg^{-1} \cdot K^{-1}$)	熱伝導率 ($W \cdot m^{-1} \cdot K^{-1}$)	線膨張係数 ($10^{-5} K^{-1}$)	体膨張係数 ($10^{-4} K^{-1}$)
氷	2.039 (−10℃)	2.32 (−10℃)	5.4 (−10℃)	1.5 (−20℃)
水	4.2174 (0℃)	0.6 (20℃)	−	21 (20℃)
金	0.127	310	1.4	0.42
銀	0.234	418	1.9	0.57
銅	0.382	305	1.67	0.50
鉄	0.439	76	1.2	0.36
鉛	0.127	35	2.9	0.87
アルミニウム	0.880	238	2.3	0.69

$$c = \frac{dQ}{dT}$$

である．$dQ=TdS$（dS はエントロピーの変化）の関係があるので，比熱はエントロピー S の変化に等しい．

　あらかじめ低温に冷やされた氷に一定の割合で熱を加えると，氷の温度がほぼ直線的に上昇していく．しかし，0℃では熱を加えても熱は氷の融解に使われて温度は上昇しない．再度，温度上昇が現れるまでに氷に加えられた熱が氷の融解熱 L (334 kJ/kg) である．

$$dQ = L = TdS$$

ここでの $dS=L/T$ はたいへん大きな値となり，dS は融解のエントロピーになる．

　同様に，低温でも氷の内部構造が変わる場合（−110℃付近での立方晶から六方晶への変化）にも比熱は異常な値を示す．分子の再配列はエントロピー dS の変化を伴うので，比熱の異常となって現れる．

　絶対零度 0 K（−273.15℃）で一般の物質の比熱は 0 になる．しかし，氷の比熱は 0 にならない．0 K での比熱の異常は水素結合における水素原子の配位数に起因する

ものであり，残余エントロピーと呼ばれる．

(2) 氷の熱膨張

氷は冷やすと収縮し，暖めると膨張する．氷は金属やガラスに比べ著しく大きな熱膨張係数をもっている．表 7.1.5 によれば氷の線膨張係数は鉄の 4.5 倍，アルミニウムの 2.3 倍である．氷と金属の凍着では，温度が下がるだけで，はく離することがある．氷は大きく収縮するから，凍着面に熱応力と呼ばれる力が発生し，はく離するのである．

長さ 1 m の氷を 1 ℃加熱したときの変化量 α（K^{-1}）を線膨張係数という．α は温度が低いほど小さく，氷の c 軸方向は a 軸方向よりわずかに大きい．

氷の体積も温度の上昇によって膨張する．1 m³ の氷を 1 ℃温度を上げたときの体積の変化量が体膨張係数 β（K^{-1}）である．線膨張係数と体膨張係数の間には $\beta = 3\alpha$ の関係がある．

湖氷に発生するお神渡りや南極氷床での氷震は温度が急激に下がるとき，周辺が束縛された氷の収縮が関係している．

(3) 氷の熱伝導度

氷の一端を暖め温度 T_H とし，他端を温度 T_L に保つと，氷の棒に熱の流れ q が生ずる．棒の長さを L，断面積を S，熱伝導率を κ とすると

$$q = \kappa \frac{T_H - T_L}{L} S$$

の関係がある．

氷の熱伝導率は金属に比べると著しく小さく，温度が低いほど小さい．表 7.1.5 によると，氷の熱伝導率は鉄の約 1/30，アルミニウムの約 1/100 である．

金属に比べ氷の熱伝導率が小さい理由は自由電子をもたないからである．氷のなかで熱を運ぶのはおもに水素原子核である．氷は陽子半導体とも呼ばれるが，陽子（水素原子核）が酸素原子間の結合線上をジャンプしたり回転したりして移動することが熱移動の主役を担っている．氷は絶縁体よりは熱伝導率が大きい．氷の熱伝導率は温度が高いほど大きい．

(4) 氷の飽和水蒸気圧

真空の密閉容器に氷を入れると，容器内の空間は氷と氷から蒸発した水蒸気で満たされる．このときの容器の内壁に及ぼす水蒸気の圧力が氷の飽和水蒸気圧に等しい．図 7.1.15 に水および氷の飽和水蒸気圧の温度変化を示す．水の飽和蒸気圧は，100℃で 1 気圧（1013 hPa），0 ℃で 6.11 hPa，−15℃（過冷却状態）で 1.91 hPa，−30℃では 0.51 hPa と大きく変化する．氷の飽和蒸気圧は 0 ℃では水と同じであるが，−15℃で 1.65 hPa，−30℃では 0.38 hPa と，0 ℃以下ではつねに水の飽和蒸気圧より

小さく，その差は−15℃前後で最大となる．

氷の表面では蒸発する分子の割合と空間から氷の表面に衝突し，氷に組み込まれる水分子の割合が等しい．温度を下げると，氷の表面から蒸発する分子の割合が減少し，したがって，空間から氷に組み込まれる分子の割合も減少する．

雪氷学では氷と同じ温度にある過冷却水に対する飽和水蒸気圧の差が重要である．表面から蒸発する分子の割合を比べると過冷却水のほうが多い．したがって，過冷却水のほうが飽和水蒸気圧は高いと考えられる．しかし，この考えは不十分で，表面構造が深く関係する．

過冷却水の表面は分子オーダーで平滑であり，表面に衝突する分子のほとんどは跳ね返されることはあまり注意されていないようである．衝突分子のうち水面に組み込まれる割合は減少する．平衡状態では表面に組み込まれる数と表面から飛び出る分子の数が等しいのであるが，水面では表面から飛び出る数に比べ表面に衝突する数が圧倒的に多い．

融点に近い氷の表面は純粋の固体表面が露出しているのではなく，表面層は疑似液状膜に覆われている．液状膜が分子オーダーで平滑であるとすれば，氷の凝結係数は小さく，その条件下では飽和水蒸気圧は過冷却水と氷の差は小さくなる．

温度が下がり，固体の表面が露出するようになると，氷表面の分子オーダーの凹凸のため，凝結係数が大きくなる．そのため，氷の飽和水蒸気圧は低くなる．結晶面による蒸気圧の違いが予想されるが，実測がない．

(5) 圧力融解

水が凍ると体積が増す．この水の特異な性質は圧力を加えると融点が下がるという現象，つまり，圧力融解となって現れる．水と氷の存在領域を圧力と温度で区分した氷の状態図で，氷Iの圧力領域では圧力が高いほど水の存在領域が氷点下の領域に広

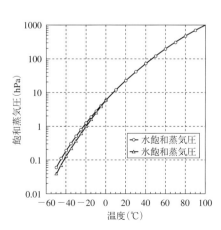

図 7.1.15 飽和蒸気圧の温度変化
蒸気圧は対数目盛であり，○印は水の飽和蒸気圧，△印は氷の飽和蒸気圧である．

がっている.つまり,圧力が高いほど氷の融点が下がり,水の存在領域が拡大する.この圧力による融点降下を圧力融解という.

圧力を P,1 気圧下での氷の融点を T^0 ($=273\,\mathrm{K}$),融点の変化を dT とすると

$$dT = AdP \qquad A = T^0 \frac{\Delta V}{L} = T^0 \frac{v_1 - v_i}{L} = -7.4 \times 10^{-8}\,\mathrm{K/Pa}$$

の関係がある.ただし,$\Delta V = v_1 - v_i$ は水と氷の比容(単位質量の占める体積)の差,L は氷の融解熱である.

1 気圧当たり約 0.0075℃下がり,1000 気圧で -10℃,2200 気圧で -21.5℃ まで融点が下がる.それ以上高い圧力を加えると氷の構造が変化してしまい,通常の物質のように圧力を加えると融点は上昇するようになる.

上式は水と氷に等しい圧力が加わる静水圧下での融点降下を与える.水中にある雪粒のように,界面張力などにより氷球だけに圧力 dP が加わる場合の融点降下 dT' は

$$dT' = -T^0 \frac{v_i}{L} = -8.9 \times 10^{-7}\,\mathrm{K/Pa}$$

となる.静水圧の場合に比べ融点降下は 12 倍大きくなる.

(6) 内部融解

0℃の氷に外部から光を照射したり,機械的なひずみを与えたとき氷の内部で起こる融解を内部融解という.内部融解は氷の底面(0001)面内に薄板状に広がるように発生する.チンダル像,アイスフラワー,負の結晶などと呼ばれる.

氷に 250 W の赤外線ランプを照射すると容易に内部融解を発生させることができる.円盤状の小さな融解からはじまり,成長して六花の樹枝状結晶のようになるものもある.氷の結晶面(底面)や結晶主軸を見いだす簡便な方法としても使われる.弱い光では円盤状,強い光では樹枝状となる.

水に浸った雪粒では直径 1 mm 以下の雪粒の内部にも微細な内部融解が現れる.氷の内部が融けて水に変わると,体積が減少する.その体積差は水蒸気泡となって内部融解像内に目玉のようにみえる.氷と水は屈折率が接近しているので,水のコントラストの弱いのに対し,水蒸気泡は明瞭に識別される.

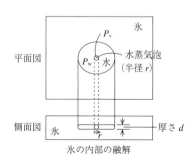

図 7.1.16 内部融解内の圧力のつりあいの図　　氷の内部の融解

内部融解の水，氷，水蒸気の三相の共存は三重点を意味しない．水蒸気と水の境界では表面張力のため，圧力が不連続に変化する．円盤状の小さな融解水は氷に密着していて，広げられた状態，つまり，負圧になる．

水の表面張力を σ，水蒸気泡の半径を r，内部融解の厚さを d，水蒸気の圧力を P_v，水の圧力を P_w とすると，

$$P_v = P_w + 2\frac{\sigma}{d} = 610\,\text{Pa}$$

$d = 10^{-5}\,\text{m}$ とすると，$\sigma = 0.076\,\text{N/m}$ なので，$P_w = -1.51 \times 10^5\,\text{Pa}$ となる．

氷の底面以外のほか，柱面や結晶境界に発生する内部融解もある．

[蒸発ピット]　氷の表面に形成される六角形や三角錐，六角柱側面などの窪み模様で，露出している結晶面の特徴を表す．氷の表面にレプリカ液（少量のフォルムバール微粉末を二塩化エチレンに溶かしたもの）を塗った面にできる．溶剤が蒸発した後にできる微細な穴を通して，氷の蒸発が行われることで形成される．

[転位ピット]　濃いレプリカ液を氷の底面に塗ったとき，溶剤の二塩化エチレンが転位の露頭をわずかに溶かすことによってできた氷表面の窪みを転位ピットという．六角錐状の窪みが形成される．

(7) 復　氷

両端におもりのついた細い針金を「融けつつある氷のブロック」にかける．「針金は氷の内部に貫入し，やがて氷から抜け出てしまう．しかし，氷は依然として一つにくっついたままで，二つに割れない」というのが復氷現象の代表例である（図7.1.17）．

ワイヤー下面では氷の圧力融解が起こり，融点が下がる．氷の融解面にワイヤーや氷の内部から熱が流れてくる．融け水は絞り出されるようにワイヤー後面に流れる．ワイヤー後面ではおもりの影響から解放されるので，圧力が低くなり，したがって，融点が高くなって凍結する．このとき発生した潜熱がワイヤーを通って前面に伝えられる．「熱の流れ」と「水の流れが」継続することで復氷現象が進行する．

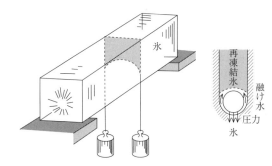

図 7.1.17　復氷の実験
おもりを両端にぶら下げたワイヤーは氷の中をすり抜け，氷はもとのままに残る（若濱，1972 より）．

小さい圧力域を除けば,貫入速度はワイヤー前面の平均圧力に比例する.熱伝導率の高いワイヤーほど貫入速度は大きい.

ワイヤー後面には直径数 μm の微小な水蒸気泡が観察されることが多い.従来,ワイヤー後面は水-氷-水蒸気の共存する三重点の 610 Pa まで低くなると見なされていた.しかし,水蒸気泡には表面張力による強大な圧力が加わっている.最新の研究によると,ワイヤー後面の水は負圧となる.

駆動圧力が小さい 1 気圧以下の領域では貫入速度が著しく遅くなる.

[対馬勝年・高橋修平]

文　献

Barnes, P., Tabor, D. and Walker, J.C.F.（1971）: The friction and creep of polycrystalline ice. *Proc. Roy. Soc. London*, **A324**: 127-155.
Budd, W. F. and Radock, U.（1971）: Glaciers and other large ice masses. *Rep. Prog. Phys.*, **34**: 1-70.
Kuroiwa, D.（1964）: Internal friction of ice. *Contr. Inst. Low Temp. Sci., Hokkaido Univ.*, **A18**: 62 pp.
前野紀一・黒田登志雄（1986）: 雪氷の構造と物性,古今書院,209 pp.
若濱五郎（1972）: 氷河の科学（NHK ブックス）,日本放送出版協会,236 pp.

コラム 7.1　氷筍リンク

　雪氷の利用の一つとして,氷筍(ひょうじゅん)による高速スケートリンクがある.氷筍とは,老朽化したトンネルの亀裂などからしたたり落ちた水が地面で凍ってできる筍(たけのこ)のような形をした氷で,天然の巨大単結晶である.1998 年長野オリンピックを控え,よい記録の出るリンク作りの協力を依頼された.氷筍の一番よく滑る面[(0001)面]をリンクに張り付ける氷筍リンクを構想した.数々の厳しい条件のもと,学生ボランティア,関西電力などの多くの人々の協力で,人工的に氷筍を作り,リンクに張り付けた.滑りのテストで 26％の向上（摩擦係数が 26％減少）がみられた.結局,オリンピックにはこの氷筍リンクは使われなかったが,1998 年 9 月には氷筍リンクが実現し,次々と新記録が生まれた.これは,氷の結晶面のコントロールによって,スケートの滑りが改善された

黒部峡谷の志合谷トンネルに発生した氷筍

7.1 氷の特性

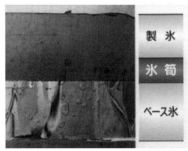

長野エムウエーブの氷リンクへの氷筍氷張り付け作業

氷筍リンクの氷断面偏光写真
ベース氷（下）に張り付けた氷筍（中）から成長した氷（上）は，氷筍氷と同じ大きい単結晶氷に成長した．

ことを意味した．この成果は，「スケートはなぜ滑るのか」という問い対する定説「氷が溶けて潤滑作用を起こす」に一石を投じた．今後要求される次世代高速リンクは，空気抵抗を高地なみに減圧することに加え，とくに，コーナー部で選手の潜在能力を引き出すため，氷結晶面をコントロールし，記録に挑戦するものでなければならない．

［対馬勝年・高橋修平］

コラム 7.2　透明な氷はどうやって作る？

　冷蔵庫で凍らせた氷は，一般に白濁した不透明なものになっている．その白濁の原因はたくさんの気泡が氷のなかにあるためである．気泡を含まない透明な氷は，私たちのまわりにいろいろな形で存在する．氷屋さんの氷，池や湖でできる氷などである．氷には，水が氷になるときに水に含まれている不純物を氷から排出する性質がある．水に溶け込んでいる空気もその不純物の一つで，気泡は水が凍る際に氷の表面に析出してそれが氷の成長とともに氷のなかに取り込まれたものである．
　気泡の入らない透明な氷を作るためには，水を沸騰させて水のなかの空気をあらかじめ取り除いておく方法もあるが，これは完璧なものではない．最もよい方法は，氷の表面に析出してくる気泡を水をかき混ぜるなどして強制的にもぎ取ってやることである．製氷屋さんでは，水中にパイプで空気を送り込んでもぎ取っている．そのパイプも最後には製氷容器から抜き取らなければならない．氷屋さんの大きな氷の真ん中に気泡が集まっているのはそのためである．また，ゆっくり凍らせて析出してくる気泡を大きくし，その浮力で自然に氷表面から切り離す方法も考えられるが，氷の成長速度と気泡の大きくなる度合いを調整する必要があり，簡単なことではない．

［成田英器］

7.1.4 氷の電気的・光学的性質

(1) 基礎的事項

　地球上に存在する通常の氷（Ih結晶）を中心にして，静電場から紫外線領域まで
の電場下で発現する電気的性質を概説する．末尾に示した複数の教科書的文献をもと
に，電気・光学的性質をみるうえでの基礎的事実のみを要約する．まず，氷Ih結晶
の電気的な性質や光学的な性質は，水分子と，それから構成される結晶格子構造に規
定される．氷は誘電体（dielectric）と見なされ，金属のように内部を移動できる伝導
電子は存在しない．ただし，温度が高い場合には半導体に相当する電気伝導が起こ
る．たとえば静電場では$-10℃$付近で10^{-7}～10^{-8}（S/m）の半導体に相当する直流電
流が観察できるが，こうした長距離の電荷の移動は，結晶格子に存在する格子欠陥上
を陽子（プロトン）が実効的に移動することによって起こる．このため，純粋な氷結
晶はプロトン半導体（protonic semiconductor）と称される場合がある．また，電場
を印加することにより，その電場によって氷結晶を作っている原子や分子内の電荷の
分布が変化する現象である「誘電分極」（dielectric polarization）が発生する．氷に誘
電分極を起こす主要メカニズムは3種類が知られている．これらは，「配向分極」
（configurational polarization），「分子に電場がかかることによる分子位置のひずみに
よる分極」，それに，「電子分極」であり，現象の具体的な内容は後に述べる．これら
のなかで，氷に特徴的な分極は配向分極であり，酸素の結晶中での配列位置（格子点
位置）において，H_2O分子が分子内で電気的に＋/－の偏りのある分子状態（双極
子）を，回転をすることによって生じる分極現象である．これらの格子欠陥の存在や
直流電流や配向分極のメカニズムは相互に不可分に関連しており，以下にはより詳細
を述べる．

(2) 直流電流と配向分極

　氷Ih結晶の六方晶構造の結晶格子では，1個の酸素原子に対して隣接する3個の
酸素原子がある．こうした酸素原子の秩序配列とは対照的に，水素原子は，アイスル
ール（7.2節を参照）を満たしながら，酸素原子と酸素原子O-O間を結ぶ3本の結
合肢上に無秩序に配置をしていると考えられている．アイスルールとは，「①1個の
酸素原子の近傍には，2個の水素原子が存在しH_2Oとして存在している」「②1本の
O-O結合上には，1個の水素原子が存在する」，というものであった．しかしなが
ら，もしこのルールが氷のなかで完全に満たされているなら，氷のなかでの水素原子
位置は移動する余地はなく，直流電流も流れないし，双極子としてH_2O分子が回転
し配向分極が生じることもない．ところが，実際の氷結晶のなかには，このルールを
満たさない不完全部位「欠陥」が存在し，この欠陥が，氷が実際に発現する直流電流
と配向分極に重要な意味をもつ．上記のアイスルール①の条件を満たさない部位を

イオン欠陥と呼び，1個の酸素原子近傍の陽子が1個多いときには H_3O^+ イオン，少ないときには OH^- イオンとなる．また，アイスルール ② の条件を満たさない O-O 結合を，DL 欠陥（あるいは配向欠陥）と呼ぶ．1本の O-O 結合上に2個の陽子が存在する状態を D 欠陥と呼び，逆に1本の O-O 結合に陽子が存在しない状態を L 欠陥と呼ぶ．これらのイオン欠陥と DL 欠陥は，とくに直流電気伝導と低周波電場下での誘電特性と電気伝導特性に本質的な寄与をしている．簡潔に述べると，電場が印加された状態では，イオン欠陥と DL 欠陥が媒体となって陽子が氷の結晶格子上を移動することによって，電荷の移動が達成される．また，交流電場を与えたとき，双極子としての H_2O 分子が回転をする位置も，この2種の格子欠陥上と考えられており，この分子回転によって配向分極が発生する格子欠陥の濃度は熱統計的に決定される．

(3) 電気的性質の周波数分散

物質に交流電場を印加したとき，印加する周波数に応じて誘電率が変化する現象を誘電分散と呼ぶ．ここで，氷の誘電分散現象を概観してみる（図 7.1.18）．

十分に低周波の電場（あるいは静電場）を氷に印加したとき，氷の内部では上にあげた3種の分極がすべて発生する．その結果として，誘電率は約 100 前後になる．この大きな誘電率を支配する機構は上で述べた配向分極である．高圧下で発生する氷結晶相のいくつかの場合には，氷 I h とは異なり水素配置が酸素配置と同様に秩序化している．こうした氷では分子配向による分極は生じず，誘電率は高周波でのそれとほぼ同一になる．周波数を増して kHz 領域をこえるにしたがい，誘電率は急激に減少して，高周波誘電率 ε_∞ である約 3.1～3.2 になり，この値は，遠赤外線の領域で発生する分散帯までほぼ一定値で続く．誘電率の減少は，図中での ① に対応する．誘電率の減少が起こる周波数は，配向分極に要する緩和時間の逆数に関係している．この値は温度と試料の純度に大きく依存する．ε_∞ を決定する分極プロセスは二つある．一つは，「分子に電場がかかることによる分子位置のひずみ」と，電子軌道（電子雲）の原子核位置からの変位（通称，電子分極）である．これらの分極プロセスはどんな物質にも発生する．

氷のおもな格子振動の振動数は遠赤外領域にある．一方，回転と分子ひずみは，近赤外領域に特性振動数をもっている．その結果，誘電的挙動はこの領域で複雑になるが，可視領域に到達するまでにはすべての分子吸収帯は過ぎ去り，「分子に電場がかかることによる分子位置のひずみ」は，可視光の周波数にはもはや追随できない．誘電率は電子分極からのみ生じるようになる．ここで誘電率は光学値 $\varepsilon = 1.72$ となるが，これは屈折率 n の2乗に等しい．屈折率 n は，赤い光で 1.306 から，紫の光で 1.318 まで幅をもち，かつ約 0.2％ の小さな結晶異方性を有する．氷は光学的には「正の一軸結晶」であるため，c 軸と電場が平行になった場合に比べ c 軸と電場が垂直になったときの屈折率が小さい．

可視光の領域では，すべての相の水（液体，氷 I h や他の水も含めて）に対してほ

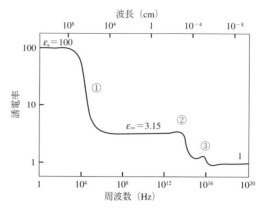

図 7.1.18 −10℃付近の温度での氷の誘電率の周波数依存を模式的に示した図

階段状の変化をするのは,低周波側では発生できた分極メカニズムが,高周波側では発生できないことによって起こる.①〜③で示した三つの分散帯がある.①は,配向分極による分散帯であり,デバイ型の分散を示す.②は「分子に電場がかかることによる分子位置のひずみ」が,周波数に追随できないことによる分散,③は,電子分極による分散である.

とんど光を吸収しない,透明な領域となっている.この事実は,海洋から発生した地球上の生命体に可視光領域に敏感な器官が発達した理由の一つである.すべての相の水に対する紫外吸収は,約 1800 Å 以下からはじまる.この分散の高周波側では,電子分極ももはや印加電場に追随できなくなり,誘電率は X 線値である約 1 まで減少をする.

(4) 結晶軸に対する一軸対称性

氷 I h 結晶の格子は,c を主軸とした一軸対称性をもっているため,電気的プロセスは,結晶格子の構造に強く依存して一軸対称性をもって発生する.氷は低周波から可視光領域までのすべての周波数で正の一軸結晶である.可視光領域の約 0.2% の誘電率異方性が経験上はよく知られている.薄片上に整形した氷試料を交差偏光板で挟み白色光を透過したときに,さまざまな色が現れる現象は,誘電率異方性の複屈折現象による.高周波誘電率 ε_∞ は,約 3.1〜3.2 の絶対値に対し,約 0.034,誘電率比で約 1.1% の異方性を有している.約 100 であった静的誘電率は,研究者によって測定値のばらつきがあるもの,約 10〜20% の異方性の存在が報告されている.誘電率だけでなく,電気伝導度にも同様の結晶軸を対称軸とした異方性が見いだされている.

(5)　水と高圧氷の誘電的挙動

　液体としての水と，高圧下の氷の挙動は，氷Ⅰh結晶の理解に役立つ．液体の水の静的誘電率は，25℃で78.3であり，分子配向の消滅による分散が起きるのはマイクロ波領域に入ってからである．このため，高周波誘電率 ε_∞ の平らな部分はほとんど観察されることはなく，ε は1.78という光学値に向かって減少をする．高圧下での多相の氷では，水素配置が無秩序である構造の氷は，氷Ⅰh結晶とよく似た電気的性質をもつことがわかっている．対照的に，水素が秩序配列をした氷については，配向分極が発生することはなく，したがって低周波側の高い誘電率は発生しない．

(6)　その他の性質や実際的応用

　なお，本来，氷の電気的光学的性質の知見は，まだ数多くの視点からみなければならない．たとえば，表面電気伝導，Hall効果，不純物含有の効果，天然多結晶にみられる電気特性などである．これらについては，氷に関して執筆されたより詳細な解説文献を参照されたい．

　氷結晶の電気的光学的性質を明らかにすることによって，自然界に存在する氷の電気的光学的計測への応用が可能になる．たとえば，氷床探査レーダは，氷の高周波での誘電特性に基づいて極地の氷の内部を探査する技術である．本書16.3節「アイスレーダ観測」を参照されたい．氷の電気伝導度計測により，破壊や融解をすることなしに，内部の不純物の量を見積もることができ，これは氷床コアの計測に応用されている．また，天文学において，宇宙空間での氷の存在は，図7.1.18中②の領域の電波吸収スペクトルを調査することによってわかる．こうしたリモートセンシングに関しては本書16章を参照されたい．　　　　　　　　　　　　　　　　　　［藤田秀二］

文　　献

Fletcher, N.H.著，前野紀一訳（1974）：電気的性質．氷の化学物理，pp. 174-176，共立出版．
Petrenko, V.F. and Whitworth, R.W.（1999）: Physics of Ice, 373 p., Oxford University Press.
前野紀一・黒田登志雄（1986）：雪氷の構造と物性（基礎雪氷学講座1，前野紀一・福田正己編），
　　　　p.209，古今書院．

7.1.5　氷の光学的性質（氷の複屈折現象）

　氷は，可視光線の波長域ではほとんど吸収がないため透明にみえる．この氷を薄片にし，2枚の偏光方向を直交させた偏光板（polarizing plate）で挟む（crossed nicols）と，各結晶粒ごとにさまざまな色がついてみえる（図7.1.19）．多結晶氷の観察手法として用いられているが，鉱物結晶と同様，複屈折（birefringence, double refraction）現象によるものである．

(1) 常光線と異常光線

氷 Ih 結晶内での光の速度は，結晶構造を反映して振動面によって異なる．図 7.1.20 は，座標原点に光源があると仮定して，光の伝わり方を示したものである．c 軸方向に進む場合は振動面によらず同じ速度で伝わる．一方，c 軸から 90°の方向でも，振動面が c 軸と直交する場合（図 7.1.20 右方向）は c 軸方向と同じ速度で伝わる．これらは常光線（ordinary ray）と呼ばれ，屈折率は n_o である．一方，振動面が

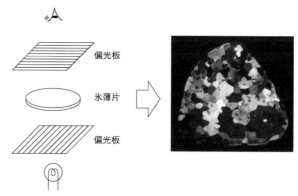

図 7.1.19 偏光板に挟まれた氷の写真
氷結晶の結晶軸方向の違いによってさまざまな色が付いてみえる．

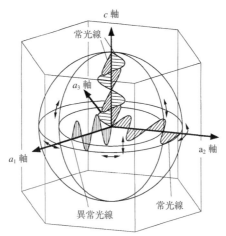

図 7.1.20 氷結晶中の光の伝わり方
c 軸方向には振動面によらず一定の速度で伝わる（常光線）．a 軸方向では振動面が c 軸と直交する場合は c 軸方向と同じ速度で伝わる（常光線）が，振動面が c 軸を含む場合は速度が遅くなる（異常光線）．

c 軸を含む場合，c 軸方向から離れるにしたがって屈折率は大きくなり，速度は遅くなる．これらは異常光線（extraordinary ray）と呼ばれる．図 7.1.20 での a 軸方向に伝わる場合は最も速度が遅くなり，屈折率は n_e である．

(2) 結晶中での光の伝わり方

ここでは単一波長 λ_0 の正弦波の光を考える．光の進行方向を z とし，振幅を A とすると，変位 y はつぎの式で表される．

$$y = A\sin\left(\omega t + \frac{2\pi n}{\lambda_0} z\right) \tag{1}$$

ここで ω は角振動数，t は時間である．屈折率 n は振動面によって変化する．結晶中での波長は λ_0/n である．

図 7.1.21 に，偏光板を通過した光が氷結晶をどのように伝わるかを示す．光源 S から出た光は，まず偏光板 P1 を通る．光源から出る光には全方向の振動が含まれているが，偏光板を通過した光は直線偏光となる（この場合上下方向）．つぎに結晶に入るが，結晶の向きは，図 7.1.21 に示すように c 軸が偏光板 P1 と平行，かつ光の振動面から左に 45°傾いているとする．振動面により屈折率が異なるため，結晶中では図 7.1.21 のように常光線と異常光線に分解して考える．結晶中を進むにつれて異常光線は常光線より遅れる．その結果，結晶の厚み d を通過する間に位相差 δ が生じ

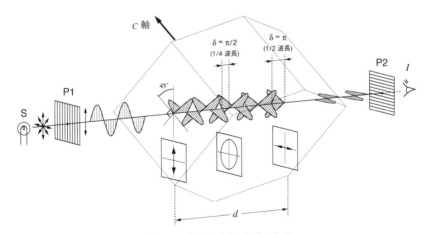

図 7.1.21 氷結晶中での偏光の変化

光源 S から出た光はすべての方向の振動を含んでいるが，偏光板 P1 は上下方向の振動しか通過させない（直線偏光）．結晶中では，振動面の方向によって屈折率が異なるので，常光線と異常光線に分けて考える．厚み d の結晶を通過する間に，屈折率の違いから常光線と異常光線では位相差 δ が生じる．この図の場合，結晶の中間では波のピークをたどると右回りに回転し（右回り円偏光），結晶から出るところでは水平方向の直線偏光となる．偏光板 P2 では振動の水平成分のみが通過する．

る．位相差 δ は式(1)よりつぎのようになる．

$$\delta = 2\pi \frac{d(n_e - n_o)}{\lambda_0} \tag{2}$$

結晶中を進む光のピークをたどると結晶の中間では右螺旋になっている．このように位相差 δ が 1/4 波長のとき，右回り円偏光となる．さらに光が結晶中を進むと位相差 δ は増え，結晶から出るところでは半波長となる．このため，最初上下方向の直線偏光で入射した光は，結晶の厚みが増加するとともに，右回り円偏光，水平方向の直線偏光と変化する（図には示していないが，さらに結晶の厚みが増加すると左回り円偏光，上下方向の直線偏光と変化していく）．結晶から出てきた光は，偏光板 P2 に達する．P2 を通過した光が，実際に観測される（観測光強度 I）．図 7.1.4 のように位相差が半波長の場合，光は P2 を通過し強度 I は最大となる．しかし，これ以外の位相差では水平成分が減少し，とくに位相差が波長の整数倍であるときは光は通過せず強度 I はゼロになる．

(3) 白色光を用いた場合

つぎに，白色光を光源として用いた場合を考える．人間の目が認識できる波長域は赤（R），緑（G），青（B）の光の三原色で表現することができるので，白色光を RGB に分解して考える．表 7.1.6 に RGB それぞれの色を代表する波長 λ_0, それぞれの波長での異常光線の屈折率 n_e 常光線の屈折率 n_o, 屈折率の差 $n_e - n_o$, ならびに半波長の位相差が生じる結晶の厚み $d\pi$ を示す．波長により屈折率 n_e, n_o は変化するが，その差はほぼ一定である．しかし，半波長の位相差が生じる結晶の厚み $d\pi$ は，波長 λ_0 により大きく異なる．図 7.1.22 に RGB それぞれの観測光強度 I の結晶の厚み d による変化を示す．波長によって，観測光強度が最大となる氷の厚みが異なることがわかる．

RGB を合成すると実際に観測される色となる．すなわち，氷がないとき（$d=0$），RGB とも偏光板を通過した直線偏光がそのままもう一方の偏光板に達するので，光は遮断され暗くみえる．氷の厚み d がゼロから増加すると，最初は RGB 各色とも増加するので，合成色はグレーである．しかし厚み d がさらに増加すると図 7.1.22 の

表 7.1.6 光の三原色，赤(R)，緑(G)，青(B)を代表する波長 λ_0, 各波長に対する常光線の屈折率 n_o, 異常光線の屈折率 n_e, それらの差 $n_e - n_o$, それらの差から生じる位相差が半波長になる結晶の厚み $d\pi$（屈折率は Hobbs の Ice Physics より出典（-3℃）．なお CIE 表色系では R の波長は 700 nm を用いる）

色	波長 λ_0 [nm]	常光屈折率 n_o	異常光屈折率 n_e	屈折率差 $n_e - n_o$	半波長の位相差厚み $d\pi = \lambda_0/2(n_e - n_o)$ [mm]
赤(R)	706.5	1.3060	1.3074	0.0014	0.252
緑(G)	546.1	1.3104	1.3118	0.0014	0.195
青(B)	435.8	1.3159	1.3174	0.0015	0.145

7.1 氷 の 特 性

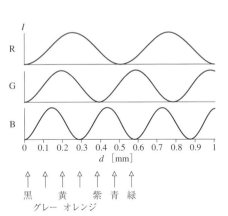
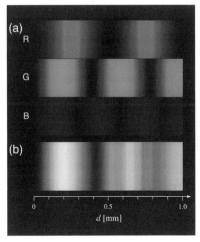

図 7.1.22 RGB それぞれの光の観測光強度 I と氷の厚み d の関係
波長により強度 I のピークがずれる．RGB を合成すると，下段のような色になる．

ように RGB の強度のピークがずれているため，合成色は黄，オレンジ，紫，青，緑となる．

実際の氷薄片に含まれる結晶粒の c 軸と偏光板 P1 との関係は千差万別である．図 7.1.4 での c 軸が光源 S の方向へ傾いたと仮定した場合，図 7.1.21 では光の進む方向が a 軸方向から c 軸方向に傾くことに相当し，常光線の屈折率 n_o は変化しないが，異常光線の屈折率 n_e が n_o に近づき，両者の差は小さくなる．つまり薄片の厚みが同じでも，図 7.1.21 での d が小さいときに相当する色がついてみえることになる．

このように氷に入射した光は，光の進む方向と氷結晶の c 軸が平行でないかぎり，屈折率の異方性のために偏光の状態が変化する．さらに，波長によりその変化の度合いが異なるため，さまざまな色がついてみえる．なお，観察に適した薄片の厚みは 0.55 mm 程度である． ［島 田 亙］

文　献

Hobbs, P. V.（1974）: Ice Physics, 837 p, Clarendon Press.
工藤恵栄・上原富美哉（1990）: 基礎光学，424 p, 現代工学社．

コラム 7.3 燃える氷（メタンハイドレート）

火をつけると炎をあげて燃える氷がある．見た目は白く，触ると冷たく，融けると水になる．図は，燃える氷を燃料として試作したランプである．実はこの氷には，大量のメタンガスが含まれている．ガスと水を混ぜて冷やし高圧をかけると，通常の氷とはまったく違う，ガスハイドレートと呼ばれる結晶ができる．この結晶は，水分子が個々のガス分子をかご状に取り囲む構造をしており，小さな体積のなかにばく大な量のガスを包有できる．燃える氷は，正式にはメタンハイドレートと呼ばれているが，海底堆積物や永久凍土のなかに大量にあることが最近わかってきた．石油の枯渇問題が話題になる昨今，将来のエネルギー資源として有望であろう．　　　　　　　　　　　［庄子　仁］

7.2 氷の結晶構造

7.2.1 水の特徴と氷結晶

　水や氷は，身近な物質であるだけに，個体や液体の典型的な例としてしばしば登場する．しかし，決してありふれた物質ではない．むしろ特殊な物質である．たとえば，水は室温で液体であるが，他の水素化物 H_2S，GeH_4 などは気体である．また，大多数の物質は，蒸発熱を沸点で割った値（蒸発エントロピー）がだいたい同じ値になるという，トルートンの経験則を満足するが，水はこの値が飛びぬけて大きく，液体のなかでは異常な液体に分類されている．

　このような異常の原因は，水分子間に存在する水素結合（hydrogen bond）にあると考えられている．通常の液体では各分子が独立してかなり自由に動き回ることができるのに対して，水のなかでは隣接分子間に水素結合という特殊な力が働いて，水分子は自由に動き回ることができない．水分子の動きを止めて，その配置をストップモーション的にみると，図 7.2.1(a) のようなネットワークが形成されている．すなわち，このネットワークの存在が，水をあたかも巨大な分子集団であるかのように振る舞わせ，異常に高い沸点や異常に大きな蒸発エントロピーをもたらすのである．

しかし，水のなかでは，この結合はすぐに切れてまた別の分子と結びつくということを繰り返しており，水素結合を作らずに孤立した分子もあれば，分子の鎖を形成する分子もあり，さまざまな結合状態が混在している．この結合のやり直しの時間，すなわち水素結合の寿命は数ピコ秒（10^{-12} 秒）という短いものである．したがって，図 7.2.1(a) のネットワークは，ピコ秒のシャッタースピードでとらえたある瞬間の構造であり，時々刻々複雑に姿を変える．温度を下げていくと，大気圧下ならば，水は 0 ℃で氷になる．すなわち，動的に組み替えをしていたネットワークが，0 ℃を境に，図 7.2.1(b) のような固定的で規則的なネットワークに変化する（Matsumoto et al., 2002）．

次項以下で，氷の結晶構造の特徴を述べる前に，分子の凝集系としての液体状態と固体状態について，一般的な用語の説明をしておこう．まず，分子の配置が規則的な繰返し構造になっているものを結晶（crystal）という．すなわち，分子の位置と向き（配向）に決まった構造単位（単位胞）があって，これと完全に同じ構造の繰返しによってできているのが結晶である．一方，液体では，分子の位置にも配向にも規則性がない．結晶と液体の間には，中間の状態があって，分子の位置には規則性があるが，配向に規則性がない配向無秩序結晶（orientationally disordered crystal）と，この逆の液晶（liquid crystal）がある．通常，液体と固体の区別は，目に見えるような流動性があるかないかで分けており，そういう区別にしたがうならば，液晶は液体の特別な場合であり，配向無秩序結晶は固体の特別な場合である．

私たちが日常接する氷は，実は配向無秩序結晶であって，厳密な意味での結晶ではない．次項以下で説明するように，きわめて低い温度や高い圧力では，配向にも規則性のある，厳密な意味での結晶の氷が存在する．その一方で，液体と同じように，分

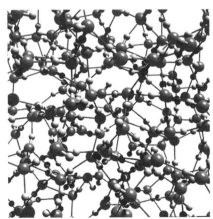

図 7.2.1(a)　水のネットワーク（Matsumoto）

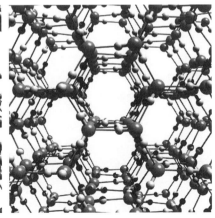

図 7.2.1(b)　氷 I h の規則的なネットワーク（Matsumoto）

子の位置にも配向にも規則性のない固体（アモルファス氷）も存在する．さらに，水分子が多面体のかごを作って，そのなかに気体分子などを取り込んでできるクラスレートハイドレートと呼ばれる結晶も存在する．このような「固体状態の水」の多様な側面を次項以下で紹介しよう．

7.2.2 氷のポリモーフィズム

　水が氷に変わるということは，動的で不規則的であった水素結合のネットワークが，固定的で規則的なネットワークに変わるということである．このネットワークは，1個の水分子が4個の水分子と水素結合で結ばれることによって形成され，図7.2.2の四面体構造が基本的な構造単位である．すなわち，かなり歪んだ四面体も含めて，四面体の積み重ね方を変えると，さまざまな結晶構造を作ることができる．化学組成が同じで結晶構造が異なる現象をポリモーフィズム（polymorphism，多形）というが，氷は多彩なポリモーフィズムを示す物質として知られている．

　図7.2.3は，温度と圧力を変えたときにどういう結晶構造になるかということを表した状態図（相図）である．図中のローマ数字は，各領域（相）の結晶構造につけられた番号であり，発見順に番号がつけられている．さまざまな氷結晶の話に入る前に，すべての氷に共通の問題である水分子の配向について説明しておこう．図7.1.2の四面体構造には，酸素原子を大きな◯，水素原子を●で表しているが，水素原子の位置は小さい○の位置でもよい．すなわち，各水素結合上には，水素原子にとって二つの安定位置があって，どちらの位置を占めるかという選択の任意性がある．しかし，好き勝手に選ぶことができるわけではなく，以下のようなBernal‐Fowler則あるいは氷の条件（ice rules）と呼ばれる規則を満足しなければならない（Flecher, 1970; Petrenko and Whitworth, 1999）．

(a) 水分子の形成：1個のO原子の近くに2個のH原子があって，結晶中でも水分子 H_2O を形成するという条件．

(b) 水素結合の形成：水素結合上に1個のH原子が存在して，水素結合 O‐H…O を形成するという条件．

図7.2.2の四面体の重心にある水分子を考えると，上記の二つの条件を満足する水素原子の配置は6通り可能である．あるいは，水分子の可能な配向が6通りある，ということもできる．この図の●に水素原子があるとすると，頂点の水分子はすべて同じ方向を向いている．しかし，Bernal‐Fowler則を満たすような水素原子の配置（すなわち水分子の配向）は，これだけではない．小さい○の位置に水素原子を置く配置も可能である．もちろん，1個の水素原子を動かすと他の水素原子も動かさなければならないが，単位胞ごとにさまざまな配置が可能であり，ある程度大きな領域を考えると，あらゆる可能な配置が等確率で現れると見なしてよい．このような配置を空間的に平均化して考えると，水素原子は●と小さい○の両方に1/2の確率で存在

7.2 氷の結晶構造

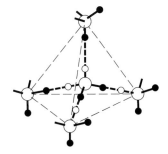

図 7.2.2 水素結合で結ばれた水分子の四面体構造
大きな ○ が O 原子，小さな ● が H 原子，小さな ○ は水素結合上の H 原子のもう一つの安定位置を表す．

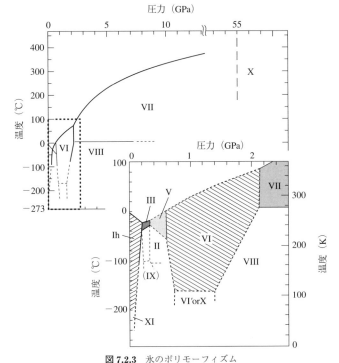

図 7.2.3 氷のポリモーフィズム
温度と圧力によって，I～XI の異なる構造の結晶が存在する．斜線部分は，配向無秩序結晶を表す．

すると考えることができる．これが，Pauling の半水素模型 (half-hydrogen model) と呼ばれるものである．これは，あくまでも空間的な平均化の結果であって，時間的に二つの安定位置を振動しているということを意味しているのではない．もちろん，時間的にも振動しうるが，その周期は−100℃では数秒に達する遅い現象であり，原子レベルの描像としては，個々の水素原子はどちらかの位置に局在しているとみるの

が妥当である．したがって，通常の氷は配向に周期的な規則性がなく，先に述べた配向無秩序結晶である．水分子の配向は水素原子の配置にほかならないこと，および水素イオンはプロトン（陽子）であることから，プロトン無秩序（proton disorder）という言い方もよく使われている．

このような配向の無秩序性が絶対温度 0 K でも存在すると，零点エントロピー（zero-point entropy）あるいは残余エントロピー（residual entropy）が生ずることになる．零点エントロピーをもつということは，その構造が低温では安定相ではないことを示唆しており，0 K に至る前に，ある規則的な配置をもつ秩序層への転移が起こるはずである．実際，氷では，液相と接する固相はすべて配向無秩序結晶であるが，低温ではそのすべてが秩序結晶に転移する．

さて，図 7.2.3 の相図からわかる氷のポリモーフィズムの特徴をかいつまんで説明しよう．詳細は専門書（Flecher, 1970; Petrenko and Whitworth, 1999）を参照されたい．

（1）　六方晶の氷（I h）

通常われわれが接している氷は，図 7.2.1(b)に示すような構造をもっている．この図では，大小の球で酸素原子と水素原子を表しており，水素結合を棒で表している．水素原子に関しては，前節で述べた氷の条件を満足するように配置されているが，その配置が規則的ではないことに注意していただきたい．この図の方向（c 軸方向）からみると，六角の網目構造が規則的に繰り返されているのがわかる．この結晶構造は，水素原子を無視すると，c 軸の周りに 1/6 回転するごとに，もとの構造と同じになるという対称性をもつので，結晶学では六方晶（hexagonal）に分類されている．それで，一番最初に発見されたことを示すローマ数字 I に六方晶を意味する h をつけて，これを I h と表記する．雪の結晶が美しい六花になるのも，もとを正せば，このような結晶構造のもつ対称性の反映にほかならない．

I h 相と液相の境界線が，右下がりであることに注目されたい．これは，圧力が増加すると融点が下がることを表しており，氷の圧力融解（pressure melting）として知られている．一般に，相境界の傾きはその境界を横切る相転移によって生ずる体積変化を表しており，いまの場合，境界線の傾きが負であることと，氷から水に変わると体積が減少する（密度が増加する）ことが対応している（クラウジウス-クラペイロンの関係）．

固体である氷が水よりも密度が小さい原因は，図 7.2.2 の四面体構造にある．3 次元構造を作るうえで，最小の結合手の数が 4 であり，四面体の規則的な配列は，同じ分子数で最大の空間を占める方法である，ということもできる．すなわち，氷が水に浮くことも圧力融解現象も，もとを正せば，氷が四面体構造をとることに原因がある．

7.2 氷の結晶構造

(2) 立方晶の氷 (Ic) の存在

相図には登場しないが，重要な存在として，立方晶の氷がある．図 7.2.2 の四面体を規則的に積み上げていくときに，シリコンやダイヤモンドの結晶構造と同様な配列が可能である．この場合，図 7.2.2 の四面体の底面に垂直な四つの方向がまったく等価になる．このような対称性をもつ結晶は，立方晶 (cubic) に分類され，Ic と表記される．四つの等価な方向は，立方体の体対角線の方向に一致している．

Ih も Ic も，隣接する水分子の配置は同じであり，第 2 隣接分子の配置に違いがあるだけであるから，エネルギー的にはほとんど差がないと予想される．実際，低温で水蒸気から凝結すると Ic の氷ができるし，雲のなかでも条件によっては，微小な Ic の結晶ができる場合があることが知られている．しかし，Ic の温度を上げると Ih に転移し，Ih を低温にしても Ic に転移することはないことから，全温度範囲で，Ih のほうが Ic よりも安定な構造であると結論されている．したがって，Ic は図 7.1.3 の相図にも出てこない．

しかし，Ic は，Ih の内部にもほとんどつねに存在する．先に述べた四面体の積み重ねにおいて，Ih の積み重ねの途中に Ic の積み重ねが混入する場合があり，これを積層欠陥 (stacking fault) と呼んでいる．これは Ih 結晶のなかに，数分子層だけ部分的に Ic 構造になっているもので，X 線トポグラフィという方法でその存在が確認されている (Higashi, 1988)．氷 Ih は積層欠陥エネルギーが非常に低いという特徴をもっており，これが氷の塑性に著しく大きな異方性をもたらす原因にもなっている (Hondoh, 2000)．

なぜ，Ih のほうが Ic よりも安定な構造であるか，という問いに答えるのは難しいが，図 7.2.2 からわかるように，水分子が作る四面体が立方晶の対称性をもちえないことに起因しているのは確かであろう．水素原子の配置まで考えると，4 本の水素結合は等価ではないから，水分子の四面体は正四面体から少しずれている．Ic を作るためには，これを歪ませて正四面体として積み重ねる必要があり，この無理が余分のエネルギーになっていると考えられる．では，なぜ Ic が存在するのか．結晶成長の初期では，表面エネルギーの有利さのために Ic が現れると考えられている．また，Ih 中の積層欠陥では，転位の歪みエネルギーを緩和して，欠陥全体としてのエネルギーを低くするために，Ic が現れると考えられている．

(3) 配向秩序氷 (XI)

氷 Ih が零点エントロピーをもつことから，氷 Ih が低温で安定相ではないことは，早くから指摘されていた．しかし，氷の長い研究史のなかで比較的最近になって，分子配向にも規則性のある秩序相への相転移が 72 K で起こることが発見され，氷 XI と命名された (Kawada, 1972; Matsuo et al., 1986)．この相転移は，KOH などを微量添加することによってはじめて観測されたものであり，ふつうに冷却しても極低温まで Ih のままである．これは，低温では，水分子の配向を変えるのに必要なプロトン

の移動が生じないためである．KOH の添加は，低温におけるプロトンの移動を大幅に促進するという働きがあり，本来の秩序配向が実現するものと考えられている．

氷 XI の水素原子位置は，図 7.2.2 の ● で表される位置にあると考えられており，この四面体を I h と同様に積み重ねると，秩序氷 XI になる．I h との違いは，水素原子の配置だけであり，体積にも変化がないことから，相境界は傾きが 0 になっている．

(4) 高圧力下の氷

図 7.2.3 に示すように，高圧下で氷は II から X までさまざまな結晶構造をとることが知られている．詳細は専門書にゆずることにして，要点のみを説明しよう．まず，液層との境界線の傾きが I h とは違って右上がりになっている．すなわち，融解によって体積が増加する．言い換えると，高圧氷は水に沈む．また，数百℃の熱い氷も存在する．これらの高圧氷も，四面体配置が基本になっているが，正四面体を大きく歪めて二つの四面体を接近させたり，二つの四面体を相互貫入させたりすることによって，密度の高い構造を作っている．配向秩序については，液層に接している結晶はすべて配向無秩序構造であり，低温で秩序構造に変わる．I h と XI の相境界と同じ理由で，無秩序相と低温の秩序相の境界は水平になっている．

最近のトピックスとしては，対称水素結合をもつ氷 X の発見である．氷の条件の記述は，各水素結合上には水素原子の安定位置が二つあることを前提としている．しかし，この二つの安定位置は圧力が高くなると，徐々に接近して，やがて O‒O の中点にただ一つの安定位置をもつようになると推測されていた．しかし，これが確認されたのは，数十 GPa という超高圧の発生が可能になった最近のことであり，X 相と名づけられた．この転移圧力は，H_2O 氷で 55 GPa，D_2O 氷で 68 GPa と求められており，プロトンのトンネリングによる非局在化の開始圧力と解釈されている（青木，1999）．

7.2.3　過冷却水とアモルファス氷

0 ℃以下になっても水が凍らない過冷却現象は，純水を使えば比較的容易に観察することができる．しかし，どんなに注意しても，均質核生成温度（T_H: homogeneous nucleation temperature, 約 −38℃）以下では結晶化してしまう．また，粘性係数などの物理量がこの温度に近づくと急激に大きくなり，これを延長すると −45℃（T_S）で発散するようにみえる．一方，微水滴を急激に極低温まで冷却するとか，水蒸気を極低温の金属に凝結させるなどの方法で，アモルファスの氷を作ることができる．アモルファス氷（amorphous ice）も，分子の重心位置にも配向にも規則性がないという点では，水と同じであるが，目にみえる流動性がないという点では，固体と同じである．一般に，融点以下で結晶化していない状態には流動性があり，過冷却液体ある

いはゴム状態と呼ばれ，さらに低温にするとガラス状態あるいはアモルファスと呼ばれる流動性のない固体になる．この転移をガラス転移（glass transition）と呼ぶ．ただし，融点のようなはっきり決まった転移温度があるわけではなく，徐々に変化する転移であり，冷却速度に依存して転移温度（転移点）も変わりうる．水の場合，過冷却水はガラス転移に至る前に結晶化してしまうので，この転移を直接観察することはできない．逆に，アモルファス氷の温度を上げてゆくことによって，水のガラス転移点 T_g は約 130 K と求められている．

実は，アモルファス氷には，密度の違う二つの状態が知られている．液体窒素温度（77 K）程度の低温で，氷 I h を 10 kbar 以上に加圧すると，高圧相の結晶に転移せずにアモルファスになる．このアモルファスは，密度 1.17 g/cm³ の高密度アモルファス氷（high density amorphous ice : HDA）であり，温度を上げると 120 K 付近で，密度 0.94 g/cm³ の低密度アモルファス氷（low density amorphous ice : LDA）に変わる．さらに温度を上げると，150 K（T_X：結晶化温度）付近で I c，220 K 付近で I h に転移する．さらに興味深いことに，高密度アモルファス氷に圧力を加えた状態で温度を上げると，高密度の液体状態（HDL : high density liquid）に変わり，低密度アモルファスを T_g 以上にして得られる低密度の液体状態（LDL : low density liquid）とは区別される．

ガラス転移点 T_g と結晶化温度 T_X の間は，非常に粘性の高い液体であり，これを過冷却水の延長にある相とみるか，別物とみるかという点が問題になっている．過冷却状態が温度 T_S で終了してしまうのなら，これは別物と考えざるをえない．しかし，ガラス転移点 T_g まで連続的な相と考えて，まったく新たな描像が提案されている（Mishima and Stanley, 1998）．Mishima らの考えによれば LDL と HDL は，温度を上げていくとどこかで両者の区別が消失する第 2 臨界点があると予想される．気体と液体の臨界点は，よく知られているように，高温・高圧下でその区別がなくなる現象であり，これは両者を区別するものが密度であることによるものである．液体と結晶では，対称性の違いがあって，このような現象はありえない．LDL と HDL は，まさに密度の違いが両者を分けるものであり，ある温度・圧力以上では，その区別が消失すると考えることができる．しかし，T_H と T_X の間では，結晶化が避けられず，これを実験的に確かめることはできていない．

以上のように，0 ℃以下の水の研究には，最近目覚ましい進展があり，ポリアモルフィズム（polyamorphism）という用語さえ提案されている．

7.2.4 クラスレートハイドレート

クラスレート（clathrate）とは，分子が作るかご型構造の総称であり，「包接」と訳されている．気体と水の反応生成物である気体水和物の多くがこの構造をとることが知られており，構造名であるクラスレートと物質名であるハイドレート（hydrate,

水和物）を合わせて，水分子からなるかご型構造をもつ水和物をクラスレートハイドレート（clathrate hydrate）と呼んでいる．

　水分子が作るかご型構造には，図 7.2.4 に示す 12 面体，14 面体，16 面体の 3 種が古くから知られている．これらの組合せによって，図 7.2.4 の左側に示すような I 型と II 型の結晶ができる．クラスレートハイドレートは，ケージのなかに他の分子を取り込む（包接する）ことによって安定に存在しうる結晶であり，包接される分子（ゲスト分子）の大きさに応じて結晶の型も違ってくる．ゲスト分子が非常に小さい場合と大きい場合に II 型になり，中間の大きさの場合には I 型になる．クラスレートハイドレートにおいても水分子の四面体構造がホスト格子の基本構造であるが，I 型の構造を作るには四面体を大きく歪ませる必要があり，ホスト格子のエネルギーとしては，II 型のほうが低い．また，II 型と I 型の大きな違いは，大ケージが 14 面体か 16 面体かという違いのほかに，II 型のほうが 12 面体の割合が大きいという点にある．したがって，12 面体に包接される小さいゲスト分子の場合は II 型になる．一方，16 面体にしか入れないような大きなゲスト分子の場合も II 型になる．14 面体を好むような中間の大きさの場合にのみ I 型になる．

　ハイドレートを形成する水分子数とゲスト分子数の比を水和数（hydration number）という．水和数は，ゲスト分子がすべてのケージを占有するならば，I 型では $n=5.75$，II 型では $n=5.67$ であり，16 面体のみを占有するならば $n=17$ になる．しかし，たとえば，N_2 や O_2 のハイドレートでは，ケージ占有率は 90% 程度であり，10% は空のケージである．したがって，水和数は分子式で表されるような決まった数ではなく，占有状態に依存する変数である．とくに，圧力に対して顕著に変化し，高圧力下で占有率が 100% をこすことが知られている．一つのケージに 2 個のゲスト分子が包接される二重占有（double occupancy）状態になっていると考えられている．さらに，最近では，超高圧の領域まで圧力を上げる研究が行われており，2 個以上のゲスト分子が一つのケージに包接されるばかりでなく，I 型，II 型とは違う高圧相のクラスレートハイドレートが見いだされている（Hirai *et al.*, 2001）．

　クラスレートハイドレートは，化学の分野では古くから知られた物質である．石油パイプラインや化学プラントなどでは，輸送パイプを詰まらせる邪魔ものとして，1950 年代から研究されている．その後，海水淡水化プラントや蓄冷システムなどさまざまな工学的な利用も検討されたが，いずれも実用化には至っていない．しかし，1980 年代以降，ガスハイドレートが極地氷床や深海底でつぎつぎと発見されて，それが地球上に広く分布する普遍的な物質であることが認識されるにつれて，地球科学的な視点から新たな興味をもたれるようになった．地球温暖化や気候激変のシナリオに深海底やシベリアのメタンハイドレートが関与するかという議論が活発に行われている．この間の経緯や最近の状況については，専門書（Kennett *et al.*, 2003）を参照されたい．

[**本 堂 武 夫**]

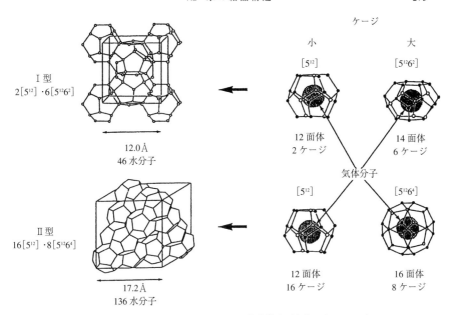

図7.2.4 クラスレートハイドレートの結晶構造（本堂・内田，1992）
3種の多面体の組合せでⅠ型とⅡ型の2種の結晶ができる．
[5¹²]：五角形12個からなる12面体．
[5¹²6²]：五角形12個と六角形2個からなる14面体．
[5¹²6⁴]：五角形12個と六角形4個からなる16面体．

文　献

青木勝敏（1999）：超高圧下における氷の水素結合"対称化". 日本物理学会誌, **54**(4)：257-263.
Fletcher, N.H. (1970): The Chemical Physics of Ice. 271 p, Cambridge University Press.
Higashi, A. (1988): Lattice Defects in Ice-X-ray Topographic Observations. 150 p, Hokkaido University Prass.
Hirai, H., Uchihara, Y., Fujihisa, H., Sakashita, M., Katoh, E., Aoki, K., Nagashima, K., Yamamoto, Y. and Yagi, T. (2001): High-pressure structures of methane hydrate observed up to 8 GPa at room temperature. *J. Chem. Phys.*, **115**(15): 7066-7070.
Hondoh, T. (2000): Nature and behavior of dislocations in ice. Physics of Ice Core Records（Hondoh, T. ed.), pp.3-24, Hokkaido University Press.
本堂武夫・内田　務（1992）：極地氷床における空気包接水和物の生成過程．低温科学, **51**：197-212.
Kawada, S. (1992): Dielectric dispersion and phase transition of KOH doped ice. *J. Phys. Soc. Jpn*, **32**: 1442.
Kennett, J.P., Cannariato, K.G., Hendy, I.L. and Behl, R.J. (2003)：Methane Hydrates in Quaternary Climate Change —The Clathrate Gun Hypothesis. 216 p, American Geophysical Union.
Matsumoto, M., Saito, S. ant Ohmine, I. (2002)：Molecular dynamics simulation of the ice nucleation and growth process leading to water freezing. *Nature*, **416**: 409-413.

Matsuo, T., Tajima, Y. and Suga, H. (1986) : Calorimetric study of a phase transition in D_2O ice I h doped with KOD: ice XI. *J. Phys. Chem. Solid.*, **47**: 165-173

Mishima and Stanley (1998): The relationship between liquid, supercooled and glassy water. *Nature*, **396**: 329-335.

Petrenko, V.F. and Whitworth, R.W. (1999) : PhysIcs of Ice, 373 p, Oxford University Press.

コラム 7.4 シャボン玉も凍る

　子どもの大好きなシャボン玉は寒冷環境でも楽しめるだろうか．低温室のなかでシャボン玉を吹いて飛ばしてみた．舞い上がったシャボン玉は空中を浮遊中にパン！　とはじけ，薄い薄い氷の膜となって落ちてくる．写真は半球状のシャボン玉が凍って破裂した直後の様子である．表面にはちゃんと（？）樹枝状の結晶模様がみられる．このときの気温は－23℃であった．核生成がシャボン玉の表面の一部で起こり，それが全表面にサーッと広がっていった．万有引力で有名なニュートンはシャボン玉の研究も行っていた．彼はシャボン玉の表面に虹のような輪や黒い輪の広がりを観察したが，氷の広がりまではみなかった？　　　　　　　　　　　　　　　　　　　　　　　[佐藤篤司]

8 氷 河

8.1 氷河の定義・分類・分布・変動

8.1.1 氷河の定義

氷河は「重力によって長期間にわたり連続して流動する雪氷体（雪と氷の大きな塊）」と定義される．その流動の機構は，塑性変形と底面流動による（8.3節参照）．雪崩も重力によって流動する雪氷体であるが，その流動がきわめて短時間であることと粉流体の流動であることから，これを氷河には含まない．雪氷体のなかには，多年性雪渓（perennial snow patch あるいは glacieret）のように，しばしば底面滑りを起こしたり，塑性流動を起こす可能性があるものも存在するが，通常，その流動は無視できるほどであるので，これも氷河には含めない．

単一の氷河の構造を図 8.1.1 に示す（Benson, 1996）．氷河上で，1年間の積算値として涵養（8.2.3項）が消耗（8.2.4項）を上回る領域を涵養域（accumulation area）と呼ぶ．その反対に消耗が涵養を上回る領域が消耗域（ablation area）である．両者の境を平衡線（equilibrium line）と呼ぶ．氷河は，涵養域で蓄積された雪氷を氷の流

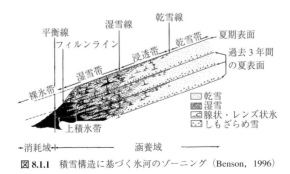

図 8.1.1 積雪構造に基づく氷河のゾーニング（Benson, 1996）

動により消耗域に輸送し，そこで消費することによって形態を維持している一つのシステムとしてみることができる．

　図に示したように，氷河の涵養域は積雪の融解と融解水の浸透の状態によってさらに四つの領域に細分される．すなわち，上流より乾雪帯（dry snow zone），浸透帯（percolation zone），湿雪帯（wet snow zone），上積氷帯（superimposed ice zone）である．ただし，これらのすべての領域が一つの氷河に現れるとは限らない．乾雪帯は1年を通して融解が起こらない領域で，南極氷床では沿岸部を除くすべての地域に存在するが，グリーンランド氷床では内陸部にのみ存在する．その他の地域では分布が限られ，一部の北極圏の氷帽の山頂付近と，高山に発達する氷河の上部にみられるにすぎない．浸透帯では，積雪の融解が生じるが，融解温度になるのは表層に限られ，融解して積雪層中に浸透した融解水は再凍結によって氷板（ice layer），レンズ状氷（ice lenses），腺状氷（ice glands）を形成する．湿雪帯では顕著な融解が生じ，融解水の浸透によって全層が融解温度に達する．この地帯では，積雪の間隙を満たす帯水層が発達することが観測によって明らかにされている．上積氷帯では，表面で生じた融解水が，積雪内部で前年に形成された氷層の表面で再凍結して，連続した氷層を形成する．毎年形成される氷層が連続しており，途中に積雪層を挟まないことが浸透帯との違いである．上積氷帯では，しばしば氷河表面に氷体が露出するが，氷河氷が露出しているからといって必ずしも消耗域ではないことに注意する必要がある．

8.1.2　氷河の形態による分類

　氷河の分類は，「氷河の国際分類（日本雪氷学会，1990 の付録 IX 参照）」のように，形態，涵養機構，活動状況を複合して表す方式に基づいて行われてきた．しかし，近年，氷河・氷床の理解が急速に深まり，この国際分類だけでは，十分に氷河の特性を表すことはできない．そこで，本節では，最近の新しい知見もふまえ，新しい氷河分類試案を提案する．

　氷河を，規模，形態，温度に応じて分類する試案を表 8.1.1 に示す．氷河は，時間とともに規模，形態，温度を変化させるので，表に示した分類は現在の世界の氷河を想定して作成している．第一に，氷河はその規模によって，$10^6 \sim 10^7$ km^2 の氷床（ice sheet）と $10^4 \sim 10^{-1}$ km^2 の狭義の氷河（glacier）に分類される．現在のところ，氷床はグリーンランド氷床（172 万 6400 km^2）と南極氷床（1313 万 9610 km^2）の二つしか存在しないが，最新氷期最盛期（LGM）にはローレンタイド（Laurentide）氷床，スカンディナビア（Scandinavia）氷床を筆頭にいくつかの氷床が北半球高緯度や南米パタゴニア（Patagonia）などに形成された．

　氷床を表面形態の違いによって細区分した．すなわち，氷の流線が発散ないし平行し，平滑な表面形状を示す部分を狭義の氷床と呼ぶ．これに対し，氷の流線が収束ないし平行し，狭義の氷床に比べ桁違いに流速が速い部分をとくに氷流（ice stream）

8.1 氷河の定義・分類・分布・変動

表 8.1.1 氷河の分類

分類基準				
規模	形態	温度		
広義の氷河	氷河	懸垂氷河 谷氷河 氷帽 圏谷氷河 山腹氷河 山麓氷河 氷原 溢流氷河 再生氷河 ニチ 岩石氷河	温暖氷河	寒冷氷河	複合温度氷河
	氷床	氷床 氷流 氷丘 棚氷 浮氷舌		寒冷氷河	

と呼ぶ．氷流の表面は，流動方向に直交するクレバスや流動方向に延びる尾根や谷が発達する．両者の地形的な境界は氷流の両岸では明瞭であるが，氷流の源流域付近では必ずしも明瞭ではない．その流動速度から判断すると，広義の氷床の大部分の消耗は，氷流からの氷山流出が担っている．

　大陸地形が湾入している部分に氷床が流入すると，氷床末端部はしばしば棚氷（ice shelf）と呼ばれ海洋に浮いた状態になる．また，氷流の先端部が海洋に浮いた場合，これをとくに浮氷舌（floating ice tongue）と呼ぶ．大規模な棚氷は，南極のロス（Ross）棚氷やロンネ・フィルヒナー（Ronne-Firchner）棚氷に代表され，面積にして 10^5 km^2 の規模がある．棚氷の表面は通常平坦であることが多いが，しばしば棚氷表面が丘状に隆起した部分が認められる．これらをアイスライズ（ice rise）と呼ぶ．アイスライズは，基盤地形が突出し，その部分で棚氷が着底しているために形成される．

　氷河は，基盤地形を反映してさまざまな形態をとる．山岳地域に発達する氷河は，通常，積雪の集積しやすい谷状地形に発達し，そのまま谷のなかを流下する．これを谷氷河（valley glacier）と呼ぶ．一方，基盤地形が平坦なときには，帽子状に山体を覆う氷河が発達する．これは氷帽（ice cap）と呼ばれる．北極圏の島々に発達する比較的規模の大きな円形の氷河も氷帽と呼ばれる．氷帽の末端は，しばしば谷状地形に流下することが多く，この部分を溢流氷河（outlet glacier）と呼ぶことがある．大山脈の山稜に沿って複数の氷河が涵養域を共有しながら発達する場合がある．南米パタゴニアや北米の太平洋岸に発達する大氷河群がそれである．この場合は，氷原（ice field）と呼ばれる．

山岳地域では，しばしば山頂直下の窪地に氷河が発達する．このような窪地を圏谷（cirque）と呼び，そのなかの氷河を圏谷氷河（cirque glacier）と呼ぶ．圏谷は積雪がたまりやすく，日射からも遮られるので氷河が発達しやすい．圏谷自体が氷河の浸食作用によって形成される地形であるので，両者は相互作用によって維持されていると考えられる．急峻な山岳地域では，山頂付近の斜面に氷河が付着し，その末端はしばしば崩壊して消耗している．このような氷河を懸垂氷河（hanging glacier）と呼び，ここから崩壊した雪氷塊が低所で再堆積して流動を示すような氷河を再生氷河（regenerated glacier）と呼ぶ．氷河の崩壊や雪崩によって山体の谷底に形成される氷河は，トルキスタン型氷河（Turkistan-type glacier）と呼ばれることもある．

8.1.3　氷河の温度・表面状態による分類

氷河の温度は，氷河表面と氷河底面の熱収支ならびに氷河内部における歪みに起因する熱の生産によって決定される．融解温度から南極氷床中央部における$-80℃$付近までさまざまな温度をとりうる可能性があるが，基本的に温暖氷河，寒冷氷河，複合温度氷河の三つに分類される．温暖氷河（temperate glacier）は，氷河全層にわたって融解温度にある氷河である．氷河表層付近は，季節的な温度変化の影響で融解温度未満にも低下することがある．涵養域では氷河表面での融解で生産された融解水が，フィルン内に帯水層として存在することが多い．消耗域では融解水が氷河表面の水路内を流下したり，クレバスやムーラン（moulin）を通じて氷河内に供給された融解水が氷河内水路（englacial channel）や氷河底水路（subglacial channel）を通じて流下する．このようにして氷河底に供給された融解水は，氷河底面と基盤岩との間に水膜を形成し，氷河の底面流動に大きく貢献している（8.3節）．

寒冷氷河（cold glacier）は，氷河全層にわたって融解温度未満に温度が保たれた氷河である．氷河表面では融解が生じることもありうるが，氷河内の温度が低いため，このような融解水は氷河内で再凍結する．通常，小規模な寒冷氷河の氷河底は，基盤岩に凍結している．このような氷河では，底面流動が生じないためその流動速度は緩慢である．一方，大規模な寒冷氷河の底面では，地殻熱流量やひずみ熱によって融解が生じることがあり，このような氷河では底面流動が氷河の表面流動速度に大きく貢献している．

温暖氷河と寒冷氷河の範疇に入らない氷河として，複合温度氷河（polythermal glacier）の存在が最近明らかになってきた．この氷河では，融解温度にある氷体とそれ未満の温度にある氷体が，寒冷-温暖遷移面（cold-temperate transition surface: CTS）を境界として互いに接しているのが特徴である．Blatter（1991）によれば，この氷河には三つのタイプが存在する（図8.1.2）．すなわち，(a)涵養域における表面融解が温暖領域の形成に寄与するタイプ（スバールバル（Svalbard）諸島の氷群），(b)および(c)冬期の寒気が熱伝導のよい消耗域を効果的に冷却し，温暖な氷河の消

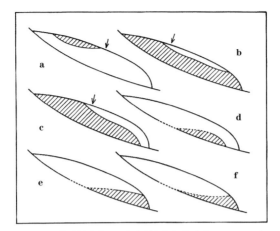

図 8.1.2 複合温度氷河のさまざまなタイプ (Blatter, 1991) 斜線部は融解温度にある氷体. 矢印は平衡線高度のおおよその位置. a：スバールバル諸島に多いタイプ, b, c：カナダのアサバスカ氷河に代表されるタイプ, d, e, f：北極カナダに多いタイプ.

耗域表面付近に寒冷な氷体を形成するタイプ (カナダのアサバスカ (Athabasca) 氷河など), (d), (e) および (f) 流動に伴うひずみ熱が氷河底部付近での温暖領域の形成に寄与するタイプ (極北カナダのホワイト (White) 氷河など) である. 一方, 図には示していないが, 高山に発達する氷河では, 高所から移流する寒冷な氷体が低所の温暖な氷体の下部に発達する場合もあり, これも複合温度氷河の一例である. 複合温度氷河が重要なのは, 氷河内部の温度領域の変動により, 氷河が不安定になってサージ (surge, 8.3.4 項参照) の原因となる可能性があるからである (Clarke and Blake, 1991).

一方, 氷河の表面状態も氷河の融解特性に大きな影響を与えるので, これに基づく分類も近年になって重要性が認識されつつある. 森林 (1974) は, ヒマラヤ (Himalayas) に多く存在する消耗域の末端部を岩屑に厚く覆われた氷河を D 型氷河 (debris-covered type glacier) と呼んで, 全面に雪氷が露出する氷河である C 型氷河 (clean type glacier) と区別した. D 型氷河は, 厚さや熱伝導率の異なるさまざまな岩石によって覆われているため, その被覆状態が氷河の消耗に大きな影響を与える結果, 独自の融解特性を有している. また, ヒマラヤの C 型氷河では, 岩屑に覆われないものの, 藻類が発達することによって, 表面の熱収支に大きな影響を与えていることが明らかとなってきた (Kohshima et al., 1993). これらの表面状態は, 地形-氷河-生態系-気候の相互作用のもとで変化する可能性があるので, 長期間にわたる氷河変動の予測では無視できない影響を与える可能性がある.

8.1.4 氷河の分布

氷河・氷床の分布を規定する要素は気候条件である．8.2 節で詳述するが，氷河は涵養と消耗の二つの機構の収支のうえに維持されている．したがって，涵養域と消耗域の境界である平衡線の高度は，氷河の分布を知るためのよい目安である．図 8.1.3 は，アンデス（Andes）と中央アジアの平衡線高度の南北断面を示したものである（Ohmura et al., 1992 の Fig.1 を改変）．アンデス山脈では，高緯度に向かうほど平衡線高度が低下する．しかし，その分布を詳細にみると，20°S から 30°S 付近で 5500 m をこえ，低緯度側の平衡線高度より高くなっている．一方，40°S 付近は急激に平衡線高度が低くなる．前者はアタカマ（Atacama）砂漠に相当し，極端に降水量が少ないためたとえ気温が低くとも平衡線が低下しない．一方，40°S 以南は偏西風が直接アンデス山脈に吹きつけるパタゴニア地域であり，多量の降水量が平衡線を極度に低下させるのである．中央アジアにおいても，基本的に高緯度に向かって平衡線は低下するが，北緯 27°付近では，ヒマラヤ山脈の南面において急激な平衡線高度の低下が見受けられる．これは，夏期のモンスーン気候による大量の降雪と，曇天による日射の遮蔽が氷河の発達にとって都合がよいためである．

このように，平衡線高度は気候条件により，平衡線を定義する涵養は降水量に，消耗は気温によって近似される．Ohmura et al. (1992) は，氷河の平衡線上における降水量と気温との関係を詳細に検討し，平衡線における自由大気の夏期（6〜8 月）平均気温 T (℃) と年間降水量 P (mm) との間に以下の関係を見いだ

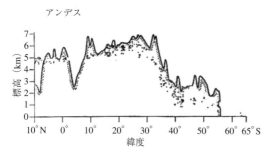

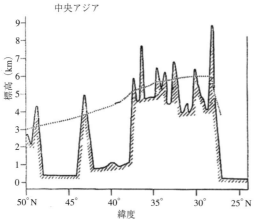

図 8.1.3 アンデスと中央アジアの平衡線高度分布（Ohmura et al., 1992）
アンデスでは個々の平衡線高度を黒点で，中央アジアでは平衡線高度分布を点線で示した．

した.

$$P = 9T^2 + 296T + 645$$

この関係を用いれば，平衡線の分布が気候学的に求められ，氷河の分布をおおよそ説明できるので有益な経験式である.

さて，氷河の分布条件を規定する気候条件について述べてきたので，つぎに実際の氷河分布について概観してみよう．地球上の氷河分布に関する数量的なデータは，1章2節の表 1.2.1 を参照されたい．なお，南極と北極については9章で扱うのでここでは省略する.

南極・北極圏を除く地域に発達する氷河は，すべて山岳地域に分布している．これは，南極と北極を除けば，低地における気温が氷河の存在を可能にするほど低温ではないためである．このため，相対的に気温が低下する標高の高い山岳域が氷河の発達にとって都合がよいのである．また，山岳地域は，通常，低地よりも多量の降雪を有することが多いので，この点も山岳地域で氷河の発達が促される原因である.

地球上には数多くの山脈が存在するが，氷河の発達の点からみるかぎり，北米のロッキー（Rocky）山脈，南米のアンデス山脈，アジアの高山地域が最も発達のよい地域である．なかでもロッキー山脈の北部に広がるアラスカ・カナダの国境付近，アンデス山脈南部のパタゴニア地方，カラコルム（Karakorum）山脈には，山脈に沿って複数の巨大な谷氷河が涵養域を共有しながら一つの氷河域を形成する氷原（ice field）が発達する．ロッキー山脈のセントエライアス（St. Elias）氷原（1万 1800 km²），パタゴニアの南氷原（1万 4000 km²）および北氷原（4500 km²）は単体の山岳氷河としては他を圧して巨大であり，同規模の氷河は北極圏や南極圏の氷帽にしかみられない（表 1.2.3 参照）．これらの氷原から，幅 10 km，長さ 200 km をこすベーリング（Bering）氷河（セントエライアス氷原）やウプサラ（Upsala）氷河，ヴィエドマ（Viedma）氷河（ともにパタゴニア南氷原）が流出する.

一方，個体数でみると，地球上の氷河の大多数は，面積 10 km² 程度以下の小型氷河によって占められている．これらの氷河は，その存在が気候条件のみならず，地形条件にも大きく依存している．図 8.1.4 は，旧ソ連南部のアルタイ（Altay），サヤン（Sayany），ジュンガルスキーアラタウ（Dzungarsky Ala Tau），天山，パミール・アライ（Pamirs-Alay），コーカサス（Caucasus）の各山脈における氷河の平衡線高度の近似値としてのフィルン線高度（図 8.1.1）と，それぞれの氷河の面積との関係を図示したものである（Seversky, 1978）．縦軸は個々の氷河のフィルン線高度を，その氷河が存在する地域の平均的なフィルン線高度で除すことによって規格化した値である．氷河の大きさが 12 km² をこえると，フィルン線高度がほぼ収束するのに対し，面積が小さければ小さいほど，フィルン線高度は大きくばらつく．より低いフィルン線高度は，再生氷河（トルキスタン型氷河）や稜線付近の吹きだまりを主たる涵養機構とする小型氷河の値であり，より高いものは強風によって積雪が吹き払われる高山

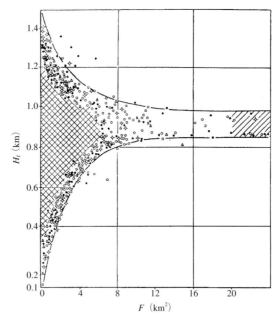

図 8.1.4 平衡線の近似としてのフィルン線高度と氷河面積の関係（Seversky, 1978）
H_f：規格化したフィルン線高度，F：個々の氷河の面積．縦軸は平均的なフィルン線高度で規格化した値であることに注意．

山頂付近の氷河のものである．このように，小型の氷河のフィルン線高度分布には気候条件のみならず地形条件も大きく関与するので，小型氷河を用いて氷河と気候の関係を論ずる際は注意が必要である．

8.1.5 氷河の変動

8.3.4 項でその機構を説明するが，地球上の氷河はさまざまな時間スケールに応じて変動を繰り返してきた．変動の原因は，短期的にみれば氷河の力学応答なども関与する複雑な機構によって支配されているが，長期的にみれば，気候変動に伴う質量収支（8.2 節）変動が主たる原因である．したがって，氷期と間氷期がおおよそ 10 万年ごとに繰り返した新生代第四紀後期（おおよそ 80 万年前以降）は，地球上の氷河が大きく変動した時代である．

最新の氷期であるおおよそ 2 万年前の最新氷期最寒冷期（LGM: Last Glacial Maximum）には，北米大陸の北半分，ヨーロッパの半分がそれぞれローレンタイド氷床とスカンディナビア氷床に覆われたことはよく知られた事実である．これらの巨

8.1 氷河の定義・分類・分布・変動

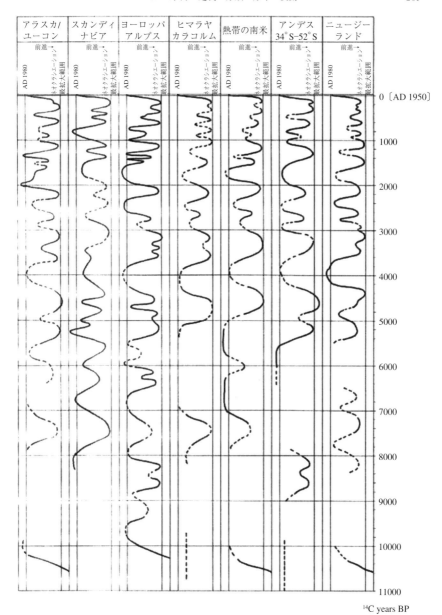

図 8.1.5 地球上各地の過去 1 万年間の氷河変動（Röthlisberger, 1986）
各変動の曲線は西暦 1980 年の位置と過去 1 万年間で最大になった位置との間の相対的な変動として描かれている．

大な氷床に加え，各地の氷河が拡大した結果，LGM には海水準が現在に比べ 120～130 m ほど低下した．これらの巨大な氷床群も，およそ 1 万 9000 年前からはじまる気候の温暖化に伴って急速に融解し，1 万年前から完新世と呼ばれる現在につながる間氷期がはじまる．山岳地域に限ってみると，完新世の 1 万年間における氷河の変動は，ほぼ同規模の前進・後退を繰り返していたことによって特徴づけられている（図 8.1.5，Röthlisberger, 1986）．また，完新世における世界の氷河変動は，多少の違いはあるものの，基本的に同期して変動していたと考えられている．

　歴史的に記録されている氷河の拡大は，おおよそ 13 世紀から 19 世紀にかけて間欠的に寒冷気候が卓越した小氷期（Little Ice Age）と呼ばれる時代に顕著に生じている．現在，世界各地の氷河において観察される，氷河の最も近傍に発達する巨大なモレーンは，ほとんどが小氷期に形成されたことが判明している．小氷期の氷河前進が絵画や写真によって詳細に記録されているヨーロッパ・アルプスでは，17 世紀初頭から 20 世紀後半にかけての氷河の末端変動の様子が詳細に復元されている．

　20 世紀に入ると，世界中の氷河において観測活動が開始され，その形態変動，質量収支変動の様子がわかるようになってきた．とくに，1965 年から 1974 年にかけて実施された国際水文学 10 年計画（IHD）以降，地球上の氷河の末端位置の変動や質量収支の変化に関するデータが「世界氷河監視サービス」（World Glacier Monitoring Service）によって収集・整理され，おおよそ 5 年ごとに「氷河の変動」（Fluctuations of Glaciers）として印刷された（現在までに 7 巻が出版済み）．また，1991 年以降，より早い情報提供を目指して，2 年ごとに「氷河質量収支速報」（Glacier Mass Balance Bulletin）が出版されるようになった（Haeberli, 1998）．Dyurgerov（2002）は，これらのデータをとりまとめ，20 世紀後半以降の氷河変動の実態について，以下の点を明らかにした．すなわち，① 観測されているすべての氷河の年間質量収支の平均値は，−93 mm（1961～1976）から−294 mm（1977～1998）へと大幅に減少している，② 氷河の平衡線高度は約 200 m 上昇した．20 世紀全体として氷河の変動傾向をみると，1910 年から 1990 年にかけての氷河の質量収支の積算値は負となり，この値を海水準の変動として算出すると，おおよそ 1 年に 0.2～0.4 mm 海面を上昇させていることになる（IPCC, 2001）．　　　　　　　　　　　　　　　［白岩孝行］

文　　献

Benson, C.S.（1996）: Stratigraphic studies in the snow and firn of the Greenland ice sheets. U.S. Army Snow, Ice and Permafrost Research Establishment, Research Report 70, Reprinted from the original issue in 1962, 93 p.

Blatter, H.（1991）: Effect of climate on the cryosphere-climatic conditions and the polythermal structure of glaciers. Zurcher Geographische Schriften, 41, 98 p, Geographisches Institut, ETH.

Clarke, G.K.C. and Blake, E.（1991）: Geometric and thermal evolution of a surge-type glacier in its quiescent state: Trapridge glacier, Yukon Territory, Canada, 1969-89. *J. Glaciol.*, **37**(125): 158-169.

コラム 8.1　氷河の氷はなぜ青い？　　　　　　　　　　　　　　287

Dyurgerov, M.（2002）: Glacier mass balance and regime: data of measurements and analysis. Institute of Arctic and Alpine Research, Occasional Paper, 55, 88 p.

Haeberli, W.（1998）: Historical evolution and operational aspects of worldwide glacier monitoring. Into the Second Century of Worldwide Glacier Monitoring-prospects and Stratigies. 227 p, UNESCO Publishing.

IPCC（2001）: Climate Change 2001: The Scientific Basis（Houghton, J.T., Ding, Y., Griggs, D.J., Noguer, M., van der Linden, P.J., Dai, X., Maskell, K. and Johnson, C.A. eds.）, 881 p, Cambridge University Press.

Kohshima, S., Seko, K. and Yoshimura, Y.（1993）: Biotic acceleration of glacier melting in Yala Glacier, Langtang region, Nepal Himalaya. Snow and Glacier Hydrology（Proceeding of the Kathmandu Symposium, November 1992）, IAHS Publication, 218: 309–316.

森林成生（1974）：ネパール・ヒマラヤの氷河について―その特性と最近の変動―．雪氷，**36**：11–21.

日本雪氷学会（1990）：雪氷辞典，196 p，古今書院.

Ohmura, A., Kasser, P. and Funk, M.（1992）: Climate at the equilibrium line of glaciers. *J. Glaciol.*, **38**（130）: 1992.

Röthlisberger, F.（1986）: 10000 Jahre Gletschergeschichte der Erde. 416 p, Verlag Sauerlander, Arau.

Seversky, I.V.（1978）: On a procedure of evaluating average annual sums of solid precipitation on an equilibrium line of glaciers. *Vestnik Akademii Nauk KazSSR*, **11**: 43–50.

コラム 8.1　氷河の氷はなぜ青い？

　氷河の側壁，クレバスのなか，あるいは水に浮かぶ大きな氷塊は，しばしば鮮やかな青色を呈し，その美しさに魅入られる．「氷河の氷はなぜ青い？」は，氷河を訪れた多くの人が抱く当然の疑問であろう．

　氷の結晶は，紫外線や赤外線に対しては強い吸収を示すが，可視光線に対しては透明な物質として知られている．しかし，透明とはいっても，可視領域の光をわずかに吸収し，純粋な氷は 0.7 μm（赤）の光を 0.4 μm（紫）の光より約 1 桁多く吸収する．したがって，大きな氷の塊りを透過した白色光は徐々に赤色が減少して，しだいに青い波長の光のみになる．

　さて，氷河の表面に入射した太陽光や空からの散乱光が青くなるまでには，ある程度の透過距離が必要である．氷の吸収係数の値から見積もると，そのオーダーは数 m から十数 m である．光のみちのりがこれよりはるかに長いと，すべての光が吸収されて暗くなる．また，小さな氷塊は青くみえない．氷河の側壁やクレバスのなかは，上から入った光が深部まで達する前に横へ出てくるので，より鮮やかで明るい青にみえるのである．不純物の少ない湖や池の水が青くみえるのと同じ原因である．

　氷が多くの気泡を含んでいる場合は，それらの気泡によって光の反射，屈折が繰り返され，すべての波長を含む光が戻ってくるので，白くみえることになる．これは，雪が白くみえるのとまったく同じ現象である．また，氷が土砂や小さな岩屑を含んでいると，その不純物が光を吸収して，黒くなる．

　以上述べたように，氷河の氷が青くみえるのは，地域，季節，天候にはよらない．不純物の有無，気泡の多少，氷塊の大きさが，青いか否かを決定する．　　[**成 瀬 廉 二**]

8.2 氷河の形成

8.2.1 氷河の存在条件

(1) 基本条件

氷河 (glacier) が形成され維持されるためには, 8.1.1 項「氷河の定義」に述べられた条件を満たさなければならない. 氷河の誕生の必要条件は, 積雪の融解期を過ぎてつぎの積雪期まで残る多年雪 (perennial snow) があること, それが年々積み重なり下層の雪が圧密されて通気性を失い氷になること, その氷が重力によって変形し流動を起こすほど雪氷体 (上層の積雪を含む氷体) が厚くなることである. このように雪氷体が成長すれば, 氷河が形成される. 氷河の上流側では, 表面での雪氷の年間の収入量 (涵養量, accumulation) が支出量 (消耗量, ablation) より大きく, そのような収支が正の区域を涵養域 (accumulation area) と呼ぶ. その下限では収入量と支出量が平衡し, 平衡線 (equilibrium line) と呼ばれる. 流動によって雪氷体は, 涵養域から平衡線を通過して, 年間の収支 (balance) が負の消耗域 (ablation area) へ流下する (図 8.2.1).

氷河が維持されるためには, 涵養域から消耗域に流動する雪氷量に釣り合う多年雪が, 年々涵養域に補充されなければならない. それと同じ量の雪氷が消耗域で消失していれば, 氷河を形成する雪氷は流動して入れ替わるが, 氷河は同じ形態で同じ場所に維持される (図 8.2.1). 氷河全体の雪氷の年間収支が正であれば氷河は拡大し, 負であれば縮小する. 負の収支年が続き雪氷体の厚さが流動しないほど薄くなると, 氷河ではなく多年性雪渓 (perennial snow patch) となり, 縮小がさらに続くと消失する. 氷河か多年性雪渓かの境界条件付近にある雪氷体は, 気候条件の変動により, 一

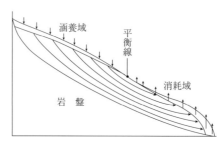

図 8.2.1 氷河上端から末端までの縦断面の模式図
矢印は氷河表面での年間の雪氷収支の正 (下向き), 負 (上向き) と氷河内部の流線.

方から他方へ移行する.

氷河の平衡線高度（ELA: equilibrium line altitude）より上流の涵養域面積の氷河全面積に対する比を涵養域比（AAR: accumulation area ratio）と呼び，通常，氷河が縮小するときには ELA は上昇し，AAR は減少する．氷河拡大時はその逆になる．平衡線高度は，氷河が存在できる気候条件をもつ高度の目安になり，その変化から氷河変動の傾向がわかるので，重要な値である．

(2)　気候条件

上記(1)に述べられた氷河存在の基本条件を満たす主要な気候要素は，涵養の条件として降雪量，消耗の条件として気温，日射量である．詳細は 8.2.3，8.2.4 項で述べるが，これらの気候要素は，大まかには緯度，内陸度（海岸からの距離），高度などの地理的位置に規定される．また山岳地形なども，その場の気候・気象を特徴づけるが，下記(3)で述べる．

降水量は，全球的には亜熱帯高気圧帯を除き，温暖な低緯度ほど多い．ある地域の降水量は一般的に，水蒸気源に近く湿度の高い海岸寄りの地域ほど内陸域より相対的に多い．降水が降雪になるためには低温条件が必要で，高緯度・高所ほどその条件が整う．したがって，海岸寄りが低地で内陸域に高山がある地域では，前者が降水量が多いが降雪量としては後者のほうが多い場合がある．また，モンスーンなどの季節風，高気圧帯の位置や低気圧の定常的な通り道にも降水量は大きく支配される．

気温は一義的には緯度・高度に支配され，低温な高緯度・高所ほど融解量が小さくまた降水のうち降雪が占める割合が増え，消耗と涵養の両面から氷河の維持に有利である．氷河融解の熱源になる日射についても，一般的に高緯度ほど日射量が少ない．

以上，きわめて単純化して述べたが，気候は地理的位置で決まり，氷河の形成・維持に有利な気候条件は，基本的には高緯度と高所にあり，地球上の実際の氷河分布もこれを反映している（1.2 節）．気象条件の年々変化によって氷河は経年変動するが，気候と氷河分布を基本的に決める地理的条件は，年々変わるものではない．しかし人類史をこえる長い時間スケールでみれば，大陸移動や造山運動によって地球表面の地理・地形も変動し，地球全体の気候分布も大きく変わってきた．たとえば，約 4000 万年前に現在の南極氷床の成長がはじまったようだが，大陸移動で極域に孤立した大陸ができることによって，氷床成長の気候条件が形成されたと考えられている（岩田，1991）．また，ヒマラヤ・チベット山域では約 100 万年前は現在よりおよそ 3000 m 低かったが，隆起し続けることによって氷河形成に有利な気候条件を得てきた（Zheng *et al.*, 1981）.

(3)　地形条件

すべての氷河は，なんらかの要因で地形の起伏にかかわっている．大陸を覆う氷床も，その形成過程では山々の斜面を流れる個々の氷河が成長・合体し続け，やがて低

所を氷で埋め尽くして大陸スケールのドーム状の氷体になったと考えられる．逆に氷床が衰退すれば，氷期に広がっていたユーラシア大陸北部や北アメリカ大陸北部の旧氷床の跡地にみられるような山岳氷河に戻る．

山岳地形は氷河の形成・維持に有利であり，その要因として，つぎのことがあげられる．

① 周囲より高いことによって，より低温の場所が得られる（融解少，雪/雨比大）．
② 気流不安定で局地的な対流雲が発達しやすく（日射減），降水が増える（降雪増）．
③ 斜面による雪崩や飛雪で，雪を周囲から集積する（降雪の2次堆積による集積効果）．

このような地形環境で氷河が形成されると，長年にわたる氷河流動による基盤の侵食作用で谷地形が深まり，氷河は自ら雪の集積効果を高めていくことができる．

山岳地形は斜面をもつため，その向きによって気候条件が異なってくる．まず，氷河の涵養面でみると，大スケールの山脈（ヒマラヤ，アンデスなど）では，降雪をもたらす気流の風上斜面で降雪量が多い．東西に伸びるヒマラヤ山脈では，夏期に南東からのモンスーンの降雪で涵養され，ヒマラヤ主軸をこえる気流は乾燥化して後背部のチベット高原に至る．そのため，主軸南面の平衡線高度がチベット高原より低く，一般には低緯度ほど消耗量が多いため平衡線が高くなるはずが逆転している．南北に伸びるアンデス山脈の平衡線高度は，南緯25～30°付近を境に低緯度側では東面が低く，高緯度側では逆に西面が低いが，これは降雪をもたらす卓越風が前者は東風，後者は西風であることに対応している（野上，1972）．

一方，同じ涵養面について，斜面の向きによる降雪量の違いが大きくないと考えられる小スケールの山脈として，日本の北アルプスの例をあげる．ここでの降雪の大部分は，冬の北西季節風でもたらされ，強い卓越風による吹きだまりで形成された雪渓が，東面の稜線直下に数多く分布している（樋口ほか，1976）．北アルプスに氷河があった時代には，圏谷氷河（8.1.2項）の形成に，このような飛雪による風下斜面への集積効果が，重要な役割を果たしていたと考えられる．

つぎに氷河の消耗面でみると，山岳のスケールにかかわらず，日射に対する斜面の向きが重要である．北半球では南面，南半球では北面の氷河がより多くの日射を受け，消耗量が大きくなるので氷河にとって不利である．氷河形成の限界付近にあり，涵養量が少なく消耗量に日射熱が支配的な山脈（たとえば内陸アジアの天山山脈東部）では，同じ山稜の北面のみに氷河が存在するところがある．

涵養と消耗の両面から地形条件をみると，ヒマラヤ-チベット-天山と続くアジアの南北軸の場合，涵養条件が優勢で南面に氷河が発達するヒマラヤから，消耗条件が優勢で北面に氷河が発達する天山へと氷河の形成条件が移行し，海洋性気候から内陸性気候への移行と符合している．このことは，涵養条件と消耗条件のどちらの変動が氷河の変動に効くかを大陸スケールで比較考察する場合にも，参考になる．

8.2.2 氷河の質量収支

(1) 質量収支の基礎概念

氷河における雪氷の質量の出入りを包括して，氷河質量収支（glacier mass balance）という．その収入（量）は涵養（量）（accumulation），支出（量）は消耗（量）（ablation，負の値），両者の和は（質量）収支（balance, mass balance）と呼ばれる．これらは氷河表面における鉛直方向での量で表されるが，個々の地点での単位面積当たりの量として扱われる場合から，氷河全体での面積平均値や面積積分値として扱われる場合まである．単位は通常，出入りした雪氷の密度を用いて水当量にし，降水量と同じ mm や cm が使われることが多い．

氷河は表面で大気，底面で基盤岩や氷河性堆積物（till），側面で側壁岩盤やモレーンに接している．これらの境界面で氷河の消耗が起こるが，通常，底面や側面での消耗はわずかで観測も困難である．一方，氷河の涵養は表面のみで起こるので，質量の出入りのほとんどは表面で起こることになり，一般に氷河質量収支の観測は表面に限られる．表面での質量収支は，大気に接した氷河と気候の変動の相互関係を知るうえできわめて重要である．

氷河表面で融解した水が積雪中に浸透して再凍結し，積雪内部に氷板などを成長させたり氷河氷の上面に上積氷（superimposed ice）を形成する場合があり（8.1.1 項），これを内部涵養（internal accumulation）と呼ぶ．これは実測の難しさから無視されることがあるが，内部での再凍結量は涵養量の項目に加え，表面での融解量は後に再凍結する分も含めて消耗量とするのが，質量収支を気象条件や氷河の温度との関係で検討するには妥当である．内部涵養は寒冷氷河（8.1.1 項）で顕著であり，表面での融解水がそのまま河川に流出しないので，水循環や氷河変動と海水位との関係を考察する場合にも，氷河によっては無視できない．

氷河末端からは川が流出し，氷河の融解量の目安になる．しかしその流出量には，集水域に雨や氷河外縁部流域の融雪水があればそれらが含まれることになる．そのうえ流下しはじめた場所（と時間）が特定できないので，氷河水文学（glacier hydrology）のデータとしては重要だが，質量収支データとしては直接的には使えない．

氷河末端が湖・海に接して氷河氷が分離・流出（末端分離・崩壊：カービング，calving）する場合もある（8.3.3 項）．カービングは消耗として扱われ，カービングする氷河の全体の質量収支は，表面収支（surface balance）の面積積分値とカービング量（負）の和となる．南極氷床の場合，消耗量の大部分はカービングによる．氷床の質量収支では，棚氷（ice shelf, 8.1.2 項）を含めて扱われることもあり，その場合，海水による底面融解も含める必要がある．しかし一般に，氷床の質量収支は海水位の昇降との関連で検討されることが多いので，接地した部分と浮力で浮いている部分の

境界（接地線，grounding line）で区切り，接地線までの表面収支とそこからの氷の流出量で全体の質量収支を求めるほうが合理的であろう．氷床以外のカービングする氷河でも，気候の変化と氷河質量収支との関係を論じる場合は，同様と考えられる．

ユネスコによる国際水文学 10 年計画（IHD: 1965 - 1974）で，観測者や研究者の間でも混乱していた質量収支に関する用語の統一が図られ，UNESCO/IASH（1970）に結果がまとめられた．これに先行してリプリントされた著者名なし（Anonymous, 1969：用語の和文名称は樋口，1970）が現在入手が比較的容易である．これらに基づく解説が日本雪氷学会（1990），上田（1992, 1997）などにある．しかし，専門的な問題点は依然残っており，次項で触れる．

そのほかに一般の言葉として，最近よく使われている紛らわしい表現の例として，「地球温暖化で氷河が融けて後退する」がある．8.2.1 項(1)でも述べたように，氷河は毎年融けており，融ける量が増えても，それ以上に積もる量が増えて前進する場合もある．氷山分離・末端崩壊についても，それが起こっているだけで地球温暖化による陸氷の衰退に結びつけられることがあるが，陸氷の増減は消耗だけでなく，収支で記述されなければならない．

(2) 質量収支の年変化

質量収支は 1 年周期で季節による変化（年変化，annual variation）を繰り返し，1 年ごとの収支結果の年年変化（inter-annual variation）の累積が氷河変動を決める．氷河の消耗は夏期を中心に起こるが，気温・日射の季節による変化が小さい熱帯域では，消耗量の年変化幅も小さい．一方，氷河を涵養する降雪の量の年変化型（年間の推移の形）は，地域によってさまざまであり，降水が雪か雨かは気温にも左右されるので，同じ地域でも降雪季節と降水季節がずれる場合がある．世界各地の収支の年変化型は，地球全体で比較的一様な消耗量の年変化型と，地域によって多様な涵養量の年変化型の組合せで決まる（質量収支要素のさまざまな年変化型の体系については，上田，1980, 1992 参照）

質量収支の 1 年の区切り方には，収支年（balance year）と呼ばれ毎年の質量最小時（収支累計値の最小時）で区切る層位学的システム（stratigraphic system）と，測定年（measurement year）と呼ばれ質量最小時に近い日付で暦の 1 年ごとに区切る確定日付システム（fixed-date system）がある．両システムとも年の区切りは，一般には夏の終わり頃になる．氷河上の特定地点における質量収支の年変化の様子を，二つのシステムについて関連用語の定義と略号がわかるように図 8.2.2 に示した（UNESCO/IASH, 1970）．二つの図の折れ線は同一地点の同一時間軸の涵養量・消耗量・収支の累計値だが，質量の出入りがまったく同じに進行しても，年の区切り方によって，年の終わりの収支の結果が上図は正（涵養域），下図はわずかな負（消耗域）となる場合もあることを示している．

この図は欧米の氷河や日本の雪渓などのように冬に雪の多い地域の例で，涵養がお

8.2 氷河の形成

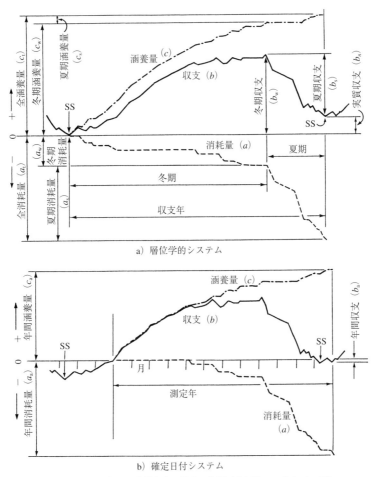

図 8.2.2 氷河の年間の質量収支に関する術語（氷河上の1地点での例）
SS（夏の終わりの質量最小時）（UNESCO/IASH, 1970）.

もに起こる季節と消耗がおもに起こる季節が交代するタイプを示している．モンスーンによる降雪でおもに夏に涵養されるヒマラヤ・チベット山域の氷河の場合には，涵養季節と消耗季節が重なる．そのため，涵養量のグラフは消耗量の折れ線を上側に反転したようなパターンとなる結果，それらの和となる収支は小さい幅で年変化する．多様な涵養量の年変化型を類型化して質量収支の特性を研究するため，涵養量が冬半年より夏半年に多い氷河は夏期涵養型（summer-accumulation type, 夏雪型），その逆の氷河は冬期涵養型（winter-accumulation type, 冬雪型）と呼ばれている（上田，1983ほか）.

294 8. 氷　　　河

　図 8.2.2 に示されるように，涵養量（正の値）と消耗量（負の値）は，ともに一方向に付加されていく量だが，それらの和である収支は正負に増減しうる．観測に際してはある時間間隔で測られ，その間に涵養・消耗の両方が起こっておれば，得られた結果は収支の値であり，その内訳である涵養量・消耗量は実測できていない．その間の涵養・消耗の一方が無視できる程度であれば，観測結果を他方の値としても実用上はさほど問題ない．この場合，観測・計算の時間間隔（時間分解能）が長いほど実際の涵養量・消耗量より小さい値が累計されていくことになる．夏期涵養型氷河の場合は，夏期に涵養・消耗が同時に無視できない程度で起こるので，実測できる収支のほかに，実測が困難な涵養量・消耗量は経験則（上田，1983；Ageta and Kadota, 1992）や数値モデル（Kayastha et al., 1999; Fujita and Ageta, 2000）で求められてきた．氷河変動の結果のみを記載する場合，収支さえわかれば足りるだろうが，氷河変動の機構を気候との関係から研究するためには，収支の内訳を知る必要があるからである．

　ある期間の収支結果の値が正の場合に涵養量，負の場合に消耗量とされることがあるが，これは用語の誤用であり，（正または負の）収支とするのが正しい．測定間隔が冬と夏の境目の半年程度ごとになる場合は多いが，氷河全体の収支結果はふつう冬期に正（見かけは涵養），夏期に負（見かけは消耗）となる．夏期涵養型氷河でさえも，同時期に消耗量も多いので，夏期の収支は負になることが多い．この結果から，涵養量のみで定義された上田（1983）の涵養型の分類を誤用して，涵養量では夏期のほうが冬期より多い場合でも，冬期の収支が正であれば冬期涵養型とされることがある．質量収支は原理的には単純な概念だが，用語法や観測法に起因する実用上の問題は数多く残されている．

8.2.3　氷河の涵養

　雪氷学では，雪や氷が氷河や雪渓などに付加される現象を涵養という．その過程には，表面に直接付加される降雪と水蒸気の昇華凝結のほか，氷河の周りの積雪が移動して氷河表面に間接的に堆積する雪崩と飛雪など降雪起源のものと，氷河内部に浸透した融解水や雨水の凍結がある．これらすべての涵養過程のうち，直接・間接的に降雪のかかわりが大きいので，涵養量は通常，降雪量に支配される．あられ・ひょうなども含め，すべての固体降水は氷河を涵養する．ここでは，すべての固体降水のことを降雪と書く．

　氷河上での高度による涵養量の分布は，一般に高所ほど多い傾向をもつ．その理由は，山稜頂部寄りほど局地的に降水雲が発達しやすく，降水量の分布が高度とともに増加する場合が多いことと，高所ほど低温なのでその降水が雪で降る確率が高いからである．しかし，大気中の水蒸気量は高所ほど減ること，降水期間を通じて降水のほとんどが雪になる低温域の高度帯では降雪の確率が増える効果が消えることなどから，ある高度より上部では涵養量がほぼ一定か，減少する場合もある．また雪崩や飛

8.2 氷河の形成 295

雪が多い氷河では，それらが堆積しやすい平坦部で涵養量が増える．このように，ある氷河上での涵養量の分布は，高度や地形条件に依存する．異なる氷河間での涵養量の違いは，8.2.1項(3)で述べたように，より大スケールの地形条件に依存する．

降水に占める降雪頻度の確率は，雲で形成された降雪粒子が地表に落下するまでに融けるかどうかで決まり，気温が低いほど，ほぼ直線的に増える（上田，1992; Ueno et al., 1994 ほか）．本来，消耗に効く気温は，温暖な夏期に降水の多い氷河にとっては涵養の境界条件としても重要であり，低温期に降水のほとんどが雪で降る冬期涵養型氷河とは異なる．また，湿度が低いほど，降雪粒子から昇華蒸発の潜熱が奪われて降雪確率を増やす．降雪粒子は，その形態や上昇気流の強さによって落下に要する時間が変わり，空中の滞留時間が短いほど高温でも雪のまま着地できる．あられやひょうの落下速度は速いので，それらをもたらす積雲系の雲が発達しやすい内陸山岳域では，比較的高温でも固体降水として氷河を涵養する．また，降水が日中より夜間が多い場合は，同じ日の降水でも低温時に偏るため降雪確率が増える（Higuchi, 1977）．長大な谷氷河では，降水の時間帯が山稜・山腹にあたる上流部（低温域）で日中（高温時）に偏り，谷筋となる下流部（高温域）では夜間（低温時）に偏る場合が多く，降水の場所と時間帯のかねあいが降雪確率に影響する．

地上気温は降雪頻度確率の指標になり，その確率が50％の地上気温は氷河によって異なるが，ほぼ1〜4℃の範囲にある．このように降雪粒子の落下気層中の温度を地上気温で代表する際，夜間に気温の接地逆転層ができやすい場合には，その上空はより高温なので，日中の同じ地上気温のときよりも降雪確率は低くなる（Ageta et al., 1980）．氷河の涵養量を求めるためには，雨と雪の重量比と気温との関係の情報が望まれるが，頻度のデータに比べて乏しい．このような降水の雨雪判別は，アジアの大部分を占める夏期涵養型氷河では，実測が困難な涵養量を求めるためには必須である．また近年の地球温暖化は，降雪確率を下げる点でも氷河の縮小に直結することに，留意しなければならない．

8.2.4 氷河の消耗

雪氷学では，雪や氷が氷河や雪渓などから失われる現象を消耗という．その過程には，融解や昇華蒸発など，表面の熱収支によって雪や氷が液体の水や気体の水（水蒸気）に相変化して起こるものと，雪や氷のまま飛雪，また氷河によっては末端が海や湖に分離・流出（カービング，8.2.2項(1)，8.3.3項）したり，急壁から落下して分離する場合もある．これらすべての消耗過程のうち，カービングしない氷河では融解が通常，氷河全体の消耗量の大部分を占める．

氷河表面における熱収支の熱源は，純放射熱（短波と長波の下向きの熱から上向きの熱を差し引いた量），顕熱，潜熱の3要素に分けられる．これらが融解，昇華蒸発や氷河表面下への熱伝導に使われ，前2者によって氷河は消耗する．熱伝導で氷河

表層が暖められ，表層部が0℃になる融解最盛期には熱伝導を無視できる．熱源のうち日射（短波放射）が主因となる純放射熱の消耗への寄与率は，他の2要素の寄与率が低温・乾燥のため比較的小さい高緯度地域や内陸高所の氷河で大きい傾向がある．気温に直結する顕熱は，温暖域の氷河で寄与率が大きくなる．水蒸気の氷河表面への凝結によって与えられる潜熱は，海岸寄りの湿潤・温暖な地域で寄与率が増える．このようにして氷河に供給された熱の多くは融解に使われるが，表面が融解温度に達していない寒冷な場合には，昇華蒸発や熱伝導に使われる．

　大部分の氷河は純放射熱がおもな熱源になるが，日射の表面での反射量はそのアルベド（albedo，短波放射の反射率）に比例する．アルベドは表面が雪の場合に高く氷で低く，また水や汚れを含まないほど高いので，新雪は汚れた氷の数倍にもなる．新雪のアルベドがたとえば0.8で氷が0.3なら，氷の2/7しか日射を吸収しない．したがって，降雪の有無や，日射の強い融解期に降雪が多い夏期涵養型かどうかなどの涵養の条件，また融解の開始期の残雪量などが消耗の条件としても重要になる（藤田，2001）．

　氷河表面の消耗量を求めるには，観測のほか，熱収支モデル，また気象データが乏しい氷河では比較的得やすい（推定しやすい）気温と消耗量との間の経験則による．この経験則には，気温の1次式（積算暖度法，positive degree-day method など）やべき関数を用いることが多い．消耗量の氷河上での高度による分布は，これらの経験則を用いた場合，気温は高度とともに一定の逓減率で低くなるので，低所ほど大きい（負の）傾向をもつ．熱収支モデルによる場合でも，長波放射熱・顕熱・潜熱は気温とともに増える関数として表され（高橋ほか，1981），また消耗が盛んな氷河下流部ほどアルベドの低下によって純放射熱も増える．それらが加算されて，低高度ほど消耗量の増大の程度が大きくなり，観測例にも現れている．

　大規模な氷河では，下流部が岩屑（デブリ，debris）に覆われている場合がある．デブリ層下面の氷の融解にはデブリのアルベド，熱伝導率，厚さなどが関係して，その機構は複雑である．デブリ層が薄ければ，表面のアルベドが氷より小さいので日射による融解を促進するが，ある厚さをこえると，断熱材としての働きが勝って融解を抑制する．デブリ層の厚さの氷河上での分布は不均一で測定も難しいが，おおまかにはデブリ域内の上流側で薄く（消耗促進），下流側ほど厚くなり（消耗抑制），デブリ層に覆われていない氷河と違って消耗量の高度分布は末端域で小さくなる．

　ヒマラヤなどの大型氷河ではデブリ域が発達しており，デブリ域全体の消耗量には，不均一に分布するデブリの効果のほかに，そこに点在する池やそれらを取り囲む裸氷の壁で熱吸収・融解がきわめて大きいことの効果が指摘されている（坂井，2001）．デブリ域での氷河の融解は，氷河上の池・湖の形成・拡大，ひいては氷河湖の決壊洪水にもつながるので，多量の水資源にもなるデブリ域での融解水の算定と合わせて，重要な研究課題である（12.3節）．

8.2.5 氷河の活動特性

氷河活動の特性は，雪氷質量の出入りや流動（8.3節）の活発さに現れ，氷河変動の特性にもつながる．質量の出（消耗量の絶対値）入り（涵養量）の和を，交換量 (exchange) と呼び，氷河表面における水（固体・液体・気体）交換の活発さの指標になる．氷河全体における面積平均の年間交換量の 1/2（涵養量と消耗量の絶対値の平均）を年間質量収支振幅（annual mass balance amplitude）と呼び，温暖地域で高く，極域に近づくほど，また内陸部ほど小さくなる（Meier, 1984）．また氷河全体について，平均の水当量での厚さを年間質量収支振幅で割ると，氷河の雪氷全体が入れ替わるのに要する年数（mass turnover time）が得られる．これは氷河の総質量を総涵養量または総消耗量で割っても同様に得られるが，基本的には氷河自体の平均厚さ（または総質量）に左右されるものの，周辺との水交換の速さの目安になる．

上記は氷河の活動性を，質量収支要素（涵養量・消耗量・収支）を用いて周辺との水循環の視点でとらえた指標だが，一方，質量収支要素の高度による変化率を用いた指標もいくつかあり，これらは氷河の流動にも関係し，ひいては氷河流動による地形の侵食・堆積などにつながる（詳しくは上田，1997）．海洋性氷河は，湿潤な海洋性気候のもとで降水量が多いので涵養量も多く，氷河は消耗の激しい温暖域まで伸びる．一方，乾燥した内陸性気候のもとで降水量の少ない大陸性氷河は，涵養量も少なく，氷河は消耗のわずかな寒冷域にとどまる．したがって通常，前者は後者より交換量が大きく，質量収支の高度による勾配も大きくなり，涵養域の大きな正の収支分を活発な流動によって下流に運び，消耗域の大きな負の収支分を補う．つまり，両者は氷河流動も含めた水の動きの量・速さが異なり，海洋性氷河のほうが活発である．

氷河活動の特性を氷河変動の特性に結びつける典型的な例として，年間質量収支振幅と年間質量収支との関係があり，前者が大きいほど後者の傾向（氷河質量の減少・増大の程度）が大きくなる（Meier, 1984）．両者の関係は，最近数十年間の世界各地の氷河質量収支データにも現れている（図 8.2.3，Fujita *et al.*, 1997；藤田，2001）．上記のように年間質量収支振幅の大きい海洋性氷河は，一般には大陸性氷河より変動の幅が大きくなる．

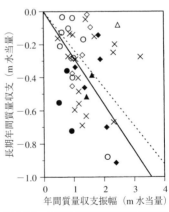

図 8.2.3 氷河の年間質量収支と質量収支振幅の関係

1970 年代から 1990 年代にかけての 20 年程度の期間．○アルプス，◆北極カナダ，×天山，◇北欧，△コーカサス，▲アラスカ，● ヒマラヤ．近似直線の実線は Fujita *et al.* (1997)，破線は Meier (1984) の 1900～60 年代のデータによる（藤田，2001）．

図 8.2.3 には世界の氷河の質量収支とその振幅の関係の近似直線が示されている
が，ヒマラヤの夏期涵養型氷河は，それよりも負の収支側に顕著に離れ，質量収支振
幅が比較的小さいにもかかわらず，氷河縮小が顕著なことを示している．夏期涵養型
氷河で年間質量収支振幅が大きくならないのは，（とくに，デブリに覆われていない
小型氷河では）温暖期に降水が集中して雨になる分が涵養量を少なめにし，また融解
期に雲と新雪が多くて日射による消耗を抑えるためである．そして気温が上がると，
降水量は同じでも雨の割合が増えて涵養量は減り，気温による融解増加のうえに，新
雪が減ってアルベド低下が融解を促進し，大きな負の収支となる（上田, 1983; Fujita
and Ageta, 2000）．このように夏期涵養型氷河は気温に敏感な一方，冬期涵養型氷河
では，冬の涵養量（降水量）と夏の消耗量（気温・日射）の組合せで収支の年々変動
が決まる．以上のように，質量収支要素の年変化型も氷河変動に特性をもたらす．

[上 田　　豊]

文　　献

上田　豊 (1980)：氷河質量収支型の体系化．地球, **15** (地球雪氷学)：243 - 249.

上田　豊 (1983)：ネパール・ヒマラヤの夏期涵養型氷河における質量収支の特性．雪氷, **45**(2)：81 -
105.

上田　豊 (1992)：氷河と水循環．水の気象学（気象の教室3），pp.69 - 91, 東京大学出版会.

上田　豊 (1997)：氷河の形成．氷河（基礎雪氷学講座 IV，藤井理行・小野有五編），pp.11 - 31, 古今
書院.

Ageta, Y. and Kadota, T. (1992)：Predictions of changes of glacier mass balance in the Nepal Himalaya
and Tibetan Plateau: a case study of air temperature increase for three glaciers. *Ann. Glaciol.*, **16**: 89 -
94.

Ageta, Y., Ohata, T., Tanaka, Y., Ikegami, K. and Higuchi, K. (1980): Mass balance of Glacier AX010 in
Shorong Himal, east Nepal during the summer monsoon season. *Seppyo*, **41**, special issue: 34 - 41.

Anonymous (1969)：Mass-balance terms. *J. Glaciol.*, **8**(52): 3 - 7.

藤田耕史 (2001)：アジア高山域における氷河質量収支の特徴と気候変化への応答．雪氷, **63**(2)：171 -
179.

Fujita, K. and Ageta, Y. (2000): Effect of summer accumulation on glacier mass balance on the Tibetan
Plateau revealed by mass balance model. *J. Glaciol.*, **46**(153): 244 - 252.

Fujita, K., Nakawo, M., Fujii, Y. and Paudyal, P. (1997): Changes in glaciers in Hidden Valley, Mukut
Himal, Nepal Himalayas, from 1974 to 1994. *J. Glaciol.*, **43**(145): 583 - 588.

Higuchi, K. (1977): Effect of nocturnal precipitation on the mass balance of the Rikha Samba Glacier,
Hidden Valley, Nepal. *Seppyo*, **39**, special issue: 43 - 49.

樋口敬二・小玉秀男・藤井理行・五百沢智也 (1976)：北アルプスにおける雪渓の分布と特性．山岳・
森林・生態学（今西錦司博士古希記念論文集，加藤泰安・中尾佐助・梅棹忠夫編），pp.141 - 181,
中央公論社.

樋口敬二・渡辺興亜・牛木久雄・奥平文雄・上田　豊 (1970)：剣沢における多年性雪渓の研究 (I)．
雪氷, **32**(6)：129 - 146.

岩田修二 (1991)：氷河時代はなぜ起こったか．科学, **61**(10)：669 - 680.

Kayastha, R.B., Ohata, T. and Ageta, Y. (1999): Application of a mass balance model to a Himalayan
glacier. *J. Glaciol.*, **45**(151): 559 - 567.

Meier, M.F. (1984): Contribution of small glaciers to global sea level. *Science*, **226**: 1418-1421.
日本雪氷学会 (1990):雪氷辞典, 196 p, 古今書院.
野上道男 (1972):アンデス山脈における現在および氷期の雪線高度の分布からみた氷期の気候. 第四紀研究, **11**(2):71-80.
坂井亜規子 (2001):岩屑に覆われた氷河の融解過程. 雪氷, **63**(2):191-200.
高橋修平・佐藤篤司・成瀬廉二 (1981):大雪山「雪壁雪渓」の融雪に関する熱収支特性. 雪氷, **43** (3):147-154.
Ueno, K., Endoh, N., Ohata, T., Yabuki, H., Koike, T., Koike, M., Ohta, T. and Zhang, Y. (1994): Characteristics of precipitation distribution in Tanggula, monsoon, 1993. *Bull. Glacier Res.*, **12**: 39-47.
UNESCO/IASH (1970): Combined heat, ice and water balances at selected glacier basibs. Technical papers in hydrology 5, 20 p.
Zheng, B., Mou, Y. and Li, J. (1981): The evolution of the quaternary glacier in the Qinghai-Xizang Plateau and its relationship with the uplift of the plateau. Studies on the period, amplitude and type of the uplift of the Qinghai-Xizang Plateau —The Comprehensive Scientific Expedition to the Qinghai-Xizang Plateau, Academia Sinica, pp.52-63, Science Press (in Chinese).

コラム 8.2 氷河の年輪:オージャイブ

氷河表面にみられる下流側に凸の白黒(または明暗)の縞模様をオージャイブ(オーギブ, ogive)という. オージャイブは, ほぼ平坦な明暗の縞が連なるバンドオージャイブ(band ogive)と弧状の峰と谷が繰り返すウエーブオージャイブ(wave ogive)

フランス・メールドグラス氷河の下流域にみられるオージャイブの縞模様
(白岩孝行撮影)
中央の山はモンブラン(4807 m).

とに分けられる．オージャイブは一般に氷河上からは識別することが難しく，上空から観察すると明瞭に認められる．

オージャイブの成因については，氷河の流動，構造，融解，デブリ集積に起因するなど諸説あり，十分には明らかにされていないが，すべてのオージャイブを単一の機構では説明できないであろう．比較的わかりやすい有力な説は，つぎのようなものである．「氷河がアイスフォール（氷瀑）を通過するとき加速するので流動方向に伸び，氷瀑の麓では縮む．氷瀑を夏に通過した氷体は表面が土砂や汚れで覆われ，氷瀑底部で圧縮されて黒（暗）のバンドとなる．一方，氷瀑を冬に通過した氷体は表面が新雪で覆われ，それが白（明）のバンドとなる」．したがって，1年で氷瀑を流れ下ってしまうほど流動速度が速い氷河にしか形成されない．

いかなる説をとろうとも，氷瀑から1年に1組のオージャイブの弧が生成されることは事実として確かである．すなわちオージャイブは，流体中に一定時間間隔で混入されたトレーサーと見なすことができ，氷河の（消耗域の）年輪ともいえる．この年輪は，氷河の流れとともに下流に移動し，流動速度の大きい地域では縞の間隔が開き，速度の小さい地域では間隔が狭くなる．したがって，定常状態にある氷河では，縞模様の一つの間隔が，その地点の1年間の表面流動速度を示す．　　　　　[**成瀬廉二**]

コラム 8.3　氷河とオアシス

「氷河とオアシスは双子の関係にある」

こんな言葉を，1987年，名古屋大学・中国科学院・西崑崙共同学術調査のため，タクラマカン砂漠の南縁を走る西域南道のオアシスを訪れたときに，中国の雪氷研究者から聞いた．

なぜ，そんな関係にあるのか．それは，この地域の年間降水量が10～30 mm しかないのに，年間蒸発量は2000 mm をこえるという気候条件を考えると，わかる．そんな地域だから，砂漠になっているのだが，そこにオアシスのような緑地が存在し，人が暮らしていられるのは，水がよそから補給されているからである．その水源が，タクラマカン砂漠の南にそびえる崑崙山脈の氷河から融けだす水なのである．だから，氷河とオアシスは双子の関係にあるといえるわけである．

そんな関係を生き生きと実感させてくれる映像があった．2002年11月16日放映のNHK-BS2，「奇跡の大河ホータン～タクラマカン砂漠・驚異の大自然～」と，ほぼ同じ内容のNHKスペシャル「大河出現～タクラマカン砂漠・ホータン川～」（2002年12月15日放映）である．西域南道のオアシスの一つ，ホータンの街を流れる川が10月から6月までカラカラの乾いた河床であったのに，氷河の融解がはじまると，川幅300 mの大河となり，そこに住む人々の暮らしと農作を支える姿を見事に描いていた．

そのなかでウイグル族の乙女が舞い踊る民謡の一節，「すばらしきホータン川，美しいオアシスの生みの親」という言葉が印象的であった．　　　　　[**樋口敬二**]

木陰のビリヤード
西域南道・ユータンにて，筆者スケッチ，1987 年 6 月 26 日．風にそよぐポプラの並木の根元に走る水路には，氷河からの水が流れていた．

8.3 氷河の流動

　氷河は流れるということが，氷河の振舞いの最も典型的な特徴であり，氷河の特性を表す重要な要素である．氷河の上流に積もった雪は，氷河の流動（flow）により長年月をかけて下流に運ばれ，いずれは融けて消失する．また，気候変化により氷河が拡大・前進したり縮小・後退する現象は氷河の流動機構に強く支配されている．山岳地の斜面や谷を埋めた氷河や，傾斜のない大地の上の厚い氷体（氷床，ice sheet という）は，重力の作用を受けて，年間数 m から 1 km の速さの流動を示す．このような氷河の流動現象は，氷河自身が変形すること，および氷河と基盤との間の流動や滑りの二つに大きく分けられる．氷河表面で観測される流動速度は，両者の流動速度の和である（図 8.3.1）．

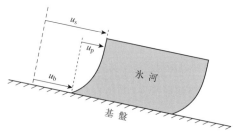

図 8.3.1 氷河表面で観測される流動速度 u_s は，氷の塑性変形による速度 u_p と氷河底面での流動速度 u_b との和である

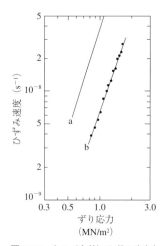

図 8.3.2 氷の（有効）ひずみ速度と（有効）ずり応力の関係
破線 a は氷試料の変形実験から得られた関係（Barnes et al., 1971），黒丸と実線は南極みずほ基地の掘削孔収縮率から得られた関係（Naruse et al., 1988）．両者とも -35℃ に換算してある．両対数で図示した直線の勾配は，いずれもほぼ 3 となっている（$n=3$）．

8.3.1 氷の塑性変形

(1) 氷の流動則

「流れる」ということは流体（気体や液体）に特有な性質であるが，固体である氷河も長い時間尺度でみると流体的な性質を示して流動する．その仕組みは，氷河内部の個々の氷に圧縮や引張やずれの力がかかり，氷が塑性変形（plastic deformation）を起こすことにある．塑性変形とは，弾性変形（elastic deformation）と異なり，力を取り去っても形がもとに戻らない変形であり，氷河の各部分は長年月を経ると，立方体が細長い柱になったり，薄い板になったり，曲面体に変形する．微視的には，氷結晶を構成する水分子の配列の格子がつぎつぎにずれることにより塑性変形が起こる．

氷の変形のしやすさを表す式，すなわち力と変形速度との関係が流動則（flow law）である．氷の流動則は，実験室における多結晶氷の変形実験の結果に基づき，ひずみ（変形）速度（strain rate）が応力（stress）の n 乗に比例するという関係により表された（Glen, 1955; Barnes et al., 1971）．このような形の式の流動則をグレンの法則（Glen's law）と呼ぶこともある．n の値は，応力の増加につれ 1.5 から 4 くらいまで幅広く変化することが知られているが，一般にはその平均的な $n=3$ が最も適当な値と考えられている（図 8.3.2）．一方，その比例係数は，氷の温度の依存性が大きく，たとえば 0℃ の氷

は−10℃の氷より 10 倍以上変形しやすい（柔らかい）ことがわかっている．また比例係数は，氷結晶の主軸方位分布（ice fabrics），粒径などの氷の構造，不純物などによっても変化することが実験によって示されている．

この氷の流動則は小さな氷試料の実験から導かれた関係だが，これに基づくと実際の氷河や氷床の流動様式を非常によく説明できることがわかっている．逆に，氷河や氷床そのものの流動や掘削孔の変形を観測することによって，流動を支配する基本式，すなわち氷の流動則を求めることができる．

(2) 非ニュートン粘性体

われわれの身近にある水や空気の流体では，ひずみ速度（または速度勾配）は（ずり）応力（shear stress）に比例する．これをニュートン粘性体（またはニュートン流体，Newtonian viscous fluid）という．前述の氷の流動則と対比させると，$n=1$ であり，比例係数の逆数が，ねばっこさ，流れにくさを表す粘性係数（viscosity）に相当する．図 8.3.3(a)，(b)に示したように，ひずみ速度と応力の関係は直線となり，縦軸からの角度が粘性係数を表す．ニュートン流体の粘性係数は，気体の場合は温度が高いほうが大きく，液体の場合は温度が高いほうが小さい．すなわち流体の種類と温度を定めれば，粘性係数は一定値を示す．

これに反して，氷の場合は，ひずみ速度が応力の約 3 乗に比例するので（図 8.3.3(c)），粘性係数の定義式を当てはめると，粘性係数は応力の 2 乗に反比例することになる．すなわち氷は，同一の構造，同一温度であっても粘性係数がその氷固有の一定値を示さず，応力（またはひずみ速度）が大きくなると粘性係数が小さくなる性質があるといえる．すなわちひずみ速度が小さい緩傾斜で薄い氷体は粘性係数が大きく（硬く），急傾斜で厚い氷体は粘性係数が小さく（柔らかく）なる．したがって，同一氷河で同温度であっても，氷河の場所および深さによって粘性係数が大きく異なるのである．このような振舞いを示す氷は，非ニュートン粘性体（Non-Newtonian fluid）の流体の一種と見なすことができる．

なお参考のために，図 8.3.3(d)に降伏応力（yield stress） 100 kPa の完全塑性（perfect plastic）体の関係を示した．この場合，応力が 100 kPa 以下では弾性変形しか起こらず，100 kPa に達すると塑性変形が起こり，応力は 100 kPa 以上に大きくはならない．氷河は降伏応力 100 kPa の完全塑性体として近似することもでき，その場合は氷河の最下部の氷のみが 100 kPa に達し，そこでずり変形が生ずる．

以上に述べたように，氷河の流動現象は氷結晶の塑性変形に起因しているが，完全塑性体の振舞いではない．巨視的には氷河は粘度の非常に高い粘性的流動を起こす，ということができる．しかしその場合，粘度が一定ではない非ニュートン粘性体であることに留意する必要がある．

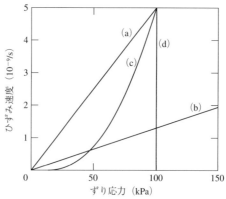

図 8.3.3 ひずみ速度と応力の関係模式図
直線(a), (b)は粘性係数がそれぞれ 2×10^{13} Pa·s, 8×10^{13} Pa·s のニュートン流体, 曲線(c)は融点近傍の氷 ($n=3$ の場合), (d)は降伏応力 100 kPa の完全塑性体の関係.

(3) 氷河内の流動速度分布

氷河が流動するという事実は，氷河上の岩石の動きやクレバスの変化などに基づき古くから知られていたが，19世紀に入ってアルプスの氷河で流動速度が測量により直接測定されるようになった．その結果，流動速度は氷河の中央部で大きく，側岸付近では小さいことが明らかになり，川の流れと酷似しており，氷河は粘度の高い粘性体として振る舞うと考えられた．

谷氷河では側岸の摩擦によるずり応力の影響を受けて，氷河の横断方向に速度差を生ずる．流れをニュートン粘性体（$n=1$）と仮定すると，この速度分布は氷河中央で最大値を示す放物線の形となるが，$n=3$ とすると，氷河表面の流動速度分布は，横断方向の距離に関する4次式で与えられる．実測の速度分布は4次式の形に近い．

氷河の鉛直断面内における流動速度分布の観測結果の一例を図 8.3.4 に示す．氷河の深部の氷のほうが，自重による大きな力がかかりひずみ速度（速度勾配）は大きいが，上層の氷は下層の氷の上にのって流れているので，流動速度は上層ほど大きい．この鉛直断面内における速度勾配は，ずり応力（深さに比例）の3乗に比例するので，速度は深さの4乗に比例する（$n=3$ の場合）．すなわち，氷河の表層から半分の深さくらいまでは速度はほとんど一定で，底面近傍で強い速度勾配を示す．

定常状態にある氷河では，氷河上のある地点の横断面を1年間に通過する氷の量 Q はその地点より上流域における年間の質量収支（mass balance）の総和に等しい．なぜなら，そうでなければ，上流域の雪氷量が過剰または不足になり，氷厚が増加または減少し，定常状態の条件から外れるからである．したがって，Q は涵養域では下流ほど大きく，消耗域では下流ほど小さく，その結果，長い期間の平均的な平衡線

(equilibrium line) 付近で Q は最大になる. もし氷河の幅, 厚さが一定の場合は, 流動速度が平衡線付近で最大となる. ということは, 流動速度は涵養域では下流ほど大きく, 消耗域では下流ほど小さくないと定常状態にはならない. すなわち, そのような速度分布を生み出すように, 氷河の厚さ, 傾斜などの安定な形態が定まるのである.

さて, 涵養域では流れとともに速度を増すということは流動方向に伸びるので伸張流 (extending flow) と, 一方, 消耗域では流動方向に縮むので圧縮流 (compressing flow) と呼ばれる. 氷河の流動現象を巨視的に扱う場合は, 表層の雪またはフィルン (firn) の圧密 (densification) の効果を無視し, 氷河はいたるところ密度一定の非圧縮体と仮定しても大きな誤りはない. したがって, 氷河の幅が一定の場合, 伸張流では氷河

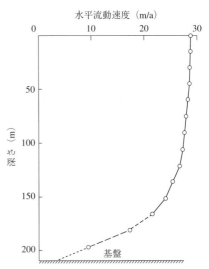

図 8.3.4 氷河内部の流動速度分布 (カナダ, アサバスカ (Athabasca) 氷河)
実線は掘削孔傾斜の時間変化から求めた速度分布, 破線は氷河底部まで外挿したもの. 数 m/a の底面流動が予測される (原図 Savage and Paterson, 1963).

の深さ方向に縮み, 圧縮流では深さ方向に伸びなければならない. この深さ方向に関する縮みは, 氷河表面に直角下方の流動速度成分を生じ, 沈降速度 (submergence velocity) と呼ばれる. 一方, 深さ方向の伸びは, 表面に直角上方の流動速度成分を生じ, 浮上速度 (emergence velocity) と呼ばれる.

定常状態にある氷河では, 涵養域では正の質量収支が沈降速度と, 消耗域では負の質量収支が浮上速度と釣り合っている.

8.3.2 氷河の底面流動

氷河流動のもう一つの機構は, 氷河が形を変えず塊 (剛体) として, 氷河底面と基盤との境界で起こる流動である (図 8.3.1). 一般には氷河底面滑り (basal sliding) といわれてきたが, 必ずしもすべてが「滑り」とはいいがたいので, ここでは底面流動 (basal flow) ということにする.

(1) 底面滑り

氷河が岩盤の上を滑る運動を底面滑りという. 氷河の底面の氷が岩に凍りついていると滑らないが, 氷の融点に達し岩との境界面に水の膜や層が存在すると, 摩擦が非

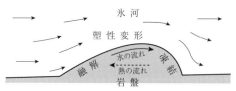

図 8.3.5 復氷と塑性変形により氷河底面の起伏を乗り越える模式図

常に小さく滑り速度が大きくなる.

　氷河の底面滑りに関する古典的理論は,Weertman (1957) による復氷 (regelation) と塑性変形を組み合わせた機構である. そのモデルは, 氷河の底面に存在する岩盤の起伏を, なめらかな平板上に等間隔でならんだ立方体 (以下コブと呼ぶ) として近似する. 氷河の底面は氷の融解点にあり, 岩と氷の境界面には 1 μm 程度の薄い水膜が存在する, と仮定する. したがって, その境界面ではずれ応力を支えられず, 基盤に働く応力はコブの流動方向に垂直な面における垂直応力のみである. 氷河の底面滑りの機構は, 底部付近の氷がどのようにしてこれらのコブを乗り越えるか, という問題である. 図 8.3.5 に, 円丘状のコブの例を模式的に示す.

　コブの上流面では圧力が高いために融点が降下し, 逆にコブの下流面では圧力が低いために融点が上昇する. したがって, 上流面では氷は融解し, 融け水は薄い水膜を通って下流へ流れ, コブの下流面で凍結する. このとき, 凍結の潜熱はコブ (岩盤) を通して上流面へ流れ, そこで氷の融解に消費される. これが復氷である. 種々の近似と仮定のもとでは, 復氷による流動速度はコブの大きさに逆比例する. すなわち, この機構は, 小さいコブに関して有効である. コブが大きいと, コブの上流面と下流面との温度勾配が小さくなり, 熱流量が小さくなり復氷が起こりにくくなるからである.

　一方, 塑性変形による底面滑りは, コブの周囲の氷に応力が集中し, その結果氷が塑性変形してコブを乗り越える, という機構である. 近似的には, 塑性変形による流動速度はコブの大きさに正比例する. すなわち, この機構は大きいコブに関して有効である. 簡単な計算によると, 両者の機構による速度が等しくなるコブの大きさは約 1 cm である. 一般に氷河底面にはさまざまな大きさのコブがとりまぜて存在しているので, 1 cm より小さいコブは復氷機構で, 大きいコブは塑性変形機構で乗り越えることになる.

　その後, Nye (1969), Kamb (1970), Lliboutry (1975) らによって, より現実に近い底面の状態のモデル化や, 基盤の突起の下流側に空洞が生じた場合, その空洞が水によって満たされた場合など, より詳細な理論が展開された. 一方, 実際の氷河においては, 氷河底面に沿うトンネルや基盤までの掘削孔などにおいて底面滑り速度が実測された. これらの結果は理論を裏づけ, また理論の改良に貢献している. このような氷河の底面滑りの研究は, 氷河変動や氷河サージ (glacier surge) だけでなく氷

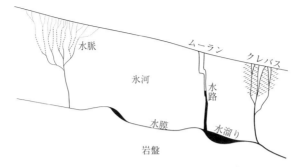

図 8.3.6 氷河内の水の浸透,流下過程の模式図

食地形形成の解明にとっても重要である.

(2) 底面水圧

温暖氷河では春から秋にかけて氷河表面で多量の融解が起こり,その融け水の一部は氷河表面を流れる表面流下により氷河末端に達する.また,一部の水はクレバス (crevasse),ムーラン (moulin),水脈 (vein) などから氷河内部に入り,水路,水膜などを通って氷河底面を流れ,最後は氷河末端から流出する.この過程を模式的に図 8.3.6 に示す.この融け水や降水の浸透流下により氷河底面の水圧が日々あるいは昼夜著しく変動することが一般的である.

氷河の流動速度は季節変化,日変化,時間変化をすることがアルプスや北欧のさまざまな氷河により観測されてきた(Iken, 1977; Naruse et al., 1992; Hanson and Hooke, 1994; Mair et al., 2001).同時に,氷河の底面に達する掘削孔内の水位観測から氷河底面の水圧が測定され,流動速度と水圧とは非常によい相関があることが示された (Iken and Bindschadler, 1986; Kamb et al., 1985).図 8.3.7 に観測結果の一例を示す.これは,底面の起伏を埋める程度に水膜の層が厚くなったり,水膜や水たまり (water cavity) の圧力が高くなると,底面滑り速度が増加することを示唆する.

氷を用いた室内実験および氷河の観測データの解析(Bindschadler, 1983)に基づき,氷河の底面滑り速度は,氷河底面の有効圧力(=氷の荷重−水圧)の m 乗に逆比例する経験式が提唱された.m は個々の氷河において観測に基づき定めるべき正の定数であるが,$m=1$ と置かれることも多い.この関係式によると,水圧の増加とともに底面の有効圧力が低下し,底面滑り速度が上昇する.もし水圧が氷の荷重に等しくなる(氷河の浮力が荷重に等しく,氷河は浮く:図 8.3.7)と,関係式では底面滑り速度が無限大になる.後述の氷河サージはまさにこれに似た状態である.

氷河表面から水の供給量が同じ場合は,細い水路のほうが太い水路より容易に水頭が高まり(図 8.3.6),底面水圧が上昇しやすい.そのため,水路,水脈がまだ十分発達していない春や初夏のほうが盛夏より底面水圧が高いことが一般的である.したが

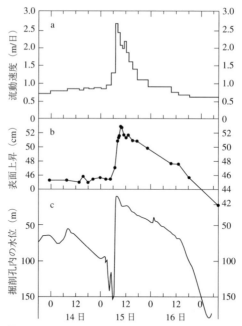

図 8.3.7 ヴァリーゲイテド氷河における表面流動速度，表面上昇，掘削孔内の水位（氷河表面からの深さ）の変動（1980年7月のミニサージ）氷河底面の水圧が急上昇した15日午前に，氷河が盛り上がり，流動速度も増大した（原図 Kamb and Engelhardt, 1987）．

って，底面滑り速度は多くの場合，春または初夏に大きい．

(3) 底面堆積物の変形

氷河底面と基盤との境界にはティル（till）と呼ばれる氷河性堆積物が存在することがある．これは，氷河のほぼ全域を覆ったり，局所的な場合とがある．氷河によっては，このティルの変形が氷河の底面流動の主要な割合を占める（Boulton and Hindmarsh, 1987）．

ティルの変形による氷河底面の流動速度は，ティルの硬さ（または粘度）と厚さにより決定される．一般には，ティルの硬さは含水率の増加に伴い著しく低下すると考えられる．氷河底部のティル層の変形の実測によると，変形速度と有効水圧との間に相関がみられることもあるが，とくに有意な関係が認められないこともある（Porter and Murray, 2001）．後者のスバールバルの氷河の観測結果では，ティル層の変形をニュートン粘性体と見なしたとき，粘性係数として $1.3 \sim 3.4 \times 10^{12}$ Pa·s が得られた．この値は，谷氷河の底面付近の氷（0 ℃，100 kPa とする）の見かけ上の粘性係数よ

り約1桁小さい（図8.3.3）．したがって，氷河底面にティル層が存在する場合は，ずり応力による変形はティル層のみに起こると考えうる．

もしティルが硬ければ，図8.3.8に示したティル層内の速度勾配は緩くなり，柔らかければ勾配は急になる．したがってティルの力学的性質が同一であれば，ティル層が厚いほどティル層上面の速度は大きくなる．このように，ティル層の含水率変動，および長い時間スケールではティルの層厚増加あるいは減少が氷河変動，とくに南極の氷流の変動に大きな影響を及ぼしていると考えられている（MacAyeal, 1992）．

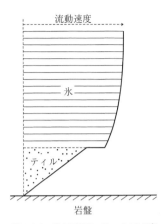

図 8.3.8 氷河底面にティル層が存在する場合の流動速度分布模式図

氷河内部の塑性変形，氷河とティル層境界面の滑り，およびティル層の塑性変形が生じうる．

8.3.3 氷河のカービング

(1) カービングの種類

氷河や氷床・棚氷の末端から大小の氷塊が海洋や湖に崩壊する現象をカービング（calving）という．その日本語訳として「分離」や「氷山分離」と呼ばれていた．しかしカービングには，南極やグリーンランドの氷床や棚氷から巨大な氷山を産出するものから，氷河末端の氷塊や氷片の崩壊まで，規模は大小ある．氷山分離（iceberg calving）は極地氷床を対象として名づけられたものであり，山岳氷河のカービングにはふさわしくない．そこで，氷河の「末端崩壊」や「末端分離」，あるいは単に「カービング」と呼ぶほうが適当であろう．

氷床および氷河の全消耗（質量損失）量に占めるカービング量の割合は，南極氷床では97％，グリーンランド氷床では57％，山岳氷河と氷帽（ice cap）では7％と見積もられている（Warrick et al., 1996）．このようにカービングの寄与は重要ながら，カービングの研究は一般の谷氷河に比べて著しく立ち遅れている．

氷河や氷床のカービングは，末端が流出する水域が海水（tidewater）か真水（fresh water）か，末端の全底部が接地している（grounded）か浮いている（floating）かにより，そのメカニズムや動的特性が異なると考えられている．これらのカービング形態による分類を表8.3.1に示す．

海水は真水に比べて，カービングに及ぼす潮汐，潮流，塩分の効果が加わる．さらに「海水カービング」は「真水カービング」より一般的に規模（水深，氷厚など）が大きい．また，氷塊（密度 900 kg/m^3）に働く浮力は，海水（1030 kg/m^3）のほうが真水より約30％大きいので，海水カービングの氷河のほうが基盤から分離しやすく，「浮いた氷舌」を形成しやすい．温暖氷河の海水カービングはアラスカやパタゴニア

表 8.3.1 カービング氷河のさまざまな形態

		接地した氷舌 （grounded tongue）	浮いた氷舌 （floating tongue）
極地氷河 （polar glacier）	海水 （tidewater）	○	○
温暖氷河 （temperate glacier）		○	×
	真水 （fresh water）	○	△

注）×は存在が確認されていないタイプ，△は局所的，一時的に存在すると考えられるタイプ．

図 8.3.9 湖へカービングするペリートモレノ（Perito Moreno）氷河（パタゴニア）
氷河末端（写真右端）の氷壁の水面高は 55 m，湖の水深は 150 m 前後なので，氷舌は接地している（1990 年 11 月，撮影：成瀬）．

の太平洋岸が代表的であり，真水カービングはパタゴニア東側（図 8.3.9），ニュージーランド，アルプスなどでみられる．

氷舌が接地している場合と浮いている場合とでは水塊が氷体に及ぼす力学的，熱的作用が著しく異なると考えられる．従来，詳細な観測が行われたのは数個の接地した海水氷河に限られている．とくに，アラスカのフィヨルドにカービングするコロンビア（Columbia）氷河が，研究成果の量と質において抜きん出ている（Krimmel and Vaughn, 1987）．一方，真水カービングについても，パタゴニアなどにおいて湖へのカービングの調査が徐々に進められている（Warren, 1994; Naruse et al., 1997; Rott et al., 1998）．

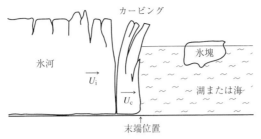

図 8.3.10 カービングの模式図
U_i は氷河の流動速度，U_c はカービング速度を示す．

(2) カービング速度

氷河末端の単位断面積から単位時間にカービングする体積フラックスを単にカービング速度（calving speed/rate）という．一般にカービング速度を直接測定することは難しいので，氷河末端位置の変化と流動速度を測量またはリモートセンシングにより測定し，氷河断面の平均カービング速度を間接的に求めることが多い（図 8.3.10）．

多くのカービング氷河の観測結果から，カービング速度は氷河末端付近の水深と線形の関係が得られている（たとえば Brown *et al.*, 1983; Skvarca *et al.*, 2002）．ただし，これらの関係式の係数には大きな差があり，海水カービング氷河のほうが真水カービング氷河より，係数が数倍から 1 桁大きく，カービングしやすいことが示されている．これらの関係は純粋に経験式であり，理論的な必然性はない．しかし，水深が大きいと水と接する氷の面積が大きく，かつ氷河末端付近の底面水圧が高く，これらの影響がカービングを促進させると想像できる．

多くの海水カービング氷河は周期的に前進，後退を繰り返している．前進するときはゆっくり，長期間をかけて，後退のときは劇的に高速かつ加速的であることが一般的である（Meier and Post, 1987）．したがって，サージ現象とはまったく違う．また，氷河の末端変動速度は流動速度とカービング速度との大小により決定されるので，全球的あるいは局所的気候変動とは直接には関係しないことに注意を払わなくてはならない．

(3) カービングに影響を与える要因

氷河のカービング（頻度，速度など）を支配する主要因は氷河，水塊，大気のいずれにあるかが，昨今のカービング研究のなかで一つの大きな問題となっている．

たとえば，氷河自身に起因する現象としては，氷河末端付近の底面滑り，流動方向への氷体の伸張（塑性変形），氷壁の塑性変形，クレバスなどへの水の浸透による氷の破壊強度の低下などが考えられる．水に起因する現象は，潮汐による水圧の変化，それに伴う氷河底面の有効圧力の変化，潮流による移流，融水と塩水との密度差による対流などがあげられる．大気現象は，日射，気温などによる氷河の融解，およびそ

れに伴う氷河内へ融解水の浸透などである．これらのいずれもカービングに重要な影響を及ぼすが，時と場所と条件により支配的要因が異なると考えられる．

カービングしている山岳氷河は，末端が陸地の氷河（land-terminating glacier）に比べて数は多くない．しかし，世界各地の氷河の後退に伴い，末端に新たに氷河湖（proglacial lake）が形成されたり，氷河湖の拡大が多く報告されている．その結果カービング氷河の数と，全消耗に占めるカービングの割合が今後ますます増加していくものと考えられる．

8.3.4 氷河変動の動力学

(1) 気候変化に伴う氷河の応答

降雪量，気温，日射量などの気候要素が変化すると，それに伴い氷河の質量収支が変わり，その結果，氷河の面積や厚さの変化が起こる．このような氷河の規模の変化を氷河変動（glacier variation）という．氷河全域の年間総涵養量と総消耗量とが等しいとき，氷河の質量収支が平衡（equilibrium, balance）にあるという．前者が大きいとき氷河は拡大に，小さいとき縮小に向かう．

氷河を流体としてとらえた場合，定常状態（steady state）とは，氷河の流れの状態を決定する諸量が時間的に不変なものをいう．すなわち，表面質量収支分布，氷河の形（面積，傾斜，厚さ），氷体内の温度分布，流動速度分布のすべてが時間とともに変化しない状態である．ただし，季節変化は起こりうるので，この場合の時間の最小単位は1年である．

気候変化に伴う氷河の応答を定性的にまとめるとつぎのようになる．たとえば，降雪量増加あるいは融解量減少を及ぼす気候変化が生じると，年間表面質量収支の増加に伴い氷厚が年々少しずつ増し，その結果氷河の流動速度が徐々に増大し，氷河末端付近の氷河流量と消耗量とが釣り合う位置まで，氷河末端は低高度（すなわち温暖な地域）へ移動する．この現象を氷河の前進（advance）という．逆に，降雪量減少あるいは融解量増加が生じると，氷河の後退（retreat）が起こる．前進したときは，氷河の長さのみではなく，幅，厚さが増し，後退したときはそれらが減る．このように，気候変化の影響が氷河・氷床の形の変化に顕著に現れるまでには非常に長い時間を要する．

ある年を境に気候（質量収支）が突然変化したとしたとき，氷河がその新しい気候条件にて定常となるような位置，形態に落ち着くまでに要する時間を氷河の応答時間（response time）という．応答時間を算出する理論は種々あるが（Nye, 1960; Jóhannesson et al., 1989），おおむね谷氷河では十年〜数百年，氷床では数百年〜1万年となる．谷氷河の応答過程を示す一例を図 8.3.11 に示す．一方，顕著な気候変化が起こったときから顕著な末端変動が起こるまでの時間を反応時間（reaction time）ということもある．反応時間は気候データと氷河末端の記録から容易に判定できるこ

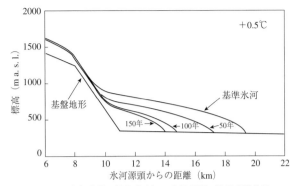

図 8.3.11 気候変化に伴う谷氷河の応答過程の数値実験結果
パタゴニア，ソレール（Soler）氷河をモデル（基準氷河）とし，年平均気温が 0.5℃ 上昇したとき，50 年後，100 年後，150 年後の氷河縦断面プロファイルを示す．150 年後にほぼ定常状態に達する（原図 Naruse et al., 2001）．

ともあるが，氷河の末端変動は過去のさまざまな気候変遷の複合効果なので，物理的な意義は応答時間に比べて劣る．一般に，谷氷河の反応時間は応答時間より短い（Oerlemans, 1998）．このように，気候変動と氷河変動の関係を論ずる場合には，時間スケールに十分なる注意を払わなければならない．

一般には，氷厚の変化は観察しにくいが，前進・後退は顕著に認められやすいので，世界中各地の氷河で古くからこのような記録が数多く残されている．ただし，氷河の前進・後退は降雪量と融解量の代数和の変化に起因しているので，単純に気候の一要素の変化に結びつけることは誤りである．

なお，気温変化は，長時間を経て氷河内の温度分布を変化させ，その結果，氷河の塑性流動による速度が変わる．さらに，条件によっては，氷河底面の水の量が変化し，その結果，氷河の底面滑り速度が変わることもある．したがって，表面質量収支が一定でも，気温のみの変化により氷河の前進・後退も起こりうる．

(2) 氷河サージ

氷河が，数カ月から 2, 3 年の期間，通常の数倍から数十倍の速度で流動を起こし，ときには氷河末端が数 km も前進する現象を氷河サージ（glacier surge）という．20 世紀に入ってから，この現象が特定の氷河にて観察され，注目されるようになったが，現在では世界中のほとんどすべての氷河地域でサージが起こったことが報告されている．ただし，同一地域でも，サージを起こす氷河と，起こさない氷河があることが明らかとなっている．

サージ型氷河では，十数年から数十年の周期で，比較的規則的にサージが発生している．サージの結果，氷河の下流付近は激しいクレバスやセラックが形成され，氷河

末端の前進により家屋や道路の埋没，河川のせき止めによる洪水被害が発生すること
もある．したがってサージは，異常前進（catastrophic advance）やギャロッピング
（galloping）と呼ばれることもあるが，必ずしも「異常」な現象ではないこと，および停滞氷（stagnant ice）が活発に流動を起こしはじめるのみで氷河末端位置が前進しない場合もある，などの理由で適当な名称ではない（Paterson, 1994）．

　サージは地震，火山活動，豪雪，気温変化などによって起こると考えられたこともあったが，現在では，このような外的変化を主要因とする説は完全に否定されている．サージの機構，原因を解明するため，1960～70年代には，サージ型氷河における流動速度や氷温分布の観測，および理論的研究が盛んに行われた．氷河の底面が凍結していれば底面滑りは起こらず，圧力融解点に達すると底面滑り速度が大きくなる．したがって，通常の年は底面が凍結している寒冷氷河において，なんらかの原因により融解点に達するとサージが発生するという「温度不安定性機構」が仮説として提唱され（Robin, 1955），これを支持する観測結果も得られた．しかしながら，この説は，氷河内部から底面までつねに圧力融解点にある温暖氷河のサージを説明することができない．

(3)　ヴァリーゲイテド氷河のサージ

　サージの研究にとって画期的なできごとは，アラスカのヴァリーゲイテド（Variegated）氷河において1982～83年のサージを直接観測したことである（Kamb et al., 1985）．同氷河では，20世紀に7回のサージが起こったことが知られており，その周期は10～20年である．1980年代前半のサージ前後にわたり，氷河の形態，流動速度，ひずみ，氷震（ice-quake: 氷河の運動に起因する地震），氷河底面に達する掘削孔内の水位，氷河からの流出河川の詳細な観測に成功した（Harrison et al., 1986; Raymond and Malone, 1986）．サージは1年余り継続し，その期間中流動速度は激しく変動したが，最高速度は通常（約0.4 m/日）の35倍の15 m/日に達した（図8.3.12）．流動速度の速い部分が，氷河の上流から下流に波として伝播し，その伝播速度は最大400 m/時を示した．サージの結果，氷河表面はいたるところ激しいクレバスが生じ，またサージ前に比べて，氷河上流域では約50 m氷が薄くなり，逆に下流域では最も大きいところで約100 m厚くなった．

　サージの期間中，掘削孔内の水位は日々により変動を示したが，水位と流動速度とは非常によい対応を示した．掘削孔付近の氷厚は約400 mなので，孔内の水位が氷河表面から深さ40 mにまで上昇すると，孔の底の水圧が氷の荷重に等しくなり，まさに氷河は水圧のために「浮く」ことになる．実際にサージの期間中，水位は表面から深さ60～100 mの間で激しく振動し，瞬間値としては40 m以浅，すなわち孔底の水圧が周囲の氷内の圧力をこえることもあった．

　以上のさまざまな観測結果を総合的に考察した結果，サージ現象は，氷河底面に存在する水膜や水脈の水圧が非常に高くなり，氷河の底面滑り速度が著しく大きくなる

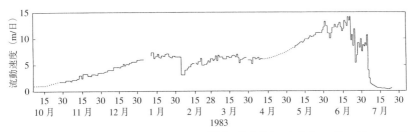

図 8.3.12 ヴァリーゲイテド氷河におけるサージ前後の流動速度の変動（1982 年 10 月〜1983 年 7 月）（原図 Kamb et al., 1985）

ためということが明らかにされた．しかしながら，なぜサージは周期的に起こるのか，あるいはサージ型氷河の静穏期にどのようなしくみで不安定性が高まり，何が「引き金」となってサージに突入するのか，などについてはいまだ解明されていない問題も残されている．

ヴァリーゲイテド氷河の過去のデータ解析の結果では，涵養域の積算質量収支がある値に達するまでの年数とサージの間隔とがほぼ一致した（Eisen et al., 2001）．このようにサージの開始，終了の引き金には気候や天候が影響を与えている場合もある．また，氷河底面のティル（氷河性堆積物）の振舞いや変形機構が多くの場合重要な役割を果たしている．また，氷河によっては氷河底面の水脈（linked cavity model）や氷河底部および内部の水の貯留がサージのメカニズムに深くかかわっている（Harrison and Post, 2002）． ［成瀬廉二］

文　献

Barnes, P., Tabor, D. and Walker, J.C.F. (1971): The friction and creep of polycrystalline ice. *Proc. R. Soc. London*, **Ser.A**(324): 127 - 155.

Bindschadler, R. (1983): The importance of pressurized subglacial water in separation and sliding at the glacier bed. *J. Glaciol.*, **29**(101): 3 - 19.

Boulton, G.S. and Hindmarsh, R.C.A. (1987): Sediment deformation beneath glaciers: rheology and geological consequences. *J. Geophys. Res.*, **92**(B9) : 9059 - 9082.

Brown, C.S., Sikonia, W.G., Post, A., Rasmussen, L. A. and Meier, M. F. (1983): Two calving laws for grounded iceberg-calving glaciers (Abstract only). *Ann. Glaciol.*, **4**: 295.

Eisen, O., Harrison, W.D. and Raymond, C.F. (2001): The surges of Variegated Glacier, Alaska, U.S.A., and their connection to climate and mass balance. *J. Glaciol.*, **47**(158): 351 - 358.

Glen, J.W. (1955): The creep of polycrystalline ice. *Proc. R. Soc. London*, **Ser.A**(228): 519 - 538.

Hanson, B. and Hooke, R. L. (1994): Short-term velocity variations and basal coupling near a bergschrund, Storglaciaren, Sweden. *J. Glaciol.*, **40**(134): 67 - 74.

Harrison, W.D. and Post, A. (2002): How much do we really know about glacier surging? Abstract (#56) submitted to International Symposium on Fast Glacier Flow, Yakutat, Alaska, June 2002. International Glaciological Society.

Harrison, W.D., Raymond, C.F. and MacKeith, P. (1986): Short period motion events on Variegated Glacier as observed by automatic photography and seismic methods. *Ann. Glaciol.*, **8**: 82 - 89.

Iken, A. (1977): Variations of surface velocities of some Alpine glaciers measured at intervals of a few hours. Comparison with Arctic glaciers. Zeitschrift fur Gletscherkunde und Glazialgeologie, Bd. 13, Ht. 1 - 2: 23 - 35.

Iken, A. and Bindschadler, R.A. (1986): Combined measurements of subglacial water pressure and surface velocity at Findelengletscher, Switzerland: conclusions about drainage system and sliding mechanism. *J. Glaciol.*, **32**(110): 101 - 119.

Jóhannesson, T., Raymond, C. and Waddington, E. (1989): Time-scale for adjustment of glaciers to changes in mass balance. *J. Glaciol.*, **35**(121): 355 - 369.

Kamb, W.B. (1970): Sliding motion of glaciers: Theory and observation. *Rev. Geophy. Space Phys.*, **8**: 673 - 728.

Kamb, W.B., Raymond, C.F., Harrison, W.D., Engelhardt, H., Echelmeyer, K.A., Humphrey, N., Brugman, M.M. and Pfeffer, T. (1985): Glacier surge mechanism: 1982 - 1983 surge of Variegated Glacier, Alaska. *Science*, **227**(4686): 469 - 479.

King, C.A.M. and Lewis, W.V. (1961): A tentative theory of ogive formation. *J. Glaciol.*, **3**: 913 - 939.

Krimmel, R.M. and Vaughn, B.H. (1987): Columbia Glacier, Alaska: Changes in velocity 1977 - 1986. *J. Geophys. Res.*, **92**(B9): 8961 - 8968.

Llboutry,L. (1975): Loi de glissement d'un glacier sans cavitation. *Ann. Geophys.*, **31**: 207 - 226.

MacAyel, D.R. (1992): Irregular oscillation of the West Antarctic ice sheet. *Nature*, **359**: 29 - 32.

Mair, D., Nienow, P., Willis, I. and Sharp, M. (2001): Spatial patterns of glacier motion during a high-velocity event: Haut Glacier d'Arolla, Switzerland. *J. Glaciol.*, **47**(156): 9 - 20.

Meier, M. F. and Post, A. (1987): Fast tidewater glaciers. *J. Geophys. Res.*, **92**(B9): 9051-9058.

Naruse, R., Fukami, H. and Aniya, M. (1992): Short-term variations in flow velocity of Glacier Soler, Patagonia, Chile. *J. Glaciol.*, **38**(128): 152 - 156.

Naruse, R., Okuhira, F., Ohmae, H., Kawada, K. and Nakawo, M. (1988): Closure rate of a 700 m deep bore hole at Mizuho Station, East Antarctica. *Ann. Glaciol.*, **11**: 100 - 103.

Naruse, R., Skvarca, P. and Takeuchi, Y. (1997): Thinning and retreat of Glaciar Upsala, and an estimate of annual ablation changes in southern Patagonia. *Ann. Glaciol.*, **24**: 38 - 42.

Naruse, R., Yamaguchi, S., Aniya, M., Matsumoto, T. and Ohno, H. (2000): Recent thinning of Soler Glacier, northern Patagonia, South America. Data of Glaciological Studies, Institute of Geography, Russian Academy of Sciences, Moscow, Publication 89: 150 - 155.

Nye, J.F. (1960): The response of glaciers and ice-sheets to seasonal and climatic changes. *Proc. R. Soc. London*, Ser.A(256) : 559 - 584.

Nye, J.F. (1969): A calculation on the sliding of ice over a wavy surface using a Newtonian viscous approximation. *Proc. R. Soc. London*, Ser.A(311): 445 - 467.

Oerlemans, J. (1998): Modelling glacier fluctuations. Into the second century of worldwide glacier monitoring: prospects and strategies. Studies and reports in hydrology 56, UNESCO Publishing: 85 - 96.

Paterson, W. S. B. (1994): The Physics of Glaciers (3rd ed.), 480 p, Pergamon, Elsevier Science Ltd., Oxford.

Poter, P.R. and Murray, T. (2001): Mechanical and hydraulic properties of till beneath Bakaninbreen, Svalbard. *J. Glaciol.*, **47**(157): 167 - 175.

Raymond, C.F. and Malone, S. (1986): Propagating strain anomalies during mini-surges of Variegated Glacier, Alaska, U.S.A. *J. Glaciol.*, **32**(111): 178 - 191.

Robin,G. de Q. (1955) : Ice movement and temperature distribution in glaciers and ice sheets. *J. Glaciol.*,

コラム 8.4 氷河に生きる昆虫

冷たい雪と氷の世界である氷河や氷床にも,実はさまざまな生物が生息している.これまでに,世界各地の氷河で各種の昆虫類や甲殻類,ミミズ,藻類,バクテリアの生息が確認され,氷河にも生態系が成立していることが明らかになってきた.写真の昆虫は,南米のパタゴニア氷原でみつかった体長 2 cm ほどの翅のないカワゲラの仲間(*Andiperla willinki*)で,氷河昆虫としては最大級のものである.氷河の表面を歩き回り,氷の隙間にいるトビムシという体長約 1 mm の小型昆虫を捕食して生活している.トビムシは雪氷中で増殖する単細胞藻類(雪氷藻類)を食物にしているので,この氷河生態系では,雪氷藻類を一次生産者とする単純な食物連鎖が成立していることになる.

[幸島司郎]

2(18): 523-532.
Rott, H., Stuefer, M., Rack, W., Skvarca, P. and Eckstaller, A. (1998) : Mass fluxes and dynamics of Moreno Glacier, Southern Patagonia Icefield. *Geophys. Res. Lett.*, **25**(9): 1407-1410.
Savage, J.C. and Paterson, W.S.B. (1963): Borehole measurements in the Athabasca Glacier. *J. Geophys. Res.*, **68**: 4521-4536.
Skvarca, P., De Angelis, H., Naruse, R., Warren, C.R. and Aniya, M. (2002): Calving rates in freshwater: new data from southern Patagonia. *Ann. Glaciol.*, **34**: 379-384.
Warren, C.R. (1994): Freshwater calving and anomalous glacier oscillations: recent behaviour of Moreno and Ameghino Glaciers, Patagonia. *The Holocene*, **4**(4): 422-429.

コラム 8.5 拡大を続ける氷河湖

ヒマラヤでは岩屑で覆われた谷氷河末端に多くの氷河湖がある．氷河湖は氷河の縮退によって形成されるが，その拡大機構に関しては不明な点が残っている．なかでも，モレーン（堆石丘）によって堰き止められている氷河湖は，モレーンが決壊し氷河湖決壊洪水（glacier lake outburst flood: GLOF）を引き起こす恐れがあることで注目を集めている．写真は氷河湖決壊洪水の危険のあるネパール・ヒマラヤのクンブ地方にあるイムジャ氷河湖の拡大の様子を衛星画像で示したものである．この氷河湖は 1960 年代に形成され，年間約 40 m の速さで現在も拡大を続けている． [矢吹裕伯]

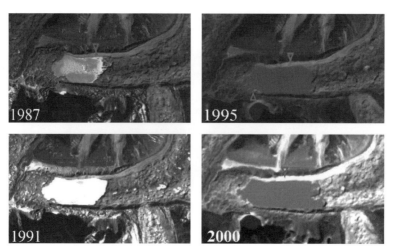

衛星画像を用いて示したネパールヒマラヤ・クンブ地方のイムジャ氷河湖の拡大
各画像の△マークは同じ地点を示している．1987, 1991, 1995 年：SPOT 画像；2000 年：Landsat ETM＋画像．

Warrick, R.A., Provost, C.Le, Meier, M.F., Oerlemans, J. and Woodworth, P.L. (1996): Changes in sea level. In Climate Change 1995 —The Science of Climate Change —: Contribution of Working Group I to the Second Assessment Report of the Intergovernmental Panel on Climate Change. Cambridge University Press, pp. 363–397.

Weertman, J. (1957): On the sliding of glaciers. *J. Glaciol.*, **3**: 33–38.

9

極 地 氷 床

9.1 極地雪氷観測史

　極地を探険あるいは旅した人々は，変化する雪氷現象を通して，旅行地の自然の厳しさを知ったに違いあるまい．極地においては雪氷現象が普遍的であり，旅行の困難の根源であろう．行く手を阻む積雪，海氷，吹雪など厳しい雪氷現象に出会ったとき，そうした現象を日記や航海日誌に記述し，その経験を人々に伝えようとしたに違いない．いく度も遭遇を繰り返すと，そうした現象を分析し，原因を探り，被害を避けるための方策や現象の発現を予測しようとしたに違いない．

　一般に科学のはじまりがそうした経過をたどってきたように，極地の旅人や探検家たちはしだいに雪氷現象の体系的理解を深めていったはずである．たとえば，William Scoresby Jr.（1789‐1857）は 16 歳で父とともに捕鯨船でフラム海峡の 81°30′ の地点に達し，雪の結晶をスケッチした．1809 年 1 月ウエルナー協会（後の王立物理学会）で発表，ただちに協会の会員となった．

　極域での人類の活動の歴史は浅く，とくに南極域ではその大地に人類が足を踏み入れたのはほんの 100 年前にすぎない．ましてや現代的意味での雪氷学という科学分野が成立したのはそう古いことではない．20 世紀以前の極域での人類の活動において，探検と科学観測の境界を明確にすることは難しいであろう．雪氷学がその揺籃期を越え，科学として認識されたのは，おそらく 1930 年代以降ではあるまいか．

　極地における雪氷研究の歴史がいつからはじまるのかということは意外に難問である．両極域における探検の歴史を振り返りつつ，雪氷現象と人類のかかわりを含めて，極地雪氷観測史を概観する．

9.1.1 南北極域における初期の探検

（1）北極域の初期の探検

北極域における人間活動の記録は 10 世紀頃に遡るといわれている．この頃，グリ

ーンランドが発見され，移民が行われた．当時は温暖な気候であったが，しだいに寒冷傾向となり，15世紀には人の行き来は途絶した．また10世紀末にはロシア人によって，ノバヤゼムリャ島が，12世紀にはスバールバル諸島が発見された．

15世紀に入り，ヨーロッパで商業活動が盛んになってくると，日本，インド，中国などとの貿易の拡大のために，東洋への最短通商航路を求めて，北極海の探検がはじまった．北大西洋から北極海を経て，太平洋に向かう北西航路（アメリカ側），北東航路（ユーラシア側）の二つが探られた．

一方，16世紀末からは北極海での捕鯨が盛んになり，漁場の開拓などを目的とした北極海探査航海が盛んに行われ，多くの地理的発見がなされた．

17世紀にはハドソン湾が発見された．いくつかの北西航路の探査が行われ，バフィン湾が発見されたが，カナダ極北群島を西に抜ける航路は未開のままであった．

18世紀に入ると南極を一周したJ. クックは北米大陸の太平洋側を北上し，アラスカ西端に達した．

19世紀半ば，1845年に英国のフランクリン隊は，エレバス，テラーの2隻の船で北西航路の探査に向かったが，ビクトリア海峡で氷に閉じ込められ，全員が遭難した．この遭難の後，1847年からの10年間に多くの遠征隊が救援，捜索活動を行い，カナダ極北群島の南西域の地理が明らかにされていった．

1831年に北磁極が発見されたが，北極域における本格的な科学活動は1882～83年の第1回極年にはじまると考えてよかろう．このとき，北極域に13カ所の観測所が設けられた．また，北極海中心部の探査と北極点到達の競争がはじまった．19世紀末にはナンセンによるフラム号の漂流探検が行われた（図9.1.1）．科学と探検が融合した企てとして歴史に残る偉業といえるだろう．このとき到達した北緯86°13′は19世紀における人類の最北到達点である．

20世紀のはじめ，アムンセンはヨーア号で2年越冬して，北西航路の通過に成功した．北東航路の通過は19世紀末（1878～79）にスウェーデンのノルデンショルドによって達成された．1909年にはピアリーが北極点に達したとされている．

1930年代には，第一次世界大戦で発達した航空機による探検が試みられるようになった．アムンセンは航空機，飛行船を用いて北極点到達，北極海横断を企て，成功している．航空機による北極点到達はバード（米）によって達成されたといわれている．アムンセンの成功に先立つこと数日の差である．北極域の全容が明らかにされ，これ以降本格的な科学観測の時代の幕が上がったといえるだろう．

(2) 南極大陸の初期の探検

南極大陸への最初の探検は1738～39年のブーベ（仏）の航海といわれている．南緯54°51′で氷の陸地を発見したが，これは島（ブーベ島）であった．その後，ケルゲレン（仏），マリオン・デュフレーヌ（仏）らによる探検が行われた．

1772～75年のキャプテン・クック（図9.1.2）の南極周航によって，サウスサンド

9.1 極地雪氷観測史　　　　　　　　　　　　　　　　　　　　　*321*

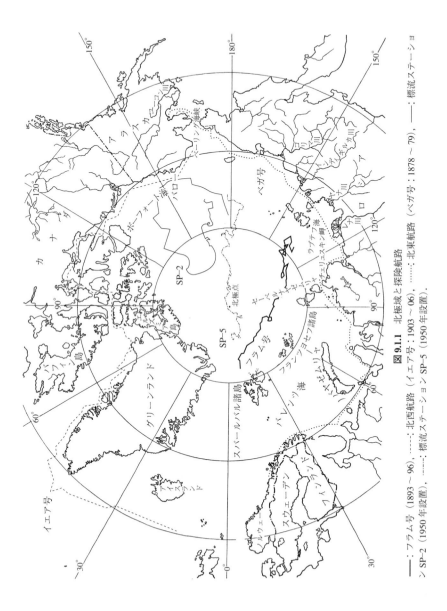

図 9.1.1 北極域と探険航路 ━━：フラム号（1893〜96），------：北西航路（イエア号：1903〜06），‥‥‥：北東航路（ベガ号：1878〜79），━━：標流ステーション SP-2（1950年設置），------：標流ステーション SP-5（1950年設置）．

ウィッチ諸島が発見されたが，大陸の発見には至らなかった．この航海によって豊富な海獣の存在が報告され，欧米人による商業狩猟活動が活発に行われるようになった．こうした最中，1820 年頃，ブランスフィールド（英），パーマ（米）およびベリングスハウゼン（露）によって南極半島の一角が望見された．1821 年にはデイビス（米）が南極半島のヒューズ湾に上陸した．

その後，地理的探査や科学的知見に関連する調査が行われるようになり，ロス（英）は 1839〜43 年の探検によって，多くの発見（エレバス火山，ロス棚氷）をなした．デュモン・デュルビル（仏）は南磁極を発見し，ウィルクス（米）は大陸沿岸を広範囲に調査して，南極が大陸であることを明らかにした．

その後の 50 年間は科学調査，探検にとっては空白の時代が続いた．

1898 年，ベルギーのジェルラシが南極半島に向かい，ベリングスハウゼン海の密群氷に閉じ込められ，船での越冬を余儀なくされた．この探検には，のちに南極点に達したアムンセンが同行していた．1899 年，ボルフグレビング（ノルウェー）が率いる英国隊がロス海西方のアデア岬で人類最初の大陸上の越冬を行った．

この二つの越冬によって，南極大陸での越冬の可能性が実証され，南極探検の新たな時代がはじまった．

(3) 南極における科学観測

第 1 回国際極年（International Polar Year）が 1882 年 8 月 1 日から翌年 8 月 31 日にかけて行われ，12 カ国（英，米，カナダ，露，オランダ，ドイツ，フランス，ノルウェー，デンマーク，スウェーデン，フィンランド，オーストリア，ハンガリー）が参加した．南極の国際共同観測は米国のモーリによって提唱されたが，南北戦争で挫折した．その後，1875 年にはオーストリアの K. ワイプレヒトの提案により国際極年に発展し，北極域（13 の観測所）および南極域（サウスジョージア，ホーン岬の 2 観測所）で観測が行われた．

国際地理学会議（第 6 回，ロンドン；第 7 回，ベルリン）では，南極での国際共同観測（地磁気，気象に重点）のための「南極年」が提案された．当初は 1901〜03 年の計画であったが，のちにフランスの参加表明があり 1904 年 3 月まで延ばされた．この観測には英国，ドイツ，スウェーデン，フランスなどが参加した．ドイツの地理学者ドリガルスキーの率いるガウス号調査隊はウイルヘルム二世ランドを発見し，そこで越冬して，犬ぞりを用いて内陸調査や繋留気球での観測などを行った．

1901〜04 年，英国のスコット隊はロス海の一角に基地を建設し，犬ぞりでビクトリアランドの山脈を踏破し，はじめて内陸高原を望見した．気象，地形，地球物理調査などが行われた．その後，南極点を目指す国際的競争の時代が到来し，1907 年にはシャクルトン隊は極点を目指し，1908 年 2 月に 88°23′ に達した．1912 年にはフィルヒナー（独）は棚氷を発見した．1911〜12 年にスコット隊（英），アムンセン隊（ノルウェー）の両隊が極点を目指し，アムンセン隊が先陣の名乗りをあげた．わが

9.1 極地雪氷観測史

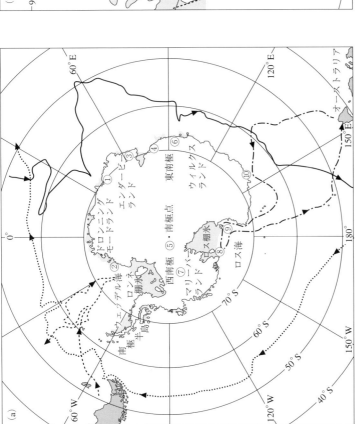

図 9.1.2 南極域の探検航路と IGY 当時の主な基地

(a) ———:クック(英)1回目, ……:クック3回目, —·—·—:ウェッデル, ——:ロス, ①昭和基地(日本), ②ハリー基地(英), ③モーソン基地(オーストラリア), ④デービス(オーストラリア), ⑤アムンセン-スコット基地(米), ⑥ミールヌイ基地(ロシア), ⑦バード基地(米), ⑧リトルアメリカV(米), ⑨マクマード基地(米), ⑩デュモン・デュルビル基地(仏).
(b) ———:アムンセン(1910~12), ……:スコット(1910~13), —·—·—:白瀬隊(1911~12).

国の白瀬隊もロス棚氷の探検を行い，到達地を大和雪原と名づけた．

1928 年，第 1 次バード探検隊出発，1929 年 1 月にリトルアメリカ I をロス棚氷に建設し，11 月 29 日に南極点飛行に成功したとされている．この頃，ラルス・クリステンセン（ノルウェー）は航空機による探査を行い，プリンスハラル海岸を発見した．

1932〜33 年に第 2 回極年が実施され，44 カ国が参加した．わが国も，国内観測で参加している．南極圏内では，サウスジョージアとサウスオークニ島で観測が行われた．

第 2 次バード探検隊（1933〜35）はリトルアメリカ II から 200 km 南方に気象観測所を設け，バード隊長が単身で越冬した．1939 年にアメリカ政府は第 3 次バード隊を派遣，ロス海の鯨湾にリトルアメリカ III を設置し，南極半島のマーガレット湾にも基地を建設し，定常的に越冬観測を目論むが，第二次世界大戦勃発で中止となった．

9.1.2　探検時代以降の極域雪氷研究

（1）　北極域における雪氷観測
a.　ソ連時代およびソ連崩壊後の観測活動

北極諸国のなかでロシアは北極海に面した海岸線を東経 30°から西経 170°まで占めており，1987 年のゴルバチョフのいわゆる「北極開放演説」まで北極海は冷戦の場でもあった．氷河があるロシア北極の 3 群島はノバヤゼムリャ（氷河面積約 2.4 万 km²），セーベルナヤゼムリャ（1.8 万 km²），フランツァイオシファゼムリャ（フランツヨセフランド：1.4 万 km²）で，極地ウラルにも氷河がある．ロシア革命後のソ連はシベリアや極東の開発が必要となり，永久凍土，吹雪，雪崩，過冷却現象などの研究が実利面から要請された．1919 年には北方研究委員会が発足し，やがて北極研究所（1958 年に北極南極研究所）となり北極海航路総局に属した．

19 世紀になってヨーロッパではアルプスの氷河が注目され，現在の雪氷学の走りとなったが，ロシアの科学者の関心はもっぱら自国の自然であった．1882〜83 年の第 1 回国際極年にはロシアも参加し，ノバヤゼムリャの南島西岸，ディクソン，レナ河口の 3 地点で観測したが，降積雪や海氷が対象であった．1884 年に国際氷河委員会が発足し，同時にロシア氷河委員会も発足し，1914 年 12 月 1 日に科学アカデミーに常設極地委員会が設けられた．

20 世紀前半の氷河学にはいわゆるアルプス学派とスカンディナビア学派があり，前者は氷河の測地学的手法による研究，後者は氷河の熱と質量の収支に注目していた．1932〜33 年の第 2 回極年のロシア（ソ連）の雪氷観測はこういった手法を用いはじめた時期に当たる．北極にあるロシアの水文気象観測所 10 カ所に加え，極年観測所として 15 カ所が設置された．

フランツヨセフ諸島では1929年にはじめてV.Yu.ヴィーゼが雪氷観測をし，翌年R.L.サモイローヴィチが引き継いだ．極年期間中はT.N.スピジャルスキーが氷河形態を調べて氷河の分類を行い，気候要素との関係に注目した．また1932年にはN.N.ズーボフ（1885-1960）が観測船でフランツヨセフ諸島を一周した．彼は日露（日本海）海戦で負傷した海氷研究者で，1945年の著書『北氷洋の氷』は海氷学の古典（日，英訳がある）である．1947～52年に行われたフランツヨセフ諸島の雪氷観測は北極研究所が中心となって行われた．氷構造学の著書（1955）を出したP.A.シュムスキー（1915-88）も1947～48年に参加している．

1947年はソ連がはじめて氷河観測所を天山山脈に建てた年で，当時科学アカデミー地理学研究所雪氷学部長のA.G.アウシューク（1906-88）が担当した．現所長の雪氷学者V.G.コトリヤコーフ（1931-）も参加している．

1957～59年の国際地球観測年（IGY）時代にはソ連も南極に焦点を当て，北極の陸地雪氷観測はフランツヨセフ諸島とノバヤゼムリャ（沿岸の極地観測所を除く）のみで，アウシュークが指揮をした．研究成果はモノグラフとしてM.G.グロスワルドらの「フランツヨセフ諸島の氷河作用」，O.P.チジョーフらの「ノバヤゼムリャの氷河作用」にまとめられている．フランツヨセフ諸島はこの後，ソ連崩壊に至るまで軍事地域で，ソ連の研究者でも立入りが困難であった．ノバヤゼムリャは核爆発実験場となった．こういったなかでもソ連の雪氷研究者は南極アトラス（1966），北極海アトラス（1980），北極アトラス（1985），雪氷資源世界アトラス（1997）に成果をまとめた．また，1980年代には国内の氷河台帳を出版した．ロシア雪氷学会と地理学研究所は現在も機関誌の共同発行を続けている．

ソ連崩壊後のロシアは経済危機に直面し，独自の研究活動が困難な状況となり，国際共同研究を余儀なくされている．英国などと共同で1994年にはフランツヨセフ氷河で電波氷厚調査を行い，1997年にはセーベルナヤゼムリャで同様の調査をした．北極海航路国際化に関連して日本，ノルウェー，ロシア三国共同の航路開発研究が1993年にはじまり，1995年8月には横浜からノルウェー北部までロシア船による氷中実験航海（セーベルナヤゼムリャの北を通過）を行った．

b. ヨーロッパ諸国の研究活動

北大西洋沿岸域の氷河研究としては，H.アールマン（スウェーデン）が，ノルウェー本土の氷河観測（1918～26）からはじめ，スバールバル諸島北端の北東島（1931），スピッツベルゲン島（1934），アイスランド（1936～38），グリーンランド（1939～40）と北大西洋を囲む地域の氷河の観測を行い，氷河の形態的分類，地球物理学的分類を提唱した．第二次世界大戦が終わった1945年以降，彼の仕事はV.シット（スウェーデン）に引き継がれた．

アールマンは氷河と気候の関係に着目し，とくに南極氷床の気候変動に関心を寄せ，ノルウェー極地研究所のH.U.スベンドロップらと，後に三国共同隊（後述）の編成を行った．

ケンブリッジ大学の地理学者，W.V. ルイスは 1939 年以降，ノルウェー本土の氷河の観測を行い，圏谷氷河の成因，流動などを明らかにし，その後の氷河研究に大きな影響を与えた．

アラスカではジュノー・アイスフイールド計画がはじまり，タク氷河で 100 m 深の掘削（1950）が行われ，グリーンランドでは，フランス隊によるキャンプ VI での 126 m 深の掘削，Station Centrale で 150 m の掘削（1951）などが行われた．

c. 米国の観測活動

第二次世界大戦後の米国の雪氷観測体制として，米国陸軍の SIPRE（雪・氷・永久凍土研究所，1961 年に CRREL：寒地理工学研究所と改称）の創設は特記すべき事柄であろう．1952 年の設立以降，北極域における本格的な雪氷観測，研究が行われるようになった．この研究所の創設には中谷宇吉郎（1900-62）が深くかかわり，わが国の多くの研究者が氷島観測，海氷観測，氷床掘削，氷の物性研究など同研究所の極地雪氷研究の広い分野にかかわるようになった．中谷自身，キャンプセンチュリーで雪氷研究を行った．

1954 年以降，CRREL による本格的な氷床掘削がグリーンランドで開始された．北緯 77°，西経 56°に設けられたサイト 2 での氷床掘削は 1957 年に 411 m 深に達した．その後，1961 年に掘削地点をキャンプセンチュリーに移し，1966 年，1387.4 m 深の世界ではじめての氷床全層掘削に成功，翌々年 1968 年には，南極バード基地でも氷床全層掘削に成功し，これを契機に世界的規模での氷床コア研究時代がはじまった．1956 年以降の CRREL による氷床掘削は IGY の一環でもあった．

グリーンランド氷床の包括的な雪氷研究としては C. ベンソン（米）による 1952 〜54 年間の広域雪氷観測がある．氷床表面層観測によって「氷河分帯」（Glacier Facies，後に Zoning と呼ばれるようになった）の概念が導入され，氷床研究に新たな視点が加わった．

(2) 極域における戦後の観測活動

第二次世界大戦中に，南極半島の領有権をめぐる英国－アルゼンチン間の紛争があり，1944 年頃から南極に恒久基地建設の動きが出てきた．1947 年にはチリがグリニッジ，プラットの両基地を建設した．

1946 年，バード（米）を隊長とするハイジャンプ作戦が実施され，6 万 5000 枚の航空写真撮影が行われ，南極大陸の輪郭が明らかとなった．引き続く 1947 年にはウインドミル作戦が行われ，ヘリコプターを活用し，地形図作成のための基準点作りが実施された．

この頃（1947〜48），F. ロンネ隊は個人的観測計画を実施，南極半島のマーガレット湾の基地で越冬し，3 機の航空機を用いて，写真測量基準点観測に成果をあげた．ロンネ夫人とダーリントンの 2 名は南極大陸に越冬した最初の女性となった．

1947 年 12 月，オーストラリアはハード島基地を建設し，以来観測が続けられてい

る．1950 年にはフランスがアデリーランドにポール・マルタン基地を建設し，氷厚測定，ペンギン生態研究，オーロラ観測を開始した．

1949〜52 年にはノルウェー，英国，スウェーデンによる三国共同隊が南極観測を実施した．ノルウェーのイエーバーの率いるノルセル号は，ドロンニングモードランドの西部，ノルベジア岬に上陸，モードハイム基地を建設，2 年越冬を行い，雪氷調査，人工地震による氷厚の測定，氷床掘削など本格的な雪氷観測を行った．

(3) IGY 時代

1950 年，第 1 次バード隊に参加したバークナー博士によって，第 2 回国際極年から 25 年目の 1957 年 7 月 1 日から翌年の 8 月 31 日にかけて第 3 回目の国際協同観測（IGY: International Geophysical Year，国際地球観測年と呼ばれた）が提案され，1951 年，国際学術連合会議（ICSU: International Council of Scientific Union，現在は国際科学会議: International Council for Science）で採択された．この計画には 66 カ国が参加し，南極観測には日本を含む 12 カ国が参加することとなった．

IGY では南極氷床内陸での観測に重点を置くことになり，当時の主要国が地球科学的に重要な地点である地理学的極点（米），地磁軸極（ソ連），南磁極（フランス）に基地建設を決めた．英国は南極横断計画をたて，シャクルトンの企ての実現を図ることになった．

1954〜55 年には米国はアトカ号を派遣，英国，アルゼンチン，チリなどは越冬基地での予備観測を行った．

1955〜56 年に米国は第 1 次冷凍作戦（Operation Deep Freeze）を実施，ロス海の開南湾にリトルアメリカ V，ロス島のハットポイントにマクマード基地を建設．1955 年 12 月 20 日には 4 機の米国機がニュージーランドからマクマード基地への 14 時間半の初飛行に成功した．1956〜57 年には，米国隊は第 2 次冷凍作戦を実施．12 隻の砕氷船，輸送船によって，3000 人の人員を送り込み，南極点基地，バード基地，エルスワース基地，ウイルクス基地，ハレット基地（ニュージランドと合同）およびリトルアメリカ V，マクマード基地の 7 基地を建設，越冬観測を開始した．

雪氷観測としては SIPRE によって，グリーンランドでの氷床掘削とともに，バード基地で 308 m 深の掘削（1957〜58），リトルアメリカ基地で 256 m 深の掘削（1968〜69）が行われた（Langway, 1970）．

フランスはデュモン・デュルビル基地を建設，さらに南磁極近くにシャルコー基地を設けた．ソ連はベリングスハウゼン探検隊（1820〜21）以来はじめての調査隊を派遣し，1955 年 1 月にミールヌイ基地を，また，そこから 420 km 南方内陸にピオネルスカヤ基地（標高 2741 m）を建設し，4 人が人類初の内陸越冬を行った．その後，南磁軸極付近にボストーク基地と二つの補助基地（ソビエッカヤ，コムソモルスカヤ基地）およびノックス海岸にオアシス基地を設けた．英国は IGY 本観測のためにシャクルトン基地およびサウスアイス基地を設けた．

328   9. 極 地 氷 床

　日本隊は 1956 年 11 月 8 日に日本を出発，翌年 1 月上旬プリンスオラフ海岸を目指し，リュツォホルム湾に進入．1 月 29 日，オングル島に上陸し，昭和基地を建設した．11 名の越冬隊を送り込み，気象，オーロラ，宇宙線，地磁気，地質の観測を実施した．本観測（第 2 次越冬観測）は氷状が悪く断念した．

　1957～58 年に IGY の本観測が行われ，ベルギーはロアボードワン基地を設けた．IGY 期間には南極大陸とその周辺の島々で総計 56 の越冬基地が設けられ観測が行われた．

　IGY で大きな成果があげられたため，1959 年から 1 カ年を国際地球観測協力年（IGC: International Geophysical Cooperation）として南極国際協同観測を継続することとなった．ICSU に南極観測特別委員会（1961 年より南極科学研究委員会と改称；SCAR: Scientific Committee on Antarctic Research）が設けられ，国際協同観測の方向を検討し，IGC 以降も地質，生物，測地に重点を置く南極観測を継続することを決議した．

　日本は 1965 年末に新しい砕氷観測船「ふじ」を就航させ，昭和基地を再開した．

　1958 年 5 月，米国のアイゼンハワー大統領は IGY 参加の 11 カ国に文書を送り，南極条約締結のための国際会議を提唱し，1959 年 10 月，ワシントンで会議が開催された．同年 12 月 1 日各国代表によって条約が署名され，各国政府の批准を受けて，1961 年 6 月 23 日に条約は発効した．その後多くの国が参加，2004 年現在 45 カ国に達している．

9.1.3 IGY 以降の南北極域における雪氷観測

（1）南極域

　南極氷床の組織的雪氷観測の必要性が認識され，SCAR 雪氷ワーキンググループは国際南極雪氷計画 IAGP（International Antarctic Glaciological Project）を提唱し，1969 年から実施された．計画は東南極氷床（おもに東経 60～160°，南緯 80°以北）において，深層掘削，氷床の流線沿いおよびほぼ高度 2000 m の等高線沿いの氷床ダイナミックス，質量収支観測のほか，アイスレーダ観測，リモートセンシング観測などである．米，英，ソ連，フランス，オーストラリアが参加し，わが国の第 2 期雪氷観測計画はその一環として位置づけられた（西尾・楠，1974）．

　日本の雪氷観測は初期には第 1 次隊以降の海氷観測，第 4 次隊の人工地震による氷厚測定などの観測が行われた．その後，しだいに広域での観測が行われるようになり，第 5 次隊の南緯 70°までの内陸旅行，第 8 次隊および第 9 次隊の極点旅行では表層積雪観測などが行われた．

　組織的な雪氷観測は，1970 年代初期から本格化し，第 1 期のエンダービーランド計画（1969～75），極域気水圏観測実験計画－ POLEXSouth（1979～1981），第 2 期東クインモードランド計画（1982～87）を経て，第 3 期のドームふじ深層掘削計画

コラム 9.1 南極の花火？（コップのお湯が空中で雲になる）

　南極ドームふじ基地にて．−40℃以下の低温下において，空中にまかれた熱湯とそこから発生する水蒸気はシュワッという音とともに一瞬のうちに氷結し，こまかな氷の粒となって風に流れていく．わずかな量の水滴が落ちてくるのみである．このような低温下では，核がなくても雲粒と同様の微細な氷の粒が形成される．冬のアラスカ内陸でも，窓からこぼした熱湯が地面まで達しないで漂っていくという話が知られている．空中にまかれた熱湯が一瞬にして，音とともに白く広がり，たなびく様子は，打ち上げ花火のようであり，南極の寒さを楽しむささやかな戯れでもある． 　　　　　[榎本浩之]

南極の花火？（コップのお湯が空中で雲になる）（写真提供：小池仁治）

(1991〜97) に発展した（渡辺，2002）（12.2.2 項「ドームふじコアが示す過去の地球規模気候・環境変動」参照）．

(2) 北極域

　IGY 以降，グリーンランド氷床における氷床コア研究が本格化し，1970 年代以降，米国，デンマーク，スイスの共同計画（GISP I: Greenland Ice Sheet Program I）としてグリーンランド氷床計画が実施され，大きな成果があげられた．Dye3（372 m 深，1971），Milcent（398 m 深，1973），Crete（405 m 深，1974）に引き続き，Dye3（2037 m 基盤，1979〜81）での深層掘削の成功に至った．とくに，Dye3 深層コアの解析からダンスガード-オシュガーサイクルの発見など大きな地球科学的成果があげられた．

この計画はその後ヨーロッパ連合の GRIP 計画，NGRIP 計画，米国の GISP II 計画に発展し，新たな成果があげられた．

1990 年に国際北極科学委員会（IASC）が発足し，国際協同による北極域観測の新たな時代が幕開けした． [渡辺興亜・楠　宏]

文　献

Ahlmann, H.W. (1948): Glaciological Research on the North Atlantic Coasts. R.G.S. Research Series No.1, 83 p, The Royal Geographical Society.

Benson, C.S. (1962): Stratigraphic Studies in the Snow and Firn of the Greenland Ice Sheet. SIPRE Research Report 70, 93 p.

楠　宏 (1988)：世界大百科事典，北極（探検史），南極（探検史）．世界大百科事典，平凡社．

Langway, C. C. (1970)：Stratigraphic Analysis of a Deep Ice Core from Greenland, Special Paper 125, 186 p, The Geological Society of America.

Lewis, W.V. (1960): Investigations on Norwegian Cirque Glaciers, R.G.S. Research Series No.4, 104 p, The Royal Geographical Society.

西尾文彦・楠　宏 (1974)：南極氷床国際共同観測計画（IAGP）．雪氷，**36**(4): 31 - 36.

庄子　仁・渡辺興亜 (1997)：極地氷床における深層掘削とコア解析．学術月報，**50**(5): 33 - 38.

渡辺興亜 (2002)：わが国の南極雪氷研究の歴史と今後の課題．雪氷，**64**(4): 329 - 339.

9.2　南極氷床

9.2.1　氷床の規模と内部構造

（1）　氷床・氷流・棚氷・氷山

a.　南極氷床

日本の約 37 倍もの面積をもつ南極大陸を覆う地球上で最大の氷の塊である．南極氷床の氷の総量は，2540 万 km³ で，地球上の氷の約 90％，氷を含めた淡水の約 70％を占める．この氷の量は，すべて融けると海面が約 57 m 上昇する量でもある．また，この氷の量は，日本の上に積み上げると高さ 70 km にも達する量と例えることもできる．この膨大な氷は，実は極度に乾燥した気候のもとで形成されてきたのである．南極氷床の平均降水量は氷に換算して 190 mm 程度で，砂漠並みの降水量である．南極氷床が「白い砂漠」と呼ばれる理由である．砂漠並みに乾燥しているところに膨大な氷があるのは，年々のわずかな積雪が融けることなく数十万年もの長い間かかって堆積した結果である．

南極氷床の面積は，1386 万 km² で，その約 90％は大陸基盤の接している陸上の氷

9.2 南 極 氷 床

表 9.2.1 南極氷床の規模

	体積 (万 km³)	面積 (万 km²)	厚さ (m)	基盤標高 (m)	積雪量 (氷換算；mm/年)
南極氷床	2540　(100%)	1386*　(100%)	1856	50*	186*
陸上氷床	2470　(98%)	1297　(89%)	1904	134*	171*
東南極	2170	1011	2146	15**	
西南極	300	286	1048	−440**	
棚氷	66*　(2%)	149*　(11%)	443*	—	310*

*：Huybrechts ほか (2000)，**：Drewry ほか (1982)，その他は Matthew ほか (2001) による．

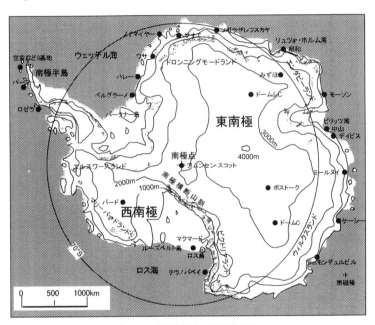

図 9.2.1 南極氷床と主要観測基地

で，残り約 10% は海に張り出した棚氷である．表 9.2.1 は，こうした南極氷床の規模を示す．

図 9.2.1 に南極氷床全図を示す．南極氷床は，南極横断山脈を挟んで東半球側の東南極氷床と，西半球側の西南極氷床に分けることができる．東南極氷床のほうが大きく，南極氷床全体に対して，氷の体積で 85%，面積で 73% を占めている．

東南極氷床と西南極氷床の違いは，氷床下の基盤高度でも大きい．東南極では，基盤高度の平均は 15 m であるが，西南極では，南極半島とその南のエルスワース山脈などの山塊を除くとほぼ全域が海面下にあり，西南極全域の平均でも −440 m を示している．南極氷床の氷の 9% の 210 万 km³ は海面下にあるが，その約 1/2 は西南極

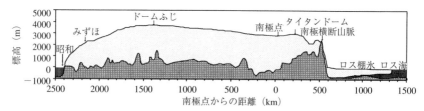

図 9.2.2　東南極氷床の断面図
昭和基地はこの図の左端，大陸から数 km 離れた東オングル島に位置するが，この縮尺では表現できない．昭和基地から南極点まではほぼ東経 40°線に沿っている．南極点からこの図右側のロス海にかけての断面は，西経 168°の断面である．

にある．こうした状態の西南極氷床は気候の変化に対して不安定で，海面の上昇により一気に崩壊する可能性が 1970 年代から指摘され，最近では，海面が 5 m 上昇すると，崩壊がはじまるとの考えも示されている（Vaughan and Spouge, 2002）．

　南極氷床の極値をいくつか示す．氷床の最高地点は東南極のドーム A で標高 4100 m，最も厚い氷は 4776 m でウィルクスランドの南緯 69°54′，東経 135°12′で観測されている．また，最も深い氷は，西南極で観測されており，海面下 2555 m である．

　南極氷床の断面形状の一例を図 9.2.2 に示す．昭和基地から南極点，南極点からロス海に至る東南極氷床の断面図である．標高 3810 m のドームふじは，東南極氷床の第 2 の標高をもつ頂上である．ここを中心に氷床は海に向かって流動をするが，氷の粘弾性的性質でその断面形状は，巨大な鏡餅のような放物線に近似した形となる．南極点からロス海側では，南極横断山脈が氷床の流動をせき止めている．横断山脈を溢流した氷は，西南極氷床からのいくつかの氷流とともに，ロス棚氷を形成している．

b.　氷　流

　氷床の流れは，一般的な海岸方向に向かうほぼ平行な流線をもつ「布状流れ」(sheet flow) と，谷状の基盤地形によって集中するような流線をもつ「氷流流れ」(stream flow) とに分けられる．氷流とは，後者の流れをする氷床の部分を指す．氷流は一般に，「氷河」と呼ばれるが，流域全体に対してではなく，「氷流流れ」が明瞭な下流部分に対して呼ばれる．流域全体に対しては，「白瀬流域」のように氷河名に流域をつけて呼ばれる．南極氷床には 260 以上の氷流が数えられ，海岸線に占める氷流末端幅の割合は 13%程度でしかないが，流速と氷厚が大きいため，全流出量に占める氷流の割合は 22〜50%と見積もられている．

　南極氷床の代表的な氷流を図 9.2.3 に示す．南極で規模が最大の氷流はランバート氷河で，末端部の幅はおよそ 50 km にも達する．その流域面積は 115 万 km^2 にも及び，地球上最大の氷流でもある．ランバート氷河はアメリー棚氷に流れ込んでいる．その量は年間 11 Gt（110 億 t）にもなるが，標高 2000 m 以上の内陸部に積もる積雪量は 30 Gt ほどで，質量収支は大きなプラスとなっている．こうした大規模な氷河流

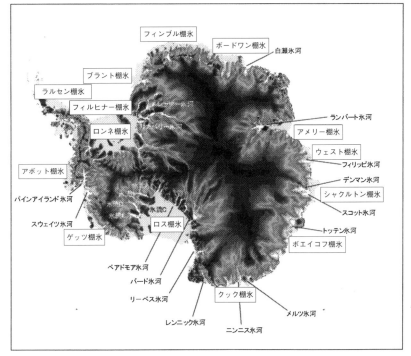

図 9.2.3 南極の棚氷と氷流の分布
南極氷床図は，ERS-1 による観測に基づく氷床流動パターンを示す（ESA, 2002）．黒はほとんど流動しない地域を，また白は年間 250 m 以上で流動する地域を示す．

域では，上流部での積雪量の変化が末端部の氷の流れる量の変化として現れるには数千年以上の時間の遅れがある．現在の氷の流出量は，過去の積雪量が少なかった時期に対応していると考えられる．

　南極で最も速く流れている氷流は，西南極のスウェイツ氷河（Thwaites Gl.），パインアイランド氷河（Pine Island Gl.）と東南極の白瀬氷河である．こうした氷流の流速は，末端部で 2.5〜3.2 km/年である．いずれの氷流もその流域で急速に厚みを減じている特徴がある（Mae and Naruse, 1978；Shepherd et al., 2001）．また，スウェイツ氷河と白瀬氷河は，それぞれ西南極，東南極で最も多量に氷を流出している氷流の一つで，流域内陸部の厚さの減少が，気候学的にあるいは氷床の力学にどのような意味をもつかは，今後の重要な研究課題である．

c. 棚　氷

　海に張り出した氷床を棚氷と呼ぶ．表面は比較的平坦で，末端部は分裂するとテーブル型氷山となる．棚氷の分布は，図 9.2.3 に示すように，ロス海やウェッデル海を中心に西南極に集中（面積で 81 %）している．棚氷の総面積は 149 万 km² で，南極

氷床の 11％を占める（表 9.2.1 参照）．ロス棚氷（面積 52.5 万 km²），フィルヒナー・ロンネ棚氷（43.3 万 km²）の二大棚氷は，それぞれ日本の面積より広大で，両者で南極の棚氷全体の 60％を占める．南極半島東側のラルセン棚氷は，南極で 3 番目の面積をもつ棚氷だが，過去 10 年間の氷山分裂により 1 万 km² ほど面積が減少し，現在は 5 万 km² ほどである．ラルセン棚氷からの氷山分離は，1995 年に北側のラルセン A 棚氷から 70 km×150 km の氷山を含む 4200 km² が分離し，その後ラルセン B 棚氷からは 2002 年までに 5700 km² の氷が氷山となって分裂した．ラルセン棚氷のこうした氷山分離は，南極半島北部地域の急速な温暖化（過去 50 年で 2.5℃）と関連して関心がもたれている．

d. 氷 山

氷山は，海洋から蒸発した水蒸気が降雪として氷床に降り積もり，ゆっくりと流れ，海に分離（カービング）した氷塊である．海洋-大気-氷床-海洋と巡る大規模で悠久たる水循環の最後の姿でもある．南極には 22 万個以上の氷山があり，その多くは南緯 55〜60°の南極収束線の南側に分布している．氷山は，喫水が 200〜400 m と深いため，表層海流の影響を強く受けて動く．一般には収束線をこえてその北側を漂流することはないが，1894 年に大西洋の南緯 26°30′ まで現れたという報告や，1927 年にブエノスアイレス沖（南緯 35°47′）で目撃された報告は，氷山はときにして，南極収束線やその北の南緯 35〜45°付近にある亜熱帯収束線を突破して漂流することを物語っている．

南極の氷山の多くは，フィルヒナー・ロンネ棚氷，ロス棚氷など，棚氷からのカービングによって形成される．棚氷の 80％ほどが西南極に集中しているので，氷山の分布も西半球側の海域で多い．棚氷から分離して生まれた氷山は，南極沿岸流によって大陸の縁を西向きに流れていき，ウェッデル海やロス海などで時計回りの環流に乗りその西側で北向きに進路を変え，南緯 50〜60°まで北上すると，東向きの南極周極流に乗り東へと流れる．1 日の漂流距離は，沿岸付近で 20 km，沖合の周極流帯では 40〜80 km ほどである．

米国の National Ice Center では，1976 年から一辺が 10 海里（18 km）以上の大型の氷山の監視を人工衛星で行っている．これまで観測された最大の氷山は，1986 年にフィルヒナー棚氷から分離した 100 km×100 km の氷山で，A-20 と命名された．この氷山の体積は 4850 km³ で，フィルヒナー棚氷が毎年海に押し出される量の 40 年分に相当する．こうした大型氷山の分離は，一時的にその棚氷を含む氷床の質量収支を大きくマイナスにするが，数十年以上の長い時間でみれば，ほぼバランスしているといえる．

氷山は，海に浮かぶ氷であるが，大陸に積もった雪をその起源にしているので淡水の氷である．1970 年代には南極の氷山を船で中近東あるいはアメリカ西海岸まで曳航し，水資源にしようということが熱く議論され計画された．1 km 四方の氷山で数百万人の 1 年間の生活用水がまかなえるので，慢性的な水不足に悩まされている

国々では，南極の氷山利用は夢のようなプランであったが，技術的に問題点が多く，オイルショックとともに消失した． [藤 井 理 行]

文　　献

Drewry, D. J., Jordan, S.R. and Jankowski, E. (1982): *Ann. Glaciol.,* **3**: 83‑91.

Huybrechts, P., Steinhage, D., Wilhelms, F. and Bamber, J. (2000): Balance velocities and measured properties of the Antarctic ice sheet from a new compilation of gridded data for modeling. *Ann.Glaciol.*, **30**: 52‑60.

Mae, S. and Naruse, R. (1978) : Possible causes of ice sheet thinning in the Mizuho Plateau. *Nature,* **273** (5660): 291‑292.

Matthew, B.L., Vaughan, D.G. and BEDMAP Consortium (2001): BEDMAP: A new ice thickness and subglacial topographic model of Antarctica. *J. Geophys. Res.,* **106**(B6): 11335‑11351.

Shepherd, A., Wingham, D.J., Mansley, J.A.D. and Corr, H.F.J. (2001): Inland thinning of Pine Island Glacier, West Antarctica. *Science,* **291**: 862‑864.

Vaughan, D.G. and Spouge, J.R. (2002): Risk estimation of collapse of the west Antarctic ice sheet. *Climatic Change,* **52**: 65‑91.

(2)　氷床内部構造と基盤地形

　南極やグリーンランド島を覆う巨大な氷体は，雪が過去 10^5～10^6 年の時間スケールで積みあがって内陸から外側に向かって流れ，大陸の上から海に溢れ出しながらできあがったものである．このため，氷床内部の層構造は氷床形成の歴史を反映している．そしてこれらの層には，地球環境の変遷に応じて変動する種々の特徴的シグナルが含まれている．それらは，大気成分・化学成分・ダストといった，氷にとっては異物のほか，氷を構成する元素である酸素や水素の同位体組成も気候の変化に応じて変動することがわかっている．過去の地球環境の変遷に対応するこうした気候・環境シグナルの変化は本書の 12 章で述べられている．

　氷床内部構造としては，多結晶体の組織構造（texture）が重要な視点となる．氷床の内部を構成する結晶粒（crystal grains）は，通常数 mm～cm のサイズをもつ．南極氷床の総体積から計算すると，氷床を構成する結晶粒の総数は約 10^{25} 個となる．この膨大な数の結晶粒は，氷の温度や不純物や応力状態を反映しながら成長し，それに規定された独特な組織構造（大きさ，形状など）をもつことになる．とくに，氷結晶の原子配列の選択的配向構造のことを結晶主軸方位分布（crystal orientation fabric）と呼ぶ．氷床の結晶主軸方位分布は，氷の粘性を規定することが現在までの研究で明らかにされている．こうした結晶粒組織レベルの氷床の内部構造は，氷床が内部にもつ力学的性質を考えるうえで重要である．

　氷床の内部構造を知る直接の手がかりは，氷床コア（円柱状の氷試料，ice core）とアイスレーダ技術（16.3 節参照）による観測で得られる．ここでは，これらの観測結果に視点を置いて解説をすすめる．

a. 氷床内部構造

　大陸氷床は，数千mの厚さをもちつつ陸地全体を巨大な鏡餅のような形状で覆う．図9.2.4(a)は，日本の南極観測隊が氷床内部のレーダ観測と氷床表面での位置観測で得た模式図である．この形状は，新たに降り積もる雪と，縁辺部からの氷山の流出や融解での質量損失と，氷床が各場所に内在する粘性のバランスの上に成り立つ．表面に堆積した氷の流動経路とひずみを図9.2.4(b)に模式的に示す．内陸に堆積した氷ほど，長時間をかけて深部を経由して運搬される．氷床内部構造は，こうした堆積・流動・変形プロセスの結果として生じる．そして，その一端はレーダのデータに電磁波散乱の結果によって現れる縞々構造から観察できる．氷床内部での電磁波散乱の主因としては，以下の3種が明らかになっている．

　電磁波散乱の主因の第1は，密度変動に伴い発生する誘電率（dielectric permittivity）の変化である．これが卓越して発生する領域をP_Dゾーンと略称する．誘電率（permittivity）と密度（density）を記号として示した略称である．主因の第2は，酸性度変化のために発生する電気伝導度の変化である．これが卓越して発生する領域をC_Aゾーンと略称する．伝導度（conductivity）と酸性度（acidity）を記号として示した略称である．主因の第3は，結晶主軸方位分布の変動のために発生する誘電率の変化である．これが卓越する領域を，P_{COF}ゾーンと略称する．誘電率（permittivity）と結晶方位構造（crystal orientation fabrics）からの略称である．これらの三大主因と対照的に，氷床の深部には，内部で電磁波を有意に反射散乱しない構造をもった氷体も存在する．こうした三大主因の存在しない領域をエコーフリーゾーン（EFZ: echo free zone）と呼ぶ．

　氷床の内部では，地域や深度に応じて物理状態（温度，応力，ひずみ，層構造の粗さなど）が変わり，このために電磁波散乱の主因も変化する．上記の三大主因とEFZの氷床中でのゾーン分布を図9.2.4(c)に模式的に示す．密度層構造の卓越（P_Dゾーン）は，表層部の数百mに出現する．氷床表面への雪の堆積は，圧密と焼結過程を経て，深度とともに密度を増加する．密度範囲0.25〜0.83 g/cm³であるフィルン状態が約50〜100 m深（地域により異なる）まで続き，それ以深では，氷に取り込まれた空隙は孤立した気泡になる．気泡が存在しそれが層構造を形成する結果として，約数百m深までは，P_Dが卓越する．深度500〜1000 m深付近（地域により異なる）で，気泡が高圧・低温で固体化する固体結晶（クラスレートハイドレート結晶と呼ぶ）に変化を起こした時点で，この密度層構造は解消する．このとき氷の密度は，0.92 g/cm³となっている．

　氷床中層ではC_A（酸性度層構造）とP_{COF}（結晶主軸方位層構造）がレーダのデータに現れる．これは，深度が大きいほど地殻熱流の影響を受け氷床内部の温度が上昇し，C_A機構（酸性度によって生じる電気伝導）が卓越することと，深度が大きいほど蓄積ひずみ量が大きくなり，P_{COF}が卓越するためである．氷床内部で酸性度が10^{-6}〜$10^{-5}\,\mu$Mの桁の変動をする結果として，電気伝導度が最大10^{-4} S/m程度の変動を

9.2 南 極 氷 床   337

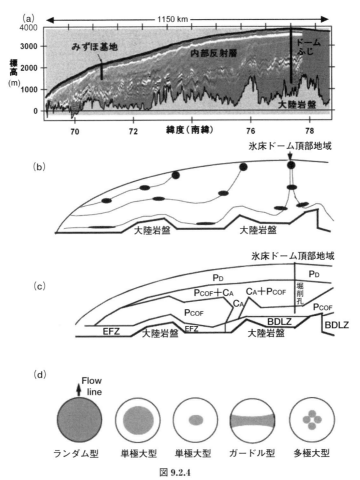

図 9.2.4
(a) 南極大陸氷床の内部構造断面の一例．場所は，昭和基地とドームふじを結ぶ測線上（図 9.2.5(a)）．横軸は緯度で示しているが，距離は 1150 km．縦軸スケールは約 4000 m である．
(b) 氷床内部の流線と，表面に堆積した氷の流線上のひずみを模式的に示した．
(c) レーダ観測結果から分類した南極氷床の内部構造分布図．各記号の意味は本文中に示す．
(d) 結晶主軸方位分布をシュミットネット投影図で模式的に表した．円の中心は空間での鉛直軸に対応，円周は水平面に対応する．網のかかった領域が，結晶主軸の集中度が高い領域を意味する．左から，ランダム型，弱い単極大型，強い単極大型，ガードル型，多極大型．氷床内部の応力・ひずみ状態に応じて，氷床内部の各部位で異なった結晶主軸分布が出現する．

する．層構造が維持されるかぎり酸性度層構造は至るところで発生する．
　結晶主軸方位分布は，氷床の各内部部位の粘性を考えるうえで重要である．これは応力ひずみ場（stress/strain configuration）によって異なるうえに，氷体のその後の

粘性を規定するからである．氷床の浅層では，鉛直方向の一軸圧縮応力場に特徴的な「単極大型」（single pole fabric）と呼ばれる分布（図 9.2.4(d)）が出現する傾向にある．単極大型は概して深度が大きいほど集中度が増す（図 9.2.4(d)）．また，氷床ドーム頂部などの分水域では全層にわたり一軸圧縮応力場であるため，通常は全層に単極大型が出現する．単純せん断変形が卓越する氷床中層や深層の領域でも，単純せん断変形の構成成分である純粋せん断と剛体回転の結果として単極大型が出現する．単純せん断変形の応力場での単極大型は，水平面が「滑り面」として働く変形を引き起こし，氷床流動に実質的に寄与する．流線が収束し，流動に対して横方向に圧縮応力がかかる場合には，「ガードル型」（girdle-type fabrics）と呼ばれるタイプになる（図 9.2.4(d)）．こうした応力場は，氷床流動が氷流（streaming flow）に収束する過程や氷床深部で局地的に出現する．

ここまでは結晶主軸方位分布の氷床内での大まかな分布のみ述べたが，結晶主軸方位も氷床中で層構造をなす．ここでいう層構造とは，mm〜cm の深度スケールで，単極大型の集中度が有意に変化したり，あるいは，単極大型とガードル型の互相構造が形成されたりしていることを意味する．この層構造の形成過程，空間的広がり，氷床流動機構に対する寄与については未解明の点が多い．

氷床中層と深層を眺めたとき，流動活性度や応力・ひずみ場に応じて，P_{COF} 帯あるいは C_A 帯が出現することがわかっている．P_{COF} 帯では，ひずみ量が大きい結果として，結晶主軸分布の層構造が発達し，P_{COF} 機構が C_A 機構を上回る状況が発生している．C_A 帯は，相対的にひずみ量が小さい結果として，P_{COF} 機構による電波反射は小さく，電気伝導度の差異が卓越して電磁波の反射を発生している状況である．

最深部の数百 m の厚さの氷は，EFZ となることが知られている．従来，EFZ から直接採取された氷はほとんどないが，再結晶プロセスと結晶成長が卓越した領域と考えられている．結晶主軸方位分布は，「多極大型」（図 9.2.4(d)）と推定されているが，観測やサンプル採取が難しいため，未知の点が多い．

b.　基盤地形と氷床下湖

氷に覆われた大陸の岩盤地形は，アイスレーダ観測によって検知される．1960 年代以降の数々の観測プロジェクトによって，現在では南極やグリーンランドの大部分をカバーする基盤岩地形図が作成されている．南極氷床の氷厚のデータを収集して単一のデータベースに編集する国際プロジェクト「BEDMAP」が近年実施された．図 9.2.5 のように編纂がなされ，研究者に公開され利用に供されている（Lythe *et al.*, 2001）．

東南極では標高 500〜1500 m 付近の基盤高度が卓越する．対照的に，西南極では標高が海面以下の地域が大部分を占める．氷厚測定の調査の過程において，氷床下の電波散乱がなんらかの平面から強く発生する現象が見いだされてきた．氷床下湖（subglacial lake）はこうして発見され，レーダ観測結果の詳細な検討から，判定が曖昧なものも含め現在までに 77 の氷床下湖が見いだされている．とくに大きな湖は，

9.2 南極氷床

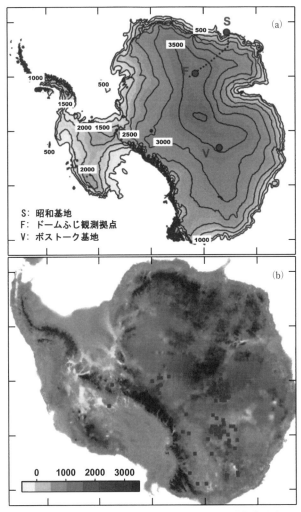

図 9.2.5 (a)南極氷床の表面地形と(b)南極氷床下の基盤岩地形図
データは BEDMAP プロジェクトによる．氷床下湖の存在が指摘されている地点（Siegert *et al*.,1996）に■マークを付けている．

ボストーク基地下に広がるボストーク氷床下湖として知られている（図 9.2.5(a)）．この湖は約 4000 m 厚の氷の下に広がる．面積は約 10^4 km² であり北米のオンタリオ湖に匹敵する．湖のもつ深度は平均 125 m かそれ以上と見積もられている（Siegert *et al*., 1996）．湖の存在は，地殻熱流や氷床の動力学特性を考えるうえで注目されているほか，そこに存在しうる外界とは遮断された生態系を研究者は注目している．な

お，東南極地域ではレーダで未探査の地域が広大に存在するため，氷厚や氷床下湖の分布は今後も調査を必要とする。　　　　　　　　　　　　　　　　[藤田秀二]

文　献

Lythe, M.B., Vaughan, D.G. and the BEDMAP Consortium (2001): BEDMAP: A new ice thickness and subglacial topographic model of Antarctica. *J. Geophys. Res.*, **106**(B6): 11335‒11351.

Siegert, M.J., Dowdeswell, J.A., Gorman, M.R. and McIntyre, N.F. (1996): An inventory of Antarctic subglacial lakes. *Antarctic Sci.*, 8(3): 281‒286,

9.2.2　堆積環境

(1)　積雪堆積
a.　表面質量収支

　氷河や氷床の表面では，雪が積もったり，融解したり，吹き飛ばされたりして雪の出入りがある．その表面における雪の出入りのことを「表面質量収支」(surface mass balance) という．収支の結果は積雪量 (snow accumulation) ということになり，その内訳は「降雪」(snow precipitation)（正），「昇華凝結」(condensation)（正），「昇華蒸発」(evaporation)（負），地吹雪による「積雪再配分」(redistribution of snow)（正または負）および「融解」(melting)（負）がある．地吹雪による積雪再配分は堆積 (accumulation) のときは正であり，削剥 (erosion) の場合は負となる．南極氷床での融解は沿岸部で夏の一時期にみられるだけであり，内陸部ではほとんど起こらない．氷床内陸部では斜面下降風 (katabatic wind) に伴う地吹雪輸送による積雪再配分が起こるため，積雪量は場所によっても時期によっても大きくばらつく．また，地吹雪との区別の点で，降雪量の観測は難しい．

　南極氷床全体の表面質量収支平均は，降水量にして年間 186 mm であるが，地域によってその差は大きい．一般に南極大陸の沿岸部では低気圧性の擾乱が入り込んで降雪量が多いために表面質量収支は大きく正であるが，海岸から離れた内陸部は水蒸気が入り込みにくいため表面質量収支は小さい．

　昭和基地のある東ドロンニングモードランド地域では，日本南極観測隊により，雪尺法による表面質量収支観測が長年行われてきている（図 9.2.6）．とくに昭和基地－みずほ基地間のルートでは，1968 年以来毎年観測が続けられ，年々変動の記録が得られている．1982〜87 年の東ドロンニングモードランド雪氷計画では，ドームふじを頂点とする白瀬氷河流域を中心に，西はセールロンダーネ山域から東はみずほ基地に至る広範囲な地域で観測が行われた．図 9.2.7 は，この地域の約 2500 地点の雪尺観測データをもとにした表面質量収支の分布図である．沿岸部の年間表面質量収支は水量に直して年間 250 mm 以上と大きいが，標高 3000 m 以上の内陸部では 30 mm

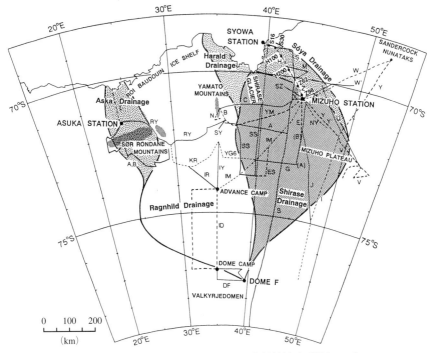

図 9.2.6 東ドロンニングモードランドの氷床流域および調査ルート
——：東ドロンニングモードランド雪氷観測計画（1982～86），----：エンダービーランド雪氷研究計画（1969～75）．アルファベットはルート名（National Institute of Polar Research, 1997）

程度と小さい．

一般的によく用いられる雪尺法は，長さ 2.5 m の竹竿を雪面に穴をあけて立て，その高さの変化を測る方法である．この方法は，手軽で実施しやすい反面，地吹雪による雪面形状変化のためにデータがばらつき，測定値の代表性に問題がある．これを回避するためには，観測年数を多くするか，点数を多くして平均をとる必要がある．

表面質量収支を求める別な方法としては，氷床掘削コアの解析による方法がある．酸素同位体が示す気温の季節変化を検出して年数を数える方法（12.2.1 項参照）があるが，積雪の削剥が起こる地域では年層の欠落があってこの方法を使うことができない．また，氷コアのトリチウム分析により 1960 年代の原水爆実験多発年層のトリチウムピークの深さから過去数十年の平均積雪量が求められる．この方法は安定した平均値が得られるのが利点であるが，トリチウムピークの同定が難しい場合がある．

b. 降水量

氷床上斜面において，厳密な意味での年間降水量の測定は困難であり，観測例は非常に少ない．その理由は，1 年中発生する斜面下降風による地吹雪のため，降雪によ

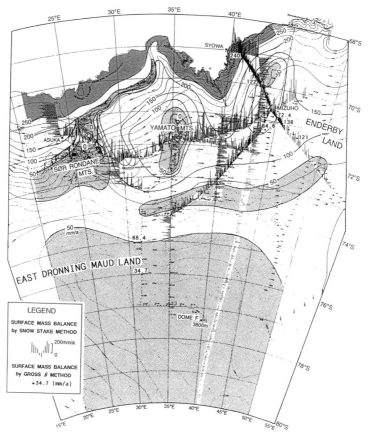

図 9.2.7 東ドロンニングモードランドにおける表面質量収支 (National Institute of Polar Research, 1997)

る堆積と地吹雪による堆積を分離して測定することが難しいためである．

みずほ基地において，Kobayashi et al. (1985) は，高度 30 m の飛雪量のほとんどが降雪によるものであることを示し，30 m タワーでの飛雪測定値から 1980 年の年間降水量を 140 mm と見積もった．一方 Takahashi (1985) は，同様な方法から 1982 年について 260 mm の値を得，さらに 1 m 高の吹雪フラックスの降雪時増加分から年間降水量 230 mm の値を得た．いずれにせよ，みずほ基地の降水量は年間 200 mm 前後の値が得られた．

沿岸部にある昭和基地でも，強風のために降水量観測が困難なことは同じである．小西ほか (1990) は，鉛直方向降水レーダにより空中の可降水量を観測し，1989 年 2 月から 1990 年 1 月までの年間降水量を約 400 mm と見積もった．しかし可降水量は単に上空を通過するだけの成分もあり，降雪量と直接結びつくかどうかの議論の余

地が残っている.

ドームふじ観測拠点（以後「ドーム基地」と呼ぶことにする）では，1996 年に積雪量，昇華量の通年観測が行われた（Kameda *et al.*, 1997）．月に 2 回の雪尺観測に基づく積雪水量の総計は，年間約 25 mm であり，後で説明するようにドーム基地では昇華量も積雪再配分量も年間ではほぼ 0 であったので，年間降水量も約 25 mm と考えられる．この値は，Giovinetto and Bull(1987) による南極積雪水量分布図で示される標高 3000 m 以上では 30 mm 以下という値と一致する．

c. 昇華凝結量

みずほ基地では 1977 年（Fujii and Kusunoki, 1982）および 1982 年に，雪面に設置したシャーレ氷の重量変化測定による方法で昇華凝結の通年観測がなされた．毎日の観測では，冬期はわずかな凝結，夏期は大きな蒸発となり，年間総計では，2 回の観測とも約 50 mm の蒸発となった．

ドーム基地における 1995 年の昇華量観測では，夏の昇華量と冬の凝結量は同程度であり，年間総計では 1.6 mm の蒸発とほぼ 0 に近い値を示した（Kameda *et al.*, 1997）．裸氷原地帯では，裸氷のアルベドは雪に比べて小さいために日射を吸収して表面温度が上昇し，大きな昇華蒸発を示す．あすか基地近辺のシール岩の裸氷では 200 mm をこす大きな年間昇華蒸発量が観測された（Takahashi *et al.*, 1988）．

d. 地吹雪による積雪再配分

南極大陸斜面では 1 年中ほぼ斜面下降風が吹き，地吹雪による雪の移動のために積雪の再配分が行われている．Takahashi *et al.*(1988) は，斜面下降風が斜面傾斜に依存することから地吹雪量を算出して積雪再配分量分布を求め，「やまと裸氷原」の発達原因は積雪再配分による雪面削剥が第一原因であると説明した．逆に沿岸部では，気温逆転層解消につれて斜面下降風の風速が小さくなるとともに，地吹雪によって運ばれてきた雪が堆積し，降水量に加算されて大きな積雪量を示すことになる．

みずほ基地の場合，年間降水量は 230〜260 mm（1982 年）であったが，年間積雪量は約 70 mm（Narita and Maeno,1979）の値が得られており，その差の 160〜190 mm はなんらかの形で消失したことになる．昇華による消失分は約 50 mm とすると，残りの 110〜140 mm は地吹雪による消失分と考えられる．

斜面下降風の流れに沿い，下流に向かうにつれて斜面傾斜が大きくなる地形の場合，風速は流れに沿って大きくなり，地吹雪量も増大する．このような地形では，地吹雪輸送量は入る量より出る量のほうが大きくなって積雪再配分量は負となり，雪は雪面から外部に流失する成分となる．みずほ基地周辺の傾斜変化から求めた積雪再配分量は面積当たりにすると，年間降水量に換算すると約 100 mm の流失と見積もられ，先の観測結果の説明をすることができる．

ドーム基地の平均風速は約 6 m/s と弱く，しかも風向は特定な卓越風向を示さないため，地吹雪による積雪再配分量は無視できると考えられる．

これら，みずほ基地およびドーム基地の表面質量収支各要素を表 9.2.2 に示す．

表 9.2.2 みずほ基地およびドーム基地の年間表面質量収支の各要素

	みずほ基地	ドーム基地
降雪量	約 200 mm/年	25 mm/年
昇華量（蒸発：負）	−50 mm/年	−1.6 mm/年
積雪再配分量	約−100 mm/年	約 0 mm/年
表面質量収支（積雪量）	70 mm/年	約 25 mm/年

表 9.2.3 東ドロンニングモードランド各流域の年間表面質量収支

流域名		面積 ($\times 10^3 \mathrm{km}^2$)	積雪量 ($\times 10^9 \mathrm{t}/$年)	表面質量収支 (mm/年)
あすか	(Asuka)	48.5	5.4	111
ラグンヒルド	(Ragnhild)	307.5	26.3	85
ハラルド	(Harald)	25.1	6.0	237
白瀬	(Shirase)	206.6	18.9	91
宗谷	(Soya)	32.5	4.7	145
計		620.2	61.2	99

e. 東ドロンニングモードランドの表面質量収支

表 9.2.3 に，東ドロンニングモードランドにおける五つの流域の積雪量ならびに表面質量収支を表す．各流域は沿岸部付近のものや内陸部に広い面積をもつものなど，面積の高度分布が異なるので，表面質量収支はさまざまな値を示すが，最も面積の大きいラグンヒルド流域で年間 85 mm（積雪量 26.3 Gt/年），2 番目に大きい白瀬氷河流域では 91 mm（積雪量 18.9 Gt/年）であり，五つの流域全体の年間表面質量収支は 99 mm（積雪量 61.2 Gt/年）であった．　　　　　　　　　　　　　　　　[高橋修平]

文　献

Budd, W.F., Jenssen, D. and Radok, U. (1971): Derived physical characteristics of the Antarctic Ice Sheet. Univ. of Melbourne, Meteorology Department Publ., 18, Melbourne, Australia.

Fujii, Y. and Kusunoki, K. (1982): The role of Sublimation and condensation in the formation of ice sheet surface at Mizuho Station, Antarctica. *J.Geophys.Res.*, **87**: 4293‒4300.

Fujii, Y. (1981): Aerophotographic interpretation of surface features and estimation of ice discharge at the outlet of the Shirase drainage basin, Antarctica. *Nankyoku Shiryo (Antarct. Rec.)*, **72**: 1‒15.

Giovinetto, M.B. and Bull, C. (1987): Summary and analysis of surface mass balance compilations for Antarctica, 1960‒1985. Byrd Polar Res. Center, Report 1, 90 p.

Kameda, T., Azuma, N., Furukawa, T., Ageta, T., Takahashi, S., Fujii, Y. and Watanabe, O. (1997): Surface mass balance and snow temperatures at Dome Fuji Station, Antarctica, during 1995‒1996. *Proc. NIPR Symp. Polar Meteorol. Glaciol.*, **11**: 35‒50.

小西啓之・村山昌平・掛川英男・遠藤辰雄・和田　誠・川口貞男（1990）：南極昭和基地のレーダーによる 1989 年の降水観測．1990 年日本気象学会春季大会講演予稿集，148 p.

Kobayashi, S., Ishikawa, N. and Ohta, T. (1985) : Katabatic snow storms in stable atmospheric conditions at Mizuho Station, Antarctica. *Ann. Glaciol.*, **6**: 229‒231

国立極地研究所（1982）：氷と雪（南極の科学 4），202 p.
前 晋爾（1977）：氷床及び氷河の氷厚変化の原因について―東南極みずほ高原氷床とネパールヒマラヤ，クンブ氷河の場合―．雪氷，**39**：117‐124.
Narita, H. and Maeno, N. (1979): Growth rate of crystal grains in snow at Mizuho Station, Antarctica. *Antarct. Rec.*, **67**: 18‐31.
National Institute of Polar Research (1997): ANTARCTICA: East Queen Maud Land Enderby Land Glaciological Folio. National Institute of Polar Research, Sheet 1‐8.
Takahashi, S. (1985): Estimation of precipitation from drifting snow observation at Mizuho Station in 1982. *Mem. Natl. Inst. Polar Res.*, Special Issue, No 39: 123‐131.
Takahashi, S., Naruse, R., Nakawo, M. and Mae, S. (1988): A bare ice field in East Queen Maud Land, Antarctica, caused by horizontal divergence of drifting snow. *Ann. Glaciol.*, **11**: 156‐160.
Yamada, T. and Wakahama, G. (1981): The regional distribution of surface mass balance in Mizuho Plateau, Antarctica. *Mem. Natl. Inst. Polar Res.*, Special Issue, No 19: 307‐320.

コラム 9.2　雪まりも

　ドームふじ観測拠点で初越冬観測をしていた 1995 年，雪面で成長した針状の霜結晶が集まり，球形化して，雪面の小さな窪みに多数集まっていることに気がついた．球の直径は 5 ～30 mm 程度，北海道阿寒湖で観察されるマリモと形が似ていることから，「雪まりも」と名づけた（図）．雪まりもを仔細に調べると，長さ 1 mm，直径 0.01 mm 程度の針状結晶が多数編み合ってできていることがわかった．雪まりもが形成される前には，雪面は針状の霜結晶で「綿」のように覆われていたので，この表面霜が風でまくられ，雪面を回転移動する際に球形化し，雪まりもが形成されたと考えられる．
　ドームふじでの越冬観測中，雪まりもは 6 回観察された．このときの気象条件は，気温が－38～－79℃，表面雪温が－40～－80℃の範囲であった．ただし，雪まりもの「原料」である針状の霜結晶がよく成長し，雪まりもが多く観察されたときは，気温が－60～－72 ℃，表面雪温が－64～－72℃であり，平均風速は 0.5～ 4 m/s であった（雪面から 2.2 m 高での測定）．その後，越冬を引き継いだ 37 次隊や 38 次隊の隊

ドームふじ観測拠点で観察された「雪まりも」

員も雪まりもを数回観察した.

　雪まりもと同様な球形の霜の固まりは，アムンセンが 1911 年 9 月にロス棚氷上で，サイプルが 1957 年に南極点で観察しており，彼らの著書でごく簡単に報告されているが（Amundsen, 1912; Siple, 1959），形成条件やその写真などは，これまで報告されていないようである．本コラムに関する詳細は，Kameda *et al.*（1999）を参照のこと.

[亀田貴雄]

文　献

Amundsen, R.（1912）: The South Pole. An account of the Norwegian-Antarctic Expedition in the "Fram", 1910 - 1912. Translated from the Norweigian by Chater, A.G., London, 392 p, vol. 1, John Murray.

Kameda, T., Yoshimi, H., Azuma, N. and Motoyama, H.（1999）: Observation of "Yukimarimo" on the snow surface of the inland plateau, Antarctic ice sheet. *J. Glaciol.*, **45**(150): 394 - 396.

Siple, P.A.（1959）: 90° South. The story of the American South Pole conquest. New York, 384 p, G.P.Putnam's Sons.

(2)　雪面形態

　南極氷床の表面では風によって雪面が削られ，地吹雪によって別の場所に運ばれて堆積するといった積雪の堆積過程を反映して，氷床表面にはさまざまな雪面形態（snow surface feature）が形成される．Watanabe（1978）は，堆積と削剥という現象をもとに「堆積形態」（depositional form），「削剥形態」（erosional form），「長期堆積中断形態」（long-term hiatus form）という三つの基本的な分類を行った．それぞれの雪面形態についてその形態の特徴についての説明を下記に示す（高橋・上田，1991）.

a.　堆積形態

　デューン（snow dune）：　吹きだまりの一形態．比較的平坦な雪面上に風向に平行に細長く形成される．その伸張方向から堆積時の卓越風向を知ることができる.

　バルハン（snow barchan）：　砂漠にみられる三日月状砂丘と形状が似ている雪の堆積物．ブーメラン状，馬蹄状，三日月状をなし，風上側に湾曲部の凸部が向く．高さは 1 m 以内，一連の地吹雪による形成過程で，形状を保ちながら風下側に移動する.

b.　削剥形態

　サスツルギ（sastrugi）：　風による雪面の削剥によって形成される雪面模様．風上側に鋭く尖った稜線をもち，風下側になだらかに伸びている．その形状から削剥時の卓越風向を知ることができる．発達したものは高さ 1 m にも及ぶ（図 9.2.8）.

　ピット（erosion pit）：　平坦な雪面で削られてできる窪みで，風下方向に尾をひくような形状をしており，その長さは数 cm から約 20 cm とあまり大きくない.

図 9.2.8 サスツルギ
風上側に鋭く尖った稜線をもち，風下側になだらかに伸びている．風は写真右から左へ向かって吹いている．2000 年 1 月に標高約 2800 m の地点で撮影した．

図 9.2.9 光沢雪面
表面は堅いクラスト層に覆われ，急激な温度低下による雪面の収縮によって生じたサーマルクラック（thermal crack）がみられる．風は写真上から下に向かって吹いている．2000 年 1 月に標高約 2800 m の地点で撮影した．

c. 堆積中断形態

光沢雪面（glazed surface）： 氷のように滑らかで硬い雪面．表面の数 mm 程度の層は密度が非常に高く，その下層ではしもざらめ層が発達していることが多い（図 9.2.9）．

Furukawa et al.（1992）は，1968 年から 1988 年までに日本の南極観測隊が実施した東ドロンニングモードランドにおける内陸調査ルート沿いの雪面形態の記載をまと

めた.沿岸から標高 2000 m までの沿岸域ではサスツルギとデューンの規模は小さく,標高 2000 m から 3600 m までの斜面下降風域では,大規模なサスツルギとデューンが発達する場所と光沢雪面が発達する場所が数十 km のスケールで交互にみられ,標高 3600 m 以上の内陸高原域ではサスツルギとデューンの規模は小さく,雪面はほとんど平坦であることを明らかにした.さらに Furukawa *et al.* (1996) は,南極氷床の沿岸部から氷床の頂部であるドームふじ観測拠点(標高 3810 m)までのルート沿いの雪面形態の分布と,堆積量分布,氷床の表面地形,基盤地形との詳細な比較を行い,沿岸域(標高 2000 m 以下の地域),斜面下降風域(標高 2000〜3600 m の地域),内陸高原域(標高 3600 m 以上の地域)で同様の雪面形態の分布の特徴をもつことを明らかにした(図 9.2.10).雪面形態分布と堆積量分布との比較から,削剥形態であるサスツルギが発達している場所でも数年間の時間スケールでは雪の堆積が卓越していること,光沢雪面が発達している場所では実際に数年間にわたって雪の堆積がほとんど生じないことがあることがわかった.また,表面地形との比較から,光沢雪面は斜面下降風が加速されるような傾斜が急な氷床表面の起伏の風下側斜面にとくに発達していることを見いだした.氷床表面の起伏の風下側斜面はその直下の基盤の凸部に対応していることから,南極氷床表面の堆積量分布を決める要素として,基盤の地形もその要素の一つであることを示した.

光沢雪面では,1977 年に「みずほ基地」において行われた昇華凝結量の通年観測

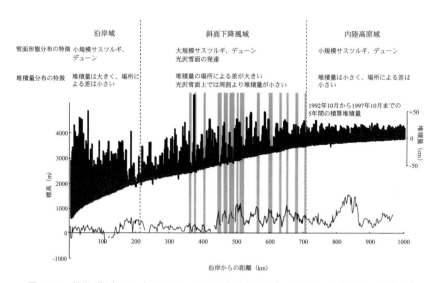

図 9.2.10 沿岸(標高 591 m)からドームふじ(標高 3810 m)へ至るルート沿いの沿岸域,斜面下降風域,内陸高原域における雪面形態の特徴
表面高度のプロファイル上に 1992 年 10 月から 1997 年 10 月までの 5 年間の積算堆積量を示す.ハッチ部分は光沢雪面が観察された区間を示す.

から，年間約 50 mm の昇華量を示すことが報告されている（Fujii and Kusunoki, 1982）．みずほ基地の年間質量収支は約 70 mm と見積もられており（Narita and Maeno, 1979），表面質量収支を考えるうえで光沢雪面上での昇華が果たす役割は大きい．

また，光沢雪面上でみられる堆積中断という現象は，氷床表面で形成されるべき積雪層が消失することも意味する．堆積中断が生じれば 1 年間に形成されるべき積雪層である年層が形成されないこともありうる．年層の欠層は，雪氷コアにより過去の気候および環境の変動を復元するための研究を行う際に，その堆積年代の決定に重大な支障を及ぼす．今後，広域にわたって雪氷コアを採取し，過去数百年間の時間分解能が高い表面質量収支の変動を明らかにしていくためには，光沢雪面の広域分布特性と合わせて，光沢雪面の存在と密接な関係をもつ欠層が発生する地域と欠層の発生頻度を知っておく必要がある．

光沢雪面の面的な分布については人工衛星の画像を利用することが有効である．南極氷床の人工衛星による近赤外域の画像では，表面がクラスト層に覆われた光沢雪面のアルベドが周囲より低くなる（Fujii *et al.*, 1987）．近赤外域の衛星画像と地上で得られた雪面形態分布との比較から，光沢雪面は斜面下降風が収束するような谷状の地形をもった氷床の中流域にとくに発達していることが見いだされている（Seko *et al.*, 1991, 1993）．　　　　　　　　　　　　　　　　　　　　　　　　［古 川 晶 雄］

文　　献

Fujii, Y. and Kusunoki, K.（1982）: The role of sublimation and condensation in the formation of ice sheet surface at Mizuho Station, Antarctica. *J. Geophys. Res.*, **87**: 4293‐4300.

Fujii, Y., Yamanouchi, T., Suzuki, K. and Tanaka, S.（1987）: Comparison of the surface conditions of the inland ice sheet, Dronning Maud Land, Antarctica, derived form NOAA AVHRR data with ground observation. *Ann. Glaciol.*, **9**: 72‐75.

Furukawa, T., Watanabe, O., Seko, K. and Fujii, Y.（1992）: Distribution of surface conditions of ice sheet in Enderby Land and East Queen Maud Land, East Antarctica. *Proc. NIPR Symp. Polar Meteorol. Glaciol.*, **5**, 140‐144.

Furukawa, T., Kamiyama, K. and Maeno, H.（1996）: Snow surface features along the traverse route from the coast to Dome Fuji Station, Queen Maud Land, Antarctica. *Proc. NIPR Symp. Polar Meteorol. Glaciol.*, **10**: 13‐24.

Narita, H. and Maeno, N.（1979）: Growth rates of crystal grains in snow at Mizuho Station, Antarctica. *Nankyoku Shiryô*（*Antarct. Res.*）, **67**: 11‐17.

Seko, K., Furukawa, T. and Watanabe, O.（1991）: The surface condition on the Antarctic ice sheet. Proceedings of International Symposium on the Role of Polar Regions on the Global Change, University of Alaska, Fairbanks, pp. 238‐242.

Seko, K., Furukawa, T., Nishio, F. and Watanabe, O.（1993）: Undulating topography on the Antarctic ice sheet revealed by NOAA AVHRR images. *Ann. Glaciol.*, **17**: 55‐62.

高橋修平・上田　豊（1991）: 氷床の堆積環境．南極の科学 1 総説（国立極地研究所編），pp.65‐85, 古今書院．

Watanabe, O. (1978): Distribution of surface features of snow cover in Mizuho Plateau. *Mem. Natl. Inst. Polar Res.*, Special Issue, **7**: 44‐62.

(3) 温度分布
a. 南極はどのくらい寒いか

南極は寒い．どのくらい寒いかというと，図 9.2.11 のように赤道から南極にかけての地上平均気温をみると，緯度とともに気温は徐々に低くなり，年平均気温は南緯 55°で 0℃，南極氷床に入ると急激に低下し，内陸部では−60℃ 近くになる．この氷の大陸の平均標高は 1900 m 程度，最高で 4100 m に達し，地球上の他の大陸に比べ，最も高い大陸となっている．南極での気温の高度に対する減率は 1℃/100 m なので，この標高に対する気温低下の効果が図 9.2.11 にみられ，南極が低温である理由の第一が，高い標高であることを示している．気温はそこに出入りするエネルギーにより決まる．気温が低い第二の理由は，北極でもいえるが，南極は高緯度のため，日射の入射角度も低く，かつ氷床表面の反射率（albedo：アルベド）も高いため，太陽放射の吸収エネルギーは低緯度に比べ非常に少ないためである．その他の熱エネルギー流入量も少ないため，南極特有な低温環境を形成している（佐藤・井上，1992）．

南極の各基地の気温の季節変化を図 9.2.12 に示す．1983 年 7 月 21 日に地上最低気温はボストーク基地で−89.2℃ が記録されている．日本のドームふじ基地（南緯 77°19′01″，東経 39°42′12″，標高 3810 m）では 1996 年 5 月 14 日に−79.7℃ が観測されている．

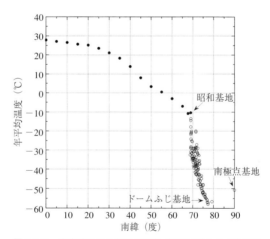

図 9.2.11 南半球の地上気温の分布（東経 30°から 60°の範囲）
南緯 0°〜69°（黒丸）までは海面レベルの，それ以南は南極氷床上（白丸）の地上平均気温を示す．

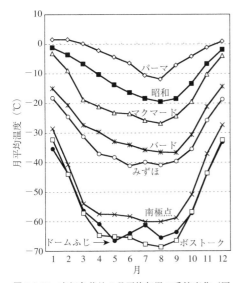

図 9.2.12 南極各基地の月平均気温の季節変化(国立極地研究所,1988aの図を一部追加改編)

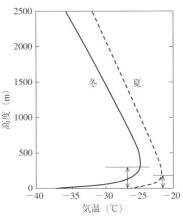

図 9.2.13 みずほ基地の夏と冬の気温の高度分布(国立極地研究所,1988bの図を改編).矢印は接地逆転層を示す.

b. 南極氷床上の温度分布

1) 気温の分布　みずほ基地(南緯 70°41′53″,東経 44°19′54″,標高 2230 m)で観測された夏と冬の高度に対する気温分布を図 9.2.13 に示す.放射冷却により表面が冷え込み,高度が高くなるにつれ温度が上昇する接地逆転層(inversion layer)(通常,地表面より高さとともに気温は低くなる状態とは異なる分布)がみられる.その厚さは冬ほど大きく,地上数百 m にも及ぶ.また内陸部ほど接地逆転層が発達し,氷床表面温度は 1.5 m 高さの気温より数℃も低くなる地点もある.

2) 温度の空間分布　氷床上のある地点の表面の年平均温度は,およそ 10〜15 m の深さの雪の温度(10 m snow temperature)に等しい(Satow, 1978).年平均温床分布を知るため,内陸調査旅行で数多くの地点で 10 m 深の雪温が測られてきた.図 9.2.14 は,日本南極地域観測隊が調査観測した,南極氷床上の東ドロンニングモードランド地域の 10 m 深の温度分布図である.等温線はおよそ等高線に等しいが,異なっているところもある.標高に対する温度の減率は 0.9℃/100 m で,内陸部では 2.0℃/100 m 以上にもなる.

人工衛星による輝度温度の観測から,氷床表面のおよその温度分布も得られているが,雲と氷床表面との区別や温度精度など,解析上の問題も残されている.

c. 南極氷床内部の温度分布

氷床内部の温度は地球内部からの地殻熱流量(geothermal heat flux)のため,氷床

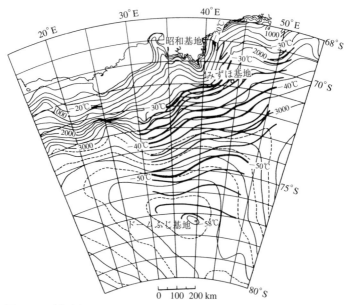

図 9.2.14 南極東ドロンニングモードランドにおける 10 m 深雪温分布（国立極地研究所，1991 の図を改編．実線（太線）が等温線）

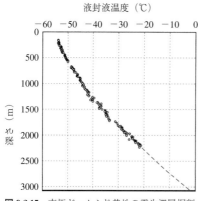

図 9.2.15 南極ドームふじ基地の雪氷深層掘削孔の液封液温度の分布（Fujii et al., 2002 による）

表面から深さともに上昇する．図 9.2.15 は，ドームふじ基地の深層掘削孔内の液封液の温度分布を示している．氷床底部が融解しているか，凍結しているかは氷床流動（ice sheet flow）などに大きな影響を及ぼす．なお，地殻熱流量は場所によって大きく異なるが，35～164 mW/m² 程度（Ritz, 1989; Pollack et al., 1993; Hansen and Greve, 1996 など）である．

[佐 藤 和 秀]

文　献

Fujii, Y., Azuma, N., Tanaka, Y., Nakayama, M., Kameda, T., Shinbori, K., Katagiri, K., Fujita, S., Takahashi, A., Kawada, K., Motoyama, H., Narita, H., Kamiyama, K., Furukawa, T., Takahashi, S., Shoji, H., Enomoto, H., Saitoh,

コラム 9.3　国立極地研究所（日本）

機関名：大学共同利用機関法人情報・システム研究機構国立極地研究所（NIPR）
所在地：〒173-8515　東京都板橋区加賀1-9-10
URL：http://www.nipr.ac.jp

　国立大学共同利用機関として1973年に南極北極両極域の総合的科学研究の推進，南極観測事業の推進を目的として設置された．南北両極域に観測基地，観測拠点を保有し，さらに衛星観測，海洋観測などを通じて極地から地球規模の気候・環境変化，地球システム，極限環境下の生命現象などの研究観測を進めている．1993年には総合研究大学院大学に参加し，複合科学研究科極域科学専攻として，大学院生の教育も行っている．また，2004年には大学共同利用機関法人「情報・システム研究機構」を構成する四つの研究所のひとつとなった．極地研究所の教員は，専攻分野に応じ，宙空圏研究グループ，気水圏研究グループ，地圏研究グループ，生物圏研究グループ，極地工学研究グループに所属している．気水圏研究グループでは，地球規模環境変化を解明することを目的として，大気－雪氷－海洋・海氷の素過程およびそれらの関連を明らかにするための研究を行っている．　　　　　　　　　　　　　　　　　　　　　　　　　　[古川晶雄]

国立極地研究所（© NIPR）

T., Miyahara, T., Naruse, R., Hondoh, T., Shiraiwa, T., Yokoyama, K., Ageta, Y., Saitoh, T. and Watanabe, O. (2002): Deep ice core drilling to 2503 m depth at Dome Fuji, Antarctica. *Mem. Natl. Inst. Polar Res.*, Special Issue, No.56 : 103-116.
Hansen, I. and Greve, R. (1996): Polythermal modeling of steady states of the Antarctic ice sheet in comparison with the real world. *Ann. Glaciol.*, **23** : 382-387.
国立極地研究所（1988a）：気象（南極の科学3），p.284，古今書院．
国立極地研究所（1988b）：気象（南極の科学3），p.63，古今書院．

コラム 9.4 英国南極調査所（英国）

機関名：British Antarctic Survey（BAS）
所在地：High Cross, Madingley Road, Cambridge, CB3 0ET, United Kingdom
URL：http://www.antarctica.ac.uk/

英国ケンブリッジにあり，英国の南極観測，極地科学の研究を進めている．BASは400人以上の職員を雇用し，南極大陸にある三つの基地（Rothera, Halley, Signy）とサウスジョージアにある二つの基地を運営している． ［古川晶雄］

英国南極調査所（© BAS）

佐藤和秀・井上治郎（1982）：南極氷床上の気温．極地気象の話（井上治郎編），pp.52-62，技報堂出版．
Pollack, H. N., Hurter, S. J. and Johnson, J. R. (1993): Heat flow from the Earth's interior: analysis of the global data set. Rev. Geophys., **31**(3): 267-280.
Ritz, C. (1996): Interpretation of the temperature profile measured at Vostok, East Antarctica. Ann. Glaciol., **12**: 138-144.
Satow, K. (1978): Distribution of 10m snow temperatures in Mizuho Plateau. Mem.Natl. Inst. Polar Res., Special Issue, No.7: 63-71.
Watanabe, O., Satow, K., Shoji, H., Motoyama, H., Fujii, Y., Narita, H. and Aoki, S. (2003): Dating of the Dome Fuji, Antarctica deep ice core. Mem. Natl. Inst. Polar Res., Special Issue, No. 57: 25-37.

(4) 積雪の化学特性

積雪の化学特性は，空間的・時間的な気候・環境変動シグナルを反映している（表17.3.1参照）．南極氷床（Antarctic ice sheet）で掘削された雪氷コア（ice core）の解析から，その地域の堆積環境である降水量変動，積雪中に含まれる不純物のフラックス変動や気温変動などが復元されている．しかし，雪氷コアに含まれる諸物質を解析するときには，雪氷表面の堆積過程や積もってから環境シグナル（environmental signal）が定着するまでの過程を認識する必要がある．南極氷床上を吹く風（斜面下降風，katabatic wind）により，積雪は堆積（accumulation），削剥（ablation）を繰り返す．また，積もってからも，圧密過程（densification process）に伴う結晶の変態・成長，急な温度勾配（水蒸気勾配）によるしもざらめ（depth hoar）化などの変

化とともに，水（水蒸気）だけでなく諸物質（環境変動シグナル）も再分配される．氷化してからも結晶成長（crystal growth）などに伴う物質移動が起こる．

雪氷中に含まれている諸物質は，大気中のエアロゾル（aerosol）やガス成分が取り込まれたものが主である．エアロゾルやガスが大気中で雪や雨滴が成長していく間に取り込まれたり，浮遊して地表に落下するまでに降水に取り込まれて地表に沈着するのが湿性沈着（wet fallout）である．一方，大気中を降下して直接地表に沈着するのが乾性沈着（dry fallout）である．雪は，一度地表に積もっても，風によって再び吹き飛ばされることがある．大気中を浮遊している間にも大気の状態に応じて昇華蒸発／昇華凝結を起こし，化学成分を放出・吸収・沈着し，再度地表に積もる．

雪が積もって，氷床上に固定されても，表面付近は地表の大気が容易に出入りし，雪粒子表面から大気へ，逆に大気から雪粒子表面への物質移動が生じる．また，雪結晶は焼結作用（sintering）により新雪（new snow）からしまり雪（compacted snow）に変態し，強い温度勾配に伴う水蒸気勾配があると，さらに，しもざらめに変態（成長）する．このときに水蒸気が移動し，同時に諸物質も移動する．物質の移動の速さは，物質により異なる．しかし，ダストなど固体微粒子の移動はないと考えられる．積雪表面付近では，大気からの水蒸気が表面付近で冷やされて昇華凝結することで，表面霜（surface hoar）が成長したり，逆に表面付近の雪が昇華蒸発する．南極氷床の大部分は夏でもほとんど融解を起こさないが，標高 1000 m 以下の沿岸域では日射が強いと表面付近が融解し，それが再凍結し氷板（ice layer）を形成することがある．

ここでは日本南極地域観測隊（Japanese Antarctic Research Expedition）が長期にわたり観測している東ドロンニングモードランド地域（East Dronning Maud Land）での氷床表面の積雪の化学特性ついて紹介する（Kamiyama *et al.*, 1992；神山・渡辺，1994；金森ほか，1997）．

a. 沿岸から内陸で変わる表面積雪の化学成分

南極氷床に降り積もる表面積雪の化学成分に，輸送経路の違いによる特徴がみられる．夏期である 2001 年 1 月に南極氷床沿岸から 1000 km 内陸まで 10 km ごとに採取した新鮮な表面積雪中の溶存化学成分を図 9.2.16 に示す（本山，未発表）．主として海塩起源である Na^+，Cl^- および Mg^{2+} は沿岸から離れると速やかに減少するが，南緯74°（標高 3350 m）をこえるあたりから Na^+ のみが特に減少する．海洋のおもに微生物や植物プランクトンによって生産される硫化ジメチル（DMS）が大気中で OH ラジカル（OH）と反応して生成されるメタンスルフォン酸（MSA）と非海塩成分である $nssSO_4^{2-}$（nss: non sea salt）の比は，ほぼ全域で 0.1 と安定しており，生成過程ならびに輸送経路が同じであることによると考えられる．NO_3^- に関しては生成起源がはっきりしていないが，内陸に入るほど大きな濃度を示し，過去の研究から輸送経路が成層圏（stratosphere）に関係していることがうかがわれる．全体的に内陸ほど酸性物質濃度が大きいので，電気伝導度が大きく pH は小さくなる．

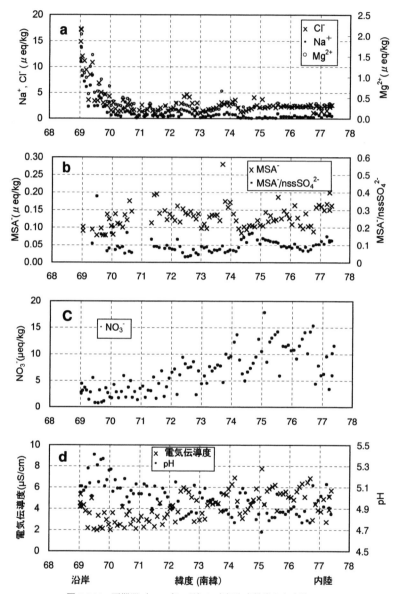

図 9.2.16　夏期間（2001年1月）に南極氷床沿岸から内陸1000 km間を10 kmごとに採取した新鮮な表面積雪中の化学成分（標高は560 mから3810 mまで変化する）
a：おもな海塩起源物質成分であるCl⁻, Na⁺, Mg²⁺, b：海洋生物起源のMSA⁻およびnssSO₄²⁻との比, c：NO₃⁻, d：電気伝導度とpH.

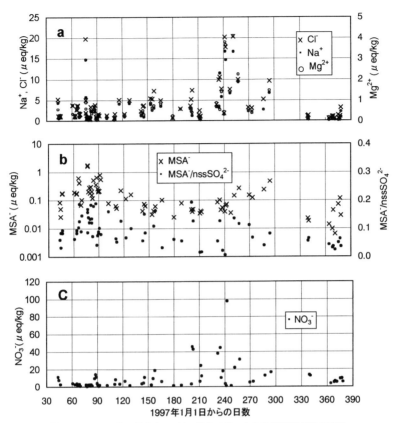

図 9.2.17　1997年2月から98年1月までドームふじ観測拠点にて採取した降雪中に含まれる化学成分（横軸は1997年1月1日からの経過日数）
a：おもな海塩起源物質成分である Cl^-, Na^+, Mg^{2+}，b：海洋生物起源の MSA^- および $nssSO_4^{2-}$ との比，c：NO_3^-．

積雪に含まれる諸物質から，その発生起源を探るのに，大気中での化学反応を検討する必要がある．たとえば，海塩起源の NaCl と海洋生物起源の H_2SO_4 が大気中で化学反応し，Na_2SO_4 と HCl が生成される．

$$2\,NaCl + H_2SO_4 \rightarrow Na_2SO_4 + 2\,HCl$$

前者は塩としてすぐに落下し，後者はガスとして遠くまで運ばれる．このように，大気中での輸送過程における化学反応により，起源物質が変化して運ばれる．

b. 季節変動を示す降雪の化学成分

ドームふじ観測拠点においては新鮮な降雪採取が1997年に行われているので，その結果を図 9.2.17 に示す（本山，未発表）．主として海塩起源の Cl^-，Na^+ および

Mg^{2+} は太陽が出現する春（8月～9月）に最大になる．海洋の生物活動で生産される DMS を起源とする MSA と $nssSO_4^{2-}$ は秋（3月）と春（9月～10月）に最大となる．NO_3^- は，南極内陸部の積雪の陰イオンのなかでは主要な要素で，太陽の出現する前後（7月～9月）に最大となる．海塩成分の出現ピークより早い．このように積雪を形成するもとになる降雪には，さまざまな環境シグナルが含まれている．

c. 堆積後に生じる化学成分の変化

南極氷床上の雪の堆積量は，沿岸域で多く内陸域で少ない．この途中の斜面下降風域では，サスツルギや堆積中断が出現する．沿岸の積雪には環境シグナルの季節変動が保存されているが，内陸の積雪は堆積量が少ないことと堆積後の変化があるので季節変化は保存されにくい．年間堆積量が 50 mm 未満の地域では，雪が堆積してから積雪内において濃度が減少する成分がある．その一例として，図 9.2.18 にドームふじにおける 2 m 深までの積雪中の NO_3^- と H_2O_2 の濃度プロファイルを示す（Watanabe et al., 2003）．内陸域の積雪は，表面付近の強い温度勾配による下方から上方への水蒸気輸送によりしもざらめが発達する．このときに水蒸気は凝結するが HNO_3 あるいは NO_2 の状態で NO_3^- はガス化されて雪中から大気に逃げていくという研究がある（Nakamura et al., 2000）．H_2O_2 については，地表付近の大気が積雪に入り込んで再び出ていくときに雪中の H_2O_2 が大気中に抜けていくという研究がある（McConnel et al., 1998）．このように，一度堆積してからも積雪表面で大気と雪氷とのやり取りにより，水蒸気のみならず諸物質も変化していく．　　　　　　　［**本山秀明**］

文　献

金森　悟・金森暢子・渡辺興亜・西川雅高・神山孝吉・本山秀明（1997）：みずほ高原の大気，表面

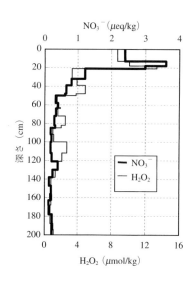

図 9.2.18　ドームふじ観測拠点における 1997 年 12 月 26 日の積雪表面から 2 m 深までの NO_3^- と H_2O_2 の濃度分布
堆積後，時間とともに揮発性の NO_3^- や H_2O_2 は大気中に抜けていく．

積雪中の化学成分の挙動．南極資料，**41**(1)：291‐309.

Kamiyama, K., Watanabe, O. and Nakayama, E. (1992): Atmospheric conditions reflected in chemical components in snow over East Queen Maud Land, Antarctica. *Proc. NIPR Symp. Polar Meteorol. Glaciol.*,**6**: 88‐98.

神山孝吉・渡辺興亜（1994）：南極内陸氷床上へ降下・堆積する物質について．南極資料，**38**(3)：232‐242.

McConnell, J.R., Bales, R.C., Stewart, R.W., Thompson, A.M., Albert, M.R. and Ramos, R. (1998): Physically based modeling of atmosphere‐to snow firn transfer of H_2O_2 at South Pole. *J. Geophys. Res.*, **103**(10): 561‐570.

Nakamura, K., Nakawo, M., Ageta, Y., Goto‐Azuma, K. and Kamiyama, K. (2000): Post‐depositional loss of nitrate in surface snow layers of the Antarctic Ice Sheet. *Bull. Glacier Res.*, **17**: 11‐16.

Watanabe, O., Kamiyama, K., Motoyama, H., Fujii, Y., Igarashi, M., Furukawa, T., Goto‐Azuma, K., Saito, T., Kanamori, S., Kanamori, N., Yoshida, N. and Uemura, R. (2003): General tendencies of stable isotopes and major chemical constituents of the Dome Fuji deep ice core. *Mem. Natl. Inst. Polar Res.*, Special Issue, No.57：1‐24.

9.2.3 氷床の流動

(1) 氷床の流動量
a. 氷床流動観測

南極大陸内陸部は夏でも氷点下の気温のために，降る雪は融けることなく積もる一方である．そのために氷床は無限に厚くなりそうであるが，そうはならずに氷床の高さはせいぜい最大4000m程度である．それは，氷床が厚くなって高い圧力になると，氷は流体の振舞いをして流れ出すためである．氷床上に厚く降り積もった雪は高い圧力のために氷となり，その氷は表面傾斜による圧力の違いによって氷の流れとして下流に向かう．氷床の流れ方は，一様な面状に流れる布状流れ（sheet flow）と，同じ氷床中でも基盤の谷状地形のために収れん・加速して川状に流れる氷流（stream flow）に分けられる．氷流は，流出部の幅が50kmと南極最大規模のランバート氷河や，最大の速さ（年間2500〜2700m）をもつ白瀬氷河をはじめとして，幅1〜2kmまでのものを含めると，南極氷床全体では約260ある．氷流から流れ出る氷は海に出て長く伸びた浮氷舌（floating ice tongue）を形成することが多く，布状流れから流れ出た氷は棚氷（ice shelf）となって海に張り出し，やがて氷山となって流失する．

1） 白瀬氷河三角鎖測量　　日本南極地域観測隊（JARE）は，白瀬氷河流域を中心とした氷床流動観測を1960年代から続けており，エンダービーランド雪氷研究計画（1969〜75）においては，やまと山脈を基点として白瀬氷河中央部へ西に伸びるAルートに沿って三角鎖測量による流動測定が行われた（Naruse,1978）．三角鎖は，162個の三角からなり，南緯72°線に沿って長さ約250kmに及んだ．測量は光学式トランシットおよび光学式測距儀を用い，1969〜70年および1973〜74年の2回の測量による位置変化から140地点での表面流動量が観測され，白瀬氷河中流部で20m/

年前後の流速が観測された．

また，この観測における鉛直方向変位から，白瀬氷河中流域において年間 0.7 m の表面低下が観測された．氷の厚さが 2000 m ほどの場所での年間 0.7 m もの氷厚減少は氷床の異常流動現象（サージ）を示すもので，その原因として氷床涵養量減少および氷河底面滑りによる氷河流動量増大が示唆された（Mae and Naruse, 1978）．

2) 東ドロンニングモードランド地域流動観測 東ドロンニングモードランド雪氷観測計画（1982〜86）においては，東西方向には，東経 45°のみずほ基地周辺から東経 25°のセールロンダーネ山脈地域にまで拡大され，南北方向には，白瀬氷河流域中央部の流線に沿って南緯 71〜77°まで観測域が広げられた．測地観測は，衛星電波のドップラー効果を利用した NNSS（Navy Navigation Satellite System）が用いられ，1982〜84 年および 1986〜87 年の 2 回の観測から流動量が求められた（Nishio et al., 1989）．その結果，下流に進むにつれて加速度的に流速が増大することが明らかになった（図 9.2.19）．

3) S16〜ドームふじルート流動観測 ドームふじ氷床深層氷掘削計画（1991〜97）においては，S16 地点（標高 554 m，昭和基地近くの氷床上）からドームふじ基地（標高 3810 m）間の 1000 km に及ぶルート上で測位観測が行われた．観測は，

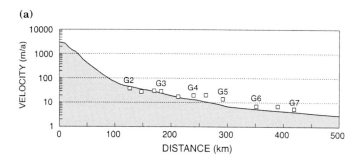

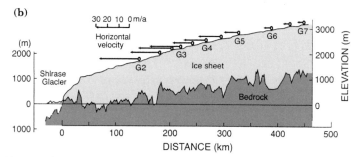

図 9.2.19 白瀬氷河 SS ルート沿い（東経約 40°）の表面流速と平衡速度（National Institute of Polar Research, 1997）
(a) 氷床流速：□は表面流速観測値，曲線は平衡速度を表す．(b) 基盤地形および氷床表面地形を表す．表面流速観測値をベクトルで表す．

1992 年および 1995 年の 2 回，GPS（Global Positioning System）干渉測位法を用いて行われた．

以上の流動観測による表面流速データを図 9.2.20 にまとめて示す．流速の速度ベクトルが矢印として表されている．白瀬氷河末端の年間速度は 2700 m/年と非常に速いスピードを示し，標高 2000 m 前後の流域中流部では 20〜30 m/年，標高 3000 m をこす内陸部では 5 m/年以下の小さい速度を示している．

b. 氷床の平衡速度

氷床が一定に流れているとすると，ある地点の氷河流動による流量はその上流部に堆積する積雪量と等しいと考えられ，「平衡速度」（balance velocity）V_b がつぎのように定義される（Budd *et al.*, 1971）．

$$V_b = \frac{\int aw(x)\,dx}{HW} \tag{1}$$

ここで，a は測定地点より上流部の 2 本の流線間に降り積もる年間積雪量，x は測定地点から最上流部までのみちのり，$w(x)$は x における流線幅であり，$\int aw(x)dx$ は最上流部から測定地点までの積雪量の積分値である．W は測定地点での流線幅，H は氷の厚さである．

平衡速度は鉛直断面の平均速度であり，表面流速より少し小さい．底面滑り（basal sliding）がない場合，温度条件によるが平衡速度は表面流速の 80〜90％となり，底面滑りがある場合，平衡速度は表面速度にほぼ等しくなる．

Budd *et al.* (1971) は，この考え方から南極氷床全体の平衡速度の分布図の概形を得ている．その見積もりによると，ランバート氷河やロス棚氷のように大きく沢型に窪んだ地形では流線が下流部で集中して，平衡速度は 1000 m/年の大きな速度となるが，流線が平行になる平坦な地形での平衡速度は，沿岸部でも 200 m/年程度が一般的である．この速度分布図では白瀬氷河の大きな平衡速度が表れていないが，この計算時点ではまだ情報不足であったためでもある．白瀬氷河を中心とした東ドロンニングモードランドにおいては，近年多くのデータが得られたために，この平衡速度の見積もりが可能になった．氷床表面地形図，基盤地形図，表面質量収支図から，氷厚および流線分布図を得ることにより，式(1)を用いて平衡速度 V_b が求められた（NIPR, 1997）．得られた平衡速度 V_b の大きさの分布を図 9.2.20 に示す．

白瀬氷河の中央流線に近いほぼ東経 40°線に沿った SS ルート沿いの表面流速観測値（Nishio *et al.*, 1989）と平衡速度計算値の比較を図 9.2.19(a)に示す．平衡速度は表面流速観測値とよい対応を示し，上流側の多くの地点でその大きさは表面流速観測値より 10〜20％小さい．これは先の平衡速度は表面流速の 80〜90％になるという傾向と一致している．また，下流側の標高 2000 m 前後の G2, G3 地点で両者の差がなくなるのは，底面滑りが発生しているためと説明することができる．

c. 白瀬氷河流域の質量収支

1969〜74 年の白瀬氷河中流域において約 0.7 m/年の表面低下量が観測され

362　　　　　　　　　　　　9. 極 地 氷 床

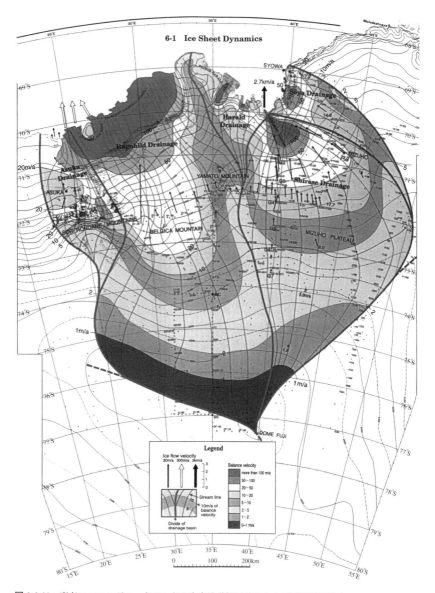

図 9.2.20　東ドロンニングモードランドの氷床流動観測結果および平衡速度分布
　　　　　（National Institute of Polar Research, 1997）
観測された表面流速ベクトルは矢印で表し，平衡速度計算結果はその大きさの等値線で表す．

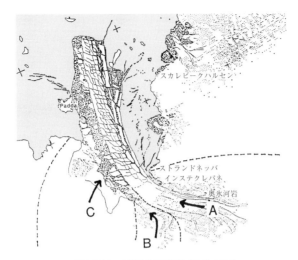

図 9.2.21 白瀬氷河流出部 (Fujii, 1981)
白瀬氷河の浮氷舌は，三つの支流からの氷で構成されている．

(Naruse, 1978)，その原因として底面滑りによる白瀬氷河の流速増大が指摘されていた (Mae and Naruse, 1978)．また，1982〜86 年の白瀬氷河流線沿い観測においても，表面低下の傾向がみられた (Nishio et al., 1989)．

白瀬氷河流域の質量収支における収入としての総積雪量として，Takahashi et al. (1994) は表面質量収支分布図から 18.9 Gt/年の値を得た．また，過去に Yamada and Wakahama (1981) は同様な見積もり法で 15.5 Gt/年を得ている．

一方，Fujii (1981) は航空写真観測から，白瀬氷河末端部（図 9.2.21）における氷河流速，氷厚，流出幅を求め，流出量として 13.4〜14.7 Gt/年の値を得た．

また流出量としては，氷河流出だけではなく，底面融解による融解水としての流出が考えられる．白瀬氷河出口付近での海洋観測において塩分濃度の低下が観測されているが，淡水としての流量が見積もられるには至っていない．

表 9.2.4 に，これらの質量収支各要素の値をまとめる．総計としての質量収支は各報告ごとに大きさの差と観測年代のずれはあるが，いずれも年間当たりに平均した質量収支が正，つまりこの流域の氷量が増えていることを示す．この傾向は，先の白瀬氷河中央部において表面が低下しているという観測と矛盾する．その矛盾の原因としては，それぞれの要素の誤差が大きいこと，融解流出量が未知であることなどがあげられる．また，氷河が定常流ではなく，底面滑りに伴う氷床流動の不規則変化 (MacAyeal, 1992) により，たまたま現在は表面が低下中であるとする説明も可能である．

[高橋修平]

364   9. 極 地 氷 床

表 9.2.4 白瀬氷河流域の質量収支

	項　目	内　訳（単位：Gt/年）		
収　入	総積雪量	18.9（Takahashi et al., 1994） 15.5（Yamada and Wakahama, 1981）		
支　出	末端流出量	13.4〜14.7（Fujii, 1981） 7.4　　　（Shimizu et al., 1978）		
	融解水流出量	?		
計	質量収支	4.2〜5.5（上記 Takahashi et al., 1994 　　　　　および Fujii, 1981 の値による） 1.4　　　（藤井，1982） 5.3　　　（Shimizu et al., 1978）		

文　献

Budd, W.F., Jensen, D. and Radok, U.（1971）: Derived physical characteristics of the Antarctic ice sheet. ANNARE Interium Rep., Ser. A, 120, 178 p.

Fujii, Y.（1981）: Aerophotographic interpretation of surface features and estimation of ice discharge at the outlet of the Shirase drainage basin, Antarctica. *Nankyoku Shiryo （Antarct. Rec.）*, **72**: 1 - 15.

藤井理行（1982）: 白瀬，宗谷流域の質量収支. 南極の科学 4「雪と氷」, pp. 107 - 116, 国立極地研究所.

Mae, S. and Naruse, R.（1978）: Possible causes of ice sheet thinning in the Mizuho Plateau. *Nature*, **273** (5660): 291 - 292.

MacAyel, D. R.（1992）: Irregular oscillation of the West Antarctic ice sheet. *Nature*, **359** : 29 - 32.

Naruse, R.（1978）: Studies on the ice sheet flow and local mass budget in Mizuho Plateau, Antarctica. *Contrib. Inst. Low Temp. Sci.*, Ser. A, 28: 54.

National Institute of Polar Research（1997）: ANTARCTICA: East Queen Maud Land Enderby Land Glaciological Folio. National Institute of Polar Research, Sheet 1 - 8.

Nishio, F., Mae, S., Ohmae, H., Takahashi, S., Nakawo, M. and Kawada, K.（1989）: Dynamic behavior of the ice sheet in Mizuho Plateau, East Antarctica. *Proc. NIPR Symp. Polar Meteorol. Glaciol.*, **2**: 97 - 104.

Shimizu, H., Watanabe, O., Kobayashi, S., Yamada, T. and Naruse, R.（1978）: Glaciological aspects and mass budget of the ice sheet in Mizuho Plateau. *Mem. Natl. Inst. Polar Res.*, Special Issue, No.7 : 264 - 274.

Takahashi, S., Ageta, Y., Fujii, Y. and Watanabe, O.（1994）: Surface mass balance in east Dronning Maud Land, Antarctica, observed by Japanese Antarctic Research Expeditions. *Ann. Glaciol.*, **20** : 242 - 248.

Yamada, T. and Wakahama, G.（1981）: The regional distribution of surface mass balance in Mizuho Plateau, Antarctica. *Mem. Natl. Inst. Polar Res.*, Special Issue, No.19 : 307 - 320.

(2) 氷床の変動
a. 白瀬氷河流域の変動
東南極，昭和基地南のリュツォ・ホルム湾に流出する白瀬氷河は，南極氷床のなかではかなり流動速度が大きく，海に張り出した末端部（棚氷または浮氷舌）の先端位置は数年の間隔で前進したり，氷山分離（iceberg calving）による後退の振舞いを繰

り返している. 同氷河の流域は, ドームふじを源頭とする約 20 万 km² の面積に及び, 「みずほ高原」(Mizuho Plateau) とも名づけられている. 同氷河流域の標高 2200～2500 m 等高線に沿う全長 240 km の三角鎖の測量結果 (1969, 73 年) から, 同地域の氷厚は年間数十 cm の割合で薄くなっていることが明らかにされた (図 9.2.22). この値は, ほぼ同時期に観測された西南極氷床のバード (Byrd) 基地周辺の氷厚減少見積もり結果の数 cm/年 (Whillans, 1977) に比べ 1 桁大きい. 白瀬氷河中流域, 中央部付近の大きな氷厚減少は, 近年なんらかの原因により氷床の底面滑りが起こりはじめたためと考えられた. さらにその約 10 年後, 同流域の中央流線に沿い, 人工衛星を用いた測地法によっても最大年間約 1 m 以上の氷厚減少が観測された (Nishio et al., 1989). このため, 白瀬氷河流域の不安定性が提唱され, さまざまな角度から議論された. 一例として, みずほ基地コアの含有空気量の測定結果に基づき, 2000 年前から現在に至るまでに同地域の氷床は氷厚が約 350 m 減少したと見積もられた (Kameda et al., 1990).

b. 西南極の氷流の振舞い

西南極氷床 (West Antarctic ice sheet) の多くの部分は, 基盤高度が海水面以下 1000～2000 m の低地にあり, 海洋性氷床 (marine ice sheet) と呼ばれる. このような氷床の変動機構は, 基盤高度が海水面以上にある東南極氷床とは大きく異なる. すなわち, 海洋性氷床の安定性には, 接地線 (grounding line) の前進・後退, および周縁部の棚氷 (ice shelf) の存在が重要な役割を果たしていると考えられた. Thomas and Bentley (1978) による理論と数値実験の結果では, もし海水温や海水面の上昇により棚氷の座礁が解放されると, 流出量増加→接地線後退の正のフィードバックの結果, 100～200 年の間に西南極氷床は分解し, 消滅してしまうことが示され

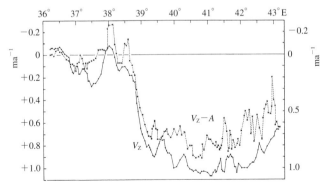

図 9.2.22 白瀬氷河流域の標高 2200～2500 m 等高線に沿う氷床表面の沈降速度 (submergence velocity) V_Z および氷厚減少速度 (thinning rate) $V_Z - A$ の分布 (単位 : m/年)
A は年間正味積雪深, 横軸は経度 (東経) (原図 Naruse, 1979).

た.このように,西南極氷床は不安定で後退が加速的に進む可能性のあることが多くの研究者により指摘された.

西南極氷床がロス(Ross)海に流れ込む氷流(ice stream) A, B, Cでは,1970～1980年代に,地上と航空機により詳細な総合的観測が行われた.その結果の概要は以下のようなものである(Shabtaie et al., 1988).氷流Aでは,8 cm/年の割合で氷が薄くなっている.氷流B(のちにWhillans Ice Streamと命名)では挙動はもっと複雑で,流域全体の平均としては12 cm/年の氷厚減少だが,氷流Bの上流域では約1 m/年の氷厚増加を示している地帯もある(図9.2.23).これはサージ的振舞いであると示唆されたが,確かにサージであるとは断定されていない.これに反して,氷流Cでは平均して12 cm/年の割合で氷厚が増加しつつあった.また,氷流BとCは,流動が活発な期間と比較的停滞している期間とが過去繰り返し起こっており,この点もサージ現象によく似ている.かつて,南極氷床のサージによる氷面積の拡大→アルベド上昇→日射吸収量減少→寒冷化,というサージによる氷期起因説(Wilson, 1964)が提唱されたが,南極氷床全域で過去に大規模なサージが起こったか,また将来起こりうるかについては,いまのところ解明されていない問題である.

氷流Bの底面には厚さ5 mから10 mのティル(till)が存在することが観測によって明らかにされ,そのティル層の変形(8章参照)が氷流の流動にとって支配的であると考えられている.過去100万年間の西南極氷床の挙動に関する数値モデル実験によると,外部環境(海水面,氷床表面温度)を規則的な10万年周期で与えると,西南極氷床は不規則的に増減を繰り返し,実験開始後19, 33, 75万年後に氷床は完全に消失した(MacAyeal, 1992).この不規則変化は,氷流の変動にともない底面ティル層の厚さの増減,分布域の変化が起こったことに原因がある.

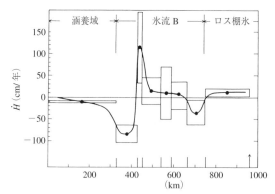

図9.2.23 西南極氷床,氷流Bの流域の縦断線に沿う氷厚変化速度$\dot{H}$の分布(単位:cm/年)
黒丸と実線は平均値,矩形は見積もりの誤差範囲を示す.横軸は涵養域源頭からの距離(原図:Shabtaie et al., 1988).

c. 21世紀の南極氷床の挙動

　大気中の炭酸ガスやメタンガスの増加により温室効果が強まると，地球が温暖化することが予想されている．スーパーコンピュータを用いた大気モデルのシミュレーションによると，100年後には地球全体で気温が3℃も上昇すると見込まれている．さらに両極地では，温暖化により海氷が少なくなり，日射を多く吸収する結果，気温の上昇率は地球の平均値より大きくなると考えられている．温暖化が進むと，ヒマラヤ，アルプス，アラスカ，パタゴニアなどの比較的温暖な地域の氷河は融解が促進され，縮小することはほぼ間違いない．しかし，南極氷床では沿岸に近い低標高の地域を除くと，内陸域では仮に数度気温が上昇しても氷は融けない．

　数値モデル実験による今後100年間の全地球平均海面変動の予測結果の一例を図9.2.24に示す．過去100年間に比べて海面変化は著しく加速されており，今後100年間に約50 cm 上昇する（IPCC, 1996）．その内訳は，海水の熱膨張による寄与が最も大きく，ついで山岳氷河・北極氷帽，そしてグリーンランド氷床となっている．南極氷床の寄与はマイナス，すなわち約1 cm の海面低下となっている．これは，温暖化により海水の温度が上昇し，そのため海洋からの蒸発が増し，雨や雪を降らせる雲が増え，その結果南極氷床内陸部の降雪量が増加することを反映している．

　将来の南極やグリーンランド氷床の変動に関して，拡大，縮小のいずれの効果がより大きいか，あるいは別の影響が強く現れるかについては，まだ未解明な点が多く残されている．Bentley (1998) は，最新の観測や数値実験結果をふまえ，1970年代に考えられていた西南極氷床の急速な崩壊の可能性に対し否定的な見解を述べた．

　現在，南極においては地球温暖化の影響が南極半島に顕著に現れ，その結果，棚氷の大規模なカービング（氷山分離）がときどき発生している．これは，夏季に多量の

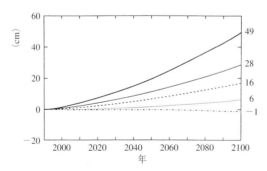

図9.2.24 1990～2100年の全球海面変動とその要因の予測（シナリオ IS92a による数値実験結果：Warrick *et al.*, 1995）縦軸は1990年を基準とした海面の変化（単位：cm）．5本の曲線は，上から全地球平均の海面変化，海水の熱膨張による海面変化，氷河・氷帽の融解による海面変化，グリーンランド氷床の消長による海面変化，南極氷床の消長による海面変化を表している．

コラム 9.5　オーストラリア南極局（オーストラリア）

機関名：Australian Antarctic Division（AAD）
所在地：Channel Highway, Kingston Tasmania 7050, Australia
URL：http://www.aad.gov.au

　オーストラリア南極局は，「南極の価値を認識し，保護し理解する」ことを目標として，オーストラリアによる南極域と亜南極地域の広範囲にわたる活動を管轄し維持することを目的に 1949 年に設立された，南極への輸送と設営的支援，四つの観測基地（ケーシー，デービス，モーソン，マクワイアー島）の維持，陸地と南大洋での科学調査の指揮と運営を行っている．

［古川晶雄］

オーストラリア南極局（© AAD）

融解水がクレバスなどに浸透するため，氷の破壊強度が低下し，棚氷下の潮汐，潮流，対流などの影響により，カービングが促進されるものと考えられる．今後，棚氷の崩壊が進むと予想され，やがて南極氷床には棚氷が消滅し，つぎは氷流からのカービングが重要になるとの考えがある（Hanson and Hooke, 2000）．また，最近 20 年から数年間の南極氷床の氷厚変化の実態として，GPS による精密な高度観測では西南極バード基地付近でほぼ平衡（−0.4 cm/年），氷流 B で 9.6 cm/年 の氷厚減少を示す結果が得られた（Hamilton *et al.*, 1998）．また，Seasat, Geosat, ERS の人工衛星レーダ高度計の解析結果では，東南極 72°S 以北かつ標高 1500 m 以上の地帯では 2〜5 cm/年の氷厚減少が見積もられている（Lingle and Covey, 1998）．また，最近 10 年間はわずかに氷厚増加の兆しが認められたが，その大きさは誤差と同程度のため有

コラム 9.6 北極南極研究所（ロシア）

機関名：Arctic and Antarctic Research Institute（AARI）
所在地：38 Bering Str, St. Petersburg, Russia, 199397
URL：http://www.aari.nw.ru

　1920 年に Northern Research and Trade Expedition として設立された．1930 年に Arctic Research Institute と名称を変え，1958 年に南極観測の開始にあわせて Arctic and Antarctic Research Institute となり現在に至る．AARI は，17 の科学部門と北極南極博物館とから構成される．AARI はロシア南極観測隊と北極南極各地の観測基地を運営し，砕氷観測船 "Academic Fedorov" を有する．研究対象は北極および南極域の海洋，雪氷，陸水，気象，海氷，地質，河川など非常に多岐にわたる．

[古川晶雄]

北極南極研究所（© AARI）

意な傾向とはいえない．今後数年以内に，人工衛星観測により南北両極地氷床の詳細な高度変動分布が明らかにされるであろう． [成瀬廉二]

文　献

Bentley, C.R. (1998): Rapid sea-level rise from a West Antarctic ice-sheet collapse: a short-term perspective. *J. Glaciol.*, **44**(146): 157-163.
Hamilton, G.S., Whillans, I.M. and Morgan, P.J. (1998): First point measurements of ice-sheet thickness change in Antarctica. *Ann. Glaciol.*, **27**: 125-129.
Hanson, B. and Hooke, R. L. (2000): Glacier calving: a numerical model of forces in the calving-

speed/water-depth relation. *J. Glaciol.*, **46**(153): 188 - 196.

IPCC (1996): Climate Change 1995 —The Science of Climate Change —. Contribution of Working Group I to the Second Assessment Report of the Intergovernmental Panel on Climate Change (IPCC), 572 p, Cambridge University Press.

Kameda, T., Nakawo, M., Mae, S., Watanabe, O. and Naruse, R. (1990) : Thinning of the ice sheet estimated from total gas content of ice cores in Mizuho Plateau, East Antarctica. *Ann. Glaciol.*, **14**: 131 - 135.

Lingle, C.S. and Covey, D.N. (1998): Elevation changes on the East Antarctic ice sheet, 1978 - 93, from satellite radar altimetry: a preliminary assessment. *Ann. Glaciol.*, **27**: 7 - 18.

MacAyel, D.R. (1992): Irregular oscillation of the West Antarctic ice sheet. *Nature*, **359**: 29 - 32.

Naruse, R. (1979): Thinning of the ice sheet in Mizuho Plateau, East Antarctica. *J. Glaciol.*, **24**(90): 45 - 52.

Nishio, F., Mae, S., Ohmae, H., Takahashi, S., Nakawo, M. and Kawada, K. (1989): Dynamical behavior of the ice sheet in Mizuho Plateau, East Antarctica. *Proc. NIPR Symp. Polar Meteorol. Glaciol.*, **2**: 97 - 104.

Shabtaie, S., Bentley, C.R., Bindschadler, R.A. and MacAyeal, D.R. (1988): Mass-balance studies of ice streams A, B, and C, West Antarctica, and possible surging behavior of Ice Stream B. *Ann. Glaciol.*, **11**: 137 - 149.

Thomas, R.H. and Bentley, C.R. (1978) : A model for Holocene retreat of the West Antarctic ice sheet. *Quat. Res.* (N.Y.), **10**: 150 - 170.

Whillans, I.M. (1977): The equation of continuity and its application to the ice sheet near "Byrd" Station, Antarctica. *J. Glaciol.*, **18**: 359 - 371.

Wilson, A.T. (1964): Origin of ice ages: an ice shelf theory for Pleistocene glaciation. *Nature* (London), **201**: 147 - 149.

9.3　北極の氷河・氷床

9.3.1　氷床と氷河の分布

北極 (Arctic) は地球規模の気候変動の影響が最も大きく現れる地域である. およそ1万年前に終わった最終氷期には, 北極圏に大規模な氷床が発達していた. 北米大陸には, ハドソン湾を中心に南は五大湖を含む広範囲な地域をローレンタイド氷床 (Laurentide Ice Sheet) と西側の山岳地域を中心に発達したコルディエラ氷河複合体 (Cordillera Glacier Complex) が, また, 北欧にはスカンディナビア半島を中心に北ヨーロッパ全域を覆い西側でイングランド氷帽とつながっていたスカンディナビア氷床 (Scandinavian Ice Sheet) が存在した. その規模は, それぞれ1300万 km², 670万 km² である. 一方, 南極では氷床の規模は現在の1360万 km² とそれほど変わっていなかったと考えられている.

北極における現在の氷床，氷河の分布を図 9.3.1 に示す．最大の分布はグリーンランド氷床（Greenland Ice Sheet）で，日本の約 4.6 倍の面積，地球上の氷河，氷床総面積の 11％，173 万 km² を占める．このほか，北極カナダのエルズミア（8 万 500 km²）とバフィン（3 万 7000 km²），およびスバールバル（3 万 6612 km²），ノバヤゼムリャ（2 万 3600 km²）などに氷河が発達している．北極圏全体では，氷河の面積は 197 万 km² に及ぶが，面積では地球上の全氷河，南極圏（同 86％）の約 1/7 にすぎない．

表 9.3.1 に北極圏の各地域における氷河面積を示す．

北極圏の氷河域では，夏季の気温は 0 ℃近くまで上昇し強い日射からのエネルギーにより融解が生じる．冬季の気温は，氷河地域では一般に −30 から −40℃くらいまで下がる．グリーンランド氷床の頂上でもわずかながら夏季には雪が融ける．年降水量は数百 mm で，南極氷床の内陸部の数十 mm と比べると，北極圏の氷河地域が湿潤な環境に置かれていることがわかる．

表 9.3.1 北極およびその周辺地域における氷河・氷床分布面積（World Glacier Monitoring Service, 1989 から編集）

地域	地域	面積（km²）
グリーンランド	グリーンランド	1726400
北極カナダ	エルズミア島	80500
	アクセルハイベルグ島	11700
	デボン島	16200
	バイロット島	5000
	バフィン島	37000
	他のカナダ領の島	1358
スバールバル諸島	スピッツベルゲン島	21871
	ノルドアウストランデット島	11309
	その他のスバールバル島	3432
	ヤンマイエン島	116
スカンディナビア半島	スカンディナビア半島北部	1441
	スカンディナビア半島南部	1617
アイスランド	ヴァトゥナ氷帽	8300
	その他の氷河	2960
北極ロシア	フランツヨセフ諸島	13734
	ノバヤゼムリャ島	23636
	シャコフ諸島	325
	セーベルナヤゼムリャ諸島	18325
	デロンガ諸島	81
	ウランゲリ島	4

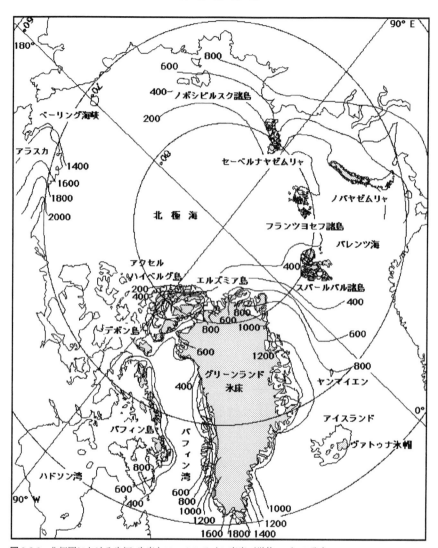

図 9.3.1 北極圏における氷河・氷床とフィルンライン高度（単位：m）の分布
（ロシアの北極アトラス 1985 から編集）

9.3.2 フィルンライン

　図 9.3.1 に示すフィルンライン（firn line）高度の分布は，北極圏における氷河形成にかかわる気候環境を反映している．フィルンラインは，冬に積もった雪が夏季にも

融けきらないで残る場所の下限である．氷河や氷床のフィルンライン（厳密には平衡線）より高所が涵養域となる．また，降水量が少ないところあるいは気温が高いところほど，フィルンライン高度は高くなる．エルズミア島やグリーンランド北部は高緯度に位置して低温であるがフィルンラインが高いのは，降水量が少ないことによる．北極海を取り囲む地域では，フィルンライン高度は 200〜400 m と低いが，アラスカのブルックス山脈では 1400〜2000 m と高い．アラスカ北部ではポイントバローの年降水量 110 mm が示すように，降水量がきわめて少ないことに起因している．

スバールバル諸島とノバヤゼムリャでは，フィルンライン高度は低い．これはノルウェー海流やノースケープ海流と呼ばれる暖流と，ベアアイランド海流と呼ばれる寒流の境界（フロント）がバレンツ海に位置し，このフロントに沿って発達する低気圧により降水量が多いためである．グリーンランド北部では，東岸と西岸とでフィルンライン高度に対照的な違いがみられる．北緯 77°付近では，東岸での 1000 m に対し西岸では 400 m と低い．グリーンランド東岸沿いには，北極海からの寒流（東グリーンランド海流）が流れ，海氷が広く分布し，水蒸気源から遠く低気圧の発達も悪い．このため，降水量が少なくフィルンライン高度が高い．一方，西岸はバフィン湾奥のノースウオータと呼ばれる非凍結海域であるポリニア（氷湖，polynya）に面しているため，降水量が多くフィルンラインが低くなっていると考えられる．

9.3.3　各地の氷河

（1）　グリーンランド

グリーンランド大陸の約 80％を占める氷床で，平均標高 2132 m，平均氷厚 1515 m，体積 260 万 km³ と，南極氷床につぐ規模をもつ氷塊で，地球上の淡水の約 10％を占める．南緯 60°から 83°にわたる南北約 3000 km，東西方向に最大 1200 km と，南北方向に長い形状を有する．氷床中央部の 72°N，38°E 付近の標高 3300 m を頂上とする主ドームと，南部の 64°N，44.5°E，標高 2800 m の小ドームからなる氷床である．

図 9.3.2 は，人工衛星の高分解能データなどから作成したディジタル標高モデル（DEM）に基づくグリーンランド氷床の氷厚分布（図 9.3.2(a)）と基盤地形（図 9.3.2(b)）である（Bamber *et al.*, 2001）．氷床の中央部では，氷厚は 3000 m をこえ，基盤は海面下 200 m 以下に下がっている．

グリーンランド氷床からは多くの氷流（ice stream）がフィヨルド（fjord）に流れ込んでいる．そのなかで，中央西側をバフィン湾に流れ出ているヤコブスハーブン氷流は，観測された氷河の流動速度としては地球上で最も早く，末端では 8360 m/年（Lingle *et al.*, 1981）にも達する．その流出量は 36.6 km³ で，グリーンランド氷床の全涵養量の約 6％にもなる膨大な量である．また，この氷流の末端位置は，1850 年から後退している．

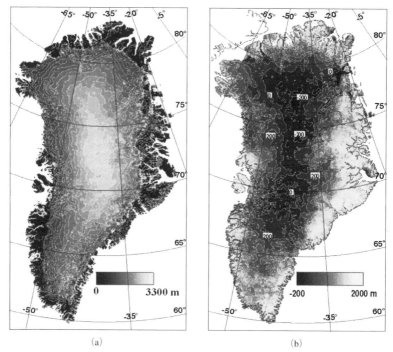

図 9.3.2 グリーンランド氷床の氷厚分布(a)と基盤地形(b). ディジタル数値モデルに基づく (Bamber et al., 2001)

(2) 北極カナダ群島

氷河は, エルズミア島 (8万500 km^2), バフィン島 (3万7000 km^2) のほか, デボン島に1万6200 km^2, アクセルハイベルグ島に1万1700 km^2 の規模で分布している. この地域は, 北極圏でもとくに低温になる地域で, 寒冷型で活動度の低い氷河が発達している (図9.3.3). 氷河は水蒸気源であるバフィン湾に面した山域に分布している. とくにバフィン湾北部は, 冬期でも凍らないノースウオータと呼ばれるポリニア海域が存在し, ここからの水蒸気が氷河のおもな涵養源になっている. バフィン島には, 平坦なところにバーンズ氷帽と呼ばれる規模の大きな氷塊が存在し, ローレンタイド氷床の残存氷塊と考えられている.

(3) スバールバル諸島

氷河は, この諸島最大スピッツベルゲン島のほぼ60％の地域に氷帽, 氷原, 谷氷河 (図9.3.4) などが計2万1871 km^2, ノルドアウストランデット (北東島) にはアウストフォンナと呼ばれる大きな氷帽を中心に1万1309 km^2, エドゲーヤ/バレンツ

図 9.3.3 北極カナダのアクセルハイベルグ島オーブロイヤー第二氷河の末端部
寒冷型氷河の特徴が丸みのある形状に現れている（2002年8月，長谷川裕彦氏撮影）．

図 9.3.4 スバールバル諸島，スピッツベルゲン島北部の氷帽，氷河（1987年7月撮影）

エーヤに2705 km², その他，コングカールスランドやクビトエーヤにも分布している．スピッツベルゲンの氷河に覆われていない地域は，連続永久凍土でその厚さは100 mから500 mに及ぶ．スピッツベルゲンとノルドアウストランデットでは，90％近くの氷河がサージを起こしていると考えられている（Hagen and Liestøl, 1990）観測されたサージ現象のなかで，1935～36年にネグリ氷河で起こったサージは規模

の大きなもので,1年以内に約12km前進した.

スピッツベルゲン北部の氷河では,上積氷がよく発達する(Fujii et al.,1990 など).これは,氷河の温度が低いこと,積雪量が1m程度以下で夏期の融解湿潤が全層に及び冷たい氷の上で再凍結が起こることによる.スバールバル諸島では,ロシアの地理学研究所のグループがコア掘削を精力的に進めてきた.また,日本のグループもスピッツベルゲン北部でコア掘削を行い,ヒプシサーマル(Hypsithermal:気候最適期と呼ばれる6000年前頃の温暖期)の停滞氷の上に,小氷期(Little Ice Age)期間の西暦1700年頃から氷河が発達し現在に至っていることが明らかになった(Fujii et al.,1990).

(4) 北極ロシア諸島

スバールバル諸島の東に連なる北極ロシアのフランツヨセフ諸島,ノバヤゼムリャ,セーベルナヤゼムリャ諸島には広範囲に氷帽や氷河が発達している(図9.3.5).

フランツヨセフ諸島は,五つの大きな島と80の小さな島からなる総面積1万6134 km^{2}の群島で,その多くの島には氷帽が発達している.氷河の総面積は1万3734 km^{2}で,総計988の氷河がある.IGY期間の1957年から1959年にかけての25カ月間,標高350mの氷帽頂上で観測が行われ,196mに達するコア掘削などが行われ

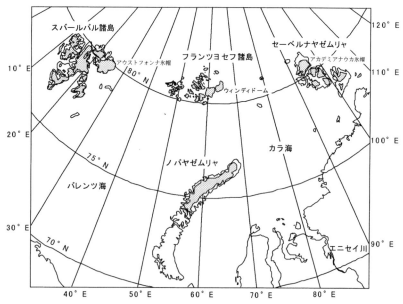

図9.3.5 北極ロシアのフランツヨセフ諸島,ノバヤゼムリャ,セーベルナヤゼムリャ諸島の氷河分布(ロシアの北極アトラス1985から編集)

た．また，1997年にはグラハム・ベル島のウィンディドームで315 m深までのコア
が掘削された．ここでは，氷温は−11〜−12℃と寒冷で上積氷がよく発達している．

　ノバヤゼムリャは，面積4万8200 km²の北極ロシア最大の島で，島のほぼ北半分
に相当する総面積2万3636 km²が氷帽により覆われている．この島は，1950年代後
半から核実験場となったため，それ以降，氷河の調査は行われていない．

　セーベルナヤゼムリャ諸島はノースランドとも呼ばれる．コムソモレッツ，オクチ
ャブルスコイ・レボリュツィ，ボルシェビクの三つの大きな島には，直径20 kmか
ら80 kmほどの規模の氷帽を中心に287の氷河が発達し，その面積は総計1万8326
km²になる．コモソモレッツ島にあるこの群島最大の氷帽，アカデミアナウカでは，
1988年に720 m深までのコア掘削が，また，1999〜2001年にはドイツとロシアの共
同研究で724 m深に至るコア掘削が行われている．

9.3.4　最近の氷河変動，環境変動

(1)　スピッツベルゲンの氷河変動

　スピッツベルゲンのいくつかの氷河では，ノルウェーとロシアのグループにより質
量収支の観測が行われている．北西部にあるブレゲール氷河とロベン氷河では，1966
年からノルウェー極地研究所が観測を継続している（Hagen and Liestøl, 1990）．1988
年までの観測結果は，1986〜87収支年を除いて，安定した負の年質量収支が続いて
いることを示している．この傾向は，観測期間の短いスピッツベルゲンの他の氷河も
共通している．

(2)　ロシア北極群島とスバールバル諸島の氷河変動

　フランツヨセフ，ノバヤゼムリャ，セーベルナヤゼムリャ，およびスバールバルに
おける1900年から1976年の氷河変動が，地図，航空写真，衛星写真を用いて明ら
かになった（Koryakin, 1986）．それによると，セーベルナヤゼムリャを除く島々で
は，氷河は顕著な縮小傾向にある．とくにスバールバルとフランツヨセフでの縮小が
著しい．Koryakin（1986）はこの理由として，セーベルナヤゼムリャはバレンツ海を
東進してくる低気圧の影響を最も受けにくく，氷河の涵養量も消耗量も小さいため，
氷河は比較的安定した状態を維持していると考えている．

(3)　最近の気候の温暖化傾向

　寒冷型の氷河では，氷温の鉛直分布は氷河表面での温度や融解量など気候の温暖・
寒冷の変化を強く反映する．北極圏における氷河の温度分布は，いずれも最近の気候
の温暖化を反映している．アクセルハイベルグ島のホワイト氷河の約160 m以浅で
の氷温の上昇は，19世紀以降1940年代までの約3℃の気温上昇を反映している
（Blatter, 1987）．また，セーベルナヤゼムリャのアカデミアナウカ氷帽での約200 m

以浅の温暖化は，過去130年間における約6〜7℃の気温上昇を示唆している
(Zagorodnov and Arkhipov, 1990).

　グリーンランド氷床の涵養域における温度勾配は，観測されたすべての掘削孔の深
さ50mから200mの間で負の温度勾配，すなわち最近の温暖化傾向を示している
(Robin, 1983). コアには，積雪の融解の痕跡が透明な氷層として保存されている．こ
の融解層の頻度分布は，気候の変化をよく反映する．グリーンランドSite-Jにおけ
る過去450年の酸素同位体組成と融解層（透明氷層）の頻度は，19世紀中頃以降の
温暖化傾向を示した (Kameda et al., 1995). また，同様の傾向は，北極カナダのデボ
ン島や，グリーンランド南部でも報告がある．

　スバールバル諸島の北東島の二つの氷帽，アウストフォンナとベストフォンナで
は，国立極地研究所のグループが210m，289mのコア掘削を行った．Watanabe *et
al.* (2001) は，コアの酸素同位体組成の解析から，15世紀末から20世紀初頭の小氷
期と，1910年から1920年にかけての急激な温暖化シフトを明らかにした．

[藤 井 理 行]

文　　献

Bamber, J.L., Ekholm, S. and Krabill, W. (2001): A new, high-resolution digital elevation model of
　　Greenland fully validated with airborne laser altimeter data. *J. Geophys. Res.*, **104**(B4): 6733 - 6745.

Blatter, H. (1987): On the thermal regime of an arctic valley glacier; a study of the White Glacier, Axel
　　Heiberg Island, N.W.T., Canada. *J. Glaciol.*, **33**: 200 - 211.

Fujii, Y., Kamiyama, K., Kawamura, T., Kameda, T., Izumi, K., Satoh, K., Enomoto, H., Nakamura, T.,
　　Hagen, J.O., Gjessing, Y. and Watanabe, O. (1990): 6000-year climate records in an ice core from
　　the Hoghetta ice dome in northern Spitsbergen. *Ann. Glaciol.*, **14**: 85 - 89.

Hagen, J.O. and Liestøl, O. (1990): Long-term glacier mass-balance investigations in Svalbard, 1950 -
　　88. *Ann. Glaciol.*, **14**: 102 - 106.

Kameda, T., Narita, H., Shoji, H., Nishio, F., Fujii, Y. and Watanabe, O. (1995): Melt features in ice cores
　　from Site-J, southern Greenland : some implications for summer climate since AD 1550. *Ann.
　　Glaciol.*, **21**: 51 - 58.

Koryakin, V.S. (1986): Decrease in glacier cover on the inlands of the Eurasian arctic during 20 th
　　century. *Polar Geography and Geology*, **10**: 157 - 165.

Lingle, C.S., Huges, T.J. and Kollmeyer, R.C. (1981): Tidal flexure of Jakobshavn Glacier, west
　　Greenland. *J. Geophys. Res.*, **86**: 3960 - 3968.

Robin, G. de Q. (1983): The Climatic Record in Polar Ice Sheets. Cambridge University Press.

Watanabe, O. and 7 others (2001): Studies on climatic and environmental changes during the last few
　　hundred years using ice cores from various sites in Nordaustlandet, Svalbard. *Mem. Natl. Inst. Polar
　　Res.*, Special Issue, No. 54: 227 - 242.

World Glacier Monitoring Service (1989): World Glacier Inventory (status, 1988), IAHS (ICSI)-UNEP-
　　UNESCO, 440 p.

Zagorodnov, S.V. and Arkhipov, S.M. (1990): Studies of structure, composition and temperature regime
　　of sheet glaciers of Svalbard and Severnaya Zemlya: methods and outcomes. *Bull. Glacier Res.*, **8**: 19 -
　　28.

コラム 9.7 ノルウェー極地研究所（ノルウェー）

機関名：Norwegian Polar Institute（NPI）
所在地：Polar Environmental Centre, N‒9296 Tromsø, Norway
URL：http://www.npolar.no

　ノルウェー極地研究所は，極域の生物学，地質学，地球物理学，歴史に関する研究，地図の作成などを目的として 1928 年に設立され，南北両極域における観測活動の運営を行っている．研究成果などは，ノルウェー政府や科学者，さらには一般にも公開されている．北極のスバールバルに Ny-Alesund 観測基地と南極域に TROLL 観測基地をもつ．観測船 Lance を保有し，おもに北極海での観測に使用されている．［**古川晶雄**］

観測船 "Lance"（© NPI）

コラム 9.8 南極と北極の氷山はなぜ形が違う？

　南極では大規模な氷山はテーブル型（左写真．口絵 4 も参照）をしているが，北極での典型的な氷山はピラミッド型（右写真）など不規則な形をしている．南極の氷山の多くは，氷床が海に張り出し平坦な形をした棚氷が分離（カービング）してできるため，テーブル型氷山となる．一方，北極では棚氷がほとんどないので，氷床や氷河の末端は直接海に崩壊し不規則な形をした氷山が作られる．しかし，テーブル型氷山は漂流中に分裂を繰り返し不規則な形になるため，南極でも小型の氷山の多くはピラミッド型など不規則な形をしている．また，北極でもテーブル型氷山はあり，氷島と呼ばれることもある．エルズミア島北岸の棚氷が分裂してできた氷山で，第二次世界大戦後，ソ連やアメリカが滑走路を作り観測基地を設けた．氷島上の基地としては，ソ連の SP‐18，アメリカの T3，アーリス 2 号などがある．　　　　　　　　　　　　　　　　　　［藤井理行］

南極昭和基地周辺のテーブル型氷山（1995 年，撮影）　　　　北極バフィン湾のピラミッド型氷山（1997 年，牛尾収輝氏撮影）

10

海　　氷

10.1　海氷の分類と構造

10.1.1　海氷の種類

　海水を起源として凍結した氷を海氷（sea ice）という．海洋では表面の対流混合層がほぼ一様に結氷温度に達した後，さらに放熱が続くと海面付近が過冷却され，海氷が発生する．海氷の発生は氷晶（frazil ice）という微細な氷の結晶が水面や水中で生成されることからはじまる．とくに強風による海面冷却が激しいときは，過冷却状態が長時間維持され，氷晶は水中でも大量に生産され続ける（Ushio and Wakatsuchi, 1993）．この結晶は肉眼で観察できるほどの大きさになると，直径約 1～4 mm，厚さ約 1～100 μm の薄い円盤状をなしている（Martin, 1981）．氷晶は成長が進むと，針状や樹枝状に形が変化していくものもある．浮遊している無数の氷晶は，互いに凝集しながら海面付近で密集し，さらに凍結が進むと，海面は粘性の増したスープ状の氷層で覆われる．この氷層をグリースアイス（grease ice）という．風や波，うねりの弱い静かな海面では，ニラス（nilas）と呼ばれる表面光沢のない，薄い弾力性のある海氷が形成される．一般的に冷却期の外洋域では，風やうねりが強く，グリースアイスの層を発達させながら，海面波の波長の半分ほどの空間スケールで，波の谷の部分に凝集していく．大きさと厚さを徐々に増していく過程で，直径 30 cm ～ 3 m，厚さ 10 cm 以下の円盤状の海氷が相互にぶつかりあいながら，縁がめくれ上がった海氷が形成される．この海氷はその形の似ていることから蓮葉氷（pancake ice）と呼ばれる（図 10.1.1）．蓮葉氷で海面が覆われると，しだいに波の影響は弱まり，氷板の厚さと面積をさらに増していく．ニラスからの移行段階にある，厚さ 10～30 cm の海氷を板状軟氷（young ice）といい，その後，一年氷（厚さ 30 cm～ 2 m．1.4 節参照）へと発達していく．

　海氷は運動状態によって，定着氷（fast ice）と流氷（pack ice）とに分けられる．

図 10.1.1 蓮葉氷（1999年2月，バレンツ海で撮影）

定着氷は海岸や棚氷の縁に接していたり，座礁した氷山群の間に形成されたりして，水平方向にはほとんど動かない．しかし，定着氷の周囲または一部が固着していても，海水に浮いていることで，潮汐などの海水面の変化に応じて上下運動する．このように定着氷の形成は大陸や島の沿岸域に限られる．これに対して流氷は，海岸や陸氷から離れて，自由に漂流できる状態にある．世界の海で冬季に広がる海氷域（1.4節参照）の大半は流氷で占められている．風や海流から力を受けて運動する流氷は，運動の時間・空間スケールが大きくなると，地球自転の転向力（コリオリ力）も働く．また流氷どうしが相互に力を及ぼしあったり，付近の海岸地形の影響を受けたりして，複雑な運動をすることもある．なお，定着氷でも破壊または融解の進行によって割れると流氷状態になる．また流氷が海岸などに押し寄せ，そこで新たに凍結して，動かなくなると定着氷になる．

以上のほかにも，海氷に関してさまざまな用語が定められている．現在，世界気象機関（WMO）が発行している海氷用語集（WMO, 1989）が国際的に広く活用されている．これは海氷の発達過程，形態，運動状態，変形，融解過程のほか，海象も含めた詳細な分類について，英・仏・露・スペイン語の4カ国語で表されているものである．1970年の発行後，1985年，1989年に順次改訂されている．

10.1.2 海氷の構造

海氷を厚さ1mmほどの薄片試料にして，2枚の偏光板で挟むことで結晶構造を観察することができる．図 10.1.2(a)は厚さ約 20 cm に成長した海氷（板状軟氷）の鉛直断面を示す．表層部は比較的小さい粒状の結晶で構成されている．この部分を粒状氷（granular ice）といい，海氷発生初期の海面の擾乱によって氷晶が集合したもので，積雪が混ざることもある．粒状結晶の大きさは海氷の成長速度の増大とともに小

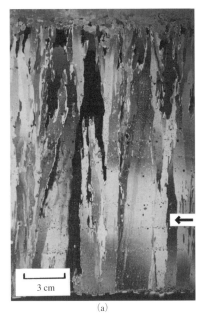

図 10.1.2 海氷の薄片試料の偏光写真
(a) 海氷の鉛直断面，(b) 水平断面（a 図の矢印の部分の断面に相当する）．

さくなる傾向がある．また，海面で起こる擾乱の期間が長いほど粒状氷の層は厚くなる．その下に縦に長く伸びた短冊状の結晶がみられる．この部分を短冊状氷（columnar ice）または凝固氷（congelation ice）という．短冊状の結晶は下方に伸びていくにつれて，それぞれの結晶主軸（c 軸）の方向分布が水平面内に揃ってくる（Weeks and Ackley, 1982）．海氷が海面を覆って静穏になった後に生じる，短冊状結晶の下方への成長が海氷結晶の大きな特徴である．この短冊状氷を水平断面でみたものが図 10.1.2(b) で，結晶粒どうしの間の黒い部分は，気泡あるいはブライン（brine，10.2.3 項参照）と呼ばれる濃縮海水である．

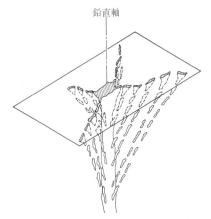

図 10.1.3 ブラインチャンネルの構造の 3 次元的模式図（Lake and Lewis, 1970 による）

　海氷中に閉じ込められていたブラインが，徐々に流下していく経路としてブライン

チャンネル（brine drainage channel）が形成される．枝を張った樹木のような形で（図 10.1.3），海氷内部に分布していたブラインが，樹の枝に相当する部分を通って，中央の幹（直径 1 mm から数 mm くらいの太さ）に集められながら，海氷下層を通って海水中に排出される（Lake and Lewis, 1970）．このようなブラインチャンネルが形成される場所は，海氷の結晶粒界が下方でぶつかりあう場所に限定され（Wakatsuchi and Kawamura, 1987），海氷成長速度が大きいほど形成頻度は高くなる（Wakatsuchi and Saito, 1985）．

粒状氷は氷晶や海面に降った雪によるもののほか，氷上積雪の変質によっても形成される．積雪の荷重によって海氷盤が沈下して，海水面が積雪層の底面より高くなり，積雪中に浸透した海水が寒気によって凍結する（Jeffries *et al.*, 1997）．これを雪ごおり（snow ice）という．また，氷上積雪の融け水が積雪層内を流下し，ほぼ 0 ℃

コラム 10.1 「命の水」となった流氷

1985 年 4 月 23 日未明，サハリンのチェルペニア湾沖（北緯 48°付近）で，稚内の底引き漁船「第 71 日東丸」（124.95 t，長さ 32 m）が沈没した．オホーツク海はいまだ流氷の残る冷たい海だった．海と空からの大がかりな捜索によって，4 名は遺体で収容されたが，捜索開始から 7 日が経ち，行方不明者の生存は絶望視された．乗組員 16 名全員の死亡が伝えられる一方，遭難現場では苦闘と奇跡が起きていた．海中に投げ出された乗組員のうち 5 名が救命ボートに乗り移ることができた．そして氷海を漂流すること 16 日間．3 名の生存者がチェルペニア岬地区の海岸に漂着したところを旧ソ連の国境警備隊に救助された．

漂流中のボートの周囲には，流氷が音を立てながら集まってきたという．風の影響を強く受けて漂流する流氷の特徴である．ボートを押し潰されぬよう，幅数百 m ほどの大きな氷板の上にボートを引き上げた．その流氷の上には窪みがあり，水が溜まっているのをみつけた．ボートに備えられていた 180 食分（5 名で 12 日分）の非常食と飲料水 30 l は，漂流後 11 日目で完全に底をついたが，流氷の上に溜まっていた水を補給し，飲料水とすることができた．

海で遭難しても，海水は絶対に飲んではならない，真水に薄めて飲んでもいけない，といわれている．しかし，北の海で働く漁師たちは，「流氷に溜まった水は飲んでも大丈夫だ」と伝え聞いていた．海氷は海水よりも低塩分で，その塩分は時間とともに低下していく．さらに，海氷の上には雪が積もることもある．海氷の表面には飲料水にできるほど塩分の低い水が溜まっている可能性が高いのである．

また，当時の衛星画像によると，チェルペニア岬から南南東へ約 200 km にわたる流氷帯が張り出していた．「浮き防波堤」の役目を果たした，この流氷帯によって高波の侵入が抑制され，ボートの転覆が避けられたのではないかとも考えられている．遭難者にとっては最後の砦であるボートを押し潰すかもしれない流氷だったが，波を抑え，飲み水を分け与えてくれたのも流氷のお陰であったといえる（参考：長尾三郎著『氷海からの生還』講談社刊）．

[牛尾収輝]

の融け水がそれよりも冷たい海氷に接触して再凍結する（Jeffries *et al.*, 1994; Kawamura *et al.*, 1997）．この氷を上積氷（superimposed ice）という．雪ごおりと上積氷は結晶構造が似ているが，起源である雪と海水では酸素同位体比が顕著に異なることや気泡の量・結晶の透明性の違いを利用して両者を識別できる．

なお，以上は一枚板として成長した海氷の典型的な構造について述べた．実際には複数の氷板が重なりあって海氷盤を形成していることが多く，結晶構造や後述する塩分分布（10.2.4 項参照）は複雑な特徴を示す．

10.2　海氷の成長過程

10.2.1　海水の冷却機構と海氷の発生

さまざまな姿を示す海氷は，どのようにして形成されるのだろうか．海水の冷却を経て海氷が誕生，成長していく過程をみてみよう．

海水は塩分を含んでいるために凝固点降下が起こり，結氷温度は真水のそれよりも低くなる．海面における海水の結氷温度 T_f と塩分 S_w との関係は近似式でつぎのように表される（Maykut, 1985）．

$$T_f(℃) = -0.055 S_w$$

ここで，塩分 S_w は海水 1 kg 中に溶け込んでいる塩類の総量を g（グラム）単位で表した数値である．海洋学では通常，海水の塩分は無次元量として扱い，これは重量に関する千分率（‰：パーミル）を単位とする数値に等しい．

海が寒気によって冷却され，海氷が生成する物理過程においては淡水の湖や池の凍結とは異なる特徴がみられ，それは海水に塩分が含まれることに起因している．図 10.2.1 に海水の結氷温度（T_f）と密度が最大になる温度（T_m）の塩分による変化を示す．淡水は 0 ℃で凍結し，約 4 ℃で密度が最大になる（図 10.2.1 上で横軸がゼロの場合）．淡水や塩分 24.7 未満の低塩分水では，各塩分で決まる T_m まで冷却される間は，密度が増大し続け，水中で対流を起こしながら温度を低下させていく．表面温度が T_m より下がると，密度は減少傾向に転じ，対流は停止する．その後，水面が結氷温度に達すると凍結がはじまる．

海水は塩分の増加とともに，T_m, T_f ともに低下する．T_m のほうが T_f よりも塩分増減に対する変化の割合が大きいため，約 24.7 の塩分を境に T_m と T_f の大小関係が逆転する．ほとんどの海域では塩分 30 以上で，T_f のほうが T_m より高い関係にある．したがって，冷却による混合層全体がほぼ一様に結氷温度に達するまで対流は続く．

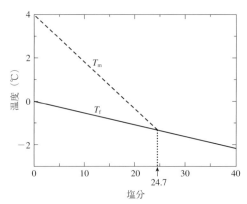

図 10.2.1 海水の結氷温度 (T_f) および密度最大の温度 (T_m) の塩分による変化
T_f と T_m を表す曲線は塩分 24.7 付近で交差している．

たとえば，塩分 34 の場合，約 -1.9℃の結氷温度まで混合層が冷却され続ける．なお，気温や混合層の水温，塩分が等しくても，混合層の厚さ（密度躍層までの深さ）が大きいほど，結氷条件に達するまでに大気へ放出される総熱量は多くなるため，海氷形成の開始時期は遅れる．

10.2.2 海氷の成長

海面を覆う板状氷の底面では，下方に伸びた「くさび状」の結晶が成長しながら，海氷の厚さを増していく．海氷の成長は，Stefan (1890) により理論的につぎのように考えることができる．ここでは，まず塩分を含まない純氷の場合を考える．厚さ I の氷の板が 0℃の水に浮いているとき，氷板の表面と底面との温度差を T，氷の熱伝導率を k とする．温度勾配 T/I による熱伝導によって，時間 dt の間に単位面積を通して上向きに輸送される熱量は $k(T/I)dt$ である．この熱量が氷板の底面で厚さ dI の氷が新たに成長したときに放出される潜熱に等しいとすると，つぎの式が成り立つ．

$$k\left(\frac{T}{I}\right)\cdot dt = L\rho dI$$

ここで，L は氷の融解潜熱，ρ は氷の密度である．この式を積分して，$t=0$ で $I=0$ とすると，

$$I = \sqrt{\frac{2k}{L\rho}\sum T\cdot t}$$

Stefan は簡単化のために氷板の表面温度を気温に等しいと見なし，T に気温を用いた．$\sum T\cdot t$ を積算寒度といい，日平均気温の積算値を用いることが多い．この式は氷

厚が積算寒度の平方根に比例する関係を示しており，氷板の成長の第一近似として，Stefan の法則は広く用いられている．また，上式で，$\sqrt{2k/L\rho}$ の部分を氷厚係数と呼び，氷の物理的な性質で決まる．この Stefan の法則を実際の海氷成長に適用するためには，式中の熱伝導率 k，融解潜熱 L，密度 ρ は海氷の場合の値を（これらの値は 10.4 節参照），また $\sum T \cdot t$ としては海水の結氷温度以下の温度をとることが必要である．

　しかし，天然の海氷の成長過程において，表面温度は気温のほかに，日射や風，氷上積雪などの気象条件の影響を受ける．そこで，気温や氷厚の実測データを数多く集約し，海氷成長を経験式で表すことが試みられた．提案された式として，つぎのものがよく知られている（Zubov, 1945）．

$$I^2 + 50I = 8\sum T \cdot t$$

これはロシア北極圏の海域で得られた観測結果に基づくものである．また，積雪のほとんどない海氷については次式が求められている（Anderson, 1961）．

$$I^2 + 5.1I = 6.7 \sum T \cdot t$$

以上のほかにも，Stefan の法則では考慮されなかった，海水から海氷下面に輸送される熱の効果を含めた経験式が，南極の海氷観測の結果から示されている（Allison, 1979）．

10.2.3　海氷成長による塩排出

　海水が凍結するとき，固化するのは不純物を含まない真水 H_2O の部分である．その結果，氷の析出によって塩分の増した濃縮海水であるブラインが生じる．ブラインの一部は氷の結晶どうしの隙間に機械的に閉じ込められるが（10.1.2 項参照），大部分は海氷下の海水中に排出される．海氷直下の海水より塩分の高いブラインは，密度が大きいために沈降し，対流を引き起こす．したがって，海では凍結がはじまるまでの冷却期間のみならず，海氷成長期間中も対流が継続する．この海氷成長時にブラインの姿で排出される塩が，海洋混合層の高塩分化と密度躍層を深めることに寄与している．

　排出（流下）ブラインの挙動は，海氷の成長速度や氷厚によって変化する．ブラインの塩分と流量から算出される単位面積当たりの塩フラックスは，海氷成長速度が大きいほど大きくなる（Wakatsuchi and Ono, 1983）．天然の海氷では，氷厚の増大とともに成長速度が減少する傾向にあり，ブラインによる塩排出は，急速に成長する薄い海氷域において，海洋に大きな影響を及ぼしている．

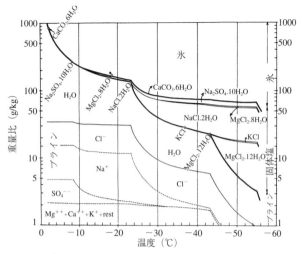

図 10.2.2　海氷の相変化図（Assur, 1958 による）

10.2.4　海氷の塩分

　海水中に排出されずに，海氷内部に取り込まれたブラインは液体で存在し，固体（氷）と液体（ブライン）とが相平衡の状態にある．つまり，海氷中のブラインは，周囲の海氷の温度を結氷温度とする塩分を維持している．気象条件や積雪の有無，成長・融解によって海氷温度が変化すると，ブラインの塩分も変化する．海氷温度が下がる（上がる）と，ブラインから氷が析出（周囲の氷が融解）し，その分だけブラインの塩分が増す（減少する）ことによって新たな相平衡状態に達する．

　海氷の温度が-8.2℃以下に低下すると，硫酸ナトリウム 10 水塩（$Na_2SO_4 \cdot 10H_2O$）

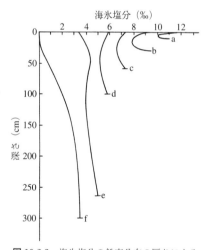

図 10.2.3　海氷塩分の鉛直分布の厚さによる変化

a から d は一年氷，e と f は多年氷の場合（Maykut, 1985 による）

が，また-22.9℃以下で，塩化ナトリウム 2 水塩（$NaCl \cdot 2H_2O$）が固体の塩として析出しはじめる．図 10.2.2 に海氷の温度変化に伴う海氷の組成変化（海氷相図）を示す．これは塩分 34.325 の標準海氷について計算されたものであり（Assur, 1958），海氷塩分に応じて換算することによって各種海氷に適用できる．

　海氷を融かした水の塩分を海氷の塩分といい，重量に関する千分率（パーミル：

‰) の単位で示す．海氷中のブラインや固体塩の空間分布は不均一であることから，ある氷塊の平均値として塩分を表す．海氷の塩分は排出ブラインの影響が反映され，海氷の成長速度や厚さによってさまざまに変化する．海氷塩分の鉛直分布例を図

コラム 10.2　海氷情報の公開

　科学研究において海氷域の実態を常時把握することは，興味深い現象を見逃すことなく，その後の観測計画の立案やデータ解析に有益である．北極域や南極域の海氷情報は，米国立氷センター（NIC：National Ice Center）によって隔週で更新，インターネット上で公開されている．例として，南極域の海氷情報図（ice chart）を図に示す．卵型のシンボル（通称，Egg Code）内には，各領域の海氷の密接度や発達段階，氷盤の大きさに関する情報が，決められたコードで表示されている．NIC による海氷情報は，http://www.natice.noaa.gov/　で調べることができる． ［牛尾収輝］

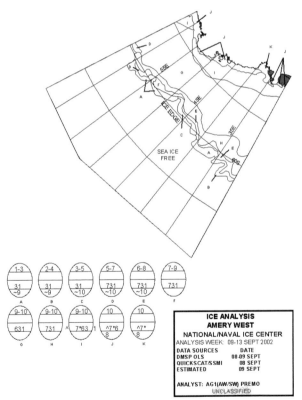

米国立氷センターが公表している海氷情報（2002 年 9 月 9 日の週，南極昭和基地沖の海域，東経 30°〜 62°）

10.2.3 に示す（Maykut, 1985）．一年氷の場合，一般的な特徴として海氷の上下層が高塩分となり，その間に塩分極小層が存在する．また，氷厚が増すにつれて，塩分は全層にわたってしだいに低下していく．このような時間経過に伴う海氷の低塩分化の要因として，氷析出時のブラインの内部圧力増大による押し出し，静水圧による重力落下，海氷融け水の流下時の洗い流し，などの脱塩機構が提案されている（Untersteiner, 1968）．

10.3　海氷の運動

10.3.1　海氷の漂流

　海氷は風や海流の影響を受けて漂流する．1.4 節で示した地球上の海氷分布は，それぞれの場所における海氷の生成あるいは融解に，海氷の漂流が加わった結果として示されている．厳冬期に海氷が移動した後に現れた開水面では，大気への放熱とそれに伴う海氷生成が再び活発化する．また，移動した海氷は海洋や大気からの熱によって他の海域で融解する．このような海氷の漂流を地球規模で眺めた場合，海氷生成に伴う潜熱と塩（排出ブライン）が高緯度海域で放出され，移動先の低緯度海域において潜熱を吸収して融解し，淡水または低塩分水を海洋表層に供給する．つまり，海氷は成長・漂流・融解過程を通して，地球上で熱と塩の再配分を行っているといえる．

　海氷の漂流に関する研究としては，ノルウェーのフリチョフ・ナンセン（F. Nansen）によってはじめて行われた本格的な調査が有名である．ナンセンは，海氷に押しつけられても破壊されずに，氷上に乗り上がるような丸い形の船底に仕立てた特殊な耐氷船「フラム号」（402 t）で北極海の探検航海を行った．1893 年 9 月にノボシビルスク諸島北方沖で流水野に計画的に乗り入れた．北極海を横断するように，約 3 年間にわたって海氷とともに漂流しながら，気象，海洋および海氷などの観測を行った．この野心に満ちた探検の漂流中に得た観測データを整理した結果，海氷は風速の約 2%（風力係数）の流速で，風下の方向から右に約 30°偏って漂流していることがわかった．風向と一致しない理由はコリオリ力の効果と考えられ，その後，フラム号による観測事実をもとにエクマン（V.W. Ekman）が吹送流理論へと発展させた．南極域においても 1911 年，ドイチェランド号がウェッデル海で漂流しながら観測を行い（Brennecke, 1921），風力係数として 2〜3%が得られた．南半球の海氷は風下から左偏して漂流する．

10.3.2 北極海と南極海における海氷の漂流

海氷の漂流は，船舶や氷上観測基地，航空機によって古くから観測されてきた．最近では人工衛星による観測とそのデータ解析が有力な手法となっている．発信器のついた漂流ブイを海氷域に展開して，刻々と変化するブイの位置を人工衛星で追跡する観測が国際協力のもとで行われているほか，多岐にわたる衛星データを用いた海氷アルゴリズムの開発も進められている．

北極海では，カナダ多島海からアラスカ，北極点付近にわたる海域に時計回りの環流がある（図 10.3.1. Parkinson, et al., 1987）．これはボーフォート環流（Beaufort Gyre）と呼ばれ，この流れに乗って漂流する海氷は低緯度海域へ運ばれることなく，

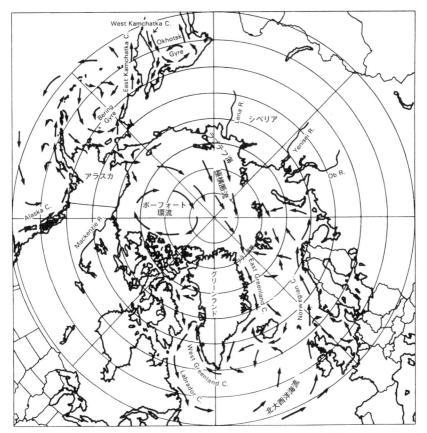

図 10.3.1 北半球海氷域の海流（Parkinson et al., 1987 による）

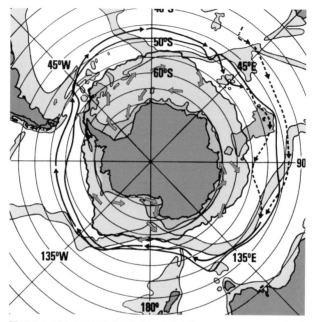

図 10.3.2　南極海の流氷の動き（太い矢印）（Gloersen *et al*., 1992 による）

多年氷になりやすい．また，ラプテフ海から北極点付近を通って，フラム海峡方面に向かう極横断流（Transpolar Drift Current）がある．この流れは北極海からの海氷の流出や北大西洋との海水交換に寄与している．

　南極大陸沿岸域では地形に沿って西向きに流れている（図 10.3.2. Gloersen *et al*., 1992）．ウェッデル海やロス海，ケルゲレン海台周辺の環流（いずれも時計回り）に乗った海氷は低緯度海域に効率よく輸送され，海氷域の冬季拡大を促進している．また，沖合では南極周極流南部に乗って東向きに流れている．南極海は北極海とは対照的に周囲が開けた海であり，海氷は発散しながらその面積を広げていく傾向が強い．

10.3.3　海氷に働く力

　海氷の漂流を支配する力には，① 風や海流から受ける力，② 海面の傾斜による力，③ コリオリの力，④ 氷野の相互作用による力の四つがある．これらを各項とする運動方程式を解くことによって海氷の運動を記述することができる．一般的には運動状態が時間的に変化しない定常状態を仮定したり，実測が困難な力の項を無視したりすることで方程式を簡略化して，残差項として未知の力を求めることが多い．

　① 風や海流から受ける力
風の力として，海氷の平坦な表面に働く摩擦応力と，氷丘脈など氷野の平均的な表面

から立ち上がった，風に対する壁の部分に働く立体抵抗力がある．摩擦応力は渦相関法や対数法，直接測定によって求められる．抵抗係数に寄与する粗度係数は 0.002〜$1.8\,\mathrm{cm}$ の値が得られ，抵抗係数は 1.1〜2.6×10^{-3} の値が得られている．

また立体抵抗力 F は抗力係数 C_f を用いて，

$$F=C_f\left(\frac{1}{2}\right)\rho_a u^2 S$$

で表される．ここで，ρ_a は空気の密度，u は一定の高さの平均風速，S は風向に垂直な平面上の立体部分の面積である．C_f は Banke and Smith（1975）によって測定され，高さ 71〜$281\,\mathrm{cm}$ の氷丘脈の C_f と氷丘脈の高さ h（m），傾斜 α（度）との関係は，

$$C_f=0.05+0.14h, \qquad C_f=0.04+0.12\alpha$$

と得られた．

海氷と海水の相対的な運動によって生じる摩擦応力 τ_w は渦相関法によって求められ，$\tau_w=1.0\times10^{-2}$〜$1.0\times10^{-1}\,\mathrm{N/m^2}$，粗度 $1.13\,\mathrm{cm}$，抵抗係数 7.2×10^{-3} である（Shirasawa and Langleben, 1976）．また海水中にも立体部分が存在し，海氷下面と海水との相対速度の 2 乗に比例する抗力を受ける．

② 海面の傾斜による力

海面の傾斜を直接計測することは困難であるが，海水の温度・塩分の分布から間接的に求められる．また近年，人工衛星からのレーザ高度計やマイクロ波高度計による海面凹凸の広域観測が行われており，海面流速分布の把握にも役立っている．

③ コリオリの力

北半球では漂流方向に対して右 $90°$ に，南半球では左 $90°$ の向きに働き，その大きさは漂流速度に比例する．また緯度が高いほど大きくなることから，極域における海氷の漂流においてコリオリの効果は重要である．

④ 氷野の相互作用の力

海氷の運動が定常であるとし，相互作用の力を残差として求めると，海水から受ける応力と同じくらいの大きさとなる（Hunkins, 1975）．また海氷野を粘性流体として扱い，計算を行った結果，北極海の氷では渦粘性係数が $3.3\times10^8\,\mathrm{m^2/s}$ のとき，実際の海氷の動きを最もよく再現できた．

海氷に及ぼされる種々の力を把握し，漂流メカニズムを理解することは，海氷の動態予測に結びつく．熱力学過程を含む力学的モデルの開発や計算機技術の発達とともに，広範囲の海氷域の実態とその変動の解明が進められている．そして，地球規模の大気・海洋結合モデルに海氷過程を正確に組み込むことが重要な課題となっている．

コラム 10.3　流氷渦

　海氷は主として風と海流の動きに支配されて複雑に漂流する．人工衛星や航空機から海氷域を観測すると無数の氷板が美しい渦を描くように集合している様子に出会う．写真は南極昭和基地の北西沖，約 120 km の流氷縁上空から観察したものである（1991年 2 月 17 日撮影）．この渦の直径は約 3 km で，周辺域にも大小さまざまな渦がみられた．流氷渦は北半球のグリーンランド海やラブラドル海，オホーツク海などでも，海氷運動が活発な流氷縁や海氷密接度の低い海域において形成される．なかには直径数十 km にも及ぶ巨大な渦に成長するものもある．このような渦を作るそれぞれの氷板を海に浮いた粒子と見立てると，海洋表層の水の動きを可視化する恰好のトレーサーであるといえる．海洋の渦形成機構やそれに伴うエネルギー・物質交換過程など興味深い研究テーマを数多く秘めている流氷渦は，氷海のキャンバスに絵筆を走らせた自然の妙を感じさせてくれる．
　　　　　　　　　　　　　　　　　　　　　　　　　　　　　　　［牛尾収輝］

南極海に形成された流氷渦

10.4　海氷の物理的性質

　海氷は純氷の結晶，ブライン，気泡をおもな構成要素とし，温度条件によってはブラインから析出する固体塩も含まれる．海氷の諸性質はこれら複数の要素についての量（体積や割合）や状態，分布などで決まる．海氷特有の短冊状の結晶構造に加えて，海氷の温度変化によるブラインからの氷析出や周囲の氷融解も性質の変化にさまざまな影響を与えている．

コラム 10.4　アルフレッド・ウェゲナー研究所（ドイツ）

機関名：Alfred Wegener Institute for Polar and Marine Research（AWI）
住　所：Am Alten Hafen 26, 27568 Bremerhaven, Germany
URL：http://www.awi-bremerhaven.de

　アルフレッド・ウェゲナー研究所は，アルフレッド・ウェゲナー財団によって 1980 年に設立された．北極，南極，中緯度域での観測を実施し，ドイツの極地観測を統括し，極地観測で必要な装備や設営面での支援を行うことを業務とする．これらの業務を遂行するために砕氷観測船"Polarstern"を保有し，南極においては越冬基地であるノイマイヤー基地（Neumayer Station），夏基地であるフィルヒナー基地（Filchner Station）を管理運営している． ［古川晶雄］

アルフレッド・ウェゲナー研究所（撮影：河野美香）

10.4.1　海氷の密度

　海氷の物理量の一つである密度 ρ を求めるために，野外観測では採取した海氷をある大きさの直方体試料に整形し，体積と質量の測定値から算出する．しかし，海氷を純氷，ブライン，気泡の集合体と考え，計算で求めることもできる．気泡の質量（密度）は無視できるから，海氷の密度 ρ は，

$$\rho = \rho_i v_i + \rho_b v_b$$

となる．ここで，ρ_i：純氷密度，ρ_b：ブラインの密度，v_i：海氷中に占める純氷の体積分率，v_b：ブラインの体積分率であり，気泡の体積分率を v_a とすると，

$$v_i + v_b + v_a = 1$$

の関係がある．これらの式を整理して，

$$\rho = (\rho_b - \rho_i)v_b + (1 - v_a)\rho_i$$

となる．純氷の密度 ρ_i は温度 T から，$\rho_i = 0.9168 - 0.00015T$ で求められ（Pounder, 1964），またブラインの密度 ρ_b は塩分 S_b から，$\rho_b = 1 + 0.0008S_b$ となる（Zubov, 1945）．海氷中のブラインは周囲の氷と相平衡状態にあるから，S_b も温度 T で決まり，$S_b = 1/(1 - 54.11/T) \times 1000$ と表される（小野，1968）．さらに，Frankenstein and Garner（1967）によると，ブラインの体積比 v_b（‰）は海氷の温度 T と塩分 S から，

$$v_b = S\left(-\frac{49.185}{T} + 0.532\right)$$

と表される．なお，この式は $-22.9 \sim -0.5$℃の範囲の海氷に適用できる．また，一般的に海氷は気泡を含むため，その体積 1% ごとに密度は 0.009 g/cm³ ずつ小さくなる．

10.4.2 海氷の熱的性質

海氷の成長・融解過程，およびそれに伴う海洋-大気間の熱交換を理解する際に必要な熱に関する諸定数が理論的に求められている．海氷中には純氷とブラインの層が交互に配列し，球形の気泡が海氷内に一様に分布した模型が考案された（小野，1968）．また熱の流れる方向は各層の面に沿う方向であるとして，以下のような諸定数が導かれている．これらは固体塩が存在しない，$-8.2 \sim 0$ ℃の温度領域で適用される．

① 比　熱
海氷内の気泡の比熱を無視すると，

$$c\,[\text{J/kg·℃}] = 2.114 \times 10^3 + 7.536T - 3.349S + 0.08374ST + 1.805 \times 10^4 \frac{S}{T^2}$$

ここで，T は温度（℃），S は塩分で，海氷の比熱は融点付近で著しく大きくなり，-20℃以下では純氷のそれにほぼ等しいと見なすことができる．

② 融解熱
海氷中のブラインは氷体の温度変化に伴って凍結あるいは融解が起こる．したがって融点における融解の潜熱では定義できないため，ある温度 T の海氷 1 g を融かすために要する熱量を海氷の融解熱として，次式のように表される．

$$Q\,[\text{kJ/kg}] = 333.6 - 2.114T - 0.1143S + 18.05\frac{S}{T} + 0.00335ST - 0.00377T^2$$

海氷の温度が高いほど，急激に減少する．

③ 熱伝導率

$$k\ [\mathrm{W/m \cdot {}^\circ C}] = k_\mathrm{i} \cdot \frac{1-(1-\rho_\mathrm{i}/\rho_\mathrm{b} \cdot k_\mathrm{b}/k_\mathrm{i})\,m_\mathrm{b}}{1-(1-\rho_\mathrm{i}/\rho_\mathrm{b})\,m_\mathrm{b}} \cdot \left(1-\frac{3}{2}\,v_\mathrm{a}\right)$$

ここで，k_i，k_b はそれぞれ純水，ブラインの熱伝導率で，m_b はブラインの質量である．この熱伝導率 k と密度 ρ，比熱 c を用いると，温度拡散率 $k/c\rho$ $(\mathrm{cm^2/s})$ が求められる．

④ 熱膨張率

Malmgren（1927）によると，海氷の体膨張率 β は，

$$\beta = 0.000169 - 0.091\,\frac{S_\mathrm{i}}{S_\mathrm{b}{}^2} \cdot \frac{dS_\mathrm{b}}{dT}$$

ここで，S_i，S_b はそれぞれ海氷，ブラインの塩分である．海氷は塩分が低いほど膨張率が大きく，逆に温度，塩分が高いほど収縮率が大きくなる．このように複雑に変化するのも温度変化に伴うブラインからの氷析出や融解の影響である．

10.4.3 海氷のアルベド

海氷表面に入射した日射量に対する反射した日射量の割合をアルベド（反射率，albedo）といい，表面熱収支に伴う海氷の成長・融解に寄与する．成長の初期段階にみられるニラスでは 0.05〜0.1，板状軟氷は 0.2〜0.3 で，海氷の厚さの増大に伴ってアルベドは増加する．また海氷上に雪が積もると陸上の雪氷と同様，乾いた雪面では最大で 0.8 くらいまでアルベドが増す．春から夏にかけて表面が融解すると，アルベドは急激に減少する．とくに融け水が溜まったパドル（puddle）の発達によって海氷域のアルベドは低下し（Langleben, 1971），融解が促進される．

10.4.4 海氷の力学的性質

風や海流，潮汐などの力を受けた海氷は，さまざまな力学的性質に基づいて変化する．氷板の運動や氷野の変形機構の解明，さらに砕氷・耐氷船や氷海構造物に関する工学的研究においても力学的性質の理解は重要である．熱的諸性質と同様，海氷の温度や塩分によって力学的な特性も変化する．海氷中のブラインや気泡は，力学的な強度面では「隙間」であり，不純物を含まない淡水氷と比べて海氷は一般的に弱い．海氷の強度測定のために，試料を海面から取り出した場合，海氷中ブラインの脱落や融解・凍結によって，海面に浮いていたときとは状態が変わってしまうこともある．また，海氷の厚さ（深さ）によって結晶構造が異なるため，鉛直方向に一様な試料を取得しにくいなど，海氷構造の異方性による制約も多い．このように測定方法上，さまざまな困難を伴うが，得られた結果を各種研究に活用するためには，海氷の種類（た

とえば，一年氷か多年氷か），温度，塩分，気泡量，試料の大きさ，荷重方向など，測定手順に関する諸情報を明確にしておく必要がある（Schwarz and Weeks, 1977）.

ここでは，力学的な性質に大きく依存するブラインの体積比 v_b についての関係として，以下に諸特性を示す．

① 圧縮強度

Weeks and Assur（1967）により，$v_b \leqq 0.25$ のとき，

$$\sigma\,[\mathrm{N/m^2}] = 16.5 \times 10^5 \left\{1 - \left(\frac{v_b}{0.275}\right)^{1/2}\right\}$$

となり，$v_b > 0.25$ では一定となる．

② 引張強度

実験室で作られた人工海氷を用いて測定した結果が Dykins（1970）によって示されている（図 10.4.1）．直線近似した式は次のようになる．

$$鉛直\ \sigma_t\,[\mathrm{N/m^2}] = 15.4 \times 10^5 \left\{1 - \left(\frac{v_b}{0.311}\right)^{1/2}\right\}$$

$$水平\ \sigma_t\,[\mathrm{N/m^2}] = 8.2 \times 10^5 \left\{1 - \left(\frac{v_b}{0.142}\right)^{1/2}\right\}$$

結晶粒の大きさの違いによる強度の差は認められていないが，応力の増加速度がある値（$1.8 \times 10^5 \mathrm{N/m^2 \cdot S}$）をこえると，引張強度ははじめの値の 52％に減少する．

③ 曲げ強度

曲げ強度は海面に浮かんだ状態で測定できるという利点をもつ．Weeks and

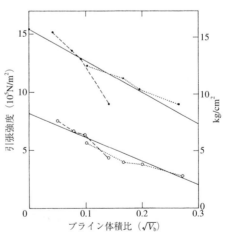

図 10.4.1　海氷の引張強度とブライン体積比の関係
　　　　　（Dykins, 1970 による）
●鉛直方向に引っ張る，○水平方向に引っ張る，
----- 海氷塩分 1〜2‰，……海氷塩分 7〜9‰．

Anderson（1958）ほかによる測定結果を Schwarz and Weeks（1977）がまとめている．$\sqrt{v_\mathrm{b}}<0.33$ のとき，曲げ強度 σ_f はブライン量の増加とともに減少し，

$$\sigma_f\,[\mathrm{N/m^2}]=7.5\times10^5\left\{1-\left(\frac{v_\mathrm{b}}{0.202}\right)^{1/2}\right\}$$

で表される．$\sqrt{v_\mathrm{b}}$ が 0.33 をこえると σ_f はほぼ一定となる．厚さが 2.4 m までの海氷については Dykins（1971）により，

$$\sigma_f\,[\mathrm{N/m^2}]=10.3\times10^5\left\{1-\left(\frac{v_\mathrm{b}}{0.209}\right)^{1/2}\right\}$$

で表される実験式が得られている．海氷板どうしの衝突によって，重なり合ったり，氷丘脈が形成されたりするときに寄与する性質の一つが曲げ強度である．

④ せん断強度

ブライン体積比との関係は曲げ強度のそれと同様の傾向にあり，また引張強度（鉛直方向に張力を加えた場合）の値にほぼ等しい（Paige and Lee, 1967）．

⑤ 摩擦係数

海氷どうし，あるいは他の物質との接触による摩擦は，船舶が氷海航行を行う際に氷から受ける抵抗や氷海構造物に加わる力などに寄与することから，実用面でも重要である．Ryvlin（1973）によると，海氷どうしの場合の静摩擦係数は平均 0.3 で，海氷と金属の間のそれは約 1/2 に減少する．また海氷の表面粗度にも依存し，凹凸の度合いが大きいほど静摩擦係数は増すが，動摩擦係数はほとんど変化しない．さらに，氷の結晶軸の向きと滑走方向との位置関係によっても摩擦係数は変化する．

10.4.5　海氷の電磁気的性質

海氷の電磁気的な性質はリモートセンシングにおいて重要である．高分解能センサを搭載した人工衛星による観測技術が進歩し，海氷域の諸情報を導出するアルゴリズムの開発と相まって，海氷が示す電磁気的な特性の理解は不可欠となっている．図 10.4.2 は McNeill and Hoekstra（1973）によって，18.6 kHz 波で測定された固有抵抗の鉛直分布を示す．海氷特有の塩分分布による不均一性がみられる．さまざまな周波数や温度条件下で測定された誘電特性について，Addison（1969）と Vant（1976）による結果を図 10.4.3 に示す．誘電率は周波数に逆比例し，損失角は 1 MHz 以下でほぼ一定であるが，それ以上の周波数で減少する．

電磁波が一年氷を通過するときの減衰とその透過距離の周波数の関係を図 10.4.4 に示す．Addison（1969）と Vant（1976）の結果によるもので，周波数が低いと電磁波の減衰も小さいが，測定分解能は低くなる．逆に周波数が高いと分解能は向上するが，減衰が大きくなり，海氷内部へ電磁波は侵入しにくくなる．したがって，10 MHz 〜 1 GHz の範囲が最適な周波数帯となり，海氷の厚さを測定する VHF インパルスレーダにも 100 MHz の周波数が使用されている（Campbell and Orange, 1974）．

10. 海　氷

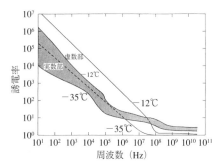

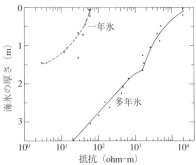

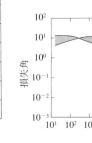

図 10.4.2　18.6 kHz の波で測定した海氷の固有抵抗の鉛直分布（McNeill and Hoekstra, 1973 による）

図 10.4.3　海氷の誘電率および損失角の周波数との関係（Addison, 1969 と Vant, 1976 の結果による）

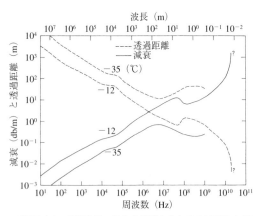

図 10.4.4　電磁波が一年氷を透過するときの減衰および透過距離の周波数との関係（Addison, 1969 と Vant, 1976 の結果による）

また，海氷の厚さを測定する手法として，EMI（electromagnetic induction；電磁誘導）センサを用いた研究が進められている（たとえば，Haas, 1998; Worby et al., 1999）．これは海氷の電気伝導度が海水のそれに比べて無視できるほど小さいことを利用し，センサから海水の表面，つまり海氷の下面までの距離を得るものである．砕氷船やヘリコプターに EMI センサを搭載した観測は，海氷の厚さを空間的に連続計測することに威力を発揮すると期待されている．

マイクロ波に対する海氷の放射特性は，表面状態や内部構造など海氷の側と周波数などセンサ側の要素によって変化する．図 10.4.5 に海氷の放射率の周波数特性を示す（Troy et al., 1981）．放射率（射出率ともいう）とは，ある温度の物体から放射される全放射エネルギーと，等温の黒体が放射する全放射エネルギーとの比である．新生氷から成長するにつれて放射率は増し，一年氷で最大となる．しかし，多年氷など古い氷では放射率は低下し，また周波数の増大とともに減少する傾向にある．このように海氷の識別においては，比較する対象に応じて（たとえば海氷と開水面，海氷の密接度・形成後の経過年などの違い），最適な周波数の選択や，複数センサによる解析によって，海氷域の実態を探る研究が進められている．なお，マイクロ波には雲を透過する性質をもつ周波数があり，昼夜や天候良否によらずに海氷域の観測が可能である．マイクロ波放射計センサの一種である SSM/I は，空間分解能は劣るが，全球の海氷分布を毎日モニタリングできる利点がある．

海氷域の面積と厚さを合わせて把握することは，海氷消長に伴う熱交換や水塊形成の理解に，ひいては極域および地球規模の気候研究につながる．海氷の電磁気的な特性をリモートセンシング技術に活かすためにも，さまざまな海氷状態についての地上検証データを蓄積することがますます重要になっている． [牛尾収輝]

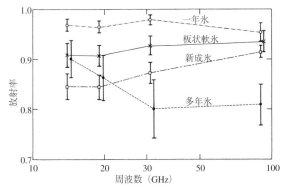

図 10.4.5 海氷の種類による放射率と周波数との関係（Troy et al., 1981 による）

文　献

Addison, J.R. (1969): Electrical properties of saline ice. *J. Appl. Phys.*, **40**: 3105 – 3114.

Anderson, D.L. (1961): Growth rate of sea ice. *J. Glaciol.*, **3**: 1170 – 1172.

Allison, I. (1979): Antarctic sea ice growth and oceanic heat flux. Sea Level, Ice, and Climate Change (Proceedings of the Canberra Symposium). IAHS Publ. No.131, 161 – 170.

Assur, A. (1958): Composition of sea ice and its tensile strength, Arctic Sea Ice. National Academy of Science, NRC, Publ.598, Washington, D.C., 106 – 138.

Banke, E.G. and Smith, S.D. (1975): Measurements of form drag on ice ridges. *AIDJEX Bull.*, **28**: 21 – 27.

Brennecke, W. (1921): Die ozeanographischen Arbeiten der Deutsch Antarktischen Expedition 1911 – 1932. *Arch. Deut. Seew.*, **39**(1): 214.

Campbell, W.J. and Orange, A.S. (1974): The electrical anisotropy of sea ice in the horizontal plane. *J. Geophys. Res.*, **79**: 5059 – 5063.

Dykins, J.E. (1970): Ice engineering – tensile properties of sea ice grown in a confined system. Naval Civil Eng. Labo. Tech. Rep. R689, Port Hueneme, Cal., 56 p.

Dykins, J.E. (1971): Ice engineering – material properties of saline ice for a limited range of conditions. Naval Civil Eng. Labo. Tech. Rep. R720, Port Hueneme, Cal., 95 p.

Frankenstein, G. and Garner, R. (1967): Equations for determining the brine volume of sea ice from −0.5° to −22.9°C. *J. Glaciol.*, **6**: 943 – 944.

Gloersen, P., Campbell, W. J., Cavalieri, D.J., Comiso, J.C., Parkinson, C.L. and Zwally, H.J. (1992): Arctic and Antarctic sea ice, 1978 – 1987: satellite passive – microwave observations and analysis. National Aeronautics and Space Administration, Washington, D.C., NASA SP – 511.

Haas, C. (1998): Evaluation of ship – based electromagnetic – inductive thickness measurements of summer sea ice in the Bellingshausen and Amundsen Seas, Antarctica. *Cold regions sci. technol.*, **27**: 1 – 16.

Hunkins, K. (1975): Geostrophic drag coefficients for resistance between pack ice. and ocean. *AIDJEX Bull.*, **28**: 61 – 68.

Jeffries, M. O., Shaw, R. A., Morris, K., Vaezey, A. L. and Krouse, H. R. (1994): Crystal structure, stable isotopes ($\delta^{18}O$), and development of sea ice in the Ross, Amundsen, and Bellingshausen Seas. *J. Geopys. Res.*, **99**: 985 – 995.

Jeffries, M.O., Worby, A.P., Morris, K. and Weeks, W. F. (1997) : Seasonal variations in the properties, and structural and isotopic composition of sea ice and snow cover in the Bellingshausen and Amundsen Seas, Antarctica. *J. Glaciol.*, **43**: 138 – 151.

Kawamura, T., Ohshima, K. I., Takizawa, T. and Ushio, S. (1997): Physical, structural, and isotopic characteristics and growth processes of fast sea ice in Lützow – Holm Bay, Antarctica. *J. Geophys. Res.*, **102**: 3345 – 3355.

Lake, R.A. and Lewis, E. L. (1970): Salt rejection by sea ice during growth. *J. Geophys. Res.*, **75**: 583 – 597.

Langleben, M. P. (1971): Albedo of melting sea ice in the southern Beaufort Sea. *J. Glaciol.*, **10**: 101 – 104.

Malmgren, F. (1927): On the properties of sea ice. The Norwegian North Polar Expedition with the "Maud" 1918 – 1925. *Sci. Res.*, 1, 5, 67 p.

Martin, S. (1981): Frazil ice in rivers and oceans. *Annu. Rev. Fluid Mech.*, **13**: 379 – 397.

Maykut (1985): An introduction to ice in the polar oceans. APL – UW 8510, September 1985, University of Washington. 107 p.

McNeill, D. and Hoekstra, P. (1973) : In – situ measurements on the conductivity and surface impedance of sea ice at VLF. *Radio Sci.*, **8**: 23 – 30.

小野延雄 (1968)：海氷の熱的性質の研究　Ⅳ．海氷の熱的な諸定数．低温科学物理篇，**26** : 329 – 349

Page, R.A. and Lee, C.W. (1967): Preliminary studies on sea ice in McMurdo Sound, Antarctica, during "Deep Freeze 65." *J. Glaciol.*, **6**: 515‑528.

Parkinson, C.L., Comiso, J.C., Zwally, H.J., Cavalieri, D.J.,Gloersen, P. and Campbell, W.J. (1987): Artic sea ice, 1973‑1976: satellite passive‑microwave observations. National Aeronautics and Space Administration, Washington, D.C., NASA SP‑489.

Pounder, E.R. (1964): Physics of Ice. 151 p, Pergamon Press.

Ryvlin, A. Ya. (1973): Experimental investigation of friction of ice. *Trudy AANII*, **309**: 186‑199.

Schwarz, J. and Weeks, W.F. (1977): Engineering properties of sea ice. *J. Glaciol.*, **19**: 499‑530.

Shirasawa, K. and Langleben, M.P. (1976): Water drag on Arctic sea ice. *J. Geophys. Res.*, **81**: 9451‑6454.

Stefan, J. (1890): Uber die Eisbildung, insbesindere uber die Eisbildung im Polarmeere. *ANN Physic.*, **42**: 269‑286.

Troy, B.E., Hollinger, J.P., Lerner, R.M. and Wisler, M.M. (1981): Measurement of the microwave properties of sea ice at 90 GHz and lower frequencies. *J. Geophys. Res.*, **86**: 4283‑4289.

Untersteiner, N. (1968): Natural desalination and equilibrium salinity profile of perennial sea ice. *J. Geophys. Res.*, **73**: 1251‑1257.

Ushio, S. and Wakatsuchi, M. (1993): A laboratory study on supercooling and frazil ice production processes in winter coastal polynyas. *J. Geophys. Res.*, **98**: 20321‑20328.

Vant, M. R. (1976): A combined empirical and theoretical study of the dielectric properties of sea ice over the frequency range 100MHz to 40GHz (Ph. D. Thesis, Department to Electronics, Faculty of Engineering, Carleton University, Ottawa, 438 pp).

Wakatsuchi, M. and Kawamura, T. (1987): Formation processes of brine drainage channels in sea ice. *J. Geophys. Res.*, **92**(C7): 7195‑7197.

Wakatsuchi, M. and Ono, N. (1983): Measurements of salinity and volume of brine excluded from rowing sea ice. *J. Geophys. Res.*, **88**(C5): 2943‑2951.

Wakatsuchi, M. and Saito, T. (1985): On brine drainage channels of young sea ice. *Ann. Glaciol.*, **4**: 200‑202.

Weeks, W.F. and Ackley, S.F. (1982): The growth, structure, and properties of sea ice. CRREL Monograph 82‑1, 130 p, Hanover.

Weeks, W.F. and Anderson, D.L. (1958): An experimental study of strength of young sea ice. *Trans. Amer. Geophys. Uni.*, **39**(4): 641‑647.

Weeks, W.F. and Assur, A. (1967): Fracture of lake and sea ice. *CRREL Res. Report*, **269**: 79 p.

WMO (1989): WMO Sea‑ice Nomenclature, WMO No.259.

Worby, A.P., Griffin, P. W., Lytle, V.I. and Massom, R. A. (1999): On the use of electromagnetic induction sounding to determine winter and spring ice thickness in the Antarctic. *Cold Regions Sci. Technol.*, **29**: 49‑58.

Zubov, N.N. (1945): L' dy Arktiki (Arctic ice), Izdatel' stvo Glavsevmorputi, Moscow, 491 p (Translated from Russian by U.S. Naval Oceanographic Office and American Meteorological Society, 1965).

10 章「海氷」さらに深く学びたい読者のために

The Geophysics of Sea Ice. edited by N. Untersteiner. NATO ASI Series B: Physics Vol. 146 (1986).

雪氷水文現象（基礎雪氷学講座 IV）第 4 章「海氷の生成，構造，物理的性質」若土正曉，第 5 章「海氷の分布と運動」青田昌秋 (1994)，古今書院．

Ice in the Ocean. P. Wadhams, Gordon and Breach Science Publishers imprint, 2000.

コラム 10.5　北海道立オホーツク流氷科学センター

所在地：紋別市元紋別 11 − 6
電　話：01582-3-5400
e-mail : ryuhyo@ohotuku26.or.jp
開館時間： 9 時 30 分〜16 時 30 分
休館日：月曜日と祝日の翌日および 12 月 29 日〜1 月 3 日.

　冬，北からの使者，流氷がやってくると，オホーツク海は広大な白い氷野に一変する．流氷は，不思議な力で人びとのこころを惹きつける．一方，流氷は，船乗りからは「白い悪魔」と恐れられてきた．ところが，いま漁師たちは流氷の多い年は豊漁という．はたして流氷の存在は人類にとっていかなる意味をもつのであろうか．
　北海道オホーツク海沿岸に面する紋別市に北海道立オホーツク流氷科学センターがある．ここではオホーツク海が流氷南限である謎，流氷と地球環境とのかかわり，流氷が豊かな海の育ての親であることなど，流氷の科学をわかりやすく紹介する．ここの目玉は，真夏でも実物の流氷に触れることのできる−20℃の厳寒体験室と流氷の世界を視界 360°のドームいっぱいに映しだすアストロビジョン映像である．映像の大半はヘリ，飛行機からの空撮と流氷下の撮影で臨場感に満ちている．ぜひ，読者も流氷の魅力に酔っていただきたい．ご来館をお待ちしています．　　　　　　　　　　　[青田昌秋]

凍った海を前にした北海道立オホーツク流氷科学センター（北海道紋別市）

11

凍土・凍上

11.1　自然環境下での土の凍結と凍上害

11.1.1　凍上害とその背景

　凍土・凍上の研究は，大きく分けて自然環境のもとで起こる土の凍結と，土木工事などに適用するための人工的な土の凍結を対象にするものとがある．自然環境下での土の凍結は，20世紀初頭以来，道路・鉄道・空港などの施設建設で，おもに凍上害を防止する目的で扱われてきた．また，昭和50年頃の第2次オイルショックを契機にアラスカの永久凍土地帯を縦断する原油のパイプラインが建設され，永久凍土での構造物の建設技術や周辺環境への影響が研究された．近年では，エネルギー開発や地球規模の環境問題でシベリアなどの永久凍土の調査研究が活発に行われるようになった．

　土が凍るとき，土中にできた霜柱（アイスレンズ）によって凍上が起こり，周辺の構造物は被害を受ける．このアイスレンズの強度は，市販の氷に比べて3〜5倍も大きい（生頼ほか，1981）．成長する力によって，上にある構造物を一緒に持ち上げるほどである．地面全体が均一に凍上して，つぎに凍土が融けてもとの状態に戻れば大きな問題は起こらない．しかし，通常は，構造物の下にある地盤の土・水・寒さの条件が同じになることは少ないので，凍上するところと凍上しないところとができる．その結果，構造物の一部に力が集中するので，構造物に亀裂や破損を生じる．一方，凍土が融解するとき，凍上した場所は土が凍結する際に地中から移動してきた水でアイスレンズが成長するので，土はその融け水で「ぬかるみ」状態になって強度が大きく低下する．場所によって沈下量が違う不同沈下が起こる．このため，構造物が傾いたり，亀裂や破損が生じる．また，凍土が構造物の側面に凍りついて凍上するときに構造物を一緒に持ち上げる現象，凍着凍上（adfreezing frost heave）によっても，同様の被害が生じる．土の凍上・融解沈下（または解凍沈下，thaw settlement）によっ

て起こる構造物の被害を，凍上害（frost-action damage）という．

11.1.2 凍上害の事例

どのようなところに凍上現象や凍上害が現れるのか，具体的な事例を示す．

(1) 道路，鉄道，空港の凍上害

道路の凍上害は，よく起こる被害の一つである．凍上した道路を車で走ると，夏に平坦で揺れの少ないところでも，冬には凍上による凹凸で揺れが起こる．数 cm ～十数 cm の凍上が，通常行われる凍上対策の基準をこえるような箇所で発生する．たとえば，道路・路面下の地層で山を削って造った切土部分や，陸橋などの下で日射がほとんど当たらない場所，道路の下を横断するコンクリート製の箱型通路や用水路の上など，土がよく凍る場所で凍上しやすい．その結果，舗装に亀裂が発生する．積雪の少ない寒冷地に限らず，多積雪地帯の道路でも除雪によって路面が寒さにさらされると，同じように凍上害が起こる．春には凍土が融けるので，凍上した路面は沈下して図 11.1.1 のように亀裂が残る．こうした状況を繰り返すと，路面の劣化が速まって，凍上害の起こらない道路に比べて余分な補修や改修が必要となり，維持管理に多くの費用がかかる．

道路と同様に，鉄道でも除雪するため線路に凍上が起こる．浮き上がった線路は，枕木との隙間に「はさみ木」と呼ばれる木片を挟んで走行の安定性を図る．凍土が融けるとはさみ木を抜いてもとに戻す．昔から行われてきた，鉄道特有の凍上対策である．しかし，こうした対症療法的な対策を行う区間も，後述の 11.1.4 項(1)に示した

図 11.1.1　道路の凍上害（北海道広尾郡大樹町）

恒久的な対策が行われ，少なくなってきている（土質工学会編，1994）．また，トンネル入口付近では，アーチ構造の壁面が背後の土の凍上によってトンネル内部に押し出される被害がある．道路と同様に，空港でも滑走路や誘導路は除雪するので凍上が問題になる．これらの施設では，重大事故が起こらないように十分な凍上対策が必要になる．

(2) 斜面の凍上害

道路や鉄道は，平坦地だけでなく，丘陵や山岳地域を通過するので，斜面の凍上対策も必要になる．とくに，路面に比べて斜面の面積は大きい．山岳地帯にあるダムの斜面なども同様である．斜面を緑化して安定に保つために，いくつかの土木工法がとられてきた．たとえば，勾配40°をこえる急な斜面では，そのまま土を載せても滑り落ちるので，土留め用の「のり枠」を平らに整形した斜面に置いて，なかに植物が生育するための土壌を詰めて斜面を緑化する．ところが，急勾配の斜面には本来雪が着きにくい．その結果，土が凍りやすく，図 11.1.2 のようにのり枠が凍上によって浮き上がり，土留め機能を失ったところに，雨水や融雪水で斜面が崩れるなど，凍上害が発生する（武田ほか，1999）．また，これまで斜面の工事は，斜面の方位に関係なく同じ工法で設計して実施されてきた．ところが，同じ場所でも斜面の方位によって積雪深や日射量が異なり，凍結深の違いから凍上害の発生状況も違ってくる（宗岡ほか，2002）．こうした点を考慮して，斜面の工事で凍上対策を行うことが今後の課題である．

図 11.1.2 斜面の凍上害（崩れた斜面の左にのり枠が凍上で浮き上がっている，北海道河東郡音更町）

図 11.1.3 側溝の凍上害（凍上の繰り返しで底が斜面下方にずれて，反時計回りに回転した側溝，北海道川上郡清水町）

(3) 各種構造物の凍上害

歩道の亀裂，歩道縁石の変形，図 11.1.3 に示すような排水溝の変形（鈴木・山田，1990），道路の側面に積まれたコンクリート製垂直壁パネルの崩壊（日経コンストラクション，2000），雪が着きにくい L 型擁壁や農業用水路側部のコンクリート壁で押し出しなど凍上害がある．このほか，家屋の基礎部分，玄関ドア，門柱，車庫，畜舎の基礎，電柱，消火栓，マンホール，電話ボックスなど，構造物の下の土が凍る場所や周囲を除雪して土が冷気にさらされて凍る場所で凍上害が起こる．その結果，構造物が傾いたり，ドアが変形して不具合が生じたり，構造物本来の機能が損なわれる．

(4) 文化財の凍上害

寒冷地で歴史的な土構造物が凍上害を受けることがある．盛岡市郊外の志波城跡では，版築工法と呼ばれる古来の技法によって造られた高さ 4 m，幅 2.4 m，長さ 252 m の土塀，築地塀が復元されている．しかし，築地塀の基礎部は雨水や融雪水が入りやすく，図 11.1.4 のように寒さによって表土がはがれる凍上害が発生しやすい（八木ほか，1995）．

石灰岩や大谷石（緑色凝灰岩）など比較的軟らかい岩石は，微細な孔のあいた構造をしているので，寒さでなかの水が凍結するとき，内部の未凍結部分から移動してきた水によってアイスレンズが成長し，土と同じように凍上が起こる（Akagawa et al., 1988）．磨崖仏と呼ばれるこうした岩の壁をくりぬいて造られた仏像は，外部から浸入した水や地下水が寒さによって表面で凍結し，凍上や水の凍結による体積膨張が原因で仏像の表面がはがれて劣化する，凍結劣化（または凍結風化，凍結破砕作用，

図 11.1.4 志波城跡・築地塀の凍上害（左：遠景，右：凍上害を受けた築地塀下部）

frost weathering）が起こる（三浦，1985）．

11.1.3 凍上害防止に向けた調査

(1) 凍上害の調査・凍上観測

凍上害が起こりそうな場所に新たな構造物を建設したり，既存の構造物に凍上害が起こって被害の再発を防ぐときなどに，凍上害の調査や凍上観測を行う．

凍上害は，一般的に凍結深が大きな地域ほど多く発生する．したがって，凍上対策を検討するうえで，凍結深を把握することが重要になる．凍結深の調査・観測方法は，17.5 節の凍土・凍上観測で，また気温から計算した凍結指数による凍結深の推定方法は後述の 11.3.1 項の式(5)に示されている．このほか，気温・地温，凍上量（frost heave amount），積雪深を現地観測したり，土の凍上試験を実施する．一方，凍上害が起こってしまった場所では，凍上害の調査を行い，おもな原因を明らかにして防止対策を実施する．凍上害が起こっている場所の地盤を冬季にボーリングして，採取した凍土コアの断面を調べることもある（日本雪氷学会北海道支部編，1991）．しかし，冬季のボーリングが難しい場合は，凍土が融けた夏期に地盤を掘って土質調査を行う（地盤工学会編，2000）．

(2) 土の凍上試験

土は道路の工事現場ごとに違うほど性質が異なる．そこで容器に入れた土を試験装置にセットして，凍結温度や水分を一定条件で与えて室内の凍上試験（frost heave test）を行う（たとえば，日本道路協会，1987；日本道路公団，1992；日本雪氷学会

図 11.1.5 (a)　コンクリート状凍土（凍土の断面には析出氷がみられない）

図 11.1.5 (b)　霜降り状凍土（黒っぽい厚さ数 mm 単位の析出氷がみられる）

図 11.1.5 (c)　霜柱状凍土（厚さ数 cm 単位の析出氷がみられる）

北海道支部編，1991）．試験には，供試体に外部から水を補給する開式凍結（open-system freezing）と水を補給しない閉式凍結（closed-system freezing）の方式がある．凍結した土の形態を大きく分けると，氷がほとんどみられないコンクリート状凍土（図 11.1.5(a)），ところどころ厚さ数 mm 単位の析出氷がみられ霜降り肉に似ているとされる霜降り状凍土（図 11.1.5(b)），数 cm 単位に析出した氷層のみられる霜柱状凍土（図 11.1.5(c)）がある．凍上試験では，このような凍土の形態のほか，土の凍上による体積膨張を量的に比較して，土の凍上のしやすさ・凍上性（frost susceptibility）を判定する．試験結果は，工事の材料としてその土が使えるかどうかや，凍上対策が必要かどうかを判断するときの参考にする．また，これまで凍上試験は，それぞれの研究機関，試験機関において種々の仕様で行われてきたが，結果を相互に比較できるようにするため，試験方法を統一しようという動きから，現在地盤工学会で標準的な凍上試験法が検討されている（地盤工学会基準部編，2002）．

11.1.4　凍上害の防止対策

凍上は，寒さ・水・土の条件が揃うと起こる．凍上害を防ぐ対策は，このうち少なくとも一つの条件を取り除くことである．凍上対策（または凍上抑制，frost protection）の方法を以下に述べる．

(1)　置換工法
置換工法（material relacing method）は地盤改良の一種で，構造物周囲の凍上しやすい土を凍上しにくい粗い粒子の砂や砂利に置き換える方法である．道路の場合，最近 10 年間で最も寒さが厳しい年の最大凍結深の 70〜90％が置き換えられる（久保，1981）．鉄道，空港，住宅の基礎，コンクリート壁背後の土など多くの構造物で一般的にとられる凍上防止対策である．安価な工法で大量に実施するときに有効である．

(2)　断熱工法
断熱工法（insulating method）は，地面や路面の下にポリスチレンフォームなどの断熱材を敷いて，凍結深を小さくする．このことが凍上量を小さくし，被害を抑制する．図 11.1.6 のように，置換工法と併用されることが多い（豊田ほか，2003）．また，斜面の凍上防止対策として，自生するササの断熱特性で凍結深が減少することから，ササの機能を活かした斜面を保全する工法が試みられている（武田ほか，2001）．

(3)　遮水工法
遮水工法（water preventing method）は，凍結面へ地下水が毛管上昇によって供給されることを断つために，凍結深より下のところに遮水シート，ジオテキスタイル（土谷・三嶋，1990），砂利などで遮水層を設けて凍上を抑制する．

図 11.1.6 断熱工法による高速道路の凍上対策(豊田ほか,2003)

(4) 安定処理工法

土の安定処理工法(soil stabilization method)は,置換工法と異なり,現地で発生した凍上しやすい土に混合物を加えて土の性質そのものを変えて,凍上を抑制する方法である.混合物にはセメント(生頼ほか,1984),石灰などが使われる.また,土に塩類を混入して氷点降下を起こして,凍上を抑制する.文化財の復元工事などで土にニガリ(塩化マグネシウムを主成分とする)などが使われている(八木ほか,1995).

(5) 構造物の構造改良

構造物自体の構造を改良して,凍上を起こりにくくする.たとえば,マンホールや杭の構造を円錐台のような形にして凍土が付着しにくくしたり(鈴木ほか,1996),のり枠や杭などの凍着凍上を防ぐため構造物の地中部分に反力板を設置したものなど(武田ほか,2001)がある.

11.1.5 永久凍土地帯におけるパイプラインの凍上害とその対策

(1) 石油パイプライン

永久凍土地帯は,厳しい自然環境のため化石燃料の生産や開発が温暖な地域より総じて遅れている.そのなかで,永久凍土地帯を通過する既存の大規模石油パイプライン(pipeline)の代表として,アラスカ州を北極圏のプルードベイ(Prudhoe Bay)からブルックス山脈(Brocks Range)をこえ南へ 1280 km 離れた不凍港のバルディー

11.1 自然環境下での土の凍結と凍上害

図 11.1.7 アリエスカパイプラインのルート（アメリカ・アラスカ州）

図 11.1.8 永久凍土上の地上式パイプライン（アリエスカパイプライン，アラスカ州・Livengood 付近）

ズ（Valdez）までを結ぶアリエスカパイプライン（Alyeska Pipeline）がある（図11.1.7）．このパイプラインは，直径 1.2 m，長さ 12 m のパイプ 10 万本を現地で熔接し敷設されている（図 11.1.8）．原油は，輸送効率の向上のために $+60°C$ に暖められその粘性を下げて圧送される．パイプライン全長のうち 672 km は 7 万 8000 本の杭で地上に架空（図 11.1.9）され，残りの 608 km は地下に埋設されている．

しかし，その経路は，1.3.4 項に示すように，永久凍土が均一に分布しているので

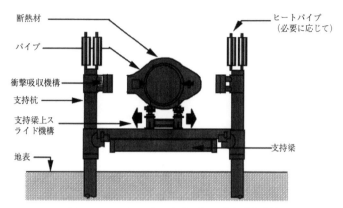

図 11.1.9 アリエスカパイプラインの地上式設置例
断熱材で囲まれたパイプは，ヒートパイプ機能を有する杭に取り付けられ，テフロンシート加工された支持梁上に設置され，左右に稼動できる．

はなく，永久凍土地帯特有の地形もあることから変化に富んでいる．高温の原油を輸送するパイプを永久凍土中に埋設すると，氷を多く含む周囲の永久凍土は融解し，いわゆる解凍沈下によるパイプの沈下が予想される．このような不具合を防ぐために，永久凍土地帯を通る 672 km ではパイプラインは地上に設置されている．地上に設置されているパイプラインは厚さ 10 cm の断熱材で覆われ，冬期の原油の冷却を防止している．この考え方は永久凍土地帯における石油パイプラインの基本である．このため，永久凍土の分布を全経路にわたってきめ細かく調査し把握する必要がある．アリエスカパイプラインにおいては，永久凍土地帯を通過する経路に関して初期のルート選定時点で 100～200 m の間隔でボーリング調査が行われ，必要に応じてさらに 25 m ごとに永久凍土の存在やその状態を調査し，地盤に適したパイプライン設置法を採用している．

　地上設置という永久凍土地帯での敷設方法は，よりデリケートな課題をもっている．パイプを保持する杭を通して，気温の高い夏季には大気から熱が杭周囲の永久凍土に伝わる．場合によっては，杭周囲の永久凍土が融解し支持力を失う恐れがある．事前の地盤調査では，このような可能性を 7 万 8000 本の杭について検討し，凍土の融解が予想される杭に関しては杭自体をヒートパイプ（heat pipe）にすることで対応している．ここで使われているヒートパイプは，密閉した鋼管内に「動作液体」（熱を運搬する液体で，HFC-13a：ハイドロフルオロカーボンなどが使われている）を封入したもので，下部を地盤に埋めて上部を地上に出して大気にさらす．地中で温められた動作液体は，周囲の地盤から気化熱を奪って蒸発する．冬期には，地上部のパイプ内で気体は冷やされて凝縮し，液体になって重力で下降し循環する．動作液体の動きは，あたかも海で蒸発した水蒸気が上空で冷やされて雨になって海に戻る循環に

似ている．このとき，気化熱を運搬するため，金属の熱伝導より見かけ上効率よく地中の熱を逃がすことになり，寒さが地下に伝わり，凍土を形成したり凍土の温度を下げる．一方，夏期には，地上部が地下部より温度が高いと，液体の循環が止まるため，ヒートパイプは熱を伝えにくいものとなり，凍土を融かしにくくする．こうしたヒートパイプ機能をもった鋼管杭は，6万1000本で実に杭総数の78％にも及ぶ．アリエスカパイプラインは，用意周到な調査・計画・施工によってパイプラインとしての機能を保ち続けている．

(2) 天然ガスパイプライン

環境問題への対応，エネルギーの安全保障，次世代エネルギーと期待される水素への橋渡し役として天然ガスは，21世紀初頭にその需要が急増すると予想されている．天然ガスの多くは，未開発のまま永久凍土地帯に分布している．一方，ロシアの西シベリアにおいては約500 BCM/年（5000億 m^3/年）もの天然ガスがすでに生産されヨーロッパ諸国に輸出されている．このような比較的長距離かつ大量の天然ガス運搬方法としては，安全性や運送コストといった面から埋設パイプラインが使用されている（図11.1.10）．しかし，ガスパイプラインは，周囲の永久凍土が融解すると「ぬかるみ」状態になって浮力が作用して浮上したり（図11.1.11），洗掘したり，最悪の場合にはパイプからガスが漏洩する．西シベリアでは漏洩量が13BCM/年（130万 m^3/年）ほどと推測され，日本の天然ガス使用量の17％に相当する．この天然ガスの90％はメタンであるため，地球温暖化ガスが人為的に大気へ放出されている．

永久凍土地帯を通過する幹線天然ガスパイプライン敷設の要求は高まっており，信頼性のあるガスパイプラインの設計・施工・保守技術が必要になっている．そこでは，永久凍土を融かさないという鉄則がある．永久凍土地帯のガスパイプラインではガスの温度をマイナスに保つという方法が一般的に推奨されている．なかでも最も問題になるのは，永久凍土から季節凍土あるいは未凍土へパイプラインが横断する境界

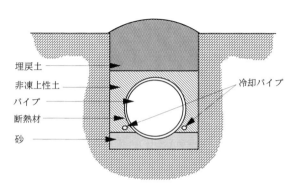

図11.1.10　欧米で計画された埋設式パイプラインの埋設断面の例

図 11.1.11 永久凍土から地上に露出したガスパイプライン（ロシア・西シベリア）

図 11.1.12 永久凍土地帯での埋設ガスパイプライン実験におけるパイプ敷設状況（アメリカ・アラスカ州フェアバンクス近郊）

部である．このような境界部では，マイナス温度のガスが搬送されているかぎり永久凍土側のパイプは丈夫な凍土に保護されて安定に存在できるが，未凍土側ではパイプ周囲の地盤が凍結するときパイプが凍上により上昇する．このため，凍土と未凍土の境界部を中心にパイプは曲がり，大きな曲げモーメントが発生する．この曲げモーメントがパイプの許容限度をこせば，パイプに損傷が発生することが予想される．また，埋設深さが活動層の厚さに比べて十分ではない場合には，境界部の永久凍土側に発生する曲げモーメントによる上向きの力により凍土側のパイプが夏季に上昇を繰り返し，最終的には地上に露出するという場合も予想される．こうした問題を解決する設計手法の確立を目指して，現在アラスカ・フェアバンクス市郊外で現地実験が行わ

れている（図 11.1.12）. ［武田一夫・赤川　敏］

文　献

Akagawa, S., Goto, S. and Saito, A.（1988）: Segregation freezing observed in welded tuff by open system frost heave test. Proceedings of the 5th International Conference on Permafrost, pp.1030‒1035.

赤川　敏（1990）：永久凍土地帯の特徴的地形と構造物基礎の特殊性. 土と基礎，**38**(1)：13‒19.

土質工学会編（1994）：土の凍結―その理論と実際―（土質基礎工学ライブラリー 23），310 p，土質工学会.

福田正己・小疇　尚・上野道男（1984）：寒冷地域の自然環境，pp.102‒106，北海道大学図書刊行会.

東　晃（1981）：寒地工学基礎論，247 p，古今書院.

地盤工学会編（2000）：土質試験の方法と解説，902 p，地盤工学会.

地盤工学会基準部編（2002）：「凍上量予測のための土の凍上試験方法」および「凍上性判定のための土の凍上試験方法」について. 土と基礎（地盤工学会），**50**(9)：85‒93.

木下誠一（1980）：永久凍土，202 p，古今書院.

久保　宏（1981）：道路舗装の凍上とその対策. 土と基礎，**29**(2)：9‒14

三浦定俊（1985）：II. 凍結劣化とその対策. 石造文化財の保護と修復（東京国立文化財研究所），pp.9‒11.

宗岡寿夫・土谷富士夫・武田一夫・辻　　修・伊藤隆広（2002）：寒冷少雪地域における切土法面の設計・施工と保全問題. 土と基礎（地盤工学会），**50**(1)：7‒9

日本道路公団（1992）：土の凍上試験法，日本道路公団規格 JH112‒1992.

日本道路協会（1987）：道路土工，排水工指針，pp.158‒174.

日本雪氷学会北海道支部編（1991）：雪氷調査法，244 p，北海道大学図書刊行会.

日経コンストラクション（2000）：支えの鋼材が破断しパネルが落下. 日経コンストラクション，**270**：48‒51.

生頼孝博・高志　勤・山本英夫・岡本　純（1981）：土の凍結に伴う析出氷晶の一軸圧縮強度. 雪氷，**43**(2)：83‒96.

生頼孝博・山本英夫・岡本　純・伊豆田久雄（1984）：セメント混合による土の凍上及び解凍沈下抑制に関する実験的研究. 雪氷，**46**(4)：189‒197.

鈴木輝之・山田利之（1990）：小型 U‒トラフの凍上被害に関する屋外実験. 土木学会論文集，No.418/III‒13：163‒171.

鈴木輝之・朱　青・澤田正剛・山下　聡（1996）：自然地盤の凍着凍上力実験. 土と基礎（地盤工学会），**44**(7)：11‒14.

武田一夫・岡村昭彦・伊藤隆広（1999）：寒冷地における法面保護工の開発（I）法面凍上害の分布とその発生過程. 日本緑化工学会誌，**25**(1)：1‒12.

武田一夫・伊藤隆広・岡村昭彦（2001）：寒冷地における自然環境復元のための法面保護工の開発. 土と基礎（地盤工学会），**49**(10)：10‒12.

豊田邦男・辻野英幸・外塚　信（2003）：断熱材を用いた路面凍上抑制効果に関する検討. 地盤工学会北海道支部年次技術報告集，**43**：329‒332.

土の凍上試験方式検討委員会（2001）：委員会報告 1 ～ 5，土の凍結と室内凍上試験方法に関するシンポジウム発表論文集（地盤工学会），pp.1‒22.

土谷富士夫・三嶋信雄（1990）：ジオテキスタイルを使用した遮水工法による凍上抑制試験. 第 6 回寒地技術シンポジウム論文報告集，pp.65‒68.

八木光則・似内啓邦・中田英史・武田一夫・新田喜宣・佐々木　淳（1995）：寒冷地における歴史的土構造物の復元整備. 土質工学会「遺跡の保存技術に関するシンポジウム」発表論文集，pp.175‒182.

コラム 11.1　ロシア科学アカデミーシベリア支部
　　　　　　　メリニコフ記念　永久凍土研究所

機関名：Институт Мерзлотоведения / Permafrost Institute
所在地： Russia, 677010, Yakutsk, 10
Tel, Fax：(411-2) 44-44-76
URL：http://mpi.ysn.ru/
Director：R. M. Kamensky

　東シベリアに位置するサハ共和国の首都ヤクーツク市周辺は，世界でも最も永久凍土が広く深く達している場所の一つであり，永久凍土を研究するには最適な場所である．ヤクーツク市は，1844 年にシェルギンの井戸で地下深部の永久凍土温度がはじめて観測されたという場所でもある．

　永久凍土研究所はこのヤクーツク市に 1960 年に設立され，以来，永久凍土分布の調査や，永久凍土の熱的な研究，凍土の力学的な研究を行ってきた．現在も 300 名（うち研究者 90 名）の所員が 14 の部門に分かれて研究を行っており，チュメニにある寒冷地学研究所（Institute of the Earth Cryosphere）とともに，ロシアの永久凍土研究を担っている．

　研究所の地下室は永久凍土のなかに掘られ，天然の低温実験室として使われている．ここでは，気温 35℃をこえる真夏でも，壁面の永久凍土断面をじかに観察することができる．　　　　　　　　　　　　　　　　　　　　　　　　　　　［森　　淳　子］

永久凍土研究所（ヤクーツク）

11.2 人工凍結と凍土利用

11.2.1 地盤凍結工法

凍土は，凍る前の土に比べて硬くしかも水を透さない性質がある．凍土のもつこのような性質に着目して土を人工的に凍らせ，人工凍土（artificially frozen soil）を積極的に利用することが，いろいろな分野で行われている．

地盤凍結工法は，トンネル工事の掘削作業において地下水の出水や地盤の崩壊を防ぐために，地盤を人工的に凍結して性質を変える地盤改良工法の一つである（土質工学会編，1994）．ここでいう地盤（ground）とは，地表面から深さ数 m ～数十 m に存在するいろいろな地層からなるものをいう．また，この工法の特徴は，地盤に化学物質など他の材料を加えないので地下水を汚染することがないこと，工事後には氷が融けて水になるのでもとの地盤に戻ることである．

(1) 地盤の凍結方法

凍土壁（frozen soil wall）は，図 11.2.1 に示すように，地中にあらかじめ決められた間隔で埋設した凍結管（freeze pipe）と呼ばれる鉄パイプに，大型冷凍機から約 −30 ℃に冷却した塩化カルシウム水溶液であるブライン（brine）からなる冷媒を循環させて造る．凍結管周辺の土は凍り，凍土が成長して凍土柱の列を形成する．さらに時間が経つと凍土柱は成長して結合し，最終的に連続した凍土壁を形成する．

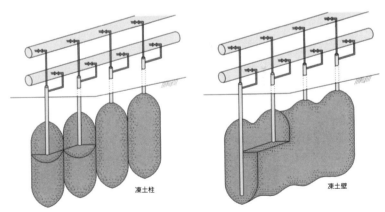

図 11.2.1 地盤凍結工法による凍土壁造成の模式図
左図：冷却した凍結管で造成した凍土柱の列，右図：その後にできた連続した凍土壁．

図 11.2.2 東京湾アクアライン（風の塔）の立杭建設工事
4基の外径約 14 m のトンネル掘削機械（シールド機）が地盤を掘削する際に，この立坑の海面下 70 m にある底の部分に巨大な凍土壁が造成された．

(2) 適用工事

人工的に造成した凍土を土木工事に最初に利用したのは，英国であった．鉱山の円筒型コンクリート立坑の建設で地下水の噴出事故を防止するため，1862 年に行われた．これまでに世界中で行われた工事のなかで，最大深さは 600 m といわれ，ロシアや北欧では地下道などの建設にも用いられている．わが国では 1962 年の水道管建設工事ではじめて適用された（土質工学会編，1994）．その後，地下街連絡路，河川直下を横断する地下鉄，下水道幹線，海底道路である東京湾アクアライン（増田ほか，1999）（図 11.2.2～図 11.2.4），地下貯留池，そして大都市地下の高速道路などの建設に，この工法は用いられてきた．現在までに 500 件近い実施例があり，1 カ所での凍土の最大造成量は 3 万 7000 m³ で，これまでの全工事で造成した凍土の量は 40 万 m³ をこえている．今後も大深度の地下工事で，地盤凍結工法の適用は増えるものと予想される．

(3) 凍土の性質の利用

凍土の力学的性質（mechanical properties），熱的性質（thermal properties），そし

11.2 人工凍結と凍土利用

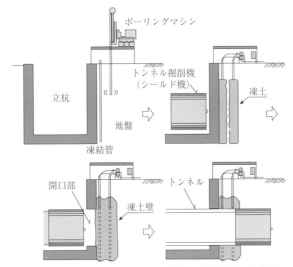

図 11.2.3 凍土壁の造成とトンネル掘削機の掘削状況の模式図

図 11.2.4 トンネル掘削前に立坑の壁を撤去した開口部に，凍土壁が露出した状態
凍土壁の上半分は融解しないように防熱材で保護されている．

て土の凍上特性（または凍上性）を考慮して設計や施工を行うことは，地盤凍結工法の安全性と経済性を確保するうえで重要である．

a. 凍土厚の設計における凍土の強度特性

地中に造成する凍土壁の厚みや温度は，壁にかかる水圧や土圧の大きさから設計されるが，このとき凍土の力学的性質が重要になる．都市部で掘削工事を行う地下数十

m に存在する土の一軸圧縮強さ（unconfined compressive strength）は，10〜50 kN/m² 程度しかない．しかし，このような土が凍結すると，強度は数十倍から数百倍にもなる．この凍土の強度は，後述の図 11.3.11 にあるように，土の種類や温度によって変わる．これは，土粒子を結合させている氷の強度や，凍土中に凍らないで存在する不凍水（unfrozen water）の量が，温度によって変わるためである．たとえば，−15℃の強度は，粘土の凍土では 6000 kN/m²，細砂の凍土では 1 万 6000 kN/m² まで大きくなり（高志ほか，1981），地盤そのもので「れんが」に近い硬さの壁を造ることになる．また，地下水位より深い地盤では土の間隙を水が満たしており，水を氷に変えることによって地盤全体を均一に改良することができる．その結果，現場での凍土の強度を実験室と同じ強度まで一様に高めることができ，しかも完全に水を通さない壁を造ることができるという大きな利点がある．この点が，セメントなどを土のなかに混合して強度を大きくする他の地盤改良工法と異なる点である．たとえば，東京湾アクアラインでは，造成した凍土壁中央部で 1 m² 当たり 550 kN もの水圧を支えつつ，図 11.2.4 に示したように，深い立坑の底でトンネルの掘削作業が安全に行われた．

b. 凍結計画における地盤の熱特性

凍土壁を造成する計画では，土を冷却し凍結させる凍結管の本数や配置を決め，つぎに必要な冷却能力をもつ冷凍機械を選定し，凍結するのに必要な日数が算出される．この熱計算においては，凍結前と凍結後の土の熱伝導率や土のなかの水が凍結するときの潜熱量などが必要になる．後述の 11.3 節で示す凍土の熱的性質から，粘土よりも砂は熱伝導が大きくまた潜熱量は少ないことがわかっているので，このような土の種類や水の量などと熱的性質との関係を用いて地盤凍結工法の設計を行う（高志・和田，1961）．また，河川近くで工事が行われるような場合には地下水流を測定し，2 m/日をこえるときには流速を抑制する対策を講じたうえで工事が実施される．

c. 凍上対策における凍上特性

砂や「れき」を凍結する場合には，土中の水が氷になるときの体積膨張による余分な水は自由に排水されるので，土の体積は凍結する前とほとんど変わらない．しかし，粘土などを凍結するときには，11.3 節で述べるように凍結するときに吸水して，土は体積を増す．凍結前の土の体積に対する凍結膨張量（または凍上量）の割合は，凍結膨張率（または凍上率，frost heave ratio）と呼ばれ，凍結膨張によるトンネルや地中埋設物への影響を予測し，設計・施工で必要な対策を講ずる際に重要な値である．

これまでの多くの室内実験から，水で飽和した土の凍結膨張率の大きさを左右する代表的な因子は，有効応力（effective stress）という土粒子の骨格が支える荷重の大きさと，凍結速度であることがわかっている．凍結しつつある粘土のような土は，土中にもともともっていた水が氷になって膨張する量だけでなく，凍結していない周辺の地盤から水を吸い込んで氷をつくり，その量を加えて全体が体積膨張をする．体積

膨張する際に重しとなる有効応力が小さいほど，また凍結速度が小さく吸水される水が土粒子間を流れるときの抵抗が少ないほど水を吸い込む量は多くなるので，凍結後の膨張量は大きくなる．

通称，高志の式（高志ほか，1974）と呼ばれる，凍結膨張率 ζ と有効応力 σ との関係を示す式(1)や，凍結速度 U を含む式(2)は，日本の地盤凍結工法や後述する LNG 貯蔵タンク周辺での土の凍結膨張を予測するのに広く用いられている（土質工学会編，1994）．

$$\zeta = \zeta_\mathrm{o} + \frac{C}{\sigma} \tag{1}$$

$$\zeta = \zeta_\mathrm{o} + \frac{\sigma_\mathrm{o}}{\sigma}\left(1 + \frac{\sqrt{U_\mathrm{o}}}{\sqrt{U}}\right) \tag{2}$$

なお，上式中の ζ_o，C，σ_o，U_o の定数は，工事対象の地盤から採取した土を用いた室内凍上沈下試験（高志ほか，1974）から求められている．実際の地盤における凍結膨張量を推定する場合には，凍結する深さでの有効応力だけでなく，吸水しやすさの条件も考慮して計算する（野木ほか，2001）．また，これによって地中に新たに発生する応力も予測する（高志，1972）．これらの推定値の大きさと構造物への許容量を比べて，必要に応じて地盤に孔をあけて膨張量を吸収するなどの凍上対策を施して，周辺構造物への凍結膨張の影響を軽減する．

(4) 解凍沈下対策における解凍沈下特性

軟弱な粘土のような土は，地盤凍結工事の後に凍結前よりも圧密して沈下することがある（山本ほか，1985）．このような凍結融解過程を経て地盤の沈下が起こりそうな場合には，凍土を解凍しながら土を固める材料を注入するという対策がとられる．この場合，室内試験であらかじめ解凍する土の性質を調べて対応する．

11.2.2　LNG 貯蔵タンク

(1) 液化天然ガス（LNG）の貯蔵

メタンを主成分とする天然ガスは，有害な排出物が少なくその産出国が世界中に分散していることから，わが国のエネルギー政策上重要なエネルギーの一つである．海外から天然ガスを輸送する方法は，ヨーロッパのような内陸国の多い地域では内陸をガスパイプラインを使って輸送する方式であるが，四方を海に囲まれたわが国ではタンカーで運ぶ方式がとられている．後者の方式では，天然ガスを産出国で $-162℃$ に冷却して，体積が気体の約 1/600 の液化天然ガス（liquefied natural gas : LNG）にして輸送される．この LNG は，海岸近くに建設されている貯蔵タンクに一時的に蓄えられ，海水の熱などによって再びガス化し，都市ガスや発電用燃料として消費される（後藤，1982）．

図 11.2.5 海岸に隣接する LNG タンク群
千葉県・袖ヶ浦基地．お椀を伏せたような半球状の屋根をもつ LNG 地下貯蔵タンク（写真：東京ガス提供）．

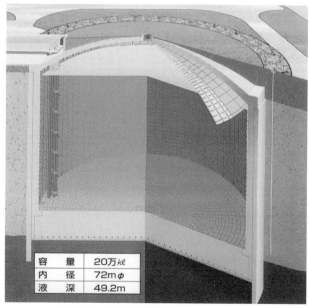

図 11.2.6 鉄筋コンクリート式 LNG 地下タンク
タンクの底部と外部の地中に，凍土成長を制御するためのヒーターがある（図：東京ガス提供）．

11.2 人工凍結と凍土利用 *425*

LNG の貯蔵タンクには，地上式と地下式とがある．地下式では，① 貯蔵してある LNG が万一漏れた場合にも地表に流出する恐れがない（高い安全性），② 防液堤などの地上設備が不要となり，土地の有効利用が図れる（土地の有効利用），③ 景観面でも優れている（周囲環境との調和）などの長所がある．このため，図 11.2.5 や図 11.2.6 のような LNG 地下タンク（in-ground storage tank for liquefied natural gas）群や大容量 LNG 地下タンク（最大 20 万 kl）が 2002 年までにわが国で 61 基建設されており，この技術は韓国や台湾でも使われている（NAKANO, 2001）．

(2) タンク周辺地盤の凍土

LNG は-162℃であるため厚い断熱材で囲っても，タンク周辺地盤は，少しずつ凍結して凍土が形成される．この凍土成長の計算には，形状を近似した理論解析も用いられたが，最近ではタンクなどの形状や周辺地盤の地層構造などを反映できる有限要素解析（FEM : finite element method）などの数値解析が一般に使われている（地盤工学会，1994）．

タンク周辺にできた凍土は，地盤凍結工法で述べたように，遮水性が高く強固である．このため凍土は，タンクの安全性を高めるのに利用されている．しかし，地盤をむやみに凍結させると地盤の凍結膨張が大きくなり，配管基礎や周辺地盤が動くことになる．また，地盤の膨張の反力はタンク側壁に凍結土圧という荷重となって作用する．このようなマイナス面が生じないように，凍土の成長を制御する必要がある．

(3) タンク周辺の凍土成長の制御

前述したように，凍土を人工的に造りすぎると地盤の凍結膨張の影響が大きくなるため，現在建設されているタンクでは，凍土厚みを制御するために図 11.2.6 のようなヒーターが設置されている．温水を循環するヒーターは，タンク側壁から数 m 離した地点に設置してある側面ヒーターと，タンク底部に設置した底部ヒーターとがある．これらのヒーターでタンク周囲の地盤の凍結を適切に制御する技術は，地下式貯蔵タンクの設計技術として確立されている．

11.2.3 種々の凍土の利用技術

(1) 土の凍結サンプリング

地震のときの液状化現象は，砂や「れき」などの粗粒土でおもに起こるが，粗粒土でも地震によって起こりやすさが異なる．そのため，液状化防止対策の設計を行うときの事前調査では，地盤のなかから土を乱さず採取して調べることが理想である．このときに用いられる採取方法が，土の凍結サンプリング（soil frost sampling）である．この方法の特徴は，採取地盤を 0 ℃以下の温度に冷却し凍土状態に保つことである．凍土は岩石のように硬いため地盤の凍結によりコアボーリングが行えるだけで

なく，土の構造を破壊されないで採取できる長所がある．また，土の構造が破壊されなく乱されないのは，採取土が砂やれきであるため，凍結してもほとんど凍上しないからである．もし，粘土やシルトのような粘性土であれば，凍上して構造を乱すのでこうした方法をとることができない．

採取状況を図 11.2.7 に，採取したコア試料を図 11.2.8 に示した．砂の場合，室内試験で用いる土試料の大きさが小さいので，凍結管 1 本で造った凍土から土試料を採取できる．しかし，砂れきの場合，大きな土試料が必要になるため，複数本の凍結管でより大きな凍土の塊を造ったうえで，コアボーリングすることになる．

乱さない状態で採取した土試料は，凍結を保ったまま運搬する．室内試験では土試料を凍結状態でセットして，試験直前に融解することにより，実際の地盤に近い状態で液状化の起こりやすさを調べることができる．凍結させない方法で採取された乱した土試料は，凍結サンプリングによる土試料に比べて試験結果の値が小さく，設計の数値を過小評価することが確認されている (Goto et.al., 1994)．このように，凍結サンプリングによって，砂質土の液状化特性が

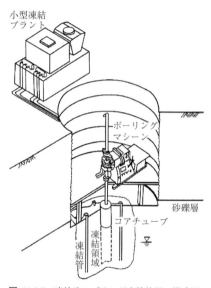

図 11.2.7　凍結サンプリング実施状況の模式図（複数の凍結管を用いて凍土の塊をつくった場合）

図 11.2.8　凍結サンプリングで採取した凍土のコア試料（直径 30 cm，長さ 110 cm）

正しく評価されるようになった．

(2) 凍土内農産物貯蔵

農産物の保存は，その安定供給という目的以外に収益や美味しさといった新しい付加価値を生ずる．たとえば，北海道で生産される馬鈴薯は，収穫された秋に販売するよりもつぎの年の春に販売したほうが高い値段で販売できる．また，この間十分な湿度を保ち比較的低温環境で保存することにより，糖分が増加するため馬鈴薯そのものが美味しくなる．このため，寒冷地ではその寒さを活用した，できるだけ安価に最適な保存環境を達成する目的の凍土内農産物貯蔵が開発された（図 11.2.9）（土質工学会編，1994）．

冷凍機を使った低温倉庫は，電力を必要とする．しかも，冷却する熱交換器からの冷気が室温よりつねに低いため，倉庫内の相対湿度を飽和状態に保つことは困難である．この問題を解決しているものに氷室がある．ここでは，氷の融解による倉庫内の冷却と融水による保湿効果が，農産物の保存に最適な温度と湿度を実現する．

凍土内農産物貯蔵は，氷室で活用されている氷を凍土に置き換えたものである．永久凍土地帯では単に凍土を掘削してその内部にカリブーなどの肉類を保存している．わが国では，11.1.5項に示したヒートパイプを使って，北海道のような寒冷地で冬期の冷気を効率的に地盤に伝えて凍土を構築し，一年を通して地盤内の温度を氷温近くに保つという方法がとられている．ヒートパイプを用いた人工凍土低温貯蔵は，寒冷地における自然冷熱エネルギーの活用法の一つである．

図 11.2.9 ヒートパイプを用いた人工凍土による農産物貯蔵施設（帯広畜産大学構内，土谷富士夫氏提供）

(3) 冬期土工

積雪寒冷地では，雪の混入や地盤の凍結などの気象条件のため，冬期間の土工（土を取り扱う土木工事）が敬遠されてきた．しかし，最近の土の凍上機構の研究成果から，むしろ冬期間にこのような土工を行ったほうがさまざまな利点のあることがわかってきた（赤川，1996）．

冬期盛土は，北海道のような寒い地域に適した盛土の造成方法で，冬期の寒冷な気候を活用する土工の一つである．一般の盛土は，土を 30 cm ほどの厚さで敷き詰め，必要な固さになるまでブルドーザーなどで締め固める．この作業を繰り返して，道路や鉄道の堤を造成する．一方，冬期盛土は，冬期に 30 cm の厚さに土を敷き詰めるたびに表面から 10 cm 程度を夜間の冷気で凍結させ，翌日さらにそのうえに凍っていない土を積み重ねて盛土を造る（図 11.2.10）．盛土上部の凍結により，表面は舗装を施したように建設機械の走行性が向上する．また，凍上性の高い粘土では，成長するアイスレンズ近くの間隙水圧の低下（土の有効応力の増加）により，土中の水分が抜けて土が収縮し硬くなる圧密（consolidation）が短期間に進むことが確認されている（Chamberlain and Gow, 1979 ; Akagawa, 1990）．その結果，盛土工事で作業効率と圧密による締固め効率を同時に高めることができる．冬期盛土は砂質土から粘性土までほとんどの土で適用が可能であるが，その実施にあたって盛土がどの程度凍っているか，いつごろ融けるかといった温度管理が新たに必要になる．

冬期土工は，現在約 200 万 m³ が実施されている（森田ほか，1995）．しかし，この量は寒冷地の土工事量から比べてわずかである．冬期土工を有効に行うためには新

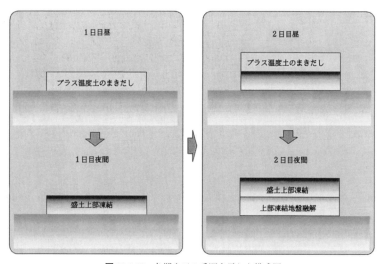

図 11.2.10 冬期土工の手順を示した模式図
1 日目，2 日目の作業を繰り返して盛土を造成する．

コラム 11.2　蘭州氷河凍土研究所（現：寒区旱区環境与工程研究所）（中国）

機関名：Lanzhou Institute of Glaciology and Geocryology
所在地：260 West Donggang Road, Lanzhou 730000, Gansu Provine,
　　　　R. P. China
URL：http://www.casnw.net/

　蘭州氷河凍土研究所は，1958年より中国の雪氷研究の重要な拠点として，天山山脈，チベット高原などにおいて，氷河，積雪，凍土，融水流出，水文に関する観測を行ってきた．中国科学院は，1999年に，蘭州氷河凍土研究所，蘭州砂漠研究所，蘭州高原大気物理研究所の三つの研究所を統合し，寒区旱区環境与工程研究所（Cold and Arid Regions Environmental and Engineering Research Institute）を設立した．

［古川晶雄］

寒区旱区環境与工程研究所（© CAREERI）

たな技術を駆使する必要があるが，寒冷地ではその豊富な冷熱エネルギーを活用することによって，1年間を通して土木工事の実施が可能になる．地域の冬期間の雇用を確保するという社会的な利点に加えて，施工期間の短縮といった経済的な利点もあるので，今後の普及が期待されている．

［伊豆田久雄・赤川　敏］

文　献

Akagawa, S. (1990): X-ray photography method for experimental studies of the frozen fringe characteristics of freezing soil. *CRREL Special Report*, **90**(5).
赤川　敏（1996）：凍上性の粘性土における季節凍土地域の冬期土工の妥当性，第31回地盤工学研究発表会，pp.1331-1332.

Chamberlain, E. J. and Gow, A. J.（1979）：Effect of freezing and thawing on the permeability and structure of soils. *Engineering Geology*, **13**: 73‑92.

土質工学会編（1994）：土の凍結―その理論と実際―（土質基礎工学ライブラリー 23），pp.249‑277，pp.282‑302，土質工学会．

後藤貞雄（1982）：LNG 地下タンク，軟弱地盤ハンドブック，pp.1016 〜 1041，建設産業調査会．

Goto, S., Nishio, S. and Yoshimi, Y.（1994）：Dynamic properties of gravels sampled by ground freezing. Ground Failure under Seismic Conditions, Geotechnical Special Publication No. 44, pp. 141‑157, ASCE.

増田　隆・森本裕郎・三戸憲二・伊豆田久雄（1999）：凍結膨張圧軽減対策溝の効果．トンネルと地下，**30**(1)：7‑15．

森田恵弘・山内義一・山本　猛・西尾伸也・赤川　敏（1995）：北海道のような寒冷地における冬期大規模重機土工事．第 30 回地盤工学研究発表会，pp. 1129‑1130．

Nakano, M.（2001）：In‑ground LNG storage tanks‑Technological trends and latest technological developments. Translation from Proceedings of JSCE, No. 679/VI‑51.

野木　明・上曽山優・伊豆田久雄・加藤哲治（2001）：地盤凍結工法における凍上量及び凍結膨張圧の設計手法と事例．土の凍結と室内凍上試験方法に関するシンポジウム，pp.99‑106，地盤工学会．

高志　勤・和田正八郎（1961）：土壌凍結工法について（1）．冷凍，**36**(408)：1‑15．

高志　勤（1972）：凍結膨張による未凍結領域内の土圧と変位の経時変化．土木学会論文報告集，No.200：49‑62．

高志　勤・益田　稔・山本英夫（1974）：土の凍結膨張率に及ぼす凍結速度，有効応力の影響に関する研究．雪氷，**36**(2)：1‑20．

高志　勤・生頼孝博・山本英夫・岡本　純（1981）：均質な粘土凍土の一軸圧縮強度に関する実験的研究．土木学会論文報告集，No.315：83 〜 93．

山本英夫・生頼孝博・伊豆田久雄（1985）：圧密飽和粘土に於ける凍上と解凍沈下（IV）．雪氷学会講演予稿集，pp164．

11.3　凍上現象と凍土の性質

11.3.1　土の凍結過程

　水が氷に相変化するとき，体積が9%膨張する．しかし，土に含まれる水が移動しないでその場所で凍結すると，土全体の体積膨張は2〜3%にすぎない．この凍結の仕方を「その場での間隙水の凍結」（*in situ* freezing）という．一方，土が凍るとき，凍る前に比べて数十%膨張することがある．これは，土に含まれる水自体がその場所で凍って9%膨張する以外に，未凍土部分から吸い寄せられた水が凍結面（または凍結線，freezing front）で凍結するとき，土から氷が分離析出する氷晶分離（ice segregation）してできた析出氷（segregated ice）によって，体積膨張を起こすためである．析出氷が地表面でできたものを霜柱，地中にできたものをアイスレンズという．このなかから本項では，「その場での間隙水の凍結」を解析的に扱った土の凍

過程を述べる．

　土の間隙に含まれる水は，土の温度が0℃以下になると凍結する．この土の凍結過程は，微細な孔のある多孔質体に含まれる水が相変化するときの熱伝導の問題として扱うことができる．土の凍結深さは，① 地面の氷点下の温度，② 土の熱的性質，③ 土の水分にかかわる性質や地下水位などの因子によって変わる．このうち，地面の温度は，気温，風速，日射などの気象条件，植生状況，地表面のアルベド，積雪深などによって決まる．土の熱的性質は土の種類，密度，含水率などによって決まる熱伝導率，比熱，凍結潜熱などがある．土の水分にかかわる性質は，土の種類によって決まる含水率や透水係数がある．

(1) 土の凍結過程の解析

　土の凍結過程は，ノイマン（Neumann）解，あるいはステファン（Stefan）解として知られた解析法で示される．ステファン解では凍りつつある土の未凍結部分の温度を全層0℃と仮定して解析する．ここでは，より実際の土の凍結過程に近いノイマン解について説明する．

　下方に半無限の広がりをもつ土の凍結を対象とする．初期条件として，地盤の全層が T_0（＞0℃）であったとする．表面温度を T_S（＜0℃）まで急激に低下させる．T_S は地盤の凍結温度 T_f より低いとすると，凍結は表面より下方へ進行する．この様子を図11.3.1に示す．この条件での凍土，未凍土の熱伝導方程式を解くことによって，凍結深（X）は時間（t）の関数として次式が得られる（Jumikis, 1966）．

$$X = 2\gamma \sqrt{k_f t} \tag{1}$$

ここで，γ は温度条件により決まる定数である．ベルグレン（Berggren, 1943）は，式(1)の修正式として次式を示した．

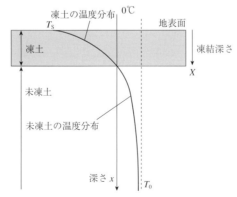

図 11.3.1 地中温度分布の模式図

$$X = \lambda \sqrt{2\left(\frac{k_\mathrm{f}}{L}\right)(T_\mathrm{f}-T_\mathrm{S})t} \qquad (2)$$

ここで，λ は補正係数である．

(2) 凍結指数を用いた凍結深の推定

最初の仮定で，地面の温度は T_0 から T_S へ急激に低下し，T_S で一定に保たれたとした．しかし，実際に野外の土の凍結では，冬のはじめからしだいに温度が低下し，最寒期に極値に達してから，春に向かって上昇する．そこで，式(2)右辺の $(T_\mathrm{f}-T_\mathrm{S})t$ に代わって，時間とともに変化する地面の温度 $T_\mathrm{S}(t)$ を使って次式のように表す．

$$F = \int_{t_1}^{t_2} \{T_\mathrm{f}-T_\mathrm{S}(t)\}\,dt \qquad (3)$$

ここで定義された F は，土の凍結にかかわる重要な気候値で，その場所における寒さの度合いを示す凍結指数（freezing index）である．その F を使うと，式(2)はつぎのように書ける．

$$X = \lambda \sqrt{\frac{2k_\mathrm{f}F}{L}} \qquad (4)$$

この式は，

$$X = \alpha \sqrt{F} \qquad (5)$$

のように書き改められる．図 11.3.2 に示す北海道各地の凍結指数と凍結深との関係から，係数 α はほぼ 2.0 と 2.5 の間の値になっている．この α の値は，本項冒頭に示した② 土の熱的性質，③ 土の水分にかかわる性質や地下水位などの因子によって変わる．地盤を構成する土が凍上を起こしにくい砂や「れき」である場合，熱伝導率は大きく，凍結潜熱は小さくなるので α の値は大きくなる．含水比が 15%，乾燥密度が 1.8 t/m³ の場合，α が 3.7〜5.2 の範囲となることが示されている（土質工学会

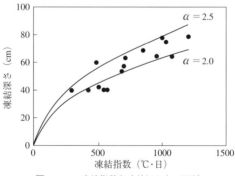

図 11.3.2　凍結指数と凍結深さとの関係

編,1994).

(3) 地表面の熱収支を用いた凍結深の推定

前項では,地面の温度が与えられている場合の凍結深の計算法を示した.一方,地面の熱収支から凍結深を推定することもできる.この地面温度は図 11.3.3 に示すように,放射収支量(Rn),地面からの水蒸気輸送による潜熱伝達量(Le),大気と地面の温度差による顕熱交換量(H)と地中伝熱流量(S)の釣り合いによって決まる.ここでは,次式が成り立つ.

$$Rn+Le+H+S=0 \tag{6}$$

この関係式に現地の日射量,気温,風速などの気象データを入れて計算することにより,熱的に平衡状態にある地面の温度を求めることができる.この温度を用いて,数値解析によって凍結深を推定することができる(福田・石崎,1980).

11.3.2 不凍水

(1) 不凍水の存在

凍土には土粒子や氷のほかに,0℃以下の温度でも凍らないで液体のままで存在する不凍水がある.不凍水の存在は,NMR(核磁気共鳴)による測定や,熱測定などから知られている.凍土中の水が0℃以下で凍らない理由として,土中水の溶質の影響,土粒子骨格が作る毛管の影響,粘土粒子の吸着力場の影響が考えられる.

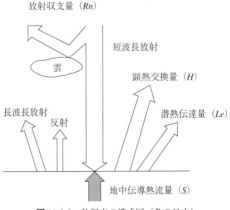

図 11.3.3　熱収支の模式図(冬の日中)

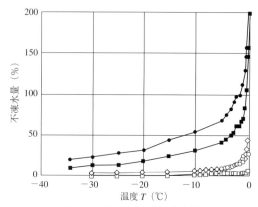

図11.3.4　不凍水量の温度依存性
初期含水比：●ベントナイト（443%），■ベントナイト（214%），◇藤の森粘土（58.7%），○藤の森粘土（28.3%），豊浦砂（25.0%）．

(2)　不凍水量の測定

不凍水量（unfrozen water content）の測定には，氷の融解熱を利用したカロリメータ法（Williams, 1964），水と氷のプロトンが磁場中で違う動きをすることを利用したNMR法（Tice et al., 1978），氷と水の誘電率の違いに着目した「時間領域誘電率測定法」（TDR法，Patterson and Smith, 1980）などがある．NMR法で求めたベントナイト，藤の森粘土，豊浦砂の不凍水量と温度との関係を図11.3.4に示す．ここでベントナイトとは，非常に細かい板状の粒子からなる粘土である．それぞれの土で不凍水量は温度の低下とともに大きく減少している．また，不凍水量は粒径が小さい土ほど多い．これは，粒径の小さい土ほどその比表面積（specific surface area）が大きいためである．

11.3.3　凍上現象

寒冷地で土が凍結する際に，地面が持ち上がることがある．これは，凍結面へ吸い寄せられた水が，氷として土から分離析出することによって起こる現象である．これを凍上現象と呼ぶ．冬のはじめのよく冷え込んだ朝には，地面に霜柱がみられる（図11.3.5）．凍上現象は，この霜柱が地中で生じた現象と考えることができる．凍上が著しく発生した後に凍土を掘ってその断面をみると，図11.3.6のように，厚さ数mmから数cmの氷の層がある．これを氷レンズ（アイスレンズ）と呼ぶ．こうしたアイスレンズの厚さの和が凍上量にほぼ等しくなる．同じ現象は，多孔質ガラスやポーラスフィルター中の水の凍結でみられることや（Ozawa and Kinoshita, 1989），水の代わりにニトロベンゼンや液体ヘリウム（Hiroi et al., 1989）などを用いてもみられるこ

11.3 凍上現象と凍土の性質

図 11.3.5 凍上性の土に発生した霜柱（武田一夫氏提供）

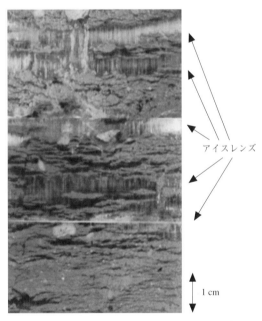

図 11.3.6 凍上性の土中に発生したアイスレンズ

とが確認されている．このため，凍上現象は，多孔質体中で液体が凝固する際にみられる，特有な現象ということができる．

凍上が起こるかどうかは，土の粒子の大きさに大きく依存している．粒径が 0.074

mm 以上の砂では凍上がほとんど起こらない．0.075〜0.005 mm の粒を含むシルトと呼ばれる土から凍上が起こりはじめ，以下粒径が小さくなるにつれて凍上性が強くなる．しかし，粒径がさらに粘土（0.005 mm 以下）のように小さくなると，土粒子間隙が狭くなり，透水性が悪くなって，凍結面への水分供給が難しくなり，凍上量が小さくなる．

また，土の上に荷重が加わっていると凍上は減る．これは，荷重が大きいと，それを持ち上げて凍上するために大きなエネルギーが必要であるためである．ロームとシルトと呼ばれる土の凍上率（凍上量と凍結土の凍結前の厚さとの比）と荷重との関係を図 11.3.7 に示す．

(1) 凍上力

凍上を起こすためには，土粒子の間隙を押し広げて浸入してきた水が，そこで凍結し続けなければならない．凍上力（frost heave force）は水を含んだ多孔質が凍上するとき，その間隙を押し広げようとする力と考える．凍上力が，土質や温度条件に依存してどのように決まるか，いくつかの研究がなされている．Everett（1961）やPenner（1967）は，毛管上昇から類推して，凍上力は土の骨格が作る毛管内の氷-水界面張力により生ずると考えた．理論的には，氷と水の界面を半径 r_{iw} の曲面と見なしたとき，土の凍上力の最大値 P_{max} はつぎのように示される．

$$P_{max} = P_i - P_w = 2\frac{\sigma_{iw}}{r_{iw}} \tag{7}$$

ここで P_i と P_w はそれぞれ氷と水の圧力を示す．$P_i = 0$ のとき，式(7)は最大吸水力を表す式となる．この間隙水圧の落ち込みが，吸水力の駆動力である．このように考えると，P_{max} は凍結速度，温度に依存しないで土の固有値となるため，理論が単純になる．実験値と比較してみると，Penner のように，両者が一致する場合もあるが，1970 年代になって高精度の検証実験が行われるようになると，実験値が理論値よりはるかに大きい結果が得られるようになった．

Radd と Oertle（1973），高志（1981）は，土を完全に拘束して部分的に凍結させて，発生する最大凍上力（maximum frost heave force）を求めた．Radd らはシルト質粘土，高志は粘土を用い，未凍土側から水を供給する条件で実験を行った．試料の凍結を開始してから，徐々に凍上力が増加し，長時間経過した後，一定値に漸近した．長期の凍上力試験では，多くの場合，冷却面に接したアイスレンズの成長がみられた．実験で求められたアイスレンズの温度と発生した凍上力との関係を図 11.3.8 に示す．実験から，0 ℃から -18℃までの温度範囲で最大凍上力 P_{max}（MPa）と冷却面温度 T_c（℃）の間に，つぎの直線関係が得られた．

$$P_{max} = -1.09T_c \quad \text{(MPa)} \tag{8}$$

この最大凍上力 P（MPa）とアイスレンズ成長面温度 T_f（℃）との関係は熱力学

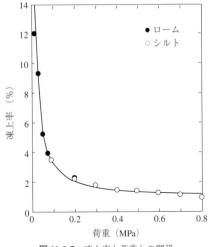
図11.3.7 凍上率と荷重との関係

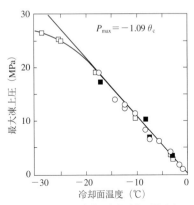
図11.3.8 土の最大凍上力と冷却面温度との関係

の関係式を用いると以下のようになり，実験値が理論値に近いことが示されている（高志，1981）．

$$P = -L\frac{T_f}{V_i T_m} = -1.12 T_f \quad (\text{MPa}) \tag{9}$$

温度の低い部分での実験結果が，式(8)より小さい値を示している理由として，不凍水の連続性がこの土ではこの温度で失われるためと考えられている．以上の結果から最大凍上力は土の固有値ではなく，温度条件に大きく依存していることがわかる．

(2) 凍上機構

凍上現象を再現するモデルは，いままでに数多く提案されている．ここでは，熱の流れを表す式と水の流れを表す式とを結合させた凍上モデル（Harlan, 1973）をもとに，凍上機構（frost heave mechanism）を説明する．

図11.3.9は地中の凍結面付近の状況を模式的に示したものである．アイスレンズは，0℃の凍結面よりわずかに低い温度で成長する．このアイスレンズ成長面と凍結面との間は凍結フリンジ（frozen fringe）と呼ばれ，厚さも数十μm〜数mm程度と狭く，また0℃近くの微妙な温度で，間隙氷と不凍水が共存する領域と考えられている．図11.3.4で示したように，温度が低くなると不凍水が減少する．このことは，土粒子周囲の不凍水膜（unfrozen water film）も0℃近くでは厚く，それより温度の低いアイスレンズ近くでは薄くなる．そこで，凍結フリンジに形成された氷を未凍結状態の不飽和土中の空気と見なすことにより，凍土中の水分移動に不飽和状態の土中の水流の概念を適用することができる．すなわち，乾いた土と湿った土を接触させる

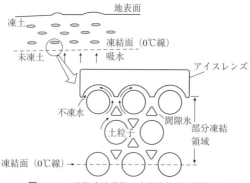

図 11.3.9 地盤凍結過程の凍結線付近の模式図

と水は湿ったほうから乾燥したほうへ，その水の圧力差によって流れる．凍土内においても，温度の低い部分の不凍水量は少なく，水の圧力も低い状態なので，この圧力勾配によって水が流れるというものである．このモデルは含水比が小さくアイスレンズの発生が少ないときに，実験結果とよく合うことが示されている（Taylor and Luthin, 1978）．

一方，土に荷重がかかっている状態の飽和土でアイスレンズが層状に発生するような条件に関しても，さまざまな凍上モデルが提案されている．しかし，これらのシミュレーションを進めるうえで，凍土中の透水係数の温度依存性など，測定自体が非常に難しいパラメータを得る必要があるなど，今後の課題も多い．

11.3.4 凍土の熱的性質

（1） 凍土の熱伝導率

凍土の熱的性質を表す熱伝導率は，その構成要素である，土粒子，氷，不凍水，空気の割合に依存する．シルト質粘土と粘土の熱伝導率の測定結果（Penner, 1970）を図 11.3.10 に示す．温度が高くなるにつれて，熱伝導率が低くなっていくのがわかる．これは，図 11.3.4 に示したように，温度が高くなると氷の割合が少なくなり，不凍水量が多くなるためである．また，凍土の構成要素である氷の熱伝導率は 0 ℃で 2.2 W/(m・K) なのに対して，水は 0.56 W/(m・K) と 1/4 程度の値となっている．

（2） 凍土の比熱

比熱は，単位質量を 1 ℃高めるのに必要な熱量のことをいう．土は，数種の構成物質からなるので，比熱は，それぞれの構成要素の比熱にその割合を掛け足すことにより求められる．凍土の場合は，不凍水量が図 11.3.4 に示したように，温度によって変わるので，比熱も温度により変化する．空気の比熱は小さいので無視すると，凍

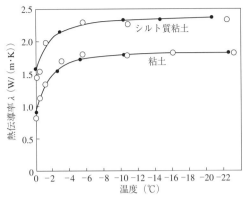

図 11.3.10 凍土の熱伝導率と温度との関係

土の比熱はつぎのように表すことができる．

$$C_T = X_S C_S + X_W C_W + X_I C_I \tag{10}$$

ここで，C_T は凍土の比熱，C_S，C_W，C_I はそれぞれ土，水，氷の比熱，X_S，X_W，X_I はそれぞれ凍土の単位質量に含まれる土，水，氷の重さである．

11.3.5 凍土の力学的性質

(1) 凍土の一軸圧縮強さ

凍土の力学的性質を示す一軸圧縮強さは，土の強度を表す指標で，地盤凍結工法など凍土のエンジニアリングにおいて重要な物性値である．凍土の温度が低くなると，一軸圧縮強さは増加する．図 11.3.11 に凍土の一軸圧縮強さと温度との関係を示す（高志ほか，1981）．温度の低下は，土粒子を結合している氷の強度を増加させるだけではなく，不凍水量も減少させるからである．凍土の曲げ強度，せん断強さ，凍着強度（adfreeze strength）などの力学的な物性値も温度が低下すると同様に増加する．

(2) 凍土の動的性質

永久凍土地帯で凍土の構造や厚さなどを調べる場合に，弾性波探査，電気探査，レーダによる探査が使われる．弾性波探査には，凍土の縦波速度などの動的性質，電気探査には，凍土の電気比抵抗，レーダ探査には，凍土の誘電特性などの物性値の測定が必要である．ここでは，凍土の縦波速度の温度依存性について説明する．図 11.3.12 は，シングアラウンド法と呼ばれる弾性波測定法を用いて測定した結果を示したものである（福田，1991）．この方法は，凍土と振動子，受信子を直接接触させずに液中で測定する方法であり，測定精度が高い．一軸圧縮強さの温度依存性と同様

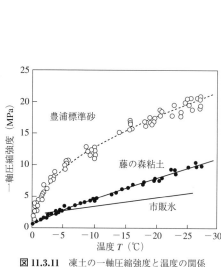
図 11.3.11 凍土の一軸圧縮強度と温度の関係

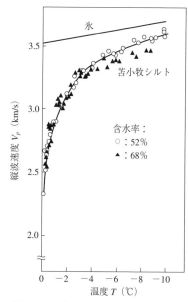
図 11.3.12 超音波縦波速度と温度の関係

に，温度が低下すると不凍水量が減少するため，弾性波速度も速くなる．

[石﨑 武志]

文　献

Berggren, W.P. (1943): Prediction of temperature distribution in frozen soils. *Trans. American Geophys. Union*, **3**: 71-77.
土質工学会編 (1994)：凍土中の不凍水，土の凍結—その理論と応用—(土質工学ライブラリー 23)，pp. 62-67, 土質工学会．
Everett, D. H. (1961): The thermodynamics of frost damage to porous solids. *Trans, Faraday Soc.*, **57**: 1541-1551.
福田正己・石﨑武志 (1980)：平衡地表面温度による土壌凍結深推定モデル．雪氷，**42**(2)：71-80．
Harlan, R.L. (1973): Analysis of coupled heat fluid transport in partially frozen soil. *Water Resourc. Res*, **9**: 1314-1323.
Hiroi, M. *et al.* (1989): Observation of frost heave phenomena of He on porous glasses. *Phys. Rev.*, **B40**: 6581.
Jumikis, A.R. (1966): Thermal Soil Mechanics, pp. 236-246, Rutgers University Press.
Ozawa, H. and Kinoshita, S. (1989): Segregated ice growth on a microporous filter. *J. Colloid and Interface Sci.*, **132**(1): 113-124.
Patterson, D.E. and Smith, M.W. (1980): The use of time domain reflectometry for the measurement of unfrozen water content in frozen soils. *Cold Regions Sci. Technol.*, **3**: 205-210.

Penner, E. (1967): Heaving pressure in soil during unidirectional freezing. *Canadian Geotechnic. J.*, **4** (4): 398 - 408.

Penner, E. (1970) : Thermal conductivity of frozen soils. *Canadian J. Earth Sci.*, **7** : 982 - 987.

Radd, F.J. and Oertle, D.H. (1973): Experimental pressure studies of frost heave mechanics and growth-fusion behavior of ice. 2nd International Conference on Permafrost, pp. 377 - 384.

高志　勤・生賴孝博・山本英夫・岡本　純 (1981)：均質な粘土凍土の一軸圧縮強度に関する実験的研究．土木学会論文報告集, No.315 : 83 - 93.

高志　勤 (1981)：土の最大凍上力に関する実験的研究．雪氷, **43** : 207 - 215.

Taylor, G.S. and Luthin, J.N. (1978): A model for coupled heat and moisture transfer during soil freezing. *Water Resources Res.*, **16**: 811 - 819.

Tice, A.R., Burrous C.M. and Anderson, D.M. (1978): Determination of unfrozen water in frozen soil by pulsed nuclear magnetic resonance. Proc., 3rd Internat. Conf. Permafrost, pp. 149 - 155.

Williams, P.J. (1964): Unfrozen water content of frozen soils and moisture suction. *Geotechnique*, **14**(3): 231 - 246.

コラム 11.3　永久凍土内の地下食料貯蔵庫

　永久凍土地域にあるカナダ北極海岸近くの村では，永久凍土層内にトンネルを掘って，村の共同利用地下食料貯蔵庫として利用している．この地では，夏でも地表面凍土は地下数十 cm 程度しか融解しない．地下にいくらトンネルを掘っても崩壊する心配はない．トンネルは地下約 10 m に，水平方向に枝分かれ状に掘られており，その断面形状はさまざまで，人が立って歩ける程度の高さがある．写真にみられるように，それぞれのトンネルの一番奥にはカリブーの肉などがあちこちにまとめて置かれており，それぞれに所有者がいる．天井部には，10 cm をこす厚みの霜がついている．食料の長期保存に適したマイナスの恒温と適度な湿度が天然で維持されている．このトンネルへは，地表面に作られた入口から立坑が設けられており，はしごを使って降りる．

[**生 頼 孝 博**]

12

雪氷と地球環境変動

12.1 地球雪氷圏の変動

12.1.1 地球史と雪氷圏の変動

温暖な中生代からしだいに気温が下がりはじめ，新第三紀以降の急激な気温低下によってまず南極氷床が形成され，さらに下がって北極域の氷床が形成された．230〜80万年前の間は 3〜4 万年周期の氷期-間氷期サイクルがやや不規則に生じていたが，80万年前からは 10万年周期の氷期-間氷期サイクルがはじまり，現在に至っている．ほぼ 1 万年前に最後の氷期が終わり，現在は暖候期である間氷期である．氷河期に比べて，地球規模の雪氷圏は縮小しているが，南極およびグリーンランドに氷床が存在するという観点から，現在も「氷河時代」であると考えられている（岩田, 1991）．こうした，氷河時代は第四紀の気候を特徴づけるが，広大な氷河域が存在した時代は新生代より古い時代にもいく度か存在した．

地球は 46 億年前に誕生し，26 億年前には大陸地殻が形成されたと考えられている．海洋プレートの沈み込みによって，その後も大陸地殻が形成され，しだいに大陸の規模は拡大していった．大陸が形成されると，大陸をのせたプレートの移動が生じ，それによって変動帯が生じ，山岳や堆積盆が形成された．形成された山岳が侵食され，堆積盆に堆積層を形成し，時間を経て隆起，衝上し，再び山岳となる．こうした過程が繰り返され，大陸の地質構造は複雑になっていった．

大陸規模が拡大し，その分布が多様化するにつれ，大陸の離合集散が生じた．巨大大陸の形成と分離を繰り返す周期的な大陸地殻変動は十分に解明されていないが，「ウィルソンサイクル」と呼ばれている．現在の地球上の大陸の位置は，2.5 億年前に分離しはじめたゴンドワナ大陸の分散化の一過程である．超大陸パンゲアは，6 億年前に大陸が集合してできた大陸と考えられている．

地球表面を移動する大陸の位置，また当時の海陸分布によって地球の気候が形成された．太古代以降のさまざまな時代に氷床形成の痕跡が残されており，現在の地球に

みられるような規模の雪氷圏がいく度か存在した地質学的証拠が残されている.

12.1.2 雪氷圏の指標

現在の雪氷圏を構成する自然要素は海氷, 季節積雪, 永久凍土, 山岳氷河, 大陸氷床である. 雪氷圏とは海水, 淡水が固体として存在する領域で, 季節的に出現する領域とかなりの年代にわたって継続して存在する領域に分かれ, その分布と規模は地域の気候状態を反映する. 現在の地球上の雪氷圏の分布については 1.1.1 項を参照されたい. 過去の雪氷圏変動を示す指標にはつぎのようなものがある.

氷床または氷河が現存する場合は, それらの氷体に残された堆積時の水の安定同位体組成や化学成分によって雪氷圏が被った過去の気候や環境の歴史が復元できる. また, 雪氷圏そのものが消滅している場合は深海底堆積物中の生物遺骸の殻などに含まれる酸素同位体組成が過去の海水量の変化を指標し, その変化から気候の復元ができる.

生物がほとんど存在しなかった古い時代の雪氷圏の分布は, 氷河堆積物 (ティライト) からなる堆積層の存在から, 当時の雪氷圏の拡大範囲が復元できる.

ティルは流動する氷河が侵食した基盤の岩屑であり, 運搬された岩屑が氷体の消耗に伴って解放され, その場所に堆積した無淘汰, 無層理の堆積物の総称である. ティルが作る地形はモレーンと呼ばれる. 氷河末端の前面には末端モレーン, 氷河の流れ方向の側面には側モレーンが堆積し, 氷河が消滅した後に堆積層として残ったティルで固結したものをティライトと呼ぶ.

ティライトの存在によって太古代の氷河の拡大期 (氷期の存在) が知られているが, 古い時代のティライトはその上により新しい時代の堆積層が載り, また地殻変動を受ける場合もあるので, ティライトの判別はかなり困難だといわれている.

12.1.3 中生代以前の雪氷圏変動

26 億年前に大陸地殻が形成され, その分布はしだいに増大し, できあがった大陸は離合集散を繰り返した. ヌーナ超大陸の形成以降, ロディニア (10 億年前), ゴンドワナ (6 億年前), パンゲア (3 億年前) の超大陸が形成された. 超大陸は 5〜7 の大陸プレートに分割され, 分散し, 再び集合して新たな超大陸を作る. このサイクルを「ウィルソンサイクル」と呼び, その周期は, 3〜5 億年と考えられている. その間に, 海水準変動, 雪氷圏の発生と拡大, 生物の大量絶滅が起こったと考えられている.

大陸の移動と山岳の形成は地球気候に影響を与え, 気候の変動を通して雪氷圏の形成が繰り返された. 古い時代の雪氷圏の範囲は大陸各地の堆積層中のティライトの分布によって復元されている.

（1） 原生代の氷河作用

　下部原生代（17〜26億年前）の大陸氷床の出現はティライトがカナダ盾状地，シベリア，アフリカ大陸南部と広い範囲にわたる．この氷床の出現は地球気候的大事件であろう．3〜4回の氷期があったといわれている．

　上部原生代のリーフェイ紀（10〜7億年前），ヴェンディアン紀（7〜5億年前）に相当する地層のティライト層の存在は大陸が氷河によって覆われていたことを示している．

（2） ゴンドワナ時代の氷河作用

　3億年前に，超大陸「パンゲア」が形成され，その後2.5億年前にパンゲアが崩壊し，ゴンドワナ大陸とローレンシア大陸に分離した．古生代石炭紀から二畳紀初期にかけて，氷河の拡大期（最大期は石炭紀末〜二畳紀初期の5000〜7000万年間）があった．氷河作用はシルル紀にはじまり，2億年前の二畳紀に終了した．これら氷河作用の痕跡は当時存在したゴンドワナ大陸に広く分布し，ゴンドワナ氷河作用と呼ばれている．ゴンドワナ期の北半球の氷河作用は弱いと考えられている．

　南極は古生代初期にはアフリカの北西部にあったが，シルル紀，デボン紀には南極はブラジルにあり，石炭紀に向けて南アフリカに移動した．それぞれの場所でティライトの堆積がみられる．

　氷河作用の中心は東部南極大陸および南アフリカにあった．図12.1.1は当時のゴンドワナ大陸の分布と氷河作用域の分布を示す．

　東南極大陸とアフリカ南部に中心をもつ氷床は，氷舌がオーストラリア，インド，南アメリカに流れ出し，古緯度で45度に達したと考えられている．一方，二畳紀の南米南西部，北米中部，グリーンランド，スバールバル諸島，ヨーロッパ，東アジアは熱帯にあり，暑い気候が卓越していたといわれている．

12.1.4　新生代の気候変動と南極氷床の形成

　中生代から新生代への移り変わりの時期を通じて，地球は相対的に温和であった．白亜紀の古地理の復元によって，赤道付近に大きな地中海があったことがわかっている．地球を一巡する赤道流が存在し，太平洋に東向きの赤道反流が存在した．新生代の初期には平均気温の緯度傾度が弱く，南北方向の温度エネルギーは小さかったため大気大循環（同様に海洋循環）は現在より弱かった．

　新生代における地学的事件としては南極大陸からのオーストラリアの分離，南極周回流の形成，テーチス海の閉鎖–地中海の形成（何回も海水が干上り，充満した），パナマ地峡の隆起と大西洋と太平洋の完全分離などが生じ，現在の地球気候システムに近づいていった．

　南極大陸の新生代の氷海作用の発達史の解明において，1968〜74のグローマ・チ

446   12. 雪氷と地球環境変動

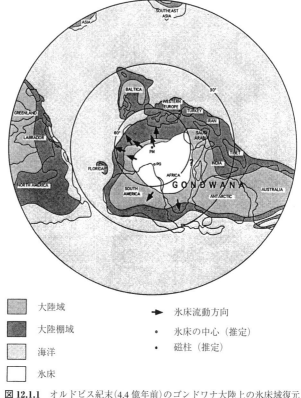

	大陸域	→	氷床流動方向
	大陸棚域	•	氷床の中心（推定）
	海洋	•	磁柱（推定）
	氷床		

図 12.1.1 オルドビス紀末(4.4億年前)のゴンドワナ大陸上の氷床域復元
(Eyles and Young, 1994)

ャレンジャー号の深海底掘削観測（DSDP）は大きな情報をもたらした．
　古気候情報としてつぎのようなものが得られた．①古地磁気：年代，②堆積物の特性：大陸からの距離，礫の起源，③底棲有孔虫類，浮遊性有孔虫類の酸素同位体組成：表面水温，海水量変動など．

　温暖な中生代白亜紀とはちがって，第三紀（6400万年前～170万年前）には地球の寒冷化が進んだ．DSDPによる海底堆積物中の浮遊性有孔虫，底生性有孔虫の酸素同位体組成によって，ニュージーランド南方海域の詳細な水温変動曲線が得られており，第三紀中期始新世，後期始新世，漸新世の時代の資料は水温が比較的安定に推移したことを示しているが，それぞれの境界では比較的短期間の水温低下が生じ，全体として寒冷に向かう傾向を示している．始新世-漸新世境界での急激な水温降下（初期漸新世には深層水温は5℃と現在の水温に近い）は海氷を生み出し，南極に氷河の

形成がはじまったことを示している．最初の南極大陸からの氷河性の漂流岩屑の確実な証拠は初期中新世（2000万年前）層で見付かっている．氷河性岩屑の堆積に先立ち，南極収束線の北方への移動が生じていることが珪藻堆積物からわかっている．

深層水温の上昇は中期中新世に生じたが，再び後期中新世まで低下を続け，漸新世よりもかなり低温となった．この時期（1300〜1000万年前）に南極大陸の氷床が比較的急速に形成されたと考えられる．

南極大陸で氷河活動が盛んになると，深層流の循環が強まり，海底での侵食作用が活発となり，始新世-漸新世の不整合をもたらした．氷河の発達のみならず，オーストラリア大陸と南極大陸の分離の影響による環南極底層流の発達に伴って，後期漸新世（2300万年前）に環南極流（周南極流）が生じた．この結果全球的な深層流循環が形成され，地球全体の気候がしだいに寒冷化したと考えられている．

新第三紀終わり鮮新世末から現在までの気候変化の記録が深海堆積中の有孔虫化石の殻の酸素同位体組成解析から得られている．第三紀と第四紀の境（180万年前）より古い230万年前以降の酸素同位体組成（寒冷期には相対的に軽い酸素同位体が陸上氷として移動するため，海水中の重い酸素同位体の組成比が高まる）の変動は80万年前以降，寒暖の振幅が大きくなり，10万年周期となった．

12.1.5 氷期-間氷期サイクルの出現

10万年周期の氷期-間氷期サイクルが出現するようになった80万年前以降，現在の地球の気候システムができあがったと考えられている．北半球のチベット高原，ヒマラヤ山脈などの地形が現在に近くなり，北半球の偏西風循環が変化したためという説もある．この時代には南極氷床は現在の規模で存在し，南極氷床の深部には当時から現在に至る気候変動の記録が残されている．南極やグリーンランド氷床での氷床深層掘削は1960年代から行われており，その成果は12.2.1項を参照されたい．

日本でも，東南極大陸のドームふじで深層掘削が行われ過去34万年間の気候復元に成功している．その成果は12.2.2項を参照されたい．過去数十万年間の気候変動に伴う地球上の雪氷圏の拡大・縮小は氷河堆積物，モレーン，湖底堆積物などから復元されている．北米大陸，ヨーロッパの氷海・氷床域の地理的変動，あるいはヒマラヤ，アラスカ，アンデス，天山，崑崙などの山岳氷河の変動については多くの研究者の報告がある．

現代の地球温暖化現象による雪氷圏の影響は関心が深まっているが，その正確な評価には多くの問題が残されている．最終氷期以降の後氷期（完新世）にも氷期-間氷期規模気候変動の10%程度の気候の揺らぎがあり，寒暖期（ネオ・グレシエーション）が生じている．18世紀に中心をもつ最新の寒冷期（小氷期）からの温暖期のはじまりと人為的温暖化の開始時期が重なっていることもその理由の一つである．

12.1.6 全球凍結学説（雪玉仮説）

　仮説の段階であるが，7億5000万年前から5億5000万年前（原生代，12.1.3項
(1)「原生代の氷河作用」参照）に地球は極端な寒冷化と温暖化を繰り返したという
説で，地球表面の平均気温は−50℃まで下がり，赤道域を含めて全球が凍結し，海氷
の平均厚さは1kmに達したとしている．ケンブリッジ大学のW. B. ハーランドによ
り1964年に提唱された．当時の氷河作用の痕跡，氷河性堆積物（ティライト）はほ
とんどすべての大陸に分布し，しかも残留磁気による復元から，それらの大陸は原生
代後期には赤道付近に分布していたとしている．寒冷化の機構は炭酸ガスの海洋への
吸収のために温室効果が減少し，それによる大気の寒冷化が極域の雪氷圏を拡大し，
その「アルベドフィードバック」の暴走によるとしている．寒冷化の終了は大気中に
蓄積した炭酸ガスによる温暖化によるとしている．関連論文を参照されたい．

［渡辺興亜・岩田修二］

文　　献

Eyles, N. and Young, G.M.（1994）: Geodynamic controls on glaciation in earth history. Earths Glacial
　　Record（Deynoux, M. *et al*. eds.），266 p, Cambridge University Press.
ホフマン，P. F.・シュラグ，D. P.（2000）：氷に閉ざされた地球．日経サイエンス，56‐65.
岩田修二（1991）：氷河時代はなぜおこったか．科学，**61**(10)：669‐680.
川上紳一（2000）：新しい地球史．科学，**70**(5)：406‐414.
小泉　格（1977）：南極大陸周辺の海底堆積物と氷河．**47**(10)：621‐627.
住　明正ほか（1996）：岩波講座 地球惑星科学 気候変動論，272 p，岩波書店.
田辺英一（2000）：全球凍結現象とはどのようなものか．科学，**70**(5)：397‐405.

12.2　氷コアと地球環境変動

12.2.1　雪氷コアが示す過去の気候・環境変動

(1)　地球環境のタイムカプセル

　南極や北極の氷床や氷河には，海洋，森林，砂漠，火山などを起源とするさまざま
な物質が大気の循環によって運ばれ，雪とともに堆積する（図12.2.1）．宇宙線によ
ってできる成層圏起源の物質や，宇宙塵などの宇宙起源物質も積もる．また，積雪は
年々降り積もる雪の重みで密度を増し，しだいに氷になるが，その過程で空気も気泡

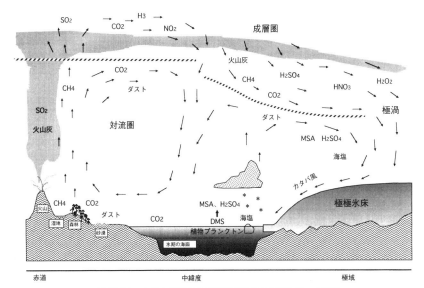

図 12.2.1 大気の循環による諸起源物質の極域氷床への輸送

として氷のなかに取り込まれる．このように，極地の氷床や氷河は，過去数十万年以上にも及ぶ地球規模の気候や環境の変化を示すさまざまなシグナルを保存するので，地球環境のタイムカプセルといえる．地球環境のタイムカプセルとしては，樹木の年輪，さんご，湖沼や海の堆積物，鍾乳石などがあるが，極域の氷は，時間分解能が高いこと，過去数十万年前以上にわたり連続して遡れること，大気環境の情報を直接記録していること，さらに過去の大気を氷中に気泡として取り込んでいることなど，記録媒体として優れている．

(2) 雪氷コアに記録された気候・環境シグナルの抽出
a. コア解析

掘削により取り出された雪氷コア（firn core/ice core）には，過去の気候や環境の指標（proxy）となる諸物質が数百 ppb（ppb = 1/10 億）以下の濃度で含まれている．重金属などはさらに低濃度で，数十 ppt（ppt = 1/1 兆）以下の濃度となる．こうした微量なシグナルの分析には，汚染した氷表面の除去，クリーンな環境での融解など前処理段階から，分析に至るすべての段階で慎重な処理，機器操作が要求される．

また，積雪は時間の経過とともに降り積もる雪の荷重で圧密され，密度が 820～850 kg/m^3 になると通気性を失い「氷」となるが，このとき，空気は氷のなかに気泡として取り込まれる．この氷化深度での空気の含有量は，体積比で約 10 % である．深さとともに気泡体積は減少し深さ 500 m 付近からクラスレート水和物に変わる．

コア中の気泡やクラスレートは過去の大気そのものなので，これから空気を抽出し分析すれば，過去の大気成分を直接知ることができる．また，b.で述べるように氷を構成する酸素あるいは水素の安定同位体組成は，過去の気温の優れた指標である．

また，過去の大気微量成分の分析は，氷から空気を抽出してガスクロマトグラフィーなどの方法で分析する．氷からの空気の抽出法としては，氷を溶かして抽出する融解法と低温真空中で氷を細かく削って抽出する低温切削法がある．

図 12.2.2 に，雪氷コア解析項目とそれぞれの解析項目が示す気候・環境要素，あるいはその起源を示した．

b. 気温情報の抽出

水分子を構成している酸素と水素の原子には，質量数が大きな原子（同位体）が含まれている．酸素には質量数が 17 と 18 の安定同位体（stable isotope）が，また水素には質量数が 2（D，重水素）の安定同位体がある．このため，天然水では主要な水分子として $H_2^{16}O$，$H_2^{18}O$，$HD^{16}O$ が，それぞれ 99.7680％，0.2000％，0.0320％の割合で存在する．この安定同位体が水のなかに含まれる割合は気温と密接に関係して

分析項目 ＼ 気流・環境要素，起源	気温	水蒸気蒸発状況	乾燥陸域	海洋植物プランクトン	海塩	森林火災	火山	成層圏	化石燃料	核実験	雷
$\delta^{18}O$、δD	◎										
d		○									
固体微粒子			◎				○				
pH（H^+）				◎	○		◎	○			
Na^+			○		◎						
K^+			○		○	○					
NH_4^+						◎					○
Ca^{++}			◎		○		○				
Mg^{++}			○		○						
Al			◎								
F^-							○				
Cl^-					◎		○				
NO_3^-						○		○	◎		
MSA				◎							
SO_4^{--}				◎	○		◎	○	◎		
H_2O_2								◎			
トリチウム								○		◎	
総β線量										◎	

図 12.2.2 雪氷コア解析により抽出されるおもな気候・環境要素

おり，この性質を利用して雪氷コアから過去の気温が精度よく復元できる．

降水中の安定同位体の量比は非常に微量で，その変動はさらに小さな値となるため，酸素同位体を用いる場合，同位体比 $^{18}O/^{16}O$ をとり，次式で示されるように海水を基準とした変化量の比として千分率（‰）で定義する

$$\delta^{18}O = \frac{^{18}O/^{16}O_{サンプル} - ^{18}O/^{16}O_{標準海水}}{^{18}O/^{16}O_{標準海水}} \times 1000 \quad (‰)$$

水の相変化に伴う同位体組成の変化（分別）が起こるのは，$H_2^{16}O$ と $H_2^{18}O$ の水蒸気圧の差（両者の比を分別定数という）が約10‰あることによる．$H_2^{18}O$ の水蒸気圧のほうが低い．液相と気相の水が平衡状態にあると，液相の $\delta^{18}O$ は気相の $\delta^{18}O$ に比べつねに10‰大きな値（$\delta^{18}O$ は負なので，絶対値は小さな値）になる．また，水素の安定同位体組成（δD）と酸素の安定同位体組成（$\delta^{18}O$）の間には，$\delta D = 8 \times \delta^{18}O + d$ の関係がある．d は，過剰水素と呼ばれる．

酸素同位体組成が気温の指標となる理由を，水循環・降水過程のなかで考える（図12.2.3）．海水は $\delta^{18}O = 0‰$ なので，海から蒸発した水蒸気では $\delta^{18}O = -10‰$ となる．

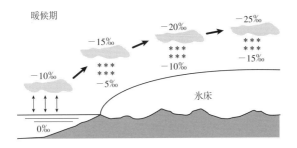

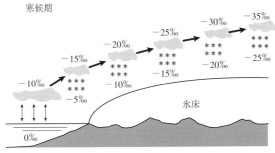

図 12.2.3 降水の酸素同位体組成が気温の指標となる説明
水蒸気の凝結により酸素同位体の分別が起こり，重い同位体をより多く含む液相は降水となって除去され，水蒸気はより軽くなる．寒候期には，大気中での飽和水蒸気量が低いため，大気の上昇に伴う水蒸気の凝結が頻繁に起こるので，同一地点では暖候期に比べ軽い雪が降ることになる（Dansgaard, 1964 を改編）．

海水より10‰軽くなった水蒸気は上昇すると断熱膨張で気温が下がり凝結する．凝結して雨粒になると考える．ここで再び，液相と気相の水の平衡状態での酸素同位体分別が起こり，気相の $\delta^{18}O$ が液相に比べ10‰小さくなる．すなわち，$\delta^{18}O$ が-5‰の雨粒（液相）と，-15‰の水蒸気（気相）になる．雨粒は降水となり除去され，-15‰の水蒸気が残る．雨は雪と考えていい．水蒸気を含んだ大気が雪を降らせながら，すなわちその降水過程による同位体の分別を繰り返しながら，氷床の内陸部に移動していく．また，寒冷な時期では気温が低く飽和水蒸気量が小さいので，凝結と降雪により大きな $\delta^{18}O$ をもった雪（「重い雪」）の除去が頻繁に起こり，温暖な時期に比べ「軽い雪」が降ることになる．こうした過程で，同じ季節では内陸にいくほど $\delta^{18}O$ の低い「軽い雪」が降るとともに，気温の高い夏には「重い」雪が降り，気温の低い冬には「軽い雪」が降ることになる．このように，雪の酸素あるいは水素の同位体組成と気温とはよい相関にあり，この量を質量分析計で調べることにより，過去の気温を正確に推定できる．

酸素同位体組成と気温（T）との関係は，水蒸気の蒸発，輸送，凝結などの過程によって変わるので，以下のように地域性を示すことになる．

南極みずほ高原（Satow *et al.*, 1999）： $T = 1.17\delta^{18}O + 9.30$

南極デュモン・デュルビル–ボストーク間（Lorius and Merlivat, 1977）：

$$T = 1.33\delta^{18}O + 10.27$$

c. 環境シグナルの抽出

砂漠，火山，生物，海洋あるいは人間活動などさまざまな環境の状態は，コアの化学成分濃度や元素組成などに基づいて推定される．環境シグナルの抽出は，主要イオンが複数の起源をもつことが多いため，環境指標の確立自体が研究課題である．

1）火山シグナルの抽出　火山灰（テフラ）を用いるほか，硫酸イオンを用いることが多い．硫酸イオンにはさまざまな起源があるので，火山起源の硫酸イオンの抽出には，次式を用いる必要がある．

[硫酸イオン全量] ＝［海塩・陸塩起源］＋［海洋植物プランクトン起源］
＋［化石燃料起源］＋［火山起源］＋［成層圏起源］

海塩起源の硫酸イオン以外は，非海塩性硫酸イオンとして総称される．海塩起源の硫酸イオン濃度は，Naイオンの全量を海塩起源と仮定すると標準海水中の比率から0.25Na（重量濃度）で示されるので，非海塩性硫酸イオン濃度は，［硫酸イオン全量］-0.25Na で与えられる．火山活動による硫酸イオンは，スパイク状のピークとして現れるので，［非海塩性硫酸イオン濃度の平均値＋2標準偏差］をこえたピークを火山シグナルと考えることがある．非海塩性硫酸イオンの代わりに，酸性度（pH）を用いてもよいが，火山灰を多量に噴出した場合には，火山灰により硫酸が中和されることがあるので注意が必要である．厳密には，サンプルをフィルターでろ過して，火山ガラス質粒子を確認する．

2) 乾燥域シグナルの抽出　氷試料のなかの固体微粒子濃度は，ダスト発生量に関する初期情報である．パーティクルカウンターによる固体微粒子濃度の分析ができない場合，つぎで与えられる非海塩性カルシウムイオン濃度で代替できる．

$$[非海塩性カルシウム] = [カルシウム全量] - [海塩性カルシウム]$$

ここで，海塩性のカルシウムイオン濃度は，標準海水におけるイオンの量比から，[海塩性カルシウム] = 0.04 [ナトリウム] で与えられる．

3) 海洋起源ナトリウムの抽出　1)，2) では，ナトリウムはすべて海洋起源と仮定している．陸域の塩としてのナトリウムもあるので，厳密にはナトリウム全量から陸域起源の量を差し引いて示す必要がある．

$$[海洋起源ナトリウム] = [ナトリウム全量] - [陸域起源ナトリウム]$$

ここで陸域起源ナトリウム濃度は，アルミニウムがユニークに陸域起源と仮定できる場合（人為起源のアルミニウムがない場合），地殻の平均的元素量比から，[陸域起源ナトリウム] = 0.29 [アルミニウム] で与えられる．

4) 森林火災シグナルの抽出　雪氷コアによる研究は多くない．森林火災のシグナルと考えられるものとして，アンモニアイオン，カリウムイオン，硝酸イオン，シュウ酸イオン，ススなどがある．しかし，こうしたイオンなどは森林火災以外にも発生源があるので，他の発生源からの量をどう見積もるか，森林火災と特定できるシグナルの組合せは何か，などまだ研究段階にある．

表 12.2.1 に，非海塩性および非陸塩性の各イオン量の算出式をまとめた．標準海水の溶存イオンや平均地殻の含有元素の割合に基づき，Na および Al の全量がそれぞれ海塩起源，陸塩起源との仮定に基づくものである．

d. コア年代の推定

氷河・氷床コアの年代決定（ice core dating）法として，1) 季節変化シグナルをカ

表 12.2.1　標準海水の溶存イオン量比から求める非海塩性イオン量と，地殻の平均元素組成に基づく非陸塩性イオン量の算定式

非海塩性/非陸塩性イオン	算定式
非海塩性硫酸イオン濃度	$nssSO_4 = SO_4 - 0.25Na$
非海塩性塩酸イオン濃度	$nssCl = Cl - 1.82Na$
非海塩性カルシウムイオン濃度	$nssCa = Ca - 0.04Na$
非海塩性カリウムイオン濃度	$nssK = K - 0.04Na$
非海塩性マグネシウムイオン濃度	$nssMg = Mg - 1.20Na$
標準海水での Cl^- と Na^+ 重量比	$Cl/Na = 1.82$
標準海水での Cl^- と Na^+ モル濃度比	$Cl/Na = 1.18$
平均地殻での Na と Al 重量比	$Na = 0.29Al$
非陸塩性 Na イオン濃度	$Na_m = Na - 0.29Al$

単位は、とくに記していないもの以外は重量濃度である．

ウントし推定する方法，2) 特定の年代を示準する層により推定する方法，3) 雪の圧密モデルによる方法，4) 氷の流動モデルにより推定する方法，5) 放射性同位体により推定する方法などがある（藤井，1995；藤井・河野，1999参照）．

1) 季節変化シグナルをカウントする方法　酸素同位体や電気伝導度，化学主成分などが示す季節変化の数から年代を決定する方法で，連続した高精度の年代軸を設定できる．夏期に融解が生じる場所や四季を通じて積雪が生じないか少ない場所，年

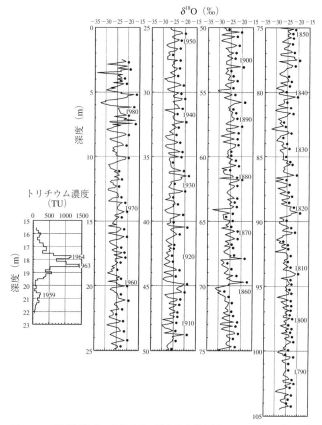

図 12.2.4　酸素同位体の季節変化の数と核実験起源トリチウムのピーク年代によるコア年代決定の例（グリーンランド Site-J；Fujii *et al.*, 2001）

黒丸は酸素同位体の夏（Isotopic summer）を示す．年代はこの夏のピークを数えて求めたが，15～23 m 深では，トリチウムプロファイルの1963年と1964年のピークで調整した．また，この図には示してないが，103 m 深の pH などの顕著なピークを1783年のアイスランド，ラキ火山噴火として酸素同位体の季節変化の数による年代を調整した．

層の厚さが小さくなるコア深部などでは，この方法による正確な年代決定は難しい．図 12.2.4 は，グリーンランド氷床南部 Site-J 地点での掘削コアの例で，酸素同位体組成の季節変化からコア年代を推定している．

2) 特定の年代を示す層により推定する方法　核実験，火山爆発などのうち確立したタイムマーカー（time marker）を用いる方法で，特定の深さに正確な年代を与えるものである．1)で示した Site-J コアでは，核実験起源のトリチウムピーク（図 12.2.4；1963 年，1964 年）と 1783 年のアイスランドのラキ火山による電気伝導度ピークをタイムマーカーとして特定深度の年代を決め，酸素同位体組成の季節変化の数から推定した年代軸を調整し，過去 210 年のコア年代を 2 年の精度で推定した．

3) 雪の圧密モデルによる年代決定法　コアの深度-密度プロファイルと掘削地点の 10 m 雪温で代表される平均温度のみにより，コア年代が推定できる方法で，季節変化シグナルのカウントにより決定された年代と比較的よく一致する．フィルンの圧密速度が温度と積雪涵養量に依存することを利用した経験則である．浅層コアの初期年代軸の設定に有効であるが，夏期の融解がないか少ない場所のコアにのみ適用できる方法である．

4) 氷の流動モデルにより推定する方法　氷床の深さ方向のひずみ速度が一定という仮定に基づいた氷床単層モデルと，基盤との摩擦によって生じる氷体下部でのひずみ速度の減少を考慮した氷床 2 層モデルなどがある．氷床単層モデルは，氷河の平坦な涵養域や氷床の内陸中央部ではない地域でのコアでも，浅層部から中層部の年代を推定するのに適用され，氷河・氷床の浅層コアの最初の作業年代軸を与えるものとして広く利用されている．

5) 放射性同位体による年代決定方法　コアに含まれる微粒子やガスには，放射性同位体が含まれ，絶対年代の決定に用いられることがある．しかし，限られたサンプル量でしかも低濃度であることが多く，実際の適用例は多くはない．将来の分析技術の進展に伴い，有力なコア年代の決定手段になると考えられる．

(3) 過去数百年から数千年の気候・環境変化

a. 気温変化

北極，赤道，南極の雪氷コアの酸素あるいは水素同位体組成が示す過去 250 年の気温変化を図 12.2.5(a)に示す．北極スバールバルとグリーンランド Site-J では，つぎの b.で示すように北大西洋振動に伴う気温変化のシーソー現象が認められるが，1830 年頃の寒冷期は共通に認められる．この時期の寒冷化は，北半球では北極カナダのデボン氷帽コア，スバールバル諸島アウストフォンナ氷帽コア，カナダのユーコン流域の年輪などでも認められている．スバールバルでは，19 世紀末まで小氷期と呼ばれる寒冷期の存在と，20 世紀初頭の 1900 年から 1920 年にかけての気候のジャンプともいえる急激な温暖化が特徴であるが，他の地域では明瞭ではない．

南極では，極点近くのテーロスドームと東南極みずほ高原の H15 で，1830 年代半

(a) 過去 250 年の気温変動

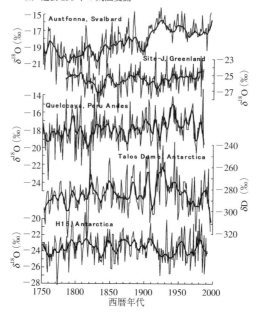

(b) 過去 1 万年の気温変動

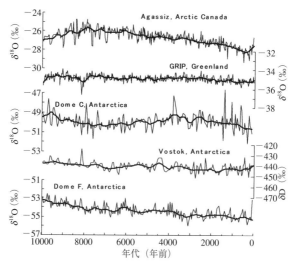

図 12.2.5 雪氷コアの酸素および水素同位体が示す(a)過去 250 年と, (b)過去 1 万年の気温変化
縦軸の目盛間隔は, 比較できるように同一にしてある. 個々のデータに基づき作成した.

ばに寒冷期が同時に認められるが，この寒冷期を除くと気候変化は両地点で逆位相である．1830年代半ばの寒冷期は，北極あるいは北半球起源の寒冷現象が数年遅れて南極に伝播した可能性もある．テーロスドームとH15でみられる気温のシーソー現象は，南極半島と東南極プリッツ湾にある中国の基地間などでも認められており，南極振動（AAO）を反映している可能性がある．

ここに示した5地点での気候変化をみるかぎり，過去100年スケールでの温暖化は，北極のスバールバルでみられるだけで，赤道を含め他の地域では明瞭ではない．

図12.2.5(b)に，北極と南極の計5地点での雪氷コアの酸素および水素同位体組成の変化による過去1万年の気温変化を示す．過去1万年は，最終氷期が終了した後，現在に続く完新世（Holocene）と呼ばれる時期である．グリーンランドを除くと，共通してみられる長期傾向は気候の寒冷化である．北極カナダのアガシー氷帽では，8000年ほど前に最温暖期があり，その後緩やかな寒冷化が続いており，コア中の融解氷層の分布とよい一致を示す．また，150年ほど前からの温暖化傾向も読み取れる．また，グリーンランド中央部のGRIP地点では，8200年前の寒冷なピークを除き過去1万年間，きわめて安定な気候が継続している．この寒冷化はグリーンランドで4〜8℃，北大西洋では1.5〜3℃だったことが明らかになってきている．氷期に北米大陸を覆っていたローレンタイド氷床が縮小する過程でハドソン湾の東西に分離し，この氷床にせき止められていたアガシー湖とオジブウェイ湖の水が一気にハドソン湾からラブラドル海に流れ込み，北大西洋の海洋表層の低塩分化→北大西洋深層水形成の衰弱化→メキシコ湾流の衰弱化→寒冷化の進行，というプロセスが働いたためと考えられている（Barber *et al.*, 1999）．

南極ドームCコアの酸素同位体組成は，9500年ほど前の完新世最温暖期の後，寒冷化が進行し，6000〜8000年前に寒冷期が出現，その後緩やかな温暖化が起こり，4000年前頃にピークを迎えた．その後，3000年ほど前の寒冷期，2500年ほど前の温暖期の後，緩やかな寒冷化が続いている．ボストークとドームFコアは，完新世はじめに温暖ピークとその後の緩やかな寒冷化といった共通する長期の気候変化を示している．しかし，寒冷化の進行はドームFが最も早い．

両極の氷コアが示す過去1万年の気温変化を概観したが，共通して以下のようなことがいえる．① 気温の短期の変動振幅は，酸素同位体で1‰，水素同位体で10‰程度で，気温に換算すると1〜2℃程度と小さい．②北半球の中緯度帯で広く知られている完新世中期の5000〜6000年前の温暖期（Hypsithermal あるいは Climatic Optimum などと呼ばれる）は，極域では明瞭ではない．

b. 北極振動と北大西洋振動の復元

北大西洋のアゾレス高気圧とアイスランド低気圧間の気圧振動現象である北大西洋振動（NAO）や極渦の気圧振動である北極振動（AO）は，北極での数年の気候変動モードとして近年注目されている．図12.2.6は，グリーンランド氷床南部のSite-Jコアと，スバールバル諸島北東島の氷帽アウストフォンナコアの酸素同位体組成にみ

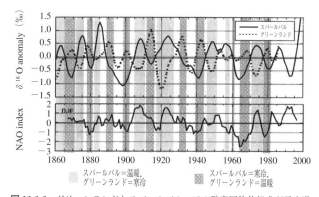

図 12.2.6 グリーンランドとスバールバルコアの酸素同位体組成が示す過去 140 年の気温のシーソー現象と北大西洋振動指数
淡い網かけ部分はグリーンランドが寒冷でスバールバルが温暖な時期を，また濃い網は逆の気温変化の傾向の時期を示す．北大西洋振動指数（NAO index）は，12 月から 2 月の冬季 3 カ月の指数を示す（ワシントン大学）．

られる気温の変化を，過去 140 年間について示したものである．スバールバルアウストフォンナとグリーンランド Site-J コアに記録されていた気温変化は，スバールバルが温暖（寒冷）な時期はグリーンランドが寒冷（温暖）になる明瞭なシーソー振動を示している．この気温変化の傾向は，NAO インデックス（北大西洋における気圧の振動現象を示す指標で，アゾレス諸島とアイスランド間の月平均気圧の平年値からの差により表現される）とよく調和していることがわかる．すなわち，アイスランド低気圧が強化され NAO インデックスが高くなる時期には，スバールバルが温暖でグリーンランドが寒冷になる．これは，アイスランド低気圧の発達に伴い，スバールバルには暖気が南方から侵入し温暖化するが，グリーンランド南部では北方からの寒気の侵入により寒冷化することによる．

c. 北極域における産業革命以降の降水の酸性化

18 世紀中頃からの産業革命以降，人間活動は大量にエネルギーを消費する社会となった．そのエネルギーの主要なものは石炭であったが，1950 年代以降，内燃機関の発達，自動車の普及により石油への依存度が急速に増大した．この結果，広域にわたる降水酸性化が問題になってきている．図 12.2.7 に，グリーンランドの Site-J コアと，南極みずほ高原 H15 地点コアの解析結果を示す．

北極では，19 世紀中頃から酸性化が進行している．こうした酸性化の進行は，スバールバル諸島のスピッツベルゲンのコアでも認められ，産業革命以前のバックグラウンドレベルからの酸性度の増加は，グリーンランド Site-J で 1.4 倍，スバールバル諸島で 2.0 倍と，スバールバルのほうが著しい．これは，スバールバル諸島が北極大西洋域で優勢なアイスランド低気圧の東側に位置し，大気汚染が進行する中緯度からの多量の大気の流入が起こるからである．化学主成分の分析結果は，硫酸イオンの

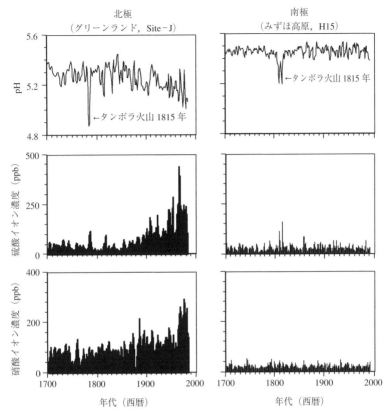

図 12.2.7 両極氷床コアに記録された産業革命を含む過去 300 年の大気環境変化
北極では 1860 年以降，化石燃料消費による降水の酸性化が進行しているが，南極ではその影響は現れていない．北極での降水の酸性化は，19 世紀半ば以降の石炭消費による硫酸の増加，1960 年以降の石油消費による硝酸の増加に起因することを示している．

増加が 1860 年頃から，また，硝酸イオンの増加は 1960 年代に急激に起きたことを示している．1860 年以降の石炭と石油の生産量の変化と比べると，グリーンランドにおける硫酸イオンの増加と硝酸イオンの増加は，それぞれ石炭と石油の消費（生産量）との関連がよい．産業革命以降の化石燃料の消費による大気汚染の北極への拡散を如実に示すものである．

一方，南極では産業革命以降の pH の顕著な低下（酸性度の増加），硫酸イオンと硝酸イオン濃度の増加は認められず，北極と大きな相違を示している．1980 年以降の酸性化も自然のゆらぎの範囲である．

d．火山活動
大規模な火山活動は，多量の灰やガスを高度 10 km 以上の成層圏にまで噴出する．

成層圏は大気が安定しており降水による除去はないので、こうした物質は重力の作用でゆっくり沈降しつつ1年ほどの時間をかけて極域へ流れていく。極域の高気圧圏に達すると、大気の沈降流により地上に運ばれる。亜硫酸ガスなどのガスは途中酸化され硫酸などの小さなエアロゾルとなるが、重力沈降が大きな火山灰と比べ効率よく極域へ運ばれる。

　グリーンランド、Site-Jのコアに記録された過去200年の火山噴火を図12.2.8に示す。氷の電気伝導度を調べたものであるが、火山活動に伴い堆積した酸が高い電気伝導度のピークとして現れている。1960年頃からの高い電気伝導度は、火山活動によるのではなく大気汚染、すなわち化石燃料、とくに石油の多量消費で放出された硝酸による。過去200年、グリーンランド氷床にその痕跡を明瞭に残している火山活動は、アイスランド、アラスカ、カムチャツカ半島などの高緯度地域の火山のほか、

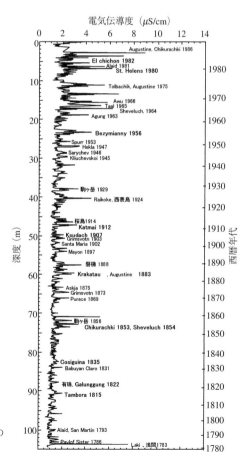

図 12.2.8 グリーンランド Site-J の電気伝導度に現れた火山噴火
太字は火山爆発指数（VEI）が5以上の南緯10°以北の火山活動を示す。

日本の火山としては桜島（1914 年），磐梯山（1888 年），北海道駒ケ岳（1856 年），有珠山（1822 年）などである．

また，南極 H15 地点でも pH と硫酸イオン濃度のプロファイルに基づいて火山シグナルが同定された．過去 200 年間に両極の氷床コアで検出される火山シグナルは，エルチチョン（メキシコ，1982 年），サンタマリア（ガテマラ，1902 年），クラカトア（インドネシア，1883 年），コシグゥイナ（ニカラグァ，1835 年），タンボラ（インドネシア，1815 年）で，いずれも赤道付近の低緯度地域に位置する火山で，火山爆発指数（volcanic explosivity index : VEI）が 5（噴煙柱高度が 25 km 以上の噴火）以上の巨大噴火と分類される大規火山噴火である（Kohno and Fujii, 2002）．

過去 200 年の火山噴火で両極のコアで最も大きなシグナルとして現れるのは，1815 年のインドネシアのタンボラ火山噴火である．この噴火は，過去 1000 年で最大といわれる大噴火で，9 万 2000 人もの犠牲者を出したほか，成層圏に噴き上げられた多量の噴出物は地球全体を覆い，翌 1816 年は「夏のない年」と呼ばれるなど，5〜6 年にわたり地球上各地で異常気象を誘発した．

e. 二酸化炭素濃度の変化

雪氷コアが過去の気候や環境の記録媒体としてとくに優れているのは，過去の空気を気泡として保存している点である．気泡は深さ 500 m 以深では，クラスレート水和物に変化するが，コアとして取り出すことにより圧力が低減するため気泡に戻る．この気泡を真空中で取り出し，赤外分光計などで二酸化炭素濃度を測定する．こうして，過去の大気中の二酸化炭素など微量気体成分を知ることができるのだが，注意が必要なのは，氷の年代と気泡の年代は，同一深度であっても，異なることである．南極内陸部で氷期にはこの時間差は数千年にもなるので，気温と二酸化炭素濃度の変動関係を論ずるにはこの時間差がいつも問題となる．

過去 300 年の二酸化炭素濃度の変動を図 12.2.9(a)に示す（Machida, 1990）．二酸化炭素濃度は，18 世紀末まで約 280 ppmv（体積換算での ppm 濃度）であったが，産業革命による石炭の消費が拡大するのに伴い，19 世紀になると年間 0.1 ppmv ほどのスピードで緩やかに上昇しはじめる．20 世紀になるとこのスピードは 4 倍ほどに増大し，とくに 1950 年代以降は 1.2 ppmv/年になり，近年では 1.6 ppmv/年とさらに増大しており，この温室効果気体の濃度増加は地球温暖化を引き起こすと大きな社会的問題になっている．

過去 1 万年の変化を図 12.2.9(b)に示した．これから明らかなように，二酸化炭素濃度は，産業革命以前までは 280 ppmv ほどの濃度で，その揺らぎは±10 ppmv 程度であった．この図では，産業革命以降の急激な二酸化炭素濃度の増加はほぼ垂直に表現され，二酸化炭素濃度の増加が異常なスピードで進行していることがわかる．

［藤 井 理 行］

(a) 過去300年の変化

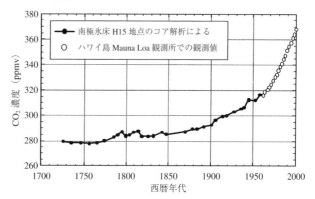

(b) 過去1万年の変化

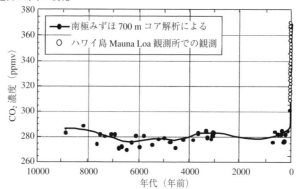

図 12.2.9 南極の雪氷コア解析により復元された二酸化炭素濃度の変化 (a) みずほ高原の H15 地点で掘削した浅層コア解析に基づく過去300年の変化. 1960年以降は, ハワイ島での観測値. Machida (1990) による. (b) 南極みずほ基地 700 m コア解析に基づく過去1万年の変化. 東北大の中沢高清らの分析による.

文　献

Barber, D.C. and 10 others (1999): Forcing of the cold event of 8,200 years ago by catastrophic drainage of Laurentide lakes. *Nature*, **400**: 344–348.
Dansgaard, W. (1964): Stable isotopes in precipitation. *Tellus*, **16**: 436–468.
藤井理行 (1995)：氷河・氷床の年代決定. 第四紀研究, **34**(3): 151–156.
藤井理行・河野美香 (1999)：極域氷河・氷床のコア年代決定―流動・圧密モデルと年代示準火山シグナルによる方法―. 地球, 号外 **26**: 163–173.
Fujii, Y., Kamiyama, K., Shoji, S., Narita, H., Nishio, F., Kameda, T. and Watanabe, O. (2001): 210-year ice core records of dust storm, volcanic eruption and acidification at Site-J, Greenland. *Mem. Natl. Inst. Polar Res.*, Special Issue, No.54: 209–220.

Kohno, M. and Fujii, Y. (2002): Past 220 year bipolar volcanic signals: remarks on common features of their source volcanic eruptions. *Ann. Glaciol.*, **35**: 217‒223.
Machida, T. (1990): A study of concentration variations of greenhouse gases in ancient air using ice core analysis. Doctral theisis of Tohoku University, 147 pp.
Lorius, C. and Merlivat, L. (1977): Distribution of mean surface stable isotope values in East Antarctica. *IAHS Publ.*, **118**: 127‒137.
Satow, K., Watanabe, O., Shoji, H. and Motoyama, H. (1999): The relationship among accumulation rate, stable isotope ratio and surface temperature on the plateau of east Dronning Maud Land, Antarctica. *Polar Meteorol. Glaciol.*, **13**: 43‒52.

12.2.2 ドームふじコアが示す過去の地球規模気候・環境変動

わが国の雪氷研究者は，南極大陸の厚い雪氷層から過去三十数万年に遡る地球の気候や環境の変動を読み取るために，1991年から7年計画で深層コア掘削計画を進め，1996年12月にドームふじ基地（図12.2.10）で深さ2503 mまでの深層掘削に成功した．

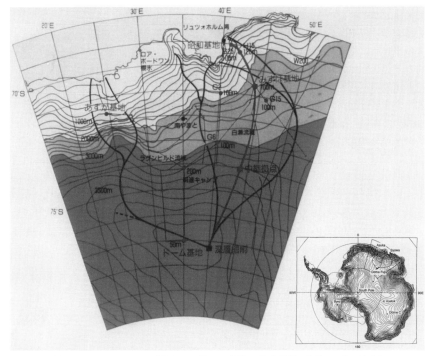

図12.2.10 ドームふじの位置およびドーム基地‒昭和基地間の輸送ルート（太線）
S：白瀬流域，R：ラグンヒルド流域，細線：これまでの内陸調査ルート．

東南極氷床の頂上域の一つであるドームふじは標高 3810 m，頂上域付近は海抜 600～1600 m の起伏をもつ基盤上に 3200～2200 m の厚さの氷が載っている．年平均気温−54℃，平均気圧 600 hPa は通年の観測基地としては，南極内陸基地のなかでも最も過酷な自然環境下にある．

南極での氷床コア研究は 1968 年のアメリカ隊によるバード基地での 2164 m の氷床全層掘削の成功にはじまる．その後，中～深層氷床掘削が米，露，仏，豪，日本の各国によって行われた．わが国の雪氷研究者は 1984 年みずほ基地で 705m 深までの中層掘削に成功し，後氷期の雪氷堆積層が得られている．

ドームふじ基地におけるわが国の深層掘削は，氷床コア研究にとって最も理想的な掘削場所と考えられている氷床頂上域での，南極におけるはじめての成功である．

(1) 掘削計画に至る経緯

わが国の最初の組織的な雪氷観測計画は，1968 年から 1975 年にかけて実施された「エンダービーランド-みずほ高原計画」である．このときわが国最初の内陸基地「みずほ基地」（70°42′S，44°17′E，標高 2256 m）が設立され，気象や雪氷観測に加えて，最初の氷床掘削観測が試みられ，150 m 深までの雪氷コアが得られた．内陸旅行では，やまと山脈からサンダーコック・ヌナタークスに至る範囲で，また南緯 77°の奥地までの地域において，氷床地形，年間積雪量，年平均気温，氷厚測定，三角鎖による流動測定などが行われた．引き続く第 II 期の雪氷観測計画は「東クイーンモードランド計画」である．1982 年から 1986 年にかけて行われたこの計画は国際協同観測の「国際南極氷床雪氷観測計画」（IAGP）の一環で，2000 m 等高線に沿う氷床動力学，質量収支観測が実施され，「みずほ基地」では中層掘削が行われた．また将来の計画のために内陸観測域を南方に拡大し，南緯 77°付近に存在が予想された氷床ドームの一つの頂上域の探査が行われ，標高 3810 m のドーム頂上が南緯 77°22′，東経 39°37′ 付近にあることを発見し，ドームふじ（F）と名づけられた．また，その付近の氷の厚さは 2800～3000 m，10 m 深の雪温から推定される年平均気温は−58℃，予想される年最低気温は−90℃，トリチウム濃度が示す 1963 年層から推定される年降水量は 32 mm であることなどを明らかにした．

東クイーンモードランドにおける第 I～II 期の雪氷観測計画によって「白瀬氷河およびラグンヒルド氷床流域」の地形，氷の動力学的状態，氷床涵養状態や堆積環境の地域特性などについて十分な基礎的情報が蓄積された．この「単元流域」（氷床を構成する流域の一つ）の最源流であるドーム F の頂上において，深層コアを得て過去数十万年間の気候，環境変動の復元を行えば，この「単元流域」の雪氷学的状態の変遷そのものを明らかにすることができるはずである．また得られた雪氷層（円柱状コア）に含まれる雪氷コアシグナル（ice core signal）は，その地域特性を十分ふまえることによって，地球規模での気候・環境変動情報に転換しうると予想された．こうして「氷床ドーム深層掘削計画」が立案された．

本計画の目的は基本的には氷床の形成・質量変動のシステムを「白瀬氷河流域」の大気–雪氷相互作用および動力学的状態を通して理解することである．その中心課題はドームふじ頂上における 2000 m をこす深さまでの深層コアの採取であり，得られたコアの解析によって，① 氷期–間氷期の 2 サイクルを含む過去数十万年間の気候および環境変動，② 気候変動に伴う氷床の振舞いと氷床規模の変動，さらに③ 北極域雪氷コア情報との対比による地球規模気候変動メカニズムの解明をすることである．

ドーム頂上では水平方向からの氷の移流はなく，鉛直方向の氷の沈降だけが起こるので，「その場所」で堆積した積雪層のみを取り出すことができる．氷床の斜面下降風域 (katabatic wind region) にある「みずほ基地」の 700 m 深の雪氷ボーリングコアの解析では，表層はみずほ基地付近の積雪であるが，700 m の深さの堆積層は 9400 年前にみずほ基地の上流 110 km の地点で積もった雪である．こうした水平方向の氷の移流が生じる場所では，鉛直方向の雪氷コアは異なった堆積環境下での積雪の集積であり，時間尺度の設定が複雑になるだけではなく，雪氷コアシグナルが示す環境情報は時間的変動に地域的な変化が重ね合わさった結果となり，気候および環境変動の復元が困難である．

(2) 深層掘削技術

雪氷コア掘削の最初の試みは第二次世界大戦直後にさかのぼり，40 年余の歴史があり，藤井 (1993) による詳しい解説がある．雪氷コアへの関心は，大戦後の地球や極域の自然に対する一般的な関心の高まりがその背景にあるが，何といっても雪氷層掘削を実現可能にした基礎技術が整ってきたことがあげられるだろう．一般に雪氷掘削を行う地域の自然条件は過酷であり，寒冷な作業環境下での機器運用や資材の運搬，さまざまに変化する氷の性質への対応はそう容易ではなく，技術的革新がつねに求められる分野でもある．

雪氷コア掘削はその対象とする深さによって，100 m 深程度までの浅層掘削 (shallow ice drilling)，500 m 深程度までの中層掘削 (medium ice drilling) および 1000 m をこす深層掘削 (deep ice drilling) に分けられる．とくに，いまでも多くの技術的課題が残されているのは深層掘削である．500〜700 m の深さをこすと氷の塑性変形による掘削孔の収縮速度が大きくなるので，氷の密度に近い液体で掘削孔を満たし，変形を防ぐ必要がある．掘削はこの液封液 (bore hole liquid) 中で行うため，掘削の機械的機構が複雑になり，また掘削制御のためのコンピュータなどを格納する耐圧区画が必要となる．

南極ドーム域は寒冷であり，そこで使用する深層掘削機に求められる性能として少なくとも −60℃の耐寒性，2000 m をこす掘削のために 300 気圧の耐圧性が必要である．また掘削地のドーム頂上は沿岸から 1000 km の奥地にあるため，機材の輸送はすべて陸路による雪上車輸送に頼らざるをえない．そうした物資輸送上の大きな制約は発電燃料消費をできるだけ抑えることを必要とし，掘削システムの開発にあたって

は省エネルギー型であること，また機材の軽量化や分解可能なことなどが必要条件となる．わが国の掘削機開発研究は1989年から進められ，南極，グリーンランドおよび国内でテストを繰り返し，1993年秋には，南極で使用する掘削システムが完成した．

(3) 掘削実施計画

ドームふじ深層掘削計画は南極地域観測の第4期5カ年計画（第33次〜37次観測隊）として実施された．しかし，計画実施に先立つドーム頂上位置の探査，輸送ルートの設定，気象観測のための無人観測器の開発などの準備は1984年からはじめられた．ドームふじ頂上の越冬基地建設のための準備は1991年から開始され，燃料などの輸送とともに掘削地点を選定するための表面地形，基盤地形の精査（第33次隊）が行われた．その結果に基づいて選点された地点で，浅層掘削（第34次隊）が行われた．表面下100mまでの雪氷層には通気性があるため，浅層掘削孔をさらに拡幅し，円筒ケースを埋め込み（ケーシング），液封液が周囲に滲み出さないようにするためである．

計画開始に先立つ1年前には，32次隊によって吹きだまりを予測するために建物1棟が建てられた．掘削孔を基準に，吹きだまりの状況を考慮して第35次隊は基地建物，掘削場（積雪層内トレンチ）を建設した．

ドームふじ基地での越冬を開始した第36次隊は100mの深さまでのケーシング孔から液封による深層掘削への移行に数カ月の困難な作業を行い，1995年8月にやっと本格掘削を開始し，12月末までに605mの深さまで掘り進んだ．しかし，つぎの第37次隊は順調に掘削を進め，1996年末に2503mの深さに達した．

(4) ドームふじコアの解析作業

掘削された掘削コアに対して現場では層構造記載，バルク密度，直流および交流固体表面電気伝導度の測定などが行われた．コアは水平断面積比で6：4になるように鉛直方向（堆積方向）に切断され，4割側のコアはさらに水平断面積比で2：1のBコアとCコアに分割された．6割コア（Aコア）は将来分析可能になるコアシグナル（core signal）のために長期保存する分と，大量の試料を要する大気成分分析に給される．

1996年春に日本に到着したB，Cコアに対して，国立極地研究所と北大低温科学研究所で基本解析が開始された．基本解析の目的は，本格的なコア解析研究に先立ち，ドームふじ深層コアの年代を推定し，コアのもつ基本的な物理的あるいは化学的諸性質の時系列変動を明らかにすることである．

Bコアを用いて主として試料の非破壊，非消費型の解析，たとえば結晶主軸方位分布，結晶粒度，気泡分布と形状，クラスレートハイドレート（clathlate hydrate）の形状と分布状況，氷の力学物性など主として物理的解析が行われた．Cコアに対して

は融解水試料として用いる消費型の分析，たとえば水の安定同位体組成，化学主成分濃度，微粒子濃度などの分析が行われた．

2001年春までに全層にわたって，酸素同位体組成（oxygen isotopic composition）の50年平均値の分析が完了し，2002年夏までには，200年時間分解能を有する化学主成分濃度の分析が完了した．物理解析では結晶主軸方位の測定結果から，ドームふじコアが掘削された地点の氷床の応力場が予測通り一軸単純圧縮場にあり，他からの氷流の移流がないことが明らかにされた．

基本解析の重要な目的の一つはコアに関する作業年代の決定である．年代決定は氷床流動モデルを用いて推定する方法が一般的であり，この推定には氷床表面での年間堆積（降水）量（annual accumulation）を見積もる必要がある．現在の気候下でのドームふじ付近の堆積量は酸素同位体組成（気温指標）と降水量の関係（Satow et al., 1999）から推定し，核実験による人工放射性核種や火山起源物質の堆積が示す層位年代から推定される堆積量によって補正し，後氷期の堆積量として水換算30mm/年±10％の値が得られている．気候変動に伴う降水量の変化はみずほ高原における広域観測から得られた気温と降水量の関係（経験式）に基づいて推定された．氷の流動については，流動速度の水平成分をゼロとし，鉛直成分の深さ変化パターンを3層モデルとした．氷厚は一定で時間変化はないものとすると，深さごとの氷の層について逐次計算することにより，年代プロファイルを算出できる．

（5）　ドームふじコアが示す気候・環境変動

a.　三十数万年間の気候変動

得られたドームふじコアの酸素同位体組成プロファイルには，過去32万年（Watanabe et al., 2003；2003年版作業年代）に及ぶ気温変動が示され，その間に約10万年周期で繰り返された氷期・間氷期のサイクルが3回，きわめて類似した気温変動パターンで起こっていたことが明瞭に示されている．また，現在は約2万年継続する間氷期の後半にあり，つぎの氷期に向かうゆっくりとした寒冷化に推移している．最新間氷期の最暖期の気温は過去の間氷期のそれより2.3℃低い（図12.2.11）．

先に述べた，酸素同位体組成と気温との関係を適用すると氷期から間氷期への気温変化の最大値はほぼ10℃であり，氷期の気温変動幅は4.6℃である．また，グリーンランド・サミットコアのプロファイルにみられる最新氷期間の亜間氷期の頻繁な出現または短周期の寒冷・温暖振動（ダンスガード–オシュガーイベント：D–Oイベント）は，ドームふじコアのプロファイルでは北極域ほど顕著ではない．ただし，氷期・間氷期サイクルのような長周期の気温変動については，南北両極でほぼ同時に起こっていたことを示している．

ドームふじコアの酸素同位体組成プロファイルを，同じ東南極大陸氷床から採取されたボストークコアのプロファイルと比較すると，一般的な気温変動の傾向は酷似しており，それぞれの変動が起こった時期についても一定の仮定のもとでは一致してい

る (Watanabe et al., 2003).

ドームふじコアの周期分析結果は 102 kyr, 40 kyr, 21 kyr (最深コア年代を 32 万年とした場合) 周期の卓越がみられた.

ボストークコアは氷床流域の斜面部から採取されており, 各深さの氷の層が通過した流動場および堆積環境は互いに異なっていることが, 年代計算を複雑かつ困難にしている. これに対してドームふじにおける氷の流動場の単純さは, 海底・湖底コアなどとの比較研究を含めた将来の詳細な気候変化研究のための標準コアとなる可能性が大きい.

b. 物理的性質が示す気候変動

氷床コアから過去の気候・環境変動を正しく読み取るには, 氷床内部で生ずるさまざまな物理過程を理解することが不可欠である. 最もよい例が大気組成の復元である. 氷床コアは, 過去の大気組成, とくに CO_2 濃度を復元しうる唯一の存在として注目されているが, そのためには氷に取り込まれた空気がもとのまま保存されていることが保証されていなければならない. 空気の主成分である N_2 と O_2 について, ラマン散乱法で局所的な N_2 と O_2 の比を測定した結果, 気泡からクラスレートハイドレートに遷移する過程で, 大幅な気体分別が生ずることが明らかになった.

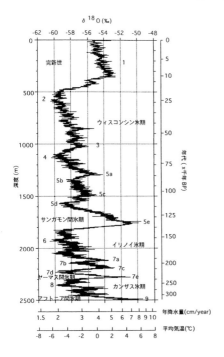

図 12.2.11 ドームふじ深層コアの酵素同位体組成 ($\delta^{18}O$) が示す, 過去三十数万年間の気候変動

この気体分別が大気組成復元に与える影響を評価するために, 積雪からフィルン, 氷へと変わる一連の圧密過程を詳細に調べると, 意外な事実がみえてきた. 表層部における圧密過程では, 独特な層構造が形成されるが, これが深層部まで残っているのである. しかも, この層厚が年涵養量に相当すること, および気泡やクラスレートハイドレートの数密度が表層部の温度を反映することが明らかになり, 新たなシグナルとして注目されている (Narita, H. et al., 2003).

これまで, 表層 190 m のコアの層位観察によって, 過去 5000 年間の年間降水量を推定することができた. 年間降水量は約 4000 年前から徐々に増加し, 1200 年前に最大に達した後, 減少に転じていることがわかった. 過去 5000 年間の平均降水量は水換算で 28 mm であるが, 4000 年前は 20 mm, 1200 年前は 40〜50 mm, 近年は 20

mm で，その後増加して現在は 30 mm である．

また，この層構造が，深部ではクラスレートハイドレートの分布の違いとして現れており，流動モデルから復元された年間堆積層厚との比較では 15% 内の精度で一致している．間氷期の堆積層厚復元には問題が残るが，古い時代にさかのぼる涵養量の解析の可能性が広がっている．

c. 地球環境の変動

地球環境の変化は，海域，陸域や生物を起源とする化学的諸物質の濃度，組成比や微粒子濃度，微粒子サイズ分布などによって示される（12.2.1 項を参照）．ドームふじ深層コアのそれら各種の環境指標（environmental proxy）物質の変化から，氷期-間氷期サイクルという大規模な気候変動に伴い，地球環境が大きく変化したことが明らかとなった（図 12.2.12）．

一般にシグナル物質は図 12.2.12 にみられるように，氷期に濃度が高くなるが，こ

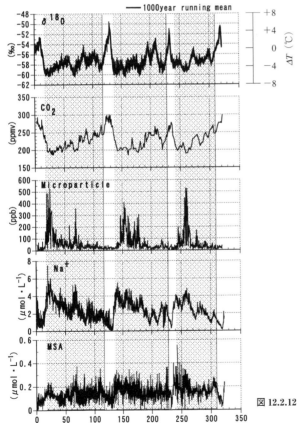

図 12.2.12　ドームふじ深層コア中の環境示標物質の変動
影部：氷期．

れは降水量の減少（現在より最大で35％程度の減）では説明がつかず，南極氷床への輸送量の増大の可能性が高い．陸域起源物質の濃度は，氷期の最寒期には現在の4〜5倍に増大するが，これは氷河や氷床の発達に伴う海水準の低下により主として南米パタゴニアの大西洋側の大陸棚が干上がり，そこを起源として多量のダストが大気中に放出されたことによると考えられる．ダスト濃度と気温の変化には時間的ずれが認められる．ダスト濃度は，間氷期の最暖期より約4000年先行している．一方，氷期における海水起源のナトリウム濃度も現在の4〜5倍に増加しているが，これは南極を取り囲む暴風圏で低気圧活動が活発であったことを反映する．メタンスルホン酸（MSA）は，海の藻類など微生物活動を起源とする物質で，分析結果は氷期に海の1次生産（primary production）が活発であったという意外な事実を示した．メタンスルホン酸は最後の氷期の初期に間氷期レベルの高濃度を示すことが明らかとなったが，これは棚氷や海氷などの海洋環境が大きく変化した可能性を示唆する．

過去32万年間のコア中に25層の火山灰層が見いだされた．最も厚い火山灰層は4年以上連続した多量の火山灰の降下を物語っている．火山灰層は，氷期の寒冷な時期や氷期から間氷期に移行する時期にみられ，氷床の厚さの増大や海水準の低下などとの関係を示唆するという考えもある．火山灰粒子の元素組成の分析も行われ，南極あるいは南極周辺の島の火山を給源とする火山灰が見いだされた．氷床コアの直流および交流の電気伝導度の分析から，高濃度の酸性物質が10〜20年間もの長期にわたって南極に降り続いたと思われるシグナルが，過去20万年の間に少なくとも7回発生したことが明らかになった．原因としては，大気中に膨大な酸性ガスを噴出した大規模な火山爆発が考えられるが，給源火山の特定や当時の気候への影響などは今後の研究課題である．

大気成分の変化の例として，図12.2.12および図12.2.13に二酸化炭素濃度の変動が示されている．濃度は190 ppmvから300 ppmvの間で変動しており，氷期-間氷期の気温変動とは大きな傾向では対応しているが，メタン濃度と気温変動（図12.2.13）との関係ほど明瞭ではない．

(6) 氷床コア研究の将来計画について

ドームふじコアは，① 積雪や環境指標シグナルが連続して堆積している，② 夏季に融解が起こらず，堆積した環境シグナルの2次的変質が小さく保存状態が良好である，③ 氷の水平移流がない氷床頂上のため年代の推定が容易である，④ 極渦の直下に位置するため成層圏経由の地球規模の環境指標シグナルが輸送されてきている，などの有利性から，解析で得られる結果は地球規模環境変化の基準となる可能性がある．

今後，大気成分や有機物の分析や詳細なイベント解析を進め，大気，海洋，陸域，火山，生態系などの変動の詳細を復元し，氷期サイクルにおける陸海域など地球環境の変動プロセス，気候変動のメカニズムを明らかにする資料となろう．また，南北両

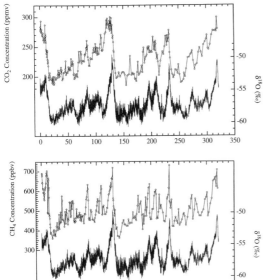

図 12.2.13 ドームふじ深層コア中の二酸化炭素とメタン濃度の変動
酸素同位体組成（$\delta^{18}O$）は図 12.2.11 と同じ.

極域のさまざまな地域から得られた氷床深層コア中のシグナルプロファイルの対比は，地球上の気候変動の地域的な発現特性やその根源である気候システムの地域特性を示し，それらの対比から気候変動の発現メカニズムを明らかにできる可能性がある.

[渡辺興亜]

文　献

藤井理行 (1993)：氷床掘削. 極地, **57**：15-22.
藤井理行・渡辺興亜・神山孝吉・本山秀明・河野美香 (2002)：南極ドームふじ深層コアに記録された氷期サイクルにおける気候および陸海域環境変動. 雪氷, **64**：341-349.
Satow, K., Watanabe, O., Shoji, H. and Motoyama, H. (1999): The relationship among accumulation rate, stable isotope ratio and temperature on the plateau of east Dronning Maud Land, Antarctica. *Polar Meteorol. Glaciol.*, **13**: 43-52.
渡辺興亜 (1994)：南極氷床に地球の気候変動を探る. 科学, **64**：52-60.
渡辺興亜 (1999)：34万年の地球環境変動を南極氷床コアに読む. 科学, **69**：608-618.
渡辺興亜 (2002)：わが国の南極雪氷研究の歴史と今後の課題. 雪氷, **64**：329-339.
渡辺興亜・藤井理行・神山孝吉 (2002)：南極氷床，ドームふじコアから読む地球環境・環境変動. 地学雑誌, **111**(6)：(985), 856-867.
Watanabe, O., Jouzel, J., Jonsen, S., Parrenin, F., Shoji, H. and Yoshida, N. (2003): Homogeneous climate variability across East Antarctica over the past three glacial cycles. *Nature*, **422**: 509-512.
Watanabe, O., Kamiyama, K., Motoyama, H., Fujii, Y., Igarashi, M., Furukawa, T., Goto-Azuma, K., Saito,

T., Kanamori, S., Kanamori, N., Yoshida, N. and Uemura, R. (2003): General tendencies of stable isotopes and major chemical constituents of the Dome Fuji deep ice core. *Mem. Natl. Inst. Polar Res.*, Special Issue, No. 57: 1‐24.

Watanabe, O., Shoji, H., Satow, K., Motoyama, H., Fujii, Y., Narita, H. and Aoki, S. (2003): Dating of the Dome Fuji, Antarctica deep ice core. *Mem. Natl. Inst. Polar Res.*, Special Issue, No. 57: 25‐37.

Narita, H., Azuma, N., Hondoh, T., Hori, A., Hiramatsu, T., Fujii-Miyamoto, M., Satow, K., Shoki, H. and Watanabe, O. (2003): Estimation of annual layer thickness from stratigraphical analysis of Dome Fuji deep ice core. *Mem. Natl. Inst. Polar Res.*, Special Issue, No. 57: 38‐45.

コラム 12.1　氷河が小さくなれば河川流量は減るのか？

　最近の温暖化に同期しているかのように，世界各地で多くの氷河が小さくなってきている．温暖化で氷河が小さくなることによって，氷河地域の河川流量は減少すると思っている人が多い．氷河が縮小しつつあるときには逆に河川流量は通常よりも多いというと，驚く人がいる．

　ユーラシア中央域の乾燥地帯ではその周囲の山岳地帯に多数の氷河が存在していて，河川流量の半分以上が氷河の融け水（融解水）の場合すらある．それだけ氷河が融ければ氷河はすぐになくなってしまうはずだが，そうはならない．氷河上には毎年雪が降り積もり，その雪がしだいに氷河氷へと変化することによって氷河の体積を増加させるように働くからである．

　氷河上に積もる雪の量と氷河が融ける量とが等しければ，氷河は大きくも小さくもならずに一定の体積を保ったままである．そのときには，河川の年間流量はその流域全体の年間降水量の合計とほぼ等しい．違いは蒸発によって失われる分であるが，その量は氷河の有無によって大きく違わないので，以下では蒸発量を無視して話を進める．氷河上に降り積もる雪は氷河に取り込まれてしまうので河川には水として供給されないが，それと同量の水が氷河の融解水として河川に供給されるから，流域全体の降水量とほぼ同量の水が河川に供給されることになるのである．つまり年間の河川流量は，蒸発を無視すれば，その流域に1年間に降る降水の総量であって，流域のなかに氷河があろうがなかろうが関係ない．

　氷河地域で温暖化が起きれば，氷河上に降り積もる雪の全量よりも融解量のほうが多くなる．結果として氷河はしだいに小さくなることになる．融解量が氷河上の降雪量よりも増えるということは，河川流量は以前よりも増えることにほかならない．つまり，氷河が小さくなることによって過剰の水を供給し，そのぶんだけ河川流量を増加させるのである．

　「氷河が小さくなれば河川流量が減る」という印象をもちがちなのは，氷河の縮小によって，河川水の全体に対する氷河融解水の寄与が減ることと混同しやすいためであろう．氷河からの水の寄与率が減っても，流域全体の降水量が変化しないかぎり，流域からの流出量は変わらない．縮小が続いて氷河が消滅してしまえば，氷河からの過剰の水の供給が止まることになり，河川流量が突然減少することになる．逆にこのほうが問題となる．

[中尾正義]

12.3　最近の地球温暖化問題と雪氷圏

　地球温暖化を一般の人々が認識しはじめたのは 1980 年代のはじめ頃で，そのときは，温暖化によって北極の氷が融けて海面が上昇する，という論調が新聞紙上をにぎわした．その後，地球温暖化は単に海面上昇だけではなく，そのことに起因する実にさまざまの問題を引き起こすことが指摘されてきている．こうした地球温暖化問題は，研究者からの問題提起が政治の世界を含む一種の社会問題となった珍しい例である．地球温暖化を契機として，砂漠化や海洋汚染の進行，熱帯雨林の減少，生態系の破壊などいわゆる地球環境問題が，政治の世界をふくむ一般の人々の暮らしのなかで強く意識されるようになってきた．

　地球温暖化問題に対処する各国政府の対応の一つとして，「人為的な気候変動のリスクに関する最新の科学的・技術的・社会経済的な知見をとりまとめて評価し，各国政府にアドバイスとカウンセルを提供することを目的とした政府間機構」として，世界中の研究者を糾合した「気候変動に対する政府間パネル」（IPCC : Intergovernmental Panel on Climate Change）なるものが設置され，（温暖化の）実態把握，その影響の評価，その対策それぞれに作業部会を設置して，そのときどきの知識をまとめた報告書が，1990 年を皮切りに，その後も数年ごとに IPCC 報告書として出版されてきた．最新の IPCC 報告書は 2001 年に第 3 次報告として出版されたもので，「科学的根拠」（The Scientific Basis）（IPCC, 2001a），「影響・適応・脆弱性」（Impacts, Adaptation and Vulnerability）（IPCC, 2001b），「緩和」（Mitigation）（IPCC, 2001c），「統合報告書」（Synthesis Report）（IPCC, 2001d）の四部作で構成されている．これらは，ケンブリッジ大学出版（Cambridge University Press）で出版されているが，以下のサイトでも入手できる．
http://www.earthprint.com/show.htm??url=http://www.earthprint.com/cgi-bin/ncommerce3/CategoryDisplay?cgrfnbr=141337&cgmenbr=27973&next=1

12.3.1　地球温暖化

　過去 1000 年間にわたる北半球の平均気温の変化の様子を図 12.3.1 に示した（IPCC, 2001a）．図をみると，西暦 1200 年頃から平均気温はしだいに低下してきており（1500 年頃からとみる人もいる（Bradley, 1992）），その後 1990 年頃から上昇に転じている．この低温期は小氷期と呼ばれている．1900 年頃からの気温上昇は，（主として人為起源と考えられている）いわゆる地球温暖化（global warming）というよりは，小氷期が終了したという自然変動だというとらえ方をされるのが一般的である．

　二酸化炭素に代表される人為起源の温室効果ガスの排出による，最近のいわゆる地

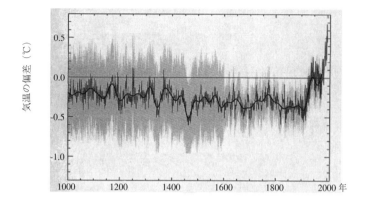

図 12.3.1 過去 1000 年間の北半球の気温の変化（IPCC, 2001a）
気温は 1961 年から 1990 年までの 30 年間の平均気温からの偏差を℃で表示してある．1950 年頃より古いデータは，年輪や珊瑚，氷コアなどの代替記録媒体や古文書のデータをもとにしており，1900 年頃より最近は温度計を用いた計測データをもとにしている．

球温暖化は，1970 年頃以降にみられる急激な気温上昇のことをいう場合が多い．1970 年頃からの 30 年間で，北半球の平均気温が約 0.5℃上昇してきた．将来的には，21 世紀の 100 年間で 3℃程度さらに温暖化するのではないかと予想されている（IPCC, 2001a）．

地域的にみると，温暖化が顕著に進行してきたのは，北極域とユーラシア大陸の中央部から北東地域にかけてであり（Jones, 1988；IPCC, 2001a），これらの地域ではとくに雪氷圏への影響も大きい（IPCC, 2001b）．

地球温暖化によって，降水量は以前よりも増加することが大気大循環モデル計算によって予想されている（IPCC, 2001a）．もちろんこれは世界平均の話であって，逆に減少すると予想されている地域もある．降水量は場所による違いが大きく，変化予測はモデルによってかなり異なる．

12.3.2 雪氷圏への影響

(1) 降 雪

本節の冒頭でも述べたように，気温が上がることによって雪氷が融解するということは容易に想像がつくが，その前に，降雪量が減少するということが起きる．降水として降るのが雪か雨かという境界の地上気温はおおよそ +2℃で，それよりも気温が低いと雪が降り，高いと雨が降るといわれている（たとえば田村，1990）．したがって，降水量に変化がないとしても，温暖化すれば，以前は雪として降っていたものが雨という形で降るようになるために降雪量が減少するということである．このこと

は，後述するヒマラヤの氷河の急速な縮小にも大きく寄与している．

降雪量が減少すれば当然積雪量も減る．とくに，冬の気温が雨／雪の境界温度である2℃付近のわが国の豪雪地帯で，年ごとの最大積雪深と冬期の平均気温との間に高い負の相関がある（たとえば Nakamura and Shimizu, 1996）のはこのためである．したがって，わが国の雪国のように冬期の気温が比較的高温の地域の降雪量は，温暖化によって極端に減少し，ひいては積雪深が急減する可能性が高い．しかし，降雪期の気温が雨と雪の境界の温度よりもはるかに低温である地域では，温暖化が生じても相変わらず雪は雪として降るために，雪が雨になることによる降雪量の減少は生じない．そのような地域では，降水量の変化そのものが降雪量の変化として現れる．このことが後述する南極氷床（Antarctic Ice Sheet）の振舞いと関係してくる．

(2) 積 雪

いったん積もった積雪も，温暖化によって融解が促進される．融解が生じなかった場所でも融解が起きるようになるし，もともと起きていた場所ではより激しく融解するようになる．したがって，温暖化によって積雪域の面積が減少することになる．事実，北半球の積雪域はやや増加傾向にあったものが1970年代のはじめ頃より急激に減少に転じ，わずか20年ほどの間に面積が10％程度も減少してきたことが報告されている（Brown, 2000; Serreze *et al.*, 2000）.

よく知られているように，積雪は非常に効率よく太陽光を反射する．新雪の場合だと入射してくる太陽光のもつエネルギーの90％ほどを反射するし，変態（metamorphism）が進んだ積雪でも約半分ものエネルギーを大気に戻す．積雪の光反射率は地表のほかのどんな物質よりも大きいため，積雪で覆われた面積が減少するということは，地球全体が太陽から受け取るエネルギーが増加することにほかならない．したがって，温暖化によって積雪域の面積が減少すれば，そのぶん地球が太陽から受け取るエネルギーが増加して地球の温度はますます上昇する．つまり，積雪は温暖化に対して正のフィードバック効果をもっているということになる．このことは，後述するヒマラヤの氷河の急速な縮小現象にも寄与している．

世界最大規模のユーラシア大陸は，冬期には急激に冷やされて周囲の海洋よりも低温になり，逆に夏期には周りの海よりも高温になる．そのために冬期には大陸から海に向かって強い季節風が吹き，夏期には海から大陸に向かって季節風が吹き込む．Hahn and Shukla（1976）は，インドにおける夏期の降水量とユーラシアの積雪面積との年々の変動傾向の間に明瞭な逆相関があることを見いだした．このことは，後に Yasunari（1990）もより長い期間にわたって確認している．つまり，大陸があまり積雪に覆われていない場合には大陸がより効率よく温められるために，夏のモンスーンが強まり，逆に広く積雪に覆われている場合にはモンスーンが弱いということである．このことは上述の積雪の反射率効果の一種とも考えられる．しかしそれ以外に，積雪の融解に伴う土壌水分の多寡が関係しているのではないかとも考えられたが

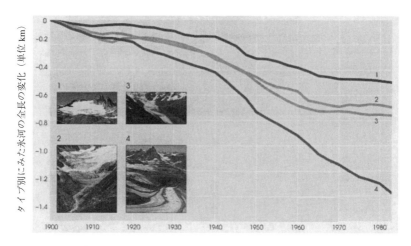

図 12.3.2 20世紀初頭から観測されている四つのタイプの氷河における，過去80年間ほどの期間での長さの変化（UNEP, 1992）
どのタイプの氷河も小さくなってきているが，その傾向が70年代以降加速してきているかどうかはわからない．
1. 全長2 km以下の小さい圏谷氷河や山岳氷河，2. 2～5 km程度の圏谷氷河や山岳氷河，3. 5～10 kmの比較的小さな谷氷河，4. 10～25 km程度の谷氷河．

(Yasunari et al., 1991)，いまのところまだ正確なことはわかっていない．

(3) 氷河・氷床

積雪の場合と同様に，氷河や氷床も温暖化によって衰退する．世界各地から氷河末端の後退が報告されているし，氷河体積も多くの氷河で減少している（たとえばSerreze et al., 2000）．しかしここで注意しなくてはいけないのは，上流で積もった雪が長い時間をかけて流動してきている氷河の場合には，その末端の前進や後退には時間遅れを伴うということである．いま後退しているからといって，いま温暖化しているせいだとはいえない．たしかに現状で多くの氷河が衰退しているが，それは小氷期の終了に伴う温暖化のためなのか，最近のいわゆる地球温暖化のせいなのかはわからない．事実，比較的長期間にわたって氷河規模変動が観測された氷河では，氷河のタイプにかかわらずその衰退は20世紀初頭から引き続いている場合が多く，最近それが加速されてきたことは明瞭でない（図12.3.2）．

南極氷床はその規模が大きいこともあって，大きくなりつつあるのか小さくなりつつあるのか正確にはわかっていない．しかし，多くのデータをとりまとめたところでは，どうも氷床が成長しているらしい（IPCC, 2001a）．南極氷床では融解はほとんど生じずに，その消耗はもっぱら大陸からの氷山分離（calving）によるため，温暖化の融解促進がほとんど影響せず，逆に温暖化によって降水量が増加した分だけ南極氷

床上に降り積もる雪の量が増加する効果だと考えられる．このことは，後に述べる海面上昇 (sea level rise) を抑える働きをするが，量的には小さい．

南極氷床を除けば，世界中ほとんどの場所で氷河が衰退していることが観測されているが，その速度は一様ではない．Meier (1984) の相関解析によると，アラスカやアンデスなど比較的温暖な地域に分布する，涵養量 (accumulation) も消耗量 (ablation) もともに多い氷河のほうが温暖化に敏感に反応して，急速に衰退してきたという．このことは，のちに降水量の大きい地域の氷河は衰退速度も大きいという Oerlemans and Fortuin (1992) の熱収支-質量収支モデルの結果でも裏づけられている．ところが，最近20年程度における世界各地の氷河縮小の割合をプロットしてみると (藤田，2001)，さほど涵養量や消耗量が大きいわけでもないヒマラヤでの縮小が際立って急速であることがわかる (図12.3.3 と図 12.3.4)．なぜヒマラヤの氷河は極端に小さくなっているのだろうか．

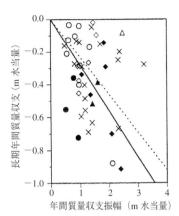

図 12.3.3　最近20年間における世界各地の氷河の縮小の割合（藤田，2001）

縦軸は氷河全体の平均氷厚が1年間当たりどの程度減少しているかを m 単位で示している．横軸は涵養量や消耗量の大きさの程度を示しており，たくさん積もってたくさん融ける氷河のほうが縮小の割合が大きいことがわかる．ヒマラヤの氷河は，全体的傾向（実線）よりも下側にある，つまり縮小の割合が極端に大きい．○アルプス，◆北極カナダ，×天山，◇北欧，△コーカサス，▲アラスカ，●ヒマラヤ

ヒマラヤ以外の地域にある大部分の氷河では，氷河上に雪が降り積もるのはおもに冬である．そして氷河が融けるのは主として夏である．つまり，涵養と消耗の季節が冬と夏それぞれに二分されている．ところがヒマラヤがあるユーラシア大陸には前述したようにモンスーンという現象がある．海から大陸に向かって吹き込む夏の暖かく湿った季節風によって，インド洋やアラビア海から蒸発した水は多量に大陸内部に運ばれる．そこに障壁として立ちはだかるヒマラヤではとくに，降水が生じるのは，この多量の水蒸気がもたらされる夏期であり，冬期にはほとんど降水がない．このため，ヒマラヤでは，多量の雪が降って氷河が涵養されるのは夏であり，また，気温が高いために氷河が融解して消耗が起きるのも夏であるという，涵養と消耗の季節が一致しているという他にはみられない特徴がある．

涵養と消耗の時期が一致しているということは，夏には，氷河の涵養域では雪が降ると同時に下流の消耗域では盛んに融解が生じているということである．温暖化してくると，降水が雨になるか雪になるかという境目の高度も上昇する．つまり，いままで雪として降っていたものが雨になる場所や機会が増える．したがって，仮に降水量が変化しないとしても，氷河上に降り積もる雪の量は減少する．結果的に表面が雪に

図 12.3.4 ネパール，ショロンヒマールの AX010 氷河の最近 20 年間の縮小

覆われている面積も減少する．すると，いままで雪に覆われていたはずのところでは太陽の光エネルギーによる融解が促進されることになる．雪は非常に効率よく太陽の光を反射するのに対して，雪がなくなれば太陽の光エネルギーを受け取りやすくなるためである．しかも，温暖化したのだから下流の消耗域における融解は温暖化する前よりも激しくなることはいうまでもない．つまり温暖化によってヒマラヤの氷河では，① 氷河に降る雪の量が減る，② 雪に覆われた面積が減って太陽エネルギーを前よりもたくさん受け取ることになるために融解量が増える，③ 気温の上昇によって氷の融解量が増える，という三つの変化が生じる．これらはすべて氷河を小さくするように働くので，氷河は三重の効果で急速に縮小するということになる．

ところがヒマラヤ以外の，涵養と消耗とが別の季節に生じている地域の氷河では，① と ② は起きずに，③ だけが生じるために，温暖化によって縮小するとはいっても，その割合はヒマラヤの氷河ほど顕著ではないことになるのである．他地域の氷河でも，涵養が冬期でなく夏期に生じれば，温暖化による縮小速度は増加する（Fujita and Ageta, 2000）．

ヒマラヤには，図 12.3.4 で示したような比較的小型で裸氷が露出しているような氷河ではなく，その消耗域の表面が厚く砂礫（デブリ）に覆われていて氷面があまり露出していないために一見氷河だと思えないタイプの氷河（ここでは便宜的にデブリ氷河と呼ぶ）がある（図 12.3.5）．じつはヒマラヤでは，大規模な谷氷河はほとんどがデブリ氷河（debris‐covered glacier）であり，面積的にはデブリに覆われていない氷河よりもはるかに大きい（Fujii and Higuchi, 1977）．このような氷河では表面の堆積物が断熱材の役割を果たすので，温暖化の影響をあまり受けないと考えられていた．ところが堆積物は一様に分布しているのではなく，空間的に偏在しており，場所によっては多数の池が氷河表面に形成されている．このことに伴い，池の周辺部には砂礫で汚れた氷河氷が露出している部分があって，そこでの融解は裸氷の場合よりもはるかに激しい．池や裸氷の存在の効果もあって，デブリ氷河の最近の縮小速度はデ

12.3　最近の地球温暖化問題と雪氷圏

図 12.3.5　堆積物に覆われた氷河
チョモランマ，あるいはサガルマータ，もしくはエベレストと呼ばれる世界最高峰のふもとに写っているクンブ氷河とヌプツェ氷河は典型的な例である．写真の奥が北方向でチベット高原を遠望している．

ブリに覆われていない比較的小型の氷河と比べて遜色がない（Sakai et al., 2000；坂井，2001）．

（4）　氷河湖決壊洪水

デブリ氷河の末端部に図 12.3.6 のような氷河湖がつぎつぎと誕生している．湖水をせき止めているダムの堤体は，岩屑が積み上がってできたモレーン（氷堆石：moraine）である．不安定な構造物であるため，ときに決壊して一気に溢れ出た湖水による洪水がこの半世紀ほど前から頻発しはじめた．モレーン堰止氷河湖の誕生とその決壊による洪水は，地球温暖化が雪氷圏に，ついで人類社会に影響を与える様子が，誰の目にも明らかにみえる形で起こっている現象ではないかと注目されている．

図 12.3.6　ネパールのツォー・ロルパ氷河湖

ネパールヒマラヤを例にとると，モレーン堰止氷河湖の決壊による洪水（氷河湖決壊洪水，GLOF : glacial lake outburst flood）は，1964 年以降判明しているだけで 14 回，3 年に 1 回以上の高い頻度で発生している（Yamada, 1998）．下流域の社会基盤や人々の生命財産に大きな被害をもたらすだけではなく，自然を破壊し，今後の水資源開発にも深刻な脅威を与えている．

モレーン堰止氷河湖から発生する洪水は，モレーンダムの崩壊によるため，数時間のうちに数百万から数千万 t の湖水が一気に溢れ出す一過性の洪水である．河岸を激しく削るため急峻な斜面の崩落が随所で発生し，森林の破壊を伴いつつ，河道沿いに大規模な浸食と堆砂をもたらす．多量の有機物を含んでいるためか，いやな臭いを放つこともあり，流下する巨岩どうしの衝突で火花を発し，多量の土砂を含む非常に流動性に富んだ土石流の様相を呈する（Vuichard and Zimmermann, 1986, 1987 ; Xu, 1988）．一度発生すると，モレーンの決壊跡のレベルまで湖水位は低下し，再度の決壊の危機は低下する．

ヒマラヤのモレーン堰止氷河湖は，デブリ氷河だけに形成されている．氷河上部の積雪が堆積する涵養域を取り囲んでいる 5000 m をこえる峰々の急峻な斜面は，水が凍結や融解を繰り返す高度にあるため（Shiraiwa, 1992），多量の岩屑が生産されている．この岩屑は雪崩とともに氷河上に落下するため，氷河の涵養域の氷河内部には，多量の岩屑が取り込まれることになる．岩屑を含んだ氷河は斜面を削りながら流れ下り，多量の岩屑を下流に運ぶ．消耗域にくると，氷河は表面から融解をはじめ，氷体内に含まれていた岩屑を表面に析出させ，岩屑が表面を覆いはじめる．流れ下るにつれて表面を覆う岩屑は厚さを増し，末端部では 1〜2 m 以上もの厚さに達する（Nakawo, 1979 ; Nakawo et al., 1986）．氷河末端まで運ばれた岩屑は，氷河氷の消滅に伴い末端にモレーンを形成する．現在の氷河氷体に隣接しているモレーンは，植生もほとんどなく，固結もしていない新鮮な岩屑が積み上がった堆積物であるため，きわめて不安定な構造物である．

谷氷河集水域からの融解水と雨水は，いったん氷河底と氷河内部に張り巡らされている氷河内水系に取り込まれ，最終的に氷舌末端域で湧出し，モレーンの最低部から排出されている．このような水系を通って排出される水量は，面積 77.6 km² のツォー・ロルパ氷河湖集水域を例にとると，年間およそ 1 億 t に達する（Yamada, 1998）．モレーンのレベルが氷河の表面レベルより低いうちは，排水は順調になされる．融解が進み，氷河表面が低下（氷厚が減少）を続けると，ついには氷河末端がモレーンで囲まれた窪地となる．モレーンが排水の障害物となって立ちはだかるようになると，行き場を失った水は窪地を満たし，氷河湖が形成される．したがって，温暖化の進行によって，主として氷河表面の低下として現れるデブリ氷河の縮小が加速されると，その過程で氷河湖が形成される可能性がある．

いったん氷河湖が形成されると，深さ方向には湖底の氷の融解によって，長さ方向には氷河末端氷崖の氷が割れて湖に落ち込むカービング（calving）によって氷河湖

は拡大する．カービングによる湖の拡大は，ネパールヒマラヤ最大のツォー・ロルパ氷河湖の場合では，1年間当たり100 m以上，平均でも70 mにも及ぶ．こうして，氷河湖はより深く，より長く（面積が広く）拡大していく．ツォー・ロルパ氷河湖でさえその拡大は1950年代初期からはじまったと推定され，その年齢はたかだか50歳にすぎない（Yamada, 1998）．したがって，最近の氷河湖の増加や氷河湖決壊洪水の頻発は最近の温暖化の結果である可能性が高い．

（5）　凍　土

　陸地の1/4程度の面積を覆っている（Pewe, 1982 ; Anismov and Nelson, 1997）凍土（frozen graund）もまた温暖化にきわめて敏感である．1年を通して凍結したままである永久凍土（permafrost）は両極周辺および高山地帯に分布しているが，温暖化によってその面積が縮小することが予想される．北半球の場合だと，永久凍土の分布範囲の南限が北側へシフトしてきたし（たとえばOsterkamp *et al.*, 2000），今後も温暖化の進行につれて継続し，その3割から4割程度も面積が減少しそうだと予測されている（Anisimov and Nelson, 1996, 1997）．単に分布面積が減少するだけではなく，その活動層（active layer：季節的に融解したり凍結したりする表面付近の浅い土層）の厚さが増加したり，融解しないまでも凍土の温度が上昇してその載荷力が減少するということも生じるであろう．

　凍土の衰退は人間の生活基盤である地表面の現象であるところから，氷河・氷床や海氷，湖水，あるいは河川氷の場合よりも，人間生活に与える影響がより直接的である場合が多い．凍土の衰退が人間生活に与える影響については，IPCC報告書のなかでも最近のものよりも，はじめに出版された第1次報告書のうちの影響評価報告（IPCC, 1990；和訳：西岡，1992）に詳しい．

　たとえば，ロシアやカナダ，アメリカなどの極北に近い永久凍土地帯には橋梁や鉄道，ハイウェイ，ダム，鉱山施設，石油のパイプラインなど多くの構造物が建設されており，これらの施設が凍土の融解によって大きく影響される．融解しないまでも，凍土の温度が上昇することによってその強度が減少するために，建設時の設計基準のままでは強度的に不足するという問題が生じる．

　これら工学的な問題に加えて，凍土の消滅は地域の水循環過程を変化させ，農業や牧業などの1次産業にも大きく影響を与えることが予想される．Wagner（1994）によれば，5000年以上昔の比較的寒冷期に中国東北部の乾燥域で栄えていた高度な農耕文明が，その後の温暖化によって消滅してしまったという．現在は砂漠に埋もれているその地域の考古学的調査の結果，この文明は凍土の上に栄えていたことが判明した．降水量が比較的少なくても地下に凍土があれば，凍土層は水を通さないために，凍土層の上にある表層土壌はある程度の水分を保持できて農耕が可能であったのに，温暖化によって凍土という不透水（不透水層）層が消滅したことによって同地域は砂漠化した可能性が高い．凍土の存在は表面層の水分量を増加させるのかという問題は

種々の議論があるが，温暖化によって水の循環過程が影響され，地域文明の盛衰の決め手になったという上の説は，地球温暖化時代の凍土域を考えるためにも示唆に富んでいる．

（6）　海氷・湖氷・河川氷

温暖化によってこれらの氷も衰退してきたし，今後も衰退するであろうことは容易に推察できる．ただし，海氷も含めてこれらの氷の消長は，氷河や氷床の場合と異なり，後述する海水位の変動には影響を与えない．

人工衛星に搭載しているマイクロ波センサによるデータによれば，1978年から1996年の期間で，北極海では海氷の範囲が10年間当たり3％近くも減少しているにもかかわらず，南極海では10年間で1.3％の割合で増加傾向にあるらしい（Cavalieri et al., 1997）．海氷域の変化傾向が北極と南極で逆になるという現象は大循環モデルによる二酸化炭素の倍増実験でも得られており，温暖化に伴って南半球の大西洋で寒冷化傾向になることや，陸域よりも海洋が大部分を占める南半球の熱抵抗が大きいためではないかと考えられている（Cavalieri et al., 1997）．

しかし，人工衛星による観測手法が確立される前の捕鯨船のデータを参照すると，1940年代以降の約半世紀の間で，海氷面積は南極海でもいくぶん減少傾向にあるらしい（Jacka and Budd, 1998）．

単年度でできた一年氷を除いて，多年にわたって存在する比較的厚さの厚い多年氷の面積変動を調べた Johannessen et al.（1999）によれば，北極域では1978年から1996年の期間に14％も減少してきているという．しかも，多年氷の面積と平均の厚さとの間には強い相関があるため，面積の減少は極端な海氷の衰退を意味しており，この傾向が続けば北極海での熱・水循環が大きく変化する．

海氷の厚さを計測するには潜水船から上方に発するソナーによる直接計測が最も信頼性が高い．その結果によれば，1958年から1976年頃は3m程度もあった北極域の海氷の平均的な厚さは，1990年代には2m以下になるほど急激に減少してきており（Rothrock et al., 1999），上記のことを裏づけている．

湖氷や河川氷も温暖化によって衰退すると考えられる．なかでも，1年のなかで氷がいつ張るかという結氷時期や氷がいつ融けるかという解氷時期が大きく変化する．Magnuson et al.（2000）によれば，アメリカやカナダ，フィンランド，ロシアの河川や湖では，過去150年以上にわたって結氷時期はしだいに遅くなってきており，解氷時期は早まってきている．結氷時期の遅れや解氷時期の早まりは，湖や河川の珪藻類の生産性や栄養塩の供給状態の変化を介して水中の生物相にも変化を与える．

12.3.3　雪氷圏変化による地球環境への影響

前項では温暖化による雪氷圏の変化を述べてきたが，雪氷圏の変化は逆に地球環境

12.3 最近の地球温暖化問題と雪氷圏 483

にも大きな影響を与える．たとえば前項の「(2) 積雪」で述べた，積雪のもつ高い反射率による温暖化に対する正のフィードバック効果はその例である．それ以外にも雪氷圏の衰退は，スキーに代表されるウインタースポーツの衰退や美しい氷河が消滅することに伴う観光資源の減少などにもつながるが，雪氷圏の変化を原因とする地球環境の変化のなかでも最大のものは海水位の変化であろう．世界の大都市の大部分は現在の海水位からほんの少ししか高くない標高に立地しており，わずかの水位上昇も未曾有の災害につながりかねない．そこで本項では，主として人々の暮らしに大きくかかわる海水位に与える雪氷圏変化の影響について述べる．

最新の IPCC 報告書（IPCC, 2001a）によれば，陸上に大規模な氷床が発達していた 2 万年前（最終氷期）から，現在にかけて，世界の海面は約 120 m 上昇してきた．これは主として陸上の氷床が衰退して，そのぶん海の水が増加することによる．しかし，この陸上から海へという水の移動によって海底は以前よりも押し付けられて地形的に低下し，逆に大陸部は氷がなくなることによって隆起するという地殻の動きも同時に生じてきた．したがって，陸地との相対的な比高で定義される海水位は，変化は比較的緩やかではあるが，上記の地殻の動きも考慮しなくてはならない．

このことを別にすれば，海水位は海水の全体積の増減によって変化する．海水位の直接測定の結果では，20 世紀の期間，海水位は 1 年間当たり 1 mm から 2 mm の割合で上昇してきており，この値は 19 世紀の上昇速度よりも大きい（IPCC, 2001a）．地殻の動きは非常に緩やかなので，この短期的な海水位の変化は主として海水体積の変化に起因する．

海水体積の変化には，海水の量（質量）そのものが増加する効果と，海水量はたとえ同じであっても海水温の上昇に伴う熱膨張によって体積が増える効果とがある．前者は陸上の氷河や氷床が衰退してそのぶんだけ海水の量が増えることが原因である．

IPCC 報告書（IPCC, 2001a）によれば，20 世紀の海面上昇の約 7 割は海水の熱膨張に起因し，残りの 3 割は氷河や氷床が衰退することによる．この両者以外にも，地下水や池，湖などとして陸地に水として蓄積されている量の変化も影響するが，量的には上の二つとは比較にならないくらい小さい．ただし，最近は人工の池（ダムなどの人造湖）に蓄積される水量が増加してきており，海面上昇を抑えるセンスに働いていることに注意しておきたい．

IPCC 報告書（IPCC, 2001a）では，1990 年から 2100 年までの 110 年間に 3 ℃程度の気温上昇を見込んでおり，それに対応して海面は 40 cm あまり上昇するのではないかと予想している．そのうち，海水の熱膨張が約 6 割，山岳地の小さい氷河の縮小が 3 割弱，グリーンランド氷床の縮小が 1 割弱だけ寄与するのではないかとしている．

山岳地にある小さい氷河は，その全体積は陸地の氷のわずか 1%にも満たないが，IPCC 報告書の見積もりが正しければ，2100 年までにはその全量の 2 割以上がなくなってしまうことになる．ところが，降水量が極端に少ないユーラシア大陸中央部の乾

燥・半乾燥地域では，その水資源の多くを周囲の山岳地にある氷河に頼っている（たとえば Ujihashi and Kodera, 2000）．氷河が消滅してしまえば，地域の水循環過程は大きく変化し，農業に代表される地域産業は大きな打撃を受けることになる．

［中尾正義・山田知充］

文　献

Ad Hoc Committee on the Relationship between Land Ice and Sea Level (1984): Glaciers, Ice Sheets, and Sea Level: Effect of a CO_2-induced Climate Change. 330 p, United States Department of Energy.

Anisimov, O.A. and Nelson, F. E. (1996): Permafrost distribution in the northern hemisphere under scenario of climate change. *Global and Planetary Change*, **14**: 59‑72.

Anisimov, O.A. and Nelson, F. E. (1997): Permafrost zonation and climate change in the northern hemisphere: results from transient general circulation models. *Climatic Change*, **35**: 241‑258.

Bradley, R.S. (1992): When was the "Little Ice Age"? Proceedings of the International Symposium on the Little Ice Age Climate, 1‑4.

Brown, R. D. (2000): Northern hemisphere snow cover variability and change, 1915‑97. *J. Climate*, **13**: 2339‑2355.

Cavalieri, D. J., Gloersen, P., Parkinson, C. L., Comiso, J. C. and Zwally, H. J. (1997): Observed hemispheric asymmetry in global sea ice changes. *Science*, **278**: 1104‑1106.

Fujii, Y. and Higuchi, K. (1977): Statistical analyses of the forms of the glaciers in Khumbu Himal. *Seppyo*, **39**, Special Issue: 7‑14.

藤田耕史 (2001)：アジア高山域における氷河質量収支の特徴と気候変化への応答．雪氷，**63**(2)：171‑179.

Fujita, K. and Ageta, Y. (2000): Effect of summer accumulation on glacier mass balance on the Tibetan Plateau revealed by mass‑balance model. *J. Glaciol.*, **46**: 244‑252.

Hahn, D.G. and Shukla, J. (1976): An apparent relationship between Eurasian snow cover and Indian monsoon rainfall. *J. Atmos. Sci.*, **33**: 2461‑2462.

IPCC (1990): Climate Change — the IPCC Impacts Assessment —, 273 p, Australian Government Publishing Service.

IPCC (2001a): Climate Change 2001 — The Scientific Basis —, 881 p, Cambridge University Press.

IPCC (2001b): Climate Change 2001 — Impacts, Adaptation and Vulnerability —, 1032 p, Cambridge University Press.

IPCC (2001c): Climate Change 2001 — Mitigation —, 752 p, Cambridge University Press.

IPCC (2001d): Climate Change 2001 — Synthesis Report —, 397 p, Cambridge University Press.

Jacka, T. H. and Budd, W. F. (1998): Detection of temperature and sea‑ice extent changes in the Antarctic and Southern Ocean, 1946‑96. *Ann. Glaciol.*, **27**: 553‑559.

Johannessen, O.M., Shalina, E.V. and Miles, M.W. (1999): Satellite evidence for an Arctic sea ice cover in transformation. *Science*, **286**: 1937‑1939.

Jones, P. D. (1988): Hemisphere surface air temperature variations: Recent trends and an update to 1987. *J. Climate*, **1**: 654‑660.

Magnuson, J.J., Robertson, D.M. Benson, B.J., Wynne, R.H., Livingstone, D.M., Arai, T., Assel, R.A., Barry, R.G., Card, V., Kuusisto, E., Granin, N.G., Prowse, T.D., Stewart, K.M. and Vuglinski, V.S. (2000): Historical trends in lake and river cover in the Northern Hemisphere. *Science*, **289**: 1743‑1746.

Meier, M. F. (1984): Contribution of small glaciers to global sea level. *Science*, **226**: 1418‑1421.

Nakamura, T. and Shimizu, M. (1996) : Variation of snow, winter precipitation and winter air temperature during the last century at Nagaoka, Japan. *J. Glaciol.*, **42**(140): 136 - 140.

Nakawo, M. (1979): Supraglacial debris of G2 glacier in Hidden Valley, Mukut Himal, Nepal. *J. Glaciol.*, **22**: 273 - 283.

Nakawo, M., Iwata, S., Watanabe, O. and Yoshida, M. (1986) : Processes which distribute supraglacial debris on the Khumbu Glacier, Nepal Himalaya. *Ann. Glaciol.*, **8**: 129 - 131.

西岡修三監訳 (1992) : 地球温暖化の影響予測, 233 p, 中央法規出版.

Oerlemans, J. and Fortuin, J.P.P. (1992): Sensitivity of glaciers and small ice caps to greenhouse warming. *Science*, **258**: 115 - 117.

Osterkamp, T.E., Viereck, L., Shur, Y., Jorgenson, M. T., Racine, C., Doyle, A. and Boone, R. D. (2000) : Observations of thermokarst and its impact on boreal forests in Alaska. *U.S.A. Arct. Antarct. Alpine Res.*, **32**: 303 - 315.

Pewe, T.L. (1982): Effects of permafrost Geologic hazards of the Fairbanks area. Special Report 15, Alaska Division of Geological and Geophysical Surveys, College, Alaska.

Rothrock, D.A., Yu, Y. and Maykut, G.A. (1999): Thinning of the arctic sea-ice cover. *Geophys. Res. Lett.*, **26**: 3469 - 3472.

坂井亜規子 (2001) : 岩屑に覆われた氷河の融解過程. 雪氷, **63**(2) : 191 - 200.

Sakai, A., Takeuchi, N., Fujita, K. and Nakawo, M. (2000) : Role of supraglacial pond in the ablation process of a debris-covered glacier in the Nepal Himalayas. *Internat. Assoc. Hydrolog. Sci.,* **264**: 119 - 130.

Serreze, M. C., Walsh, J. E., Chapin III, F. S., Osterkamp, T., Dyurgerov, M., Romanovsky, V., Oechel, W. C., Morison, J., Zhang, T. and Barry, R. G. (2000): Observational evidence of recent change in the northern high-latitude environment. *Climatic Change*, **46**: 159 - 207.

Shiraiwa, T. (1992): Freeze-thaw activities and rock breakdown in the Langtang Valley, Nepal Himalaya. *Environ. Sci. Hokkaido Univ.*, **15**: 1-12.

田村盛彰 (1990) : 長岡における気温と降水種出現頻度・降雪量の関係について. 雪氷, **52**(4) : 251 - 257.

Ujihashi, Y. and Kodera, S. (2000): Runoff analysis of rivers with glaciers in the arid region of Xinjiang, China. *Research Report of IHAS*, **8**: 63-78.

United Nations Environment Programme (1992): Glaciers and the Environment. UNEP/GEMS Environment Library, 9, 24 p. United Nations Environment Programme.

Vuichard, D. and Zimmermann, M. (1986): The Langmoche flash-flood, Khumbu Himal, Nepal. *Mountain Res. Development*, **6**: 90 - 93.

Vuichard, D. and Zimmermann, M. (1987): The 1985 catastrophic drainage of a moraine-dammed lake, Khumbu Himal, Nepal: cause and consequences. *Mountain Res. Development*, **7**: 91 - 110.

Wagner, M. (1994): Traces of prehistoric population and desertification processes in Horqin Grassland —an approach to environmental archaeology. Proceedings of the Japan-China International Symposium on the study of the mechanism of desertification, Special Lectures, pp. 53 - 68.

Xu, D. (1988) : Characteristics of debris flow caused by outburst of glacier lake in Boqu river in Xizang, China, 1981. *GeoJournal*, **17**: 569-580.

Yamada, T. (1998): Glacier lake and its outburst flood in the Nepal Himalaya. Data Center for Glacier Research, Japanese Society of Snow and ice. Monograph No.1, pp.96.

Yasunari, T. (1990): Impact of Indian monsoon on the coupled atmosphere/ocean system in the tropical pacific. *Meteorol. Atmos. Phys.*, **44**: 29 - 41.

Yasunari, T., Kito, A. and Tokioka, T. (1991): Local and remote responses to excessive snow mass over Eurasia appearing in the northern spring and summer climate. *J. Meteor. Soc. Japan*, **69**: 473 - 487.

コラム 12.2 スイス国立工科大学大気・気候学教室（スイス）

機関名：Institute for Atmospheric and Climate Science, Swiss Federal Institute of Technology（IACETH）
所在地：Winterthurerstrasse 190, CH-8057 Zürich, Switzerland
URL：http://www.iac.ethz.ch

　大気・気候学教室は，スイス国立工科大学の大気科学研究教室（Institute for Atmospheric Science）と気候学研究教室（Institute for Climate Research）が2001年7月に統合されてできた教室である．本教室は，大気物理学，大気化学，大気力学，地球規模気候学，局地気候学の最先端の研究を目指している．本研究室は，気象力学（Dynamical Meteorology），大気化学（Atmospheric Chemistry），大気物理学（Atmospheric Physics），気候学（Global Climate），メソ気候と水循環（Regional Climate and Water Cycle）の五つの研究部門からなる．大村纂教授が率いるGlobal Climateグループでは雪氷気象，氷河流動に関する研究が盛んに行われている．

［古川晶雄］

グリーンランド氷床頂上の観測機器と気候学教室メンバー（写真左端：大村纂教授）（© IACETH）

13
宇　宙　雪　氷

13.1　宇宙の氷

　地球は水惑星といわれているように，地球表面には大量の水が存在する．また，南極やグリーンランドには大量の氷が氷床として存在する．しかし，地球の密度が$5500 \, \mathrm{kg/m^3}$であることから明らかなように，水は地球の表面にわずかに存在するにすぎない．一方，宇宙には氷が大量に存在する（表13.1.1）．木星以遠の惑星やそれらの氷衛星（icy satellite），彗星（comet）などには大量の氷が存在する．また，銀河系内にもアモルファス氷（amorphous ice）からなる氷微粒子が存在する．これらの氷は，恒星の形成や太陽系の惑星系の形成に大きな役割を果たしてきた．

　本章では，まず，宇宙空間のどこにどのような氷があり，それらが惑星系の形成にどのような役割を果たしてきたかを概観し，ついで，代表的な氷天体である，彗星と木星型惑星（Jovian planets）の衛星の特徴を述べる．最後に，最近研究の進展が著しい火星の氷を解説する．

表 13.1.1　宇宙の氷

天体	存在が確認されている氷	存在が予想されている氷
地球	氷 I，CH	氷
火星	氷 I，CO_2	
木星型惑星の衛星	氷 I，CO，N_2，CO_2，CH_4	氷 II，V，VI，VII，アモルファス氷，CH，液体の水
彗星	アモルファス氷，CO，CO_2	（表 13.1.4 参照）
原始星	氷 I，アモルファス氷	
分子雲	アモルファス氷，CO，CO_2	
赤色巨星	氷 I	アモルファス氷

CH：クラスレート水和物

13.1.1 宇宙空間の氷微粒子

(1) 微粒子の進化

図 13.1.1 に基づいて，宇宙の微粒子の生成と進化を概観する．赤色巨星（red giant）は大量のガスを放出しており，ガスの冷却に伴い固体微粒子が形成される．約 1000 K でケイ酸塩鉱物が凝縮し，100 K で氷結晶が凝縮する．この微粒子が星間空間に移動すると，強い紫外線のため氷は分解してしまう．

星間ガスが収縮し，密度の大きな分子雲（molecular cloud）が形成されると，ケイ酸塩鉱物微粒子上にアモルファス氷が形成される．なお，分子雲は可視光でみると真っ暗なので，暗黒星雲とも呼ばれる．オリオン座の馬頭星雲が代表的な例である．分子雲は温度が 10 K 程度と低いので，H_2O 以外の分子，たとえば，CO，CH_4，CO_2，NH_3 などもアモルファス H_2O 氷中に取り込まれて形成される．分子雲の氷の特徴は，H_2O 以外の分子が含まれていることである．さらに，このようなアモルファス氷に紫外線が照射されることにより，有機物が形成される．このような，ケイ酸塩鉱物，有機物，アモルファス氷からなる微粒子が太陽系の惑星の材料となった．

分子雲が収縮し，原始太陽系星雲（solar nebula）が形成されると，星雲の中心部では，太陽が輝きはじめた．このとき，太陽に近い領域（地球領域も含む）では，微

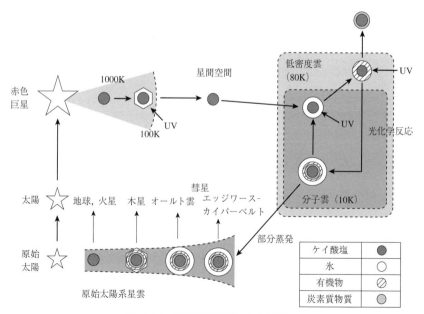

図 13.1.1 宇宙での微粒子の生成と進化

粒子はすべて蒸発してガスとなった．木星領域では，氷だけが蒸発し，鉱物や有機物はそのまま残った．その後，星雲が冷却する過程で，地球領域では鉱物が，木星領域では氷結晶が凝縮した．このとき，地球領域には，鉱物だけが存在し水はなかった．したがって，現在地球に存在する水は原始地球の形成後に持ち込まれたものであるといえる．一方，太陽から十分に遠い領域では，分子雲の微粒子がほとんど蒸発せずそのまま生き残った．

無数の微粒子はやがて直径 10 km ほどの微惑星（planetesimals）と呼ばれる惑星の卵となった．その後，微惑星は衝突と合体を繰り返し，最終的には惑星（planet）にまで成長した．このとき，惑星に合体せずに取り残された微惑星が彗星核となった．また，成長が途中で止まってしまった天体が氷衛星となった．

(2) 赤外線観測

図 13.1.1 に示す種々の天体にどのような組成，構造の氷が存在するかは，それぞれの天体の赤外線吸収スペクトルと実験室で作った氷のスペクトルを比較することによってわかる．図 13.1.2 に赤外線天文衛星で観測した分子雲の赤外線吸収スペクトルを示す（Whittet $et\ al.$, 1996）．3 μm 付近の大きな吸収が H_2O の氷に，9 μm 付近の大きな吸収はケイ酸塩鉱物によるものである．このほかに，CO, CH_3OH, CO_2, CH_4 などの分子が存在していることがわかる．H_2O 氷の構造は，3 μm 付近の吸収帯の形から推定できる（Whittet, 1993）（図 13.1.3）．赤色巨星の氷は，氷 I の結晶の 77K でのスペクトルに一致する．分子雲の氷は，23 K のアモルファス氷によく一致する．分子雲のなかで生まれたばかりの星である原始星（protostar）のスペクトルは，単一の構造の氷では説明できず，氷 I の結晶とアモルファス氷の混合物と考える必要があ

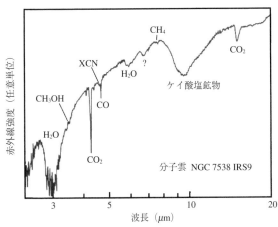

図 **13.1.2** 分子雲の赤外線吸収スペクトル（Whittet $et\ al.$, 1996 を改変）

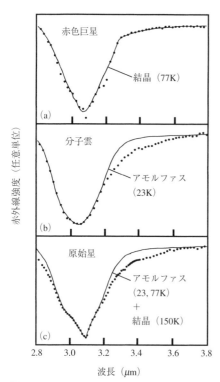

図 13.1.3 赤色巨星,分子雲,原始星の H₂O 氷の赤外線吸収スペクトル(Whittet, 1993 を改変)

る.これは,原始星に近いところでは分子雲にあったアモルファス氷が高温のため結晶化し,原始星から離れたところでは分子雲にあったアモルファス氷が生き残っているためである,と考えられる.

13.1.2 氷の凝縮

(1) 元素の宇宙存在度

宇宙の氷の化学組成を考えるうえで基礎になるのが,元素の宇宙存在度(cosmic abundance of elements)である(表 13.1.2).最も大量に存在する元素である H や He は大部分が気体(H_2, H, H^+ となる)として存在する.H や He より重い元素,C, N, O は,H と化合物を作り,およそ 100 K 以下では固体,すなわち氷として存在する.C, N, O, H の一部は有機物としても存在する.Si, Mg, Fe などは O と結合し,主としてケイ酸塩となる.元素の宇宙存在度をみるかぎり,C, N, O の存在度は Si, Mg, Fe より 1 桁大きいので,宇宙には氷や有機物のほうがケイ酸塩鉱物より大量に存在することが予想される.このことからも,宇宙での物質の形成や進化を考える場合,氷が重要であることが理解できる.

(2) 平衡凝縮モデル

宇宙の氷の化学組成や凝縮温度(condensation temperature)は,平衡凝縮モデル(equilibrium condensation model)をもとに,予測することができる.表 13.1.2 に示す元素がすべて高温のガス(宇宙組成ガス)になり,そのガスが平衡状態を保ちながら非常にゆっくり冷却するという仮想的な場合を考える.このような考え方を平衡凝縮モデルと呼ぶ.このときに低温で凝縮するおもな氷の化学組成と凝縮温度を表 13.1.3(a) に示す(Lewis, 1974).H_2O の氷が 150 K で凝縮する.さらに温度が下がると,H_2O の氷の一部がガスと反応して,NH_3 ハイドレートや CH_4 のクラスレート

13.1 宇 宙 の 氷

表 13.1.2 宇宙の元素存在度

H	He	O	C	N	Ne	Si	Mg	Fe
22000	1400	16	9	2	1	1	0.9	0.7

表 13.1.3 平衡凝縮モデルによる氷の凝縮温度

a. 宇宙組成ガス		b. 分子雲組成ガス	
分子	凝縮温度(K)	分子	凝縮温度(K)
H_2O	150	H_2O	100
$NH_3 \cdot H_2O$	90	HCN	63
$CH_4 \cdot 6H_2O$	55	NH_3	53
CH_4	17	CO_2	45
		C_2H_2	39
		C_2H_4	27
		CH_4	20
		CO	16
		N_2	13

ハイドレートが形成される.最後に,残った CH_4 が 17 K で凝縮する.このような氷の化学組成上の特徴は,C, N, O がすべて H と化合した形の還元的な分子になっていることである.しかし,原始太陽系星雲では,微粒子がすべて蒸発してしまうような高温になったとは考えられておらず,このような議論はあくまで仮想的なものであることに注意してほしい.

つぎに,分子雲組成ガスの凝縮過程をみてみよう.宇宙組成ガスと分子雲組成ガスの最も大きな違いは,分子雲組成ガスは NH_3, CH_4, C_2H_2 などの還元的なガスと CO,CO_2, N_2 などの酸化的なガスが共存していることである.これは,分子雲中で紫外線による光化学反応が起こっており,さらに分子雲自体の圧力が低いため再平衡に達することができないからである.分子雲ガスの分子組成は宇宙組成ガスの分子組成とは異なるが,元素組成は宇宙組成ガスと同じである.分子雲組成ガスは非平衡状態にあるガスの典型的な例といえる.このような非平衡状態にあるガスがゆっくり冷却した場合に形成される氷の凝縮温度(分子雲組成ガスの平衡凝縮温度)を表 13.1.3(b)に示した(Yamamoto *et al*., 1983).

平衡凝縮モデルは平衡状態を仮定するので,凝縮あるいは反応によって形成される氷も平衡相である結晶ができると考える.H_2O では氷 I h,その他の分子でも結晶相が生成されると見なす.宇宙空間では平衡状態が実現されることはまれであるが,平衡凝縮モデルは平衡からのずれを議論する際の基礎となる.

(3) アモルファス氷の生成条件

宇宙空間でどのような構造の氷が生成されるかを議論する場合,低圧下で水蒸気を低温の基板に凝縮させたとき,どのような構造の氷ができるかを知る必要がある.こ

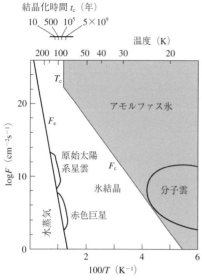

図 13.1.4 宇宙で凝縮する氷の結晶性
（Kouchi et al., 1994 を改変）

れまで，温度のみに着目してそのような議論がなされてきた．しかし半導体や金属の場合，低温，低圧下での凝縮相の構造が，温度だけでなく凝縮速度にも依存することは，1960年代からの常識であった．図 13.1.4 に低温，低圧下でどのような構造の氷が形成されるかを示した（Kouchi et al., 1994）．アモルファス氷が形成されるのは，図の網のかかった領域であり，水蒸気のフラックスが臨界のフラックス F_c より大きく，かつ温度が臨界温度 T_c より低い場合である．フラックス F は水蒸気の圧力に比例するので，縦軸のフラックスは水蒸気の圧力と見なせる．

図 13.1.4 には，赤色巨星，分子雲，原始太陽系星雲の条件も示してある．赤色巨星および原始太陽系星雲では，水蒸気のフラックスが F_c より小さいため，温度にかかわらず氷 I の結晶が凝縮する．100 K 以下でも氷 I の結晶が凝縮することに注意してほしい．一方，分子雲では水蒸気のフラックスが F_c より大きいので，アモルファス氷が形成される．

分子雲で形成されたアモルファス氷が原始太陽系星雲で加熱された場合，T_c より高温で結晶化が起こる．T_c は考えている観測時間に大きく依存する．1時間程度のタイムスケールでは 130～140 K で結晶化が起こる．一方，10万年，50億年といった宇宙でのタイムスケールを考えると，結晶化温度はそれぞれ，90，80 K 程度になる．分子雲で形成されたアモルファス氷が原子太陽系星雲で加熱される場合，46億年以内に結晶化が起こりうるのは土星より内側の領域だけである．

13.1.3 アモルファス氷の特徴

（1） マクロな欠陥構造と物性

水蒸気を低温の基板に凝縮させて（蒸着法）作製したアモルファス氷は，他の方法で作製したアモルファス氷（水の急冷法，高圧法）にはみられないマクロな欠陥をもつ．アモルファス氷への Ar や N_2 の吸着量の測定から，アモルファス氷中には直径数 nm ～数十 nm の micropore と呼ばれる欠陥が存在することが明らかになった．分子動力学法による研究でも，同様の欠陥が生成されることが確かめられた．

蒸着法で作製したアモルファス氷の物性は，水の急冷法や高圧法で作製したアモル

ファス氷および氷Iとは大きく異なる (Jenniskens *et al.*, 1998). とくに，熱伝導率や自己拡散係数は桁で異なる．このような物性は彗星の熱進化を議論するうえで重要である．

(2) 蒸発過程

種々の分子を含む氷の蒸発過程を議論する場合，その基礎となるのは平衡凝縮モデルである．この場合，それぞれの分子が平衡凝縮温度で蒸発すると考える．すべての分子が平衡相である結晶になっているときはこの仮定が正しいが，アモルファス氷の場合は適用できない．micropore に大量の不純物分子がトラップされたり，アモルファス氷中に不純物分子が取り込まれたりしているからである．アモルファス氷に含まれる不純物分子は平衡凝縮温度で蒸発せず，より高い温度まで保持される．図 13.1.5 に CO を含むアモルファス H_2O 氷の蒸発過程を示す (Kouchi, 1990)．まず，アモルファス CO の蒸発が起こり(a)，20 K で α-CO への結晶化が起こり，30 K 程度までは α-CO が蒸発する(b)．なお，α-CO の蒸発温度は平衡凝縮温度に対応している．30 K 以上ではアモルファス氷表面に吸着していた大量の CO が 35〜40 K で蒸発する(c)．140 K 前後でアモルファス氷の結晶化が起きると，アモルファス氷中に不純物として含まれていた CO の大部分が一度に蒸発する(d)．このように，不純物を含むアモルファス氷は非常に複雑な蒸発挙動を示す．

13.1.4 氷の変成：有機物の生成

分子雲に存在する不純物を含むアモルファス氷は，有機物形成の材料としても重要である．分子雲では，H_2O, CO, CH_4, NH_3 などを含む氷に紫外線が照射され，CO 以外の分子はイオン・ラジカルに分解される（図 13.1.6）．それらのイオン・ラジカルどうしまたはイオン・ラジカルと CO が反応することによって，さまざまな有機物が形成される．生成された有機物は C, H, O, N を含み，アルコール，アルデヒド，カルボン酸，芳香族炭化水素，アミノ酸などが存在することが，シミュレーション実験によって確認されている (Schtte, 1999)．

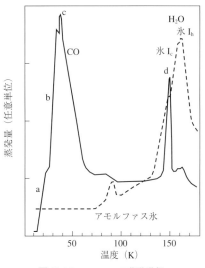

図 13.1.5 H_2O-CO の蒸発過程
(Kouchi, 1990 を改変)

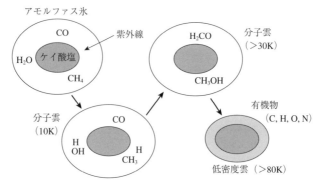

図 13.1.6 不純物を含むアモルファス氷への紫外線照射による有機物生成

13.1.5 彗 星

彗星は分子雲の固体微粒子が集まって形成された天体で，現在までほとんど変化を受けずに生き残っている，太陽系で最も始源的な天体の一つである．彗星を研究することは，彗星の起源や進化のみならず，太陽系起源を議論するうえでも重要である（桜井・清水，1989；山本，1997；香内，印刷中）．

(1) 彗星の構造

彗星は，太陽からかなり離れているときは，直径 1 km から 20 km 程度の核（nucleus）だけであり（図 13.1.7），地球から核を直接観測することは困難である．彗星核は，太陽系の他の天体に比べて，低密度（100〜600 kg/m^3），低アルベド（0.01〜0.04），低強度（300 Pa）である．彗星核が太陽に近づくと，彗星核内部にあった固体微粒子は，彗星核内部で氷から蒸発したガスの流れに乗って核から放出される．

このようにして核から放出された固体微粒子やガスは，直径数十万 km 程度のコマ（coma）となる．コマが形成されてはじめて彗星として観測できるようになる．彗星核内部で氷から蒸発した分子や，コマ内で固体微粒子表面の氷から蒸発した分子を親分子（parent molecules）と呼ぶ．親分子の分析により，彗星核内の氷微粒子の化学組成が推定できる．

親分子は太陽紫外線によって解離してイオンとなり，太陽と反対方向に直線状にのびる青白いプラズマの尾（tail）となる．氷が蒸発してしまった固体微粒子は，ゆるやかに曲がったダストの尾となる．ダストの尾が白くみえるのは，太陽光を散乱しているためである．

図 13.1.7 ハレー彗星の核（Max-Planck 研究所提供）

(2) 氷の化学組成

　彗星コマ分子（親分子）の電波，赤外線，可視光などによる観測や探査機に搭載された質量分析計を用いた直接分析から，氷の化学組成を推定することができる．表 13.1.4 に，コマ分子の化学組成を示す（Crovisier *et al.*, 1999; Altwegg *et al.*, 1999）．これらは，1 天文単位での値であり，5 天文単位以遠では CO が最も大量に観測される分子である．また，揮発性分子は，彗星核内部ですでに蒸発している可能性があり，必ずしも彗星核内部の氷の化学組成を代表していないことに注意する必要がある．さらに，ある程度の存在量が期待されるが，観測が困難なために，この表に載っていない分子（N_2, O_2 など）もありうることに注意されたい．

　氷の化学組成のおもな特徴はつぎの通りである．

・H_2O が主成分である．
・CO や CO_2 などが数％から 20％くらい含まれているが，彗星による差が大きい．
・CO や CO_2 などの酸化的な分子と，炭化水素，NH_3 などの還元的な分子が共存している．

　元素の安定同位体比は，その元素を含む物質の生成条件をさぐる手がかりを与えてくれる．O,C,N,S では，太陽系および太陽近傍の星間物質の値に一致している．しか

13. 宇宙雪氷

表 13.1.4 星間塵の氷の組成と彗星ガスの比較

分子種	Tsubl*	分子雲 Elias 16	原始星 NGC7538	彗星コマ
H_2O	152	100	100	100
CH_3OH	99	<3	5	1～7
HCN	95	<2	2	0.05～0.2
CH_3CN	91			0.01～0.1
SO_2	83			～0.1
NH_3	78	<6	13	0.5～1
CH_3CHO	73			～0.5
CO_2	72	15	20	3～20
H_2CO	64		2	0.1～4
H_2S	57			0.2～1.5
C_2H_2	57			0.1～0.5
C_2H_6	44		<0.4	～0.3
C_2H_4	38			0.3
CH_4	31		2	～0.6
CO		34	16	1～25

＜がついているデータは上限値を示している.
*：平衡昇華温度

し，D/H だけは異なっている．ハレー彗星では H_3O^+ の，百武彗星とヘール−ボップ彗星では HDO の観測が行われた．双方の観測とも，$D/H = 3 \times 10^{-4}$ となり，D の濃集が起こったことを示している．この値は，太陽近傍の星間物質（1.5×10^{-5}）より1桁大きく，地球の標準海水（1.5×10^{-4}）よりも2倍程度大きい．

　水分子のオルソ−パラ（ortho−para）比は，水分子の生成温度を知る手がかりとして重要である．ヘール−ボップ彗星およびハートレー第2彗星（103 P/Hartley 2）では，赤外線天文衛星 ISO による水分子の高分解能観測が行われた．オルソ−パラ比はそれぞれの彗星で，2.45 ± 0.1，2.7 ± 0.1 であり，平衡温度は 25 K，35 K となった．

（3）　固体微粒子の元素組成

　地球付近での固体微粒子，すなわち氷が蒸発したあとに残ったケイ酸塩と有機物の元素組成は，ハレー彗星が接近したときに，探査機に搭載された質量分析計を用いて分析された．この分析から，ケイ酸塩鉱物と有機物からなる固体微粒子が存在することが明らかになった（Jessberge and Kissel, 1991）．構成元素の名をとって CHON 粒子（CHON particle）と呼ばれる有機物微粒子の発見は，ハレー彗星探査の最大の成果の一つといえる．

　表 13.1.5 に彗星で測定された固体微粒子の元素存在度を示す（Crovisier, 1999）．この表にはファクター2程度の誤差があることに注意する必要がある．ハレー彗星の主要な鉱物を構成している元素組成は，太陽大気と炭素質隕石の元素存在度に一致している．H, C, N は炭素質隕石よりかなり多く，彗星の固体微粒子は，太陽系で最

13.1 宇宙の氷

表 13.1.5 彗星ダストの元素組成

元素	ハレー彗星		太陽大気	炭素質隕石
	固体微粒子	固体微粒子＋氷		
H	2025	4062	2600000	492
C	814	1010	940	70.5
N	42	95	291	5.6
O	890	2040	2216	712
Na	10	10	5.34	5.34
Mg	100	100	100	100
Al	6.8	6.8	7.91	7.91
Si	185	185	93	93
S	72	72	46.9	47.9
Ca	6.3	6.3	5.69	5.69
Fe	52	52	83.8	83.8
Ni	4.1	4.1	4.59	4.59

も始源的な物質の一つといえる．一方，太陽大気の元素存在度と比べると，H ではファクター 600，N ではファクター 3，彗星のほうが枯渇している．

(4) 彗星の起源

　氷微粒子の構造が，アモルファスであるか結晶であるかは，氷がどこで形成されたか，すなわち，分子雲か原始太陽系星雲で形成されたかを決める鍵となる（図 13.1.4）．地球付近では，氷はほとんど蒸発してしまうので，氷微粒子のスペクトルを観測することはできない．ヘール-ボップ彗星では，7 天文単位における氷微粒子の反射スペクトルの測定にはじめて成功した（Davies *et al.*, 1997）．その結果，氷微粒子の構造はアモルファスであることがわかった．したがって，彗星核の氷は分子雲で形成されたと結論される．このことは，ヘール-ボップ彗星とハートレー第 2 彗星の，水分子のオルソ-パラ比から推定された平衡温度 25 K，35 K と矛盾しない．

　表 13.1.4 に示す星間氷と彗星コマ分子の化学組成の比較から，以下のことがいえる．① 彗星の氷の組成は，典型的な非平衡状態にある星間雲の氷の組成に似ている．② CO や CO_2 などの酸化的な分子と，炭化水素，NH_3 などの還元的な分子が共存している．

　以上二つの議論から，彗星核の氷および氷を構成している分子は分子雲で生成されたと結論できる．

　原始太陽系星雲では，固体微粒子が集まって微惑星が形成された．微惑星はつぎつぎに衝突・合体し，最終的には惑星にまで成長した．このときに，天王星より外側の領域で惑星に合体せずに取り残された微惑星が彗星核となった．天王星-海王星領域で形成された彗星核は，巨大惑星の重力によって，太陽から 10 万天文単位ほど離れた，太陽系を球殻状に取り囲むオールト雲（Oort cloud）へもたらされた．一方，海王星領域より外側で形成された微惑星は，そのままの位置にとどまった．これがカイ

パーベルト天体（Kuiper belt objects）となった．

　オールト雲にあった彗星核は，ときおり，他の恒星などの重力的な影響で，太陽系内部へもたらされる．これがいわゆる新彗星となって観測される彗星である．これらの新彗星が惑星の重力で太陽系内部に捕獲され軌道が変化してくると，old comet，ハレー族彗星というように進化すると考えられている（図 13.1.8）．エッジワース-カイパーベルト天体も，何らかの原因で太陽系内部に落ち込んでくると，ケンタウルス天体をへて，木星族彗星に進化すると考えられている．以上二つの彗星群は，軌道要素（軌道半長径の逆数，軌道面傾斜角）でも明確に区別される．しかし，二つの彗星群に化学組成上の違いがあるかどうかはよくわかっていない．

13.1.6　惑星系の形成

　ここで，木星型惑星の形成に氷が重要な役割を果たしていることを示そう．なぜ，木星型惑星は巨大ガス惑星に成長したのに，地球型惑星（terrestrial planets）は大きく成長できなかったのだろうか．ここで，惑星材料物質の分布をみてみる．図 13.1.9 は原始太陽系星雲内での微粒子の分布を示している．微粒子の面密度（微粒子の層を

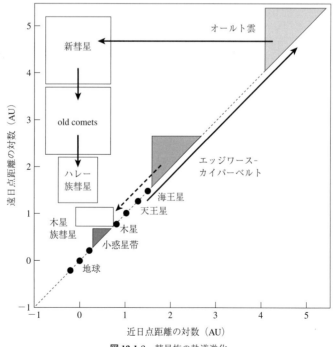

図 13.1.8　彗星族の軌道進化

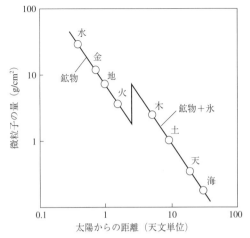

図 13.1.9 太陽系星雲での固体微粒子の面密度

仮想的な厚さゼロの円盤に圧縮したときの，単位面積当たりの微粒子の質量）は太陽に近いところで最も大きく，太陽からの距離とともに減少する．3天文単位より内側では微粒子は鉱物だけであるが，3天文単位より外側では低温のため，鉱物に加えて氷が存在する．3天文単位付近で面密度が急に大きくなるのは氷が存在するからである．

この図から，地球型惑星の原料物質は鉱物であったこと，木星型惑星の原料物質は鉱物と氷であったことがわかる．地球領域では，木星領域と比べて，同じ単位面積の円盤中に5倍も多くの原料物質が存在していた．しかし，木星型惑星は軌道長が長いので，地球型惑星に比べてより多くの原料物質が存在していたといえる．地球は，現在の地球質量の原料物質（鉱物）を集めたのに対して，原始木星は地球の10倍程度の原料物質（鉱物＋氷）を集めた．もし，木星領域に氷が存在しなければ，原始木星は地球と同程度の原料物質しか集めることはできなかったであろう．原始木星が地球の10倍程度まで成長すると重力が大きくなり，さらに水素やヘリウムなどのガスを大量に集積させた．このようにして，木星型惑星は大量の水素，ヘリウムの大気をまとい，巨大ガス惑星に成長した．木星型惑星が大きく成長できた原因は氷にあったといえる．

[香内　晃]

文　献

Altwegg, K., Balsiger, H. and Geiss, J. (1999): Composition of the volatile material in the Halley's coma from in situ measurements. *Space Sci. Rev.*, **90**: 3–18.

Crovisier, J. (1999): Solids and volatiles in comets. Formation and Evolution of Solids in Space

(Greenberg, J.M. and Li, A. eds.), pp. 389‑426, Kluwer.

Crovisier, J. and Bockelee‑Morvan, D. (1999): Remote observation of the composition of cometray volatiles. *Space Sci. Rev.*, **90**: 19‑32.

Davies, J.K., Roush, T. L. and Cruikshank, D. P. *et al.* (1997): The detection of water ice in comet Hale‑Bopp. *Icarus*, **127**: 238‑245.

Jenniskens, P., Blake, D. F. and Kouchi, A. (1998): Amorphous water ice: A Solar system material. Solar System Ices (Schmitt, B. *et al.* eds.), pp.139‑155, Kluwer.

Jessberge, E.K. and Kissel, J. (1991): Chemical properties of cometary dust and a note on carbon isotope. Comets in the Post‑Halley Era (Newburn, R.L. *et al.* eds.), pp, 1075‑1092, Kluwer.

Kouchi, A. (1990): Evaporation of H_2O‑CO ice and its astrophysical implications. *J. Cryst. Growth*, **99**: 1220‑1226.

Kouchi, A., Yamamoto, T., Kozasa, T., Kuroda, T. and Greenberg, J.M. (1994): Conditions for condensation and preservation of amorphous water ice and crystallinity of astrophysical ices. *Astron. Astrophys.*, **290**: 1009‑1018.

香内 晃 (印刷中)：7章, 彗星. 宇宙・惑星化学 (地球化学2巻), 培風館.

Lewis, J. S. (1974): The temperature gradient in the solar nebula. *Science*, **186** : 440‑443.

桜井邦朋・清水幹夫編 (1989)：彗星―その本性と起源, 264 p, 朝倉書店.

Schutte, W.A. (1999): Laboratory simulation of processes in interstellar ices. Formation and Evolution of Solids in Space (Greenberg, J.M. and Li, A. eds.), pp.177‑201, Kluwer.

Whittet, D.C.B. (1993): Observation of molecular ices. Dust and Chemistry in Astronomy (Millar, T.J. and Williams, D. A. eds.), pp.9‑35, Institute of Physics Publishing.

Whittet, D.C.B., Schutte, W.A., Tielens, A.G.G.M. *et al.* (1996): An ISO SWS view of interstellar ices: first results. *Astron. Astrophys.*, **315**: L357‑L360.

Yamamoto, T., Nakagawa, N. and Fukui, Y. (1983): The chemical composition and thermal history of the ice of a cometary nucleus. *Astron. Astrophys.* **122**: 171‑176.

山本哲生 (1997)：太陽系の小天体. 比較惑星学 (岩波講座地球惑星科学12巻), pp.437‑471, 岩波書店.

13.2 氷 衛 星

13.2.1 氷衛星とは

　われわれの太陽系は九つの惑星が太陽を中心に回っている．それらは太陽に近いほうから順に，水星，金星，地球，火星，木星，土星，天王星，海王星，冥王星である．このうち木星，土星，天王星，海王星は表面に厚いガスをまとっており，地球と比較して大きな質量をもつため巨大惑星 (giant planets) といわれている．これら巨大惑星は数多くの衛星をもっていることが知られており，それらの衛星のなかには直径 5000 km をこえるようなものも含まれている．巨大惑星の衛星には大量に氷を含むものが多く存在し，この氷の存在を強調する意味で，それらの衛星のことを「氷衛

星」(icy satellites) と呼んでいる．巨大惑星が位置する太陽から遠い領域では，太陽光が弱いため衛星の表面温度は-100℃以下となる．そのため地球近傍では大気のない衛星表面では蒸発，消失してしまう氷が安定に存在できる．これが，氷衛星の表面が氷で覆われている理由である．

氷衛星に関する情報はボイジャー1号，2号，ガリレオらの惑星探査機により蓄積されてきた．とくにその撮影画像は，氷衛星が非常に多様性に富んでいることを示唆している．クレーター (crater) に覆われた古い地殻をもつ衛星から，現在も活動を続けている新しい地殻をもつ天体まで，さまざまな地質活動度を示す衛星がみつかっている．また，ほとんどの氷衛星は大気をもっていないが，唯一，土星の衛星タイタンは厚い大気をもつことが知られている．衛星サイズも広範囲にわたり，直径10 km程度の小さなものから5000 km以上という水星サイズの大きなものまでみつかっている．密度は図13.2.1にあるように1000 kg/m³から3000 kg/m³の間に分布しており，その構成物質が岩石と氷の混合物であることを意味している．

13.2.2　木星の氷衛星

(1)　エウロパ

エウロパはイオのつぎに木星の近くを公転するガリレオ衛星である．イオには氷の存在が確認されていないが，エウロパの表面には反射スペクトルによりH_2O氷の存在が確認されている．この事実と観測された平均密度3010 kg/m³という値から，エ

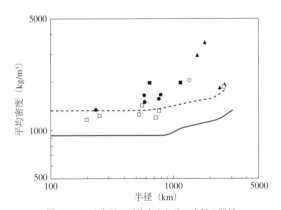

図 13.2.1　氷衛星の平均密度とその半径の関係
▲木星，□土星，●天王星，○海王星，■冥王星．実線は天体が氷のみで構成されていた場合の理論的な密度-半径の関係．点線は60％氷＋40％岩石の場合の理論的な関係．半径に対する連続的な変化は，氷・岩石が圧力により圧縮率にしたがって高密度化するためである．途中不連続に変化するのは氷の相転移を考慮している結果である．

ウロパの表層約 100 km は H_2O に覆われていると予想されている．エウロパの直径
は 1565 km と地球の月程度の大きさであるが，その表面地形は大きく異なっている．
この氷衛星では，大気をもたない固体天体の表面に一般的にみられるはずのクレーター
の数が非常に少ない．これは，エウロパの地殻が，現在でも地質活動を続けている
ことを示唆している．代わりに無数の線構造が表面を覆っている（図 13.2.2(a)）．こ
の線構造は，長いものでは 1000 km に達し，巨大な断層のようにみえる．ガリレオ
探査機による高解像度イメージの解析の結果，これら線構造にはいくつかの種類があ
ることがわかってきた．それらは，横ずれ断層，拡大帯状地形，二重隆起地形であ
る．その成因に関してはいろいろなモデルが提唱されているが，どのモデルにおいて
も地殻運動の原因は潮汐力であるという点では一致している（Hoppa *et al.*, 1999）．
地球の海が月からの潮汐力により周期的な運動を起こすのと同じ原理で，エウロパは
木星引力の影響を受けて公転周期 3.55 日ごとに地殻の伸縮を繰り返している．この
ため，エウロパの地殻内部では周期的な応力変動が起こることとなる．この応力によ
り，地殻が破壊して断層が発生し，その後壊れた地殻が運動してさまざまな地質構造
を作ることになる．潮汐力は表面地質構造に対して大きな影響を与えるだけでなく，
天体内部の構造に対しても重大な結果をもたらす．潮汐力による周期的な伸縮は，氷
地殻内部で摩擦熱を発生することになる．その結果，地殻内部は加熱され，氷は浮力
により熱対流を起こしたり，融けて水になったりする．エウロパの表面にはこのよう
に氷の対流活動や吹き出した水によりできたと思われる地形が多数みつかっている．
そのなかでも最も印象的なのがカオス地形（chaotic terrain）と呼ばれるもので，地
球の海氷や氷山を思わせるような破砕した氷板が平坦な地形から顔を出している
（Greenberg *et al.*, 1999）．また，レンズ状地形（lenticulae）と呼ばれる盛り上がり地
形や，円形流動地形（lobate flows）と呼ばれる氷河に似た地形も観測されている．
一説には，エウロパの氷地殻は表面数 km だけが氷であり，残りの深部 100 km 近く
は海ではないかといわれている．この海には $MgSO_4$, Na_2SO_4 などの硫酸塩や NaCl な
どが溶解していると予想されており，エウロパは地球以外に唯一水の海をもつ可能性
のある天体として注目されている．エウロパのさらに深部は岩石や金属で構成された
マントルやコアと呼ばれる領域となっている．

(2) ガニメデ，カリスト

ガニメデ，カリストはそれぞれ半径が 2634 km， 2403 km と，惑星である水星
（半径 2440 km）に匹敵するサイズをもつ巨大氷衛星である．その平均密度は約 1900
kg/m³ であることが知られており，岩石と氷のほぼ中間の値をとる．適当なモデルを
用いると，この平均密度からこれらの氷衛星が約 50％の氷と約 50％の岩石から構成
されることがわかる．ガニメデ，カリストの撮影画像をみるとエウロパと比べてかな
り暗い印象を受ける．これは地殻に岩石が含まれるため太陽光を効率よく吸収するか
らだと考えられ，このことからも氷・岩石の混合天体であることがわかる．表面地形

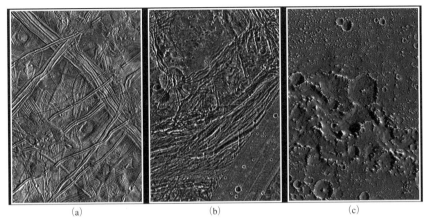

図 13.2.2 ガリレオ探査機により撮影された氷衛星の表面地形
(a)エウロパ（横 86 km），(b)ガニメデ（横 86 km），(c)カリスト（43 km）（写真 NASA 提供）．

は，ほぼ同じサイズの両天体の間でもかなり異なっている．ガニメデ表面は，おもに二つの領域からなり，それらは，大規模な再表面化を受けた激しい地質活動の痕跡を示す領域と古い地殻を残す領域である（図 13.2.2(b)）．一方，カリストは全面が古い地殻で覆われており，ほとんど地質活動の痕跡はみつかっていない（図 13.2.2(c)）．ガニメデのほうが地質活動が激しかった理由は，木星との距離がカリストより近かったためであると考えられる．先のエウロパのところで議論したように，氷衛星の熱源として重要なものに潮汐力による摩擦熱がある．潮汐力は，木星との距離の 3 乗に比例して小さくなるので，それぞれの木星間距離を考えるとカリストでの潮汐力はガニメデの 1/10 にしかすぎない．摩擦熱の発生も同様に小さいと考えられるから，これが両氷衛星の表面地形に大きな差異を与えた一因と思われる．ちなみにエウロパではガニメデの 4 倍以上の潮汐力が発生し，木星に近接したイオでは 20 倍以上となる．

両天体とも地表面を覆う最も代表的な地形は衝突クレーターである．氷衛星に限らず大気をもたない固体天体には普遍的にクレーター地形がみられ，これは太陽系形成初期における衝突集積過程の痕跡であるといわれる（Melosh, 1989）．クレーターの形態はそのサイズにより分類されている（図 13.2.3）．サイズが小さいときはお椀のような奇麗な孔を示し，お椀型クレーターと呼ばれる．サイズが大きくなると表層構造に依存して，底が平らな平底型クレーターが現れ，さらに大きなクレーターは複雑クレーターに分類される．カリストにみられる太陽系最大規模のクレーター，バルハラ（直径 600 km）は典型的な複雑クレーターであり，そのなかでも多重リング型クレーターと呼ばれる．氷衛星に特徴的なクレーターとして，ピット型クレーターと幽霊クレーターがある．ピット型クレーターはクレーターの中央部に小さな深い孔があ

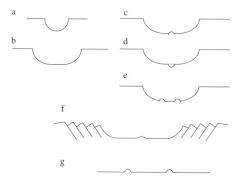

図 13.2.3 さまざまなクレーターの断面図
a：お椀型，b：平底型，c：中央丘型，d：ピット型，
e：ピークリング型，f：多重リング型，g：幽霊クレーター

いたような形状をしている．これは氷対氷の室内衝突実験により再現されるので，衝突の瞬間に形成される地形であるといえる．一方，幽霊クレーターは，複雑クレーターの深いクレーター孔が下記のメカニズムにより緩和して埋められたものである．先に述べたように，これらの衛星は潮汐力により常時加熱されているので地殻内部の温度は表面よりも高い．それゆえ，クレーターの底では周囲からの応力により，氷が塑性変形し氷河のように流動する．流動した氷はクレーター孔を埋めていき，最終的には孔は跡形もなく消えてしまう．ただ，円環状の模様だけが表面に残される．

ガニメデ，カリストの内部は氷，岩石，金属の層に分離し，密度順に成層していると考えられている．金属のコア（中心核）があるかどうかは，その天体が磁場をもつかどうかを決定するので重要である．ガリレオによる探査の結果，ガニメデには磁場が観測されているので金属コアが存在する可能性は高い．また，氷と岩石が完全に分離していると考えると，モデルによっては氷地殻の厚さは 1000 km をこえる（図13.2.4）．地球の南極氷床の厚さが 3 km 程度であることを考えると，いかに氷地殻が分厚いかが想像される．南極氷床底部での圧力は 30 MPa 程度であり，その高い圧力のため氷がクラスレートハイドレート（clathrate hydrate）という特殊な構造をもつ結晶に転移することが知られている．一方，1000 km をこえる厚さになるような氷衛星の地殻底部では，さらに高い圧力，1 GPa をこえる圧力が発生している．このような高圧においては，氷自体の結晶型が高圧型に転移すると考えられる．高圧相氷の存在は高圧実験により広く知られているが，自然界において確認された例はない．氷衛星の地殻深部は唯一自然界に高圧相氷が存在する環境であると思われる．ガニメデ，カリストには氷 II, VI, VIII などの高圧相氷の存在が予測されている．しかしながら，地殻内部の温度分布が知られていないのではっきりしたことはいえない（図 13.2.4）．

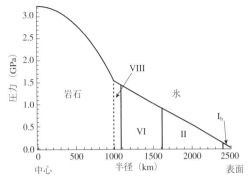

図 13.2.4 ガニメデの衛星内部における圧力分布と高圧相氷の分布

圧力は氷・岩石二層モデルにより計算した．高圧相氷の分布は全層 100 K と仮定して求めた．氷・岩石質量比は 0.5 を仮定し，岩石の密度は 3.5 g/cm³，氷の密度は高圧相氷を考慮し 1.2 g/cm³ と仮定した．

13.2.3 土星，天王星，海王星，冥王星の氷衛星

(1) 土星の氷衛星

　土星には 20 以上の数の衛星がみつかっており，それらはすべて氷衛星であると思われる．そのサイズは数 km という小さいものから半径 2500 km をこえるタイタンまで広範囲にわたっている．衛星の密度はサイズとよい相関があることが知られており，サイズが大きくなると 1200 kg/m³ から 1900 kg/m³ に増加する．この密度変化は氷・岩石比の系統的な変化により説明できるが，小氷天体においては内部に空隙を残した厚い雪の層があるということでも説明可能である．実際，探査データの解析から，半径 199 km のミマスという衛星は中心部分が氷で，表層部は雪になっているという議論もある．

　土星の小さな衛星は，その形状が球形ではなく三軸の長さが異なる不定形をしている．さきほどのミマスは球形であるが，長軸サイズ 185 km のハイペリオンは三軸不等形であり，これより小さな衛星はすべて不規則形状を呈している．図 13.2.5 に氷衛星を含む小天体の扁平率と半径の関係を示す．この形状の変化は，天体重力により生ずる内部応力と物質強度により決まっている．大きな天体では内部に発生する応力が氷の力学強度より十分に大きいため，氷が流動し重力に沿った形状，すなわち球形になるが，小さな天体では氷の強度が重力による応力より大きいため，いびつな形状を保持できる．氷の力学物性はこのように天体の形状にまで影響を及ぼす．

　土星領域ではその放射平衡温度が木星領域よりさらに低いので（−200℃），氷以外の揮発性物質も固体として衛星に取り込まれている．アンモニアやメタンの氷がそ

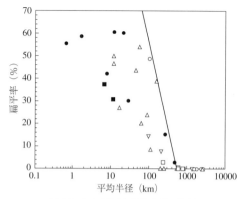

図 13.2.5 扁平率と平均半径の関係
●小惑星，■火星，○木星，△土星，□天王星，▽海王星．不規則形状天体の限界値を実線で示している．印は各惑星の衛星および小惑星を表す．扁平率＝(長軸－短軸)/長軸×100%

の代表的な例であるが，これらの揮発性物質が氷と共存するとその融点は急激に下がる．この融点降下は，氷衛星の地質活動にも大きな影響を与える．半径 560 km のディオーネや 249 km のエンケラドゥスにおいて，地殻が流動して再表面化が起きた痕跡がみられる．このような小さな天体ではたとえ潮汐力による加熱があったとしても氷を融かすような加熱は難しい．一方，氷・アンモニア系の分解溶融点は約 $-100°C$ であり，この温度以上に加熱されさえすれば部分溶融状態となり，急激に粘性は下がり容易に流動することがわかる．

タイタンはガニメデについで大きな氷衛星であり，太陽系の衛星で唯一厚い大気をもつ衛星である．大気の主成分は地球と同じ窒素であるが，この厚い大気のため表面地形はいまだ観測されていない．理論的な考察によれば，地表にはメタンの海があるのではないかと推測されている．また氷地殻にはこのメタンと氷が結びついたメタンのクラスレートハイドレートの存在がいわれている．

(2) 天王星，海王星，冥王星の氷衛星

天王星以遠の氷衛星については探査データも少なく，ボイジャー探査機以来，人の手が届いていない領域である．天王星の衛星は半径が 1000 km 以下の小さなものしか存在しないが，その表面地形をみるかぎりはかなり激しい地質活動の痕跡がある．とくにミランダでは角張った巨大な溝地形がみつかっており，巨大天体衝突による大規模融解の証拠ではないかといわれている．天王星以遠では，土星領域よりもさらに放射平衡温度が下がるので，より揮発性の高い物質が天体を構成することになり，低温度で地質活動が起きやすくなる．この傾向は海王星の衛星トリトンで最も顕著であ

る．トリトンは半径 1353 km の氷衛星であるが，その表面にはほとんどクレーターは観測されていない．すなわち現在でも地表面で地質活動が起きている．これは表面地殻が非常に揮発性の高い氷で構成されているからである．トリトンの地殻には窒素，メタン，二酸化炭素などの氷の存在が確認されている．窒素は宇宙空間では−200℃以下で蒸発・凝縮を起こす．そのため海王星領域のような太陽から遠く離れたところでも，太陽光により加熱されて蒸発し，表面を循環して極域の低温部で凝縮するというサイクルが可能である．これがトリトンの表面がつねにリフレッシュされている理由であると考えられる．

　最後に冥王星であるが，冥王星にはカロンという衛星が存在する．冥王星にはいまだ探査機が到達していないため，天文観測以外に情報を得る手段はない．冥王星，カロンともにそのサイズや平均密度からトリトンに似た天体であろうと推測されている．

[荒川政彦]

文　　献

Greenberg, R., Hoppa, G.V., Tufts, B.R., Geissler, P. and Riley, J.（1999）: Chaos on Europa. *Icarus*, **141**: 263‒286.

Hoppa, G., Tufts, B.R., Greenberg, R. and Geissler, P.（1999）: Strike‒Slip Faults on Europa: Global Shear Patterns Driven by Tidal Stress. *Icarus*, **141**: 287‒298.

Melosh, H.J.（1989）: Impact Cratering, 245 p, Oxford Univ. Press.

13.3　火星氷床

13.3.1　火星の極冠

　火星には白く輝く極冠が南北に存在し，季節とともにその大きさが変わることはかなり昔から知られていた．しかし火星探査機によってその実態が明らかにされるようになったのは米国によるマリナー探査機以降である．1965 年，マリナー 4 号の観測により火星の大気圧は 0.01 気圧以下であり，火星表面に水は存在できないことがわかった．1969 年にはマリナー 7 号によって火星の南極冠の温度が−125℃と観測され南極冠の氷は CO_2 の氷であると推定された．続いて 1971 年のマリナー 9 号と 1976 年のヴァイキング 2 号によって大量の火星の写真が撮影され，北極冠と南極冠の写真が送られてきた．この写真には白い部分が渦巻き状になっている北極冠が写っている（図 13.3.1）．この頃から火星の北極冠は H_2O の氷でできており，南極冠は CO_2 の氷でできていると考えられるようになった．

 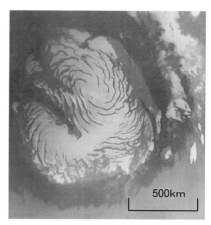

図 13.3.1 火星北極の氷床　　図 13.3.2 MSG 探査機によって撮影された北極冠

　その後,火星探査機による観測はしばらく途絶えていたが,1996 年に火星表面の地図を作成する目的でマーズグローバルサーベイヤー探査機(MGS)が米国によって打ち上げられた.そしてこれに搭載されたマーズオービターレーザ・アルティメター(MOLA)やマーズオービターカメラ(MOC)による火星両極冠の表面地形の詳細な観測によって,さまざまな面白いことが明らかになってきた.
　火星の北極には厚さ 3 km,直径 1000 km ほどの氷床が存在する.これは 1971 年のマリナー探査機で撮られた写真 (図 13.3.1) から渦巻き状のものであることがわかっていたが,MOLA による表面高度測定により深さが 500 m に達する溝 (黒い部分) が極を中心として反時計回りに渦巻き状になっていることが明らかとなった.図 13.3.2 は MGS 探査機によって撮影された北極冠の写真であるが,白い部分は平坦な部分で幅が約 20 km あり,季節を問わず常に白く輝いている.そして白い平坦部分の南側が高さ約 500 m の断崖となって切れ落ちて溝となっている.このような幅 20 km のテラス状部分が極を中心として渦巻き状氷床を構成している.また MOC による高分解能の撮影画像からこの断崖側壁は数 m から数十 m ほどの厚さの無数の堆積層で構成されていることが明らかになった.このことは火星にも地球と同じように気候変動があり,その情報を氷床が保存していることを示している.
　一方,南極は北極と異なりつねに白く輝いている部分は少なく,また渦巻き状の構造はしていない.しかし表面高度測定からやはり北極と同じように厚さ約 3 km の氷床がダストに覆われていると考えられる.これまで南極は北極と違って CO_2 氷でできていると考えられてきたが,以下に述べるように,表面は季節的に CO_2 氷で覆われるものの,その下には 3 km の厚さの H_2O 氷が隠されているという説が最近有力になってきている.

13.3.2 H_2O 氷か CO_2 氷か

火星北極冠はその表面温度の観測から H_2O 氷でできていると考えられているのに対して，火星南極冠はドライアイスでできているのではないかと考えられてきた．つまり火星北極の温度は夏には $-50\,℃$ にまで上がり，ドライアイスが永久に存在するには温度が高すぎる．しかし南極は北極に比べて標高が約 6000 m 高いため極冠の温度は北極に比べて低く，ドライアイスが十分存在できると考えられている．また火星の大気のほとんどは CO_2 であり，その濃度が季節変動することや，南極冠の白い部分の面積が冬には増大し夏には減少することから，南極はドライアイスでできていると考えられていた．著名な氷河学者の Nye は，「もし，火星南極冠が CO_2 氷でできていたら，自重に耐えて安定して存在できるか？」という命題を，NASA の探査衛星による詳細な表面地形データ（Schenk and Moore, 2000）と CO_2 氷のクリープ試験（Durham *et al.,* 1999）で得られた流動則を用いて議論した．その結果，ドライアイスの硬さでは早く流れてしまって現在の 3 km の氷厚を保てないことを示し，南極冠が H_2O 氷でできていれば観測結果と矛盾しないと説明している（Nye *et al.,* 2000）．

現在（2002 年）受け入れられている氷床像は，火星の北極も南極も厚さ 3 km，直径 1000 km 程度の大きさの H_2O 氷が存在しており，その表面を 1〜2 m 程度の厚さのドライアイスが季節的に覆っている．北極の場合は夏になれば表面のドライアイスは全部昇華蒸発してしまい，下の H_2O 氷が露出する．これに対して南極では夏でも表面温度が北極に比べて低いためにドライアイスが極表面に残存する．このように両極では気温の違いによりドライアイスに覆われる表面積の差や季節による消長に違いはあるが，その下におよそ 3000 m の厚さで H_2O 氷が堆積していると考えられている．

13.3.3 火星氷床特有の地形

火星の北極氷床の大きさは地球のグリーンランド氷床と同じくらいである．地球上の氷床（南極氷床とグリーンランド氷床）と最も異なる点はその形状である．地球の氷床はいわゆる鏡餅のような形状で中央のドーム頂部から周辺に向かって緩やかな傾斜が続く．これに対して火星の北極氷床は，前述したように，平坦部と深い溝部分が交互に現れ，それが氷床中心から渦巻き状に放射するきわめて特異な形状をしており，地球上ではまったくみられない．この渦巻き状地形がどのようにして形成されたのか，そして維持されているのか，あるいは過渡的なものであるのかは，いまのところ未解明であるが，いくつかの説が出ている．

Fisher（1993, 2000）は火星北極氷床にみられる断崖と溝（scarps and troughs）からなる特異な構造を，図 13.3.3 に示すように，涵養域と消耗域が交互に存在するモ

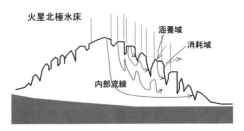

図 13.3.3　Accublation モデル（Fisher, 1993, 2000）

デル「Accublation モデル」で説明した．南に面した斜面では日射による昇華が卓越する消耗域となり，平坦部や北に面した斜面では積雪（または着霜）による涵養域となると考えている．このように氷床頂部から下流に向かって涵養域と消耗域が交互に存在するような氷河氷床は地球上では存在しない．地球の氷河や氷床では上流部は涵養域で下流部が消耗域となり，ある高度を境界として二つの領域に分かれている．Hvidberg（2000）は実際に MOLA による表面形状データを用いて「Accublation モデル」により流動シミュレーションを行ったが，非常に大きな消耗速度を与えないかぎり，流動によって溝（troughs）は時間とともに埋まっていってしまう結果が得られた．これからすると火星の北極氷床はかなり速い速度で蒸発昇華しており，その途中の姿をみせていることになる．

反時計回りの渦巻き状の断崖と溝（scarps and troughs）の形成メカニズムについてはよくわかっていない．Howard（2000）はカタバ風（斜面下降風）による剥離作用で説明しているが，Chasma Boreale（注：北極氷床にある大きな谷の地名）のような大きな谷は説明できるものの，大部分の溝はカタバ風の方向（時計回り）とは逆であり説明できない．今後，氷床上の気象データなどが得られるにつれ，この謎は近いうちに明かされるであろう．

13.3.4　火星氷床の涵養および消耗機構

氷床や氷河の上に雪や霜が降り積もることを涵養といい，その速さを涵養速度という．逆に雪や霜が解けたり昇華蒸発してなくなることを消耗といい，その速さを消耗速度という．地球の氷床では消耗速度が涵養速度を上回る消耗域は周辺部のみで，内陸のほとんどの領域では雪が積もることによる涵養速度が上回っている．火星北極氷床では地球氷床と異なって，涵養域と消耗域が内陸部で交互に存在すると考えられることは前節で述べたとおりであるが，涵養域で1年間にどれくらい雪が降り積もるのか，あるいは霜がどれくらいの速さで表面につくのかを知ることは重要である．

Herkenhoff and Plaut（2000）はヴァイキング探査機およびマリナー9号で撮られた両極冠表面の画像を詳細に分析し，隕石クレーターの分布密度から両極表面クレー

ターの年齢（生成してから消滅するまで）を推定した．その結果，北極冠表面のクレーターの年齢は最大 10 万年程度であるのに対して南極冠のものは約 1000 万年と考えられる．クレーターは積雪（着霜）または表面の昇華によって消滅するので，クレーターの深さと年齢から涵養速度（または消耗速度）は北極冠で 1.165 mm/年，南極冠で 0.06 mm/年と見積もられた．

火星氷床では氷床上に H_2O や CO_2 の雪が降り積もることにより氷床が涵養されるのか，あるいは表面に霜となって凝結するのがおもな涵養機構なのかについてはよくわかっていないが，着霜が主要因である可能性もある．地球の南極氷床でも内陸部の極寒の地では冬には相当量の霜の凝結が観測されている（Kameda *et al.*, 1999）．

夏の火星北極氷床の表面温度および下層大気の温度は−50 ℃くらいまで上昇する．温度だけでみれば地球の南極内陸部の冬に相当する．日本のドームふじ観測拠点の厳冬期の気温は−70 ℃程度でちょうど同じくらいである．ここでは冬期に直径数 μm の針状結晶の霜が雪面に凝結する現象（Kameda *et al.*, 1999）や年間を通して数 μm から数十 μm 程度の結晶サイズのダイヤモンドダストが降り注ぐ現象が確認されている．Higuchi（2000）はこのドームふじでの観測結果およびヴァイキング探査機による観測結果と Kobayashi（1958）による低圧下での結晶成長実験の結果に基づいて，放射冷却による Frost crystal の成長を試算し，年間 0.1 mm から 1.3 mm（水換算で）の涵養があると推定した．この値は前述のクレーター密度から推定した涵養量と一致する．

氷床上に H_2O や CO_2 の雪が降るのかあるいは表面に霜となって凝結するのか，季節による違いはどうなのかなど，火星両極氷床の涵養機構についてはよくわかっていない．これに関する最近の研究をつぎに紹介する．

Bass and Paige（2000）は北極氷床の表面の積雪（または着霜）状態についてマリナー 9 号とヴァイキング探査機の 3 年間にわたる北極冠の画像を詳細に分析し，いくつかの重要な結果を得た．① 夏至を過ぎた頃が極冠の表面輝度が最も暗く，それ以降夏の終わりにかけてしだいに輝度が増加する．② 氷床の中心は周りの部分よりつねに輝度が大きい．③ 氷床の明るい（白い）部分の端の位置は同じ時期でみれば年ごとの変化はなくつねに同じである．さらに Bass *et al.*（2000）はヴァイキング探査機の赤外放射温度計（IRTM）と大気中水蒸気検出計（MAWD）のデータを再分析し，北極氷床の表面温度と大気中の水蒸気濃度との間に強い相関があることを明らかにした．このなかで，北極氷床の大気中の水蒸気濃度は夏に氷床頂部の温度が 200 K をこえると急激に増加することを見いだした．そして夏の終わりにかけて水蒸気濃度が減少するとともに氷床表面アルベドが増加する．つまり，氷床の温度が下がれば大気中の水蒸気が氷床表面に凝結すると考えられる．これらの観測結果より，北極氷床上への H_2O 雪による積雪（または着霜）はおもに北極の夏から秋に起きていると考えられる．

これに対して，CO_2 雪による積雪（または着霜）時期は冬であることを示す観測結

果がいくつかある．Smith *et al.*（2001）は北極冠および南極冠の表面高度の季節変化を探査機の MOLA 高度計により 2 年間観測し続けた．その結果，それぞれの極冠の冬にはその表面高度が夏に比べて 1.5〜2 m 増加することが明らかになった．この表面高度の変動は火星大気中の CO_2 濃度の変動とタイミングが一致しており，CO_2 の雪または霜が極冠の冬に 1.5〜2 m の厚さで表面に積雪あるいは凝結して生じたと考えられる．また MGS 探査機から得られた重力データと表面高度データから，その雪（または霜）の平均密度は 910 ± 230 kg/m^3 と見積もられた．これは地球上の積雪に比べてきわめて密な構造をもったものと考えられる．さらに MOLA による CO_2 雲の観察の結果，明るい CO_2 雲は北極では秋に発達しはじめ，真冬に最大となりその後減少することが明らかとなった（Smith *et al.*, 2001）．この間北極氷床は CO_2 雪（または霜）で覆われる．これまでのこのような観測結果を総合すると，極冠表面への堆積形態は降雪か着霜かは明らかではないが，その最も盛んな時期は H_2O の場合は夏から秋にかけてであり，CO_2 は冬であると考えるのが妥当かもしれない．これらの涵養機構は 2010 年までに頻繁に送り込まれる火星探査機の観測により明らかになるであろう． ［東　信彦］

文　献

Bass, D.S., Herkenhoff, K.E. and Paige, D.A.（2000）: Variability of Mars' North Polar Water Ice Cap; I. Analysis of Mariner 9 and Viking Orbiter Imaging Data. *Icarus*, **144** : 382‑396.

Bass, D.S. and Paige, D.A.（2000）: Variability of Mars' North Polar Water Ice Cap; II. Analysis of Viking IRTM and MAWD Data. *Icarus*, **144** : 397‑409.

Durham, W.B., Kirby, S.H. and Stern, L.A.（1999）: Steady‑state flow of solid CO_2: Preliminary results. *Geophys. Res. Let.*, **26** : 3493‑3496.

Fisher, D.A.（1993）: If Martian Ice Caps Flow: Ablation Mechanisms and Appearance. *Icarus*, **105** : 501‑511.

Fisher, D.A.（2000）: Internal Layers in an "Accublation" Ice Cap: A Test for Flow. *Icarus*, **144** : 289‑294.

Herkenhoff, K.E. and Plaut, J.J.（2000）: Surface Ages and Resurfacing Rates of the Polar Layered Deposits on Mars. *Icarus*, **144** : 243‑253.

Higuchi, K.（2001）: Formation of Frost Layer of Water Ice on Mars. *Icarus*, **154** : 181‑182.

Howard, A.D.（2000）: The Role of Eolian Processes in Forming Surface Features of the Martian Polar Layered Deposits. *Icarus*, **144** : 267‑288.

Hvidberg, C.S.（2000）: An Ice Flow Model of the North Polar Martian Ice Cap. The Second International Conference on Mars Polar Science and Exploration, pp. 79. Lunar and Planetary Institute, Reykjavik, Iceland.

Kameda, T., Yoshimi, H., Azuma, N. and Motoyama, H.（1999）: Observation of "yukimarimo" on the snow surface of the inland plateau, Antarctic ice sheet. *J. Glaciol.*, **45** : 394‑396.

Kobayashi,T.（1958）: On the Habit of Snow Crystals Artificially Produced at Low Pressures. *J. Met. Soc. JPN. II*, **36**（5）: 193‑208.

Nye, J.F., Durham, W.B., Schenk, P.M. and Moore, J.M.（2000）: The Instability of a South Polar Cap on Mars Composed of Carbon Dioxide. *Icarus*, **144** : 449‑455.

Schenk, P.M. and Moore, J.M.（2000）: Stereo topography of the south polar resion of Mars: Volatile inventory and Mars polar lander landing site. *J. Geophys. Res.*, **105** : 24529 – 24546.

Smith, D.E., Zuber, M.T., Frey, H.V., Garvin, J.B., Head, J.W., Muhleman, D.O., Pettengill, G.H., Phillips, R.J., Solomon, S.C., Zwally, H.J., Bruce Banerdt, W., Duxbury, T.C., Golombek, M.P., Lemoine, F.G., Neumann, G.A., Rowlands, D.D., Aharonson, O., Ford, P.G., Ivanov, A.B., Johnson, C.L., McGovern, P.J., Abshire, J.B., Afzal, R.S. and Sun, X. (2001): Mars Orbiter Laser Altimeter (MOLA): Experiment Summary after the First Year of Global Mapping of Mars. *J. Geophys. Res.*, **106**(E10): 23689 – 23722.

Smith, D.E., Zuber, M.T. and Neumann, G.A. (2001): Seasonal variations of snow depth on Mars. *Science*, **294** : 2141 – 2146.

コラム 13.1　氷衛星の裂け目？　エウロパの冷たいマグマ

　図は，ある氷衛星の表面地形の立体図であるが，これをみて皆さんは何を想像するだろうか？　このらくだの背のような地形は，氷衛星の表面に数十 km にわたって続いている．高さ 300 m ほどの氷の山脈が延々と続き，その背の部分は深い谷となっているわけである．木星の氷衛星エウロパにみられるこの地形は二重隆起地形（double ridge）と呼ばれ，地球上でこのような地形を捜すとマントル物質が湧き上がってくる中央海嶺がそれに近い構造をもっている．図のように二つの山が連なる様子はたいへんに興味深いもので，多くの科学者の興味をひいた．その成因はいまだに定説はないが，ある考えではエウロパの地殻が潮汐力により周期的に伸び縮みするのが原因だといわれている．木星からの強い潮汐力により地殻が割れ，周期的に内部から水などが搾り出され，それが凍って山脈を形成するというものである．地球の中央海嶺では熱い玄武岩マグマが湧き出ているが，エウロパでは冷たい氷のマグマ（水）が噴出するわけである．二つにみえる山は，実は中心部に細長い火口列をもつ氷平原の裂け目なのかもしれない．

［荒川政彦］

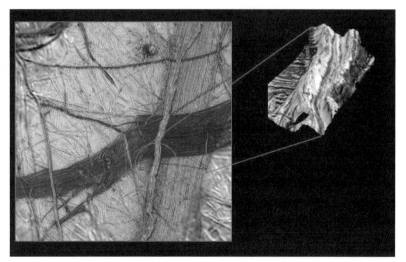

ガリレオ探査機により撮られたエウロパの表面地形（左）．撮影画像をもとに再構成された 3 次元イメージ（右）．右下は高度により色を変えている．高くなると青から赤に変化（NASA 提供）

14

雪氷災害と対策

14.1　豪雪災害

　多量の雪を表す言葉としては，多雪や大雪，それに豪雪がある．「多雪」や「大雪」という言葉は，雪そのものが大量であるという自然科学的に雪をとらえる面が強いが，「豪雪」には多量の雪で人間生活が脅かされるという面がある．この言葉は，昭和 38 年（1963 年）の豪雪を契機に報道関係者が使いはじめたようである．38 年豪雪あるいは単に 38（さんぱち）豪雪のように年号に付せられ，歴史上のできごととして記録するような場合に用いられる．現在は，学術用語としてもほぼ定着したといえる（土岐，2002）．また，日本全国の地方自治体を積雪の深さと期間から区分した，豪雪地帯や特別豪雪地帯という行政用語にも使われている．

14.1.1　過去の豪雪災害

(1)　豪雪災害の記録

　近年の豪雪は，1961（昭和 36，以後下 2 桁のみ表示）年，63（38）年，74（49）年，77（52）年，81（56）年，84（59）年，85（60）年，86（61）年，01（平成 13）年に発生している（表 14.1.1．国土交通省，2001）．年号はその冬の年が明けてからのものが付されている．したがって，36 年豪雪は昭和 35 年から翌 36 年の冬季に発生したものである．図 14.1.1 は，長岡市における 1935/36（昭和 10/11）年から 2000/01（平成 12/13）年までの積雪深の年・日変化を示したものである（長岡市，2001）．白塗りが積雪深である．そのなかに書き込んである数字は，豪雪時の年号（和暦）である．平成になってからは，北日本を中心とした 2001（13）年の豪雪が 21 世紀最初の豪雪として記憶に新しい．

(2)　豪雪災害の変遷

　豪雪のとき，とくに被害が大きくなるのは人口の集中した都市域においてである．

14. 雪氷災害と対策

表 14.1.1 過去の豪雪災害の概要一覧（国土交通省，2001）

	被害地域	期　間	人的被害		住家被害（全半壊）	備考
			死 者・行方不明	負傷者		
1961 年の豪雪	北陸地方	60 年 12 月下旬〜61 年 1 月	119	92	119	36 年豪雪
1963 年の豪雪	北陸，山陰，山形，滋賀，岐阜	63 年 1 月，2 月	231	56	1735	38 豪雪非常災害対策本部設置激甚災害指定（第 8 条）
1974 年の豪雪	東北地方	74 年 1 月，2 月	26	106	41	激甚災害指定（第 8 条）
1977 年の豪雪	東北，近畿北部，北陸地方	76 年 12 月〜77 年 3 月	101	834	139	非常災害対策本部設置激甚災害指定（第 8 条），政府調査団派遣（新潟，青森県）
1981 年の豪雪	東北，北陸地方	80 年 12 月〜81 年 3 月	152	2158	466	56 豪雪非常災害対策本部設置激甚災害指定（第 6 条，8 条，11 条の 2），政府，調査団派遣（新潟，富山，石川，福井県）
1984 年の豪雪	東北，北陸地方（とくに富山県）	83 年 12 月〜84 年 3 月	131	1368	189	59 豪雪非常災害対策本部設置激甚災害指定（第 11 条の 2），政府調査団派遣（新潟，富山，石川，福井県）
1985 年の豪雪	北陸地方を中心とする日本海側	84 年 12 月〜85 年 4 月	90	736	30	60 年豪雪政府調査団派遣（新潟）
1986 年の豪雪	北海道，北陸，東北地方（とくに青森県）	85 年 12 月中旬86 年 3 月下旬	90	678	27	61 年豪雪激甚災害指定（第 11 条の 2），政府調査団派遣（新潟県，青森県）
2001 年の豪雪	北海道，東北，北陸地方	2000 年 12 月中旬〜2001 年 2 月	55	702	5	

資料：人的被害，住家被害は消防庁調べ.

注 1) 激甚災害指定は，「激甚災害に対処するための特別の財政援助等に関する法律」第 2 条に基づくもの.

注 2) 「激甚災害に対処するための特別の財政援助等に関する法律」
1) 第 6 条……農林水産業共同利用施設災害復旧事業費の補助の特例
2) 第 8 条……天災による被害農林漁業者等に対する資金の融資に関する暫定措置の特例
3) 第 11 条の 2……森林災害復旧事業に対する補助

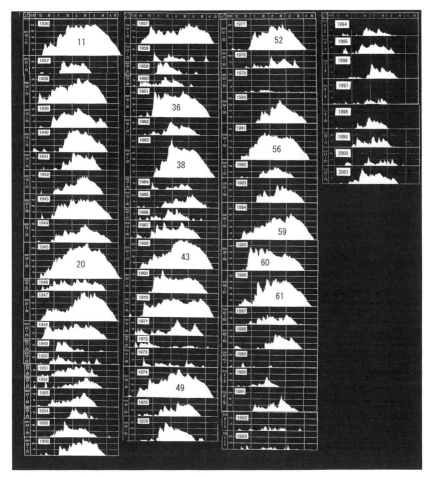

図 14.1.1　長岡市における積雪深の年・日変化（長岡市，2001 の再編）

豪雪により，小都市ばかりでなく，道県庁所在地のような中都市までその機能が麻痺することがある．図 14.1.2 は，新潟県十日町市における，昭和 20 年豪雪の様子を表す写真である（十日町市，1993）．路上に積み上げられた雪と電線にまで届く雪道の様子がみられる．このときの最大積雪深は 425 cm（同市の最大記録値）であった．この写真にみられるように，当時は道路が雪捨て場として使われていたのである．図 14.1.3 は，38 豪雪時の上空からみた長岡市の様子である．一面真っ白で人の活動の気配が感じられず，不気味でさえある．図 14.1.1 をみると，38 豪雪時の同市の積雪深がいかに急激に増加したかがわかる．当時の交通障害としては，列車の運休が主であり，道路の閉鎖はいわば共通認識であった．一方，建物被害も甚大で，全国で住宅

図 14.1.2 十日町市における昭和20年豪雪時の雪道（十日町市，1993）

の全壊, 半壊合わせて1735棟であった（表14.1.1参照）. なお, この豪雪は, 激甚災害指定を受けたはじめてのケースであった. しかし, それから18年後の56豪雪時には被害の様子が一変した. その頃には, 自動車が人々の生活に密着したものとなり, 道路上の雪を排除しなければならなかったのである. 図14.1.4は, 福井県大野市における冬と春の道路の様子を示したものである. 除雪が間に合わなくなれば, 重要性の低い道路が放置される結果となる. 38豪雪と56豪雪当時の自動車の保有台数を比較すると, 約10倍になっている. 一方, 除雪機械台数も約10倍に増えていたが, それでも不足したのである（北陸建設共済会，1993）. 2001（平成13）年の豪雪は, 積雪量としては過去の豪雪を上回るものではなかったにもかかわらず, 大きな混乱が生じた.

このように, 近年の豪雪災害においては, 車社会の到来によって道路と屋根を含む家屋周辺の雪処理に大幅な変革を余儀なくされたことが特徴である.

都市域以外の豪雪災害としては, 都市間を結ぶ幹線道路や地方道路の通行不能がある. 現代社会にあっては, 全国どこにでもあるコンビニエンスストアの広がりをみるまでもなく, 道路は一時も途絶えさせてはならないものとなっている. このため, 豪雪対策経費の大半を道路除雪費が占めている. しかし, 道路事情がよくなったため

図 14.1.3 昭和 38 年豪雪の長岡駅とその周辺（撮影：1963 年 1 月 28 日朝日新聞）

に，地方では高齢化と過疎化が一段と進む結果となった．

　豪雪時には雪崩も多く発生する．一度に大量の降雪があると，多数の犠牲者が出るような大規模な表層雪崩が発生する可能性がある．56 豪雪では 1981 年 1 月 7 日と 1 月 18 日に新潟県北魚沼郡の守門村大倉，湯の谷村下折立でそれぞれ死者 8 名，6 名という雪崩災害が発生した．また，このような年の融雪時には全層雪崩も発生しやすくなる．農林業被害としては，森林の幹折れ，果樹の枝折れ，園芸施設の破損などがある．これらの災害は，雪が融けてから全容が判明することから，目立たないものの，激甚災害の指定を受けるような被害額となることがある．

(3) 豪雪の再現性と将来

　豪雪は，何年周期で発現するのであろうか．18 年周期説や太陽黒点の活動周期 11 年と合致するという説がある．これを数学的に解析した結果によれば，18 年や 11 年，それに 3 の倍数年といった周期が現れるようである（伊藤，1989）．しかし，図 14.1.1 をみてわかるようにそれほど強い周期性があるとはいえない．1980 年代後半からは日本では少雪傾向が続き，過去に出現したような記録的な豪雪がきていない．温暖化傾向がシナリオ通りに進むと仮定して，将来の積雪分布を予測した研究がある（井上・横山，1998）．これによれば少雪化は南の地方ほど顕著である．しかしながら，このようなときに豪雪が襲来すれば，被害がいっそう増大することは明らかである．

図 14.1.4　大野市における昭和 56 年豪雪の同一場所からの冬と春の道路（撮影：沼野夏生）

14.1.2　豪雪発現時の大気循環と気圧配置

　日本に豪雪が出現するのは，地球のグローバルな大気循環の一つの事象である．特に北極を中心に西から東へ走るジェット気流の影響が支配的である．図 14.1.5 は 38 豪雪が発現したときの 1963 年 1 月の北半球平均高層天気図である（気象庁, 1964）．実線は 500 hPa 等高度線，破線は平年値からの偏差値である．中緯度の 5400 m 等高度線の形をみると，北極を中心に大きく三つの張り出しがあり，その一つが日本列島にかかっている．これが 3 波数型の循環場といわれ，過去の豪雪の出現時にみられたパターンである．西からのジェット気流は等高度線に沿って吹いており，日本列島ではシベリアからの寒気の流れが恒常的に続いたことを意味する．偏差値の分布をみ

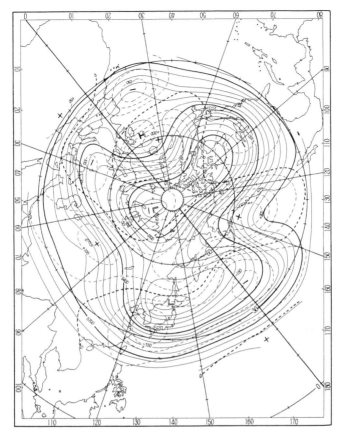

図 14.1.5 38 豪雪時の 1963 年 1 月の北半球平均 500 hPa 天気図（気象庁，1964）

ると，シベリアに＋の，北太平洋に－の領域があり，この間に大きな気圧傾度が働いていて，季節風が強くなる要因となっている．以上は平均的な大気循環であるが，降雪ごとの気圧パターンは季節風型ばかりではなく，太平洋側を低気圧が通過する際にもたらされる低気圧型の豪雪災害もある．大規模な着雪被害などはこのような場合に発生することが多い．

14.1.3 わが国の法制化された豪雪地帯

全国の地方自治体を積雪の深さや期間によって，豪雪地帯，もしくはそのうち特に雪の多い特別豪雪地帯とに区分して，国の雪寒対策事業などの基準にしている．累年平均積雪積算値が豪雪地帯は 5000 cm・日以上，特別豪雪地帯は 1 万 5000 cm・日以上

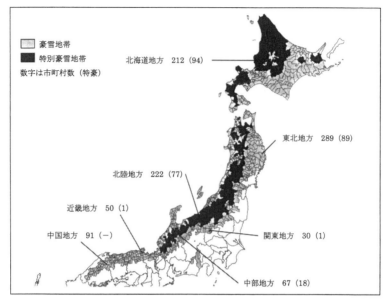

図 14.1.6 地方自治体ごとの豪雪地帯と特別豪雪地帯の分布（国土交通省，2001）

の地域である（全国雪寒地帯対策協議会・全国特別豪雪地帯市町村協議会編，2002）．それゆえ，特別豪雪地帯は豪雪地帯でもある．積雪積算値とは，図 14.1.1 の積雪深変化図の白抜き部分の面積に相当するものであり（ただし，これの累年平均値），冬期間の雪によって受ける不利益は，積雪の深さばかりではなく，その存在する期間にも左右されるという考えに基づいている．これにより区分された両地帯の分布を図 14.1.6 に示した．両地帯の日本全国に対する割合は面積に対して 52%，人口にして 17% とかなり大きな割合を占めている．これらの地域にはいわゆる雪寒対策事業の補助があるが，国土環境を維持するという観点に立てば日本全体にとっても無視できないものである．

おわりに

1980 年代後半からは，過去のような記録的な豪雪には遭遇していない．現在，地方の道路や街の裏通りまで除雪がいきわたるようになっているのは，少雪傾向が続いているからにほかならない．もし，このようなときに記録的な豪雪がきたら，現状の除雪レベルは維持できないことは明らかである．秋田谷 (2001) は，現代社会は豪雪に対して思いのほか脆弱化していると指摘している．平時から都市や住宅を豪雪に対処できるような強固なものにしておくことはもちろん，いざというときには，行政側は，幹線道路だけを確保し，火災，救急，医療にかかわる車両を優先させるという，非常事態を宣言する必要がある．一方，家庭では自家用車は使用しないなど，さまざ

コラム 14.1　38 豪雪（さんぱち豪雪）

　昭和 38（1963）年 1 月に，北陸地方を中心に山陰から東北地方日本海側にかけて数回の寒波が襲い，50 年から 100 年に一度という豪雪をもたらした．38 豪雪と呼ばれるこの雪害は雪国にとっていろいろな意味で歴史的な豪雪といわれている．この豪雪は海岸から平野部に降雪が集中した里雪型で，都市部を中心に大きな被害をもたらした．各地の積雪深は松江（82 cm），米子（88 cm），福井（213 cm），金沢（181 cm），富山（186 cm），長岡（318 cm），東三条（410 cm），小千谷（292 cm）などが記録され，それぞれが気象台創設以来あるいは第 2 番目などの記録となった．

　当時はまだ国道などの整備が進んでおらず，北陸地方の物資輸送の 90％以上は鉄道に依存していた．ところが数回に及ぶこの大雪のため国鉄はマヒ状態となり，通勤・通学，物資の輸送が止まった．道路も不通，通信施設も被害を受け，陸の孤島が続出し，ヘリコプターによる緊急物資の輸送が行われた．また，雪に埋もれた鉄道の復旧，都市部の交通路確保などのために自衛隊の災害派遣がなされ，新潟・富山両県だけでも延べ 6 万人をこす出動となった．

　被害のまとめとして，死者・行方不明 231 人，家屋の全半壊 1735 棟，災害救助法適用 109 市町村，国鉄運休距離 217 万 km，国鉄除雪動員数 161 万人，農林水産被害 1453 億円，施設被害等被害額 550 億円などが報告されている．この 38 を契機に，雪国の道路整備，除雪工法の進展，法制度の拡充が図られた．　　　　　　［佐藤篤司］

① 第 1 回雪下ろしの終わった長岡市街の様子．目抜き通りが雪山に変身．② 屋根より高く積まれた雪（長岡の繁華街）．③ 自衛隊も出動（長岡駅前通）（写真は長岡市の好意による）

まな制約を受け入れなくてはならなくなる．このとき行政は適切な措置をとれるので
あろうか．また，人々は，公共性を優先させ，個人の欲望を抑えることができるので
あろうか．雪の少ないときにこそ，豪雪に遭遇したらどうすればよいか考えておく必
要がある． [阿部　修・中村　勉]

文　　献

秋田谷英次（2001）：自然との共生．日本雪工学会誌，**17**(2)：93-94.
井上　聡・横山宏太郎（1998）：地球環境変化時における降積雪の変動予測．雪氷，**60**(5)：367-
　　378.
伊藤　驍（1989）：降積雪の時系列変動とその地域特性に関する統計学的研究．日本積雪連合資料，
　　No.145：p.254.
気象庁（1964）：昭和38年1月豪雪調査報告．気象庁技術報告，No.33：p.1160.
国土交通省（2001）：豪雪地帯の現状と対策，p.265.
長岡市（2001）：長岡の積雪，p.17，長岡市.
北陸建設共済会(社)（1993）：けんせつほくりく，p.21.
十日町市（1993）：雪国とおかまち，p.73，十日町市.
土岐憲三編（2002）：防災事典，pp.110-111，築地書館.
全国雪寒地帯対策協議会・全国特別豪雪地帯市町村協議会編（2002）：全国雪寒地帯対策関係法令集，
　　pp.37-48.

14.2　雪崩災害

14.2.1　雪崩現象と雪崩災害

　多雪山岳地を多く抱えている日本では，毎年どこかで雪崩が発生している．山深く
に人知れず起こる雪崩は，単なる自然現象にすぎない．ところが，雪崩の発生する場
に人間が接近したり，豪雪などで雪崩の発生する場が拡大したりすると，雪崩が人間
社会に被害を及ぼし雪崩災害が発生する．ここでいう雪崩災害とは，数百ｔの橋が飛
ばされたり，集落が襲われ100人以上の死者が出るような大規模なものから，脇の
斜面から崩れた雪が道路を部分的に覆って一時的に交通障害となるような小規模なも
のまで，新聞，古文書，公文書，報告書などに記録されたものすべてを対象としてい
る．このような雪崩災害の資料を収集し，統計的に分析することによって，雪崩とい
う自然現象と被災対象である人間社会の相互関係が明らかになる．ここではこの相互
関係を歴史的に辿り，バラエティーにとんだ雪崩災害の様相を垣間見ることにする．

14.2.2 近世までの雪崩災害

　日本における雪崩災害の記録はどこまでさかのぼることができるだろうか．1298（永仁 6）年 1 月 7 日（旧暦）に戸隠山（長野県上水内郡戸隠村）で表層雪崩が発生し，戸隠神社の御祭所が倒壊して死者が出たという戸隠山顕光寺流記の記述が，これまで調べたかぎりでは最も古い雪崩災害の記録である（和泉・錦，2002）．その後，古文書などに残る年月がはっきりしている雪崩災害の記録は，16 世紀末頃から少しずつみられるようになる．しかしそのほとんどは幕藩体制が固まり国内が安定した江戸時代（1603 ～ 1868）以降である．

　幕藩体制下では，城の築造，城下町の建設などのため山林を伐採した．また，鉱業をはじめ勃興した諸産業はエネルギー源として大量の薪炭材を必要とし，山林が伐採された．過度の伐採は山を荒廃させ，山麓の家屋なども雪崩の被害を受けるようになった．山林の荒廃による雪崩などの災害が多発したため，幕府や藩は，留山，止林などと称される保護林を制定し，山林への立ち入りや伐採などを禁じた．弘前藩では1689（元禄 2）年，赤石組鶉村後山からの「雪なで」で民家が襲われ人馬が斃死したため，この後山を留山とした（遠藤，1938）．一方，江戸時代には商業活動や物資の流通が盛んになり，積雪期でも街道の往来が頻繁になった．このため，峠など山道の通行人が，雪崩に遭遇することが起きた．敦賀から琵琶湖北端に通ずる街道沿いで「雪なだれ」が起こり旅人が難儀したため，敦賀代官所は 1684（貞享元）年，禁伐の立林を設置している（遠藤，1938）．また，江戸時代には人口が増加したため，急峻な山の麓にまで新田が開発されるようになり，大雪の年には表層雪崩のため一村が全滅することも起こるようになった（宮，1970）．

　このように近世，とくに江戸時代に入ってからは，山林を乱伐することによって雪崩の発生する場が人間社会に近づき，山道の通行や新田開発などで人々が雪崩の発生する場に近づくようになったため人間と雪崩が遭遇する機会が増えた．さらに，江戸時代は小氷期と呼ばれる世界的な低温期に当たり寒冷多雪の冬が多かったことも影響して，雪崩災害が各地で発生し文書に記録されるようになったのである．

14.2.3 近・現代の雪崩災害

　時代が明治に変わると，政府は強力な中央集権的国家を作り上げるため富国強兵策をとり諸産業の振興を進めた．これに伴い，鉱山開発，水力発電開発，エネルギー源としての薪炭材や建設用材の伐採などのために，しだいに山に入る人が多くなっていった．このため積雪地域では，こうした山仕事関係の雪崩災害が発生するようになった．山田（2002）によれば，明治年間における国内の雪崩災害は 167 件発生し 235人が犠牲となったことが示されている．この調査はおもに官報に掲載されていた雪崩

災害をまとめたものであるが，19 世紀末頃にはそのような災害報道は官報から各地で創刊された地方新聞へと移り，地方の雪崩災害は地方新聞に掲載されていくようになる．

和泉ほか（2000）は，1900（明治 33）年以降の雪崩災害事例を，おもに新聞資料（各地方紙や全国紙）から収集し，過去 100 年間（1900 〜 1999）の雪崩災害の発生状況，地域特性など，日本における雪崩災害の実態を明らかにした．この結果に基づいて近・現代における日本の雪崩災害を概観することにする．なお，ここでいう1999 年の雪崩災害とは 1998 〜 1999 年冬期に発生した雪崩災害のことである．

14.2.4　日本の雪崩災害の外国との比較

1900 〜 1999 年の 100 年間に日本で発生した雪崩災害の総件数は 7168 件で，雪崩による総死者数は 5349 人であった．これは年平均にするとそれぞれ約 72 件，約 54人となる．これを外国と比較してみる．雪崩の多発するヨーロッパアルプスの山岳国スイスにおいて，1941 年以降 54 年間の雪崩災害件数は 7514 件（約 139 件/年）で死者数は 1413 人（約 26 人/年）である．件数は平均で日本の約 2 倍にもなるが，死者数ではむしろ日本のほうが平均で約 2 倍多い．件数のほうは，どこまでを雪崩災害とするかによってかなり違ってくることが考えられる．これに対して死者数は，どこの国でもかなり正確に把握されている．そこで，死者数を他の国と比較すると，米国では 1895 年以降 101 年間で 914 人（約 9 人/年），ノルウェーでは 1855 年以降142 年間で 1255 人（約 9 人/年）の死者が出ている．スイス，米国，ノルウェーと比較しただけでも，先進国のなかで日本はいかに雪崩死者が多いかがわかる．世界の先進国のなかで日本は雪崩災害大国といっても過言ではない．

14.2.5　都道府県別にみた雪崩災害

雪崩災害を都道府県別にみると，雪崩災害の発生例のないのは大阪府と，茨城，千葉，神奈川，愛知，奈良，和歌山，香川，福岡，長崎，鹿児島，沖縄の 11 県だけで，日本の都道府県の 3/4 にあたる 35 都道府県では，過去 100 年間に雪崩災害が少なくとも 1 件以上発生している．東京都でも，これまでに奥多摩において 3 件の雪崩災害が発生し 2 人が亡くなっている．35 都道府県のうち，100 年間に 300 件以上の雪崩災害があったのは，北海道（724 件，728 人）と岩手（355, 281），秋田（359, 265），山形（887, 596），福島（593, 187），新潟（1733, 1121），長野（513, 442），富山（407, 467），福井（300, 255）の 8 県で，新潟県とその周辺に雪崩災害が集中して発生してきたことがわかる．その新潟県では平均すると毎年約 17 件発生し，約 11 人が死亡している．また，新潟県 1 県における雪崩死者数 1121 人は，ほぼ同じ時期の米国における雪崩死者数 914 人をも上回っている．

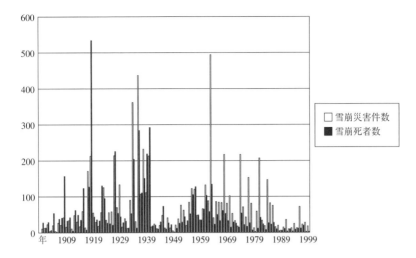

図 14.2.1 日本における雪崩災害件数と雪崩死者数の経年変化（1900～1999）

表 14.2.1 年代ごとの雪崩災害件数の被災対象別割合（％）

被災対象＼年代	1900	1910	1920	1930	1940	1950	1960	1970	1980	1990	1900～1999
道路	19	12	15	11	11	19	36	52	57	51	27%
鉄道	8	37	43	48	34	30	21	16	12	0	29%
作業	45	34	23	26	30	33	17	8	7	8	22%
住居（集落）	26	13	13	9	16	4	10	5	6	2	9%
レジャー	0	0	1	2	3	10	11	16	14	30	8%
その他	2	4	5	4	6	4	5	3	4	9	5%
年代ごとの件数	181	652	791	1440	404	629	1369	783	667	252	7168 件

注）被災対象の「道路」は交通障害だけでなく通行人や通行車両の被災も含んでいる．

14.2.6　雪崩災害の経年変化

　1900～1999 年までの日本で発生した雪崩災害の件数と死者数の経年変化を示したのが図 14.2.1 である．100 年間で雪崩災害がまったく発生しなかった年はなく，また雪崩による死者が 1 人も出なかった年もない．すなわち日本ではたとえ暖冬少雪の冬であったとしても，毎年どこかで雪崩災害が発生し犠牲者も出ているのである．これは，地球温暖化が進んできている 21 世紀に入っても変わっていない．

　雪崩災害の経年変化は，年代ごとにまとめてみるとわかりやすい．表 14.2.1 に年代ごとの雪崩災害件数とその被災対象別割合（％）を示した．雪崩災害件数は 1900 年代から 1930 年代にかけて急増し，それが 1940 年代には急減，その後 1960 年代に

かけてまた増加，1970，1980年代には若干減少するがほぼ横ばいで，1990年代には
それが大きく減少するという移り変わりをしている．1930年代までの急激な増加は，
上述のように産業振興と軍備拡大のため，鉄道路線が積雪地域にも拡張されたり，鉱
山開発，水力発電開発，伐採・炭焼などで山地に働く人が増えたためで，1930年代
の件数の突出は，1年おきに豪雪に襲われたことによる．1940年代に件数が急減し
ているのは，太平洋戦争中と終戦後しばらくは山地で働く人が減少したことや，災害
情報が新聞に報道されることが少なかったことによる．

　その後1950年代から雪崩災害は再び増加し，1960年代にとくに多く発生してい
る．戦後の復興で材木が大量に必要となり，エネルギー源としての薪炭も増産された
ため山林が乱伐され，そこに戦後しばらくなかった豪雪，36豪雪（1961年），38豪
雪（1963年）が襲ったため雪崩災害が頻発した．

　しかし，この頃から輸入材の増加，鉱業の衰退，薪炭から石油・ガスへのエネルギ
ー転換などによって山で働く人が減り，作業における雪崩災害は急減した．一方，こ
の頃から道路除雪が本格的に行われるようになり，除雪路線が急速に延びて道路にお
ける雪崩災害が増加した．これらの増減により，1970，1980年代は1960年代より件
数は若干減少した程度で推移した．

　1990年代に入ると少雪年が続き，それまで度々あった豪雪もなくなって雪崩災害
は急減した．1990年代平均の雪崩災害件数は約25件/年，死者数は約9人/年と過去
100年間の平均（約72件/年，約54人/年）と比べるとはるかに少ない．こうした減
少傾向のなかにあって，割合が急増したのがスキー，スノーボードや登山といった冬
期レジャーにおける雪崩災害である．1990年代の冬期レジャー関連の雪崩災害は，
件数が全体の30%（76件），死者は全体の84%（74人）も占めている．圧雪されて
いない新雪の急斜面を滑走する面白さを求めてゲレンデ外に飛び出すスキーヤーやス
ノーボーダーが雪崩を誘発し，雪崩災害となる事例が近年目立っている．欧米では雪
崩による死者の大半が冬期レジャー関連で占められているが，日本もその傾向に近づ
いているといえよう．

14.2.7　人的被害の大きな雪崩災害

　1900年以降，死者20人以上を出した雪崩災害は，表14.2.2のように13件発生し
ている．これらの発生地点も，新潟県とその周辺部に集中している．この13件だけ
で死者合計は744人にものぼる．これらを被災対象別に分類してみると，鉱山の5
件，発電工事の5件，集落の2件，鉄道の1件となっている．鉱山や発電工事など，
多くの人間が山で作業をしている箇所が雪崩に襲われると，一度に多数の犠牲者が出
る．過去100年間で被災対象別に最も死者が多かったのは，作業における雪崩災害
で，全死者数（5349人）の約半分（2747人）を占めている．

　同様に，多くの人が居住している集落が雪崩に襲われると，一度に多数の犠牲者が

14.2 雪崩災害

表 14.2.2 死者 20 人以上を出した雪崩災害 (1900 年以降)

年月日	時刻	都道府県	地名	死者	雪崩種類	被災対象
1918/1/9	23:20	新潟	南魚沼郡三俣村前ノ平(現湯沢町)	158	表層	集落
1918/1/20	4:00	山形	東田川郡大泉村大鳥鉱山(現朝日村)	154	表層	鉱山
1922/2/3	19:59	新潟	北陸本線親不知―青海間勝山トンネル入口	90	湿雪全層	鉄道
1938/12/27	3:20	富山	下新川郡黒部峡谷志合谷	84	表層	電力工事
1936/2/5	3:00	群馬	吾妻郡草津町谷所硫黄鉱山所	42	表層	鉱山
1915/2/22	夜	新潟	中蒲原郡川内村大清水銅山(現村松町)	36	?	鉱山
1927/1/29	5:20	富山	下新川郡黒部峡谷大谷地内出し平	34	表層	電力工事
1940/1/28	15:15	福井	大野郡上庄村志目木鉱山(現大野市)	30	表層	鉱山
1940/1/9	14:15	富山	下新川郡黒部峡谷阿曽原谷	26	表層	電力工事
1908/3/8	22:00	岐阜	吉城郡船津町茂住鉱山池の山(現神岡町)	26	表層	鉱山
1961/4/5	7:30	北海道	新冠郡新冠町奥新冠	22	湿雪全層	電力工事
1927/2/10	17:00	新潟	刈羽郡野田村田屋字屋敷(現柏崎市)	21	表層	集落
1956/2/10	10:05	富山	下新川郡黒部峡谷猫又地内竹原谷	21	表層	電力工事
				計 744		

出る. 1918 年 1 月 9 日に新潟県南魚沼郡三俣村 (現湯沢町三俣) で発生した集落雪崩災害では, 158 人もの犠牲者が出た. これが日本において最も多くの死者を出した雪崩災害である (表 14.2.2). 三俣集落背後にある前ノ平 (標高 860 m) の斜面ほぼ全体から面発生乾雪表層雪崩が発生し, 集落の約半分の 27 戸を埋没した. このとき, 前ノ平付近では, 水力発電用導水トンネル工事が行われていて, 集落には工事関係者が多数滞在していたため, 犠牲者が多くなった. 雪崩の発生時間がちょうど工事のダイナマイト発破時間に当たるため, 雪崩の発生にこの発破が影響した可能性がある. また, 前ノ平はボイ山と呼ばれる薪炭林で大きな木は生えていなかった. したがって, 水力発電開発や薪炭材採取という当時の社会情勢がこの雪崩災害に大きく関与したことは間違いない.

三俣雪崩についで多くの死者を出したのが, 同じ 1918 年の 1 月 20 日, 山形県東田川郡大泉村 (現朝日村) 大鳥で発生し, 大鳥鉱山の宿舎などを襲って死者 154 人を出した雪崩災害である. 鉱山では, 製錬用の薪炭材, 支保工材, 炊事・暖房用薪材など材木が大量に必要とされ, 付近の山林は乱伐されていた. 鉱山の開発行為が雪崩災害に結びついた典型例といえる. この大鳥鉱山の雪崩も面発生乾雪表層雪崩であるが, 表 14.2.2 からわかるように多数の死者を出した雪崩災害の大半が表層雪崩によるものである.

これら死者数で日本の 1, 2 位を占める雪崩災害が相ついで起こったため, 1918 年の総死者数は 100 年間で最も多い 534 人を記録した (図 14.2.1). 死者数で記録的な年が 1918 年なのに対して, 雪崩災害件数で記録的だったのが 38 豪雪で知られる 1963 年で, 全国で 494 件を記録した (新聞記事以外にも広く情報を集めた山田 (2002) は 700 件としている). この年の 1 月は北半球全域に及んで異常気象が現れ,

その影響の一つとして北陸地方の平野部が豪雪に見舞われた．新潟県の栃尾市などでは，市街地においても雪崩災害が発生した．また，西日本のふだん雪の少ない地方も大雪となったため，四国や九州でも雪崩災害が発生した．高知，佐賀，熊本，宮崎の4県は，この1963年にしか雪崩災害の記録はない．雪崩の発生する場が一気に四国や九州まで拡大した年がこの1963年である．なお，1963年2月，熊本県八代郡泉村葉木（北緯32°33′）において住家1戸が雪崩で軽い損傷を受けたのが，これまで調べたかぎりでは最も南で発生した雪崩災害である．

14.2.8　特別な雪崩による災害事例

（1）　最も早い時期の雪崩災害——新雪雪崩

初雪があってから最初に発生するのが，その冬期の最も早い雪崩災害である．そのうち1959年10月18日，北アルプス北穂高岳で登山者が雪崩に巻き込まれた事故が，これまでで最も時期的に早く発生した雪崩災害である．この日，台風18号の急速な北上に伴い北アルプスなどでは強い風雪に見舞われた．この悪天候をおして登攀中の登山者がクラック尾根付近で2人，C沢左俣稜線直下で2人，新雪雪崩に流されて死亡した．10月の雪崩災害は過去100年間でも数えるくらいしかない．

（2）　最も遅い時期の雪崩災害——ブロック雪崩

時期的に遅く発生した雪崩災害を調べてみると，夏でも雪渓が残る山岳地域で発生している．このうち，2000年8月15日，石川県尾口村丸石谷上流黒滝付近において，雪渓から崩れ落ちた雪塊が沢登り中の登山者6人パーティーのうちの2人を襲い，1人がその下敷きとなって死亡した事故が，これまでで最も時期的に遅く発生した雪崩災害である．したがって日本において雪崩災害のなかった月は9月だけとなる．頻度を別にすれば1年の大半の期間，雪崩災害の可能性があるといえる．

ところで，この尾口村での事故のように，高密度化した残雪の一部が雪塊状に崩落する現象を，ブロック雪崩という（日本雪氷学会，2000）．雪が多く春先が低温で融雪が遅れたりすると，山の沢などに遅くまで雪が雪渓状に残り，それが崩れてブロック雪崩となって登山者や山菜とりなどが死傷する事故が発生してきている．2000年6月18日，新潟県北魚沼郡入広瀬村の浅草岳で，山菜とり遭難者の救助に当たっていた警察官などが，ブロック雪崩に遭って4人が死亡するという事故が発生した．ブロック雪崩についてはこれまでほとんど調査は行われていなかった．この事故を現地調査し，雪崩の発生原因，発生量，速度，衝撃力などを推定した和泉ほか（2000）によって，ブロック雪崩についての学術的研究がはじまったばかりである．

（3）　大規模な雪崩による災害——面発生乾雪表層雪崩とスラッシュ雪崩

数kmを流下するような大規模な雪崩は，面発生乾雪表層雪崩であることが多い．

図 14.2.2　3.27 左俣谷雪崩災害の発生区・走路（穴毛谷）・堆積区の状況

　これまでに知られている日本で最大規模の雪崩は，2000 年 3 月 27 日，岐阜県上宝村左俣谷穴毛谷上流で発生した面発生乾雪表層雪崩である．この雪崩の始動積雪厚は 3.4 m，発生量は 166 万 m³ であったことが報告されている（日本雪氷学会，2001）．この雪崩は 4.3 km 流下し，治山ダムを破壊し両岸の立木をなぎ倒して砂防ダム付近に 105 万 m³ のデブリを堆積し，砂防ダム付近で除雪作業に当たっていた作業員 2 名を埋没死亡させた（図 14.2.2）．

　このような面発生乾雪表層雪崩以上に流動性が大きく，最後は土石流・泥流となって遠方まで到達する雪崩が，富士山で発生するスラッシュ雪崩である．この雪崩は山腹斜面の積雪が降雨や融雪水を多量に含んで流動性を増すことによって発生し，流下とともに火山砂礫などを巻き込みながら洪水流となって山麓に押し寄せるもので，地元では雪代と呼んでいる．この富士山の雪代のうち，1834（天保 5）年 4 月 8 日に発生したのが最も大規模な雪代で（図 14.2.3），吉田大沢の吉田鎌尾根（3300 m）から下暮地（900 m）まで落差 2400 m，距離にして約 24 km 流下し，泥流状態になって

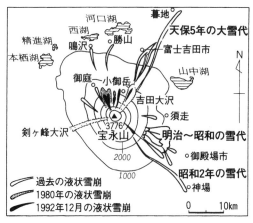

図 14.2.3 富士山での雪代(スラッシュ雪崩)の発生状況
(小岩, 1993)

山麓の4カ村を全滅させた(小岩, 1993).

　このようにみてくると,日本では北海道から九州までの広い範囲で,場所によってはほぼ一年を通して雪崩災害の可能性があり,しかもさまざまなタイプの雪崩による災害が起こってきたことがわかる.このため,過去100年間だけでも7000件以上の雪崩災害が発生し5000人以上もの犠牲者が出ている.雪崩による犠牲者がこれほど多く出た国は,世界の先進国のなかにはない.ところが,日本においては外国で実際に運用されているような雪崩予報システムはないし,人々の雪崩に対する関心もそれほど高くない.冬期レジャーや冬期工事で,雪崩が発生する場に人間が入り込むことは続くであろうから,今後も雪崩災害がなくなることはないと考えられる.

　十分な備えなしに雪崩が発生する場に入り込めば,いつか雪崩に遭遇することも起こりうる.それを避けるためには,雪崩予報システムなどがない現在,(社)日本雪氷学会などが行っている雪崩教育を積極的に受け,実践を通して斜面積雪の状態を的確に判断する力を身につけていくことが必要であろう.　　　　　　[和 泉　薫]

文　献

遠藤安太郎(1938):山林史上より観たる東北文化之研究, p.272, 日本山林史研究会.
和泉　薫・小林俊一・矢野勝俊・遠藤八十一・大関義男・王　昕(2000):過去100年間の日本の雪崩災害.日本自然災害学会学術講演会概要集, **19**:99-100.
和泉　薫・小林俊一・永崎智晴・遠藤八十一・山野井克己・阿部　修・小杉健二・山田　穣・河島克久・遠藤　徹(2002):新潟県浅草岳で発生したブロック雪崩災害の実態.雪氷, **64**(1):39-47.
和泉　薫・錦　　仁(2002):日本における"なだれ"現象の認識とそれを表す言葉の変遷.雪氷, **64**

(2): 461-467.
宮　栄二監修 (1970)：校註 北越雪譜, p.350, 野島出版.
小岩清水 (1993)：富士山の雪代災害. 地理, **38**(3): 4-99.
日本雪氷学会 (1998)：日本雪氷学会雪質・雪崩分類. 雪氷, **60**(5): 437-444.
日本雪氷学会 (2001): 3.27 左俣谷雪崩災害調査報告書, p.68, 社団法人日本雪氷学会.
山田　穣 (2002)：雪崩と災害. 2002 年度雪氷防災研究講演会報文集, 23-32.

コラム 14.2　雪氷防災実験棟－防災科学技術研究所－

所在地：新庄市十日町高壇 1400
電　話：0233-22-7550
home page: http://www.bosai.go.jp/seppyo

　雪氷の研究は雪崩や吹雪などの防災研究, 北極や南極をはじめとする雪氷圏の地球科学的な研究などに分けられる．いずれの研究も野外での観測研究が非常に重要であるが, 冬にしか雪は降らない．そこで研究を効率的に進めるために実験室での再現実験が必要となってくる．そんな研究者や社会の要望が実り, 1997 年に「雪氷防災実験棟」が山形県新庄市に完成した．独立行政法人防災科学技術研究所長岡雪氷防災研究所新庄

① 雪氷防災実験棟の全景, ② 降雪装置による人工降雪, ③ 風洞実験装置.

支所という長い名前の研究機関に属している.

この実験棟は,雪氷圏に起こるさまざまな現象を実験室レベルで再現できる世界最大規模の施設である.とくに,天然の雪に近い結晶形の雪を大量に降らす装置を備えたものとしては世界唯一のものであり,夏でも天然と同様の積雪を作り,それが人工的に制御された環境によってどう変化するかを追跡することが可能である.また,風洞装置では風速 20 m/s までの風速や,吹雪発生装置によって自然と同じ吹雪を再現できる.ほかに,人工太陽や降雨装置などあり,冬の降雪や寒気を待つことなく任意の実験計画に基づき,雪に関する研究が行えるのが特徴である.

共同研究や見学も受け入れているので,お問い合わせ下さい.真夏の降雪は魅力的.

[佐藤篤司]

14.3 屋根雪災害

わが国の伝統的な木造家屋では屋根上に 200 ～ 400 kg/m² 前後の積雪荷重が生ずると倒壊の危険性が増すため,人力による「雪下ろし」が必要となる.積雪の密度にもよるが,屋根上に積もった積雪深が 1 m から 2 m くらいになると経験上,雪下ろしを開始している(図 14.3.1).通常は屋根から下の庭先に下ろすから「雪下ろし」であるが,新潟県などの豪雪地域では繰り返す「雪下ろし」により,庭の雪のほうが高くなってしまい,屋根の「雪掘り」と呼ぶところもあるほどである.

雪氷災害の発生の種別,県別の調査によると,最近の傾向として交通事故関連の雪害についで,屋根雪災害が多くなっている(佐藤,2001).図 14.3.2 には 2000 - 2001 年の冬期における北日本での雪害の項目別内訳を示す.この年は暖冬少雪の続くなか,やや積雪深が大きい冬となった年である.交通事故関連が飛び抜けて多いなか,屋根雪災害として,屋根からの転落事故(13％),屋根からの落雪事故

図 14.3.1 屋根の雪下ろし

14.3 屋根雪災害

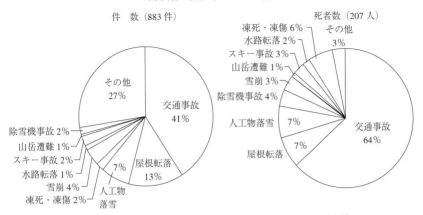

図14.3.2 2000-2001年冬季の北日本（1道7県）における雪氷災害種別
屋根転落と人工物落雪を合わせたものが屋根雪災害となる．

(7%)を合わせ，183件（20%）の屋根雪災害が発生し，死者数も同じく交通事故についで2番目に多く30人となっている．

　かつては若者が雪下ろしを担っていたが，最近の農山村部における過疎化，高齢化により，雪下ろしが高齢者の負担となることが多く，これが屋根雪災害の増加の大きな要因になっていると考えられる．また，最近の雪国では高床式の住宅が増加しており，2階建て家屋が実質3階建てに相当する屋根の高さとなっている．さらに，家周りの雪処理を融雪方式により解決するため，家屋周囲をコンクリート舗装とすることが多い．このため，屋根の雪下ろしの際，落下事故が起こると，屋根が高いこと，地面が固いこと，さらに高齢者であることなどが重複し，屋根雪災害を深刻化させている．

　「スノーダンプ」と呼ばれる除雪道具が広く使われだして久しいが，雪下ろしにもその効率のよさから多く使用される．従来の「シャベル」「こすき」に比べるとスノーダンプは容量が大きく，雪をうまく載せると大重量となるため，これとともに落下する事故も増えている．

　いま一つの屋根雪災害の形態は，屋根雪が突然落下し，下にいた人を直撃して被害を与える場合である（落雪事故）．危険な人力による屋根雪下ろしを避けるため，落雪屋根という自然落下式の屋根構造にする家屋も増えている．しかし，屋根の滑落性が低下すると，ある程度の重量となるまで雪が落ちせず，雪崩のように突然落下が起こることがある．また，通常の屋根においても，軒先にたまった雪が突然落下し雪崩災害のような事故をもたらすこともときどき報告される．最近は体育館やコミュニテ

ィセンターなどの大型建築物が雪国にも多く建てられ，それらの屋根は高く長大化し，そこに積もる雪の落下が問題を起こしている．そこでは，まず落下する積雪量が多いこと，屋根上の雪の滑走距離が長く高い位置からの落雪のため，予測をこえた距離まで飛散することである．このため，通行者，車両まで被害の及ぶことがある．

上記のような屋根雪災害を打開するため，いま雪国では人手が少なくなった家の雪下ろしを肩代わりするために，ボランティア団体や自治体が人材派遣をはじめている．東北や北海道を中心に，ボランティア組織が作られている例が多く，また青年団や消防団などの組織が対応している例もある．なかでも岩手県の「スノーバスターズ」などが知られている．高齢化，孤立化の深まる現代社会において雪国ならではの新たな地域コミュニティの再生への一歩ともとらえられ，今後の進展を期待したい．

[佐 藤 篤 司]

文　　献

佐藤篤司（2001）：2000-2001年の北日本の雪氷災害について．2001年度日本雪氷学会全国大会講演予稿集，40．
沼野夏生・諏訪部　将（2002）：多雪地域における除雪ボランティア組織の現状について．2002年度日本雪氷学会全国大会講演予稿集，68．

14.4　道路雪災害

14.4.1　雪氷路面（つるつる路面）

「スパイクタイヤ粉じんの発生の防止に関する法律」が施行され，罰金規則の適用がはじまった1992年度の冬から，札幌などで前年度までみられなかった非常にすべりやすい路面，いわゆる「つるつる路面」が発生した．別名「ミラーバーン」ともいわれ，スリップ事故や交通渋滞を誘発している（図14.4.1）．

このような路面は，スパイクタイヤの装着率が数十％であった1991年度の冬にはあまり発生せず，罰金規則の適用後にスタッドレスタイヤの装着率がほぼ100％となった1992年度から発生するようになったといわれている．湿潤路面が凍結したいわゆる通常の凍結路面とは異なり，降雪後の圧雪が通行車両の影響を受けて表面に氷膜を形成するため発生するものと考えられており，松澤ほか（1995）は，交通や路面・気象状況の観測と同時に道路雪氷の採取を行い偏光顕微鏡で観察した結果，交通の影響により圧雪の表面に氷膜が形成され成長して厚くなることを指摘している．ス

図 14.4.1　雪氷路面（つるつる路面）

表 14.4.1　路面分類の比較

木下ほか（1970）	秋田谷・山田（1994）	新路面分類（防災雪氷研究室, 1996）
圧雪	圧雪	圧雪
	つるつる圧雪	非常に滑りやすい圧雪
氷板	氷板	氷板
	つるつる氷板	非常に滑りやすい氷板
氷膜	氷膜	氷膜
	つるつる氷膜	非常に滑りやすい氷膜
新雪	こな雪	こな雪
こな雪		
	こな雪下層つるつる	こな雪下層氷板
つぶ雪	つぶ雪下層つるつる	つぶ雪下層氷板
	つぶ雪	つぶ雪
水べた雪		シャーベット
雪氷路面が対象のため規定なし	雪氷路面が対象のため規定なし	湿潤
		乾燥

　スパイクタイヤ規制以前には，スパイクピンが圧雪表面の薄い氷膜を破壊することで氷膜が成長することを防いでいたと考えられている．
　スパイクタイヤの使用規制以来，路面対策として，除雪の充実，凍結防止剤やすべり止め材などの散布，ロードヒーティングの整備，凍結抑制舗装の開発，路面凍結予測や気象および路面情報の提供などさまざまな対策がとられている．
　つるつる路面の発生が問題となった北海道では，道路管理者がこのような路面を特

定するための路面分類法を必要とした．1994年に，秋田谷・山田（1994）はこうした用途に使える目視による路面分類法を提案した．北海道開発局開発土木研究所（当時）では，この手法をふまえるとともに，道路管理の現場の意見も取り入れて目視観測による新しい路面分類法を策定した（表14.4.1）．この分類法では，秋田谷・山田の手法を踏査し，「光り」「雪質」および「下層の有無」により路面を13種類に分類した（防災雪氷研究室，1996）．　　　　　　　　　　　　　　　　　　　［浅野基樹］

14.4.2 道路の豪雪災害

道路の豪雪災害は，大量の降雪により車道や歩道がふさがれ，その交通機能が麻痺してしまうことにより生じる．道路の豪雪への対応力は，除雪機械の能力や配備台数，道路上のスペースの有無に大きく左右される．1963（昭和38）年のいわゆる「38豪雪」の頃には，除雪機械もまだそれほど普及しておらず，道路も幅員の狭いものが多かったため，除雪が降雪に追いつかず，また道路もすぐに雪で一杯になってしまっていた．その後，除雪機械の開発や普及が急速に進み，現在ではその能力向上や台数増加が著しく，全体としての処理能力はかなりのレベルまで達している．また1970（昭和45）年には，道路の幅員などを規定する「道路構造令」が改正され，降った雪を一時的にためておく堆雪スペースが積雪寒冷地域の道路に確保されるようになり，道路の豪雪への対応力は飛躍的に高まった．

しかしながら，その後のモータリゼーションの急激な進展により，冬でも夏と同様のライフスタイルで車を利用しようとする人々が増え，豪雪時の都市部の交通渋滞や混乱に拍車をかけるようになった．1996（平成8）年1月や2001（平成13）年12

図14.4.2 1996年1月の豪雪時の札幌～小樽間の国道状況（写真提供：北海道開発局）

月には，札幌圏が記録的な降雪に見舞われ，一晩で50 cm 以上，場所により降りはじめからの累計で1 m をこえる雪が積もったが，こうした状況下でもマイカーを利用して通勤しようとする人が数多くいた．そのような市民に対しては，啓発活動や適切な情報提供により，豪雪時に車の利用を控えてもらうなど交通需要マネジメントの視点からの対策も新たに必要になっている．

14.4.3 道路の吹雪災害

道路の吹雪災害は，吹きだまりと視程障害の二つに大別される．吹きだまりは，強い風によって運ばれてきた飛雪が道路上に堆積することで，ハンドルをとられるなど車両の安全な通行の支障になったり，交通の途絶を余儀なくさせるものである．一方，視程障害は，強い風によって運ばれてきた飛雪がドライバーの目の前を飛び，視界をさえぎって車両の安全な通行に障害を与えることをいう．従来は，車両の通行にとって物理的な障害となる吹きだまりが吹雪災害の大部分を占めていたが，最近では，高速走行可能な道路の延長増加に伴い，多重衝突事故を誘発する可能性のある視程障害が吹雪災害のなかで大きな部分を占めるようになりつつある．

道路の吹雪対策施設としては，吹きだまり対策として防雪柵（吹きだめ柵）やスノーシェルター，防雪林，土工対策（防雪切土・防雪盛土）などが，また視程障害対策として防雪柵（吹き止め柵・吹き払い柵）や防雪林，視線誘導施設などが用いられている．

図 14.4.3 視程障害対策としての防雪柵（吹き止め柵）

14.4.4 道路の雪崩災害

道路の雪崩災害は，交通を途絶させるばかりでなく，通行する車両およびドライバーに直接的な危害を加える可能性のある重大な災害である．

道路の雪崩対策施設は，雪崩発生斜面での予防施設と，雪崩の走路および堆積区で

図 14.4.4 雪崩防護施設としてのスノーシェッド（写真提供：北海道開発局）

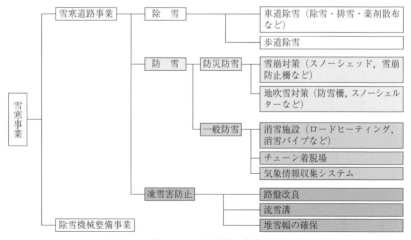

図 14.4.5 雪寒事業の体系

の防護施設とに大別される．予防施設としては予防柵や予防杭が，また防護施設としては防護柵やスノーシェッドなどがよく用いられる．さらに，雪崩の方向を変える誘導工や雪崩の勢いを弱める減勢工といったものもある．

なお，道路の雪寒対策事業は，1956（昭和31）年に制定された「積雪寒冷地における道路交通の確保に関する特別措置法（雪寒法）」により進められており，事業の体系は図14.4.5に示すとおりで非常に多岐にわたっている．　　　　　［加治屋安彦］

文　　献

秋田谷英次・山田知充(1994)：目視による道路雪氷の分類．北海道の雪氷，No.13：18‐21．
防災雪氷研究室(1996)：新路面分類について．開発土木研究所月報，No.517：34‐43．
木下誠一・秋田谷英次・田沼邦雄(1970)：道路上の雪氷の調査Ⅱ．低温科学，物理編，**28**：311‐323．
松澤　勝・石本敬志・加治屋安彦（1995）：気象・交通条件による道路雪氷の結晶構造の変化について．土木学会北海道支部論文報告集，51号(B)：584‐587．

コラム 14.3　飛行機と飛行場の雪氷対策

　過冷却，過飽和状態の大気は，ちょっとしたショックで氷ができやすい．さまざまな大気中を高速で飛行する飛行機は大気と衝突する鼻先や翼の先端部分に氷が付着（着氷）しやすい．機体の一部に大量の氷が付着すると，飛行機の揚力と重力のバランスが崩れ，墜落の原因となる．そのため最近では，ほとんどの航空機の先端部分の内側には電熱線が張り巡らされ，氷が成長しないように工夫されている．旧式の飛行機のなかには，先端部分にゴムを張りゴム内に空気を出し入れして，ゴムに付着した氷を機械的に剥離させるものもある．

　飛行機が地上を滑走するときには車輪のタイヤだけが路面と接触する．灼熱のカイロ空港を飛び立った飛行機が凍てつくモスクワ空港に着陸することもあるが，飛行中，空の上で冬タイヤに交換することはない．飛行場への離着陸制限は，通常，滑走路の地上気象状態（横風風速，視程，シーリング）と路面状態（路面摩擦係数，積雪深，水深），さらには飛行機の機体重量の3要素が組み合わさっている．人工制御が容易なものは路面状態だけであり，地上の飛行場管理者による冬季路面管理の中心事項は，積雪深がある一定値をこえないように除雪作業を実施すること，路面凍結の恐れがあるときは，事前に凍結防止を目的として薬剤を散布し路面摩擦係数が低下しないようにすること，路面摩擦係数が低下してしまった後では融氷を目的として同様の薬剤を散布して，路面摩擦係数を上昇させることなどである．散布する薬剤は，水の氷点降下を短時間で可能にし，かつ飛行機の機体を腐食させず，環境にも負荷を与えない化学物質が選択される．

　飛行場では金属製の回転ブラシを装着したスイーパが除雪機械の主力であり，この機械で路面上に積もった新雪が飛行機のタイヤによって厚密・氷化する前に，可能なかぎりブラシで掃き払うようにしている．いずれの作業も飛行場を閉鎖して行われ，羽田や千歳空港のように離発着間隔が短い（2〜4分間隔）飛行場ほど飛行場管理者に対する路面管理の要求水準は高い．

富山空港での機体除雪の様子（2001.1.17 北日本新聞夕刊）

　地上で駐機している飛行機の翼と胴体の上にも雪は積もる．ICAO（国際民間航空機関）の規定で飛行機は雪を乗せたまま離陸できない．揚力への影響や機械部分の凍結などがさまざまな障害を引き起こす恐れがあるからである．そこで，機体除雪が必要となり，大型飛行機の場合は上方から氷点降下剤を噴霧する（写真参照）．小型機の場合はスノーシャベルで取り除いたり，機体の上にロープを回して両側から引っ張ってずらしたりして除雪をする．原始的ではあるが確実である．　　　　　　　　　　［松田益義］

14.4.5　道路の凍上

　凍上は寒冷気象による地盤の温度低下，凍上を起こしやすい土質，地下水の存在などがおもな要因となって発生する．凍上による舗装の被害の形態としては，凍上現象によって路面が隆起し図 14.4.6 のように通常縦断方向にひび割れが発生するケースと，図 14.4.7 のように春先の融解期に路床（原地盤のうち舗装の支持層として構造計算に用いる層で，一般に舗装の下厚さ約 1 m をいう）の支持力が低下し通常亀甲状のひび割れが発生するケースがある．市町村道や建設時期が古い年代の道路では凍上対策が不十分な箇所があり，寒冷な年に被害が一斉に発生する場合がある．凍上対策としては，路床の一部（最大で 80 cm 程度）を凍上抑制層として砂や砂利などの凍上を起こしにくい材料で置き換える置換工法が主として採用されている．凍上量のほとんどは最大凍結深さの 80% までの深さで発生していることから，図 14.4.8 に示すとおり経済性を考慮して一般に置換え深さ D_r は最大凍結深さ D_{max} の 80% としており，気象観測データから求める凍結指数をもとに算定することが可能である．置き換えが凍結深さの一部であることから，積雪寒冷地における舗装の構造設計にあたっ

図 14.4.6　舗装の凍上被害

図 14.4.7　融解期の支持力低下による舗装の被害

ては融解期における路床の支持力低下を考慮して適切に設計 CBR 値（アスファルト舗装の厚さを決定する場合に必要となる路床の支持力を表す値で，CBR 試験により決定する）を決定する必要がある．カルバート（横断する道路，水路，各種ケーブルなどの空間を得るために盛土内あるいは地盤内に設けられる構造物）上の舗装ではカルバート内空からも冷却を受けるため，対策が必要である．また，歩道除雪の増加に伴い，寒さが厳しい地域などで凍上被害が増大しており，バリアフリーの観点から歩道舗装の凍上対策の充実が必要となっている．

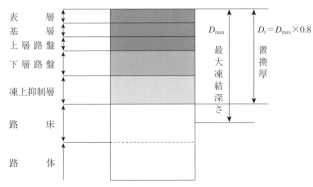

図 14.4.8 置換工法

このほか，トンネルでは地山に凍上が発生した場合，コンクリート覆工が破損する恐れがあるため，おもに断熱材を用いた対策が実施されている．また，排水溝などの排水施設の凍上対策としてはおもに置換工法が採用されている．さらに，切土のり面では凍上や凍結融解によって崩壊することがあるため，蛇かご工などののり面対策工の検討が必要である．　　　　　　　　　　　　　　　　　　　　　　　［岳 本 秀 人］

コラム 14.4　ロードヒーティングの種類

　ロードヒーティングは路面の積雪や凍結を防止し，車両や歩行者の交通安全を確保することを目的としている．図のように，車道や歩道のアスファルト路面やコンクリート

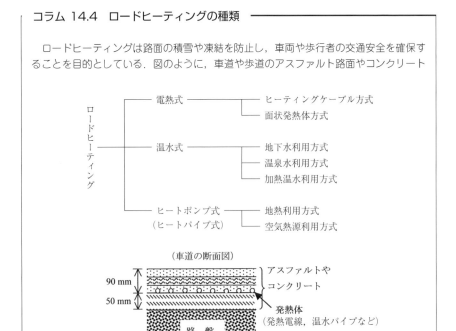

路面の内部に発熱体を入れて路面を暖めている．ロードヒーティングを熱源で分類するとつぎのようになる．

　使用するエネルギーは，電熱式では電気を使用する．温水式で温水を作るために普及しているエネルギー源は灯油とガスである．一番普及しているロードヒーティングはヒーティングケーブル方式で，40年以上の利用実績があり，30年以上の耐久性がある．お店や一般家庭で多く利用されているのは加熱温水利用方式である．温水を作るボイラーや温水を流すパイプの耐久性は電熱式に比べて短い．降雪時に有効にロードヒーティングを運転するために制御器と各種センサの組合せが必要である． ［菅原宣義］

14.5　鉄道雪氷害

14.5.1　鉄道雪氷害の概要

　日本における鉄道の代表はJRである．JRの営業路線総延長の約4割（8000 km）は積雪地域にあり，積雪地域にない路線も雪に見舞われることがある．図14.5.1は旧国鉄の輸送実績と雪との関係を示したもので，横軸は年度，縦軸は降雪指数，列車運休キロ（運休した列車のキロ数を積算したもの），沿線の雪崩発生件数である．降雪指数は，全国的な降雪状況を表す指標として，旧国鉄が観測値をもとに算出していたものである．図は1960〜1985年度を対象としているが，この期間，列車運休キロおよび雪崩発生件数は降雪指数にほぼ比例していることから，日本における鉄道輸送の安定性と雪とは密接な関係にあるといえる．

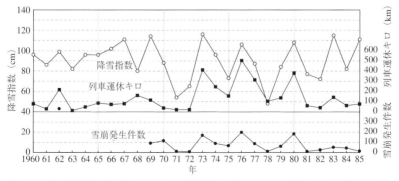

図14.5.1　降雪指数と列車運休キロ，雪崩発生件数の関係（雪崩発生件数は記録の残る1962年度と1969〜85年度に限定）

表 14.5.1 鉄道雪氷害の代表例

雪氷現象	鉄道雪氷害の代表例
降雪(乾き雪)	分岐器の不転換，途中停止，遅延，視程の不良
降雪(湿り雪)	除雪不能，路線の不通(倒木・倒竹)，建築物の損壊
吹雪	視程の不良，遅延
地吹雪(吹きだまり)	分岐器の不転換，遅延，途中停止，除雪不能
着雪	断線，パンタグラフの降下，車体の破損(冠雪落下)
雪崩	転覆，脱線，建築物の損壊
凍上，凍害	軌道の狂い，建築物の損壊，分岐器の不転換 建築限界の支障(トンネル内つらら・側氷)
車両着雪の落下 (新幹線列車など)	落雪被害，対策としての徐行運転に伴う遅延

雪が降ると，鉄道には表 14.5.1 に示す多種多様な雪害が生じる．以下，その具体例を記す．① 線路の除雪作業がはかどらないと，列車が動けなくなったり（図14.5.2），場合によっては脱線する．あるいは，② 列車の進路を振り分ける分岐器に雪が挟まると，分岐器は作動できなくなって，列車は所定の線路に進めなくなる．また，先行する列車が長時間停止したときには後続列車も停止せざるをえない．③ 電車区間ではこの停止中に雪が降り積もると，積もった雪の重みによってパンタグラフが下がって集電できなくなったり，架線に付着した雪の重みによって，あるいはパンタグラフと架線との間で発生するスパークによって架線が切れて電車は走れなくなる．

雪に対する備えが整っている北海道や本州・日本海側の鉄道が通常の雪によって雪氷害を被ることはまれであるが，降雪強度，積雪量，気温，風速などの程度によっては被害が生じる．たとえば，気温が高いときに降る湿り雪はその大きな付着力のために，④ 線路の除雪を困難にしたり（図 14.5.3），⑤ 沿線の樹木を線路上に倒伏させ，⑥架線，送電線などを切断させ，⑦ 鉄橋の梁部などに冠雪する．⑦ の場合に列車の走行振動で冠雪が落下すると，列車前頭部の窓ガラスが破損する．⑧ 積雪量が多くなるとその重量のため，大きな鉄道建築物の損壊危険性が高まる．一方，⑨ 吹雪のときには視程が低下して運転士が鉄道信号機を確認しづらくなり，⑩ 地吹雪が発生すると線路や分岐器が雪に埋まり，列車が遅延したり，立ち往生する．さらに，⑪ 雪崩が列車に直撃して脱線・転覆することもある．また，⑫ 寒冷地の路線では凍上現象が起こってレールの高低や幅に狂いが生じる．対策を打たないと列車は脱線する．⑬ 寒冷地のトンネルでは，漏水が凍って覆工に亀裂が入ったり（凍害），あるいは大きなつららや側氷ができてトンネルの内空断面が狭まる．こうなると，列車の安全運行やトンネル保守作業員の身が危うくなる．

時速 200 km をこえる新幹線では，列車が走行すると線路上の雪は舞い上がり，走

図 14.5.2　豪雪によって走行不能になった列車

図 14.5.3　湿り雪のために故障したロータリー除雪車

行列車の車体に付着する（車両着雪）．着雪は列車の走行に伴って大きな塊となり，ある条件下で落下する．軌道がバラストでできていると，落下した雪の塊によってバラストは跳ね上げられて飛散し，車体や沿線の民家などに当たるとこれらを破損させる．

14.5.2　在来線の雪氷害対策

（1）　ハード対策

線路の除雪では，機動性と能率性に優れたロータリー除雪車（図 14.5.4）やラッセ

図 14.5.4　ロータリー除雪車 DD14

ル除雪車，あるいはラッセルとロータリーを兼用した小回りのきくモーターカーロータリー（図 14.5.5）が主役である．雪の吹きだまり箇所には，防雪林（鉄道林）や吹雪防止柵（図 14.5.6），雪覆などを設置している．鉄道林は防雪のみならず沿線の環境保持に役立っている．駅では，降雪時に最大のネックとなる分岐器に，地下水や電気エネルギーのほか，ガス，重油の燃焼熱を用いた消融雪設備（図 14.5.7）を設置している．また，構内の雪を構外へ運び出すために，水の流れを利用した流雪溝（図 14.5.8）が設備されている駅もある．

　雪崩に対しては，その予防のために，尾根部に雪庇防止柵を，斜面には杭や柵，階段工，雪崩防止林などを設置している．また，雪崩発生源となる雪庇を人力で取り除いたり，火薬類で小さな人工雪崩を起こして大雪崩を未然に防いでいる．一方，列車が雪崩に直撃されないように，雪覆や雪崩誘導工，擁壁などを設置している．このほか，雪崩の発生を検知する装置を沿線に設置し，春先にはヘリコプターによる査察や線路の巡回，警備を行って列車の安全運行に万全を期している．

　線路の凍上対策では，凍上箇所前後のレールと路盤との間に，凍上の量に応じた厚さの小木片（はさみ木）を順次はさみ込んでいく．融雪期には，この逆に，はさみ木を薄いものに徐々に置き換えたり，抜き取っていく．最近では，路盤の下に断熱材を挿入して凍上を防止している．トンネルの凍害やつらら・側氷の対策では，トンネルの覆工裏に漏水処理を兼ねた断熱材を貼り付けたり，あるいはつららや側氷を除去している．架線や送電線の着雪・着氷対策では，付着物を取り除いたり，線に必要な強度をもたせている．

　図 14.5.9 と表 14.5.2 に線路側における雪氷害ハード対策の例を示す．

図 14.5.5　モーターカーロータリー

図 14.5.6　吹雪防止柵

(2) ソフト対策

　冬季には，列車ダイヤ上に除雪車の運行筋を設定した特別ダイヤ（冬ダイヤ）にのっとり線路の除雪に当たっている．また雪害時には，「雪害時の列車運転標準」（表14.5.3）にしたがって，営業列車よりも除雪列車の運行を優先している．

14.5.3　新幹線の雪氷害対策

(1)　東海道新幹線

　全線のほとんどがバラスト軌道の東海道新幹線では，雪の舞い上がりを防止するた

図 14.5.7 分岐器融雪設備

めに,降雪・着雪状況の監視や予測,線路の除雪,速度規制(徐行),スプリンクラー散水による濡れ雪化(図14.5.10)を行っている.落雪対策としては,バラスト飛散防止用マット(図14.5.11)の敷設や停車駅における雪落しを行っている.

(2) 東北・上越新幹線の雪氷害対策

東北・上越新幹線では「異常降雪時を除き常時正常運行を目標とする」という基本スタンスから,線路側の対策としてコンクリートスラブでできた軌道をほぼ全線にわたって採用した.また,東北新幹線の場合,高架橋は再現期間 10 年に相当する雪をその内部に溜めうる構造とした(貯雪式高架橋,図 14.5.12).分岐器には温水噴射式の

図 14.5.8 流雪溝

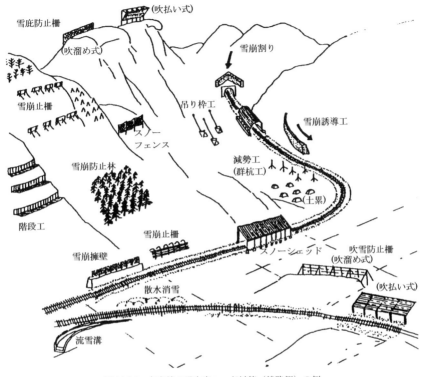

図 14.5.9 在来線の雪氷害ハード対策（線路側）の例

急速除雪装置などを設置した．一方，上越新幹線では，スプリンクラー散水による消雪方式（図14.5.12）を採用した．

東北・上越新幹線の車両（図14.5.13）には，速度を減ずることなく線路の雪を排雪しながら走れるように，列車の前頭部にスノープラウを設備した．また，車両の着雪防止策として，車両の床下に梁を組み，この梁の上に各種機器を載せて床下部を全体的に鋼板で覆うボディマウント構造を採用し，車両の端部には全周外ほろを用いた．車内換気と機器冷却用に取り込む空気と雪とを分離するため，空気取入れ口に雪切り装置を付加した．さらに，雪の重みでパンタグラフが下がらないように押上げ力を強化し，雪でブレーキ性能が低下しないように材質を改良した．各種の機器には氷結防止用のヒーター類を取り付けた．

(3) 北陸新幹線（高崎・長野間）の雪氷害対策

高崎・軽井沢間の一部と軽井沢・長野間の全線には，貯雪式高架橋を採用した．高崎駅や軽井沢駅などの分岐器には，電気温風式の融雪装置や温水噴射式の急速除雪装

表 14.5.2 在来線の雪氷害ハード対策（線路側）の例

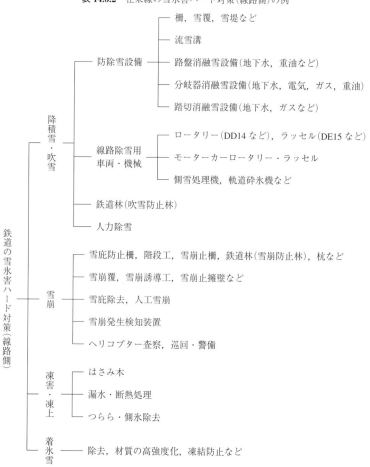

置，あるいは電熱式の融雪器を設置した．

(4) 雪国へ延伸する新幹線の雪氷害対策

雪国へ延伸する盛岡以北の東北・北海道新幹線，富山・金沢などを経て大阪に到る北陸新幹線では，沿線の気象と地理地形の条件はもとより社会動向を見据えた雪氷害対策技術の開発がはじまっている．たとえば，北陸新幹線（糸魚川・金沢間）の一部区間には，床版側部が開口した構造（排雪口）の新しい高架橋（排雪式高架橋，図14.5.14）が建設されつつある．この排雪口からは高架橋内の雪をモーターカーロータリーによって高架橋下に落下させることができる．この高架橋は安価でかつ環境負荷

14.5 鉄道雪氷害

表 14.5.3 雪害時の列車運転標準(JR北海道)

段階	降積雪の状況 降雪量(一日当たり)	降積雪の状況 降雪量(連続時間)	風速	排雪列車の運転計画	線路の状況 本線路	線路の状況 駅側線	運転規制 運休	運転規制 補機連結
第1次	10 cm〜30 cm	毎時3 cmをこえ6時間以上	6 m/s 以下で,吹きだまりのおそれがあるとき	必要によりラッセル広幅運転	確保	確保	運休なし	
第2次	30 cm〜60 cm	毎時5 cmをこえ4時間以上	6 m/s をこえ,吹きだまりが発生するとき	A駅 6〜12時間 B駅 必要によりロータリー運転	確保	仕訳線の80%以上を確保す る	運休0〜20%	必要により連結
第3次	50 cm〜80 cm	毎時7 cmをこえ3時間以上	10 m/s をこえ,各所に吹きだまりが発生するとき	A駅 3〜6時間 B駅 必要によりロータリーおよび列車を運転	確保	仕訳線の70%以上を確保する	運休10〜40%	9両以上の客車に連結
第4次	70 cm〜100 cm	毎時10 cmをこえ3時間以上	15 m/s をこえ,各所に吹きだまりが発生するとき	A駅 2〜3時間 B駅 ロータリー運転および必要により列車運転	主本線全部と副本線の50%を確保する	仕訳線の40%以上を確保する	運休30〜70%	全客車に連結
第5次	100 cm 以上	毎時10 cmをこえ列車確保困難	20 m/s をこえ,吹雪のため列車の運転確保が困難な状態となったとき	A駅 2〜3時間 B駅 ロータリー運転および必要により列車運転	主本線全部と輸送確保に必要な最小限の副本線を確保する	輸送力確保に必要な仕訳線,機廻線等の最小限を確保	通勤,通学列車を除き運休	全客車に連結

図 14.5.10 スプリンクラー散水による濡れ雪化(東海道新幹線)

の小さい雪氷害対策の一例である.

554   14. 雪氷災害と対策

図 14.5.11　バラスト飛散防止用マット

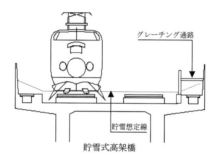

貯雪式高架橋

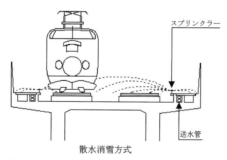

散水消雪方式

図 14.5.12　東北・上越新幹線の雪氷害対策（線路側）

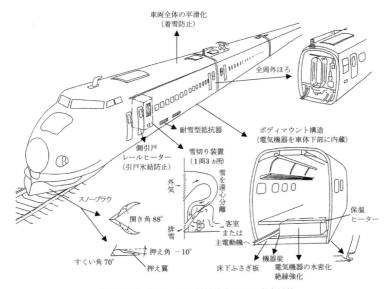

図 14.5.13　東北・上越新幹線車両の雪氷害対策

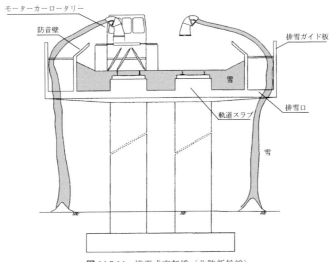

図 14.5.14　排雪式高架橋（北陸新幹線）

14.5.4　鉄道雪氷害対策の今後の課題

　昨今，在来線も高速化して車両着雪の落下による被害が発生し，社会問題化しつつ

ある．この対策として現在行われている速度規制（徐行）は鉄道の高速性を失うため，これに代わる対策の提供が現在の課題の一つである．とくに，車両台車部への着雪防止は難問であり，従来の技術をこえる解決策が望まれている．また，既存の鉄道雪氷害対策についても，経費の軽減，エネルギー，エコロジー，少子化などの観点から，いっそうの技術革新が必要となっている．　　　　　　　　　　　　［藤井俊茂］

14.6 着雪と冠雪（標識・橋梁）

雪が物体に付着することが「着雪」で物体の上に積もるのが「冠雪」であるが，道路交通では着雪や冠雪自体が障害になるのと，これらが落下して損害を与える場合とがある．道路標識に着雪・冠雪すると図 14.6.1 のように，交通に必要な標識の機能が果たせなくなり，橋梁からの冠雪や着雪の落下は通行者や車両に損傷を与えている．着雪は降雪と強風によって，冠雪は降雪量などの気象条件と物体の形状によっても発生と発達の状況は異なる．ここでは道路交通に障害を与えている着雪と冠雪について発生機構とその対策について紹介する．

14.6.1 着　雪

道路標識には案内標識，警戒標識，規制標識などがあり，交通の誘導と安全に必要

図 14.6.1　道路標識の着雪
道路標識に着雪・冠雪すると，交通に必要な標識の機能が果たせなくなり，視程障害も大きくする．

な情報を伝えている．また，道路にはドライバーや除雪車の視線誘導のためのデリネーターやスノーポールが設置されている．これらに着雪すると視認できなくなり，情報伝達や視線誘導の機能が失われるだけでなく，降雪や吹雪による視程障害を大きくし（竹内，2002）交通事故の誘因ともなる．ここでは，標識板の着雪を中心に述べるが，着雪機構は橋梁の主塔側壁の着雪も含めて同じものである．

(1) 着雪機構

道路標識の着雪は，電線着雪とは異なり氷点下の水分を含まない乾き雪も着雪するという特徴がある．水の表面張力が付着力として働くため，水分を含む湿り雪は付着力が大きく単純に降雪が標識板に触れるだけでも着雪する．そして風速の小さい場合の着雪は降雪の当たりやすい上端部から発達する．付着力が小さい乾き雪は，風速が5 m/s 以上の風速で標識板に強く衝突することによって着雪する（竹内，1978）．強い風で雪が衝突しても跳ね返る雪のほうが多く，着雪しやすいのは大きな雪片状の降雪である．これは図14.6.2(a)のように慣性の大きな雪ほど風の流れから逸れて板に衝突するからである．大きな標識板は着雪しにくいが，これは風の流れが板から離れたところから曲げられるため，雪が衝突しにくくなるためである．吊り橋の主塔の大きな壁に対して湿った雪を伴う強風が斜めに吹く場合は，図14.6.2(b)のように風向側にできる風のよどみに沿って上下の幅広な線状に着雪する．正対した風の場合は大きさの効果でめったに着雪することはない．風に正対した板の着雪は図14.6.3のように板の中心に頂点をもつ円錐形状に成長する．板の中心が風のよどみ点になっていてそこでは雪が直進し衝突しやすく，板の周辺では板に沿って外側に向かう風が強く，衝突しても反発したり吹き払われやすいためである．円錐形状の着雪分布は，中

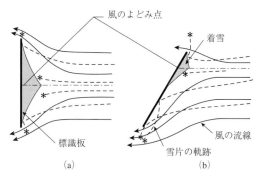

図 14.6.2 強風時の標識板の周りの風の流れ，雪の軌跡と着雪（側面図）
標識板に近づくと風は流れを変えるが，慣性によって板に衝突した雪は着雪する．着雪は風のよどみ点を中心に発達するが，標識板を下向きに傾けるとよどみ点の位置が上部に移り，その下には着雪しなくなる．

図 14.6.3 強風時の標識板着雪
風に正対した板の着雪は板の中心に頂点をもつ円錐形状に成長する．

心が高く縁辺で小さい着雪の確率を表していることになる．乾き雪の付着は雪の運動エネルギーが衝突によって熱エネルギーに変わり，板と接触する雪の一部が融解し凍結することによると説明されている（竹内，1978）．

(2) 着雪防止

着雪防止対策としては，標識板を赤外線，面発熱体，電熱線などで加熱し付着した雪を融解する方法や，湿り雪の付着力が水の表面張力によることから，標識板の表面の水を弾く撥水性の塗料や物質でコーティングすることが考えられる．ここでは，標識板の着雪防止として最も多く行われている，標識板を下向きに傾けるなど風の流れを変える方法について紹介する．

強風時の着雪は風向に直角な面に最も多く，平行になるとまったく着雪しなくなる．着雪は風のよどみ点を中心に成長し，風の流れが板に沿うようになると雪が衝突しても衝突角度が鋭角になり反発しやすいのと，標識面から外に向かう強い風で吹き払われるからである．この性質を利用した着雪防止が標識板を下向きに傾ける方法である．標識板を下向きに傾けることによって，図 14.6.4 のように中心から上部へ移った風のよどみ点を中心に着雪する．着雪が上部に限られることから標識の視認に関しては許容範囲といえる．風速が 5 m/s 以下の弱風時の着雪防止にも有効であることから，10～15°傾けたこの着雪防止法が広く行われている．スノーポールの矢羽根を中心から折り曲げることによって着雪を片側に限定させることも行われている．

14.6 着雪と冠雪

図 14.6.4　下向きに傾けた標識の着雪
標識板を下向きに傾けると，中心から上部へ移った風のよどみ点を中心に着雪する．

図 14.6.5　ローゼ橋の上弦部材に積もった冠雪
冠雪は雪庇状に部材からはみ出し自重でちぎれ，あるいは滑落して通行者・車両に損傷を与える．

14.6.2　冠　雪

　アーチ・トラス橋の上弦部材や吊り橋や斜張橋の主塔に積もった冠雪は（図14.6.5），沈降によって横方向にふくれるので降雪が繰り返されると帽子状に大きく成

コラム 14.5 雪が降ったときに道路に散布する凍結防止剤

積雪寒冷地域では，冬になると道路の水が凍ったり雪が車で踏み固められたりしてたいへん滑りやすい状態になる．さらに道路の雪氷は，自動車が走るとぴかぴかに磨き上げられ，さらに滑りやすい状態となってしまう．

そこで水分の凍結防止を目的に凍結防止剤を道路に散布している（写真）．凍結防止剤にはさまざまな種類があるが，現在最も多く用いられているものは塩化ナトリウムを主成分としたものである．これを道路に撒くことによって，路面の水分凍結を防止することができるのである．

では，どうして食塩を道路に撒くと路面の水分が凍結することを防止できるのであろうか．これは海水が 0℃ では凍らないことと同じ理屈である．つまりふつうの水は 0℃ になると凍ってしまうが，海水は 0℃ では凍らない．路面の水分も 0℃ で凍ってしまうため滑るのである．

[宮本修司]

凍結防止剤の散布状況

長する．部材から雪庇状にはみ出した冠雪が，自重でちぎれあるいは滑落して通行車両などに被害を与えることがある．これは，道路標識などの冠雪についても同様である．現在行われている橋梁の冠雪対策として，以下に述べる二つの工法について現状と問題点について述べる．

(1) 落雪カバー工法

冠雪が大きく成長する前に滑落させることを目的に，冠雪しやすいアーチ部や梁部を三角形の断面形状の滑雪性の高い撥水性塗装仕上げのカバーで覆う方法で，道路標識などでも行われている．直達日射のある場合には頻繁に落雪する部位はあるもの

の，カバーをまたいで冠雪する例や，表面の汚れによって塗装の撥水性の低下が報告されているなど，現状では完全な対策とはいえないようである．

（2）ヒーティング工法

発熱体を冠雪しやすい部材に設置し電気エネルギーで強制的に融雪する工法である．最も確実な方法であり，カバー工法の滑雪促進の補助にも使われているが，融雪水が滞る部位に落下の危険があるツララが形成される例もある．

このように橋梁の冠雪対策にはまだ決め手がない．　　　　　　　　［竹 内 政 夫］

文　　献

竹内政夫（1978）：道路標識への着雪とその防止．雪氷，**40**(3)：15‐25．
竹内政夫（2002）：吹雪とその対策（4）—吹雪災害の要因と構造—．雪氷，**64**(1)：97‐105．

14.7　電線着氷雪害

14.7.1　電線着氷雪の区分

（1）着氷雪の区分

電線に物理的に氷や雪が付着する現象にはいくつかあるが，まだ統一された表現でのコンセンサスは得られていない．ここでは，電気学会の調査専門委員会（1988 年）の報告で示されている分類を用いる（表 14.7.1）．

分類は，電線への着氷雪の物理的機構および気象現象との関連を考慮して設定されている．なお，表 14.7.1 のなかの(i)降水着氷雪のなかの「雨氷」と，(ii)雲中着氷のなかの「雨氷」は，物理現象としては同じであるが，気象現象の面から分けて分類している．

（2）着氷雪の物理的相違点

着氷雪の基本的な分類（表 14.7.1）をもとに，各氷雪の成因や現象面における相違点をまとめた（表 14.7.2，電気学会，1988）．なお，雨氷（過冷却の雨滴：密度 0.9 g/cm³ 程度）については記述していないが，日本では盆地などでごくまれに大きく発達する．雨氷は，北米・カナダなどで発達する機会が多く，米国（NESC ： National Electric Safety Code（電気安全規則））やカナダ（CSA ： Canadian Standards Association（カナダ標準協会））の規格などには，雨氷を対象とした荷重条件が設定

14. 雪氷災害と対策

表 14.7.1 電線への着氷雪の分類（電気学会，1988）

着氷雪（icing or ice accretion）
（i）降水着氷雪（precipitation icing）
過冷却の雨による着氷—雨氷（glaze due to supercooled raindrops）
着雪（snow accretion）
毛管力形着雪（wet snow accretion or snow accretion due to capillarity）—湿型
焼結形着雪（dry snow accretion or snow accretion due to sintering）—乾型
（ii）雲中着氷または単に着氷（in-cloud icing or icing due to supercooled cloud droplets）
雨氷（glaze）
粗氷（hard rime）
樹氷（soft rime）
（iii）昇華着氷（sublimation icing）
樹霜（air hoar）

表 14.7.2 着氷雪の相違点（電気学会，1988 から抜粋）

項　　目	着　　雪		着　　氷
	乾　型	湿　型	
発 生 地 域	南西諸島を除き日本のどの地域でも発生する可能性がある．とくに日本海沿岸地方で大きく発達する．風が遮蔽されるところは注意が必要	とくに本州北部，北海道の太平洋沿岸地方で大きく発達する	湿った大気が吹き上がる山地の凝結高度以上の地域に限られる（とくに冬季節風にさらされるところで発達が大きい）
付 着 物 質	含水雪片 比較的含水量の小さいもの	比較的含水量の大きいもの，みぞれに近い	過冷却水滴（雲粒），雪片を含む雲粒が接着したもの
密　　度	0.2 g/cm³ 以下	0.2～0.9 g/cm³（大きく発達するものは 0.6 g/cm³ 以下）	0.1～0.9 g/cm³（大きく発達する樹氷型は 0.4 g/cm³ 以下）
発生時の天気図パターン	主として冬季節風型に小低気圧，前線などの小擾乱が重畳	温帯低気圧の北側領域，寒冷前線の通過時	主として，冬季節風型
発達時の気温	−2℃～+2℃	0℃～+2℃	0℃以下
発達時の風速	5 m/s 以下	20 m/s 以下	強風下ほど急速に発達
最初の付着方向	上方，斜め風上	風上方向，斜め風上	風上，水平
回　　転	雪だけ回転する（回転型，曲り込み型）	最初は雪が電線表面を回転するが，後には電線ごと捩れて筒状に発達	電線ごと捩れる．多くの場合筒にはなりにくい
風による脱落	大部分は 8 m/s 程度以下で脱落	強風下でも残存	強風下でも残存
脱 落 様 相	一斉脱落の機会が多い	一斉脱落は少ない	一斉脱落は少ない
持続性の自励振動（ギャロッピング）	一般に原因となりにくい	ギャロッピングを起こす	ギャロッピングを起こす

されている.

(3) 着氷雪発生のメカニズム

電線への氷雪の付着は，気温・風速・密度などの気象条件や電線の形状・寸法によって千差万別である．そのなかで，電線や鉄塔に損傷などの被害を生じやすい着氷雪としては，密度が大きく（0.3～0.9 g/cm^3），電線への付着力が大きい湿型着雪や雨氷・粗氷などがあげられる．

とくに付着力の大きい着氷雪は，電線の多少の振動などでは容易に脱落しないため，電線の周りに筒状に大きく発達する場合がある．ここでは，湿型着雪が筒状に付着発達していく様子を示す（図 14.7.1）．

⇐ は風向を示す.

①・②	③	④・⑤	⑥
初期の着雪が自重によって電線表面（撚りに沿って）を下方に移動	受風面積が増大し，さらに着雪量が増加	着雪が電線表面を移動するとともに，電線自体も捩られる場合がある	筒雪

図 14.7.1 着氷雪の付着する様子（湿型着雪の例）

1972 年 12 月 1 日　　　　　1980 年 3 月 23 日

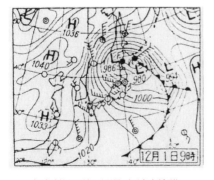
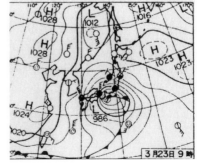

冬季季節風型気圧配置（西高東低型）　　太平洋側低気圧通過型の気圧配置
（北海道・稚内地方で雪害発生）　　（東北・北陸地方で雪害発生）

図 14.7.2 着氷雪が発達する気圧配置の例

（4）　着氷雪が発達する気象

日本においては，冬季において西高東低の気圧配置（冬季季節風型の気圧配置）となり，日本海側や脊稜山脈に多くの降雪（乾型着雪）や着氷（樹氷型など）が生ずる．これ以外に，日本南方（台湾方面など）で発生した温帯低気圧が台風並みに発達し，日本列島南岸を通過するとき（太平洋側低気圧通過型の気圧配置）に，太平洋側の各地に降雪（湿型着雪）が発生する．代表的な気圧配置の天気図を図 14.7.2 に示す．

14.7.2　着氷雪に伴う被害事例

（1）　被害区分

電線への着氷雪に伴って荷重（氷雪の重量増大，着氷雪によって電線の受風面積が増大）が増加し，その結果，電線やそれを支えている鉄塔などに被害を生じる場合がある．着氷雪が生じはじめてから大きく発達するまでの過程を追って，その間に生じる現象や被害の状況を整理した（表 14.7.3）．

（2）　被害事例

送電線を例として，過去 50 年間にわが国で発生した被害事例を示す（図 14.7.3）．電線関係の被害が約 70％，鉄塔に被害が生じた事例は約 30％ である．電線被害のうち，約半数は着氷雪に伴う荷重の増加で電線が破断した事例であり，ついで，スリートジャンプや電線垂下に伴う電気事故の順となっている．一方，鉄塔の場合は一基が単独で被害を受ける事例が大部分であるが，連鎖的に被害が拡大した事例も約 2％ 程度含まれている．

表 14.7.3　電線着氷雪と被害（湿型着雪の例）

着雪の状況	初期の段階	中間的な段階	重着雪の状態
現　象	着雪の重量面では大きな課題とならないが，強風が重畳した場合などでは，電線に揚力が発生し，持続的な自励振動（ギャロッピング）を生じる場合がある	着雪が一部に集中することで当該箇所の電線が規定以上に垂下したり，付着した雪がまれに一斉に脱落しその反動で電線が跳ね上がる場合（スリートジャンプ）がある	電線に付着した着雪の重量が過大になり，ごくまれに，設計条件を上回るような異常な荷重に発達する場合がある
被　害　例	振動が大きく発達して，電線相互が接近したり（相間短絡），長時間振動が継続した場合には，電線や鉄塔に疲労被害を生じる場合がある	相間短絡や電線がからまるなどの被害が生じる場合もある	電線の破断，鉄塔腕金部の損傷，さらには鉄塔が連鎖的に被害を受ける場合（カスケード）がある

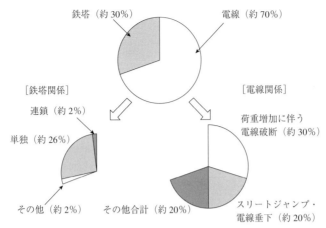

図 14.7.3 被害事例（送電線の例）

表 14.7.4 着氷雪被害の集中した年と地域

年	地域	被害件数
1968	四国地方	約 100 件
1972	北海道・稚内地方	約 150 件
1980	東北・北陸地方	約 200 件
1986	関東・神奈川県ほか	約 80 件

(3) 被害発生の特徴

鉄塔などに被害が生じるような過大な着氷雪が発達する気象条件は，14.7.1 項(4)に示した条件に加え，さらに下記に示すような気象条件が重畳したときである．すなわち，
① 冬季季節風型の気圧配置のときに，「上空に強い寒気が流入している」「日本海に小型の低気圧や前線が発生する」
② 太平洋側低気圧通過時に，「日本海側にも低気圧が存在している（いわゆる二つ玉低気圧）」「強い寒気が日本列島の南側まで南下している」
などである．

過去約 50 年間にわたる統計資料から，約 8 割に相当する年（平年）は，年間の電線着氷雪に伴う被害発生が 10 件以下で平均 4〜5 件/年である．しかし，上記に示したような気象条件が発生した年は，ごくまれに着氷雪が異常に増大し，それに伴う被害の発生は平年の 20〜40 倍にも増加する．着氷雪被害が集中した年と被害件数を表 14.7.4 に示す．

また，電線への着氷雪の状況および被害例を図 14.7.4，図 14.7.5 に示す．

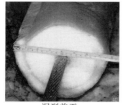

湿型着雪　　　　　　　　乾型着雪　　　　　　　　雨氷

図 14.7.4　電線への着氷雪（提供：㈱工学気象研究所，東京電力㈱）

図 14.7.5　被害例（提供：INSULATOR NEWS & MARKET REPORT）

14.7.3　防止対策技術

（1）着氷雪荷重低減対策

　付着力の強い氷雪は，電線の風上側に付着し，自らの重量による偏心荷重によって電線の表面を撚りに沿って回転したり電線を捻回させ，さらに付着量を増大させるとともに，断面積が増加して風荷重も増加させる．この対策技術として，付着した着氷雪が電線の撚りに沿って移動するのを防止するための「リング」や，電線自体の捻回を抑制するための「捩れ防止ダンパー」などが実用化されている（図 14.7.6）．
　また，電線の風切り音を低減するための「スパイラル・ロッド」も着氷雪荷重軽減の効果が示されている．さらに，電線にほぼ直交するように磁性体を巻き付け，電線に流れる電流によって磁性体が発熱し雪を解かす「融雪スパイラル・ロッド」なども考案されている（図 14.7.7）．

14.7 電線着氷雪害

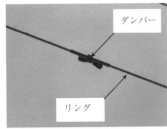

図 14.7.6 捻れ防止ダンパーおよびリングの取付状況（提供：古河電工㈱）

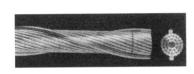

スパイラル・ロッド　　　　　融雪スパイラル・ロッド

図 14.7.7 荷重低減対策の例（提供：㈱ジェイ・パワーシステムズ，㈱フジクラ）

一部の電線の回転がある程度　　　　　偏心重量錘
フリーなスペーサ（4導体用）

図 14.7.8 振動防止対策の例（提供：旭電機㈱，㈱フジクラ）

(2) 電線振動抑止対策

電線に氷雪が付着した状態で強風にさらされると，場合によって電線に揚力が発生し，持続的な自励振動（ギャロッピング）を生じることがある．とくに電線を2条や4条束にして使用している設備（おもに電圧の高い送電線に使用されている）では，束を保持するためにスペーサが取り付けられ電線の個々の動きを拘束しているため，着氷雪は電線の風上方向に翼のように発達し，揚力が発生して振動しやすい状況となる．この対策として，一部の電線の回転をある程度フリーにさせたスペーサや，電線の動きに対して逆方向の荷重を発生させる偏心重量錘を用いる方法などが実用化されている（図14.7.8）．　　　　　　　　　　　　　　　　　　［菊池武彦］

文　　献

電気学会（1988）：山岳地送電線の着氷現象．電気学会技術報告（II部），262号．
電気学会・電気規格調査会標準規格：送電用支持物設計標準（JEC-127-1979）．
電気事業連合会編：電気事業便覧．
（財）電力中央研究所（1987）：電線路の雪害とその防止．（財）電力中央研究所・総合報告：TO3.
各電気協会編：電気・ガス事業便覧．
資源エネルギー庁公益事業部・電気事業連合会：電気事業の統計．

14.8　船舶着氷害

14.8.1　海水飛沫着氷

着氷は空気中を移動している水滴が物体の表面に凍着する現象である．着氷として捕捉される水を霧や雨などの大気中の水と水面から発生する水飛沫とに分け，また，着氷物体を静止地物と運動物体とに分けて着氷現象を分類すると，図14.8.1のようになる．

樹氷は山岳地帯の着氷現象として古くから知られており，送電線やマイクロ波機器などへの着氷の問題として研究されてきた．過冷却した霧粒が静止地物に衝突して過冷却が破れ，完全に凍結した後につぎの霧粒が衝突する状態の着氷は樹氷（rime）と呼ばれ，粒氷の集合体が風上に向かって先太りの姿で成長するので「エビのしっぽ」と称される．霧粒が凍りきる前につぎの霧粒が衝突すると，透明な氷と気泡を含むようになり，半透明の固い着氷となって粗氷（clear ice, hard rime）と呼ばれる．雨滴や大きな霧粒の場合は，着氷表面を移動する水を伴いながら着氷が成長し，雨氷（glaze）と呼ばれる．雨氷が表面に水膜を持ち続ける濡れ成長であるのに対し，樹氷

着氷物体 水の種類	静止地物	運動物体
大気中の水 （霧・雨）	樹氷・粗氷・雨氷	
	山岳着氷 （樹木） （送電線・マイクロ波設備）	航空機着氷 （風車回転翼）
水　飛　沫 （海水飛沫）	海水飛沫着氷	
	沿岸構造物着氷	船体着氷

図 14.8.1　着氷の分類（海水飛沫着氷の位置づけ）

と粗氷は膜の姿の水をもたない乾き成長である．

　船にかかる海水の飛沫には，白波が砕けて発生する波しぶきと，船体と海面とが衝突して生ずる海水飛沫とがある．海が荒れて波しぶきの量が増すときには，船体と海面とで作られる海水飛沫も増加するので，船自身が作る海水飛沫が船体着氷の水供給の大部分を占める．この海水飛沫は，波浪と船との出合い周期に関係して時間的にも空間的にもきわめてむらが大きい．しかもこの海水飛沫は１回に被る水の量がかなり多いから，被った飛沫の一部だけが船体表面に保持されて着氷となり，残りは海に流れ落ちてしまう．

　海水が塩分を含むために，氷が生れても完全に凍りきることはなく，表面にはつねに塩水の膜が存在する．多量の被水と併せて，風下に流されながら凍る濡れ成長の特徴を示す．

14.8.2　着氷海難

　船体着氷は寒冷海域を航行する船舶に海水飛沫が凍り付く現象である．多量の氷が付くと船の重心が高くなり，復元力を失って瞬時に転覆してしまうので，悲惨な海難の一つにあげられている．1955 年１月にアイスランドの北方で，２隻の英国トロール漁船が同じ日に続いて沈没した．調査の結果，着氷が原因と結論されて最初の着氷海難事例となった．

　わが国では，北洋漁業が再開された 1954 年頃から冬期タラ漁がはじまり，年々参加する漁船の数が増えた．1957 年９月から翌４月までの８カ月間に操業した漁船は 532 隻に達し，海難件数も出漁隻数の１割に当たる 53 件を記録した．転覆や行方不明が 13 隻に及び，乗組員の死亡や行方不明が 181 名に達したことなどから，海難原因の調査と対策の委員会が設けられ，巡視船を使った船体着氷の実船実験が試みられた．第一管区海上保安本部のその後の調べによると，1960〜1970 年の 10 年間に，着氷海難と結論された漁船の数は 23 隻にのぼり，うち８隻は沈没前に激しい着氷を通

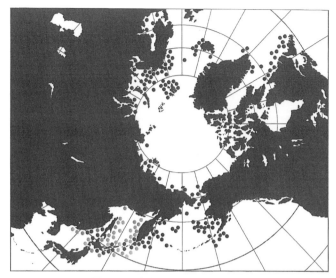

図 14.8.2 船体着氷が報告された海域

報しており，残り15隻は当時の気象海象条件や付近の漁船の着氷状況から，着氷が原因と推定された．乗組員総数は362名で，奇跡的に救助されたのは2名だけであった．

1965年1月19日にはベーリング海で4隻のソ連漁船が着氷で沈没した．乗組員1人が救助されて「着氷は15日からはじまり，氷を叩き落とし続けたが着氷はどんどん大きくなり，沈没するまで氷が成長した」と語った．これが契機となり，ソ連は1968，69年の二冬，沿海州で実船着氷試験を行った．

世界の着氷海難事例や着氷報告のあった海域を示したのが，図14.8.2である．ベーリング海，ニューファンドランド島沖の大西洋，アイスランド近海，ノルウェー海，バレンツ海などとともに，日本近海の沿海州，オホーツク海，千島列島沿いの海域が，船体着氷の主要発生海域に位置づけられている．

14.8.3 船体着氷の気象海象条件

日本海難防止協会が企画した2回の着氷委員会では，調査票を作成し，着氷海域を航行する巡視船や漁船からの報告を受けて着氷条件を分析した．

1959〜60年の調査からは，着氷は気温が$-2℃$以下，風速が$5\,\mathrm{m/s}$以上で起こりはじめ，気温が$-6℃$以下，風速が$10\,\mathrm{m/s}$以上になると激しく着氷することがわかった．

船体着氷は船にかかる海水飛沫が凍り付く現象であるから，飛沫の発生要因と凍着

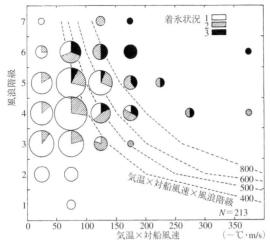

図 14.8.3　船体着氷の複合要因図

要因とに分けられる．飛沫の発生に関係する因子は，海の荒れ具合と波に対する船の針路および船速などであるが，船と海面との衝突によって発生する海水飛沫は海の荒れ具合に支配されるから風浪階級で代表させることができる．凍着要因は，飛沫で濡れた船体表面から凍結の潜熱が強制対流熱伝達で奪われる問題であり，着氷表面温度と気温との温度差と凍結表面上を流れる空気の速度とに関係するから，気温と対船風速とで代表させることができる．

　1970〜74 年には，日本近海の着氷海域で操業していた 154 隻の漁船から 1358 例の着氷事例が報告された．気温，相対風速，風浪階級，着氷状況がすべて記載されていたのは 213 例であったが，それをもとに，飛沫の発生要因を縦軸に，凍着要因を横軸にとって整理したのが，図 14.8.3 である．着氷状況は，1：船体に少し付いた，2：たくさん付いた，3：非常にたくさん付き氷割りを行った，の 3 階級である．図中には，気温×対船風速×風浪階級の絶対値の等値線が引かれているが，この値が 500 をこすと着氷状況 2＋3 の激しい着氷が 50％以上となり，800 をこえると 100％となることが示されている．

　この図から，気温×風浪階級が大きな海域で，船速を減じて対船風速を小さくするとき，着氷の激しさを弱める効果がどのくらいあるかを読み取ることができる．操船によって海水飛沫の発生や着氷重量をどの程度減らせるか，同一海域にいる複数の船で着氷海難の明暗を分けた要因は何かなど，今後の調査研究に期待する課題も多く残されている．

図 14.8.4　着氷の姿と氷割り作業

14.8.4　船体着氷の防除対策

　着氷が激しくなると，乗組員は掛矢などを使って氷を叩き落とす氷割り作業を行う．激しい着氷は厳しい寒さと大しけのときに起こるから，この氷割りは危険で困難な作業となる．凍り付いた氷は簡単には落ちないし，着氷の成長が速いときには落とすそばから凍り付くので，除氷速度が着氷速度に追いつかないとその差が致命的になる．船体着氷の防除対策を考える場合，理想は氷を付かなくすることであるが，次善の策として，付いた氷を落としやすくして除氷効率を高めるだけでも，海難防止効果がかなり期待できる．

　着氷防除の方法は，熱的方法，機械的方法，物理化学的方法の三つに大別できる．いずれの方法も船全体に処理することは経費の面からも難しく，部分的に最適な方法で対応しているというのが現状である．

　熱的方法は電熱や配管に通した機関冷却水の排熱で船体表面温度を結氷温度以上に上げて凍らなくする方法である．経費はかかるが確実な方法であり，各種のアンテナ，レーダ，救命筏，回転窓など重要な箇所に用いられている．機械的方法には，空気を送り込むエアバッグ方式や電磁誘導で金属板を動かす電磁方式などで剥がれ落とす方法と，叩き落とすのを容易にする柔軟表面材方式などがある．物理化学的方法は，塩や不凍液などで結氷点を下げて凍らなくしたり，付着力の弱い材料や塗料を用いる方法である．

　漁船では，甲板上での漁撈作業で擦られたり削られたり魚油が付いたりするから，防除法効果の耐久性や持続性が求められ，実用性の高い防除法はまだ得られていない．除氷作業が困難なうえに，復元力を大きく減少させる船体上部の着氷の氷割りを

少しでも容易にするための対策が試みられているにすぎない．張り綱への着氷は太く成長し，飛沫の捕捉面積や風圧面積を急増させるので，張り綱などを減らすような船の設計や運用も，着氷海難防止に有効である．

[小野延雄]

14.9 融雪災害

　積雪地域では，春先の日々の融雪による融雪出水で河川が増水して「融雪洪水」となり，河岸決壊などの被害を被ることが多い．とくに，融雪期に大雨が降れば「融雪地滑り」や「融雪土石流」などの災害や「雪泥流」といわれる雪崩に似た洪水現象が河川内に発生する危険が増える．本節では，融雪災害の代表的例として，融雪洪水，融雪地滑りおよび土石流と雪泥流について解説する．

14.9.1 融雪洪水

　積雪地域では融雪期に入るとほぼ定常的に融雪水が地面に供給されて，それが河川へ流出し水位を増加させる．たとえば，図 14.9.1 は新潟県笹倉温泉地での積雪深と

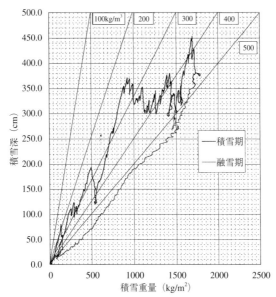

図 14.9.1 2000〜01 冬期の笹倉温泉観測点における積雪深と積雪重量の関係（直線は等密度線）

積雪重量の観測値を同時に示した「積雪循環曲線」といわれるものであるが，融雪期ではほぼ一定の値で積雪深と積雪重量が減少しているのがよくわかる．図中の直線は等密度線である．これから融雪期の積雪層の平均密度は約 500 kg/m³ である．ここでは定常的融雪継続日が約 50 日間で，4.5 m の積雪が消えたことになる．融雪速度は 9 cm/日で，水換算にして 4.5 mm/日となり，積算雨量に換算すると 225 mm の降雨となる．地域によっては 1 日の融雪速度が 10 mm/日に達するところもあり，これに融雪期に強い降雨が加われば十分に洪水が発生する危険性がある．たとえば，北海道では融雪出水の期間が長期に及ぶこともあって，過去にも被害例が多い．つぎに，国外の災害事例を紹介する．

（A）1965 年 2 月 9 日，米国太平洋側北部のオレゴン州やワシントン州で数日間 1 日 100 mm 以上の大雨と気温上昇による急速な雪解けのために，各地で洪水や土砂崩れ，雪崩などの被害が続発し，オレゴン州西部では数千人が避難し，2 人が死亡，1 人が行方不明となった．ワシントン州のキットサップ郡では 8 日，土石流で 12 人が家を失った．米太平洋側の水害被害はその後さらに広がり，9 日夕までにオレゴン，ワシントン，アイダホ，モンタナの 4 州で少なくとも死者 4 人，行方不明 2 人が出た．避難住民は約 2 万人となった（共同通信）．

（B）2001 年 5 月 20 日，ロシア東シベリア地方のレナ川で雪解けを引き金として起きた大規模な洪水は，20 日サハ共和国の首都ヤクーツク（人口約 20 万人）近くまで押し寄せた．インターファックス通信によると，河の水位は危険水位をこえて約 8 m に達し，同市は水没の危険にさらされた．政府は同市や周辺の住民約 8000 人を避難させるとともに，爆撃機で下流の氷塊を爆撃するなど懸命の対策をとった．とくに，ヤクーツクの上流にあるレンスクはほぼ完全に水没し，多くの住民が避難した．この年は 100 年ぶりの大寒波に見舞われ，シベリアでは厚い氷塊が川を覆い，雪解けの水の流れを阻み，洪水を起こした（共同通信）．

14.9.2 融雪地滑り・土石流

わが国では，北海道から沖縄まで広く地滑り危険地が存在している．なかでも秋田県，山形県，新潟県，富山県，長野県，石川県といった積雪地域に地滑りが多く，いずれもおもに第三紀層地帯に発生している．とくに，新潟県の山間地は豪雪地のため地滑りの月別発生頻度は融雪期の 3～4 月に多くなり，全体の約 4 割を占めている．それゆえ融雪期に発生する地滑りを「融雪地滑り」と呼んでいる．融雪地滑りの誘因としてはつぎのように考えられる．すなわち，融雪水が長期間にわたって斜面土層内の地下水に浸透し，滑り面に作用する間隙水圧が増大し，土層のせん断抵抗力が減少するからであるとされている．そのほか，積雪重量による雪圧も誘因の一つと考えられる．たとえば，2 m の深さの積雪では，雪の平均密度を 500 kg/m³ とすると，1 t/m² の雪圧が作用することになる．また，融雪地滑りの特徴として，積雪を巻き込

表 14.9.1 最近の融雪地滑りの事例

地滑り名	発生年月日	被害状況の概要
妙高土石流 （新潟県）	1978（昭和 53）年 5 月 18 日	赤倉山中腹の地滑りにより土石流が発生，死者 13 名
虫亀地滑り （新潟県）	1980（昭和 55）年 4 月 9 日	幅 200 m，長さ 1.5 km 県道不通
濁沢地滑り （新潟県）	1980（昭和 55）年 12 月 30 日	倒壊破損家屋 12 戸
上馬場地滑り （新潟県）	1981（昭和 56）年 1 月 25 日	倒壊破損家屋 8 戸
玉の木地滑り （新潟県）	1985（昭和 60）年 2 月 15 日	死者 10 名
蒲原沢土石流 （長野県）	1996（平成 8）年 12 月 6 日	姫川支流蒲原沢の土砂崩壊により土石流が発生，死者 14 名
八幡平土石流 （秋田県）	1997（平成 9）年 5 月 10 日	澄川温泉付近の地滑りにより土石流が発生，倒壊破損家屋 9 戸

み流動速度が大きくなるために避難が遅れて被害が大きくなることがあげられる．また，地滑りが河川内に落ち込めば，土石流となって被害を大きくすることもある．融雪地滑りはまた，多雪年では融雪最盛期の 4 月に集中的に発生する傾向にあるのに対して，少雪年では 12〜2 月の厳冬期に多い傾向にある（和泉・小林，1988）．少雪年は概して暖冬であることと，厳冬期でも雨で降ることが多いことから，地中への浸透水補給が多くなると考えている．今後，地球温暖化が進めば，積雪期の降雨には注意する必要がある．最後に，新潟県などに発生した代表的な融雪地滑りと土石流の事例を表 14.9.1 に示した（小林，1999）．たとえば，1978 年 5 月 18 日に新潟県妙高赤倉山中腹の融雪地滑りで発生した妙高土石流では 13 名の尊い人命が失われた．また，1985 年 2 月 15 日新潟県と富山県の県境に近い玉の木地方で融雪地滑りが発生して 10 名の死者を出す災害となった．最近では，1996 年 12 月 6 日に長野県姫川支流の蒲原沢で土石流が発生して 14 名の犠牲者が出た．その翌年，1997 年 5 月 10 日秋田県澄川温泉付近の融雪地滑りにより土石流が発生し，蒲原沢土石流に比べてその規模が大きかったが，倒壊破損家屋 9 戸の被害のみで人的被害はなかった．これは地元住民の的確な判断による事前避難の賜物であった．

14.9.3 雪泥流

　雪泥流（slushflow）は，1998 年，（社）日本雪氷学会が雪崩分類の見直しの際に，その他の雪崩現象として，大量の水を含んだ雪がおもに渓流内を流下するものとして新たに付け加えたものである．これまで，わが国ではこの種の現象は，富士山において春先に発生する「雪代」といわれるスラッシュ雪崩が知られているのみであった．

576　　　　　　　　　　14.　雪氷災害と対策

表 14.9.2　日本における雪泥流災害一覧（富士山を除く）（和泉，1997）

年月日	場所・河川	原因	被害状況
1926/2/3	北海道小樽市稲穂・妙見川	雪捨て	13 名埋没・救出
1927/3/9	新潟県大島村・保倉川	雪崩	死者 3 名，2 橋流出，浸水 47 戸
1939/1/8	新潟県小千谷町・小千谷駅構内	雪詰まり	死者 1 名，負傷 7 名
1945/3/22	青森県鰺ヶ沢大然・赤石川	雪崩（土砂崩壊）	死者 88 名，流出 20 戸
1966/3/3-4	新潟県湯沢町三俣・水無川	吹きだまり	被害無
1967/1/29	栃木県足尾町松木沢支流・水無沢	雪の堆積	死者 1 名，重傷 1 名
1967/2/23	北海道古平町稲倉石・稲倉石川	雪崩	全半壊 18 戸，床上 10 戸
1967/2/23	北海道古平町-余市町間・小河川	氷盤・雪の堆積	浸水家屋多数
1968/2/11	滋賀県余呉町中河内・高時川	雪崩	浸水 12 戸
1970/1/30	新潟県塩沢町片田・鎌倉川	雪の堆積	床上 13 戸，床下 19 戸
1970/1/31	宮城県宮城町関山峠・風倉沢	雪崩・雪の堆積	国道通行止
1974/11/18	群馬県水上町谷川岳・一の倉沢	雪の堆積	駐車場埋没
1976/1/10	新潟県栃尾市栃堀・大江用水路	雪詰まり・破堤	全壊 1 戸
1981/3/14	新潟県牧村棚宏・飯田川	雪崩・雪捨て・雪の堆積	死者 1 名，重傷 1 名，建物破損 5 棟
1982/11/30	群馬県水上町谷川岳・一の倉沢	雪の堆積	被害無
1985/2/9	新潟県塩沢町吉里・鎌倉沢川	雪の堆積・雪捨て	床上 1 戸，床下 2 戸，県道冠水
1990/2/11	長野県小谷村栂池高原スキー場・から沢	雪の堆積	死者 2 名
1990/2/27	新潟県湯沢町三俣・水無川	吹きだまり	被害無
1990/12/4	岩手県松尾村赤川山林・赤川	吹きだまり	死者 2 名
1991/2/16	宮城県宮城町関山峠・風倉沢	雪崩・雪の堆積	国道通行止
1992/2/29	新潟県新発田市湯ノ平温泉・加治川	雪崩	露天風呂全壊
1992/3/1	富山県宇奈月町仙人谷ダム・黒部川	雪崩	死者 1 名，重傷 1 名
1994/2/22	北海道札幌市・琴似発寒川	氷盤・雪の堆積	死者 1 名
1997/2/26	新潟県塩沢町・鎌倉沢川	雪の堆積	送水管の変形
1997/2/26	新潟県六日町君帰・近尾川	雪捨て	浸水 1 棟
1997/2/26	新潟県大和町・水無川	雪の堆積	被害無

ところが，1990 年 2 月 11 日長野県小谷村栂池高原スキー場内で発生した「融雪による鉄砲水」（当時の新聞報道）を調査した新潟大学のグループは，それが「スラッシュフロー」であることを確認した（小林ほか，1993）．その後，この現象に「雪泥流」の和名を与えて調査研究をはじめた．まず，雪泥流の実態を把握するために，この種の災害が新聞では「融雪による鉄砲水」と報道されていることから，過去の新聞記事の調査から災害事例が明らかにされた．これに，最近の事例を併せてまとめたのが表 14.9.2 である（和泉ほか，1997）．その結果，この災害は，北陸から北海道に至る積

14.9 融 雪 災 害 577

雪地域に特有なものであることが明らかとなった．とくに，わが国では終戦の 1945
年 3 月 22 日深夜，青森県鰺ヶ沢町大然・赤石川の災害がこれまでにおける最大のも
のであった．大然の 13 戸，左内沢の 7 戸がほぼ全壊し，死者 88 名を出した．原因
は上流が雪崩によってせき止められ，デブリによる雪ダムが深夜の激しい雨により決
壊したものと推定される．この年は大雪であったにもかかわらず強い雨が降った．
1994 年 11 月にはこの地に，「青森県砂防発祥の地」の石碑が建立され，その裏面に
は「この時の雪泥流災害」の事件が刻み込まれた（小林・和泉，1996 ；鶴田，
1988）．富士山の雪代については，安間・山崎（1997）によって記録がまとめられて
いる．古い記録では，1834（天保 5）年 4 月 7 日のものがある．この日富士山山麓一
帯に豪雨があり，翌日 8 日になっても荒天が続いた．運悪く正午に激しい地震が襲
った．そのため山腹 5 合目あたりの雪泥がどっと駿河側の山麓へ流れ下り，裾野の
村を呑み込んだ．下流では雪泥流は山津波となって長さ 7〜8 里，幅 3 里の人家や耕
地をことごとく流し，13 里の間は見わたすかぎりの荒野となった．地震による被害
が多かったのでこの洪水だけによる死者数は定かでないということである．国外にも
これと似たような有名な大災害がある．それは，1962 年 1 月 10 日午後 6 時 13 分
と，8 年後の 1970 年 5 月 31 日に発生したペルー・アンデスのワスカラン峰（標高
6663 m）氷河からの氷雪崩災害である．前者は 511 氷河と呼ばれるところから 300
万 t の氷が崩落したもので，落差 4000 m，距離 16 km を 60 km/h で走り，下流のラ
ンライカル市は岩塊や厚い泥と氷で埋め尽くされ，4000 人以上の人命が奪われた．
後者は，マグニチュード 7.6 の地震のために北峰を覆っていた厚さ 40 m，幅 30 m,
長さ 500 m の氷の壁が 1000 m の落差を崩落し，平均時速 300 km の氷雪崩となって
途中，水と土砂を取り込み，雪崩の量は 8 年前の 10 倍にも達し，8 年前には難を免
れた人口 1 万 9000 人のユンガイ市を埋め尽くした．雪崩の総量は 5000 万 m³ で死者
の数は 2 万人をこえたといわれるが定かではない（新田，1981）．この 2 例の災害は
水と泥と氷が混入した富士山の雪代と似た現象と考えられる．一般に国外の雪泥流や
スラッシュ雪崩は，Onesti and Hestnes（1989）によれば岩盤上や氷河および永久凍
土上の積雪地帯に多い．たとえば，事例を紹介すると，1981 年 1 月 27 日から 28 日
にかけて北ノルウェーのラナ地域，シャネシェイア丘陵のまばらな斜面上を，標高
200〜250 m の岩盤上に積もった雪が泥流となって襲ってきた．雪泥流は 6 カ所から
時間差でつぎつぎと発生し，ノルウェーの南北を結ぶ道路や鉄道を 4 日間塞いだ．
最初の雪泥流で塞がれたデブリを取り除くために待機していた数台の車が，2 度目に
発生した雪泥流に呑み込まれ 3 人が死亡し，5 人が重軽傷を負った．4 度目に発生し
た雪泥流は，2 軒の住宅と 2 棟の小屋を破壊し，2 名の人命を奪った．この災害の
後，この地は放棄され，20 軒の住宅は安全な地域に移転した（Hestnes, 1998）．かく
してノルウェーでは，1983 年にノルウェー地盤工学研究所（NGI）においてはじめ
て雪泥流の研究が本格的に着手された．雪泥流やスラッシュ雪崩は，岩盤や永久凍土
や氷河のような不透水性の基盤上に積もった雪に融雪水や雨水が加わると，基盤上の

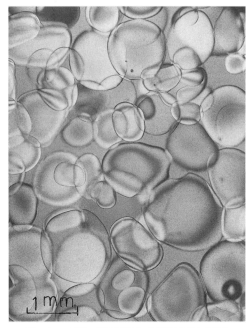

図 14.9.2　雪泥の顕微鏡写真（対馬勝年教授提供）

積雪層に水が滞留して雪泥状態が形成される．雪泥状態を顕微鏡写真でみると，図14.9.2のようで，氷粒子は球状になっている．このような状態では氷粒どうしの結合が弱く，斜面上では流動しやすく，水分を多く含むために遠くまで到達する．さらに，通常の雪崩発生よりも小さな角度の斜面からも発生するのが特徴である．観測によれば，スラッシュ雪崩の停止点から発生点をみた仰角は3°から20°の範囲で，平均では12.5°である．雪泥流やスラッシュ雪崩が発生する地形は，山岳地帯の渓流，扇状地，凹地，小川，泥沼，開けた斜面，湖の出口が雪の吹きだまりで塞がった地点，湧き水からの流れといった場所である．しかし，雪泥流の自然界での発生の瞬間や運動状態を観察することは難しい．そこで実験的研究に頼らざるをえない．これまで行ってきた雪泥流の実験的研究を要約すると次のようになる（小林ほか，1999）．

(1) 雪泥の密度

氷粒と水の混合物である雪泥の密度は，水の密度（1000 kg/m³）と氷の密度（917 kg/m³）との間にある．そこで雪泥のパラメータとして密度を使うよりは雪と水の質量比か体積比を用いるほうが便利である．

(2) 雪泥の強度

　積雪は水を含むと氷粒子の形状は時間とともに球形に近づいていく（図14.9.2）．そして結合部が細り強度は急激に減少する．雪泥のせん断強度や引張強度の測定は難しいので，新雪としまり雪について水を含めさせながら一軸圧縮実験を行った結果，圧縮ひずみ量が15％になったときの軸方向の圧縮力は積雪が水を含むと急激に減少し，その傾向は新雪ほど大きいことがわかった．

(3) 雪泥の見かけの粘性係数

　雪泥流は氷（固体）と水（液体）からなる2相混相流である．流動を支配するパラメータは粘性係数である．雪泥の粘性係数の測定は，ずり速度の小さい範囲では市販の共軸円筒回転粘度計で測定可能であるが，ずり速度が大きくなると円筒と雪泥サンプルとの間で隙間が生じてそこに水が入り，結局水の粘性係数を計ることになる．この場合はT型のスピンドルを回転螺旋しながら上下させてつねに新しい雪泥と接触する方式や雪泥の斜面流実験を用いた．その結果，雪泥のずり応力とずり速度との関係を表す流動方程式から，雪泥流は非ニュートン流体で擬塑性的性質をもつことが示唆された．すなわち，雪泥は水と異なり凝集構造性をもつことを暗示している（小林ほか，1998）．実際に，栂池の災害現場では岸に雪塊がたくさん打ち上げられていた．このことは，雪泥流の衝撃力の測定からも確認された．

(4) 雪泥流の衝撃力

　水と雪泥との衝撃力の比較実験を行った結果を図14.9.3に示した．両者の衝撃力の平均値はほぼ等しいが，雪泥流は瞬間的にいくつかの大きなパルス状の力が出現し

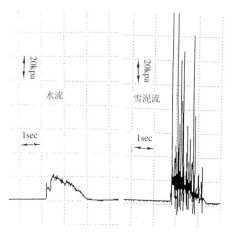

図 14.9.3 水と雪泥の衝撃力の比較

ている．これは雪泥の凝集構造を反映した結果である．凝集構造の大きさは構造物の強度計算に十分考慮する必要がある．

(5) 雪泥流の再現実験

自然界で雪泥流の発生の瞬間と流動しているところを実際にみた研究者は皆無に近いと思われる．山形県新庄市にある独立行政法人防災科学技術研究所・長岡雪氷防災研究所・新庄支所の人工降雪実験棟で雪泥流の再現実験を試みた．角度が 0～45°まで変えられる寸法 3 m×5 m の降雪テーブルの上に，天然に近い雪結晶を 30 cm ほど降らせて 0℃の水を供給しながら雪泥を流動させることを試みたが，再現率は約 50％で満足すべきものでなかった．そのなかで流動する場合には少なくとも雪の質量の 3 倍以上の水が必要であったことや，流動する直前に上流の積雪が浮力によりわずかに持ち上がることがわかった（堀江ほか，2000）．

以上が実験的研究から明らかにされた雪泥流の知見である．

実際に，川床がコンクリートのように不透水性である新潟県南魚沼郡鎌倉沢川で雪泥流が発生した事例の流出解析を行ってみると，水と雪の質量比は 3.6 と 3.1 で実験とよく合った結果が得られた．しかし川床が蛇籠のように透水性のある栂池の場合では水と雪の質量比は 14.5 であった（堀江ほか，2000）．また，10 分ごとの雪の深さと重量から描かれる「積雪循環曲線」からは，雪泥流が発生する数時間前に特徴的変化が現れることから雪泥流発生の短時間予測が可能なことがわかった．雪泥流は厳冬の積雪期に雨が降ることが発生の気象条件であることから，今後，地球温暖化傾向により増えるものと予想される（小林ほか，1998）．　　　　　　　　　　［小林俊一］

文　献

Hestnes, E. (1998): Slushflow hazard —where, why and when. 25 years of experience with slushflow consulting and research. *Ann. Glaciol.*, **26**：370‑376.

堀江宏伸・小林俊一・和泉　薫・大月満明（2000）：雪泥流の流動再現実験．寒地技術論文・報告集，**16**：60‑65.

堀江宏伸・小林俊一・和泉　薫・河島克久（2000）：雪泥流発生時の流出量の事例解析．寒地技術論文・報告集，**16**：66‑73.

和泉　薫・小林俊一（1988）：山古志村地すべり地の融雪．新潟大学災害研資料（3）：15‑24.

和泉　薫ほか（1997）：日本における雪泥流災害の実態と発生条件の分析．文部省科学研究費補助金研究成果報告書（雪泥流(Slushflow)災害の発生条件分析と防災対策の検討：代表和泉薫）：3‑23.

小林俊一・和泉　薫・長沢　武・丸山雅隆・上石　勲（1993）：1990 年 2 月 11 日の長野県栂池スキー場における雪泥流災害について．新潟大学災害研年報，15 号：47‑53.

小林俊一・和泉　薫（1996）：渓流地における雪泥流の実態と安全対策の研究．

小林俊一ほか（1998）：雪泥流の凝集構造の解明．文部省科学研究費補助金研究成果報告書，pp.91.

小林俊一・清水増治郎・木村忠志・石丸民之永・加藤　務（1998）雪崩・融雪災害予測システムの提案．寒地技術論文・報告集，**14**：382‑386.

小林俊一（1999）：積雪地域の災害特性．建設防災，257 号：20‑25.

小林俊一・和泉　薫・石丸民之永・加藤　務・木村忠志・河島克久・藤井俊茂・佐藤篤司（1999）：雪泥流（Slushflow）の特性に関する研究．寒地技術論文・報告集，**15**：366‐369.

新田隆三（1981）：雪崩の世界から，215 p，古今書院.

Onesti, L. J. and Hestnes, E.（1989）：Slush‐flow questionnaire. *Ann. Glaciol.*, **13**：226‐230.

鶴田要一郎（1988）：岸壁（くら），昭和 20 年・大然部落遭難記録，175 p，青沼社.

安間　荘・山崎享子（1997）：富士山におけるスラッシュなだれおよびスラッシュラハールの災害史.

14.10　雪氷災害の室内実験

14.10.1　室内実験の利点

　吹雪，雪崩，着氷雪などによる雪氷災害の発生やその規模は，気温，風速，降雪，積雪状態などの環境条件とともに，地形，道路構造，建物の構造や配置，植生，着氷雪する物体の大きさや表面状態などのさまざまな要因にも関係している．これらの雪氷災害の対策を考えたり，あるいは発生を予測するためには，現象のメカニズムや発生条件を明らかにすることはもちろん，対象となる構造物などを用いた具体的なシミュレーションが必要となる場合が多い．

　野外においてさまざまな環境条件のもとで実際の現象が観測できれば，環境条件にどのように依存するかわかるが，そのような観測は難しく，しかも天候に左右されるなど不確実性も伴う．これに対して，室内実験では環境条件をある程度制御することが可能であり，対象物の構造や配置などを容易に変えることができる．近年では，実験室内で人工雪や雨を降らせたり，日射を再現することが可能な施設もあり，設定できる環境条件の範囲が広がってきた．このため室内実験は雪氷災害の対策や研究を進めるうえで有効な方法の一つになってきた．

　室内実験を行う場合でも，実物を用いて実際の現象を再現するのが望ましい．しかし，風洞を用いた吹雪などの実験では，空間的な制限から防雪柵や建物などの縮小模型を使ったり，雪粒子のかわりに活性白土やおがくずなどの模擬雪粒子を使う場合もある．また，降雪を再現するために，ふるいなどで雪を細かく砕いたり人工降雪装置を用いるが，自然の降雪の性質と完全に一致させることはできない．したがって，室内実験の結果を現場へ適用する場合には注意すべき点もある．ここでは，おもに最近の室内実験を紹介するとともに，今後の課題についても触れる．

14.10.2 室内実験の例

(1) 吹　雪

吹雪のときの雪粒子の運動には，雪面上を転がる転動，雪面付近を飛び跳ねながら移動する跳躍，空気中を煙のように漂う浮遊の3種類がある．吹きだまりは，おもに跳躍運動する雪粒子が防雪柵や建物などの障害物や地形などの影響を受け，その動きを止めてできる．また，吹雪に伴う視程の悪化はおもに浮遊運動する雪粒子によるものである．したがって，雪粒子の跳躍運動や浮遊運動の様子を調べることが，それらの対策などを考えるうえで基本となる．図14.10.1はレーザ光をシート状にして可視化した雪面付近の雪粒子の跳躍運動の軌跡である．このような雪粒子の運動状態や，その風速や積雪の硬さなどへの依存性が明らかにされてきて，吹雪の予測に役立てられつつある（杉浦・前野，2003；佐藤・小杉，2001）．

切り土や盛り土，あるいはインターチェンジなどの立体的な道路の周囲の風の分布は複雑になっている．このような場所における吹きだまりの分布を予測することは困難な場合が多いため，道路模型を用いた風洞実験を行って，最適な道路構造の設計に生かすことができる．さらに，建物の周囲の風の分布も複雑で，複数の建物があればそれぞれの影響が複合していっそう複雑となる．このような場合にも，吹きだまりの生じやすい場所を調べる手段として風洞実験が有効であり，その結果は建物の配置計画や防雪対策に反映される．図14.10.2は南極昭和基地の地形模型の上に建物の模型を配置して行った吹きだまり実験の結果で，特定の建物の風下に吹きだまりが集中していることがわかる．

吹雪から道路などを守るため風上に防雪柵や防雪林が設置されている．これらは防雪柵や防雪林の周囲に吹きだまりを生じさせ，風下まで吹雪が達するのを防いだり，防雪柵の風下に風を集中させ雪を吹き払うものである．防雪柵には高さや空隙率など

図14.10.1 シート状にしたレーザ光で可視化した雪粒子の跳躍運動
シャッターを使ってレーザ光を明滅させている（杉浦幸之助氏撮影）．

図 14.10.2 雪粒子を使用した風洞実験によって再現した南極昭和基地における吹きだまり（風は右奥から左手前に吹く）

図 14.10.3 雪粒子を使用した風洞実験によって再現した防雪柵の風下の吹きだまり（風は右から左に吹く）

の異なるさまざまなタイプがあり，吹きだまりの位置や規模，吹き払いの範囲などが異なる．また，防雪林の効果は，樹木の枝葉の茂り具合いや林の幅，樹木の配置などに依存する．防雪柵や防雪林の構造と吹きだまりの位置や規模などとの関係を調べるための実験がこれまでに数多く行われている（たとえば，新井，1961）．一例として，図 14.10.3 に防雪柵の風下に生じた吹きだまりを示した．また最近では，視程がどの程度改善するかを評価するために，シート状にしたレーザ光で防雪柵や防雪林の周囲の吹雪を照射し，その輝度分布から視程を推定する実験も行われている（岸ほか，1998）．

(2) 雪　崩

　雪崩は斜面上の積雪の内部に力学的に弱い層があり，その上の積雪の重さが破壊強度を上回ったり，あるいは積雪がしまり雪からざらめ雪に変化して力学的強度が低下したときに発生する．室内実験では実際の雪崩の発生や運動を再現することは難しい

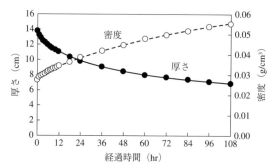

図 14.10.4 降雪後の積雪の厚さと密度の時間変化
樹枝状結晶からなる人工雪を使用し，気温 −20℃ で測定した
（阿部修氏提供）．

が，雪崩の発生と密接に関係する雪質の変化やそれに伴う力学的強度の変化などの実験が行われている．降雪後の新雪は時間とともに縮まって密度が大きくなるとともに強度も増すが，その変化の速さは温度に依存する．実験室内で温度を一定に保って測定した降雪後の積雪の変化を図 14.10.4 に示した．同様に力学的強度の変化も測定されていて，それらの結果は雪崩の発生予測に生かされている．

春先には水分を大量に含んだ雪崩（スラッシュ雪崩）が発生することがある．水路のなかに雪を入れ，上流から水を加えてスラッシュ雪崩発生時の斜面の傾斜や水分条件などについて調べられている（堀江ほか，2000）．また，雪崩のモデル実験の例として，ハーフパイプ上に多数のスチレンフォームの粒子を放出してその運動を調べる実験（Nohguchi, 1997）や，傾けた底面をもつ水槽に水を入れておき，そのなかに比重の大きな粒子を混合した水を流してその運動を調べる実験などが行われている（福嶋・今田，2000）．

(3) 着氷雪

着氷は過冷却水滴が物体表面に付着し凍結する現象である（ここでは樹枝などに水蒸気が昇華してできる樹霜は含めない）．過冷却水滴の大きさや気温，風速などの条件によって着氷の形態や硬さなどの性質は異なる．また，着雪は降雪粒子が物体表面に付着する現象で，気温，風速，降雪強度の組合せでその発達の様子は異なる．送電線，電車のパンタグラフ，船舶，航空機などへの着氷雪は，ライフラインである電力供給や交通を停止させたり，人命にかかわる惨事につながりかねない．

着氷雪の基本的プロセスである過冷却水滴や降雪粒子の衝突，捕捉，付着（凍結）については，これまでに理論や室内実験などによってかなり研究されているが（たとえば，若浜ほか，1978），最近では着氷雪対策に関する室内実験が多く行われている．

図 14.10.5　信号機のレンズ保護板の形状を変えた着雪の比較実験

着氷雪の量や付着力は物体の大きさや形状，表面状態にもよるため，実験では実際の対象物を用いることが多い．たとえば，着雪しにくい電線を開発するために，電線の表面をなめらかにしたり発熱体を取り付けたりして，着雪量を比較する実験が行われている．また，図 14.10.5 に示した信号機やパンタグラフへの着雪を少なくするため，それらの構造を変えた実験などが行われている（Morita et al., 2002；竹内ほか，1999）．着氷雪を防止するための塗料の開発も盛んで，野外実験とともに気象条件を制御した室内実験も行われている（たとえば，吉田ほか，1999）．

(4) 屋根雪

雪国の家屋の屋根には，雪をそのまま載せておくものや，自然に落雪させるものなど，地域の気候条件や敷地の条件に応じてさまざまなタイプがある．自然落雪タイプの場合は，屋根に積もった雪が速やかに落下するのが望ましい．屋根の勾配のほか屋根葺材や表面の塗装の種類により滑落性能が異なるため，気温などの条件を変えながら比較実験が行われている（たとえば，苫米地ほか，1995）．

風が強いときに降雪があると屋根の上でも吹雪が発生し，吹き払われて積雪の少ない部分と吹きだまりができて積雪の多い部分が生じる．それらの分布は屋根に相対的な風向や屋根の構造などによって異なる．図 14.10.6 は屋根上の積雪分布の実験例であるが，屋根の形状や勾配を変えた模型を用いて風洞実験を行うことにより，それぞれの屋根の上の積雪荷重の分布がわかり，建物の設計に生かすことができる．

図 14.10.6 雪粒子を使用した風洞実験によって再現した屋根の上の積雪分布（風は右から左に吹く）

14.10.3 室内実験の課題

　吹きだまりや屋根の上の堆雪の風洞実験を行う場合は縮小模型を使うことが多く，また，低温室内でしか使えない雪粒子の代わりに模擬雪粒子を使う場合もある．このような実験では，つぎの四つの相似条件を考慮する必要がある．

　幾何学的な相似条件　　防雪柵や建物などの障害物や地形が実物と相似形，粒子の粒径と障害物や地形の代表的な長さの比が同一

　風の分布の相似条件　　障害物の風上および周囲，地形上における風速や乱れの分布が相似

　粒子の運動の相似条件　　粒子の跳躍距離や跳躍高さなどの運動状態や移動量，および跳躍運動の開始・停止条件が相似

　粒子の性質の相似条件　　粒子の安息角や付着力，摩擦係数などが相似

　それぞれの相似条件の具体的なものは，これまでにいろいろな研究者（たとえば，Iversen, 1980）によって検討されているが，まだ一致した結論は得られていない（三橋，1999）．実際には目的に応じて相似条件を緩くして実験が行われているため，実験結果と実際の吹きだまりや屋根の上の堆雪状況との比較から，実験方法が適当かどうかを判断しなければならない．

　降雪が関係する実験では，とくに湿った降雪の再現が難しい．これまでは，湿った雪を細かく砕いて降らせたり，乾いた降雪に霧を吹きかけて湿らせるなどの方法がとられているが，着雪量は降雪粒子の水分に左右されるため，水分を制御しながら湿った降雪を作り出す技術の開発が今後の課題となっている．　　　　　［佐藤　　威］

文　　献

新井秀雄 (1961)：防雪柵の風洞実験. 鉄道技術研究所速報, No.61-388 : 52.

福嶋祐介・今田昌運 (2000)：粒径分布を持つ固体浮遊粒子による傾斜サーマルの解析法. 水工学論文集, **44**：909-914.

堀江宏伸・小林俊一・和泉　薫・大月満明 (2000)：雪泥流の流動再現実験. 寒地技術論文・報告集, **16**：60-65.

Iversen, J. D. (1980)：Drifting-snow similitude-transport-rate and roughness modeling. *J. Glaciol.*, **26** : 393-403.

岸　憲之・林　康啓・佐藤篤司・佐藤　威・小杉健二・村国　誠・松田益義 (1998)：地ふぶき風洞実験による視程対策効果の評価. 1998 年度日本雪氷学会全国大会講演予稿集, p.10.

三橋博巳 (1999)：模型雪を用いた風洞実験. 日本風工学会誌, No.78：51-54.

Morita, Y., Nakayasu, K. and Munezawa, S. (2002)：LED traffic signals in snowy areas. Proceedings of the XIIth PIARC International Winter Road Congress 2002.

Nohguchi, Y. (1997)： Avalanche experiments with styrene form particles. Snow Engineering: Recent Advances (Izumi, N., Nakamura, T. and Sack, eds.), pp. 63-68, Balkema, Rotterdam.

佐藤　威・小杉健二 (2001)：風洞実験による吹雪構造と積雪硬度の関係　その 2. 寒地技術論文・報告集, **17**：137-141.

杉浦幸之助・前野紀一 (2003)：吹雪における雪粒子の衝突・反発・射出. 雪氷, **65**：241-247.

竹内尚宏・尾関俊浩・北川弘光・金子健一・佐藤篤司・小杉健二・鎌田　慈 (1999)：パンタグラフ着雪防止に関する基礎実験. 寒地技術論文・報告集, **15**：569-574.

苫米地司・伊東敏幸・高倉政寛・山口英治 (1995)：屋根雪の滑雪現象に関する基礎的研究. 日本雪工学会誌, **11**：88-95.

若浜五郎・小林俊一・対馬勝年・鈴木重尚・矢野勝俊 (1978)：電線着雪の風洞実験. 低温科学, **Ser. A**(36)：169-180.

吉田光則・小林勝雄・鎌田　慈・佐藤篤司 (1999)：人工雪による各種素材の滑雪性について. 寒地技術論文・報告集, **15**：525-528.

14.11　雪氷災害マネージメント

14.11.1　雪氷現象と災害特性

　自然災害の発生要因には「誘因」と「素因」の 2 種がある. 「誘因」はまれな自然現象の発現であり, 「素因」は災害発生にかかわる組織体制, 社会基盤, 住民意識といった人間的な側面にかかわる要因である. 雪氷災害にかかわらず, あらゆる自然災害は, まれで特異な自然現象が起き (誘因), かつ十分な備えがないとき (素因) に発生する. 災害マネージメントとは, 「誘因」と「素因」, とくに「素因」をコントロールして, 災害リスク (被災率) を管理状態に置く行為である.

　雪氷現象の種類と, 雪氷現象が災害要因となる事象を整理して図 14.11.1 と表

14.11.1 に示す．雪氷災害の「誘因」は，H_2O の相変化（昇華凝結，凍結融解），H_2O の存在そのものまたはその移動現象のいずれかである．とくに，雪は固相状態での移動が，氷は相変化が雪氷災害の主要な「誘因」である．

雪氷災害は他の自然災害と同様，冬山登山者の雪崩遭難のように人的・物的被害が特定の地点と人に限定されるものから，大雪による交通機関のマヒといった被災地が広域に及び，かつ国民経済に大きな損害を与えるものまで範囲は広い．社会基盤，生産施設，生活施設とかかわりあいが深い代表的な雪氷災害を整理し，表 14.11.2 に示す．

14.11.2 リスク・マネージメント・システム

われわれは自然現象を自由にコントロールする技術をいまだもっていないが，まれで特異な自然現象の発生「誘因」は，通常，確率論的取扱いが可能であり，かつ種類にもよるが現在では相当程度予知も可能になってきている．一方，「素因」は人間的側面にかかわるので技術の進歩によって相当程度のコントロールが可能である．誘因は計算ができ，素因をコントロールする技術があれば，災害リスクを管理状態に置くことは十分可能である．

災害リスク・マネージメントは人類の誕生とともに発祥し，その歴史は「ヒト」という種を保存する営為の歴史そのものであった．以来現在に至るも自然災害は，伝染病，戦争と並んで人類の生存を脅かすリスクの代表格であり続けている．自然災害から身を守る行為である災害リスク・マネージメントは，したがって，より広義の概念であ

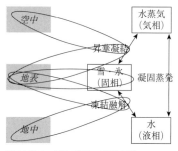

図 14.11.1 雪氷現象の発現空間，H_2O の 3 相変化

表 14.11.1 雪氷現象の種類と災害要因事象

		雪氷現象		災害要因事象	
種類	現象	現象の発現空間，相変化		物質の存在そのもの	物質の移動
雪	降雪	空中，固相		降雹，視程障害	吹雪
	積雪	地表，固相		大雪，冠雪，着雪	地吹雪，落雪，雪崩
	融雪	地表，固→液相変化		融雪	洪水，雪泥流
氷	凝結	空中/地表，気→固相変化		凝結	着氷
	凍結	地表/海上，液→固相変化		結氷，凍結	着氷
		地中，液→固相変化		凍結	凍上
	融氷	地上，固→液相変化		融氷	

14.11 雪氷災害マネージメント 589

るリスク・マネージメントに包含される．

　リスク・マネージメントが国家規格として最初に制定された国はオーストラリアと
ニュージーランド（1995年）で，カナダ（1997年）がそれに続いた．日本では阪
神・淡路大震災の教訓に基づき TR Q0001「危機管理システム」が1997年に誕生し，
さらに2001年には世界標準（ISO）化を狙った JIS 規格（JIS Q2001「リスク・マ
ネージメント・システム構築のための指針」）が制定された．JIS Q2001 は，地震，コ
ンピュータウイルスなどの事故・災害リスク（外部要因リスク），景気変動や総会屋
などの社会リスク（外部/内部インターフェースリスク），さらには製造物責任や不適
正財務操作などの経営リスク（内部要因リスク）をも取り込んだ組織存続にかかわる
あらゆるリスクのマネージメントに関するシステム規格となっている．リスク・マネ
ージメント・システムとリスク要因の関係を図14.11.2に示す．

　リスク・コントロールがハードウェアとソフトウェアを主要なツールとするのに対
し，リスク・マネージメントは「リスク管理責任者」を中軸としたヒューマンウェア
のシステムである．リスク・マネージメントで何よりも大切なことは，リスク管理責
任者（意思決定者）がリスクの「価値」について高い意識をもっていることである．
責任者が適切な意思決定を行うためには，つぎの三つの要件がある．

　① リスク管理責任者を中心に据えたリスクに対する明確な責任と権限の体制があ

表 14.11.2 社会基盤，生産施設，生活施設とかかわりあいが深い代表的な雪氷災害

	社会，生活に関係する施設		主要な雪氷災害	発生地域(国内)
社会基盤	交通，輸送施設	道路，鉄道，車両	路面凍結，地吹雪視程障害，吹きだまり，雪崩，路面凍上，法面崩壊，車体着雪，除雪	一部温暖地域を除くほぼ全域
		空港，航空機	路面凍結，視程障害，吹きだまり，除雪，機体着氷，機体冠雪	
		港湾，船舶	船体着氷，流氷接岸，氷山接触	北海道
	ライフライン	発電所，送電路，通信施設	雪崩，電線着雪・着氷，碍子冠雪，アンテナ着雪・着氷	一部温暖地域を除くほぼ全域
		上下水道	凍結	
生産施設	鉱工業	工場，鉱山など	着雪，屋根雪，雪崩	北日本
	農林水産業	田畑，果樹園，森林，海浜，海	冠雪枝折れ，根曲がり，降雹，降霜，融雪洪水，酸性雪，冷害，凍害	一部温暖地域を除くほぼ全域
	商業，サービス業	オフィス，店舗	ビル着雪，屋根雪落雪	
生活施設	家屋，集合住宅		屋根雪，着雪，落雪，凍害，除雪	一部温暖地域を除くほぼ全域
	学校，図書館，警察，消防，病院などの公共施設		屋根雪，着雪，落雪，凍結，除雪，地吹雪視程障害	
	登山，スキーなどスポーツ・レジャー施設		吹雪，雪崩	

ること
② リスク管理責任者のもとにリスクにかかわる一切の情報が集積されており，リスク関係情報を受発信できる情報伝達システムがあること
③ 集積情報をもとに災害リスクの素因と誘因の分析，対応処置の選定ならびにその影響評価に関するマネージメント・プログラムがあること

上記の3要件なくして，リスク管理責任者が「いつどこで誰が何を何のためにどのように行うか（5W1H）」を意思決定することはできない．これらは，リスク・マネージメント・システムを適切に機能させるうえで不可欠な要件である．

14.11.3　システム構築の原則

リスク・マネージメント・システムを構築する際には，考慮すべき七つの原則（JIS Q2001）があり，表14.11.3に示す．

原則1は，何のために災害（リスク）マネージメントを行うか，組織の最高経営者がマネージメントの方向性についてしっかりしたポリシーをもち，これを文書化し，組織の内外に宣言することである．

原則2は，最高経営者のポリシーにしたがってマネージメント計画を策定することである．はじめに組織の外部，内部，内外インターフェースに存在する一切のリスクを抽出し，リスク分析とリスク評価を行う．この分析・評価は，社会性ならびに公共性の強い組織（自治体など）においては独特の文化，常識，先入観を排除するために客観的な第三者を参画させることが重要である．ついで，リスク・マネージメントの目標を（通常は年単位で定期的に）設定し，さらに，目標達成に必要な施策（災害リスクに対するハードウェア，ソフトウェア，ヒューマンウェアに関する各種対応処

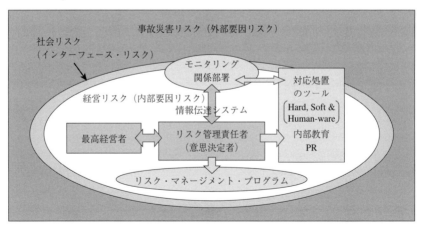

図 14.11.2　リスク・マネージメント・システムとリスク要因

置の整備計画）を立案する.

原則3は，組織の関連する全部署が策定された計画に基づく施策（リスクに対するハードウェア，ソフトウェア，ヒューマンウェアに関する各種対応処置）の整備をリスク管理責任者の総括的管理のもとで実行し，部署ごとの目標を達成することである.

原則4は，不測の事態発生時において，あらかじめ決められたマネージメント・プログラムにしたがって組織内外とのコミュニケーションを行い，対応処置を実行し，それらすべてを記録することである.

原則5は，立案した施策が確実に整備され，設定した目標が達成されたか，さらに事態発生前・中・後における対応処置が適切に実行されたかを評価することである．あらゆる種類のマネージメント・システムは，完全無欠ではありえない．完成品というものはなく，構築した瞬間から陳腐化との戦いがはじまると考えるべきであり，マネージメント・システムの有効性についての定期的評価は不可欠である．システムの有効性評価と継続的改善の実行状態については，組織内部と外部（第三者）機関による監査を最低年1回は実施することを義務づけるとよい.

原則6は，上記の監査結果と，最高経営者が組織内外に向けて宣言したリスク・マネージメントのポリシーの実現性について，最高経営者自らレビューし，組織内外からのよりいっそうの信頼獲得のために必要な指示を行うことである.

原則7は，リスク・マネージメント・システムを有効に機能させ続けるために，組織の関連する全部署が不断の是正と継続的改善を行うことである.

14.11.4　雪氷災害マネージメント・システム

有効なリスク・マネージメント・システムを保有しているか否かは，いまや組織の存亡を決する戦略的意味をもつ時代となった．雪氷災害リスクの誘因となる特異自然現象はいつか必ずやってくる．時代が求め，組織が必要とするリスク・マネージメン

表14.11.3　リスク・マネージメント・システム構築の7原則

原則とその内容		PDCA サイクル
原則1 原則2	組織の最高経営者によるマネージメント方針（ポリシー）の明確化 方針（ポリシー）実現のためのマネージメント計画の策定（リスク分析，リスク評価，目標設定，施策立案，マネージメント・プログラム作成）	Plan
原則3 原則4	施策の実行（ハード，ソフト，ヒューマンウェアの整備） マネージメント・プログラムの実行（災害リスクへの対応，コミュニケーション，記録管理）	Do
原則5 原則6	パフォーマンス（施策実行度と目標達成度）評価，システムの有効性評価 組織の最高経営者によるポリシー実現のレビュー	Check
原則7	システムの是正・改善の実施	Action

継続的改善

トの内容は年々激しく変化する．雪氷災害リスクを抱える組織は，時代の変化を鋭敏に知覚してリスク・マネージメントの計画（Plan）→実行（Do）→チェック（Check）→アクション（Action）の PDCA サイクル（表 14.11.3 参照）を回し続けることで継続的改善を確実なものにし，リスクをつねに適切な管理状態に置くことが望まれる．

　リスクへの対応処置は，不測の事態発生前・最中・事後で内容が異なる．表14.11.4 に示すように事前には予防処置を，最中には緊急処置を，事後では復旧・順応の処置を講じる．

　予防処置は，先手の対応であり，他はすべて後手の対応である．先手対応と後手対応では，コストに大きな差が生じ，通常，先手の予防処置が最も安価で効果的である．道路や空港の路面凍結対策に利用される薬剤は，凍結前の予防的散布のほうが凍結後の融解目的の散布よりも散布量は少なくてすみ，かつ効果がある．雪崩に対して通常とれる処置は，植林，減勢工などによる予防処置か無人化による順応処置である．

　一般に，費用をかけて予防処置を講じるほど，リスク（被災率）は 0％に近づく（効果が上がる）が，0％にするには膨大な投資が必要である．予防処置への投資額を削るとリスク（被災率）は高まり，発生時の緊急対応と事後の復旧処置に多額の費用を準備しておかなければならず，発生時の損害額も当然増加する．対応処置の費用と効果の関係を，図 14.11.3 に模式的に示す．

　図 14.11.3 において全費用合計（全対応処置費用と損害額の合計）が最小額となる点が，費用対効果の視点からみたリスクの最適値（最適リスク）である．この値はリスクに対して投資する側にとっての最適値であり，リスクを被る被災者側にとってはリスク（被災率）が 0％ではないので不安が残る．しかし，リスク（被災率）0％は完璧な予防処置が講じられたときにのみ達成されるので，多くの場合，投資額が膨大になり最善とはいえない．リスク（被災率）がきわめて少ないことに多大な投資をしない例として，スイス鉄道の雪崩対応がある．山国スイスは雪崩が多い．しかし，長い鉄道の全線で完璧な防御対策を講じることは不可能に近い．予知にも技術的限界がある．そこで，雪崩の発生検知網だけは完璧に確立・維持し，ある地点で雪崩が発生したら危険域内のすべての列車を安全な場所で安全が確認されるまで停止・待機させ

表 14.11.4　不測の事態への対応処置の種類

処置の時期	対応処置	内容	対応サイクル
災害前	予防処置	不測の事態の発生抑止，また被害軽減化を目的としてあらかじめ講じる処置	
災害時，直後	緊急処置	事態発生時における被害の拡大抑止を目的とする応急的処置	
災害後	復旧処置 順応処置	事態発生後における現状復帰を目的とする処置 事態発生後における移転，無人化などの被災回避を目的とする消極的予防処置	

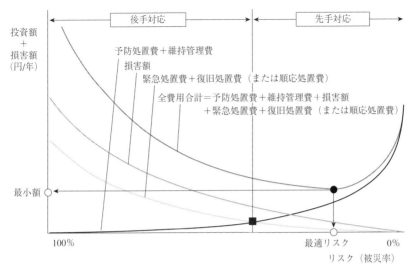

図 14.11.3 対応処置の費用対効果曲線と最適リスク

る方法をとっている．最初の雪崩で破損した線路への列車進行と続発する第 2，第 3 の雪崩による被災を避けるためで，確率が極端に小さい最初の雪崩の列車直撃は覚悟のうえなのである．

リスク（被災率）の最適値問題は，事故災害リスク（外部要因リスク）への投資額にかかわる問題であると同時に，組織外側の被災者が組織に対して抱く信頼感（不安心理）に影響するという点では社会リスク（外部/内部インターフェース・リスク）の問題でもある（前出図 14.11.2 参照）．組織の内部者が被災者となりうる場合は，経営リスク（内部要因リスク）の問題にもなりうる．いずれの場合においても，リスク（被災率）の最適値問題はリスク・マネージメント・システムの根幹にかかわるものであり，その回答は組織の最高経営者のポリシーに大きく依存する．

［松田益義］

文　献

JIS Q2001「リスク・マネージメント・システム構築のための指針」．

コラム 14.6 スイス国立工科大学水文水理氷河学研究所（スイス）

機関名：Laboratory of Hydraulics, Hydrology and Glaciology, Swiss Federal Institute of Technology
所在地：Gloriastrasse 37/39, CH-8092 Zürich, Switzerland
URL ：http://www.vaw.ethz.ch

　スイス国立工科大学水文水理氷河学研究所の雪氷学部門（Section of Glaciology）は，アルプスから極地にわたるさまざまな地域の氷河，凍土を対象とする雪氷研究機関である．氷河学の分野では，先駆的な観測手法と数値計算技術を用いて氷河氷床の動力学が盛んに研究されているほか，氷河にかかわる水文水理現象，氷河変動の長期モニタリングなどが主要なテーマとなっている．一方凍土に関しては，岩石氷河の流動機構，気候変動に対する永久凍土の応答などが研究対象として取り組まれている．多くの氷河と山岳凍土を抱えるスイスでは，氷河の崩壊や氷河湖の決壊といった自然災害が雪氷学に多くの研究課題を与えてきた．人間活動に密接した現実的な問題を解決してきた豊富な経験が，本研究機関の特徴の一つといえる．　　　　　　　　　　　[杉山　慎]

アルプスでの氷河測量観測風景（© VAW, ETH）

15
雪氷と生活

15.1 雪を楽しむ

15.1.1 人と自然とのかかわり

　地球の平均気温は＋15℃といわれている．人類はこれに近い温度を最適温度環境として進化したのであろう．極端に暑い夏や寒い冬を快適とは感じない．しかし，人類の偉いところは，衣類や火を自在に操ることによって自然環境を改変し，その住処を雪や氷で覆われた酷寒の地から灼熱の砂漠まで，長い歴史をかけて広げてきた．人類ほど地球上のあらゆる環境に適応している生物はほかにいない．近年の科学技術の発展は，寒くても雪が積もっていても，暖房や除雪によって夏に近い環境を生み出すことができるようになった．

　従来からのわが国の雪対策は，除雪・排雪・融雪による「克雪」がその中心を占めていた．雪という邪魔者を排除するという思想である．克雪によって，確かに冬の交通は確保され，さまざまな雪害は克服され，雪国の生活と経済は目を見張る発展を遂げてきた．しかし，完璧に雪を取り除くにはばく大なエネルギーを要する．地球上にあるエネルギーは有限なので，克雪にはおのずと限界がある．近年になって，雪は邪魔者と考えるだけではなく，積極的に雪を利用しようという「利雪」の思想，雪にもっと積極的に親しもうという「親雪」の思想が提起され，わが国の雪対策に「克雪」に加えて，「利雪」と「親雪」が取り入れられるようになってきた（国土庁地方振興局，1996）．現在，わが国では克雪・利雪・親雪が雪対策の三つの柱と位置づけられている．

　利雪は2001年に正式に国に認知された．たとえば，雪は冷熱源として，風力や太陽熱と同じように，自然エネルギーの一種と認められ，国の補助対象となり，雪の冷熱利用に道が開けた．ほかにも，さまざまな雪の利用が日進月歩で進んでいる（15.6節「雪氷利用」参照）．冷熱源としての雪の利用は省エネルギーと冷凍機からの温熱

排出がなくなるという二つの面で地球環境に優しい技術であり，邪魔者が宝に変わる技術である．

親雪とは，子どもの雪遊びやスキー，スケートなどのスポーツや大規模な雪祭り，冬祭りなど雪を積極的に楽しもうという考え方である．これらは雪国以外の住民にも人気が高い．雪と親しむことによって，雪を邪魔者とのみみるのではなく，雪との共生を目指そうという思想である．

親雪は，単に雪を好きになるだけでなく，雪を通して自然そのものを理解することにつながる．人は自然によって生かされているという実感を得ることもできるであろう．地球上のあらゆる生き物は自然の恵みで生かされている．しかし，自然は人間にとって役に立つことばかりでなく，ときには脅威となる．台風や地震と同様に，豪雪もたいへんな脅威（天災）である．脅威そのものをなくすることはできないが，幸い近年の科学技術の進歩によって，予知や防御によるこれら脅威の回避や，素早い復旧によって，被害を最小限に抑えることができるようになった．ところが，人類に役立つはずの科学技術が，一方では地球の自然に深刻な取り返しのつかない破壊をもたらしはじめた．このまま地球上の人口が増え続け，森林の切りすぎや化石燃料の使いすぎ，各種廃棄物の出しすぎなどを続けると，人類だけでなく，すべての生き物の生存そのものが危うくなるのは明らかである．人類の永続的繁栄には「人と自然との共生」しか道はない．親雪の思想は多くの人が自然を理解し，自然を大切に思い，自然への感謝の気持ちをもつきっかけになるのではないかと期待されるのである（秋田谷，2001）．この章では，親雪について展望する．

15.1.2 雪との多様な接し方

現代社会では，人々は自然と直接かかわる機会が非常に少なくなったため，自然の恵みや大切さを実感できる機会が少なくなった．自然の大切さを理解するには，自然を頭で理解するだけでなく，じかに自然に触れ，肌で感ずることが大切である．つまり人間の五官（目，耳，鼻，舌，皮膚）で感じなければ自然を理解するのは難しい．とくに子ども時代の豊富な自然体験から，自然を敏感に感じ取る感性が育まれる．親雪の根元は子ども時代の雪との触れあい，雪遊びそのものだ．特別に目新しいことではなく，一昔前の雪国の子どもたちがふつうにしていたことであろう．親雪は，わが国の面積の 52% を占め，全人口の 17% の人々が暮らしている雪国（岳本，1995）だけに限る必要はない．雪のない地域の人たちにも雪遊びの面白さ，雪の恩恵や脅威を体験してもらって，雪と雪国の生活を理解してもらうことも考えるべきである．雪国にとっても益になることが多いはずである（雪を考える会，1992，1995）．

第二次世界大戦後まもなく，新潟県十日町でいわゆる「雪まつり」が最初に行われた．やがてその機運が各地に広まり，いまでは全国で 200 以上の雪祭り，冬祭りが行われている．とくに「さっぽろ雪まつり」は規模が大きく，海外からも大勢の観光

15.1 雪 を 楽 し む 597

表 15.1.1 雪の楽しみ方の種類と特徴

種 類	規 模	内 容・対 象	主 催・問 題 点	自然との触れあい
雪祭り・冬祭り	大～中	雪像・芸能ショー	準備・運営に金と人	非常に希薄
スポーツ系祭り	中	各種雪上・氷上レース	〃	かなり密接
雪国観光ツアー	中～小	雪景色・流氷観光	プロガイド・旅行会社	〃
雪国体験ツアー	小	雪・寒さ・雪国文化	地元のアマガイド	密接
自然体験・観察会	小～極小	雪・寒さ・動植物	地元のボランティア	密接
雪遊び（子ども主体）	極小	運動系・造形系	自分たち・要助言者	非常に密接

客が訪れ，その経済効果も大きい．しかし，現在行われている「雪まつり」では，最も大事な「雪との触れあいを通して自然を理解する」ことに欠けているのではなかろうか．大規模な雪まつりになればなるほど，その傾向が強い．それは，祭りを実行する人と参加する人が別だからである．極端な見方をすれば，単なる物見遊山にすぎない．経済効果だけが目的ならそれでもよいが，親雪の本当のねらいは自然を知り，自然が好きになり，自然を大切にする気持ちを育てることだからである．

雪の楽しみ方を，内容や規模，自然との触れあいの程度などをもとにして分類すると以下のようになるであろう（表 15.1.1）．

① **雪祭り・冬祭り**　代表的雪祭りにさっぽろ雪まつりがある．訪れる観光客は200 万人ともいわれている．海外からの観光客も多い．雪像は市民グループやボランティアによるものもあるが，大雪像は自衛隊の参加がなければ難しい．祭り当日は市内の交通規制，ホテルは満杯と市民やビジネス客に不満がないわけではない．経済効果は大きいが自然との触れあいは最も希薄である．

② **スポーツ系のイベント**　国際雪合戦をはじめ，各種の雪中スポーツや犬ぞりレースなどがある．主催者の準備はたいへんであろうが，地域に根ざしたものや国際的なものまで多種多様である．参加者はなんらかの形で雪に触れるし，雪の性質を知ることが勝敗につながることもある．参加者が数万人という大規模なものは不可能で経済効果は少ない嫌いはあるが，雪国の自然の活用や冬期の運動不足を解消するためにも地方での普及が望まれる．

③ **雪国観光ツアー**　近年，旅行会社が企画する雪国観光ツアーが普及してきた．スポーツと違って高齢者でも参加できる．雪のない地方の人には雪景色そのものが観光対象となり，とくに流氷観光は人気がある．近年東南アジアや台湾からの観光客も増加傾向にある．祭りと違って年に 1 回と期間が限定されないので，1 回の参加人数が少なくても，長期にわたるので経済効果は大きい．自然との触れあいは企画しだいで可能になるが，地域との連携やガイドの資質の向上が今後の課題であろう．

④ **雪国体験ツアー**　地方の自治体やボランティア団体が中心となり，非雪国住民に，雪国の生活そのものを体験してもらう企画である．吹雪体験や雪下ろし体験が有名で，1 回の参加者は数十人と規模は大きくないが毎年根強い人気がある．この種の催しで最も大事なことは地元住民との交流であろう．交流を通して体験した雪国

の生活の知恵こそが，人と自然との共生の原点であり，参加者にとっても有益であろう．単なる物見遊山では味わえない感動や再発見があるからである．さらに交流を通じて，地元住民にも，雪に対する意識や自身の伝統的な暮らし方を見つめ直すきっかけになるに違いない．今後の発展は，いかに充実したソフトを参加者に提供できるかにかかっている．

⑤ **自然体験・自然観察会**　このイベントは自治体の教育委員会や自然同好会などの主催が多い．雪国に住む者にとって雪に関する科学的知識は必要であるが，いまの学校教育では雪や寒さについて特別な授業は行われていない．雪や氷を教材として活用する試みは，熱心な先生方によってはじまってはいるが，まだ実施例は少ない．いま社会問題にもなっている理科離れの原因の一つは，学校の授業があまり身近でない教材で行われているからだといわれている．雪国の子どもたちにとって，雪や氷は最も身近な自然の一つであるし，郷土の自然を学ぶことは大切なことである．総合学習での取組みや社会教育としての取組みが考えられる．今後，各地域に適した自然体験・観察メニューをどのように取り入れるか課題は多いが，その必要性は高い．

⑥ **雪遊び**　イベントや祭りとは最もかけ離れた存在であるが，雪を楽しむ最も基本的で重要なものである．田舎の風景で昔と変わった点は，道路や家並みが立派になったこともあるが，子どもたちが群をなして遊んでいないことである．子どもの数が減ったこともあるが，外で遊ぶ習慣がなくなりつつあるのではないか．極端な言い方をすれば，彼らはもっぱら，暖かい家のなかで，おやつを食べながらテレビをみたり，ゲームに興じているのである．仲間と一緒の外遊び，自然を相手にした遊びで子どもは賢く，たくましく育つのである．遊びを通して自然と触れあうことによって，自然の仕組みを覚え，自然とのつきあい方が身につくはずである．子どもの雪遊びを復活させるにはまず，親の，大人の意識改革が最も必要なのではないか．「親子の雪中キャンプ」などは親子で雪と遊ぶイベントとして大いに意味があろう．

15.1.3　大学生の雪遊びについての意識

大学生に「子どもの頃の楽しかった雪遊び，自分の子どもにさせたい雪遊びにどんなものがあるか」を問うと，スキー場で滑ったこととか，雪祭りで大雪像をみて楽しかったというのはごく少数で，大部分は友だちとの，単なる他愛のない雪遊びが楽しかったと回答している．それらのいくつかを紹介しよう．

① **雪山遊び**　雪山にトンネルを掘る．雪山の斜面をプラスチックの米袋で滑る．米袋のなかに段ボールを入れたり，座布団を入れたり，坂の途中にジャンプ台を作ったりと数々の工夫をこらしている．自動車のチューブ滑り，ミニスキー滑りも人気があった．

② **カマクラ作り**　何度も挑戦したが，1人ではなかに入れるような大きなものはできなかった．将来子どもには一緒に作ってあげたい．兄弟や友達と作って，母親

が作った甘酒を飲んだ．庭に家族で作り，なかで焼き肉を食った．鍋物を作って家族で食べた，など．

③ **雪の造形**　雪像作り．雪の迷路作り．雪の秘密基地作り．雪のキャンドル．雪に顔をつっこんで顔型作り．柔らかい雪の上に大の字に寝て自分の体型を作る，など．

④ **スポーツ**　雪合戦．サッカー．綱引き．棒倒し．旗とり．

⑤ **ゲーム**　雪のなかにミカンやキャンデーなどを隠した宝探し（凍ったミカンは美味しかった）．雪玉をたくさん作り，何個積み上げるか，高さ比べ，など．

⑥ **その他**　落とし穴．雪に穴を掘って偽装に工夫をこらし，友達を落とす．物置の屋根など，高いところから新雪のなかへ飛び込む．ただ単に雪のなかを転げ回る．木に積もった雪を足で蹴って落とし，全身で雪を浴びる．木に積もった雪を落とし，その下でカサをさして雪を受け止める．アイスキャンデー作り．シロップをかけて雪を食べる．つららでチャンバラごっこ．家具や菓子類を雪で作ってままごと遊び．

上記のような遊びについて彼らはつぎのような感想を述べている．友達と協力しあうことを覚えた．体を使う遊びは運動になり，熱中すると寒さを忘れた．雪遊びは工夫しだいでいろんな遊びに発展できる．下手でも自分たちで形のあるものを作ったときには達成感があった．自分の子どもにはファミコンより雪遊びを勧めたい．子どもと一緒に遊びたい．

質問をした約 200 名の大学生のなかには，靴から雪が入り冷たいので雪遊びは嫌いだったという学生が 1 名いたが，ほとんどの学生は楽しい雪遊びを経験しており，自分の子どもたちにもさせたいという．また，彼らの遊びをみると，仲間と協力しながら創意工夫をこらしており，雪遊びを通して，たくましく生きるために必要なさまざまなことを学んでいたことがよくわかる．

15.1.4　大人も子どもも楽しめる雪遊び

① **スノーランタン**　氷の器になかにろうそくを灯すアイスキャンドルは各地で行われ人気が高い．これを作るにはかなりの寒さが必要で，水を凍らせるには時間もかかる．スノーランタン（ろうそくを灯す雪の器）ならどんな雪質の雪からでも作れ，子どもでも簡単に数分でできる．慣れると 1 個 2〜3 分しかかからない．準備するものはプラスチックの丸い筒状のくず入れと 1 升びんだけである（図 15.1.1，図 15.1.2）．

くず入れと 1 升びんは外にしばらく放置して，外気温になじませる．雪の温度がマイナスで容器の温度がプラスだと雪が融けて容器に凍り付くからだ．風があるとろうそくの火が消えることがあるので，ろうそくは太くて短いのがよい．ろうそくの熱で内側が少しずつ融け，しだいに透明になる．アイスキャンドルとは違った，穏やか

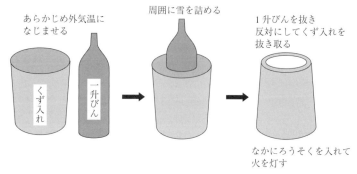

図 15.1.1　スノーランタンの作り方

図 15.1.2　子どもたちが作ったスノーランタン（北海道登別市で指導）

な明かりが得られる．

　② **スノータワー**　　雪を積み上げてその高さを競う．用具は 30 cm 四方，高さ 15 cm のふたも底もない木の枠だけだ．枠のなかに雪を詰め，枠を少しずつ上げると真四角なスノータワーができる（図 15.1.3）．

　ルール等：2 チーム以上，1 チーム 3〜4 人．1 人が木枠を持ち上げる役．残りが雪詰め役．最初シャベルで枠内に詰める雪を枠の周囲に集める．この際，詰めやすく，崩れにくい雪質を選ぶ．「よーいどん」で雪詰め開始．シャベルを使わず手で雪をすくって入れる．シャベルを使うと顔や頭に当たる危険があるためだ．1 分後に休憩，作戦タイム．この間にもう一度詰める雪を集める．雪の塔が崩れそうなら補強する．他のチームの高さと比べ，詰め方の再検討．競技の最後に塔の上に載せる雪の塊も準

図 15.1.3 スノータワー，札幌盲学校の生徒が作っている（北の生活館にて，写真は札幌盲学校提供）

備．再び1分間の競技を再開．50秒でカウントダウンを開始．そこで休憩時間に用意した雪の塊を塔の上に載せて競技終了．木枠を取り除いて塔の高さを計測．最も高いチームが優勝．

　高く積むためのコツ：詰める雪質と雪の塊の大きさ，および詰め方が重要．大きな雪の塊を詰めると枠の隅々まで隙間なく入らないので崩れやすい．詰めた雪を上から手ではたくと，振動で下のほうがくずれるので要注意だ．枠の4隅にはとくに隙間なく詰める．競技の最後に最上部に載せる雪の塊は，細長いものを準備する．大きすぎると，最後に枠が抜けないからだ．静かに載せないと塔が崩れる．

　競技をした子どもグループ，お母さんグループ，大学生グループ，中高年グループによると競技時間は正味2分間だが，相当疲れるという．ふだん除雪の経験が少ない小学生はシャベルで雪を集めるのが驚くほど下手だった．素早く，静かに，密に詰めるのがコツ．最高は2分で高さ約2m．当事者以外には愉快なことだが，計測前に失敗した例として，最後に雪の塊をドーンと勢いよく載せて崩れたり，塔が傾いて計測前に倒壊したり，雪を詰めるたびに手ではたいたため，つぎつぎと下のほうから崩れたりと，最後の出来映えでチームの個性がわかる．作戦と，創意工夫，チームワークが勝敗を分ける．日頃雪を扱っている人（こまめに家の周りの除雪をしている人？）はコツをすぐに飲み込めるようだ．

　ここにあげた雪遊びは，大規模なイベントには不向きで，友人，家族など，小グループに適している．自然相手の遊びは天候に左右され，考えた通りにいかない場合が多い．臨機応変な対応が求められる．これこそが生きる力となるに違いない．一般の雪祭りに参加するだけでは，素晴らしかった，楽しかった以上のことは身につかない

であろう．大学生の楽しかった雪遊びや上に紹介した雪遊びを通して，雪国の自然を巧みに活用する知恵や知識が身につき，やがて本当の親雪の道が開けるであろう．

[秋田谷英次]

文　　献

秋田谷英次（2001）：人と自然にやさしい生き方─雪遊びと農業体験から自然との共生を学ぶ─．ゆき，No.42：45-49.
国土庁地方振興局編（1996）：人と自然にやさしい雪国づくり調査報告書，pp.248，国土庁.
岳本秀人（1995）：豪雪地帯の現状と課題．（財）経済調査会 雪と対策'95-'96：31-37.
雪を考える会編著（1992）：雪と遊ぶ本，pp.140，（社）雪センター.
雪を考える会編著（1995）：遊雪事典，pp.111，国土庁.

コラム 15.1　スノーバスターズ

　スノーバスターズとはいうまでもなく映画『ゴーストバスターズ』のもじりである．雪処理に難渋する高齢者世帯などの手助けをするボランティア組織で，岩手県沢内村の社会福祉協議会に事務局を置いて 1993（平成 5）年にスタートした「沢内村スノーバスターズ」が発端である．それ以前に 1989（平成元）年から地元の青年会が一人暮らし老人宅の雪かきボランティアをはじめており，それを母胎に約 50 名の有志が集まった．

　その年のうちに他の町村にも広がり，「岩手県スノーバスターズ連絡会」の発足へと進んだ．現在では県内の 15 市町村でそれぞれのスノーバスターズが活動している．最近増えているこの種のボランティア組織のなかには，そのネーミングの妙もあって，スノーバスターズを自称するものも散見される．いわば雪処理ボランティアのさきがけとして象徴的存在となっているのが岩手のスノーバスターズであり，こうした点が評価されて 1996（平成 6）年には第 1 回雪対策功労賞を受賞するなど，数多くの賞を受けている．

　岩手県スノーバスターズ連絡会は毎年「雪かきサミット」を開催して連携を深めている．本家である沢内村スノーバスターズの場合，2001（平成 13）年には約 180 名の会員を擁するまでになった．この間，地元の大工さんらによる住宅補修ボランティア「ハウスヘルパー」の結成，高齢者からの電話一本で配達や出張理美容をしてくれる「ふれあい協力店」，運転ができない高齢者や足の不自由な人の移送サービスをする運転ボランティアなど，雪国に住み続けるための総合的な支援へとつぎつぎに活動分野を広げてきた．

　スノーバスターズの活動はまた，地域外の支援者との交流の場や，中高生たちが地域の現実に気づき地域と触れあう場をつくりだすことにもなった．雪に立ち向かうことをきっかけとして，さりげなく支え合う地域社会への扉が開かれようとしている．そうなれば，雪はコミュニティの再建をはぐくむ地域資源とみることができるかもしれない．

[沼野夏生]

コラム 15.2 雪焼けはどうして起こる？

スノーバスターズの出動風景（沢内村社会福祉協議会提供）

コラム 15.2 雪焼けはどうして起こる？

　強い日差しにあうと肌が黒く焼ける，すなわち「紫外線から肌を守る生体反応として，皮膚のなかのメラニン色素が増加して黒くなる」という日焼けの成因については，このコラムの範囲外となる．ここでは「雪の上では，雪焼けの原因となる紫外線がなぜ強いか？」の理由を考えてみよう．太陽からくる光（日射）のうち，波長 400～700 nm（$1\,\mathrm{nm}=10^{-9}\,\mathrm{m}$）を可視光線，400 nm 以下を紫外線という．地上で受け取る紫外線は，大気上層のオゾン層による強い吸収を受け，可視光線に比べれば著しく弱くなっている．さて，雪の影響は高い反射率（アルベド）にある．降ったばかりの乾いたきれいな雪であれば，可視光線に対して最大 95％をこえる高い反射率であり，紫外線に対しても 90～85％程度とされている．この高い反射率のおかげで，地上に到達した光の大部分は地面に吸収されることなくはね返され，あらゆる方向に進む光，つまり乱反射となって顔や身体に当たるため，日焼けを強めるわけである．雪のない地表面の反射率が 10％以下であることが多いのに比べて，著しく高い雪の反射率のなせるわざである．　　　　　　　　　　　　　　　　　　　　　　　　　　　　　　［山内　恭］

15.2 雪氷とスポーツ

　雪や氷の摩擦はたいへん小さい．とくに，スピードスケートと氷の間の摩擦係数は 0.004 程度であり，体重 60 kg の人を細い糸で引けるほどである．氷とスピードスケートの摩擦は地球上に存在する物質のなかで最も小さい．スキーと雪面の摩擦は 0.05 程度であるが，一般の物質間の摩擦に比べると，なお 1/10 程度に小さい．このように摩擦が小さく，よく滑ることからスキー・スケートは子どもから大人まで，初心者からプロまで親しまれる．スキー・スケートは国際的な競技やオリンピックの競技種目にも入っており，雪氷面の整備，道具の工夫あるいは滑走技術の工夫が行われる．氷のリンクではコース作りに新技術の開発も行われている．

　「スキー・スケートがなぜ滑るか」の問題は多くの科学者の興味を引いた．1887 年英国の Joly による圧力融解説の提唱（解け水の潤滑作用説）以来，多くの学説が出された．1939 年には Bowden and Hughes が実験研究に基づいて有名な摩擦融解説が提唱された．摩擦熱による解け水の潤滑作用によってスキーやスケートはよく滑るとするものである．その後，1950 年代には水蒸気潤滑説や水分子回転子説，擬似液体膜潤滑説などの学説が提唱された．

　1976 年には氷の結晶面や滑り方向による摩擦の異方性が発見された．とくに，同一結晶面上の氷で，滑り方位による摩擦の異方性は上にあげた学説では説明できなかったので，新たに，凝着説がスキーやスケートの滑り機構として登場した．最新の研究では，長らく有力な学説とされた摩擦融解説に自己矛盾が指摘された．つまり低摩擦の原因を水潤滑とすれば，解け水の原因が摩擦熱となり，摩擦を極端に小さくしたとき，摩擦融解は発生できず，摩擦が著しく大きくなるという矛盾である．

15.2.1　スキー

　スキーは細長く，先端が湾曲し，底面は平らである．滑走面は超高分子ポリエチレンが主流で，ポリエチレンにカーボン繊維を混ぜ電気伝導性をもたせたものなどがある．スキーの種類としては一般のゲレンデ用スキーのほか，幅が狭く軽量，踵を上下できる機能を備えたクロスカントリースキー，操作性の優れた回転競技用スキー，滑降競技用の長めのスキー，幅が広く長いジャンプ用のスキー，山登りに利用される山スキー（底面にアザラシの皮を張り，滑走抵抗が少なく，後方への抵抗を大きくしたもの）などがある．滑降，回転・大回転のスキーでは縁に鋼鉄製のエッジがついていて，雪面を削りながら方向転換が図られる．一般向けクロスカントリースキーの滑走面には微細な鱗状の凹凸模様を刻んで，後方への滑りの抑止としているものもある．従来のクロスカントリースキーではワックスの塗布操作で滑走と登坂に対応してい

る.

オリンピックのスキー競技には滑降，回転，大回転，ジャンプ，クロスカントリー，複合のほかに，最近加わった斜面に作られた樋状の雪のコースをスキーで滑り降りるハーフパイプ，凹凸を設けた斜面を滑り降りる際の演技と速度を競うモーグルがある.

スキーにはそれぞれの目的にあった操作性，滑走性能が要求される．スキーが移動のための道具であった時代からは隔世の感がある.

スキーが雪面上でなぜよく滑るかについては学界の意見は分かれている．スキーに刻まれる溝の形状に最適のものがあるのであろうか？　溝なしスキーもあり，一般にいわれる溝が直進性を与えるという主張は根拠が薄く，技術者の間には不毛な議論を重ねたとの述懐も聞かれる.

スキー製造に手作り要素が多かった昭和の時代には雪国の各地にスキー製造メーカーがあった．昭和40年代，機械による一体製形，大量製造機械の登場により，製造メーカーの整備がはじまった．今日では外国製のスキーが店頭に並び，国内のメーカーは国際競争力をもつ少数にすぎない.

メーカーはインストラクターや選手を抱え込むことにより，競技会でよい成績を出すことで性能をアピールしている．スキービジネスでは競技に勝てるスキーが世界市場を制覇しているようである．画期的なスキーでもないかぎり，スキーそのものの良否の評価は難しい．わが国のスキー製造の活性化には滑走メカニズム，滑走の運動学など雪氷学やトライボロジー，運動学の専門家の加わったスキー開発が切望される.

スキーコースは一般のゲレンデの場合，降雪のたびごとに圧雪車で踏み固められる．オリンピックなどのスキーコースでは多数の人を動員して踏み固められる．雪の固さは密度の4〜5乗に比例して大きくなる．雪の密度を大きくすることが固い雪を作る基本である．回転競技ではポールの周りの雪がスキーのエッジで削られる．平坦な雪面に溝ができ，後から滑る選手の条件が異なることになっては，競技の公平が維持されない．そのため，競技用にはエッジによっても容易には削られない硬い雪面が必要なのである.

スキーワックス

パラフィンに添加剤などを加えたものである．スキー滑走面に塗り，ポリエチレンと雪粒の直接接触を妨げることで，滑走性能を高める．スキーはワックスを塗られたとき，最高の滑りが発揮される.

ワックスは雪質，雪温に合わせて選ばれる．硬い雪には硬め（融点が高い）のワックス，柔らかめの雪には柔らかい（融点が低い）ワックスが選ばれる.

優れた滑りはワックスの層が薄いときに得られる．ワックスは滑走面のポリエチレンや雪粒より柔らかい．雪粒はワックスの層にめり込み，掘り起こし抵抗と摩耗を生ずる．ワックスの効果としてよくいわれているのは，ワックスが融け水をはじくことである．水の排出をよくするためにワックスにストラクチャーという細かい溝が刻ま

れる.

　融け水は摩擦によって生ずる. 摩擦がある程度大きいときに, 水をはじくことが可能になるわけで, 水が発生しなければ上の説明は適用できない. スケートにおける摩擦融解説と同様の矛盾を含んでいる.

　ガリウムワックスはポリエチレンに半導体のガリウム (融点30℃) を含有させたものである. 固体のガリウムは柔らかく, 単に塗りつけただけでも滑走性が向上する.

15.2.2　スケート

　スケートにはハーフスケート, スピードスケート, フィギュアスケート, ホッケー用スケートがある. スピードスケートは刃の幅がわずか1 mm, 長さ450 mm程度の非常に固いステンレス鋼からできている. ハーフスケートは長さを短くしたものである. フィギュアスケートは幅が広く, 短い. 長さ方向に中央線に沿って溝がある. 先端にはぎざぎざの刃がついている. ホッケーの刃も短く, 幅は広く, 長さ方向に中心部が窪んでいる.

　スケートリンクを維持管理する製氷マンは氷をいかによく滑る状態に保つかにしのぎを削る. とくに, スピードが競われるスピードスケート競技においてはゴミや不純物を含まない透明な氷が作られる. 札幌オリンピック (1972) では脱イオン水が使われた. 長野オリンピック (1998) の室内リンク「エムウエーブ」では逆浸透膜で濾過された純水が使われた. 透明な氷を作るコツは40℃程度の温水を繰り返し撒いて氷を育てることである. 散水の瞬間, 氷の表面層はわずかに融け, ついで凍る. 1回の散水で0.5 mm程度の厚さを増し, 繰り返し散水して厚い透明氷が作られる.

　室内リンクの氷の厚さは30 mm程度である. 世界記録の出るリンクは高速リンクと呼ばれ, 選手が集まる. スピードスケートは記録への挑戦であり, 記録の出ないリンクに一流選手はこない. 選手がこなければ記録も出せないという悪循環となる. 結局, 巨費を投入し高価なリンクを作っても, 三流リンクであったら国際舞台では廃墟に等しい.

　選手は記録の出るリンクを望むわけで, 氷に対する感想として粘りがある, 固すぎる, 柔らかすぎる, 力が伝わらないなどと評価する. 同じ氷がある選手には好まれ他の選手からクレームが出るのは, 選手の滑走技能に個人差があることに起因する. たとえば, 短距離 (500 m, 1000 m) では柔らかめの氷が好まれ, 長距離 (3000 m, 5000 m, 10000 m) には硬めの氷が好まれる. 製氷マンは短距離には氷温を高め, 長距離には低めに調整する. スケートは氷を蹴り, 足を前方に踏み出すことによって加速する. 交互の足の操作で滑走しているわけだが, このワンストロークの間に人体が受ける空気の抵抗とスケートの刃が氷から受ける摩擦抵抗によって減速する. 秒速15 mもの高速で滑るスピードスケートは台風に向かって走ろうとするようなもので

あり，非常に大きな空気抵抗に抗して前進している．空気抵抗は空気密度が小さいほど小さくなるので，空気が薄くなる標高の高いリンクが有利とされる．

氷との摩擦抵抗に関していうと，滑り摩擦の小さいリンクが有利である．スケートリンクは左回り，リンクには二つの直線部分と二つの半円（コーナー）部がある．コーナー部では速度の2乗に比例する大きな遠心力が加わる．スケートの刃は幅が1mm程度，前後方向に緩い湾曲があるから，コーナーではスケートの刃の一部と氷との接触によって遠心力が支えられる．氷が遠心力を支えきれない場合，スケートは横滑りし，選手は転倒に至る．コーナーで選手は遠心力（転倒）の恐怖におびえながら，極限のスピードに挑んでいる．見方を変えると，一流選手は氷に不安をもっていて，限界のスピードに挑戦できないのである．雪氷学的にはより大きな遠心力を支え，選手の潜在力がさらに発揮されるリンクの探求が課題となる．

特筆すべき高速リンクとして氷筍リンクがある．氷筍リンクは薄い氷の上に氷筍から切り出した底面（0001）を60万枚敷き詰め，その上に散水することで作られた．摩擦の小さいリンクであり，1998年12月のワールドカップ短距離初戦500mで清水宏保選手が同年2月のオリンピック記録を破るリンクレコードをうち立てた．今後は，選手の潜在力を引き出す氷，滑走するスケートでバンクが形成されるような氷の作成が次世代スケートリンクの課題である．

15.2.3　その他のスポーツ

スノーボード
スノーボードは幅の広い1枚の板に滑走方向と直角に両足を固定し，雪の斜面を滑り降りるものである．スキーに比べ俊敏なターンが可能であり，若者を中心に愛好者が増えている．

そ　り
そりは古くは荷物運搬の主流であった．しかし，自動車が主流となった今日では道路上の雪は障害物，危険物として除雪されるので，そりの通れるような雪面が少なく，そりはすたれている．ボブスレー，リュージュなどのそり競技にかろうじて引き継がれている程度である．

ボブスレーは4人乗りのそりである．樋状の湾曲した氷のコースを滑り降りる．スタート地点では助走して加速する．リュージュは足を進行方向に向けて仰向けになって滑る1人乗りのそりである．樋状の湾曲したコースを滑り降りる．頭を進行方向に向け腹這いになって滑るスケルトンという競技もある．オリンピックのそり競技は危険であり，アマチュアが楽しめるようなポピュラーさがない．愛好者もきわめて少なく競技者のためのスポーツという感を否めない．

カーリング
カーリングは氷の板の上に作られたペブルという小さな碁石状の氷の上面に重さ

コラム 15.3 人工降雪機はどうやって雪を作る？

　人工的に雪を作る方法には，気温や湿度の調整可能な装置内で，自然の雪と同じように水蒸気の昇華凝結により雪や霜の結晶を成長させる方法，微小水滴を大気中で凍らせる方法などがある．後者の例はスキー場でよくみられる人工降雪機で，噴霧した微小水滴を冷たい大気中で凍らせることにより雪を作る．稼働は寒いときに限られるが，圧縮した空気と水をノズルから混合して噴出させ，空気の断熱膨張による温度低下を利用して，比較的気温の高いときでも雪を作れるようにする工夫がなされている．できた雪は氷の球で，六角形などさまざまな結晶形をもつ自然の降雪とは異なる．最近は，製氷装置で作ったフレーク状の氷を，管を通して高圧空気でゲレンデに運び，外気温にあまり左右されず大量の雪を撒く人工造雪システムを導入しているスキー場もある．

[金田安弘]

(独)北海道開発土木研究所では，実験用雪氷路面作成のため，圧縮した空気と水をノズルから混合して噴出させるタイプの人工降雪機を，苫小牧寒地試験道路に設置している（(独)北海道開発土木研究所提供）

200 N のストーンを滑らせる競技である．ストーンには直進力と回転力が与えられる．速度が小さいと回転が発揮されて，湾曲した移動も可能となる．ブラシとモップでペブルの表面を研磨し，ストーンの運動をコントロールする．2 組が交互に 8 回ずつ投げ，定められた円の中央に近いところにあるストーンに点数が与えられる．各組はじめの 4 投はヒット（衝突させること）が禁止される．障害となる場所にストーンを置いたり，相手のストーンをはじき飛ばしたり，相手のストーンの前へ出たりする技術が競われる．10 ラウンドの合計点で勝負が決められる．

　ストーンの底は湾曲していて，氷と接触する平面は幅 30 mm 程度，直径 150 mm ほどのリング状部分である．リングは氷の平滑面にじょうろのようなもので水滴を散布して作られたペブル（粒々氷）の上を滑る．製氷マンにとってはいかによく滑る氷

のペブル突起を作るかが製氷のカギになる. 30 m を 24 秒かけて滑るリンクでは平均の摩擦係数は 0.01, ストーンの初速度は 2.4 m/s 程度と小さい. 摩擦の小さいリンクほど低速での滑りが可能となり, ストーンの運動方向や滑走距離の調整ができやすくなる.

[対 馬 勝 年]

15.3　雪氷と観光

15.3.1　日本の冬祭り

最近, 雪国各地で競うように, 冬祭り（雪祭り・氷祭り）が実施されている. それらに共通するのは, 雪像・氷像などが祭りのシンボルとして制作されていることである. それも, スコップなどを使って手作りする小さいものから, 各種建設機械を用いて何日もかかって作り上げる大がかりのものまでさまざまである. ここではそれらのなかから, 代表的な祭り三つと異色の祭り一つを取り上げる.

（1）　新野の雪祭り

雪祭りとして最も伝統があるのは「新野の雪祭り」である. これは長野県阿南町新野に室町時代から伝わる重要無形民俗文化財である.「大雪は豊作の前触れ」ということで, 今年も豊年・よい年でありますようにと神に祈る伊豆神社の例祭・特殊神事を称していう. 雪がなければ遠くの山へいき雪をとってきて供えるというところから「雪祭り」と名づけられたという. 毎年 1 月 14〜15 日に開催される. 祭りでは, びんざさら舞・ろん舞などの神楽殿の儀のあと伽藍様の祭り, 本殿の儀と続き, その後庭上の大松明に火が灯されて庭能と呼ばれる舞がはじまる. ここでは“幸法”,“茂登喜”,“競馬”など 14 種類の舞が奉納される. この祭りを描いた作品に,『きょうまんさまの夜』（宮下, 1968）がある.

（2）　さっぽろ雪まつり

さっぽろ雪まつりは, 第二次世界大戦後の荒廃した世相のなかから, 厳しい冬を少しでも明るく, 楽しくすごそうと, 札幌市の観光の担当者たちが中心になって, 1950（昭和 25）年 2 月 18 日に, 大通公園西 7 丁目に制作された雪像をシンボルとして開かれた. 以来 2002 年 2 月に第 53 回が開催されるまで, 毎年欠かさずに実施されている. 開催期間も少しずつ増え, 1987（昭和 62）年からは 2 月上旬から中旬にかけての 7 日間実施されている. さっぽろ雪まつりのシンボルである雪氷像の数は 1 回目こそ 6 基しか制作されなかったが, 1965（昭和 40）年には 100 基をこえるように

なり，1984（昭和59）年以後は毎年300基以上が制作されている．それに伴って，当初大通公園のみであった会場も，1965（昭和40）年には大通公園と真駒内の2カ所となり，さらに1983（昭和58）年からはすすきのも加えて3会場となった．札幌市の人口が100万人をこえた翌年，札幌市で冬季オリンピック大会が開催された前年に当たる1971（昭和46）年には，観客動員数がそれまでで最高の405万人に達した．しかし，その後は毎年200万人前後と落ち着いているようである．雪・氷像のなかには高さが15mにも達する大型のものも多く，いかに雪国札幌とはいえ必要な雪の量を確保するのは容易ではない．1月上旬から約2週間かけて，札幌市内および近郊から5tトラックで多いときには8000台分の雪を運んだ年もあった．雪不足の年には遠く中山峠や岩見沢方面にまで雪を求めることもある（第50回さっぽろ雪まつり実行委員会，1999）．

(3) 十日町雪まつり

1947（昭和22）年10月，昭和天皇が新潟県内をご巡幸になられた．当時農林省林業試験場十日町試験地の主任だった高橋喜平氏が陛下にご進講申し上げた際に，陛下から「雪国で何か明るい話題はないか」というご下問があり，それがヒントになって雪まつりを思いついたといわれている（十日町雪まつり実行委員会，1998）．第1回十日町雪まつりは，1950（昭和25）年2月4〜5日に開催された．以来毎年2月上旬から下旬にかけて2日間開催され，札幌と同じく50回以上の歴史がある．ただし，最大積雪深の平年値が227cmと新潟県を代表する豪雪地である十日町市でも，雪に恵まれない年があり，1964（昭和39）年および1965（昭和40）年には小雪のため2年続けて中止のやむなきに至った．十日町は織物の産地として知られる．そこで1957（昭和32）年からは，それまで雪像の制作による雪の芸術展が中心だった雪まつりに，大型の雪像に設けた舞台（ステージ）上での雪上きものショーや歌謡ショーが加わって，いっそう華やかなものになった．

(4) 氷点下の森・氷祭り

木曽の御岳山（標高：3067m）のふもとにある岐阜県朝日村．ここは標高が低いところでも704mという高地にある．冬期は積雪が多く（最大積雪深の平年値：110cm）寒冷で，最低気温が−18℃に達することもある．そのため，どうしても冬期には観光客が落ち込む傾向にあった．その対策として，秋神温泉旅館を経営する小林繁氏は約4haの敷地内の森林に，近くを流れる秋神川（飛騨川の支流）から水をポンプアップして噴霧し，寒気を利用して樹木に着氷させる作業を開始した．1971年のことである．名づけて「氷点下の森」．11月中旬に開始された噴霧作業は12月に完成する．そして，1月上旬から3月下旬までの3カ月間に訪れる観光客の目を楽しませてくれる．昼は日に当たってブルーに輝き，夜間はライトアップされて7色の幻想的な世界が現出する（図15.3.1参照）．1976年からは朝日村全体の冬祭りとして，

図 15.3.1　氷点下の森（岐阜県朝日村役場提供）

2月の第2土曜日にアイスキャンドルや花火も加えたイベントとして続けられている．なお，小林氏は「凍るシャボン玉」（コラム 7.4 参照）を考案したことでも知られている．

15.3.2　世界の冬祭り

中国ではハルビン氷雪祭があまりにも有名であるが，ほかにも吉林省吉林市や長春市で氷祭りが実施されている．またカナダでは毎年1～2月にかけて各地で冬祭りが行われる．なかでもケベックシティ，モントリオール，オタワ，サンボニファスのものが有名である．一方，歴史は浅いが，韓国やロシアでも近年冬祭りが開かれるようになった．ここでは，それらのうちハルビン氷雪祭とケベックウインターカーニバルについて紹介する．

（1）　ハルビン氷雪祭

ハルビンは中国東北部黒龍江省の省都で「氷城」の別称があり，人口は約 970 万人である．アムール川（黒龍江）の支流松花江が市内を流れる．ここでの冬期の最低気温は $-30\,^\circ\mathrm{C}$ にも達する．氷雪祭（氷雪節）は，1985 年からはじまり，毎年おおむね1月上旬から2月上・中旬までの1カ月間以上にわたって開催される．兆麟公園の「氷灯遊園会」，太陽島公園の「雪彫遊園会」をはじめ，松花江江畔の「氷雪大世界」，冬泳（寒中水泳，氷灯を作製するために松花江から氷を切り出したあとにできる水路内で泳ぐ），氷彫刻と雪像コンテストなどのイベントが行われる．氷灯とは，動物や植物の形などを氷で彫刻したり，氷を積み上げて宮殿や楼閣を作り，それらのなかにカラフルな電灯を入れてライトアップしたものをいう．氷灯遊園会および氷雪

図 15.3.2　ハルビン氷雪祭の氷灯（新潟市役所提供）

大世界では，完全結氷した松花江から切り出した氷で毎年大規模な氷の建造物が作られ，そのなかに色とりどりの明かりを灯した幻想的な美しさが評判を呼んでいる（図15.3.2 参照）．

（2）ケベックウインターカーニバル

カナダ東部のケベック州の州都ケベックシティ（人口約 70 万人）では，1955 年以来毎年 1 月下旬～2 月中旬にかけて，ケベックウインターカーニバルが開催されている．「ケベック」とは，アルゴンキンインディアン語で「川筋が狭くなっている場所」の意味．その名の通り川幅の半分以上が折からの $-20\,°C$ にも達する寒さで凍結したセントローレンス川で氷上カヌーレースが，また街のメインストリートでは犬ぞりレースが行われる．さらにサンルイ門そばの広場には氷の宮殿が作られ，アイスクライミングが行われる．カーニバルの開催期間中街角には市民が腕を競って作った雪や氷の彫刻が並ぶ．夜にはそれらの彫刻がライトアップされていろどりを添える．最近では数十カ国からのチームが競う雪や氷の彫刻コンテストも実施されている．また，夜のイルミネーションパレードも人気を博している．

［小林俊市］

文　献

第 50 回さっぽろ雪まつり実行委員会編（1999）：さっぽろ雪まつり 50 年（記録・資料編），79 p，第 50 回さっぽろ雪まつり実行委員会．
宮下和男（1968）：きょうまんさまの夜，96 p，福音館書店．
十日町雪まつり実行委員会編（1998）：十日町雪まつり 50 年—雪国の祭典　現代雪まつり発祥の地—，159 p，十日町雪まつり実行委員会．

15.4 雪氷構造物

15.4.1 かまくら

　古来，宮中で正月15日に行われてきた悪魔払いの儀式である左義長から発展した秋田県横手地方での小正月の行事のことである．また行事で使う雪の構造物そのものもかまくらという．その由来は，① 神の依り代とする神座説，② 穴を意味するアイヌ語説，③ 後三年の役において戦死した鎌倉権五郎にちなむとする説など六つの説がある．この行事は400年の歴史があるといわれている．1934（昭和9）年2月に横手を訪れたドイツの有名な建築家ブルーノ・タウトがその著『日本美の再発見』のなかでスケッチしたかまくらは，天井が竹簀（竹でつくったすのこ）になっている．そして，文中にも「～カマクラの上には，雪の天井の代りにたいてい竹簀が載せてある．雪だと崩れ落ちる心配があるので，今年は警察で禁じたのである」（篠田英雄訳，1972）との記述がみられる．ちなみに，秋田市楢山地区には，藩政期から伝わる「楢山かまくら」がある．これは丸太で補強した側板の周りに雪を積んで壁を作り，その上に丸太で屋根の骨組みを作り，その上にわらをかぶせて間口3.6 m，奥行5.4 mの切妻の家の形にする．1911（明治44）年にいったん中断したあと，1975（昭和50）年に復活した．横手でも初期の頃には四角いかまくらが作られていた．それが丸い形に変わったのは第二次世界大戦後のことで，現在では横手市観光協会が作り方を指導している（図15.4.1参照）．

　つぎに，最近のかまくらにまつわるトピックをご紹介しよう．

（1）　出前かまくら
　最近の話題の一つとして「出前かまくら」という制度がある．これは秋田県横手市が1999（平成11）年度からはじめたものである．横手市観光係内にある「出前かまくら隊本部」に申し込むと，かまくら作り数十年のベテラン職人「かまくら名人」を派遣して，現地で横手式かまくらを作製する．雪のない地域には，横手市から20～30 tの雪を運んでいく．1999年から2002年までの3年間で20件の派遣実績がある．なお，費用については，かまくら職人の旅費・賃金，および雪の運搬費がかかる．たとえば関東圏に出前した場合で70～100万円といわれている．

（2）　かまくら作りの道具
　かつて雪国で生活する人なら誰でも容易にかまくらを作ることができた．しかし最近では，子どもだけでなく大人でさえ，かまくらを作った経験のない人が増えてい

図 15.4.1 かまくら（横手市役所提供）

る．そこで，誰でも手軽にかまくら作りを行う手段として，道具を使う方法が岐阜県にあるメーカーによって実用化されている．それにはまず，合成樹脂製のドーム型の空気袋に電気掃除機をつないで空気を送ってふくらませる．つぎにふくらんだ空気袋の周りに，小型ロータリ除雪機を使って雪をかけてドーム型に外部を固め整形する．雪が固まったら，再び空気袋に電気掃除機を接続して今度は空気袋内の空気を抜き，袋をかまくらの外に取り出す．最後に内部を整形して完成する．この方法は，後述する「アイスドーム」の作り方に類似する点が多い．発売元の資料によれば，床直径2 m，高さ1.8 mのかまくら一つを，2, 3名の人員，除雪機1台および電気掃除機1台で作るのに要する時間は約30分である．広いスペースに同じ大きさのかまくらをたくさん作る場合にはこれも一つの方法である．

(3) かまくら卒業式

豪雪地帯で有名な山形県朝日村の村立大網小学校では，1980年から毎年「かまくら卒業式」を実施している．これは，3月の卒業式終了後，校内のグラウンドに作られたジャンボかまくらのなかで卒業生と先生方が6年間の思い出や将来の夢などを語り合ういわば「門出の会」である．開始当初は，卒業行事の一環として，玄関前に手作りで小さなかまくらを設置する程度であったが，しだいに大規模なかまくらに変わってきた．現在では，本校および田麦俣分校の5, 6年生と，父母，教職員が協力し，ロータリ除雪車などの建設機械を使用してグラウンドに積もった雪を集め，1週間から10日くらいかけて作る．ちなみに，2002年3月に作られたジャンボかまくらは，高さ約10 m，直径約20 mで，室内の広さは6畳くらいである．かまくらのなかでは中学校の制服姿の4人の卒業生が，父母が用意したお汁粉を食べながら，壁

面に灯るろうそくの明かりのもとで先生方と思い出を語り合った.

15.4.2　イグルー

　イグルーとは，カナダの住人イヌイットたちが，旅や狩りなどの移動用に，雪のブロックをドーム状に積み上げて作った仮住居のことをいう.　もともとは，冬の常用住宅として使用されたものであるが，最近では木造住宅やテントに取って代わられた.　イグルーの作り方はまず適当な硬さの雪を選ぶ.　つぎにのこぎりまたはナイフを使って雪ブロックを切り出す.　雪ブロックを段差ができないようにナイフで少しずつ削りながら渦巻き状に積んでいく.　3, 4 人用で 4, 5 段，10 人用では 6, 7 段に積む.　高くなるにつれて内側への傾斜を急にする.　最後にてっぺんの 1 枚をはめ込む.　なかの人間が閉じこめられる形になるのでナイフで入口を作って出る.　各ブロックの間の隙間を雪でふさぐ.　天井にベンチレーション用の穴をあける.　入口の上に透明な氷をはめこんで窓を作る.　そのあと同じ要領で玄関を作って完成する（本多，1994；ステルツァー，1999）.

15.4.3　アイスホテル

　イグルーにヒントを得て作られ，冬期だけに限定営業するホテルのことである.　スウェーデン北部の村ユッカスヤルビとカナダのケベックシティのものが有名である.　ユッカスヤルビのアイスホテルは 1990 年から営業を開始している.　毎年 10 月末からホテルの建設がはじまり，12 月中旬には 60 室 4000 ㎡ある平屋のホテルが完成する.　高橋（1997）によると，氷の建物の製作方法はイグルーよりもむしろアイスドームに近い.　すなわち，ハーフパイプ状の高さ 10 m，横幅 10 m，奥行 5 m くらいの金属製のフレームにロータリ除雪車で厚さ 1～2 m に雪を吹き付ける.　そこへ，近くの湖から水をポンプアップして散水しシャーベット状にする.　すると，−25～−30℃の外気により一晩で凍結して氷のドームができあがる.　フレームはあらかじめジャッキアップしてセットしてあるので，翌朝ジャッキを外すとフレームが落下して氷のドームだけが残る.　建物の妻に相当する壁やベッドなどの設備はすべてトルネ川から切り出した氷のブロックを整形し，組み立てて作る.　営業期間は年によって異なるが，おおむね 12 月中旬から 3 月下旬まで.　その間ホテル内の温度は −5 ℃程度に保たれる.　ホテル閉鎖後には氷は川に流され，つぎのシーズンに作り直す.　現在では，日本をはじめ世界各地から氷の彫刻家が招かれ，レセプション，ホール，バー，チャペル，ギャラリーおよびシャンデリアなど各部屋の装飾に氷の芸術を競い合っている.　各客室には氷のベッドがあり，その上にポリスチレンのマットとトナカイの毛皮が敷かれている.　宿泊客はベッドの上で寝袋にくるまって寝ることになる.　ちなみに宿泊費は，2 名 1 室利用の場合で，朝食およびキルナ空港からの往復送迎費込みで 1 人 1

泊2万4000円とのこと．2000〜2001年のシーズンには1万1000人の宿泊客を迎えた．

15.4.4 アイスドーム

雪氷学の分野でアイスドームというと，ふつうは「氷床や氷帽のなかで，表面がゆるやかにドーム状に盛りあがった地形」を表す（日本雪氷学会, 1990）．しかし，「雪氷構造物」に関していえば，アイスドームとは雪氷でできたドーム状の構造物のことである．北海道東海大学の粉川牧は1980年から，雪氷を材料とする薄肉の曲面板からなる構造物を「アイスシェル」と名づけ，その強度や安全性についての研究を続けている（粉川・村上, 1986；粉川, 2002）．これは，中に空気を送ってドーム状にふくらませた円形2重平面膜と網目ロープからなる型枠空気膜の上にロータリ除雪機により雪を粉砕して吹き付け，さらにポンプで吸い上げた0℃の水を高圧スプレーノズルで散水して全体をシャーベット状にする．それを寒気により凍結硬化させて氷構造物とするものである．所定の氷厚に達した後，なかの型枠空気膜の空気を抜き，膜とロープをドームの外に取り出す．これにより，低温，高湿の条件を有する広い空間が確保される．北海道占冠村のホテル，アルファリゾート・トマムでは，1997年以来毎年12月下旬から翌年の3月下旬までの約3カ月間，敷地内に図15.4.2に示すようにさまざまな規模のアイスドームからなる「アイスドームビレッジ」を設置し，訪れる観光客を楽しませている．各アイスドームの内部には，それぞれクリスタルカフェやカクテルバー，氷の工房などがあり，アフタースキータイムを満喫できる．また旭川市にある酒造会社では，直径10m，高さ2.7mのアイスドームのなかで，麹

図15.4.2 アイスドームビレッジ（アルファリゾート・トマム提供）

と蒸し米に水を加えて発酵させたもろみを布製の袋（酒袋）に詰めて天井からつり下げ，そこから自然にしたたり落ちる酒だけを集めて濾過してからびん詰めするという手間ひまかけた日本酒を販売している．アイスドーム内は，酒造りに最適の温度−2℃，湿度90％に保たれている． [小林俊市]

文　献

本多勝一（1994）：カナダ゠エスキモー，pp.99‐107，朝日新聞社.
粉川　牧・村上賢二（1986）：スパン20mアイスドーム建設の試み．雪氷，**48**：67‐73.
粉川　牧（2002）：スパン30mアイスドーム建設の試み．雪氷，**64**：469‐476.
日本雪氷学会編（1990）：雪氷辞典，p.1，古今書院.
ステルツァー，ウーリ著，千葉茂樹訳（1999）：「イグルー」をつくる，32p，あすなろ書房.
高橋浩志（1997）：スウェーデン・ユッカスヤルビ村におけるリゾート施設としてのアイスホテルの建
　　設と営業について―雪・氷の建材としての世界初の利活用を現地に観る，克雪・利雪技術研究
　　1995〜97，pp.117‐132，（財）日本システム開発研究所.
タウト，ブルーノ著，篠田英雄訳（1972）：日本美の再発見〔増補改訳版〕，pp.119‐124，岩波書店.

コラム 15.4　塩と氷でどうして冷えるの？

　氷と塩とを混合すると，氷の一部が融け，融け水に塩の一部が溶けて塩水溶液ができる．1気圧のもとで0℃の氷が融けて水に変わるときには，1g当たり335J（80cal）の融解熱を吸収する．水に塩が溶けるときも若干の溶解熱を吸収する．これらの熱は外から供給されなくても，混合物自身が温度を下げることによってまかなわれる．塩水溶液は温度の低下とともに濃度を増し，共融点（氷晶点）と呼ばれる温度になると，塩水溶液がなくなり，氷と塩と，氷と塩の共融混合物（含氷晶）とが共存する．

　氷晶点は，塩が塩化ナトリウム（食塩，$NaCl \cdot 2H_2O$）の場合は−21.2℃，塩化マグネシウム（$MgCl_2 \cdot 12H_2O$）では−33.6℃，塩化カルシウム（$CaCl_2 \cdot 6H_2O$）では−55℃である．氷晶点を得る氷と塩の混合の割合は，氷100gに対して，塩化ナトリウムなら29g，塩化マグネシウムなら85g，塩化カルシウムなら143gであるが，注意深く実験をしないとこの温度に到達させることは難しい．

　低温に冷すことが目的であれば，適当量を混ぜ合わせるだけで実現できる．この混合させて低温を得る組合せの材料を寒剤と呼ぶ．

　外部からの熱の出入りがあるときには，固体の塩がなくなるまで氷の融解が続き，生じた塩水溶液が気温を結氷温度とする濃度以下に薄まるまでは，この塩溶液は凍らないので，塩は融雪剤として利用されている． [小野延雄]

コラム 15.5 スキー場ゲレンデのこぶはどうしてできる？

　スキーのモーグル競技に使う規則正しくこぶが並んだ斜面は，意識的にスキーを滑らせてつくるのだが，ふつう，どのようなスキー場でもスキーヤーが大勢押しかける急斜面には規則的な間隔のこぶが自然に発達する．こぶのできる原因は，スキーヤー自身がスピードの出すぎをコントロールしようとしてスキーをターンさせるときのエッジ操作により雪面を削るためである．しかし，できあがったこぶのパターンは，特定の人の積極的な意志によるものではなく不特定多数のスキーヤーのスキー操作の結果として決まる．この意味で，こぶは人間が作ったものであっても決して人工的あるいは人為的なものではない．形態形成の観点からみると二つの点に注目する必要がある．一つは，どうしてこぶが発達するかという点である．つぎつぎにやってくるスキーヤーがそれぞれ勝手気ままにシュプールを刻んでいったのではこぶは発達しない．こぶが形成されるためにはエッジを利かせる位置がこぶの凸部ではなく凹部に集中することが必要である．もう一点はこぶの間隔の問題である．こぶの発達のしやすさはこぶの間隔によって異なる．多くのスキーヤーが雪面にエッジを利かせるのと同じリズムをもった間隔のこぶほど発達しやすくなる．結果としてできるこぶの間隔はその斜面を滑る不特定多数のスキーヤーによる多数決の結果といえなくもない．

[納口恭明]

規則的なスキー場のコブ斜面（米国ユタ州アルタスキー場）

15.5 雪と暮らし

15.5.1 食文化

(1) 雪国の食生活を支えた食材確保の知恵

　日本の国土の半分は雪深い豪雪地帯で，その降雪量は年間琵琶湖3杯分に値するといわれている．したがってこうした雪国の人々の暮らしは，年間を通して，「雪を念頭から離せない」営みであった．食生活も例外ではなく，その食材確保，献立，調理などのすべての面に，そこに住む人々の，雪国ならではの知恵と工夫とによって生み出され，そして伝承されてきた豊かな「食文化」がみられる（表15.5.1）．

　こうした雪国の食文化について考察すると，それは冬季，陸の孤島と呼ばれた豪雪地域のみでなく，降雪が多量で長期間にわたる地域に住む人々にとってなによりもまず大切なのは食材の確保であった．したがって過去から現在に至る過程のなかで，各地，各家で食材確保について実にさまざまな方法が検討され，実践されてきた．それは大別すると保存貯蔵と雪を活用しての生産という二つの系統になる．そしてそれらをさらに具体的にみると，前者は「囲う」「乾燥」「塩蔵」そして「その他」の四つの手段に分けられよう．いずれの手段においても，保存する食材の寒さに対する耐性の如何，含有水分の多少，保存による食品の劣化速度の如何といった食材自身の特性や，大型冷凍庫（ストッカー），各種乾燥機などの開発・普及といった対応手段の進歩によって，それぞれ多種・多彩な保存法が適用されてきた．たとえば「囲う」手段でみれば，だいこん，にんじん，ごぼうのように寒さに強いものは泥つきのまま，土中に埋めて上から土をかけるだけといった程度から，雪のなかに穴を掘り野菜を入れ雪で囲うもの，さらには広さや規模，機能，保温などへの配慮などの差異はあるけれども，貯蔵のために設けた室による食材の確保などがあげられる．そして1960年頃からは，こうした「むろ」に加えて，専用の家庭用大型冷凍庫（ストッカー）が普及しはじめ，食材保存は簡便，容易となり，その活用は飛躍的に伸長して現在に至っている．

　「乾燥」手段については，軒先に吊して風や天日で，または凍らせてから乾燥したり，切り開いたり，薄く細く切ったり，調味液に浸したりといったなんらかの下処理をした後に乾燥させるものなど，多種多様である．こうした乾物食材は，生鮮物に比べて変色や味の低下はまぬがれえないが，手法の考慮によっては動物性，植物性を問わず広く多種の食品に適用でき，また水分が少ないだけに他の保存手段に比べて保存性が高く，長期の保存に耐えうるものが多い．近年，こうした長所と短所をふまえて乾燥機による乾燥時間の短縮を図ったり，フリーズドライの手法を取り入れた乾燥

15. 雪氷と生活

表 15.5.1 雪国の食料確保の知恵

	手段	方　　法	対　　　象	利 用 事 例　その他
保存	囲う	土中に囲う	だいこん，にんじん，ごぼうなどの根菜類など	根菜類は比較的寒さに強い
		土間・軒下に囲う		さつまいもはとくに寒さに弱いため専用のいもむろを作って保存するところもある
		雪穴に囲う	上記根菜類，キャベツ，はくさい，ねぎ，じゃがいも，さつまいも，さといもなど	
		本格的な室・雪室に囲う		
		貯蔵庫（ストッカー）に入れる	魚貝類，肉類，他	
	乾燥	風幹（ふうかん）	だいこん，ぜんまい	ハリハリ漬け用のだいこん
		凍干し（しみぼし）	餅，豆腐，こんにゃく	凍み餅，凍み豆腐，凍みこんにゃく
		天日干し	野菜，いも，魚，かきなど	茹でて干す干葉，乾燥いも，切って干す切干しだいこん，あじの開き
		機械処理	しいたけ，なす，青菜など	短時間で乾燥するのでできあがりの色が美しい
	塩蔵	保存・貯蔵用塩漬	わらび，ぜんまい，たけのこ，ふき	塩水につけて塩出し後，食材として利用
		塩蔵加工	野菜，鮭，ぶりなど	各種漬物，新巻鮭，塩ぶり
		塩蔵発酵	納豆，麹，米，魚など	納豆ひしょ，三五八漬，飯ずし
	他	缶・びん詰	わらび，たけのこ，きのこなど	収穫時に農協または村落グループの加工所などを使用
		冷凍加工	魚類，肉類，かぼちゃなど	冷凍食品
生産	雪穴	雪穴で保存再生	長岡菜，越後菜	雪菜，とう菜
		雪穴で保存発酵	煮大豆	雪納豆
	温泉	温泉廃湯の導入	大豆，種子	大豆もやし，かいわれ，あさつき
	ハウス	ハウス内室温調整	野菜一般	生鮮野菜

食材の生産も盛んになっている．

　「塩蔵」は，食材を塩で漬け込んで保存する方法である．これは和食献立に欠かせない「香のもの」，いわゆるたくあんや白菜漬けなどの漬けものを指すだけではなく，捕獲してきた魚介や獣肉，採取したわらびやぜんまいなどをそのまま，またはゆでてアク抜きなどの下処理をした後，塩漬けして保存するものをも含めている．漬け込みにあたっては用いる食材の特性によって，また貯蔵期間や貯蔵環境などにより使用する塩の量を変えること，また必要に応じてこれを利用する場合，食材によっては前夜から薄い塩水に浸して塩抜きをすることなど，経験の集積から生み出された技術がこの食材を利用する料理の味に大きな影響を与えている．そしてこうした雪国各地において行われる多彩な保存・貯蔵品作りは，長い間，家単位の，姑と嫁の，冬を迎える

伝統の年中行事であった．なかでも豪雪地域のそれは，雪に閉ざされた長い期間の楽しみである食べものの食材準備であったから，各地の，また各家庭の色合いが濃いさまざまな貯蔵加工が伝承されてきた．

食材確保の手段として4番目にあげるのは，缶・びん詰作りと冷凍手段である．近年全国各地の農村では，国や県または市町村といった各自治体の補助により業務用大型冷蔵庫，製粉機，びんや缶蓋の巻締め機や袋詰用の器具類などを備えた加工所が設置され，主婦たち女性グループによる採取山菜などの缶詰加工や密封袋詰加工，そして自家産野菜や果物類の，あるいは越冬用の食材として購入した肉や魚介類の冷凍加工などが共同作業で行われるようになっている．

先に大別した食材確保のもう一つの系統として，前述の保存・貯蔵加工にのみ頼らず，雪国ならではの環境を活用した地域伝承の生産手段がある．雪穴のなかで育てる雪菜，発酵を導く雪納豆などがその例であり，また雪国秘湯の廃湯やハウス内の熱を利用して作るもやしや貝割れ大根などは，野菜類の不足がちな雪国の食生活に鮮度の高い食材として好評を得ている．こうしたより豊かな食材を求めて織りなされるそこで暮らす人々の熱意と努力は，雪国の暮らしに高い食文化となって受け継がれている．

(2) 雪国の伝承料理にみる暮らしの知恵

こうした食材を活用して作られ，各地で伝承されてきた料理について通観すると，それらは「体が温まって満腹感が得られる料理」に集約される．事例をあげると，青森の「けの汁」をはじめ「だまこ汁」「鱈のじゃっぱ汁」「けんちん汁」「納豆汁」「呉汁」などの汁物と，秋田のきりたんぽで作る「たんぽなべ」をはじめ「すいとん」「ひっつみ」「ほうとう」「おつめり」「おはっと」「だご汁」「ぞろ」など，具だくさんの汁のなかにうどん，だんご，冷や飯などを加えて煮込んだ汁鍋とがある．なかにはわざわざ汁用に加工されたせんべいを入れた「せんべい汁」や味噌を使って煮込んだ「ぞろ」など，それぞれ地域独自の形態を伝承している．そしてこうした料理は，前述の「体が温まる」「満腹感が得られる」といった効果ばかりではなく，米の食べ延ばしや多種の食材を用いることによる栄養面の効果も大きい．しかしなによりもこれらは，調理の手間がさほどかからない料理である点が注目される．そしてそれは雪に閉ざされた土間や板張りの台所や水まわりでの調理作業の厳しさを考慮した優れた料理といえよう．

おかずとして取り上げられるものには，前述の食材確保のところで触れた各種の塩蔵加工品や，ほっけのすし，はたはたずしなど各種の「飯ずし」や，「白菜のニシン漬」，「三五八漬」「納豆ひしょ」といった一連の発酵食品がある．雪深く，適度の湿気と暖房の24時間稼働の冬は発酵に格好な環境で，これを条件に本来もちあわせていない味が引き出されるから，各地でさまざまな発酵食品が作られ，変化に乏しい冬の食卓に活用されている．このほか貴重なたんぱく源で長期の保存が可能な身欠きに

しん，すけそうだら，寒風干しのぶな鮭などは，比較的気安く利用できる食材として単独で，または数種の野菜と一緒に，煮物，酢和え，天ぷらなど，幅広く活用され，豪雪地域の郷土料理の一つとして古くより開発され，現代にまで伝承されているものが多い．そしてこうした数々の料理のなかには片栗粉，また，すりおろしたじゃがいもやだいこんを加えて煮汁やかけ汁にとろみをつけたものが多いことも特徴といえよう．できあがった料理が冷めにくいことを考慮した伝承の知恵がここにも息づいている．

(3) 雪国 21 世紀の食の知恵

　1 年の 1/3 以上の日々を，深い雪に囲まれた厳しい条件下ですごす人々の食の暮らしは，長い年月を重ねて培った知恵や技術を伝承しながらも，戦後の高度経済成長期を境に大きく変容した．前述した家庭用大型冷凍庫（ストッカー）の導入による食材の貯蔵などはその一つであろうが，最大はモータリゼーションの普及発達による流通の拡大であろう．雪の孤島といわれたところにまで除雪車が稼働し，これが市街地店舗による食料品移動販売車の巡回やオートバイによる若者の市街地通勤に伴う購買行動，そして農協をはじめとする地元販売店の開店に連動して，雪国に住む人々に，充実した食生活の営みを可能にしている．さらに近年，こうした地域において地域活性化の活動が盛んとなり，これが現代社会で叫ばれている環境問題と相まって，豊かな雪を地域発信の材料にしようとする「雪の利用」がさまざまな形で進み，その成果が実りつつある．事例の一つとして山形県飯豊町の自然エネルギー低温貯蔵施設「雪室」における米をはじめとする野菜，果物，球根類，そしてさらにはそばや酒，漬けものなど加工品の大量一括貯蔵があげられる．平成 10 年に完成したこの施設は，貯蔵品によって温度調節できるよう内部を区切った建物で，室内周辺を貯雪室とし，常時室温 0〜3 ℃，湿度は 90 %程度で保存している．貯雪は 2 月末〜3 月上旬，建物上部の投雪口からロータリー除雪車で投入というエコ型の運営が行われ，この超低温保管の米は「雪室米」として 7 月頃から出荷されるが，多くの識者から，新米同様の品質を保って美味しいとの評価を得ている．こうした動向は廃線となったトンネルを利用した「雪っこ米」（岩手），雪ステージ保存の「雪りんご」（青森），そして秋田の「雪中貯蔵○○酒」など枚挙にいとまがないほどである．

　かつて雪は人々の快適な生活を妨げるものとして，いかにこれにうち勝つか（克雪）について検討・討議されてきた．いま，こうした雪をプラス思考でとらえ，雪に親しみ楽しくすごす（親雪），そしてさらにこれをエネルギーと考えて活用しようという「利雪」の動きが食の分野にも浸透しつつある．地域伝承の食の文化をベースとし，そしてここに新しい 21 世紀の雪国ならではの食の知恵が加わった食文化の誕生がはじまりつつある．

[石 川 寛 子]

文　献

青森県農林水産部流通加工課 (2002)：青森県の伝統料理―食と農の文化的伝承財―, 青森県.
飯豊町雪室施設管理組合 (1998)：飯豊町雪室施設利用テキスト, 飯豊町.
日本の食生活全集編集委員会 (1990〜98)：② 聞き書 青森の食事, ③ 聞き書 岩手の食事, ⑤ 聞き書 秋田の食事, ⑥ 聞き書 山形の食事, ⑦ 聞き書 福島の食事, 農山漁村文化協会.
雪国の視座編集委員会 (2001)：雪国の視座　ゆきつもる国から, 毎日新聞社.

コラム 15.6　雪国の伝承料理

雪国の伝承料理―けの汁―

青森県津軽，下北，南部地方で作られる行事食の一つで，地域によって「かえの汁」とも呼ばれている．だいこん，にんじん，わらび，ぜんまい，ふき，凍み豆腐，油揚げなどを細かくきざみ，浸し大豆をつぶしたじんだを加えて味噌で煮込んだもの．じんだを入れることにより汁が甘くおいしくなる．1 月 16 日の小正月に作り仏前に供える伝承行事食で，大鍋で大量に作り，これを小鍋に取り分けてそのつど温め直しながら，何日にもわたって食べる体の温まる雪国料理．

雪国の冬の常食―ぞろ―

雪深い冬の寒い夜，夕食によく作られる雑炊の一種．鍋の冷やご飯のなかに，にんじん，だいこん，ねぎ，さといもその他，野菜類を細かくきざんで入れ，とろとろになるまで煮たもので，味噌味で仕上げる．満腹感と体が温まり寝つきにもよいと冬は常食化しているところも多い．柔らかくなりすぎたら，くず米の粉やそば粉を使って調節をする．そば粉を入れると全体のしまりと甘みが出る．

雪穴で作る―雪納豆―

雪室や雪穴は野菜などを保存するばかりでなく，この環境を生産に利用している例に雪納豆がある．柔らかく煮た大豆を，ふわふわになる

『聞き書 富山の食事』(1989) p.91 より

『聞き書 岩手の食事』(1984) カバーより

まで十分しごいた藁づとに入れ，新しいむしろで包んで雪穴に埋めて作る納豆．雪穴は屋根からおろした固い積雪がよく，埋めた後も雪をしっかり踏んでおく．雪穴の温度が上がり2～3日後，雪の表面に穴があいたらできあがりという雪利用の生産加工．

地域伝承の発酵保存食三姉妹―三五八漬，白菜のにしん漬，納豆ひしょ―

福島県喜多方地区は会津盆地にあって雪が多く寒さの厳しい地域である．したがってそうした気象に耐え，より豊かな日々をと願ってさまざまな独自の食文化―暮らしの知恵―が生み出され伝承されている．とくに，米と麹と塩を混ぜて発酵させ，これに野菜を漬ける三五八漬，白菜と身欠きにしんに麹を加えて作る白菜のにしん漬，納豆に麹を加えて作る納豆ひしょ（右図）は，ともに発酵させることにより保存性と味の深みを高めたこの地域独自の，優れた伝承保存食である．[**石川 寛子**]

『聞き書 福島の食事』（1987）p.41 より

15.5.2 冬の暮らし

（1）雪国の冬の暮らし

「深々としばれる夜や吹雪の夜は，早めに囲炉裏の火を消して床に就くが，寒くて寒くて眠れない．膝を抱いてもまだ寒く，膝が顎につくまでになってしまう」と，昔の冬の夜を語ってくれた古老がいた．

寝床（寝室）には稲藁を敷き，その上にオワダ（古い麻布を幾重にも継ぎ足したもの）を敷いた．そして古い麻布や木綿布を継ぎ足した夜着（ドンジャ）を着て寝ていた．

屋根の軒や庇から吹雪が舞い落ちる日は，寝床にいても頭に頭巾を被り，親子が肌を寄せ合っていた．また寒気が厳しい夜は，囲炉裏に一晩中，弱く薪を燃やして，囲炉裏の傍で稲藁製の俵に入ったり，杉の皮を被って寝たという．板敷の居間にゴザが敷いてあっても，床下から隙間風が入るし，板ザクリからも容赦なく風が入る．囲炉裏に薪を燃やしても，天井が高いので薪の燃える周辺だけが暖かい．

古老や姥が語る昭和初期までの雪国の暮らしは，言語に絶するものであったが，人々の暮らしは営まれ，そのなかに雪国の暮らしならではの幸せもあった．人々はそれゆえに，冬を越すための準備（衣類，住まい，食料など）に精一杯の知恵を出し，努力をしてきたのである．

12月間近になると，雪国の人々は朝夕の挨拶代わりに「寒くなってきたなあ…冬来るなあ…」と言葉を交す．燃料である薪，穀物（米，そば，あわなど）の保存，貯蔵，とくに野菜の漬物には気を使った．また衣類にはなおさらのこと，主婦たちの気配りが必要であった．姥は「子どもが何人あっても，食わせて飲ませることはでき

る．しかし『着せ被せ』するのがたいへんだった」という．子どもに衣類をまかない（準備する），足袋や頭巾，手袋をもたせるのがたいへんだったというのである．

いまでこそ衣類が豊富で，何一つ不自由しない時代である．子どもたちも日常の衣服はもちろんのこと，冬になってもカラフルな防寒衣に身を包んで，寒さも冷たさも知らない．そして家のなかは，暖房が行き届いている．現代の人々は寒さを知っていても，凍えるほどの寒さや身を切られるような冷たさ，手も足も痺れ動かなくなる寒さの厳しさを知らない．

雪国青森，東北の人々は，ひと昔，ふた昔を辿り，昭和 20 年代にまでさかのぼると，衣料が乏しかった．それは子を育てる母にとって，何よりも悲しく淋しいことであった．それもそのはずである．雪国では綿花の栽培ができず，綿が欲しくても手に入れるのが困難であった．1891（明治 24）年，東北本線が開通するまで，木綿布は一般庶民にとって高価であり，手に入らないものであった．

江戸時代，温暖地方の大阪，江戸周辺では綿花が栽培され，木綿の衣文化か隆盛を極めていた．東北地方，後に青森では，日本海交易によってもたらされる木綿糸がわずかに庶民の手に入る有様であった．布は商人や士族の人たちのもので，農漁民は古くからの衣料だった麻布を着るのみであった．いま，それらの雪国の衣服をひもとくにあたり，一般的には江戸時代，明治，大正時代といえば，絹と木綿布が普及し，木綿の染織文化の隆盛時代を極め，衣類はそれほど不自由でないという認識が多い．しかし現実はそうでなく，麻の衣の文化があった．麻衣は夏はよしとしても，冬には風が肌を刺し，2 枚，3 枚と重ね着しても寒いのである．そのなかで，雪国青森では麻布に木綿糸で刺し綴る衣服，津軽地方は津軽こぎん刺し着物，南部地方では南部菱刺し着物が作られた．

旧藩時代，青森は藩領が二分され，太平洋側は南部藩，日本海側は津軽藩だった．その状況のなかで，近世には仕事着である刺しこ着が，基調とする色と刺す技法が異なるのである．それは藩によって異なるというより，生活風土の異なり，気候と生業の違いでもあった．南部地方は畑作を中心とするが，津軽地方は稲作を主とする．そこから同じ北国でも仕事着が異なってきた．

（2）　津軽こぎん刺し着物

両藩とも，麻を植え，糸にして布を織るのは同じであるが，津軽では麻布を藍で染めあげた後に白木綿糸で刺し綴り，多様な模様を展開させている．そしておもに着物の肩と背，前身頃上部に刺し綴り，袖と裾には模様がなく，ときには腰から裾の部分に単純な横刺しがみられるものが多い．着物の仕立てには長着，短着があり，袖にはむじりとたもとがあり，鉄砲袖がない．着物は一様に単衣である．

寒冷地の衣としては不自然であるが，こぎん刺し着物が作られた当時は綿糸とともに少しの古手木綿が出回っていた．夏は単衣でよしとしても，冬期間は木綿布を使った下着があり，麻布衣を重ね着もしていた．

現存するこぎん刺し着物は江戸末期から明治初期のものが多い．江戸期中末期の文献に「こきん」の名称が出てくるものの，実物はない．米が換金作物だった江戸時代末期，少しの古手木綿を手に入れたという資料も残されている．

津軽こぎん刺し着物の袖と腰から裾にかけて，模様をつけなかったのは，稲作を生活基盤とすることもあった．湿地帯の田んぼに入ると腰まで泥につかるので，衣類の裾はまったく無用だった．また一般的に長着，短着のほかに下衣である股引があるが，津軽にはなく，近年になって木綿の半モンペがあるのみである．上着には刺しこを施しているが，下衣には無頓着だった．

上着に施されたこぎん刺し模様は緻密で，豪華な幾何学模様をさまざまに展開している．紺の麻布の縦糸を奇数で布目を追っているので，模様が立菱になっている．その立菱のなかにさまざまな模様を展開している．娘たちは 12, 3 歳になると針と布をもち，嫁入り前の 20 歳前後には立派な刺し手となる．見事な津軽こぎん刺し着物を 2, 3 枚もって嫁入りするのである．それが津軽娘の誇りであり，自負でもあった．そして年を重ねると若い人たちに遠慮して，着物全体を藍で染め，目立たないようにした．

(3) 南部菱刺し着物

南部地方の南部菱刺し着物は，麻布を紺でなく浅葱色に染め，古手木綿を裏地として黒木綿糸で横差しにする袷着物である．菱刺し着物を地域ではマカナイと呼び，背と肩，袖口，衿に紺木綿布（ハナイロ，黒アサギ）をつけるのが，洒落，伊達なことであった．男性用のマカナイも肩当て（カタチギ）をつけている．

しかし，紺木綿布が手に入らない頃は，その部分を黒木綿糸で刺し綴っていた．地域では「肩コ」というが，この型が菱形をしているので，菱刺し着物ともいう．刺し方が，津軽では縦糸を奇数を拾うのに対して，南部では偶数に拾って刺し綴るので，横菱ができる．模様の種類は 400 種あり，生活の傍にある動植物の名前をとっている．クルミ割り，ネコのマナグ（目），ベゴのくら（牛の鞍），キジ（雉）の足などである．

そして南部菱刺し着物の特色として，長着，短着のほかに袖なし，股引，前かけなどがある．上衣だけ刺し綴り模様をつけるだけでなく，股引にも菱刺し模様を丹念に，精密につけている．前かけは「三巾前かけ」ともいって，下腹部から下を覆い，前面の中央部分に，娘たちが刺し綴る技を競うように華麗な模様を刺している．当初は白黒の木綿糸だったが，大正時代になると青森の農村にもわずかながら色毛糸が入ってきた．その色毛糸を 4 本くらいに割り，色として刺し綴っているので，カラフルな前かけができている．

南部地方は偏東風（ヤマセ）が強いので，寒気に耐えるために上衣，下衣，前かけにも刺し綴っていた．麻布だけでは寒気が肌を刺す．暖かくて柔らかい木綿糸を刺し綴ることにより，少しの暖かさを保つことができるのである．

雪国に生きる人々は，柔らかく暖かい木綿布や糸が欲しかった．その木綿布を求めることが切なる願望でもあったが，農漁民には叶うことが少なかった．そのために，自ら栽培して織り上げた麻布衣の生活を余儀なくされていたのである．

近年，青森市郊外にある縄文時代前中期（4000～5500 年前）の頃の三内丸山遺跡から，麻の種と麻布の断片が出土した．縄文時代にすでに麻を栽培し，麻から糸を取り布を作り，麻の衣をまとっていたのである．その麻の衣の文化が，青森では大正時代まで引き続いていたのである．

冬ともなると男たちはイヌの毛皮の袖なしを，子どもや姥たちはウサギ，キツネ，アナグマ（マミ）などの背中当てをしていた．そして古手木綿や麻布で作った寝具（夜着），ときに麻の小布を何十枚も継ぎ足し，刺し綴ったものを表として，なかに麻のくずを綿代わりに入れたものを布団とした．どんなに生活が厳しくても，小切れ布や使い古された布に生命を見出して大事にするやさしさがあった．雪国に生きる人々は，人にも物にも心やさしい．

[田中忠三郎]

15.5.3 住まい

本項では，寒冷に対する住まいの断熱や気密に関する備えについては，触れていない．

(1) 住まいと間取りの変遷

雪国の住まいは，縄文時代から奈良・平安時代までは，掘っ立て柱形式の竪穴式住居であった．平地式住居は静岡県などでは弥生時代からみられるが，多雪地で寒い地域では昭和 30 年頃まで竪穴式住居の痕跡を残す土座（土を 30 cm ほど掘り，そこに籾殻や藁すさを入れ，その上に筵を敷いて床としたもの）形式の広間がみられた．

1 室住居が 2 室住居となった時期は不明であるが，江戸末期頃から 3 室の三間取り広間型住居が一般化し，土台の上に柱を立て，壁は土壁式へと変化した．それまでは茅束を柱や梁，貫などに縛り付ける形式で，出入り口には筵をぶら下げ，開口部の建具には障子が貼られていた．2 階建ての民家がみられるようになったのは和小屋造りがみられるようになった幕末期以降で，明治末から大正期に石置き杉皮葺きや木羽葺き屋根の時代になるとほとんどが 2 階建てとなった．それと呼応して寄せ棟の茅葺き屋根の民家では，屋根の一部を切り取り落とし，2 階建ての部屋を増築する形態が顕著となった．このようにして茅葺き民家の改造と増築（前中門・後中門など）が進み，大正から昭和 30 年代までに間取りが複雑化し，規模が倍増した．

昭和 40 年代からは新建材が入ってくるようになり，建て替えブームが起きた．そして，56 豪雪，59 豪雪から 3 年連続の豪雪に見舞われるなかで，高床式の自然落下型住宅をはじめとする克雪住宅の建設が盛んとなり，現在に至っている．

民家の間取りは，三間取り広間型から昭和 40 年代以降に中廊下型へ変化したが，

現在は地域生活様式が激変し，間取りに多様化と混乱が生じている．

(2) 雁木とこみせ

多雪地帯の町家には，雁木ないしこみせと称される屋根つきの歩道がみられる．北陸では雁木と呼ばれているが，東北ではこみせと称されている．農家でも座敷の縁側と雪囲いの間の土間の通路が雁木と呼ばれている．

雁木の呼称は，その屋根や通路が凸凹しているためとする俗説が聞かれるが，柳田國男は一段高くなった通路のことを指すと述べている．

現在一番長く，古い雁木は上越市高田であるとされているが，17世紀初頭に城下町が整備されたおりに，多雪地で便利な雁木をみてそれを造らせたと言い伝えられている．確証はないが，上杉謙信が幼少時代をすごした栃尾市大町は，16世紀中頃には根小屋集落を形成し，商人と職人の家が軒を接して並ぶように建ちはじめていた．38豪雪時には4mをこす豪雪に見舞われた地域であることを考えると，その当時，雁木が自然発生的に造られはじめたものと推察される．栃尾の雁木を描いた江戸中期の町絵図には，裏雁木が発達していた様子が描かれており，現在もその一部が痕跡として残っている．

昭和40年以降の建て替えブームのなかで取り壊されてしまう雁木がみられたが，最近はその保存運動が盛んとなり，新しい提案もみられ，見直されつつある．

(3) 中門造り民家

中門は，宇治の平等院の鳳凰堂の回廊が中門廊と呼ばれることから，平安時代からみられるとか，中門は注文で，後に増築された部分を指すといわれてきた．

図 15.5.1　雁木通り（新潟県栃尾市表町（旧岩崎））

図 15.5.2　厩中門造り農家（新潟県栃尾市一ノ貝）

新潟県中越地方にみられる中門造り民家は，厩中門造りと呼ばれている．馬を家のなかで飼育する地方としては岩手県南部地方の曲家が有名であるが，それらは2歳馬の肥育が盛んになったなかで発達したものと考えられる．その時期は，中世の戦国時代にさかのぼるともいわれているが，集落の70%前後にも及んだのは，日清・日露戦争の勃発に伴い軍馬が盛んに農家で肥育された結果と考えられる．

新潟県の豪雪地帯では，一般に主屋は寄せ棟，便所は小屋形式で入口の前脇の外，冬季の入口前の通路は丸太と茅で仮設された雪棚であった．この形式は昭和50年頃まで山古志村でみられた．この姿が明治の中頃まで一般的であったが，馬を飼うのが盛んとなるなかで，雪棚を通りとし，そこに厩と便所を並べ，その2階に物置とか部屋を設ける形が生まれ，普及し，厩中門形式が完成したものと推察される．

しかし，この中門造り民家は，昭和40～50年代に急速に取り壊され，現在はほとんどみられなくなっている．そして，高床式の玄関付きの総2階建て住宅などが多くなっている．

(4)　船枻造り民家

切妻屋根の1間ごとに入る折置式の小屋組において，天秤梁（陸梁）を軒先まで貫通させ，出桁造りとしたもの．両側に出ているものを両船枻，表側のみのものを片船枻という．

三条地震（1828年，M 6.9，死者1559人，全壊9808棟，半壊7276棟，焼失1204棟）の起きた幕末期に上層農家や村役人層の家で造られだしたが，明治に入ってから徐々に普及し，昭和30年頃には新潟県中越地方では一般に普及した．細かくみると，天秤梁は1本のものと，軒先から接いだ化粧梁を出すものとがある．小屋組は一般には天秤梁の上に束を立てその上に梁を載せ，何段にも重ねて雪国独特の意匠と

図 15.5.3 船枻造り農家（新潟県南魚沼郡六日町）

して発達している．豪雪に見舞われる十日町市ではこの船枻に扠首梁を入れて，強固な造りとしている．

昭和40年頃にはかなりの普及をみたが，最近では新建材が普及し，このような伝統工法による民家は少なくなっている．なお，妻面の陸梁の上中央部に太い丸太がみられるが，これは地震に対する横揺れを防止するための梁で，牛引き梁と称されている．

(5) 克雪住宅

昭和40年代の半ば頃から克雪という言葉が使われるようになり，昭和60年頃から行政が雪国の住宅を改善するために補助金や各種の融資制度を設けるに至り，一般化した．

自然落下式（滑落式）が一番多いが，そのほか融雪式，耐雪式（載雪式），高床式，それらの複合型がみられる．人力雪下ろしに代わる屋根雪処理方式は160種類以上に上るが，電気や石油を熱源とする融雪式が多い．しかしながら，最近は温暖化が問題となり，炭酸ガスの排出の多い方式に代わって，自然エネルギーを活用した耐雪型が注目され，北海道では無落雪（M型）屋根，山形では水平屋根，北陸では通気融雪工法屋根がみられる．

(6) 高床式住宅

屋根を急勾配にして自然落下させると，その落下堆積雪が軒先に達するほどとなるため，豪雪地帯において基礎の高さを1.8 m ほど高くして建てられた住宅のことをいう．

図 15.5.4　通気融雪工法屋根（新潟県小千谷市上ノ山住宅団地）

　最も古い例は，1932（昭和7）年に新潟県南魚沼郡大和町大崎に建てられているが，昭和40年代に入って長尺カラー鉄板が市販されるようになるなかで普及した．1987年4月1日に高床部分の面積不算入との通達が当時の建設省住宅局から出されたことから，新潟県と北海道の豪雪地帯の新設住宅の大半がこの形式で建てられるようになった．その緩和の条件は積極的な利用をしない場合と限定されていたが，実際は車庫の確保のために造られており，各家庭で複数台の車を所有するようになるなかで，鉄筋コンクリート構造の壁の上に鉄骨の梁を渡し，その上に木造2階建ての住宅を建てる例が目立つようになった．

　そのような状況のなかで，1995年1月17日に阪神淡路大震災（M 7.2）が発生し，6400人をこえる死者と約15万棟の木造住宅が全半壊し，7500棟が全半焼した．このことから，その安全性に問題が指摘され，また，高齢社会が急速に進展するなかで接地性を欠き，高齢者に負担が大きいなどの指摘がされている．とくに，1998年に建築基準法が改正されて性能規定が盛り込まれ，50 m² 未満ないし梁下1.5 m 未満の建物を除いて構造計算が義務づけられたため，最近その建設量はやや少なくなっている．今後は，高床の躯体を鉄骨ラーメン構造とし，木造の土台の回る位置には小梁を配し，緊結するなどの改善が求められる．

(7)　雪国の住まいの今後

　わが国の多雪地帯は世界一の豪雪に見舞われており，現在も70％程度の家で大雪となると屋根に昇ってスノーダンプやシャベル・雪樋などの道具を使って雪下ろしをしている．この姿は世界的に眺めるときわめて特異な現象である．高層ないし超高層の集合住宅に居住するようにすれば，屋根雪処理問題は一気に解決するが，依然とし

図 15.5.5 高床式住宅（新潟県小千谷市）

て最も雪処理労力がかかるにもかかわらず，一戸建て持ち家に住み続けたいとする人が圧倒的である．

今後，豊かで文化的な雪国の住まいはどのようなものか，その検討が必要となっている． 　　　　　　　　　　　　　　　　　　　　　　　　　　　　　　［深澤大輔］

文　献

深澤大輔（1993）：農村住宅（生活）計画．農村計画学の展開（農村計画学会編），pp.230-236，農林統計協会．
深澤大輔（2002）：エキスパンドメタルによる通気融雪工法の概要．日本雪工学会誌，18(4)，第19回日本雪工学会大会論文報告集：73-74．
深澤大輔（2003）：総説「雪と住宅」．住宅，53：3-8．

コラム 15.7　木造載雪型住宅あれこれ

化石燃料を使って雪を融かす融雪屋根は，地球温暖化ガスである CO_2 を大量に発生させるため，最近，各地のクリーンな自然エネルギーを活用して雪荷重を低減させる屋根雪処理方式が注目されるようになっている．

凡例：① 屋根の特徴，② 対策事項，③ 成立気象条件，④ おもな成立地域，⑤ 注意事項，⑥ 問題点・改善点．

無落雪屋根(出典:雪との闘い・十日町市)

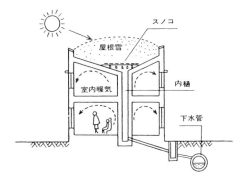

① 屋根をM型にすることで軒先に氷堤や氷柱が発生しなくなる
② すがもれ・つらら対策
③ 積雪1m未満の寒冷地向け
④ 北海道・青森県
⑤ パラペットを高くせず,屋根の傾斜をなるべく緩くする
⑥ 逆勾配の屋根のため屋根が傷みやすい

水平屋根(原図:永井設計)

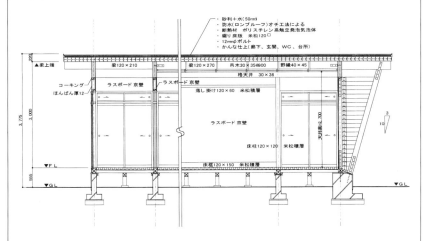

① 屋根を水平にするにより,風で屋根の雪が吹き飛ばされ,雪荷重が低減する
② 雪荷重対策・地震対策
③ 風の強い地吹雪地帯向け
④ 山形県
⑤ 屋根の不均質積雪に注意する
⑥ 風通しのよい場所を選ぶ必要がある

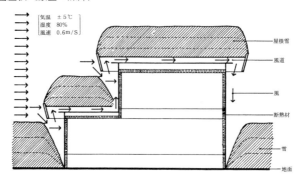

① 屋根を二重にして屋根雪の底面に通気を確保することにより融雪を促進する
② 雪荷重対策
③ ベタ雪豪雪地帯向け
④ 北陸四県
⑤ 雪庇防止ネットを軒先に廻らすなどして雪庇対策を併用する
⑥ 屋根雪の積雪形状を不均質にし，通気を確保するとさらに融雪効果が促進される

[深澤大輔]

15.5.4 コミュニティ

(1) 雪とコミュニティ

この項では，雪という自然現象が人々のコミュニティにどのような影響を——肯定的なものも否定的なものも含めて——及ぼしてきたか，ということについて考えてみたい．

コミュニティはしばしば地域社会と訳されるが，地域性だけではなく，なんらかの共同性，包括性をもつ社会集団であるという意味内容が含まれている．たとえばねぐらと仕事場を往復するだけの生活が支配的な地域をコミュニティとは呼ばないであろう．この日常生活を包み込む共同性を人間生活への足かせとみるか，それともこれからの地域社会にとって新しい形で必要なものとみるかによって，コミュニティへの評価は大きく異なることになる．ここでは後者の視点に立ってみていくことにしよう．

(2) 共同体の支え合い——雪に処する知恵

近代化以前の雪国では，雪の脅威をやり過ごしたり，雪をうまく利用したりするために，共同による支え合いの多彩な工夫がなされていた．

① **道踏み**　行政による道路除雪がなかった時代には，新雪を踏みつけ固めて雪道をつくるのが住民の仕事であった（市川，2001）．雪踏みともいい，かんじきや踏

み俵が用いられた．公共の道路の道踏みは集落の共同作業であり，交代で当番に出る慣わしのところが多かった．図 15.5.6 は道踏みの順番表の例である．道踏みを終えた家ではこれをつぎの順番に当たる家に回し，当番を引き継いでいった．道踏みは重労働だが，子どもたちの通学路の確保など地域生活の維持になくてはならない重要な役目であった．

② **雪割り**　春が近づき，雪消えが間近になってくると，道路には地面が出た部分と雪が残る部分がまだらとなり，車馬の通行もそりの通行も困難な状況になる．こうした状況を長続きさせないためにも，いっせいに道路の雪を取り除くための総出の作業をする．春先とはいえ，踏み固められた圧雪は氷のように硬く，楽な仕事ではない．共同での雪割りは道路のほかにも，さつまいもの電気温床など農作業の分野でも行われた（及川，1949）．

③ **雪囲い・雪下ろし**　個別の家々では建物や庭木を守るために必要不可欠な労働であるが，学校や集会場，寺や神社，それに防火用水や消防ポンプ庫など，雪囲いや雪下ろしの出役も地域社会を維持するために欠かせないものであった．現代でも，大雪のときには PTA 総動員で学校施設の雪下ろしをしたりする事態が生じることがある．

④ **共同作業**　以上のほかにも，春になって行われる共同作業があった．農村の共同体がさまざまな共同の労役の上に成り立ってきたことは雪国に限らないが，雪で傷んだ道路の補修をはじめ，用排水施設の維持管理や共有林野の作業などは，雪があることによっていっそう負担が重くなっていたといえる．市川（1980）は，雪深い東頸城（新潟県）や奥信濃（長野県）の山村ではこうした労役を「公力」「御伝馬」などと呼び，大きな強制力があり，深雪地帯ほどむらの連帯意識が強いと述べている．

⑤ **春木山**　残雪期の頃合いを見はからい，共同林の伐採をする．これが春木山である．薪や材木を伐り出し，多くは残雪を利用してそりで搬出する．「山の口が開いた」触れがあると，いっせいに道具や食糧を用意して出かける（及川，1949）．そり引きの道作りは共同作業であった．1 年分の薪を作り，秋まで乾燥させて使った．

⑥ **雪山・雪室**　地面に掘った穴や洞窟に雪を大量に集め，藁などで覆って夏まで保存したものを，雪山，雪室などと呼んだ．昭和 30 年代頃までは各地にみられ，野菜などの食糧を貯蔵したり，保存した雪を切り出して冷蔵用や食用に使ったりした．集落スケールの大規模な共同の雪利用といえるものであり，たとえば富山県井口村の蛇喰地区では，雪山の雪を女性たちが食用や冷蔵用として振り売りに歩いた（長谷川，1987）．同県黒部市金屋のように，雪を売って得た収入を神社の造営費用の返済に充てた例もある．

(3)　コミュニティを壊す雪

　雪への順応を基調とする細やかで内省的な生活文化の形成（沼野，1995）は，コミュニティの維持強化をよりどころにしてきたのであり，その意味で雪はコミュニティ

図 15.5.6　雪踏み当番表（日本雪氷学会 2000 年度大会記念「雪の民具展」より）

の紐帯となってきたといえる．しかし生活様式の近代化に伴って雪との対決姿勢が強まるにつれ，雪の存在が直接間接にコミュニティの基盤をおびやかす事態も生じてきた．

① **雪げんか・雪争い**　雪国の市街地や集落では，冬になるとやり場のない雪をめぐって隣近所どうしのいさかいが跡を絶たない．これを，「雪げんか」「雪争い」などと呼ぶ．「大雪で困るのは，民家などに雪の捨て場がないこと…隣家と軒を接している住宅も多く，屋根雪が隣の敷地になだれ込んだと"雪げんか"になる」（東奥日報 2001 年 11 月 27 日付社説）．雪げんかは地域社会における共同体的な要素の希薄化に拍車をかけ，住民のあらたな自発的共同の機運の芽を摘む役割を果たす．

② **過疎化・高齢化**　それ自体は雪が原因とはいえないが，高度成長期を経てあらわになってきた雪国の過疎化と引き続く高齢社会化の波が，雪国を住みにくいものにし，さらなる過疎化を促すという悪循環が生じている（沼野，1987）．マンパワーが弱まり，雪に対処するための共同作業の維持ができなくなるにつれ，離村への圧力は高まる．高齢者たちの住み続けたいという願いが，コミュニティの弱体化のもとで支えを失い，やむなく都会の子どものところに「呼び寄せ老人」となることも多い．

(4) 支え合い復活の試み

① **流雪溝**　除雪した雪を側溝の水で流し去る流雪溝は市街地の雪処理に威力を発揮するが，その効果を十分に引き出すためには，統制のとれた住民の共同作業が不可欠である．秋田県横手市ではこの特徴を逆手にとり，管理組合の組織化をハードの整備に先行させて，流雪溝の「コミュニティ培養の効果」（恩田，1981）を自覚的に追求した．コミュニティを壊す雪を，逆にその再建に利用しようとしたのである．

② **雪処理ボランティア**　雪国でもとりわけ過疎・高齢化が進む地域を中心に、高齢者宅の雪処理などを行うボランティア組織が増えている。代表例には沢内村から岩手県内に広まった「スノーバスターズ」、新潟県川西町の「夢雪隊」などがある。あすはわが身にはね返ることを自覚しつつ、老いてもなお雪国に住み続けられる条件づくりをめざした自発的活動であり、同時に地域おこしにも貢献している。

③ **地域通貨**　近年あちこちで話題になっている地域通貨（地域的に有用な使用価値の流通を活性化させる手段）が雪国で取り組まれると、雪処理作業がかなりの頻度で交換の対象になる（くりやまエコマネー研究会，2001）。若い人に雪下ろしを頼む一方で、郷土料理のレシピを教えてあげる。そんな新しい地域の支え合いが、もしかしたら自然な形で根づいていくのではないかと予感させる動きがはじまっている。

(5) コミュニティの復権と雪

コミュニティと雪との関係は、いわば否定の否定ともいえる大きな変化を遂げてきた。共同体を支えに雪のなかで生きていく道しか選べなかった低位均衡状態から、経済力や技術を支えに共同体を離脱した個人が雪と対峙していくことが目標となった時代を経て、雪との共存を基調とするあらたな地域社会の支え合いの模索が大きな流れになりつつある。　　　　　　　　　　　　　　　　　　　　　　　　　　[沼野夏生]

文　　献

長谷川和衞（1987）：雪国の人と文化。雪国新時代（とやまの雪研究会編），pp.142‐154，古今書院。
市川健夫（1980）：雪国文化誌（NHK ブックス），266 p，日本放送出版協会。
市川健夫（2001）：歴史と風土が育んだ雪国に生きる知恵。雪国の視座（雪国の視座編集委員会編），pp.190‐195，毎日新聞社。
くりやまエコマネー研究会（2001）：あたたかいお金エコマネー（加藤敏春編著），300 p，日本教文社。
沼野夏生（1987）：雪害－都市と地域の雪対策，216 p，森北出版。
沼野夏生（1995）：多雪の風土。雪と寒さと生活Ⅰ　発想編（日本建築学会編），pp.10‐11，彰国社。
及川　周（1949）：雪国の生活，184 p，白井書房。
恩田重男（1981）：雪の生活学，211 p，無明舎出版。

15.5.5　都市づくり

寒冷地の都市づくりを考えるとき、一般には、積雪や道路の凍結に対して、交通環境を整備するということ、あるいは人々が快適に都市内を歩行することができるように、街区全体を屋根で覆うような処理（たとえば、トロントのイートンセンター）など、どのようにして雪氷を凌ぐかというテーマが中心に据えられることが多い。

しかし、ここでは、積雪寒冷地における都市生活の質を高めるための工夫と思われている都市づくりの手法が、むしろ現代の日本の都市計画の最先端のテーマに対し

て，大きな示唆を与えてくれるものであるという視点で，二つのキーワードを提示して，それぞれを解説したい．

（1）　こみせ

雪国固有の空間として，「雁木」がある．雪を凌ぐことのできる軒先の空地が，連続的につながっていく回廊的な空間である．わが国において日本海側の多雪地域を中心に独自のスタイルで発達してきている．

本来，雁木の設けられている空間は，私有地であるケースが多かったといわれている．しかし，新潟県の各都市にみられる現在の「雁木」は，歩道の上に屋根がかけられたスタイルとして存在することが多くなってきている．もはやそれは，私有地というのではなく，公的空間を覆う雪国型のアーケードといった感を呈している．

もともとは私的領域内に存在していた雁木が，建替えの際に，建築に内部化される形で消失していくことになったケースが多いと思われる．そして，現代になって雪国のまちづくりとして，積雪時の歩行上の障害を取り除く目的で，アーケード事業と同様の形態で公共的な空間としての「雁木」が生まれている．

一方で，「雁木」の原型をそのまま残して生き続けてきた空間が，青森県の津軽地域を中心に現在でも存在している「こみせ」という空間である．とはいえ，最盛時に比べれば，絶対量は減少の一途を辿っている．

そのなかで，青森県黒石市はとくに「こみせ」にこだわったまちづくりを進めてきており，こみせ通りという呼称が中心商店街に対して定着している．津軽地域のなかでは，最も「こみせ」の存在感のある都市であるといってよい．

黒石の「こみせ」はいまも私的領域に存在している．「雁木」が徐々に外部アーケード化されていったのとは対照的に，それは，あくまでも内部空間としての特徴を現代まで保有し続けてきた．そこを歩く人々は，決してそれが店舗の内部の空間であるとは思わずに，気兼ねなく足を進めることができる．玄関が設置された内部空間としての「こみせ」さえある．「こみせ」は，ある意味

図 15.5.7　重要文化財 高橋家の「こみせ」（黒石市中町）

で，したたかな商店主たちの知恵が，雪国という独特の気候風土のなかで，形として表出したものである．そして，それが何世代にもわたる形で現在まで存続し続けてきている事実に，協議型のまちづくりの典型をみる思いがする．

江戸時代の黒石は，この「こみせ」に対する課税（現代であれば固定資産税）を免除していたといわれている．まさに，それは，現代社会において協議型の都市づくりを進めていこうとする場合の常套手段ともいえる，インセンティブである．ここにおいて，「こみせ」は単なる雪国の建築空間から，都市づくりにおける戦略的ツールとして位置づけられていたことがわかる．

私的領域を公共的用途に供する空間として提供する発想は，現代都市においても，非常に重要な計画ツールになりうるといわれている．「こみせ」の存在が，公と私との曖昧な境界を顕在化させることになり，雪国ならではの公私の変換が行われているといってよい．それは，表現を変えると，PFI（Private Finance Initiative）的な意味合いをもった都市づくりに位置づけることができよう．

(2) まちなか居住

コンパクトシティという言葉が，数年前から脚光を浴びている．ヨーロッパを発祥とするこの概念は，環境との共生の思想から，都市の無意味な拡大を制御しつつ，中心市街地の低・未利用地を活用していこうとするものである．

そのなかで，とくに一つのブームとなっているテーマが「まちなか居住」である．虫食い状態の中心市街地の土地になんらかの策とお金を投入して，地域全体を活性化させようとするとき，これまではややもすると，共同事業としてのアーケードの設置や，駐車場ビルの建設ばかりが紹介されてきた．しかし，そこに居住機能を複合させることにより，結果的に中心市街地の経済活動が活発化するという考え方が，コンパクトシティの発想とともに広がりはじめた．

とはいえ，郊外に終の棲家をもつという人生設計を，親子二代にわたり描き続けてきた現代の日本人にとって，「まちなか居住」の意義は理解できても，実際にそのような居住志向に転換させるだけの魅力に，やや欠けているというのが現状でもある．

とくに，地方都市の場合は，地価の低さから，郊外部で敷地規模の大きい持家を取得することが容易であり，それを凌ぐだけの「まちなか居住」のメリットはないというのが，これまでの通説であった．

ところが，ここにきて，積雪寒冷地であればこそ，「まちなか居住」のリアリティが非常に高くなるはずであるとの見解が，流布しはじめてきている．その最も大きな理由は，高齢社会の到来と雪かたづけ（雪かき，雪下ろしなど）という問題である．

昭和40年代後半から50年代にかけてのマイホームブームで，地方都市の郊外には自然豊かな新興住宅地が開発されてきた．入居後20～30年を経過して，家屋の老朽化はともかく，住み手の高齢化が進行していることは周知の事実である．実際，子どもたちが独立して，大都市などに出てしまった後に，夫婦のみで老後を迎えるとい

うライフステージの高齢者たちが，そのような世帯の中心となってきているのである．ある場合には，当然どちらかが亡くなり，単身で居住するケースも多く存在している．

日に日に進む体力低下のなかで，雪との格闘に対する不安から，まちなかに老後の住処を求めるケースが，にわかにクローズアップされてきている．

国土交通省は，既成市街地内部に高齢者の居住を前提とした集合住宅を建設しようとする事業については，かなり積極的に支援をするスタンスを明確にしてきている．

おりしも，弘前には，東北初の借り上げ公営住宅が，中心商店街に隣接する形で誕生した．青森では，青森駅に隣接して建設されることが決まった分譲マンションに，高齢者を中心として申し込みが殺到したという話である．

米沢には，2階から上がマンションで，1階にデイサービスセンターと，それを運営するNPOが入居するという，居住と福祉との複合建築物が登場している．その居住者の多くは，訪問介護も可能なNPOがつねに近くにいることと，雪かたづけの苦労から解放されたいという気持ちから，郊外の住宅を処分する形でまちなかに戻ってきた高齢者であるという．開発業者は，今後ともこのようなスタイルの住宅居給が，米沢のような雪国では十分成立していくはずであると，自信たっぷりに語っている．

コンパクトシティ実現のための切り札といえる「まちなか居住」戦略は，積雪寒冷地であるという気候上のデメリットをメリットに転換させる形で，今後，東北地方を中心に拡大していく様相にある．2002年に国土交通省東北地方整備局が発表した東北住宅ビジョンでも，それは一つの大きな戦略として位置づけられているのである．

[北原啓司]

15.6　雪氷利用

天然および人工の雪，氷，寒さ（凍結，製氷）の活用を雪氷利用という．雪や氷を山のように積み上げたり，地下に貯蔵し，表面や周囲を断熱し保存性を高めた施設は雪室，氷室と呼ばれる．古くは，氷や雪が夏場の食用，魚などの冷却，熱病の治療，蚕の保存などの冷熱源として利用された．近年では雪室の内部に農産物を保存したり，球根やいちご苗の発芽抑制に利用される．氷温での食品加工，氷温発酵，凍結-融解による変質に着目したジュースの濃縮，海水淡水化，圧力移動法による食品冷凍，各種人造氷，長期保存された雪による冷房，雪を冷熱源とする発電の試みなどがある．さらに，雪氷の理工学技術を応用した新技術が発展している．

15.6.1 雪室・氷室

雪を保存するのが雪室，氷を保存するのが氷室であるが，密度の大きい雪は氷に近いことから，雪を保存しても氷室と呼ばれる．古来，氷室に保存される氷は製氷池などから切り出された．初期には断熱性を高めるために，地面に掘った穴の底にカヤなどの断熱材を敷き，氷の上部も断熱材で覆って保存された．この氷が昔，朝廷に献上され，利用されていたことは日本書紀などに記録された．

外国にも氷室があった．機械による製氷が行われる以前にはもっぱら天然氷に依存したわけで，明治時代には日本の外国人居住区にアメリカ東海岸から氷が運ばれていた．船積みされた氷が世界の海を駆け巡っていたのである．

朝鮮には氷室が多くあった．砂漠のなかにも氷室があり，ナポレオンは皇室で氷室を利用するほか，遠征にあたってはあらかじめ氷室に，ぶどう酒を冷却保存，戦意高揚に役立てたといわれる．

わが国では近年，雪の活用促進によって地域活性化を目指す主旨から，雪室が普及し貯蔵法が高度化されている．冷熱源となる雪の保存室と農産物の保存室を仕切って，冷気が利用されている．そのほかに壁で区切り，冷気を取り出す方式では低い湿度にコントロールされ，北海道沼田町で大量の米（籾）が鮮度よく保存された．これにより雪室が一躍注目されるようになった．

新潟県湯之谷村のグリーンファームでは 1980 年代よりにんじんが大量に雪室に保存され，食材加工に使われた．鉄骨製の保存室の側面は厚さ 4 m の雪の壁で覆われ，丈夫な天井の上にも雪が厚く積み上げられる．雪室による農産物貯蔵施設は新潟県，東北地方，北海道の各地に多数あり，にんじん，ながいも，じゃがいもなどが保存されている．また，いちごの苗の保存，切り花の予冷にも使われる．沼田町の雪冷熱を使った大型の米貯蔵施設の登場，美唄市での住宅空調への雪冷熱利用の導入などを通して，雪がエネルギー源として強く認識されるようになった．

雪室・氷室の代表的構造を図 15.6.1 に示す．

雪氷冷熱が 2002 年国の指定する新エネルギーに認定され，NEDO（新エネルギー・新産業開発機構）により雪室・氷室とつぎに述べる雪冷房に対し，助成が行われるようになった．

15.6.2 貯雪冷房（構造と利点）

日本の夏の高温多湿は耐え難い．そのため，夏場の冷房は必須である．電気式エアコン，ガスヒートポンプも限られたエネルギー資源の問題，ヒートアイランド現象や地球温暖化などに関係して問題である．

夜間の余剰電力で氷を作り，日中に冷房を行う氷蓄熱冷房が行われる．雪国では雪

（氷）の融解熱が大きく，融けにくいことを活かして夏場まで断熱保存し，冷房への利用が試みられはじめた．

開発の初期には貯雪量が 10 〜 20 t 程度と少なく，十分な効果を得られなかった．今日では数百 t から数千 t 規模の貯雪が行われるようになって，貯雪冷房の効果が出はじめている．貯雪は冬の環境を夏に移動することで夏を快適にする．地球に与える負荷は差し引きゼロであり，貯雪施設に費用のかかることを除けば，理想的な冷房ともいえる．貯雪冷房の構造を図 15.6.2 に示す．

冷気循環式では空気中の汚染物質が雪の表面を覆っている水分に吸着され，清浄な冷気が得られるという効果も確認されている．

貯雪庫は冬期の雪捨て場の効能も備えるわけで，雪処理に悲鳴をあげる豪雪地には一挙両得の効果が期待される．新潟県十日町市の樋口利明は，貯雪庫を冷熱エネルギー利用のみならず，人との交流の場にも利用し注目されている．

15.6.3 雪発電

雪発電には二つの形式がある．一つはガスタービンを回して発電する温度差発電であり，もう一つは液体でタービンを回す熱サイホン発電である．

温度差発電は海洋温度差発電の分野で高度な技術開発が行われた．地熱エネルギーなどを高熱源とした雪温度差発電が秋田大学の能登文敏と弘前大学の佐藤幸三郎により研究が進められ，1980 年代に 250〜1000 W の発電が達成された．

発電には大量の雪氷と熱エネルギーを必要とする．温度差発電は熱機関であり，雪氷を冷熱源とした温度差発電はその後扱われていない．

熱サイホン発電は富山大学で研究開発された．国際的にみてもユニークな発電である．フロリナート FC72 （C_6F_{14}）は減圧状態の熱サイホン内では 20 ℃内外の低温で沸騰し，気化熱 88 kJ/kg は氷の融解熱の 1/4 と小さい．落下した液体を上昇気流中に再噴射して，流量を飛躍的に増大させた．落差 40 m では蒸気流の 10 倍の気液混相流が可能と推測される．つまり，1 t の雪は 40 t の液体をダムに移動させ，発電に提供できる．

50℃の熱源から 20℃分の熱が抽出されたとすれば，1 t の温水は 1 t の蒸気を生じ，10 t の気液混相流をダムへ輸送する．わが国には 100 億 t から 500 億 t の雪が降るであろうが，500 億 t の雪は 2 兆 t のダムに匹敵するわけで，落差を 40 m とすると，21.9 GWH （2500 万 kW の発電所）に匹敵する．

最新の研究によると，細いパイプを上昇してきた気液混相流は上端の膨張缶へ断熱膨張的に噴射し，温度と圧力を下げる．膨張缶は雪やクーリングパイプで冷やされることで，低い温度と低い圧力が維持され，断熱膨張が継続する．膨張管内と蒸発管内の蒸気圧力差が気液混相流を移動させる．圧力差を大きくするために上昇管はある程度細いほうがよい．

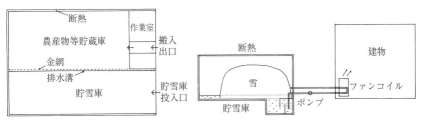

図 15.6.1 雪室・氷室の代表的構造　　　　**図 15.6.2** 貯雪冷房システム

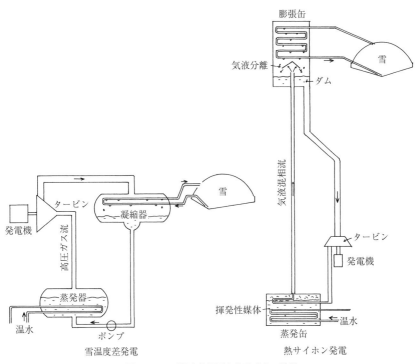

図 15.6.3 雪温度差発電と熱サイホン発電

　熱サイホン発電を数 m の低落差で使用するときは，上端に設けられる膨張缶への噴射流でタービンを回す発電も加えることができるであろう．この場合も，噴射液は自重で蒸発管に戻り，環流を実現する．

15.6.4　その他の雪の利用

　雪の利用を天然の雪や氷の利用に限定していたのでは，雪国の発展は望めない．雪氷の理工学技術の応用による新産業興し，技術の高度化も利雪の主要な柱である．

　氷温調合コンクリートは氷点下に冷えたセメントなどに雪が混ぜられる．粉体どうしなので少ない水分量でも均一な混合が得られる．温度を上げると融け水がセメントに吸収され，流動性のある生コンとなり，型枠に流し込んで強度の高いコンクリートが得られる．これは，少ない水分量でこね上げる技術であり，水と吸湿性の粉体を混合する領域に広い応用性をもつと思われる．

　雪面に残された足跡の採取．これは氷点下に冷えた石膏（石膏を塩水で溶いたもの）を雪上の足跡に流し込んで得られ，有力な犯罪捜査技術とされている．足跡には靴の大きさ，かかとの減り具合い（歩き方の特徴）などの情報が含まれる．雪上に残された動物や鳥の足跡の採取も野生動物の棲息調査に役立つ．

　材料の雪は無尽蔵にあるので，大小さまざまの構造物の鋳型も容易に作ることができる．雪の鋳型に石膏などを流し込めば複製もできる．複雑な曲面の鋳型も雪では容易に作れるから，そこに石膏，コンクリートなどを流し込んで建造物とすることもできる．

　オーケストラに使われる管楽器の加工に氷が使われる．氷の詰まった管を曲げることで，滑らかな曲線加工が実現するからである．

　原子炉機器洗浄のアイスブラストでは，氷は硬いうえ，融ければ水となり，異物を残さない特徴が生かされている．

　レストランで刺身が氷の器にのせられることがある．年輪状模様の氷の板が使われることもある．同じくレストランなどの冷水には氷が使われる．氷は透明なキュービックアイスが多い．白濁した氷は好まれない．透明氷は冷却板に水を噴射しながら凍らせることで得られている．

　氷結晶法は果汁の濃縮，ペニシリンの濃縮などに使われる．果汁を凍らせ，氷粒子を除去して濃縮するものであり，栄養素や香りなどが保存され理想的な濃縮法といわれる．産業廃液の減容化（濃縮）も同じ原理で行われる．

　海水淡水化では分離された氷が飲料水などに使われる．米国のロングアイランド島のテストでは消防用ホースで海水が寒空高く放水され，シャーベット状の氷を降らせ，貯氷池に堆積させた．未凍結の濃縮海水はドレインパイプを通って海に戻り，氷の山が残った．この融け水が飲料水として利用された．

　筆者らは海水を低温室で凍らせ，濃縮した海水部分を採取，再度凍らせて，濃縮した液から，塩を得た．この方法では微細な米粒状の結晶や立方体の結晶，薄膜状の結晶などさまざまな結晶が得られるので，海水の溶存成分の分離が行われると資源回収の効果がある．

産業廃液の処理も単に濃縮廃棄するだけでなく，有用物質の回収技術を見いだし，リサイクル過程にのせることが今後の課題であろう．

高圧を加えると水の氷点が下がる．つまり，高圧によって定まる融点まで水分は凍らない．0℃以下に冷却後に圧力を1気圧に戻すと，その瞬間，水は過冷却状態に移り，急速凍結する．このとき，豆腐や魚などは細胞外凍結が実現し，生体組織が壊されずに冷凍される．その結果，解凍したとき，きめ細かい豆腐に復元する．この冷凍法は圧力移動法と呼ばれ，豆腐やいちごのように従来は難しいといわれていたものまで冷凍を可能にした．

[対馬勝年]

15.7　冬の造形

冬になると，結氷した池や湖の氷の内部には，湖底から浮上し，氷盤に閉じ込められたメタンガスの空洞が出現し，みる人を透明な氷の空間の神秘の世界へと誘う．結氷の表面には，雪と氷が織りなす風紋や各種の氷紋が現れる．諏訪湖や北海道の屈斜路湖には「御神渡り」が出現する．そして樹氷（soft rime）に代表される霧氷（rime, air hoar）は，氷点下の冷え込みがもたらす冬の造形の代表格といえよう．

15.7.1　霧　氷

霧氷には，樹霜（air hoar, hoarfrost），樹氷，粗氷（hard rime）の3種類がある．樹霜とは，空気中の水蒸気が，冷えた物体の表面に昇華凝結してできる霜のことであ

図 15.7.1　樹枝状の結晶構造をもつ樹霜

図 15.7.2　樹氷

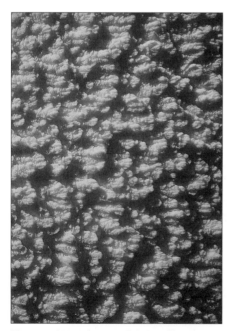

図 15.7.3　風上に向かって先太りの「エビのしっぽ」と呼ばれる「尾鰭状構造」に成長する樹氷

る．また，霧や雲のなかの過冷却水滴には，氷の表面や，冷たく冷やされた物体に衝突すると，たちまち凍りつく性質がある．いま，一つの霧粒が物体の表面に衝突して凍りつき，その上につぎの霧粒が凍りつくとする．すると，凍った霧粒は，つぎつぎに重なって成長するので，だんごを重ねたような構造になる．こうしてできる氷に樹氷と粗氷がある．

(1) 樹　霜

樹霜は風の弱い静かな空気中で発生し成長する（図 15.7.1）．湿った空気中の水蒸気量が，氷の表面に対する飽和水蒸気量以上，つまり過飽和のとき，水蒸気が零度以下に冷えた木の枝などに触れて，その表面に昇華凝結して，成長したものである．その形は水蒸気量と気温によって，樹枝状，板状，針状の結晶構造をなす．樹霜ができるときには，粒子の細かい霧が同時に存在している場合も多く，微水滴も

結晶に付着して，成長を助長しているものと考えられている（黒岩，1956）．樹霜は風の弱い放射冷却の起こる夜間に発達したものが，早朝，山麓地帯や平地の川筋に沿ってよくみられる．樹霜の付着力はきわめて弱く，弱い風や軽いショックを受けると簡単に剝がれて落ちてしまう．

(2) 樹 氷

霧粒などの過冷却水滴が，風で運ばれてきて冷却されている木の枝や地物に衝突して瞬間的に凍りつき，その上につぎつぎと重なって霧粒が衝突し凍結して成長したものが樹氷である（図 15.7.2）．風上に向かって先太りの「エビのしっぽ」と呼ばれる「尾鰭状構造」に成長する（図 15.7.3）．成長速度は大きく，風上に向かって一夜に

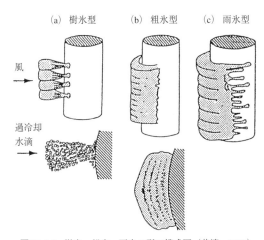

図 **15.7.4** 樹氷，粗氷，雨氷の型の模式図（若濱，1995）

図 **15.7.5** 山形県蔵王連峰の「アイスモンスター」（小林俊一博士撮影）

20cm以上の長さに成長することもある．そのなかには空気をたくさん含み，白く不透明な氷で，顕微鏡でみると粒状組織（若濱，1995）（図15.7.4）がみられる．霧粒に混じって降雪や飛雪があると，過冷却水滴は雪片を糊づけしてつぎつぎに固着し，樹木全体を覆うまでになる．こうしてできるのが，山形県蔵王連峰や八甲田山に出現する「アイスモンスター」（図15.7.5）である．

(3) 粗 氷

霧粒が衝突し凍結してできる点では樹氷と同じであるが，樹氷と異なるのは，半透

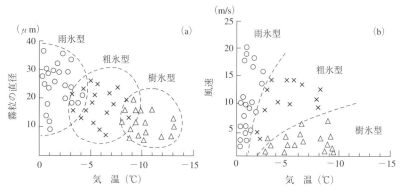

図15.7.6 樹氷，粗氷，雨氷ができるときの気象条件（若濱，1995）

図15.7.7 宝石のような輝きを放つ雨氷

明で硬い氷になる点である．付着する霧の粒が大きく，凍結速度が遅いときにできやすい．氷の質は緻密で物体との付着力は著しく強い．気温が－2℃～－10℃程度（図15.7.6）のときにできやすい．

15.7.2 雨　氷

　過冷却した霧雨や雨が氷点下に冷えた物体に衝突して形成される透明な氷である．広範囲の樹林に凍着した雨氷（glaze）はみるものを魅了する素晴らしい冬の造形である（図15.7.7）．過冷却した雨滴が衝突して凍りきらないうちにつぎの雨滴が衝突し，表面が濡れた状態で成長するため，気泡を含まない透明な氷に成長する．

　雨氷には雨ではなく，樹氷，粗氷のように過冷却した微細な雲粒から成長するものがある．雨による雨氷のように樹木全体を覆うような大規模な着氷現象とは区別されているが，現象としては同じものである．

　樹木などに付着した氷は冬の造形として目を楽しませてくれるが，送電線やアンテナ，航空機，道路標識などに付着すると災害をもたらす原因となる．

15.7.3 湖　氷

（1）　氷の回廊

　冬期，水面を襲う季節風と低気圧の通過によって，湖面は激しく波立ち，多量の波飛沫が空気中に供給され続けている．北海道にある阿寒国立公園の屈斜路湖は，周囲57 km，面積78 km²で，結氷する淡水の湖としては国内最大である．それならば，そのスケールに見合った結氷現象が見られるであろう．この湖で，大規模で美しい「飛沫着氷」と「飛沫氷柱」が発見（東海林，1980a）された．この二つの現象を明確に区別するのは難しい．気温が氷点下のとき，波飛沫が氷点下の温度の物体（ヨシや木の枝，岩肌など）に衝突して凍りついてできる氷を「飛沫着氷」（図15.7.8），また，衝突した飛沫の一部が空気中に垂れ落ちる過程でできる氷の棒を「飛沫氷柱」と呼んでいる．飛沫氷柱は，重力の影響で自由に空気中に伸び出した「つらら」ともいえる．飛沫着氷の下部に伸び出た，木の枝やヨシなどの芯が入っていないつららは，飛沫氷柱ということになる．

　屈斜路湖は比較的大きな湖なので，波飛沫が発生しやすく，さらに，1月の平均気温が－12℃と低いにもかかわらず，最大深度が118 mと比較的深いため，夏の間に蓄えられた熱を奪うのに時間がかかり，全面結氷は遅い．屈斜路湖の飛沫着氷と飛沫氷柱は，12月の中旬からできはじめ，結氷して波飛沫の発生がやむまで成長を続け湖を取り巻く．それは，「飛沫回廊」とでもいったらいいのであろうか，見事な自然の彫刻美を生み出し，ガラス細工のようなステージとして湖の周りに続いている．

　夏は，最果ての地を求めて集まってくる若者たちのキャンプファイアーで賑わう湖

図 15.7.8　蔓にぶら下って発達しつつある飛沫着氷

畔も，冬は訪れる人もなくひっそりと静まり返っている．このため，これらの美しい氷の存在に注目する人もおらず，無名の現象のまま見落とされてきたと考えられる．しかし，目的をもって自然界を観察すれば，自然は惜しむことなく，その真の姿をみせてくれるものであることを，私たちは身をもって体験できるのである．飛沫回廊のような現象は，その程度に差はあるとしても，中禅寺湖や十和田湖などの各不凍湖の湖岸の人里近くで，あるいは，山裾近くの湖岸で，人知れず生成と発達と消滅のドラマを繰り返しているわけである．

(2) 氷　紋

湖や池の結氷面に，氷と雪と水がかかわりあってクモヒトデのような模様（図15.7.9）ができる，これを「氷紋」という．雪と水が描き出す自然の芸術で，みる人を幻想の世界に誘う．東京でも，冷え込んで池や水溜りが結氷し，降雪があると，公園の池や皇居のお濠に出現する．寺田寅彦も三四郎池で観察し，形成原理の解明を試みている（寺田，1933）．

どのようなメカニズムで氷紋が形成されるかについての研究は，18世紀末以来，世界中で行われ，多数の論文が発表されてきた．しかし，いずれも，推測された理論が迷走するばかりで，確実なことはわかっていなかった．19世紀末に人工制作実験に成功して，形成の機構が解明され，それまでの1世紀に及んでいた論争に終止符が打たれた（東海林，1975）．しかし，「一つのことが解明されると，新たに解明しなければならない細部もみえるようになる」とのたとえ通りに，氷紋にもいくつかの種類があることがみえてきたのである．

氷紋にはおもなものとして放射状氷紋，同心円氷紋，懸濁氷紋の3種類（東海林，

15.7 冬の造形

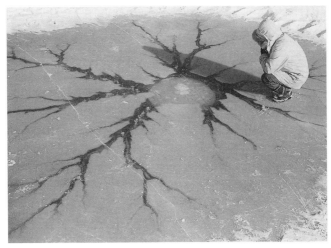

図 15.7.9 放射状氷紋
氷紋が足下に凛として存在しみえていても，湖の氷原という自然のなかでは，人々の意識に上らないでしまう場合が多い．わずかな変化を見いだし，疑問の観察眼をもつことが，湖氷の観察ではとくに肝要と考えられる．

1977a）があり，いずれも氷の上に雪が積もっているとき，氷に穴があき，氷の下の水が噴出することによって生まれる．噴出水の温度はプラス0.5℃から5℃まで幅がある．噴出した水は積雪を融かし，水路を作りながら氷上の雪のなかに拡散し，氷の下の水を黒っぽく透かし出して，クモヒトデ形の模様を描く．これが放射状氷紋で，湖の広い氷原に何万個となく現れたとき，岸辺の丘の上から観察すると，実に壮観なものである．しかし，氷紋が足下に凛として存在しみえていても，湖の氷原という自然のなかでは，人々の意識に上らないでしまう場合が多い．ときどき，報道機関により降雪風景として偶然に空撮されたものが，フィルムの編集時に気づかれ，その形態の奇妙さから，大きな話題として取り沙汰されることが多い．個々の紋様の広がりや形は，生成時の氷の厚さ，積雪の深さ，雪質，噴出水の温度，観察時期によって違う．大きさも数十 cm のものから数十 m の巨大なものまでいろいろできる（東海林，2004）．

同心円氷紋は，放射状氷紋に同心円が加わって形成される．同心円は雪が水を吸収した際，その重みで陥没することによって生じる．陥没は同一間隔をおいて多重に起こることが人工制作実験によって確かめられた（東海林，1977b）．

懸濁氷紋は，噴出水が粘土粒子など懸濁粒子を含んでいる場合にできる．懸濁粒子は氷紋の水路を放射状に流れてその先端に達し，雪のなかに沈積するため，模様の先端が丸くみえるのが特徴で，墨絵の世界における松や桜のような見事なものが出現し，みる人を驚かせる．また，微細な気泡が放射状の先端付近に沈積する場合も，同一の氷紋になると推定されるが，人工制作実験に成功しておらず，仮説の段階であ

る．

(3) 御神渡り

「御神渡り」とは，湖に張った氷板どうしが押し合って壊れて盛り上がり，立ち上がって，向こう岸からこちら岸まで延々と続く現象のことをいう．広い湖の氷原に1本，または，多くても2,3本しかできず，まったく何もないはずの平らな氷原に，かすかに毛羽立ったような1本の線条としてこつぜんと現れ，周囲に住む人々や観光客の注目を惹くことが多い．

実は，この現象は信州の諏訪湖によく現れることが昔から知られている．諏訪神社の男の神様が，対岸の女の神様のもとに通った跡であるという伝説があり，神様がお渡りになると書いて御神渡りという名称で呼ばれている．諏訪地方の人々は，位置や方向など，この起こり方で，その年の豊作・凶作を占っていたといわれる．御神渡りがあると，その日時や方向が諏訪神社に報告されるのが習わしで，遠く室町時代の嘉吉3（1443）年以来，明治4（1871）年に至るまで，実に482年の間毎年続けられ，「御神渡り注進状控」として，この記録が諏訪神社に保存されてきた（藤原，1954）．このように，一つの自然現象が5世紀に及んで連綿として記録された例は，世界的にも他に例がないことといわれている．しかし，残念なことに，明治時代に入って文明開化となり，欧米の新しい思想が入り込んできたとき，「古くさい迷信」ということで，400年以上も続いた，この古くからの儀式が，一時中断されてしまう．近年は観測の科学的意義が見直され，諏訪測候所による観測が再開されているが，長年続いた記録の途中に空白ができてしまったのは，なんとももったいない話であると，気象

図 15.7.10 長さ10 kmに及ぶ屈斜路湖の御神渡り

関係者の間でたいへん残念がられている.

さて,御神渡りは,寒い冬には早く起こり,暖冬には遅れる.そのため,御神渡りの起日の早いか遅いかは,気候の寒暖を知るよい目安になると考えられている.それで,諏訪湖の御神渡りの記録は,長期予報を論ずる場合に欠かせない気候変動に関しての貴重なデータとされ,近世における地球の温暖化傾向や,天明や天保の大飢饉との関係,太陽黒点数との関係などが論じられている.

ところで,この現象が北海道の屈斜路湖で,日本では一番大規模に生じている(図15.7.10)ことが,ごく最近の1978年に発見された(東海林,1980b).それ以前なぜか,屈斜路湖では,この現象が御神渡りとして意識されることがなかったものと考えられるが,これは,たいへん不可解にさえ思えることである.屈斜路湖では,比較的雪が少なく,寒暖の差が激しい.そして,全面結氷する淡水の湖としては日本では最も大きい.これらの条件から屈斜路湖の氷の表面に,日本で最大規模の御神渡りを出現させていることがわかったのである.

この現象は,どのようなメカニズムで起こるのか.湖水が冷えて,0℃になると水は凍りはじめる.氷は0℃でできるが,その厚さが増してさらに気温が低下すると,氷板の温度もだんだん低下する.温度が低下すると,氷は収縮する.たとえば,長さ10 kmの氷ならば,10℃温度が下がると,5 m収縮する.こうして,氷板に表面積の減少に見合う幅の亀裂を作る.この亀裂は湖に張った氷の表面に曲線を描いて縦横に走り,夕方から夜中,さらに明け方へと,気温の低下が進むにしたがって,つぎつぎと湖面に現れてくる.そうしてついには表面中が亀裂だらけになるのである.さて,大部分の亀裂は細いのだが,なかに1本または2～3本だけ10 cmから1 mをこえるような幅の広い亀裂がある.その亀裂に現れた湖水の表面にも,すぐに氷が張り出してくる.夜が明けて日光が射しはじめ,気温が上がりだすと,氷の温度も上がりはじめる.温度が上がると氷は膨脹する.長さ10 kmの氷ならば,10℃温度が上がると,5 m膨脹する勘定になる.この膨脹のために,夜の間にできた亀裂の部分に新しく張った氷の分だけ氷の表面積が余分になる.この余分の表面積を解消するために,氷の弱い部分を押し壊して,氷の盛り上がった部分を作る.これが御神渡りなのである.そうして,これは夜の間に幅の広い亀裂ができ,その部分に薄い氷が張っていた部分にできやすい.厳寒の湖畔で,幾日も待ち続けることができる周到な準備があれば,ごう音を轟かせながら氷板が隆起する「御神渡り隆起の瞬間」に遭遇することができるであろう.

[東海林明雄]

文　　献

藤原咲平(1954):諏訪湖の御神渡り.研究時報(気象庁),**6**(5):123-126.

黒岩大助(1956):着氷と着雪.応用電気研究所彙報,**8**:153-174.

寺田寅彦(1933):自然界の縞模様.科学,**5**(2):77-81.

東海林明雄（1975）：春採湖の氷紋．サイエンス，**5**(2)：84-86．
東海林明雄（1977a）：湖面の氷に刻み込まれる模様．科学朝日，**37**(1)：99-104．
東海林明雄（1977b）：湖氷，pp.56-75，99-100，講談社．
東海林明雄（1980a）：屈斜路湖のしぶきが生む造形．科学朝日，**40**(12)：7-13．
東海林明雄（1980b）：日本最大の御神渡り．サイエンス，**10**(12)：46-48．
東海林明雄（2004）：氷の世界，pp.24-29，あかね書房
若濱五郎（1995）：雪と氷の世界，pp.50-51，東海大学出版会．

コラム 15.8　氷上道路―便利な冬の交通路―

　北欧，シベリア，アラスカなどの高緯度地方では冬にだけできる道路があり，夏よりも自由に車が走れる場合がある．橋がない湖や川でも氷の上を自由に通ることができるし，永久凍土地帯では，夏には湿地帯でキャタピラ車両しか通れないが，冬になると地面が凍って固くなるので一般車両が走ることができる．
　写真（左）はフィンランド，カレリア地方での凍った湖の上の氷上道路（iceroad）である．湖沼や陸沿い道路のショートカットが可能なので，夏のフェリーを使う交通より便利になる．この氷上道路は，延長7kmの2車線道路であり，湖の氷厚30cmでは4～5t，50cm以上では12tの耐荷力を想定している．氷上道路へ通ずる一般道路には，写真（右）のような道路標識にルート名，重量制限（ここでは3t），開通時間が示されている．過去20年を平均すると，年間開通日数はここで70日であり，フィンランド道路庁が除雪を含む管理を担当している．このほか，短い氷上道路では，40～50mの広幅員道路もあるほか，個人の責任で使っている道路もある．　　[**石 本 敬 志**]

フィンランド，カレリア地方の湖の上の氷上道路（左）と氷上道路に至る道路標識（右）
（フィンランド道路庁提供）

15.8 雪形

15.8.1 雪形とは

　雲や林をみているとふと何かの形にみえたりすることがある．星座もそうであるが，雪融けの頃の山肌の黒い部分と残雪の白い部分が作り出す大小さまざまな形からなる白黒のまだら模様も，同じく空想を膨らませてみるといろいろな姿形にみえてくる．心霊写真や心理テストの図形のようでもあり，再現性などない偶然の産物としてできたようなこの白黒模様は，地形・植生・気候が大きく変わらないかぎり，毎年ほぼ同じ形が繰り返し現れる．

　このように残雪と山の地肌が作り出す形を，日本では古くから，「種まき爺さん」「代かき馬」「川の字」など，人，動物，文字，物などに見立て，田植えや種まきなどの農作業をはじめる目安として，あるいは水不足になるかどうかを占う合図として使用し，伝承していたといわれる．

　これらは一般に「雪形(ゆきがた)」と総称され，北海道から中国，四国地方に至るまで日本全国の積雪地帯に広く分布している．雪形には山の地肌の黒を背景とし，残雪の白を形としてみるタイプ（図 15.8.1）と，逆に白を背景とし，黒を形としてみるタイプ（図

図 15.8.1　残雪の白い部分を形としてみるタイプの雪形「吾妻小富士の種まき兎」

図 15.8.2 雪解けの黒い部分を形としてみるタイプの雪形「妙高の跳ね馬」

15.8.2）がある．

ところで，雪形という言葉自体は古くからあったわけではない．昭和10年代頃から文献に現れはじめ，雪形が全国的に知られるようになったのは田渕行雄の名著『山の紋章　雪形』(1981)によるところが大きい．とはいえ，実際に「雪形」という言葉を知っている人は有名な雪形出現地域を除いてほとんどいないのが現実である．

15.8.2　雪形の現状

雪形は季節の風物詩としてしばしば，その出現が地方の新聞でも記事となり，一部の人々の関心を集めている．ごく一部の有名なものは観光資源としても利用され，人気も高い．その一方で，現代において農事暦としての実用上の必要性の消失から，雪国で生活する人々の日常生活からも遠ざかり，伝承という形態はほとんど存在しない．また，一部の有名な雪形を除き，たとえ文献上では存在していても，実際にどれかを確認できない雪形がかなりある．田淵 (1981) は日本全国で約300の雪形を紹介している．このうち，実際に特定できるのは約半数にすぎない．

研究の対象としての雪形は古くから主に民俗学の分野に属しており，自然科学的な視点からの研究はほとんどない．このため，文献のなかでその名称や伝承についての記述はあっても，雪形を地形図上に客観的に表現したものはまったくといっていいほどない．したがって，写真やスケッチでの視覚的な記録，あるいは，それを知る地元の人の説明がなければ，複雑な残雪の白黒パターンのなかから目的とする雪形を特定することはほとんど不可能である．

15.8.3 雪形の科学

　雪形の発生から消滅までの形態およびその変化を支配する基本的な要素は，地形・植生，雪の積もり方，融け方の三つである．雪が一様に積もり，一様に融けると雪形の白黒パターンは現れない．ところで，平均的な雪形のスケールである 100 m 程度の空間スケールでは雪面からの融解はほぼ一様である．したがって，雪形が現れるのは積雪の分布が一様でないためである．

　このような非一様を生み出す最も支配的な要素は地形の凹凸である．一般に，地吹雪のような風による雪の再配分や，大規模なものは雪崩に代表されるような重力による雪の移動は急斜面の雪を少なくしたり，地形の凹凸を平滑化するように作用する．その結果，一様ではない積雪分布が形成され，融解に伴って積雪量の少ないところから黒い地肌が現れ，それが広がり，残雪の白い部分が消え去って雪形の季節が終わる．雪形の出現が毎年繰り返されるのは，数十年，数百年程度の時間スケールでは積雪量と地形が大きくは変動しないためである．

　したがって，雪形の出現時期，出現から消滅までの形態変化，年々の形態変化には積雪，融雪，地形・植生の情報が隠されている．とくに，雪形の出現時期に関しては気象条件と関連し，冬の間の雪の量と春の暖かさが敏感に反映され，最大で 1 カ月程度の変動をする．このため，雪形の出現時期は冬と春を合わせた気候の指標としての意味をもつ．また，雪形の生滅に伴う形態の変化は複雑な山地積雪の空間分布の推定のための情報として，さらに，地滑りなど，地形の特徴を解読するための可視化情報として利用が可能である．

15.8.4 雪形の将来

　このような科学的な素材としての雪形は，必ずしも歴史的に伝承されてきたものである必要はない（図 15.8.3）．文字どおり星の数ほどある残雪模様は，特殊な観測機器なしでも興味ある人すべてにもれなくオリジナルの雪形をプレゼントしてくれる．またスケールを変えて，たとえば宇宙からみた雪形というのも雪形の新しい視点かもしれない．また，海外に目を向けてみると，日本以外にも残雪の白黒パターンに名前をつけている例はノルウェー，米国，スイス，カナダ，ニュージーランドなどでも散見される．しかし，一般的な呼び方として「雪形」と同じ概念の言葉をもつ言語は日本語だけである．その点でユキガタ（yukigata）が国際用語として使われ出すのも夢ではない．

　このように現代における雪形のもつ特徴をまとめると以下の 4 点に集約される．

(1) 世界に誇れる文化遺産的な長い歴史がある．

(2) 自然との対話のなかで科学を楽しめる．

図 15.8.3　新しく発見・命名（和泉薫氏）した雪形の例「谷川岳のオオハクチョウ」（雪氷写真館，1998）

(3) 国際用語にもなりうる国際性がある．
(4) 遊び心を刺激する素材である．

[納口恭明]

文　献

田淵行雄（1981）：山の紋章　雪形，371 p，学習研究社．
雪氷写真館（1998）：Yukigata of the year 96, 97，雪氷，**60**(4)：i–ii．

16
雪氷リモートセンシング

16.1 衛星による雪氷観測

16.1.1 衛星観測

　雪と氷で覆われた世界は，低温であること，高山や極域，冬の海上などと接近や滞在が困難であることが多い．また，一夜にして広大な面積が積雪や海氷で覆われたり，融けたりというように，観測対象地域の面積が広く，また変化も速い特徴がある．このような広域の雪氷調査に対して，衛星からのリモートセンシング（remote sensing）は有効な観測手法となっている．

　衛星による雪氷観測は LANDSAT 衛星や NOAA 衛星の可視画像（visible image）を用いて 1970 年代よりはじまった．とくに山岳域の積雪分布，氷河分布などの観測に成果をあげている．

　観測対象からの可視光（visible light）の反射や赤外線放射（infrared radiation）を利用した観測では，夜間や日射のない冬期の高緯度，雲で覆われた地域などでは観測が断続的になってしまう．毎日の連続したデータを得るためにはマイクロ波センサ（microwave sensor）が有効である．全天候型のマイクロ波放射計（microwave radiometer）を用いてほぼ毎日の地球全体の積雪分布図と海氷分布図が作成されている．地表の物体から出る微弱な電波（マイクロ波）を衛星に搭載したアンテナで観測するもので，地上の積雪に関係するデータ，海水と氷の区別などで威力を発揮している．

　衛星には静止気象衛星（GMS: Geostationaly Meteorological Satellite）のように赤道上で，いつもある経度に浮かんでいるものと，地球の周りを南北方向に回る極軌道衛星（polar orbital satellite）がある（図 16.1.1）．静止衛星の例として「ひまわり」がある．静止気象衛星は，連続してある地域を観測することができるが，地球の丸みのため高緯度の観測には不向きである．北極海など北緯 70°ではデータ利用は難しい

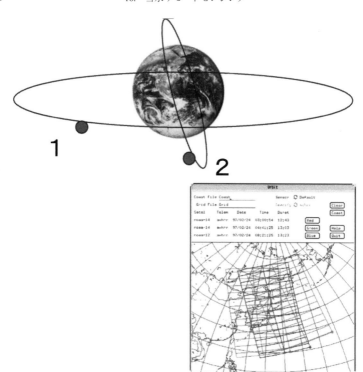

図 16.1.1 赤道上空に浮かぶ静止衛星 (1. 赤道上空 36000 km) と南北に地球を回る極軌道衛星 (2. 800 km 程度) の軌道および日本付近を通過する際の観測幅とパス

が，北緯 45～60°のオホーツク海程度なら十分観測可能である．極軌道衛星は静止気象衛星に比べ高度も低く，高緯度域ほど通過頻度も多いので高緯度の雪氷圏の観測には向いている．ただし，地上のある場所を飛び飛びの時間間隔でしか観測できない．たとえば，米国の海洋気象衛星 NOAA（米国の大気海洋局 National Oceanic and Atmospheric Administration が打ち上げている衛星シリーズ）だと，観測幅も 1000 km ほどで日本列島など 1 回の通過で観測することができるが，つぎの観測まで地球を 1 周しなければならないので，100 分程度の後となる．また，周回ごとに軌道が東西方向にずれてしまうため，1 日に日本付近を観測できるのは数回程度になる．図 16.1.2 に極軌道衛星が 1 日の間に蓄積していったデータの例を示す．同じく極軌道衛星である LANDSAT 衛星のような地表の詳細観測を目指した衛星では，地上の観測幅が 100 km 以下と狭いため，同じ地域を再び観測するためには 2 週間程度かかってしまうものが多い．しかし，高い空間分解能を備えた極軌道衛星では，周回間隔が長いが，地形，土地利用，災害調査などの時間変化の激しくない要素の調査にとっては，1 回の好天時の観測データがあれば，十分有効なデータが得られる．氷河末端形

16.1 衛星による雪氷観測 661

Microwave image （Data: DMSP SSM/I)

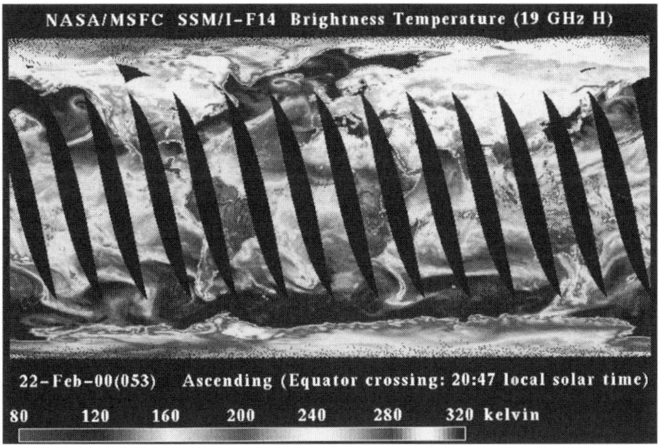

NASA/MSFC SSM/I-F14 Brightness Temperature (19 GHz H)

22-Feb-00(053)　Ascending (Equator crossing: 20:47 local solar time)
80　120　160　200　240　280　320 kelvin

図 16.1.2 極軌道衛星 DMSP によって 1 日の間に蓄積されるマイクロ波観
測データ（データ：NASA/MSFC）

状や氷床周辺の氷山の分離や沿岸定着氷の観測にも有効である．それに対し，積雪分
布や海氷分布などのように，時間変化が激しいものの場合は短い周期での繰り返し観
測が必要になることが多い．半日～数日内でほぼ地球全体を観測することが可能な衛
星が有効である．

16.1.2　観測センサ

　衛星観測で使用されるセンサについてまとめる．センサには，観測対象物から放射
される電磁波や赤外線，太陽光の反射などを観測する受動型センサ（passive sensor）
と，電波やレーザを対象物に照射しその反応を計測する能動型センサ（active
sensor）がある．観測に用いられる電磁波の種類と観測項目を表 16.1.1 に示す．

表 16.1.1　地球観測衛星搭載センサの波長帯と観測で得られる情報

	センサ名			
			マイクロ波	
	光学	赤外	能動 （SAR）	受動 （放射計）
波長帯	$0.4\sim0.6\,\mu\mathrm{m}$	$0.7\,\mu\mathrm{m}\sim1.0\,\mathrm{mm}$	$1.0\,\mathrm{mm}\sim1.0\,\mathrm{m}$	
観測	形，分布 アルベド	表面温度 水蒸気	物体の存在 表面粗度	種類，状態 温度

(1) 可視，近赤外，赤外観測

受動型衛星センサによる雪氷観測では，雪の高い反射率を利用した可視光観測による判別や，雪が低温であることを利用した赤外線による温度測定による積雪判別（図16.1.3），また，地表面より放射されるマイクロ波が積雪により減衰して上空の衛星に届くことを利用して地表が積雪で覆われていること，およびその量（積雪水量）を求めるものがある．

受動型センサのうち，LANDSAT衛星やSPOT衛星に搭載されているような高い空間分解能（spatial resolution）をもつ可視センサは氷河マッピングに有効である．近年は，空間分解能が1 m程度の高解像度衛星が利用されはじめた（IKONOS，Earlybirdなど）．また中間的な空間分解能のMODIS（Moderate Resolution Imaging Spectroradiometer）といったセンサ（衛星TerraおよびAquaに搭載）も利用されはじめている．図16.1.4はNOAA衛星のオホーツク海の観測例である．空間分解能は1.1 kmであり，幅1000 kmほどの広域雪氷分布の様子がわかる．図16.1.5は空間分解能16 mのADEOS衛星による画像であり，観測幅は100 km以下であるが，詳細な雪氷分布の観測が可能である．可視および赤外域での雪氷観測においては，雲と積雪の分離が大きな問題であったが，近赤外（near infrared）と赤外のデータの組合せなどにより区別する方法も提案されている．これから利用が期待される可視〜赤外の観測を行うセンサとしてMODISや2002年12月に打ち上げられた衛星ADEOS-IIに搭載された可視近赤外分光光度計GLI（Global Imager）などは，可視〜赤外域に30以上の観測チャンネルをもち，雲と雪の判別，積雪分布の観測だけでなく多くの要素の観測が行われた．とくに，可視〜近赤外，赤外領域における特定の波長の反射や吸収の詳細な観測から，積雪の粒径の観測，積雪に含まれるすすなど不純物濃度（impurity）の計測など，従来のセンサでは行われなかった新たな観測が試みられた．

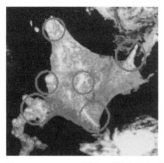

図16.1.3 NOAA衛星の可視光および赤外線観測データによる初冬の北海道の積雪分布の観測例（左が表面の反射率，右が温度分布）

16.1 衛星による雪氷観測

NOAA/AVHRR 1998/02/24

図 16.1.4 NOAA 衛星による海氷が拡大している時期のオホーツク海の観測例

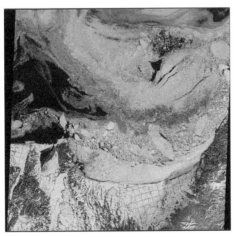

図 16.1.5 ADEOS 衛星の可視近赤外分光光度計 AVNIR による北海道東部(網走〜斜里〜知床半島)の積雪および海氷の観測例(データ：NASDA)

(2) 受動マイクロ波観測

 一方，マイクロ波放射計による観測ではさまざまな物理過程が物体からのマイクロ波放射に影響するため，積雪情報を抽出するための計測データの判断基準や判別のための計算式を組み合わせたアルゴリズム（algorithm）が必要となる．マイクロ波放射計データは空間分解能が数十 km と粗いため，氷河の詳細な観測などには向いていないが，広域の積雪分布や積雪深，融解情報の抽出が可能である．また高緯度全域において 1 日 1 回から数回の観測が可能になりつつあり，半球規模のモニターが可能である．北半球全域の積雪分布や海氷分布はマイクロ波によって観測されているが，大陸上の積雪分布と，北極海の海氷が表示されている（図 16.1.6）．さらに，近年，薄い氷と厚い氷の判別，海氷の温度，融解，海氷上の積雪なども観測できるアルゴリズムが提案されている．とくにマイクロ波観測は，日射を必要としないため高緯度域の冬期や夜間にも利用可能であり，また霧や雲に覆われていても観測可能なため悪天時の観測も可能であり，毎日の観測が可能である．これまで利用されてきた米国のDMSP 衛星（1987～, Defense Meteorological Satellite Program）は 1 日 2 回のマイクロ波放射計 SSM/I（Special Sensor Microwave/Imager）によってマイクロ波輝度温度（brightness temperature）データが配布されている．さらに 2002 年に打ち上げら

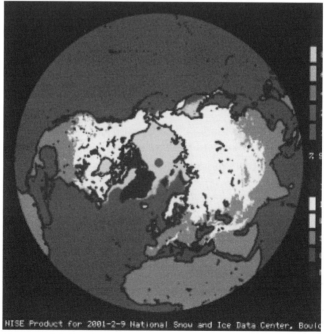

図 16.1.6 北半球の積雪・海氷分布（米国国立雪氷データセンター NSIDC による）

れた NASA の Aqua 衛星，NASDA の ADEOS II 衛星にはそれぞれマイクロ波放射計 AMSR‐E および AMSR（Advanced Microwave Scanning Radiometer）が搭載されていて，それぞれ同地域に対し1日2回の観測を行える．これで，DMSP 衛星と合わせて1日6回の観測が可能になった．これにより融解などの日変化の観測も可能になった．これらのマイクロ波放射計のデータはすでに30年の蓄積があり，継続した観測資料として重要であり，雪氷圏の気候研究に多く利用されている．

　海氷の観測も，可視光や赤外線を利用したものやマイクロ波を利用したものがある．マイクロ波放射計による観測では，海面からのマイクロ波放射が弱いのに対し，海氷からはマイクロ波放射が強いことを利用して海氷の存在が確認される．マイクロ波放射は物質の温度に比例するが，物質によりマイクロ波射出率（emissivity）が異なるため，温度が同じでもマイクロ波放射は異なる．海氷は海水より温度が低いはずだが射出率が大きいので，マイクロ波放射の輝度温度は逆転して，海氷のほうが海水より大きくなる．

　マイクロ波による雪氷圏観測はこのほかにも，積雪水量と融解，融解水の影響を受ける土壌水分などに対しても行われている．

(3) 能動マイクロ波観測

　能動型センサである合成開口レーダ（SAR : Synthetic Aperture Radar）は，高い空間分解能で地表面を観測できるものである．宇宙空間からのレーダ観測で地表における観測対象に対し，高い観測分解能を実現するためには大きなアンテナが必要であるが，実際に巨大なアンテナを展開する（実開口）のではなく，アンテナをもった衛星が高速で移動しながら観測した結果を合成することにより（合成開口），宇宙空間に長大なアンテナを展開したのと同様な高い空間分解能のデータを得るものである（図16.1.10）．合成開口レーダや散乱計（scatterometer）の観測では，氷河・氷床や海氷の融解，海氷と海水の判別，海氷表面の凸凹や温度状態の検出を行える．レーダの電波が積雪中に潜ることから，南極氷床ではクレバスを顕著に表示することができている．

　また，レーダやレーザによる高度計測から氷床表面高度の計測を行い，氷床の質量や変動を調べるものもある．レーダ高度計（Radar Altimeter）では，パルス上の電磁波を地表面に向かって照射し，戻ってくるエコーより，衛星と対象物の距離を計測するものであり，雪氷観測では氷床の表面高度測定などに利用される．繰り返し観測により，氷床表面の高度変化や，降雪の推定に利用されている．また，レーダ高度計による氷床表面の高度測定から，氷床マッピングや降雪などによる短期地表面高度変化が観測されている．2003年に打ち上げの予定されているレーザ高度計（Laser Altimeter）ではさらに精度のよい氷床表面高度の観測や，海氷表面の起伏の計測が予定され，海氷厚さを調べることも期待されている．

　合成開口レーダを搭載した衛星は，Seasat，ERS‐1,2，JERS‐1，RADARSAT‐1

などであるが，現在運用されているのは ERS-2 と RADARSAT である．合成開口レーダは，地表 100 km の幅を詳細に観測することができるが，観測の経度への回帰日数が大きい問題があった．このためある瞬間の地表の観測は行えても，時間的変化の大きなものの観測には適していなかった．しかし，RADARSAT の SAR に備えられた観測モードの一つである ScanSAR 観測は 500 km の観測幅をもち，高緯度では 3 日程度で回帰するため，比較的短期間で繰り返し観測を行うこともが可能になっている．

海氷観測においては海氷の漂流（ice drift）ベクトルを出すことも行われている．海氷移動ベクトルを出す方法は，観測時期の異なる二つの画像内で相関のある小領域（ウィンドウ）を探す面相関法が一般的である．図 16.1.7 に 12 時間差の合成開口レ

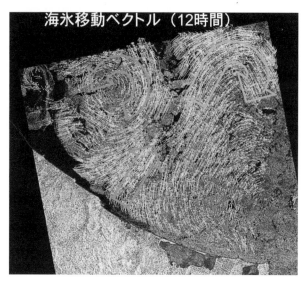

図 16.1.7 海氷移動の観測例
合成開口レーダにより 12 時間の海氷移動を追跡したもので，各小部分の移動が細かな白い矢印で表示してある．

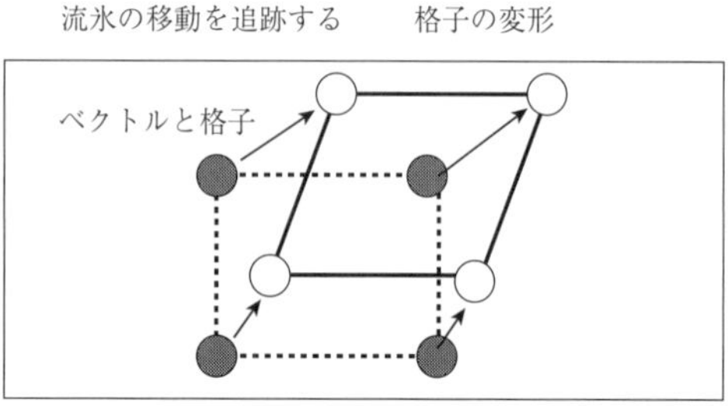

図 16.1.8 海氷移動の追跡ベクトルと分布の変形

ーダデータより得られた海氷の移動ベクトルを示す．このようなベクトルから，格子点データを作成し，海氷変形場の解析も可能である（図 16.1.8, 16.1.9）．

合成開口レーダによる観測方法として，干渉観測であるインターフェロメトリ (interferometli) 観測がある．これは目標物からの散乱強度でなく，位相情報も読み取ることによりわずかな変位を検出するものである．同一地点の繰り返し観測から作られた電波の干渉結果から得られるインターフェログラムからは，氷河表面の低下や，棚氷や定着氷の潮汐による上下動と接地場所であるグラウンディングライン

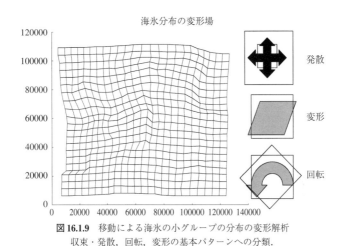

図 16.1.9 移動による海氷の小グループの分布の変形解析
収束・発散，回転，変形の基本パターンへの分類．

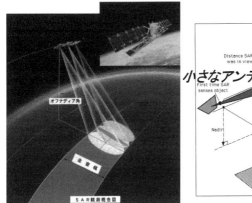
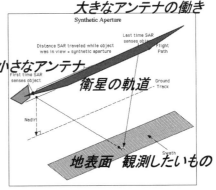

図 16.1.10 衛星搭載合成開口レーダによる地表の観測の原理（資料：NASDA, CSA）

コラム 16.1 南極の合成開口レーダ画像

　宇宙から南極大陸を探る．最新の衛星観測手法である合成開口レーダは，人工衛星から南極に向かって電波を照射し，その反射から氷床表面や内部を探ることができる．南極大陸沿岸部の流動の激しい場所には，クレバス帯が存在し，それらはしばしば雪で覆われみえなくなっている．合成開口レーダは，雪の下に潜むクレバスを検出する．また，海氷や氷山などさまざまな氷の違いにもスポットライトを当てる．　　　[**榎本浩之**]

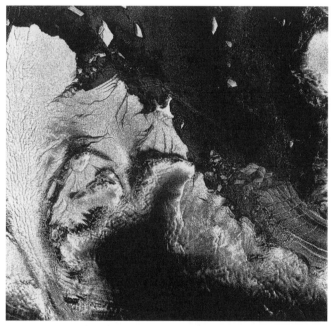

南極大陸沿岸部の合成開口レーダ画像
茅氷河（左）と白瀬氷河（右）．氷河のクレバスがよくみえる．また氷床内陸側の輝度が低い．

(grounding line) などが検出される（図 16.1.10）．

(4) その他のセンサ

　これらの電磁波を使った観測と異なる方式による観測が実施されはじめている．これは衛星重力観測（satellite gravity measurement）という方法で，もともとは地球の重力の強さを衛星の飛行高度の変化から求める観測であるが，精密な重力測定のためには地表や空中の空気や水の質量の短期変化が誤差となる．これを取り除く解析過程

16.2 航空機による雪氷観測　　669

から，地上の雪氷の質量が求められると考えられている．将来の大陸上や氷床の広域における雪氷変動などで利用が期待される．

［西尾文彦・榎本浩之］

16.2　航空機による雪氷観測

　航空機による観測（airborne observation）は，航空写真撮影（aerial photograph）や広域や山岳域の情報収集のために行われることが多かった．最近は，衛星観測の地上検証のためやリモートセンシング観測手法の開発に実施されるものが増えている．おもな観測活動としてはつぎの①〜⑩のようなものがある．

　① 山岳氷河マッピング：　たとえばパタゴニアやヒマラヤの航空写真撮影など．航空機にスチルカメラを搭載し，鉛直写真あるいは斜め写真を撮影する．国内では同様に雪渓写真撮影が行われている．

　② 氷床縁辺部の変動：　南極氷床の氷河末端位置の記録や崩壊を観測する航空写真測量．

　③ 海氷状態の観測：　スチル写真・ビデオ撮影，赤外カメラ観測，可視・近赤外分光光度計観測など．

　④ 衛星観測の航空機検証実験：　たとえば衛星搭載のマイクロ波放射計と同様な性能をもつ観測装置を航空機に搭載して比較観測を行うなど．現地での地上観測，船舶観測，衛星データと合わせて解析．

　⑤ 航空機搭載アイスレーダ観測：　南極氷床の氷の厚さや基盤岩の形状の広域観測を実施．氷河底面のグラウンディングラインなどの検出．氷床内部の構造の広域観測も期待されている．

　⑥ 航空機搭載合成開口レーダ（airborne SAR）観測：　ジェット機を用いて対流圏上部の高高度を高速で移動しながら観測することにより，安定した飛行軌道・姿勢の維持と遠距離からの広いレーダ照射範囲による，合成開口する情報量の増加を求めている．他の観測は低高度をなるべくゆっくり飛行したほうが観測精度が上がるのに対し，これは逆の特徴をもつ．

　⑦ 航空機搭載レーザ高度計による地表面起伏の計測：　応用として海氷表面の起伏観測と氷厚観測．

　⑧ スキャン型レーザ高度計による地形プロファイルや積雪，雪崩発生域の観測

　⑨ ラジコンヘリコプターによる海氷表面状態の観測：　搭載センサとしてはカメラ，分光高度計，放射温度計など．

　⑩ モーターグライダーによる海氷や市街地観測：　長時間の飛行，低空，低速の飛行などが可能である．

　定常的に実施されている航空機による雪氷観測としては，海上保安庁によるオホー

表 16.2.1 サロマ湖付近で実施された航空機利用の観測実施例

観測対象	要素	センサ	航空機種類
海氷	分布	ビデオカメラ	セスナ
	温度	赤外放射温度計	セスナ
	光学スペクトル	可視近赤外分光光度計	セスナ
	表面高度	レーザ光度計	キャラバン
	分布・氷種	合成開口レーダ	ガルフストリーム
	分布・氷種	マイクロ波放射計	ビーチクラフト，P3
	分布	ビデオカメラ	ラジコンヘリコプター
	分布	ビデオカメラ	モーターグライダー
積雪	積雪深・粒径	マイクロ波放射計	ビーチクラフト
	粒径・不純物	可視近赤外分光光度計	ビーチクラフト

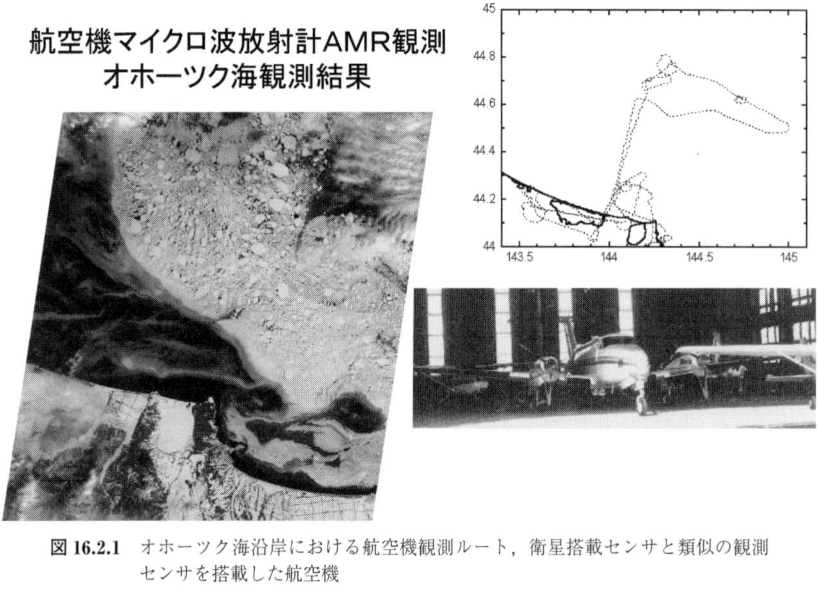

航空機マイクロ波放射計AMR観測オホーツク海観測結果

図 16.2.1 オホーツク海沿岸における航空機観測ルート，衛星搭載センサと類似の観測センサを搭載した航空機

ツク海の海氷観測などがある．また，観測技術開発を目的とした観測としては，近年サロマ湖周辺で実施された航空機観測の実施例があげられる．行われた観測項目を表16.2.1 に示す．図 16.2.1 にこのときの航空機とセンサ取付けの様子，飛行ルートを示す．

おもに衛星観測検証実験として行われたものが多いが，その場合には衛星搭載センサと同様の観測波長をもつ航空機搭載センサによる観測が中心となる．近年，航空機搭載マイクロ波放射計 AMR，航空機搭載分光光度計 AMSS などが運用されている．

航空観測では，しばしばヘリコプターも用いられる．近年，産業用のラジコンヘリ

コプターに観測機器を搭載した観測なども実施されている．ラジコンヘリでも60 kg の搭載能力をもつものがあり，いろいろなセンサを使った観測が可能である．海外ではヘリコプターに取り付けられた電磁波測定センサEM（Electro-magnetic Induction）による海氷厚の測定が実施されている．EMセンサでは，センサと海氷面の間の電磁場を計測し，センサから海水面までの距離に比例したシグナルが得られる．これとレーザ高度計による海氷表面高度の同時測定により，海氷の上下の高さを求め，厚さを求める．同様のシステムを船に取り付けて行う観測は，国内外の研究グループでも実施されており，実績をあげている．ヘリコプターを使ったEMセンサによる海氷厚の広域観測はカナダで行われている．　　　　［榎本浩之・西尾文彦］

16.3　アイスレーダ観測

アイスレーダ（ice radar）は，極地氷床や氷河の氷の厚さや内部を探査する目的で開発されてきたレーダである．観測においては，航空機や雪上車に搭載したレーダから鉛直下方の氷床に向かって電波を照射する．このレーダ技術により，数千mの厚さに及ぶ氷体内部の物理情報を電磁波の波長スケールの精度で検知できる．通常アイスレーダとは，VHF帯からLバンドマイクロ波までの周波数を用いた「パルスレーダ」（pulse-modulated radar）というタイプのレーダをさす．現実の周波数の選択は，30〜300 MHzの範囲を選択することが多い．山岳氷河や，比較的浅い氷床の厚さを測る目的では，インパルスレーダ（impulse radar）が用いられることがあり，それらを含めて広義にアイスレーダと呼ぶこともある．アイスレーダ技術が登場した1960年代以降，氷厚計測を主目的として用いられてきた．1970年代以降には，アイスレーダのデータのなかに氷床から層状の反射があることが見いだされるようになり，内部探査への応用がはじまった．さらに，氷床底面での電磁波散乱の解析から，底面（すなわち，氷と岩盤の界面）の物理状態の検知にも応用がなされている．氷床内部での電磁波の伝播や散乱現象は，観測対象の物質である氷の高周波電気物性を基礎としている．このため，氷結晶の高周波電気物性研究の進展に伴い，アイスレーダ技術にも新たな進展が現れる状況となっている．技術的観点からの解説は，岡本（1999）によくまとめられている．また，氷の高周波電気物性からの解説は，藤田（2000）にまとめられている．

氷厚測定の場合，氷体内部を伝播した電磁波が，氷と岩盤の境界面で反射し，レーダまで往復して戻ってくる時間から厚さを算出できる．氷の内部での電磁波の位相速度（phase velocity）は$168〜170×10^6$（m/s）の範囲になる．機器の校正が正確に行われた場合，測定誤差は1%程度に抑えることができる．氷体の内部に出現する多数の層状の電波反射については，現在まで長期にわたり多くの説が提起され，調査研究

が続いている．最近の理解を簡潔に要約すれば，以下のようになる．① 氷床内部には三つの電波反射機構が確認されており，それらは密度の不連続，結晶主軸方位分布の不連続，酸性度の不連続である．② 電波反射の原因は，氷床内部の物理環境（深度や地域）や，レーダに用いる電磁波の周波数によって変化する．③ 氷床内部には第 4 の反射散乱形態の領域である「エコーフリーゾーン（電波無反射帯，echo free zone）」が存在し，そこには，有意な電波反射機構が存在しない．④ エコーフリーゾーンと結晶主軸方位による反射帯の分布は氷床流動内部機構と流動則とに密接に関連している．⑤ 複素誘電率の実数部の変動によって発生する反射（密度，結晶方位がこれに該当）と，電気伝導度（あるいは複素誘電率の虚数部）の変動により発生する反射（酸性度がこれに該当）は，多周波のレーダ観測を実施すれば判別できる．

　上記のような氷床の物理要素をレーダで観測できるということは，そもそもの氷体の成長過程や内部構造を，詳細に読みとれるということを意味する．氷床内部構造の具体的な詳細は，本書 9.2.1 項を参照されたい．氷体内部の物理状態や形成過程を探る手法としては，氷床コア掘削や掘削孔の検層のような直接観測手法と，レーダ観測のような遠隔探査手法がある．前者のメリットは，氷床掘削地点では最も詳細な情報が得られる点にあるが，広大な氷床のなかでの氷床深層掘削は手間が膨大であり，きわめて限定された地点・本数しか実施できない．対照的に，アイスレーダ技術のもつ利点は，取得情報に氷床コアデータほどの詳細さは期待できないにせよ，適切なレーダ移動手段（雪上車や航空機，将来は人工衛星）を用いれば，移動可能な範囲の広域の情報が得られることにある．

　実際のレーダ観測においては，レーダから反射された電磁波が，反射・散乱体（ターゲット）に当たって再度レーダに信号が帰還する過程を取り扱う．こうした過程はレーダ方程式と呼ばれる式で記述される．取り扱う反射・散乱モデルやレーダのタイプによって，レーダ方程式はいくつかの形をとりうる．氷床の場合，散乱体が面的に分布し「反射面」としての取り扱いができると仮定したとき，レーダ方程式（radar equation）は以下の形式で表される．

$$P_R = \frac{P_T G^2 \lambda^2 q R}{64 \pi^2 z^2 L} \tag{1}$$

　この方程式は，基本的には，氷床表面付近のある 1 点から発射された電磁波が，幾何学的に広がりながら伝播し，ターゲットで反射散乱しレーダに戻るプロセスを表している．途中でエネルギーのある量が，媒質中を流れる電流として吸収される．方程式のなかで，P_R は受信信号の電力を表し，P_T は送信信号の電力を表す．R は，反射面での電力反射係数とする．これは，氷体内での密度，酸性度，結晶方位分布の変化の関数として表される．その他，z はレーダから反射面までの距離（氷床の場合は深度），q は屈折ゲインと呼ばれ，空気と氷の界面での電磁波の屈折に伴う信号の増幅量を表す．また，L は電磁波の伝播に伴うエネルギー損失であり，これは，伝播距離の指数関数として表される．これは，氷のなかの温度や不純物量の関数である．あ

と，G はアンテナのゲインである．この方程式を取り扱う際にとくに着目すべき点は，受信電力 P_R は，反射係数 R と比例関係にあることである．また，P_R に寄与するもう一つの重要なファクターは信号の減衰量 L である．対照的に，方程式中の他のファクターは，レーダの性能や，電磁波の幾何学的な広がりにより一義的に決定され，ひとたび観測条件を決めるとあとは定数として取り扱ってよいものである．したがって，われわれが，レーダ観測により，時系列としての受信電力 P_R を得た場合，R か L のどちらかが決定できればもう片方も決定できるのである．逆に，どちらも一義的には決定できないというケースも生じる．氷床内部構造研究においては，とくに，反射係数 R，減衰量 L，そして電波伝播の位相速度（これを V とする）が問題とされる．

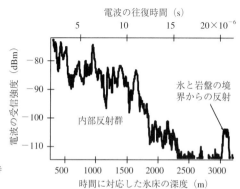

図 16.3.1 氷床に対するレーダ観測の実例 氷の内部に発射した電磁波の散乱波が，時系列でレーダに帰還する様子．

実際のレーダ観測の例について述べる．南極氷床の「ドームふじ」での例を示す．図 16.3.1 は，A スコープと呼ばれる形式のグラフである．横軸に，受信信号強度をデシベルスケールで示している．縦軸は本来時系列であるが，氷体内部での電波伝播速度を用いて氷床の深度に変換している．内部層の干渉パターンの下に，ひときわ強い反射信号があることから，その深度に氷と岩盤の界面があることが判別できる．通常，岩盤からの反射強度は，内部反射の強度に比べ 1～2 桁強い．A スコープで，信号は深い反射ほど左下がりに弱い傾向を示す．これはレーダ方程式に表れるような電磁波の幾何学的な広がりと，エネルギー損失を表す．このプロセスは，氷体の温度と酸性度で解析される．こうした A スコープを多数連結して作成した氷床の断面図は，本書 9.2.1 項(2)「氷床内部構造と基盤地形」を参照されたい． ［藤 田 秀 二］

文　献

藤田秀二（2000）：大陸氷と惑星氷のレーダーサウンディング―氷の高周波誘電物性からみた現状と将来展望―．雪氷，**62**(1)：49-60.

岡本謙一編著 (1999)：ウエーブサミット講座「地球環境計測」(とくに7章，雪氷圏のリモートセンシング)，pp.285-306，オーム社．

16.4 地中探査レーダ

16.4.1 地中探査レーダの概要

地中探査レーダ（Ground-penetrating Radar：GPR）は，人が背負ったり車両で牽引したりして移動しながら，地中の構造を探査するレーダの一般名称である．使用される周波数は，FM 放送や TV 放送で使用される数十 MHz から，携帯電話で使用される 500 MHz ～ 1 GHz 程度と幅広い．GPR は放射電力が小さいため，通常はこれら無線通信の障害にはならない．

レーダは，送信機から発射した電波がさまざまな物体によって散乱され受信機に戻ってくる過程を記録する装置である（図 16.4.1）．受信した電波の波形から反射物体までの距離と反射物体の形状，また反射物体と伝播経路 (propagation path) の誘電特性（dielectric properties）を知ることができる．アイスレーダとも類似点が多いが，① 鉛直分解能の向上や装置の小型化のため高周波の電波を使う装置が多いこと，② インパルス形式のレーダ (impulse radar または monopulse radar) がほとんどであることが特徴である．

GPR は，そもそも古い地下配管の位置特定やトンネル壁内の亀裂発見といった都市工学的な要請から発達した．しかしながら，近年では，雪氷学のみならず，一般的な地質調査や考古学にも応用されている．また，解析ソフトウェアを含むパッケージとして，特定の用途向けのものから広く一般的な応用を指向した製品まで，数多くの製品が販売されている．このうち雪氷学に応用されている代表的な機種は，米国 Geophysical Survey

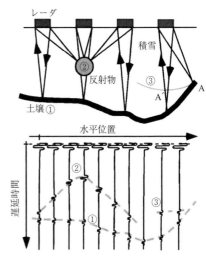

図 16.4.1 GPR による積雪観測の模式図 ①平坦な反射面からの反射の場合．②孤立した物体からの反射の場合．双曲線状のエコーが生じる．③反射面の傾斜が急な場合．遅延時間を半径とする円周上にある A 点からの反射は A′ 点から反射したように記録される．

Systems（GSSI）社 SIR シリーズ，カナダ Sensors & Software 社 PulseEKKO シリーズ，スウェーデン MALÅ GeoScience 社 Ramac シリーズである．

16.4.2　地中探査レーダの原理

　アンテナに多用されるインパルス型レーダの動作原理を簡単に説明する．インパルスレーダは，製品化された GPR 以外にも山岳氷河や極域氷床向けのアイスレーダの一部にも使われている．

　送信機で生成されたパルスがアンテナから地中に放射される．パルスの時間幅は数ナノ秒以下であり広範囲な周波数成分を含む．一方，アンテナの帯域は狭く，アンテナは狭帯域フィルタとして作用する．そのため，実際に送信される電波は，送信機で生成された鋭い単一のパルスではなく，リンギング（ringing）と呼ばれる周期的なノイズが重畳した複雑な波形となる．積雪のような層構造をとらえようとするときは，真の電波反射とリンギングとを混同しないよう，注意が必要である（図 16.4.2）．

16.4.3　観測の実際とデータ解析

　GPR は雪面上に置き，移動させる．このとき，各地点においては受信した電波強度の時系列が記録される．高い空間分解能で観測を行うときは移動速度に，また，低温時にはバッテリーの保温やケーブルの硬化，晴天時には画面視認性の確保，融雪期には装置の防水に配慮する．

　周波数が 100 MHz 程度以上のアンテナはシールド（shielded）タイプであり，電波を地中にのみ放射する．一方，低周波アンテナは，空中にも電波を放射する（unshielded タイプ）．いずれの場合も，電波は光のように鋭い指向性をもたないので，アンテナ直下だけではなく側方にも電波を照射してしまう．そのため，孤立した反射物体の場合は双曲線状のエコーを観測することになる（図 16.4.1 ② の場合）．一方，層状の反射物体でも傾斜が急な場合には，実際に電波が反射した地点に比べより深くより傾斜の緩い反射物体として認識してしまう（図 16.4.1 ③ の場合）．これらはマイグレーション法（Migration method）と呼ばれるデータ処理により反射物をもとの位置に移動できるが，処理が複雑となる．GPR 観測データをより正確に解釈するためには，単一地点の観測データではなく，水平方向に連続したデータが不可欠である（図 16.4.2(b)）．なお，通常 GPR に用いられるアンテナはダイポールアンテナ（dipole antenna，アンテナと平行な方向に指向性が優れている）であるから，アンテナを測線と直交させれば，測線を含む鉛直面以外からの反射を抑制できる．

　受信信号は，小型 GPS 受信機やオドメータなどから得られる位置情報とともに記録される．観測データは GPR 付属の専用ソフトウェアを用いて解析されることが多い．解析では，所望の信号を抽出するため，さまざまなフィルタ操作を行う．一般に

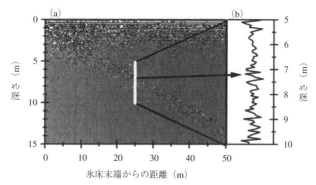

図16.4.2 GPRによる氷河末端部の氷厚測定結果
(a) 白黒の濃淡が電波の受信強度を表している．氷河と基盤との境界面が明瞭にとらえられている．深さ4m以浅にみられる水平なバンド構造がリンギングである．(b) 水平距離25m地点の5～10m深の地点データを拡大したもの．横軸は電波の受信強度の相対値．深さ7mに，氷・基盤境界面が記録されている（カナダ・アルバータ州アサバスカ氷河末端部，Ramac GPRの800MHzアンテナを使用）．

は，データのバイアスと車両などに起因する外来ノイズを除去するためのバンドパスフィルタを用いる．リンギングを除去するために，水平方向に連続して得たデータから遅延時間の等しい信号強度の平均値を差し引く方法もあるが，層構造に着目している場合は不向きな処理である．このほかさまざまなフィルタが解析ソフトウェアには備え付けられているが，データの特性をよく理解して適用しなければいけない．また観測データ全体を可視化するときは，深さ方向に電波は減衰し信号強度が減少するため，利得が遅延時間に対して増加するオートゲインコントローラ（AGC）フィルタを用いることが多い．

16.4.4 取得可能な雪氷学的情報

電波の反射・散乱は，物体の複素誘電率（complex permittivity）が変化する地点で生じ，また電波の伝播経路と速度も媒体の複素誘電率で規定される．複素誘電率は，雪氷・水・岩石・土壌といった物質に応じて変化するだけでなく，雪氷の密度や結晶構造，また雪氷に含まれる化学物質濃度に応じても変化する．したがって，レーダではこれらの変化を検知することになる（詳細は本書3.2節，7.2.4項を参照のこと）．

探査に際し，周波数の選択が最も重要である．調査対象である雪氷の誘電特性だけでなく，所望の探知距離レンジや鉛直分解能を考慮して選択する．一般に，探知距離が長い場合（数十～数百m）には100MHz以下のGPRが，短い場合（＜10m程度）には500MHz以上のGPRが用いられる．

通常のGPR観測によって取得が可能な雪氷学的情報は以下の通りである．

(1) 氷の厚さと氷河氷床の内部構造

純氷中の電波伝播速度（propagation velocity）は 169 m/μs でほぼ一定である．そのため，低周波 GPR を用いた氷河氷床の氷厚測定に加え含水の有無やクレバスなどの内部構造の観測（Moore *et al.*, 1999）や，高周波 GPR を用いた河川氷・湖氷厚観測が可能である（Arcone and Delaney, 1987）．ただし氷が気泡や塩分を含む場合は，伝播速度が変化するため注意する．

(2) 積雪深・積雪水当量

季節積雪や氷河のフィルン（firn）中では密度変化に伴って伝播速度が変化するから，遅延時間（delay time または two‐way travel time）から積雪深（snow depth）や積雪水当量（water equivalent of snow）が一義的に求められるわけではない．したがって，断面観測や後述の(4)の方法で密度分布を推定する必要がある．積雪密度が観測地域・時期によってある程度一定であることに注目し，遅延時間から積雪水当量を経験的に得る方法も提唱されている（山本ほか，2004）．

(3) 季節積雪やフィルンの内部構造

密度変化（Kohler *et al.*, 1997）や水道を含む滞水層（aquifer）の有無が検知可能である．ただし，(2)と同様に伝播速度の推定や，層状の場合はリンギングとの識別が必要である（Yamamoto *et al.*, 印刷中）．

(4) 積雪密度，積雪や氷河氷の含水率

電波の伝播速度を規定する誘電率は主に積雪の密度と含水率（water content）によって変化するため（Tiuri *et al.*, 1984），伝播速度を推定することによりこれらの情報が得られる．伝播速度は，反射物までの経路長を変えて観測したときの遅延時間変化から推定する．よく使われる方法は，送受信機間の距離を変えて観測する CMP 法（Macheret *et al.*, 1993）と，図 16.4.1 ② の双曲線形状を解析する二つの方法である．いずれの方法も測線を含む鉛直面以外からの反射の場合は，経路長と遅延時間との関係が複雑になる．

(5) 凍土深度，凍土や周氷河地形の内部構造

凍土の活動層境界（active layer boundary）では，土壌中に含まれる水が氷に変わるため誘電率が変化し，レーダで検知可能である（Hinkel *et al.*, 2001）．ただし，土壌に含まれる礫などからも反射が生じるため，活動層境界からの反射を同定することが困難な場合もある．

このほかにも，たとえば，氷河内部の水路やクレバスの状況，氷河などを覆う岩屑厚さなども検知した例がある．しかし，いずれの方法も観測手法としてはまだ発展途上にあるといえよう．考古学への応用が主題であるが基礎的な記述の多い Conyers and Goodman（1997）も参考になる. [松岡健一]

文　献

Arcone, S. A. and Delaney, A. J. (1987): Airborne river-ice thickness profiling with helicopter-borne UHF short-pulse radar. *J. Glaciol.*, **33**: 330-340.

Conyers, L. B. and Goodman, D. (1997): Ground-penetrating Radar: An Introduction for Archaeologists, Atla Mira Press, California.

Hinkel, K.M., Doolittle, J.A., Bockheim, J.G., Nelson, F.E., Paetzold, R., Kimble, J.M. and Travis, R. (2001): Detection of subsurface permafrost features with ground-penetrating radar, Barrow, Alaska. *Permafrost Periglac. Proc.*, **12**: 179-190.

Kohler, J., Moore, J., Kennett, M., Engeset, R. and Elvehoy, H. (1997): Using ground-penetrating radar to image previous years' summer surfaces for mass-balance measurements. *Ann. Glaciol.*, **24**: 355-360.

Macheret, Y.Y., Moskalevsky, M.Y. and Vasilenko, E.V. (1993): Velocity of radio-waves in glaciers as an indicator of their hydrothermal state, structure and regime. *J. Glaciol.*, **39**: 373-384.

Moore, J.C., Palli, A., Ludwig, F., Blatter, H., Jania, J., Gadek, B., Glowacki, P., Mochnacki, D. and Isaksson, E. (1999): High-resolution hydrothermal structure of Hansbreen, Spitsbergen, mapped by ground-penetrating radar. *J. Glaciol.*, **45**: 524-532.

Tiuri, M., Sihvola, A.H., Nyfors, E.G. and Hallikainen, M.T. (1984): The complex dielectric constant of snow at microwave frequencies. *IEEE J. Oceanic Engineering*, OE-9: 377-382.

Yamamoto, T., Matsuoka, K. and Naruse, R. (印刷中): Observation of internal structures of snow covers with a ground-penetrating radar. *Ann. Glaciol.*, **38**.

山本竜也・松岡健一・成瀬廉二（2004）：地中探査レーダによる積雪内部層構造と積雪水当量の推定. 雪氷, **66**(1)：27-34.

17

雪氷観測

17.1 積雪の観測

　雪積（snow cover）は堆積直後から積雪を構成する雪粒（snow particle）の形や大きさ，3次元的な雪粒どうしのつながり方が時々刻々と変化している．その結果，降り積もった直後の新雪は，しまり雪，しもざらめ雪，ざらめ雪などさまざまな雪質（3.1節参照）へと変化し，それに伴って物理的性質も時々刻々と変化していく（3.2節参照）．積雪の観測は変化しつつある積雪のある時点における状態を観察，測定し記録にとどめるために行う．積雪状態の記録をみれば，どんな状態，性質の積雪で，どのような気象条件下に置かれてきたかがわかり，遠く離れた積雪を互いに比較することもできるからである．

　一般に平野の積雪は，山地のように地形と風の影響で積雪の深さや積雪を水に換算した積雪水量が場所によって大きく異なるということはなく，ほぼ一様に堆積している．積雪調査を行う場合は，積雪の堆積に影響を与えるような樹木，建造物などの障害物から十分離れた平坦な空き地に降り積もった積雪を対象とすれば，その付近一帯の積雪を代表していると見なせる．

　積雪観測には，積雪を掘り返すことなく積もった状態のまま観測する方法と，積雪を掘って鉛直断面を出して観測する方法とがある．前者は円筒形のスノーサンプラー（図17.1.1）で積雪の円柱試料を切り出して観測する．当然積雪を掘り出すより簡便で時間がかからないので，ある時点の積雪状態を広域に把握し，比較したい場合に有効である．1地点の積雪を詳細に観測したい場合には積雪断面観測法が適している．積雪の状態や性質の何に注目し，どの程度詳しく観察し記載するかは，目的によって決めればよい．

　積雪観測の内容としては，積雪の層構造や雪質（粒子の形と大きさ，つながり方）など目視観察による定性的な観測と積雪の深さや積雪水量，密度，硬度，粒度，雪温，含水率など定量的な物理量の観測とがある．物理量はおもに測器を使って測定されるが，積雪の硬度や含水率には定性的に観測できる国際基準がある．積雪観測の具

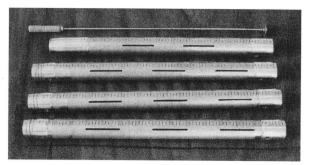

図 17.1.1　積雪水量観測用のスノーサンプラー

体的な方法については雪氷調査法（1991）に詳しい．

17.1.1　積雪の層構造

　積雪は，一降りの降雪が堆積してから，一時堆積の中断があり，つぎの降雪がその上部に堆積し，順次層構造を形成しながら深さを増す．堆積初期には明瞭に区別しえた積雪層でも，積雪の底面下層へと埋没し時間が経つにつれて，層境界が雪質の変化でぼやけ，いくつかの層が合体し均一な雪質の層として観察されることが多い．堆積の中断時期には積雪表面は大気にさらされているので，サンクラスト（sun crust）やウインドクラスト（wind crust），表面霜（surface hoar）が形成されることがあり，表面直下にしもざらめ雪（depth hoar）が形成されることもある．これらはいずれも，その後の堆積で積雪中に取り込まれ，積雪断面には細い線（面構造，planar structure）として認識される．表面から融け水が浸透し，雪が締まっていて雪粒どうしの隙間が狭い層，保水層にとどまって再凍結すると，積雪のなかに氷板（ice layer）が形成される．冬の間に何度も融解が起こる地方では，積雪層中に多数の氷板が観察される．

　積雪の層構造（layer structure）を観察し記載するのに，積雪の鉛直断面を掘り出す方法と円筒形のスノーサンプラーで積雪の円柱試料を取り出して黒布などの上に横たえて観察する方法とがある．

　積雪を掘り出して観測をする方法を積雪の断面観測という．積雪に底まで達するトレンチを掘り，太陽の当たらない北向きの面を，積雪表面から底までの鉛直な平らな壁面に仕上げ，観測面とする．トレンチの幅としては観測者が入って観測できるように，少なくとも 1.5 m 程度が必要である．観測断面の写真をとりたいときは壁面から離れたいので奥行は少なくとも 1 m 以上になる．深さが 1 m 程度なら 10 分ほどで掘り上げることができるが，深くなるにつれて急激に時間がかかるようになる．

　掘り出した積雪断面は単なる白い壁にみえる．層構造を明瞭に識別するには積雪断面に 10 倍に薄めたインクの水を霧吹きなどで散布しトーチランプであぶる．雪が密

に詰まっている層に選択的に融け水が吸い込まれ，インクで濃く染まった明瞭な層境界が水平に何本も浮き出てくる．インクやトーチランプがなくても，新聞紙を燃やして壁面をあぶっても，壁の前でたき火をしても，あまり美しくはなく効率も悪いが，層境界を煤で黒く浮き出させることができる．また，炉箒や雪べらで壁面をなぞってやると，構造のもろい部分が選択的に削れ，堅い部分が水平な線状に露出するので，硬さを基準にして層を区別することができる．労力を厭わなければ，壁面の厚さ 5〜15 cm（丈夫なほど薄くてよい）ほどの積雪を残してその裏側の雪をきれいに取り除き，透過光でみると明暗の縞模様として，層構造を明瞭に識別できる．

上の断面観測法は詳しく観察するのに適しているが，時間がかかるところに難点がある．一方，円柱試料を取り出して観察する方法は簡便であるが，スノーサンプラーを積雪層に貫入させる過程で表面の新雪層が圧密を受けたり，弱い層が崩れたりするので，正確な観察はできない．しかし，ある地点の積雪がおもにどんな雪質の雪から構成されているかなどを知るには十分である．

17.1.2 雪　質

層境界で区切られた層ごとに雪質を観察し，記載する（3.1 節参照）．一つの層が同じ雪質（snow type）の層で形成されているとは限らない．こしまり雪としまり雪，しまり雪とこしもざらめ雪が混在している場合とか見分けがつかず判然としない場合は，両方の雪質を記載する．積雪がしもざらめ雪やざらめ雪へと変質すると，一般に堆積初期の堆積層境界は不明瞭となり，比較的厚い均一な層として観察される．しかし，同じ雪質とみえる層であっても上下で粒度が違っていたり，間に氷板が形成されていたりして，上下別の層と識別できる場合も多い．

17.1.3 粒　度

雪粒直径の平均的な大きさを粒度（grain size または particle size）いう．1 mm 方眼紙を濡れないようにプラスチックに挟んだ粒度ゲージの上に雪粒を掻き落として，平均的な雪粒の大きさをルーペで読み取る．各層ごとに観測し記載する．一様にみえるしまり雪やしもざらめ雪でも上下で粒子の大きさが違い，それに伴って硬さも違うことから，上下別の層と識別できることがあり，層境界判定手段の一つとなる．

17.1.4 積雪の深さ，H

積雪深ともいう．積雪を量的に表す最も基本的な量である．離れた地点の積雪の量的な比較には，測定がきわめて簡単なので都合がよい．

ある日ある場所にいって積雪の深さ（snow depth）を測るときは，目盛りをつけた

適当な棒（測深棒）を雪に鉛直に突き刺すことによって，地面までの積雪の深さを測る．地面に到達したかどうかは手に伝わる地面の感触で知る．地面内部にまで突き刺してしまったかどうかは棒の先に土がつくのでわかる．測深棒としてはなんでもよい．要は簡便に使え，鉛直に積雪底面まで突き刺すことができる丈夫さがありさえすればなんでもかまわない．目盛りはマジックインクで刻めばよい．

積雪の深さを定点で測定する場合は，積雪の堆積に影響を与えるような樹木，建造物や器物から十分離れた平坦な空き地に，あらかじめ目盛りをつけた棒を地面に鉛直に立てておく．積雪が積もるにつれて埋まっていく棒についている目盛りから，積雪表面の位置を読み取れば積雪の深さが測定できる．自動的に積雪の深さを測る装置は，これまでいくつか開発されてきたが，現在では超音波積雪深計による測定が主流をなしている．超音波を送信し，受信できるセンサを予想される最大積雪深よりも高い位置（平野部ではふつう地面から 2〜3 m 上部）に取り付け，地面に垂直に発信した超音波が地面で反射して戻ってくるまでの往復時間を測定する．地面上に積雪が堆積するにつれてセンサから地面（雪面）までの距離が短くなり，超音波の戻ってくる時間が短くなることで積雪深を測定する．

17.1.5 積雪水量, H_w

積雪水量とは単位面積当たりに積もっている積雪の質量（H_w）で，通常単位は g/cm² を採用している．積雪相当水量とか，積雪の水当量，積雪重量ともいう．積雪を降水量に換算したい場合などには積雪を融かして水にしたときの水柱の高さ p（mm）を用いることもあり，両者には $H_w = 10p$ の関係がある．ある流域にどれだけの水資源が積雪として蓄えられているかをとらえたい場合や，雪崩の規模を崩れた積雪の質量で評価したい場合など，積雪を質量としてとらえるうえで重要な量である．第二次世界大戦後の一時期，新規水田用の水資源確保と欠乏するエネルギー資源を水力発電でまかなうべく，国策として水資源開発が実施された．水資源開発には山地流域内に一冬の間，雪として蓄えられた水の総量を評価する必要があり，山地の広域でスノーサーベイと呼ばれる積雪水量調査が盛んに実施された．

ある地点の積雪水量を測るには図 17.1.1 に示したようなスノーサンプラーと呼ばれる断面積 $S = 20$ cm²，長さ 75 cm の円筒形の筒を積雪の深さに応じてつなぎ合わせて用いる．これを雪面から鉛直に突き刺して引き上げるだけで積雪全層の円柱試料が得られるように刃先が工夫されている．円筒の外側には 1 cm 刻みの目盛りが刻まれているので，積雪の深さ H を読み取ることができる．円柱試料の重さ W（g）を測ると，積雪水量 $H_w = W/S$（g/cm²）や降水量換算値 $10W/S$（mm）が簡単に得られる．

スノーサンプラーが地面に届いたかどうかは手応えでわかる．しばしば積雪の底部を切り出しそこねて残してくることがあるので，取り残しがないことを確認しなくて

はならない．円柱試料の底部に土や草の葉が付着しているかを確かめるか，直接サンプル孔を覗き込んで，取り残しの雪が穴の底に残っていないかどうかを確認することを忘れてはならない．取り残しがあれば，再度試料の採取を試みる．

　積雪水量を自動的に測定する装置にいくつかの積雪水量計（または積雪重量計）がある．地面に横たえた数 m 四方もある液体を満たした薄型容器の上に積もる積雪の重量を液体にかかる圧力で測定する，プレッシャーピローとかメタルウエファーと呼ばれる装置である．他に積雪水量の多寡を宇宙線で測定する宇宙線雪量計やコバルト60などのガンマ線源を利用して測定するラジオスノーゲージがある．いずれも積雪の水量が多いほど宇宙線やガンマ線の強さが積雪中での吸収や散乱で弱まる性質を利用して積雪水量を測定する装置である．

17.1.6　積雪の密度，ρ

　積雪の単位体積当たりの質量（g/cm^3 または kg/m^3）が積雪の密度（Snow density）で，積雪がよく締まっていて重いほど密度は大きい．積雪の物理的性質は密度の関数として記述されることが多い．

　ある時期に堆積した層の圧密状況を追跡する場合や積雪の表層から底層までの密度の鉛直分布を知りたい場合には積雪断面を掘り出して測定する．目的に応じて，一定間隔ごとに測定したり，層ごとに測定したりする．

　密度 ρ は，積雪を自然状態のまま体積 V（cm^3）だけ切り出し，その重さが W（g）であれば，$\rho = W/V$（g/cm^3）で得られる．

　ちょうど体積 100 cm^3 を切り出すのに縦・横・高さが $5.5 \times 6 \times 3$（cm）ほどの箱形の密度サンプラーがよく利用される（図 17.1.2）．積雪が締まって丈夫になると箱形密度サンプラーでは積雪に刺さらなくなるので，刃先をつけた円筒形の密度サンプラーが使われる．層ごとに平均密度を出したいときなどは測定したい層厚 h（cm）の層

図 17.1.2　100 cc 箱型密度サンプラー

の上部の層をすべて取り払い，下の層との層境界に雪べらと称するステンレス板を挿入して，面積 S (cm^2) の大型の円筒密度サンプラーを層に垂直に突き刺して Sh (cm^3) の体積を切り出して重さ W (g) を測定し，層の平均密度 W/Sh を得る．要は積雪の自然状態を乱さないようにある体積の自然状態の積雪を切り出し，重さを測定するにある．積雪から一定の体積を切り出す道具が各種密度サンプラーなのである．

17.1.7 積雪全層平均密度

上に述べた H と H_w が分かれば積雪全層の平均密度 (mean density of snow cover) が計算できる．スノーサンプラーで切り取った積雪の体積は SH だから，積雪全層の平均密度は $W/SH = H_w/H$ である．一般に，表面付近の積雪は最近降り積もった軽くて締まっていない雪なので密度は小さく，初冬の積雪である底面付近の層は圧密されて締まった積雪なので密度は大きい．全積雪層の平均密度は積雪が全体としてよく締まっているかどうかをいろいろな地点で比較する場合のよい目安となる．

17.1.8 積雪硬度，R

積雪の硬さは，積雪の丈夫さを判断する目安となる量である．積雪の硬さを調べるためにラム硬度計や木下式硬度計，プッシュプルゲージ（カナディアンゲージと原理は同じ）などがある．いずれも剛体を積雪中に貫入させやすいか，させにくいかを測るものである．

ラム硬度計（図 17.1.3）は先端のとがった棒を雪面に鉛直に立て，棒に重りを落としたときの棒の貫入距離を測って硬度を知る．この測器は表層雪崩の有力な原因となる積雪中の弱い層を検出するためにスイスで開発されたもので，丈夫な層には棒は容易に貫入しないが，弱い層では貫入しやすいことから弱層の位置が検知される．何度も重りを落として，棒を積雪表面から底まで貫入させていくことによって，積雪の硬さの深さ分布が測定できる．積雪を掘る必要がないので積雪の硬度 (snow hardness) を測定するうえで利便性が高い．重さ W (g) のラム硬度計を雪面に鉛直に置き，重さ w (g) の重りを高さ h (cm) から n 回落下させたとき，ラム硬度計が Δx (cm)

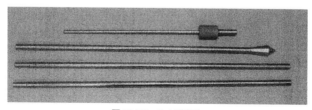

図 17.1.3　ラム硬度計

だけ貫入したとすると，Δx 部分の積雪のラム硬度は $R = W + nhw/\Delta x$（kg）と定義される．$\sum R \cdot \Delta x$（kg·cm）を積算ラム硬度，$(\sum R \cdot \Delta x)/\sum \Delta x$ を厚さ $\sum \Delta x$ の層の平均ラム硬度という．地面まで測った場合 $\sum \Delta x$ は積雪深 H だから，$(\sum R \cdot \Delta x)/H$ を全積雪層の平均ラム硬度という．

　木下式硬度計は，測定したい層の上に面積 S（cm²）の円盤を水平に置き，その上に棒を置き，棒に沿って重さ m（g）の重りを高さ h（cm）から落下させ，その衝撃で円盤が積雪に d（cm）だけ貫入したとき，単位受圧面積当たりの平均反抗力 R を木下式硬度と定義する．円盤と棒の重量を M（g）とすると，木下式硬度は，$R = \{m(1+h/d)+M\}/S$（g/cm²）で表される．測定したい層ごとに平面を出さなくてはならないので，底のほうにある積雪を測るためにはその上部の積雪層をすべて取り除かなくてはならない．そのため，測定はやや面倒で，最近ではあまり使われなくなった．

　プッシュプルゲージやカナディアンゲージはばねの先に取り付けられた面積 S（cm²）の円柱を雪面に垂直に押しつけ，雪面を破壊し貫入させるときの積雪の反抗力 F から積雪の硬度を測る道具である．硬度は $R = F/S$ で定義される．全積雪層が露出している積雪断面を使って，簡便に，順次積雪の全層を測定できるので便利である．

　木下式硬度計もプッシュプルゲージやカナディアンゲージも，円板あるいは円柱の縁ではせん断破壊が，下部では圧縮破壊が起こっているので，円板や円柱の面積 S が変わると，同じ積雪でも硬度の値が変わる．また，両者とも積雪の断面を出さなくては測定できないので，ラム硬度計に比べて測定がやや厄介である．

　測定器具なしで積雪の硬さを手の感触などで調査する簡便な方法として，国際的に統一された以下の基準がある．簡便なうえ，定性的に雪の硬さを比較することができるので便利である．

　　非常に軟らかい：軍手をはめた拳が入る程度
　　軟らかい：　　　軍手をはめた指 4 本が入る程度
　　普通：　　　　　軍手をはめた指 1 本が入る程度
　　硬い：　　　　　鉛筆が入る程度
　　非常に硬い：　　ナイフが刺さる程度

17.1.9　雪　温

　積雪がどのような温度場に置かれているかを知るために測定する．とくに積雪が融解を開始しているかどうかを知りたいときには，雪温（snow temperature）が氷点下にあるかちょうど氷点にあるかが決め手になる．

　表面から地面まで一定間隔ごとに（10 cm ごとのように），あるいは層ごとに測定する．表面雪温を測定するとき，日射が直接当たらないように日陰で測定しなくては

ならない.寒冷な寡雪地帯を除いて,北海道でも積雪と地面の境界は 0 ℃で積雪最下層は湿っているのがふつうである.地熱で融けているからである.

　雪温を観測するには積雪断面に棒状温度計あるいはサーミスター温度計などを測定したい位置に水平に差し込み,雪温となじむのを待って読み取る.積雪断面は掘り出されるやいなや大気にさらされ,もとの雪温から大気の温度（気温）へと変化するので,積雪断面を掘り出した後,ただちに測定する.また,温度計の感部は気温の影響が及ばないように,少なくとも 10 cm 以上差し込んで測定する.

17.1.10　含水率

　積雪は水を含むと融点に置かれ,積雪構造が急変し,それに伴って物理的性質も急激に変化する.水を含んだ積雪の物理的な性質を取り扱うとき,積雪がどれだけの水分を含んでいるか含水率 w（%）を明らかにしなくてはならない.水を含んだ M（g）の積雪中に水が m（g）含まれているとき,$w = 100m/M$（%）で定義される.

　含水率（free water content）の測定には以前は吉田式結合熱量計が使われていたが,その後取り扱いが簡便な秋田谷式含水率計が用いられるようになり,現在ではもっと簡便に測定できるように工夫された遠藤式含水率計が使われるようになった.いずれも測定原理は同じで,質量 M_1（g）,水温 T_1℃のお湯と水を含んだ M_2（g）の積雪を,外部から熱の出入りのない状態で混合して雪を完全に融かしたときの水の温度を T_2℃とすると,含水率 w（%）は $w = 100[M_2 - \{(T_1 - T_2)M_1 - T_2M_2\}/79.6]/M_2$（%）で計算される.同じ重量の積雪でも含水率が大きな濡れ雪では氷を融かすのに使う潜熱が少なくてすむので,お湯と混合し融かしきった後の液温は高く,含水率が小さいと液温は低くなる.

　積雪が水を含むと誘電率が変化する性質を用いて含水率を測定する方法もある.電極を積雪に挿入するだけで測定できるので,簡便で使い勝手はいいのだが,同じ含水率でも積雪の構造によって誘電率が違うことから,いまだ一般に使用されるには至っていない.

　含水率計などの測定器具を用いないで,より簡便に濡れた積雪を定性的に観測する,以下の国際的に統一されている方法がある.測器がなく緊急に含水率を記載したい場合には有用である.

　　乾いている：　　　握っても固まらず崩れる.$W = 0$%
　　湿っている：　　　握ると固まり雪玉ができるがルーペでも水はみえない.<3%
　　濡れている：　　　水がみえ,握ると雪玉ができるが水は滴り落ちない.3〜8%
　　非常に濡れている：握ると水が滴り落ちる.8〜15%
　　シャーベット：　　雪を持ち上げると水が滴り落ちる.>15%　　[山田知充]

文　　献

日本雪氷学会北海道支部編（1991）：雪氷調査法，pp.29-45，北海道大学図書刊行会.

17.2　雪結晶の観測

　雪結晶の観測について，ここでは顕微鏡による一般的な観測方法およびパッチ式照明鏡による写真撮影法を紹介する．雪結晶は平地よりも標高の高い山岳地のほうが形の整ったきれいなものが降り，その観測は風が穏やかな夜間，地上気温 −5〜−10 ℃のときが最も適している．

17.2.1　雪結晶観測の器具と手順

（1）　顕微鏡

　雪結晶を観測するための顕微鏡は通常の生物顕微鏡でよい．雪結晶の大きさは数 mm なので，顕微鏡の倍率は 15〜20 倍とする．対物レンズは 3 倍ないしは 4 倍，接眼レンズは 5 倍程度にすればよい．雪結晶は，大きいものほど複雑で繊細であるが，対称性はあまりよくない．また，小さすぎると形態が単純で，変化に乏しい．写真撮影などに適した大きさは 1〜3 mm の結晶である．

（2）　雪結晶の採集と観測の用具

　雪結晶を顕微鏡で観測するとき，結晶を採取するために，適当な大きさの板に黒いビロード布を貼り付けた採取板を作る．また，必要のない結晶をこの板から振り払うために小さなハケを用意する．そして，採取した雪結晶を顕微鏡に移すために，人形作りなどに用いられる極細の筆を準備する．顕微鏡の載物台で雪結晶を載せるためのスライドガラスと，観察後に結晶を吹き払う写真用の大型ブロアーを用意する．スライドガラスは複数枚，事前にガーゼなどで十分に磨いてほこりや汚れを取り除いておく．

（3）　観測の手順

　観測中に雪結晶が融解あるいは蒸発しないように，作業は野外において「かまくら」のような雪洞内で行う．簡単な観測ならば，降雪が避けられて風のない建物の軒先などでもよい．顕微鏡の載物台にスライドガラスを，予備 1 枚として計 2 枚を載せておき，顕微鏡の横には極細の筆と大型ブロアーを置いておく．つぎに，雪結晶の採取板を片手でもち，降雪を受けながら雪結晶を探す．もう一方の手にはハケをも

つ．これで採取板をきれいに掃く．なお，両手には作業がしやすいように薄い布製の手袋をはめる．雪結晶は，ふつう，いくつもからみ合った状態で降ることが多く，これにはあまりきれいなものがみられない．ところが，気温の低い山岳地では，単体で形の整った結晶がよく降ってくる．採取板上でそのような雪結晶をみつけたなら，そのまま顕微鏡の載物台まで持ち運ぶ．

載物台まで運んだ採取板から，目当ての雪結晶を顕微鏡の横に置いてある筆の先で釣り上げ，載物台のスライドガラスの上に載せる．雪結晶がなかなか釣り上がらないときは，筆先を採取板のビロード布に2, 3回こすってから雪結晶を釣り上げるようにする．静電気の作用で結晶が簡単に釣り上がることがある．釣り上げた雪結晶をそのままスライドガラスに載せてもよいが，ここで少し操作を加える．樹枝状などの板状結晶には中心部に小角板のあることが多いので，その面が下になれば雪結晶全体が顕微鏡の光軸に対して傾き，結晶全体に焦点の合わずに一部がぼけてみえることがある．このような状態にならないように，雪結晶をスライドガラス上にできるだけ水平に載せるためには，筆で釣り上げた雪結晶をスライドガラスに置くときに，採取板に落ちてきた雪結晶の状態をひっくり返すようにする．これは，板状結晶が一般には二重の構造をしているため，一方が小角板であれば，無風のときは，それを下方に向けて採取板に落下してくるからである．

雪結晶を顕微鏡で観察している間は，呼気が顕微鏡の載物台にかからないようにする．写真撮影を行うときは，露出時間が1秒以下になるように光源の光量を調節する．なお，雪結晶が樹枝状などの六花の場合は，スライドガラスを回転させて，六花の対になった2本の枝の方向が写真画面の横長方向と平行するように撮影すれば，結晶全体が画面に収まりやすく，写真のプリントなどに都合がよい．一つの雪結晶の観察が終了したならば，顕微鏡の横に置いてあるブロアーでスライドガラス上の雪結晶を吹き飛ばす．ガラス面が手や器具の接触で汚れたり，霜がついたりしないようにするためである．もしもガラス面に汚れがみられたなら，載物台上の予備のスライドガラスと交換する．そして，新しいスライドガラスを取り出し，載物台にはつねに2枚のスライドガラスを置いておく．なお，雪結晶の写真撮影の際にスケールだけの画像を撮影しておけば，後で結晶の写真を整理するときに便利である．雪結晶はすぐに変形するので，採取から顕微鏡写真の撮影終了までは数十秒の時間が望ましい．

17.2.2　雪結晶のパッチ式照明鏡による顕微鏡写真撮影法

まず，一般の生物顕微鏡に付属している照明用の凹面鏡の中心部を，それよりも少し小さな径のパッチ（円形の無反射板）で覆い，ドーナツ型の鏡にする（図17.2.1参照）．その鏡に光源から光を照射すると，その反射光は円環状になって雪結晶を照射することになる．円環状の照明が適度な斜光であることから，対物レンズの光学的な特性によって光線はそのままでは対物レンズに入射しないため，顕微鏡の視野は暗

いままとなる．このような照明を暗視野照明という．載物台に雪結晶がある場合には，それに入射した斜光は屈折や反射をして光線の角度が変えられ，対物レンズに入射する．その結果，暗い視野のなかに雪結晶のフレーム部分が白く輝いてみえることになる．

顕微鏡に付属の凹面鏡は，一般には，その曲率半径は約 200 mm，鏡の径が 50 mm ほどで，また，低倍率の対物レンズは開口角が 5〜6°なので，その中央部に貼るパッチの径は 35 mm 程度のものがよい．なお，照明の調整は通常の顕微鏡とまったく同様である．

このままの照明で雪結晶を観察すれば，暗視野に結晶だけが白く輝いてみえ，白黒の写真が撮れる．また，パッチを無反射板ではなく，色つきのものにすれば，それに応じた背景色でカラー写真の撮影ができる．

ところで，暗視野照明では雪結晶のフレームが輝いてみえるが，透明な部分は暗くなってしまう．その部分を白く輝かせたい場合には，光源をもう一つ用意し，対物レンズにハーフミラーを取り付ける．光源の光をこのハーフミラーにより反射させて落射照明を作ることにより，雪結晶の透明部分から反射光が得られる．これに先の透過

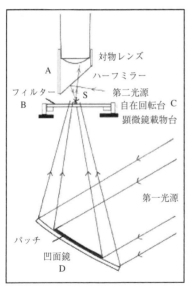

図 17.2.1 パッチ式照明鏡による雪結晶の顕微鏡撮影法の原理図（左）と概観図（右）
A はハーフミラー，B は反射防止被膜が施されたフィルター，C は結晶の傾き補正のための自在回転台（ふつうの観察には必要ない），D は無反射板が貼られた凹面鏡で，左右の図共通．なお，左図の s は雪結晶の試料．

0.3mm

図 17.2.2 雪結晶の顕微鏡写真
左は通常の照明,右はパッチ式の照明によるもの.スケールは共通.

光を加えると,暗視野内で雪結晶の全体を白く輝かせることができる.ただし,このような落射照明を用いるときには,雪結晶を特別なガラス板に載せなければならない.その板はカメラのレンズ用フィルターが適している.このフィルターは反射防止被膜が施されているので,落射照明による光は干渉作用によりほとんど反射せず,他方,透過光に対してはガラスのように無色透明である.それで,このフィルターに雪結晶を載せて上記のような観察を行ったときは,結晶の全体が白く輝き,周囲は暗視野またはパッチの色に応じた背景となる.この照明法の原理図と概観を図 17.2.1 に,撮影例を図 17.2.2 に示す. ［油川英明］

コラム 17.1　雪結晶の型をとるには―結晶レプリカ作成法―

雪結晶の型をとるためにはレプリカ液を使う.この液は,プラスチック粉末のポリビニルフォルマールをほんの少し二塩化エチレンに溶かして作った溶液で,濃度は 1% 程度である.身近な材料では,発泡スチロールをアクリルの接着剤などに溶かしても作ることができる.このほかに用意するものは,スライドガラス,細いガラス棒,そして雪結晶の採取用具（17.2 節「雪結晶の観測」参照）である.作成手順はつぎの通りである.①レプリカ液,スライドガラス,ガラス棒などを外気温になじませ,スライドガラスは水平な台の上に置く.②雪結晶を採取し,それをスライドガラスに載せる.③細いガラス棒をレプリカ液の容器に入れ,先端に液をつけ,その液をスライドガラス面上の雪結晶に近いところに接触させる.雪結晶にはガラス棒で直接に触れない.④液は自然に雪結晶全体に広がるので,それを水平に保ったまま,氷点下で一晩置けばできあが

り，レプリカ液の二塩化エチレンが蒸発し，プラスチックの膜が雪結晶を覆い，そしてその膜の細孔から結晶の水分子が蒸発して，セミの抜け殻のような雪結晶の型が得られる．

［油川英明］

雪結晶のレプリカの暗視野写真（撮影方法は 17.2 節「雪結晶の観測」参照）

17.3 雪氷コア観測

17.3.1 コアドリル

雪氷コア掘削を行うためのコアドリルは，掘削方法および掘削深度によって分類される．掘削方法は機械的に刃（カッター）で氷を削る方法と，熱で氷を融かして掘り進む方法がある．前者は人力で刃を回転させるか，電動モーターで駆動する．掘削深度が深くなると氷の自重による塑性変形速度が大きくなり，掘削した孔が速く縮む．そのため，深度 500〜1000 m 以上掘削する場合には，掘削孔に氷と同じ密度の不凍液を入れて，孔の収縮を抑えながら掘る．国内の積雪調査で用いられるスノーサンプラーも一種のコアドリルである．なお，孔を開けるだけでコア採取が必要ない場合には，雪や氷を蒸気あるいは温水で融かすスチームドリルやホットウオータードリルが使用される．図 17.3.1 におもなコアドリルの概念図を示す．掘削技術に関する国際会議が数年ごとに開催され，その論文集が出版されている（Ice drilling technology, 1994 ; Ice drilling technology 2000, 2002）．最近の掘削技術の進捗状況の参考になる．

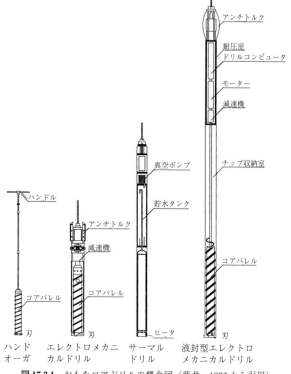

図 17.3.1 おもなコアドリルの概念図（藤井，1993 から引用）

(1) スノーサンプラー

　先端がとがった円筒のサンプラーを積雪に押し込んで，サンプラー下部内側にある段に引っ掛けて雪を採取する．深さに応じて円筒をつないで延長することができる．おもに国内の積雪調査で積雪密度および積雪水量の観測に用いられる．人力で行うため，3 m 程度が限度である（17.1 節参照）．

(2) ハンドオーガ（手回しコアドリル）

　手回しで雪氷コアを採取するコアドリル．氷床表層や海氷のコア掘削で用いられる．図 17.3.1 に示すハンドルでコアバレルを回すと，先端についている 2 枚ないし 3 枚の刃が円周状に氷を削り，コアバレル内に円柱状のコアが取り込まれる．切削チップはコアバレルに巻いてあるスパイラルと掘削孔壁で形成される一種のコンベアによって上方に運ばれ，コアバレル上部に開いている窓からバレル内に落ちる．1 回の掘削で 30〜50 cm のコアが採取できる．孔が深くなれば，延長棒を接ぐ．通常は 10 m までの掘削に用いるが，コアバレルや延長棒を FRP などの軽量材料で作っているも

のでは，30 m 以上の掘削も可能である．手で回す代わりに，電動モーターや小型発動機を取り付けることもある．

(3) エレクトロメカニカルドリル（電動式コアドリル）

ドリルをワイヤーケーブルで吊って，コアバレル先端につけた 3 枚の刃を電動モーターで回して氷を削り，コアを採取する装置．通常はドリルを吊すウインチケーブルのなかに電線が組み込まれており，これでドリルに電力を供給する．ドリル上部には図 17.3.1 のようなサイドカッター式アンチトルクが使われていたが，ドリルスタックの危険が生じるため，現在は液封型エレクトロメカニカルドリルと同じリーフスプリング式アンチトルクを取り付けている．このアンチトルクでバレル回転への反力を生む．ケーブルからの電力はスリップリングを通してドリルモーターに供給され，減速機で毎分 50〜90 回転に減速され，コアバレルを回す．刃先で発生する切削チップは外筒内側とバレル外側のスパイラルでできるコンベアで持ち上げられ，コアバレル上部の窓からコアバレル内に落ちる．外筒内側にはリブと呼ばれる凸あるいは凹の溝をつけているのが特徴で，この工夫がチップのコンベア輸送に有効である．掘削されたコアは，刃の少し上方に取り付けてあるコアキャッチャーによって「くさび」のように折られ，落下しないように支えられて地上に引き上げ回収する．通常は深さ 100〜200 m 級のコア掘削に用いられる．メカニカルドリルの切削特性に関する研究は藤井ほか（1988）によって，国内で開発されたエレクトロメカニカルドリルは高橋（1996）によってそれぞれ報告されている．

(4) サーマルドリル

ドリル先端につけた円周状のヒーターで氷を融かしてコア掘削を行う．融け水は真空ポンプによってバレル上方にある貯水タンクに貯められる．コアはコアキャッチャーで折って回収する．機構が単純でメカニカルドリルに比べて全体の長さの割には長いコアが得られるので掘削効率はよいが，ヒーターへの供給電力が 2〜3 kW と大きい．熱で氷を融かすので，冷たい氷との温度差が大きく，熱ひずみによるクラックなどが生じ，コアの質がメカニカルドリルより悪い．図 17.3.1 は南極みずほ基地で使用された液封液を用いないサーマルドリルであるが，液封型サーマルドリルでは，氷の融け水の処理をアルコールに溶解させる方式もある．500〜1000 m 程度の中層掘削および液封で行う深層掘削で用いられる．

(5) 液封型エレクトロメカニカルドリル

エレクトロメカニカルドリルを基本に 1000 m 以上の深層掘削を目的としたドリル．液中で掘るため，切削チップを液とともにチップ収納室へ回収し，液のみフィルターで逃がす．深層になると耐圧性が要求されるため，モーター・減速機や制御コンピュータは耐圧室で保護される．液封液の種類によって，その耐液性が必要になる．

日本で開発された氷床深層ドリルに関しては，藤井ほか（1990），成田ほか（1995），高橋ほか（1996），藤井ほか（1999）で報告されている．

（6） 掘削孔の検層観測

掘削した孔で行う観測を検層という．たとえば液封掘削孔の検層観測項目は，壁面温度（液体温度），液温度，液圧力，孔径，孔の傾斜と方向など．ほかに孔の状況をみるために CCD カメラを降ろすこともある．

文　献

藤井理行・田中洋一・成田英器・宮原盛厚・高橋昭好（1988）：雪氷表層のメカニカルドリルの切削特性．南極資料，**32**(3)：286-301.

藤井理行・本山秀明・成田英器・新堀邦夫・東　信彦・田中洋一・宮原盛厚・高橋昭好・渡辺興亜（1990）：氷床深層ドリルの開発．南極資料，**34**(3)：303-345.

藤井理行（1993）：氷床掘削．極地，**29**(1)：15-22.

藤井理行・東　信彦・田中洋一・高橋昭好・新堀邦夫・本山秀明・片桐一夫・藤田秀二・宮原盛厚・中山芳樹・亀田貴雄・斎藤隆志・斎藤　健・庄子　仁・白岩孝行・成田英器・神山孝吉・古川晶雄・前野英生・榎本浩之・成瀬廉二・横山宏太郎・本堂武夫・上田　豊・川田邦夫・渡辺興亜（1999）：南極ドームふじ観測拠点における氷床深層コア掘削．南極資料，**43**：162-210.

Ice drilling technology（1994）：*Mem. Natl. Inst. Polar Res.*, Special Issue, No. 49, 498 p.

Ice drilling technology 2000（2002）：*Mem. Natl. Inst. Polar Res.*, Special Issue, No. 56, 329 p.

成田英器・藤井理行・高橋昭好・田中洋一・本山秀明・新堀邦夫・宮原盛厚・東　信彦・中山芳樹・渡辺興亜（1995）：氷床深層ドリルの開発（II）．南極資料，**39**：99-146.

高橋昭好・藤井理行・成田英器・田中洋一・本山秀明・新堀邦夫・宮原盛厚・東　信彦・中山芳樹・渡辺興亜（1996）：氷床深層掘削ドリルの開発（III）．南極資料，**40**(1)：25-42.

高橋昭好（1996）：新型雪氷浅層コアドリルの開発．雪氷，**58**(1)：29-37.

17.3.2　コア解析

雪氷コアは雪として降り積もったときの気候・環境情報や，それ以降のさまざまな痕跡を記録している．そのため物質循環の解明および過去の気候・環境復元に用いられる．また物理過程として氷床ダイナミクス，氷物性の研究に用いられる．雪氷コア解析から得られる気候・環境情報を表 17.3.1 に，解析方法を図 17.3.2 にまとめた．

コア解析は掘削現場で行われる項目と，持ち帰って低温室や実験室で行う項目がある．目的に応じてコア解析の内容は決まる．ここでは，掘削現場で行ったコア解析の例として 1999 年の北極スバールバル諸島北東島アウストフォンナ（Aust fonna）氷河の例を紹介する．また，低温室や実験室で行う項目については南極浅層コアグループが実施している基本解析について紹介する．

1999 年のアウストフォンナ氷河掘削ではエレクトロメカニカルドリルによって 17 日間で，288 m 深までの氷コアを採取した（Motoyama *et al.*, 2001）．日射による温度

上昇を防ぐため，雪面を 2 m 掘り下げて，天井を角材とベニヤで覆い，コアを現場解析する空間（長さ 6.15 m，幅 2 m）を確保してコア解析場とした．内部の両脇に雪でテーブルを作り解析機材を設置し，その下をくりぬいてコアや必要機材のデポ場所にした．最初にコアロギングを行った．コアの尻合せ（コアのブレイク面を合わせる）でコア深度を決定し，層位（切断個所，層境界，気泡あるいは結晶の粒径とその密集度，しもざらめ度，フィルンあるいは再凍結氷など）を専用の記録用紙に実寸で記載した．細かく割れたコアの場合には，その重量を測って，推定のコア長さを算出した．コア径を測定し，電子天秤で重量を測ることでバルク密度を算出した．つぎにデジタルビデオカメラにて，画像イメージを記録した．これは，コア情報の保存と，画像処理したコアの層位構造と物理・化学情報を重ね合わせて比較研究することが目的である．輸送の梱包基本長さが 50 cm なので，50 cm ごとにコアナンバーをつけ，コアに切断位置を鉛筆で記入した．つぎにコアナンバーに対応した深さで，コアを手のこで切断した．それから鉛直方向に電動バンドソーを用いて中央部で切断（縦割）し，それぞれ A コア，B コアとした．A コアは電動バンドソーにて，さらに鉛直方

表 17.3.1 氷床コア解析から得られる気候・環境情報およびコアの年代決定法

気候要素	解析項目
気温	酸素・水素同位体組成（$\delta^{18}O \cdot \delta D$）氷板，空気含有物の数密度
年積雪量	季節変化（化学成分，気温），層構造
平均積雪量	火山爆発や核実験の痕跡により年代決定，^{210}Pb
水蒸気量	d-パラメータ（$= \delta D - 8 \times \delta^{18}O$）
大気循環	d-パラメータ，ダスト，化学成分，放射性同位体
大気組成	気泡ガス分析（CO_2，CH_4 など）

環境要素	解析項目
火山活動	電気伝導度，pH（酸性度），陰イオン，重金属，固体微粒子，火山灰
生物活動	炭素同位体比 $\delta^{13}C$，MSA，微量有機物，花粉，胞子，菌糸
乾燥度	固体微粒子，Al，Ca
海氷域消長	海塩成分，MSA
太陽活動	放射性同位体（宇宙線生成核種），過酸化水素
地球磁場	残留磁気
宇宙起源	宇宙塵，特殊元素
人為起源	人為汚染物質
氷床厚さ	含有空気量
氷床応力	結晶主軸方位，結晶粒径

年代決定	解析項目
季節変化	酸素・水素同位体組成，過酸化水素，電気伝導度，pH，化学成分
絶対年代	核実験による放射性物質，火山爆発による火山灰
相対年代	氷および気泡の酸素・水素同位体組成，気泡のガス成分
放射性同位体	^{14}C，^{10}Be，^{26}Al，^{36}Cl

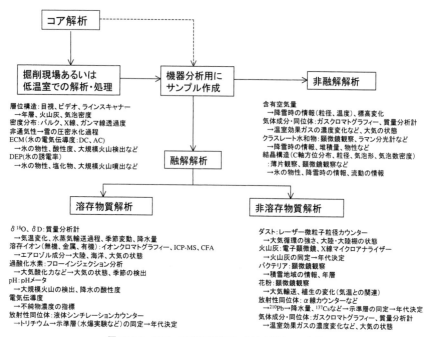

図 17.3.2 気候・環境変動研究における雪氷コア解析

向に 2：1 に切断した．太いコアは，保存コアとした．細いコアは，深さ方向に 2 分割し，融解用試料とした．すなわちサンプルの深さ方向の分解能を 25 cm にした．このコア周囲の汚染物質を取り除くためセラミックナイフで 5 mm 程度削り，融解容器に入れて融かした．化学成分・同位体成分測定用に，50 cc 洗浄びん（ポリプロピレン）に注入し，再凍結させて国内へ輸送した．残りの融解サンプル水で，電気伝導度と pH を現場で測定した．氷コア中の酸性度を求める ECM の測定は B コアで行った．国内へ輸送するためのコア試料はポリ袋に入れて熱シールで密閉した．このポリ袋はガスを通さない材質を用いた．

つぎに南極浅層コア解析グループが実施している低温室および実験室でのコア解析を紹介する（西尾ほか，2001）．南極大陸で採取されたコアのほとんどは，掘削直後に現地で 50 cm ごとに切断され，国内へ輸送される．これらのコアは基本解析および研究解析で使われる A コア，保存用 B コア，化学分析用 C コア，研究解析用 D コアに分割した．低温室内での作業は，基本的に上記アウストフォンナコアで行った現場解析項目に加えて，真空ポンプを用いた非通気度係数測定，レーザ光を照射しその散乱強度からコア中の気泡分布を測定するレーザトモグラフも行った．

コア周囲の汚染物質を除去したサンプルは融解容器に入れて実験室に運んで室温で融解する．国立極地研究所の分析機器の必要とする試料の必要量であるが，イオンク

ロマトグラフィーで分析する主要化学成分用に 3 ml，電気伝導度と pH（フローセル）測定用に 15 ml，一過酸化水素測定に 2 ml，トリチウム分析に 50 ml，酸素/水素同位体分析に 18 ml を用いた．

　極域の雪氷試料を解析するためには，一般の分析機器に一工夫する必要がある．全体的なコア解析に関しては，藤井ほか（1989），神山ほか（1994），Watanabe *et al.*（1997），神山ほか（2001）が参考になる．また個々の機器に関しては，イオンクロマトグラフィーによる化学分析が五十嵐ほか（1998），ICP/MS による微量金属イオン分析が Matoba *et al.*（1998），過酸化水素の分析が Kamiyama and Nakayama（1992），液体シンチレーション法によるトリチウム分析が神山ほか（1997），神山・五十嵐（2000），^{210}Pb の分析が鈴木ほか（1996）でそれぞれ報告されている．

［本山秀明］

文　献

藤井理行・神山孝吉・渡辺興亜（1989）：氷床・氷河のコア解析による年代推定法．南極資料，**33**(2)：156‐190.

五十嵐　誠・金森暢子・渡辺興亜（1998）：少量の極域雪氷試料のイオンクロマトグラフィーによる化学分析．南極資料，**42**(1)：64‐80.

Kamiyama, K. and Nakayama, E. (1992): Determination of hydrogen peroxide in snow: Preliminary results for snow samples in the inland region, Antarctica. *Proc. NIPR Symp. Polar Meteorol. Glaciol.*, **5**：113‐119.

神山孝吉・紀本岳志・江角周一・中山英一郎・渡辺興亜（1994）：現場運用を主体とした極域積雪試料の化学的解析手法について．南極資料，**38**(1)：30‐40.

神山孝吉・島田　亙・北岡豪一・和泉　薫・江角周一（1997）：低バックグラウンド液体シンチレーション法による極域雪氷試料中の HTO 濃度測定．南極資料，**41**(3)：631‐642.

神山孝吉・五十嵐　誠（2000）：極域各種試料中の低濃度 HTO 測定のための電解濃縮を含めた液体シンチレーション法の検討．南極資料，**44**(2)：83‐96.

神山孝吉・飯塚芳徳・Bernhard Stauffer（2001）：雪氷コアの処理方法の改良．南極資料，**45**(2)：171‐184.

Matoba, S., Nishikawa, M., Watanabe, O. and Fujii, Y. (1998): Determination of trace elements in an Arctic ice core by ICP/MS with a desolvated micro-concentric nebulizer. *J. Environ. Chemistry*, **8**：421‐427.

Motoyama, H., Watanabe, O., Goto-Azuma, K., Igarashi, M., Miyahara, M., Nagasaki, T., Karlof, L. and Isaksson, E. (2001): Activities of the Japanese Arctic Glaciological Expedition in 1999 (JAGE 1999). *Mem. Natl. Inst. Polar Res.,* Special Issue, **54**：253‐260.

西尾文彦・五十嵐　誠・亀田貴雄・本山秀明・直木和弘・高田守昌・戸山陽子・渡辺興亜（2001）：南極浅層コア（H72，ドーム南）の基本解析―測定方法及び装置―．雪氷，**63**(1)：41‐63.

鈴木利孝・大田一岳・藤井理行・渡辺興亜（1996）：雪氷試料の化学解析―アルファ線波高分析法を用いた雪氷中 ^{210}Pb の高感度測定―．南極資料，**40**(3)：321‐332.

Watanabe, O., Kamiyama, K., Motoyama, H., Igarashi, M., Matoba, S., Shiraiwa, T., Yamada, T., Shoji, H., Kanamori, S., Kanamori, N., Nakawo, M., Ageta, Y., Koga, S. and Satow, K. (1997): Preliminary report on analyses of melted Dome Fuji core obtained in 1993. *Proc. NIPR Symp. Polar Meteorol.*

Glaciol., **11** : 14 - 23.

17.4　雪崩調査

　雪崩は斜面に積もった雪が安定を失い重力にしたがって流れ落ちる現象である．雪崩発生の引き金となる積雪の破壊がいつ，どこではじまるかを的確に予測するのは現時点では難しく，雪崩の発生を観測できるのはまれである．また雪崩の痕跡はその後の降雪によって埋もれてしまうので，雪崩を観測する機会があれば速やかに調査を行うよう心がけたい．

　雪崩の調査は目的によって，

①雪崩が発生するかを予測する，積雪安定度の調査

②雪崩の発生後，現地で行う積雪調査と雪崩災害調査

③過去の雪崩の事例調査および統計やコンピュータシミュレーションによる雪崩危険度のマッピング

などがあげられる．ここでは積雪安定度の調査と雪崩発生後に現地で行う調査に主眼を置いて解説する．

17.4.1　雪崩調査の装備

　積雪安定度調査でも発生後の調査でもその基本装備となるのは積雪断面観測の道具である．しかし雪崩の発生が予測される斜面は不安定な場合があり，また発生後の斜面でもさらに 2 次雪崩が発生することが予想されるので，雪崩の発生に十分注意するとともに，雪崩ビーコンやゾンデ棒（プローブ）（図 17.4.1），シャベルを携行するべきである．

　雪崩ビーコンとは発信と受信を切り替えられる小型の無線機で，雪崩埋没者の捜索に威力を発揮することが知られている．雪崩の危険な斜面に入るときには上体にタスキ状に装着し発信状態にすると，457 kHz の電波をおよそ 1 秒間隔で発信し続ける．埋没者を捜索するときには雪崩ビーコンを受信状態に切り替え，ビーコンが埋没者の電波をとらえたら，その方向へと捜索を開始する．受信電波の強度を音量と LED の点滅個数によって表示するアナログビーコンが普及していたが，近年ディジタルビーコンの登場により主流はディジタル式に移りつつある．ここでいうディジタルビーコンとは受信電波から距離と方向を計算して画面にディジタル表示をするタイプであり，同じ 457 kHz の電波を使っているのでアナログ式と相互に受信可能である．比較試験レポート（Schweizer and Krüsi, 2002）によると，最大受信範囲が 80～100 m あったアナログ式に比べディジタル式は平均受信範囲が 20～30 m，最大でも 50～60

17.4 雪崩調査

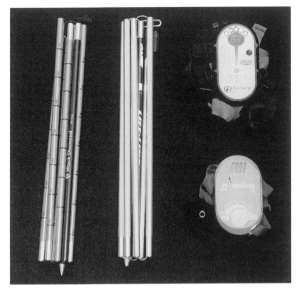

図 17.4.1　雪崩ビーコン（右）とゾンデ棒（左）

mと短いが，捜索時間の比較では電波を受信可能な範囲であればディジタル式のほうが短時間で捜索できることが示されている．また発信者までの距離と方向が表示されるため，雪崩ビーコンに不慣れな者でも方向の指示にしたがって探索ができるなど優れた点がある．一方大規模な雪崩では受信範囲が狭い機種は捜索に不利である．雪崩ビーコンを使った雪崩埋没者の探索方法は「決定版雪崩学」（北海道雪崩事故防止研究会，2002）を参照していただきたい．

17.4.2　雪崩の発生予測と積雪の安定度の調査

(1) グライド

　雪崩の発生を予測するに当たり，全層雪崩と表層雪崩を分けて考える必要がある．全層雪崩では雪崩の発生の前兆として，斜面積雪にクラックや斜面下方に雪しわがみられることが多いので，当該斜面の積雪を調査するときに着目する．これらは積雪が斜面に対してゆっくりと滑ることにより発生する．このゆっくりした滑りをグライドと呼ぶ．グライドメータによりグライド速度を連続的に測定すれば，全層雪崩の危険度や発生時期の予測ができる．

　Endo (1985) によると北海道の笹地斜面ではグライド量が笹の丈よりも長くなり，グライド速度が 10〜20 cm/日以上になるとクラックが発生し，1〜2 m/日以上になって雪崩が発生している．北海道のような笹地の斜面では積雪に入り込んだ笹と地面

表 17.4.1 灌木斜面におけるグライド速度と全層雪崩
危険度(納口ほか、1986を一部変更)

グライド速度	雪崩発生時間	危険度
1 cm/min	10 min	危険
1 cm/hr	10 hr	注意
1 cm/day	—	安全

に倒伏した笹により斜面積雪を支えている．倒伏した笹は積雪の支持力が弱いため，降雪初期に大雪に見舞われると笹の倒伏が多く発生しグライドしやすくなる．また新潟県の灌木斜面におけるグライド速度と全層雪崩危険度の間には表 17.4.1 のような関係が知られている（納口ほか，1986）．この結果はクラックが発生しても必ずしも全層雪崩にならないこと，グライド速度が重要であることを示している．

(2) 弱層テストとシアーフレームテスト

表層雪崩は前兆現象がないまま雪崩が発生することが多い．発生予測をするには斜面積雪の安定度を測定する必要がある．滑り面となる弱層ができていないか，上載積雪で弱層がせん断破壊するかを見極めることが重要である．弱層をみつけ，そのせん断強度を調査するには弱層テストとシアーフレームテストを組み合わせて行う．弱層を見つけるには，図 17.4.2 のように積雪を掘り下げて鉛直断面を出し，前面と側面を切断して雪柱を作成する．背面にシャベル（雪べらでもよい）を差し入れ，手前に軽く引くと，弱層が含まれていればそこで雪柱が破壊して滑り落ちる．このとき層に平行に力を加えてせん断破壊するように注意する．スノーゲージとルーペを使って滑り面の雪質が何かを確認し，雪質分類にしたがって記載する．弱層のテスト方法にはほかにもハンドテスト，ルッチブロックテストなどがある（北海道雪崩事故防止研究

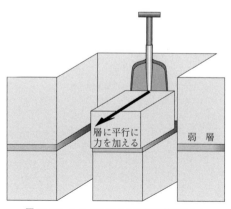

図 17.4.2 シャベルによる雪柱の弱層テスト

会, 2002).

　弱層のせん断強度を測定するにはシアーフレームを用いる．シアーフレームとは，せん断有効面積が 250 cm², 枠の間に 2 枚の仕切が入るように定められた金属製のフレームで（図 17.4.3 A），せん断破壊強度の指標 SFI (shear frame index) を求める（遠藤・秋田谷, 2000）．測定は図 17.4.3 B に示したように弱層の上層までの雪を除けたのち，シアーフレームを弱層の数 mm（5 mm 程度）上まで挿入し，バネばかりを用いてシアーフレームを引き，弱層をせん断破壊させて最大張力を読む．雪は変形速度によって破壊様式が変わるので，テストは 3 秒以内に破壊が起こるように行う．SFI は上で求めた最大張力をフレームのせん断有効面積で割った値として求める．積雪のせん断強度はばらつきが大きいので 21 回の測定を行いその中央値を求める．ばらつきが少ないときには数回のテストの平均値を用いてもよい．

　斜面の安定度は弱層の強度と弱層上の上載積雪が弱層に沿って滑り落ちようとする力によって決まる．上載積雪荷重（W_n）を測定するには筒状のスノーサンプラーを用いる（図 17.1.1）．弱層より上の積雪を定面積で切り出せるものであれば，塩ビパイプや煙突をサンプラーとして使っても差し支えない．測定方法を以下に示す．弱層

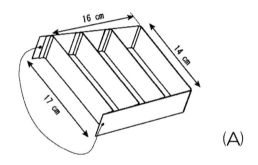

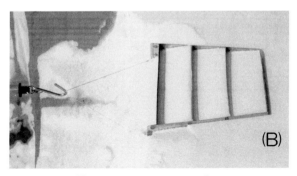

図 17.4.3　シアーフレームテスト
（A）シアーフレームの概図，（B）積雪への挿入とせん断．

の上面にシャベルを挿入し積雪表面からシャベルまでスノーサンプラーを垂直に挿入する. サンプラーを取り出して，なかの雪を袋などに移して重量を測定する. この重量をスノーサンプラーの底面積で割ったものを W とすると弱層に垂直な上載積雪荷重 W_n は

$$W_n = W \cos \theta$$

で与えられる. 斜面の安定度を表す指標 SI（stability index）は

$$\mathrm{SI} = \frac{\mathrm{SFI}}{W_n \sin \theta} = \frac{\mathrm{SFI}}{W \sin \theta \cos \theta}$$

で求められる. SI は弱層のせん断強度指標と上載積雪が斜面に沿って滑り落ちようとする力の比である. 弱層の強度は空間的にむらがあることから，実際の積雪斜面では SI が 2〜4 を切るようになると不安定と考えられる. 米国やカナダでは SI＝1.5 を雪崩発生予測基準としている.

　ここまで表層雪崩の調査は弱層を中心として述べてきたが，顕著な弱層がなくても新雪が大量に積もった場合には新雪層が自身の重力を支えることができずに破壊し，表層雪崩が発生することがあるので，注意が必要である（遠藤，1993）.

17.4.3　雪崩の現地調査

(1)　発生区・走路・堆積区・自然積雪

　雪崩が発生したらできるだけ速やかに現地調査を行う. ここでは雪崩の発生区，走路，堆積区（図 17.4.4），雪崩の発生区に近い自然積雪に分けて調査項目を記載する.

　発生区では雪崩の発生規模と種類の決定，発生メカニズムの推定を行う. 発生区に近づけない場合は双眼鏡などで確認する. 記載項目は，雪崩が起こった斜面の向き，発生点の位置・標高，破断面の上部が点状か面状か，面発生であれば面の幅と厚さ，地形の凹凸，植生，雪質は湿雪か乾雪か，吹きだまり・雪庇など周囲の堆積状況である.

　走路では雪崩の全長と，道筋の記録を行う. 測定項目は走路の見取り図，縦断面形状，横断面形状，走路上の障害物の有無，運動跡，雪面の削剥跡，側堆積，屈曲部での乗り上げである.

　堆積区とは流下した積雪がデブリとなって堆積した範囲であり，デブリの体積（幅・厚さ・長さ）と断面観測を行う. 厚さはデブリ範囲内に側線を設け，それに沿って数カ所で測深棒を用いて測定する. 断面観測はスノーピットを掘り積雪観測法にしたがって行う. デブリの調査では雪以外のものが混じっているか，雪は塊状かブロック状か，塊のサイズ分布，乾雪か湿雪かなどの状況にも着目する. また到達範囲のデータとしてデブリの末端から発生区の最上部を見上げた仰角（見通し角）を測定する.

　このほか，人的被害・車両被害・建築物被害・森林被害の発生状況，ほかに雪崩が

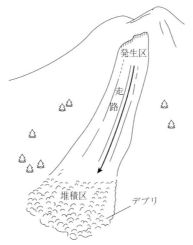

図 17.4.4　雪崩の発生区・走路・堆積区

発生していないか，雪庇，吹きだまり，雪しわ，クラックが発生していないかなど周囲の斜面の状況を調べる．

発生区に近い自然積雪の調査は，雪崩の発生原因を推定するために弱層の有無と斜面積雪の安定度を観測する．観測方法は積雪断面観測と弱層テスト，積雪の安定度調査の項にしたがって行う．滑り面が推定できた場合は滑り面の雪質と形態的特徴を観察する．できれば保冷箱などに入れてサンプルを持ち帰り，顕微鏡観察・撮影を行う．

現地調査では上記の測定に加えてビデオ，写真による記録やスケッチを行う．調査記録は後から地図なども参考にしてデータを総合して完成させる．航空機などにより広域の雪崩斜面調査を行うときには対象斜面のクラックや雪しわの発生に注意する．さらに地上からはみえない発生区上部の地形や雪庇の発達，吹きだまりにも着目する．

(2)　雪崩調査カード

雪崩の現場では迅速に十分な情報を記録しなければならない．現地での調査をスムースに行うために雪崩調査カードを携行して記録するとよい．ここでは必要最低限の項目を記載した携行用の調査カードの一例を表 17.4.2 に掲載する．上記の項目をすべて網羅した雪崩調査カードの例は雪氷調査法（日本雪氷学会北海道支部，1991）を参照されたい．　　　　　　　　　　　　　　　　　　　　　［尾関俊浩］

表17.4.2 雪崩調査カード（山田・McElwaine, 2000 を一部変更）

雪崩調査カード「AVACARD」

I 調査時の状況

記入者（氏名）：＿＿＿＿　（雪崩遭遇者・雪崩目撃者　）

所属機関（連絡先）：＿＿＿＿

調査年月日：＿＿年＿月＿日（　）

調査時刻：＿＿頃から＿＿頃まで

調査時の天候：

II 雪崩の概況

発生年月日・時刻：＿＿年＿月＿日，＿＿頃

発生場所（住所・俗称）：＿＿＿＿

　　　　　（前日：＿＿，前々日：＿＿）

※可能であれば地図を添え，その地図上にプロットする。

発生時の天候：＿＿＿＿

発生時の風：　強い・弱い・通常，（風向：＿＿）

発生時の積雪深：＿＿cm（測定場所：＿＿）

被雪状況：

III 雪崩の規模

雪崩の幅：　約＿＿m〜＿＿m

雪崩の長さ：　約＿＿m

斜面の向き：　北・北東・東・南東・南・南西・西・北西

斜面の平均傾斜：　約＿＿度

斜面の形態：　開平斜面・谷斜面・その他（＿＿）

IV 発生地区

発生地点：　標高　約＿＿m

　　　　　山の山頂部・中腹・山すそ・その他（　　　）

発生の形：　点発生・面発生・不明

なだれ層の雪質：　新雪・旧雪・混合，　硬い・軟らかい

なだれ層の乾湿：　乾・湿・混合

すべり面の位置：　積雪内部・地面・不明

発生規模（幅または面積）：　約＿＿m，約＿＿m^2

　　　　　　（厚さ）：　約＿＿cm

発生斜面の向き：　北・北東・東・南東・南・南西・西・北西

発生地点の地表状態（植生）：

発生誘因：　自然発生・人為発生・不明

発生地点付近の雪庇（大・小・無），クラック（有・無　）

V 堆積区（デブリ）

デブリの面積：　幅＿＿m，長さ＿＿m

デブリ中央部の厚さ：　約＿＿m

デブリの状況：　乾・湿・混合，粉状・ブロック状・混合

　　　　　　　土砂を含む，含まない，硬い・軟らかい

　　　　　　　その他（　　　）

デブリ末端から発生地点までの見通し角：　約＿＿度

VI その他

特記事項，スケッチ・写真等

（　　　）

※写真は縮尺になるもの（人など）を入れて撮影する。

文　献

Endo, Y. (1985) : Release mechanism of an avalanche on a slope covered with bamboo bushes. *Ann. Glaciol.*, **6** : 256‒257.

遠藤八十一 (1993) : 降雪強度による乾雪表層雪崩の発生予測. 雪氷, **55** : 113‒120.

遠藤八十一・秋田谷英次 (2000) : 雪崩の分類と発生機構. 雪崩と吹雪 (基礎雪氷学講座Ⅲ, 前野紀一・福田正己編), pp.13‒81, 古今書院.

Schweizer, J. and Krüsi, G. (2002) : Avalanche rescure beacon testing. *Proc. Internat. Snow Sci. Workshop 2002* : 456‒460.

日本雪氷学会北海道支部 (1991) : 雪氷調査法, 100 p, 北海道大学図書刊行会.

納口恭明・山田 穰・五十嵐高志 (1986) : 全層なだれにいたるグライドの加速モデル. 国立防災科学技術センター研究報告, **38** : 169‒180.

北海道雪崩事故防止研究会編 (2002) : 決定版雪崩学, 200 p, 山と渓谷社.

山田高嗣・McElwaine, J. (2000) : スキーヤー・登山者を対象とした雪崩調査カードの試作. 日本スキー学会誌, **10** : 127‒134.

17.5　凍土・凍上観測

17.5.1　凍上観測の概要

　凍土・凍上観測は，通常凍上量や凍上力による凍上害の防止を目的に行われる．このため，現地では凍結深，凍上量，凍上力の測定や凍土の断面観測などを行う．なかでも凍結深の測定は，凍上量や凍上害発生を予測するときに重要である．同時に，土質や地下水位を調べたり，現地で採取した土について凍上試験を行ったり，粒度分布，重量含水比，体積含水率，湿潤密度，透水係数，土の種類など基本的な性質を必要に応じて調べる (地盤工学会, 2000)．一方，永久凍土地帯では，地球温暖化に伴う気候変動や環境変化の調査やパイプラインなどの構造物建設のため，永久凍土の調査を行う．地下部の情報として永久凍土の存在，活動層の厚さ，永久凍土の厚さ，永久凍土の「含氷率」(ice content) などの物性値や，気象・植生・地形などを調べる．

17.5.2　凍結深の測定

　日本国内で通常起こる土の凍結は，たかだか 1 m の深さである．この測定には，メチレンブルー式の「凍結深計 (または凍結深度棒)」(frost tube) を用いることが多い．凍結深計は，凍土を掘らずに凍結深を容易に測定できる特徴がある．土の凍結前に，凍結深計を平地や斜面で地面に垂直に設置する．凍結深計には着色水が封入さ

れていて，それが周囲の土の凍結に応じて氷の棒を形成する．凍結深は地面からの氷の棒の長さとして測定できる．この凍結深計にはいくつかの工夫が施されている．図17.5.1 に示すように，合成樹脂製のつばつきパイプのなかに透明パイプを収めた2重構造を採用し，外部パイプ周囲の土が凍結しても，本体の透明パイプの出し入れが容易にできるようにしてある（日本雪氷学会北海道支部，1991）．また，透明パイプにはメチレンブルー水溶液が封じてあり，水の地表からの一方向的な凍結によって凍結部分は透明，未凍結部分は青色のままで，凍結・未凍結の境界が容易に確認できるようにしてある．さらに，水の凍結時の体積膨張を吸収し破損を防ぐため，その内部に柔らかいゴムチューブや底部に O リングつきピストンが設置されている．

凍結深は，土の凍結過程で1日数 mm，大きいときには数 cm の速度で進行する．この速度を「凍結面進行速度（または凍結速度）」(freezing rate) という．ひと冬に凍土の厚さが数十 cm になる場所では，1週間に1回程度の頻度で測定すると，凍土の厚さの変化を知ることができる．地面が凍上するときには凍上量も併せて測定すると，図 1.3.1 に示したように地面の凍結状態がわかる．また凍土の融解過程も凍結過程ほど正確ではないが，凍上で持ち上がったパイプの長さを考慮すると地中の凍結範囲が明らかになる．除雪して積雪のない場所で測定すると，凍結深は積雪のある場所に比べて大きくなる．積雪のある場所での測定は，周囲の積雪を乱さないことが重要であり，外部パイプの地上部の長さを長くして，雪尺を兼ねている凍結深計もある．

以上は，人が直接測定するものである．冬期間放置して凍結深を測定する装置もある．温度計による地温分布から算出する凍結深，「最大凍結深計」(maximum frost depth meter) によるひと冬の最大凍結深，自記凍結深計による凍結深を求める方法がある．地温分布測定による方法は，複数の温度センサを固定した合成樹脂製パイプや木杭などを地面に垂直方向に地中に設置して，地温データから 0 °C の位置を計算

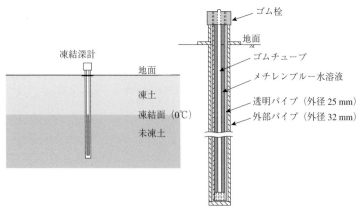

図 17.5.1 凍結深計の模式図（左：設置状況，右：詳細）

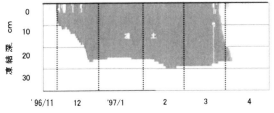

図 17.5.2 矢作式自記凍結深計による凍結深の測定結果の例

で求める．通常地面に近いほど温度変化が大きいため，センサの間隔をたとえば数cmと小さくし，深くなるほど数十cmと大きくする．0℃の位置の精度は，センサの間隔と温度計の精度によって決まるので，事前にセンサを氷水で0℃検定する必要がある．温度分布の方法によると土の凍結過程は測定しやすいが，凍土の融解過程は凍結部分と融解部分がともに0℃になることがあり，両者の区別ができない難点がある．凍結深の測定値がないときには，現地で測定した気温データ，最寄りの気象観測所やアメダスで得られる気温データから，11.3.1項の式(5)で示したように，気温から算出した積算寒度を使って凍結深を推定することができる．

最大凍結深計はメチレンブルー水溶液を寒天液に置き換えたものである．凍結すると氷の結晶がゲル組織を壊して凍結の痕跡が残り，最大凍結深が測定でき，人手をかけないで安価に広範囲の凍結深分布を知るのに適している（矢作，1976）．また，矢作式自記凍結深計（木下，1982）は，地中に設置したパイプ内の水が周囲の土と同じように凍結融解するとき，1～数cm間隔に配置した電気抵抗式の凍結センサで凍結・未凍結を検知して，凍結深を測定するものである．冬期間放置して，土の凍結状態のデータを内蔵メモリーに記録したり，常時モニターしたりすることも可能である．土の凍結・融解現象はゆっくり進行するので，図17.5.2のように1時間に1回の測定でもかなり詳細に変化を知ることができ，しかも放置した状態で測定できるので積雪や地温を乱すことがない．

17.5.3 凍上量の測定

数m～100m範囲にある地点を，冬期間定期的にレベル測量することによって，凍上量を測定できる．目的やその場所の凍結期間にもよるが，1週間に1回の頻度で測定して，凍上量の概要を知ることができる．凍上すると凍結前に比べて数mm～十数cm，大きいもので30cm近くの凍上量が観測される．この場合，冬期間に基準になる不動点を確保することや，凍結前の各点のレベル測定が重要になる．また，冬季後半には融解して軟らかくなった地面の測定で誤差を生じやすい．数m規模の構造物や数m範囲の地面の凍上量は，近くに不動点が確保できると，変位計やダイアルゲージを使って連続的な測定ができる．

17.5.4 凍上力の測定

　地面は，上に何もない状態で凍結するとき自由に凍上する．しかし，上に構造物があると，構造物の荷重がアイスレンズの成長を妨げて，凍上が抑制される．さらに荷重を加えて，完全に凍上させないのに必要な荷重に相当する力を凍上力という．凍上力を測定するためには，冬期間力が加わっても変動しない強固なフレームを不動点として地面の上に平行に設置する．上に何もない状態で土が凍結し凍上する場所で，地面に円板を置いてフレームの間にロードセルを挟むように固定すると，凍上しない代わりに凍上力が発生する．この力をロードセルで測定する（図17.5.3）．土の種類や含水率などによって異なるが，5.2 MN/m^2 などの値が報告されている（木下・大野，1963）．ただし，フレームや挟む材料がわずかでも変形すると，測定値が実際の値より小さくなるので注意を要する．

　杭，パイプなど構造物を拘束して凍着凍上を起こさないのに必要な力を，「凍着凍上力」(adfreezing frost heave pressure) という．凍上力と同様に，構造物と拘束するフレームとの間に挟まれたロードセルで凍着凍上力を測定する．単位面積当たりの凍着凍上力である凍着強度は，凍土が付着する構造物表面の材質によって変わるが，円柱形のコンクリート杭で 106 kN/m^2，円錐台の形状をしたテーパー杭で 54 kN/m^2 の測定値が得られている観測結果が示された（鈴木ほか，1996）．

17.5.5 永久凍土地帯での調査

　永久凍土地帯では活動層（1.3.3項参照）と永久凍土の深さを知ることが重要となる．活動層の深さは，植生，土の種類や含水率，斜面方位などによって大きく異なる．また同じ地点においても年による気象条件の違いを反映して年々変化する．活動層の深さとは夏季の融解が最も深くまで達したときの深さである．そのため，その深

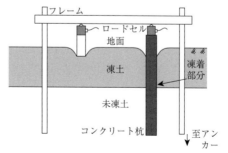

図 17.5.3 凍上力測定の模式図
左：凍上力の測定，右：凍着凍上力の測定．

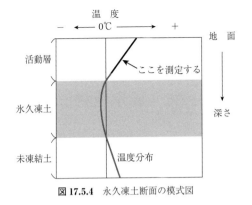

図17.5.4 永久凍土断面の模式図

さを正確に知るためには，融解の完了する時期に連続して地温観測を行うことが必要となる．だが現実には夏の1回の測定で推測しなければならないことも多い．融解深がその夏の融解の最大値に達していないときに測定を行った場合，気象データなどから活動層厚を推定することが必要となる．地温測定により，ある時点での融解面（地温0℃になる面）を確認できた場合，その地域の積算暖度から活動層深さを算出する（たとえば藤井・樋口，1972；Nelson et al., 1997）．融解面は活動層の状態によっては地表面から金属棒を差し込むことによって確認できる．融解面を直接測定することが困難な場合は，地面からできるだけ深くまで地温を測定し，図17.5.4のような地温分布を想定して融解面を外挿する．一方，永久凍土の下面はボーリングや温度測定でその位置を直接的に測定するのが理想的である．弾性波探査，電磁波探査などによって間接的に測定する方法もある．ただし，間接的な測定では岩盤と永久凍土の違いが区別できないこともある． ［武田一夫・矢作 裕・森 淳子］

文　献

藤井理行・樋口敬二 (1972)：富士山の永久凍土．雪氷，**34**(4)．
地盤工学会編 (2000)：土質試験の方法と解説，902 p，地盤工学会．
木下誠一・大野武敏 (1963)：凍上力I．低温科学物理篇，**21**：117-139．
木下誠一・福田正巳・井上正則・武田一夫 (1977)：冷凍倉庫床下の多年凍結土について．低温科学物理篇，**35**：295-306．
木下誠一編 (1982)：凍土の物理学，214 p，森北出版．
日本雪氷学会北海道支部編 (1991)：雪氷調査法，244 p，北海道大学図書刊行会．
Nelson, F. E., Shiklomanov, N. I., Mueller, G. R., Hinkel, K. M., Walker, D. A. and Bockheim, J. G. (1997): Estimating active-layer thickness over a large region: Kuparuk River Basin, Alaska, U.S.A. *Arctic and Alpine Res.*, **29**(4)：367-378．
鈴木輝之・朱 青・澤田正剛・山下 聡 (1996)：自然地盤の凍着凍上力実験．土と基礎（地盤工学会），**44**(7)：11-14．

矢作　裕（1976）：凍結深計および相対凍上計について．北海道教育大学釧路校紀要「釧路論集」，
　　No.8：67‑78．

17.6　雪氷教育法

17.6.1　雪氷科学と教育

(1)　冬の現象

　この地上で最もポピュラーな物質「水」は，現代科学でも魅惑に満ち満ちた存在である．その氷点付近の現象を対象とする雪氷科学は，寒冷地問題に限らず，環境問題，生命現象のように，自然科学と社会科学が交差する領域をその範囲としている．雪氷科学の成果や課題を教育・普及の面からみるとき，水があまりにも身近であるために，物質としての意識が希薄であることに注意する必要がある．このことに注目すれば，雪氷科学で得られた知見や手法は教育内容や方法を整えるうえで注目すべき素材といえるだろう．実際，自然の結氷とは縁のない地域にあっても，氷が日常的に使える環境が整っており，凍結温度付近の水や氷がもたらす諸現象は，①自然（現象）に直接的に触れる，②親しみやすい，③実験が比較的容易，など科学教育にふさわしい要件を備えている．このように雪氷科学を基礎にした科学教育は，「台所の科学」といった趣きがあり，学校教育，社会教育を問わず最適な科学教育の素材の一つといえる．

　近年になって雪氷学の研究者たちの意識的な努力によって，雪結晶作りをはじめ新鮮な教育実験が登場しはじめ，近年一つのまとまりをみせはじめている．雪氷科学の教育上の課題は，科学教育の一つの分野を形成するほどの豊富な事例の蓄積にあるだろう．

(2)　寒さと凍土

　地表の土の凍結に伴って生ずる霜柱，凍土の形成とともに発達する地中の氷レンズの引き起こす凍上現象は，季節的に土が凍結する地域から永久凍土地帯までの広い範囲でみられる現象である．実験的には数分から数時間，季節凍結では数カ月，永久凍土地帯では数千年といった長さでこのような現象が生じている．大きさでは，数 cm 程度のものから，アラスカなどにみられる高さ数十 m に隆起するピンゴなどがあるが，土中の水分の凍結という同じ機構によっている．北海道のような寒冷地では，地面が冷却されれば毎年この現象が繰り返され，しばしば凍上被害が発生する．たかだか 1m 程度の深さの範囲で生ずるこの現象は，寒さのもとで水・土が関与する格好の

地域的素材となる．以下に，身近な素材による凍土の厚さを測る簡単な道具と霜柱作りの 2 例について紹介する．

a. 凍土の厚さを測る

図 17.6.1 は，典型的な凍結融解の推移で，図中の装置はこの凍土の厚さを測るための測定器である．小学校高学年ならば製作は容易であり費用もわずかである．これを地面が凍結する前に埋設しておき凍結を待つ．観測時に管内の着色水（食紅，インキなど）入りの棒を引き抜いて，周囲の土とともに凍結し透明になった氷の長さを測る．子どもたちの作業は，長さを測る，グラフを利用するなどである．地域の自然を学ぶという内容で，凍結深・気温・積雪深などをグラフで表現するなどして教材として利用されている．

b. 霜柱を作る

装置の素材は，ペットボトル，アルミ缶，冷却材などである．図 17.6.2 のようにペットボトルを上下に切り分け，下部は水入れに，上部は逆にして湿った土を入れる．口金には穴をあけ，給水のための布（ガーゼ）をたらす．土は粘土分の多い湿った土，冷却材としては，ドライアイス，氷と食塩とによる寒剤，冷却した不凍液などをアルミ缶に入れ，霜柱を成長させるための冷却装置としている．

(3) 教育実験の開発

雪氷科学に視座を置く教育実験は，「水にまつわる多様な実験」ととらえることにより，静電気，粘性，密度など豊富な物理系の実験に結びつく．紙やストローなど身近の溢れんばかりの実験材料は，水や氷で科学教育の素材として生命を得ることになる．この恵まれた環境のもとでは，自由学園女子グループの「霜柱の研究」（自由学

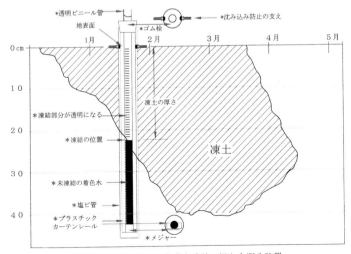

図 17.6.1　凍結融解の推移と凍結の深さを測る装置

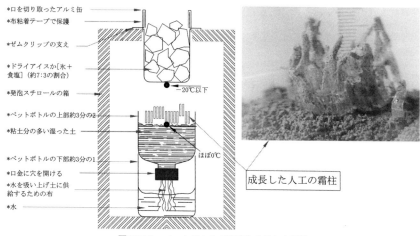

図 17.6.2　ペットボトルの装置と成長した霜柱

園出版局復刻版,2003)のようなすぐれた実践がつぎつぎに発表されて,少しも不思議はないはずである．いま研究者の科学教育への関心の高まりが強く求められており,この名著が60年余を経て復刻された意味もそこにあるといえるだろう．

[矢作　裕]

文　献

日本雪氷学会北海道支部編（1991）：雪氷調査法,pp.80-82,北海道大学図書刊行会．
少年写真新聞社編（2001）：ペットボトル百科,少年写真新聞社．
矢作　裕（1977）：冬の自然観察について．北海道教育大学僻地教育研究,No.24:27-31．
矢作　裕（1990）：寒冷地における自然科学教育．北海道教育大学僻地教育研究,No 43:1-9．
矢作　裕（1995）：霜柱を育てる．日本雪氷学会北海道支部　北海道の雪氷,No.13:14-18．
矢作　裕（1996a）：アイスレンズをつくる．日本雪氷学会北海道支部　北海道の雪氷,No.14:76-79．
矢作　裕（1996b）：釧路と凍土第2版（釧路叢書31巻）,pp.231-310,釧路市．

17.6.2　雪の結晶を作って観察する方法

　世界で最初に人工雪が作られたのは1936年のことで,「雪は天から送られた手紙である」という言葉で有名な中谷宇吉郎博士のグループによって行われた．その後,「拡散型」と呼ばれる室内で観察できる装置も開発されたが,かなり大がかりなものであった．
　ここで紹介する装置は,身近な材料を使って自作できるので,教室や博物館では何

台も用意して結晶が成長していく様子を容易に観察することができる．ドライアイスは製氷店などに頼んでおけば手に入るので，雪の降らない暖かい地方に住む人たちにもぜひ試してほしい実験である．

(1) 準備するもの
- 発泡スチロールの箱
- ドライアイス（1～2 kg）
- ペットボトル（500 ml，無色透明で凹凸のないもの）
- 釣糸（03号など直径 0.1 mm 以下の極細のものが望ましい）
- 消しゴム
- ゴム栓（6号）
- カッターナイフ
- ホチキス

(2) 装置の作り方と観察
① カッターナイフを使って，発泡スチロールの箱の蓋にペットボトルがぴったりとはまるような穴をあける．
② 釣糸は約 60cm の長さに切っておく．消しゴムは適当な大きさに切断する（1.5 cm ×横 2 cm × 1.5 cm 程度）．この釣糸を中央に消しゴムをホチキスでとめる．
③ ペットボトルのなかに水を入れてよく振ってから捨てる．そこに，吐息を何度も入れて，ペットボトルが少し曇るくらいにする．
④ ペットボトルの底まで消しゴムを下ろし，釣糸が平行にピンと張るようにして，最後に栓をする．
⑤ 発泡スチロールの箱の中央にペットボトルを立てて，砕いたドライアイスで囲む．
⑥ 蓋をして準備完了．斜め上からのぞき込み，観察をはじめる．装置を動かすとせ

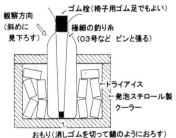

図 17.6.3　平松式人工雪発生装置と準備する材料

っかくできた結晶が落ちてしまうので,注意する.

(3) 背景となる原理
雪の結晶ができるためにはつぎの三つの条件が必要である.
・0℃〜−40℃の低温環境
・凝結核
・過飽和水蒸気

この三つの条件をペットボトルのなかにそろえてやればよい.

低温環境を作り出すための寒剤としてドライアイスを使う.室温にさらされているボトルの上部とドライアイスで冷やされた下部の間の温度差が大きく,なかの空気層は安定で対流は起こらない.ほぼ蓋の高さに−15℃前後の温度層ができて,長時間持続するため,樹枝状結晶の成長が観察しやすくなっている.

凝結核は,できれば自然界と同じように浮いた塵に結晶ができるところをみたいが,それでは定点観察できないので,ここでは釣糸を使う.できるだけ細い糸を使うほうがよい.釣糸を伝わる熱を無視したいためである.動物の毛などでぶら下げる方法もある.

過飽和水蒸気は,吐息に含まれている水蒸気を利用する.二つの異なった温度の飽和水蒸気を混合すると,過飽和状態を得ることができる.これは飽和水蒸気曲線が下に凸の曲線になっていることから理解される.あらかじめ吐息を入れて湿度100%の状態を作り,その後ペットボトルの上部と下部を二つの違う温度条件に置くことで,蓋のあたりに過飽和の空気層ができる.ペットボトルの材質は薄くて熱伝導性がよいため,ここでは有利に働いている.また,蓋の高さは,−15℃前後の樹枝状結晶が成長する環境となって,数時間持続するので,とりわけ成長速度の大きい樹枝状結晶の観察に向いている.

図17.6.4　ドライアイスを入れる作業および大きく成長した樹枝状結晶

（4） 実験するうえで参考になると思われる事項

①ペットボトルが変形したら

　　ペットボトルは，急激に冷やされると内部の気圧が下がるので，ベコッと内側に引っ込むことがある．その場合は静かにゴム栓を引き抜いて空気を入れてもとに戻せばよい．この気圧の低い状態というのは，上空で気圧が低い状態と同じである．

②ドライアイスの量について

　　ドライアイスを細かく砕きすぎると，かえってたくさんの量が必要になる．3〜4cm の大きさに砕いたものを箱一杯にいれたほうが，効率よく，長い時間持続する．

③水蒸気について

　　吐息を数回吹き込むだけでは，水蒸気の量が少なくて小さな結晶しかみられないこともある．しかしこの小さな結晶も雪の結晶の一種である．水蒸気が多い環境でできる樹枝状の結晶はとくに成長が速く，大きくなりやすい．確実に大きな樹枝状結晶を作ろうとする場合は，あらかじめボトルに水を入れてよく振っておくとよい．ほかにも水で濡らしたガーゼをボトルのなかに下ろすなど，いろいろな方法が考えられるが，基本的な原理と構造だけ提示しておいて，子どもたちがさらに創意工夫をする余地を残しておくことも大事なことである．

④用意する発泡スチロールの箱について

　　装置の上とドライアイスで冷やす下の間をくぎってやればよいのだから，箱は植木鉢などを利用してもいい．一度だけならダンボール紙で作ってもよい．ある中学校では大きめのコーヒー缶を使って実験をした．　　　　　　［平松和彦］

インターネットでさらに詳しい情報を得ることができる．
　http://users.eolas-net.ne.jp/saebou/

付　　　録

1. 雪氷研究の歴史
2. 世界の雪氷災害年表
3. 雪氷関連機関
4. 雪氷関連物性・分類・分布図表

　4.1　氷と水の物性

　　　a. 氷の物性値，b. 水の状態図，c. 氷と水の飽和水蒸気圧

　4.2　雪結晶の分類

　　　a. 雪結晶の一般分類表，b. 雪結晶の形状一覧図，c. 降水粒子の国際分類

　4.3　積雪の分類と物性

　　　a. 積雪の分類，b. 積雪の圧縮粘性係数，c. 積雪の圧縮・引張破壊強度，d. 積雪のせん断破壊強度，e. 積雪の熱伝導率，f. 雪の熱伝導度の経験式

　4.4　雪崩の分類と安定度調査表

　　　a. 雪崩の分類，b. 安定度調査票

　4.5　道路雪氷の分類

　　　a. 道路上の雪氷の分類表，b. 目視による路面性状分類

　4.6　日本の積雪分布と豪雪地帯

　　　a. 年最深積雪，b. 豪雪地帯・特別豪雪地帯の指定基準，c. 豪雪地帯および特別豪雪地帯に指定された市町村数

1. 雪氷研究の歴史

西暦	国　内	海　外
1550		スウェーデン・ウプサラの大僧正オラウス・マグヌスが，雪の結晶のスケッチを書き残す
1635		哲学者デカルトが，アムステルダムで雪の結晶を観察，スケッチ
1667		フック『ミクログラフィア』(顕微鏡でみた雪結晶の図を掲載)
1820		イギリスの捕鯨家スコレスビーが，雪の結晶を観察して六花結晶以外の六角柱や六角錐などの新しい結晶を確認
1833	土井利位『雪華圖説』	
1837	鈴木牧之『北越雪譜』	
1840	土井利位『續雪華圖説』	
1860		Tyndall,J. "The Glaciers of the Alps"
1895	野中夫妻，富士山頂で気象観測	
1900	中谷宇吉郎生まれる	
1916	岡田武松『雨』	
1929	加納一郎『氷と雪』	
1931		Bentley, W.A. and Humphreys, J.W. "Snow Crystals"（米）(ベントレーが生涯をかけて撮影した顕微鏡写真から 2300 種の結晶を収めた写真集)
1932	内務省に雪害対策調査会設置	
1933	新庄に積雪地方農村経済調査所（雪調）設立	リスボンで Commission of Snow 第 1 回総会 the British Glaciological Society（BGS）設立
1936	中谷宇吉郎，世界ではじめて人工雪結晶作りに成功	
1938	中谷宇吉郎『雪』(岩波新書)	
1939	日本雪氷協会設立．機関誌『日本雪氷協会月報』発刊（第 3 巻から『雪氷』と改題)	

1. 雪氷研究の歴史　719

年	日本	海外
1940	日本雪氷協会編『日本雪氷協会論文集第1巻』（日本雪氷協会）．田口龍雄『雪』	Dorsey,E. "Properties of Ordinary Water-Substances"
1941	北海道帝国大学低温科学研究所創設	
1945		Zubov,N.N. "Arctic Ice"
1947		BGS "J.Glaciology" 発刊
1948		国際雪氷委員会（ICSI/前身「国際雪及び氷河委員会」）発足
1949	日本雪氷協会編『雪氷十年－最近雪氷学の概観』（東海書房）	
1953	日本雪氷協会『雪氷の研究第1』	
1954		Nakaya,U. "Snow Crystals-Natural and Artificial"
1955	日本雪氷協会が日本雪氷学会に改組．日本雪氷協会『雪氷の研究第2,3』	
1957	南極に昭和基地開設	
1960	日本雪氷協会編『雪氷寒冷に関する文献抄録 1935‒1950』（農業総合研究所）	
1962	豪雪地帯対策特別措置法公布．人工雪崩実験を行う（北陸地建）．中谷宇吉郎没．	
1964	長岡に国立防災科学技術センター雪害実験研究所開所	Shumsky, P.A. "Principles of Structural Glaciology"
1966	札幌で低温科学国際会議開催	
1967	北大低温科学研究所『雪氷の物理学』（第1・2部）	
1968	日本建設機械化協会『防雪工学ハンドブック』	
1969	国立防災科学技術センター新庄支所開所	
1970	日本雪氷学会編『雪氷の研究 No.4』（日本雪氷学会）	
1972	札幌冬季オリンピック開催，雪まつりは世界に知られるようになる	
1973	国立極地研究所創設．日本雪氷学会編『雪氷の研究 No.5』（日本雪氷学会）	
1974	国際雪像コンクール開始	Hobbs,P.V. "Ice Physics"
1975	日本学術会議，雪氷小委員会発足	
1977	日本建設機械化協会編『新防雪工学ハンドブック』（森北出版）	
1982	日本雪氷学会編『雪氷の研究 No.6』（日本雪氷学会）	
1984	札幌で国際雪氷学シンポジウム開催	
1986	『基礎雪氷学講座（全6巻）』（古今書院）刊行開始．高橋博・中村勉編『雪氷防災』	Untersteiner,N. "The Geophysics of Sea Ice"

1988	雪害実験研究所を長岡雪氷防災実験研究所に改称，新庄支所を新庄雪氷防災研究支所に改称
1990	防災科学技術研究所の組織改編．社団法人雪センター設立．日本雪氷学会編『雪氷辞典』(古今書院)
1991	日本雪氷学会北海道支部編『雪氷調査法』(北海道大学図書刊行会)
1992	長岡で国際雪氷学シンポジウム開催
1993	日本雪氷学会が社団法人日本雪氷学会に発展
1996	南極ドームふじ 2500m 氷床コア掘削
1997	新庄雪氷防災研究支所に雪氷防災実験棟
1999	雪センター編『雪氷関連用語集』(雪センター)
2005	日本雪氷学会監修『雪と氷の事典』(朝倉書店)

［小 野 延 雄］

2. 世界の雪氷災害年表

年	災害種	国（地方）	死者数	記事
218 BC.10 月	雪崩，ブリザード	イタリア（アルプス）	18000	カルタゴの将軍ハンニバルの率いる兵士が死亡
AD1359	氷嵐（ひょう）	フランス（シャートレス）	1000	エドワード 3 世の兵士と 6000 頭の馬が死亡
1478	雪崩	スイス（アルプス）	60	サンゴッタルド峠で兵士が死亡
1499	雪崩	スイス（アルプス）	100	サンベカレド峠で兵士が死亡
1616.3.24	雪崩	日本（福島県三島町桑原・宮下）	21	集落被害
1636	氷河雪崩	スイス（ツェルマット）	36	ビス懸垂氷河の崩落
1689	雪崩	オーストリア（モンタホール谷）	>300	
1698.1.24	雪崩	日本（石川県内）	102	集落の雪崩被害，負傷者 83 名
1718.1.17 1719	雪崩 ブリザード	スイス（レウケルバッド） スウェーデン	61	
1720	雪崩	スイス（ローヌ谷のオーバゲステルン）	88	
1783	氷河泥流	アイスランド	0	バトナ氷河が火山噴火により融解洪水
1799	雪崩	スイス（アルプス）	100	バニックス峠で兵士が死亡
1800	雪崩	スイス（大セントバナード峠）		ナポレの兵士数個騎兵中隊が 50 フィートの雪に埋まった
1808.12.28	雪崩	日本（福井県下山村）	58	集落雪崩被害
1834	スラッシュ雪崩	日本（富士山）		
1846.10.28～ 1847.4.21	ブリザード	アメリカ（カリフォルニア）	100	タッキー峠で移動中に凍死
1853	氷嵐（ひょう）	インド（モラダバッド）		
1877	氷河泥流	エクアドル（カタパクシ山）	500	火山噴火により泥流
1883.3.12	雪崩	日本（新潟県吉川町川谷地内）	27	作業中に被害
1885 1886.1.6～13 1888.3.11～14 4.30	雪崩 ブリザード ブリザード 氷嵐（ひょう）	アメリカ（ユタ州アルタ） アメリカ（南西部） アメリカ（北東部） インド（モラダバッド）	16 400 250	 降ひょうで死亡
1891.2.8 1892.7.12 1898.1.31	ブリザード 氷河雪崩 ブリザード	アメリカ（北西部） フランス（ゲルバイス山） アメリカ（ニューイングランド）	 177	
1902.1 1908.3.7	ブリザード 雪崩	日本（八甲田山） 日本（岩手県内）	199 23	青森第 5 連隊の雪中行軍で兵士が死亡

日付	種類	場所	死者	備考
1910.3.1	雪崩	アメリカ（カスケード山）	96	アメリカでは史上最悪の雪崩災害
3.4	雪崩	カナダ（ロジャース峠）		
1915〜1918	雪崩	イタリア・オーストリア（チロルアルプス）	40000〜80000	第一次世界大戦の山岳戦争で兵士が死亡
1918.1.9〜20	雪崩	日本（新潟県・山形県）	312	死者数で日本で最悪の雪崩災害の年
1922.1.27〜28	ブリザード	アメリカ（アトランティーク海岸）		
1922.2.3	雪崩	日本（新潟県青海町北陸本線）	88	鉄道雪崩災害で日本最大
1927.1	雪崩	日本（富山県黒部峡谷）	83	2カ所の発電所宿舎が被害
1928.1.12	ブリザード	タルキスタン（ドゥジェチサッシ）		
1931.1.9〜10	ブリザード	日本（東北・北陸）	>20	
1936.2.11	ブリザード	ブルガリア		
1936.3.3	雪崩	日本（山形県新庄市萩野）	29	山林被害
1938.12.27	雪崩	日本（黒部峡谷仕合谷）	68	ホウ雪崩
1940.1.9	雪崩	日本（富山県黒部阿曾原県）	28	電気工事場合宿所，負傷者35名
1941	ブリザード	アメリカ（北ダコタ，ミネソタ）	71	
1945.3.22	雪泥流	日本（青森県）	88	日本で最悪の雪泥流災害
1947.12.26	ブリザード	アメリカ（東部）	45	
1948.1.24	氷嵐（ひょう）	アメリカ（中央）	>500	牛車で中国からインドへ亡命中に凍死
1950.11〜12	ブリザード	ネパール（ヒマラヤ）		
1951.1.20	雪崩	スイス・イタリア・オーストリア（アルプス）	240	いくつかの雪崩による死者，バルス村で19名死亡
11.2	氷嵐（ひょう）	アメリカ（中央）		
1952	雪崩	オーストリア（スキーリゾート地）	24	
1952.1.13	ブリザード	アメリカ（カリフォルニア）		
1954	氷河湖決壊	中国（チャンチ）	450	
1.11	雪崩	オーストリア（ブロンズ村）	111	2つの雪崩による死者
1956.1〜2	ブリザード	ヨーロッパ	1000	
1956.2.10	雪崩	日本（富山県宇奈月町）	21	飯場が被害，負傷者10名
1958.2.7〜10	ブリザード	アメリカ（東部）	60	
2.15〜16	ブリザード	アメリカ（北東部）	>500	
3.19〜22	ブリザード	アメリカ（北東部）		
1961.5	氷河雪崩	ネパール（ランタンリルン）	3	日本の登山隊で初めてのヒマラヤ遭難
1962	雪崩	スイス		爆風雪崩で樹齢100年の森林が250エーカ破壊
1962.1.10	氷河雪崩	ペルー（ワスカラン峰）	4000	
1963	大雪	日本（日本海側）	238	通称三八豪雪と呼ばれる
1964.9.21	氷河湖決壊洪水	ネパール（ゲルバイプコ氷河湖）		
1965	雪崩	スイス（ヴァレー州）	88	イタリア人労働者
2.9	融雪洪水	アメリカ（オレゴン，ワシントン）	4	避難20000人
2.24〜25	ブリザード	アメリカ（中，東部21州）	>17	
1966.1.31	ブリザード	アメリカ（東海岸）	166	
3.4	ブリザード	アメリカ（中部，北部）	>70	
7.4	ブリザード	アメリカ（東部）	37	
1967	ブリザード	アメリカ（シカゴ）	45	経済的損失1.5億米ドル
1.12	ブリザード	メキシコ（北部）	34	メキシコでは史上最悪
1.26〜27	大雪	アメリカ（イリノイ，インディアナ，ミシガン，オハイオ，ウイスターシン）	>80	突然の大雪，積雪97cm
2.7〜8	ブリザード	アメリカ（東部海岸）	>74	
2.12〜20	ブリザード，氷雨	アメリカ（南西部）	>50	
1968.1.14	大雪・氷雨	アメリカ（東部，大西洋岸）	55	
4.4	大雪	アメリカ（中部）	18	

2. 世界の雪氷災害年表

10.24	大雪・大雨	韓国（南岸）	18	被害 300 億米ドル
11.12	ブリザード, 高潮	アメリカ・カナダ東部	>25	
1969	融雪洪水	アメリカ（西部）	10	被害 1 億米ドル
2.9 〜10	大雪	アメリカ（北部）	66	
2.24〜27	大雪	アメリカ（東部）	40	
1970.1.27〜28	雪崩	イラン・テヘラン北東	43	降雨が 1 週間続く
2.10	ブリザード	イラン	60	
5.31	氷河泥流	ペルー（ワスカラン峰）	40000	マグニチュード 7.6 の地震による
1971.1.4	ブリザード	アメリカ（中西部）	37	
1972.2.4	ブリザード	トルコ（イスタンブール）	>30	
2.10	ブリザード	イラン		
10.21	ブリザード	インド（カシミール, スリナガル）	>50	
1973.1	寒波	インド（ビハール, ウッタルプラデシ）	>155	
12.17	ブリザード	アメリカ（大西洋岸）	>20	
12.23	寒波	インド（ビハール州）	>146	
1974.1.21	雪崩	チェコスロバキア（タトラ山地）	14	
1975.1.14	ブリザード	アメリカ（中西部）	50	
1977.1	寒波	アメリカ（シカゴ, ワシントン）		混乱
11.12	大雪	アメリカ（東部）	20	
1978.1.10	寒波	アメリカ（オハイオ, ニューヨーク）	16	
1.25〜26	ブリザード	アメリカ（オハイオ, ミシガン, ウイスターシン, インディアナ）	>100	
2.2 〜 3	雪崩	フランス, イタリア（アルプス山地）	>21	
2.5 〜 7	ブリザード	アメリカ（北東部）	>60	
2.6 〜 8	ブリザード	アメリカ（ニューヨーク）	50	
1979.1.16	ブリザード	アメリカ（中西部）	50	
2.19	ブリザード	アメリカ（ニューヨーク）	>13	
3.11	雪崩	インド（ヒマラヤ山脈ラハウル谷）	230	
1980.1	寒波	インド（ビハール州）	>79	
3.2	ブリザード	アメリカ（東部 10 州）	>36	
5.18	氷河泥流	アメリカ（セントヘレンズ）		火山噴火による泥流
1981.1	寒波	インド（北カシミール）	>270	
1.27〜28	雪泥流	ノルウェー（ラナ地域）	5	
7.11	氷河湖決壊洪水	ネパール（ザンザンボ氷河湖）		
9	氷河雪崩	インド（ナニダカート峰）	7	
11.19〜20	ブリザード	アメリカ（ミシガン, ミネソタ）	17	
12	寒波	インド（北部, 北東部）	>133	
1982	雪崩	アメリカ（カリフォルニア, メアドーズ山系）	7	
1.9 〜12	ブリザード	ヨーロッパ（各地）	>23	
4.16	ブリザード	アメリカ（北東部）	>33	農業被害大
12	ブリザード	アメリカ（西部）	34	
1983.1	寒波	インド（北部）	>40	
2.18〜22	ブリザード	レバノン（アレイ付近）	>47	道路麻痺による凍死多数
5	大雪, 雨	インド	>31	
11.28	ブリザード	アメリカ（中西部）	>56	
12	寒波	アメリカ（43 州）	>450	2 週間続く
1984.1	ブリザード	メキシコ（プレーリ諸州）	>140	被災 25 万人
1.12〜16	ブリザード	北ヨーロッパ	>22	5 日間続く
2.5	ブリザード	アメリカ（11 州）	>33	
2.7	ブリザード	西ヨーロッパ	13	
2.28	寒波	アメリカ（モンタナ, ミシガン）	>29	
3.9	ブリザード	アメリカ（東部）	>23	
3.19〜23	ブリザード	アメリカ（オクラホマ, テキサス）	27	
1985.1.6	寒波	バングラデシュ（ラングプール）	>17	
1	寒波	アメリカ（全土）	数百	フロリダで死者 128 人
1	雪崩, ブリザード	ヨーロッパ（アルプス）	200	

1.30〜2.2	寒波	アメリカ（ミシガン，テキサス，ペンシルバニア）	＞24	
8.4	氷河湖決壊洪水	ネパール（ディグ・ツォー氷河湖）		
1986.2.13〜24	雪崩，ブリザード	アメリカ（ユタ，コロラド，ネバダ他）	＞17	
2	雪崩，ブリザード	ヨーロッパ（アルプス）	39	
3.5	雪崩	ノルウェー（北部）	11	不明6人（兵士）
3.9	雪崩	ペルー（北部）		不明40人
4.16	氷嵐	バングラデシュ（ダッカ）	92	
11.17	ブリザード	インド（北部）	60	
1987.1	大雪	ヨーロッパ（全土）	347	ソ連だけでも死者75人以上
1.22	ブリザード	アメリカ（フロリダ）	37	
2	融雪洪水	ソ連（グルジア）	30	不明6，被災7000人
2.16	氷雨（みぞれ）	ソ連（北カロライナ）	＞17	
3	大雪	アラブ首長国連邦		有史以来の珍現象
11.4	寒波	ソ連（モスクワ）		生活麻痺
11.29	雪崩，地滑り	チリ（サンチャゴ付近）	75	
12.4	雪崩，洪水	ペルー（中部，南部）	67	不明200人以上
1988.1.2〜8	寒波	アメリカ（全土）	60	
1989.4.19	融雪洪水	ソ連（グルジア）	＞50	家屋の破壊500戸
1990.7.13	氷河雪崩	ソ連（パミール高原）	40	レーニン峰（7435m）
8	氷河雪崩	中国（天山山脈）	3	トムール峰（7435m）
1991.1.3	雪崩	中国（雲南省）	17	梅里雪山（6740m），7年後に氷河上の4km下流で6人の遺体が発見
2.11	寒波	フランス（東部）	＞30	
4.21	ブリザード	モンゴル（中央）	6	家を失った人12万人，家畜牛72000，羊1200頭
1992.1.3	寒波	バングラデシュ	135	1週間で老人と子どもが犠牲
1.19	寒波	メキシコ（北部）	＞50	
1.1〜2.8	雪崩	トルコ（南東部）	240	
3.13	雪崩	トルコ（東部）		鉄道が麻痺，地震により発生
1993.1.18	雪崩	トルコ（北東部）	63	6カ所の雪崩災害
3.13〜14	ブリザード	アメリカ（東部）	98	不明13人
3.16	雪崩	パキスタン（カシミール）	＞60	
5.2	氷嵐（ひょう）	中国（江蘇省）	39	不明200人
5.5	融雪洪水	チリ（サンチャゴ）	21	不明88人
1994.2	寒波	バングラデシュ	29	
6.6	氷河泥流	コロンビア（ネバドデルウイラ山）	＞100	マグニチュード6の地震による
9.28		中国（ミニヤコンカ峰）		
1994.10.7	氷河湖決壊洪水	ブータン（ルゲ氷河湖）	21	
1995.11.11	雪崩	ネパール（エベレスト山域）	26	日本人13人，ネパール人他13人が死亡
11.14	雪崩	ネパール（カンチェンジュンガ山域）	7	日本人3人，ネパール人4人
1996.1.7〜12	寒波	アメリカ（東部）	85	
3.15	雪崩	パキスタン（カシミール）	35	ニールム渓谷
11.5	氷河泥流	アイスランド（バトナ氷河）	0	火山噴火による
1997.8.20	氷河雪崩	パキスタン（カラコルムのスキブル峰）	6	スキルグル峰（7360m）
1998.9.3	氷河湖決壊洪水	ネパール（サバイ・ツォー氷河湖）	2	
1999.1.26	ブリザード	ヨルダン		ベトナム難民580人立ち住生
2	雪崩	ヨーロッパ（アルプス）		
12.28	雪崩，ブリザード	オーストリア（中部）	＞100	
2000	寒波	モンゴル（ドンドゴビ県）		家畜180万頭死亡

［小 林 俊 一］

3. 雪氷関連機関

国　内

【大学等】

北海道大学　　　　　　http://www.hokudai.ac.jp/

北海道大学低温科学研究所
　　　　　　http://www.lowtem.hokudai.ac.jp/

北海道大学北方生物圏フィールド科学センター
http://www.hokudai.ac.jp/agricu/organization/

北海学園大学工学部
　　　　　　http://www.hokkai-s-u.ac.jp/

北海道工業大学　　　　http://www.hit.ac.jp/

北海道教育大学　　http://www.hokkyodai.ac.jp/

室蘭工業大学　　http://www.muroran-it.ac.jp/

帯広畜産大学　　　　http://www.obihiro.ac.jp/

北見工業大学　　　http://www.kitami-it.ac.jp/

青森大学工学部　　http://www.aomori-u.ac.jp/

八戸工業大学　　　　http://www.hi-tech.ac.jp/

弘前大学理工学部
　　　　　　http://www.st.hirosaki-u.ac.jp/

岩手大学工学部　　http://www.eng.iwate-u.ac.jp/

岩手大学農学部
　　　　　　http://news7a1.atm.iwate-u.ac.jp/

東北大学理学部　　http://www.sci.tohoku.ac.jp/

東北工業大学　　　　http://www.tohtech.ac.jp/

宮城県農業短期大学
　　　　　　http://www.miyanou.ac.jp/

秋田大学工学資源学部
　　　　　　http://www.akita-u.ac.jp/

秋田工業高等専門学校
　　　　　　http://www.ipc.akita-nct.ac.jp/

山形大学理学部
　　　　　　http://www-sci.yamagata-u.ac.jp/

山形大学工学部
　　　　　　http://www.yz.yamagata-u.ac.jp/

山形大学農学部
　　　　　　http://www.tr.yamagata-u.ac.jp/

筑波大学地球科学系
　　　　　　http://www.geo.tsukuba.ac.jp/

千葉大学　　　　　　http://www.chiba-u.jp/

東京大学大学院工学系研究科
　　　　　　http://www.u-tokyo.ac.jp/

東京大学気候システム研究センター
http://www.ccsr.u-tokyo.ac.jp/

東京工業大学　　　　http://www.titech.ac.jp/

東京都立大学地理学教室
　　　　　　http://www.sci.metro-u.ac.jp/geog/

東京理科大学　　　　http://www.sut.ac.jp/

明治大学文学部史学地理学科
　　　　　　http://www.meiji.ac.jp/bungaku/

日本大学　　　　　　http://www.nihon-u.ac.jp/

新潟大学積雪地域災害研究センター
　　　　　http://ews2.cc.niigata-u.ac.jp/~saigai/

新潟大学大学院自然科学研究科
http://www.gs.niigata-u.ac.jp/~gsweb/index.html

新潟工科大学　　　　　http://www.niit.ac.jp/

長岡技術科学大学
　　　　　　http://home.nagaokaut.ac.jp/

長岡工業高等専門学校
　　　　　　http://www.nagaoka-ct.ac.jp/

富山大学　　　　　http://www.toyama-u.ac.jp/

富山工業高等専門学校
　　　　　　http://www.toyama-nct.ac.jp/

金沢大学工学部
　　　　　　http://www.t.kanazawa-u.ac.jp/

福井大学　　　　　　http://www.fukui-u.ac.jp/

福井工業大学　　　http://www.fukui-ut.ac.jp/

信州大学　　　　　http://www.shinshu-u.ac.jp/

名古屋大学　http://www.nagoya-u.ac.jp/

名古屋大学大学院環境学研究科
http://www.env.nagoya-u.ac.jp/

名古屋大学地球水循環研究センター
http://www.hyarc.nagoya-u.ac.jp/hyarc/

愛知学院大学　http://www.aichi-gakuin.ac.jp/

三重大学生物資源学部
http://www.bio.mie-u.ac.jp/

鳥羽商船高等専門学校
http://www.toba-cmt.ac.jp/

滋賀県立大学　http://www.usp.ac.jp/

京都大学　http://www.kyoto-u.ac.jp/

大阪教育大学　http://www.osaka-kyoiku.ac.jp/

近畿大学農学部　http://www.nara.kindai.ac.jp/

高知大学　http://www.kochi-u.ac.jp/

【研究機関等】

北海道開発土木研究所　http://www.ceri.go.jp/

北海道開発技術センター
http://www.decnet.or.jp/

北海道立北方建築総合研究所
http://www.hri.pref.hokkaido.jp/

北海道立オホーツク流氷科学センター
http://www.
ohotuku26.or.jp/organization/center/index.htm

防災科学技術研究所長岡雪氷防災研究所
http://www.bosai.go.jp/seppyo/

防災科学技術研究所長岡雪氷防災研究所新庄支所　http://www.bosai.go.jp/seppyo/

国立環境研究所　http://www.nies.go.jp/

農業環境技術研究所
http://www.niaes.affrc.go.jp/

森林総合研究所　http://www.ffpri.affrc.go.jp/

気象庁気象研究所　http://www.mri-jma.go.jp/

土木研究所　http://www.pwri.go.jp/

国立極地研究所　http://www.nipr.ac.jp/

日本気象協会　http://www.jwa.or.jp/

宇宙航空研究開発機構　http://www.jaxa.go.jp/

リモート・センシング技術センター
http://www.restec.or.jp/

電力中央研究所　http://criepi.denken.or.jp/

海上技術安全研究所　http://www.nmri.go.jp/

情報通信研究機構　http://www.nict.go.jp/

鉄道総合技術研究所　http://www.rtri.or.jp/

総合地球環境学研究所
http://www.chikyu.ac.jp/

地球環境フロンティア研究センター
http://www.jamstec.go.jp/frsgc/

海洋研究開発機構　http://www.jamstec.go.jp/

中谷宇吉郎雪の科学館
http://www.city.kaga.ishikawa.jp/yuki/

【学会等】

水文・水資源学会
http://wwwsoc.nii.ac.jp/jshwr/

地盤工学会　http://www.jiban.or.jp/

土木学会　http://www.jsce.or.jp/

日本海洋学会　http://wwwsoc.nii.ac.jp/kaiyo/

日本気象学会　http://wwwsoc.nii.ac.jp/msj/

日本建築学会　http://www.aij.or.jp/

日本混相流学会　http://www.jsmf.gr.jp/

日本水文科学会　http://wwwsoc.nii.ac.jp/jahs/

日本雪氷学会　http://wwwsoc.nii.ac.jp/jssi/

日本雪工学会　http://wwwsoc.nii.ac.jp/jsse5/

日本陸水学会　http://wwwsoc.nii.ac.jp/jslim/

3. 雪氷関連機関

国　外

【国際機関・国際計画】

International Glaciological Society（IGS）
Address: Scott Polar Research Institute,
Lensfield Road, Cambridge CB2 1ER, U.K.
URL: http://www.igsoc.org/

International Geosphere-Biosphere Programme
（IGBP）
URL: http://www.igbp.kva.se/

Arctic Council
URL: http://www.arctic-council.org/

International Arctic Science Committee（IASC）
URL: http://www.iasc.no/

European Science Foundation（ESF）
URL: http://www.esf.org/

Arctic Monitoring and Assessment Program
（AMAP）
URL: http://www.amap.no/

International Trans-Antarctic Scientific
Expedition（ITASE）
URL: http://www.ume.maine.edu/itase/

Intergovernmental Panel on Climate Change
（IPCC）
URL: http://www.ipcc.ch/

World Meteorological Organization（WMO）
URL: http://www.wmo.ch/

International Association of Hydrological
Sciences（IAHS）
URL: http://www.cig.ensmp.fr/~iahs/

Scientific Committee on Antarctic Research
（SCAR）
URL: http://www.scar.org/

International Commission on Snow and Ice
（ICSI）
URL: http://www.glaciology.su.se/ICSI/

Antarctic and Southern Ocean Coalition
（ASOC）
URL: http://www.asoc.org/

Arctic Ocean Sciences Board（AOSB）
URL: http://www.aosb.org/

International Permafrost Association（IPA）

URL: http://www.geo.uio.no/IPA/

World Data Center for Glaciology, Boulder
（WDC）
URL: http://nsidc.org/wdc/

European Association of Remote Sensing
Laboratories, Special Interest Group on Land Ice
and Snow
URL: http://dude.uibk.ac.at/lissig/start.html

World Glacier Monitoring Service（WGMS）
URL: http://www.geo.unizh.ch/wgms/

ARGENTINA（アルゼンチン）

Instituto Ant mg tico Argentino（IAA）
Address: Cerrito 1248, 1010 Buenos Aires,
Argentina
URL: http://www.dna.gov.ar/

Instituto Argentino de Nivología, Glaciología y
Ciencias Ambientales（IANIGLA）
Address: Casilla de Correo 330 CP（5500），
Mendoza, Argentina
URL: http://www.cricyt.edu.ar/institutos/
ianigla/

AUSTRALIA（オーストラリア）
Antarctic Cooperative Research Centre
（Antarctic CRC）
Address: University of Tasmania, Private Bag 80,
Hobart, Tasmania, 7001, Australia
URL: http://www.antcrc.utas.edu.au/antcrc/

Australian Antarctic Division（AAD）
Address: Channel Highway, Kingston Tasmania
7050, Australia
URL: http://www.antdiv.gov.au/

Institute of Antarctic and Southern Ocean
Studies（IASOS）
Address: University of Tasmania, GPO Box 252-
77, Hobart, Tasmania, 7001 Australia
URL: http://www.antcrc.utas.edu.au/iasos/

AUSTRIA（オーストリア）
Institute of Avalanche Research and Torrent
Research, Austrian Federal Forestry Research
Address: Hofburg/Rennweg 1, A-6020 Innsbruck
URL: http://fbva.forvie.ac.at/inst8/avalanche.

html

BELGIUM（ベルギー）
Belgian Scientific Research Programme on the Antarctic
Address: Belgian Federal Science Policy Office, Rue de la Science 8 Wetenschapsstraat, B-1000 Brussels, Belgium
URL: http://www.belspo.be/antar/

Vrije Universiteit Brussel（VUB）
Pleinlaan 2, B-1050 Brussel, Belgium
URL: http://www.vub.ac.be/

BRAZIL（ブラジル）
Brazilian Antarctic Program（PROANTAR）
Brazil
URL: http://www.mct.gov.br/clima/ingles/comunic_old/Glacio02.htm

CANADA（カナダ）
Canadian Avalanche Association
Address: Canadian Avalanche Centre, P.O. Box 2759, Revelstoke, B.C., Canada, V0E 2S0
URL: http://www.avalanche.ca/

Canadian Polar Commission
Address: Suite 1710, Constitution Square, 360 Albert Street, Ottawa, Ontario, K1R 7X7, Canada
URL: http://www.polarcom.gc.ca/

Polar Continental Shelf Project（PCSP）
Address: 615 Booth Street, Room 487, Ottawa, ON, K1A 0E9, Canada
URL: http://polar.nrcan.gc.ca/

Arctic Institute of North America（AINA）, University of Calgary
Address: 2500 University Drive N.W., Calgary, Alberta, Canada T2N 1N4
URL: http://www.ucalgary.ca/aina/

Cold Regions Research Centre（CRRC）
Address: Department of Geography & Environmental Studies, Wilfrid Laurier University, Waterloo, ON N2L 3C5, Canada
URL: http://www.wlu.ca/~wwwcoldr/

CHILE（チリ）
Instituto Ant mg tico Chileno（INACH）
Address: Plaza Muñoz Gamero 1055, Punta Arenas, Chile

URL: http://www.inach.cl/

Laboratorio de Glaciología, Universidad de Chile
URL: http://www.glaciologia.cl/

Centro de Estudios Científicos（CECS）
Address: Avenida Arturo Prat 514, Casilla 1469, Valdivia, Chile
URL: http://www.cecs.cl

CHINA（中国）
Cold and Arid Regions Environmental and Engineering Research Institute, Chinese Academy of Sciences
Address: Lanzhou 730000, China
Polar Research Institute of China
Address: 451 Jin Qiao Rd., Pudong New Area, Shanghai 200129, China
URL: http://www.coi.gov.cn/

DENMARK（デンマーク）
Geological Survey of Denmark and Greenland
Address: Øster Voldgade 10, DK-1350 Copenhagen K, Denmark
URL: http://www.geus.dk/

Niels Bohr Institute for Astronomy, Physics and Geophysics, University of Copenhagen
Address: Blegdamsvej 17, DK-2100, Copenhagen, Denmark
URL: http://ntserv.fys.ku.dk/afg/NyAFG/frame.asp?afd=AFG

ESTONIA（エストニア）
Institute of Geology, Tallinn Technical University
Address: Estonia pst. 7, 10143 Tallinn, Estinia
URL: http://gaia.gi.ee/gi/en/start.php

FINLAND（フィンランド）
Arctic Center, University of Lapland
Address: University of Lapland, PO Box 122, FIN-96101 Rovaniemi, Finland
URL: http://www.arcticcentre.org/?deptid=9015

FRANCE（フランス）
Laboratoire de Glaciologie et Geophysique de l'Environnement（LGGE）
Address: 54, rue Moliére, 38402 - Saint Martin d'Héres cedex, France
URL: http://www-lgge.ujf-grenoble.fr/

GERMANY（ドイツ）
Alfred Wegener Institut für Polar und Meeresforschung（AWI）
Address: Postfach 12 0161, 27515 Bremerhaven, Deutschland
URL: http://www.awi-bremerhaven.de/

ICELAND（アイスランド）
Science Institute, University of Iceland
Address: Dunhagi 3, IS-107 Reykjavik, Iceland
URL: http://www.raunvis.hi.is/RaunvisHomeE.html

INDIA（インド）
Snow and Avalanche Study Establishment, Ministry of Defence, Government of India
Address: HIMPARISAR, Plot No 1, Sector 37 A, Chandigarh - 160036
Manali, Himachal Pradesh, India
URL: http://drdo.com/construction.htm/

National Centre for Antarctic and Ocean Research（NCAOR）, Department of Ocean Development, Government of India
Address: Headland Sada, Vasco-da-Gama, Goa, India., Pin: 403 804
URL: http://ncaor.nic.in/ncaor.htm/

NEW ZEALAND（ニュージーランド）
International Antarctic Centre（IAC）
Address: PO Box 14-001, Christchurch International Airport, New Zealand
URL: http://www.iceberg.co.nz/

NORWAY（ノルウェー）
Arctic Climate System Study（ACSYS）
Address: CliC International Project Office, The Polar Environmental Centre, N-9296 Troms ソ, Norway
URL: http://acsys.npolar.no/

Norwegian Polar Institute（NPI）
Address: Polar Environmental Centre, N-9296 Tromsø, Norway
URL: http://npweb.npolar.no/

The University Centre in Svalbard（UNIS）
Address: PB 156, N-9171 Longyearbyen, Norway
URL: http://www.unis.no/

Norwegian Water Resources and Energy Directorate（NVE）

Address: P.O. Box 5091 Majorstua, N-0301 Oslo, Norway
URL: http://www.nve.no/

RUSSIA（ロシア）
Arctic and Antarctic Research Institute（AARI）
Address: 38 Bering Str, St. Petersburg 199397, Russia
URL: http://www.aari.nw.ru/

Insutitute of Geography
Address: Moscow Branch, Russian Academy of Sciences, Staromonetny Pereulok 29, 109017 Moscow, Russia

SOUTH AFRICA（南アフリカ）
South African National Antarctic Programme（SANAP）
URL: http://home.intekom.com/sanae/

SWEDEN（スウェーデン）
Swedish Meteorological and Hydrological Institute（SMHI）
Address: S-601 76 Norrkoping, Sweden
URL: http://www.smhi.se/

Swedish Polar Research Secretariat
Address: P.O. Box. 50 003, SE-104 05 Stockholm, Sweden
URL: http://www.polar.se/

Glaciology Group, Department of Physical Geography and Quaternary Geology, Stockholm University
Address: SE-106 91 Stockholm, Sweden
URL: http://www.glaciology.su.se/

SWITZERLAND（スイス）
Swiss Federal Institute for Snow and Avalanche Research Davos
Address: Flüelastr. 11, CH-7260 Davos Dorf, Switzerland
URL: http://www.slf.ch/

Institute for Atmospheric and Climate Science（IAC）, Swiss Federal Institute of Technology
Address: Winterthurerstrasse 190, CH-8057 Zürich, Switzerland
URL ： http://www.iac.ethz.ch

Laboratory of Hydraulics, Hydrology and Glaciology（VAW）, Swiss Federal Institute of

Technology
Address: ETH-Zentum, CH-8092 Zürich, Switzerland
URL: http://www.vaw.ethz.ch/

Physics Institute, University of Bern
Address: Sidlerstrasse 5, CH-3012 Bern, Switzerland
URL: http://www.phinst.unibe.ch/

UNITED KINGDOM（イギリス）
British Antarctic Survey（BAS）
Address: High Cross, Madingley Road, CAMBRIDGE, CB3 0ET, U.K.
URL: http://www.antarctica.ac.uk/

Scott Polar Research Institute（SPRI）
Address: University of Cambridge, Lensfield Road, Cambridge CB2 1ER, U.K.
URL: http://www.spri.cam.ac.uk/

Bristol Glaciology Centre, School of Geographical Sciences, University of Bristol
Address: Bristol BS8 1SS, UK
URL: http://www.ggy.bris.ac.uk/research/glaciology/

Centre for Glaciology, Institute of Geography and Earth Sciences, University of Wales
Address: University of Wales Aberystwyth, Llandinam Building, Aberystwyth, SY23 3DB, Wales, U.K.
URL: http://www.aber.ac.uk/glaciology/

U.S.A.（アメリカ合衆国）
Colorado Avalanche Information Center
Address: 325 Broadway St., WS#1, Boulder, CO 80305, U.S.A.
URL: http://geosurvey.state.co.us/avalanche/

Institute of Arctic and Alpine Research (INSTAAR), University of Colorado
Address: Campus Box 450, Boulder, CO 80309-0450, U.S.A.
URL: http://instaar.colorado.edu/

National Climatic Data Center（NCDC）
Address: Federal Building, 151 Patton Avenue, Asheville NC 28801-5001, U.S.A.
URL: http://www.ncdc.noaa.gov/oa/ncdc.html

National Ice Core Laboratory（NICL）
Address: MS-975, USGS, Box 25046, DFC,

Denver, CO 80225, U.S.A.
URL: http://nicl.usgs.gov/

National Ice Center, National Oceanic and Atmospheric Administration（NOAA）
Address: Federal Building #4, 4251 Suitland Road, Washington D.C. 20395, U.S.A.
URL: http://www.natice.noaa.gov/

Office of Polar Programs, National Science Foundation
URL: http://www.nsf.gov/od/opp/

United States National Science Foundation (NSF)
URL: http://www.nsf.gov/

Byrd Polar Research Center, The Ohio State University
Address: Scott Hall Room 108, 1090 Carmack Road, The Ohio State University, Columbus, Ohio, 43210-1002, U.S.A.
URL: http://www-bprc.mps.ohio-state.edu/

United States Army Cold Regions Research and Engineering Laboratory（CRREL）
Address: 72 Lyme Road, Hanover NH 03755-1290, U.S.A.
URL: http://www.crrel.usace.army.mil/

Snow, Ice and Permafrost Group, Geophysical Institute, University of Alaska
URL: http://www.gi.alaska.edu/snowice/

Arctic Research Consortium of the United States (ARCUS), University of Alaska
URL: http://www.arcus.org/

National Snow and Ice Data Center（NSIDC）
Address: 449 UCB, University of Colorado, Boulder, CO 80309-0449, U.S.A.
URL: http://nsidc.org/

Glaciological and Arctic Sciences Institute, University of Idaho
URL: http://www.mines.uidaho.edu/glacier/

Climate Change Research Center（CCRC）
Address: The University of New Hampshire, Institute for the Study of Earth, Oceans, and Space, Morse Hall, 39 College Road, Durham, N.H. 03824-3525, U.S.A.
URL: http://www.ccrc.sr.unh.edu/

Polar Science Center（PSC）

Address: Applied Physics Laboratory, University of Washington, 1013 NE 40th Street, Seattle, Washington 98105-6698, U.S.A.
URL: http://psc.apl.washington.edu/

Quaternary Research Center (QRC)
Address: 19 Johnson Hall, Box 351360, University of Washington, Seattle, WA 98195-1360, U.S.A.

URL: http://depts.washington.edu/qrc/index.cgi/

UZBEKISTAN (ウズベキスタン)
Central Asian Research Hydrometeorological Institute
Address72, K. Makhsumov St., 700052 Tashkent Uzbekistan

［古 川 晶 雄］

4. 雪氷関連物性・分類・分布図表

4.1 氷と水の物性 （日本雪氷学会, 1990：雪氷辞典より）

a. 氷の物性値

物 性 （単位）	温　度（℃）						
	0	−10	−20	−30	−40	−50	−60
密　度 （kg/m³）	916.4	917.4	918.3	919.3	920.4	921.6	922.7
線膨張率 （× 10⁻⁵K⁻¹）	5.65	5.40	5.15	4.90	4.65	4.40	4.15
圧　縮　率 （× 10⁻¹⁰Pa⁻¹）	1.194	1.175	1.156	1.138	1.121	1.105	1.089
音速（km/s）							
縦　波	3.86	3.88	3.91	3.93	3.95	3.98	—
横　波	2.03	2.04	2.05	2.06	2.07	2.08	—
比　　熱 （J・kg⁻¹K⁻¹）	2117	2039	1961	1883	1805	1727	1649
熱 伝 導 度 （W・m⁻¹K⁻¹）	2.256	2.324	2.397	2.476	2.562	2.656	2.759

b. 水の状態図

c. 氷と水の飽和水蒸気圧

温度	氷の飽和水蒸 気圧（P_{si}）	水の飽和水蒸 気圧（P_{sw}）
120℃	—	198.5　kPa
100	—	101.3
80	—	47.34
60	—	19.91
50	—	12.32
40	—	7.639
30	—	4.237
25	—	3.162
20	—	2.334
15	—	1.702
10	—	1.225
5	—	871.2　Pa
0	610.5　Pa	610.5
−1	562.2	567.8
−2	517.3	527.4
−3	475.8	489.7
−4	437.3	454.6
−5	401.7	421.7
−6	368.7	390.8
−7	338.2	362.0
−8	310.1	335.2
−9	284.1	310.1
−10	260.1	286.5
−11	237.9	264.9
−12	217.5	244.5
−13	198.7	225.5
−14	181.4	208.0
−15	165.5	191.5
−16	150.9	—
−17	137.5	—
−18	125.1	—
−19	113.8	—
−20	103.5	—
−25	63.4	—
−30	38.1	—
−40	12.9	—
−50	3.94	—
−60	1.08	—
−70	0.26	—
−80	0.054	—
−90	0.0093	—
−100	0.0013	—

4.2 雪結晶の分類

a. 雪結晶の一般分類表（Magono and Lee, 1966）

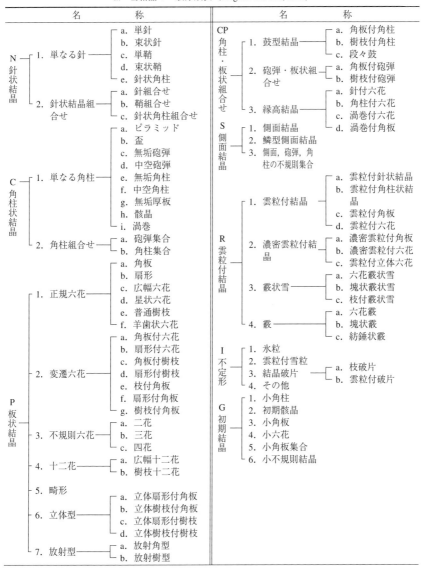

N : Needle, C : Column, P : Plate, CP : Column and Plate, S : Sideplane, R : Rime, I : Irregular

b. 雪結晶の形状一覧図（Magono and Lee, 1966）

N1a	C1f	P2b	P6b	CP3d	R3c	
N1b	C1g	P2c	P6c	S1	R4a	
N1c	C1h	P2d	P6d	S2	R4b	
N1d	C1i	P2e	P7a	S3	R4c	
N1e	C2a	P2f	P7b	R1a	I1	
N2a	C2b	P2g	CP1a	R1b	I2	
N2b	P1a	P3a	CP1b	R1c	I3a	
N2c	P1b	P3b	CP1c	R1d	I3b	
C1a	P1c	P3c	CP2a	R2a	I4	
C1b	P1d	P4a	CP2b	R2b	G1	
					G2	
C1c	P1e	P4b	CP3a	R2c	G3	
C1d	P1f	P5	CP3b	R3a	G4	
					G5	
C1e	P2a	P6a	CP3c	R3b	G6	

c. 降水粒子の国際分類〔ICSI/IAHS and IGS, 1990：The international classification for seasonal snow on the ground より〕

Basic classification 基本分類	Symb. 記号	Subclass. 小分類
Precipitation particles 降水粒子	a	Columns　角柱
	b	Needles　針
	c	Plates　角板
	d	Stellars　星 Dendrites　樹枝
	e	Irregular crystals　不規則
	f	Graupel　あられ
	g	Hail　ひょう
	h	Ice pellets　凍雨

4.3 積雪の分類と物性

a. 積雪の分類（日本雪氷学会，1998：日本雪氷学会積雪分類；ICSI/IAHS and IGS, 1990：The international classification for seasonal snow on the ground より）

日本の積雪分類 (the classification for snow cover)	記号	国際積雪分類 grain shape classification	記号
新雪（new snow）	+	precipitation particles	+
こしまり雪（lightly compacted snow）	/	decomposing and fragmented precipitation particles	/
しまり雪（compacted snow）	●	rounded grains	●
ざらめ雪（granular snow）	○	wet grains	○
こしもざらめ雪（solid-type depth hoar）	□	faceted crystals	□
しもざらめ雪（depth hoar）	∧	cup-shaped crystals, depth hoar	∧
氷板（ice layer）	─	ice masses	─
表面霜（surface hoar）	∨	feathery crystals	∨
クラスト（crust）	▽	surface deposits and crusts	▽

b. 積雪の圧縮粘性係数（Shapiro and others, 1997 より）

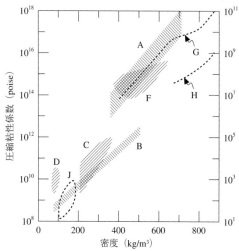

A：グリーンランドと南極，$-20 \sim -50$ ℃（Bader, 1962）
B：日本の積雪，$0 \sim -10$ ℃（Kojima, 1967）
C：アルプスとロッキー山脈（Keeler, 1969）
D：一軸ひずみクリープ試験，$-6 \sim -8$ ℃（Keeler, 1969）
F：一軸ひずみクリープ試験，$-23 \sim 48$ ℃（Mellor and Hendrickson, 1965）
G：Dorr and Jessberger（1983）
H：Ambach and Eisner（1985）
J：日本の積雪，$0 \sim -6$ ℃（遠藤ほか，1990）

4. 雪氷関連物性・分類・分布図表　　　737

c. 積雪の圧縮・引張破壊強度（Shapiro and others, 1997 より）

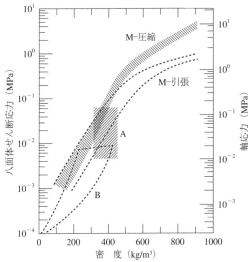

M-圧縮：一軸圧縮強度（Mellor, 1975）
M-引張：一軸引張強度（Mellor, 1975）
A：一軸引張強度（Narita, 1980）
B：現場測定による引張強度（Jamieson and Johnston, 1990）

d. 積雪のせん断破壊強度（Mellor, 1975 より）

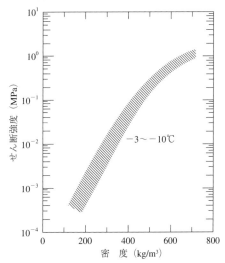

e. 積雪の熱伝導率（前野・黒田，1986：雪氷の構造と物性より）

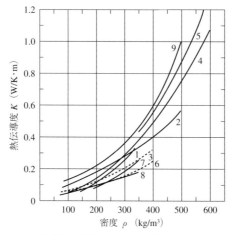

各曲線の数字は，下表の測定者に対応する．

f. 雪の熱伝導度の経験式

測 定 者	経 験 式	密度範囲 (kg/m³)
1. Abels（1894）	$K=2.9\times10^{-6}\rho^2$	140〜340
2. Jansson（1901）	$K=2.1\times10^{-2}+8.0\times10^{-4}\rho+2.5\times10^{-12}\rho^4$	80〜500
3. Van Dusen（1929）	$K=2.1\times10^{-2}+4.2\times10^{-4}\rho+2.2\times10^{-9}\rho^3$	—
4. Devaux（1933）	$K=2.9\times10^{-2}+2.9\times10^{-6}\rho^2$	100〜600
5. Kondrat'eva（1945）	$K=3.6\times10^{-6}\rho^2$	>350
6. 吉田・岩井（1950）	$\log_{10}K=-1.4+2\times10^{-3}\rho$	70〜400
7. Bracht（1949）	$K=2.1\times10^{-6}\rho^2$	190〜350
8. Sulakvelidze（1958）	$K=5.11\times10^{-4}\rho$	<350
9. 和泉・藤岡（1975）	$\log_{10}K=-1.1+2.2\times10^{-3}\rho$	80〜500

熱伝導度（K）と密度（ρ）の単位は，それぞれ W/K·m および kg/m³ である．
文献は 1，2，3，4 は Dorsey（1940），5，7，8 は Mellor（1964）による．

4.4 雪崩の分類と安定度調査表

a. 雪崩の分類（日本雪氷学会，1998：日本雪氷学会雪崩分類より）

雪崩の分類名称

雪崩分類の要素	区分名	定　　義
雪崩発生の形	点発生	一点からくさび状に動き出す．一般に小規模
	面発生	かなり広い面積にわたりいっせいに動き出す．一般に大規模
雪崩層（始動積雪）の乾湿	乾雪	発生域の雪崩層（始動積雪）が水気を含まない
	湿雪	発生域の雪崩層（始動積雪）が水気を含む
雪崩層（始動積雪）のすべり面の位置	表層	すべり面が積雪内部
	全層	すべり面が地面

		雪　崩　発　生　の　形			
		点　発　生		面　発　生	
雪崩層（始動積雪）の乾湿	乾雪	点発生乾雪表層雪崩	点発生乾雪全層雪崩	面発生乾雪表層雪崩	面発生乾雪全層雪崩
	湿雪	点発生湿雪表層雪崩	点発生湿雪全層雪崩	面発生湿雪表層雪崩	面発生湿雪全層雪崩
		表層（積雪の内部）	全層（地面）	表層（積雪の内部）	全層（地面）
		雪　崩　層（始　動　積　雪）の　す　べ　り　面　の　位　置			

　　点発生雪崩　　　面発生雪崩　　面発生表層雪崩(破断面)　面発生全層雪崩(破断面)

その他の雪崩現象
　その他の雪崩現象としてつぎのものがある．
① スラッシュ雪崩（大量の水を含んだ雪が流動する雪崩）
　同様の現象で大量の水を含んだ雪がおもに渓流内を流下するものは「雪泥流」という．
② 氷河雪崩・氷雪崩，③ ブロック雪崩（雪庇・雪渓などの雪塊の崩落），④ 法面雪崩（鉄道や道路などで角度を一定にして切り取った人工斜面の雪崩），⑤ 屋根雪崩．

雪崩の運動形態
　雪崩の運動形態はつぎの三つがある（図参照）．① 流れ型（大雪煙をあげずに流れるように流下する），② 煙型（大雪煙をあげて流下する），③ 混合型（①，②を含む）．

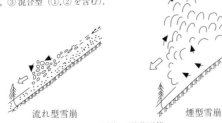

　　　　　　流れ型雪崩　　　　　　　　　煙型雪崩
雪崩の運動形態

740 付　　録

b. 安定度調査票 ((財)道路保全技術セ

[要因]　(A)
(全層)

要　因	評　点　区　分	配点	評点
積雪深	年最大積雪深(30年確率)が1m以上～2m未満	④	$\frac{4}{(7)}$
	年最大積雪深(30年確率)が2m以上～3m未満	5	
	年最大積雪深(30年確率)が3m以上	7	
斜面勾配	発生区における斜面勾配が25°未満	2	$\frac{4}{(7)}$
	発生区における斜面勾配が25°以上～40°未満	④	
	発生区における斜面勾配が40°以上	7	
植　生	樹高8m以上の高木の疎密度が中程度(50%)以上	⓪	
	樹高8m以上の高木の疎密度が小～中程度(20～50%)または樹高4m以上の中高木の疎密度が中程度以上	5	
	樹高4m以上の中高木の疎密度が小～中程度または樹高2m以上の中高木の疎密度が小程度(20%)以上	6	
	裸地,草地,樹高2m未満の灌木(樹高2m以上の樹木は点在程度(疎密度20%以下))	8	$\frac{0}{(8)}$
斜面方位	北西・西・北・北東・東	②	$\frac{2}{(4)}$
	東南・南・南西・西	4	
斜面の種類	屋根型斜面	0	
	平斜面/その他	②	$\frac{2}{(3)}$
	沢型斜面	3	
	合　計	(A1) (29) 12 点	

注)( )は各項目の満点を示す.
　　該当する場合は配点欄に○印をつけるとともに
　　点数を記入する.
　　不明な場合は中間的な値を採用する.

全層からの評点	(A1)	12	点
表層からの評点	(A2)	17	点
全層と表層のうち,大きいほう	(A)＝MAX(A1, A2)	17	点

[対策工]　(B)＝(A)＋α または(A)×0

既設対策工の効果の程度	点数(α)	評点
想定される雪崩に対して十分効果が期待できる.対策工が設置されている.	×0点	
対策工が設置されているが,万全な対策工ではない.	−2点	○
対策工が設置されていない.	±0点	
合　計	(B) 15 点	

4. 雪氷関連物性・分類・分布図表　　*741*

ンター，1996：道路防災点検要領より）

（表層）

要　因	評　点　区　分	配点	評点
積雪深	年最大積雪深（30 年確率）が 1 m 以上～2 m 未満	⑤	$\dfrac{5}{(8)}$
	年最大積雪深（30 年確率）が 2 m 以上～3 m 未満	6	
	年最大積雪深（30 年確率）が 3 m 以上	8	
斜面勾配	発生区における斜面勾配が 25°未満	3	$\dfrac{6}{(8)}$
	発生区における斜面勾配が 25°以上～40°未満	⑥	
	発生区における斜面勾配が 40°以上	8	
植　生	樹高 8 m 以上の高木の疎密度が中程度（50%）以上	⓪	
	樹高 8 m 以上の高木の疎密度が小～中程度（20～50%）または樹高 4 m 以上の中高木の疎密度が中程度以上	5	
	樹高 4 m 以上の中高木の疎密度が小～中程度 または樹高 2 m 以上の中高木の疎密度が小程度（20%）以上	6	
	裸地，草地，樹高 2 m 未満の灌木 （樹高 2 m 以上の樹木は点在程度（疎密度 20%以下））	7	$\dfrac{0}{(7)}$
斜面方位	北西・西・南西	3	$\dfrac{5}{(5)}$
	北・北東・東・南東・南	⑤	
斜面の種類	屋根型斜面	0	$\dfrac{1}{(1)}$
	平斜面/沢型斜面/その他	①	
	合　計	(A2) *17*	(29) 点

[履歴]　（C）

発生頻度	配点	評点
3 年に 1 回以上	29	
3～10 年に 1 回 程度	25	
10 年に 1 回未満	22	$\dfrac{22}{(29)}$
発生履歴なし	0	
発生履歴不明	記載不要	

（C）
22 点

（D）＝MAX（B，C）

要因からの評点	（B）　*15*　点
履歴からの評点	（C）　*22*　点
（B）と（C）のうち，大きいほう	（D）＝MAX（B，C）　*22*　点

[総合評価]

対　　　応	判　定
対策が必要と判断される．	
防災カルテを作成し対応する．	○
とくに新たな対応を必要としない．	

4.5 道路雪氷の分類

a. 道路上の雪氷の分類表（木下ほか, 1970：道路上の雪氷調査 II より）

名　称	特　徴		雪 粒 状 態	密 度 g/cm³	硬 度 kg/cm²
新　雪	降ってすぐ		降雪雪片	0.1 前後	
こ な ゆ き	（粉状）	車の通過後舞い上がる．舗装面に沿う地ふぶき	粒径 0.05～0.3 mm の相互につながりのない粒	0.27～0.41	
つ ぶ ゆ き	（粒状）	舞い上がらない．熱変態，機械的攪拌，化学処理でできる	粒径 0.3 mm 以上の相互につながりのない丸い粒	0.28～0.50	
圧　雪	（板状）	おしつめられた雪	粒径 0.05～0.3 mm の雪粒が相互に網目をなしてつながりあう	0.45～0.75	20～170
氷　板	（板状）	圧雪に水がしみこんで凍ったもの，厚さ 1 mm 以上	粒径 0.5～2 mm の多結晶氷で直径 0.1～0.5 mm の気泡を含む	0.75 以上	90～300
氷　膜	（膜状）	水の膜が凍ったもの，厚さ 1 mm 以下	粒径 0.1～0.4 mm の多結晶氷で直径 0.01～0.1 mm の気泡を含む		
水べたゆき	（液状）	雪が融けたもの，車の通過ではね上がる	粒径 1 mm 以上の相互につながりのない粒	0.8～0.96	

b. 目視による路面性状分類（北海道開発局, 1997：冬期路面管理マニュアル(案)より）

車 両 走 行 部 の 雪						路 面 分 類
雪氷の有無	表面の光沢	トレッド跡	雪の状態	雪の色	厚さ	
				下層の状況		
あ り	光っている	あまり		白っぽい		非常に滑りやすい圧雪
				黒っぽい（灰，茶色）	1 mm 以上	非常に滑りやすい氷板
					1 mm 未満	非常に滑りやすい氷膜
	光っていない	つかない		白っぽい		圧 雪
				黒っぽい（灰，茶色）	1 mm 以上	氷 板
					1 mm 未満	氷 膜
		つく（ぬかる）	さらさら（雪煙が発生）	下層なし		こ な 雪
				下層氷板，氷膜，非常に滑りやすい圧雪		こな雪下層氷板
			ざくざく（ザラメ状，粒状）	下層なし		つ ぶ 雪
				下層氷板，氷膜，非常に滑りやすい圧雪		つぶ雪下層氷板
			べたべた（水を含んだもの）			シャーベット
			その他（締まっている）			圧 雪
な し	湿 潤					湿 潤
	乾 燥					乾 燥

■■■：要注意, ▨▨▨：注意.

4.6 日本の積雪分布と豪雪地帯

a. 年最深積雪（気象庁，2003：日本気候図 2000年版より）（単位：cm）

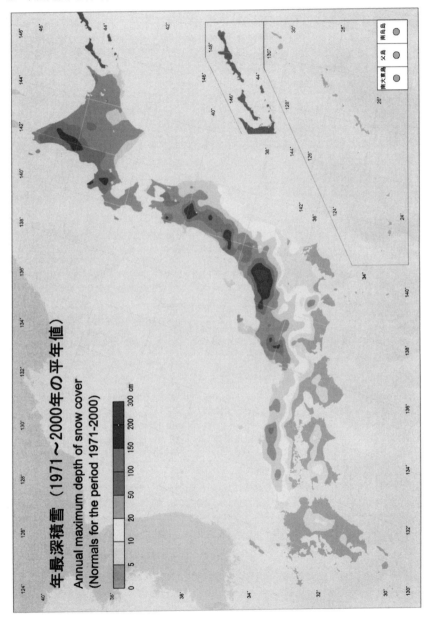

b. 豪雪地帯・特別豪雪地帯の指定基準（国土交通省都市・地域整備局地方整備課，2001：豪雪地帯の現状と対策より）

	根拠	指定基準の概要
豪雪地帯	豪雪地帯の指定基準に関する政令（1963（昭和38）年10月7日政令第344号） 豪雪地帯の指定基準に関する政令に規定する期間及び施設を定める総理府令（1963年10月21日総理府令第47号）	1962年の積雪の終期までの30年以上の期間における累年平均積雪積算値[1]が5000 cm 日以上の地域（以下「豪雪地域」という）がある道府県または市町村でつぎのいずれかに該当するもの． (1) 豪雪地域が 2/3 以上の道府県または市町村 (2) 豪雪地域が 1/2 以上で道府県庁所在市の全部または一部が豪雪地域である道府県 (3) 市役所，町村役場，1・2 級国道，道路法第 56 条に基づく主要な道府県道・市道または国鉄（当時）の駅のいずれかが豪雪地域にある市町村 (4) 豪雪地域が 1/2 以上で市町村境界線の 2/3 以上が(1)〜(3)までのいずれかに接している市町村
特別豪雪地帯	特別豪雪地帯の指定基準（第3回）（1979年3月20日内閣総理大臣決定）	つぎの(1)，(2)のいずれの要件をも備えた市町村 (1) 積雪の度の要件 つぎの ①〜③ のいずれかが必要 ① 1958年から1977年までの20年間の累年平均積雪積算値が 15000 cm 日以上の地域が市町村の区域の 1/2 以上である． ② 1958年から1977年までの20年間の累年平均積雪積算値が 15000 cm 日以上の地域に市役所または町村役場がある． ③ 1958年から1977年までの20年間の累年平均積雪積算値が最高 20000 cm 日以上，最低 5000 cm 日以上で，かつ全域の平均が 10000 cm 日以上である． (2) 生活の支障の要件 つぎの ①〜④ の要素から生活支障度が著しいと判断されること ① 自動車交通の途絶 ② 医療・義務教育・郵便物集配の確保の困難性 ③ 財政力 ④ 集落の分散度

[1] 累年平均積雪積算値：積雪の深さと積雪の期間の両者を一つに表した指標である．ある観測地点につき毎日の平均の積雪値（たとえば1月1日の毎年毎年の積雪の深さを30年以上平均した値/単位：cm）を，積雪がはじまる秋の終わりから積雪が終わる翌年の春のはじめまで，日を追って順じ加え合わせた値である．累年平均積雪積算値が5000 cm 日とは，前述のように cm の単位で測られた平均の積雪値を，毎日について順じ加え合わせた値が5000 cm になったという意味である．

4. 雪氷関連物性・分類・分布図表

745

c. 豪雪地帯および特別豪雪地帯に指定された市町村数（道府県別）（国土庁地方振興局，1991：豪雪地帯の現状と対策より）

（2001 年 4 月 1 日現在）

地　方　名	道府県名	全市町村数	豪　雪　地　帯				うち特別豪雪地帯			
			計	市	町	村	計	市	町	村
北海道地方	北海道※	212	212	34	154	24	94	13	65	16
東北地方 豪雪 289 特豪 89	青森県※	67	67	8	34	25	15	3	8	4
	岩手県※	59	59	13	30	16	3	—	1	2
	宮城県	71	19	3	15	1	1	—	1	—
	秋田県※	69	69	9	50	10	24	2	17	5
	山形県※	44	44	13	27	4	28	7	17	4
	福島県	90	31	4	15	12	18	—	10	8
関東地方 豪雪 30 特豪 1	栃木県	49	6	2	3	1	—	—	—	—
	群馬県	70	24	2	10	12	1	—	—	1
北陸地方 豪雪 222 特豪 77	新潟県※	111	111	20	56	35	53	9	25	19
	富山県※	35	35	9	18	8	13	—	8	5
	石川県※	41	41	8	27	6	6	—	1	5
	福井県※	35	35	7	22	6	5	2	2	1
中部地方 豪雪 67 特豪 18	山梨県	64	2	—	1	1	—	—	—	—
	長野県	120	31	6	6	19	11	1	2	8
	岐阜県	99	32	1	10	21	7	—	1	6
	静岡県	74	2	1	1	—	—	—	—	—
近畿地方 豪雪 50 特豪 1	滋賀県	50	11	2	8	1	1	—	1	—
	京都府	44	17	4	13	—	—	—	—	—
	兵庫県	88	22	1	21	—	—	—	—	—
中国地方 豪雪 91 特豪 —	鳥取県※	39	39	4	31	4	—	—	—	—
	島根県	59	15	—	12	3	—	—	—	—
	岡山県	78	21	2	9	10	—	—	—	—
	広島県	86	16	—	12	4	—	—	—	—
全　　国	24 道府県	1754	961	153	585	223	280	37	159	84

注）※は，全域豪雪地帯である．

[小 杉 健 二]

索　引

あ 行

アイスキャンドル　599, 611
アイスクライミング　612
アイスシェル　616
アイスドーム　614, 616
アイスドームビレッジ　616
アイスフォール　300
アイスフラワー　254
アイスホテル　615
アイスモンスター　648
アイスライズ　279
アイスルール　258
アイスレーダ　335, 338, 669, 671
アイスレンズ　405, 434
秋田谷式含水率計　686
アクセルハイベルグ島　374
アシッドショック　147
あすか基地　343
アストロビジョン映像　404
暖かい雨のメカニズム　59
暖かい雪国　117, 120
圧縮流　305
圧密　4, 90, 91, 96, 305
圧力融解　253, 270
　氷の──　255
アナログビーコン　698
アムンゼン　320
アムンゼン隊　322
アメリー棚氷　332
アモルファス　497
アモルファス氷　268, 272, 487-493
　──の欠陥　492
アラス　13
あられ　59, 68, 111, 210

──の芽　68
アルファリゾート・トマム　616
アルフレッド・ウェゲナー研究所　394
アルベド　29, 133, 141, 296, 350, 397, 603
アールマン　325
暗視野照明　689
安定同位体　450
安定同位体比　82

飯ずし　621
イグルー　615
異常光線　263
I型結晶　274
1 kmメッシュの気候値　121
一軸圧縮応力場　338
一軸圧縮強さ　439
一軸対称性　260
一年氷　16, 381
溢流氷河　279
犬ぞりレース　612
イングランド氷帽　370
インパルスレーダ　671

ウィルソンサイクル　443
ウインドクラスト　680
ウインドミル作戦　326
ウェッデル海　333
ウェッデルポリニア　19
ウエーブオージャイブ　299
牛引き梁　630
渦相関法　134
雨雪判別　295
宇宙起源物質　448
宇宙線雪量計　683

宇宙組成　491
雨滴　59
雨氷　561, 568, 649
厩中門造り　629
上積氷　291, 376
上積氷帯　278
上載荷重　4
上載積雪　700, 701
雲粒　59
　──つき結晶　110
雲粒捕捉成長　64, 67

エアロゾル　460
永久凍土　11, 405, 418, 441, 481
永久凍土地帯　439, 708
永久凍土内の地下食料貯蔵庫　441
英国南極調査所　354
衛星重力観測　668
エウロパ　501, 513
液化天然ガス　423
液封型エレクトロメカニカルドリル　693
エクマン　390
エコーフリーゾーン　336, 672
越年性雪渓　127
エルズミア島　374
エレクトロメカニカルドリル　693
円環状の照明　688
園芸施設の破損　519
円形流動地形　502
延性破壊　98, 207, 245
塩蔵　620
エンダービーランド計画

328
エンダービーランド-みずほ高
　　原計画　464
遠藤式含水率計　686
円偏光　264
沿面成長機構　45

オアシス　163, 300
　　──の塩性化　163
応力ひずみ場　337
大きい雪粒子　182
大雪　70, 515
大雪警報　78
　　──の基準　79
大雪注意報　78
　　──の基準　79
オージャイブ　299
オーストラリア南極局　369
オストワルドの段階則　50
帯状雲　71
オブコフ長　137
オホーツク海　15
御神渡り　652
重い雪　452
親分子　494
オルソ-パラ比　496
オールト雲　497
オワダ　624
温室効果　367
温暖化　377, 455, 478, 482
温暖積雪地　113
温暖積雪地域　147
温暖前線　66, 68
　　──に伴う降水雲　66
温暖氷河　129, 280, 309, 314
温暖変態　90
温度差発電　642

か　行

加圧焼結　116
海塩起源　357
海塩起源物質　82, 110
開式凍結　411
海水位の変化　483
海水カービング　309

海水体積　483
海水の熱膨張　483
海底永久凍土　12
解凍沈下　405
解凍沈下特性　423
カイパーベルト天体　497
海氷　15, 31, 381, 482
　　──の塩分　388
　　──の成長　386
海氷情報　389
海面上昇　473, 477
海面上昇速度　8
海面低下　367
界面不安定化　49
海面変動　367
海洋植物プランクトン　450
海洋性氷河　297
海洋性氷床　365
貝割れ大根　621
カオス地形　502
夏期涵養型　293
拡散型人工雪実験装置　38
拡散過程　42
拡散成長　59
拡散場　48
核磁気共鳴法　45, 433
核実験　450, 455
核生成過程　35
確定日付システム　292
下降流　67
かご型構造　274
風花　81
火山シグナル　452, 461
火山灰層　470
火山爆発指数　460, 461
可視光　659
果樹の枝折れ　519
過剰水素　451
ガスハイドレート　266
火星の南極冠　507
火星北極氷床　509
化石燃料　450, 459
河川水　155, 482
河川氷・湖氷厚観測　677
河川流量　156, 472
活性白土　192

活動層　11
活動層境界　677
滑落性能　585
ガードル型　337
カナダ標準協会　571
ガニメデ　502
カービング　291, 309, 334,
　　368, 379, 480
カービング速度　311
かまくら　613
かまくら卒業式　614
かまくら作り　598
雷　450
ガラス転移　273
ガラス転移点　273
借り上げ公営住宅　640
カリスト　502
ガリレオ衛星　501
カーリング　607
軽い雪　452
カルバート　543
過冷却　60
過冷却雲粒　59
過冷却水　35
過冷却水滴　584
乾き雪　108
乾き雪密度　109
灌漑用水　160
雁木　628, 638
寒気移流　74
寒気の吹出し　70
環境シグナル　354
環境指標　469
寒剤　617
完新世　286, 457
完新世最暖期　457
含水率　686
乾性沈着　110, 355
冠雪　556
乾雪帯　278
乾雪表層雪崩　217, 218
乾燥域シグナル　453
乾燥成長　64
乾燥地　161
乾燥地域　161
乾燥半湿潤地域　161

寒暖期　447
間氷期　284, 286
含水率　705
乾物食材　619
含有空気量　365
涵養　8, 277, 282
涵養域　129, 277-280, 282,
　　283, 288, 304
涵養域比　289
涵養速度　510
涵養量　288, 290, 374
寒冷渦　74
寒冷-温暖振動　467
寒冷-温暖遷移面　280
寒冷化　457
寒冷型の氷河　374, 377
寒冷圏　1
寒冷積雪地域　147
寒冷前線　69
寒冷氷河　280
寒冷変態　90
緩和周波数　107

気温のシーソー現象　457
危機管理システム　589
気候変動に関する政府間パネル
　　473
擬似液状膜　253
擬似液体層　43, 106
季節積雪　20, 155, 677
季節雪渓　127
季節凍土　10
季節風型　521
　　──の降雪　69
季節変化シグナル　454
季節変動　357
北大西洋深層水　457
北大西洋振動　457
北半球平均高層天気図　520
北半球平均 500 hPa 天気図
　　521
気団変質　70
気団変質過程　69
基底流出　151, 156
木下式硬度計　685
木の周りの融雪凹み　165

基盤高度　331
基盤地形　338
ギャロッピング　572
凝結　91
凝結凍結核　61
凝固水　383
凝縮温度　490
凝着説　248
極域気水圏観測実験計画─
　　POLEXSouth　328
極横断流　392
極乾燥地域　161
極軌道衛星　660
極地氷床　8
極低気圧　71
巨大氷衛星　502
巨大惑星　500
キンク　45
均質核形成　60
均質核生成温度　272
均質昇華核形成　60
均質凍結核形成　60

掘削孔　303
雲システム　70
　　──の出現頻度　71
雲の寿命　68
雲粒子　59
グライド　205, 212, 699
クラスレート　273
クラスレートハイドレート(水
　　和物)　268, 274, 336,
　　449, 461, 466, 504
クラック　213, 245, 699
内蔵助雪渓　129
グリースアイス　381
クリープ　96, 205, 244
グリーンランド氷床　5, 371,
　　373
　　──の基盤地形　373
クレーター　501
クレバス　279, 280, 287, 307,
　　677
グロスワルド　325
クロッカスモデル　122
グローマ・チャレンジャー号

445
クーロン摩擦　230

経営リスク　589
ケイ酸塩鉱物　488
傾斜重力流モデル　232
傾斜壁面密度噴流　229
形状係数　232
形態不安定　40
傾度法　137
激甚災害指定　516, 518
ゲスト分子　274
結晶　267
結晶化温度　273
結晶格子構造　258
結晶主軸方位分布　335
結晶成長過程　35
結晶成長速度　42
けの汁　623
ケベックウインターカーニバル
　　612
ケベックシティ　615
煙型雪崩　202, 217, 223
　　──の先端部　229
ケルビン模型　97
ゲレンデのこぶ　617
厳寒体験室　404
圏谷氷河　280
原始太陽系星雲　488, 492
懸垂氷河　280
検層観測　694
元素存在度　496
元素の宇宙存在度　490
懸濁氷紋　650
顕熱　295
顕熱交換量　433
顕熱輸送量　134
現場解析　695
顕微鏡　687

コア解析　694
コア掘削　377, 378
コアシグナル　466
コアドリル　691, 692
コア年代　453, 454
コアロギング　695

高圧相水　504
工業用水　159
航空写真撮影　669
高周波誘電率　107
降水機構　66
洪水災害　159
降水着氷雪　562
降水の酸性化　458
降水粒子　59
洪水流出　156
合成開口レーダ　665, 669
豪雪　75, 515
　　――の再現性　519
降雪結晶　210
豪雪災害　515
　道路の――　538
降雪遮断　139
豪雪地帯　515, 521
　　――の分布　522
豪雪発現時の気圧配置　520
豪雪発現時の大気循環　520
降雪分布係数　124
降雪粒子　35, 584
降雪粒子形成機構　84
降雪量分布　72
降雪量分布予報　77
構造土　13
剛体もしくは質点　230
光沢雪面　347
交通需要マネジメント　539
降伏応力　303
後方散乱型光センサ　224
高密度アモルファス氷　273
高密度の液体状態　273
氷　128
　　――の圧力融解　255
　　――のイオン濃度　242
　　――の凝結係数　253
　　――の光学的性質　258
　　――の格子振動　259
　　――の構造　240
　　――の残余エントロピー
　　242
　　――の条件　268
　　――の塑性変形　244
　　――の低速度圧縮試験

　　245
　　――の電気的性質　258
　　――の電気伝導度　460
　　――の内部摩擦　246
　　――の熱的性質　240
　　――の熱伝導度　252
　　――の粘弾性　243
　　――の粘弾性模型　243
　　――の反発係数　248
　　――の引張試験　245
　　――の比熱　250
　　――の付着強さ　248
　　――の物性　240
　　――の物性値　241
　　――のブリネル硬さ　245,
　　247
　　――の飽和水蒸気圧　252
　　――の摩擦　247
　　――の融解熱　242
　　――の力学的性質　240,
　　243
　　――の流動則　303
　　――の流動モデル　455
　透明な――　257, 266
　白濁した――　257, 266
　氷河の――　287
　立方晶の――　50, 271
　六方晶の――　50, 270
氷 X　272
氷 XI　271
氷衛星　487, 500
氷過飽和度　62
氷結晶の表面構造　46
氷コア　448
氷祭り　609
氷粒子間結合の発達　108
氷粒子の反発係数　250
氷レンズ　710
氷割り作業　572
凍るシャボン玉　276
59 豪雪　627
国際地球観測年　327
国際南極雪氷計画　327
国際南極氷床雪氷観測計画
　464
国際北極科学委員会　329

克雪　595
克雪住宅　630
黒点の活動周期　519
国立極地研究所　353, 378
こしまり雪　93
こしもざらめ雪　93
固体水圏　1
固体微粒子　450
コトリヤコーフ　325
湖氷　482
コマ　494
こみせ　628, 638
コミュニティ　634
コリオリの力　392
孤立型降雪雲　71
コールコール図　107
コルディエラ氷河複合体
　370
転がり　167, 168
56 豪雪　518, 520, 627
コンクリート状凍土　411
混合型（雪崩）　203
混合距離理論　136
混相流　227
コンパクトシティ　639

さ　行

災害リスク　587
災害リスク・マネージメント
　588
再結晶化　244
最終氷期　370
最新氷期再寒冷期　284
最新氷期最盛期　278
再生氷河　280, 283
最大積雪深　119, 517
最大凍結深計　706
最大凍上力　436
再表面化　506
左義長　613
削剥　189
サージ　281, 313, 366, 375
サージ型氷河　313
サスツルギ　346
さっぽろ雪まつり　596, 609

里雪型　74
砂漠　161
36 豪雪　528
サーマル　232
サーマルドリル　693
寒い雪国　117, 120
ざらめ雪　90, 93
山岳永久凍土　12
山岳氷河　155, 309
産業革命　458, 459, 461
サンクラスト　138, 680
三間取り広間型　627
三国共同体　325
三重点　242, 256
三条地震　629
散水消雪方式　551
酸性雨　83
酸性化寄与物質　84
酸性降水　83
酸素同位体　84, 457
　——の分別　451
酸素同位体組成　457, 467
酸素の安定同位体組成　451
山地積雪　122
3 波数型の循環場　520
38 豪雪　515, 517, 523, 528,
　529
残余エントロピー　252, 270
　氷の——　242

シアー　71
シアーフレームテスト　209,
　700
ジェット気流　520
ジェネレーティングセル　66
自己拡散係数　45
事故・災害リスク　589
四重点　242
自然エネルギー低温貯蔵施設
　622
視線誘導施設　539
自然落下式　630
湿潤成長　64
湿性沈着　110, 355
湿雪帯　278
湿雪雪崩　224

シット　325
室内リンク　606
質量収支　9, 284, 291, 304,
　377
質量収支変動　286
視程　184
　——の悪化　582
視程計　184
視程障害　184, 539
始動積雪　202
地盤凍結工法　10, 419
地吹雪　190, 196, 249, 343,
　346, 546
　低い——　167
しまり雪　90, 93, 98, 132, 355
四面体構造　268
しもざらめ雪　26, 90, 93,
　210, 355
霜柱　10, 405, 434, 711
霜柱状凍土　411
霜降り状凍土　411
社会リスク　589
弱層　207, 209, 700
　——のテスト方法　700
シャクルトン隊　322
射出率　133
遮水工法　411
シャドウグラフ法　228
シャベルテスト　209
シャボン玉　276
斜面下降風　31, 340
斜面の凍上害　407
周囲水の連行係数　232
集塊氷　13
収支年　292
重水素　242, 450
終端落下速度　181
集中豪雨　159
18 年周期説　519
周氷河地形　13, 677
集落雪崩災害　529
重力流　228
縮小模型　586
樹枝状　688
樹霜　562, 645, 646
受動マイクロ波観測　664

樹氷　562, 568, 645, 647
シュムスキー　325
純放射熱　295
昇華核　61
昇華凝結　340
昇華凝結成長　62, 67
昇華蒸発　91, 340
昇華着氷　562
衝撃圧力　219
衝撃力波形　218–220
焼結　91, 116
常光線　262
硝酸イオン　450, 453, 459
常時雪国　117
上昇流　66, 67
衝突クレーター　503
衝突併合　82
衝突併合過程　35, 59
衝突臨界　169
蒸発エントロピー　266
蒸発による冷却の効果　65
蒸発ピット　255
小氷期　286, 376, 378, 447,
　473
晶癖　62
晶癖変化　40, 46
正味放射　133
消耗　277, 279, 282
消耗域　129, 277, 278, 280,
　282, 288, 304
消耗速度　510
消耗量　288, 290
昭和基地　328, 332, 340
食材の確保　619
除雪機械　538
除雪列車　549
白瀬隊　324
白瀬氷河　333, 361, 364
白瀬流域　332
人為起源物質　82, 110
深海底掘削観測　446
人工衛星観測　368
人工降雪機　608
人工降雪装置　581
人工凍土　419
人工雪崩　216, 217

索　引

人工雪崩実験　218, 221, 222
人工雪　712
人工雪実験装置　37
新雪　93, 132, 355
親雪　595
新雪雪崩　530
深層掘削　465
薪炭材　525
薪炭林　529
伸張流　305
浸透帯　278
森林火災　450
森林火災シグナル　453
森林帯の積雪分布　124
森林土壌による流出の平準化作用　160
森林内表層融雪量　156
森林による融雪の遅延効果　160
森林の河川流出量の平準化作用　158
森林の幹折れ　519
森林流域　157

水蒸気過飽和度　38
水蒸気泡　256
水蒸気輸送　358
スイス国立工科大学水文水理氷河学研究所　594
スイス国立工科大学大気・気候学教室　486
スイスの雪崩災害　526
スイス連邦雪・雪崩研究所　237
彗星　487, 494, 497
彗星核　489, 497
水素結合　266
　──の寿命　267
水素同位体　457
水素同位体組成　457
水素の安定同位体組成　451
垂直応力　306
水田灌漑用水　160
水平屋根　630
水脈　307
水路流下　112

水和数　274
スウェイツ氷河　333
スカンディナビア氷床　370
スキー　604
スキーワックス　605
スケート　256, 606
スコット極地研究所　32
スコット隊　322
スタッドレスタイヤ　536
ステフアン解　431
ストーン　608
スノーサーベイ　123, 682
スノーサンプラー　679, 682, 692
スノーシェッド　541
スノーシェルター　539
スノータワー　600
スノーバスターズ　536, 602
スノーパックモデル　122
スノーパーティクルカウンター　178
スノーボード　607
スノーランタン　599
スパイクタイヤ　536
スパイクタイヤ粉じんの発生の防止に関する法律　536
スパイラル・ロッド　566
スバールバル諸島　374, 377
スピッツベルゲン島　374, 377
スピードスケート　606
スプラッシュ過程　168
スプラッシュ関数　172
スプーンカット　146
滑り速度　231
滑り面　201, 207, 700
ズーボフ　325
スラッシュ雪崩　202, 212, 531, 575, 584
ずり応力　304
スリートジャンプ　564

生活用水　159
静止気象衛星　659
静止摩擦係数　247
脆性破壊　98, 207, 245

成層圏　355
成層圏起源の物質　448
成長形(型)　40, 63
成長速度　62
船枻造り　629
世界の冬祭り　611
赤外線放射　659
積算寒度　387
積算気温　142
積算暖度　142
積算暖度法　296
析出　111
析出氷　430
赤色巨星　488, 492
積雪　89
　──の安定度　209, 698
　──の化学的性質　110
　──の化学特性　354
　──の強度　98
　──の高速圧縮　100
　──の硬度　684
　──の再配分　189
　──の潜熱　103
　──の層構造　680
　──の断面観測　680
　──の直流電気伝導性　106
　──の電気的性質　106
　──の熱拡散率　104
　──の熱的性質　102
　──の熱伝導率　104
　──の粘弾性　96
　──の光反射率　475
　──の比熱　102
　──の深さ　681
　──の分類　92
　──の変形速度　98
　──の変態　90
　──の密度　108, 683
　──の力学的性質　96
　──や氷河氷の含水率　677
積雪観測　679
積雪期間　24
積雪構造　27
積雪再配分　340

積雪重量　682
積雪循環曲線　574
積雪深　21, 23, 24, 677, 681
　　——の年・日変化　517
積雪水当量　677, 682
積雪水量　21, 124, 682
　　——の直線高度分布　124
積雪水量計　683
積雪相当水量　682
積雪層の取込み　228
積雪層の熱収支　155
積雪貯留　155
積雪底面融雪水　112
積雪表面融雪　148
積雪ブロック　97
積雪分布　123
積雪密度　104, 677
積雪面積　20, 27
積雪量　21, 25
積層欠陥　271
雪温　685
雪害時の列車運転標準　549
雪華図説　54
雪寒法　541
雪渓　123, 127, 146, 530
雪上車　671
雪食作用　129
接触凍結核　61
雪水比　77
雪像　609
接地逆転層　351
接地線　292, 365
雪中熱伝達量　138
雪泥の強度　579
雪泥の密度　578
雪泥流　202, 575, 577
雪田　127
雪庇　187
雪氷　443
雪氷学地球物理学研究施設
　　154
雪氷圏　1, 29, 443, 474, 482
雪氷コア　354, 462
雪氷コア掘削　691
雪氷コアシグナル　464
雪氷災害　515, 581

雪氷災害マネージメント・シス
　　テム　591
雪氷資源世界アトラス　325
雪氷藻類　113
雪氷防災実験棟　533
雪氷利用　640
雪氷冷熱　641
雪氷路面　536
雪片　64
雪面形態　346
セーベルナヤゼムリャ　324,
　　377
セーベルナヤゼムリャ諸島
　　376
線構造　502
浅層掘削　465
全層雪崩　199, 212, 223, 699
船体着水　569
せん断抵抗　247
せん断変位　206
潜熱　295
　　積雪の——　103
潜熱伝達量　433
潜熱輸送量　134
船舶着氷害　568
線膨張係数　252
線路の除雪作業　546

層位　695
層位学的システム　292
双晶　50
総2階建て住宅　629
総β線量　450
測定年　292
塑性圧縮　99
塑性体　96
塑性変形　277, 302
　　氷の——　244
塑性流動　277
粗水　562 568, 645, 648
そり　607
ぞろ　623
ゾンデ棒　698

た　行

第1次バード探検隊　324
第1回国際極年　322
タイガ　14
大気汚染　459
大気循環　521
　　豪雪発現時の——　520
大気放射　133
大規模乾雪表層雪崩　204
大気力学法　137
帯水層　128
堆積　189
堆積環境　121
堆積環境区　122
堆積期　124
堆積中断　349
耐雪式　630
堆雪スペース　538
ダイポールアンテナ　675
タイタン　505
台風・秋霖型　156
体膨張係数　252
タイムマーカー　455
大陸性氷河　297
対流型人工雪実験装置　37
対流活動　82
対流混合層　69, 70, 82
対流性降雪雲　66, 67
タウト　613
高い地吹雪　167
高志の式　423
高床式　630
高床式住宅　630
多極大型　337
卓越風向　110
多結晶雪　37
多重リング型クレーター
　　503
ダスト　453
ダスト濃度　470
多雪　515
多雪地域　26
ダッシュポット　243
竪穴式住居　627
棚水　309, 331, 333, 359, 364,

索　引

379
──の分布　333
谷氷河　4, 279, 312
多年氷　16
多年性雪渓　123, 127, 277, 288
多年雪　288
単極大型　337
単結晶氷　248
単結晶雪　37
短冊状氷　383
ダンスガード-オシュガーイベント　467
弾性波速度　440
弾性波探査　439
弾性変形　302
断熱工法　411
断熱材　10
短波放射　133
タンボラ火山噴火　461

地域通貨　637
遅延時間　677
地殻熱流量　351
地下水　155
地下水流出　156
置換工法　411
地球温暖化　119, 129, 367, 461, 473
地球型惑星　498
地球環境のタイムカプセル　449
地球環境変動　443, 448
地球放射　133
地形の効果　75
地上最低気温　350
地中探査レーダ　674
地中伝熱流量　433
着雪　556, 572, 584
　道路標識の──　583
着雪防止対策　558
着氷　568, 584
着氷海難　569
着氷雪　562, 563
　──を防止するための塗料　585

着氷雪対策　584
中間型（降雪）　75
中規模渦状雲　71, 76
中規模擾乱　75
中層掘削　465
柱面　42
中門　628
超音波風向風速計　226
長期積雪　95
長尺カラー鉄板　631
潮汐力　502
長波放射　133
跳躍　167, 168, 179, 582
跳躍運動　249
直接流出　156
直線偏光　263
貯雪式高架橋　550, 552
貯雪冷房　642
直交型筋状降雪雲　71
沈降　96, 206
沈降速度　305
チンダル像　254

通気融雪工法屋根　630, 631
通風効果　65
土の安定処理工法　412
粒状氷　382
粒状体　230, 233
　──の流れ　231
冷たい雨のメカニズム　59
つるつる路面　536
ツンドラ　13

低気圧型　521
　──の降雪　68, 69
ディジタルビーコン　698
定常クリープ　243
停滞氷　314
定着氷　381
低密度アモルファス氷　273
低密度の液体状態　273
底面　42
底面水圧　307
底面滑り　277, 305, 361, 365
底面滑り速度　306
底面融雪　149

底面流動　277, 280, 305
ティライト　444, 448
ティル　308, 366, 444
デグリーデイ　142
データ同化法　80
鉄筋コンクリート構造　631
鉄骨ラーメン構造　631
鉄道雪氷害　545
デブリ　296, 702
デブリ氷河　478, 480
テーブル型氷山　333, 379
出前かまくら　613
デューン　187, 346
転位ピット　255
電気探査　440
電気伝導　258
点在的永久凍土　12
電子分極　258
電線着氷雪　561, 565
電線着氷雪害　561
転動　582
電導度　149
天然のダム　161
点発生表層雪崩　212
電波伝播速度　677
電波の反射・散乱　676
電波無反射帯　672

同位体組成の分別　113, 451, 452
等温層　69
冬期涵養型　293
冬期レジャー　528
凍結管　419
凍結指数　432
凍結深　10, 431, 433
凍結深計　705
凍結深度　10
凍結水滴　68
凍結線　430
凍結土圧　425
凍結風化　408
凍結防止剤　560
凍結膨張率　422
凍結膨張量　422
凍結面　430

索　　引　　755

凍結面進行速度　706
凍結・融解　13
凍結劣化　408
凍上　10, 405, 542
　　道路の――　542
凍上害　406
　　斜面の――　407
　　道路の――　406
凍上観測　705
凍上機構　437
凍上現象　430, 434, 435
凍上試験　409
凍上性　411
凍上対策　411, 423
凍上特性　422
凍上量　409, 707
凍上力　436
同心円水紋　650
透水係数　438
凍着凍上　405
凍着凍上力　708
凍土　10, 31, 405, 430, 481,
　　677
　　――の厚さ　711
　　――の強度　422
　　――の熱的性質　422
　　――の熱伝導率　438
　　――の比熱　438
　　――の力学的性質　421
凍土深度　677
凍土内農産物貯蔵　427
凍土壁　419
動摩擦係数　247
透明な水　257, 266
道路構造令　538
道路除雪　528
道路の豪雪災害　538
道路の凍上　542
道路の凍上害　406
道路の吹雪災害　539
道路標識の着雪　557
十日町雪まつり　610
時々雪国　117
特別豪雪地帯　515, 521
　　――の分布　522
都市用水　159

土石流　575
ドームＦコア　457
ドームふじ　332, 343, 350,
　　360, 464
ドームふじコア　463
　　――の酵素同位体組成
　　468
ドームふじ深層掘削計画
　　328, 466
トリチウム　450, 455
トリトン　506
トルキスタン型氷河　280,
　　283
ドンジャ　624

な　行

内部涵養　291
内部凍結核　61
内部融解　138, 254
中谷宇吉郎　35, 54, 326
　　――の雪の一般分類表　35
中谷宇吉郎雪の科学館　87
中谷ダイヤグラム　38
流れ型雪崩　202, 216, 223
流れ層　223
中廊下型　628
鳴き雪　130
雪崩　123, 583
　　――の走路　702
　　――の堆積区　702
　　――の定義　199
　　――の発生区　702
　　――の分類　199
　　――の法則　234
　　――のモデル実験　584
雪崩風　226
雪崩型雪渓　127
雪崩危険度　698
雪崩教育　532
雪崩災害　519, 524, 525, 540,
　　698
　　スイスの――　526
雪崩災害件数　527
雪崩事故　215
雪崩死者　526

雪崩衝撃圧　225
雪崩対策施設　540
雪崩堆積物　223
雪崩調査　698
雪崩調査カード　703
雪崩内部の秩序構造　228
雪崩ビーコン　698
雪崩防護施設　217
納豆ひしょ　624
夏雪型　293
ナトリウムイオン　450, 452
南岸低気圧　84
南極アトラス　325
南極冠の氷　507
南極周極流　392
南極条約　328
南極振動　457
南極ドーム　457
南極年　322
南極の合成開口レーダ画像
　　670
南極の花火　329
南極氷床　5, 330, 354, 443,
　　476
　　――の規模　331
　　――の氷の総量　330
　　――の平均降水量　330
ナンセン　390
南部菱刺し着物　626

新野の雪祭り　609
Ⅱ型結晶　274
二酸化炭素濃度　461
西南極氷床　331, 332, 365
二重占有　274
日射　133
日本海寒帯気団収束帯　76
ニュートン粘性体　303
ニュートン流体　244
ニラス　381

布状流れ　332
濡れざらめ雪　211
ぬれ雪　108
　　――の含水率　108
　　――の誘電率　108

索　引

ぬれ雪化　550

捩れ防止ダンパー　566
熱サイホン発電　642
熱散逸過程　42
熱収支法　142
熱伝導率　252, 256
　積雪の――　104
　凍土の――　439
熱膨張　367
　海水の――　483
根雪　95
年間質量収支振幅　297
粘性係数　206, 303
年層　349
年層境界　128

ノイマン解　431
農業用水　159
濃縮率　150
濃密雲粒付き結晶　64, 68
ノースウオータ　373
ノバヤゼムリャ　324, 376,
　377
法面雪崩　199, 202
ノルウェー極地研究所　377,
　379
ノルデンショルド　320

は　行

梅雨型　156
ハイエトグラフ　155
配向分極　258
配向無秩序結晶　267, 270
ハイジャンプ作戦　326
排雪式高架橋　554
ハイドレート　273
ハイドログラフ　149, 155,
　158
パイプライン　412
パインアイランド氷河　333
破壊圧縮　99
破壊強度　207
バーガース模型　97
白菜のにしん漬　624

白濁した氷　257, 266
蓮葉氷　381
パッチ式照明鏡　689
バード　320
パドル　138
バフィン島　374
バラスト飛散防止用マット
　550
春木山　635
バルク係数　138
パルスレーダ　671
バルハン　187, 346
ハルビン氷雪祭　611
ハレー族彗星　498
半乾燥地域　161
反射　133
板状軟氷　381
半水素模型　269
バーンズ氷帽　374
ハンドオーガ　692
バンドオージャイブ　299
ハンドテスト　209, 700

非海塩性カルシウム　453
非海塩性硫酸イオン　452,
　453
東クイーンモードランド計画
　328, 464
東ドロンニングモードランド
　340
東ドロンニングモードランド雪
　氷観測計画　360
東南極氷床　331, 332
光の三原色　264
低い地吹雪　167
飛行機の雪氷対策　541
飛行場の雪氷対策　541
ひずみ速度　206, 207
飛雪流量　176
ピット　346
ピット型クレーター　503
ヒーティング工法　560
ヒートパイプ　414
非ニュートン粘性体　303
非ニュートン流体　244
比表面積　434

ヒプシサーマル　376
皮膜流下　112
飛沫着氷　649
飛沫氷柱　649
ヒマラヤ　478
　――の氷河　477
　――のモレーン堰止氷河湖
　　480
氷室　641
ひょう　64
氷厚　312, 365
氷厚係数　387
氷厚減少　365
氷厚変化　368
氷河　4, 8, 9, 30, 155, 277,
　278, 279, 288, 300, 476
　――の温度分布　378
　――の後退　312
　――の氷　287
　――の前進　312
　――の流動　301
　寒冷型の――　374, 377
氷河活動　297
氷河湖　312, 318
氷河湖決壊洪水　318, 479
氷河サージ　306, 313
氷河作用の痕跡　445
氷河質量収支データ　297
氷河縮小　477
氷河水文学　291
氷河性堆積物　291, 308, 448
氷河堆積物　444
氷河底水路　280
氷河内水路　280
氷河雪崩　202
氷河分帯　326
氷河変動　312
氷期　284
氷期-間氷期　465
氷期-間氷期サイクル　443,
　447
氷原　4, 279, 283
氷山　309, 334
氷山分離　309, 334, 364
氷山利用　335
氷筍　248

索　　引　　757

氷筍リンク　256, 607
氷床　4, 8, 31, 278, 279, 301, 476
氷晶　35, 59, 381
氷晶核　60, 82
氷床下湖　338
氷晶過程　59
氷上カヌーレース　612
氷床掘削コア　341
氷床コア研究　464
氷晶点　617
氷上道路　654
氷床ドーム深層掘削計画　464
氷床内部構造　335
氷晶発生メカニズム　60
氷晶分離　430
氷震　314
氷楔　13
氷雪大世界　611
氷像　609
表層雪崩　199, 519, 525, 699
表層融雪量　156
氷体　128, 290
氷点下の森　610
氷島　379
氷灯遊園会　611
氷板　26, 680
氷帽　4, 279, 309
表面カイネティク過程　42
表面過飽和度　48
表面質量収支　313, 340
表面霜　211, 680
表面自由エネルギー　46
表面収支　291
表面電気伝導性　106
表面融解　43, 45
表面流動速度　299
氷紋　650
氷流　278, 279, 338, 359, 366, 374
氷流流れ　332
平松式人工雪発生装置　713
ピラミッド型氷山　379
非陸塩性ナトリウムイオン　453

微惑星　489, 497
ピンゴ　13, 710

フィードバック効果　475
フィルヒナー・ロンネ棚氷　334
フィルン　127, 336, 677
フィルン線高度　283
フィルンライン　372
風洞実験　191, 582
風力係数　390
フォークト要素　243
吹き上げ防止柵　187
吹きだまり　126, 187, 539, 582
吹きだまり型雪渓　127
吹きだめ柵　187
吹き払い柵　187
不均質核形成　60
複屈折　261
複合温度氷河　280, 281
復氷　116, 255, 306
浮上速度　305
付着成長機構　45
付着併合過程　65
プッシュプルゲージ　685
不凍水　422, 433
不凍水膜　438
不凍水量　434, 439
負の結晶　254
負の熱源　3
浮氷舌　279, 359, 364
吹雪　582
　　――の浮遊層　227
吹雪空間密度　176
吹雪発生の臨界風速　169
吹雪量　176
部分溶融状態　506
不飽和土中　437
浮遊　167, 168, 582
浮遊運動　179
浮遊粉塵　83
冬型の気圧配置　84
冬ダイヤ　549
冬祭り　609
冬雪型　293

ブライン　383, 387, 395
ブラインチャンネル　383
プラズマの尾　494
フラム号　390
　　――の漂流探検　320
フランツヨセフ諸島　325, 376, 377
プレッシャーピロー　683
不連続的永久凍土　12
ブロック雪崩　202, 530
プロトン半導体　258
プロトン無秩序　270
分解溶融点　506
分子雲　488, 491, 492
分子ステップ　45
分子動力学　45

平均水資源賦存量　159
平行型筋状降雪雲　70
平衡凝縮温度　491
平衡凝縮モデル　490
平衡線　277, 282, 283, 288, 304
平衡線高度　282, 289
平衡速度　361
米国電気安全規則　561
閉式凍結　411
平地式住居　627
平地積雪　116, 118
ベルグ効果　48
偏光解析法　43
偏光板　261
偏心重量錘　567
ベンソン　326
ベントレー　54

ポアソン比　249
防護施設　541
防災科学技術研究所　533
放射収支量　433
放射状水紋　650
放射性同位体　455
放射平衡温度　505
防雪柵　187, 539, 582
防雪林　539, 582
ホウ雪崩　203

758　　　　　　　　索　　引

北西航路　320
北東航路　320
北陸前線　75
ボストーク基地　350
ボストークコア　457
北海道大学低温科学研究所　57
北海道立オホーツク流氷科学センター　404
北極　370
北極アトラス　325
北極海　15, 391
北極海アトラス　325
北極振動　457
北極南極研究所　324, 370
北極氷床の表面温度　511
ボーフォート環流　391
ボブスレー　607
ポリアモルフィズム　273
掘り起こし抵抗　247
ポリニア（氷湖）　19, 373
ポリモーフィズム　268, 270
ホワイトアウト　184

ま　行

マイグレーション法　675
マイクロ波放射計　25
マイクロ波領域の誘電率　108
摩擦融解説　248
まちなか居住　639, 640
マックスウェル模型　97
マックスウェル要素　243
末端変動速度　311
間取り　627
真水カービング　309
万年雪　127

水資源　122, 154
水の気化熱　242
水の組成　242
水の分子　241
水の飽和蒸気圧　253
水分子の配向　268, 270
みずほ基地　332, 342, 351,

465
みずほ高原　365
道踏み　634
密接度　16, 19
密度サンプラー　683
三俣雪崩　529
南磁極　322
ミラーバーン　536
ミランダ　506

霧氷　645
無落雪（M型）屋根　630
ムーラン　280, 307
むろ　619

メソ低気圧　71
メタルウエファー　683
メタンハイドレート　266
面発生乾雪表層雪崩　223, 529, 531
面発生表層雪崩　206
面密度　498

毛管上昇　436
燃える氷　266
模擬雪粒子　581, 586
木星型惑星　487, 498
木星族彗星　498
木造載雪型住宅　632
モーグル競技　617
モーターカーロータリー　548
モレーン　286, 318, 444, 479
モレーン堰止氷河湖　479
モンスーン　475, 477

や　行

屋根雪崩　202
屋根の上の積雪荷重の分布　585
屋根雪災害　534
屋根雪処理問題　631
大和雪原　324
やまと裸氷原　343
山雪型　74

融解　65
　──の潜熱　131
融解水　155, 160
融解層　378
融解沈下　405
融解熱　617
　氷の──　242
有機物　488, 493
有限差分法　232
有効圧力　307
融雪　131
融雪型　156, 160
融雪期　126, 127, 155
融雪期間　145
融雪係数　142
融雪洪水　123, 573
融雪剤　141, 617
融雪災害　573
融雪式　630
融雪地滑り　573, 574
融雪出水　155
融雪水　147, 155, 161
融雪水量　149, 158
融雪スパイラル・ロッド　566
融雪土石流　573
融雪流出　155, 156, 158
融雪流出期間　156
融雪量　131, 142
融点　306
融点降下　254
誘電体　258
誘電特性　674
誘電分極　258
誘電分散　107
　──の緩和時間　107
幽霊クレーター　503
雪　59
　──の圧密　449
　──の圧密モデル　455
　──の静的誘電率　107
　──の連行係数　233
　──はなぜ白いのか　33
雪遊び　598
雪争い　636
雪えくぼ　153

索　引　　759

雪下ろし　534, 631, 635
雪囲い　635
雪荷重　632
雪形　655
雪国観光ツアー　597
雪国体験ツアー　597
雪国の過疎化　636
雪国の食生活　619
雪国の伝承料理　621
雪窪　129
雪結晶　35, 687
　――の安定成長　47
　――の型　690
　――の基本形　42
　――の晶癖変化　46
　――の成長　42
　――の成長形のダイヤグラム
　　37, 40
　――の多結晶化　52
　――の配置　54
　――のパターン発展　49
　――の不安定成長　47
雪結晶図　54
雪結晶デザイン　54
雪煙り層　223, 226
雪煙り層内部の静圧降下
　226
雪げんか　636
雪ごおり　384
雪質　681
　――の変化　584
雪尺法　341
雪処理ボランティア　602,
　637
雪代　212, 531, 575
雪しわ　213, 699
雪多結晶　36, 49
雪棚　629
雪っこ米　622
雪菜　621
雪なだれ　525
雪納豆　621, 623
雪なで　525
雪発電　642
雪踏み　634
雪文化　54

雪べら　684
雪彫遊園会　611
雪まつ(祭)り　596, 609
雪まりも　345
雪室　635, 641
雪室米　622
雪焼け　603
雪山　635
雪山遊び　598
雪粒子の運動状態　582
雪割り　635
ユッカスヤルビ　615

汚れ層　128
吉田式結合熱量計　686
予防施設　540

ら・わ行

落雪カバー工法　560
ラジオスノーゲージ　683
ラッセル除雪車　547
ラフニング温度　43
ラフニング転移　43
ラム硬度計　684
ラルセン棚氷　334
ラングウェー　327
蘭州氷河凍土研究所　429
ランダムウオークモデル
　183
ランダム型　337
ランダムフライトモデル
　172, 183
ランバート氷河　332

力学的強度の変化　584
リスク管理責任者　589
リスクの最適値　592
リスク・マネージメント・シス
　テム構築のための指針
　589
リスク要因　589
利雪　595
リチャードソン数　137
立方晶の氷　50, 271
リード（水路）　19

リモートセンシング　659
流域積雪面積　159
留山　525
硫酸イオン　450, 452, 458
粒子間衝突　59
流出成分分離　151
流雪溝　636
流体臨界　169
流動則　302
　氷の――　303
流動速度　304
流氷　381, 384, 404
　――と地球環境　404
流氷渦　394
流氷南限　404
リング　566

ルイス　326
累年平均積雪積算値　521
ルッチブロックテスト　700

零点エントロピー　270, 271
冷凍作戦　327
レーザ高度計　669
レーダ高度計　368, 665
レーダ方程式　672
レプリカ液　255, 690
レンズ状地形　502
連続永久凍土　375
連続体　230
連続的永久凍土　12

ロシア科学アカデミーシベリア
　支部メリニコフ記念　永久
　凍土研究所　418
ロス海　333
ロス棚氷　332, 334
ロータリー除雪車　547, 548
六花　688
六方晶　270
　――の氷　50, 270
六方晶構造　258
六方対称　54
ロードヒーティング　544
ロール状構造　228
ローレンタイド氷床　370,

374, 457

惑星 489, 497

欧 文

A スコープ 673
Accublation モデル 510
AMSR 665
BEDMAP 337
Bernal–Fowler 則 268
C 型氷河 281
C_A ゾーン 336
CBR 試験 543
CHON 粒子 496
CMP 法 677
CO_2 氷 509
CRREL 197, 326
CSL 理論 51
D 型氷河 281
D 欠陥 259

d パラメータ 85
DMS 355
EFZ 336
EM センサ 671
EMI 401
Excess shear stress rule 170
Fletcher の経験式 62
GISP Ⅰ, Ⅱ 329
Glacier Facies 326
GPR 674
GPS 368
H_2O 氷 509
IASC 329
IPCC 473, 483
k–ε モデル 183
Kelvin–Helmholtz の渦 228
L 欠陥 259
LGM 284, 286
LNG 地下タンク 425
MGS 探査機 508
micropore 492

MSA 355
NMR 433
NOAA 660
Owen の仮説 175
P_{COF} ゾーン 336
P_D ゾーン 336
pH 450
SFI 209, 700
SI 209, 702
SIPRE 326
Site–J 455, 458, 460
Snow Crystals 54
SSM/I 401
T_a–s ダイヤグラム 38
T_a–T_w ダイヤグラム 38
Voellmy の流体モデル 231
V–QLL–S growth mechanism 46
Zoning 326

雪と氷の事典（新装版）　　　　　　　定価はカバーに表示

2005 年 2 月 15 日　初　版第 1 刷
2018 年 7 月 20 日　新装版第 1 刷

監　修　㈳日本雪氷学会
発行者　朝　倉　誠　造
発行所　株式会社　朝　倉　書　店
東京都新宿区新小川町 6-29
郵　便　番　号　162-8707
電　話　03(3260)0141
Ｆ Ａ Ｘ　03(3260)0180
http://www.asakura.co.jp

〈検印省略〉

ⓒ 2005 〈無断複写・転載を禁ず〉　　　シナノ印刷・渡辺製本

ISBN 4-254-16131-1 C 3544　　　　　Printed in Japan

JCOPY ＜(社)出版者著作権管理機構 委託出版物＞

本書の無断複写は著作権法上での例外を除き禁じられています．複写される場合は，
そのつど事前に，(社) 出版者著作権管理機構（電話 03-3513-6969，FAX 03-3513-
6979，e-mail: info@jcopy.or.jp）の許諾を得てください．

日大 山川修治・ライフビジネスウェザー 常盤勝美・
立正大 渡来　靖編

気 候 変 動 の 事 典

16129-8 C3544　　　　　　A 5 判 472頁 本体8500円

気候変動による自然環境や社会活動への影響やその利用について幅広い話題を読切り形式で解説。〔内容〕気象気候災害／減災のためのリスク管理／地球温暖化／IPCC報告書／生物・植物への影響／農業・水資源への影響／健康・疾病への影響／交通・観光への影響／大気・海洋相互作用からさぐる気候変動／極域・雪氷圏からみた気候変動／太陽活動・宇宙規模の運動からみた気候変動／世界の気候区分／気候環境の時代変遷／古気候・古環境変遷／自然エネルギーの利活用／環境教育

前気象庁 新田　尚・東大 住　明正・前気象庁 伊藤朋之・
前気象庁 野瀬純一編

気象ハンドブック（第 3 版）

16116-8 C3044　　　　　　B 5 判 1032頁 本体38000円

現代気象問題を取り入れ，環境問題と絡めたよりモダンな気象関係の総合情報源・データブック。[気象学]地球／大気構造／大気放射過程／大気熱力学／大気大循環[気象現象]地球規模／総観規模／局地気象[気象技術]地表からの観測／宇宙からの気象観測[応用気象]農業生産／林業／水産／大気汚染／防災／病気[気象・気候情報]観測値情報／予測情報[現代気象問題]地球温暖化／オゾン層破壊／汚染物質長距離輸送／炭素循環／防災／宇宙からの地球観測／気候変動／経済[気象資料]

前東北大 近藤純正編著

水 環 境 の 気 象 学
―地表面の水収支・熱収支―

16110-6 C3044　　　　　　A 5 判 368頁 本体6800円

〔内容〕水蒸気と断熱変化／雲と降水／日射と大気放射／地表面付近の風と乱流／地表面の熱収支の基礎／水面の熱収支／土壌面の熱収支／植物と大気／積雪と大気／複雑地形と大気／都市大気のシミュレーション／世界の(日本の)水文気候

前気象庁 古川武彦・気象庁 室井ちあし著

現 代 天 気 予 報 学
―現象から観測・予報・法制度まで―

16124-3 C3044　　　　　　A 5 判 232頁 本体3900円

予報の総体を自然科学と社会科学とが一体となったシステムとして捉え体系化を図った，気象予報士をはじめ予報に興味を抱く人々向けの一般書。〔内容〕気象観測／気象現象／重要な法則・原理／天気予報技術／予報の種類と内容／数値予報／他

前気象庁 新田　尚監修　前気象庁 酒井重典・
前気象庁 鈴木和史・前気象庁 饒村　曜編

気 象 災 害 の 事 典
―日本の四季と猛威・防災―

16127-4 C3544　　　　　　A 5 判 576頁 本体12000円

日本の気象災害現象について，四季ごとに追ってまとめ，防災まで言及したもの。〔春の現象〕風／雨／気温／湿度／視程〔梅雨の現象〕種類／梅雨災害／雨量／風／地面現象〔夏の現象〕雷／高温／低温／風／台風／大気汚染／突風／都市化〔秋雨の現象〕台風災害／潮位／秋雨〔秋の現象〕霧／放射／乾燥／風〔冬の現象〕気圧配置／大雪／なだれ／雪・着雪／流氷／風／雷〔防災・災害対応〕防災情報の種類と着眼点／法律／これからの防災気象情報〔世界の気象災害〕〔日本・世界の気象災害年表〕

日本災害情報学会編

災 害 情 報 学 事 典

16064-2 C3544　　　　　　A 5 判 408頁 本体8500円

災害情報学の基礎知識を見開き形式で解説。災害の備えや事後の対応・ケアに役立つ情報も網羅。行政・メディア・企業等の防災担当者必携〔内容〕[第1部：災害時の情報]地震・津波・噴火／気象災害[第2部：メディア]マスコミ／住民用メディア／行政用メディア[第3部：行政]行政対応の基本／緊急時対応／復旧・復興／被害軽減／事前教育[第4部：災害心理]避難の心理／コミュニケーションの心理／心身のケア[第5部：大規模事故・緊急事態]事故災害等／[第6部：企業と防災]

立正大 吉﨑正憲・前海洋研究開発機構 野田　彰他編

図説 地球環境の事典
〔DVD－ROM付〕

16059-8　C3544　　　　　Ｂ５判　392頁　本体14000円

変動する地球環境の理解に必要な基礎知識(144項目)を各項目見開き2頁のオールカラーで解説。巻末には数式を含む教科書的解説の「基礎論」を設け，また付録DVDには本文に含みきれない詳細な内容(写真・図，シミュレーション，動画など)を収録し，自習から教育現場までの幅広い活用に配慮したユニークなレファレンス。第一線で活躍する多数の研究者が参画して実現。〔内容〕古気候／グローバルな大気／ローカルな大気／大気化学／水循環／生態系／海洋／雪氷圏／地球温暖化

日本地形学連合編　前中大 鈴木隆介・
前阪大 砂村継夫・前筑波大 松倉公憲責任編集

地　形　の　辞　典

16063-5　C3544　　　　　Ｂ５判　1032頁　本体26000円

地形学の最新知識とその関連用語，またマスコミ等で使用される地形関連用語の正確な定義を小項目辞典の形で総括する。地形学はもとより関連する科学技術分野の研究者，技術者，教員，学生のみならず，国土・都市計画，防災事業，自然環境維持対策，観光開発などに携わる人々，さらには登山家など一般読者も広く対象とする。収録項目8600。分野：地形学，地質学，年代学，地球科学一般，河川工学，土壌学，海洋・海岸工学，火山学，土木工学，自然環境・災害，惑星科学等

小池一之・山下脩二他編

自　然　地　理　学　事　典

16353-7　C3525　　　　　Ｂ５判　480頁　本体18000円

近年目覚ましく発達し，さらなる発展を志向している自然地理学は，自然を構成するすべての要素を総合的・有機的に捉えることに本来的な特徴がある。すべてが複雑化する現代において，今後一層重要になるであろう状況を鑑み，自然地理学・地球科学的観点から最新の知見を幅広く集成，見開き形式の約200項目を収載し，簡潔にまとめた総合的・学際的な事典。〔内容〕自然地理一般／気候／水文／地形／土壌／植生／自然災害／環境汚染・改変と環境地理／地域(大生態系)の環境

兵庫県大 太田英利監訳　池田比佐子訳
生物多様性と地球の未来
―6度目の大量絶滅へ？―
17165-5　C3045　　　　　Ｂ５判　192頁　本体3400円

生物多様性の起源や生態系の特性，人間との関わりや環境等の問題点を多数のカラー写真や図を交えて解説。生物多様性と人間／生命史／進化の地図／種とは何か／遺伝子／貴重な景観／都市の自然／大量絶滅／海洋資源／気候変動／浸入生物

日大 矢ケ崎典隆・学芸大 加賀美雅弘・
前学芸大 古田悦造編著
地理学基礎シリーズ 3
地　誌　学　概　論
16818-1　C3325　　　　　Ｂ５判　168頁　本体3300円

中学・高校の社会科教師を目指す学生にとってスタンダードとなる地誌学の教科書。地誌学の基礎を，地域調査に基づく地誌，歴史地誌，グローバル地誌，比較交流地誌，テーマ重視地誌，網羅累積地誌，広域地誌の7つの主題で具体的に解説。

前防災科学研 水谷武司著
自　然　災　害　の　予　測　と　対　策
―地形・地盤条件を基軸として―
16061-1　C3044　　　　　Ａ５判　320頁　本体5800円

地震・火山噴火・気象・土砂災害など自然災害の全体を対象とし，地域土地環境に主として基づいた災害危険予測の方法ならびに対応の基本を，災害発生の機構に基づき，災害種類ごとに整理して詳説し，モデル地域を取り上げ防災具体例も明示

前東大 井田喜明著

自然災害のシミュレーション入門

16068-0　C3044　　　　　Ａ５判　256頁　本体4300円

自然現象を予測する上で，数値シミュレーションは今や必須の手段である。本書はシミュレーションの前提となる各種概念を述べたあと個別の基礎的解説を展開。〔内容〕自然災害シミュレーションの基礎／地震と津波／噴火／気象災害と地球環境

中部大 河村公隆他編

低温環境の科学事典

16128-1　C3544　　　　A 5 判　432頁　本体11000円

人間生活における低温(雪・氷など)から，南極・北極，宇宙空間の低温域の現象まで，約180項目を環境との関係に配慮しながら解説。物理学，化学，生物学，地理学，地質学など学際的にまとめた低温科学の読む事典。〔内容〕超高層・中層大気／対流圏大気の化学／海洋化学／海氷域の生物／海洋物理・海氷／永久凍土と植生／微生物・動物／雪氷・アイスコア／大気・海洋相互作用／身近な気象／氷の結晶成長，宇宙での氷と物質進化

早大 彼末一之監修

からだと温度の事典

30102-1　C3547　　　　B 5 判　640頁　本体20000円

ヒトのからだと温度との関係を，基礎医学，臨床医学，予防医学，衣，食，住，労働，運動，気象と地理，など多様な側面から考察し，興味深く読み進めながら，総合的な理解が得られるようにまとめられたもの。気温・輻射熱などの温熱環境因子，性・年齢・既往歴・健康状態などの個体因子，衣服・運動・労働などの日常生活活動因子，病原性微生物・昆虫・植物・動物など生態系の因子，室内気候・空調・屋上緑化・地下街・街路などの建築・都市工学的因子など幅広いテーマを収録。

日本雪氷学会編

積雪観測ガイドブック

16123-6　C3044　　　　B 6 判　148頁　本体2200円

気象観測・予報，雪氷研究，防災計画，各種コンサルティング等に必須の観測手法の数々を簡明に解説〔内容〕地上気象観測／降積雪の観測／融雪量の観測／断面観測／試料採取／観察と撮影／スノーサーベイ／弱層テスト／付録(結晶分類他)／他

立正大 吉﨑正憲・気象庁 加藤輝之著
応用気象学シリーズ 4

豪 雨・豪 雪 の 気 象 学

16704-7　C3344　　　　A 5 判　196頁　本体4200円

日本に多くの被害をもたらす豪雨・豪雪は積乱雲によりもたらされる。本書は最新の数値モデルを駆使して，それらの複雑なメカニズムを解明する。〔内容〕乾燥・湿潤大気／降水過程／積乱雲／豪雨のメカニズム／豪雪のメカニズム／数値モデル

前信州大 柴田　治・前東大 大澤雅彦・
前長崎大 伊藤秀三監訳
世界自然環境大百科 9

北極・南極・高山・孤立系

18519-5　C3340　　　　A 4 変判　512頁　本体28000円

極地のツンドラ，高山と島嶼(湖沼，洞窟を含む)の孤立系の三つの異なる編から構成されており，それぞれにおける自然環境，生物圏，人間の生活などについて多数のカラー図版で解説。さらに環境問題，生物圏保存地域についても詳しく記述。

B．ストーンハウス著　前極地研 神沼克伊・三方洋子訳

北　極・南　極 (普及版)
—極地の自然環境と人間の営み—

10140-9　C3040　　　　B 4 変判　216頁　本体7800円

美しい写真と地図を用い，自然・生態から探検史・国家間関係に至る全貌を解説。〔内容〕地球の端／極の寒さ／氷の分析／極の海の生き物たち／陸上の動植物／初期の探検家たち／後期の探検家たち／極の政治力学／寒冷気候の科学／法制化と協力

東工大 井田　茂・東大 田村元秀・東大 生駒大洋・
東大 関根康人編

系 外 惑 星 の 事 典

15021-6　C3544　　　　A 5 判　364頁　本体8000円

太陽系外の惑星は，1995年の発見後その数が増え続けている。さらに地球型惑星の発見によって生命という新たな軸での展開も見せている。本書は太陽系天体における生命存在可能性，系外惑星の理論や観測について約160項目を頁単位で平易に解説。シームレスかつ大局的視点で学べる事典として，研究者・大学生だけでなく，天文ファンにも刺激あふれる読む事典。〔内容〕系外惑星の観測／生命存在居住可能性／惑星形成論／惑星のすがた／主星

上記価格 (税別) は 2018 年 6 月現在